"十二五"普通高等教育本科国家级规划教材

Inorganic Chemistry

无机化学

（第六版）

大连理工大学无机化学教研室 编

孟长功 主编

U0341152

高等教育出版社·北京

内容简介

本书是"十二五"普通高等教育本科国家级规划教材,2002年被评为高等教育出版社百门精品教材建设项目的精品项目。本书在保持前五版的特点和风格基础上,改写和更新了部分内容,将正文所涉及的动画、演示实验、扩展阅读、学习引导、在线课程等以数字化资源形式通过网络呈现。全书共十八章,分为三篇,即化学反应原理、物质结构基础和元素化学。

本书可作为高等学校化学类、化工与制药类及有关专业的无机化学课程教材,也可供对化学有兴趣的中学生、相关科研和工程技术人员参考使用。

图书在版编目(CIP)数据

无机化学/大连理工大学无机化学教研室编;孟长功主编.--6版.--北京:高等教育出版社,2018.9(2021.5重印)
ISBN 978-7-04-050429-3

Ⅰ.①无… Ⅱ.①大… ②孟… Ⅲ.①无机化学-高等学校-教材 Ⅳ.①O61

中国版本图书馆 CIP 数据核字(2018)第 182376 号

Wuji Huaxue

策划编辑	翟 怡	责任编辑	翟 怡	封面设计	于文燕	版式设计 徐艳妮
插图绘制	于 博	责任校对	吕红颖	责任印制	刘思涵	

出版发行	高等教育出版社	网 址	http://www.hep.edu.cn
社 址	北京市西城区德外大街4号		http://www.hep.com.cn
邮政编码	100120	网上订购	http://www.hepmall.com.cn
印 刷	三河市华润印刷有限公司		http://www.hepmall.com
开 本	787mm×1092mm 1/16		http://www.hepmall.cn
印 张	38.75		
字 数	1070千字	版 次	1978年3月第1版
插 页	1		2018年9月第6版
购书热线	010-58581118	印 次	2021年5月第7次印刷
咨询电话	400-810-0598	定 价	77.00元

本书如有缺页、倒页、脱页等质量问题,请到所购图书销售部门联系调换
版权所有 侵权必究
物 料 号 50429-00

第六版前言

1978年,本书的第一版面世,至今已过去了整整四十年! 这四十年是中国改革开放的四十年,是中国高等教育飞速发展的四十年,也是中国化学学科急速追赶国际先进水平的四十年。尤其是自2006年本书第五版出版的十多年来,信息传播技术对高等教育的影响超乎人们的想象,学生获取知识的渠道和学习方式的多样化,对本版教材的编写带来了新的机遇和挑战。如何把丰富多彩的数字化教学资源方便地呈现给学生,使教材能更好地适应作为数字化原住民的当代大学生的学习和使用,是本版教材修订时考虑的重点问题。

本书编者基于使用第五版教材的十多年的教学实践,考虑到化学学科和化工行业的发展对基础课程的要求,以及充分利用网络信息传播技术实现数字化教学资源的获取和使用,新版教材的修订编写形成了如下特色:(1) 以新形态教材的形式呈现。本版教材将正文所涉及的动画、演示实验、扩展阅读、学习引导、在线课程等以数字化资源呈现,读者只要扫描二维码(可直接观看)或登录"中国大学MOOC"网站(本书在相关位置标注有MOOC图标及知识点名称,将教材与"无机化学"在线开放课程有机融合,读者可利用"中国大学MOOC"网站进行补充或延伸学习)就能方便地浏览相应的数字化资源,极大地方便了读者的学习。(2) 突出了理论和实践的结合。例如,化学反应原理篇中用热力学原理讨论化学反应的方向和限度,后续的几章就分别讨论了酸碱、配位、沉淀和氧化还原四类重要的无机反应的方向和限度,而不再仅限于平衡问题;物质结构的理论反复地应用于元素和化合物性质的讨论,等等。(3) 突出了无机化学概念和原理的应用性。本版教材注重元素的存在、提取和应用方面知识的介绍,以期使读者掌握元素和化合物的获得和使用;注重化学反应原理和物质结构知识在化学及相关领域研究中的应用的介绍,以期使读者能够了解这些最基础的概念和原理是如何在前沿的研究工作中发挥作用的。

新版教材除了以新形态教材形式呈现外,在内容上增加了对稀溶液依数性的介绍,调整了原子结构和分子结构的部分内容,更新了元素化学部分章节的内容。全书在叙述方面,更加注重内容的可读性,以更好地适应不同化学基础的学生的使用。

参加本书编写与修订工作的有:周硼(第1,2章)、辛钢(第3章)、于永鲜(第4,5,6章)、牟文生(第8,9,11章)、王慧龙(第7,10章)、胡涛(第13,14章)、安永林(第18章)、孟长功(第12,15,16,17章)。全书由孟长功统稿;于永鲜、王慧龙、胡涛完成了本书数字化资源的制作,由胡涛负责统筹协调。迟玉兰教授、辛剑教授由始至终关心着本书的修订工作,并提出许多宝贵的意见。大连理工大学王新平教授、纪敏教授、孙延波副教授阅读了部分章节并给出了有价值的修改意见。吉林大学宋天佑教授、西北大学唐宗薰教授一直关心本书的修订工作,并对本书的修订给予了具体的指导。承蒙

高等教育出版社翟怡副编审精心审阅,编者在此谨致衷心的谢意。

与本书配套使用的、由牟文生副教授主编的《无机化学实验》(第三版)已于2014年由高等教育出版社出版,有关无机化学实验方面的内容,读者可参阅该书。此外,为使读者能够更好地使用本书,大连理工大学无机化学教研室还组织编写了《无机化学(第六版)精要与习题解析》,也可以供读者在学习时参考使用。使用本教材录制的"无机化学"在线开放课程,已于2016年上线,读者可使用该课程进行在线学习。

限于编者的学识水平,教材中一定会有不当甚至错误之处,恳请广大读者提出批评指正意见,编者不胜感激。

编　者

2018年6月于大连

第五版前言

本书第四版自 2001 年出版以来,历时四年,取得了较大的成功。本书被国内众多院校选为大学一年级的化学课程教材,是"九五"国家级重点教材和面向 21 世纪课程教材,2002 年被高等教育出版社确定为百门精品教材建设的精品项目。大连理工大学无机化学教研室以本书为教材,为化工类本科生开设的无机化学课程,2003 年被评为首批国家精品课程。回顾本书编写的历史,由第一版至第五版,跨越了整整二十八个春秋,教材前几版的主要编者,尤其是袁万钟、迟玉兰等诸位教授,为教材的编写倾注了大量的心血,才使得本书能够取得今天的成就。

进入 21 世纪,我国高等教育步入快速发展阶段,大学化学的教育也面临诸多的机遇和挑战。本书第四版经过四年的教学实践,作为教材的编者,我们在教学实践中不断总结、发现教学中出现的新问题。同时,广大兄弟院校也对教材的修订提出了宝贵的建议。"十五"期间,大连理工大学无机化学教研室即举全室之力,进行第五版教材的编写工作。新版教材的修订编写主要体现以下三方面精神。第一,根据目前高中化学课程的教学内容,以及目前各类学校大学一年级本科生的化学知识基础,做好与高中课程内容的衔接,力争做到教学内容不出现过大的跳跃而使学生难以接受。第二,新版教材尽可能保持原版教材的风格,充分考虑方便学生自学这一需求,因此在叙述上力求详尽明了。第三,对部分篇章结构进行调整,以利于教师在教学过程中更方便地使用本书;加强化学反应原理、物质结构理论在元素化学中的应用,以培养学生理论联系实际的科学态度。

与第四版教材相比,本次修订将酸碱电子理论、杂化轨道理论、配合物异构现象单独设节,重新改写了化学反应速率、原子结构模型演化与发展、价层电子对互斥理论、d 区元素与化合物等部分章节,使全书的结构更加严谨,叙述更富条理性。

参加本书编写与修订工作的有:周硼(第 1,2,4 章)、辛钢(第 3 章)、孟长功(第 5,6,7 章)、辛剑(第 8,9,11 章,附录部分)、王慧龙(第 10 章)、于永鲜(第 12,15 章)、牟文生(第 13,14,16,17 章)和安永林(第 18 章)。本书的大部分插图由胡涛绘制。全书最后由辛剑、孟长功两位教授统编定稿。迟玉兰教授由始至终关心本书的修订工作,多次参加教材修订研讨,并为每一篇的修订提出建议。初稿完成后,承蒙高等教育出版社朱仁编审精心审阅,并提出许多宝贵意见。高等教育出版社岳延陆编审一直关心、指导本书的修订工作,编者在此谨致衷心的谢意。

我们一直致力于为读者提供丰富的教学资源。为使读者能够更好地使用本书,我们编写了配套教学参考书《无机化学释疑与习题解析》(第二版,迟玉兰教授主编)。同时,编写了《无机化学实验》(第二版)作为与本书配套的实验教学用书。之外,我们还编制了《无机化学电子教案》,并且建立了无机化学课程教学网站,供读者使用、下

载所需的教学资源。相信通过教学网站的互动交流,不但对读者学习无机化学课程会有所帮助,对提高教学质量也会大有裨益。

限于编者的学识水平,教材中一定会有不当甚至错误之处,恳请广大读者提出批评指正意见,编者将不胜感激。

编　者
2005 年 10 月于大连

本书初版于 1978 年,在 1982 年和 1990 年先后修订编写了第二版和第三版。时代在前进,科学在迅猛发展。二十多年来,无机化学的学科面貌已有很大改观,出现了许多新概念、新理论、新反应、新方法和新型结构的化合物。在面向 21 世纪的教学改革实践中,我们经常在思考、研究和探索这样的问题:应该为 21 世纪的工科大学生提供什么样的无机化学教材;如何在前三版教材的基础上,更好地反映无机化学学科发展的新成就,使无机化学基础课的教学内容更能适应化学科学的发展和新世纪人才培养的需要。本着跟上时代,适合国情的宗旨,确定了修订编写第四版无机化学教材的基本思路和框架结构。在教材编写中努力做到:

(1) 精选教材内容,强化无机化学在化学教学中的基础作用;

(2) 拓宽知识范畴,充分反映学科发展的新成果;

(3) 转变教育观念,注重能力和思维方法的培养。

无机化学是研究无机物质组成、结构、性质和变化规律的科学。无机物质包括了除有机化合物以外的所有元素及其化合物,因此无机化学的研究范围极其广泛。化学科学中早期的最重要概念和规律多数是在无机化学的发展过程中形成和发现的;其他化学学科都是由此分化出去并成长起来的。由于无机化学研究的对象涵盖了整个元素周期表中的所有元素及其化合物,所涉及的物质结构类型众多,化学键型复杂,化学反应多式多样;现代化学中新发现的反应规律、新的化学理论多与无机化学有关。纵观化学科学形成和发展的全过程,可以认为无机化学在化学科学中处于基础和母体地位。随着现代化学内容的拓宽和加深,以及与其他学科的融合与交叉,该学科中产生了元素无机化学、固体无机化学、配合物化学、生物无机化学、物理无机化学等分支学科。关于各种化合物的化学合成、反应、性质及其应用的研究是无机化学的基础。因此,元素无机化学被确认为无机化学的中心内容。

教材的编写应当符合教学基本要求,应当遵循教学基本规律。从培养化工类高级专业人才的整体要求出发,大学一年级的无机化学需要为后继课程打下良好基础,体现其在化学教学中的基础作用。

本版教材修订时,强化精选教材内容。在保持一定系统性的前提下,调整、增删和更新了部分内容,起点有所提高,框架结构更趋合理。原书中物质的状态和变化一章分为两章,删去了液体和稀溶液性质的内容;增加了气体动理学理论和真实气体的内容,后者与分子间力的内容相呼应,加强了教材内容之间的联系。热化学、化学动力学基础、化学平衡等单独分章讨论,使教材体系的框架结构更为合理。同时,还充实了化学动力学中反应机理的内容;用概率和微观状态数的概念引出熵,对熵本质的讨论有一定加深。原子结构一章中,元素周期表中采用了镧系元素的新的界定方式。将分子轨道理论放在价键理论和价层电子对互斥理论之后;将分子间力和氢键与分子晶体一并讨论,增强了学科内容的系统性。配合物结构理论中增加了配合物的分子轨道理论,适度充实了结构理论。在物质结构的讨论中注意了谱学方法的简介与有关数据的引用。原书第十章中氢元素的讨论分散到能源、各类氢化物与核反应等有关章节;稀有气体归入 p 区元素,在卤素之后讨论。简化了 s 区元素的叙述,突出其性质变化的规律性。p 区元素调整为三章。元素化学部分以元素周期律为框架,分区阐述最基本的、典型的、有特色的各种元素及其化合物,注重反映最新研究成果和基础理论的应用;在理论部分中也注重元素化学知识的介绍,以便使两者融合为一个整体。

本书内容分为三个层次:(1) 基本内容——这是课程的基本内容,与教学基本要求相呼应,是化工类各专业教学必须达到的最低要求。(2) 加 * 号的和用小字排印的部分——这是供不同专业根据要求灵活选择的内容,也可供学生自学,以加深理解基本内容。(3) 化学视野——这是供学生选读的内容,以便扩大知识面、拓宽思路,属于扩展内容。例如,大气化学、氢能源、氧-血红蛋白的平衡、扫描隧道显微镜、光电子能谱、新型无机材料、金属簇状化合物、稀土功能材料等内容,通俗易懂,有利于激发学生学习化学的兴趣和求知欲望。

在教材中恰如其分地介绍科学发展史,这是一种科学方法论的教育。如热力学第一定律的提出和原子结构研究的历史发展、稀有气体的发现史等,以及某些诺贝尔奖获得者的研究成果。通过科学史的学习,使学生学会认知、学会发展,并学习前人为科学献身的精神。

从培养具有科学思维方法和创新能力的人才需要考虑,本版教材在内容的处理上,还注意引导学生学会类比、联想和推理等跳跃思维的方法,如弱酸弱碱盐水解的讨论等。在思考题和习题中安排了一些知识面较宽、难度较大、综合性强的内容,以便于引导学生自学和促进因材施教。

本版教材采用中华人民共和国国家标准 GB3100~3102—93《量和单位》所规定的符号和单位。热力学中各有关数据主要取自于《NBS 化学热力学性质表》(刘天和、赵梦月译,中国标准出版社,1998 年 6 月)和由此表数据计算得来的。

根据工科基础化学课程教学指导小组的安排,1999 年 11 月在大连理工大学召开了本版教材的审稿会。参加会议的有王致勇、古国榜、沈敦瑜、苏小云、李文军、杨宏孝、郭炳南、董松琦教授等,李东亮教授没有到会,但是提供了书面的审稿意见。各位教授对本版教材提出了许多中肯的修改意见。全书由马泰儒和郑利民教授主审,两位教授提出了翔实的修改意见和相关的修改资料。高等教育出版社化学室朱仁编审一如既往对本版教材给予了指导。本版教材在 1999 级和 2000 级校内学生中进行了试用,广大师生提出了许多有益的建议和修改意见。这里一并表示感谢。

参加本书编写工作的有迟玉兰(1~7 章)、辛剑(8~11 章)、牟文生(12~17 章)、孟长功(18章)。全书由袁万钟主编,迟玉兰参加全书的策划、统稿和定稿工作。于永鲜绘制部分插图。

为了便于教学,还将编写与本书配套的《无机化学释疑与习题解析》,亦由高等教育出版社出版,并配有多媒体课堂教学光盘。

限于水平,书中仍会有不妥之处,欢迎读者指正。

编　者

2000 年 10 月

第一版前言

本书系根据 1977 年 11 月在杭州召开的"高等学校工科化学教材编写会议"所制定的《无机化学》教材编写大纲编写的。

全书共 16 章,其中基础理论部分 9 章,元素及其化合物部分 7 章。有些加注 * 号的节或小节为参考教材,供选学、自学用。本着加强基础理论教学的要求,书中增加了一些反映化学科学发展的有关基础知识。本书主要适用于高等工业院校化工类各专业,也可供冶金、地质类专业使用。对本书内容各校可根据实际情况选择讲授。

在本书初稿完成之后,由北京工业学院、天津大学、清华大学、北京化工学院、合肥工业大学、浙江大学、浙江化工学院、成都工学院等兄弟院校部分教师共同审定。在审定过程中,提出了许多宝贵意见;定稿时,根据这些意见作了修改。由于我们的水平有限,实践经验不足,加之时间仓促,本书还会有不少缺点甚至错误的地方,希望使用本书的师生多多提出批评和修改意见。

大连工学院无机化学教研室

1978 年 3 月

目 录

第一篇　化学反应原理

第二篇　物质结构基础

第八章　原子结构 ·· 187

第三篇　元素化学

元素周期表

第一篇　化学反应原理

　　化学科学的一个重要目标,是利用化学变化在分子水平上创造新的物质。实现这一过程,主要涉及两个方面的问题。其一,我们所要利用的化学反应,在给定的条件下能否朝预期的方向发生反应。如果能够反应,那么在反应终点时,能够生成多少目标产物。其二,所研究的化学反应速率有多快,即在一定时间内能生成多少目标产物。在宏观层次上对这两方面问题的研究,是本篇讨论的主要内容。本篇包括七章。第一章简要介绍了气体、液体和稀溶液的一些性质;第二章讨论了化学反应的反应热问题;第三章对化学反应的速率及其影响因素进行了讨论;第四章从化学热力学基本原理出发,给出了判断化学反应进行方向的判据,并对反应的终点——平衡态的性质进行了描述;第五、六两章分别将化学平衡原理应用于酸碱反应、配位反应和沉淀-溶解反应系统,处理三类常见的无机反应的平衡问题;第七章借助于化学反应所伴随的电化学现象,讨论了氧化还原反应系统的平衡问题。

第一章　气体和溶液

物质的聚集状态通常有气态、液态和固态三种,它们在一定的条件下可以互相转化。描述每一种聚集状态都要使用一些物理量,如描述气体的状态要使用压力、体积、温度和物质的量;描述液体的状态要使用温度、蒸气压和沸点等。这些物理量之间往往存在特定的变化规律,掌握这些规律对于研究和利用化学反应至关重要。本章主要讨论气体和溶液的一些性质,固态物质的结构和性质将在第十章中讨论。

第一章
学习引导

§1.1　气　　体

与液体和固体相比,气体是一种较简单的聚集状态。人们发现气体具有两个基本特性:扩散性和可压缩性。主要表现在:

（1）气体没有固定的体积和形状。

（2）不同的气体能以任意比例相互均匀地混合。

（3）气体是最容易被压缩的一种聚集状态。气体的密度比液体和固体的密度小很多。

第一章
教学课件

为研究方便,可以把密度很小的气体抽象成一种理想的模型——理想气体。本节将在理想气体状态方程的基础上,重点讨论混合气体的分压定律,并介绍气体分子动理论和真实气体。

1.1.1　理想气体状态方程

17~18 世纪,科学家们在比较温和的条件(如常压和室温)下探求气体体积的变化规律,将实验结果归纳后,提出了 Boyle 定律和 Charles-Gay-Lussac 定律。再经过综合,认为一定量气体状态 1 和状态 2 的体积 V、压力 p 和热力学温度 T 之间符合如下关系式:

MOOC

教学视频
理想气体状态
方程

$$\frac{p_1 V_1}{T_1} = \frac{p_2 V_2}{T_2} \tag{1-1}$$

1811 年,意大利物理学家 A. Avogadro 提出假说:在同温同压下同体积气体含有相同数目的分子。1860 年原子-分子论确立之后,科学家们用多种方法测定了物质的量 n 为 1 mol 时其所含有的分子数,即 $N_A = 6.022 \times 10^{23} \, mol^{-1}$,$N_A$ 被称为 Avogadro 常数。

在此基础上,综合考虑 p, V, T, n 之间的定量关系,得出

$$pV = nRT \tag{1-2}$$

该式被称为理想气体状态方程。式中 R 称为摩尔气体常数。在国际单位制中,p 以 Pa、V 以 m^3、T 以 K 为单位,则 $R=8.314$ $J \cdot mol^{-1} \cdot K^{-1}$。

摩尔气体常数 R 可以通过气体的标准摩尔体积 V_m 推算出来。标准状况($T=273.15$ K,$p=101\,325$ Pa)下,$n=1$ mol 时,气体的标准摩尔体积 $V_m=22.414\times10^{-3}$ m^3,由此,摩尔气体常数 R 的数值和单位就可以确定。

$$R=\frac{pV}{nT}$$

$$=\frac{101\,325\ Pa\times22.414\times10^{-3}\ m^3}{1\ mol\times273.15\ K}$$

$$=\frac{101\,325\ N\cdot m^{-2}\times22.414\times10^{-3}\ m^3}{1\ mol\times273.15\ K}$$

$$=8.314\ N\cdot m\cdot mol^{-1}\cdot K^{-1}$$

$$=8.314\ J\cdot mol^{-1}\cdot K^{-1}$$

应用理想气体状态方程时要注意 R 的值应与压力和体积的单位相对应。

严格地说,式(1-2)只适用于理想气体,但通常对于温度不太低,压力不太高的真实气体,也可以使用理想气体状态方程计算。

理想气体是一种假想的模型,它忽略了气体本身的体积和分子之间的相互作用。对于真实气体,只有在低压高温下,分子间作用力比较小,分子间平均距离比较大,分子自身的体积与气体体积相比,完全微不足道,才能把它近似地看成理想气体。

理想气体状态方程有多种实际应用,可以用来计算描述气体状态的物理量,也可以在已知条件下求气体的密度和摩尔质量。

例 1-1 在实验室中,经常会用到无水无氧操作。操作前必须将装置中的空气用无水无氧的氮气置换,氮气是由氮气钢瓶提供的,其容积为 50.0 L,温度为 25 ℃,压力为15.2 MPa。(1) 计算钢瓶中氮气的物质的量 $n(N_2)$ 和质量 $m(N_2)$;(2) 若将实验装置用氮气置换了五次后,钢瓶压力下降至 13.8 MPa。计算在 25 ℃,0.100 MPa 下,平均每次置换耗用氮气的体积。

解: 假定所研究气体为理想气体。(1) 已知:$V=50.0$ L,$T=(273+25)$ K $=298$ K,$p_1=15.2$ MPa $=15.2\times10^3$ kPa,根据式(1-2),$n_1(N_2)=\dfrac{p_1V}{RT}=\dfrac{15.2\times10^3\ kPa\times50.0\ L}{8.314\ J\cdot mol^{-1}\cdot K^{-1}\times298\ K}=307$ mol

因为 $n=\dfrac{m}{M}$,$M(N_2)=28.0$ $g\cdot mol^{-1}$

所以 $m(N_2)=n_1(N_2)M(N_2)=307\ mol\times28.0\ g\cdot mol^{-1}=8.60\times10^3\ g=8.60$ kg

(2) 已知:$p_2=13.8$ MPa,$V=50.0$ L,$T=298$ K,设消耗了的氮的物质的量为 $\Delta n(N_2)$,则

$$\Delta n(N_2)=\frac{(p_1-p_2)V}{RT}=\frac{(15.2-13.8)\times10^3\ kPa\times50.0\ L}{8.314\ J\cdot mol^{-1}\cdot K^{-1}\times298\ K}=28.3\ mol$$

在 298 K,0.100 MPa 下,每次置换耗用氮气的体积 $V(N_2)$ 为

$$V(N_2)=\frac{1}{5}\times\frac{28.3\ mol\times8.314\ J\cdot mol^{-1}\cdot K^{-1}\times298\ K}{100\ kPa}=140\ L$$

测定气体或易挥发液体蒸气的密度,是常用的了解物质性质的方法。气体的密度 ρ 又称为体积质量。

$$\rho = \frac{m}{V} = \frac{pM}{RT}$$

当气体的摩尔质量已知时,可以计算出在任意状态下气体的密度。

> **例 1-2**　氩气(Ar)可由液态空气蒸馏而得到。质量为 0.799 0 g 的氩气,在温度为 298.15 K 时,其压力为 111.46 kPa,体积为 0.444 8 L。计算氩的摩尔质量 $M(\text{Ar})$、相对原子质量 $A_r(\text{Ar})$ 及标准状况下氩的密度 $\rho(\text{Ar})$。
>
> **解:**设 M 为气体的摩尔质量,m 为气体的质量,则
>
> $$n = \frac{m}{M}$$
>
> 代入理想气体状态方程得
>
> $$pV = \frac{m}{M}RT$$
>
> 故
>
> $$M = \frac{mRT}{pV} \qquad (1-3)$$
>
> $$M(\text{Ar}) = \frac{0.799\ 0\ \text{g} \times 8.314\ \text{J} \cdot \text{mol}^{-1} \cdot \text{K}^{-1} \times 298.15\ \text{K}}{111.46\ \text{kPa} \times 0.444\ 8\ \text{L}} = 39.95\ \text{g} \cdot \text{mol}^{-1}$$
>
> 氩为单原子分子,所以
>
> $$A_r(\text{Ar}) = 39.95$$
>
> 规定标准状况下,$T = 273.15$ K,$p = 101.325$ kPa,则
>
> $$\rho(\text{Ar}) = \frac{101.325\ \text{kPa} \times 39.95\ \text{g} \cdot \text{mol}^{-1}}{8.314\ \text{J} \cdot \text{mol}^{-1} \cdot \text{K}^{-1} \times 273.15\ \text{K}} = 1.782\ \text{g} \cdot \text{L}^{-1}$$

根据理想气体状态方程,可以从摩尔质量求得一定条件下的气体密度,也可以由测定的气体密度来计算摩尔质量,进而求得相对分子质量或相对原子质量。这是测定气体摩尔质量常用的经典方法,仪器分析中常用质谱仪等测定摩尔质量。

MOOC

教学视频
混合气体

1.1.2　气体混合物

当两种或两种以上的气体在同一容器中混合时,它们相互间不发生化学反应,分子本身的体积和它们相互间的作用力都可以略而不计,这就是理想气体混合物。其中每一种气体都称为该混合气体的组分气体。

1. 分压定律

混合气体中某组分气体对器壁所施加的压力叫做该组分气体的分压。对于理想气体来说,某组分气体的分压力等于在相同温度下该组分气体单独占有与混合气体相同体积时所产生的压力。

动画
分压定律

1801 年,英国科学家 J. Dalton 提出:混合气体的总压等于混合气体中各组分气体的分压之和。这一经验定律被称为 Dalton 分压定律,其数学表达式为

$$p = p_1 + p_2 + \cdots$$

或

$$p = \sum_B p_B \qquad (1-4)$$

式中,p 为混合气体的总压;$p_1, p_2, \cdots$ 为各组分气体的分压。

根据式(1-2),如果以 n_B 表示组分气体 B 的物质的量,p_B 表示它的分压,在温度 T 时,混合气体体积为 V,则

$$p_B V = n_B RT$$

或

$$p_B = \frac{n_B RT}{V} \qquad (1-5)$$

以 n 表示混合气体中各组分气体的物质的量之和。即

$$n = n_1 + n_2 + \cdots = \sum_B n_B$$

以式(1-2)除式(1-5),得

$$\frac{p_B}{p} = \frac{n_B}{n}$$

令

$$\frac{n_B}{n} = x_B$$

则

$$p_B = \frac{n_B}{n} p = x_B p \qquad (1-6)$$

式中,x_B 为组分气体 B 的摩尔分数,又称为物质的量分数。

式(1-6)表明,混合气体中某组分气体的分压等于该组分的摩尔分数与总压的乘积,它给出了组分气体的分压与混合气体的总压之间的关系。

例 1-3 在潜水员自身携带的水下呼吸器中充有氧气和氦气混合气(氮气在血液中溶解度较大,易导致潜水员患上气栓病,所以以氦气代替氮气)。对一特定的潜水操作来说,将 25 ℃,0.10 MPa 的 46 L O_2 和 25 ℃,0.10 MPa 的 12 L He 充入体积为 5.0 L 的储罐中。计算 25 ℃下在该罐中两种气体的分压和混合气体的总压。

解:混合前后温度保持不变,氦气和氧气的物质的量不变。

混合前,$p_1(O_2) = p_1(He) = 0.10$ MPa,$V_1(O_2) = 46$ L,$V_1(He) = 12$ L。

混合气体总体积 $V = 5.0$ L,则其中

$$p_2(O_2) = \frac{p_1(O_2) \cdot V_1(O_2)}{V_2(O_2)} = \frac{0.10 \text{ MPa} \times 46 \text{ L}}{5.0 \text{ L}} = 9.2 \times 10^2 \text{ kPa}$$

$$p_2(He) = \frac{0.10 \text{ MPa} \times 12 \text{ L}}{5.0 \text{ L}} = 2.4 \times 10^2 \text{ kPa}$$

$$p = p_2(O_2) + p_2(He) = (9.2 + 2.4) \times 10^2 \text{ kPa} = 1.16 \times 10^3 \text{ kPa} = 1.16 \text{ MPa}$$

例 1-4 某容器中含有 CO_2,O_2 和 N_2 等气体混合物。取样分析后,得知其中 $n(CO_2) = 0.32$ mol,

$n(O_2) = 0.18\ mol$，$n(N_2) = 0.70\ mol$。混合气体的总压 $p = 133\ kPa$。试计算各组分气体的分压。

解：$n = n(CO_2) + n(O_2) + n(N_2)$

$\qquad = 0.32\ mol + 0.18\ mol + 0.70\ mol$

$\qquad = 1.20\ mol$

由 $p_i = \dfrac{n_i}{n} p$

$\qquad p(CO_2) = \dfrac{n(CO_2)}{n} p$

$\qquad\qquad = \dfrac{0.32\ mol}{1.20\ mol} \times 133\ kPa$

$\qquad\qquad = 35.5\ kPa$

$\qquad p(O_2) = \dfrac{0.18\ mol}{1.20\ mol} \times 133\ kPa$

$\qquad\qquad = 20.0\ kPa$

$\qquad p(N_2) = p - p(CO_2) - p(O_2)$

$\qquad\qquad = 133\ kPa - 35.5\ kPa - 20.0\ kPa$

$\qquad\qquad = 77.5\ kPa$

分压定律有很多实际应用。在实验室中进行有关气体的实验时，常会涉及气体混合物中各组分的分压问题。例如，用排水集气法收集气体时，所收集的气体是含有水蒸气的混合物，要计算有关气体的压力或物质的量必须考虑水蒸气的存在。即 $p_{气体} = p_{总压} - p_{水蒸气}$。

例 1-5　某学生在实验室中用金属锌与盐酸反应制取氢气。所得到的氢气用排水集气法在水面上收集。温度为 18℃，室内气压为 100.50 kPa，湿氢气体积为 0.567 L。用分子筛除去水分，得到干氢气。计算同样温度、压力下干氢气的体积及氢气的物质的量。

解：排水集气法收集气体时，通常将所收集气体中的水蒸气看做饱和蒸汽。由化学手册中查出 18℃下，水的饱和蒸气压为 2.06 kPa。在湿氢气中，氢的分压为

$\qquad p_1(H_2) = (100.50 - 2.06)\ kPa = 98.44\ kPa$

若干氢气的体积为 $V_2(H_2)$，

则
$\qquad V_2(H_2) = \dfrac{p_1(H_2) V}{p} = \dfrac{98.44\ kPa \times 0.567\ L}{100.50\ kPa} = 0.555\ L$

$\qquad n(H_2) = \dfrac{p_1(H_2) V}{RT} = \dfrac{98.44\ kPa \times 0.567\ L}{8.314\ J\cdot mol^{-1}\cdot K^{-1} \times (273+18)\ K} = 2.31 \times 10^{-2}\ mol$

2. 分体积定律

在混合气体的有关计算中，常涉及体积分数问题，这就有必要讨论分体积定律。这一定律是 19 世纪 Amage 首先提出来的。混合气体中组分 B 的分体积 V_B 是该组分单独存在并具有与混合气体相同温度和压力时占有的体积。实验结果表明：混合气体的体积等于各组分的分体积之和。这一规律叫做分体积定律，即

$$V = V_1 + V_2 + \cdots = \sum_B V_B \qquad\qquad (1-7)$$

动画
分体积定律

Amage 分体积定律仍然是理想气体性质的必然结果。根据理想气体方程可以说明之。

由于混合气体中各组分间不发生化学反应，

$$n = \sum_{B} n_B , \quad V_B = \frac{n_B RT}{p}$$

在 T,p 不变的条件下，

$$V = \frac{nRT}{p} = \frac{\sum\limits_{B} n_B RT}{p}$$

$$= \frac{n_1 RT}{p} + \frac{n_2 RT}{p} + \cdots$$

$$= V_1 + V_2 + \cdots = \sum_{B} V_B$$

$$\varphi_B = \frac{V_B}{V}$$

式中，φ_B 为组分 B 的体积分数，等于 B 的分体积与混合气体的总体积之比。

又在 p 不变时，

$$\frac{V_B}{V} = \frac{n_B}{n} = x_B , \quad \varphi_B = x_B \tag{1-8}$$

即组分 B 的体积分数等于其摩尔分数。

将式(1-8)与式(1-6)相关联，可得

$$\frac{p_B}{p} = \frac{V_B}{V} = x_B = \varphi_B$$

$$p_B = \varphi_B p \tag{1-9}$$

即混合气体中组分 B 的分压 p_B 等于体积分数与总压的乘积。

例 1-6 天然气是多组分气体的混合物，其组成为 CH_4，C_2H_6，C_3H_8 和 C_4H_{10}。若该混合气体的温度为 25 ℃，总压力为 150.0 kPa，$n_总 = 100.0$ mol。$n(CH_4):n(C_2H_6):n(C_3H_8):n(C_4H_{10}) = 47.0:2.0:0.80:0.20$。计算各组分的分体积和体积分数。

解：已知 $p_总 = 150.0$ kPa，$n_总 = 100.0$ mol，$T = 298$ K，

$$V_总 = \frac{n_总 RT}{p_总} = \left(\frac{100.0 \times 8.314 \times 298}{150.0}\right) \text{L} = 1.65 \times 10^3 \text{ L}$$

$$n(CH_4) = x(CH_4) n_总 = \frac{47.0 \times 100 \text{ mol}}{47.0 + 2.0 + 0.80 + 0.20} = 94.0 \text{ mol}$$

$$V(CH_4) = \frac{n(CH_4)RT}{p_总} = \left(\frac{94.0 \times 8.314 \times 298}{150.0}\right) \text{L} = 1.55 \times 10^3 \text{ L}$$

$$\varphi(CH_4) = \frac{V(CH_4)}{V_总} = \frac{1.55 \times 10^3}{1.65 \times 10^3} = 0.940 = 94.0\%$$

$$\varphi(C_2H_6) = x(C_2H_6) = \frac{2.0}{47.0 + 2.0 + 0.80 + 0.20} = 0.040 = 4.0\%$$

$$V(C_2H_6) = \varphi(C_2H_6) V_总 = 0.040 \times 1.65 \times 10^3 \text{ L} = 66 \text{ L}$$

同温同压下,两组分分体积之比等于它们的物质的量之比:

$$V(C_3H_8) : V(CH_4) = n(C_3H_8) : n(CH_4)$$

$$V(C_3H_8) = \frac{n(C_3H_8)}{n(CH_4)}V(CH_4) = \left(\frac{0.80}{47.0} \times 1.55 \times 10^3\right)L = 26.4\ L$$

$$\varphi(C_3H_8) = \frac{V(C_3H_8)}{V_{\text{总}}} = \frac{26.4}{1.65 \times 10^3} = 0.016 = 1.6\%$$

$$V(C_4H_{10}) = V_{\text{总}} - V(CH_4) - V(C_2H_6) - V(C_3H_8)$$
$$= (1.65 \times 10^3 - 1.55 \times 10^3 - 66 - 26.4)L = 7.6\ L$$

$$\varphi(C_4H_{10}) = 1 - \varphi(CH_4) - \varphi(C_2H_6) - \varphi(C_3H_8)$$
$$= 1 - 0.940 - 0.040 - 0.016 = 0.0040 = 0.40\%$$

1.1.3 气体分子动理论

1. 气体分子动理论的基本要点

人类对物质世界的认识总是从宏观走向微观。在 Boyle 定律提出之后,科学家们力图从微观和理论上来阐述那些有关气体宏观性质的经验定律。人们从气体分子运动的微观模型出发,给出某些简化的假定,结合概率和统计力学的知识,提出了气体分子动理论,其要点如下:

(1) 气体是由分子组成的,分子是很小的粒子,彼此间的距离比分子的直径大许多,分子体积与气体体积相比可以略而不计。

(2) 气体分子以不同的速度在各个方向上处于永恒的无规则运动之中。

(3) 除了在相互碰撞时,气体分子间相互作用是很弱的,甚至是可以忽略的。

(4) 气体分子相互碰撞或对器壁的碰撞都是弹性碰撞。碰撞时总动能保持不变,没有能量损失。

(5) 分子的平均动能与热力学温度成正比。

2. 理想气体状态方程与气体分子动理论

理想气体状态方程与气体分子运动有密不可分的必然联系。气体分子动理论从微观上对气体的宏观行为可做出定量的描述。

根据气体分子动理论,气体的压力是由气体分子对器壁的弹性碰撞而产生的。压力与气体分子每次对器壁的碰撞力和碰撞速度成正比。每次的碰撞力等于分子的质量与分子运动速度的乘积。碰撞速度与单位体积内的分子数和分子的运动速度成正比;单位体积内的分子数越多,分子运动得越快,其碰撞器壁的速度就越大。因此,可以写出:

$$p \propto mv\left(\frac{N}{V}v\right) \qquad \text{或者} \quad pV \propto Nmv^2 \tag{a}$$

式中,m 为气体分子的质量;N 为气体分子数;V 为气体体积;v 为气体分子的运动速度。

分子无规则运动与器壁碰撞产生压力时,由于分子运动的方向和速度的随机性,只考虑某一分子在某瞬间的速度是毫无意义的,只能是"分子群"运动产生的总效应。压力是"分子群"对器壁碰撞作用的统计平均的结果。在一定温度下,除了少数分子的速度很大或很小之外,多数分子的速度都接近平均速度。这里的平均速度是指具有统计平均意义的方均根速度 v_{rms}。

$$(v_{rms})^2 = \overline{v^2}① = \frac{N_1 \overline{v_1^2} + N_2 \overline{v_2^2} + N_3 \overline{v_3^2} + \cdots}{N} \tag{b}$$

因此,将式(b)代入式(a)得

$$pV \propto Nm \overline{v^2} \tag{c}$$

由于"分子群"是在三维空间中进行着无规则的运动,在某一方向上(x 轴、y 轴或 z 轴方向)只能占总碰撞数的 1/3。因此式(c)中的比例常数为 1/3。将其写做等式:

$$pV = \frac{1}{3} Nm \overline{v^2} \tag{1-10}$$

可以看出,在式(1-10)中,一定量气体的 N 和 m 是定值,一定温度下的 v 也是定值,所以体积确定之后,压力 p 就是定值。即气体的压力是由单位体积中分子的数量、分子的质量和分子的运动速度所决定的。式中的左边是可测定的宏观量,右边是微观量,该式将两者联系起来。

对照理想气体状态方程,$pV = nRT$,则

$$pV = \frac{1}{3} Nm \overline{v^2} = nRT \tag{1-11}$$

由此可以看出理想气体状态方程与分子运动的内在联系。按物理学中动能的定义,气体分子的平均动能 $\overline{E_k} = \frac{1}{2} m \overline{v^2}$,再结合式(1-11),得出分子的平均动能与热力学温度成正比。这表明了宏观物理量温度与微观分子平均动能的联系。气体分子的平均动能越大,系统的温度越高。和压力一样,气体的温度也是大量分子("分子群")集体运动产生的总效应,含有统计平均的意义。对单个分子而言,温度是没有意义的。

气体分子动理论很好地说明了理想气体状态方程的本质。但是必须注意它所依据的基本假设是忽略了气体分子间的作用力和分子本身所占有的体积,以及假设气体分子的碰撞完全是弹性的。这是一种科学的抽象,所形成的理论模型与真实气体还是有一定差异的。

3. 分子的速度分布

由于气体分子在容器内不断地做无规则运动,以及分子与分子间频繁的相互碰撞,所以每个分子的运动速度随时在改变。某一个分子在某瞬间的速度是随机的,但

---

① $\overline{v^2}$:先平方再平均,称 v_{rms} 为方均根速度。

是分子总体的速度分布却遵循着一定的统计规律。Maxwell（1860 年）和 Boltzmann（1872 年）分别用概率和统计力学的方法从理论上推导出气体分子速度分布的规律，这一规律叫做 Maxwell-Boltzmann 速度分布。随着高真空技术的发展，科学家们于 1955 年通过实验直接测定了某些气体分子的速度分布。

图 1-1 给出了三种不同温度下氮气分子的速度分布。图中横坐标为分子的速度（m·s^{-1}），纵坐标 $\Delta N/N\Delta v$ 表示速度在 $v \sim (v+\Delta v)$ 的单位速度间隔内分子数 ΔN 与分子总数 N 的比值。在一定温度下，每种气体的分子速度分布是一定的。除了少数分子的速度很大或很小以外，多数分子的速度都接近于方均根速度 v_{rms}。[①] 当温度升高时，速度分布曲线变得更宽了，方均根速度增大，高于这一速度的分子数增加得更多。

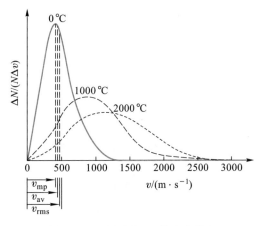

图 1-1　不同温度 N$_2$ 的速度分布

气体分子的方均根速度推导过程如下：

因为 $N_A = \dfrac{N}{n}$，则

$$\frac{1}{3} N_A m \overline{v^2} = RT$$

$$N_A m = M \quad （M 为气体摩尔质量）$$

所以

$$\frac{1}{3} M \overline{v^2} = RT \qquad \overline{v^2} = \frac{3RT}{M}$$

$$v_{rms} = \sqrt{\overline{v^2}} = \sqrt{\frac{3RT}{M}} \tag{1-12}$$

利用式（1-12）可以计算气体分子的方均根速度。计算时，要注意各物理量的单位要匹配。

---

① 最概然速度 v_{mp}——概率最大的速度；平均速度 v_{av}——各种速度的算术平均值。$v_{mp} < v_{av} < v_{rms}$，但三者的数值非常接近。

例 **1-7**   计算 0 ℃氧分子的方均根速度。

解：$T = 273.15$ K，$M(O_2) = 32.0$ g·mol^{-1} = 32.0×10^{-3} kg·mol^{-1}

$R = 8.314$ J·mol^{-1}·K^{-1} = 8.314 kg·m^2·s^{-2}·mol^{-1}·K^{-1}

$$v_{rms}(O_2) = \sqrt{\frac{3RT}{M(O_2)}}$$

$$= \sqrt{\frac{3\times8.314\ kg\cdot m^2\cdot s^{-2}\cdot mol^{-1}\cdot K^{-1}\times273.15\ K}{32.0\times10^{-3}\ kg\cdot mol^{-1}}} = 461\ m\cdot s^{-1}$$

根据式（1-12），可求出在同一温度下，两种不同气体分子的方均根速度之比（简称速度比）：

$$\frac{v_{rms}(A)}{v_{rms}(B)} = \frac{\sqrt{3RT/M(A)}}{\sqrt{3RT/M(B)}} = \sqrt{\frac{M(B)}{M(A)}} \tag{1-13}$$

该式表明在同一温度下摩尔质量大的分子运动得慢。可用式（1-13）讨论气体扩散问题。

1.1.4   真实气体

理想气体状态方程是一种理想的模型，仅在足够低的压力和较高的温度下才适合于真实气体。对某些真实气体（如 He，H$_2$，O$_2$，N$_2$ 等）来说，在常温常压下能较好地符合理想气体状态方程，而对另一些气体［如 CO$_2$，H$_2$O（g）等］将产生 1%～2% 的偏差，甚至更大（图 1-2）。压力增大，偏差也增大。

产生偏差的原因，主要是由于理想气体忽略气体分子的体积和分子间的相互作用力，因此必须对这两项进行校正。人们通过实验总结出 200 多个描述真实气体的状态方程，其中，荷兰物理学家 van der Waals 于 1873 年提出的 van der Waals 方程最为著名，其表达式如下：

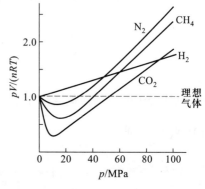

图 1-2   几种气体的 pV/nRT-p（200 K）图

$$\left(p + a\frac{n^2}{V^2}\right)(V-nb) = nRT$$

上式考虑了真实气体的体积及分子间的相互作用力，对理想气体状态方程进行了两项修正。

第一项修正是考虑体积因素。由于气体分子是有体积的（其他分子不能进入的空间），故扣除这一空间才是分子运动的自由空间，即理想气体的体积。设 1 mol 气体分子的体积为 b，则

$$V_{理想} = V - nb \tag{1-14}$$

第二项修正是对压力项进行修正，要考虑分子间力对压力的影响。当某一分子运

动至器壁附近(发生碰撞),由于分子间的吸引作用而减弱了对器壁的碰撞作用,使实测压力比按理想气体推测出的压力要小,故应在实测压力的基础上加上由于分子间力而减小的压力才等于理想气体的压力。那么,如何定量地确定分子间力对压力的影响呢?由于气体分子对器壁的碰撞是弹性的,碰撞产生的压力与气体的浓度 n/V 成正比;同样,分子间的吸引作用导致压力的减小也与 n/V 成正比。所以压力校正项为 $a(n/V)^2$,即

$$p_{理想} = p_{实际} + a\left(\frac{n}{V}\right)^2 \qquad (1-15)$$

式中,a 为比例常量,单位为 $Pa \cdot m^6 \cdot mol^{-2}$。

某些气体的 van der Waals 常量见表 1-1。

表 1-1 某些气体的 van der Waals 常量

气体	$a/(10^{-1} \, Pa \cdot m^6 \cdot mol^{-2})$	$b/(10^{-4} \, m^3 \cdot mol^{-1})$
He	0.034 57	0.237 0
H_2	0.247 6	0.266 1
Ar	1.363	0.321 9
O_2	1.378	0.318 3
N_2	1.408	0.391 3
CH_4	2.283	0.427 8
CO_2	3.640	0.426 7
HCl	3.716	0.408 1
NH_3	4.225	0.370 7
NO_2	5.354	0.442 4
H_2O	5.536	0.304 9
C_2H_6	5.562	0.638 0
SO_2	6.803	0.563 6
C_2H_5OH	12.18	0.840 7

例 1-8 分别按理想气体状态方程和 van der Waals 方程计算 1.50 mol $SO_2(g)$ 在 30 ℃ 下占有 20.0 L 体积时的压力,并比较两者的相对偏差 d_r。如果体积减小至 2.00 L,其相对偏差 d_r 又是多少?

解:已知 $T = (273 + 30) \, K = 303 \, K$,$V = 20.0 \, L$,$n = 1.50 \, mol$,由表 1-1 查得 SO_2 的 $a = 0.680\,3 \, Pa \cdot m^6 \cdot mol^{-2}$,$b = 0.563\,6 \times 10^{-4} \, m^3 \cdot mol^{-1}$

$$p_1 = \frac{nRT}{V} = \frac{1.50 \, mol \times 8.314 \, J \cdot mol^{-1} \cdot K^{-1} \times 303 \, K}{20.0 \, L} = 189 \, kPa$$

$$p_2 = \frac{nRT}{V - nb} - \frac{an^2}{V^2}$$

$$= \frac{1.50 \, mol \times 8.314 \, J \cdot mol^{-1} \cdot K^{-1} \times 303 \, K}{20.0 \, L - 1.50 \, mol \times 0.056\,36 \, L \cdot mol^{-1}} - \frac{0.680\,3 \, Pa \cdot m^6 \cdot mol^{-2} \times (1.50 \, mol)^2}{(20.0 \, L)^2}$$

$$= 189.7 \, kPa - 3.8 \, kPa = 186 \, kPa$$

$$d_r = \frac{p_1 - p_2}{p_2} = \frac{189 - 186}{186} \times 100\% = 1.61\%$$

当将体积压缩至 2.00 L 时，$p_1' = 1.89 \times 10^3$ kPa，

$$p_2' = \frac{1.50 \text{ mol} \times 8.314 \text{ J} \cdot \text{mol}^{-1} \cdot \text{K}^{-1} \times 303 \text{ K}}{2.00 \text{ L} - 1.50 \text{ mol} \times 0.056\,36 \text{ L} \cdot \text{mol}^{-1}} - \frac{0.680\,3 \text{ Pa} \cdot \text{m}^6 \cdot \text{mol}^{-2} \times (1.50 \text{ mol})^2}{(2.00 \text{ L})^2}$$

$$= 1\,972.7 \text{ kPa} - 382.7 \text{ kPa} = 1.59 \times 10^3 \text{ kPa}$$

$$d_r' = \frac{p_1' - p_2'}{p_2'} = \frac{(1.89 - 1.59) \times 10^3}{1.59 \times 10^3} \times 100\% = 18.9\%$$

由以上计算可以看出，使用理想气体状态方程计算真实气体时，有时会产生较大的偏差。

化学视野
大气化学

§1.2 液　体

像气体一样，液体也是一种流体，它具有一定的体积，但没有固定的形状。液体中分子的运动既不像在气体中那么自由，又不像在固体中那么受限制，因此其性质介于气体和固体之间。通常，液体分子做无规则运动，没有确定的位置，分子间的平均距离与气态相比小很多，更接近于固体。因此，液体和固体都被称为凝聚态。液体的可压缩比略大于固体而比气体小得多。

1.2.1 液体的蒸发及饱和蒸气压

在敞口容器中，液体表面的分子会克服分子间的吸引力而逸出表面变成蒸气分子，这一过程被称为蒸发。如果容器是敞开的，蒸发会一直进行到全部液体都转化为气体。但在密闭容器中液体的蒸发是有限度的。在一定温度下，将纯液体引入密闭容器中，液体表面逸出的分子在容器中做无规则运动，其中一些分子与器壁或液面碰撞而进入液体中，这一过程叫凝聚。

液体蒸发时需要克服分子间的吸引力，因此只有能量较高的分子才能克服其他分子对其的吸引而逸出液体表面。显然，蒸发是和温度有关的。在一定温度下，假想某一密闭容器中盛有足量的液体，液面之上的空间气体的分压为 0。在开始阶段，蒸发过程占优势[图 1-3(a)]，但随着气态分子逐渐增多，凝聚的速率增大[图 1-3(b)]，当液体的蒸发速率与气体的凝聚速率相等时，气相和液相达到平衡[图 1-3(c)]。此时，液体上方的蒸气所产生的压力称为该液体的饱和蒸气压，简称蒸气压，用符号 p^* 表示，常用单位是 Pa 或 kPa。

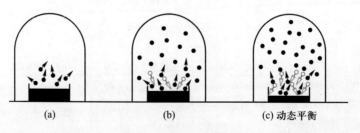

图 1-3　气体蒸发示意图

蒸气压是液体的性质之一,它表示液体分子向外逸出的趋势,其大小与液体的本性有关,而与液体的量无关。在同一温度下,不同种类液体的蒸气压不同,如 20 ℃时,水的蒸气压为 2.34 kPa,乙醇的蒸气压为 5.8 kPa,而乙醚的蒸气压为 57.6 kPa(图 1-4)。通常把蒸气压大的物质叫做易挥发物质,蒸气压小的物质叫做难挥发物质。

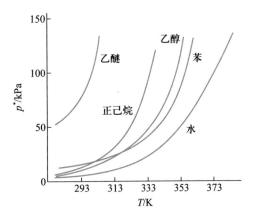

图 1-4　几种液体的蒸气压曲线

由图 1-4 可以看出,液体的蒸气压与温度有关。液体的蒸气压随温度的升高而增大。表 1-2 列出一些温度下水的蒸气压。

表 1-2　不同温度下水的蒸气压

$t/$ ℃	$p^*/$kPa	$t/$ ℃	$p^*/$kPa	$t/$ ℃	$p^*/$kPa
0	0.611	30	4.242	70	31.16
5	0.872	40	7.375	80	47.34
10	1.228	50	12.33	90	70.10
20	2.338	60	19.91	100	101.3

从图 1-4 和表 1-2 可以看出,随着温度的升高,液体蒸气压逐渐增大,当液体的蒸气压增大到与外界大气压相等时,液体内部开始汽化,内部液体汽化产生的大量气泡上升到液体表面,气泡破碎逸出液体,这种现象叫沸腾,此时的温度称为该液体的沸点。显然,液体的沸点与外界大气压有关,外界大气压越大,液体的沸点越高。例如,在大气压为 101.325 kPa 时,水的沸点是 100 ℃;在珠穆朗玛峰顶,大气压约为 32 kPa,水的沸点约为 71 ℃;而民用高压锅内的最高压力可达 230 kPa,水的沸点约为 125 ℃。通常所说的液体的沸点是指大气压为 101.325 kPa 时液体沸腾的温度,也称液体的正常沸点。

固体也有蒸气压,一般情况下固体的蒸气压较小。表 1-3 列出了一些温度下冰的蒸气压。固体蒸气压也随着温度的升高而增大。

表 1-3　不同温度下冰的蒸气压

$t/$ ℃	$p^*/$kPa	$t/$ ℃	$p^*/$kPa
0	0.611	−10	0.259
−1	0.562	−15	0.165
−2	0.517	−20	0.104
−5	0.401	−25	0.063

1.2.2   相变和水的相图

众所周知,纯物质的气、液和固态三种聚集状态在一定的条件下可以互相转化。如冰(固相)受热后可以融化为水(液相),水受热蒸发变成水蒸气(气相),水蒸气在一定的温度和压力下也可以凝聚为水,也可以凝华为冰,而在水蒸气分压极低的环境下(如 0 ℃,小于 600 Pa 时),冰会直接升华为水蒸气。这种纯物质的聚集状态的变化就是相变化。

通常,相是指系统中物理性质和化学性质完全相同且与其他部分有明确界面分隔的均匀部分。相可以由纯物质或者均匀混合物组成,只含有一个相的系统叫做均相系统或单相系统,如氯化钠水溶液、空气或金刚石等都是单相系统。系统中可能有两个或多个相,相与相之间由界面分开,这种系统叫非均相系统或多相系统,如冰水混合物等。为书写方便,通常用 g,l,s 分别代表气态、液态和固态,用 aq 表示水溶液。

最常见的相变类型有熔化(从固态到液态)和凝固(从液态到固态);蒸发(从液态到气态)和凝结(从气态到液态);升华(从固态直接到气态)和凝华(从气态直接到固态)。

一般用相图来表示相平衡系统的组成与一些参数(如温度、压力)之间的关系。如水的相图 p-T 图(图 1-5),它表示了温度、压力和物质状态三者之间的关系。从中可以很容易地读出水的三相点(O)、临界点(C)等信息。在三相点 O 处,水的气、液和固三相处于平衡态,水和冰的蒸气压均为 0.611 kPa。临界点是可使某物质以液态存在的最高温度或以气态存在的最高压力,当物质的温度、压力超过临界温度、临界压力时,会变成同时拥有液态及气态特征的流体——超临界流体。

相图上的蓝色线被称为"相界"或相平衡线,这是相变发生的地方,线上的每一点都表示相邻两相共存达到平衡。当气相分压等于外界大气压时,气、液两相平衡线对应的温度即为沸点。液、固两相平衡线对应的温度为熔点。

相图中被平衡线围成的部分是单相区,如固相(s)、液相(l)和气相(g),在同一区域内温度和压力的变化不会导致相的变化。

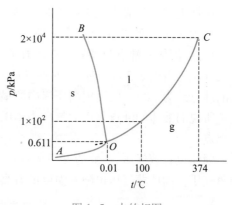

图 1-5   水的相图

§1.3   溶   液

一种或一种以上的物质以分子或离子形式分散于另一种物质中形成的均一、稳定的混合物统称为溶液。其中被溶解的物质为溶质,能溶解其他物质的称为溶剂;当两种液体互溶时,一般把量少的一种叫溶质,量多的一种叫溶剂。

1.3.1　溶液中溶质的浓度

溶液中溶质的浓度是指一定量的溶液中溶质的含量,有时也称为溶液的浓度,或简称为浓度,其表达方式有多种,这里只介绍几种常用浓度的表达方法。

(1) 物质的量浓度

溶液中溶质 B 的物质的量 n_B 除以溶液的体积称为物质 B 的物质的量浓度,用符号 c_B 表示,单位是 $mol \cdot L^{-1}$。

$$c_B = \frac{n_B}{V} \tag{1-16}$$

(2) 质量摩尔浓度

溶液中溶质 B 的物质的量 n_B 除以溶剂的质量 m_A 称为溶质 B 的质量摩尔浓度,用符号 b_B 表示,单位是 $mol \cdot kg^{-1}$。

$$b_B = \frac{n_B}{m_A} \tag{1-17}$$

(3) 质量分数

组分 B 的质量 m_B 与混合物的总质量 m 之比称为 B 的质量分数,用符号 w_B 表示,其量纲为 1。

$$w_B = \frac{m_B}{m} \tag{1-18}$$

(4) 摩尔分数

组分 B 的物质的量 n_B 与混合物的总物质的量 n 之比称为组分 B 的摩尔分数,用符号 x_B 表示,其量纲为 1。

$$x_B = \frac{n_B}{n} \tag{1-19}$$

对于由 A 和 B 两种物质组成的混合物,A 和 B 的摩尔分数分别为

$$x_A = \frac{n_A}{n_A + n_B}$$

和

$$x_B = \frac{n_B}{n_A + n_B}$$

显然有

$$x_A + x_B = 1$$

对于多组分混合物,各组分的摩尔分数之和为 1。

(5) 质量浓度

物质 B 的质量 m_B 除以混合物的体积 V 称为物质 B 的质量浓度,用符号 ρ_B 表示,

其常用单位是 $g \cdot L^{-1}$ 或 $mg \cdot L^{-1}$。

$$\rho_B = \frac{m_B}{V} \tag{1-20}$$

1.3.2   稀溶液的依数性

溶质溶于溶剂后,溶液的性质与纯溶剂和纯溶质的性质都不相同。溶液的性质可分为两类:第一类性质与溶质的本性及溶质与溶剂的相互作用有关,如溶液的颜色、体积、密度、导电性、黏度等;第二类性质决定于溶质的粒子数,而与溶质的本性几乎无关,如稀溶液的蒸气压下降、沸点升高、凝固点降低和渗透压等。这些只与溶质的粒子数有关而与溶质本性无关的性质称为稀溶液的依数性。在非电解质的稀溶液中,溶质粒子之间的作用力很微弱,且溶质对溶剂分子间的作用力没有明显影响,因而这种依数性呈现明显的规律性变化。本节主要讨论难挥发非电解质稀溶液的依数性。

1. 稀溶液的蒸气压下降

在溶剂中溶入少量难挥发的溶质后,一部分液面被溶质分子所占据,导致从液面逸出的溶剂分子相应地减少。当在一定温度下达到平衡时,溶液的蒸气压必定小于纯溶剂的蒸气压,这种现象称为溶液的蒸气压下降。

1887 年,法国物理学家拉乌尔(F.M.Raoult)研究了几十种溶液的蒸气压下降与浓度的关系,提出了下列经验公式:

$$p = p_A^* x_A \tag{1-21}$$

式中,p 为稀溶液的蒸气压;p_A^* 为溶剂 A 的蒸气压;x_A 为溶剂 A 的摩尔分数。由于 $x_A < 1$,所以 $p < p_A^*$。

若溶液仅由溶剂 A 和溶质 B 组成,则式(1-21)可改写为

$$p = p_A^* (1 - x_B)$$

式中,x_B 为溶质 B 的摩尔分数。

由式(1-21)可得

$$\Delta p = p_A^* - p = p_A^* x_B \tag{1-22}$$

式(1-22)表明,在一定温度下,难挥发非电解质稀溶液的蒸气压下降值与溶质的摩尔分数成正比,这一结论称为 Raoult 定律,它仅适用于难挥发非电解质稀溶液。在稀溶液中,由于 $n_A \gg n_B$,因此 $n_A + n_B \approx n_A$,则有

$$x_B = \frac{n_B}{n_A + n_B} \approx \frac{n_B}{n_A} = \frac{n_B}{m_A / M_A} = b_B M_A$$

代入式(1-22)中得

$$\Delta p = p_A^* M_A b_B = k b_B \tag{1-23}$$

在一定温度下,溶剂 A 的蒸气压和摩尔质量均为常量,所以 k 也是常量。式(1-23)表明,在一定温度下,难挥发非电解质稀溶液的蒸气压下降与该稀溶液中溶质的质量摩尔浓度成正比,这是 Raoult 定律的另一种表达形式。

2. 稀溶液的沸点升高

我们已经知道,液体的沸点是指液体的蒸气压等于外界大气压(通常为 101.325 kPa)时的温度。当溶剂中溶入少量难挥发非电解质时,引起溶液的蒸气压下降。要使稀溶液的蒸气压等于外界大气压,必须升高温度,这就必然导致难挥发非电解质稀溶液的沸点高于纯溶剂的沸点,这种现象称为稀溶液的沸点升高。图 1-6 表示稀溶液的沸点升高。若纯溶剂的沸点为 T_b^*,溶液的沸点为 T_b,则 T_b 与 T_b^* 之差即为溶液的沸点升高 ΔT_b。根据式(1-23),溶液的质量摩尔浓度越大,其蒸气压下降越显著,沸点升高也越显著。Raoult 根据实验归纳出溶液的沸点升高 ΔT_b 与溶液的质量摩尔浓度 b_B 之间的关系:

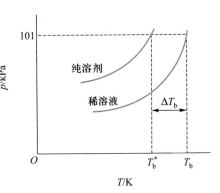

图 1-6 稀溶液的沸点升高

$$\Delta T_b = k_b b_B \tag{1-24}$$

式中,k_b 是溶剂的沸点升高系数,单位是 $K \cdot kg \cdot mol^{-1}$,只与溶剂的性质有关。可以看出,难挥发非电解质稀溶液的沸点升高与溶质 B 的质量摩尔浓度成正比。

表 1-4 列出了常见溶剂的沸点和沸点升高系数。

表 1-4 常见溶剂的沸点和沸点升高系数

溶剂	T_b^*/K	$k_b/(K \cdot kg \cdot mol^{-1})$	溶剂	T_b^*/K	$k_b/(K \cdot kg \cdot mol^{-1})$
水	373.15	0.512	苯	353.25	2.53
乙醇	351.55	1.22	四氯化碳	349.87	4.95
乙酸	391.05	3.07	三氯甲烷	334.35	3.85
乙醚	307.85	2.02	丙酮	329.65	1.71

例 1-9 将 68.4 g 蔗糖($C_{12}H_{22}O_{11}$)溶于 1.00 kg 水中,求该溶液的沸点。

解: 蔗糖的摩尔质量 $M = 342 \ g \cdot mol^{-1}$,其物质的量

$$n(C_{12}H_{22}O_{11}) = \frac{m(C_{12}H_{22}O_{11})}{M(C_{12}H_{22}O_{11})} = \frac{68.4 \ g}{342 \ g \cdot mol^{-1}} = 0.200 \ mol$$

其质量摩尔浓度

$$b(C_{12}H_{22}O_{11}) = \frac{n(C_{12}H_{22}O_{11})}{m(H_2O)} = \frac{0.200 \ mol}{1.00 \ kg} = 0.200 \ mol \cdot kg^{-1}$$

水的 $k_b = 0.512 \ K \cdot kg \cdot mol^{-1}$,则

$$\Delta T_b = k_b b(C_{12}H_{22}O_{11}) = 0.512\ \text{K} \cdot \text{kg} \cdot \text{mol}^{-1} \times 0.200\ \text{mol} \cdot \text{kg}^{-1}$$
$$= 0.102\ \text{K}$$
$$T_b = \Delta T_b + T_b^*(H_2O) = 0.102\ \text{K} + 373.15\ \text{K}$$
$$= 373.25\ \text{K}$$

由质量摩尔浓度的定义得

$$b_B = \frac{m_B/M_B}{m_A}$$

代入式(1-24)整理得

$$\Delta T_b = k_b \frac{m_B/M_B}{m_A}$$

$$M_B = \frac{k_b m_B}{\Delta T_b m_A} \tag{1-25}$$

通过实验测定溶液的沸点升高值,再利用式(1-25)可以计算溶质 B 的摩尔质量。

3. 稀溶液的凝固点降低

液体的凝固点是在一定的外压下纯液体与其固体达到平衡时的温度。液体在 101.325 kPa 下的凝固点称为液体的正常凝固点。

当溶剂中溶有难挥发性溶质时,溶液的蒸气压会低于纯溶剂的蒸气压,导致溶液的三相点温度低于纯溶剂的三相点温度,因此难挥发非电解质稀溶液的凝固点总是低于纯溶剂的凝固点,这种现象称为稀溶液的凝固点降低。图 1-7 为稀溶液的凝固点降低示意图。非电解质稀溶液的凝固点降低 ΔT_f 与溶质的质量摩尔浓度 b_B 成正比:

$$\Delta T_f = k_f b_B \tag{1-26}$$

式中,k_f 叫做溶剂的凝固点降低系数,其单位是 $\text{K} \cdot \text{kg} \cdot \text{mol}^{-1}$,它也只与溶剂的性质有关。

常见溶剂的凝固点和凝固点降低系数见表 1-5。

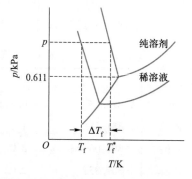

图 1-7　稀溶液的凝固点降低

表 1-5　常见溶剂的凝固点和凝固点降低系数

溶剂	T_f^*/K	$k_f/(\text{K} \cdot \text{kg} \cdot \text{mol}^{-1})$	溶剂	T_f^*/K	$k_f/(\text{K} \cdot \text{kg} \cdot \text{mol}^{-1})$
水	273.15	1.86	四氯化碳	305.15	32
乙酸	289.85	3.90	乙醚	156.95	1.8
苯	278.65	5.12	萘	353.5	6.9

由质量摩尔浓度的定义和式(1-26)可得

$$M_B = \frac{k_f m_B}{\Delta T_f m_A} \tag{1-27}$$

利用式(1-27),通过测量非电解质稀溶液的凝固点降低 ΔT_f,可以计算溶质的摩尔质量 M_B。

例1-10　将 0.749 g 某氨基酸溶于 50.0 g 水中,测得其凝固点为 272.96 K,试计算该氨基酸的摩尔质量。

解:假定该氨基酸为非电解质,溶液的凝固点降低

$$\Delta T_f = T_f^* - T_f = 273.15\ K - 272.96\ K = 0.19\ K$$

水的 $k_f = 1.86\ K \cdot kg \cdot mol^{-1}$,则该氨基酸的摩尔质量

$$M = \frac{k_f m_B}{\Delta T_f m_A} = \frac{1.86\ K \cdot kg \cdot mol^{-1} \times 0.749\ g}{0.19\ K \times 50.0\ g} = 147\ g \cdot mol^{-1}$$

应用溶液的沸点升高和凝固点降低都可以测定溶质的摩尔质量,但实际应用中,由于多数溶剂的 k_f 比 k_b 大,溶液的凝固点降低值可以测定得更精确,因此,常用凝固点降低法测定难挥发非电解质的摩尔质量。

溶液的凝固点降低还有许多实际应用。例如,冬季在汽车的水箱中加入乙二醇,可以使水的凝固点降低,防止水结冰冻裂水箱。又如,盐和碎冰的混合物可作制冷剂。氯化钠和冰混合物的温度可降低到 $-22\ ℃$,氯化钙和冰混合物的温度可降低到 $-55\ ℃$。寒冷地区冬季路面融雪使用的融雪剂,也是基于溶液的凝固点降低的原理。

4. 溶液的渗透压

自然界和日常生活中的许多现象都与渗透有关。例如,因失水而发蔫的花草在浇水后又可重新复原,淡水鱼不能生活在海水里,人在淡水中游泳会觉得眼球胀痛等。

许多天然或人造的薄膜对物质的透过都有选择性,它们只允许某种或某些物质透过,而不允许另外一些物质透过,这类薄膜称为半透膜。动物和人的肠衣、细胞膜等都是半透膜。人工制备的火棉胶膜、玻璃纸等也是半透膜。

如果用一种只允许水分子透过而溶质分子不能透过的半透膜把非电解质水溶液和纯水隔离开,并使纯水和稀溶液的液面高度相等[图1-8(a)],经过一段时间后可以观察到纯水液面下降,稀溶液的液面上升[图1-8(b)]。水分子通过半透膜从纯水进入溶液的过程称为渗透。

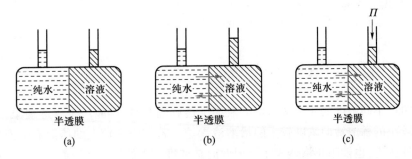

图 1-8　渗透现象和渗透压示意图

渗透现象产生的原因,是由于半透膜两侧相同体积内纯水中的水分子数比溶液的水分子数多,因此在相同时间内由纯水通过半透膜进入溶液的水分子数要比由溶液进

入纯水的多,其结果是水分子从纯水进入溶液,使溶液一侧的液面升高。溶液液面升高后,由于压力增大,驱使溶液中的水分子通过半透膜的速率加快,当压力增大至某一数值后,相同时间内从膜两侧透过半透膜的水分子数相等,达到渗透平衡。为了阻止渗透发生,必须在稀溶液的液面上施加一额外压力,这种恰好能阻止渗透现象发生而施加于稀溶液液面上的额外压力,称为非电解质稀溶液的渗透压[图 1-8(c)]。渗透压用符号 Π 表示,单位是 Pa 或 kPa。

1886 年,荷兰物理学家范特霍夫(van't Hoff)指出,非电解质稀溶液的渗透压与浓度和热力学温度的关系为

$$\Pi = c_B RT \tag{1-28}$$

式中,Π 是溶液的渗透压;c_B 是溶质 B 的物质的量浓度;R 为摩尔气体常数,T 是热力学温度。

式(1-28)表明,在一定温度下,非电解质稀溶液的渗透压与溶质的浓度成正比,而与溶质的本性无关。

对于水溶液,如果浓度很小,则 $c_B \approx b_B$,式(1-28)可写为

$$\Pi = b_B RT \tag{1-29}$$

通过测量非电解质稀溶液的渗透压,可以计算溶质的摩尔质量,尤其适用于测定高分子化合物的平均摩尔质量。式(1-28)可改写为

$$\Pi = \frac{m_B / M_B}{V} RT$$

由上式可得

$$M_B = \frac{m_B RT}{\Pi V} \tag{1-30}$$

式中,V 为溶液的体积。

渗透压法不适用于测量小分子溶质的摩尔质量。

例 1-11　20 ℃时将 1.00 g 血红素溶于水中,配成 100 mL 溶液,测得其渗透压为 0.366 kPa,求血红素的摩尔质量。

解:$T = (20+273.15)$ K $= 293.15$ K,$V = 100$ mL $= 0.100$ L。

血红素的摩尔质量

$$M = \frac{mRT}{\Pi V} = \frac{1.00 \text{ g} \times 8.314 \text{ J} \cdot \text{mol}^{-1} \cdot \text{K}^{-1} \times 293.15 \text{ K}}{0.366 \text{ kPa} \times 0.100 \text{ L}} = 6.66 \times 10^4 \text{ g} \cdot \text{mol}^{-1}$$

把两种不同浓度的非电解质稀溶液用半透膜隔开时,也能产生渗透现象,水分子由浓度较小的稀溶液向浓度较大的稀溶液渗透。若在浓度较大的稀溶液的液面上施加一额外压力,也能阻止渗透发生。但此时在浓度较大的稀溶液液面上所施加的额外压力,既不是浓度较大的稀溶液的渗透压,也不是浓度较小的稀溶液的渗透压,而是这两种稀溶液的渗透压的差值。渗透压高的溶液称为高渗透溶液,渗透压低的溶液称为低渗透溶液,如果两种溶液的渗透压相等,则称为等渗透溶液。

　　人和动植物体内的体液和细胞液都是水溶液。通过渗透作用,水分可以从植物的根部输送到几十米高的顶部。在医院输液时要使用等渗透溶液,否则由于发生渗透作用,会使细胞变形或被破坏,丧失正常的生理功能。盐碱地不利于植物的生长也与渗透有关。

　　如果外加在溶液上的压力超过渗透压,则可使溶液中的溶剂分子向纯溶剂方向扩散,使纯溶剂体积增加,这个过程称为反渗透。工业上可以利用反渗透技术进行海水淡化、废水或污水处理,以及一些特殊溶液的浓缩。

　　对电解质溶液或浓溶液,溶液的蒸气压下降、沸点升高、凝固点降低和渗透压等性质也取决于所含溶质粒子的数目,但不能用 Raoult 定律和 van't Hoff 公式进行定量计算,只能作定性比较。这是因为浓溶液的情况比较复杂,溶质的粒子数较多时,溶质粒子之间的相互影响及溶质与溶剂分子之间的相互作用大为增加,造成简单的依数性的定量关系产生误差。而电解质溶液的蒸气压、凝固点、沸点和渗透压的变化要比相同浓度的非电解质大。这是因为电解质在溶液中会解离产生阴、阳离子,因此溶液中总的粒子数就会增加,导致其偏离理想情况比较严重,所以溶液的依数性跟计算值有较大差异,必须加以校正。

思　考　题

　　1. 试述气体的基本特性。

　　2. 阐述理想气体的概念。说明真实气体在哪些条件下更接近于理想气体,以及真实气体的行为偏离理想气体的原因。

　　3. 总结理想气体状态方程有哪些应用,举例说明之。

　　4. 如何定义混合气体中某组分 B 的分压？何为分压定律？总结计算混合气体中组分 B 分压 p_B 的多种方法。

　　5. 如何定义混合气体中某组分 B 的分体积？何为分体积定律？某组分 B 的体积分数 φ_B 与其摩尔分数是何种关系？

　　6. 试述气体分子动理论的基本要点。如何从微观层面上阐述气体的宏观性质,如气体的扩散性和可压缩性;气体的压力与温度等。

　　7. 试说明 van der Waals 方程中 a,b 的物理意义。在低压高温下,如何将 van der Waals 方程简化为理想气体状态方程？

　　8. 天气预报时,低气压预示着有降水,还是高气压有降水？并说明之。

　　9. 如果工厂车间的二楼氨气管道泄漏,在同样情况下,是三楼还是一楼的人能先发现？如果二楼的氯气钢瓶有泄漏,情况又如何？

　　10. 有两种气体(1)和(2),其摩尔质量分别为 M_1 和 $M_2(M_1>M_2)$。在相同温度、相同压力和相同体积下,试比较:

　　(1) 物质的量 n_1 和 n_2；　　　　(2) 质量 m_1 和 m_2；

　　(3) 两种气体的密度 ρ_1 和 ρ_2；　　(4) 分子的平均动能 $\overline{E}_{k(1)}$ 和 $\overline{E}_{k(2)}$；

　　(5) 分子的平均速度 $\overline{v}_1$ 和 $\overline{v}_2$。

　　11. 什么是液体的饱和蒸气压？它与液体的沸点有什么关系？

　　12. 溶液的沸点为什么比纯溶剂的沸点高？

　　13. 下列水溶液的凝固点哪个最高？哪个最低？

(1) $0.1 \ mol \cdot L^{-1} \ Al_2(SO_4)_3$ (2) $0.2 \ mol \cdot L^{-1} \ CuSO_4$

(3) $0.3 \ mol \cdot L^{-1} \ NaCl$ (4) $0.3 \ mol \cdot L^{-1}$ 尿素

(5) $0.6 \ mol \cdot L^{-1} \ CH_3COOH$ (6) $0.2 \ mol \cdot L^{-1} \ C_6H_{12}O_6$

14. 什么是渗透现象？产生渗透现象的条件是什么？什么是渗透压？

习　题

1. 有多个用氦气填充的气象探测气球，在使用过程中，气球中氦的物质的量保持不变，它们的初始状态和最终状态的实验数据如下表所示。试通过计算确定表中空位所对应的物理量，以及由(2)的始态求得 $M(He)$ 和(3)的始态条件下 $\rho(He)$。

	n 或 m	始态			终态		
		p_1	V_1	t_1 或 T_1	p_2	V_2	t_2 或 T_2
(1)	$n=(\quad)$ mol	110.0 kPa	5.00×10^3 L	47.00 ℃	110.0 kPa		17.00 ℃
(2)	637 g	1.02 atm	3.50 m^3	0.00 ℃		5.10 m^3	0.00 ℃
(3)	n 一定	0.98 atm	10.0 m^3	303.0 K	0.60 atm	13.6 m^3	

2. 某气体化合物是氮的氧化物，其中含氮的质量分数 $w(N) = 30.5\%$；某一容器中充有该氮氧化物的质量是 4.107 g，其体积为 0.500 L，压力为 202.65 kPa，温度为 0 ℃。试求：(1) 在标准状况下，该气体的密度；(2) 该氧化物的相对分子质量 M_r 和化学式。

3. 在 0.237 g 某碳氢化合物中，其 $w(C) = 80.0\%$，$w(H) = 20.0\%$。22 ℃，756.8 mmHg 下，体积为 191.7 mL。确定该化合物的化学式。

4. 在容积为 50.0 L 的容器中，充有 140.0 g 的 CO 和 20.0 g 的 H_2，温度为 300 K。试计算：(1) CO 与 H_2 的分压；(2) 混合气体的总压。

5. 在激光放电池中的气体是由 2.0 mol CO_2，1.0 mol N_2 和 16.0 mol He 组成的混合物，总压为 0.30 MPa。计算各组分分压。

6. 在实验室中用排水集气法收集制取的氢气。在 23 ℃，100.5 kPa 压力下，收集了 370.0 mL 的气体（23 ℃时，水的饱和蒸气压 2.800 kPa）。试求：(1) 23 ℃时该气体中氢气的分压；(2) 氢气的物质的量；(3) 若在收集氢气之前，集气瓶中已充有氮气 20.0 mL，其温度也是 23 ℃，压力为 100.5 kPa；收集氢气之后，气体的总体积为390.0 mL，计算此时收集的氢气分压，与(2)相比，氢气的物质的量是否发生变化？

7. 当 NO_2 被冷却到室温时，发生聚合反应：

$$2NO_2(g) \longrightarrow N_2O_4(g)$$

若在高温下将 15.2 g NO_2 充入 10.0 L 的容器中，然后使其冷却到 25 ℃。测得总压为 0.500 atm。试计算 $NO_2(g)$ 和 $N_2O_4(g)$ 的摩尔分数和分压。

8. 氰化氢（HCN）气体是用甲烷和氨作原料制造的。反应如下：

$$2CH_4(g) + 2NH_3(g) + 3O_2(g) \xrightarrow{Pt, 1\,100\ ℃} 2HCN(g) + 6H_2O(g)$$

如果反应物和产物的体积是在相同温度和相同压力下测定的。计算：(1) 与 3.0 L CH_4 反应需要氨的体积；(2) 与 3.0 L CH_4 反应需要氧气的体积；(3) 当 3.0 L CH_4 完全反应后，生成的 HCN(g) 和 $H_2O(g)$ 的体积。

9. 为了行车安全，可在汽车上装备气袋，以便必要时保护司机和乘客。这种气袋是用氮气充填的,所用氮气是由叠氮化钠(NaN_3,s)与三氧化二铁在火花的引发下反应生成的(其他产物还有氧化钠和铁)。

(1) 写出该反应方程式并配平之;

(2) 在 25 ℃,99.7 kPa 下,要产生 75.0 L 的 N_2 需要叠氮化钠的质量是多少?

10. 一个人每天呼出的 CO_2 相当于标准状况下的 $5.8×10^2$ L。在空间站的密闭舱中,宇航员呼出的 CO_2 用 LiOH(s)吸收。写出该反应方程式,并计算每个宇航员每天需要 LiOH 的质量。

11. 地球上物体的逃逸速度为 11.2 km·s^{-1}。计算 He,Ar,Xe 在 2 000 K 的方均根速度。由计算结果可帮助你了解为什么大气中 He 的丰度(含量)最小。

12. 在容积为 40.0 L 氧气钢瓶中充有 8.00 kg 的氧,温度为 25 ℃。

(1) 按理想气体状态方程计算钢瓶中氧的压力;

(2) 再根据 van der Waals 方程计算氧的压力;

(3) 确定两者的相对偏差。

13. 不查表,确定下列气体:H_2,N_2,CH_4,C_2H_6 和 C_3H_8 中,其 van der Waals 常量 b 最大的是哪一种气体?

14. 比较 H_2,CO_2,N_2 和 CH_4 的 van der Waals 常量 a,预测分子间力最大的是哪一种气体。

15. 25 ℃时水的蒸气压为 3.17 kPa,若一甘油($C_3H_8O_3$)水溶液中甘油的质量分数为 0.100,该溶液在25 ℃时的蒸气压为多少?

16. 从某种植物中分离出一种未知结构的生物碱,为了测定其相对分子质量,将 19.0 g 该物质溶入 100 g 水中,测得溶液的沸点升高了 0.060 K,凝固点降低了 0.220 K。计算该生物碱的相对分子质量。

17. 现有两种溶液,一种为 1.50 g 尿素[$CO(NH_2)_2$]溶于 200 g 水中,另一种为 42.75 g 未知物(非电解质)溶于 1 000 g 水中。这两种溶液在同一温度结冰,问未知物的摩尔质量是多少?

18. 甘油($C_3H_8O_3$)是一种非挥发性物质,易溶于水,若在 250 g 水中加入 40.0 g 甘油,计算:(1) 20 ℃时溶液的蒸气压;(2) 溶液的凝固点;(3) 溶液的沸点。

19. 人体血液的凝固点为 - 0.56 ℃,求 37 ℃ 时人体血液的渗透压。(已知水的 k_f = 1.86 K · kg · mol^{-1}。)

20. 将 5.0 g 鸡蛋白溶于水配制成 1.0 L 溶液,25 ℃时测得溶液的渗透压为 306 Pa,计算鸡蛋白的相对分子质量。

第二章
学习引导

第二章
教学课件

可以举出许多实例来说明能量对人类自身的生存和社会的发展是多么重要,无论怎样形容它都不为过。从古代人的钻木取火到今天的核能发电,人们一直在探索新的能源。有效地利用能量,开发清洁能源是当今社会可持续发展必须解决的重要问题。能量有多种形式,如机械能、热能、电磁能、辐射能、化学能、生物能和核能等。能量可以被储存和转化。热和功是能量传递的两种形式。研究热和其他形式能量相互转化之间关系的科学被称为热力学。热力学的中心内容是热力学第一定律和第二定律,两者均为经验定律。应用热力学第二定律可以判断化学反应的方向和限度,将在第四章中讨论。本章将根据热力学第一定律定量地研究化学反应中的热效应,定义了热力学函数——热力学能、焓、标准摩尔生成焓,以及由标准摩尔生成焓计算化学反应焓变。这些内容统称为热化学。

§2.1　热力学的术语和基本概念

2.1.1　系统和环境

MOOC

教学视频
热力学的术语
和基本概念

热力学中的系统就是指被研究的对象。物质世界是无穷尽的,研究问题只能选取其中的一部分。例如,在某容器中加入少量水,再取一小块金属钠放入其中(图2-1),可以观察到有化学反应发生。可以将容器内的金属钠、水溶液及空气作为被研究的对象,称为系统。系统是由大量微观粒子(分子、原子和离子等)组成的宏观集合体。系统具有边界,这一边界可以是实际的界面,如图2-1中的容器壁,或者是仅研究水溶液时的水与空气的界面;也可以是人为确定的用来划定研究对象的空间范围,如混合气体中作为研究对象的某组分气体与其他组分气体之间的假想界面。

热力学中的环境是指系统边界以外与系统相关的其他部分,如图2-1中的容器壁、密封盖、砝码及密封盖以外的空气等都是环境的组成部分。系统与环境之间可以有物质和能量的传递。按传递情况的不同,将系统分为

（1）封闭系统:系统与环境之间通过边界只有能量的传递,而没有物质的传递。因此系统的质量是守恒的。例如,在图2-1中,金属钠与水反应生成氢氧化钠和氢气,并有热量放出。由于系统是密闭的,没有任何物质逸散和加入。由于容器不是绝热的,除自身温度能升高外,还能将热量传递到周围的空气中。另外,生成的氢气推动密封盖对环境做功,也将系统的一部分能量传递至环境。

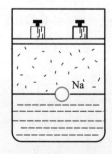

图2-1　系统与环境示意图

动画
封闭系统

（2）敞开系统：系统与环境之间通过边界既有物质的传递，也能以热和功的形式传递能量。将图 2-1 的密封盖打开后的系统，就属于敞开系统。

（3）隔离系统：系统与环境之间没有任何相互作用，既没有物质通过边界，也没有与环境进行能量交换。如果将图 2-1 中的容器和密封盖换成绝热材料，并将密封盖的位置固定，就属于这种情形。

2.1.2　状态和状态函数

状态是系统中所有宏观性质的综合表现。热力学系统是由大量微观粒子组成的集合体，其宏观性质有压力、温度、密度、黏度和物质的量等。这些描述系统状态的物理量被称为状态函数。在一定的条件下，系统的性质不再随时间而变化，其状态就是确定的，此时状态函数有确定值。当系统状态发生变化时，状态函数的变化量与系统状态变化的途径无关。现举例说明如下：一汽缸内充满氮气，其物质的量 $n(N_2) = 1.000$ mol，压力 $p_1 = 101.325$ kPa，温度 $T_1 = 303.15$ K。这里的 n，p 和 T 就是该系统的状态函数，此时系统的状态可称为始态（或状态Ⅰ）；在压力不变的条件下加热至 373.15 K，则系统的某些状态函数发生变化，此时压力 $p_2 = 101.325$ kPa，$T_2 = 373.15$ K，所对应的状态称为终态（或状态Ⅱ）。从始态到终态，可以有不同的中间过程（见图 2-2），但物质的量 n、压力 p、温度 T 等状态函数的变化值与具体的过程无关，而只与始态和终态有关。

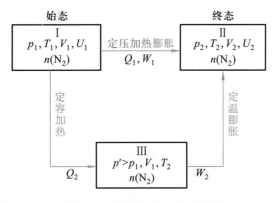

图 2-2　系统的状态变化与途径

由于系统的多种性质之间有一定的联系，例如，$pV = nRT$ 就描述了理想气体 p，V，T 和 n 之间的关系，所以描述系统状态时，并不需要罗列出系统的所有性质。可根据具体情况，选择必要的能确定系统状态的几个性质就可以了。

2.1.3　过程和途径

当系统的状态确定之后，系统的性质不再随时间变化而改变。当系统的某些性质发生改变时，这种改变称为过程。系统由始态到终态所经历的过程总和称为途径[①]。

---

① 有时并不严格区分过程和途径。

如图 2-2，p_1, T_1, V_1 等描述了始态时系统的性质，$p_2(=p_1), T_2, V_2$ 等描述了终态时系统的性质。在定压加热过程中，保持压力不变，环境给系统加热，系统膨胀对环境做功；加热和膨胀需要经历一定时间一步一步进行，这就是过程；从始态到终态的这一过程就称为途径 Ⅰ。从始态到终态还可以通过其他途径实现，如由状态 Ⅰ 先定容加热至状态 Ⅲ，再定温膨胀至状态 Ⅱ。

现介绍本书中常涉及的几种 p, V, T 变化过程：

（1）定温过程：始态、终态温度相等，过程中始终保持这个温度，并且始终与环境温度相等，这种过程叫定温过程。定温变化与定温过程不同，它只强调始态和终态的温度的相同，而对过程中的温度不作任何要求。

（2）定压过程：始态、终态压力相等，过程中始终保持这个压力，并且始终与环境压力相等。定压变化与定压过程不同，它只强调始态与终态的压力相同，而对过程中的压力不作任何要求。

（3）定容过程：系统的始态与终态体积相同，过程中始终保持同样的体积。

（4）循环过程：系统由始态出发，经过一系列变化，又回到原来状态，这种始态和终态相同的变化过程称为循环过程。

2.1.4　相

系统中物理性质和化学性质完全相同而与其他部分有明确界面分隔的任何均匀部分叫做相。只含一个相的系统叫做均相系统或单相系统。例如，NaCl 水溶液、碘酒、天然气、金刚石等。相可以由纯物质或均匀混合物组成。相可以是气、液、固等不同形式的聚集状态。系统内可能有两个或多个相，相与相之间有界面分开，这种系统叫做非均相系统或多相系统。例如，一杯水中浮有几块冰，水面上还有水蒸气和空气的混合气体，这是一个三相系统。又如，油浮在水面上的系统是两相系统。

2.1.5　化学反应计量式和反应进度

根据质量守恒定律，用规定的化学符号和化学式来表示化学反应的式子，叫做化学反应方程式或化学反应计量式。要正确地书写化学反应计量式应做到：

（1）根据实验事实，正确写出反应物和产物的化学式。

（2）反应前后原子的种类和数量保持不变，即满足原子守恒；如果是离子方程式还要满足电荷守恒。

（3）要标明物质的聚集状态。g 表示气态，l 表示液态，s 表示固态，aq 表示水溶液……只有在不会引起误解或混淆的情况下才可以省略。

依据规定，化学式前的"系数"称为化学计量数，以 ν_B 表示，ν_B 为量纲一的量。并规定，对于反应物，化学计量数为负，对于产物则为正。对任一反应：

$$a\mathrm{A} + b\mathrm{B} \longrightarrow y\mathrm{Y} + z\mathrm{Z} \tag{2-1a}$$

可以写成
$$-\nu_A\mathrm{A} - \nu_B\mathrm{B} = \nu_Y\mathrm{Y} + \nu_Z\mathrm{Z}$$

即
$$\nu_A = -a, \quad \nu_B = -b, \quad \nu_Y = y, \quad \nu_Z = z$$

则反应式(2-1a)可简化为

$$0 = \sum_B \nu_B B \tag{2-1b}$$

此式中的 B 代表反应物和产物。上式的物理意义为反应物的减小或增加等于生成物的增加或减少。

为了更清楚地讨论化学反应进行的程度,需要引入一个新的物理量——反应进度(ξ),其定义为

$$\xi = \frac{n_B(\xi) - n_B(0)}{\nu_B} \tag{2-2}$$

式中,$n_B(0)$ 和 $n_B(\xi)$ 分别代表反应进度 $\xi = 0$(反应未开始)和 $\xi = \xi$ 时 B 的物质的量。

由上式可以看出反应进度 ξ 的单位为 mol。例如反应:

		$N_2(g) + 3H_2(g) \longrightarrow 2NH_3(g)$			ξ
开始时	n_B/mol	3.0	10.0	0	0
t 时	n_B/mol	2.0	7.0	2.0	ξ

$$\xi = \frac{\Delta n(N_2)}{\nu(N_2)} = \frac{\Delta n(H_2)}{\nu(H_2)} = \frac{\Delta n(NH_3)}{\nu(NH_3)}$$

$$= \frac{(2.0-3.0)\ mol}{-1} = \frac{(7.0-10.0)\ mol}{-3} = \frac{(2.0-0)\ mol}{2} = 1.0\ mol$$

$\xi = 1.0$ mol 时,表明按该化学反应计量式进行了 1.0 mol 反应,即表示 1.0 mol 的 N_2 和 3.0 mol 的 H_2 反应并生成了 2.0 mol 的 NH_3。

从上面的简单计算可以看出,无论用反应物和产物中的任何物种的物质的量的变化量(Δn_B)来计算反应进度 ξ,结果都是相同的。要特别指出的是,反应进度 ξ 与化学反应计量式相对应。若反应方程式中的化学计量数改变,Δn_B 不变时,ξ 也将不同。如果将上述合成氨反应写成

$$\frac{1}{2}N_2(g) + \frac{3}{2}H_2(g) \longrightarrow NH_3(g)$$

则 t 时,
$$\xi' = \frac{\Delta n(N_2)}{\nu(N_2)} = \frac{(2.0-3.0)\ mol}{-1/2} = 2.0\ mol$$

§2.2 热力学第一定律

2.2.1 热和功

热和功是系统发生变化时与环境进行能量交换的两种形式。也就是说,只有当系统经历某过程时,才能以热和功的形式与环境交换能量。热和功均具有能量的单位,如 J,kJ 等。

1. 热

系统与环境之间由于温度差的存在而引起能量传递,这种能量传递形式称为热,以符号 Q 表示。以热的形式转移能量总带有一定的方向性。热能自动地从高温物体传递到低温物体。热力学中以 Q 值的正、负号来表明热传递的方向。若环境向系统传递热量,系统吸热,Q 为正值,即 $Q>0$;系统向环境放热,Q 为负值,$Q<0$。

当系统的始态、终态确定之后,Q 的数值还会随途径的不同而变化。如图 2-2 中 $Q_1 \neq Q_2$。Q 与具体的变化途径有关,不是状态函数。

系统进行的不同过程所伴随的热,如汽化热、熔化热、定容反应热和定压反应热等均可由实验测定。

2. 功

系统与环境之间除热以外其他的能量传递形式,称为功,以符号 W 表示。环境对系统做功(环境以功的形式失去能量),$W>0$;系统对环境做功(环境以功的形式得到能量),$W<0$。功与热一样,与途径有关,不是状态函数。

热力学中涉及的功可以分为两大类:

(1) 体积功:由于系统体积变化而与环境交换的功,称为体积功,如汽缸中气体的膨胀(图 2-3)或被压缩。在恒定外压过程中,p_{ex} 是恒定的,系统膨胀必须克服外压。若忽略活塞的质量,活塞与汽缸壁间又无摩擦力,活塞的截面积为 A,活塞移动的距离为 l,在定温下系统对环境做功,$W=-F_{ex}l$。F_{ex} 为外界环境作用在活塞上的力,$F_{ex}=p_{ex}A$。所以

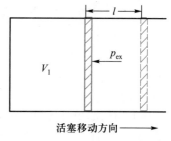

$$W=-p_{ex}Al=-p_{ex}\Delta V=-p_{ex}(V_2-V_1)$$

图 2-3　系统膨胀做功示意图

式中,V_2 和 V_1 分别为膨胀后和膨胀前汽缸的容积,即气体的体积。显然,当外界压力不同时,系统对环境做功也不相同。

在定容过程中系统与环境之间传递能量时,由于 $V_2=V_1$,$\Delta V=0$,$W=0$,即定容过程中系统与环境之间没有体积功的交换。

(2) 非体积功:体积功以外的所有其他形式的功为非体积功,如电功、表面功等。本书涉及的非体积功主要是电功,如原电池放电,产生电流做功(见第七章)。

2.2.2 热力学能

系统是由大量的微观粒子组成的。系统内的微观粒子处于永恒运动和相互作用之中,微观粒子具有能量。在不考虑系统的整体动能和势能的情况下,系统的热力学能是系统内所有微观粒子的全部能量之和,热力学能又称为内能,以符号 U 表示。

微观粒子的运动与相互作用有多种形式,例如,分子的平动、转动和振动,分子间的吸引与排斥,以及分子内原子间的相互作用(化学键),原子内核与电子的作用,核内基

本粒子的相互作用等。与这些作用相对应的就有内动能和内势能……当系统内部组成的物种和物质的量及某些条件确定之后,系统内部的能量总和就有确定的值。系统的状态改变,如温度升高,分子的热运动增强;体积增大,分子间距离增大,相互作用减弱……系统的热力学能就改变。热力学能 U 与 T,p,V 一样,也是状态函数,其变化量 ΔU 与途径无关。由于组成系统的物质结构的复杂性和内部相互作用的多样性,尚不能测定热力学能的绝对值。实际应用中只要能确定始态与终态的热力学能的变化量 ΔU 就足够了。

2.2.3 热力学第一定律

能量守恒和转化定律是众所周知的经验定律,是人类长期经验的总结。"自然界的一切物质都具有能量,能量有各种不同的存在形式,能够互相转化,在转化过程中,不生不灭,总值不变。"把它应用到具体的热力学系统,就得到热力学第一定律。它指出,当系统由始态变化到终态时,系统和环境之间传递的热量 Q 和功 W 之和等于系统的热力学能的变化 ΔU。即

$$\Delta U = Q + W \qquad (2-3)$$

这就是热力学第一定律的数学表达式。显然它适用于封闭系统。

例如,某封闭系统中的气体,吸收了 45 kJ 的热,即 $Q = 45$ kJ,系统对环境做了 29 kJ 的功,即 $W = -29$ kJ。

由式(2-3)可知,系统的热力学能改变量

$$\Delta U = Q + W = 45 \text{ kJ} - 29 \text{ kJ} = 16 \text{ kJ}$$

对环境而言,则有 $Q' = -45$ kJ,$W' = 29$ kJ,环境热力学能改变量为 $\Delta U'$,则

$$\Delta U' = Q' + W' = -45 \text{ kJ} + 29 \text{ kJ} = -16 \text{ kJ}$$

系统和环境的总和即为宇宙。系统的热力学能的增加量等于环境热力学能的减少量,对于宇宙来说其能量守恒。

定义状态函数 U,把能量守恒与转化定律表述为热力学第一定律的是 R. Clausius。热力学第一定律的实质是能量守恒与转化定律,这是一个经验定律。由式(2-3)可以得到下列各过程中热力学第一定律的特殊形式:

(1) 隔离系统的过程:因为 $Q = 0$,$W = 0$,所以 $\Delta U = 0$,即隔离系统的热力学能 U 是守恒的。

(2) 循环过程:系统由始态经一系列变化又回复到原来状态的过程叫做循环过程,$\Delta U = 0$。

§2.3 化学反应热

当生成物和反应物的温度相同时,化学反应过程中吸收或放出的热量,称为化学反应热,简称反应热。反应热与反应条件有关。

MOOC

教学视频
化学反应热

2.3.1 定容反应热

定容的封闭系统中，$\Delta V=0$，系统的体积功 $W=0$。除体积功以外，如无其他形式的功，根据式（2-3）得

$$Q_V = \Delta U \qquad (2-4)$$

式中，Q_V 为定容反应热。即在定容且非体积功为零的过程中，封闭系统从环境吸收的热等于系统的热力学能的增加。

虽然热不是状态函数，但在定容过程这一条件的限制下，其反应热与热力学能的变化量相等，故定容反应热也只取决于系统的始态与终态，而与变化的途径无关，这是定容反应热的特点。

化学反应的定容反应热可以用图2-4所示的弹式热量计精确地测量。

在弹式热量计中，有一个用高强度钢制的"氧弹"，氧弹放在装有一定质量水的绝热容器中。测量反应热时，将已称量的反应物装入氧弹中，精确测定系统的起始温度后，用电火花引发反应。如果所测的是一个放热反应，则反应放出的热量使系统（包括氧弹及内部物质、水和钢质容器等）的温度升高，可用温度计测出系统的终态温度。计算出水和容器所吸收的热量即为反应热。

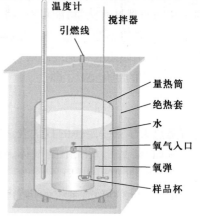

图 2-4　弹式热量计

2.3.2 定压反应热

通常，许多化学反应是在"敞口"容器中进行的，系统压力与环境压力相等（此系统只要不与环境交换物质仍是封闭系统）。这时的反应热称为定压反应热，以 Q_p 表示。在定压过程中，体积功 $W=-p_{ex}\Delta V$。若非体积功为零，由式（2-3）得

$$\Delta U = Q_p - p_{ex}\Delta V$$

$$U_2 - U_1 = Q_p - p_{ex}(V_2 - V_1)$$

因为 $\qquad\qquad\qquad p_1 = p_2 = p_{ex}$

所以 $\qquad\qquad U_2 - U_1 = Q_p - (p_2 V_2 - p_1 V_1)$

$$Q_p = (U_2 + p_2 V_2) - (U_1 + p_1 V_1) = \Delta(U + pV)$$

定义 $\qquad\qquad\qquad H \xdef{} U + pV \qquad (2-5)$

H 是一个新的热力学函数，称为焓，$\Delta H = H_2 - H_1$，ΔH 为焓变化或焓变。

$$Q_p = \Delta H \qquad (2-6)$$

式(2-6)表明:在定压和不做非体积功的过程中,封闭系统从环境所吸收的热等于系统焓的增加。

图 2-5 杯式热量计

许多化学反应,如溶液中的反应是在定压过程中完成的,从式(2-6)可知,定压反应的焓变等于定压反应热。定压反应热可用图 2-5 所示的杯式热量计测量。该热量计可用于测定酸碱中和热、稀释热等各种热效应,其计算方法与弹式热量计相似。

同样,在定压过程这一条件的限定下,反应热 Q_p 与状态函数的变化量 ΔH 相等,故定压反应热也只取决于系统的始态和终态,而与变化的途径无关。

由焓的定义可以看出,U,p,V 是状态函数,焓也是状态函数;H 与热力学能的单位相同。同样,也不能测定 H 的绝对值。在实际应用中,涉及的都是焓变 ΔH。对于吸热反应,$\Delta H > 0$;放热反应,$\Delta H < 0$。由 Joule 实验得出结论,物质的量不变时,理想气体的热力学能 U 只是温度的函数。又因为 pV 也只是温度的函数,所以,在物质的量不变时,理想气体的 H 也只是温度的函数。通常,温度对化学反应的焓变影响较小。在本书中,一般不考虑温度变化对焓变的影响。

前已述及,热不是状态函数,即使系统的始态和终态相同但变化的途径不同,系统和环境之间所交换的热也可能不同。但在限定条件下,如系统的变化是在定容或定压过程中实现的,则热量这个可以直接测量的非状态函数在数值上就与不可直接测量的状态函数 U 或 H 的变化量直接关联起来。这样,通过量热实验给出的 Q_V 或 Q_p 就不必再关注变化途径,前人给出的数据我们就可以直接使用而不必对每个数据再进行测定了。

2.3.3 $\Delta_r U_m$ 和 $\Delta_r H_m$ 的关系

从前面的讨论可以看出,在无非体积功时,定容反应的反应热可用 ΔU 表示,定压反应的反应热可用 ΔH 表示。化学反应的反应热大小与反应进度 ξ 有关。因此引入反应的摩尔热力学能变 $\Delta_r U_m$ 和反应的摩尔焓变 $\Delta_r H_m$ 的概念:

$$\Delta_r U_m = \frac{\Delta U}{\Delta \xi} = \frac{\nu_B \Delta U}{\Delta n_B}$$

$$\Delta_r H_m = \frac{\Delta H}{\Delta \xi} = \frac{\nu_B \Delta H}{\Delta n_B}$$

角标 r 表示反应(reaction);m 表示摩尔(molar)。上两式分别表明了反应进度为 1 mol 时,热力学能的变化量和焓的变化量。

对于理想气体系统,可以推导 Q_V 和 Q_p 存在如下关系:

$$Q_p = Q_V + \Delta nRT$$

引入 $\Delta_r H_m$ 和 $\Delta_r U_m$ 的概念之后,则

$$\Delta_r H_m = \Delta_r U_m + \sum_B \nu_{B(g)} RT$$

式中,$\sum\limits_B \nu_{B(g)}$ 是反应前后气体物质化学计量数的代数和。

例如,定温定压过程中,

$$2H_2(g) + O_2(g) \longrightarrow 2H_2O(g); \quad \Delta_r H_m^\ominus(298.15\ K) = -483.64\ kJ \cdot mol^{-1}$$

$$\sum_B \nu_{B(g)} = 2 - (2+1) = -1$$

则其体积功
$$W = -RT \sum_B \nu_{B(g)}$$
$$= -8.314\ J \cdot mol^{-1} \cdot K^{-1} \times 298.15\ K \times (-1)$$
$$= 2.479\ kJ \cdot mol^{-1}$$

$$\Delta_r U_m^\ominus(298.15\ K) = \Delta_r H_m^\ominus(298.15\ K) - RT \sum_B \nu_{B(g)}$$
$$= -483.64\ kJ \cdot mol^{-1} + 2.479\ kJ \cdot mol^{-1}$$
$$= -481.16\ kJ \cdot mol^{-1}$$

$\Delta_r U_m^\ominus(298.15\ K)$ 与 $\Delta_r H_m^\ominus(298.15\ K)$ 相差不大,因此,在有些情况下,并不区分 $\Delta_r H_m^\ominus(T)$ 和 $\Delta_r U_m^\ominus(T)$。

2.3.4 热化学方程式

1. 标准状态

某些热力学量(如热力学能 U、焓 H 等)的绝对值是无法确定的,只能确定状态变化时所引起的变化差值(如 $\Delta U,\Delta H$ 等),因此需要规定一个状态作为比较的基准。根据 IUPAC 的推荐,我国国家标准 GB 3102·8—1993 中规定,标准状态是在温度 T 和标准压力 $p^\ominus = 100\ kPa$[①] 下该物质的状态,简称标准态。右上角标"⊖"是表示标准态的符号。

气体的标准态——纯理想气体的标准态是指其处于标准压力 $p^\ominus$ 下的状态,混合气体中某组分的标准态是指该组分的分压为 $p^\ominus$ 且单独存在的理想气体状态。

液体(或固体)的标准态——纯液体(或固体)的标准态是指温度为 T,压力为 $p^\ominus$ 下液体(或固体)纯物质的状态。

液体溶液中溶剂和溶质的标准态——溶液中溶剂可近似看成纯物质的标准态,即为标准压力 $p^\ominus$ 时,液体纯物质的状态。在溶液中,溶质的标准态是在压力为 $p = p^\ominus$,质量摩尔浓度 $b_B = b^\ominus$(标准质量摩尔浓度 $b^\ominus = 1\ mol \cdot kg^{-1}$),并表现出无限稀释溶液特性

---

① 根据 IUPAC 物理化学部热力学委员会的推荐,1992 年将热力学的标准压力 $p^\ominus$ 由 101.325 kPa 改为 100 kPa。

时溶质的(假想)状态。在本书中讨论溶液中热力学性质时,考虑到多数情况下,溶液浓度比较小,因此,标准质量摩尔浓度近似地等于标准物质的量浓度。即 $b^\ominus \approx c^\ominus = 1 \text{ mol} \cdot \text{L}^{-1}$;同样,$b \approx c$。

物质标准态对热力学温度 T 未作具体规定。不过,许多物质的热力学数据多是在 $T = 298.15$ K 下得到的。本书中涉及的热力学函数均以 298.15 K 为参考温度。

2. 热化学方程式

表示化学反应及其反应的标准摩尔焓变关系的化学反应方程式,叫做热化学方程式。例如:

$$2H_2(g) + O_2(g) \longrightarrow 2H_2O(g); \quad \Delta_r H_m^\ominus(298.15 \text{ K}) = -483.64 \text{ kJ} \cdot \text{mol}^{-1}$$

该式表示,在温度为 298.15 K 的定压过程中,诸气体分压均为标准压力 $p^\ominus$(100 kPa)下,反应进度为 1 mol 时,该反应的标准摩尔焓变 $\Delta_r H_m^\ominus = -483.64 \text{ kJ} \cdot \text{mol}^{-1}$。

反应的标准摩尔焓变与许多因素有关,正确地写出热化学方程式必须注意以下几点:

(1)必须注明化学反应计量式中各物质的聚集状态,不得省略。因为物质的聚集状态不同,反应的标准摩尔焓变将随之改变。例如:

$$2H_2(g) + O_2(g) \longrightarrow 2H_2O(l); \quad \Delta_r H_m^\ominus(298.15 \text{ K}) = -571.66 \text{ kJ} \cdot \text{mol}^{-1}$$

显然,生成液态水能放出更多的热,$\Delta_r H_m^\ominus$ 更小。

(2)正确写出化学反应计量式,必须是配平的反应方程式。因为 $\Delta_r H_m^\ominus$ 是反应进度 ξ 为 1 mol 时的反应标准摩尔焓变,而反应进度与化学计量方程式相关联。同一反应,以不同的计量式表示时,其反应的标准摩尔焓变 $\Delta_r H_m^\ominus$ 不同。例如:

$$H_2(g) + \frac{1}{2}O_2(g) \longrightarrow H_2O(g); \quad \Delta_r H_m^\ominus(298.15 \text{ K}) = -241.82 \text{ kJ} \cdot \text{mol}^{-1}$$

化学反应计量式中各物质的聚集状态相同,而化学计量数不同,同是反应进度为 1 mol,$\Delta_r H_m^\ominus$ 不同。

(3)注明反应温度,因为反应的焓变随温度改变而有所不同。例如:

$$CH_4(g) + H_2O(g) \longrightarrow CO(g) + 3H_2(g)$$
$$\Delta_r H_m^\ominus(298.15 \text{ K}) = 206.15 \text{ kJ} \cdot \text{mol}^{-1}$$
$$\Delta_r H_m^\ominus(1\ 273 \text{ K}) = 227.23 \text{ kJ} \cdot \text{mol}^{-1}$$

所以,书写热化学方程式时应该标明反应温度。本书中,有时对常温常压下的热化学方程式不注明反应条件,多以 $\Delta_r H_m^\ominus(298.15 \text{ K})$ 表示之。

2.3.5 标准摩尔生成焓

物质 B 的标准摩尔生成焓 $\Delta_f H_m^\ominus(B, 相态, T)$ 被定义为:在温度 T 下,由参考状态的单质生成物质 $B(\nu_B = +1)$ 反应的标准摩尔焓变。这里所谓的参考状态,一般是指每种单质在所讨论的温度 T 及标准压力 $p^{\ominus}$ 时最稳定的状态。

例如,碳有多种同素异形体——石墨、金刚石、无定形碳和 C_{60} 等,其中最稳定的是石墨。又如,$O_2(g)$,$H_2(g)$,$Br_2(l)$,$I_2(s)$ 和 $Hg(l)$ 等是 $T(=298.15 \text{ K})$,$p^{\ominus}$ 下相应元素的最稳定单质。但是,个别情况下,按习惯参考状态的单质并不是最稳定的,如磷的参考状态的单质是白磷 $P_4(s,白)$。实际上,白磷不如红磷和黑磷稳定。

根据 $\Delta_f H_m^{\ominus}(B,相态,T)$ 的定义,在任何温度下,参考状态单质的标准摩尔生成焓均为零。例如,$\Delta_f H_m^{\ominus}(石墨,s,T)=0$,$\Delta_f H_m^{\ominus}(P_4,s,白,T)=0$。

实际上,$\Delta_f H_m^{\ominus}(B,相态,T)$ 是物质 B 的生成反应的标准摩尔焓变。书写 B 的生成反应计量式时,要使 B 的化学计量数 $\nu_B=+1$。如 $CH_3OH(g)$ 的生成反应:

$$C(石墨,298.15 \text{ K},p^{\ominus})+2H_2(g,298.15 \text{ K},p^{\ominus})+\frac{1}{2}O_2(g,298.15 \text{ K},p^{\ominus})$$
$$\longrightarrow CH_3OH(g,298.15 \text{ K},p^{\ominus})$$

$$\Delta_f H_m^{\ominus}(CH_3OH,g,298.15 \text{ K})=\Delta_r H_m^{\ominus}(298.15 \text{ K})=-200.66 \text{ kJ·mol}^{-1}$$

由本书附表一和化学手册中可以查得 $\Delta_f H_m^{\ominus}(B,相态,298.15 \text{ K})$。各种物质的标准摩尔生成焓多数小于零。通过比较某些相同类型化合物的标准摩尔生成焓数据,可以推断这些化合物的相对稳定性。例如,将 Ag_2O,$HgO(红)$ 分别与 Na_2O,CaO 相比较,前两者生成时放热较少,因而比较不稳定,受热易分解(见表 2-1)。

表 2-1 相同类型化合物的 $\Delta_f H_m^{\ominus}$ 与稳定性

化学式	$\Delta_f H_m^{\ominus}(s,298.15 \text{ K})/(\text{kJ·mol}^{-1})$	稳定性
Na_2O	-414.22	受热不分解
Ag_2O	-31.05	300 ℃以上分解
CaO	-635.09	受热不分解
$HgO(红)$	-90.83	447 ℃分解

2.3.6 标准摩尔燃烧焓

燃烧是一类重要的氧化还原反应。物质燃烧时往往放出大量的热。物质 B 的标准摩尔燃烧焓 $\Delta_c H_m^{\ominus}(B,相态,T)$ 被定义为:在标准态和温度 T 下,物质 B($\nu_B=-1$)完全氧化成相同温度下的指定产物时反应的标准摩尔焓变。所谓指定产物,是指物质 B 中的 C 元素和 H 元素分别完全氧化为 $CO_2(g)$ 和 $H_2O(l)$;对于其他元素,一般数据表上会注明。在任何温度下,指定燃烧产物的标准摩尔燃烧焓均为零。书写相应的燃烧反应计量式时,要使 B 的化学计量数 $\nu_B=-1$。例如,298.15 K 下,甲醇 $CH_3OH(l)$ 的燃烧反应为

$$CH_3OH(l)+\frac{3}{2}O_2(g) \longrightarrow CO_2(g)+2H_2O(l)$$

查附表二, $\Delta_c H_m^{\ominus}(CH_3OH,l,298.15 \text{ K})=-726.51 \text{ kJ·mol}^{-1}$

又:$\Delta_c H_m^{\ominus}(H_2O,l,T)=0$,$\Delta_c H_m^{\ominus}(CO_2,g,T)=0$

由 $\Delta_f H_m^{\ominus}(B,相态,T)$ 和 $\Delta_c H_m^{\ominus}(B,相态,T)$ 的定义可知：

$$\Delta_f H_m^{\ominus}(H_2O,l,T) = \Delta_c H_m^{\ominus}(H_2,g,T)$$

$$\Delta_f H_m^{\ominus}(CO_2,g,T) = \Delta_c H_m^{\ominus}(石墨,s,T)$$

§2.4 Hess 定律

在 A. L. Lavosier 等人奠定的热化学基础上[①]，化学家 G. H. Hess(出生在瑞士，长期在俄国生活和工作)于 1840 年通过实验总结出一条规律：化学反应不管是一步完成或分几步完成，其总反应所放出的热或吸收的热总是相同的。其实质是，化学反应的焓变只与始态和终态有关，而与途径无关。这一规律被称为 Hess 定律。这是由焓变的基本特点决定的：

(1) 正反应的 $\Delta_r H_m^{\ominus}(正)$ 与其逆反应的 $\Delta_r H_m^{\ominus}(逆)$ 数值相等，符号相反。即

$$\Delta_r H_m^{\ominus}(正) = -\Delta_r H_m^{\ominus}(逆)。$$

(2) 始态和终态确定之后，一步反应的焓变 $\Delta_r H_m^{\ominus}$ 等于多步反应的焓变之和。即

$$\Delta_r H_m^{\ominus} = \sum \Delta_r H_m^{\ominus}(i) \tag{2-7}$$

为了求某一反应的反应热，可设计一些中间辅助反应，而不必考虑其是否真正发生，只要注意不影响始态、终态即可。Hess 定律为求算难于测得的反应热建立了可行方法。

碳燃烧可能有两种产物：CO 和 CO_2。当有充足的氧气与灼热的碳反应可以得到 CO_2，这一反应的反应焓变是能够通过实验测定的。可是，当氧气不充分时，碳燃烧并不能得到纯净的 CO，只能得到 CO 与 CO_2 的混合物。因此，直接测定 $\Delta_f H_m^{\ominus}(CO,g)$ 是不可能的。由于 CO 燃烧焓也能由实验测定，可根据 Hess 定律间接求得 $\Delta_f H_m^{\ominus}(CO,g)$。

例 2-1 已知 298.15 K 下，反应：

(1) $C(s)+O_2(g) \longrightarrow CO_2(g)$； $\Delta_r H_m^{\ominus}(1) = \Delta_f H_m^{\ominus}(CO_2,g) = -393.51 \text{ kJ·mol}^{-1}$

(2) $CO(g)+\dfrac{1}{2}O_2(g) \longrightarrow CO_2(g)$； $\Delta_r H_m^{\ominus}(2) = \Delta_c H_m^{\ominus}(CO,g) = -282.98 \text{ kJ·mol}^{-1}$

计算反应(3) $C(s)+\dfrac{1}{2}O_2(g) \longrightarrow CO(g)$ 的 $\Delta_r H_m^{\ominus}(3)$。

解：将热化学方程式(1)减式(2)，得式(3)，所以

$$\Delta_r H_m^{\ominus}(3) = \Delta_r H_m^{\ominus}(1) - \Delta_r H_m^{\ominus}(2)$$

$$= [-393.51-(-282.98)] \text{ kJ·mol}^{-1} = -110.53 \text{ kJ·mol}^{-1}$$

由此可以得出结论：多个化学反应计量式相加(或相减)，所得化学反应计量式的 $\Delta_r H_m^{\ominus}(T)$ 等于原各化学反应计量式的 $\Delta_r H_m^{\ominus}(T)$ 之和(或之差)。

---

① A. L. Lavosier 等人证明了正反应放出的热等于逆反应所吸收的热，并研究了比热容、潜热和燃烧热等化学反应中的热现象。

§2.5　反应热的计算

化学反应热可以通过实验测定,也可根据给定的热力学数值计算得到。

2.5.1　由标准摩尔生成焓计算 $\Delta_r H_m^\ominus$

例2-2　硝酸生产中的重要过程是以铂(Pt)为催化剂的氨氧化。反应在定压下进行,其反应方程式为:$4NH_3(g)+5O_2(g) \longrightarrow 4NO(g)+6H_2O(g)$,试利用反应物和产物的标准摩尔生成焓计算 298.15 K 下该反应的标准摩尔焓变。

解:由附表一查得 298.15 K 时,

$$\Delta_f H_m^\ominus(NH_3,g) = -46.11 \text{ kJ}\cdot\text{mol}^{-1}$$

$$\Delta_f H_m^\ominus(NO,g) = 90.25 \text{ kJ}\cdot\text{mol}^{-1}$$

$$\Delta_f H_m^\ominus(H_2O,g) = -241.82 \text{ kJ}\cdot\text{mol}^{-1}$$

$$\Delta_f H_m^\ominus(O_2,g) = 0$$

设计含有生成反应的新途径。根据反应物和产物的质量守恒,确定相应参考状态单质的物质的量。因为在任何反应中,反应物和产物所含有的原子种类和数量总是相同的,用相同种类和数量的单质可以组成全部反应物,也可以组成全部产物(图2-6)。从中可以得知:

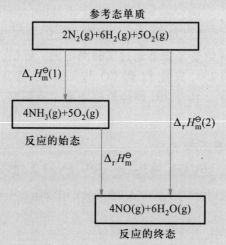

图 2-6　说明 Hess 定律的示意图

① $2N_2(g)+6H_2(g) \longrightarrow 4NH_3(g)$

　　$\Delta_r H_m^\ominus(1) = 4\Delta_f H_m^\ominus(NH_3,g)$

　　　　　　$= 4\times(-46.11) \text{ kJ}\cdot\text{mol}^{-1}$

　　　　　　$= -184.44 \text{ kJ}\cdot\text{mol}^{-1}$

② $\quad 2N_2(g)+2O_2(g) \longrightarrow 4NO(g)$

$+)\quad 6H_2(g)+3O_2(g) \longrightarrow 6H_2O(g)$

$\overline{2N_2(g)+6H_2(g)+5O_2(g) \longrightarrow 4NO(g)+6H_2O(g)}$

$$\Delta_r H_m^{\ominus}(2) = 4\Delta_f H_m^{\ominus}(NO,g) + 6\Delta_f H_m^{\ominus}(H_2O,g)$$
$$= [4 \times 90.25 + 6 \times (-241.82)]\ kJ \cdot mol^{-1} = -1\ 089.92\ kJ \cdot mol^{-1}$$
$$\Delta_r H_m^{\ominus} = -\Delta_r H_m^{\ominus}(1) + \Delta_r H_m^{\ominus}(2)$$
$$= [-(-184.44) - 1\ 089.92]\ kJ \cdot mol^{-1} = -905.48\ kJ \cdot mol^{-1}$$

由本例题可以得出如下结论:在定温定压过程中,反应的标准摩尔焓变等于反应物和产物的标准摩尔生成焓与化学计量数的乘积之和。即

$$aA + bB \longrightarrow yY + zZ$$
$$\Delta_r H_m^{\ominus}(T) = \sum \nu_B \Delta_f H_m^{\ominus}(B,相态,T) \tag{2-8}$$

或　　　$\Delta_r H_m^{\ominus}(T) = \sum \nu_P \Delta_f H_m^{\ominus}(P,相态,T) + \sum \nu_R \Delta_f H_m^{\ominus}(R,相态,T)$

式中,P 为产物,$\nu_P > 0$;R 为反应物,$\nu_R < 0$。

2.5.2　由标准摩尔燃烧焓计算 $\Delta_r H_m^{\ominus}$

对于有机化合物来说,生成焓较难测定,但其燃烧焓较易通过实验测得,因此经常用燃烧焓数据来计算有机化合物的反应热。标准摩尔生成焓是以反应物为起点,即单质为参考态的相对值;标准摩尔燃烧焓则是以燃烧终点为参照物的相对值。

化学反应的标准摩尔焓变等于反应物的标准摩尔燃烧焓与化学计量数的乘积之和减去产物的标准摩尔燃烧焓与化学计量数的乘积之和(通过习题,可自行证明)。即

$$\Delta_r H_m^{\ominus}(T) = -\sum \nu_B \Delta_c H_m^{\ominus}(B,相态,T)$$
$$= -\sum \nu_R \Delta_c H_m^{\ominus}(R,相态,T) - \sum \nu_P \Delta_c H_m^{\ominus}(P,相态,T) \tag{2-9}$$

化学反应热也可以由键焓值估算求得,相关内容请参见第九章。

化学视野
氢能源

思 考 题

1. 区分下列基本概念,并举例说明之。
(1) 系统与环境;
(2) 状态与状态函数;
(3) 均相和多相;
(4) 热和功;
(5) 热和温度;
(6) 焓与热力学能;
(7) 标准摩尔生成焓与反应的标准摩尔焓变;
(8) 反应进度与化学计量数;
(9) 标准状况与标准状态。

2. 下列过程是吸热还是放热?
(1) 固体 KBr 溶解在水中,溶液变冷;

（2）天然气在炉中燃烧；

（3）浓硫酸滴加在水中；

（4）干冰汽化。

3. 热力学能可以转化吗？举例说明之。

4. 已知下列反应：

① $N_2(g)+3H_2(g) \longrightarrow 2NH_3(g)$ ② $S(s)+O_2(g) \longrightarrow SO_2(g)$

③ $2HgO(s) \longrightarrow 2Hg(l)+O_2(g)$ ④ $H_2(g)+Cl_2(g) \longrightarrow 2HCl(g)$

（1）推测各反应在定压下的反应焓变和定容下的反应热力学能变是否相同。

（2）为什么通常忽略了这种差别，多以 $\Delta_r H_m^\ominus$ 来表示反应热？

5. 确定标准摩尔生成焓的目的是什么？

6. 下列叙述是否正确？试解释之。

（1）$H_2O(l)$ 的标准摩尔生成焓等于 $H_2(g)$ 的标准摩尔燃烧焓；

（2）对于封闭系统来说，系统与环境之间既有能量交换又有物质交换；

（3）$Q_p = \Delta H$，H 是状态函数，所以 Q_p 也是状态函数；

（4）石墨和金刚石的燃烧焓相等。

7. 所有生成反应和燃烧反应都是氧化还原反应吗？

8. Hess 定律实质上是热力学第一定律的另一种表述，试说明之。

习　题

1. 在带有活塞的汽缸中充有空气和汽油蒸气的混合物，汽缸最初体积为 40.0 cm³。如果该混合物燃烧放出 950.0 J 的热，在 86.4 kPa 的定压下，气体膨胀，燃烧所放出的热全部转化为推动活塞做功。计算膨胀后气体的体积。

2. 在 0 ℃，101.325 kPa 下，氦气球体积为 875 L，$n(He)$ 为多少？当 38.0 ℃，气球体积在定压下膨胀至 997 L。计算这一过程中系统的 Q，W 和 ΔU（氦的摩尔定压热容 $C_{p,m}$ 是 20.8 J·K⁻¹·mol⁻¹）。

3. 在 25 ℃时，将 0.92 g 甲苯置于一含有足够 O_2 的绝热刚性密闭容器中燃烧，最终产物为 25 ℃ 的 CO_2 和液态水，过程放热 39.43 kJ，试求下列反应的摩尔焓变。

$$C_7H_8(l)+9O_2(g) \longrightarrow 7CO_2(g)+4H_2O(l)$$

4. 写出与 $NaCl(s)$，$H_2O(l)$，$C_6H_{12}O_6(s)$，$PbSO_4(s)$ 的标准摩尔生成焓相对应的生成反应方程式。

5. 航天飞机的可再用火箭助推器使用了金属铝和高氯酸铵为燃料。有关反应为

$$3Al(s)+3NH_4ClO_4(s) \longrightarrow Al_2O_3(s)+AlCl_3(s)+3NO(g)+6H_2O(g)$$

计算该反应的焓变 $\Delta_r H_m^\ominus(298.15 \text{ K})$。

6. 在大气中可以发生下列反应：

（1）$C_2H_4(g)+O_3(g) \longrightarrow CH_3CHO(g)+O_2(g)$

（2）$O_3(g)+NO(g) \longrightarrow NO_2(g)+O_2(g)$

（3）$SO_3(g)+H_2O(l) \longrightarrow H_2SO_4(aq)$

（4）$2NO(g)+O_2(g) \longrightarrow 2NO_2(g)$

计算上述各反应的 $\Delta_r H_m^\ominus(298.15 \text{ K})$。

7. 用 $\Delta_f H_m^\ominus$ 数据计算下列反应的 $\Delta_r H_m^\ominus$：

（1）$4Na(s)+O_2(g) \longrightarrow 2Na_2O(s)$

（2）$2Na(s)+2H_2O(l) \longrightarrow 2NaOH(aq)+H_2(g)$

（3）$2Na(s)+CO_2(g) \longrightarrow Na_2O(s)+CO(g)$

根据计算结果说明，金属钠着火时，为什么不能用水或二氧化碳灭火剂来扑救。

8. 已知下列热化学反应方程式：

（1）$C_2H_2(g)+5/2O_2(g) \longrightarrow 2CO_2(g)+H_2O(l)$；　　$\Delta_r H_m^\ominus(1)=-1\ 300\ kJ\cdot mol^{-1}$

（2）$C(s)+O_2(g) \longrightarrow CO_2(g)$；　　　　　　　　　$\Delta_r H_m^\ominus(2)=-394\ kJ\cdot mol^{-1}$

（3）$H_2(g)+1/2O_2(g) \longrightarrow H_2O(l)$；　　　　　　　$\Delta_r H_m^\ominus(3)=-286\ kJ\cdot mol^{-1}$

计算 $\Delta_f H_m^\ominus(C_2H_2,g)$。

9. 有一种甲虫，名为投弹手，它能用由尾部喷射出爆炸性排泄物的方法作为防卫措施，所涉及的化学反应是氢醌被过氧化氢氧化生成醌和水：

$$C_6H_4(OH)_2(aq)+H_2O_2(aq) \longrightarrow C_6H_4O_2(aq)+2H_2O(l)$$

根据下列热化学方程式计算该反应的 $\Delta_r H_m^\ominus$。

（1）$C_6H_4(OH)_2(aq) \longrightarrow C_6H_4O_2(aq)+H_2(g)$；　　$\Delta_r H_m^\ominus(1)=177.4\ kJ\cdot mol^{-1}$

（2）$H_2(g)+O_2(g) \longrightarrow H_2O_2(aq)$；　　　　　　　　$\Delta_r H_m^\ominus(2)=-191.2\ kJ\cdot mol^{-1}$

（3）$H_2(g)+1/2O_2(g) \longrightarrow H_2O(g)$；　　　　　　　$\Delta_r H_m^\ominus(3)=-241.8\ kJ\cdot mol^{-1}$

（4）$H_2O(g) \longrightarrow H_2O(l)$；　　　　　　　　　　　　$\Delta_r H_m^\ominus(4)=-44.0\ kJ\cdot mol^{-1}$

10. 已知 298.15 K 下，下列热化学方程式：

（1）$C(s)+O_2(g) \longrightarrow CO_2(g)$；　　　　　　　　　$\Delta_r H_m^\ominus(1)=-393.51\ kJ\cdot mol^{-1}$

（2）$2H_2(g)+O_2(g) \longrightarrow 2H_2O(l)$；　　　　　　　　$\Delta_r H_m^\ominus(2)=-571.66\ kJ\cdot mol^{-1}$

（3）$CH_3CH_2CH_3(g)+5O_2(g) \longrightarrow 3CO_2(g)+4H_2O(l)$；$\Delta_r H_m^\ominus(3)=-2\ 220\ kJ\cdot mol^{-1}$

仅由这些热化学方程式确定 298.15 K 下 $\Delta_c H_m^\ominus(CH_3CH_2CH_3,g)$，并用多种方法计算 298.15 K 下的 $\Delta_f H_m^\ominus(CH_3CH_2CH_3,g)$。

11. 已知：（1）$S(单斜,s)+O_2(g) \longrightarrow SO_2(g)$；　　$\Delta_r H_m^\ominus(1)=-297.16\ kJ\cdot mol^{-1}$

　　　　　（2）$S(正交,s)+O_2(g) \longrightarrow SO_2(g)$；　　$\Delta_r H_m^\ominus(2)=-296.83\ kJ\cdot mol^{-1}$

计算 $S(单斜,s) \longrightarrow S(正交,s)$ 的 $\Delta_r H_m^\ominus$，并判断单斜硫和正交硫何者更稳定。

12. 通常，元素锌以闪锌矿（ZnS）的形式存在于自然界。在火法冶炼锌的生产中，ZnS 经过焙烧，其反应为：$2ZnS(s)+3O_2(g) \longrightarrow 2ZnO(s)+2SO_2(g)$。

（1）用 $\Delta_f H_m^\ominus$ 计算该反应的 $\Delta_r H_m^\ominus$；

（2）1.00×10^3 kg ZnS 在定压下焙烧放出多少热？

13. 半导体工业生产单质硅的过程中有三个重要反应：

（1）二氧化硅被还原为粗硅：$SiO_2(s)+2C(s) \longrightarrow Si(s)+2CO(g)$

（2）硅被氯氧化生成四氯化硅：$Si(s)+2Cl_2(g) \longrightarrow SiCl_4(g)$

（3）四氯化硅被镁还原生成纯硅：$SiCl_4(g)+2Mg(s) \longrightarrow 2MgCl_2(s)+Si(s)$

计算上述各反应的 $\Delta_r H_m^\ominus$ 和生产 1.00 kg 纯硅的总反应热。

14. 联氨（N_2H_4）和二甲基联氨[$N_2H_2(CH_3)_2$]均易与氧气反应，并可用作火箭燃料。它们的燃烧反应分别为

$$N_2H_4(l)+O_2(g) \longrightarrow N_2(g)+2H_2O(g)$$
$$N_2H_2(CH_3)_2(l)+4O_2(g) \longrightarrow 2CO_2(g)+4H_2O(g)+N_2(g)$$

通过计算比较每克联氨和二甲基联氨燃烧时，何者放出的热量多（已知 $\Delta_f H_m^\ominus[N_2H_2(CH_3)_2,l]=42.0\ kJ\cdot mol^{-1}$，其余所需数据由本书附表中查出）。

15. （1）写出 $H_2(g)$，$CO(g)$，$CH_3OH(l)$燃烧反应的热化学方程式；

（2）甲醇的合成反应为：$CO(g)+2H_2(g) \longrightarrow CH_3OH(l)$。利用 $\Delta_c H_m^\ominus(CO,g)$，$\Delta_c H_m^\ominus(H_2,g)$，

$\Delta_c H_m^{\ominus}(CH_3OH,l)$，计算该反应的 $\Delta_r H_m^{\ominus}$。

16. 某天然气的组成为：$\varphi(CH_4) = 85.0\%$，$\varphi(C_2H_6) = 10.0\%$，其余为不可燃组分。写出两可燃组分的燃烧反应方程式；若气体的温度为 25 ℃，压力为 111 kPa，试计算

(1) 利用 $\Delta_c H_m^{\ominus}(CH_4,g)$ 和 $\Delta_c H_m^{\ominus}(C_2H_6,g)$ 计算完全燃烧 1.00 m³ 这种天然气放出的热量；

(2) 利用有关物种的 $\Delta_f H_m^{\ominus}$，计算完全燃烧 1.00 m³ 这种天然气的反应热。

要控制化学反应,使其向人们所期望的那样发生,涉及两个方面的课题:第一,在一定条件下化学反应能否发生? 终点如何? 即反应的方向和限度问题。第二,反应进行的快慢,即反应速率问题。前者属于化学热力学的研究范畴,将在第四章中讨论。后者属于化学动力学的内容。本章介绍化学动力学的基础知识。首先介绍反应速率的概念,再从实验事实出发讨论影响反应速率的因素,提出活化能的概念,并从分子水平上予以说明,为深入研究化学反应及其应用奠定基础。

第三章
学习引导

§3.1 化学反应速率的概念

各种化学反应的速率大不相同,有些反应进行得很快,如酸碱中和反应、血红蛋白同氧结合的反应可在 10^{-15} s 内达到平衡。有些反应则进行得很慢,如常温下氢气和氧气混合,几十年都不会生成一滴水。为了比较反应的快慢,必须明确反应速率的概念。

第三章
教学课件

速率这一概念总是与时间相联系的,是某物理量随时间的变化率。化学反应速率是化学反应中某一物理量随时间的变化率。在一定条件下,化学反应开始后,各反应物的量不断减少,各产物的量不断增加。未达到化学平衡前,参与反应的各物种的物质的量随时间变化是化学反应的共同特征。因此,可以把反应速率表示为单位时间内反应物或产物的物质的量的变化。

化学反应速率是通过实验测量在一定时间间隔内某反应物或某产物的某一物理量的变化来确定的。对于液相反应,通常采用浓度的变化来确定。监测物质浓度的变化可以采用化学分析或仪器分析方法。随着反应时间的推移,参与反应的各物质浓度不断变化,要得到准确的实验数据,必须选用适宜的分析方法并严格控制实验条件。例如,准确地控制反应温度;采取冷却或稀释的方法及时地终止反应,以及取样分析时不影响反应的继续进行等。

MOOC

教学视频
化学反应速率
的概念

3.1.1 平均速率

五氧化二氮分解反应速率的研究是经典的动力学实验之一。在 CCl_4 溶液中,N_2O_5 的分解反应如下:

$$N_2O_5(CCl_4) \longrightarrow N_2O_4(CCl_4) + \frac{1}{2}O_2(g)$$

分解产物 N_2O_4 同 N_2O_5 一样,均溶解在 CCl_4 溶剂中;另一产物 O_2 在 CCl_4 中溶解度极小,可以收集并准确地测定其体积。根据 O_2 的体积变化推算 N_2O_5 的浓度变化,求出反应的速率,有关实验数据见表 3-1。

表 3-1　40.00 ℃,5.00 mL CCl_4 中 N_2O_5 的分解速率实验数据[*]

t/s	$V_{STP}(O_2)/mL$	$c(N_2O_5)/(mol \cdot L^{-1})$	$r/(mol \cdot L^{-1} \cdot s^{-1})$
0	0.000	0.200	7.29×10^{-5}
300	1.15	0.180	6.46×10^{-5}
600	2.18	0.161	5.80×10^{-5}
900	3.11	0.144	5.21×10^{-5}
1 200	3.95	0.130	4.69×10^{-5}
1 800	5.36	0.104	3.79×10^{-5}
2 400	6.50	0.084	3.04×10^{5}
3 000	7.42	0.068	2.44×10^{-5}
4 200	8.75	0.044	1.59×10^{-5}
5 400	9.62	0.028	1.03×10^{-5}
6 600	10.17	0.018	
7 800	10.53	0.012	
∞	11.20	0.000 0	

[*] 本表数据引自 H. Eyring, F. Daniels, *J. Amer. Chem. Soc.*, 52, 1472(1930)。

如同计算物体运动的平均速度那样,化学反应的平均速率是在某一时间间隔内浓度变化的平均值。即

$$\bar{r} = \frac{\Delta c}{\Delta t} \tag{3-1}$$

例如,从表 3-1 中可以查出:

$$t_1 = 0 \text{ s} \qquad c_1(N_2O_5) = 0.200 \text{ mol} \cdot L^{-1}$$
$$t_2 = 300 \text{ s} \qquad c_2(N_2O_5) = 0.180 \text{ mol} \cdot L^{-1}$$

$$\bar{r} = -\frac{\Delta c(N_2O_5)}{\Delta t} = -\frac{c_2(N_2O_5) - c_1(N_2O_5)}{t_2 - t_1}$$

$$= \frac{-(0.180 - 0.200) \text{ mol} \cdot L^{-1}}{(300 - 0) \text{ s}} = 6.67 \times 10^{-5} \text{ mol} \cdot L^{-1} \cdot s^{-1}$$

对大多数化学反应来说,反应开始后,各物种的浓度每时每刻都在变化着,化学反应速率随时间不断改变,平均反应速率不能确切地反映这种变化。要用瞬时速率才能确切地表明化学反应在某一时刻的速率。表 3-1 中列出的 r 即为瞬时速率。

3.1.2　瞬时速率

化学反应的瞬时速率等于时间间隔 $\Delta t \to 0$ 时平均速率的极限值。

$$r = \lim_{\Delta t \to 0} \bar{r} \tag{3-2}$$

通常可用作图法来求得瞬时速率。以 c 为纵坐标，以 t 为横坐标，画出 c-t 曲线。曲线上某一点切线的斜率的绝对值就是对应于横坐标该 t 时刻的瞬时速率。

例 3-1　在 CCl_4 溶剂中，N_2O_5 的分解反应在 40.00 ℃下，反应速率的实验数据见表3-1。用作图法计算出反应时间 $t = 2\ 700$ s 的瞬时速率。

解：根据表 3-1 中给出的实验数据，画出 $c(N_2O_5)$-t 曲线（见图3-1）。通过 A 点 ($t = 2\ 700$ s) 作切线（图 3-1 中的蓝色直线），再求出 A 点的切线斜率。

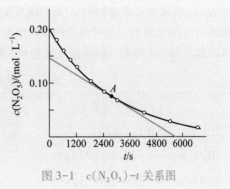

图 3-1　$c(N_2O_5)$-t 关系图

$$\text{斜率} = -\frac{(0.144-0)\ mol \cdot L^{-1}}{(55.8-0)\times 10^2\ s}$$

$$= -2.58\times 10^{-5}\ mol\cdot L^{-1}\cdot s^{-1}$$

2 700 s 时以 N_2O_5 浓度变化表示的瞬时速率 $r = 2.58\times 10^{-5}\ mol\cdot L^{-1}\cdot s^{-1}$。

本书后面讨论速率问题时均系瞬时速率。

§3.2　浓度对反应速率的影响——速率方程

影响反应速率的因素有很多，如反应物的浓度、反应温度和催化剂等。本书先定量地讨论反应物浓度对反应速率的影响，后面几节再讨论其他因素对反应速率的影响。

3.2.1　化学反应速率方程

仍以 CCl_4 中 N_2O_5 分解反应为例，讨论反应速率与反应物浓度间的定量关系。将表 3-1 中不同时刻反应速率与相应 N_2O_5 浓度的比值计算出来。结果见表 3-2。

表 3-2　40.00 ℃，CCl_4 中 N_2O_5 分解反应的 $r : c(N_2O_5)$

t/s	$r : c(N_2O_5)$/s^{-1}	t/s	$r : c(N_2O_5)$/s^{-1}
0	3.65×10^{-4}	1 800	3.64×10^{-4}
300	3.59×10^{-4}	2 400	3.62×10^{-4}
600	3.60×10^{-4}	3 000	3.59×10^{-4}
900	3.62×10^{-4}	4 200	3.61×10^{-4}
1 200	3.61×10^{-4}	5 400	3.68×10^{-4}

由表 3-2 可以看出，N_2O_5 分解速率与 N_2O_5 浓度的比值基本上是恒定的。两者之间的关系可以写作：

$$r = kc(N_2O_5) \tag{3-3}$$

如果对一般的化学反应 $a\mathrm{A} + b\mathrm{B} \longrightarrow y\mathrm{Y} + z\mathrm{Z}$，通过实验也可以确定其反应速率与反应物浓度间的定量关系：

M⦿DC

教学视频
浓度对反应速率的影响

$$r = k c_A^\alpha c_B^\beta \tag{3-4}$$

该方程被称为化学反应的速率定律或化学反应速率方程。式中，c_A，c_B 分别为反应物 A 和 B 物种的浓度，单位为 $mol \cdot L^{-1}$；α，β 分别为 c_A，c_B 的指数，称为反应级数。α，β 是量纲一的量。通常，反应级数不等于化学反应方程中该物种的化学计量数，即 $\alpha \neq a$，$\beta \neq b$。如果 $\alpha = 1$，表示该反应对物种 A 为一级反应；$\beta = 2$ 时，该反应对物种 B 是二级反应；二者之和为反应的总级数。某些反应的反应级数见表 3-3。反应级数可以是零、正整数、分数，也可以是负数。一级和二级反应比较常见。如果是零级反应，反应物浓度不影响反应速率。

表 3-3　某些反应的反应级数

化学反应计量式	速率方程	反应级数
$2HI(g) \xrightarrow{Au} H_2(g) + I_2(g)$	$r = k$	0
$2H_2O_2(aq) \longrightarrow 2H_2O(l) + O_2(g)$	$r = kc(H_2O_2)$	1
$SO_2Cl_2(g) \longrightarrow SO_2(g) + Cl_2(g)$	$r = kc(SO_2Cl_2)$	1
$CH_3CHO(g) \longrightarrow CH_4(g) + CO(g)$	$r = k\{c(CH_3CHO)\}^{3/2}$	3/2
$CO(g) + Cl_2(g) \longrightarrow COCl_2(g)$	$r = kc(CO)\{c(Cl_2)\}^{3/2}$	1+3/2
$NO_2(g) + CO(g) \xrightarrow{>500\ K} NO(g) + CO_2(g)$	$r = kc(NO_2)c(CO)$	1+1
$NO_2(g) + CO(g) \xrightarrow{<500\ K} NO(g) + CO_2(g)$	$r = k\{c(NO_2)\}^2$	2
$H_2(g) + I_2(g) \longrightarrow 2HI(g)$	$r = kc(H_2)c(I_2)$	1+1
$2NO(g) + 2H_2(g) \longrightarrow N_2(g) + 2H_2O(g)$	$r = k\{c(NO)\}^2 c(H_2)$	2+1
$S_2O_8^{2-}(aq) + 3I^-(aq) \longrightarrow 2SO_4^{2-}(aq) + I_3^-(aq)$	$r = kc(S_2O_8^{2-})c(I^-)$	1+1

k 被称为反应速率系数。

$$k = \frac{1}{c_A^\alpha c_B^\beta} r \tag{3-5}$$

k 的单位为 $[c]^{1-(\alpha+\beta)}[t]^{-1}$。对于零级反应，$k$ 的单位为 $mol \cdot L^{-1} \cdot s^{-1}$；一级反应 k 的单位为 s^{-1}；二级反应 k 的单位为 $mol^{-1} \cdot L \cdot s^{-1}$。$k$ 不随浓度而改变，但受温度影响，通常温度升高，反应速率系数 k 增大。

反应速率系数 k 是表明化学反应速率相对大小的物理量。例如，用来治疗癌症的化合物顺铂（$cis-[PtCl_2(NH_3)_2]$）在水溶液中能发生 H_2O 取代 Cl^- 的反应：

不具有治疗癌症作用的反式异构体也能发生相似的取代反应：

两个取代反应都是一级反应,速率系数分别为 $2.5\times10^{-5}\ s^{-1}$ 和 $9.8\times10^{-5}\ s^{-1}$。比较两者的反应速率系数,在相同温度、相同浓度下,后者的反应速率是前者反应速率的 4 倍。再如,强酸强碱中和反应 25 ℃时的反应速率系数 k 为 $1.4\times10^{11}\ mol\cdot L^{-1}\cdot s^{-1}$,是最快的反应之一。

3.2.2 初始速率法确定反应速率方程

反应速率方程必须由实验确定。速率方程中物种浓度的指数(即反应级数 α,β)不能根据化学反应计量式中相应物种的化学计量数来推测,只能根据实验来确定。反应级数确定之后,就能确定反应速率系数 k。最简单的确定反应速率方程的方法是初始速率法。

在一定条件下,反应开始的瞬时速率为初始速率。由于反应刚刚开始,逆反应和其他副反应的干扰小,能较真实地反映出反应物浓度对反应速率的影响。实验中,将反应物按不同组成配制成一系列混合物,先只改变一种反应物 A 的浓度,保持其他反应物浓度不改变。在某一温度下反应开始进行时,记录在一定时间间隔内 A 的浓度变化,作出 c_A-t 图,确定 $t=0$ 时的瞬时速率。也可以控制反应条件,使反应时间间隔足够的短,以致反应物 A 的浓度变化很小(分析方法应该很灵敏),这时的平均速率可被作为瞬时速率。若能得到至少两个不同 c_A 条件下(其他反应物浓度不变)的瞬时速率,就可确定反应物 A 的反应级数。同样的方法,可以确定其他反应物的反应级数。这种由反应物初始浓度的变化确定反应速率和速率方程式的方法,称为初始速率法。

例 3-2 在 1 073 K 时,发生反应:

$$2NO(g)+2H_2(g) \longrightarrow N_2(g)+2H_2O(g)$$

试用初始速率法所得到的实验数据,确定该反应的速率方程。

解:在容积不变的反应器内,配制一系列不同组成的 NO 与 H_2 的混合物。先保持 $c(H_2)$ 不变,改变 $c(NO)$,在适当的时间间隔内,通过测定压力的变化,推算出各物种浓度的改变,并确定反应速率。然后再保持 $c(NO)$ 不变,改变 $c(H_2)$,进而确定相应条件下的反应速率。实验数据见下表:

实验编号	$c(H_2)/(mol\cdot L^{-1})$	$c(NO)/(mol\cdot L^{-1})$	$r/(mol\cdot L^{-1}\cdot s^{-1})$
1	0.006 0	0.001 0	7.9×10^{-7}
2	0.006 0	0.002 0	3.2×10^{-6}
3	0.006 0	0.004 0	1.3×10^{-5}
4	0.003 0	0.004 0	6.4×10^{-6}
5	0.001 5	0.004 0	3.2×10^{-6}

由表中数据可以看出,当 $c(H_2)$ 不变时,$c(NO)$ 增大至 2 倍,r 增大至 4 倍。这说明 $r\propto\{c(NO)\}^2$;当 $c(NO)$ 不变时,$c(H_2)$ 减小一半,r 也减小一半,即 $r\propto c(H_2)$。因此,该反应的速率方程式为

$$r=k\{c(NO)\}^2c(H_2)$$

该反应对 NO 是二级反应,对 H_2 是一级反应,总的反应级数为 3。

将表中任意一组数据代入上式,可求得反应速率系数。现将第一组数据代入:

$$k = \frac{r}{\{c(NO)\}^2 c(H_2)}$$

$$= \frac{7.9 \times 10^{-7} \text{ mol} \cdot L^{-1} \cdot s^{-1}}{(1.0 \times 10^{-3} \text{ mol} \cdot L^{-1})^2 \times 6.0 \times 10^{-3} \text{ mol} \cdot L^{-1}}$$

$$= 1.3 \times 10^2 \text{ mol}^{-2} \cdot L^2 \cdot s^{-1}$$

一般地，要取多组 k 的平均值作为速率方程中的反应速率系数。

3.2.3　浓度与时间的定量关系

　　在控制和监测化学反应的过程中，有时要确定某物种达到预定浓度需要多长时间，或者反应经过一定时间后某物种的浓度。为了解决浓度与时间的定量关系，可以采用图 3-1 的方法。但是，这种方法不够简便。现以一级反应为例，讨论浓度与时间定量关系的方程式。

　　仍以 CCl_4 中 N_2O_5 分解反应为例。其速率方程式为：$r = kc(N_2O_5)$，40.00 ℃时，$k = 3.6 \times 10^{-4} \text{ s}^{-1}$。

　　将表 3-2 中的数据做如下处理：

令 $t = 0$ 时，$c_0(N_2O_5)$；$t = t$ 时，$c_t(N_2O_5)$。其积分速率方程为

$$\ln \frac{c_t(N_2O_5)}{c_0(N_2O_5)} = -kt \tag{3-6a}$$

　　对于只有一种反应物的一级反应，其浓度与时间关系的通式为

$$\ln \frac{c_t(A)}{c_0(A)} = -kt[1] \tag{3-6b}$$

式 (3-6b) 也可以写成如下形式：

$$\ln\{c_t(A)\} = -kt + \ln\{c_0(A)\} \tag{3-6c}$$

该式表明了 $\ln\{c_t(A)\}$ 对 t 呈一直线（即线性关系），其斜率为 $-k$，截距为 $\ln\{c_0(A)\}$。图 3-2 表明 CCl_4 中 N_2O_5 分解反应（40.00 ℃）的 $\ln\{c(N_2O_5)\} - t$ 关系。

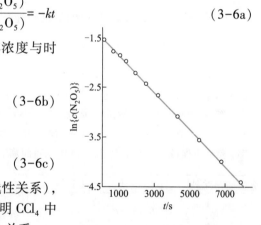

图 3-2　$\ln\{c(N_2O_5)\} - t$ 关系

---

　　[1]　实际上这是一级反应的积分速率方程。推导如下：

$$r = kc(A)$$

$$-\frac{dc(A)}{dt} = kc(A)$$

分离变量

$$-\frac{dc(A)}{c(A)} = k dt$$

积分

$$-\int_{c_0(A)}^{c_t(A)} \frac{dc(A)}{c(A)} = \int_0^t k dt$$

k 与浓度无关，为常量，得

$$\ln \frac{c_t(A)}{c_0(A)} = -kt$$

根据式(3-6b)和式(3-6c)可以确定一级反应的某时间 t 相应 A 物种的浓度 $c_t(A)$ 或 $c_t(A)$ 对应的时间 t。

例 3-3 20 ℃时,在稀 NaOH 溶液中,H_2O_2 的分解反应是一级反应:$2H_2O_2(aq) \longrightarrow 2H_2O(l) + O_2(g)$,$r = kc(H_2O_2)$,$k(293\ K) = 1.06 \times 10^{-3}\ min^{-1}$。如果 H_2O_2 的最初浓度 $c_0(H_2O_2) = 0.020\ mol \cdot L^{-1}$,计算 $1.0 \times 10^2\ min$ 之后 H_2O_2 的浓度。当 H_2O_2 浓度只是开始时的一半,则需要多少时间(以 $t_{1/2}$ 表示之)?

解: 已知:$c_0(H_2O_2) = 0.020\ mol \cdot L^{-1}$,$k(293\ K) = 1.06 \times 10^{-3}\ min^{-1}$,$t = 1.0 \times 10^2\ min$

根据式(3-6c):

$$\ln\{c_t(H_2O_2)\} = -kt + \ln\{c_0(H_2O_2)\}$$
$$= -1.06 \times 10^{-3}\ min^{-1} \times 1.0 \times 10^2\ min + \ln 0.020$$
$$= -4.02$$

$$c_t(H_2O_2) = 0.018\ mol \cdot L^{-1}$$

当 $c(H_2O_2) = \dfrac{1}{2}c_0(H_2O_2) = 0.010\ mol \cdot L^{-1}$

$$t_{1/2} = \frac{1}{k}\ln\frac{c_0(H_2O_2)}{1/2 c_0(H_2O_2)}$$

$$t_{1/2} = \frac{1}{k}\ln 2; \quad t_{1/2} = \frac{0.693}{k} \tag{3-7}$$

$$t_{1/2}(H_2O_2) = \frac{0.693}{1.06 \times 10^{-3}\ min^{-1}} = 654\ min$$

通过本例的讨论,可以得出一个重要概念——半衰期。当反应物 A 的转化率为 50%时,反应所需要的时间称为半衰期($t_{1/2}$)。反应物 A 的转化率 $\alpha(A)$ 是这样定义的:

$$\alpha(A) \stackrel{\text{def}}{=\!=} \frac{n_0(A) - n(A)}{n_0(A)} \tag{3-8a}$$

$$n(A) = n_0(A)[1 - \alpha(A)] \tag{3-8b}$$

反应系统为定容时,

$$c(A) = c_0(A)[1 - \alpha(A)] \tag{3-8c}$$

对一级反应来说,半衰期 $t_{1/2} = \dfrac{0.693}{k}$,与反应物的初始浓度无关。这是一级反应的重要特征之一。根据半衰期也可以确定反应级数。放射元素蜕变是一级反应,其半衰期的计算有重要的实际意义(见第十八章)。半衰期越长,反应速率越慢,放射性物质存留时间越长。

同样,可以确定零级反应和二级反应的积分速率方程式和半衰期。这里仅将其结果列于表 3-4 中。由本表可以找出零级、一级和二级反应三者之间的异同点。根据积分速率方程式的特点,由实验中得到的浓度-时间的定量关系,可以确定反应速率方程。如果 $c_t(A)$-t 为直线就是零级反应;$\ln\{c_t(A)\}$-t 是直线就是一级反应;$1/c_t(A)$-t 是直线就为物种 A 的二级反应。

表 3-4 不同反应级数的反应速率方程和半衰期

反应级数	反应速率方程	积分速率方程	对 t 作图是直线的量	直线的斜率	$t_{1/2}$
0	$r=k$	$c_t(A)=-kt+c_0(A)$	$c_t(A)$	$-k$	$\dfrac{c_0(A)}{2k}$
1	$r=kc(A)$	$\ln\{c_t(A)\}=-kt+\ln\{c_0(A)\}$	$\ln\{c_t(A)\}$	$-k$	$\dfrac{0.693}{k}$
2	$r=k[c(A)]^{2*}$	$\dfrac{1}{c_t(A)}=kt+\dfrac{1}{c_0(A)}$	$1/c_t(A)$	k	$\dfrac{1}{kc_0(A)}$ *

* 仅适用于只有一种反应物的二级反应。

§3.3 温度对反应速率的影响——Arrhenius 方程

对大多数化学反应来说,温度升高,反应速率增大。从反应速率方程可知,反应速率不仅与浓度有关,还与反应速率系数 k 有关。不同反应具有不同的反应速率系数;同一反应在不同的温度下反应速率系数也不相同。温度对反应速率的影响主要体现在对反应速率系数的影响上。通常温度升高,k 值增大,反应速率加快。

3.3.1 Arrhenius 方程

温度对反应速率影响的定量研究也是建立在实验基础上的。仍以 CCl_4 中 N_2O_5 的分解反应为例。该反应在不同温度下的反应速率系数如表 3-5 所示。

表 3-5 $2N_2O_5(CCl_4) \longrightarrow 2N_2O_4(CCl_4)+O_2(g)$ 不同温度下的 k 值

T/K	k/s^{-1}	$\{1/T\}$	$\ln\{k\}$
293.15	0.235×10^{-4}	3.41×10^{-3}	-10.659
298.15	0.469×10^{-4}	3.35×10^{-3}	-9.967
303.15	0.933×10^{-4}	3.30×10^{-3}	-9.280
308.15	1.82×10^{-4}	3.25×10^{-3}	-8.612
313.15	3.62×10^{-4}	3.19×10^{-3}	-7.924
318.15	6.29×10^{-4}	3.14×10^{-3}	-7.371

分析实验数据结果表明,随着温度升高,反应速率系数 k 显著地增大,$k-T$ 关系曲线见图 3-3。显然,k 与 T 之间不是线性关系。早在 1889 年瑞典化学家 S. A. Arrhenius 研究蔗糖水解速率与温度的关系时,提出了反应速率系数与温度关系的方程:

$$k=k_0\exp[-E_a/(RT)]$$

或
$$k=k_0e^{-E_a/(RT)} \tag{3-9a}$$

该式被称为 Arrhenius 方程。式中,E_a 为实验活化能,单位为 $kJ\cdot mol^{-1}$。k_0 为指前参量,又称为频率因子。k_0 与 k 有相同的量纲,当 $E_a=0$ 时,$k_0=k$;E_a 与 k_0 是两个经验参量,当温度变化范围不大时,被视为与温度无关。

式(3-9a)的对数形式为

$$\ln\{k\} = \ln\{k_0\} - \frac{E_a}{RT} \tag{3-9b}$$

该式表明了 $\ln\{k\}$ - $\{1/T\}$ 间的直线关系。以 CCl_4 中 N_2O_5 分解反应的 $\ln\{k\}$ 为纵坐标，以 $\{1/T\}$ 为横坐标作图，得一直线(见图3-4)。该直线的斜率为 $-E_a/R$，截距为 $\ln\{k_0\}$。

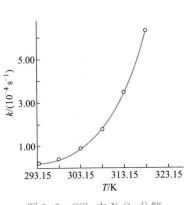

图 3-3　CCl_4 中 N_2O_5 分解
反应的 k-T 关系

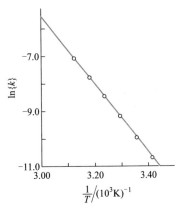

图 3-4　CCl_4 中 N_2O_5 分解
反应的 $\ln\{k\}$ - $\{1/T\}$ 关系

3.3.2　Arrhenius 方程的应用

式(3-9a)和式(3-9b)分别称为 Arrhenius 方程的指数形式和对数形式。Arrhenius 方程是化学动力学中重要的研究内容之一，有许多重要应用。

1. 计算反应的活化能 E_a

当已知不同温度下的反应速率系数时，可以用类似图3-4的方法，求出 $\ln\{k\}$ - $\{1/T\}$ 直线斜率，得到反应的活化能。也可以由两个不同温度下的 k 值，求得 E_a。根据式(3-9b)：

$$T_1 \text{ 时}, \quad \ln\{k_1\} = \ln\{k_0\} - E_a/(RT_1)$$
$$T_2 \text{ 时}, \quad \ln\{k_2\} = \ln\{k_0\} - E_a/(RT_2)$$

在 $T_1 \sim T_2$ 区间，k_0 和 E_a 被看成常量；上两式相减，得

$$\ln\frac{k_2}{k_1} = \frac{E_a}{R}\left(\frac{1}{T_1} - \frac{1}{T_2}\right) \tag{3-9c}$$

例 3-4　根据表3-5中298.15 K 和318.15 K 时，CCl_4 中 N_2O_5 分解反应的速率系数，计算该反应的活化能 E_a。

解：查表3-5，得知：$T_1 = 298.15$ K，$k_1 = 0.469 \times 10^{-4}$ s^{-1}

$\qquad\qquad\qquad T_2 = 318.15$ K，$k_2 = 6.29 \times 10^{-4}$ s^{-1}

由式(3-9c)可得　　$E_a = R \dfrac{T_1 T_2}{T_2 - T_1} \ln \dfrac{k_2}{k_1}$

$$E_a = 8.314 \ \text{J} \cdot \text{mol}^{-1} \cdot \text{K}^{-1} \left(\frac{298.15 \times 318.15}{318.15 - 298.15} \right) \text{K} \ \ln \frac{6.29 \times 10^{-4}}{0.469 \times 10^{-4}}$$

$$= 102 \ \text{kJ} \cdot \text{mol}^{-1}$$

2. 由 E_a 计算反应速率系数 k

当已知某温度下反应速率系数 k 和反应活化能 E_a，根据式(3-9c)可计算另一温度下的反应速率系数 k，或者与另一 k 相对应的温度 T。

例 3-5　膦 PH_3 与乙硼烷 B_2H_6 反应生成配合物 $H_3P \rightarrow BH_3(g)$，其活化能 $E_a = 48.0 \ \text{kJ} \cdot \text{mol}^{-1}$。若测得 298 K 下反应的速率系数为 k_1，计算当反应速率系数为 $2k_1$ 时的反应温度。

解：$E_a = 48.0 \ \text{kJ} \cdot \text{mol}^{-1}$，$k_2 = 2 \ k_1$，$T_1 = 298 \ \text{K}$

$$\ln \frac{k_2}{k_1} = \frac{E_a}{R} \left(\frac{1}{T_1} - \frac{1}{T_2} \right)$$

$$\ln 2 = \frac{48.0 \times 10^3 \ \text{J} \cdot \text{mol}^{-1}}{8.314 \ \text{J} \cdot \text{mol}^{-1} \cdot \text{K}^{-1}} \left(\frac{1}{298 \ \text{K}} - \frac{1}{T_2} \right)$$

$$T_2 = 309 \ \text{K}$$

3. 对 Arrhenius 方程的进一步分析

Arrhenius 方程是描述温度与反应速率系数之间定量关系的数学式。进一步剖析式(3-9)可以看出 E_a 和 T 对 k 的影响，从而得出一些规律性的结论：

（1）Arrhenius 方程中确定了一个重要的物理量——E_a；E_a 处于式(3-9a)的指数项中，体现出它对反应速率系数 k 有着显著的影响。如在室温下，E_a 每增加 $4 \ \text{kJ} \cdot \text{mol}^{-1}$，将使 k 值降低约 80%。在温度相同或相近的情况下，活化能 E_a 大的反应，其反应速率系数 k 则小，这将导致反应速率较小；反之，E_a 小的反应，其 k 值则较大，反应速率较大。

（2）由式(3-9b)可以看出，对同一反应，温度升高（T 变大），反应速率系数 k 增大，一般反应每升高 10 ℃，k 值将增大 2~10 倍。

（3）由式(3-9c)可以看出：

$$\frac{1}{T_1} - \frac{1}{T_2} = \frac{T_2 - T_1}{T_1 T_2}$$

对同一反应来说，升高一定温度时，即 $(T_2 - T_1)$ 一定，在高温区，$(T_1 T_2)$ 较大，k 值增大的倍数小；而在低温区，$(T_1 T_2)$ 较小，升高同样温度时，k 值增大的倍数相对较大。因此，对一些在较低温度下进行的反应，采用加热的方法来提高反应速率更有效。

（4）由式(3-9c)还可以看出，对于不同的反应，升高相同温度时，E_a 大的反应，k 值增大的倍数大；E_a 小的反应，k 值增大的倍数小。也就是说加热升高温度对进行得慢的反应将起到明显的加速作用。

　　总之,从反应速率方程和 Arrhenius 方程可以看出,在多数情况下,温度对反应速率的影响比浓度更显著些。因此,改变温度常是控制反应速率的重要措施之一。

§ 3.4　反应速率理论和反应机理

　　定量描述浓度和温度对反应速率影响的速率方程和 Arrhenius 方程都是实验事实的总结。在前面的讨论中,至少还有两个问题需要回答。其一是活化能的本质和物理意义;其二是反应级数与反应方程中化学计量数不相等的原因。为了回答这些问题,必须对描述实验事实的经验规律做出理论解释,对宏观现象应从微观本质上加以说明。下面简单讨论反应速率的碰撞理论和活化络合物理论,以及反应机理等有关问题。

3.4.1　碰撞理论

　　碰撞理论是以分子运动论为基础的。它主要适用于气相双分子反应(见 3.4.4)。以大气烟雾形成时臭氧与一氧化氮反应为例:

$$O_3(g) + NO(g) \longrightarrow NO_2(g) + O_2(g)$$
$$r = kc(NO)c(O_3)$$

要进行这一反应,O_3 和 NO 两种分子必须发生相互碰撞,反应速率与分子间的碰撞频率有关。碰撞频率与反应物浓度有关。浓度越大,碰撞频率越高。气体动理学理论的理论计算表明,单位时间内分子的碰撞次数(碰撞频率)是很大的。如在标准状况下,每秒钟每升体积内分子间的碰撞可达 10^{32} 次,甚至更多(碰撞频率与温度、分子大小、分子的质量及浓度等因素有关)。碰撞频率如此之高,显然不可能每次碰撞都导致反应的发生,否则反应就会瞬间完成(如每次碰撞都发生反应,与碰撞频率 10^{32} $L^{-1} \cdot s^{-1}$ 相对应的反应速率约为 10^8 $mol \cdot L^{-1} \cdot s^{-1}$)。实际上,在无数次的碰撞中,大多数碰撞并没有导致反应的发生,只有少数分子间的碰撞才是有效的。这就意味着还有其他因素影响着反应速率。碰撞是分子间发生反应的必要条件,但不是充分条件。

　　温度对反应速率影响的实验事实,引起化学家们对反应中能量问题的思考。发生化学反应时,反应物分子内原子间的结合方式发生改变——有一部分化学键破裂,又有新的化学键形成。如 NO 与 O_3 反应,O_3 中的一个 O—O 键要断开,同时 NO 中的 N 与 O 结合形成新的 N—O 键。断键要克服成键原子间的吸引作用,形成新键前又要克服原子间价电子的排斥作用。这种吸引和排斥作用构成了原子重排过程中必须克服的"能峰"。发生反应的"分子对"必须具有足够的最低能量 ε_c(又称为临界能),只有相互碰撞的 1 mol"分子对"的动能 $E \geqslant E_c$(摩尔临界能 $E_c = N_A \varepsilon_c$)时,才有可能越过"能峰",最终导致反应的发生。这种能够发生反应的碰撞称为有效碰撞。能够发生有效碰撞的分子称为活化分子。活化分子的能量要不小于摩尔临界能 E_c。

　　反应系统中,大量分子的能量彼此是参差不齐的。因为气体分子运动的动能与其

MOOC

教学视频
碰撞理论

运动速度有关（$E_k = \dfrac{1}{2}mv^2$），所以气体分子的能量分布类似于分子的速度分布（图 3-5）。图中的横坐标为能量，纵坐标 $\Delta N/(N\Delta E)$ 表示具有能量 $E \sim (E+\Delta E)$ 范围内单位能量区间的分子数 ΔN 与分子总数 N 的比值（分子分数）。曲线下的总面积表示分子分数的总和为 100%。根据气体动理学理论，气体分子的能量分布只与温度有关。少数分子的能量较低或较高，多数分子的能量接近平均值。分子平均动能 E_k 位于曲线极大值右侧附近的位置上。阴影部分的面积表示能量 $E \geqslant E_c$ 的分子分数，为活化分子分数 f。理论计算表明 $f = e^{-E_c/RT} < 1$，f 又被称为能量因子（Boltzmann 因子）。图中阴影面积越大，f 越大，活化分子分数越大，反应越快。

由于反应物分子由原子组成，分子有一定的几何构型，分子内原子的排列有一定的方位。如果分子碰撞时的几何方位不适宜[图 3-6(a),(b)]，尽管碰撞的分子有足够的能量，反应也不能发生。只有几何方位适宜[图 3-6(c)]的有效碰撞才可能导致反应的发生。当反应系统的条件一定时，分子碰撞方位等因素对反应速率的影响有一定的概率，称其为概率因子 P。分子几何构型越复杂，概率因子 P 越小。

动画
O$_3$ 与 NO 的碰撞

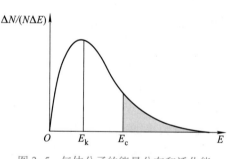

图 3-5 气体分子的能量分布和活化能

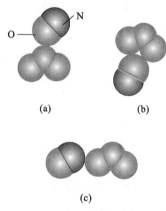

图 3-6 O$_3$ 与 NO 的碰撞

总之，根据碰撞理论，反应物分子必须有足够的最低能量，并以适宜的方位相互碰撞，才能导致发生有效碰撞。碰撞频率高，活化分子分数大，概率因子大，才可能有较大的反应速率。

3.4.2 活化络合物理论

MOOC

教学视频
活化络合物理论

活化络合物理论又称为过渡状态理论。它以量子力学方法对反应"分子对"相互作用过程中的势能变化进行推算。现仍以 NO 与 O$_3$ 反应为例来说明。当 NO 与 O$_3$ 两分子以一定速度相互接近[图 3-7(a)]到一定程度时，分子所具有的动能转化为分子间相互作用的势能。所谓势能指的是分子间的相互作用和分子内原子间的相互作用。势能与分子相互间的位置有关。开始时，NO 与 O$_3$ 分子远离，相互作用弱，势能较低，平均势能为状态 I（图 3-8），由于具有足够动能分子间的相互碰撞，分子充分接近，作用增强，动能转化为势能，分子中原子的价电子发生重排，形成了势能较高的很不稳定的活化络合物 $O{\diagdown}{N}{\cdots}O{\cdots}O{\diagup}O$ [图 3-7(b)]。活化络合物所处的状态叫做过渡状态。活化络合物中有部分"旧键"的削弱;同时,又会在两个相互反应的分子中的某些原子间发生新的联系,吸引作用渐渐增强,"新键"开始形成。活化络合物与反应的中间产物不同。它是反应过程中分子构型的一种连续变化,具有较高的平均势能 E_{ac}。它很不稳定,能很快分解为产物分子 NO_2 和 O_2[图 3-7(c)],势能降低处于状态 Ⅱ(图 3-8)。也可能滚落到反应物状态 Ⅰ,势能又转化为动能。按照活化络合物理论,过渡态和始态的势能差为正反应的活化能。即

$$E_{a(正)} = E_{ac} - E_{(Ⅰ)} \qquad (3-10)$$

由于正、逆反应有相同的活化络合物,同样,过渡态与终态(逆反应的始态)的势能差为逆反应的活化能。即

$$E_{a(逆)} = E_{ac} - E_{(Ⅱ)} \qquad (3-11)$$

图 3-7 O_3 与 NO 反应的过渡态示意图

活化络合物理论提供了反应动力学和热力学之间的联系。在图 3-8 中,表明了反应物分子从状态 Ⅰ 爬过能峰 E_{ac} 之后,降落到状态 Ⅱ,$E_{(Ⅱ)} < E_{(Ⅰ)}$,反应的净结果有能量释放出来。系统的终态与始态的能量之差等于化学反应的摩尔焓变。可写为

$$\Delta_r H_m = E_{(Ⅱ)} - E_{(Ⅰ)} = [E_{ac} - E_{a(逆)}] - [E_{ac} - E_{a(正)}]$$
$$\Delta_r H_m = E_{a(正)} - E_{a(逆)} \qquad (3-12)$$

$E_{a(正)} < E_{a(逆)}$,$\Delta_r H_m < 0$,为放热反应(图 3-8);
$E_{a(正)} > E_{a(逆)}$,$\Delta_r H_m > 0$,为吸热反应(图 3-9)。

例如,$NO(g) + Cl_2(g) \longrightarrow NOCl(g) + Cl(g)$;$\Delta_r H_m = 83\ kJ\cdot mol^{-1}$,由 $\Delta_f H_m^{\ominus}$ 计算该反应的 $\Delta_r H_m^{\ominus}$ 与由活化能计算出来的 $\Delta_r H_m$ 基本相符。

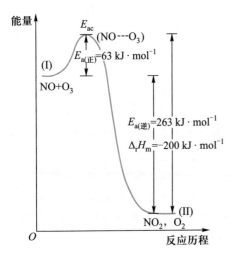

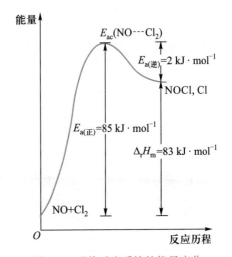

图 3-8 放热反应系统的能量变化   图 3-9 吸热反应系统的能量变化

3.4.3　活化能与反应速率

活化能是反应动力学中的重要参量。Arrhenius 曾提出,进行化学反应时,由普通分子转化为活化分子所需要的能量叫做活化能。后来,Tolman 从统计平均的角度来比较反应物分子和活化分子的能量,对活化能作出统计解释:活化分子的平均能量 E^* 与反应物分子平均能量 E_k 之差。即

$$E_a = E^* - E_k \qquad (3-13)$$

E^* 与 E_k 皆与温度有关。严格地说,E_a 也确实与温度有关。对气相双分子简单反应来说,碰撞理论已推算出:

$$E_a = E_c + \frac{1}{2}RT$$

摩尔临界能 E_c 与温度无关。通常温度不高时,$E_c \gg (RT)/2$,可认为 $E_a \approx E_c$。因此,常把活化能 E_a 看成在一定的温度范围内不受温度的影响。在碰撞理论的讨论中,已知 $f = e^{-E_c/(RT)}$,将其与式(3-9a)相比较,$e^{-E_c/(RT)} \approx e^{-E_a/(RT)}$。这样,在图 3-5 中可以看出,活化能 E_a 较大(相当于 E_c 较大)时,阴影面积小,活化分子分数较小,反应速率系数小,反应慢。按照这一思路,就能直观地从微观上理解活化能、活化分子分数及浓度、温度对反应速率的影响了。

温度一定时,反应有一定的活化能,反应系统就有确定的活化分子分数(图 3-10 中阴影面积)。增大浓度,就增大活化分子总数,反应相应加快。

当浓度一定时,如果升高温度,$T_2 > T_1$,图 3-10 中的阴影面积变大,活化分子分数增大,反应速率系数增大,反应加快。

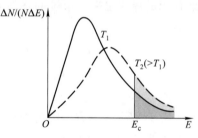

图 3-10　不同温度下反应的活化分子分数

3.4.4　反应机理与元反应

许多化学反应从反应物到产物之间的转化所经过的历程往往比较复杂,并不是活化分子以适宜的方位一碰撞,就直接得到产物。有时化学家们用实验的方法检测到中间产物的存在,说明这些反应是分多步进行的。化学反应过程中所经历的真实反应步骤的集合就是反应机理。

1. 元反应

由反应物只经一步直接生成产物的反应,没有可用宏观实验方法检测到的中间产物,这类反应被称为元反应(又称基元反应)。例如:

$$NO(g) + O_3(g) \longrightarrow NO_2(g) + O_2(g)$$

在元反应中,反应物分子碰撞后可直接得到产物分子。发生反应时,参与碰撞时的分子数目叫做反应分子数。上述元反应是双分子反应,还有单分子反应和三分子反应。例如,被激发的臭氧分子分解是单分子反应:

$$O_3^* \longrightarrow O_2 + O$$

碘原子重新结合为碘分子是三分子反应:

$$I + I + M \longrightarrow I_2 + M^*$$

M 是从反应中吸收了能量的原子或分子。

四分子反应就很少了,因为 4 个分子在同一时间处于同一区域发生碰撞的概率实在是太小了。

通过实验,一旦证实某一有确定反应物和产物的反应是元反应,就可以根据化学计量方程式直接写出其速率方程式。上述 NO 与 O_3 反应的速率方程式为

$$r = kc(NO)c(O_3)$$

这就是说,元反应的反应级数与反应分子数、反应方程式中反应物化学式的系数是一致的。根据碰撞理论,碰撞频率与反应物浓度成正比。对于元反应来说,每次碰撞的分子种类与数量已在反应方程式中真实地展示出来,反应分子数、化学式系数和反应级数必然一致。这就是元反应的质量作用定律:元反应的反应速率与各反应物浓度的幂乘积成正比。其中各反应物浓度的指数为反应方程式中各反应物化学式的系数(或分子数)。

2. 复合反应

由两个或两个以上的元反应组合而成的总反应称为复合反应。复合反应是分多步进行的反应,可用实验方法检测到中间产物的存在。中间产物是反应过程中某一步产生的物种,它被后面一步或几步反应消耗掉,因而不出现在总反应方程式中。一个有趣的实例是二氧化氮与一氧化碳的反应。该反应在 $T>500$ K 时是元反应:

$$NO_2(g) + CO(g) \xrightarrow{T>500 \text{ K}} NO(g) + CO_2(g)$$

其速率方程式为
$$r = kc(NO_2)c(CO)$$

但是,当 $T<500$ K 时,该反应是一个复合反应,反应分两步进行:

$$
\begin{array}{llll}
① & NO_2 + NO_2 \longrightarrow NO_3 + NO & (慢) \\
② & NO_3 + CO \longrightarrow NO_2 + CO_2 & (快) \\
\hline
总反应 & NO_2 + CO \longrightarrow NO + CO_2 &
\end{array}
$$

每一步都是元反应,中间产物 NO_3 已被可见光谱检测到,但是没有从反应混合物中分离出来。

反应机理中最慢的元反应控制了总反应速率,这一步反应被称为反应速率的控制步骤。根据元反应的质量作用定律,写出反应速率的控制步骤的速率方程:

$$r = k\{c(NO_2)\}^2$$

由于这一步反应是双分子反应,其产物之一——总反应的中间产物 NO_3 很快在

第二步消耗掉,总反应速率与第一步反应是一致的。所以,上述速率方程与实验速率方程相符合。

有些反应的反应机理还涉及某些物种间的平衡问题。同样,可以根据反应机理推导出总反应的速率方程。例如,$2N_2O_5(g) \longrightarrow 4NO_2(g)+O_2(g)$。它的反应机理被认定为

$$N_2O_5 \underset{k_{-1}}{\overset{k_1}{\rightleftharpoons}} NO_2+NO_3 \qquad\qquad (很快达到平衡)$$

$$NO_2+NO_3 \xrightarrow{k_2} NO+NO_2+O_2 \qquad\qquad (慢)$$

$$NO_3+NO \xrightarrow{k_3} 2NO_2 \qquad\qquad (快)$$

控制步骤的速率方程为

$$r = k_2 c(NO_2) c(NO_3) \qquad\qquad (3-14)$$

NO_3 是中间产物,在总反应的速率方程中不能出现中间产物的浓度表示式。因为此中间产物的浓度取决于第一步的快速平衡反应,因此根据第一步的快速平衡,可以确定:

$$k_1 c(N_2O_5) = k_{-1} c(NO_2) c(NO_3)$$

$$c(NO_3) = \frac{k_1}{k_{-1}} \frac{c(N_2O_5)}{c(NO_2)} \qquad\qquad (3-15)$$

将式(3-15)代入式(3-14),得

$$r = k_2 \frac{k_1}{k_{-1}} c(N_2O_5) \qquad\qquad (3-16)$$

令

$$k = k_2 \frac{k_1}{k_{-1}}$$

则

$$r = kc(N_2O_5) \qquad\qquad (3-17)$$

式(3-17)与由实验确定的总反应速率方程是一致的。由式(3-17)可以看出总反应的速率系数 k 是反应机理中某些元反应速率系数的组合。

在复合反应的速率方程中,相关物种的反应级数与反应分子数、化学式的系数往往不一致。反应级数和化学式系数一致的也有可能是复合反应。如果已经确认了复合反应的机理,可以推导出速率方程。然而,对反应机理的研究需要有更多的实验事实为依据。反应机理是用设想的某种模式来解释已知的实验事实,有时同一实验事实可用几种模式来解释,也就是可能有多种反应机理,只有深入并充分地用实验验证才能确定比较合理的反应机理。对于 $H_2(g)+I_2(g) \longrightarrow 2HI(g)$ 反应机理的研究与争论,经历了一百多年,就是一个很好的例证。

§3.5　催化剂与催化作用

催化剂是影响化学反应速率的另一重要因素。在现代化工生产中 $80\% \sim 90\%$ 的反应过程都使用催化剂。例如,合成氨、石油裂解、油脂加氢、药物合成等都使用催化剂。催化剂的组成多半是金属、金属氧化物、多酸化合物和配合物等。

3.5.1 催化剂和催化作用的基本特征

按照 IUPAC 推荐的定义:少量存在就能显著改变反应速率而本身最后并无损耗的物质,称为该反应的催化剂。催化剂改变反应速率的作用称为催化作用。虽然,催化剂并不消耗,但是实际上它参与了化学反应,并改变了反应机理。催化反应都是复合反应,催化剂在其中的一步元反应中被消耗,在后面的元反应中又再生。其主要特征是:

(1) 催化剂只能对热力学上可能发生的反应起作用,不能催化热力学上不可能发生的反应。

(2) 催化剂只能改变反应途径(又称机理),不能改变反应的始态和终态。它同时改变正、逆反应速率,改变达到平衡的时间,但不能改变平衡状态。

(3) 催化剂有选择性,不同反应采用的催化剂也不同,即每个反应采用特有的催化剂。同种反应物如果能生成多种不同的产物时,选用不同的催化剂会有利于不同种产物的生成。例如,乙醇催化反应中,在不同的催化条件下将得到不同的产物:

$$
C_2H_5OH
\begin{cases}
\xrightarrow[\text{Cu}]{473\sim523\ \text{K}} CH_3CHO + H_2 \\[2mm]
\xrightarrow[\text{Al}_2\text{O}_3\ \text{或}\ \text{ThO}_2]{623\sim633\ \text{K}} C_2H_4 + H_2O \\[2mm]
\xrightarrow[\text{H}_2\text{SO}_4]{413.2\ \text{K}} (C_2H_5)O + H_2O \\[2mm]
\xrightarrow[\text{ZnO·Cr}_2\text{O}_3]{673.2\sim773.2\ \text{K}} CH_2{=}CH{-}CH{=}CH_2 + H_2O + H_2
\end{cases}
$$

化工生产中常利用催化剂的选择性,使所希望的化学反应加快,同时抑制某些副反应的发生。

(4) 每种催化剂只有在特定条件下才能体现出它的活性,否则将失去活性或发生催化剂中毒。

3.5.2 均相催化与多相催化

1. 均相催化

催化剂与反应物种均在同一相中的催化反应,被称为均相催化。过氧化氢的碘离子催化分解是均相催化的典型实例。在没有催化剂存在时,其分解反应为

$$2H_2O_2(aq) \longrightarrow O_2(g) + 2H_2O(l)$$

$$E_a = 76\ \text{kJ·mol}^{-1} \qquad r = kc(H_2O_2)$$

在 H_2O_2 水溶液中,加入 KI 溶液,可以加快 H_2O_2 的分解,分解反应的机理是:

第一步　　$H_2O_2(aq) + I^-(aq) \xrightarrow{k_1} IO^-(aq) + H_2O(l)$　　　　(慢)

$$E_a = 57\ \text{kJ·mol}^{-1}$$

第二步	$H_2O_2(aq) + IO^-(aq) \xrightarrow{k_2} I^-(aq) + H_2O(l) + O_2(g)$	（快）
总反应	$2H_2O_2(aq) \longrightarrow O_2(g) + 2H_2O(l)$	

$$r = k_1 c(H_2O_2) c(I^-)$$

实验结果表明，催化剂 I^- 参与 H_2O_2 的分解反应，改变了反应机理，降低了反应活化能（图3-11），增大了活化分子分数（图3-12蓝色阴影部分）。假定此反应在催化与未催化情况下 k_0 相等或相近，则由于活化能减少了 $19\ kJ \cdot mol^{-1}$，反应速率系数将增大 2 140 倍。

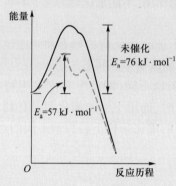

图3-11　H_2O_2 分解反应与活化能

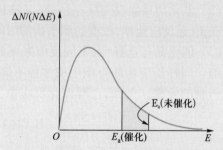

图3-12　催化作用与活化分子分数

2. 多相催化

催化剂与反应物种不处于同一相中的催化反应，被称为多相催化。通常是固体的催化剂与气体或液体的反应物相接触，反应在固相催化剂表面的活性中心上进行。活性中心是固体催化剂表面具有催化能力的活性部位。多相催化的重要应用实例之一是汽车尾气的催化转化。其主要目的是将尾气中的 NO 和 CO 转化为无毒的 N_2 和 CO_2，以减少对大气的污染。所用的催化剂为 Pt，Pd，Rh：

$$2NO(g) + 2CO(g) \xrightarrow{Pt,Pd,Rh} N_2(g) + 2CO_2(g)$$

Pt，Pd，Rh 都是贵重的稀有金属。这些金属催化剂以极小颗粒分散在蜂窝状的陶瓷载体上，其表面积很大，活性中心足够多（金属用量又尽可能少），以使尾气与催化剂充分地接触。目前，已用现代的仪器方法对该反应的机理进行了详细的研究。

研究结果表明，催化剂粒子表面的原子比内部原子有过剩的力场，可以与反应物分子形成不稳定的化学键。当反应物分子 NO，CO 扩散到表面并被吸附时［图3-13（a）］，NO 分子内 N—O 键首先断开，形成 N，O［图3-13（b）］；O 与被吸附的 CO 结合生成 CO_2 分子。与反应物分子相比，CO_2 被吸附得很弱，或者说不被表面所吸附，最后离开催化剂表面［图3-13（c）］。如果有第二个被吸附的 NO 和 CO 分子，以及表面上留下的 N 原子［图3-13（d）］，第二个被吸附 NO 的 N—O 键断开，形成的 N 原子与前面留下的 N 原子结合，O 原子与第二个被吸附的 CO 结合［图3-13（e）］，生成 N_2 和 CO_2，最终脱附，离开催化剂表面［图3-13（f）］，扩散到气相中。紧接着新的催化过程又在表面开始。只要催化剂不中毒，就这样扩散→吸附→活化→反应→脱附→扩散，循环往复地进行着催化反应。

多相催化反应和均相催化反应都改变了反应机理。多相催化必须在相界面上发生反应，多相催化反应要受到扩散或吸附的影响。增大催化剂的表面积或采用搅拌等措施有利于多相催化反应速率的提高。

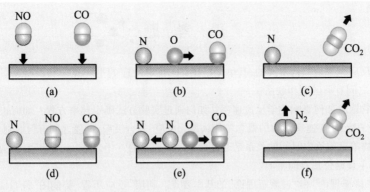

图 3-13 NO 与 CO 间的多相催化转化

3.5.3 酶催化

　　几乎所有的生化反应都是被酶催化的。自从史前时代,人类就开始了利用酶来制造乳酪、酒和醋等。当前对酶的结构和酶反应机理的研究是生物化学最重要的研究领域之一。

　　酶是复杂的大分子蛋白质,其相对分子质量可高达 1 200~120 000 或更大。酶催化反应中的反应物通称为底物[图 3-14(a)]。当酶催化一个反应时,底物装配到酶表面的袋囊或沟槽[图 3-14(b)]上,如同一只手戴上手套一样[图3-14(c)]。这种袋囊或沟槽叫做酶的活性部分。

　　如果酶催化反应的抑制剂占有了酶的活性部分,致使没有了底物的空间,酶就失去了活性。例如,磺胺制剂的抗菌作用,被认为是对细菌中酶的一种抑制作用。这种菌的正常底物是对氨基苯甲酸。磺胺分子与对氨基苯甲酸的大小和形状相近,分子结构相似。如果酶的活性部分被磺胺分子所占据,对氨基苯甲酸的空间就没有了,这种酶就不能作为催化剂,细菌就要死亡。

$$H_2N\!-\!\!\bigcirc\!\!-\!COOH \qquad H_2N\!-\!\!\bigcirc\!\!-\!SO_2NH_2$$

对氨基苯甲酸　　　　　　　　磺胺

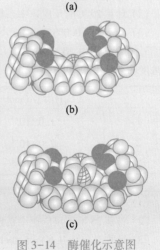

　　酶也是一些生化过程中不可缺少的催化剂,因此,许多酶的抑制剂被制造出来并为人类服务,如一些杀虫剂、除莠剂就是对昆虫和杂草中的酶催化起到了抑制作用。如同所有的催化剂一样,酶的作用降低了活化能。然而,酶的催化作用比化学催化剂的作用更为有效。酶有巨大的催化能力,如每个碳酸酐酶分子能在 1 s 内水合 10^5 个 CO_2 分子,使反应速率增大 10^7 倍。酶是高度专一的,一种酶通常只催化一个单一的化学反应或一组密切相关的反应。酶催化反应条件又是温和的,通常都在常温常压下进行。如所有植物和动物都能在常温下合成蛋白,而结构与蛋白质类似的尼龙的工业生产需要 280~300 ℃。酶催化的潜力无穷,正期待着人类去开发。

图 3-14 酶催化示意图

化学视野
化学动力学在
考古中的应用

思 考 题

1. 化学反应速率是如何定义的,其单位是什么? 化学反应的平均速率和瞬时速率的物理意义是什么,两者之间有何区别和联系?

2. 反应物浓度如何影响化学反应速率? 如何通过实验方法确定速率方程? 如何正确理解反应级数、反应分子数、反应速率系数的概念? 什么是元反应、复合反应,两者之间有何区别与联系?

3. 反应物浓度与反应时间的关系是通过什么公式表示的? 什么是"半衰期"? 反应级数不同的化学反应,其半衰期公式有何不同?

4. 总结"碰撞理论"和"过渡态理论"的基本要点。利用"反应历程-势能图"说明催化剂如何影响化学反应速率。

习 题

1. 在酸性溶液中,草酸被高锰酸钾氧化的反应方程式为

$$2MnO_4^-(aq)+5H_2C_2O_4(aq)+6H^+(aq) \longrightarrow 2Mn^{2+}(aq)+10CO_2(g)+8H_2O(l)$$

其反应速率方程为 $\qquad r=kc(MnO_4^-)c(H_2C_2O_4)$

确定各反应物种的反应级数和反应的总级数。反应速率系数的单位如何?

2. 当矿物燃料燃烧时,空气中的氮和氧反应生成一氧化氮,它同氧再反应生成二氧化氮:$2NO(g)+O_2(g) \longrightarrow 2NO_2(g)$。25 ℃该反应的初始速率实验数据如下表:

	$c(NO)/(mol \cdot L^{-1})$	$c(O_2)/(mol \cdot L^{-1})$	$r/(mol \cdot L^{-1} \cdot s^{-1})$
1	0.002 0	0.001 0	2.8×10^{-5}
2	0.004 0	0.001 0	1.1×10^{-4}
3	0.002 0	0.002 0	5.6×10^{-5}

(1) 写出反应速率方程;

(2) 计算 25 ℃时反应速率系数;

(3) $c_0(NO)=0.003\ 0\ mol \cdot L^{-1}$,$c_0(O_2)=0.001\ 5\ mol \cdot L^{-1}$ 时,相应的初始速率为多少?

3. 在苯溶液中,吡啶(C_5H_5N)与碘代甲烷(CH_3I)发生反应。实验测得了 25 ℃下两反应物的初始浓度和初始速率,见下表:

	$c(C_5H_5N)/(mol \cdot L^{-1})$	$c(CH_3I)/(mol \cdot L^{-1})$	$r/(mol \cdot L^{-1} \cdot s^{-1})$
1	1.0×10^{-4}	1.0×10^{-4}	7.5×10^{-7}
2	2.0×10^{-4}	2.0×10^{-4}	3.0×10^{-6}
3	2.0×10^{-4}	4.0×10^{-4}	6.0×10^{-6}

(1) 写出反应速率方程;

(2) 计算 25 ℃下反应速率系数;

(3) 计算当 $c(C_5H_5N)=5.0 \times 10^{-5} mol \cdot L^{-1}$,$c(CH_3I)=2.0 \times 10^{-5} mol \cdot L^{-1}$ 时,相应的初始速率。

4. 通过实验确定反应速率方程时,通常以时间作为自变量,浓度作为变量。但是,在某些实验中,以浓度为自变量,时间为变量,可能是更方便的。例如,丙酮的溴代反应:

$$CH_3CCH_3 + Br_2 \xrightarrow[\text{(HCl)}]{H^+} CH_3CCH_2Br + HBr$$

（O 双键位于 CH₃CCH₃ 和 CH₃CCH₂Br 的 C 上）

以测定溴的黄棕色消失所需要的时间来研究其速率方程。23.5 ℃下，该反应的典型实验数据如下表：

	初始浓度 $c/(\text{mol·L}^{-1})$			时间 t/s
	CH_3COCH_3	HCl	Br_2	
1	0.80	0.20	0.001 0	2.9×10^2
2	0.80	0.20	0.002 0	5.7×10^2
3	1.60	0.20	0.001 0	1.5×10^2
4	0.80	0.40	0.001 0	1.4×10^2

（1）哪一物种是限制因素？

（2）在每次实验中，丙酮浓度有很大变化吗？HCl 浓度变化吗？并说明之。

（3）该反应对 Br_2 的反应级数是多少？并说明之。

（4）该反应对丙酮的反应级数是多少？对 HCl 的反应级数是多少？

（5）写出该反应的速率方程。

（6）如果第五次实验中，$c_0(CH_3COCH_3) = 0.80 \text{ mol·L}^{-1}$，$c_0(HCl) = 0.20 \text{ mol·L}^{-1}$，$c_0(Br_2) = 0.005\ 0 \text{ mol·L}^{-1}$，则 Br_2 的颜色消失需要多少时间？

（7）如果第六次实验中，$c_0(CH_3COCH_3) = 0.80 \text{ mol·L}^{-1}$，$c_0(HCl) = 0.80 \text{ mol·L}^{-1}$，$c_0(Br_2) = 0.001\ 0 \text{ mol·L}^{-1}$，则 Br_2 的颜色消失需要多少时间？

5. 二氧化氮的分解反应 $2NO_2(g) \longrightarrow 2NO(g) + O_2(g)$，319 ℃时，$k_1 = 0.498 \text{ mol}^{-1}\cdot\text{L}\cdot\text{s}^{-1}$；354 ℃时，$k_2 = 1.81 \text{ mol}^{-1}\cdot\text{L}\cdot\text{s}^{-1}$。计算该反应的活化能 E_a 和指前参量 k_0，以及 383 ℃时反应速率系数 k。

6. 某城市位于海拔高度较高的地理位置，水的沸点为 92 ℃。在海边城市 3 min 能煮熟的鸡蛋，在该市却花了 4.5 min 才煮熟。计算煮熟鸡蛋这一"反应"的活化能。

7. 半水合磷酸镧晶体 $LaPO_4 \cdot \frac{1}{2}H_2O$ 受热时将失去结晶水，而得到无水磷酸镧：

$$2LaPO_4 \cdot \frac{1}{2}H_2O(s) \longrightarrow 2LaPO_4(s) + H_2O(g)$$

在不同温度下该反应速率系数如下表：

$t/$ ℃	205	219	246	260
k/s^{-1}	2.30×10^{-4}	3.69×10^{-4}	7.75×10^{-4}	12.3×10^{-4}

用不同的方法计算该反应的活化能。

8. 某工厂生产了一种摄像彩色印纸，要求这种纸的性能在温度为 24 ℃，湿度为 60% 并见光的条件下能持续 100 年。因为承担这种实验的化学家不能等到 100 年后观察实验结果，他们采用了加速老化的方法，并画出了 $\ln\{t\}$（时间）$-1/T$ 的关系图，外推到 100 年时，得到相应的观察结果。

（1）假定温度每升高 10 ℃，老化速率增大了 3 倍，当反应时间减少到小于 1 年时，估计加速老化实验的温度应当是多少；

（2）说明化学家们为什么采用 $\ln\{t\}-1/T$ 关系图，而不用 $t-T$ 关系图外推。

9. 环丁烷分解反应：

$$\begin{array}{c} H_2C\!-\!CH_2 \\ |\quad\quad| \\ H_2C\!-\!CH_2 \end{array}(g) \longrightarrow 2\ \ H_2C\!=\!CH_2\ (g)$$

$E_a = 262\ \text{kJ·mol}^{-1}$，600 K 时，$k_1 = 6.10\times10^{-8}\ \text{s}^{-1}$，当 $k_2 = 1.00\times10^{-4}\ \text{s}^{-1}$ 时，温度是多少？写出其速率方程。计算 600 K 下的半衰期 $t_{1/2}$。

10. 在 75 ℃下，将 8.23×10^{-3} mol 的 $InCl(s)$ 放在 1.00 L 的 0.010 mol·L^{-1} HCl 溶液中，$InCl(s)$ 很快溶解，然后发生歧化反应 $3In^+(aq) \longrightarrow 2In(s) + In^{3+}(aq)$。

每隔一定时间分析溶液中余下的 $c(In^+)$，有关实验数据如下表：

t/s	0	240	480	720	1 000	1 200	10 000
$c(In^+)/(10^3\text{mol·L}^{-1})$	8.23	6.41	5.00	3.89	3.03	3.03	3.03

（1）画出 $\ln\{c(In^+)\}-t$ 图，确定该反应的速率系数和速率方程；

（2）确定反应的半衰期。

11. 已知反应：

$$2Ce^{4+}(aq) + Tl^+ \longrightarrow 2Ce^{3+}(aq) + Tl^{3+}(aq)$$

在没有催化剂的情况下，该反应速率很小。Mn^{2+} 是该反应的催化剂，其催化反应机理被认定为

① $Ce^{4+} + Mn^{2+} \longrightarrow Ce^{3+} + Mn^{3+}$ 慢

② $Ce^{4+} + Mn^{3+} \longrightarrow Ce^{3+} + Mn^{4+}$ 快

③ $Mn^{4+} + Tl^+ \longrightarrow Mn^{2+} + Tl^{3+}$ 快

（1）试判断该反应的控制步骤，其对应的反应分子数是多少？

（2）写出该反应的速率方程。

（3）确定该反应的中间产物有哪几种。

（4）该反应是均相催化，还是多相催化？

12. 二氧化氮被臭氧氧化生成五氧化二氮。其反应机理如下：

① $NO_2 + O_3 \xrightarrow{k_1} NO_3 + O_2$ 慢

② $NO_3 + NO_2 \xrightarrow{k_2} N_2O_5$ 快

（1）写出总反应方程式及其速率方程；

（2）写出各步反应的活化络合物的结构式及总反应的中间产物的化学式。

第四章
化学平衡 熵和 Gibbs 函数

第四章
学习引导

第四章
教学课件

MOOC

教学视频
标准平衡常数

研究一个化学反应,预测反应的方向和限度至关重要。如果一个反应根本不可能发生,采取任何加快反应速率的措施都是毫无意义的。只有对由反应物向产物转化是可能的反应,才有可能改变或者控制外界条件,使其以一定的反应速率达到反应的最大限度——化学平衡。本章重点讨论化学反应的标准平衡常数和平衡组成的计算、平衡移动的规律,以及与化学反应进行方向和限度判据有关的热力学函数——熵和Gibbs 函数。

§4.1 标准平衡常数

4.1.1 化学平衡的基本特征

各种化学反应中,反应物转化为产物的程度并不相同,有些反应几乎能进行到底,即这类反应的反应物几乎能全部转化为产物。如氯酸钾 $[KClO_3(s)]$ 的分解反应:

$$2KClO_3(s) \xrightarrow{MnO_2} 2KCl(s) + 3O_2(g)$$

该反应逆向进行的趋势很小。通常认为,KCl 不能与 O_2 直接反应生成 $KClO_3$。像这种实际上只能向一个方向进行"到底"的反应,叫做不可逆反应。

但是,大多数化学反应都是可逆的。例如,在某密闭容器中,充入氢气和碘蒸气,在一定温度下,两者能自动地反应生成气态的碘化氢:

$$H_2(g) + I_2(g) \longrightarrow 2HI(g)$$

在另一密闭容器中,充有气态的碘化氢,同样条件下,它能自动地分解为氢气和碘蒸气:

$$H_2(g) + I_2(g) \longleftarrow 2HI(g)$$

上述两个反应同时发生并且方向相反,可以写成下列形式:

$$H_2(g) + I_2(g) \rightleftharpoons 2HI(g) \tag{4-1}$$

习惯上,将化学反应计量式中从左向右进行的反应叫做正反应,从右向左进行的反应叫做逆反应。这种在同一条件下,既可以正向进行又能逆向进行的反应,被称为可逆反应。

一般说来,反应的可逆性是化学反应的普遍特征。由于正、逆反应共处于同一系统内,在密闭容器中可逆反应不能进行到底,即反应物不能全部转化为产物。

现以反应式(4-1)为例讨论化学反应达到平衡时的基本特征。将氢气和碘蒸气混合加热至 425.4 ℃,考察各物种浓度和反应速率随时间的变化规律(见表 4-1)。

表 4-1　425.4 ℃ $H_2(g)+I_2(g) \Longrightarrow 2HI(g)$ 的反应速率

时间 t/s	$c(H_2)/$ $(mol \cdot L^{-1})$	$c(I_2)/$ $(mol \cdot L^{-1})$	$c(HI)/$ $(mol \cdot L^{-1})$	$r_f/$ $(mol \cdot L^{-1} \cdot s^{-1})$	$r_r/$ $(mol \cdot L^{-1} \cdot s^{-1})$
0	0.010 0	0.010 0	0	7.60×10^{-6}	0
1 000	0.005 68	0.005 68	0.008 64	2.45×10^{-6}	1.04×10^{-7}
2 000	0.003 97	0.003 97	0.012 1	1.20×10^{-6}	2.04×10^{-7}
3 000	0.003 05	0.003 05	0.013 9	7.07×10^{-7}	2.69×10^{-7}
4 000	0.002 48	0.002 48	0.015 0	4.67×10^{-7}	3.13×10^{-7}
4 850	0.002 13	0.002 13	0.015 7	3.45×10^{-7}	3.43×10^{-7}

从表 4-1 可以看出,随着反应的进行,$c(H_2)$ 和 $c(I_2)$ 逐渐减小,$c(HI)$ 逐渐增大,因而正反应渐渐变慢,逆反应渐渐加快,直到正、逆反应速率相等。此时,系统中各物种浓度(或分压)不再随时间变化而改变,即系统的组成不变,这种状态称为平衡状态。

化学平衡是一种动态平衡。平衡的组成与达到平衡的途径无关,在条件一定时,平衡组成不随时间发生变化。

平衡状态是可逆反应所能达到的最大限度。对于不同的化学反应,或是在不同条件下的同一反应来说,反应所能达到的最大限度是不同的,平衡常数定量地描述了一定条件下可逆反应所能达到的最大限度。

图片
化学平衡的特征

4.1.2　标准平衡常数表达式

氢气-碘蒸气-碘化氢气体的平衡问题是研究化学平衡的典型实例。早在 1941 年,A. H. Taylor 和 R. H. Crist 就发表了他们的研究成果。其典型的实验数据见表 4-2。分析这些实验数据可以看出,平衡组成取决于开始时的系统组成。不同的开始组成可以得到不同的平衡组成。尽管不同平衡状态的平衡组成不同,但 $\dfrac{\{p(HI)\}^2}{p(H_2)p(I_2)}$ (表 4-2 最右面一列)是一常数。425.4 ℃下,其平均值为 54.43[①]。该常数被称为实验平衡常数。由于热力学中对物质的标准态作了规定(见第二章),平衡时各物种均以各自的标准态为参考态,热力学中的平衡常数称为标准平衡常数,以 $K^\ominus$ 表示。反应式(4-1)表示的反应标准平衡常数可写为

---

① 在多数情况下,实验平衡常数不是量纲一的量,它与标准平衡常数的数值往往不相等。对该反应来说,两者相等,这是一种巧合。

表 4-2   425.4 ℃ $H_2(g)+I_2(g) \rightleftharpoons 2HI(g)$ 系统的组成*

	开始各组分分压 p/kPa			平衡时各组分分压 p/kPa			$\dfrac{\{p(HI)\}^2}{p(I_2)p(H_2)}$
	$p(H_2)$	$p(I_2)$	$p(HI)$	$p(H_2)$	$p(I_2)$	$p(HI)$	
1	64.74	57.78	0	16.88	9.914	95.73	54.76
2	65.95	52.53	0	20.68	7.260	90.54	54.60
3	62.02	62.50	0	13.08	13.57	97.87	53.96
4	61.96	69.49	0	10.64	18.17	102.64	54.49
5	0	0	62.10	6.627	6.627	48.85	54.34
6	0	0	26.98	2.877	2.877	21.23	54.45

* 本表数据取自 Taylor A. H. , Crist R. H. *J. Am. Chem. Soc.* 1941. 63, 1377 ~ 1386。各物理量的单位经过了换算。

$$K^{\ominus} = \frac{\{p(HI)/p^{\ominus}\}^2}{\{p(H_2)/p^{\ominus}\}\{p(I_2)/p^{\ominus}\}} = 54.43$$

对一般的可逆化学反应

$$a A(g) + b B(aq) + c C(s) \rightleftharpoons x X(g) + y Y(aq) + z Z(l)$$

其标准平衡常数的表达式为

$$K^{\ominus} = \frac{\{p(X)/p^{\ominus}\}^x \{c(Y)/c^{\ominus}\}^y}{\{p(A)/p^{\ominus}\}^a \{c(B)/c^{\ominus}\}^b} \tag{4-2}$$

在该平衡常数表达式中,各物种均以各自的标准态为参考态。如果某物种是气体,要用分压表示,但其分压要除以 $p^{\ominus}$(= 100 kPa);若是溶液中的某溶质,其浓度要除以 $c^{\ominus}$(= 1 mol·L^{-1});若是液体或固体,其标准态为相应的纯液体或纯固体,因此,表示液体和固体状态的相应物理量不出现在标准平衡常数的表达式中(称其活度为1)。

式(4-2)说明,在一定温度下,可逆反应达到平衡时,生成物的相对浓度(或分压)以其化学方程式的化学计量数的绝对值为指数幂的乘积,除以反应物的相对浓度(或分压)以其反应方程式中的化学计量数的绝对值为指数幂的乘积,其商为一常数。

$K^{\ominus}$ 是量纲一的量。这里要特别强调的是:$K^{\ominus}$ 的表达式中,必须是平衡时的 p_B 或 c_B,绝对不能以非平衡时的 p_B 或 c_B 代入。

标准平衡常数表达式必须与化学反应计量式相对应。同一化学反应以不同的化学反应计量式表示时,其 $K^{\ominus}$ 的数值不同。

例 4-1   写出温度 T 时下列反应的标准平衡常数表达式,并确定(1),(2)和(3)反应的 $K_1^{\ominus}$,$K_2^{\ominus}$ 和 $K_3^{\ominus}$ 的数学关系式。

(1) $N_2(g) + 3H_2(g) \rightleftharpoons 2NH_3(g)$; $\qquad\qquad\qquad K_1^{\ominus}$

(2) $\dfrac{1}{2}N_2(g) + \dfrac{3}{2}H_2(g) \rightleftharpoons NH_3(g)$; $\qquad\qquad K_2^{\ominus}$

(3) $NH_3(g) \rightleftharpoons \dfrac{1}{2}N_2(g) + \dfrac{3}{2}H_2(g)$; $\qquad\qquad K_3^{\ominus}$

解: 对应上述化学反应计量式:

$$K_1^\ominus = \frac{\{p(\mathrm{NH_3})/p^\ominus\}^2}{\{p(\mathrm{N_2})/p^\ominus\}\{p(\mathrm{H_2})/p^\ominus\}^3}$$

$$K_2^\ominus = \frac{\{p(\mathrm{NH_3})/p^\ominus\}}{\{p(\mathrm{N_2})/p^\ominus\}^{1/2}\{p(\mathrm{H_2})/p^\ominus\}^{3/2}}$$

$$K_3^\ominus = \frac{\{p(\mathrm{N_2})/p^\ominus\}^{1/2}\{p(\mathrm{H_2})/p^\ominus\}^{3/2}}{\{p(\mathrm{NH_3})/p^\ominus\}}$$

分析反应(1),(2),(3)的化学反应计量式和 $K_1^\ominus, K_2^\ominus, K_3^\ominus$ 表达式间的对应关系。可以看出:当化学反应计量式(1)的各化学计量数乘以 1/2,就是化学反应计量式(2);则 $K_2^\ominus = \sqrt{K_1^\ominus}$;当化学反应计量式(2)各化学计量数乘以 -1,就得到化学反应计量式(3);则 $K_3^\ominus = 1/K_2^\ominus$。所以 $\sqrt{K_1^\ominus} = K_2^\ominus = 1/K_3^\ominus$。由此,可以得出结论,化学反应计量式乘以 $m(m\neq 0)$,则标准平衡常数由 $K^\ominus$ 变为 $(K^\ominus)^m$。

如果一个反应的产物是另一个反应的反应物,两个反应的化学反应计量式相加(或相减)可以得到第三个反应的化学反应计量式,那么后者的标准平衡常数与前者各标准平衡常数的关系如何? 现通过实例加以讨论。

例 4-2 已知下列反应 25 ℃时的标准平衡常数:

(1) $2\mathrm{BrCl}(g) \rightleftharpoons \mathrm{Cl_2}(g) + \mathrm{Br_2}(g)$; $K_1^\ominus = 0.45$

(2) $\mathrm{Br_2}(g) + \mathrm{I_2}(g) \rightleftharpoons 2\mathrm{IBr}(g)$; $K_2^\ominus = 0.051$

计算反应 $2\mathrm{BrCl}(g) + \mathrm{I_2}(g) \rightleftharpoons 2\mathrm{IBr}(g) + \mathrm{Cl_2}(g)$ 的标准平衡常数。

解: 确定反应(1),(2)与第三个化学反应计量式间的关系。反应(1)+(2)得反应(3):

$$2\mathrm{BrCl}(g) + \mathrm{I_2}(g) \rightleftharpoons 2\mathrm{IBr}(g) + \mathrm{Cl_2}(g)$$

分别写出各反应的标准平衡常数表达式:

$$K_1^\ominus = \frac{\{p(\mathrm{Cl_2})/p^\ominus\}\{p(\mathrm{Br_2})/p^\ominus\}}{\{p(\mathrm{BrCl})/p^\ominus\}^2}$$

$$K_2^\ominus = \frac{\{p(\mathrm{IBr})/p^\ominus\}^2}{\{p(\mathrm{Br_2})/p^\ominus\}\{p(\mathrm{I_2})/p^\ominus\}}$$

$$K_3^\ominus = \frac{\{p(\mathrm{IBr})/p^\ominus\}^2\{p(\mathrm{Cl_2})/p^\ominus\}}{\{p(\mathrm{BrCl})/p^\ominus\}^2\{p(\mathrm{I_2})/p^\ominus\}}$$

经比较,可以确立三个反应的 $K^\ominus$ 之间的关系:

$$K_3^\ominus = K_1^\ominus \cdot K_2^\ominus = 0.45 \times 0.051 = 0.023$$

对照化学反应计量式的关系和与之对应的标准平衡常数之间的关系,可以得出结论:如果多个反应的化学反应计量式经过线性组合得到一个总的化学反应计量式,则总反应的标准平衡常数等于各反应的标准平衡常数之积或商[①]。这一结论被称为多重平衡原理。它是利用已知标准平衡常数求未知标准平衡常数的重要方法。

---

① 化学反应计量式的线性组合包括它们间的相加、减,或乘以某一系数后的相加、减;相应的 $K^\ominus$ 为相乘、除或相应幂的相乘、除。

4.1.3　标准平衡常数的实验测定

确定标准平衡常数数值的最基本的方法是通过实验测定。只要知道某温度下平衡时各组分的浓度或分压,就很容易计算出反应的标准平衡常数。表 4-2 中所提供的数据就是很好的实例。通常在实验中只要知道最初各反应物的分压或浓度,以及平衡时某一物种的分压或浓度,根据化学反应的计量关系,再推算出平衡时其他反应物和产物的分压或浓度,就可以计算出标准平衡常数 $K^\ominus$。

例 4-3　$GeWO_4(g)$ 是一种不常见的化合物,可在高温下由相应氧化物生成:

$$2GeO(g) + W_2O_6(g) \rightleftharpoons 2GeWO_4(g)$$

某容器中充有 $GeO(g)$ 与 $W_2O_6(g)$ 的混合气体。反应开始前,它们的分压均为 100.0 kPa。在定温定容下达到平衡时,$GeWO_4(g)$ 的分压为 98.0 kPa。试确定平衡时 $GeO(g)$ 和 $W_2O_6(g)$ 的分压及该反应的标准平衡常数。

解:该反应是在定温定容下进行的,假设各物种可按理想气体处理,则各物种分压与其物质的量成正比。

$$2\ GeO(g) + W_2O_6(g) \rightleftharpoons 2GeWO_4(g)$$

开始 p_B/kPa　　　　100.0　　　100.0　　　　　0

平衡 p_B/kPa　　　　　　　　　　　　　　　98.0

根据各物种的计量关系,可得平衡时:

$$p(GeO) = (100.0 - 98.0)\ kPa = 2.0\ kPa$$

$$p(W_2O_6) = \left(100.0 - \frac{98.0}{2}\right)\ kPa = 51.0\ kPa$$

$$K^\ominus = \frac{\{p(GeWO_4)/p^\ominus\}^2}{\{p(GeO)/p^\ominus\}^2\{p(W_2O_6)/p^\ominus\}} = \frac{\left(\dfrac{98.0}{100}\right)^2}{\left(\dfrac{2.0}{100}\right)^2\left(\dfrac{51.0}{100}\right)} = 4.7 \times 10^3$$

---

§4.2　标准平衡常数的应用

化学反应的标准平衡常数是表明反应系统处于平衡状态的一种数量标志,利用它能回答许多重要问题,如判断反应程度(或限度)、预测反应方向,以及计算平衡组成等。

4.2.1　判断反应程度

在一定条件下,化学反应达到平衡状态时,正、逆反应速率相等,净反应速率等于零,平衡组成不再改变。这表明在平衡条件下反应物向产物转化达到了最大限度。如果该反应的标准平衡常数很大,其表达式的分子(对应产物的分压或浓度)比分母(对应反应物的分压或浓度)要大得多,说明反应物的大部分转化为产物了,反应进行得比较完全。反之,如果 $K^\ominus$ 的数值很小,表明平衡时产物的相关量对反应物的相关量的比例很小,反应正向进行的程度很小,反应进行得很不完全。$K^\ominus$越小,反应进行得越不完全。如果$K^\ominus$的数值不太大也不太小(如 $10^3 > K^\ominus > 10^{-3}$),平衡混合物中产物和反应物的分压(或浓度)相差不大(见表 4-2),反应物部分地转化为产物。

反应系统达到平衡状态时,反应进行的程度也常用平衡转化率来表示。反应物 A 的平衡转化率 $\alpha(A)$,被定义为

$$\alpha(A) \xlongequal{def} \frac{n_0(A) - n_{eq}(A)}{n_0(A)} \tag{4-3}$$

式中,$n_0(A)$为反应开始时($\xi = 0$)A 的物质的量;$n_{eq}(A)$为平衡时($\xi = \xi_{eq}$)A 的物质的量。$K^\ominus$越大,往往 $\alpha(A)$也越大[①]。

图片
反应商判据

4.2.2 预测反应方向

对于某一化学反应,在给定温度 T 下,标准平衡常数 $K^\ominus(T)$ 具有确定值。如果按照$K^\ominus(T)$表达式的同样形式来表示反应

$$aA(g) + bB(aq) + cC(s) \Longrightarrow xX(g) + yY(aq) + zZ(l)$$

在任意状态下反应物和产物组成的数量关系,可以得到:

$$J \xlongequal{def} \frac{\{p_j(X)/p^\ominus\}^x \{c_j(Y)/c^\ominus\}^y}{\{p_j(A)/p^\ominus\}^a \{c_j(B)/c^\ominus\}^b} \tag{4-4}$$

式中,p_j 和 c_j 分别表示某时刻 j 物种的分压和浓度;J 称为反应商。J 与 $K^\ominus$ 的数学表达式形式上是相同的。但是,反应商 J 与平衡常数 $K^\ominus$ 却是两个不同的量。$K^\ominus(T)$ 是由平衡时反应物、产物的 $p_B/p^\ominus$ 或 $c_B/c^\ominus$ 计算得到的。当系统处于非平衡态时 $J \neq K^\ominus$,表明反应仍在进行中。随着时间的推移,J 在不断变化,直到 $J = K^\ominus$,反应达到平衡。那么,当 $J \neq K^\ominus$ 时,反应进行的方向又如何呢?

$J < K^\ominus$,将式(4-4)与式(4-2)相比较,前者的分子的数值相对较小,表明产物的 $p_j(B)$ 或 $c_j(B)$ 比平衡时的小,相应正反应速率大于逆反应速率,反应的方向是正向进行。直至平衡状态时,$J = K^\ominus$。当 $J > K^\ominus$ 时,情形与上述相反,反应的方向是逆向进行,并直至平衡状态,系统的组成不再改变。现概括如下:

$J < K^\ominus$,反应正向进行;$J = K^\ominus$,系统处于平衡状态;$J > K^\ominus$,反应逆向进行。这就是化学反应进行方向的反应商判据。

4.2.3 计算平衡组成

若已知反应系统的开始组成,利用标准平衡常数可以计算出平衡时系统的组成。

[①] 严格讲,只有对同类型的反应(如两个反应 $aA + bB \longrightarrow yY$ 中化学计量数相同)通过标准平衡常数的比较,确定反应进行程度相对大小才是可行的。这是因为化学反应计量式与 $K^\ominus$ 的表达式是相匹配的。

例 4-4 已知反应 $CO(g)+Cl_2(g) \rightleftharpoons COCl_2(g)$，$K^{\ominus}(373\ K)=1.5\times10^8$。实验在定温定容条件下进行。开始时，$c_0(CO)=0.035\ 0\ mol\cdot L^{-1}$，$c_0(Cl_2)=0.027\ 0\ mol\cdot L^{-1}$，$c_0(COCl_2)=0$。计算 373 K 反应达到平衡时各物种的分压及 CO 的平衡转化率。

解：（1）由开始各组分浓度计算出相应的分压：

$$p_0(CO)=c(CO)RT=(0.035\ 0\times8.314\times373)\ kPa=108.5\ kPa$$

$$p_0(Cl_2)=(0.027\ 0\times8.314\times373)\ kPa=83.7\ kPa$$

假定各物种可按理想气体处理：

	$CO(g)$	+	$Cl_2(g)$	$\rightleftharpoons$	$COCl_2(g)$
开始浓度/$(mol\cdot L^{-1})$	0.035 0		0.027 0		0
开始分压/kPa	108.5		83.7		0
转化了的分压/kPa	$-(83.7-x)$		$-(83.7-x)$		$83.7-x$
平衡分压/kPa	$24.8+x$		x		$83.7-x$

（2）由于反应在定温定容下进行，压力的变化正比于物质的量的变化。所以，可以直接由开始分压减去转化了的分压而得到平衡时的分压。

（3）由于该反应的 $K^{\ominus}$ 很大，可以推知反应进行得很完全。因为 $p(CO)>p(Cl_2)$，可以假设 $Cl_2(g)$ 先全部转化为 $COCl_2(g)$，此时 $p(COCl_2)=83.7\ kPa$，平衡时分解了 x kPa 的 $COCl_2(g)$。在此基础上根据化学反应计量式中各物种的化学计量数，推算出平衡时各物种的分压。

（4）写出标准平衡常数表达式，并将各物种平衡分压代入：

$$K^{\ominus}=\frac{p(COCl_2)/p^{\ominus}}{\{p(CO)/p^{\ominus}\}\{p(Cl_2)/p^{\ominus}\}}$$

$$1.5\times10^8=\frac{\dfrac{83.7-x}{100}}{\left(\dfrac{24.8+x}{100}\right)\left(\dfrac{x}{100}\right)}$$

$K^{\ominus}$ 很大，估计 x 很小，可假设 $83.7-x\approx83.7$，$24.8+x\approx24.8$

则 $$1.5\times10^8=\frac{83.7\times100}{24.8x} \qquad x=2.3\times10^{-6}$$

平衡时，$p(CO)=24.8\ kPa$，$p(Cl_2)=2.3\times10^{-6}\ kPa$，$p(COCl_2)=83.7\ kPa$

从上述计算结果说明，前面的分析、判断和假设是完全正确的。

（5）由于反应在定温定容下进行，$p\propto n$，根据式（4-3）有

$$\alpha(CO)=\frac{p_0(CO)-p_{eq}(CO)}{p_0(CO)}=\frac{108.5-24.8}{108.5}\times100\%=77.1\%$$

§4.3 化学平衡的移动

化学反应达到平衡时，表观上反应不再进行，但实际上正、逆反应仍在进行，只是两者的速率相等。影响反应速率的因素，如浓度、压力和温度等对化学平衡也同样会产生影响。当这些因素改变时，向某一方向进行的反应速率大于向相反方向进行的速率，平衡状态被破坏，直到正、逆反应速率再次相等，此时系统的组成已发生了变化，建

立起与新条件相适应的新的平衡。像这样因外界条件的改变使化学反应从一种平衡状态转变到另一种平衡状态的过程,叫做化学平衡的移动。

化学平衡移动的规律可以概括为:如果改变平衡系统的条件之一(浓度、压力和温度),平衡就向能减弱这种改变的方向移动。这一定性判断规则被称为 Le Châtelier 原理。

定义了反应商(J)的概念之后,就可以从 J 与 $K^{\ominus}$ 的数值关系来讨论浓度、压力和温度变化对化学平衡移动的影响。

4.3.1　浓度对化学平衡的影响

根据反应商判据可以推测化学平衡移动的方向。浓度的变化不能改变标准平衡常数的数值,因为在一定的温度下,$K^{\ominus}$ 值一定,但浓度的变化却可以改变反应商 J 的数值。对于溶液中发生的反应,平衡时,$J=K^{\ominus}$;反应物浓度增加或产物浓度减小,将使反应商 J 变小。此时,$J<K^{\ominus}$,平衡向正向移动。如果反应物浓度减小或产物浓度增大,J 变大,$J>K^{\ominus}$,平衡向逆向移动。

例 4-5　在含有 1.00×10^{-2} mol·L^{-1} AgNO$_3$,0.100 mol·L^{-1} Fe(NO$_3$)$_2$ 和 1.00×10^{-3} mol·L^{-1} Fe(NO$_3$)$_3$ 的溶液中,可发生如下反应:

$$Fe^{2+}(aq)+Ag^+(aq)\Longleftrightarrow Fe^{3+}(aq)+Ag(s)$$

25 ℃时 $K^{\ominus}=3.2$。问(1) 反应向哪一方向进行?(2) 平衡时,Ag$^+$,Fe^{2+},Fe^{3+} 的浓度各为多少?(3) Ag$^+$ 的转化率为多少?(4) 如果保持最初 Ag$^+$ 和 Fe^{3+} 的浓度不变,只改变 Fe^{2+} 的浓度,使 $c(Fe^{2+})=0.300$ mol·L^{-1}。求在新条件下 Ag$^+$ 的转化率,并与(3)中的转化率相比较。

解:(1) 反应开始时的反应商:

$$J=\frac{c(Fe^{3+})/c^{\ominus}}{\{c(Fe^{2+})/c^{\ominus}\}\{c(Ag^+)/c^{\ominus}\}}=\frac{1.00\times10^{-3}}{0.100\times1.00\times10^{-2}}=1.00$$

$J<K^{\ominus}$,反应正向进行。

(2) 平衡组成的计算:

	Fe^{2+}(aq)	+Ag$^+$(aq)	$\Longleftrightarrow$	Fe^{3+}(aq)	+Ag(s)
开始浓度/(mol·L^{-1})	0.100	1.00×10^{-2}		1.00×10^{-3}	
转化了的浓度/(mol·L^{-1})	$-x$	$-x$		$+x$	
平衡浓度/(mol·L^{-1})	$0.100-x$	$1.00\times10^{-2}-x$		$1.00\times10^{-3}+x$	

$$K^{\ominus}=\frac{c(Fe^{3+})/c^{\ominus}}{\{c(Fe^{2+})/c^{\ominus}\}\{c(Ag^+)/c^{\ominus}\}}$$

$$3.2=\frac{1.00\times10^{-3}+x}{(0.100-x)(1.00\times10^{-2}-x)}$$

$$3.2x^2-1.352x+2.2\times10^{-3}=0 \qquad x=1.60\times10^{-3}$$

平衡时,$c(Ag^+)=8.4\times10^{-3}$ mol·L^{-1},$c(Fe^{2+})=9.8\times10^{-2}$ mol·L^{-1},$c(Fe^{3+})=2.6\times10^{-3}$ mol·L^{-1}

(3) 在溶液中的反应可被看成是定容反应。因此

$$\alpha_1(Ag^+)=\frac{c_0(Ag^+)-c_{eq}(Ag^+)}{c_0(Ag^+)}=\frac{1.6\times10^{-3}}{1.00\times10^{-2}}\times100\%=16\%$$

(4) 设在新的条件下 Ag^+ 的平衡转化率为 α_2。则

平衡时，$c(Fe^{2+})=(0.300-1.00\times10^{-2}\alpha_2)\,mol\cdot L^{-1}$

$$c(Ag^+)=\{1.00\times10^{-2}(1-\alpha_2)\}\,mol\cdot L^{-1}$$

$$c(Fe^{3+})=(1.00\times10^{-3}+1.00\times10^{-2}\alpha_2)\,mol\cdot L^{-1}$$

$$3.2=\frac{1.00\times10^{-3}+1.00\times10^{-2}\alpha_2}{(0.300-1.00\times10^{-2}\alpha_2)\times\{1.00\times10^{-2}(1-\alpha_2)\}}$$

$$\alpha_2=43\%$$

$\alpha_2(Ag^+)>\alpha_1(Ag^+)$。这是由于增加了 $c(Fe^{2+})$，使平衡向右移动，Ag^+ 的转化率有所提高。

对于可逆反应，若提高某一反应物的浓度或降低产物的浓度，都可使 $J<K^\ominus$，平衡将向着减少反应物浓度和增加产物浓度的方向移动。在化工生产中，常利用这一原理来提高反应物的转化率。

4.3.2 压力对化学平衡的影响

对于有气体参与的化学反应来说，同浓度的变化对化学平衡的影响相仿，分压的变化也不改变标准平衡常数的数值，只可能使反应商的数值改变。只有 $J\neq K^\ominus$，平衡才有可能发生移动。由于改变系统压力的方法不同，所以改变压力对平衡移动的影响要视具体情况而定。

1. 部分物种分压的变化

如果保持反应在定温定容下进行，只是增大（或减小）一种（或多种）反应物的分压，或者减小（或增大）一种（或多种）产物的分压，能使反应商减小（或增大），导致 $J<K^\ominus$（或 $J>K^\ominus$），平衡向正（或逆）向移动。这种情形与上述浓度变化对平衡移动的影响是一致的。

2. 体积改变引起压力的变化

对于有气体参与的化学反应来说，反应系统体积的变化能导致系统总压和各物种分压的变化。例如：

$$aA(g)+bB(g)\rightleftharpoons yY(g)+zZ(g)$$

平衡时
$$J=\frac{\{p(Y)/p^\ominus\}^y\{p(Z)/p^\ominus\}^z}{\{p(A)/p^\ominus\}^a\{p(B)/p^\ominus\}^b}=K^\ominus$$

当定温下将反应系统的体积压缩至 $1/x$($x>1$) 时，系统的总压力增大到 x 倍，相应各组分的分压也都同时增大到 x 倍，此时反应商为

$$J=\frac{\{xp(Y)/p^\ominus\}^y\{xp(Z)/p^\ominus\}^z}{\{xp(A)/p^\ominus\}^a\{xp(B)/p^\ominus\}^b}=x^{\sum\nu_{B(g)}}K^\ominus$$

对 $\sum\nu_{B(g)}>0$ 的反应，即为气体分子数增加的反应，此时，$J>K^\ominus$，平衡向逆向移动，

或者说平衡向气体分子数增加的方向移动。

对 $\sum \nu_{B(g)} < 0$ 的反应,即为气体分子数减少的反应,$J < K^{\ominus}$,平衡向正向移动,即平衡向气体分子数减少的方向移动。

$\sum \nu_{B(g)} = 0$ 时,在反应前后气体分子数不变,$x^{\sum \nu_{B(g)}} = 1$,$J = K^{\ominus}$,此时,平衡不发生移动。

$\sum \nu_{B(g)} \neq 0$ 时,如果反应系统的体积被压缩,总压增大,各组分气体的分压也增大相同倍数,平衡向气体分子数减少的方向移动,即向减小压力的方向移动。总之,定温压缩(或膨胀)只能使 $\sum \nu_{B(g)} \neq 0$ 的反应平衡发生移动。

3. 惰性气体的影响

惰性气体为不参与化学反应的气态物质,通常为 $H_2O(g)$ 和 $N_2(g)$ 等。

(1) 若某一反应在有惰性气体存在下已达到平衡,仿照上述体积改变引起压力变化的情形,将反应系统在定温下压缩,总压增大到 x 倍,各组分的分压也增大到同样倍数。由于惰性气体的分压不出现在 J 和 $K^{\ominus}$ 的表达式中,只要 $\sum \nu_{B(g)} \neq 0$,平衡同样向气体分子数减少的方向移动。

(2) 如果反应在定温定容下进行,反应已达到平衡时,引入惰性气体,系统的总压力增大,但各反应物和产物的分压不变,$J = K^{\ominus}$,平衡不移动。

(3) 如果反应在定温定压下进行,反应已达到平衡时,引入惰性气体,为了保持总压不变,可使系统的体积相应增大。在这种情况下,各组分气体分压相应减小,$\sum \nu_{B(g)} \neq 0$,$J \neq K^{\ominus}$,平衡向气体分子数增多的方向移动。

综上所述,压力对平衡移动的影响,关键在于各反应物和产物的分压是否改变,同时要考虑反应前后气体分子数是否改变。基本判据仍然是 J 与 $K^{\ominus}$ 的关系。

4.3.3　温度对化学平衡的影响

浓度和压力对化学平衡的影响,是通过改变系统的组成,使 J 改变,但是 $K^{\ominus}$ 并不改变而导致二者不等来实现的。温度对化学平衡的影响则不然,温度变化引起标准平衡常数的改变而导致系统的 J 和 $K^{\ominus}$ 不等,从而使化学平衡发生移动。温度对标准平衡常数的影响可用 van't Hoff 方程来描述:

$$\ln \frac{K_2^{\ominus}}{K_1^{\ominus}} = \frac{\Delta_r H_m^{\ominus}}{R} \left(\frac{1}{T_1} - \frac{1}{T_2} \right) \tag{4-5}$$

式中,$K_1^{\ominus}$,$K_2^{\ominus}$ 分别为温度为 T_1 和 T_2 时的标准平衡常数,$\Delta_r H_m^{\ominus}$ 为可逆反应的标准摩尔焓变。

将式(4-5)整理得

$$\ln \frac{K_2^{\ominus}}{K_1^{\ominus}} = \frac{\Delta_r H_m^{\ominus}}{R} \cdot \frac{T_2 - T_1}{T_1 T_2} \tag{4-6}$$

从式(4-5)或式(4-6)可以清楚地看出温度对 $K^{\ominus}$ 的影响及与 $\Delta_r H_m^{\ominus}$ 的关系。

对于放热反应,$\Delta_r H_m^{\ominus}<0$,温度升高时$(T_2>T_1)$,由式(4-6)可得$K_2^{\ominus}<K_1^{\ominus}$,即标准平衡常数随着温度的升高而减小,$J=K_1^{\ominus}>K_2^{\ominus}$,升温使平衡逆向移动,即反应向吸热方向进行。而当降温时$(T_2<T_1)$,$K_2^{\ominus}>K_1^{\ominus}=J$,降温使平衡正向移动,即向放热方向移动。

对于吸热反应,$\Delta_r H_m^{\ominus}>0$,温度升高时$(T_2>T_1)$,由式(4-6)可得$K_2^{\ominus}>K_1^{\ominus}=J$,平衡正向移动,即反应向吸热方向进行。而当降温时$(T_2<T_1)$,$K_2^{\ominus}<K_1^{\ominus}=J$,平衡逆向移动,即降温使反应向放热方向进行。

总之,改变反应条件时,如果$J\neq K^{\ominus}$,化学平衡将发生移动。

Le Châtelier 原理从定性的角度说明了平衡移动的普遍原理,它非常简洁适用,但使用时要特别注意。Le Châtelier 原理只适用于已处于平衡状态的系统,而不适用于未达到平衡状态的系统。如果某系统处于非平衡态且$J<K^{\ominus}$,反应向正向进行。若适当减少某种反应物的浓度或分压,同时仍维持$J<K^{\ominus}$,反应方向是不会因这种减少而改变的。

§4.4 自发变化和熵

前面几节从实验的角度讨论了化学反应的方向和限度问题。下面讨论怎样利用热力学函数来推测反应方向,计算标准平衡常数,以及认识影响化学反应方向和限度的因素。

4.4.1 自发变化

在化学热力学的研究中,化学家常要考察物理变化和化学变化的方向性。然而,能量守恒对变化过程的方向并没有给出任何限制。实际上,自然界中任何宏观自动进行的变化过程都是具有方向性的。联系日常生活经验和化学的基础知识,可以举出许多实例。例如:

(1)当两个温度不同的物体相接触,热可以自动地从高温物体传导到低温物体,直到两者温度相等。这是没有借助外部环境的作用而自发进行的过程(又称自发变化)。反之,热从低温物体传递到高温物体也是可能的,但是必须依靠环境对它做功,这是一种非自发过程。冷冻机中所进行的过程就是这种情形。

(2)某容器的气体向真空容器中的扩散是自发过程;当然,采取压缩的方法又可使扩散后的气体返回到原来的容器中,压缩时,环境要做功。这就是非自发过程。

(3)在潮湿的空气中,铁的锈蚀进行得很慢,但是只要有足够的时间,锈蚀的程度会相当严重。然而,室温下铁锈却不能转化为铁。前一过程为自发的,其逆过程就是非自发的。

总结许多实例,可以看出自发变化的基本特征:

(1)在没有环境作用或干扰的情况下,系统自身发生变化的过程被称为自发变化。

(2)有的自发变化开始时需要引发,一旦开始,自发变化将继续进行一直达到平衡,或者说,自发变化的最大限度是系统的平衡状态。

（3）自发变化不受时间约束，与反应速率无关。

（4）自发变化必然有一定的方向性，其逆过程是非自发变化。两者都不能违反能量守恒定律。

（5）自发变化和非自发变化都是可能进行的。但是，只有自发变化能自动发生，而非自发变化必须借助一定方式的外部作用才能发生。没有外部作用，非自发变化将不能进行。

热力学将帮助我们预测某一过程能否进行。

4.4.2　熵和自发变化

化学反应中，许多放热反应都能自发地进行。例如：

① $H_2(g) + \dfrac{1}{2}O_2(g) \longrightarrow H_2O(l)$；　　$\Delta_r H_m^{\ominus}(298\ K) = -285.83\ kJ \cdot mol^{-1}$

② $H^+(aq) + OH^-(aq) \longrightarrow H_2O(l)$；　　$\Delta_r H_m^{\ominus}(298\ K) = -55.84\ kJ \cdot mol^{-1}$

反应②是一个进行得很快的酸碱中和反应，而对反应①来说，氢气与氧气混合后并不会立即发生反应；但是，一经点燃引发或加铂绒作催化剂，反应就会自动进行，甚至发生爆炸。人们发现，在通常条件下，许多放热反应的标准平衡常数往往很大（至少大于 1）；即反应向正方向进行的程度较大。上述两反应中，$K_1^{\ominus}(298\ K) = 3.5 \times 10^{41}$，$K_2^{\ominus}(298\ K) = 1.0 \times 10^{14}$，反应进行得很完全。同时，反应放热后，使系统能量降低。

早在 1878 年，法国化学家 M. Berthelot 和丹麦化学家 J. Thomsen 就提出：自发的化学反应趋向于使系统释放出最多的热。即系统的焓减少（$\Delta H < 0$），反应将能自发进行。这种以反应焓变作为判断反应方向的依据，简称为焓变判据。从反应系统的能量变化来看，放热反应发生以后，系统的能量降低。反应放出的热量越多，系统的能量降低得也越多，反应越完全。这就是说，在反应过程中，系统有趋向于最低能量状态的倾向，常称其为能量最低原理。不仅化学变化有趋向于最低能量的倾向，相变化也具有这种倾向。例如，−10 ℃过冷的水会自动地凝固为冰，同时放出热量，使系统的能量降低。总之，系统的能量降低（$\Delta H < 0$）有利于反应正向进行。

Berthelot 和 Thomsen 所提出的最低能量原理是对许多实验事实的概括，对多数放热反应，特别是在温度不高的情况下是完全适用的。但是，确实有例外，有些吸热反应也能自发地进行。例如：

① 氯化铵的溶解：

$$NH_4Cl(s) \xrightarrow{\ H_2O\ } NH_4^+(aq) + Cl^-(aq)；\qquad \Delta_r H_m^{\ominus} = 9.76\ kJ \cdot mol^{-1}$$

② 氢氧化钡晶体与氯化铵溶液的酸碱反应：

$$Ba(OH)_2 \cdot 8H_2O(s) + 2NH_4^+(aq) \longrightarrow Ba^{2+}(aq) + 2NH_3(g) + 10H_2O(l)；$$
$$\Delta_r H_m^{\ominus} = 122.1\ kJ \cdot mol^{-1}$$

③ 高温下碳酸钙分解：

$$CaCO_3(s) \longrightarrow CaO(s) + CO_2(g)；\qquad \Delta_r H_m^{\ominus} = 178.32\ kJ \cdot mol^{-1}$$

该反应在室温下不是自发的,但在 840 ℃ 以上能自发进行。

④ 100 ℃ 水的蒸发:

$$H_2O(l) \longrightarrow H_2O(g); \qquad \Delta_r H_m^\ominus = 44.0 \text{ kJ·mol}^{-1}$$

这些吸热反应($\Delta H > 0$)在一定条件下均能自发进行。说明放热($\Delta H < 0$)只是有助于反应自发进行的因素之一,而不是唯一的因素。当温度升高时,另外一个因素将变得更重要。在热力学中,把决定反应自发性的另一个状态函数称为熵,它与混乱度有关。

4.4.3 混乱度、熵和微观状态数

1. 混乱度

在探寻自发变化判据的研究中,发现许多自发的吸热变化有混乱程度增加的趋向。前面所举出的吸热反应实例全部说明了这一点。这些实例都是宏观现象,如何将宏观的自发现象与系统的微观组成联系起来,确立一个新的物理量?现以冰融化为水,水再蒸发为水蒸气为例来说明。在冰的晶体结构中(图 10-30),水分子 H_2O 有规则地排列在确定的位置上,其主要运动形式是在各自的位置上做振动。各分子间有一定的距离,处于较为有序的状态,而不是混乱的状态。当温度升高到 0 ℃ 以上时,冰自发地融化为液态水,冰中的有序结构被破坏了,水分子的运动变得较为自由。每个水分子没有确定的位置,分子间的距离也不固定。从整体来说,系统处于无序状态,即混乱状态。因此,冰的融化这一由固相到液相的转化过程是系统内的微观粒子分布发生了从有序到无序的变化,系统的混乱度增加了。水吸热变为水蒸气,这是液相到气相的变化,系统的混乱度也增加了。在气体中分子间的作用力很弱,分子的分布比液体中的分子更为混乱。物质从固态到液态再到气态的变化过程中,组成物质的微观粒子分布的混乱度逐渐增加。其他如氯化铵的溶解、氢氧化钡晶体与氯化铵溶液的酸碱反应,以及碳酸钙在高温下的分解等都有液相中的离子数或气相中分子数的增加,因而使系统的混乱度增大。自发过程与混乱度增大的内在联系这一客观规律在日常生活和工作中是随处可见的,可以举出许多实例。因此,可以说系统有趋向于最大混乱度的倾向,系统混乱度增大有利于反应自发地进行。

2. 熵和微观状态数

如何定量地描述自发变化与混乱度间的关系?混乱度可以用热力学函数——熵来表示。熵的本质又是什么?现以理想气体的自由膨胀为例讨论熵与微观状态数的关系。

气体自由膨胀的装置是由两个容积相等的以三通阀相连的玻璃空心球构成的(图 4-1)。将一定量的气体充入左边一个球中;右边的球开始时为真空。将阀门打开,气体能自发地扩散到右边的玻璃球中。对理想气体来说,这种自由膨胀没有热力

MOOC

教学视频
熵与热力学第
三定律

学能和熵变化发生。从宏观上讲,两玻璃球中的气体扩散直到压力相等为止,或者说达到平衡状态。但是,从微观上讲,如果采取某种措施跟踪某些特定分子,可以发现,这种分子在右边球中停留一段时间后又返回到左边的球中。以此往复下去,只要有足够的时间,分子在两边出现的机会相等,它并没有偏向于某一边的趋势。这就表明,每个分子在左边出现的概率等于在右边出现的概率,各为 1/2。这与宏观上气体的自发膨胀并最终达到平衡的事实是一致的。

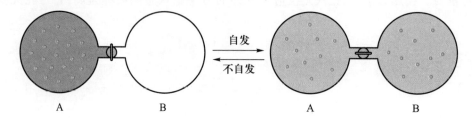

图 4-1　气体的自由膨胀

　　气体分子在空间不同位置的分布有多种微观状态。空间越大,分子的不同分布形式越多(图 4-2),微观状态数也越大,系统越混乱,即熵越大。例如,有三个分子,同时也只有三个可被分子占据的三个位置,这时的微观状态只有一个(图 4-2)。如果有四个位置可供三个分子选择($C_4^3=4$),则出现四种分布形式,四种微观状态。后者系统的混乱度较前者就大,熵值就相应的大。实际上,微观状态不仅取决于分子在空间位置的分布,它还与分子运动、分子和原子的能级状态有关。例如,分子除了平动之外,还有振动和转动(图 4-3)。分子的多种运动形式,往往引起分子的瞬间变形以及空间位置和方向的变化,导致微观状态数目的增大,熵增大。同时,分子和原子越复杂,能级状态越多,微观状态数也越大,熵越大。

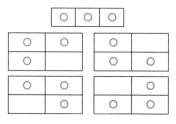

图 4-2　三个分子的微观状态数

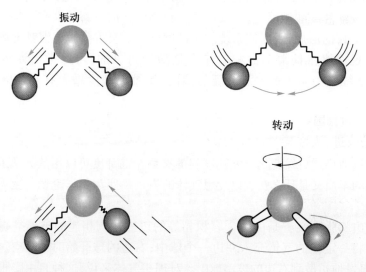

图 4-3　水分子的振动和转动

1878 年,奥地利数学家和物理学家 L.E.Boltzmann 将熵与系统的微观状态数联系起来。他基于统计力学的原理,提出了熵与微观状态数的关系:

$$S = k \ln \Omega \tag{4-7}$$

这就是 Boltzmann 关系式,式中 k 为 Boltzmann 常量;Ω 为微观状态数。

$$k = \frac{R}{N_A} = \frac{8.314 \text{ J·mol}^{-1} \cdot \text{K}^{-1}}{6.022 \times 10^{23} \text{ mol}^{-1}}$$
$$= 1.3806 \times 10^{-23} \text{ J·K}^{-1}$$

至此,已明确了熵是系统内微观粒子可能达到的微观状态数的定量量度。但是在实际应用中,目前主要不是从 Ω 来计算熵,而是从实验中的可测定的物理量(Q,C_p)来得到熵变的定量数值。对于定温可逆过程,如果热量用 Q_r 表示,则

$$\Delta S = \frac{Q_r}{T}$$

该式说明了熵名称的来源——可逆过程的热温商。

4.4.4 热力学第三定律和标准熵

1. 热力学第三定律

温度如何影响熵的变化? 当温度升高时,气体体积增大,系统中分子分布的微观状态数增加。因此,在定压下,随着温度的升高,理想气体的熵增大。温度升高,熵增大的另一个原因是,分子在高温下的速度分布曲线比在低温下的速度分布曲线平坦些。即温度升高分子的运动速度分布的范围更广,相应于不同能量的微观状态数增加。因此,在较高温度下,分子和原子可以分布的能级更多,相应的微观状态数也多,熵增大。

由气态→液态→固态的熵依次变小的规律已是大家熟悉的事实。1906 年,德国物理学家 W. H. Nernst 总结了大量实验资料,得出一个普遍规则,即随着热力学温度趋近于零,凝聚系统的熵变化趋近于零。其数学式为

$$\lim_{T \to 0} (\Delta S)_T = 0$$

后来又经过德国物理学家 Max Planck(1911 年)和美国科学家 G. N. Lewis 等人(1920 年)的改进,认为:纯物质完整有序晶体在 0 K 时的熵值为零。即

$$S^*(\text{完整有序晶体}, 0 \text{ K}) = 0 \tag{4-8}$$

以上表述被称为热力学第三定律。即完整有序的纯物质晶体的微观状态只有一种,$\Omega = 1$,$S = 0$。以此为基准可以确定其他温度下物质的熵。

2. 标准熵

如果将某纯物质从 0 K 升高温度至 T K,该过程的熵变化为 ΔS:

$$\Delta S = S_T - S_0 = S_T \qquad\qquad (4-9)$$

S_T 被称为该物质的规定熵(或绝对熵)。在某温度下(通常为 298.15 K),单位物质的量的某纯物质在标准状态($p^{\ominus}$ = 100 kPa)下的规定熵称为标准摩尔熵,以符号 $S_m^{\ominus}$(B,相态,T)表示之。$S_m^{\ominus}$ 的单位是 $J \cdot mol^{-1} \cdot K^{-1}$。所有物质 298.15 K 的标准摩尔熵 $S_m^{\ominus}$ 均大于零;$S_m^{\ominus}$(单质,相态,298.15 K)>0,即单质的标准摩尔熵不等于零。这一点与单质的标准摩尔生成焓等于零不相同。然而,在热力学数据表(附表一)中可以发现,对某些水溶液中的离子来说,其标准摩尔熵为负值,这是由于热力学中规定 $S_m^{\ominus}$(H^+,aq,298.15 K) = 0,以此为基准计算出水溶液中其他离子的标准摩尔熵为相对值。但是,这并不影响化学反应熵变化的计算结果。

通过对某些物质标准摩尔熵值的分析,可以看出一些规律:

(1) 熵与物质的聚集状态有关。同一种物质的气态熵值最大,液态次之,固态的熵值最小。例如,$S_m^{\ominus}$(H_2O,s,298.15 K) = 39.33 $J \cdot mol^{-1} \cdot K^{-1}$;$S_m^{\ominus}$($H_2O$,l,298.15 K) = 61.91 $J \cdot mol^{-1} \cdot K^{-1}$;$S_m^{\ominus}$($H_2O$,g,298.15 K) = 188.825 $J \cdot mol^{-1} \cdot K^{-1}$。

(2) 有相似分子结构且相对分子质量又相近的物质,其 $S_m^{\ominus}$ 相近。例如,$S_m^{\ominus}$(CO,g,298.15 K) = 197.674 $J \cdot mol^{-1} \cdot K^{-1}$;$S_m^{\ominus}$($N_2$,g,298.15 K) = 191.61 $J \cdot mol^{-1} \cdot K^{-1}$。分子结构相似而相对分子质量不同的物质,其标准摩尔熵随相对分子质量的增大而增大。因此,在元素周期表中同族相同物态单质的 $S_m^{\ominus}$ 从上到下逐渐增大。又如,298.15 K 卤素的氢化物 HF(g),HCl(g),HBr(g) 和 HI(g) 的 $S_m^{\ominus}$ 依次增大,分别为 173.779 $J \cdot mol^{-1} \cdot K^{-1}$、186.908 $J \cdot mol^{-1} \cdot K^{-1}$、198.695 $J \cdot mol^{-1} \cdot K^{-1}$ 和 206.594 $J \cdot mol^{-1} \cdot K^{-1}$。

(3) 物质的相对分子质量相近时,分子构型复杂的,其标准摩尔熵值较大。例如,气态乙醇,$S_m^{\ominus}$(C_2H_5OH,g,298.15 K) = 282.70 $J \cdot mol^{-1} \cdot K^{-1}$;气态二甲醚,$S_m^{\ominus}$($CH_3OCH_3$,g,298.15 K) = 266.38 $J \cdot mol^{-1} \cdot K^{-1}$。二者的化学式相同,相对分子质量相等,但二甲醚分子的对称性较乙醇分子高。

这些规律再一次表明了物质的标准摩尔熵与其微观结构是密切相关的。

4.4.5　化学反应熵变和热力学第二定律

1. 化学反应熵变的计算

MOOC

教学视频
化学反应熵变
和热力学第二
定律

熵是状态函数,某过程的熵变只与始态、终态有关,而与途径无关。如同化学反应的焓变计算一样,利用标准摩尔熵的数据,在 298.15 K 下化学反应 $0 = \sum\limits_B \nu_B B$ 的反应标准摩尔熵变可根据下式计算:

$$\Delta_r S_m^{\ominus}(298.15 \text{ K}) = \sum \nu_B S_m^{\ominus}(B,相态,298.15 \text{ K}) \qquad\qquad (4-10)$$

例 4-6　计算 298.15 K 下反应:Ba(OH)$_2 \cdot$8H$_2$O(s) + 2NH$_4^+$(aq) $\longrightarrow$ Ba^{2+}(aq) + 2NH$_3$(g) + 10H$_2$O(l) 的标准摩尔熵变 $\Delta_r S_m^{\ominus}$。

解:由附表一查出 298.15 K 下各反应物和产物的标准摩尔熵:

$$S_m^{\ominus}[\text{Ba(OH)}_2 \cdot 8\text{H}_2\text{O,s}] = 427 \text{ J} \cdot \text{mol}^{-1} \cdot \text{K}^{-1}$$

$$S_m^\ominus(Ba^{2+}, aq) = 9.6 \ J \cdot mol^{-1} \cdot K^{-1}$$

$$S_m^\ominus(NH_4^+, aq) = 113.4 \ J \cdot mol^{-1} \cdot K^{-1}$$

$$S_m^\ominus(NH_3, g) = 192.45 \ J \cdot mol^{-1} \cdot K^{-1}$$

$$S_m^\ominus(H_2O, l) = 69.91 \ J \cdot mol^{-1} \cdot K^{-1}$$

根据式(4-10),298.15 K 下:

$$\Delta_r S_m^\ominus = [\nu(Ba^{2+})S_m^\ominus(Ba^{2+}, aq) + \nu(NH_3)S_m^\ominus(NH_3, g) + \nu(H_2O)S_m^\ominus(H_2O, l)]$$
$$+ \{\nu[Ba(OH)_2 \cdot 8H_2O]S_m^\ominus[Ba(OH)_2 \cdot 8H_2O, s] + \nu(NH_4^+)S_m^\ominus(NH_4^+, aq)\}$$
$$= [(1 \times 9.6 + 2 \times 192.45 + 10 \times 69.91) + (-1 \times 427 - 2 \times 113.4)] \ J \cdot mol^{-1} \cdot K^{-1}$$
$$= 440 \ J \cdot mol^{-1} \cdot K^{-1}$$

分析计算结果和其他实验事实,可以得出如下结论:

气体分子数增加的反应,其熵值增大;$\Delta_r S_m^\ominus > 0$,有利于反应正向自发进行。尽管例 4-6 中的反应是吸热的($\Delta_r H_m^\ominus > 0$),从焓变判据上看不利于反应自发进行。但在常温下该反应仍能正向自发进行,看来是熵增起了主导作用。然而,有些吸热熵增反应在常温下并不能自发进行。如碳酸钙分解反应,其 $\Delta_r S_m^\ominus = 160.6 \ J \cdot mol^{-1} \cdot K^{-1}$,$\Delta_r H_m^\ominus = 209.4 \ kJ \cdot mol^{-1}$。只有在高温下碳酸钙的分解才能自发进行。也确实有些自发变化是熵减少的过程,如水蒸气的冷凝、水结冰等。这些看来不完全一致的现象,提出了一个问题,就是如何运用熵判据来预测变化的自发性? 能否找到一个普遍适用的自发变化判据? 热力学第二定律回答了这一问题。

2. 热力学第二定律

热力学第二定律指出了宏观过程进行的条件和方向。同热力学第一定律一样,它也是大量经验事实的总结。至今还没有发现违反第二定律的事实,因此被普遍地接受,并得到了广泛应用。热力学第二定律有多种表述方式,按照熵变化的情况可将其表述为:在任何自发过程中,系统和环境的熵变化的总和是增加的[①]。可表示为

$$\Delta S_总 = \Delta S_{系统} + \Delta S_{环境} \tag{4-11a}$$

$$\left.\begin{array}{l} \Delta S_总 > 0 \quad 自发变化 \\ \Delta S_总 < 0 \quad 非自发变化 \\ \Delta S_总 = 0 \quad 平衡状态 \end{array}\right\} \tag{4-11b}$$

热力学第一定律告诉我们,不管是自发变化还是非自发变化,系统与环境间能量是守恒的,能量既不能创造,也不能消灭。热力学第一定律并不能告诉我们,一个实际过程能否自发进行。然而,热力学第二定律提供了一个自发性的判据。

为了确定 $\Delta S_总$ 的值,需要知道系统和环境的熵变化(只有在隔离系统的情况下,

---

　　① 又称为熵增加原理。Boltzmann 关系式也服从这一原理。其本质是概率法则在起作用,即自然界自发的倾向总是从宏观概率小的状态向宏观概率大的状态过渡。

$\Delta S_{环境}=0$）。对某化学反应系统来说，系统的熵变化 $\Delta S_{系统}$ 是反应的熵变化，这可根据式（4-10）来计算。热力学研究结果表明，对于定温定压过程，环境的熵变化正比于反应的焓变（$\Delta_r H_m$）的负值，反比于系统和环境的热力学温度。即

$$\Delta S_{环境} = -\frac{\Delta H}{T} \tag{4-12}$$

虽然，这里对此式不能进行推导，不过可以定性地说明它。对于放热反应来说，$\Delta H<0$，系统放热给予环境，环境分子的无序运动加强，熵增加，$\Delta S_{环境}>0$；同时，系统失去热，有可能使熵减少，$\Delta S_{系统}<0$。如果环境熵的增加大于系统熵的减少，$\Delta S_{总}>0$，该反应自发进行。相反，对吸热反应来说，$\Delta H>0$，系统从环境得到热，因此环境的熵减少，$\Delta S_{环境}<0$，而系统的熵增加，$\Delta S_{系统}>0$。若系统的熵增加大于环境熵的减少，$\Delta S_{总}>0$，反应是自发的。因此，不难看出环境的熵变化正比于反应焓变化的负值。

为什么环境熵变化与热力学温度成反比呢？在环境的温度较低时，比较有序，而不太混乱。当得到一定热量时，将引起比较明显的混乱度增加。若是环境的温度较高，混乱度原本就相对大许多，当得到与前述相同的热量时，所引起的混乱度增加就不显著了。这样，就不难理解 $\Delta S_{环境}\propto 1/T$ 了。

例 4-7　根据热力学第二定律，通过计算说明在常温（25 ℃）标准状态下，金属铁被氧气氧化的反应能否自发进行。

解：298.15 K 下，铁的氧化反应为：$4Fe(s)+3O_2(g) \longrightarrow 2Fe_2O_3(s)$

查附表一，先计算 298.15 K 下该反应的标准摩尔熵变化。

$$\begin{aligned}
\Delta_r S_{系统}^{\ominus} &= 2S_m^{\ominus}(Fe_2O_3,s) - [4S_m^{\ominus}(Fe,s)+3S_m^{\ominus}(O_2,g)] \\
&= 2\times 87.40 \text{ J·mol}^{-1}\text{·K}^{-1} - (4\times 27.28 \text{ J·mol}^{-1}\text{·K}^{-1}+3\times 205.14 \text{ J·mol}^{-1}\text{·K}^{-1}) \\
&= -549.74 \text{ J·mol}^{-1}\text{·K}^{-1}
\end{aligned}$$

$\Delta_r S_{系统}^{\ominus}<0$，与按照该反应是气体分子数减少的预测结果是一致的。

要得到 $\Delta_r S_{环境}$，应该计算该反应的标准摩尔焓变。

$$\begin{aligned}
\Delta_r H_m^{\ominus} &= 2\Delta_f H_m^{\ominus}(Fe_2O_3,s) - [4\Delta_f H_m^{\ominus}(Fe,s)+3\Delta_f H_m^{\ominus}(O_2,g)] \\
&= 2\times(-824.2)\text{ kJ·mol}^{-1} = -1\,648.4 \text{ kJ·mol}^{-1}
\end{aligned}$$

该反应是大量放热的反应，环境应有较大的熵增加。

$$\Delta_r S_{环境}^{\ominus} = \frac{-\Delta_r H_m^{\ominus}}{T} = \frac{1\,648.4\times 10^3 \text{ J·mol}^{-1}}{298.15 \text{ K}} = 5\,529 \text{ J·mol}^{-1}\text{·K}^{-1}$$

$$\begin{aligned}
\Delta_r S_{总}^{\ominus} &= \Delta_r S_{系统}^{\ominus}+\Delta_r S_{环境}^{\ominus} \\
&= (-549.74+5\,529) \text{ J·mol}^{-1}\text{·K}^{-1} = 4\,979 \text{ J·mol}^{-1}\text{·K}^{-1}
\end{aligned}$$

$\Delta_r S_{总}^{\ominus}>0$，铁的氧化反应在 298.15 K 标准状态下能自发进行。这与实际情况是符合的。

---

§ 4.5　Gibbs 函数

4.5.1　Gibbs 函数变判据

如果根据式（4-11）来判断化学反应进行的方向，应同时考虑系统和环境的熵变。

这是不大方便的。系统和环境比较起来,系统是人们研究的对象,而环境不是。将式(4-11)和式(4-12)联系起来,可以得到,对于定温定压过程:

$$\Delta S_{总} = \Delta S - \frac{\Delta H}{T} \tag{4-13}$$

等式右边的 ΔS 和 ΔH 是系统的熵变和焓变。又因为是定温过程,T 既是环境的温度,也是系统的温度。因此,在定温定压这一特定的条件下,系统和环境的总熵变就可以用描述系统的三个物理量来描述了。此式表明由系统的焓变和熵变能得到总的熵变,这与综合考虑焓变和熵变对化学反应自发性的影响是一致的。

以热力学温度 T 乘式(4-13)两边,得

$$T\Delta S_{总} = T\Delta S - \Delta H$$

令

$$\Delta G = -T\Delta S_{总} \tag{4-14}$$

则

$$\Delta G = \Delta H - T\Delta S \tag{4-15}$$

该式被称为 Gibbs-Helmhotz 方程。Gibbs 函数被定义为

$$G \xlongequal{\text{def}} H - TS \tag{4-16}$$

G 又被称为 Gibbs 自由能。ΔG 为 Gibbs 函数变或 Gibbs 自由能变。这是因为该函数由著名的美国理论物理学家 J. W. Gibbs 最先提出来的。H, T, S 都是状态函数,G 也是状态函数,并且与 H 有相同的量纲。

根据式(4-11b)和式(4-14),由熵判据得到 Gibbs 函数变判据:对于不做非体积功的定温定压过程,任何自发变化总是系统的 Gibbs 函数减少。即定温定压下:

$$\Delta S_{总} > 0, \Delta G < 0 \quad 过程是自发的,能正向进行;$$
$$\Delta S_{总} < 0, \Delta G > 0 \quad 过程是非自发的,能逆向进行;$$
$$\Delta S_{总} = 0, \Delta G = 0 \quad 过程处于平衡状态。 \tag{4-17}$$

Gibbs 函数变判据的实质是热力学第二定律。可用来判断封闭系统在定温定压不做非体积功的条件下,反应进行的方向。

从 Gibbs 公式可以看出,温度对 Gibbs 函数变 ΔG 有明显影响。相对来说,不少化学反应的 ΔH 和 ΔS 随温度变化的改变值却小得多。我们一般不考虑温度对 ΔH 和 ΔS 的影响,但不能忽略温度对 ΔG 的影响。

在不同温度下反应进行的方向取决于 ΔH 和 $T\Delta S$ 值的相对大小。

当 $\Delta H < 0, \Delta S > 0$,放热熵增的反应在所有温度下 $\Delta G < 0$,反应能正向进行。

当 $\Delta H > 0, \Delta S > 0$,吸热熵增反应,温度升高,有可能使 $T\Delta S > \Delta H$,$\Delta G < 0$;高温下反应正向进行。

当 $\Delta H < 0, \Delta S < 0$,放热熵减反应,在较低温度下有可能 $|\Delta H| > |T\Delta S|$,$\Delta G < 0$;低温下反应正向进行。

当 $\Delta H > 0, \Delta S < 0$,吸热熵减反应,在所有温度下反应不能正向进行。

在 ΔH 和 ΔS 的正、负符号相同情况下,温度决定了反应进行的方向。在其中任一种情况下都有一个这样的温度,在此温度下,$\Delta H = T\Delta S$,$\Delta G = 0$。在吸热熵增的情况

下,这个温度是反应能正向进行的最低温度,低于这个温度反应就不能正向进行。在放热熵减的情况下,这个温度是反应能正向进行的最高温度;高于这个温度反应就不能正向进行。因此,这个温度就是反应能否正向进行的转变温度。如果忽略温度对反应焓变和熵变的影响,在标准状态下,在转变温度时:

$$T_{转} \Delta_r S_m^{\ominus}(298 \text{ K}) = \Delta_r H_m^{\ominus}(298 \text{ K})$$

$$T_{转} = \frac{\Delta_r H_m^{\ominus}(298 \text{ K})}{\Delta_r S_m^{\ominus}(298 \text{ K})} \tag{4-18}$$

此处求得的 $T_{转}$ 是在标准状态下反应正向进行的转变温度。

4.5.2 标准摩尔生成 Gibbs 函数

1. $\Delta_f G_m^{\ominus}(B, 相态, T)$

温度一定时,当某化学反应在标准状态下按照化学反应计量式完成由反应物到产物的转化,相应的 Gibbs 函数的变化被称为反应的标准摩尔 Gibbs 函数变,以 $\Delta_r G_m^{\ominus}$ 表示之。则标准状态下,反应 $\sum_B \nu_B B = 0$ 的 Gibbs 函数变的计算公式为

$$\Delta_r G_m^{\ominus} = \Delta_r H_m^{\ominus} - T \Delta_r S_m^{\ominus} \tag{4-19}$$

像定义标准摩尔生成焓一样,物质 B 的标准摩尔生成 Gibbs 函数 $\Delta_f G_m^{\ominus}(B, 相态, T)$ 被定义为:在温度 T 下,由参考状态的单质生成物质 B(且 $\nu_B = 1$ 时)的反应的标准摩尔 Gibbs 函数变。所规定的参考态与前面讨论 $\Delta_f H_m^{\ominus}$ 时的定义是一致的。在任何温度下,参考态单质的标准摩尔生成 Gibbs 函数均为零,即 $\Delta_f G_m^{\ominus}(参考态单质, T) = 0$。

热力学数据表中查出的 $\Delta_f G_m^{\ominus}(B, 相态, T)$ 均是 298.15 K 下的 $\Delta_f G_m^{\ominus}$。例如,$\Delta_f G_m^{\ominus}(C, 石墨, 298.15 \text{ K}) = 0, \Delta_f G_m^{\ominus}(P_4, s, 298.15 \text{ K}) = 0$。

> $\Delta_f G_m^{\ominus}$ 与化合物的稳定性 某化合物的标准摩尔生成 Gibbs 函数是该化合物是否容易分解成相应单质的量度。在一定温度下,$\Delta_f G_m^{\ominus}(B) < 0$,在标准状态下由单质生成物质 B 能自发进行。$\Delta_f G_m^{\ominus}(B)$ 越小,物质的热稳定性就越高,不易分解为单质[1]。反之,$\Delta_f G_m^{\ominus}(B) > 0$,物质 B 的生成反应不能自发进行,B 就有分解为单质的倾向,如葡萄糖 $C_6H_{12}O_6$ 和苯 C_6H_6 比较,$\Delta_f G_m^{\ominus}(C_6H_{12}O_6, s, 298 \text{ K}) = -910 \text{ kJ·mol}^{-1}, \Delta_f G_m^{\ominus}(C_6H_6, l, 298 \text{ K}) = 124 \text{ kJ·mol}^{-1}$。两者在通常条件下都能稳定存在,这是大家都熟悉的事实。对葡萄糖来说,在常温下,由碳、氢、氧单质合成葡萄糖的反应是自发的,而且 $\Delta_f G_m^{\ominus}(C_6H_{12}O_6, s, 298 \text{ K})$ 有很大的负值,表明葡萄糖在热力学上很稳定。可是,对苯来说,$\Delta_f G_m^{\ominus}(C_6H_6, l, 298 \text{ K}) > 0$,其生成反应不能自发进行,而常温下分解为单质的反应是自发的,稳定性很差。那为什么它又能实实在在地存在呢? 这是由于苯分解反应的速率极慢,它在动力学上是稳定的。

---

[1] 用 $\Delta_f G_m^{\ominus}$ 来推测化合物的稳定性,最好是同类型(见表 2-1)化合物间比较,这样能更可靠些。当两种不同类型化合物的 $\Delta_f G_m^{\ominus}$ 相差很大时,这种比较也能说明些问题。

2. $\Delta_r G_m^{\ominus}$ 的计算

G 是状态函数，$\Delta_r G_m^{\ominus}$ 可用于化学反应的 Gibbs 函数变的计算。根据附表一中的 $\Delta_f G_m^{\ominus}$ 可以计算出 $\Delta_r G_m^{\ominus}$。对于化学反应 $\sum\limits_B \nu_B B = 0$：

$$\Delta_r G_m^{\ominus}(298.15\ \text{K}) = \sum \nu_B \Delta_f G_m^{\ominus}(\text{B,相态,298.15 K}) \tag{4-20}$$

由于一般热力学数据表中，只能查到 $\Delta_f G_m^{\ominus}(\text{B,相态,298.15 K})$，根据式(4-20)只能计算 298.15 K 下的 $\Delta_r G_m^{\ominus}$。要计算 $T \neq 298.15$ K 下的 $\Delta_r G_m^{\ominus}$，可根据式(4-19)，得出近似式：

$$\Delta_r G_m^{\ominus}(T) = \Delta_r H_m^{\ominus}(298.15\ \text{K}) - T\Delta_r S_m^{\ominus}(298.15\ \text{K}) \tag{4-21}$$

根据 $\Delta_r G_m^{\ominus} > 0$ 或 $\Delta_r G_m^{\ominus} < 0$，只能判断在标准状态下反应能否正向自发进行，而绝不能用来判断在非标准状态条件下反应的进行方向。

MOOC

教学视频
反应 Gibbs 函数
变的求算

例 4-8 根据附表一所提供的数据，计算合成氨反应：$N_2(g) + 3H_2(g) \longrightarrow 2NH_3(g)$ 的 $\Delta_r G_m^{\ominus}(298.15\ \text{K})$ 和 $\Delta_r G_m^{\ominus}(673\ \text{K})$。

解：由附表一查出各反应物和产物 298.15 K 下的 $\Delta_f G_m^{\ominus}$，$\Delta_f H_m^{\ominus}$ 和 $S_m^{\ominus}$。

	$N_2(g)$	$+\ 3H_2(g)$	$\longrightarrow\ 2NH_3(g)$
$\Delta_f G_m^{\ominus}/(\text{kJ·mol}^{-1})$	0	0	-16.45
$\Delta_f H_m^{\ominus}/(\text{kJ·mol}^{-1})$	0	0	-46.11
$S_m^{\ominus}/(\text{J·mol}^{-1}\cdot\text{K}^{-1})$	191.61	130.684	192.45

$$\begin{aligned}
\Delta_r G_m^{\ominus}(298.15\ \text{K}) &= 2\Delta_f G_m^{\ominus}(NH_3,g) - [1 \times \Delta_f G_m^{\ominus}(N_2,g) + 3\Delta_f G_m^{\ominus}(H_2,g)] \\
&= [2 \times (-16.45)]\ \text{kJ·mol}^{-1} - 0\ \text{kJ·mol}^{-1} \\
&= -32.90\ \text{kJ·mol}^{-1}
\end{aligned}$$

$$\begin{aligned}
\Delta_r H_m^{\ominus}(298.15\ \text{K}) &= 2\Delta_f H_m^{\ominus}(NH_3,g) - [1 \times \Delta_f H_m^{\ominus}(N_2,g) + 3 \times \Delta_f H_m^{\ominus}(H_2,g)] \\
&= [2 \times (-46.11)]\ \text{kJ·mol}^{-1} \\
&= -92.22\ \text{kJ·mol}^{-1}
\end{aligned}$$

$$\begin{aligned}
\Delta_r S_m^{\ominus}(298.15\ \text{K}) &= 2S_m^{\ominus}(NH_3,g) - [1 \times S_m^{\ominus}(N_2,g) + 3 \times S_m^{\ominus}(H_2,g)] \\
&= [2 \times 192.45 - (1 \times 191.61 + 3 \times 130.684)]\ \text{J·mol}^{-1}\cdot\text{K}^{-1} \\
&= -198.76\ \text{J·mol}^{-1}\cdot\text{K}^{-1}
\end{aligned}$$

$$\begin{aligned}
\Delta_r G_m^{\ominus}(673\ \text{K}) &= \Delta_r H_m^{\ominus}(298.15\ \text{K}) - 673\ \text{K} \times \Delta_r S_m^{\ominus}(298.15\ \text{K}) \\
&= -92.22\ \text{kJ·mol}^{-1} - 673 \times (-198.76) \times 10^{-3}\ \text{kJ·mol}^{-1} \\
&= 41.55\ \text{kJ·mol}^{-1}
\end{aligned}$$

合成氨反应是一放热（$\Delta_r H_m^{\ominus} < 0$）熵减（$\Delta_r S_m^{\ominus} < 0$）的反应，其 $\Delta_r G_m^{\ominus}$（或 $\Delta_r G_m$）随温度升高将增大，不利于氨的合成。

4.5.3　Gibbs 函数与化学平衡

$\Delta_r G_m^{\ominus}$ 只能用来判断标准状态下反应的方向。实际应用中，反应混合物很少处于相应的标准状态。反应进行时,气体物质的分压和溶液中溶质的浓度均在不断变化之中,直至达到平衡,$\Delta_r G_m = 0$。$\Delta_r G_m$ 不仅与温度有关,而且与系统组成有关。在化学热力学中,推导出了 $\Delta_r G_m$ 与系统组成间的关系:

$$\Delta_r G_m(T) = \Delta_r G_m^{\ominus}(T) + RT\ln J \tag{4-22}$$

称此式为等温方程。式中,$\Delta_r G_m(T)$ 是温度为 T 的非标准状态下反应的 Gibbs 函数变;J 为反应商。

当反应达到平衡时,$\Delta_r G_m = 0$,$J = K^{\ominus}$

$$\Delta_r G_m^{\ominus}(T) = -RT\ln K^{\ominus}(T) \tag{4-23}$$

根据此式可以计算反应的标准平衡常数。将式(4-23)代入式(4-22)中,得

$$\Delta_r G_m(T) = -RT\ln K^{\ominus} + RT\ln J \tag{4-24}$$

例 4-9   某合成氨塔入口气体组成为:$\varphi(H_2) = 72.0\%$,$\varphi(N_2) = 24.0\%$,$\varphi(NH_3) = 3.00\%$,$\varphi(Ar) = 1.00\%$。反应在 12.0 MPa,673 K 下进行。利用例 4-8 已计算出的某些数据和附表一中的有关数据,估算该温度下合成氨反应的标准平衡常数,并判断反应在上述条件下能否自发进行。

解: $N_2(g) + 3H_2(g) \rightleftharpoons 2NH_3(g)$

在例 4-8 中已通过计算得到 $\Delta_r G_m^{\ominus}(673\ K) = 41.55\ kJ \cdot mol^{-1}$。根据式(4-23):

$$\ln K^{\ominus} = \frac{-\Delta_r G_m^{\ominus}(T)}{RT} = \frac{-41.55\ kJ \cdot mol^{-1}}{8.314\ J \cdot mol^{-1} \cdot K^{-1} \times 673\ K} = -7.426$$

$$K^{\ominus}(673\ K) = 5.96 \times 10^{-4}$$

判断反应进行的方向,需要计算 $\Delta_r G_m(673\ K)$。

$$J = \frac{\{p(NH_3)/p^{\ominus}\}^2}{\{p(N_2)/p^{\ominus}\}\{p(H_2)/p^{\ominus}\}^3}$$

$$= \frac{\left(\dfrac{12.0 \times 10^3 \times 0.030\ 0}{100}\right)^2}{\left(\dfrac{12.0 \times 10^3 \times 0.240}{100}\right)\left(\dfrac{12.0 \times 10^3 \times 0.720}{100}\right)^3} = 6.98 \times 10^{-7}$$

$$\Delta_r G_m(T) = \Delta_r G_m^{\ominus}(T) + RT\ln J$$

$$= 41.55\ kJ \cdot mol^{-1} + 8.314 \times 10^{-3}\ kJ \cdot mol^{-1} \cdot K^{-1} \times 673\ K\ \ln 6.98 \times 10^{-7}$$

$$= -37.8\ kJ \cdot mol^{-1}$$

$\Delta_r G_m(673\ K) < 0$,该反应能够自发(正向)进行。

从上题的计算可以看出,反应商判据和 Gibbs 函数变判据是一致的。

根据 Gibbs 函数变判据和式(4-24),可以得到:

$$J < K^{\ominus} \quad \Delta_r G_m < 0 \quad 反应正向进行$$

$$J = K^{\ominus} \quad \Delta_r G_m = 0 \quad 处于平衡状态$$

$$J > K^{\ominus} \quad \Delta_r G_m > 0 \quad 反应逆向进行$$

因此,由实验直接得出的反应商判据与 Gibbs 函数变判据是完全一致的。

判断定温定压过程处于任意状态下反应进行方向的判据是 $\Delta_r G_m$。但是,从热

力学数据表中查到的数据只能直接计算出 $\Delta_r G_m^\ominus$。在等温方程中，$\ln J$ 往往比较小，J 对 $\Delta_r G_m$ 的影响不十分显著。根据经验，在通常情况下，若 $\Delta_r G_m^\ominus < -40\ kJ \cdot mol^{-1}$，往往 $\Delta_r G_m < 0$。这样就有一个经验的 $\Delta_r G_m^\ominus$ 判据，可用来判断反应方向。

$\Delta_r G_m^\ominus$ 经验判据是：

$\Delta_r G_m^\ominus < -40\ kJ \cdot mol^{-1}$，反应多半正向进行；

$\Delta_r G_m^\ominus > 40\ kJ \cdot mol^{-1}$，反应多半逆向进行；

$\Delta_r G_m^\ominus$ 在 $(-40 \sim 40)\ kJ \cdot mol^{-1}$，必须用 $\Delta_r G_m$ 来判断反应方向。

4.5.4　van't Hoff 方程

讨论温度对化学平衡的影响时，曾引入 van't Hoff 方程（见 4.3.3）。这里，从热力学函数的基本关系式来推导它。

根据 Gibbs 公式（4-19）和式（4-23）：

$$\Delta_r G_m^\ominus(T) = \Delta_r H_m^\ominus(T) - T\Delta_r S_m^\ominus(T)$$

$$\Delta_r G_m^\ominus(T) = -RT\ln K^\ominus(T)$$

$$-RT\ln K^\ominus(T) = \Delta_r H_m^\ominus(T) - T\Delta_r S_m^\ominus(T)$$

$$\ln K^\ominus(T) = -\frac{\Delta_r H_m^\ominus(T)}{RT} + \frac{\Delta_r S_m^\ominus(T)}{R} \tag{4-25a}$$

严格地说，$\Delta_r H_m^\ominus(T)$ 和 $\Delta_r S_m^\ominus(T)$ 与温度有关，但是在温度变化范围不大，物质本身又无相变化发生的情况下，可以近似地将 $\Delta_r H_m^\ominus(T)$ 和 $\Delta_r S_m^\ominus(T)$ 看成与温度无关，认为 $\Delta_r H_m^\ominus(T) \approx \Delta_r H_m^\ominus(298.15\ K)$，$\Delta_r S_m^\ominus(T) \approx \Delta_r S_m^\ominus(298.15\ K)$。式（4-25a）可被写成

$$\ln K^\ominus(T) = -\frac{\Delta_r H_m^\ominus(298.15\ K)}{RT} + \frac{\Delta_r S_m^\ominus(298.15\ K)}{R} \tag{4-25b}$$

$\ln K^\ominus(T)$ 与 $1/T$ 呈直线关系。该直线的斜率为 $-\Delta_r H_m^\ominus / R$，截距为 $\Delta_r S_m^\ominus / R$。

$$T_1\ \text{时}, \ln K^\ominus(T_1) = -\frac{\Delta_r H_m^\ominus(298.15\ K)}{RT_1} + \frac{\Delta_r S_m^\ominus(298.15\ K)}{R}$$

$$T_2\ \text{时}, \ln K^\ominus(T_2) = -\frac{\Delta_r H_m^\ominus(298.15\ K)}{RT_2} + \frac{\Delta_r S_m^\ominus(298.15\ K)}{R}$$

两式相减，得到 van't Hoff 方程：

$$\ln\frac{K^\ominus(T_1)}{K^\ominus(T_2)} = -\frac{\Delta_r H_m^\ominus(298.15\ K)}{R}\left(\frac{1}{T_1} - \frac{1}{T_2}\right) \tag{4-25c}$$

化学视野
氧-血红蛋白的平衡

思 考 题

1. 试述化学平衡的基本特征。

2. 试区分下列各组中的基本概念：

（1）反应速率系数和标准平衡常数；　　（2）标准平衡常数和反应商；

（3）自发变化和非自发变化；　　　　　（4）焓、熵和 Gibbs 函数；

（5）$\Delta_r G_m$，$\Delta_r G_m^\ominus$ 和 $\Delta_f G_m^\ominus$。

3. 下列叙述是否正确？并说明之。

（1）标准平衡常数大，反应速率系数一定也大。

（2）在定温条件下，某反应系统中，反应物开始时的浓度和分压不同，则平衡时系统的组成不同，标准平衡常数也不同。

（3）在一定温度下，反应 A(aq)+2B(s) $\rightleftharpoons$ C(aq) 达到平衡时，必须有 B(s) 存在；同时，平衡状态又与 B(s) 的量无关。

（4）对于合成氨反应来说，当温度一定，尽管反应开始时 $n(H_2):n(N_2):n(NH_3)$ 不同，但是，只要系统中 $n(N)$，$n(H)$ 保持不变，则平衡组成相同，标准平衡常数不变。

（5）二氧化硫被氧气氧化为三氧化硫，可写成如下两种形式的反应方程式：

① $2SO_2(g)+O_2(g) \rightleftharpoons 2SO_3(g)$；　　$K_1^\ominus$

② $SO_2(g)+\dfrac{1}{2}O_2(g) \rightleftharpoons SO_3(g)$；　$K_2^\ominus$

$K_2^\ominus = \sqrt{K_1^\ominus}$。如果温度一定，反应开始时，系统中 $p(SO_2)$，$p(O_2)$，$p(SO_3)$ 保持一定，则按上述两种化学反应计量式计算平衡组成，结果是一样的。

（6）对放热反应来说，温度升高，标准平衡常数 $K^\ominus$ 变小，反应速率系数 k_f 变小，k_r 变大。

（7）催化剂使正、逆反应速率系数增大相同的倍数，而不改变平衡常数。

（8）在一定条件下，某气相反应达到了平衡。在温度不变的条件下，压缩反应系统的体积，系统的总压增大，各物种的分压也增大相同倍数，平衡必定移动。

4. 你怎样认识判断化学反应的反应商判据、熵判据和 Gibbs 函数变判据。

5. 氨被氧气氧化的反应有：

$$4NH_3(g)+3O_2(g) \rightleftharpoons 2N_2(g)+6H_2O(g)$$

$$4NH_3(g)+5O_2(g) \rightleftharpoons 4NO(g)+6H_2O(g)$$

增加氧气的分压，对上述哪一个反应的平衡移动产生更大的影响？解释之。

6. 判断下列反应，哪些是熵增加的过程，并说明理由。

（1）$I_2(s) \longrightarrow I_2(g)$；　　　　　　　（2）$CO_2(s) \longrightarrow CO_2(g)$；

（3）$2CO(g)+O_2(g) \longrightarrow 2CO_2(g)$；　（4）$CaCl_2(l) \xrightarrow{\text{电解}} Ca(l)+Cl_2(g)$。

7. 指出下列各组物质中，标准熵由小到大的顺序。

（1）$O_2(l)$，$O_3(g)$，$O_2(g)$；

（2）$Na(s)$，$NaCl(s)$，$Na_2O(s)$，$Na_2CO_3(s)$，$NaNO_3(s)$；

（3）$H_2(g)$，$F_2(g)$，$Br_2(g)$，$Cl_2(g)$，$I_2(g)$。

8. 下列各热力学函数中，何者的数值为零？

（1）$\Delta_f G_m^\ominus(O_3,g,298\ K)$；　　　　（2）$\Delta_f G_m^\ominus(I_2,s,298\ K)$；

（3）$\Delta_f G_m^\ominus(Br_2,s,298\ K)$；　　　（4）$S_m^\ominus(H_2,g,298\ K)$；

（5）$\Delta_f H_m^\ominus(N_2,g,298\ K)$；　　　　（6）$S_m^\ominus(Ar,s,0\ K)$。

9. 雨水中含有来自大气的二氧化碳。按照平衡移动的原理，解释下列观察到的现象。

$$CaCO_3(s)+H_2O(l)+CO_2(g) \rightleftharpoons Ca^{2+}(aq)+2HCO_3^-(aq)；\quad \Delta_r H_m^\ominus = -40.55\ kJ\cdot mol^{-1}$$

（1）当雨水通过石灰石岩层时，有可能形成山洞，雨水变成了含有 Ca^{2+} 的硬水；

（2）当硬水在壶中被加热或煮沸时，形成了水垢；

（3）当硬水慢慢地渗过山洞顶部的岩石层,钟乳石和石笋就有可能形成。

10. 预测下列过程熵变化的符号:

（1）氯化钠的熔化;

（2）大楼被毁坏;

（3）将某体积的空气分离为 N_2,O_2 和 Ar 三种气体,每种气体保持与原有空气的温度、压力相同。

习 题

1. 写出下列反应的标准平衡常数 $K^\ominus$ 的表达式:

（1）$CH_4(g)+H_2O(g) \Longleftrightarrow CO(g)+3H_2(g)$

（2）$C(s)+H_2O(g) \Longleftrightarrow CO(g)+H_2(g)$

（3）$2MnO_4^-(aq)+5H_2O_2(aq)+6H^+(aq) \Longleftrightarrow 2Mn^{2+}(aq)+5O_2(g)+8H_2O(l)$

（4）$VO_4^{3-}(aq)+H_2O(l) \Longleftrightarrow [VO_3(OH)]^{2-}(aq)+OH^-(aq)$

（5）$2NO_2(g)+7H_2(g) \Longleftrightarrow 2NH_3(g)+4H_2O(l)$

2. 在一定温度下,二硫化碳能被氧氧化,其反应方程式与标准平衡常数如下:

① $CS_2(g)+3O_2(g) \Longleftrightarrow CO_2(g)+2SO_2(g)$;　　$K_1^\ominus$

② $\dfrac{1}{3}CS_2(g)+O_2(g) \Longleftrightarrow \dfrac{1}{3}CO_2(g)+\dfrac{2}{3}SO_2(g)$;$K_2^\ominus$

试确立 $K_1^\ominus$ 和 $K_2^\ominus$ 之间的数量关系。

3. 已知下列两反应的标准平衡常数:

① $XeF_6(g)+H_2O(g) \Longleftrightarrow XeOF_4(g)+2HF(g)$;　　$K_1^\ominus$

② $XeO_4(g)+XeF_6(g) \Longleftrightarrow XeOF_4(g)+XeO_3F_2(g)$;　　$K_2^\ominus$

根据上述两反应的有关信息,确定下列反应的标准平衡常数 $K^\ominus$ 与 $K_1^\ominus$,$K_2^\ominus$ 之间的关系:

$$XeO_4(g)+2HF(g) \Longleftrightarrow XeO_3F_2(g)+H_2O(g)$$;　　$K^\ominus$

4. 已知下列反应在 1 362 K 时的标准平衡常数:

① $H_2(g)+\dfrac{1}{2}S_2(g) \Longleftrightarrow H_2S(g)$;　　　　　　$K_1^\ominus=0.80$

② $3H_2(g)+SO_2(g) \Longleftrightarrow H_2S(g)+2H_2O(g)$;　　$K_2^\ominus=1.8\times10^4$

计算反应:$4H_2(g)+2SO_2(g) \Longleftrightarrow S_2(g)+4H_2O(g)$ 在 1 362 K 时的标准平衡常数 $K^\ominus$。

5. 将 1.500 mol NO,1.000 mol Cl_2 和 2.500 mol NOCl 在容积为 15.0 L 的容器中混合。230 ℃,反应:$2NO(g)+Cl_2(g) \Longleftrightarrow 2NOCl(g)$ 达到平衡时测得有 3.060 mol NOCl 存在。计算平衡时 NO 的物质的量和该反应的标准平衡常数 $K^\ominus$。

6. 甲醇可以通过反应 $CO(g)+2H_2(g) \Longleftrightarrow CH_3OH(g)$ 来合成,225 ℃时该反应的 $K^\ominus=6.08\times10^{-3}$。假定开始时 $p(CO):p(H_2)=1:2$,平衡时 $p(CH_3OH)=50.0$ kPa。计算 CO 和 H_2 的平衡分压。

7. 苯甲醇脱氢可用来生产香料苯甲醛,523 K 时,反应 $C_6H_5CH_2OH(g) \Longleftrightarrow C_6H_5CHO(g)+H_2(g)$ 的 $K^\ominus=0.558$。

（1）假若将 1.20 g 苯甲醇放在 2.00 L 容器中并加热至 523 K,当平衡时,苯甲醛的分压是多少?

（2）平衡时苯甲醇的分解率是多少?

8. 反应:$PCl_5(g) \Longleftrightarrow PCl_3(g)+Cl_2(g)$

（1）523 K 时,将 0.700 mol 的 PCl_5 注入容积为 2.00 L 的密闭容器中,平衡时有0.500 mol PCl_5

被分解了。试计算该温度下的标准平衡常数 $K^{\ominus}$ 和 PCl_5 的分解率。

（2）若在上述容器中已达到平衡后，再加入 0.100 mol Cl_2，则 PCl_5 的分解率与（1）的分解率相比相差多少？

（3）如开始时在注入 0.700 mol PCl_5 的同时，就注入了 0.100 mol Cl_2，则平衡时 PCl_5 的分解率又是多少？比较（2），（3）所得结果，可以得出什么结论？

9. 在 770 K，100.0 kPa 下，反应 $2NO_2(g) \Longrightarrow 2NO(g)+O_2(g)$ 达到平衡，此时 NO_2 的转化率为 56.0%，试计算：

（1）该温度下反应的标准平衡常数 $K^{\ominus}$；

（2）若要使 NO_2 的转化率增加到 80.0%，则平衡时压力为多少？

10. 乙烷脱氢生成乙烯：$C_2H_6(g) \Longrightarrow C_2H_4(g)+H_2(g)$，已知在 1 273 K，100.0 kPa 下，反应达到平衡时，$p(C_2H_6)=2.62$ kPa，$p(C_2H_4)=48.7$ kPa，$p(H_2)=48.7$ kPa。计算该反应的标准平衡常数 $K^{\ominus}$。在实际生产中可在定温定压下采用加入过量水蒸气的方法来提高乙烯的收率（水蒸气作为惰性气体加入），试以平衡移动的原理加以说明。

11. 已知在 Br_2 与 NO 的混合物中，可能达成下列平衡（假定各种气体均不溶解于液体溴中）：

① $NO(g) + \dfrac{1}{2}Br_2(l) \Longrightarrow NOBr(g)$

② $Br_2(l) \Longrightarrow Br_2(g)$

③ $NO(g) + \dfrac{1}{2}Br_2(g) \Longrightarrow NOBr(g)$

（1）如果在密闭容器中有液体溴存在，当温度一定时，压缩容器使其体积缩小，则①，②，③平衡是否移动？为什么？

（2）如果容器中没有液体溴存在，当体积缩小时仍无液溴出现，则③向何方移动？①，②是否处于平衡状态？

12. 根据 Le Châtelier 原理，讨论下列反应：

$$2Cl_2(g)+2H_2O(g) \Longrightarrow 4HCl(g)+O_2(g); \quad \Delta_rH_m^{\ominus}>0$$

将 Cl_2，$H_2O(g)$，$HCl(g)$，O_2 四种气体混合后，反应达到平衡时，下列左面的操作条件改变对右面各物理量的平衡数值有何影响（操作条件中没有注明的，是指温度不变和体积不变）？

（1）增大容器体积　　　$n(H_2O,g)$

（2）加 O_2　　　　　　$n(H_2O,g)$

（3）加 O_2　　　　　　$n(O_2,g)$

（4）加 O_2　　　　　　$n(HCl,g)$

（5）减小容器体积　　　$n(Cl_2,g)$

（6）减小容器体积　　　$p(Cl_2)$

（7）减小容器体积　　　$K^{\ominus}$

（8）升高温度　　　　　$K^{\ominus}$

（9）升高温度　　　　　$p(HCl)$

（10）加氮气　　　　　$n(HCl,g)$

（11）加催化剂　　　　$n(HCl,g)$

13. 碱金属与氯气反应生成盐（氯化物）：

$$2M(s)+Cl_2(g) \longrightarrow 2MCl(s) \quad M=Li,Na,K,Rb,Cs$$

用附表一中的数据，计算每种碱金属氯化物生成时上述反应的 $\Delta_rS_m^{\ominus}$，并确立这种熵变化从 Li 到 Cs 的基本趋势。

14. 在 25 ℃下,$CaCl_2(s)$溶解于水:$CaCl_2(s) \xrightarrow{H_2O} Ca^{2+}(aq)+2Cl^-(aq)$
该溶解过程是自发的。计算其标准摩尔熵变;其环境的熵变化如何? 其值比系统的 $\Delta_r S_m^\ominus$ 是大还是小?

15. 固体氨的摩尔熔化焓变 $\Delta_{fus}H_m^\ominus = 5.65$ kJ·mol^{-1},摩尔熔化熵变 $\Delta_{fus}S_m^\ominus = 28.9$ J·mol^{-1}·K^{-1}。

(1) 计算在 170 K 下氨熔化的标准摩尔 Gibbs 函数变;

(2) 在 170 K 标准状态下,氨熔化是自发的吗?

(3) 在标准压力下,固体氨与液体氨达到平衡时的温度是多少?

16. 用附表一中的数据,计算 298.15 K 下反应:$H_2PO_4^-(aq) \rightleftharpoons H^+(aq)+HPO_4^{2-}(aq)$ 的标准平衡常数。

17. 已知反应:

$$N_2O_4(g) \rightleftharpoons 2NO_2(g)$$

在45 ℃时,将 0.003 0 mol 的 N_2O_4 注入容积为 0.50 L 的真空容器中,系统达平衡时,压力为 26.3 kPa,试计算:

(1) 45 ℃时 N_2O_4 的分解率及反应的标准平衡常数;

(2) 25 ℃时反应的标准平衡常数;

(3) 25 ℃时反应的标准摩尔熵变;

(4) 45 ℃时反应的标准摩尔 Gibbs 函数变。

18. 以含硫化镍的矿物为原料,经高炉熔炼得到含一定杂质的粗镍。粗镍经过 Mond 过程再转化为纯度可达 99.90%～99.99%的高纯镍,相应反应为

$$Ni(s)+4CO(g) \rightleftharpoons Ni(CO)_4(g)$$

(1) 不查附表,判断该反应是熵增反应还是熵减反应。

(2) 在某温度下该反应自发进行,推测反应自发进行时环境的熵是增加还是减少。

(3) 利用附表一中所查到的数据,计算 25 ℃下该反应的 $\Delta_r H_m^\ominus$ 和 $\Delta_r S_m^\ominus$。

(4) 当该反应的 $\Delta_r G_m^\ominus = 0$ 时,温度为多少?

(5) 在提纯镍的 Mond 过程中,第一步是粗镍与 CO,$Ni(CO)_4$(四羰基合镍)在50 ℃左右的温度下达到平衡,这一步的标准平衡常数应尽可能地大,以便使镍充分地变成气相化合物。计算 50 ℃下上述反应的标准平衡常数 $K^\ominus$。

(6) 在 Mond 过程中的第二步,将气体混合物从反应器中除去,并将其加热至230 ℃左右。在足够高的温度下,$\Delta_r G_m^\ominus$ 的正、负号可以转换,反应在相反方向上发生,沉积出纯镍。在这一步,前述反应的标准平衡常数应尽可能地小。计算在 230 ℃下该反应的标准平衡常数。

(7) Mond 过程的成功依赖于 $Ni(CO)_4$ 的挥发性。在室温条件下,$Ni(CO)_4$ 是液体,42.2 ℃时沸腾,其汽化焓 $\Delta_{vap}H_m^\ominus = 30.09$ kJ·mol^{-1}。计算该化合物的汽化熵 $\Delta_{vap}S_m^\ominus$。

(8) 近来改进了的 Mond 过程是在较高压力和 150 ℃下进行第一步反应。估算 150 ℃下,$Ni(CO)_4$ 将要液化之前所能达到的最大压力[即估算 150 ℃下,$Ni(CO)_4(l)$的蒸气压]。

19. 在一定温度下 $Ag_2O(s)$和$AgNO_3(s)$受热均能分解。反应为

$$Ag_2O(s) \rightleftharpoons 2Ag(s)+\frac{1}{2}O_2(g)$$

$$2AgNO_3(s) \rightleftharpoons Ag_2O(s)+2NO_2(g)+\frac{1}{2}O_2(g)$$

假定反应的 $\Delta_r H_m^\ominus$ 和 $\Delta_r S_m^\ominus$ 不随温度的变化而改变,估算 Ag_2O 和 $AgNO_3$ 按上述反应方程式进行分解时的最低温度,并确定 $AgNO_3$ 分解的最终产物。

20. (1) 计算 298.15 K 下反应：$C_2H_6(g, p^\ominus) \rightleftharpoons C_2H_4(g, p^\ominus) + H_2(g, p^\ominus)$ 的 $\Delta_r G_m^\ominus$，并判断在标准状态下反应向何方进行。

(2) 计算 298.15 K 下反应：$C_2H_6(g, 80\ kPa) \rightleftharpoons C_2H_4(g, 3.0\ kPa) + H_2(g, 3.0\ kPa)$ 的 $\Delta_r G_m$，并判断反应方向。

21. 反应 $\dfrac{1}{2}Cl_2(g) + \dfrac{1}{2}F_2(g) \rightleftharpoons ClF(g)$，在 298 K 和 398 K 下，测得其标准平衡常数分别为 9.3×10^9 和 3.3×10^7。

(1) 计算 $\Delta_r G_m^\ominus(298\ K)$；

(2) 若 298 K ~ 398 K 范围内 $\Delta_r H_m^\ominus$ 和 $\Delta_r S_m^\ominus$ 基本不变，计算 $\Delta_r H_m^\ominus$ 和 $\Delta_r S_m^\ominus$。

22. 碘在水中溶解度很小，但在含有 I^- 的溶液中的溶解度增大，这是因为发生了反应：

$$I_2(aq) + I^-(aq) \rightleftharpoons I_3^-(aq)$$

已经测得不同温度下的该反应的标准平衡常数。结果如下：

$t/℃$	3.8	15.3	25.0	35.0	50.2
$K^\ominus$	1 160	841	689	533	409

(1) 画出 $\ln K^\ominus - 1/T$ 图；

(2) 估算该反应的 $\Delta_r H_m^\ominus$；

(3) 计算 298 K 下该反应的 $\Delta_r G_m^\ominus$。

第五章
学习引导

第五章
教学课件

第五章　酸碱反应和配位反应

　　酸碱反应是大家很熟悉的又很重要的一类反应。例如,人的体液 pH 要保持在 7.35~7.45;胃中消化液的成分是稀盐酸,胃酸过多会引起溃疡,过少有时又可能引起贫血;激烈运动过后,肌肉中产生的乳酸使人感到疲劳;在牛奶中乳酸的生成能使牛奶凝结;土壤和水的酸碱性对某些植物和动物的生长有重大影响;地质过程中岩石的风化、钟乳石的形成等也受到水的酸性的影响。日常生活中,药物阿司匹林(aspirin)、维生素 C 本身就是酸,食醋含有乙酸,柠檬水含有柠檬酸和抗坏血酸;还有小苏打、氧化镁乳、刷墙粉、洗涤剂等都是碱。广义上的酸碱加合物在生物化学、冶金、工业催化等领域中也有重要应用。

　　本章首先在 Arrhenius 酸碱电离理论的基础上介绍质子酸碱的概念及相关的理论,着重讨论水溶液中的酸碱质子转移反应及其平衡移动的规律。计算溶液的 pH 是本章的重点内容之一。本章的另一重点内容是,依据酸碱的电子理论,讨论配位反应和配合物的稳定性,从而对溶液中的酸碱平衡有较全面的了解。

§5.1　酸碱质子理论

5.1.1　历史回顾

　　研究酸碱反应,首先要了解酸碱的概念。人们对酸碱的认识经历了一个由浅入深,由低级到高级的过程。最初,人们对酸碱的认识只单纯地限于从物质所表现出来的性质上来区分酸和碱。认为具有酸味、能使石蕊试液变为红色的物质是酸;而碱就是有涩味、滑腻感,使红色石蕊试液变蓝,并能与酸反应生成盐和水的物质。1684 年,R.Boyle 写到肥皂溶液是碱,能使被酸变红了的蔬菜恢复颜色。这可能是最早的有关酸、碱的记载了。后来,人们试图从组成上来定义酸。1777 年,法国化学家 A.L.Lavoisier 提出了所有的酸都含有氧元素。后来从盐酸不含有氧的这一事实出发,1810 年,英国化学家 S.H.Davy 指出,酸中的共同元素是氢,而不是氧。随着人们认识的不断深化,1884 年,瑞典化学家 S.Arrhenius 根据电解质溶液理论,定义了酸和碱。

　　Arrhenius 指出,电解质在水溶液中解离生成阴、阳离子。酸是在水溶液中经解离只生成 H^+ 一种阳离子的物质;碱是在水溶液中经解离只生成 OH^- 一种阴离子的物质。也就是说,能解离出 H^+ 是酸的特征,能解离出 OH^- 是碱的特征。酸碱的中和反应生成盐和水。Arrhenius 又根据强、弱电解质的概念,将在水中全部解离的酸和碱,称为强酸和强碱,如 HCl,$HClO_4$,H_2SO_4 和 $NaOH$,$Ca(OH)_2$ 等。在水中部分解离的酸和碱为弱酸和弱碱,如 HNO_2,H_3PO_4 和 $NH_3 \cdot H_2O$ 等。

Arrhenius 首先赋予了酸碱的科学定义,是人类对酸碱认识从现象到本质的一次飞跃。这种酸碱电离理论对化学科学的发展起到了重要的作用,直到现在仍被普遍地应用。然而,这种理论有局限性,它把酸和碱只限于水溶液,又仅把碱看成氢氧化物;实际上,像氨这种碱,在其水溶液中并不存在 NH_4OH。另外,许多物质在非水溶液中不能解离出氢离子和氢氧根离子,却也表现出酸和碱的性质。这些现象是酸碱电离理论无法说明的。

酸碱理论的发展过程中,又提出了溶剂理论、质子理论、电子理论和软硬酸碱理论。现代酸碱理论中,应首推质子理论和电子理论。这里先讨论前者,在 §5.6 和 §5.8 中将介绍后者。

5.1.2 酸碱质子理论

MOOC

教学视频
酸碱质子理论

氯化氢是酸,氨是碱,这是大家所熟知的。然而它们在苯中并不解离,它们之间却能相互反应生成氯化铵。这样一些事实是酸碱电离理论解释不了的。1923 年,丹麦化学家 J. N. Brønsted 和英国化学家 T. M. Lowry 同时独立地提出了酸碱质子理论。所以质子理论又称为 Brønsted-Lowry 酸碱理论。

根据酸碱电离理论,水溶液中酸解离出来的质子 H^+ 实际上在水中不能独立存在,而是以水合质子的形式存在。其组成为 $H_9O_4^+$[①],结构模型见图5-1,一般简写为 H_3O^+,再简化才写成 $H^+(aq)$。实际上,酸碱反应是质子转移的反应,即酸给出质子 H^+,与碱 OH^- 结合生成 H_2O。酸碱质子理论就是按照质子转移的观点来定义酸和碱的。

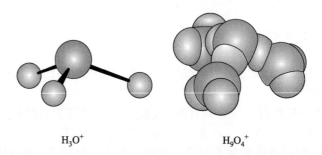

H_3O^+ $H_9O_4^+$

图 5-1 H_3O^+,$H_9O_4^+$ 的结构

酸碱质子理论认为:凡是能释放出质子的任何含氢原子的分子或离子都是酸;任何能与质子结合的分子或离子都是碱。简而言之,酸是质子的给予体,碱是质子的接受体。例如:

HCl 能解离为 H^+ 和 Cl^-:

$$HCl \longrightarrow H^+ + Cl^-$$
(酸)   (碱)

---

① 在高氯酸晶体中确实存在着 H_3O^+ 和 ClO_4^-。M. Eigen 等人认为水合氢离子的形式以 $H_9O_4^+$ 表示为最好。近期用质谱法研究气相水分子簇的结果表明还存在 $H^+(H_2O)_{21}$ 这样的物种。

$H_2PO_4^-$ 可以解离为 H^+ 和 HPO_4^{2-}:

$$H_2PO_4^- \rightleftharpoons H^+ + HPO_4^{2-}$$
　　　　（酸）　　　　　　（碱）

NH_4^+ 可解离为 H^+ 和 NH_3:

$$NH_4^+ \rightleftharpoons H^+ + NH_3$$
　　（酸）　　　　（碱）

水合金属离子如 $[Fe(H_2O)_6]^{3+}$ 也能解离出 H^+:

$$[Fe(H_2O)_6]^{3+} \rightleftharpoons H^+ + [Fe(OH)(H_2O)_5]^{2+}$$

$HCl, H_2PO_4^-, NH_4^+, [Fe(H_2O)_6]^{3+}$ 都能给出质子,它们都是酸。酸可以是分子、阴离子或阳离子。酸给出质子的反应是可逆的。酸失去质子后,余下部分就是碱。碱也可以是分子、阴离子或阳离子。上述酸的水溶液中, $Cl^-, HPO_4^{2-}, NH_3, [Fe(OH)(H_2O)_5]^{2+}$ 都是相应酸的碱,简称为碱。

酸碱质子理论强调酸与碱之间的相互依赖关系。酸给出质子后生成相应的碱,而碱结合质子后又生成相应的酸;酸与碱之间的这种依赖关系称为共轭关系。相应的一对酸碱被称为共轭酸碱对。这一关系可以通式表示:

$$HA \quad + \quad B \quad \rightleftharpoons \quad BH^+ \quad + \quad A^-$$
H^+给予体　H^+接受体　　　H^+给予体　H^+接受体
　（酸）　　　（碱）　　　　　（酸）　　　（碱）

共轭酸碱对

这就是说,酸给出质子后生成的碱为这种酸的共轭碱;碱接受质子后所生成的酸为这种碱的共轭酸。常见的共轭酸碱对见表5-1。

表5-1　某些常见的共轭酸碱对(25 ℃ 　$K_a^\ominus$)

酸	化学式	$K_a^\ominus$	共轭碱
氢碘酸	HI	$\sim 10^{11}$	I^-
氢溴酸	HBr	$\sim 10^9$	Br^-
高氯酸	$HClO_4$	$\sim 10^7$	ClO_4^-
盐酸	HCl	$\sim 10^7$	Cl^-
氯酸	$HClO_3$	$\sim 10^3$	ClO_3^-
硫酸	H_2SO_4	$\sim 10^2$	HSO_4^-
硝酸	HNO_3	20	NO_3^-
水合氢离子	H_3O^+	1	H_2O
草酸	$H_2C_2O_4$	5.4×10^{-2}	$HC_2O_4^-$
硫酸氢根离子	HSO_4^-	1.0×10^{-2}	SO_4^{2-}

续表

酸	化学式	$K_a^\ominus$	共轭碱
磷酸	H_3PO_4	6.7×10^{-3}	$H_2PO_4^-$
六水合铁(Ⅲ)离子	$[Fe(H_2O)_6]^{3+}$	7.7×10^{-3}	$[Fe(OH)(H_2O)_5]^{2+}$
亚硝酸	HNO_2	6.0×10^{-4}	NO_2^-
甲酸	$HCOOH$	1.8×10^{-4}	$HCOO^-$
叠氮酸	HN_3	2.4×10^{-5}	N_3^-
醋酸	H_3CCOOH	1.8×10^{-5}	CH_3COO^-
碳酸	H_2CO_3	4.2×10^{-7}	HCO_3^-
氢硫酸	H_2S	8.9×10^{-8}	HS^-
六水合锌(Ⅱ)离子	$[Zn(H_2O)_6]^{2+}$	1×10^{-9}	$[Zn(OH)(H_2O)_5]^+$
铵离子	NH_4^+	5.6×10^{-10}	NH_3
过氧化氢	H_2O_2	2.0×10^{-12}	HO_2^-
水	H_2O	1.0×10^{-14}	OH^-

　　酸碱质子理论认为:酸碱解离反应是质子转移的反应。在水溶液中酸碱的电离(或称为酸碱解离)是质子转移反应。如 HF 在水溶液中的解离,HF 给出 H^+ 后,成为其共轭碱 F^-;而 H_2O 接受 H^+ 生成其共轭酸 H_3O^+。HF 在水溶液中的解离反应可以看成是由给出质子的半反应和接受质子的半反应组成的,每一个酸碱半反应中就有一对共轭酸碱对,可分别以侧标(1)和(2)表示:

$$\underset{酸(1)}{HF(aq)} \Longrightarrow H^+ + \underset{碱(1)}{F^-(aq)}$$

$$+)\quad H^+ + \underset{碱(2)}{H_2O(1)} \Longrightarrow \underset{酸(2)}{H_3O^+(aq)}$$

$$\overline{\underset{酸(1)}{HF(aq)} + \underset{碱(2)}{H_2O(1)} \Longrightarrow \underset{酸(2)}{H_3O^+(aq)} + \underset{碱(1)}{F^-(aq)}}$$

　　同样,NH_3 在水溶液中的解离反应是由下列两个酸碱半反应组成的:

$$H_2O(1) \Longrightarrow OH^-(aq) + H^+$$

$$+)\quad \underset{}{NH_3(aq)} + H^+ \Longrightarrow NH_4^+(aq)$$

$$\overline{\underset{碱(2)}{NH_3(aq)} + \underset{酸(1)}{H_2O(1)} \Longrightarrow \underset{碱(1)}{OH^-(aq)} + \underset{酸(2)}{NH_4^+(aq)}}$$

　　在这里,H_2O 给出质子产生 OH^-,H_2O 是酸,H_2O 与 OH^- 是一对共轭酸碱;而 NH_3 接受了 H_2O 给出的质子成为 NH_4^+,NH_3 是碱,NH_4^+ 是 NH_3 的共轭酸;NH_4^+ 与 NH_3 是另一对共轭酸碱。

　　由上可见,在酸的解离反应中,H_2O 是质子的接受体,H_2O 是碱;在碱的解离反应中,H_2O 是质子的给予体,H_2O 又是酸。在一定条件下水是碱,在另外条件下水又可

以是酸,这种既能给出质子又能接受质子的物质被称为两性物质。水就是两性物质之一,这一点在水的自身解离反应中也可以看出:

$$\overset{\displaystyle H^+}{\overset{\displaystyle \overbrace{}\downarrow}{H_2O(l)+H_2O(l)}} \Longrightarrow H_3O^++OH^-$$

$$\text{酸}(1)\qquad\text{碱}(2)\qquad\quad\text{酸}(2)\quad\text{碱}(1)$$

按照酸碱质子理论中的酸碱定义,其他常见的两性物质还有 HSO_4^-,$H_2PO_4^-$,HPO_4^{2-},HCO_3^- 等。

盐类水解反应实际上也是质子转移反应。例如,NaAc 的水解反应:

$$\overset{\displaystyle H^+}{\overset{\displaystyle \downarrow\overbrace{}}{Ac^-+H_2O}} \Longrightarrow OH^-+HAc①$$

$$\text{碱}(1)\ \ \text{酸}(2)\qquad\text{碱}(2)\quad\text{酸}(1)$$

Ac^- 与 H_2O 之间发生了质子转移反应,生成了 OH^- 和 HAc,Na^+ 没有参与反应。又如,NH_4Cl 水解:

$$\overset{\displaystyle H^+}{\overset{\displaystyle \overbrace{}\downarrow}{NH_4^++H_2O}} \Longrightarrow H_3O^++NH_3$$

$$\text{酸}(1)\quad\text{碱}(2)\qquad\text{酸}(2)\quad\text{碱}(1)$$

NH_4^+ 与 H_2O 之间也发生了质子转移反应。Cl^- 接受质子的能力极差,在稀的水溶液中,它实际上不参与酸碱反应。

酸碱中和反应也是质子转移反应。可自行举例说明。

酸碱质子理论不仅适用于水溶液中的酸碱反应,也同样适用于气相和非水溶液中的酸碱反应。如 HCl 与 NH_3 的反应,无论在溶液中,还是在气相中或在苯溶液中,其实质都是质子转移反应,最终生成氯化铵。因此均可表示为

$$\overset{\displaystyle H^+}{\overset{\displaystyle \overbrace{}\downarrow}{HCl+NH_3}} \Longrightarrow NH_4^++Cl^-$$

$$\text{酸}(1)\ \text{碱}(2)\qquad\text{酸}(2)\quad\text{碱}(1)$$

液氨是常见的非水溶剂,液氨的自身解离反应也是质子转移反应:

$$NH_3(l)+NH_3(l) \Longrightarrow NH_4^+(am)+NH_2^-(am)②$$

$$\text{酸}(1)\qquad\text{碱}(2)\qquad\text{酸}(2)\qquad\text{碱}(1)$$

$$K^{\ominus}=1.9\times10^{-33}(-50\ ℃)$$

同水一样,液氨作为溶剂时,它也是两性物质,NH_3 的共轭碱是氨基离子 NH_2^-,NH_3 的共轭酸是铵离子 NH_4^+。液氨中 NH_4^+ 和 NH_2^- 的许多化学反应类似于 H_3O^+ 与 OH^- 在水中的反应。例如:

————————————

① 在不引起误解的情况下,(aq)可以省略。

② am 表示液氨。

$$\overset{\displaystyle H^+}{\overbrace{\qquad\qquad\qquad}}$$

$$NH_4Cl + NaNH_2 \longrightarrow 2NH_3 + NaCl（液氨中）$$

$$HCl + NaOH \longrightarrow H_2O + NaCl（水中）$$

在液氨与水中发生的中和反应都是质子转移反应。

5.1.3   酸和碱的相对强弱

　　酸、碱的强度首先取决于其本身的性质,其次与溶剂的性质等因素有关。酸和碱的强度是指酸给出质子的能力和碱接受质子的能力强弱。给出质子能力强的物质是强酸,接受质子能力强的是强碱;反之,便是弱酸和弱碱。强弱本来是相对的,是比较而言的。要比较就要有一个标准。在水溶液中,比较酸的强弱,以溶剂水作标准。如 HAc 水溶液中,HAc 与 H_2O 作用,HAc 给出 H^+（或者水夺取了 HAc 中的 H^+）,生成了 H_3O^+ 和 Ac^-：

$$HAc + H_2O \rightleftharpoons H_3O^+ + Ac^-$$

同样,在 HCN 水溶液中有下列反应：

$$HCN + H_2O \rightleftharpoons H_3O^+ + CN^-$$

在这些反应中,HAc,HCN 给出 H^+ 是酸,H_2O 接受 H^+ 是碱。通过比较 HAc 和 HCN 在水溶液中的解离常数(见 §5.3)可以确定 HAc 是比 HCN 强的酸(见附表三)。以 H_2O 这个碱作为溶液,可以区分 HAc 和 HCN 给出质子能力的差别,这就是溶剂水的"区分效应"。然而强酸与水之间的酸碱反应几乎都是不可逆的,强酸在水中"百分之百"地解离。例如：

$$HClO_4 + H_2O \longrightarrow H_3O^+ + ClO_4^-$$

$$HCl + H_2O \longrightarrow H_3O^+ + Cl^-$$

$$HNO_3 + H_2O \longrightarrow H_3O^+ + NO_3^-$$

$HClO_4$,HCl,HNO_3 的水溶液中几乎不存在酸的分子,它们的质子全部被水夺去了。因此,水能够稳定存在的最强酸是 H_3O^+,比 H_3O^+ 强的酸($HClO_4$,HCl,HNO_3 等)不能以分子形式存在。水能够同等程度地将 $HClO_4$,HCl,HNO_3 等这些强酸的质子全部夺取过来。以水这种碱来区分它们给出质子能力的差别就不可能了;或者说,水对这些强酸起不到区分作用,水把它们之间的强弱差别拉平了。这种作用被称为溶剂水的"拉平效应"。为了便于理解,打一个比喻:有一台天平,它的称量范围是 0.1~100 g。用这台天平只能区分质量在 0.1~100 g 的物体间的质量差别;而不能用它来称量质量大于 100 g 或小于 0.1 g 的物体。在这台天平上质量大于 100 g（或小于 0.1 g）的物体其质量差异不能被区分,好像是"等重"的,该天平把它们之间的质量拉平了。由此可以理解溶剂水对很强的酸或极弱的酸都没有区分效应,只能有拉平效应。如果要区分强酸的真实强弱,必须选取比水的碱性更弱的碱作为溶剂。如以冰醋酸为溶剂,$HClO_4$ 就不是完全解离,它与 HAc 发生如下反应：

$$HClO_4 + CH_3COOH \rightleftharpoons [CH_3C(OH)_2]^+ + ClO_4^-$$

其他强酸也能发生类似的反应,冰醋酸作溶剂对水中的强酸体现了区分效应。表 5-1 中 HNO_3 以上的强酸之 $K_a^\ominus$ 值是在非水溶剂中测定或者由热力学数据计算出来的。

　　不难看出,溶剂的碱性越强时溶质表现出来的酸性就越强。所以区分强酸要选用弱碱（HAc

比 H_2O 的碱性弱），弱碱对强酸有区分效应；强碱对弱酸也有区分效应。同样，对碱来说，也存在着溶剂的"区分效应"和"拉平效应"。

酸碱质子理论告诉我们，酸与碱是相互对立的，又是统一的。它们之间的强弱有一定的依赖关系，强酸的共轭碱是弱碱，强碱的共轭酸是弱酸；反之，弱酸的共轭碱是强碱，弱碱的共轭酸是强酸。因此，可以先比较酸的强弱，再由此确定其共轭碱的相对强弱。

确定了酸、碱的相对强弱之后，可用其判断酸碱反应的方向。酸碱反应是争夺质子的过程，争夺质子的结果总是强碱夺取了强酸给出的质子而转化为它的共轭酸——弱酸；强酸则给出质子转化为它的共轭碱——弱碱。总之，酸碱反应主要是由强酸与强碱向生成相应的弱碱和弱酸的方向进行。例如：

$$\underset{\text{较强的酸}}{HF} + \underset{\text{较强的碱}}{CN^-} \longrightarrow \underset{\text{较弱的碱}}{F^-} + \underset{\text{较弱的酸}}{HCN} \qquad K^\ominus = 10^6$$

表 5-1 中左侧上部的强酸与右侧下部的强碱反应，生成左侧下部的弱酸和右侧上部的弱碱。

酸碱质子理论扩大了酸和碱的范畴，使人们加深了对酸碱的认识。但是，质子理论也有局限性。它只限于质子的给予和接受，对于无质子参与的酸碱反应就无能为力了。

§ 5.2　水的解离平衡和溶液的 pH

水是最重要的溶剂，许多生物、地质和环境化学反应，以及多数化工产品的生产都是在水溶液中进行的。

5.2.1　水的解离平衡

在纯水中，水分子、水合氢离子和氢氧根离子总是处于平衡状态。按照酸碱质子理论，水的自身解离平衡可表示为

$$H_2O(l) + H_2O(l) \rightleftharpoons H_3O^+(aq) + OH^-(aq)$$

该解离反应可以很快达到平衡。平衡时，水中的 H_3O^+ 和 OH^- 的浓度很小。根据水的电导率的测定，一定温度下，$c(H_3O^+)$ 和 $c(OH^-)$ 的乘积是恒定的。根据热力学中对溶质和溶剂标准状态的规定，水解离反应的标准平衡常数表达式为

$$K_w^\ominus = \left\{ \frac{c(H_3O^+)}{c^\ominus} \right\} \left\{ \frac{c(OH^-)}{c^\ominus} \right\} \qquad (5\text{-}1a)$$

通常简写为

$$K_w^\ominus = \{c(H_3O^+)\}\{c(OH^-)\}^① \qquad (5\text{-}1b)$$

或写为

$$H_2O(l) \rightleftharpoons H^+(aq) + OH^-(aq)$$

$$K_w^\ominus = \{c(H^+)\}\{c(OH^-)\} \qquad (5\text{-}1c)$$

---

① $\{c\}$ 是 $c/c^\ominus$ 的简写形式，以下同。

式中,$K_w^{\ominus}$称为水的离子积常数,下标 w 表示水。

25 ℃时,$K_w^{\ominus} = 1.0 \times 10^{-14}$。在稀溶液中,水的离子积常数不受溶质浓度的影响,但随温度的升高而增大。这一点很容易从反应热 $\Delta_r H_m^{\ominus}$ 做出判断。实际上,水的解离反应是酸碱中和反应的逆反应,该中和反应的 $\Delta_r H_m^{\ominus} = -55.84 \text{ kJ·mol}^{-1} < 0$,是比较强烈的放热反应,因此水的解离反应是比较强烈的吸热反应。根据平衡移动原理,不难理解水的离子积常数 $K_w^{\ominus}$ 随着温度的升高会明显地增大(表5-2)。

表 5-2   不同温度下水的离子积常数

$t/\text{℃}$	$K_w^{\ominus}$	$t/\text{℃}$	$K_w^{\ominus}$
0	1.15×10^{-15}	40	2.87×10^{-14}
10	2.96×10^{-15}	50	5.31×10^{-14}
20	6.87×10^{-15}	90	3.73×10^{-13}
25	1.01×10^{-14}	100	5.43×10^{-13}

5.2.2   溶液的 pH

氢离子或氢氧根离子浓度的改变能引起水的解离平衡的移动。在纯水中,$c(H_3O^+) = c(OH^-)$;如果在纯水中加入少量的 HCl 或 NaOH 形成稀溶液,$c(H_3O^+)$ 和 $c(OH^-)$ 将发生改变。达到新的平衡时,$c(H_3O^+) \neq c(OH^-)$;但是,只要温度保持恒定,$\{c(H_3O^+)\}\{c(OH^-)\} = K_w^{\ominus}$ 仍然保持不变。若已知 $c(H_3O^+)$,可根据式(5-1)求得 $c(OH^-)$;反之亦然。

溶液中 H_3O^+ 浓度或 OH^- 浓度的大小反映了溶液酸碱性的强弱。一般稀溶液中,$c(H_3O^+)$ 的范围在 $10^{-14} \sim 10^{-1} \text{ mol·L}^{-1}$。$c(H_3O^+)$ 与 $c(OH^-)$ 是相互联系的,水的离子积常数正表明了二者间的数量关系。根据它们的相互联系可以用一个统一的标准来表示溶液的酸碱性。在化学科学中,通常以 $\{c(H_3O^+)\}$ 的负对数来表示其很小的数量级。即

$$pH = -\lg\{c(H_3O^+)\} \tag{5-2}$$

与 pH 对应的还有 pOH,即

$$pOH = -\lg\{c(OH^-)\} \tag{5-3}$$

25 ℃,在水溶液中,

$$K_w^{\ominus} = \{c(H_3O^+)\}\{c(OH^-)\} = 1.0 \times 10^{-14}$$

将等式两边分别取负对数,得

$$-\lg K_w^{\ominus} = -\lg\{c(H_3O^+)\} - \lg\{c(OH^-)\} = 14.00$$

令

$$pK_w^{\ominus} = -\lg K_w^{\ominus}$$

则 $\qquad pK_w^{\ominus}=pH+pOH=14.00 \qquad (5-4)$

pH 是用来表示水溶液酸碱性的一种标度。pH 越小，$c(H_3O^+)$ 越大，溶液的酸性越强，碱性越弱。溶液的酸碱性与 $c(H_3O^+)$，pH 的关系可概括如下：

酸性溶液　$c(H_3O^+)>10^{-7}$ mol·L$^{-1}>c(OH^-)$，pH<7<pOH

中性溶液　$c(H_3O^+)=10^{-7}$ mol·L$^{-1}=c(OH^-)$，pH=7=pOH

碱性溶液　$c(H_3O^+)<10^{-7}$ mol·L$^{-1}<c(OH^-)$，pH>7>pOH

一些常见液体的 pH 见表 5-3。

表 5-3　常见液体的 pH

名称	pH	名称	pH
胃液	1.0~3.0	唾液	6.5~7.5
柠檬汁	2.4	牛奶	6.5
醋	3.0	纯水	7.0
葡萄汁	3.2	血液	7.35~7.45
橙汁	3.5	眼泪	7.4
尿	4.8~8.4	氧化镁乳	10.6
暴露在空气中的水	5.5		

pH 仅适用于表示 $c(H_3O^+)$ 或 $c(OH^-)$ 在 1 mol·L^{-1} 以下的溶液酸碱性。如果 $c(H_3O^+)>1$ mol·L^{-1}，则 pH<0；$c(OH^-)>1$ mol·L^{-1}，则 pH>14。在这种情况下，直接写出 $c(H_3O^+)$ 或 $c(OH^-)$ 更方便，不用 pH 表示这类溶液的酸碱性。

只要确定了溶液中的 H_3O^+ 浓度，就能很容易地计算 pH。实际应用中是用 pH 试纸和 pH 计测定溶液的 pH，再计算 H_3O^+ 浓度或 OH^- 浓度。

例 5-1　胃酸的主要成分是 HCl(aq)，某成年人的胃酸 pH=1.50(25 ℃)。试计算其 $c(H_3O^+)$，$c(OH^-)$ 和 pOH。该胃酸中的盐酸浓度是多少？

解：
$$c(H_3O^+)=10^{-pH}\ mol·L^{-1}$$
$$=10^{-1.50}\ mol·L^{-1}=0.032\ mol·L^{-1}$$
$$c(OH^-)=\frac{K_w^{\ominus}}{\{c(H_3O^+)\}}mol·L^{-1}=\frac{1.0\times10^{-14}}{0.032}mol·L^{-1}$$
$$=3.1\times10^{-13}\ mol·L^{-1}$$
$$pOH=14.00-pH=12.50$$

由于盐酸是强酸，其在水溶液中完全解离。因此，该胃酸中盐酸浓度［即 $c(H_3O^+)$］为 0.032 mol·L^{-1}。

§5.3　弱酸、弱碱的解离平衡

通常所说的弱酸和弱碱是指酸、碱的基本存在形式为中性分子。它们大部分以分子形式存在于水溶液中，与水发生质子转移反应，只有很少一部分解离为阳、阴离子。

通常所说的盐多数为强电解质,在水中完全解离为阳、阴离子,其中有些阳离子或阴离子与水也能发生质子转移反应,或者给出质子或者接受质子,称它们为离子酸或离子碱。另外,从每个酸(和碱)分子或离子给出(和接受)质子数来划分:只能给出一个质子的,称为一元弱酸,能给出多个质子的为多元弱酸;只能接受一个质子的为一元弱碱,能接受多个质子的为多元弱碱。弱酸、弱碱在水溶液中的质子转移平衡完全服从化学平衡移动的一般规律,其标准平衡常数均小于1。

5.3.1　一元弱酸、弱碱的解离平衡

MOOC

教学视频
一元弱酸、弱碱
的解离平衡

1. 一元弱酸的解离平衡

在一元弱酸 HA 的水溶液中存在着下列质子转移反应:

$$HA(aq)+H_2O(l) \rightleftharpoons H_3O^+(aq)+A^-(aq)$$

这类反应一般都能很快达到平衡,称其为解离平衡(或电离平衡)。在稀溶液中水的量基本保持恒定,平衡时 $c(HA)$,$c(H_3O^+)$ 和 $c(A^-)$ 之间有下列关系:

$$K_a^{\ominus}(HA)=\frac{\{c(H_3O^+)/c^{\ominus}\}\{c(A^-)/c^{\ominus}\}}{\{c(HA)/c^{\ominus}\}} \tag{5-5a}$$

或简写为

$$K_a^{\ominus}(HA)=\frac{\{c(H_3O^+)\}\{c(A^-)\}}{\{c(HA)\}} \tag{5-5b}$$

式中,$K_a^{\ominus}(HA)$ 称为弱酸 HA 的解离常数。弱酸解离常数表明了酸的相对强弱。在相同温度下,解离常数大的酸是较强的酸,其给出质子的能力强。例如,25 ℃时,$K_a^{\ominus}(HCOOH)=1.8\times10^{-4}$,$K_a^{\ominus}(H_3CCOOH)=1.8\times10^{-5}$。当浓度相同时,甲酸溶液的酸性强,pH 小;甲酸是比乙酸强的酸。不仅在水溶液中,就是在非水溶液中,也可以用 $K_a^{\ominus}$ 的相对大小来判断酸的相对强弱。$K_a^{\ominus}$ 受温度的影响但变化不大。

弱酸的解离常数可以借助 pH 计测定溶液的 pH,然后通过计算来确定。已知弱酸的解离常数 $K_a^{\ominus}$,就可以计算出一定浓度的弱酸溶液的平衡组成。实际上,在弱酸溶液中同时存在着弱酸和水的两种解离平衡:

$$HA(aq)+H_2O(l) \rightleftharpoons H_3O^+(aq)+A^-(aq)$$
$$H_2O(l)+H_2O(l) \rightleftharpoons H_3O^+(aq)+OH^-(aq)$$

它们都能解离出 H_3O^+。二者之间相互联系,相互影响。通常情况下,$K_a^{\ominus} \gg K_w^{\ominus}$,只要 $c(HA)$ 不是很小时,H_3O^+ 主要是由 HA 解离产生的。因此,计算 HA 溶液中的 $c(H_3O^+)$ 时,就可以不考虑水的解离平衡。

> **例 5-2**　计算 25 ℃时,0.10 mol·L⁻¹ HAc(醋酸)溶液中的 H_3O^+,Ac^-,HAc,OH^- 浓度及溶液的 pH。
>
> **解**:查附表三,$K_a^{\ominus}(HAc)=1.8\times10^{-5}$
>
> $$HAc(aq)+H_2O(l) \rightleftharpoons H_3O^+(aq)+Ac^-(aq)$$

开始浓度/$(mol \cdot L^{-1})$	0.10	0	0
平衡浓度/$(mol \cdot L^{-1})$	$0.10-x$	x	x

$$K_a^\ominus(HAc) = \frac{\{c(H_3O^+)\}\{c(Ac^-)\}}{\{c(HAc)\}}$$

$$1.8\times10^{-5} = \frac{x^2}{0.10-x} \qquad x = 1.3\times10^{-3}$$

$$c(H_3O^+) = c(Ac^-) = 1.3\times10^{-3} \ mol \cdot L^{-1}$$

$$c(HAc) = (0.10-1.3\times10^{-3}) \ mol \cdot L^{-1} \approx 0.10 \ mol \cdot L^{-1}$$

溶液中的 OH^- 来自于水的解离。

$$K_w^\ominus = \{c(H_3O^+)\}\{c(OH^-)\}$$

$$c(OH^-) = 7.7\times10^{-12} \ mol \cdot L^{-1}$$

由 H_2O 本身解离出来的 $c(H_3O^+) = c(OH^-) = 7.7\times10^{-12} \ mol \cdot L^{-1}$。将 $7.7\times10^{-12} \ mol \cdot L^{-1}$ 与 $1.3\times10^{-3} \ mol \cdot L^{-1}$ 比较，可以看出，忽略水解离所产生的 H_3O^+ 是完全合理的。

该溶液的 $pH = -lg\{c(H_3O^+)\} = -lg1.3\times10^{-3} = 2.89$

　　在弱酸、弱碱的解离平衡组成计算中常用到平衡解离度的概念，以 α 表示之。平衡解离度（简称解离度[①]）α 是这样定义的：解离的分子数与分子总数之比。在定容反应中，已解离的弱酸（或弱碱）的浓度与原始浓度之比等于其解离度。弱酸的解离度可表示为

$$\alpha = \frac{c(A^-)}{c_0(HA)} \times 100\% \tag{5-6}$$

例 5-2 中，醋酸的解离度 $\alpha = \dfrac{1.3\times10^{-3}}{0.10} \times 100\% = 1.3\%$。

　　弱酸解离度的大小也可以表示酸的相对强弱。在温度、浓度相同的条件下，解离度大的酸，$K_a^\ominus$ 大，其 pH 小，为较强的酸；解离度小的酸，$K_a^\ominus$ 小，其 pH 大，为较弱的酸。以 HA(aq) 的解离平衡为例，α 与 $K_a^\ominus$ 间的定量关系可以推导如下：

$$HA(aq) + H_2O(l) \rightleftharpoons H_3O^+(aq) + A^-(aq)$$

平衡浓度　　　　$c(1-\alpha)$　　　　　　$c\alpha$　　　　$c\alpha$

其中 c 是弱酸的初始浓度。

$$K_a^\ominus(HA) = \frac{\{c\alpha\}^2}{\{c(1-\alpha)\}} = \frac{\{c\alpha^2\}}{1-\alpha} \tag{5-7a}$$

当 $\{c/K_a^\ominus(HA)\} \geqslant 400$ 时，$1-\alpha \approx 1$

$$K_a^\ominus(HA) = \{c\alpha^2\} \qquad \alpha = \sqrt{\frac{K_a^\ominus(HA)}{\{c\}}} \tag{5-7b}$$

---

① 解离度又称电离度，最初是由 S. Arrhenius 在电离理论中提出的。

式(5-7)表明了一元弱酸溶液的初始浓度、解离度和解离平衡常数间的关系,叫做稀释定律。它表明了在一定温度下,$K_a^\ominus$ 保持不变,溶液在一定浓度范围内被稀释时,α 增大。

2. 一元弱碱溶液的解离平衡

应该说,一元弱碱的解离平衡组成的计算与一元弱酸的解离平衡组成的计算没有本质上的差别。在弱碱 B 的溶液中:

$$B(aq) + H_2O(l) \rightleftharpoons BH^+(aq) + OH^-(aq)$$

$$K_b^\ominus(B) = \frac{\{c(BH^+)\}\{c(OH^-)\}}{\{c(B)\}}$$

式中,$K_b^\ominus$ 称为一元弱碱的解离常数。

与一元弱酸类似,对于一元弱碱来说:

$$\alpha = \sqrt{\frac{K_b^\ominus(B)}{\{c\}}} \tag{5-7c}$$

例 5-3 已知 25 ℃下,测得 0.20 mol·L⁻¹ 氨水的 pH 为 11.27。计算溶液的 OH⁻ 浓度、解离度 α 和氨的解离常数 $K_b^\ominus$。

解:pH = 11.27, pOH = 2.73, $c(OH^-) = 1.9 \times 10^{-3}$ mol·L⁻¹

$$\alpha = \frac{1.9 \times 10^{-3}}{0.20} \times 100\% = 0.95\%$$

$$K_b^\ominus(NH_3) = \frac{\{c\alpha^2\}}{1-\alpha} = \frac{0.20 \times (0.95\%)^2}{1-0.95\%} = 1.8 \times 10^{-5}$$

5.3.2 多元弱酸的解离平衡

MOOC
教学视频
多元弱酸的解
离平衡

一元弱酸弱碱的解离过程是一步完成的,多元弱酸弱碱的解离过程是分步进行的。前面所讨论的一元弱酸的解离平衡原理,完全适用于多元弱酸弱碱的解离平衡。现以碳酸[①]为例来讨论多元弱酸的解离平衡,其分步解离平衡为

第一步:$H_2CO_3(aq) + H_2O(l) \rightleftharpoons H_3O^+(aq) + HCO_3^-(aq)$

$$K_{a1}^\ominus(H_2CO_3) = \frac{\{c(H_3O^+)\}\{c(HCO_3^-)\}}{\{c(H_2CO_3)\}} = 4.2 \times 10^{-7}$$

第二步:$HCO_3^-(aq) + H_2O(l) \rightleftharpoons H_3O^+(aq) + CO_3^{2-}(aq)$

$$K_{a2}^\ominus(H_2CO_3) = \frac{\{c(H_3O^+)\}\{c(CO_3^{2-})\}}{\{c(HCO_3^-)\}} = 4.7 \times 10^{-11}$$

---

① 实际上,CO₂ 溶解在水中主要以 CO₂ 的形式存在,仅有少部分同水反应生成 H₂CO₃。这里的 $c(H_2CO_3)$ 表示了两者的总和。其第一步解离写成如下形式比较合理:$[CO_2(aq) + H_2O(l)] + H_2O(l) \rightleftharpoons H_3O^+(aq) + HCO_3^-(aq)$。在 25 ℃和 $p(CO_2) = 100$ kPa 下,每升水可溶解的 CO₂ 约为 0.034 mol。

分析碳酸的分步解离可以发现:第一步解离中的共轭碱 HCO_3^- 是第二步解离中的酸,其共轭碱为二元酸的酸根离子 CO_3^{2-},所以 HCO_3^- 是两性物质。另外,在多元弱酸溶液中,实际上存在多个解离平衡,除了酸自身的多步解离平衡之外,还有溶剂水的解离平衡。它们能同时很快达到平衡。这些平衡中有相同的物种 H_3O^+,平衡时溶液中的 $c(H_3O^+)$ 保持恒定。此时,$c(H_3O^+)$ 满足各平衡的标准平衡常数表达式的数量关系。关键是各平衡的 $K^\ominus$ 相对大小不同,它们解离出来的 H_3O^+ 对溶液中 H_3O^+ 的总浓度贡献不同。少数多元弱酸的 $K_{a1}^\ominus$,$K_{a2}^\ominus$,$\cdots$ 相差很小(查附表三),多数多元酸的 $K_{a1}^\ominus$,$K_{a2}^\ominus$,$\cdots$ 都相差很大。这种情况($K_{a1}^\ominus/K_{a2}^\ominus > 10^3$)下,溶液中的 H_3O^+ 主要来自于第一步解离反应,溶液中的 $c(H_3O^+)$ 的计算可按一元弱酸的解离平衡做近似处理。

例 5-4 计算 $0.010\ \text{mol} \cdot \text{L}^{-1}\ H_2CO_3$ 溶液中的 H_3O^+,H_2CO_3,HCO_3^-,CO_3^{2-} 和 OH^- 浓度,以及溶液的 pH。

解: 因 $K_{a1}^\ominus(H_2CO_3) \gg K_{a2}^\ominus(H_2CO_3)$,$K_{a1}^\ominus(H_2CO_3) \gg K_w^\ominus$,溶液中产生 H_3O^+ 的主要反应是 H_2CO_3 的第一步解离反应:

$$H_2CO_3(aq) + H_2O(l) \rightleftharpoons H_3O^+(aq) + HCO_3^-(aq)$$

平衡浓度/$(\text{mol} \cdot \text{L}^{-1})$　　　　$0.010-x$　　　　　　$x+y \approx x$　　$x-y \approx x$

$$K_{a1}^\ominus = 4.2 \times 10^{-7} = \frac{\{c(H_3O^+)\}\{c(HCO_3^-)\}}{\{c(H_2CO_3)\}} = \frac{x^2}{0.010-x}$$

$$0.010 - x \approx 0.010, \quad x^2 = 4.2 \times 10^{-7} \times 0.010, \quad x = 6.5 \times 10^{-5}$$

$$c(H_3O^+) = c(HCO_3^-) = 6.5 \times 10^{-5}\ \text{mol} \cdot \text{L}^{-1}$$

$$c(H_2CO_3) \approx 0.010\ \text{mol} \cdot \text{L}^{-1}$$

CO_3^{2-} 是在第二步解离中产生的:

$$HCO_3^-(aq) + H_2O(l) \rightleftharpoons H_3O^+(aq) + CO_3^{2-}(aq)$$

平衡浓度/$(\text{mol} \cdot \text{L}^{-1})$　　6.5×10^{-5}　　　　　　6.5×10^{-5}　　　y

$$K_{a2}^\ominus = 4.7 \times 10^{-11} = \frac{\{c(H_3O^+)\}\{c(CO_3^{2-})\}}{\{c(HCO_3^-)\}} = \frac{(6.5 \times 10^{-5})y}{6.5 \times 10^{-5}}$$

$$y = K_{a2}^\ominus = 4.7 \times 10^{-11}$$

$$c(CO_3^{2-}) = K_{a2}^\ominus\ \text{mol} \cdot \text{L}^{-1} = 4.7 \times 10^{-11}\ \text{mol} \cdot \text{L}^{-1}$$

OH^- 来自 H_2O 的解离平衡:

$$H_2O(l) + H_2O(l) \rightleftharpoons H_3O^+(aq) + OH^-(aq)$$

平衡浓度/$(\text{mol} \cdot \text{L}^{-1})$　　　　　　6.5×10^{-5}　　　z

$$\{c(H_3O^+)\}\{c(OH^-)\} = 6.5 \times 10^{-5}z = 1.0 \times 10^{-14}$$

$$z = 1.5 \times 10^{-10}$$

$$c(OH^-) = 1.5 \times 10^{-10}\ \text{mol} \cdot \text{L}^{-1}$$

$$pH = -\lg\{c(H_3O^+)\} = 4.19$$

在计算即将结束时,很重要的是要做认真的核对,检查解题过程中的近似处理是否可行。第一步解离出的 $c_1(H_3O^+) = 6.5 \times 10^{-5}\ \text{mol} \cdot \text{L}^{-1}$;第二步解离出的 $c_2(H_3O^+) =$

4.7×10^{-11} mol·L^{-1}；由水解离出的 $c_3(H_3O^+) = 1.5 \times 10^{-10}$ mol·L^{-1}。因此，$6.5 \times 10^{-5} \pm y + z \approx 6.5 \times 10^{-5}$，是完全合理的。由此也看出，溶液的 pH 是由第一步解离出来的 $c_1(H_3O^+)$ 决定的。

其次，在上述解题过程中确认了 $c(CO_3^{2-})$ 在数值上等于 $K_{a2}^\ominus(H_2CO_3)$，这对二元弱酸来说是有普遍意义的。即在仅含二元弱酸的溶液中，$K_{a1}^\ominus \gg K_{a2}^\ominus$ 时，二元酸根离子的浓度 $c(A^{2-}) = K_{a2}^\ominus(H_2A)$ mol·L^{-1}。但是，这个结论不能简单地推论到三元弱酸溶液中。可以推导出在磷酸溶液中：

$$c(HPO_4^{2-}) = K_{a2}^\ominus(H_3PO_4) \ \text{mol·L}^{-1}$$

$$c(PO_4^{3-}) = \frac{K_{a2}^\ominus(H_3PO_4) K_{a3}^\ominus(H_3PO_4)}{\{c(H_3O^+)\}} \ \text{mol·L}^{-1}$$

第三，在二元弱酸 H_2A 溶液中，$c(H_3O^+) \neq 2c(A^{2-})$。这是因为 H_2A 的第二步解离只是部分的。在二元弱酸 H_2A 与强酸的混合溶液中，$c(A^{2-})$ 与 $c(H_3O^+)$ 的关系可推导如下：

$$H_2A(aq) + H_2O(l) \rightleftharpoons H_3O^+(aq) + HA^-(aq) \qquad K_{a1}^\ominus$$

$$\underline{+) \ HA^-(aq) + H_2O(l) \rightleftharpoons H_3O^+(aq) + A^{2-}(aq) \qquad K_{a2}^\ominus}$$

$$H_2A(aq) + 2H_2O(l) \rightleftharpoons 2H_3O^+(aq) + A^{2-}(aq)$$

$$K^\ominus = \frac{\{c(H_3O^+)\}^2 \{c(A^{2-})\}}{\{c(H_2A)\}} = K_{a1}^\ominus K_{a2}^\ominus$$

$$\{c(A^{2-})\} = \frac{K_{a1}^\ominus K_{a2}^\ominus \{c(H_2A)\}}{\{c(H_3O^+)\}^2}$$

这里的 $c(H_3O^+)$ 不仅来自于 H_2A 的解离，更确切地说，主要不是来自于 H_2A 的解离，而是来自于强酸的全部解离产生的 H_3O^+。在这种混酸中，$c(A^{2-})$ 的数值与溶液中的 $\{c(H_3O^+)\}^2$ 成反比。这样，可以通过改变 pH 的方法来控制 $c(A^{2-})$，以达到实际需要的目的。

5.3.3　盐类的水解反应

盐溶液可呈中性、酸性或碱性，这取决于组成盐的阳离子和阴离子的酸碱性。由强酸强碱所生成的盐在水中完全解离产生的阳、阴离子不与水发生质子转移反应，这种盐不水解，其水溶液为中性。除此之外，其他各类盐在水中解离所产生的阳、阴离子则不然。它们中的一种或多种离子能与水发生质子转移反应，称为盐类的水解反应。这些能与水发生质子转移反应的离子物种称为离子酸或离子碱。它们的溶液酸碱性取决于这些离子酸和离子碱的相对强弱。

1. 强酸弱碱盐（离子酸）

通常，强酸弱碱盐在水中完全解离生成的阳离子，如 $[Fe(H_2O)_6]^{3+}$，NH_4^+，…在水溶液中发生质子转移反应，它们的水溶液呈酸性。例如，NH_4Cl 在水中全部解离：

$$NH_4Cl(s) \xrightarrow{H_2O(1)} NH_4^+(aq) + Cl^-(aq)$$

$Cl^-(aq)$ 与水不反应,而 $NH_4^+(aq)$ 与 H_2O 反应:

$$NH_4^+(aq) + H_2O(1) \rightleftharpoons NH_3(aq) + H_3O^+(aq)$$

该质子转移反应中 NH_4^+ 是酸,其共轭碱为 NH_3。反应的标准平衡常数为离子酸 NH_4^+ 的解离常数,其表达式为

$$K_a^\ominus(NH_4^+) = \frac{\{c(H_3O^+)\}\{c(NH_3)\}}{\{c(NH_4^+)\}}$$

$K_a^\ominus(NH_4^+)$ 又称为 NH_4^+ 的水解常数 $K_h^\ominus(NH_4^+)$。$K_a^\ominus(NH_4^+)$ 与其共轭碱 NH_3 的解离常数 $K_b^\ominus(NH_3)$ 之间有一定的联系:

$$K_a^\ominus(NH_4^+) = \frac{\{c(H_3O^+)\}\{c(NH_3)\}}{\{c(NH_4^+)\}} \cdot \frac{\{c(OH^-)\}}{\{c(OH^-)\}}$$

$$= \frac{K_w^\ominus}{K_b^\ominus(NH_3)}$$

$$K_a^\ominus(NH_4^+)K_b^\ominus(NH_3) = K_w^\ominus \tag{5-8a}$$

任何一对共轭酸碱的解离常数都符合这一关系,可简化为通式:

$$K_a^\ominus K_b^\ominus = K_w^\ominus \tag{5-8b}$$

将等式两边分别取负对数:

$$-\lg K_a^\ominus - \lg K_b^\ominus = -\lg K_w^\ominus$$

$$pK_a^\ominus + pK_b^\ominus = pK_w^\ominus \tag{5-8c}$$

在 25 ℃下:

$$pK_a^\ominus + pK_b^\ominus = 14.00 \tag{5-8d}$$

根据式(5-8)可以求得离子酸、碱的 $K_a^\ominus$,$K_b^\ominus$。用计算一般弱酸、弱碱平衡组成的同样方法,可以确定盐溶液的平衡组成和 pH。

例5-5 计算 25 ℃时 0.10 mol·L^{-1} NH_4Cl 溶液的 pH 和 NH_4^+ 的解离度。

解: 由附表三查出 $K_b^\ominus(NH_3) = 1.8 \times 10^{-5}$,则

$$K_a^\ominus(NH_4^+) = \frac{K_w^\ominus}{K_b^\ominus(NH_3)} = \frac{1.0 \times 10^{-14}}{1.8 \times 10^{-5}} = 5.6 \times 10^{-10}$$

$$NH_4^+(aq) + H_2O(1) \rightleftharpoons NH_3(aq) + H_3O^+(aq)$$

平衡浓度/(mol·L^{-1})　　　　0.10$-x$　　　　　　　　x　　　　x

$$\frac{x^2}{0.10-x} = 5.6 \times 10^{-10} \qquad x = 7.5 \times 10^{-6}$$

$$c(H_3O^+) = 7.5 \times 10^{-6}\ mol \cdot L^{-1} \qquad pH = 5.12$$

NH_4^+ 的解离度就是所说的盐类的水解度,可用式(5-7)来计算。

$$\alpha(NH_4^+) = \frac{x}{\{c\}} = \sqrt{\frac{K_a^\ominus(NH_4^+)}{\{c\}}} = \sqrt{\frac{5.6 \times 10^{-10}}{0.10}} = 0.0075\%$$

许多水合金属离子,如$[Fe(H_2O)_6]^{3+}$,$[Al(H_2O)_6]^{3+}$,…多是半径小、所带正电荷数较多的金属离子,它们的水溶液皆为酸性(见表5-4)。这也是由于水合金属离子与溶剂水之间发生了质子转移反应引起的。例如:

$$[Fe(H_2O)_6]^{3+}(aq)+H_2O(l) \rightleftharpoons [Fe(OH)(H_2O)_5]^{2+}(aq)+H_3O^+(aq)$$
$$K_a^\ominus = 7.7\times10^{-3}$$

$$[Al(H_2O)_6]^{3+}(aq)+H_2O(l) \rightleftharpoons [Al(OH)(H_2O)_5]^{2+}(aq)+H_3O^+(aq)$$
$$K_a^\ominus = 1.4\times10^{-5}$$

表 5-4 某些 $0.1 \ mol\cdot L^{-1}$ 硝酸盐溶液的 pH(25 ℃)

化学式	pH	化学式	pH
$Fe(NO_3)_3$	1.6	$Cu(NO_3)_2$	4.0
$Al(NO_3)_3$	2.92	$Zn(NO_3)_2$	5.3
$Pb(NO_3)_2$	3.6	$Ca(NO_3)_2$	6.7

2. 弱酸强碱盐(离子碱)

NaAc,NaCN,…这类一元弱酸强碱盐的水溶液显碱性。这些盐在水中完全解离生成的阳离子(如 Na^+,K^+)往往并不发生水解,而阴离子在水中发生水解反应。如在 NaAc 水溶液中:

$$Ac^-(aq)+H_2O(l) \rightleftharpoons HAc(aq)+OH^-(aq)$$

该质子转移反应的标准平衡常数表达式为

$$K_b^\ominus(Ac^-) = \frac{\{c(HAc)\}\{c(OH^-)\}}{\{c(Ac^-)\}}$$

$K_b^\ominus(Ac^-)$是质子碱 Ac^- 的解离常数,也就是 Ac^- 的水解常数。Ac^- 是 HAc 的共轭碱。根据共轭酸碱解离常数的关系式(5-8),由附表三中查到 $K_a^\ominus(HAc)$,就可以求得 $K_b^\ominus(Ac^-)$。

多元弱酸强碱盐溶液也呈碱性,它们在水中解离产生的阴离子,如 CO_3^{2-} 和 PO_4^{3-} 等是多元离子碱,如同多元弱酸一样(见 5.3.2),这些阴离子与水之间的质子转移反应也是分步进行的。平衡时有相应的解离(水解)常数,共轭酸碱解离常数间的关系也符合式(5-8)。例如,Na_2CO_3 水溶液中的质子转移反应为

$$CO_3^{2-}(aq)+H_2O(l) \rightleftharpoons HCO_3^-(aq)+OH^-(aq) ; \qquad K_{b1}^\ominus(CO_3^{2-})$$
$$HCO_3^-(aq)+H_2O(l) \rightleftharpoons H_2CO_3(aq)+OH^-(aq) ; \qquad K_{b2}^\ominus(CO_3^{2-})$$

在第一步的解离反应中,HCO_3^- 是 CO_3^{2-} 的共轭酸,HCO_3^- 的解离常数是 $K_{a2}^\ominus(H_2CO_3)$,根据式(5-8):

$$K_{b1}^\ominus(CO_3^{2-}) = \frac{K_w^\ominus}{K_{a2}^\ominus(H_2CO_3)} \qquad\qquad (5-9a)$$

同理,
$$K_{b2}^{\ominus}(CO_3^{2-}) = \frac{K_w^{\ominus}}{K_{a1}^{\ominus}(H_2CO_3)} \tag{5-9b}$$

因为
$$K_{a1}^{\ominus}(H_2CO_3) \gg K_{a2}^{\ominus}(H_2CO_3)$$

所以
$$K_{b1}^{\ominus}(CO_3^{2-}) \gg K_{b2}^{\ominus}(CO_3^{2-})$$

这说明 CO_3^{2-} 的第一级解离(水解)反应是主要的。计算 Na_2CO_3 溶液 pH 时,可只考虑第一步的质子转移反应。对于其他多元离子碱溶液 pH 的计算也可照此处理。

例 5-6 计算 25 ℃时 0.10 mol·L^{-1} Na_3PO_4 溶液的 pH。

解:Na_3PO_4 是三元酸 H_3PO_4 与强碱 NaOH 经中和反应生成的弱酸强碱盐。PO_4^{3-} 是三元弱碱,这种离子碱的 $K_b^{\ominus}$ 在化学手册中是查不到的,可根据共轭酸碱常数的关系求得,由附表三中查得其共轭酸 HPO_4^{2-} 的解离常数 $K_{a3}^{\ominus}(H_3PO_4)$,所以

$$K_{b1}^{\ominus}(PO_4^{3-}) = \frac{K_w^{\ominus}}{K_{a3}^{\ominus}(H_3PO_4)} = \frac{1.0 \times 10^{-14}}{4.5 \times 10^{-13}} = 0.022$$

$$PO_4^{3-}(aq) + H_2O(l) \rightleftharpoons HPO_4^{2-}(aq) + OH^-(aq)$$

平衡浓度/(mol·L^{-1})　　　　0.10-x　　　　　　　x　　　　　x

$$K_{b1}^{\ominus}(PO_4^{3-}) = 0.022 = \frac{x^2}{0.10-x}$$

因为 $K_{b1}^{\ominus}(PO_4^{3-})$ 较大,0.10-x ≠ 0.10,必须解一元二次方程,得 x = 0.037

$$c(OH^-) = 0.037 \ mol·L^{-1}$$

$$pH = 14 + \lg\{c(OH^-)\} = 12.57$$

3. 酸式盐

多元酸的酸式盐,如碳酸氢钠 $NaHCO_3$、磷酸二氢钠 NaH_2PO_4、磷酸氢二钠 Na_2HPO_4、邻苯二甲酸氢钾 $KHC_8H_4O_4$ 等,溶于水后完全解离生成的阴离子 HCO_3^-,$H_2PO_4^-$,HPO_4^{2-},$HC_8H_4O_4^-$ 等既能给出质子又能接受质子,是两性的。其水溶液有碱性的,也有酸性的。现以 $NaHCO_3$ 溶液为例来讨论酸式盐溶液中的解离平衡。

在水溶液中 HCO_3^- 能发生如下质子转移反应:

$$HCO_3^-(aq) + H_2O(l) \rightleftharpoons H_3O^+(aq) + CO_3^{2-}(aq) \qquad (解离)$$

$$K_{a2}^{\ominus}(H_2CO_3) = \frac{\{c(H_3O^+)\}\{c(CO_3^{2-})\}}{\{c(HCO_3^-)\}} \tag{①}$$

$$HCO_3^-(aq) + H_2O(l) \rightleftharpoons H_2CO_3(aq) + OH^-(aq) \qquad (水解)$$

$$K_{b2}^{\ominus}(CO_3^{2-}) = \frac{\{c(H_2CO_3)\}\{c(OH^-)\}}{\{c(HCO_3^-)\}} = \frac{K_w^{\ominus}}{K_{a1}^{\ominus}(H_2CO_3)} \tag{②}$$

反应达到平衡时,$c(H_3O^+)$,$c(CO_3^{2-})$,$c(HCO_3^-)$,$c(H_2CO_3)$ 和 $c(OH^-)$ 共五个量都是未知的。为了求解,需要有联立的五个方程式。已有了①、②两个方程式,再根据水的自身解离平衡有

$$H_2O(l) + H_2O(l) \rightleftharpoons H_3O^+(aq) + OH^-(aq)$$

$$\{c(H_3O^+)\}\{c(OH^-)\} = K_w^{\ominus} \tag{③}$$

质量守恒:根据质量守恒定律,设 HCO_3^- 的最初浓度为 c_0,平衡时系统内含有 CO_3 的 H_2CO_3,

HCO_3^- 和 CO_3^{2-} 各物种浓度之和等于 c_0,则有

$$c_0 = c(H_2CO_3) + c(HCO_3^-) + c(CO_3^{2-}) \qquad ④$$

电荷守恒:任何电解质溶液中必定保持电中性,溶液中正电荷数(浓度)等于负电荷数(浓度)。在 NaHCO$_3$ 溶液中,带正电荷的阳离子有 Na^+,H_3O^+,$c(Na^+) = c_0$;阴离子有 HCO_3^-,CO_3^{2-} 和 OH^-;每个 CO_3^{2-} 所带电荷数为 2。在电荷守恒算式中,电荷数为 -2 或 $+2$ 的离子,其电荷浓度为离子浓度的 2 倍。同理,电荷数为 $+3$ 或 -3 的离子,其电荷浓度等于离子浓度的 3 倍。其他以此类推。因此,可得

$$c(Na^+) + c(H_3O^+) = c(HCO_3^-) + 2c(CO_3^{2-}) + c(OH^-) \qquad ⑤$$

$c(Na^+) = c_0$,将式⑤-式④得

$$c(H_3O^+) + c(H_2CO_3) \Longrightarrow c(CO_3^{2-}) + c(OH^-) \qquad ⑥$$

由式①得

$$c(CO_3^{2-}) = \frac{K_{a2}^{\ominus}(H_2CO_3)c(HCO_3^-)}{\{c(H_3O^+)\}} \qquad ⑦$$

由式②得

$$c(H_2CO_3) = \frac{K_w^{\ominus}c(HCO_3^-)}{K_{a1}^{\ominus}(H_2CO_3)\{c(OH^-)\}}$$
$$= \frac{\{c(H_3O^+)\}c(HCO_3^-)}{K_{a1}^{\ominus}(H_2CO_3)} \qquad ⑧$$

将式③、式⑦、式⑧代入式⑥得

$$c(H_3O^+) = \sqrt{\frac{K_{a2}^{\ominus}(H_2CO_3)\{c(HCO_3^-)\} + K_w^{\ominus}}{1 + \frac{\{c(HCO_3^-)\}}{K_{a1}^{\ominus}(H_2CO_3)}}} \; mol \cdot L^{-1} \qquad (5-10)$$

由于 $K_{a2}^{\ominus}(H_2CO_3)$ 和 $K_{b2}^{\ominus}(CO_3^{2-})$ 都很小,即 HCO_3^- 的解离和 HCO_3^- 的水解程度都很小,当 NaHCO$_3$ 溶液不是很稀时,可认为,平衡时 $c(HCO_3^-) \approx c_0$,则式(5-10)变为

$$c(H_3O^+) = \sqrt{\frac{K_{a1}^{\ominus}(H_2CO_3)[K_{a2}^{\ominus}(H_2CO_3)\{c_0\} + K_w^{\ominus}]}{K_{a1}^{\ominus}(H_2CO_3) + \{c_0\}}} \; mol \cdot L^{-1} \qquad (5-11)$$

如果 $c_0 \gg K_{a1}^{\ominus}(H_2CO_3)$,式(5-11)中的 $K_{a1}^{\ominus}(H_2CO_3) + \{c_0\} \approx \{c_0\}$,得

$$c(H_3O^+) = \sqrt{\frac{K_{a1}^{\ominus}(H_2CO_3)[K_{a2}^{\ominus}(H_2CO_3)\{c_0\} + K_w^{\ominus}]}{\{c_0\}}} \; mol \cdot L^{-1} \qquad (5-12)$$

若 $K_{a2}^{\ominus}(H_2CO_3)\{c_0\} \gg K_w^{\ominus}$,则

$$K_{a2}^{\ominus}(H_2CO_3)\{c_0\} + K_w^{\ominus} \approx K_{a2}^{\ominus}(H_2CO_3)\{c_0\}$$

得

$$c(H_3O^+) = \sqrt{K_{a1}^{\ominus}(H_2CO_3) \cdot K_{a2}^{\ominus}(H_2CO_3)} \; mol \cdot L^{-1} \qquad (5-13)$$

只要符合上述有关近似条件,就可以根据式(5-13)计算出酸式盐溶液的 pH。这种粗略计算出的 pH 与酸式盐的原始浓度无关。

4. 弱酸弱碱盐

下面讨论 NH_4CN 这样的弱酸弱碱盐溶液的酸碱性。可以按照讨论酸式盐溶液 $c(H_3O^+)$ 的方法，得到：

$$c(H_3O^+) = \sqrt{\frac{K_w^\ominus K_a^\ominus(HCN)}{K_b^\ominus(NH_3)}} \ \text{mol·L}^{-1} \tag{5-14}$$

按式(5-14)能近似地计算 NH_4CN 溶液的 $c(H_3O^+)$，然后计算其他物种的浓度就比较简单了。但是，同样浓度的 NH_4CN 溶液与 NH_4Cl(或 $NaCN$)溶液的 NH_4^+(或 CN^-)的解离度 α(即水解度)是完全不相同的。计算表明，0.10 mol·L^{-1} NH_4Cl 溶液中 $\alpha(NH_4^+) = 0.007\ 5\%$；$0.10$ mol·L^{-1} NH_4CN 溶液中 $\alpha(NH_4^+) = 49\%$，后者是前者的 $6\ 500$ 倍。弱酸弱碱盐溶液中解离度的显著增大，是由于离子弱酸(NH_4^+)和离子弱碱(CN^-)的质子转移反应同时存在，它们反应生成的 H_3O^+ 和 OH^- 进一步结合生成 H_2O，这种相互促进的结果，促使反应向正向移动，从而使解离度增大。

现将盐溶液的酸碱性的一般规律概括如下：

$$pH \sim 7 \begin{cases} 强酸强碱盐 & NaCl, KNO_3, BaI_2 \\ 弱酸弱碱盐 & K_a^\ominus = K_b^\ominus, NH_4Ac \end{cases}$$

$$\begin{matrix} pH < 7 \\ K_a^\ominus > K_b^\ominus \end{matrix} \begin{cases} 强酸弱碱盐 & NH_4Cl, AlCl_3, FeCl_3 \\ 酸式盐 & NaH_2PO_4 \\ 弱酸弱碱盐 & NH_4F, NH_4(HCOO) \end{cases}$$

$$\begin{matrix} pH > 7 \\ K_a^\ominus < K_b^\ominus \end{matrix} \begin{cases} 弱酸强碱盐 & NaAc, NaCN, Na_2CO_3 \\ 酸式盐 & Na_2HPO_4, NaHCO_3 \\ 弱酸弱碱盐 & (NH_4)_2CO_3, NH_4CN \end{cases}$$

5. 影响盐类水解的因素及应用

化学平衡移动的一般规律适用于盐溶液中的质子转移反应。影响盐类水解平衡的因素只有温度和浓度。盐的水解反应是中和反应的逆反应，中和反应的反应热往往比较大，如氨水与盐酸的中和反应：

$$NH_3(aq) + H_3O^+(aq) \rightleftharpoons NH_4^+(aq) + H_2O(l); \quad \Delta_r H_m^\ominus = -52.21 \text{ kJ·mol}^{-1}$$

NH_4^+ 水解反应的 $\Delta_r H_m^\ominus = 52.21$ kJ·mol^{-1}。随着温度升高，水解常数增大。由于 $K_a^\ominus(NH_4^+) = K_w^\ominus/K_b^\ominus(NH_3)$，当温度改变时，$K_b^\ominus(NH_3)$ 基本不变，而 $K_w^\ominus$ 变化较大，所以 $K_a^\ominus(NH_4^+)$ 随温度升高而增大，水解加剧。另外，稀释定律同样适用于盐类的水解反应[式(5-7)]。当温度一定时，盐浓度越小，水解度 α 越大。总之，加热和稀释都有利于盐类的水解。

在化工生产和实验室中，水解现象是经常遇到的。有时配制某些盐溶液，常由于这些盐的水解而不能得到澄清的溶液。例如：

$$Bi(NO_3)_3(aq) + H_2O(l) \rightleftharpoons BiONO_3(s) + 2HNO_3(aq)$$

$$SbCl_3(aq) + H_2O(1) \rightleftharpoons SbOCl(s) + 2HCl(aq)$$
$$SnCl_2(aq) + H_2O(1) \rightleftharpoons Sn(OH)Cl(s) + HCl(aq)$$

为了防止水解的发生,利用改变酸度的方法,使水解平衡发生移动。通常先将盐溶于较浓的相应酸中,然后再加水稀释到一定浓度。然而,有时人们不是抑制水解,而是利用盐类水解反应生成沉淀,来达到提纯和制备产品的目的。如在多种常见无机化合物的生产中,必须除去铁杂质。这一过程的主要反应之一,就是利用 Fe^{3+} 水解最终生成 $Fe(OH)_3$ 沉淀,再经过滤将其除去。

§5.4　缓冲溶液

本节重点讨论弱酸与它的共轭碱共存于同一溶液中时,产生同离子效应,从而使弱酸的解离平衡发生移动。这一概念有助于理解缓冲溶液的缓冲性能。缓冲溶液在化学反应和生物化学过程中占有重要地位。

5.4.1　同离子效应

在离子平衡系统中,某一物种浓度的变化将使平衡发生移动。如果用 pH 试纸测定 $0.10\ mol \cdot L^{-1}$ HAc 溶液的 pH,约为 3;若在该溶液中加入少量 NaAc(s) 之后,其 pH 变为 5 左右。根据 Le Châtelier 原理,在 HAc 溶液中:

$$HAc(aq) + H_2O(1) \rightleftharpoons H_3O^+(aq) + Ac^-(aq)$$

加入 NaAc(s) 后,$c(Ac^-)$ 增大,HAc 的解离平衡向左移动,HAc 的解离度降低,酸性减弱。

例5-7　25 ℃时,在 $0.10\ mol \cdot L^{-1}$ HAc 溶液中,加入 NaAc 晶体,使 NaAc 浓度为 $0.10\ mol \cdot L^{-1}$。计算该溶液的 pH 和 HAc 的解离度 α。

解:

	NaAc(aq) $\longrightarrow$	Na$^+$(aq)	+	Ac$^-$(aq)

开始浓度/$(mol \cdot L^{-1})$　　　　　　　　　　0.10　　　　0.10

$$HAc(aq) + H_2O(1) \rightleftharpoons H_3O^+(aq) + Ac^-(aq)$$

平衡浓度/$(mol \cdot L^{-1})$　　0.10$-x$　　　　　　　　x　　　0.10$+x$

$$K_a^{\ominus}(HAc) = \frac{\{c(H_3O^+)\}\{c(Ac^-)\}}{\{c(HAc)\}}$$

$$1.8 \times 10^{-5} = \frac{x(0.10+x)}{0.10-x}$$

$$0.10 \pm x \approx 0.10, x = 1.8 \times 10^{-5}$$

$$c(H_3O^+) = 1.8 \times 10^{-5}\ mol \cdot L^{-1}, pH = 4.74$$

$$\alpha = \frac{1.8 \times 10^{-5}}{0.10} \times 100\% = 0.018\%$$

在 $0.10\ mol \cdot L^{-1}$ HAc 溶液中,$\alpha(HAc) = 1.3\%$,pH $= 2.89$。而在 $0.10\ mol \cdot L^{-1}$ HAc $-$ $0.10\ mol \cdot L^{-1}$ NaAc 混合溶液中,pH $= 4.74$,$\alpha(HAc)$ 只有 0.018%,HAc 的解离度降低到原来的 1/72。

同样,在弱碱溶液中,加入与弱碱溶液含有相同离子的强电解质,使弱碱的解离平衡向生成弱碱的方向移动,弱碱的解离度降低。由此可以得出结论:在弱酸或弱碱溶液中,加入与这种酸或碱含有相同离子的易溶强电解质,使弱酸或弱碱的解离度降低,这种作用被称为同离子效应。

5.4.2 缓冲溶液

1. 缓冲溶液的概念

在水溶液中进行的许多反应都与溶液的 pH 有关,其中有些反应要求在一定的 pH 范围内进行,这就需要使用缓冲溶液。

为了了解缓冲溶液的概念,先分析表 5-5 所列实验数据。

表 5-5　缓冲溶液与非缓冲溶液的比较实验

	$1.8×10^{-5}$ mol·L^{-1} HCl 溶液	0.10 mol·L^{-1} HAc 溶液-0.10 mol·L^{-1} 溶液 NaAc
1.0L 溶液的 pH	4.74	4.74
加 0.010 mol NaOH(s) 后的 pH	12.00	4.83
加 0.010 mol HCl 后的 pH	2.00	4.66

在稀盐酸($1.8×10^{-5}$ mol·L^{-1})溶液中,加入少量 NaOH 或 HCl,pH 有较明显的变化,说明这种溶液不具有保持 pH 相对稳定的性能。但是在 HAc-NaAc 这对共轭酸碱组成的溶液中,加入少量的强酸或强碱,溶液的 pH 改变很小。这类溶液具有缓解改变氢离子浓度而能保持 pH 基本不变的性能。同样,NH$_4$Cl 与其共轭碱 NH$_3$ 的混合溶液及 NaHCO$_3$-Na$_2$CO$_3$ 溶液等都具有这种性质。这种具有能保持 pH 相对稳定的溶液(也就是不因加入少量强酸或强碱而显著改变 pH 的溶液)叫做缓冲溶液。从组成上来看,通常缓冲溶液是由弱酸和它的共轭碱组成的。常见的缓冲溶液见表 5-6。

表 5-6　常见的某些缓冲溶液及其 pH 范围

弱酸	共轭碱	$K_a^{\ominus}$	pH 范围
邻苯二甲酸 C$_6$H$_4$(COOH)$_2$	邻苯二甲酸氢钾 C$_6$H$_4$(COOH)COOK	$1.3×10^{-3}$	1.9~3.9
醋酸 HAc	醋酸钠 NaAc	$1.8×10^{-5}$	3.7~5.7
磷酸二氢钠 NaH$_2$PO$_4$	磷酸氢二钠 Na$_2$HPO$_4$	$6.2×10^{-8}$	6.2~8.2
氯化铵 NH$_4$Cl	氨水 NH$_3$	$5.6×10^{-10}$	8.3~10.3
磷酸氢二钠 Na$_2$HPO$_4$	磷酸钠 Na$_3$PO$_4$	$4.5×10^{-13}$	11.3~13.3

MOOC

教学视频
缓冲溶液的概念

2. 缓冲原理

缓冲溶液为什么能够保持 pH 相对稳定,而不因加入少量强酸或强碱引起 pH 出现较大的变化? 假定缓冲溶液含有浓度相对较大的弱酸 HA 和它的共轭碱 A^-,在溶液中发生的质子转移反应为

$$HA(aq)+H_2O(1) \rightleftharpoons H_3O^+(aq)+A^-(aq)$$

$$c(H_3O^+) = \frac{K_a^\ominus(HA)c(HA)}{\{c(A^-)\}}$$

$c(H_3O^+)$ 取决于 $K_a^\ominus$ 和 $c(HA)/c(A^-)$。当加入 NaOH 时(不考虑所引起溶液体积的变化),发生了强碱与弱酸的中和反应:

$$OH^-(aq)+HA(aq) \rightleftharpoons A^-(aq)+H_2O(1)$$

$$K^\ominus = \frac{K_a^\ominus(HA)}{K_w^\ominus} \gg 1$$

反应进行得很完全,净结果是 OH^- 在溶液中很少累积,取而代之的是 A^-,$c(A^-)$ 增大,$c(HA)$ 减小,其数量变化可按化学反应计量式计算。同样,当加入少量强酸时,发生了如下的质子转移反应:

$$H_3O^+(aq)+A^-(aq) \rightleftharpoons HA(aq)+H_2O(1)$$

$$K^\ominus = \frac{1}{K_a^\ominus(HA)} \gg 1$$

这一质子转移反应同样进行得很完全。$c(A^-)$ 减小,$c(HA)$ 增大。总之,在弱酸与其共轭碱组成的缓冲溶液中,因 $c(HA)$,$c(A^-)$ 都较大,加入少量强酸或强碱时溶液中的 $c(HA)$,$c(A^-)$ 仅稍有变化,$c(HA)/c(A^-)$ 改变不大,$c(H_3O^+)$ 改变也很小,故 pH 基本保持不变。正如有两个分别装有 HA 和 A^- 的大仓库,加入少量强碱或强酸,库中 HA 和 A^- 基本不变,由两者比值决定的 $c(H_3O^+)$ 当然也不会有大的变化。

5.4.3　缓冲溶液 pH 的计算

MOOC

教学视频
缓冲溶液 pH 的
计算

在讨论缓冲溶液的缓冲原理时,已经知道,缓冲溶液中的 H_3O^+ 浓度取决于弱酸的解离常数和共轭酸、碱浓度的比值。即

$$c(H_3O^+) = K_a^\ominus(HA)\frac{c(HA)}{\{c(A^-)\}}$$

这一关系式实际上来源于弱酸 HA 的平衡组成的计算,与处理同离子效应的情况完全一样。如果将等式两边分别取负对数:

$$-\lg\{c(H_3O^+)\} = -\lg K_a^\ominus(HA) - \lg\frac{c(HA)}{c(A^-)}$$

$$pH = pK_a^\ominus(HA) - \lg\frac{c(HA)}{c(A^-)}$$

或
$$pH = pK_a^\ominus(HA) + \lg \frac{c(A^-)}{c(HA)} \tag{5-15a}$$

式(5-15a)被称为 Henderson-Hasselbalch 方程。

对共轭酸碱对来说,25 ℃时,$pK_a^\ominus + pK_b^\ominus = 14.00$,则

$$pH = 14.00 - pK_b^\ominus(A^-) + \lg \frac{c(A^-)}{c(HA)} \tag{5-15b}$$

人们常习惯于用式(5-15b)计算 NH_3-NH_4Cl 这类碱性缓冲溶液的 pH。应当指出的是,式(5-15)中共轭酸、碱的浓度是平衡时的 $c(HA)$ 和 $c(A^-)$,除了 $pK_a^\ominus$(或 $pK_b^\ominus$)<2 的情况外,由于同离子效应的存在,将平衡时的 $c(HA)$ 和 $c(A^-)$ 看成等于最初浓度 $c_0(HA)$ 和 $c_0(A^-)$,利用式(5-15)计算缓冲溶液的 pH 一般是可行的,不会产生较大的误差。

例 5-8　25 ℃时,若在 50.00 mL 的 0.150 mol·L⁻¹ $NH_3(aq)$ 和 0.200 mol·L⁻¹ NH_4Cl 缓冲溶液中,加入 1.00 mL 0.100 mol·L⁻¹ HCl 溶液。计算加入 HCl 溶液前后溶液的 pH 各为多少?

解: 加 HCl 溶液之前,

$$pH = 14.00 - pK_b^\ominus(NH_3) + \lg \frac{c(NH_3)}{c(NH_4^+)}$$

$$= 14.00 + \lg 1.8 \times 10^{-5} + \lg \frac{0.150}{0.200}$$

$$= 14.00 - 4.74 - 0.12 = 9.14$$

加入 1.00 mL 0.10 mol·L⁻¹ HCl 溶液之后,可认为这时溶液的体积为 51.00 mL。HCl,NH_3 与 NH_4^+ 在该溶液中未反应前浓度分别是

$$c(HCl) = \frac{1.00 \times 0.100}{51.00} \text{ mol·L}^{-1} = 0.001\,96 \text{ mol·L}^{-1}$$

$$c(NH_3) = \frac{50.00 \times 0.150}{51.00} \text{ mol·L}^{-1} = 0.147 \text{ mol·L}^{-1}$$

$$c(NH_4^+) = \frac{50.00 \times 0.200}{51.00} \text{ mol·L}^{-1} = 0.196 \text{ mol·L}^{-1}$$

由于加入 HCl 溶液,它全部解离产生的 H_3O^+ 与缓冲溶液中的 NH_3 反应生成了 NH_4^+;这样使 NH_3 的浓度减少了 0.001 96 mol·L⁻¹,而 NH_4^+ 浓度增加了 0.001 96 mol·L⁻¹。

	$NH_3(aq)$	+ H_2O $\rightleftharpoons$	$NH_4^+(aq)$	+	$OH^-(aq)$
加 HCl 溶液前的浓度/(mol·L⁻¹)	0.150		0.200		
加入 HCl 溶液后变化了的浓度/(mol·L⁻¹)	-0.001 96		+0.001 96		
平衡浓度/(mol·L⁻¹)	(0.147-0.001 96)-x		(0.196+0.001 96)+x		x
	= 0.145-x		= 0.198+x		

$$\frac{x(0.198+x)}{0.145-x} = 1.8 \times 10^{-5}, \quad x = 1.3 \times 10^{-5}$$

$$c(OH^-) = 1.3 \times 10^{-5} \text{ mol·L}^{-1}, \quad pH = 14.00 + \lg 1.3 \times 10^{-5} = 9.11$$

5.4.4　缓冲范围和缓冲能力

酸和其共轭碱的相对量与溶液 pH 间的关系可用分布曲线直观地表示出来。共轭酸、碱的量决定了溶液的 pH。根据酸碱解离平衡可以计算出任一 pH 下，物种 HA 和 A^- 浓度占总浓度的比值 δ，δ 叫做分布系数。分布系数就是相应物种的摩尔分数，即

$$\delta(\text{HA}) = x(\text{HA}) = \frac{c(\text{HA})}{c(\text{HA}) + c(\text{A}^-)} \qquad \text{（弱酸分布系数）}$$

$$\delta(\text{A}^-) = x(\text{A}^-) = \frac{c(\text{A}^-)}{c(\text{HA}) + c(\text{A}^-)} \qquad \text{（共轭碱分布系数）}$$

图 5-2 表明了 HAc 和 Ac^- 的分布曲线。在强酸性溶液（如 pH<2）中，几乎 100% 以 HAc 形式存在，$[\delta(\text{HAc}) \approx 1.0]$；在碱性溶液（如 pH>12）中，则全部以 Ac^- 形式存在 $[\delta(\text{Ac}^-) \approx 1.0]$；当 $pH = pK_a^\ominus$ 时，$c(\text{Ac}^-)/c(\text{HAc}) = 1.0$，$\delta(\text{HAc}) = \delta(\text{Ac}^-) = 0.50$。在 pH = 1～3.74 范围内，$\delta(\text{HAc})$ 改变了 0.10；pH = 5.74～14 范围内，$\delta(\text{Ac}^-)$ 改变了 0.10；而在 pH = 3.74～5.74 范围内，$\delta(\text{Ac}^-)$ 和 $\delta(\text{HAc})$ 均改变了 0.90，对应于 $c(\text{Ac}^-)/c(\text{HAc}) = 1/10～10/1$。将共轭酸碱的分布曲线与溶液的缓冲性能联系起来，可以看出，只有 pH 在3.74～5.74范围内，$c(\text{Ac}^-)/c(\text{HAc})$ 有较大变化时，pH 才可能变化很小，即在此范围内溶液具有缓冲性能。在此范围之外，$c(\text{Ac}^-)/c(\text{HAc})$ 稍有改变，pH 都会有较大变化，不宜作为缓冲溶液。当 $c(\text{Ac}^-)/c(\text{HAc}) = 1/10～10/1$ 时，根据式 (5-15)：

$$pH = pK_a^\ominus \pm 1 \qquad (5\text{-}16)$$

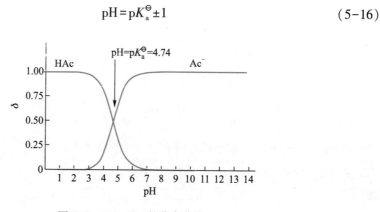

图 5-2　HAc，Ac^- 的分布曲线

在这一 pH 范围内缓冲有效，此范围叫做缓冲范围。表 5-6 列出的常见缓冲溶液的 pH 范围就是它们的缓冲范围。在选择缓冲溶液时，可以根据式(5-16)来确定其缓冲范围。

从分布曲线和式(5-15)还可以看出，适当稀释缓冲溶液时，其缓冲范围是不改变的。但是要确保溶液的缓冲性能，应使 $c(\text{A}^-)$ 和 $c(\text{HA})$ 足够大，当加入一定量强酸、强碱时，pH 改变不明显。在化学分析中定义：使缓冲溶液的 pH 改变 1.0 所需的强酸或强碱的量，称为缓冲能力。所以要使缓冲有效，不仅应使缓冲溶液的 pH 在缓冲范

围之内,而且应尽可能接近 $pK_a^\ominus$。此外,共轭酸、碱的浓度应适当大,才能保证较强的缓冲能力。

> **例 5-9** 室温下,怎样配制 pH 为 7.40 的磷酸盐缓冲溶液。
>
> **解**:磷酸是三元弱酸。写出其三步解离方程式,并从附表三中查出相应的 $K_a^\ominus$ 值。

$$H_3PO_4(aq) + H_2O(l) \rightleftharpoons H_3O^+(aq) + H_2PO_4^-(aq)$$
$$K_{a1}^\ominus = 6.7 \times 10^{-3}, pK_{a1}^\ominus = 2.17$$

$$H_2PO_4^-(aq) + H_2O(l) \rightleftharpoons H_3O^+(aq) + HPO_4^{2-}(aq)$$
$$K_{a2}^\ominus = 6.2 \times 10^{-8}, pK_{a2}^\ominus = 7.21$$

$$HPO_4^{2-}(aq) + H_2O(l) \rightleftharpoons H_3O^+(aq) + PO_4^{3-}(aq)$$
$$K_{a3}^\ominus = 4.5 \times 10^{-13}, pK_{a3}^\ominus = 12.35$$

在三种缓冲系统中,最适宜的是 $H_2PO_4^- - HPO_4^{2-}$,因为 $pK_{a2}^\ominus$ 与要求的 pH 最接近。根据 Henderson-Hasselbalch 方程,可写出:

$$pH = pK_{a2}^\ominus + \lg \frac{c(HPO_4^{2-})}{c(H_2PO_4^-)}$$

$$7.40 = 7.21 + \lg \frac{c(HPO_4^{2-})}{c(H_2PO_4^-)}$$

$$\lg \frac{c(HPO_4^{2-})}{c(H_2PO_4^-)} = 0.19, \quad \frac{c(HPO_4^{2-})}{c(H_2PO_4^-)} = 1.5$$

因此,按 $n(HPO_4^{2-}):n(H_2PO_4^-) = 1.5:1$,将 Na_2HPO_4 和 NaH_2PO_4 溶解在水中。如将 1.5 mol Na_2HPO_4 和 1.0 mol NaH_2PO_4 溶解在足量的水中配制成 1.0 L 溶液。

缓冲溶液的重要作用是控制溶液的 pH。许多化学反应和生物化学过程都与系统中的 $c(H^+)$ 有关。如甲酸(HCOOH)分解生成 CO 与 H_2O 的反应中,H_3O^+ 可作为催化剂加快反应,这是一个酸催化反应。为了控制反应速率,就必须控制系统的 pH。另外,许多难溶金属氢氧化物、硫化物和碳酸盐等的溶解度也与 pH 有关。通过使用缓冲溶液控制溶液的 pH,可以起到控制难溶化合物溶解度的作用,达到分离鉴定的目的。一些化学分析操作需要在一定 pH 范围内进行,这也是缓冲溶液应用的实例。

在生物体中,特别是高级动物和人体中缓冲溶液尤为重要。H_3O^+ 浓度的微小变化就能对人体正常细胞的功能产生很大的影响,在生命体中仅有很窄的 pH 范围是适宜的。如人的动脉血液的 pH 正常值为 7.45,小于 6.8 或大于 8.0 时,只要几秒钟就会导致死亡。H_3O^+ 浓度稍高(pH 偏低)将引起中枢神经系统的抑郁症,H_3O^+ 浓度稍低(pH 偏高)将导致兴奋。

化学视野
人体血液的 pH

§5.5 酸碱指示剂

检测溶液酸碱性的简便方法是用酸碱指示剂,常用的 pH 试纸是用多种指示剂的混合溶液浸制而成的。在控制酸碱滴定终点时,选用适宜的指示剂十分重要。

酸碱指示剂一般是弱的有机酸或弱的有机碱,溶液的 pH 改变时,由于质子转移引起指示剂的分子或离子结构发生变化,使其在可见光范围内发生了吸收光谱的改变,因而呈现不同的颜色。

每种指示剂都有一定的变色范围(表 5-7)。这种变色范围取决于指示剂的解离平衡。若以 HIn 表示指示剂,In$^-$ 为其共轭碱。HIn 的解离平衡为

$$HIn(aq)+H_2O(l) \Longrightarrow H_3O^+(aq)+In^-(aq)$$

$$K_a^\ominus(HIn) = \frac{\{c(H_3O^+)\}\{c(In^-)\}}{\{c(HIn)\}}$$

$$\frac{\{c(H_3O^+)\}}{K_a^\ominus(HIn)} = \frac{c(HIn)}{c(In^-)}$$

表 5-7　几种常用酸碱指示剂的变色范围

指示剂	变色范围 pH	颜色变化	p$K^\ominus$ (HIn)	浓度	用量 (滴/10 mL 试液)
百里酚蓝	1.2~2.8	红~黄	1.7	0.1%的20%乙醇溶液	1~2
甲基黄	2.9~4.0	红~黄	3.3	0.1%的90%乙醇溶液	1
甲基橙	3.1~4.4	红~黄	3.4	0.05%的水溶液	1
溴酚蓝	3.0~4.6	黄~紫	4.1	0.1%的20%乙醇溶液 或其钠盐水溶液	1
甲基红	4.4~6.2	红~黄	5.0	0.1%的60%乙醇溶液 或其钠盐水溶液	1
溴百里酚蓝	6.2~7.6	黄~蓝	7.3	0.1%的20%乙醇溶液 或其钠盐水溶液	1
中性红	6.8~8.0	红~黄橙	7.4	0.1%的60%乙醇溶液	1
酚酞	8.0~10.0	无~红	9.1	0.5%的90%乙醇溶液	1~3
百里酚酞	9.4~10.6	无~蓝	10.0	0.1%的90%乙醇溶液	1~2

若溶液的酸性增强,HIn 的解离平衡向左移动,$c(HIn)$ 增大。当

$$\frac{\{c(H_3O^+)\}}{K_a^\ominus(HIn)} = \frac{c(HIn)}{c(In^-)} \geqslant 10$$

溶液中的 pH$\leqslant$p$K_a^\ominus$(HIn)-1,指示剂 90%以上以弱酸 HIn 形式存在,溶液呈现 HIn 的颜色。当

$$\frac{\{c(H_3O^+)\}}{K_a^\ominus(HIn)} = \frac{c(HIn)}{c(In^-)} \leqslant \frac{1}{10}$$

溶液的 pH$\geqslant$p$K_a^\ominus$(HIn)$+1$,指示剂 90%以上以共轭碱 In$^-$ 形式存在,溶液呈现 In$^-$ 的颜

色。当

$$\frac{\{c(H_3O^+)\}}{K_a^\ominus(HIn)}=\frac{c(HIn)}{c(In^-)}=1$$

溶液的 $pH=pK_a^\ominus(HIn)$，溶液中 HIn 与 In$^-$ 各占 50%，呈现两者混合颜色。

上述分析表明，指示剂的变色范围取决于 $pK_a^\ominus(HIn)\pm1$。由于人的视觉对不同颜色的敏感程度有差异，实测的变色范围往往略小于 2 个 pH 单位。如甲基橙由红变黄就不易察觉，其实际变色范围为 3.1~4.4。

用酸碱指示剂测定溶液的 pH 是很粗略的，只能知道溶液 pH 在某一个范围之内。用 pH 试纸测定 pH 就比较准确了，更精确地测定溶液 pH 的方法则是使用 pH 计。

§5.6 酸碱电子理论

在提出酸碱质子理论的同一年（1923 年），美国化学家 G. N. Lewis 提出了酸碱电子理论。Lewis 定义：酸是任何可以接受电子对的分子或离子；酸是电子对的接受体，必须具有可以接受电子对的空轨道。碱则是可以给出电子对的分子或离子；碱是电子对的给予体，必须具有未共用的孤对电子。酸碱反应的实质是：酸碱之间以共价配键相结合，生成相应的酸碱加合物。这些就是酸碱电子理论的基本要点。

许多实例说明了 Lewis 的酸碱电子理论的适用范围更广泛。例如：

（1）H$^+$ 与 OH$^-$ 反应生成 H$_2$O，这是典型的电离理论的酸碱中和反应；质子理论也能说明 H$_3$O$^+$ 是酸，OH$^-$ 是碱。根据酸碱电子理论：OH$^-$ 具有孤对电子，能给出电子对，是碱；而 H$^+$ 有空轨道，可接受电子对，是酸。H$^+$ 与 OH$^-$ 反应形成配位键 H←OH，H$_2$O 是酸碱加合物。

（2）在气相中氯化氢与氨反应生成氯化铵。在这一反应中，氯化氢中的氢转移给氨，生成铵离子和氯离子。显然这是一个质子转移反应。

同样，按照电子理论，NH$_3$ 中 N 上的孤对电子提供给 HCl 中的 H（指定原来 HCl 中的 H—Cl 键的共用电子对完全归属于 Cl 之后，H 有了空轨道），形成 NH$_4^+$ 中的配位共价键 $[H_3N\rightarrow H]^+$。

（3）碱性氧化物 Na$_2$O 与酸性氧化物 SO$_3$ 反应生成盐 Na$_2$SO$_4$；该反应完全类似于水溶液中 NaOH(aq) 与 H$_2$SO$_4$(aq) 之间的中和反应，它也是酸碱反应。然而，此反应不能用质子理论说明。但根据酸碱电子理论，Na$_2$O 中的 O^{2-} 具有孤对电子（是碱），SO$_3$ 中的 S 能提供空轨道（见第九章）接受一对孤对电子（是酸）。

（4）硼酸 H$_3$BO$_3$ 不是质子酸，而是 Lewis 酸。在水中，B(OH)$_3$ 与水反应并不是给出它自身的质子，而是 B（有空轨道）接受了 H$_2$O 的 OH 中 O 提供的孤对电子形成 B(OH)$_4^-$：

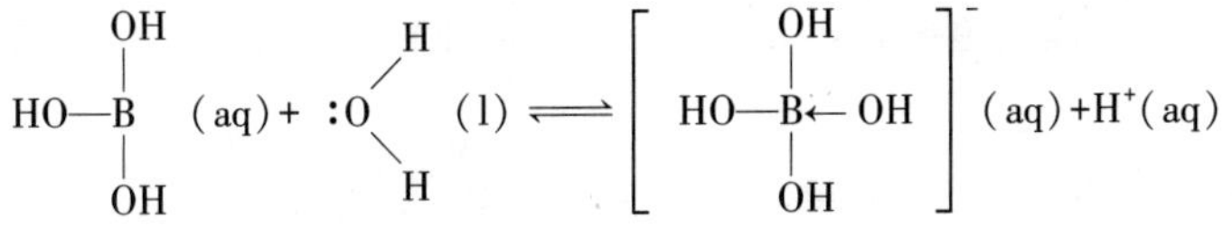

许多配合物和有机化合物是 Lewis 酸碱的加合物。Lewis 酸碱的范围很广泛。但是酸碱电子理论也不是完美无瑕的,至少,它还不能用来比较酸碱的相对强弱。目前,还没有一种在所有场合下完全适用的酸碱理论。

§5.7   配位化合物

配位化合物(简称配合物,又称络合物)是一类数量很多的重要化合物,是典型的 Lewis 酸碱之间反应得到的加合物。早在 1798 年法国化学家 Tassaert 就合成了第一个配合物 $[Co(NH_3)_6]Cl_3$。自此以后,人们相继合成了成千上万种配合物。特别是近些年来,人们对配合物的合成、性质、结构和应用等进行了大量的研究,配位化学得到了迅速发展,已广泛地渗透到分析化学、有机化学、催化化学、结构化学和生物化学等各领域中,成为化学科学中的一个独立分支。

5.7.1   配合物的组成

MOOC

教学视频
配合物的组成

配合物是 Lewis 酸碱加合所得产物。例如,在醛或葡萄糖鉴定中所用的银氨溶液中,银氨离子 $[Ag(NH_3)_2]^+$ 是 Lewis 酸 Ag^+ 和 Lewis 碱 NH_3 的加合物,Ag^+ 有空轨道,NH_3 中的氮原子上有孤对电子,可以作为电子对的给予体。Ag^+ 与 NH_3 以配位键结合成 $[H_3N{\rightarrow}Ag{\leftarrow}NH_3]^+$。

在配合物中,Lewis 酸被称为形成体(或中心离子),Lewis 碱被称为配体,因此,往往这样定义配合物:形成体与一定数目的配体以配位键按一定的空间构型结合形成的离子或分子。这些离子和分子被称为配位个体。形成体通常是金属离子和原子,也有少数是非金属元素。通常作为配体的是非金属的阴离子或分子,例如:F^-,Cl^-,Br^-,I^-,OH^-,CN^-,NH_3,H_2O,CO,RNH_2(胺)等。某些常见的配合物见表 5-8。

表 5-8   一些常见的配合物

配合物化学式	命名	形成体	配体	配位原子	配位数
$[Ag(NH_3)_2]^+$	二氨合银配离子	Ag^+	$:NH_3$	N	2
$[CoCl_3(NH_3)_3]$	三氯·三氨合钴(Ⅲ)	Co^{3+}	$:Cl^-$, $:NH_3$	Cl,N	6
$[Al(OH)_4]^-$	四羟基合铝离子	Al^{3+}	$:OH^-$	O	4
$[Fe(CN)_6]^{4-}$	六氰根合铁(Ⅱ)离子	Fe^{2+}	$:CN^-$	C	6
$[Fe(NCS)_6]^{3-}$	六异硫氰根合铁(Ⅲ)离子	Fe^{3+}	$:NCS^-$	N	6
$[Hg(SCN)_4]^{2-}$	四硫氰根合汞(Ⅱ)离子	Hg^{2+}	$:SCN^-$	S	4
$[BF_4]^-$	四氟合硼离子	$B(Ⅲ)$	$:F^-$	F	4
$Ni(CO)_4$	四羰基合镍(0)	Ni	$:CO$	C	4

续表

配合物化学式	命名	形成体	配体	配位原子	配位数
$[Cu(en)_2]^{2+}$	二乙二胺合铜(Ⅱ)离子	Cu^{2+}	en	N	4
$[Ca(edta)]^{2-}$	edta 合钙离子,又称乙二胺四乙酸根合钙离子	Ca^{2+}	$edta^{4-}$	N,O	6
$[Fe(C_2O_4)_3]^{3-}$	三草酸根合铁(Ⅲ)离子	Fe^{3+}	$(:OOC)_2^{2-}$	O	6

在配体中,与形成体成键的原子叫做配位原子;配位原子具有孤对电子(表5-8)。常见的配位原子有 F,Cl,Br,I,O,S,N,C 等。配体中只有一个配位原子的称为单齿配体,如 NH_3,Cl^-,OH^-等;如果有两个或多个配位原子的,称为多齿配体。例如:

乙二胺,简写为 en: $H_2\overset{..}{N}$—CH_2—CH_2—$\overset{..}{N}H_2$ (2个 N 为配位原子)

草酸根离子: (2个 O 为配位原子)

乙二胺四乙酸根离子,简称 $edta^{4-}$:

(2个 N,4个 O,共6个配位原子)

在配位个体中,与形成体成键的配位原子的数目叫做配位数。配体为单齿配体时,形成体的配位数等于配体的数目,如 $[Cu(NH_3)_4]^{2+}$,Cu^{2+} 的配位数为4。配体为多齿配体时,形成体的配位数等于每个配体的齿数与配体数的乘积。如 $[Cu(en)_2]^{2+}$,其结构式为

H_2C—NH_2 H_2N—H_2C
$\quad\quad Cu^{2+}$
H_2C—NH_2 H_2N—H_2C

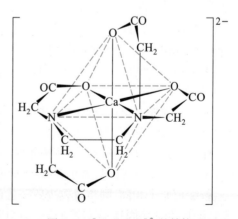

图 5-3 $[Ca(edta)]^{2-}$ 的结构

每个乙二胺分子中两个 N 原子各提供一对孤对电子与 Cu^{2+} 形成配位键,每个配体与中心离子 Cu^{2+} 形成一个五元环;两个配体(en)共形成两个五原子环;Cu^{2+} 的配位数为4。又如 $[Ca(edta)]^{2-①}$,乙二胺四乙酸根中的 6 个配位原子与 Ca^{2+} 形成了 5 个五原子环(图5-3)。这类环状的配合物称为螯合物。每个环中的两个配位原子如同螃蟹的

① 乙二胺四乙酸(简写为 H_4 edta)是难溶于水的四元酸。它的二钠盐(Na_2H_2 edta)较易溶于水,通常使用这种二钠盐作为螯合剂。

两只螯把中心离子钳起来。多齿配体也被称为螯合剂。

从溶液中析出配合物时,配离子常与带有相反电荷的其他离子结合成盐。如 K^+ 与 $[Fe(CN)_6]^{3-}$ 形成的赤血盐 $K_3[Fe(CN)_6]$,这类盐称为配盐。还有一类与配盐组成相似的化合物,如光卤石 $KMgCl_3 \cdot 6H_2O$ 和钾铝矾 $KAl(SO_4)_2 \cdot 12H_2O$ 等,它们溶于水中全部解离为简单金属离子和酸根离子,不能形成诸如 $MgCl_3^-$ 这样的复杂离子。这类盐被称为复盐而不是配盐。与配盐相对应的还有配酸、配碱,如 $H_3[Fe(CN)_6]$,$[Co(NH_3)_6](OH)_3$。通常把配盐、配酸和配碱的组成划分为内层和外层。配离子属于内层,配离子以外的其他离子属于外层。外层离子所带电荷总数与配离子的电荷数在数值上相等。配离子的电荷数等于形成体的电荷数与配体的电荷总数的代数和。例如,赤血盐[六氰合铁(Ⅲ)酸钾],它的外层 3 个 K^+,电荷数共为 +3,推算出配离子的电荷数为 -3;又 CN^- 带一个负电荷,则形成体电荷数为 +3,即形成体为 Fe^{3+}。

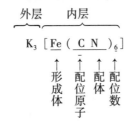

5.7.2　配合物的化学式和命名

配合物的化学式中首先应列出配位个体中形成体的元素符号,再列出阴离子和中性分子配体,将整个配离子或分子的化学式括在方括号[ ]中。命名时,先用一、二、三……标明配体数目(若配体数为 1,通常被省略),然后指出配体的名称,不同配体名称之间以圆点(·)分开。在最后一个配体名称之后缀以"合"字。形成体元素名称之后圆括号()内用罗马数字或带正、负号的阿拉伯数字表示其氧化值(表 5-8)。

含配阳离子的配合物的命名遵照无机盐的命名原则。例如,$[Cu(NH_3)_4]SO_4$ 为硫酸四氨合铜(Ⅱ),$[Pt(NH_3)_6]Cl_4$ 为氯化六氨合铂(Ⅳ)。

含配阴离子的配合物,内外层间缀以"酸"字。例如,$K_4[Fe(CN)_6]$ 为六氰合铁(Ⅱ)酸钾。

配体的次序:含有多种无机配体时,通常先列出阴离子的名称,后列出中性分子的名称,如 $K[PtCl_3NH_3]$ 为三氯·氨合铂(Ⅱ)酸钾。

配体同是中性分子或同是阴离子时,按配位原子元素符号的英文字母顺序排列,如 $[Co(NH_3)_5H_2O]Cl_3$ 为氯化五氨·水合钴(Ⅲ)。

若配位原子相同,则将含较少原子数的配体排在前面,较多原子数的配体排列在后;若配位原子相同且配体中含原子数目又相同,则按在结构中与配位原子相连的非配位原子的元素符号的英文字母顺序排列。例如:$[PtNH_2NO_2(NH_3)_2]$ 为氨基·硝基·二氨合铂(Ⅱ)。

配体中既有无机配体又有有机配体,则将无机配体排列在前,有机配体排列在后,

如 $K[PtCl_3(C_2H_4)]$ 为三氯·乙烯合铂(II)酸钾。

5.7.3 配合物的分类

根据配合物的组成,可将配合物分为几类:

(1) 简单配合物 简单配合物分子或离子中只有一个中心离子,每个配体只有一个配位原子(单齿配体)与中心离子成键。例如,$[Ag(NH_3)_2]^+$,BF_4^- 和 $[CoCl_3(NH_3)_3]$ 等。

(2) 螯合物 在螯合物分子或离子中,其配体为多齿配体,配体与中心离子成键,形成环状结构。例如,$[Zn(en)_2]^{2+}$。

(3) 多核配合物 多核配合物分子或离子含有两个或两个以上的中心离子。在两个中心离子之间,常以配体连接起来。例如,μ-二羟基·八水合二铁(III)离子,$[(H_2O)_4Fe(OH)_2Fe(H_2O)_4]^{4+}$ 的结构为

$$\left[\begin{array}{c} \mathrm{H} \\ \mathrm{O} \\ (H_2O)_4Fe \diamondsuit Fe(H_2O)_4 \\ \mathrm{O} \\ \mathrm{H} \end{array}\right]^{4+}$$

(4) 羰合物 某些 d 区元素以 CO 为配体形成的配合物称为羰合物。例如,$Ni(CO)_4$,$Fe(CO)_5$ 等。

(5) 烯烃配合物 这类配合物的配体是不饱和烃,如乙烯 C_2H_4、丙烯 C_3H_6 等。它们常与一些 d 区元素的金属离子形成配合物。例如,乙烯合银配离子 $[AgC_2H_4]^+$、三氯·乙烯合钯(II)配离子 $[PdCl_3(C_2H_4)]^-$。

(6) 多酸型配合物 这类配合物是一些复杂的无机含氧酸及其盐类。如磷钼酸铵 $(NH_4)_3[P(Mo_3O_{10})_4]\cdot 6H_2O$,其中 P($\mathrm{V}$)是中心离子,$Mo_3O_{10}^{2-}$ 是配体。

此外,近年来还发展出一些新型配合物,如金属簇合物、大环配合物及配位聚合物等。

§5.8 配位反应与配位平衡

作为 Lewis 酸碱加合物的配离子或配合物分子,在水溶液中存在着配合物的解离反应和生成反应间的平衡,这种平衡称为配位平衡。配位平衡关系到配合物的稳定性,这是在实际应用中必须考虑的配合物的重要性质。

5.8.1 配合物的解离常数和稳定常数

化学平衡的原理一般都适用于配位平衡。配离子在水溶液中像弱电解质一样能部分地解离出其组成成分。下面以 $[Ag(NH_3)_2]^+$ 为例讨论配离子的解离平衡。

$[Ag(NH_3)_2]^+$ 的解离反应是分步进行的:

$$[Ag(NH_3)_2]^+(aq) \rightleftharpoons [Ag(NH_3)]^+(aq) + NH_3(aq); \quad K_{d1}^{\ominus}$$

$$[Ag(NH_3)]^+(aq) \rightleftharpoons Ag^+(aq)+NH_3(aq); \qquad K_{d2}^\ominus$$

总的解离反应：$[Ag(NH_3)_2]^+(aq) \rightleftharpoons Ag^+(aq)+2NH_3(aq); \qquad K_d^\ominus$

$$K_d^\ominus = K_{d1}^\ominus K_{d2}^\ominus = \frac{\{c(Ag^+)\}\{c(NH_3)\}^2}{\{c(Ag(NH_3)_2^+)\}} \qquad (5-17)$$

$K_{d1}^\ominus$，$K_{d2}^\ominus$ 分别为 $[Ag(NH_3)_2]^+$ 的分步解离常数；$K_d^\ominus$ 是它的总的解离常数，又称为配合物的不稳定常数。$K_d^\ominus$ 越大，配合物越不稳定，越易解离。

配合物解离反应的逆反应是配合物的生成反应。通常也用配合物生成反应的平衡常数来表示配合物的稳定性。生成反应也是分步进行的。对银氨配离子 $[Ag(NH_3)_2]^+$ 来说，

$$Ag^+(aq)^①+NH_3(aq) \rightleftharpoons [Ag(NH_3)]^+(aq); \qquad K_{f1}^\ominus$$

$$[Ag(NH_3)]^+(aq)+NH_3(aq) \rightleftharpoons [Ag(NH_3)_2]^+(aq); \qquad K_{f2}^\ominus$$

总的生成反应：$Ag^+(aq)+2NH_3(aq) \rightleftharpoons [Ag(NH_3)_2]^+(aq); \qquad K_f^\ominus$

$$K_f^\ominus = K_{f1}^\ominus K_{f2}^\ominus = \frac{\{c(Ag(NH_3)_2^+)\}}{\{c(Ag^+)\}\{c(NH_3)\}^2} \qquad (5-18)$$

$K_{f1}^\ominus$ 和 $K_{f2}^\ominus$ 分别为 $[Ag(NH_3)_2^+]$ 的分步生成常数；$K_f^\ominus$ 是配合物总的生成常数，又称为稳定常数或累积稳定常数。写成通式：

$$K_f^\ominus = K_{f1}^\ominus K_{f2}^\ominus \cdots K_{fi}^\ominus \qquad (5-19)$$

表 5-9 中列出了一些配合物的逐级稳定常数和累积稳定常数。$K_f^\ominus$ 越大，配合物越稳定，越不易解离。

表 5-9　一些配合物的逐级稳定常数和累积稳定常数

配合物	$\lg K_{fi}^\ominus$						$\lg K_f^\ominus$
	1	2	3	4	5	6	
$[Ag(NH_3)_2]^+$	3.32	3.91					7.23
$[Cu(NH_3)_4]^{2+}$	4.31	3.67	3.04	2.30			12.36
$[Ni(NH_3)_6]^{2+}$	2.80	2.24	1.73	1.19	0.75	0.03	8.74
$[HgI_4]^{2-}$	12.87	10.95	3.78	2.23			29.83
$[Cd(CN)_4]^{2-}$	5.48	5.12	4.63	3.55			18.78
$[AlF_6]^{3-}$	6.10	5.05	3.85	2.75	1.62	0.47	19.84

根据化学反应计量式与标准平衡常数的对应关系，可以确定：

$$K_f^\ominus = \frac{1}{K_d^\ominus} \qquad (5-20)$$

---

① 水溶液中的金属离子 M^{m+}，均以水合离子 $[M(H_2O)_n]^{m+}$ 形式存在。

$$K_{f1}^{\ominus}=\frac{1}{K_{d2}^{\ominus}}, \quad K_{f2}^{\ominus}=\frac{1}{K_{d1}^{\ominus}}$$

一般说来,配合物的逐级稳定常数随着配位数的增大而减小。即 $K_{f1}^{\ominus}>K_{f2}^{\ominus}>K_{f3}^{\ominus}\cdots$但各级稳定常数之间有时不是相差太大,进行平衡组成计算时,只有在累积稳定常数很大,配体在溶液中有较高浓度的情况下,才可作近似计算。否则,需要进行精确计算,而这种计算又是相当复杂的。

例 5-10 室温下,将 0.010 mol 的 $AgNO_3$ 固体溶于 1.0 L 0.030 $mol \cdot L^{-1}$ 氨水中(设体积仍为 1.0 L)。计算该溶液中游离的 Ag^+,NH_3 和配离子 $[Ag(NH_3)_2]^+$ 的浓度。

解:查附表四,得 $K_{f1}^{\ominus}(Ag(NH_3)^+)=2.07\times10^3$,$K_{f2}^{\ominus}(Ag(NH_3)_2^+)=8.07\times10^3$,$K_f^{\ominus}(Ag(NH_3)_2^+)=1.67\times10^7$。由于 $n(NH_3):n(Ag^+)>2:1$,氨水浓度有较大的过剩;$K_f^{\ominus}(Ag(NH_3)_2^+)$ 又很大,预计生成 $[Ag(NH_3)_2]^+$ 的反应很完全,生成了 0.010 $mol \cdot L^{-1}$ $[Ag(NH_3)_2]^+$。$c(Ag^+)$ 很小,可略而不计。

	$Ag^+(aq)+$	$2NH_3(aq)$	$\rightleftharpoons$	$[Ag(NH_3)_2]^+(aq)$
开始浓度/$(mol \cdot L^{-1})$	0	$0.030-2\times0.010$ $=0.010$		0.010
变化浓度/$(mol \cdot L^{-1})$	x	$2x$		$-x$
平衡浓度/$(mol \cdot L^{-1})$	x	$0.010+2x$		$0.010-x$

$$K_f^{\ominus}=\frac{\{c(Ag(NH_3)_2^+)\}}{\{c(Ag^+)\}\{c(NH_3)\}^2}$$

$$1.67\times10^7=\frac{0.010-x}{x(0.010+2x)^2}$$

因为 $K_f^{\ominus}$ 很大,$K_d^{\ominus}$ 很小,$0.010-x\approx0.010$,$0.010+2x\approx0.010$

$$1.67\times10^7=\frac{0.010}{x(0.010)^2}, \quad x=6.0\times10^{-6}$$

平衡时, $c(Ag^+)=6.0\times10^{-6}$ $mol \cdot L^{-1}$,$c(Ag(NH_3)_2^+)=0.010$ $mol \cdot L^{-1}$

$c(NH_3)=0.010$ $mol \cdot L^{-1}$

$c(Ag(NH_3)^+)$ 有多大呢? 按照

$$Ag^+(aq)+NH_3(aq) \rightleftharpoons Ag(NH_3)^+(aq)$$

$$K_{f1}^{\ominus}=\frac{c(Ag(NH_3)^+)}{c(Ag^+)\{c(NH_3)\}}$$

$$c(Ag(NH_3)^+)=(2.07\times10^3\times6.0\times10^{-6}\times0.010) \ mol \cdot L^{-1}$$
$$=1.2\times10^{-4} \ mol \cdot L^{-1}$$

由各物种浓度比较可以看出,上述的近似计算是完全可行的。

5.8.2 配体取代反应和电子转移反应

大多数配合物可以在溶液中生成。配体取代反应和电子转移反应是溶液中生成配合物的常见反应。

1. 配体取代反应

许多金属离子在水溶液中都以水合离子$[M(H_2O)_n]^{m+}$的形式存在。加入某种配位剂后,它可以取代$[M(H_2O)_n]^{m+}$中的H_2O,生成新的配合物$[MX_n]^{m+}$。一种配体取代了配离子内层的另一种配体,生成新的配合物的反应称为配体取代反应或配体交换反应。根据稳定常数可以判断或确定反应方向。配体取代反应也是分步进行的。若反应生成的配合物的稳定常数大于原来配合物的稳定常数,取代所用的配位剂浓度又足够大时,则取代反应就有可能进行得比较完全。例如,在血红色的$[Fe(NCS)]^{2+}$溶液中,加入NaF,发生的取代反应为

$$[Fe(NCS)]^{2+}(aq)+F^-(aq) \rightleftharpoons [FeF]^{2+}(aq)+NCS^-(aq)$$

$$K^\ominus = \frac{K_f^\ominus(FeF^{2+})}{K_f^\ominus[Fe(NCS)^{2+}]} = \frac{7.1\times10^6}{9.1\times10^2} = 7.8\times10^3$$

该取代反应的标准平衡常数比较大,说明反应向右进行的趋势也较大。若F^-浓度足够大,$[Fe(NCS)]^{2+}$(血红色)可全部转化为$[FeF]^{2+}$(无色),原溶液的血红色消失。

在离子的分离与鉴定中,可用某一配位剂来掩蔽混合溶液中的某些离子,以便于鉴定另一种离子。例如,在Fe^{3+}和Co^{2+}的混合溶液中,加入$KNCS(s)$时,由于NCS^-与Fe^{3+}形成血红色配合物$[Fe(NCS)_6]^{3-}$,妨碍Co^{2+}的检出。若在混合溶液中加入NaF溶液,F^-与Fe^{3+}形成稳定的$[FeF_6]^{3-}$(无色);此时再加入$KNCS$,由于$[Fe(NCS)_6]^{3-}$远不及$[FeF_6]^{3-}$稳定,所以不会出现$[Fe(NCS)_6]^{3-}$的血红色。Co^{2+}与NCS^-形成的配合物比与F^-形成的配合物稳定。此时,会看到$[Co(NCS)_4]^{2-}$的天蓝色(加入丙酮后现象更明显)。这在分析化学中叫做掩蔽效应。F^-叫做掩蔽剂,意思是加入F^-而将Fe^{3+}掩蔽起来。

在某些情况下,配体取代反应的发生伴随着溶液pH的改变。如果所用的配位剂是弱酸,发生取代反应生成新的配合物时,常使溶液中的H_3O^+浓度增加,溶液的pH发生改变,这是一些配合物形成时的特征之一。用配合物的稳定常数和弱酸的解离常数,可以计算反应后溶液的pH。

例5-11　室温下,将$0.020\ mol\cdot L^{-1}\ ScCl_3$溶液与等体积的$0.020\ mol\cdot L^{-1}\ Na_2H_2edta$溶液混合,反应生成$[Sc(edta)]^-$。计算该混合溶液的pH。

解:查附表三、四,$K_{a3}^\ominus(H_4edta) = K_a^\ominus(H_2edta^{2-}) = 10^{-6.16}$;

$$K_{a4}^\ominus(H_4edta) = K_a^\ominus(Hedta^{3-}) = 10^{-10.23}; \qquad K_f^\ominus[Sc(edta)^-] = 10^{23.10}$$

等体积混合后,物种浓度减半。

$$[Sc(H_2O)_6]^{3+}(aq)+H_2edta^{2-}(aq) \rightleftharpoons [Sc(edta)]^-(aq)+2H_3O^+(aq)+4H_2O(l)$$

平衡浓度/$(mol\cdot L^{-1})$　　　x　　　　　x　　　　　　　$0.010-x$　　　　　$2(0.010-x)$

$$K^\ominus = \frac{\{c[Sc(edta)^-]\}\{c(H_3O^+)\}^2}{\{c(Sc(H_2O)_6^{3+})\}\{c(H_2edta^{2-})\}}$$

$$= K_f^\ominus[Sc(edta)^-] \cdot K_a^\ominus(H_2edta^{2-}) \cdot K_a^\ominus(Hedta^{3-})$$

$$= 10^{23.10}\times10^{-6.16}\times10^{-10.23}$$

$$= 5.1 \times 10^6$$

$$\frac{4(0.010-x)^3}{x^2} = 5.1 \times 10^6$$

$K^\ominus$很大,估计 $0.010-x \approx 0.010$,解得 $x = 8.9 \times 10^{-7}$

$$c(H_3O^+) = 0.020 \text{ mol} \cdot L^{-1} \quad pH = 1.70$$

而 $0.010 \text{ mol} \cdot L^{-1}$ Sc^{3+} 溶液的 pH:

$$[Sc(H_2O)_6]^{3+}(aq) + H_2O(l) \rightleftharpoons [Sc(OH)(H_2O)_5]^{2+}(aq) + H_3O^+(aq)$$

平衡浓度/$(mol \cdot L^{-1})$ $0.010-y$ y y

$$pK_a^\ominus = 4.90 \quad 1.3 \times 10^{-5} = \frac{y^2}{0.010-y}$$

$$y = 3.6 \times 10^{-4} \quad pH = 3.44$$

查得 $K_{a2}^\ominus(H_4edta) = 2.1 \times 10^{-3}$,$0.010 \text{ mol} \cdot L^{-1}$ Na_2H_2edta 溶液的pH:

$$c(H_3O^+) \approx \sqrt{K_{a2}^\ominus(H_4edta) K_{a3}^\ominus(H_4edta)} \text{ mol} \cdot L^{-1}$$

$$= \sqrt{2.1 \times 10^{-3} \times 6.9 \times 10^{-7}} \text{ mol} \cdot L^{-1}$$

$$= 3.8 \times 10^{-5} \text{ mol} \cdot L^{-1}$$

$$pH = 4.42$$

显然,生成配合物后由于释放出 H^+ 而使溶液的 pH 降低。

配合物取代反应速率差别很大。快的反应瞬间完成,只需要 10^{-10} s 左右;而慢的反应在几天或几个月之内都不会有大的变化。往往把反应比较快的配合物(如半衰期 $t_{1/2} < 1$ min)称为"活性"配合物;把取代反应比较慢的配合物(如 $t_{1/2} > 1$ min)称为"惰性"配合物。很显然,惰性配合物的取代反应有较大的活化能,活性配合物的取代反应有较小的活化能。

应该指出,配合物取代反应动力学中的活性和惰性概念与热力学中的稳定性是完全不同的概念。一个取代反应惰性的配合物并不一定是热力学稳定的配合物;相反,一个活性的配合物有可能是热力学极为稳定的。

2. 配合物的电子转移反应

有些配合物的生成反应中有电子转移发生,例如:

$$[IrCl_6]^{2-}(aq) + [Fe(CN)_6]^{4-}(aq) \rightleftharpoons [IrCl_6]^{3-}(aq) + [Fe(CN)_6]^{3-}(aq)$$

在这一反应中,两种配离子之间发生了电子转移,其中 $[IrCl_6]^{2-}$ 是氧化剂(得电子),$[Fe(CN)_6]^{4-}$ 是还原剂(失电子)。这是一类普通的氧化还原反应。该反应速率系数 $k = 4.1 \times 10^5 \text{ L} \cdot \text{mol}^{-1} \cdot \text{s}^{-1}$。这两个配合物的配体取代反应是惰性的,但电子转移反应速率很大。

对金属离子的电子转移反应机理进行的研究有助于理解有关催化剂、酶、颜料和超导体中的金属元素的作用。美国化学家 H.Taube 因研究金属配合物的电子转移反应机理的卓越成就而荣获 1983 年 Nobel 化学奖。

5.8.3   配合物的稳定性

1. 硬软酸碱概念和简单配合物的稳定性

20 世纪 60 年代,美国化学家 R. G. Pearson 在 Ahland 等人工作的基础上,根据配合物的稳定性把形成体和配体进行分类。以 $CH_3Hg(H_2O)^+$ 为标准酸测定各种碱 B 和 H^+ 的相对亲和力:

$$BH^+ + CH_3Hg(H_2O)^+ \rightleftharpoons BCH_3Hg^+ + H_3O^+$$

当碱中配位原子为 N,O,F 时,则碱首先与 H^+ 配位,上述反应的标准平衡常数较小。当配位原子为 P,S,I 等时,则优先与 $CH_3Hg(H_2O)^+$ 中的 Hg 结合,标准平衡常数相对较大。N,O,F 都是电负性大(吸引电子能力强)、半径小、难被氧化(不易失去电子)、不易变形(难被极化)的原子,以这类原子为配位原子的碱,被 Pearson 称作硬碱,如 F^-,OH^- 和 H_2O 等。P,S,I 这些配位原子则是一些电负性小(吸引电子能力弱)、半径较大、易被氧化(易失去电子)、容易变形(易被极化)的原子,以这类原子为配位原子的碱,称为软碱,如 I^-,SCN^-,S^{2-} 等。介于硬碱和软碱之间的碱叫做交界碱,如 NO_2^-,Br^- 等。同时也把酸分为硬酸、软酸和交界酸。硬酸是电荷数较多、半径较小、外层电子被原子核束缚得较紧因而不易变形(即极化率小)的阳离子,如 Al^{3+},Fe^{3+},H^+ 等。软酸则是电荷数较少、半径较大、外层电子被原子核束缚得比较松因而容易变形(即极化率较大)的阳离子,如 Cu^+,Ag^+,Cd^{2+},Hg^{2+} 等,$CH_3Hg(H_2O)^+$ 也是软酸。介于硬酸和软酸之间的酸称为交界酸,如 Fe^{2+},Cu^{2+} 等。硬软酸碱的分类见表 5-10。对同一元素来说,氧化值高的离子是比氧化值低的离子更硬的酸。例如,Fe^{3+} 是硬酸,Fe^{2+} 是交界酸,Fe 则为软酸。其他 d 区元素也大致如此。

表 5-10   硬软酸碱的分类

	硬酸	软酸	交界酸
酸	H^+, Li^+, Na^+, K^+, Be^{2+}, Mg^{2+}, Ca^{2+}, Sr^{2+}, Mn^{2+}, Al^{3+}, Sc^{3+}, Ga^{3+}, In^{3+}, La^{3+}, Co^{3+}, Fe^{3+}, As^{3+}, Si^{4+}, Ti^{4+}, Zr^{4+}, Sn^{4+}, BF_3, $Al(CH_3)_3$	Cu^+, Ag^+, Au^+, Tl^+, Hg^+, Cd^{2+}, Pd^{2+}, Pt^{2+}, Hg^{2+}, CH_3Hg^+, I_2, Br_2, 金属原子	Fe^{2+}, Co^{2+}, Ni^{2+}, Cu^{2+}, Zn^{2+}, Pb^{2+}, Sn^{2+}, Sb^{3+}, Bi^{3+}, $B(CH_3)_3$, SO_2, NO^+, $C_6H_5^+$, GaH_3
	硬碱	软碱	交界碱
碱	H_2O, OH^-, F^-, CH_3COO^-, PO_4^{3-}, SO_4^{2-}, Cl^-, CO_3^{2-}, ClO_4^-, NO_3^-, ROH, R_2O, NH_3, RNH_2, N_2H_4	S^{2-}, R_2S, I^-, SCN^-, $S_2O_3^{2-}$, CN^-, CO, C_2H_4, C_6H_6, H^-, R^-	$C_6H_5NH_2$, N_3^-, Br^-, NO_2^-, SO_3^{2-}, N_2

择录自 R. G. Pearson *Chemistry in Britain* **3**   103~107(1967).

Pearson 把 Lewis 酸碱分类以后，根据实验事实总结出一条规律："硬酸与硬碱相结合，软酸与软碱结合，常常形成稳定的配合物"，或简称为"硬亲硬，软亲软"。这一规律叫做硬软酸碱原则，简称为 HSAB(Hard and Soft Acids and Bases)原则。

硬软酸碱原则基本上是经验性的，比较粗糙，并不能符合所有实际情况，有不少例外，如 CN^- 为软碱，它既能与软酸 Ag^+ 和 Hg^{2+} 等形成稳定的配合物$[Ag(CN)_2]^-$，$[Hg(CN)_4]^{2-}$，也能与硬酸 Fe^{3+} 和 Co^{3+} 等形成稳定的配合物 $[Fe(CN)_6]^{3-}$，$[Co(CN)_6]^{3-}$。由于配合物的成键情况比较复杂，人们对硬软酸碱的研究尚不够深入，目前还不能简单地用"硬亲硬，软亲软"来全面阐述配合物的稳定性。

2. 螯合物的稳定性

同一种金属离子的螯合物往往比具有相同配位原子和配位数的简单配合物稳定($K_f^\ominus$ 大)，这种现象叫做螯合效应。表 5-11 中列出了一些具有相同配位原子的螯合物和简单配合物的稳定常数。从热力学角度看，螯合物的稳定常数较大这一事实与螯合反应的热力学函数有关。可举例说明如下：

对于反应　　　　　$Cd^{2+}(aq)+4CH_3NH_2(aq) \Longrightarrow [Cd(NH_2CH_3)_4]^{2+}(aq)$ 　　　　①

表 5-11　一些螯合物和简单配合物的稳定常数

螯合物	$\lg K_f^\ominus$	简单配合物	$\lg K_f^\ominus$
$[Cu(en)_2]^{2+}$	20.00	$[Cu(NH_3)_4]^{2+}$	12.36
$[Zn(en)_2]^{2+}$	10.83	$[Zn(NH_3)_4]^{2+}$	8.56
$[Cd(en)_2]^{2+}$	10.09	$[Cd(NH_2CH_3)_4]^{2+}$	7.12
$[Ni(en)_3]^{2+}$	18.33	$[Ni(NH_3)_6]^{2+}$	8.74

$T=298.15$ K，　　$\Delta_r H_m^\ominus(1)=-57.3$ kJ·mol^{-1}，　　$\Delta_r S_m^\ominus(1)=-67.4$ J·mol^{-1}·K^{-1}

$$T\Delta_r S_m^\ominus(1)=-20.1 \text{ kJ·mol}^{-1}，\quad \Delta_r G_m^\ominus(1)=-37.2 \text{ kJ·mol}^{-1}$$

对于反应　　　　　$Cd^{2+}(aq)+2en(aq) \Longrightarrow [Cd(en)_2]^{2+}(aq)$ 　　　　②

$T=298.15$ K，　　$\Delta_r H_m^\ominus(2)=-56.5$ kJ·mol^{-1}，　　$\Delta_r S_m^\ominus(2)=14.1$ J·mol^{-1}·K^{-1}

$$T\Delta_r S_m^\ominus(2)=4.2 \text{ kJ·mol}^{-1}，\quad \Delta_r G_m^\ominus(2)=-60.7 \text{ kJ·mol}^{-1}$$

两个反应的焓变相差很小，而螯合反应的 $T\Delta_r S_m^\ominus(2)>0$。当发生下列取代反应时：

$$[Cd(NH_2CH_3)_4]^{2+}(aq)+2en(aq) \Longrightarrow [Cd(en)_2]^{2+}(aq)+4CH_3NH_2(aq)　　③$$

$T=298.15$ K，　　$\Delta_r H_m^\ominus(3)=0.8$ kJ·mol^{-1}，　　$T\Delta_r S_m^\ominus(3)=24.3$ kJ·mol^{-1}

上述分析说明，螯合物的稳定性与螯合反应的熵增加有关。在反应③中，螯合反应发生后，系统内粒子数目增多，混乱度增大。G.Schwarzenbach 认为螯合效应来源于相关反应中熵值的增大，但也有不同的看法。

确实，导致螯合物稳定性的增强并不全都是熵增的结果。有时焓变也起着重要作用。例如：

$$[Ni(NH_3)_6]^{2+}(aq)+3en(aq) \Longrightarrow [Ni(en)_3]^{2+}(aq)+6NH_3(aq)　　④$$

$T = 298.15\ \text{K}, \qquad \Delta_r H_m^{\ominus}(4) = -29.3\ \text{kJ} \cdot \text{mol}^{-1}, \qquad \Delta_r S_m^{\ominus}(4) = 84.2\ \text{J} \cdot \text{mol}^{-1} \cdot \text{K}^{-1}$

$T\Delta_r S_m^{\ominus}(4) = 25.1\ \text{kJ} \cdot \text{mol}^{-1}, \qquad \Delta_r G_m^{\ominus}(4) = -54.4\ \text{kJ} \cdot \text{mol}^{-1}$

$\Delta_r G_m^{\ominus}(4)$ 有一半来自于焓变,说明 $[\text{Ni}(\text{en})_3]^{2+}$ 比 $[\text{Ni}(\text{NH}_3)_6]^{2+}$ 的稳定性高既与熵变有关,也与焓变有关。也有些螯合效应主要是焓变起主导作用的结果。

从结构上说,螯合物的稳定性与螯环的大小、螯环的数目及空间位阻等多种因素有关。通常,螯合配体与中心离子螯合形成五元环或六元环,这样的螯合物往往更稳定些。一个螯合配体分子或离子提供的配位原子越多,形成的五元环或六元环的数也越多,螯合物应越稳定些。

思 考 题

1. 说明下列概念:

(1) 质子酸、质子碱和两性物质;　(2) 质子酸与质子碱的共轭关系;

(3) Lewis 酸和 Lewis 碱;　(4) 拉平效应和区分效应;

(5) pH 和 pOH;　(6) 解离常数、解离度和稀释定律;

(7) 同离子效应;　(8) 缓冲溶液和缓冲能力;

(9) 形成体、配体、配位原子、配位数;

(10) 配合物的稳定常数和解离(不稳定)常数。

2. 下列叙述是否正确? 试说明之。

(1) 所有的酸都是含有氢元素的化合物;

(2) 所有含氧酸的酸式盐溶液的 pH 均大于 7;

(3) $K_w^{\ominus}$ 和 $K_h^{\ominus}$ 随温度变化较大,而 $K_a^{\ominus}(\text{HA})$ 和 $K_b^{\ominus}(\text{BOH})$ 随温度变化较小;

(4) H_3PO_4 溶液中,$c(\text{PO}_4^{3-}) = K_{a3}^{\ominus}$;

(5) 用 NaOH 溶液分别中和等体积的 pH 相同的 HCl 溶液和 HAc 溶液,消耗的 $n(\text{NaOH})$ 相同;

(6) 在氨水溶液中,$c(\text{NH}_3)$ 越小,$\alpha(\text{NH}_3)$ 越大,pOH 越小,pH 越大。

3. 氨基酸是重要的化学物质,其中 α-氨基酸可用下式表示:

$$\overset{\displaystyle R \quad\ O}{\underset{\displaystyle H_2N-CH_2-C-OH}{\,|\quad\;\;\|\,}}$$

可见每个氨基酸分子中有一个弱酸基—COOH 和一个弱碱基—NH_2。试用酸碱质子理论判断在强酸性溶液中氨基酸变成哪种离子? 在强碱性溶液中变成哪种离子? (用化学式表示)

4. 在水溶液中能够稳定存在的最强酸和最强碱分别是哪一物种? 试解释之。如果以液氨为溶剂,则液氨溶液中能够存在的最强酸和最强碱又是何物种? 由上述事实可以得出的结论是什么?

5. 下列溶液的 pH 如何变化? 解离度如何变化?

(1) 将 NaF(s) 加入到 HF 溶液中;　(2) 将 HCl(g) 通入到 HAc 溶液中;

(3) 将 $NH_4Cl(s)$ 加入到 NH_3 溶液中;　(4) 将 $NaClO_4(s)$ 加入到 NaOH 溶液中。

6. 如果在缓冲溶液中加入大量的强酸或强碱,其 pH 是否也能够保持基本不变?

7. 总结如何计算弱酸、弱碱、离子酸碱和缓冲溶液的 pH。

8. 简单配合物、螯合物和多核配合物有何不同?

9. 简述酸碱电子理论和硬软酸碱的基本概念。应用硬软酸碱理论说明某些配合物的稳定性。

10. 指出计算配合物在溶液中的平衡组成时应注意哪些问题。

习 题

1. 写出下列各酸的共轭碱:

$HCN, H_3AsO_4, HNO_2, HF, H_3PO_4, HIO_3, H_5IO_6, [Al(OH)(H_2O)_5]^{2+}, [Zn(H_2O)_6]^{2+}$。

2. 写出下列各碱的共轭酸:

$HCOO^-, PH_3, ClO^-, S^{2-}, CO_3^{2-}, HSO_3^-, P_2O_7^{4-}, C_2O_4^{2-}, C_2H_4(NH_2)_2, CH_3NH_2$。

3. 根据酸碱质子理论,确定以水为溶剂时下列物种哪些是酸,哪些是碱,哪些是两性物质:

$SO_3^{2-}, H_3AsO_3, Cr_2O_7^{2-}, HC_2O_4^-, HCO_3^-, NH_2—NH_2(联氨), BrO^-, H_2PO_4^-, HS^-, H_3PO_3$。

4. 计算下列液体或溶液的 pH:

(1) 50 ℃纯水和 100 ℃纯水;

(2) $0.20\ mol \cdot L^{-1}$ $HClO_4$ 溶液;

(3) $4.0 \times 10^{-3}\ mol \cdot L^{-1}$ $Ba(OH)_2$ 溶液;

(4) 将 50 mL $0.10\ mol \cdot L^{-1}$ HI 溶液稀释至 1.0 L;

(5) 将 100 mL $2.0 \times 10^{-3}\ mol \cdot L^{-1}$ HCl 溶液和 400 mL $1.0 \times 10^{-3}\ mol \cdot L^{-1}$ $HClO_4$ 溶液混合;

(6) 混合等体积的 $0.20\ mol \cdot L^{-1}$ HCl 溶液和 $0.10\ mol \cdot L^{-1}$ NaOH 溶液;

(7) 将 pH 为 8.00 和 10.00 的 NaOH 溶液等体积混合;

(8) 将 pH 为 2.00 的强酸溶液和 pH 为 13.00 的强碱溶液等体积混合;

5. 阿司匹林的有效成分是乙酰水杨酸 $HC_9H_7O_4$,其 $K_a^{\ominus} = 3.0 \times 10^{-4}$。在水中溶解 0.65 g 乙酰水杨酸,最后稀释至 65 mL。计算该溶液的 pH。

6. 麻黄素($C_{10}H_{15}ON$)是一种碱,被用于鼻喷雾剂,以减轻充血。其 $K_b^{\ominus}(C_{10}H_{15}ON) = 1.4 \times 10^{-4}$。

(1) 写出麻黄素与水反应的离子方程式,即麻黄素这种弱碱的解离反应方程式;

(2) 写出麻黄素的共轭酸,并计算其 $K_a^{\ominus}$ 值。

7. 水杨酸(邻羟基苯甲酸)$C_7H_4O_3H_2$ 是二元弱酸。25 ℃下,$K_{a1}^{\ominus} = 1.06 \times 10^{-3}, K_{a2}^{\ominus} = 3.6 \times 10^{-14}$。有时可用它作为止痛药来代替阿司匹林,但它有较强的酸性,能引起胃出血。计算 $0.065\ mol \cdot L^{-1}$ $C_7H_4O_3H_2$ 溶液中平衡时各物种的浓度和 pH。

8. 确定下列反应中的共轭酸碱对,计算反应的标准平衡常数并判断在标准状态下反应进行的方向。

(1) $HClO_2(aq) + NO_2^-(aq) \rightleftharpoons HNO_2(aq) + ClO_2^-(aq)$

(2) $HPO_4^{2-}(aq) + HCO_3^- \rightleftharpoons PO_4^{3-}(aq) + H_2CO_3(aq)$

(3) $NH_4^+(aq) + CO_3^{2-}(aq) \rightleftharpoons NH_3(aq) + HCO_3^-(aq)$

(4) $HAc(aq) + OH^-(aq) \rightleftharpoons Ac^-(aq) + H_2O(l)$

(5) $HAc(aq) + NH_3(aq) \rightleftharpoons NH_4^+(aq) + Ac^-(aq)$

(6) $H_2PO_4^-(aq) + PO_4^{3-}(aq) \rightleftharpoons 2HPO_4^{2-}(aq)$

9. 在 298 K 时,已知 $0.10\ mol \cdot L^{-1}$ 的某一元弱酸水溶液的 pH 为 3.00,试计算:

(1) 该酸的解离常数 $K_a^{\ominus}$;　　　　　　　(2) 该酸的解离度 α;

(3) 将该酸溶液稀释一倍后的 α 及 pH。

10. 写出下列各种盐水解反应的离子方程式,并判断这些盐溶液的 pH 大于 7,等于 7,还是小于 7。

(1) NaCN;　　　　(2) $SnCl_2$;　　　　(3) $SbCl_3$;　　　　(4) $Bi(NO_3)_3$;

(5) $NaNO_2$;　　　(6) NaF;　　　　　(7) Na_2S;　　　　(8) NH_4HCO_3。

11. 下列各物种浓度均为 $0.10\ mol \cdot L^{-1}$,试按 pH 由小到大的顺序排列起来。

$NaBr, HBr, NH_4Br, (NH_4)_2CO_3, Na_3PO_4, Na_2CO_3$。

12. 计算下列盐溶液的 pH：

(1) $0.10\ mol\cdot L^{-1}$ NaCN；

(2) $0.010\ mol\cdot L^{-1}$ Na_2CO_3；

(3) $0.10\ mol\cdot L^{-1}$ NaH_2PO_4；

(4) $0.10\ mol\cdot L^{-1}$ Na_2HPO_4。

13. 染料溴甲基蓝(缩写为 HBb)是一元弱酸：

$$HBb(aq) \rightleftharpoons H^+(aq) + Bb^-(aq)$$

加 NaOH 溶液时，上述平衡向何方移动？该染料酸(HBb)为黄色，其共轭碱(Bb$^-$)是蓝色。在 NaOH 溶液中滴加 HBb 指示剂，显何种颜色？

14. 根据下列酸、碱的解离常数，选取适当的酸及其共轭碱来配制 pH = 4.50 和 pH = 10.00 的缓冲溶液，其共轭酸、碱的浓度比应是多少？

$HAc, NH_3\cdot H_2O, H_2C_2O_4, NaHCO_3, H_3PO_4, NaAc, Na_2HPO_4, C_6H_5NH_2, NH_4Cl$。

15. 欲配制 250 mL pH 为 5.00 的缓冲溶液，问在 125 mL $1.0\ mol\cdot L^{-1}$ NaAc 溶液中应加入多少毫升 $6.0\ mol\cdot L^{-1}$ HAc 溶液？

16. 今有 2.00 L $0.500\ mol\cdot L^{-1}$ $NH_3(aq)$ 和 2.00 L $0.500\ mol\cdot L^{-1}$ HCl 溶液，若配制 pH = 9.00 的缓冲溶液，不允许再加水，最多能配制多少升缓冲溶液？其中 $c(NH_3)$，$c(NH_4^+)$ 各为多少？

17. 硼砂($Na_2B_4O_7\cdot 10H_2O$)在水中溶解，并发生如下反应：

$$Na_2B_4O_7\cdot 10H_2O(s) \longrightarrow 2Na^+(aq) + 2B(OH)_3(aq) + 2B(OH)_4^-(aq) + 3H_2O(l)$$

硼酸与水的反应为

$$B(OH)_3(aq) + 2H_2O(l) \rightleftharpoons B(OH)_4^-(aq) + H_3O^+(aq)$$

(1) 25 ℃时，将 28.6 g 硼砂溶解在水中，配制成 1.0 L 溶液，计算该溶液的 pH；

(2) 在(1)的溶液中加入 100 mL $0.10\ mol\cdot L^{-1}$ HCl 溶液，其 pH 又是多少？

18. 计算下列各溶液在室温下的 pH：

(1) 20.0 mL $0.10\ mol\cdot L^{-1}$ HCl 溶液和 20.0 mL $0.10\ mol\cdot L^{-1}$ $NH_3(aq)$ 混合；

(2) 20.0 mL $0.10\ mol\cdot L^{-1}$ HCl 溶液和 20.0 mL $0.20\ mol\cdot L^{-1}$ $NH_3(aq)$ 混合；

(3) 20.0 mL $0.10\ mol\cdot L^{-1}$ NaOH 溶液和 20.0 mL $0.20\ mol\cdot L^{-1}$ NH_4Cl 溶液混合；

(4) 20.0 mL $0.20\ mol\cdot L^{-1}$ HAc 溶液和 20.0 mL $0.10\ mol\cdot L^{-1}$ NaOH 溶液混合；

(5) 20.0 mL $0.10\ mol\cdot L^{-1}$ HCl 溶液和 20.0 mL $0.20\ mol\cdot L^{-1}$ NaAc 溶液混合；

(6) 20.0 mL $0.10\ mol\cdot L^{-1}$ NaOH 溶液和 20.0 mL $0.10\ mol\cdot L^{-1}$ NH_4Cl 溶液混合；

(7) 300.0 mL $0.500\ mol\cdot L^{-1}$ H_3PO_4 溶液与 250.0 mL $0.30\ mol\cdot L^{-1}$ NaOH 溶液混合；

(8) 300.0 mL $0.500\ mol\cdot L^{-1}$ H_3PO_4 溶液与 500.0 mL $0.500\ mol\cdot L^{-1}$ NaOH 溶液混合；

(9) 300.0 mL $0.500\ mol\cdot L^{-1}$ H_3PO_4 溶液与 400.0 mL $1.00\ mol\cdot L^{-1}$ NaOH 溶液混合。

19. 列表指出下列配合物的形成体、配体、配位原子和形成体的配位数；确定配离子和形成体的电荷数，并给出它们的命名。

(1) $[CrCl_2(H_2O)_4]Cl$；

(2) $[Ni(en)_3]Cl_2$；

(3) $K_2[Co(NCS)_4]$；

(4) $Na_3[AlF_6]$；

(5) $[PtCl_2(NH_3)_2]$；

(6) $[Co(NH_3)_4(H_2O)_2]_2(SO_4)_3$；

(7) $[Fe(edta)]^-$；

(8) $[Co(C_2O_4)_3]^{3-}$；

(9) $Cr(CO)_6$；

(10) HgI_4^{2-}；

(11) $K_2[Mn(CN)_5]$；

(12) $[FeBrCl(en)_2]Cl$。

20. 写出下列各种配离子的分步生成反应和总的生成反应方程式，以及相应的稳定常数表达式：

(1) $[Co(NH_3)_6]^{2+}$; (2) $[Ni(CN)_4]^{2-}$;

(3) $FeCl_4^-$; (4) $[Mn(C_2O_4)_3]^{4-}$。

21. 计算下列取代反应在 298.15 K 时的标准平衡常数：

(1) $Ag(NH_3)_2^+(aq)+2S_2O_3^{2-}(aq) \rightleftharpoons Ag(S_2O_3)_2^{3-}(aq)+2NH_3(aq)$

(2) $Fe(C_2O_4)_3^{3-}(aq)+6CN^-(aq) \rightleftharpoons Fe(CN)_6^{3-}(aq)+3C_2O_4^{2-}(aq)$

(3) $Co(NCS)_4^{2-}(aq)+4NH_3(aq) \rightleftharpoons Co(NH_3)_4^{2+}(aq)+4NCS^-(aq)$

22. 室温下，在 500.0 mL 0.010 $mol \cdot L^{-1}$ $Hg(NO_3)_2$ 溶液中，加入 65.0 g KI(s) 后（溶液总体积不变），生成了 $[HgI_4]^{2-}$。计算溶液中的 Hg^{2+}，HgI_4^{2-}，I^- 的浓度。

23. Cr^{3+} 与 $edta^{4-}$ 的反应为

$$Cr^{3+}(aq)+H_2edta^{2-}(aq) \rightleftharpoons [Cr(edta)]^-(aq)+2H^+(aq)$$

在 pH 为 6.00 的缓冲溶液中，最初浓度为 0.0010 $mol \cdot L^{-1}$ Cr^{3+} 溶液和 0.050 $mol \cdot L^{-1}$ Na_2H_2edta 溶液反应。计算室温下达平衡时 Cr^{3+} 的浓度（不考虑系统中 pH 的微小改变）。

24. 室温下，已知 0.010 $mol \cdot L^{-1}$ Na_2H_2edta 溶液的 pH 为 4.46，在 1.0 L 该溶液中加入 0.010 mol $Cu(NO_3)_2(s)$（设溶液总体积没有改变），当生成螯合物 $[Cu(edta)]^{2-}$ 的反应达到平衡后，计算 $c(Cu^{2+})$ 和溶液的 pH 的变化。

25. 在 25 ℃时，$Ni(NH_3)_6^{2+}$ 溶液中，$c(Ni(NH_3)_6^{2+})=0.10$ $mol \cdot L^{-1}$，$c(NH_3)=1.0$ $mol \cdot L^{-1}$，加入乙二胺(en)后，使开始时 $c(en)=2.30$ $mol \cdot L^{-1}$。计算平衡时溶液中 $Ni(NH_3)_6^{2+}$，NH_3，$Ni(en)_3^{2+}$ 的浓度。

26. 根据硬软酸碱原则和碱的软度顺序，试预测下述两组配合物稳定性的相对强弱，并查出它们的稳定常数来验证。

(1) $CdCl_4^{2-}$，$Cd(CN)_4^{2-}$，CdI_4^{2-}，$CdBr_4^{2-}$； (2) FeF^{2+}，$FeBr^{2+}$，$FeCl^{2+}$。

第六章
学习引导

第六章
教学课件

MOOC

教学视频
溶解度和溶度积

水溶液中的酸碱反应是均相反应,除此之外,另一类重要的离子反应是生成难溶电解质的沉淀反应,其逆反应是难溶电解质在水中的溶解,因此,在这类固-液多相体系中,存在着电解质与由它解离产生的离子之间的平衡,叫做沉淀溶解平衡。这是一种多相离子平衡。沉淀的生成和溶解现象在我们的周围经常发生。例如,肾结石通常是生成难溶盐草酸钙 CaC_2O_4 和磷酸钙 $Ca_3(PO_4)_2$ 所致;自然界中石笋和钟乳石的形成与碳酸钙 $CaCO_3$ 沉淀的生成和溶解反应有关;工业上可用碳酸钠与消石灰制取烧碱,等等。

本章将对沉淀反应进行定量讨论。首先对物质的溶解性做一般介绍,再对溶度积常数,以及溶液的 pH、配合物的形成等对难溶物质溶解度的影响加以讨论。

§6.1　溶解度和溶度积

6.1.1　溶解度

溶解性是物质的重要性质之一。常以溶解度来定量标明物质的溶解性。溶解度被定义为:在一定温度下,达到溶解平衡时,一定量的溶剂中含有溶质的质量。物质的溶解度有多种表示方法。对水溶液来说,通常以饱和溶液中每 100 g 水所含溶质质量来表示,也可以用溶液的浓度来表示。许多无机化合物在水中溶解时,能形成水合阳离子和阴离子,称其为电解质。电解质的溶解度往往有很大的差异,习惯上常将其划分为可溶、微溶和难溶等不同等级。如果在 100 g 水中能溶解 1 g 以上的溶质,这种溶质被称为可溶的;物质的溶解度小于 0.1 g/100 g H_2O 时,称为难溶的;溶解度介于可溶与难溶之间的,称为微溶。

利用溶解度的差异可以达到分离或提纯物质的目的。例如,稀土元素镱(Yb)和镥(Lu)的化学性质极为相似,第一次分离出来的镱的化合物就是从 $Yb(NO_3)_3$-$Lu(NO_3)_3$-HNO_3 系统中利用重结晶的方法经过了 15 000 次的溶解-结晶循环才得到的。

本章主要讨论微溶和难溶(以下通称为难溶)无机化合物的沉淀溶解平衡。

6.1.2　溶度积

在一定温度下,将难溶强电解质晶体放入水中时,就发生溶解和沉淀两个过程。以硫酸钡为例,如图 6-1 所示,$BaSO_4(s)$ 是由 Ba^{2+} 和 SO_4^{2-} 组成的晶体,将其放入水中时,晶体中的 Ba^{2+} 和 SO_4^{2-} 在水分子的作用下,不断由晶体表面进入溶液中,成为无规则运动的水合离子,这是 $BaSO_4(s)$ 的溶解过程。与此同时,已经溶解在溶液中的 $Ba^{2+}(aq)$ 和 $SO_4^{2-}(aq)$ 在不断运动中相互碰撞或与未溶解的 $BaSO_4(s)$ 表面碰撞,以固体 $BaSO_4(沉淀)$ 的形式析出,这是 $BaSO_4(s)$ 的沉淀过程。任何难溶电解质的溶解和沉淀过程都是相互可逆的。开始时,溶解速率较大,沉淀速率较小。在一定条件下,当溶解速率和沉淀速率相等时,便建立了一种动态的多相离子平衡,可表示如下:

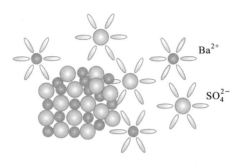

图 6-1　溶解与沉淀过程

$$BaSO_4(s) \underset{沉淀}{\overset{溶解}{\rightleftharpoons}} Ba^{2+}(aq) + SO_4^{2-}(aq)$$

该反应的标准平衡常数表达式为

$$K_{sp}^{\ominus} = \{c(Ba^{2+})/c^{\ominus}\}\{c(SO_4^{2-})/c^{\ominus}\}$$

或简写为

$$K_{sp}^{\ominus} = \{c(Ba^{2+})\}\{c(SO_4^{2-})\} \tag{6-1}$$

$K_{sp}^{\ominus}$ 是沉淀溶解平衡的标准平衡常数,叫做溶度积常数,简称溶度积。$c(Ba^{2+})$ 和 $c(SO_4^{2-})$ 是饱和溶液中 Ba^{2+} 和 SO_4^{2-} 的浓度。

对于一般的沉淀反应来说:

$$A_nB_m(s) \rightleftharpoons nA^{m+}(aq) + mB^{n-}(aq)$$

则溶度积的通式为

$$K_{sp}^{\ominus}(A_nB_m) = \{c(A^{m+})\}^n\{c(B^{n-})\}^m \tag{6-2}$$

溶度积等于沉淀溶解平衡时离子浓度幂的乘积,每种离子浓度的幂与化学反应计量式中的化学计量数相等。要特别指出的是,在多相离子平衡系统中,必须有未溶解的固相存在,否则就不能保证系统处于平衡状态。有时,这种动态平衡需要有足够的时间(甚至几天或更长)才能达到。

难溶电解质的溶度积的数值在稀溶液中不受其他离子存在的影响,只取决于温度。温度升高,多数难溶化合物的溶度积增大。

应当注意,溶度积与固体的晶体类型有关,组成相同但晶体类型不同的固体,溶度积可以有很大差别。

6.1.3　溶度积和溶解度间的关系

1. 溶度积和溶解度的相互换算

溶度积和溶解度都可以用来表示难溶电解质的溶解性。两者既有联系,又有区别。从相互联系考虑,它们之间可以相互换算,即可以从溶解度求得溶度积,也可以从溶度积求得溶解度。它们之间的区别在于:溶度积是未溶解的固相与溶液中相应离子达到平衡时的离子浓度幂的乘积,只与温度有关。溶解度不仅与温度有关,还与系统的组成、pH 的改变、配合物的生成等因素有关,这些将在本章后面各节中讨论。这里先讨论两者的相互换算,再对换算时产生误差的原因加以定性的说明。在有关溶度积的计算中,离子浓度必须是物质的量浓度,其单位为 $mol \cdot L^{-1}$;而通常使用的溶解度的单位是 $g/100\ g\ H_2O$,有时也使用 $g \cdot L^{-1}$ 或 $mol \cdot L^{-1}$ 为单位。对难溶电解质溶液来说,其饱和溶液是极稀的溶液,可将溶剂水的质量看成与溶液的质量相等[①],这样就能很便捷地计算出饱和溶液浓度,并进而得出溶度积。

例 6-1 在 25 ℃下,将固体 AgCl 放入纯水中,不断搅拌并使系统中有剩余的未溶解的 AgCl。几天后,确定已达到沉淀溶解平衡时,测定 AgCl 的溶解度为 $1.92 \times 10^{-3}\ g \cdot L^{-1}$。试求该温度下 AgCl 的溶度积。

解:已知 $M_r(AgCl) = 143.3$,将 AgCl 的溶解度单位换算为 $mol \cdot L^{-1}$,则其溶解度 s 为

$$s = \frac{1.92 \times 10^{-3}}{143.3}\ mol \cdot L^{-1} = 1.34 \times 10^{-5}\ mol \cdot L^{-1}$$

假设在 AgCl 饱和溶液中,溶解了的 AgCl 完全解离:

$$AgCl(s) \Longrightarrow Ag^+(aq) + Cl^-(aq)$$

平衡浓度 $\qquad\qquad\qquad\qquad\qquad s \qquad s$

$$K_{sp}^{\ominus}(AgCl) = \{c(Ag^+)\}\{c(Cl^-)\} = \{s\}^2 = 1.80 \times 10^{-10}$$

同样,可从溶度积计算难溶电解质的溶解度。

例 6-2 已知 25 ℃时 Ag_2CrO_4 的溶度积为 1.1×10^{-12},试求 $Ag_2CrO_4(s)$ 在水中的溶解度 $(g \cdot L^{-1})$。

解:设 $Ag_2CrO_4(s)$ 的溶解度为 $x\ mol \cdot L^{-1}$。

$$Ag_2CrO_4(s) \Longrightarrow 2Ag^+(aq) + CrO_4^{2-}(aq)$$

平衡浓度 $/(mol \cdot L^{-1})$ $\qquad\qquad\qquad\quad 2x \qquad\qquad x$

$$K_{sp}^{\ominus}(Ag_2CrO_4) = \{c(Ag^+)\}^2 \{c(CrO_4^{2-})\}$$

$$1.1 \times 10^{-12} = 4x^3, \quad x = 6.5 \times 10^{-5}$$

$M_r(Ag_2CrO_4) = 331.7$,Ag_2CrO_4 在水中的溶解度 s 为

$$s = (6.5 \times 10^{-5} \times 331.7)\ g \cdot L^{-1} = 2.2 \times 10^{-2}\ g \cdot L^{-1}$$

$AgCl$,$AgBr$,$BaSO_4$ 等是 AB 型的难溶电解质,这类化合物的化学式中阳、阴离子数之比为 $1:1$。Ag_2CrO_4 或 CaF_2 是 A_2B 或 AB_2 型的难溶电解质,其阳、阴离子数之比为 $2:1$ 或 $1:2$。

比较 $AgCl$,$AgBr$,Ag_2CrO_4 的溶度积和溶解度(见下表):

---

① 更精确的计算,可通过测定溶液密度来完成。

类型	化学式	溶度积 $K_{sp}^{\ominus}$	溶解度 $s/(mol \cdot L^{-1})$	换算公式
AB	AgCl	1.8×10^{-10}	1.3×10^{-5}	$K_{sp}^{\ominus} = \{s\}^2$
AB	AgBr	5.3×10^{-13}	7.3×10^{-7}	$K_{sp}^{\ominus} = \{s\}^2$
A_2B	Ag_2CrO_4	1.1×10^{-12}	6.5×10^{-5}	$K_{sp}^{\ominus} = 4\{s\}^3$

可以看出, $K_{sp}^{\ominus}(AgCl) > K_{sp}^{\ominus}(AgBr)$, AgCl 在水中的溶解度 s 也大; 然而, $K_{sp}^{\ominus}(AgCl) > K_{sp}^{\ominus}(Ag_2CrO_4)$, AgCl 的溶解度反而比 Ag_2CrO_4 的小。这是由于 $K_{sp}^{\ominus}(AgCl)$ 的表达式与 $K_{sp}^{\ominus}(Ag_2CrO_4)$ 的表达式不同, 两者的 $K_{sp}^{\ominus}$ 与 s 的换算关系不同所致。只有同一类型的难溶电解质才可以通过溶度积来比较它们的溶解度(单位 $mol \cdot L^{-1}$)的相对大小, 溶度积大的溶解度就大。对于不同类型的难溶电解质, 则不能直接由它们的溶度积来比较其溶解度的相对大小。

2. 对产生偏差的分析

对许多难溶电解质来说, 由溶解度直接计算其溶度积或者由溶度积来计算溶解度往往有一定的偏差, 有的偏差还很大(表 6-1)。从表中数据可以看出, 只有 AgBr, AgCl, $BaSO_4$ 等少数难溶电解质由 $K_{sp}^{\ominus}$ 计算得到的溶解度与实测的溶解度相等或相近。大多数难溶电解质的实际溶解度比由 $K_{sp}^{\ominus}$ 计算得到的溶解度都大, 甚至像 HgI_2 和 CdS 等的溶解度相差百万倍以上。

表 6-1 由 $K_{sp}^{\ominus}$ 计算溶解度与实测溶解度的比较

化学式	温度/ ℃	$K_{sp}^{\ominus}$	由 $K_{sp}^{\ominus}$ 计算溶解度 g/100 g H_2O	实测溶解度 g/100 g H_2O
$CaCO_3$	25	4.9×10^{-9}	7.0×10^{-4}	1.4×10^{-3}
$PbCO_3$	20	1.4×10^{-13}	1.0×10^{-5}	1.1×10^{-4}
$NiCO_3$	25	1.4×10^{-7}	4.4×10^{-3}	9×10^{-3}
$PbBr_2$	20	9×10^{-6}	0.5	0.8
HgI_2	25	2.7×10^{-19}	8.6×10^{-9}	0.01
Hg_2Br_2	25	6.2×10^{-23}	1.4×10^{-6}	4×10^{-6}
AgBr	100	5×10^{-10}	4×10^{-4}	4×10^{-4}
AgCl	10	4×10^{-11}	9×10^{-5}	9×10^{-5}
AgI	25	8.3×10^{-17}	2.1×10^{-7}	3×10^{-7}
$Fe(OH)_2$	18	7×10^{-16}	5×10^{-5}	1.5×10^{-4}
$Pb(OH)_2$	20	2×10^{-15}	1.9×10^{-4}	0.016
$Mn(OH)_2$	18	1.7×10^{-13}	3×10^{-4}	2×10^{-4}
$BaSO_4$	25	1.1×10^{-10}	2×10^{-4}	2×10^{-4}
Hg_2SO_4	25	7.9×10^{-7}	0.044	0.06
CdS	18	4×10^{-30}	3×10^{-14}	1.3×10^{-4}
MnS	18	3×10^{-14}	1.5×10^{-6}	5×10^{-4}

分析产生误差的原因,主要有:

(1) 电解质解离程度的影响　某些难溶电解质 MA 在水中溶解时,溶解了的 MA 分子不是全部解离的,而只是部分解离,溶液中除 M^+ 和 A^- 外,还有 MA 分子。

(2) 离子对的影响　对难溶强电解质来说,在它们的水溶液中,溶质几乎全部解离成阳离子和阴离子。由于离子间的静电作用,存在着一定数量的难溶电解质的"离子对"。这些"离子对"如同未解离的分子一样,减少了溶液中游离的水合离子浓度或有效离子浓度。

(3) 分步解离的影响　在 AB_n 型难溶电解质的水溶液中,除了存在 $AB_n(s) \rightleftharpoons A^{n+}(aq)+nB^-(aq)$ 之外,还有 $AB_n(aq)$ 的分步解离平衡。这些平衡的同时存在,使溶液中含有 $[AB_{n-1}]^{n-1}$,$[AB_{n-2}]^{n-2}$,…物种。如 MgF_2 的饱和溶液中有 MgF^+ 的存在,使得溶液中 Mg^{2+} 和 F^- 的有效浓度降低。

(4) 水解的影响　如果难溶电解质的阴离子是某弱酸的共轭碱,或者其阳离子是某弱碱的共轭酸,它们能够在溶液中发生水解。像难溶碳酸盐、磷酸盐、硫化物、氰化物、铜(Ⅰ)的卤化物、铅(Ⅱ)的卤化物等,其实测溶解度都大于由 $K_{sp}^{\ominus}$ 计算得到的溶解度。

总之,溶度积描述的是未溶解的固相与溶液中的离子之间的平衡,由 $K^{\ominus}$ 计算得到的溶解度是溶液中的离子溶解度。实际上,难溶电解质的饱和溶液中可能同时存在多种平衡,有多种因素影响着其溶解度。因此,实测溶解度往往大于离子溶解度。尽管如此,溶度积和溶解度的相互换算在只需要确定溶解度数量级的情况下仍是有用的。许多难溶电解质的实际溶解度与由 $K_{sp}^{\ominus}$ 计算得到的溶解度属同一数量级,本章只考虑这种情况下的相互换算。

§6.2　沉淀的生成和溶解

难溶电解质的沉淀溶解平衡与其他动态平衡一样,完全遵循 Le Châtelier 原理。如果条件改变,可以使溶液中的离子转化为固相——沉淀生成;或者使固相转化为溶液中的离子——沉淀溶解。

6.2.1　溶度积规则

MOOC
教学视频
溶度积规则、同离子效应和盐效应

对于难溶电解质的多相离子平衡来说:

$$A_nB_m(s) \rightleftharpoons nA^{m+}(aq)+mB^{n-}(aq)$$

其反应商(又被称为难溶电解质的离子积)J 表达式可写为

$$J=\{c(A^{m+})\}^n\{c(B^{n-})\}^m$$

依据平衡移动原理,将 J 与 $K_{sp}^{\ominus}$ 比较,可以得出:

(1) $J>K_{sp}^{\ominus}$,平衡向左移动,沉淀从溶液中析出;

(2) $J=K_{sp}^{\ominus}$,溶液为饱和溶液,溶液中的离子与沉淀之间处于平衡状态;

(3) $J<K_{sp}^{\ominus}$,溶液为不饱和溶液,无沉淀析出;若原来系统中有沉淀,平衡向右移动,沉淀溶解。

这就是沉淀溶解平衡的反应商判据,称为溶度积规则,常用来判断沉淀的生成与溶解能否发生。

例 6-3 25 ℃下,在 1.00 L,0.030 mol·L^{-1} AgNO$_3$ 溶液中,加入 0.50 L,0.060 mol·L^{-1} CaCl$_2$ 溶液,能否生成 AgCl 沉淀? 如果有沉淀生成,生成 AgCl 的质量是多少? 最后溶液中 $c(Ag^+)$ 是多少?

解: 由附表五中查得 $K_{sp}^\ominus(AgCl) = 1.8 \times 10^{-10}$。将 1.00 L AgNO$_3$ 溶液与 0.50 L CaCl$_2$ 溶液混合后,认定混合溶液的总体积为 1.50 L。两种溶液混合,Ca(NO$_3$)$_2$ 是可溶的,如有沉淀生成,只可能是 AgCl 沉淀。反应前,Ag$^+$ 与 Cl$^-$ 浓度分别为

$$c_0(Ag^+) = \frac{0.030 \times 1.00}{1.50} \ mol \cdot L^{-1} = 0.020 \ mol \cdot L^{-1}$$

$$c_0(Cl^-) = \frac{0.060 \times 0.50 \times 2}{1.50} \ mol \cdot L^{-1} = 0.040 \ mol \cdot L^{-1}$$

$$J = \{c(Ag^+)\}\{c(Cl^-)\} = 0.020 \times 0.040 = 8.0 \times 10^{-4}$$

$J > K_{sp}^\ominus(AgCl)$,应有 AgCl 沉淀析出。

为计算 AgCl 沉淀的质量和最后溶液 $c(Ag^+)$,就必须确定反应前后 Ag$^+$ 和 Cl$^-$ 浓度的变化量。因为 $c_0(Cl^-) > c_0(Ag^+)$,生成 AgCl 沉淀时,Cl$^-$ 是过量的。设平衡时 $c(Ag^+) = x$ mol·L^{-1}。

	AgCl(s) $\rightleftharpoons$	Ag$^+$(aq)	+	Cl$^-$(aq)
开始浓度/(mol·L^{-1})		0.020		0.040
变化浓度/(mol·L^{-1})		0.020−x		0.020−x
平衡浓度/(mol·L^{-1})		x		0.040−(0.020−x)

平衡时,

$$K_{sp}^\ominus(AgCl) = \{c(Ag^+)\}\{c(Cl^-)\}$$

$$1.80 \times 10^{-10} = x[0.040 - (0.020 - x)]$$

$$x = \frac{1.8 \times 10^{-10}}{0.020} = 9.0 \times 10^{-9} \quad c(Ag^+) = 9.0 \times 10^{-9} \ mol \cdot L^{-1}$$

$M(AgCl) = 143.3 \ g \cdot mol^{-1}$,析出 AgCl 的质量:

$$m(AgCl) = 0.020 \ mol \cdot L^{-1} \times 1.50 \ L \times 143.3 \ g \cdot mol^{-1} = 4.3 \ g$$

6.2.2 同离子效应和盐效应

如果在难溶电解质的饱和溶液中,加入易溶的强电解质,则难溶电解质的溶解度与其在纯水中的溶解度有可能不相同。易溶电解质的存在对难溶电解质溶解度的影响是多方面的。这里主要讨论影响溶解度的两种不同效应——同离子效应和盐效应。

1. 同离子效应

在难溶电解质的饱和溶液中,加入含有相同离子的易溶强电解质时,难溶电解质的多相离子平衡将发生移动。如同弱酸或弱碱溶液中的同离子效应那样,在难溶电解质溶液中的同离子效应将使其溶解度降低。

例 6-4 计算 25 ℃下 CaF$_2$(s) (1) 在纯水中,(2) 在 0.010 mol·L^{-1} Ca(NO$_3$)$_2$ 溶液中,(3) 在 0.010 mol·L^{-1} NaF 溶液中的溶解度(mol·L^{-1})。比较三种情况下溶解度的相对大小。

解: 由附表五得 25 ℃下 $K_{sp}^\ominus(CaF_2) = 1.4 \times 10^{-9}$。

(1) CaF$_2$(s) 在纯水中的溶解度为 s_1,设 $s_1 = x$ mol·L^{-1}。

$$K_{sp}^\ominus(CaF_2) = \{c(Ca^{2+})\}\{c(F^-)\}^2$$

$$1.4 \times 10^{-9} = x(2x)^2 = 4x^3 \quad x = 7.0 \times 10^{-4}$$

$$s_1 = c(Ca^{2+}) = 7.0 \times 10^{-4} \text{ mol} \cdot L^{-1}$$

（2）$CaF_2(s)$ 在 $0.010 \text{ mol} \cdot L^{-1}$ $Ca(NO_3)_2$ 溶液中的溶解度为 s_2，设 $s_2 = y \text{ mol} \cdot L^{-1}$。特别注意，此时，$s_2 \neq c(Ca^{2+}) \neq c(F^-)$。

$$CaF_2(s) \quad \rightleftharpoons \quad Ca^{2+}(aq) \quad + \quad 2F^-(aq)$$

平衡浓度/$(mol \cdot L^{-1})$ $\qquad\qquad\qquad\qquad$ $0.010+y$ $\qquad$ $2y$

$$1.4 \times 10^{-9} = (0.010+y)(2y)^2$$

$$0.010+y \approx 0.010 \quad y = 1.9 \times 10^{-4}$$

$$s_2 = \frac{1}{2}c(F^-) = 1.9 \times 10^{-4} \text{ mol} \cdot L^{-1}$$

（3）$CaF_2(s)$ 在 $0.010 \text{ mol} \cdot L^{-1}$ NaF 溶液中的溶解度为 s_3，设 $s_3 = z \text{ mol} \cdot L^{-1}$。此时，$s_3 = c(Ca^{2+})$。

$$CaF_2(s) \quad \rightleftharpoons \quad Ca^{2+}(aq) \quad + \quad 2F^-(aq)$$

平衡浓度/$(mol \cdot L^{-1})$ $\qquad\qquad\qquad\qquad$ z $\qquad$ $0.010+2z$

$$1.4 \times 10^{-9} = z(0.010+2z)^2 \qquad 0.010+2z \approx 0.010$$

$$z = 1.4 \times 10^{-5} \qquad s_3 = 1.4 \times 10^{-5} \text{ mol} \cdot L^{-1}$$

比较 s_1，s_2 和 s_3 的计算结果，在纯水中 CaF_2 的溶解度最大。CaF_2 在含有相同离子（Ca^{2+} 或 F^-）的强电解质溶液中溶解度均有所降低。这种难溶电解质在含有相同离子的易溶强电解质溶液中溶解度降低的现象，称为难溶电解质的同离子效应。CaF_2 在 NaF 溶液中的同离子效应可在图 6-2 中看出：当所加 NaF 浓度为零时，即为纯水中的溶解度，其数值是最大的；在 NaF 溶液中的溶解度随着 $c(F^-)$ 的增大而减小；在一定的 NaF 浓度范围内［例如，$c(NaF) < 0.03 \text{ mol} \cdot L^{-1}$］，溶解度的减小比较显著（溶解度曲线斜率大），在另一浓度范围内［例如，$c(NaF) > 0.07 \text{ mol} \cdot L^{-1}$］，溶解度变化不大。

由于在 NaF 溶液中 CaF_2 的溶解度（$mol \cdot L^{-1}$）等于 Ca^{2+} 浓度，所以若使某含有 Ca^{2+} 的溶液生成 CaF_2 沉淀，可控制所加的 NaF 浓度，使溶液中的 Ca^{2+} 沉淀完全。在实际应用中，可利用沉淀反应来分离溶液中的离子。依据同离子效应，加入适当过量的沉淀试剂（如生成 CaF_2 沉淀时所加的 NaF 溶液），使沉淀反应趋于完全。所谓完全，并不是使溶液中的某种被沉淀离子浓度等于零，实际这也是做不到的。一般情况下，只要溶液中被沉淀的离子浓度不超过某一限度，如 $10^{-5} \text{ mol} \cdot L^{-1}$，即认为这种离子沉淀完全了。在洗涤沉淀时，也常应用同离子效应。从溶液中析出的沉淀常含有杂质，要得到纯净的沉淀，就必须洗涤。为了减少洗涤过程中沉淀的损失，常用与沉淀含有相同离子的溶液来洗涤，而不用纯水洗涤。例如，在洗涤 $AgCl$ 沉淀时，可使用 NH_4Cl 溶液。

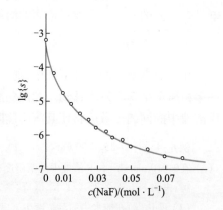

图 6-2　CaF_2 在 NaF 溶液中的同离子效应

同离子效应在分析鉴定和分离提纯中应用很广泛。但是，任何事物都具有两重性。在实际应用中,如果认为沉淀试剂过量越多沉淀越完全,因而大量使用沉淀试剂,这是片面的。实际上,加入沉淀试剂太多时,不仅不会产生明显的同离子效应,往往还会因其他副反应的发生,反而会使沉淀的溶解度增大。例如,AgCl 沉淀中加入过量的 HCl,可以生成配离子 $AgCl_2^-$,而使 AgCl 溶解度增大,甚至能溶解。另外,盐效应也能使沉淀的溶解度增大。

2. 盐效应

实验证明,将易溶强电解质加入难溶电解质的溶液中,在有些情况下,难溶电解质的溶解度比在纯水中的溶解度大。例如,AgCl 在 KNO_3 溶液中的溶解度比其在纯水中的溶解度大,并且 KNO_3 的浓度越大,AgCl 溶解度也越大(表 6-2)。这种现象是不能用 KNO_3 与 AgCl 沉淀发生化学反应来解释的。因为 K^+、NO_3^- 与沉淀中所含的离子不能生成弱电解质和另一种沉淀,也不能生成配离子。那么,为什么难溶电解质 AgCl 的溶解度有所增大呢? 这是由于加入易溶强电解质后,溶液中的各种离子总浓度增大了,增强了离子间的静电作用,在 Ag^+ 的周围有更多的阴离子(主要是 NO_3^-),形成了所谓的"离子氛";在 Cl^- 的周围有更多的阳离子(主要是 K^+),也形成了"离子氛",使 Ag^+ 和 Cl^- 受到较强的牵制作用,降低了它们的有效浓度,难溶电解质的溶解过程超过了沉淀过程,平衡向溶解的方向移动;当建立起新的平衡时,难溶电解质的溶解度就增大了。

图片
AgCl 在 KNO_3 溶液中的溶解度

表 6-2　AgCl 在 KNO_3 溶液中的溶解度(25 ℃)[*]

$c(KNO_3)/(mol \cdot L^{-1})$	0.00	0.001 00	0.005 00	0.010 0
$s(AgCl)/(10^{-5} mol \cdot L^{-1})$	1.278	1.325	1.385	1.427

[*]本表数据取自《大学化学手册》275 页,山东科技出版社,1985。

这种因加入易溶强电解质而使难溶电解质溶解度增大的效应,叫做盐效应。产生盐效应并不只限于加入盐类,如果加入的强电解质是强酸或强碱,在不发生其他化学反应的前提下,所加入的强酸或强碱同样能使溶液中各种离子总浓度增大,有利于离子氛的形成,也能使难溶电解质的溶解度增大,这也叫做盐效应。

图片
$PbSO_4$ 在 Na_2SO_4 溶液中的溶解度

不但加入不具有相同离子的电解质能产生盐效应,加入具有相同离子的电解质,在产生同离子效应的同时,也能产生盐效应。所以在利用同离子效应降低沉淀溶解度时,沉淀试剂不能过量太多,否则将会引起盐效应,使沉淀的溶解度增大。表 6-3 表明了 $PbSO_4$ 在 Na_2SO_4 溶液中溶解度的变化。当 Na_2SO_4 的浓度从 0 增加到 0.04 $mol \cdot L^{-1}$ 时,$PbSO_4$ 的溶解度逐渐变小,同离子效应起主导作用;当 Na_2SO_4 的浓度为 0.04 $mol \cdot L^{-1}$ 时,$PbSO_4$ 的溶解度最小;当 Na_2SO_4 的浓度大于 0.04 $mol \cdot L^{-1}$ 时,$PbSO_4$ 的溶解度逐渐增大,盐效应起主导作用。

表 6-3　$PbSO_4$ 在 Na_2SO_4 溶液中的溶解度[*]

$c(Na_2SO_4)/(mol \cdot L^{-1})$	0	0.001	0.01	0.02	0.04	0.100	0.200
$s(PbSO_4)/(mmol \cdot L^{-1})$	0.15	0.024	0.016	0.014	0.013	0.016	0.023

[*]本表数据取自《大学化学手册》275 页,山东科技出版社,1985。

一般说来,若难溶电解质的溶度积很小时,盐效应的影响很小,可忽略不计;若难溶电解质的溶度积较大,溶液中各种离子的总浓度也较大时,就应该考虑盐效应的影响。

6.2.3 pH 对沉淀溶解平衡的影响

如果难溶电解质 MA 的阴离子是某弱酸(H_nA)的共轭碱(A^{n-}),由于 A^{n-} 对质子 H^+ 具有较强的亲和能力,则它们的溶解度将随溶液的 pH 减小而增大。这类难溶电解质就是通常所说的难溶弱酸盐和难溶金属氢氧化物。氢氧根离子 OH^- 是水中能够存在的最强碱,它是弱酸水的共轭碱,从这个意义上讲,金属氢氧化物也是弱酸盐。利用弱酸盐在酸中溶解度的差异,控制溶液的 pH,可以达到分离金属离子的目的。

1. 难溶金属氢氧化物

加酸能使难溶金属氢氧化物溶解,是众所周知的实验事实。现对难溶金属氢氧化物 $M(OH)_n$ 的溶解度与 pH 的定量关系讨论如下:

$$M(OH)_n(s) \rightleftharpoons M^{n+}(aq) + nOH^-(aq)$$
$$K_{sp}^{\ominus}[M(OH)_n] = \{c(M^{n+})\}\{c(OH^-)\}^n$$

金属氢氧化物 $M(OH)_n$ 的溶解度等于溶液中金属离子的浓度 $c(M^{n+})$。即

$$s = c(M^{n+}) = \frac{K_{sp}^{\ominus}[M(OH)_n]}{\{c(OH^-)\}^n}\text{mol·L}^{-1}$$

$$s = \frac{K_{sp}^{\ominus}[M(OH)_n]}{(K_w^{\ominus})^n}\{c(H^+)\}^n \text{ mol·L}^{-1} \tag{6-3}$$

根据式(6-3)可以画出难溶金属氢氧化物 $M(OH)_n$ 的 s-pH 图。图 6-3 表明了 $Fe(OH)_3$,$Co(OH)_2$,$Ni(OH)_2$ 和 $Cu(OH)_2$ 的 s-pH 关系。图中每条蓝线的右方区域内任何一点所对应的离子积 $J > K_{sp}^{\ominus}$,是沉淀生成区;每条蓝线的左方区域内 $J < K_{sp}^{\ominus}$,是沉淀的溶解区;线上任何一点表示的状态均为 M^{n+},OH^- 和氢氧化物 $M(OH)_n(s)$ 的平衡状态。由于 $K_{sp}^{\ominus}[Fe(OH)_3] = 2.8 \times 10^{-39}$,比其他常见难溶金属氢氧化物溶度积小得多,在含铁杂质的金属离子混合溶液中,常控制 pH 使 Fe^{3+} 水解生成 $Fe(OH)_3$ 而除去。例如,$CuSO_4$,$NiSO_4$ 或 $CoCl_2$ 的提纯中,Fe^{3+} 沉淀完全 $[c(Fe^{3+}) \leqslant 10^{-5} \text{ mol·L}^{-1}]$ 时的 pH 约为 2.8(由计算得来,也可在图 6-3 中估算出来)。而 Cu^{2+},Ni^{2+} 和 Co^{2+}(浓度为 0.10 mol·L^{-1} 时)开始沉淀的 pH 分别为 5.2,6.9 和 7.5,与 Fe^{3+} 沉淀完全时的 pH 相差较大。在实际应用中,为了除掉 Fe^{3+},一般控制 pH 在 4 左右,就能将铁杂质除去。在图 6-3 中,可以看出 $Ni(OH)_2$ 和 $Co(OH)_2$ 的 s-pH 曲线相距很近,不能利用生成难溶氢氧化物的方法将两者分开。

在利用生成难溶金属氢氧化物分离金属离子时,常使用缓冲溶液控制 pH。

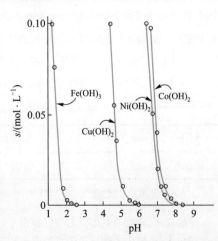

图 6-3 难溶金属氢氧化物的 s-pH 图

例6-5 25 ℃下,在0.20 L的0.50 mol·L⁻¹ MgCl₂ 溶液中加入等体积的0.10 mol·L⁻¹氨的水溶液。

(1) 试通过计算判断有无 $Mg(OH)_2$ 沉淀生成。

(2) 为了不使 $Mg(OH)_2$ 沉淀析出,加入 $NH_4Cl(s)$ 的质量最低为多少(设加入固体 NH_4Cl 后溶液的体积不变)?

解:(1) $MgCl_2$ 溶液与氨的水溶液等体积混合,在发生反应之前,$MgCl_2$和NH_3的浓度分别减半。

$$c(Mg^{2+}) = 0.25 \text{ mol·L}^{-1}, c(NH_3) = 0.050 \text{ mol·L}^{-1}$$

混合后,如有沉淀生成,则溶液中有两个平衡同时存在:

$$Mg(OH)_2(s) \rightleftharpoons Mg^{2+}(aq) + 2OH^-(aq) \qquad ①$$

$$NH_3(aq) + H_2O(l) \rightleftharpoons NH_4^+(aq) + OH^-(aq) \qquad ②$$

由反应②可以计算出 $c(OH^-)$。设 $c(OH^-) = x$ mol·L⁻¹

$$\frac{\{c(NH_4^+)\}\{c(OH^-)\}}{\{c(NH_3)\}} = K_b^\ominus(NH_3)$$

$$\frac{x^2}{0.050 - x} = 1.8 \times 10^{-5} \quad x = 9.5 \times 10^{-4}$$

由反应①来判断能否有 $Mg(OH)_2$ 沉淀生成:

$$J = \{c(Mg^{2+})\}\{c(OH^-)\}^2 = 0.25 \times (9.5 \times 10^{-4})^2 = 2.3 \times 10^{-7}$$

查得 $K_{sp}^\ominus[Mg(OH)_2] = 5.1 \times 10^{-12}, J > K_{sp}^\ominus$,有 $Mg(OH)_2$ 沉淀析出。

(2) 为了不使 $Mg(OH)_2$ 沉淀析出,加 $NH_4Cl(s)$,溶液中的 $c(NH_4^+)$ 增大,反应②向左移动,降低了 $c(OH^-)$。将反应式②×2-式①得

$$Mg^{2+}(aq) + 2NH_3(aq) + 2H_2O(l) \rightleftharpoons Mg(OH)_2(s) + 2NH_4^+(aq)$$

平衡浓度/(mol·L⁻¹)　　　　　　　0.25　　0.050　　　　　　　　　　　　　　y

$$K^\ominus = \frac{\{c(NH_4^+)\}^2}{\{c(Mg^{2+})\}\{c(NH_3)\}^2} = \frac{[K_b^\ominus(NH_3)]^2}{K_{sp}^\ominus[Mg(OH)_2]} = \frac{(1.8 \times 10^{-5})^2}{5.1 \times 10^{-12}} = 64$$

$$\frac{y^2}{0.25 \times (0.050)^2} = 64 \quad y = 0.20 \quad c(NH_4^+) = 0.20 \text{ mol·L}^{-1}$$

$M(NH_4Cl) = 53.5$ g·mol⁻¹,不析出 $Mg(OH)_2$ 沉淀,至少应加入的 $NH_4Cl(s)$ 质量为

$$m(NH_4Cl) = (0.20 \times 0.40 \times 53.5) \text{g} = 4.3 \text{ g}$$

不难看出,在适当浓度的 NH_3-NH_4Cl 缓冲溶液中,$Mg(OH)_2$ 沉淀不能析出。

2. 金属硫化物

很多金属硫化物在水中都是难溶的,而且它们的溶度积彼此有一定的差异,并各有特定的颜色。因此,在实际应用中,常利用硫化物的这些性质来分离或鉴定某些金属离子。金属硫化物是弱酸 H_2S 的盐。对 $H_2S(aq)$ 解离常数的测定与研究已有近百年之久。各种期刊与教科书所引用的 $K_{a1}^\ominus(H_2S)$ 和 $K_{a2}^\ominus(H_2S)$ 有十几种之多,彼此相差较大。最近的研究表明,S^{2-} 像 O^{2-} 一样是很强的碱,在水中不能存在。因此,不能将难溶硫化物 MS 的多相离子平衡写为

$$MS(s) \rightleftharpoons M^{2+}(aq) + S^{2-}(aq)$$

而必须考虑强碱 S^{2-} 对质子的亲和作用，即 S^{2-} 的水解：

$$S^{2-}(aq) + H_2O(l) \rightleftharpoons HS^-(aq) + OH^-(aq)$$

将难溶金属硫化物的多相离子平衡写为

$$MS(s) + H_2O(l) \rightleftharpoons M^{2+}(aq) + OH^-(aq) + HS^-(aq)$$

其标准平衡常数表示式为

$$K^\ominus = \{c(M^{2+})\}\{c(OH^-)\}\{c(HS^-)\}$$

由于分离金属硫化物常常在酸性溶液中进行，所以难溶金属硫化物 MS 在酸中的沉淀溶解平衡更有实际意义。

$$MS(s) + 2H_3O^+(aq) \rightleftharpoons M^{2+}(aq) + H_2S(aq) + 2H_2O(l)$$

$$K^\ominus_{spa} = \frac{\{c(M^{2+})\}\{c(H_2S)\}}{\{c(H_3O^+)\}^2} \tag{6-4}$$

$K^\ominus_{spa}$ 被称为在酸中的溶度积常数（表6-4）。实际上，$K^\ominus_{sp}(MS)$ 与 H_2S 的解离常数的情形一样，同一硫化物的溶度积在不同文献中有所不同，导致 $K^\ominus_{spa}$ 也会有所不同。更详尽准确的实验研究还有待于深入下去。

表6-4　25 ℃，某些难溶金属硫化物在酸中的溶度积常数*

硫化物	$K^\ominus_{spa}$	硫化物	$K^\ominus_{spa}$
MnS(肉色)	3×10^{10}	PbS(黑色)	3×10^{-7}
FeS(黑色)	6×10^2	CuS(黑色)	6×10^{-16}
β-ZnS(白色)	2×10^{-2}	Ag_2S(黑色)	6×10^{-30}
SnS(棕色)	1×10^{-5}	HgS(黑色)	2×10^{-32}
CdS(黄色)	8×10^{-7}		

*本表数据取自于 *CRC Hand book of Chemistry and physics*, 78th ed. (1997—1998).

溶度积规则同样适用于硫化物在酸溶液中的沉淀溶解平衡。

> **例6-6**　25 ℃下，于 $0.010\ mol \cdot L^{-1}$ $FeSO_4$ 溶液中通入 $H_2S(g)$，使其成为 H_2S 饱和溶液 $[c(H_2S) = 0.10\ mol \cdot L^{-1}]$。用 HCl 调节 pH，使 $c(HCl) = 0.30\ mol \cdot L^{-1}$。试判断能否有 FeS 生成。
>
> **解**：已知 $c(Fe^{2+}) = 0.010\ mol \cdot L^{-1}$，$c(H_3O^+) = 0.30\ mol \cdot L^{-1}$，　$c(H_2S) = 0.10\ mol \cdot L^{-1}$
>
> $$FeS(s) + 2H_3O^+(aq) \rightleftharpoons Fe^{2+}(aq) + H_2S(aq) + 2H_2O(l)$$
>
> $$J = \frac{\{c(Fe^{2+})\}\{c(H_2S)\}}{\{c(H_3O^+)\}^2} = \frac{0.010 \times 0.10}{(0.30)^2} = 0.011$$

$J < K^\ominus_{spa}$，无 FeS 沉淀生成。

金属硫化物在酸中的溶解度有较大的差异：

（1）$K^\ominus_{spa}$ 较大的硫化物，如 MnS 不仅在稀盐酸中溶解，而且在 HAc 中也能溶解（FeS 在 HAc 中不溶解）。MnS 只有在氨碱性溶液中加入 H_2S 饱和溶液才能生成沉淀。只有当碱性增强,才能使 Mn^{2+} 沉淀完全。

(2) FeS 和 ZnS 等硫化物的 $K_{spa}^{\ominus} > 10^{-2}$,它们在稀盐酸(0.30 mol·L^{-1})中溶解;CdS 和 PbS 在稀盐酸中不溶,在浓盐酸中溶解(此时酸溶解和配位溶解同时存在)。在实际应用中,分离 Zn^{2+} 和 Cd^{2+} 时,可控制溶液中 $c(H_3O^+) = 0.30$ mol·L^{-1},使 CdS 沉淀,而 Zn^{2+} 仍保留在溶液中。

(3) CuS, Ag_2S 在浓盐酸中不溶,在硝酸中发生氧化还原溶解:

$$3CuS(s) + 2NO_3^-(aq) + 8H^+(aq) \longrightarrow$$
$$3Cu^{2+}(aq) + 2NO(g) + 3S(s) + 4H_2O(l)$$

(4) HgS 是 $K_{spa}^{\ominus}$ 非常小的硫化物,在盐酸、硝酸中均不溶解,只能在王水中溶解,其溶解反应为

$$3HgS(s) + 2NO_3^-(aq) + 12Cl^-(aq) + 8H^+(aq) \longrightarrow$$
$$3[HgCl_4]^{2-}(aq) + 3S(s) + 2NO(g) + 4H_2O(l)$$

这一过程包括了配位溶解、氧化还原溶解和酸效应。

6.2.4　配合物的生成对溶解度的影响——沉淀的配位溶解

许多难溶化合物在配位剂的作用下能生成配离子而溶解——配位溶解。例如:

$$AgCl(s) + Cl^-(aq) \rightleftharpoons AgCl_2^-(aq)$$
$$HgI_2(s) + 2I^-(aq) \rightleftharpoons HgI_4^{2-}(aq)$$

这类配位溶解是难溶化合物溶于具有相同阴离子的溶液中,发生了加合反应。另一类配位溶解是难溶化合物溶于含有不同阴离子(或分子)的溶液中,发生了取代反应。如 AgCl 能溶于氨水中,AgBr 能溶于 $Na_2S_2O_3$ 溶液中。在配位溶解过程中,它们分别形成了配离子 $[Ag(NH_3)_2]^+$ 和配离子 $[Ag(S_2O_3)_2]^{3-}$。反应方程式为

$$AgCl(s) + 2NH_3(aq) \rightleftharpoons [Ag(NH_3)_2]^+(aq) + Cl^-(aq)$$
$$AgBr(s) + 2S_2O_3^{2-}(aq) \rightleftharpoons [Ag(S_2O_3)_2]^{3-}(aq) + Br^-(aq)$$

后一反应是定影过程中发生的主要反应,底片上未感光的 AgBr 与定影剂中的主要成分海波($Na_2S_2O_3 \cdot 5H_2O$)反应生成配离子 $[Ag(S_2O_3)_2]^{3-}$ 而溶解。

一般情况下,当难溶化合物的溶度积不很小,并且配合物的生成常数比较大时,就有利于配位溶解反应的发生。此外,配位剂的浓度也是影响难溶化合物能否发生配位溶解的重要因素之一。

例 6-7　室温下,在 1.0 L 氨水中溶解 0.10 mol 的 AgCl(s),氨水浓度最低应为多少?

解:可不考虑 NH_3 与 H_2O 之间的质子转移反应和 $Ag(NH_3)^+$ 的形成,近似地认为 AgCl 溶于氨水后全部生成 $[Ag(NH_3)_2]^+$。

$$AgCl(s) + 2NH_3(aq) \rightleftharpoons [Ag(NH_3)_2]^+(aq) + Cl^-(aq)$$

| 平衡浓度/(mol·L^{-1}) | x | 0.10 | 0.10 |

该反应的标准平衡常数为

$$K^{\ominus} = \frac{\{c[Ag(NH_3)_2^+]\}\{c(Cl^-)\}}{\{c(NH_3)\}^2} = K_f^{\ominus}[Ag(NH_3)_2^+]K_{sp}^{\ominus}(AgCl)$$

$$\frac{0.10 \times 0.10}{x^2} = 1.67 \times 10^7 \times 1.8 \times 10^{-10} \qquad x = 1.8$$

由于生成 $0.10\ mol \cdot L^{-1}[Ag(NH_3)_2]^+$ 需要消耗 $0.20\ mol \cdot L^{-1}$ 的 NH_3,所以氨的最低浓度应为

$$c(NH_3) = (1.8 + 0.10 \times 2)\ mol \cdot L^{-1} = 2.0\ mol \cdot L^{-1}$$

图 6-4 中表明了 $AgCl(s)$ 在氨水中的溶解度。随着 $c(NH_3)$ 增大,$AgCl$ 的溶解度开始有明显增大,然后增大较小。

另外,有些两性金属氢氧化物 $Al(OH)_3$,$Cr(OH)_3$,$Zn(OH)_2$ 和 $Sn(OH)_2$ 等不仅能溶于酸中,而且能溶于强碱中,生成羟基配合物:$Al(OH)_4^-$,$Cr(OH)_4^-$,$Zn(OH)_4^{2-}$ 和 $Sn(OH)_3^-$ 等。这里以 $Al(OH)_3$ 为例讨论两性氢氧化物的配位溶解。为了全面了解 $Al(OH)_3$ 在酸和碱中溶解度的变化,可按式(6-3)画出 $Al(OH)_3$ 在酸中的 s-pH 曲线(图 6-5)。在强碱中的配位反应是

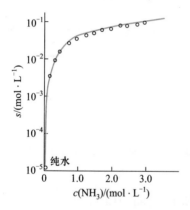

图 6-4　AgCl 在氨水中的溶解度

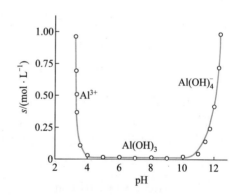

图 6-5　$Al(OH)_3$ 的 s-pH 图

$$Al(OH)_3(s) + OH^-(aq) \rightleftharpoons Al(OH)_4^-(aq)$$

$$K^{\ominus} = \frac{\{c[Al(OH)_4^-]\}}{\{c(OH^-)\}} = 4.3$$

$Al(OH)_3(s)$ 相应的溶解度 $s = c[Al(OH)_4^-] = K^{\ominus}c(OH^-)$

根据此式作出在碱性溶液中 $Al(OH)_3$ 的 s-pH 曲线。从图 6-5 中可以看出,当 pH<3.4 时,$Al(OH)_3$ 溶解在酸中,生成 Al^{3+};pH>12.9 时,$Al(OH)_3$ 溶解在碱中,生成 $[Al(OH)_4]^-$;pH 在 4~11 时 $Al(OH)_3$ 基本不溶解。

生成配合物能使难溶化合物溶解,这是配合物形成时的又一特征。但是,在溶液中生成的配合物中,也有的溶解度较小,如二丁二肟合镍(Ⅱ)螯合物就是难溶的鲜红色沉淀,可用于定性鉴定 Ni^{2+} 的存在。

§6.3　两种沉淀之间的平衡

6.3.1　分步沉淀

MOOC

教学视频
两种沉淀之间
的平衡

前面所讨论的沉淀反应都是加一种试剂只能使一种离子生成沉淀的情况。实际上,溶液中往往含有多种可被沉淀的离子,即当加入某种沉淀试剂时,可能分别与溶液中的多种离子发生反应而产生沉淀。在这种情况下,沉淀反应将按照怎样的次序进行,哪种离子先被沉淀,哪种离子后被沉淀? 先沉淀的离子沉淀到什么程度另一种离子才开始沉淀? 弄清这些问题在离子的分离过程中十分重要。

在 1.0 L 含有相同浓度(1×10^{-3} mol·L^{-1})的 I^- 和 Cl^- 的混合溶液中,先加 1 滴(0.05 mL)1×10^{-3} mol·L^{-1}AgNO$_3$ 溶液,此时只有黄色的 AgI 沉淀析出;如果继续滴加 AgNO$_3$ 溶液(要特别强调的是慢慢滴加并不断搅拌或振荡)才有白色的 AgCl 沉淀析出。这种先后沉淀的现象,叫做分步沉淀或分级沉淀。

根据溶度积规则,可以说明上述实验事实。

$$AgI(s) \rightleftharpoons Ag^+(aq) + I^-(aq)$$
$$\{c(Ag^+)\}\{c(I^-)\} = K^\ominus_{sp}(AgI)$$

当 $c(I^-) = 1.0\times10^{-3}$ mol·L^{-1}时,析出 AgI(s)的最低 Ag^+ 浓度为

$$c_1(Ag^+) = \frac{K^\ominus_{sp}(AgI)}{\{c(I^-)\}} \text{ mol·}L^{-1} = \frac{8.3\times10^{-17}}{1.0\times10^{-3}} \text{ mol·}L^{-1}$$
$$= 8.3\times10^{-14} \text{ mol·}L^{-1}$$

$$AgCl(s) \rightleftharpoons Ag^+(aq) + Cl^-(aq)$$
$$\{c(Ag^+)\}\{c(Cl^-)\} = K^\ominus_{sp}(AgCl)$$

当 $c(Cl^-) = 1.0\times10^{-3}$ mol·L^{-1}时,析出 AgCl(s)的最低 Ag^+ 浓度为

$$c_2(Ag^+) = \frac{K^\ominus_{sp}(AgCl)}{\{c(Cl^-)\}} \text{ mol·}L^{-1} = \frac{1.8\times10^{-10}}{1.0\times10^{-3}} \text{ mol·}L^{-1}$$
$$= 1.8\times10^{-7} \text{ mol·}L^{-1}$$

由计算结果可知,开始沉淀 I^- 时所需要的 Ag^+ 浓度比开始沉淀 Cl^- 时所需要的 Ag^+ 浓度小得多。当在含有 I^- 和 Cl^- 的溶液中,逐滴慢慢加入 AgNO$_3$ 稀溶液,Ag^+ 浓度渐渐增加,当$\{c(Ag^+)\}\{c(I^-)\} \geqslant K^\ominus_{sp}(AgI)$时,AgI 沉淀开始不断析出。只有当 $c(Ag^+)$ 增大到一定程度时,使$\{c(Ag^+)\}\{c(Cl^-)\} \geqslant K^\ominus_{sp}(AgCl)$,才能有 AgCl 沉淀析出。总之,在溶液中某种沉淀对应的离子积首先达到或超过其溶度积时,就先析出这种沉淀。必须指出:只有对同一类型的难溶电解质,且被沉淀离子浓度相同或相近的情况下,逐滴慢慢加入沉淀试剂时,才是溶度积小的沉淀先析出,溶度积大的沉淀后析出。

上述实例中,当 AgCl 沉淀开始析出时,溶液中 I^- 的浓度又是多少呢? 即溶液中 $c_2(Ag^+) = 1.8\times10^{-7}$ mol·L^{-1}时:

$$c(\mathrm{I}^-)=\frac{K_{sp}^{\ominus}(\mathrm{AgI})}{\{c_2(\mathrm{Ag}^+)\}}\ \mathrm{mol\cdot L^{-1}}=4.6\times10^{-10}\ \mathrm{mol\cdot L^{-1}}$$

此时,残留在溶液中 I^- 的量只有原含量的 $(4.6\times10^{-10}/1.0\times10^{-3})\times100\%=4.6\times10^{-5}\%$ 。就是说,AgCl 开始析出沉淀时,I^- 早已被沉淀完全了 $[\,c(\mathrm{I}^-)\ll10^{-5}\ \mathrm{mol\cdot L^{-1}}\,]$ 。

当系统中同时析出 AgI 和 AgCl 两种沉淀时,溶液中的 Ag^+ 浓度同时满足两个多相离子平衡。即

$$\{c(\mathrm{Ag}^+)\}\{c(\mathrm{I}^-)\}=K_{sp}^{\ominus}(\mathrm{AgI})$$

$$\{c(\mathrm{Ag}^+)\}\{c(\mathrm{Cl}^-)\}=K_{sp}^{\ominus}(\mathrm{AgCl})$$

$$c(\mathrm{Ag}^+)=\frac{K_{sp}^{\ominus}(\mathrm{AgI})}{\{c(\mathrm{I}^-)\}}\ \mathrm{mol\cdot L^{-1}}=\frac{K_{sp}^{\ominus}(\mathrm{AgCl})}{c(\mathrm{Cl}^-)}\ \mathrm{mol\cdot L^{-1}}$$

$$\frac{c(\mathrm{I}^-)}{c(\mathrm{Cl}^-)}=\frac{K_{sp}^{\ominus}(\mathrm{AgI})}{K_{sp}^{\ominus}(\mathrm{AgCl})}=\frac{8.3\times10^{-17}}{1.8\times10^{-10}}=4.6\times10^{-7}$$

由此式可以推知,溶度积差别越大,就越有可能利用分步沉淀的方法将它们分离开。

显然,分步沉淀的次序不仅与溶度积的数值有关,还与溶液中对应各种离子的浓度有关。如果溶液中的 $c(\mathrm{Cl}^-)>2.2\times10^6c(\mathrm{I}^-)$ (海水中的情况就与此类似),这样,开始析出 AgCl 沉淀所需的 Ag^+ 浓度比开始析出 AgI 沉淀所需的 Ag^+ 浓度还小。当逐滴加入 AgNO_3 试剂时,首先达到 AgCl 的溶度积而析出 AgCl 沉淀。因此,适当地改变被沉淀离子的浓度,可以使分步沉淀的顺序发生变化。

当溶液中存在多种可被沉淀离子,加入沉淀试剂生成不同类型的难溶电解质时,也是离子积 J 首先达到溶度积的难溶电解质先析出沉淀。

例 6-8　室温下,银量法测定溶液中 Cl^- 含量时,以 $\mathrm{K_2CrO_4}$ 为指示剂。在某被测溶液中 Cl^- 浓度为 $0.010\ \mathrm{mol\cdot L^{-1}}$,$\mathrm{CrO_4^{2-}}$ 浓度为 $5.0\times10^{-3}\ \mathrm{mol\cdot L^{-1}}$ 。当用 $0.010\ 00\ \mathrm{mol\cdot L^{-1}}\ \mathrm{AgNO_3}$ 标准溶液进行滴定时,哪一种沉淀首先析出?当第二种沉淀析出时,第一种离子是否已被沉淀完全?

解:溶液中加入 $\mathrm{AgNO_3}$ 试剂后,可能发生如下反应:

$$2\mathrm{Ag}^+(\mathrm{aq})+\mathrm{CrO_4^{2-}}(\mathrm{aq})\Longrightarrow\mathrm{Ag_2CrO_4}(\mathrm{s},砖红色)$$

$$\mathrm{Ag}^+(\mathrm{aq})+\mathrm{Cl}^-(\mathrm{aq})\Longrightarrow\mathrm{AgCl}(\mathrm{s},白色)$$

设生成 $\mathrm{Ag_2CrO_4}$ 沉淀所需要的 Ag^+ 最低浓度为 $c_1(\mathrm{Ag}^+)$:

$$c_1(\mathrm{Ag}^+)=\sqrt{\frac{K_{sp}^{\ominus}(\mathrm{Ag_2CrO_4})}{\{c(\mathrm{CrO_4^-})\}}}=\sqrt{\frac{1.1\times10^{-12}}{5.0\times10^{-3}}}\ \mathrm{mol\cdot L^{-1}}=5.0\times10^{-5}\ \mathrm{mol\cdot L^{-1}}$$

生成 AgCl 沉淀所需要的 Ag^+ 最低浓度为 $c_2(\mathrm{Ag}^+)$:

$$c_2(\mathrm{Ag}^+)=\frac{K_{sp}^{\ominus}(\mathrm{AgCl})}{\{c(\mathrm{Cl}^-)\}}=\frac{1.8\times10^{-10}}{0.010}\ \mathrm{mol\cdot L^{-1}}=1.8\times10^{-8}\ \mathrm{mol\cdot L^{-1}}$$

$c_2(\mathrm{Ag}^+)\ll c_1(\mathrm{Ag}^+)$,混合溶液中逐滴加入 $\mathrm{AgNO_3}$ 时,AgCl 沉淀先析出。

设滴定接近终点时溶液的体积增大一倍,$\mathrm{CrO_4^-}$ 浓度减半,生成 $\mathrm{Ag_2CrO_4}$ 沉淀所需的 Ag^+ 浓度为 $c'(\mathrm{Ag}^+)$:

$$c'(\text{Ag}^+) = \sqrt{\frac{1.1 \times 10^{-12}}{2.5 \times 10^{-3}}} \text{ mol} \cdot \text{L}^{-1} = 2.1 \times 10^{-5} \text{ mol} \cdot \text{L}^{-1}$$

当 Ag_2CrO_4 沉淀开始析出时,溶液中 Ag^+ 浓度为 $2.1 \times 10^{-5} \text{ mol} \cdot \text{L}^{-1}$,这时 Cl^- 浓度为

$$c(\text{Cl}^-) = \frac{1.8 \times 10^{-10}}{2.1 \times 10^{-5}} \text{ mol} \cdot \text{L}^{-1} = 8.6 \times 10^{-6} \text{ mol} \cdot \text{L}^{-1}$$

即滴定终点时,$c(\text{Cl}^-) < 1.0 \times 10^{-5} \text{ mol} \cdot \text{L}^{-1}$,说明 Cl^- 被沉淀完全。终点与化学计量点 [等当点, $c(\text{Cl}^-) = 1.3 \times 10^{-5} \text{ mol} \cdot \text{L}^{-1}$] 很接近。为使 Ag_2CrO_4 生成,能观察到砖红色,终点时,Ag^+ 稍稍过量一点,保证了测定的准确度。

掌握了分步沉淀的规律,根据具体情况,适当地控制条件,就可以达到分离离子的目的。

6.3.2 沉淀的转化

有些沉淀既不溶于水也不溶于酸,还无法用配位溶解和氧化还原溶解的方法把它直接溶解。这时,可以把一种难溶电解质转化为另一种难溶电解质,然后再使其溶解。例如,在用焰色反应鉴定 SrSO_4 中的 Sr^{2+} 时,由于 SrSO_4 不挥发,不宜用于焰色反应,必须将其转化为易挥发的 SrCl_2。但是 $\text{SrSO}_4(\text{s})$ 并不溶解于盐酸中。为了制得 SrCl_2,可先将 $\text{SrSO}_4(\text{s})$ 转化为可溶于酸的 $\text{SrCO}_3(\text{s})$,再将 SrCO_3 溶解于盐酸中。把一种沉淀转化为另一种沉淀的过程,叫做沉淀的转化。

例 6-9 将 $\text{SrSO}_4(\text{s})$ 转化为 SrCO_3,可用 Na_2CO_3 溶液与 SrSO_4 反应。室温下,如果在 1.0 L Na_2CO_3 溶液中溶解 0.010 mol 的 SrSO_4,Na_2CO_3 的开始浓度最低应为多少?

解:$\text{SrSO}_4(\text{s})$ 与 Na_2CO_3 之间发生的离子反应

$$\text{SrSO}_4(\text{s}) + \text{CO}_3^{2-}(\text{aq}) \Longleftrightarrow \text{SrCO}_3(\text{s}) + \text{SO}_4^{2-}(\text{aq})$$

$$K^{\ominus} = \frac{c(\text{SO}_4^{2-})}{c(\text{CO}_3^{2-})} = \frac{K_{sp}^{\ominus}(\text{SrSO}_4)}{K_{sp}^{\ominus}(\text{SrCO}_3)} = \frac{3.4 \times 10^{-7}}{5.6 \times 10^{-10}} = 6.1 \times 10^2$$

平衡时,$c(\text{SO}_4^{2-}) = 0.010 \text{ mol} \cdot \text{L}^{-1}$,$c(\text{CO}_3^{2-}) = \frac{0.010}{6.1 \times 10^2} \text{ mol} \cdot \text{L}^{-1} = 1.6 \times 10^{-5} \text{ mol} \cdot \text{L}^{-1}$

因为溶解 1 mol SrSO_4 需要消耗 1 mol Na_2CO_3。所以在 1.0 L 溶液中要溶解 0.010 mol $\text{SrSO}_4(\text{s})$,所需 Na_2CO_3 的最初浓度至少应为

$$c_0(\text{Na}_2\text{CO}_3) = (0.010 + 1.6 \times 10^{-5}) \text{ mol} \cdot \text{L}^{-1} = 0.010 \text{ mol} \cdot \text{L}^{-1}$$

此例说明溶解度较大的沉淀转化为溶解度较小的沉淀时,沉淀转化的标准平衡常数一般比较大($K^{\ominus} > 1$),因此转化比较容易实现。如果是溶解度较小的沉淀转化为溶解度较大的沉淀,标准平衡常数 $K^{\ominus} < 1$,这种转化往往比较困难,但在一定的条件下也是能够实现的。

例 6-10 25 ℃时,如果在 1.0 L Na_2CO_3 溶液中溶解 0.010 mol 的 BaSO_4,则 Na_2CO_3 溶液的最初浓度不得低于多少?

解:
$$\text{BaSO}_4(\text{s}) + \text{CO}_3^{2-}(\text{aq}) \Longleftrightarrow \text{BaCO}_3(\text{s}) + \text{SO}_4^{2-}(\text{aq})$$

$$K^{\ominus} = \frac{c(SO_4^{2-})}{c(CO_3^{2-})} = \frac{K_{sp}^{\ominus}(BaSO_4)}{K_{sp}^{\ominus}(BaCO_3)} = \frac{1.1 \times 10^{-10}}{2.6 \times 10^{-9}} = 0.042$$

$$c(CO_3^{2-}) = \frac{c(SO_4^{2-})}{K^{\ominus}} = \frac{0.010}{0.042} \ mol \cdot L^{-1} = 0.24 \ mol \cdot L^{-1}$$

Na_2CO_3 溶液的最初浓度：

$$c_0(Na_2CO_3) \geqslant (0.01 + 0.24) \ mol \cdot L^{-1} = 0.25 \ mol \cdot L^{-1}$$

化学视野
沉淀反应在冶金与医学中的应用实例

$BaSO_4$ 是比 $BaCO_3$ 更难溶的电解质。通过计算表明，在 1.0 L 溶液中溶解 0.010 mol $BaSO_4$ 所需要的 Na_2CO_3 的浓度比溶解同样量的 $SrSO_4$ 所需要的 Na_2CO_3 的浓度大得多。对于难溶的沉淀转化为较易溶的沉淀，二者的溶解度相差越大，$K^{\ominus}$ 越小，转化也越困难。

思 考 题

1. 说明下列基本概念：

(1) 溶解度、溶度积和溶度积规则；

(2) 沉淀反应中同离子效应和盐效应；

(3) 分步沉淀与沉淀的转化。

2. 根据化合物的溶解性或溶度积，判断下列反应的产物，并配平反应方程式。

(1) $LiCl(aq) + NaF(aq) \longrightarrow$ 　　　　(2) $MgCl_2(aq) + Ba(OH)_2(aq) \longrightarrow$

(3) $BaCl_2(aq) + Na_2CO_3(aq) \longrightarrow$ 　　(4) $AlCl_3(aq) + NH_3(aq) \longrightarrow$

(5) $PbCl_2(s) + KBr(aq) \longrightarrow$ 　　　　(6) $BaCl_2(aq) + K_2CrO_4(aq) \longrightarrow$

3. 下列叙述是否正确？并说明之。

(1) 溶解度大的，溶度积一定大；

(2) 为了使某种离子沉淀得很完全，应多加沉淀试剂，所加沉淀试剂越多，则沉淀得越完全；

(3) 所谓沉淀完全，就是指溶液中这种离子的浓度为零；

(4) 对含有多种可被沉淀离子的溶液来说，当逐滴慢慢加入沉淀试剂时，一定是浓度大的离子首先被沉淀出来。

4. 根据溶度积规则，说明下列事实。

(1) $CaCO_3(s)$ 能溶解于 HAc 溶液中；

(2) $Fe(OH)_3(s)$ 溶解于稀 H_2SO_4 溶液中；

(3) $MnS(s)$ 溶于 HAc 溶液，而 $ZnS(s)$ 不溶于 HAc 溶液能溶于稀 HCl 溶液中；

(4) $SrSO_4$ 难溶于稀 HCl 溶液中；

(5) AgCl 不溶于稀 HCl 溶液($2.0 \ mol \cdot L^{-1}$)，但可适当溶解于浓盐酸中。

5. 下列难溶化合物中，有哪些化合物的溶解度将因阴离子与水反应而比从溶度积计算得到的溶解度大：AgI，$PbCO_3$，Tl_2S，$CuCl$，$Ca_3(PO_4)_2$。

6. 根据 Le Châtelier 原理，解释下列情况下 Ag_2CO_3 溶解度的变化。

(1) 加 $AgNO_3(aq)$；　　　　(2) 加 $HNO_3(aq)$；

(3) 加 $Na_2CO_3(aq)$；　　　　(4) 加 $NH_3(aq)$。

7. 通过实例，总结出影响难溶电解质溶解度的因素，以及溶解沉淀的常用方法。

习 题

1. 指出下列化合物中,哪些是可溶于水的:

$Ba(NO_3)_2$,$Ca(NO_3)_2$,PbI_2,$PbCl_2$,AgF,LiF,H_2SiO_3,$Ca(OH)_2$,Hg_2Cl_2,$HgCl_2$,$CaSO_4$,$KClO_4$, $Na[Sb(OH)_6]$,$K_2Na[Co(NO_2)_6]$。

2. 写出下列难溶化合物的沉淀溶解反应方程式及其溶度积表达式。

(1) CaC_2O_4;　　　　　　　(2) $Mn_3(PO_4)_2$;

(3) $Al(OH)_3$;　　　　　　　(4) Ag_3PO_4;

(5) PbI_2;　　　　　　　　　(6) $MgNH_4PO_4$。

3. 放射化学技术在确定溶度积中是很有用的。在测定 $K_{sp}^{\ominus}(AgIO_3)$ 的实验中,将 50.0 mL 的 0.010 mol·L^{-1} AgNO$_3$ 溶液与 100.0 mL 的 0.030 mol·L^{-1} NaIO$_3$ 溶液在 25 ℃ 下混合,并稀释至 500.0 mL。然后过滤掉 AgIO$_3$ 沉淀。滤液的放射性计数为 44.4 s^{-1}·mL^{-1},原 AgNO$_3$ 溶液的放射性计数为 74 025 s^{-1}·mL^{-1}。计算 $K_{sp}^{\ominus}(AgIO_3)$。

4. 在化学手册中查到下列各物质的溶解度。由于这些化合物在水中是微溶的或是难溶的,假定溶液体积近似等于溶剂体积,计算它们各自的溶度积。

(1) TlCl,0.29 g/100 mL;　　　(2) $Ce(IO_3)_4$,1.5×10^{-2} g/100 mL;

(3) $Gd_2(SO_4)_3$,3.98 g/100 mL;　　(4) InF_3,4.0×10^{-2} g/100 mL。

5. 大约 50% 的肾结石是由磷酸钙[$Ca_3(PO_4)_2$]组成的。正常尿液中的钙含量每天约为 0.10 g Ca^{2+},正常的排尿量每天为 1.4 L。为不使尿中形成 $Ca_3(PO_4)_2$,其中最大的 PO_4^{3-} 浓度不得高于多少? 对于肾结石患者,医生总让患者多饮水,你能简单对其加以说明吗?

6. 根据 AgI 的溶度积,计算 25 ℃ 时:

(1) AgI 在纯水中的溶解度(g·L^{-1});

(2) 在 0.0010 mol·L^{-1} KI 溶液中 AgI 的溶解度(g·L^{-1});

(3) 在 0.010 mol·L^{-1} AgNO$_3$ 溶液中 AgI 的溶解度(g·L^{-1})。

7. 25 ℃ 时,根据 $Mg(OH)_2$ 的溶度积计算:

(1) $Mg(OH)_2$ 在水中的溶解度(mol·L^{-1});

(2) $Mg(OH)_2$ 饱和溶液中的 $c(Mg^{2+})$,$c(OH^-)$ 和 pH;

(3) $Mg(OH)_2$ 在 0.010 mol·L^{-1} NaOH 溶液中的溶解度(mol·L^{-1});

(4) $Mg(OH)_2$ 在 0.010 mol·L^{-1} MgCl$_2$ 溶液中的溶解度(mol·L^{-1})。

8. 室温下,将 50.0 mL 0.100 mol·L^{-1} Ba(OH)$_2$ 溶液与 86.4 mL 的 0.049 4 mol·L^{-1} H$_2$SO$_4$ 溶液混合。计算生成 $BaSO_4$ 的质量和混合溶液的 pH。

9. 写出下列反应的标准平衡常数表达式,并确定 $K^{\ominus}$ 与 $K_{sp}^{\ominus}$ 或 $K_f^{\ominus}$,$K_a^{\ominus}$ 间的关系:

(1) $Zn(OH)_2(s) + 2OH^-(aq) \rightleftharpoons [Zn(OH)_4]^{2-}(aq)$;

(2) $3Ca^{2+}(aq) + 2PO_4^{3-}(aq) \rightleftharpoons Ca_3(PO_4)_2(s)$;

(3) $CaCO_3(s) + 2H^+(aq) \rightleftharpoons Ca^{2+}(aq) + CO_2(g) + H_2O(l)$;

(4) $PbI_2(s) + 2I^-(aq) \rightleftharpoons PbI_4^{2-}(aq)$;

(5) $Cu(OH)_2(s) + 4NH_3(aq) \rightleftharpoons [Cu(NH_3)_4]^{2+}(aq) + 2OH^-(aq)$。

10. 25 ℃ 时,(1) 在 10.0 mL 0.015 mol·L^{-1} MnSO$_4$ 溶液中,加入 5.0 mL 0.15 mol·L^{-1} NH$_3$ 的水溶液,是否能生成 $Mn(OH)_2$ 沉淀?

(2) 若在上述 10.0 mL 0.015 mol·L^{-1} MnSO$_4$ 溶液中先加入 0.495 g (NH$_4$)$_2$SO$_4$ 晶体,再加入

5.0 mL 0.15 mol·L^{-1} NH$_3$ 的水溶液,是否有 Mn(OH)$_2$ 沉淀生成?

11. 25 ℃时,(1) 在 0.10 mol·L^{-1} FeCl$_2$ 溶液中,不断通入 H$_2$S(g),若不生成 FeS 沉淀,溶液的 pH 最高不应超过多少?

(2) 在 pH 为 1.00 的某溶液中含有 FeCl$_2$ 与 CuCl$_2$,两者的浓度均为 0.10 mol·L^{-1},不断通入 H$_2$S(g)时,能有哪些沉淀生成? 各种离子浓度分别是多少?

12. 某溶液中含有 Pb^{2+} 和 Zn^{2+},两者的浓度均为 0.10 mol·L^{-1};在室温下通入 H$_2$S(g)使之成为 H$_2$S 饱和溶液,并加 HCl 控制 S^{2-} 浓度。为了使 PbS 沉淀出来,而 Zn^{2+} 仍留在溶液中,则溶液中的 H$^+$ 浓度最低应是多少? 此时溶液中的 Pb^{2+} 是否被沉淀完全?

13. 在含有 0.010 mol·L^{-1} Zn^{2+},0.10 mol·L^{-1} HAc 和 0.050 mol·L^{-1} NaAc 的溶液中,不断通入 H$_2$S(g)使之饱和,问沉淀出 ZnS 之后,溶液中残留的 Zn^{2+} 是多少? (虽然是缓冲系统,pH 的微小变化也会引起 Zn^{2+} 浓度的变化,这一点是要考虑的。)

14. 在某混合溶液中 Fe^{3+} 和 Zn^{2+} 浓度均为 0.010 mol·L^{-1}。在室温下加碱调节 pH,使 Fe(OH)$_3$ 沉淀出来,而 Zn^{2+} 保留在溶液中。通过计算确定分离 Fe^{3+} 和 Zn^{2+} 的 pH 范围。

15. 某化工厂用盐酸加热处理粗 CuO 的方法制备 CuCl$_2$,每 100 mL 所得的溶液中有 0.055 8 g Fe^{2+} 杂质。该厂采用使 Fe^{2+} 氧化为 Fe^{3+} 再调整 pH 使 Fe^{3+} 以 Fe(OH)$_3$ 沉淀析出的方法除去铁杂质。请在 KMnO$_4$,H$_2$O$_2$,NH$_3$·H$_2$O,Na$_2$CO$_3$,ZnO,CuO 等化学品中为该厂选出合适的氧化剂和调整 pH 的试剂,并通过计算说明,25 ℃时:

(1) 为什么不用直接沉淀出 Fe(OH)$_2$ 的方法提纯 CuCl$_2$?

(2) 该厂所采用去除铁杂质方法的可行性。

16. 将 1.0 mL 的 1.0 mol·L^{-1} Cd(NO$_3$)$_2$ 溶液加入到 1.0 L 的 5.0 mol·L^{-1} 氨水中,将生成 Cd(OH)$_2$ 还是 [Cd(NH$_3$)$_4$]$^{2+}$? 通过计算说明之(设反应的温度为 298.15 K)。

17. 计算 298.15 K 下,AgBr(s) 在 0.010 mol·L^{-1}Na$_2$S$_2$O$_3$ 溶液中的溶解度。

18. 某溶液中含有 Ag$^+$,Pb^{2+},Ba^{2+},Sr^{2+},各种离子浓度均为 0.10 mol·L^{-1}。如果在室温下逐滴加入 K$_2$CrO$_4$ 稀溶液(溶液体积变化略而不计),通过计算说明上述多种离子的铬酸盐开始沉淀的顺序。

19. 25 ℃时,某溶液中含有 0.10 mol·L^{-1} Li$^+$ 和 0.10 mol·L^{-1}Mg^{2+},滴加 NaF 溶液(忽略体积变化),哪种离子最先被沉淀出来? 当第二种沉淀析出时,第一种被沉淀的离子是否沉淀完全? 两种离子有无可能分离开?

20. 人的牙齿表面有一层釉质,其组成为羟基磷灰石 [Ca$_5$(PO$_4$)$_3$OH($K_{sp}^{\ominus}$ = 6.8×10^{-37})]。为了防止蛀牙,人们常使用含氟牙膏,其中的氟化物可使羟基磷灰石转化为氟磷灰石 [Ca$_5$(PO$_4$)$_3$F ($K_{sp}^{\ominus}$ = 1×10^{-60})]。写出这两种难溶化合物相互转化的离子方程式,并计算出相应的标准平衡常数。

21. 298.15 K 时,如果用 Ca(OH)$_2$ 溶液来处理 MgCO$_3$ 沉淀,使之转化为 Mg(OH)$_2$ 沉淀,这一反应的标准平衡常数是多少? 若在 1.0 L Ca(OH)$_2$ 溶液中溶解 0.004 5 mol MgCO$_3$,则 Ca(OH)$_2$ 溶液的最初浓度至少应为多少?

第七章
学习引导

第七章
教学课件

　　所有的化学反应可被划分为两类:一类是氧化还原反应;另一类是非氧化还原反应。前面所讨论的酸碱反应、配位反应和沉淀反应都是非氧化还原反应。氧化还原反应中电子从一种物质转移到另一种物质,相应某些元素的氧化值发生了改变。这是一类非常重要的反应。早在远古时代,"燃烧"这一最早被应用的氧化还原反应促进了人类的进化。地球上植物的光合作用也是氧化还原过程。据估计,每年通过光合作用储存了大约 10^{17} kJ 的能量,同时将 10^{10} t 的碳转换为糖类和其他有机化合物。食物、天然纤维(如棉花)和矿物燃料等均来自于光合作用,光合作用还产生了人和动物呼吸及燃料燃烧所需要的氧气。人体动脉血液中的血红蛋白(Hb)同氧结合形成氧合血红蛋白(HbO_2),通过血液循环氧被输送到体内各部分,以氧合肌红蛋白(MbO_2)的形式将氧储存起来,直到人劳动或工作需要氧的时候,氧合肌红蛋白释放出氧将葡萄糖氧化,并放出能量。就是这种体内的缓慢"燃烧"反应使生命得以维持和生长。在现代社会中,金属冶炼、高能燃料和众多化工产品的合成都涉及氧化还原反应。在电池中自发的氧化还原反应将化学能转变为电能。相反,在电解池中,电能将迫使非自发的氧化还原反应进行,并将电能转化为化学能。

　　本章将以原电池作为讨论氧化还原反应的物理模型,重点讨论标准电极电势的概念及影响电极电势的因素。同时将氧化还原反应与原电池电动势联系起来,为判断氧化还原反应进行的方向和限度给出新的判据。

§7.1　氧化还原反应的基本概念

　　人们对氧化还原反应的认识经历了一个过程。最初把一种物质同氧化合的反应称为氧化;把含氧的物质失去氧的反应称为还原。随着对化学反应的深入研究,人们认识到还原反应实质上是得到电子的过程,氧化反应是失去电子的过程;氧化与还原必然是同时发生的。总之,这样一类有电子转移(或得失)的反应,被称为氧化还原反应。

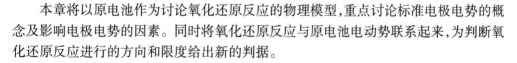

7.1.1　氧化值

　　在氧化还原反应中,电子转移引起某些原子的价电子层结构发生变化,从而改变了这些原子的带电荷状态。为了描述原子带电荷状态的改变,表明元素被氧化的程度,提出了氧化态的概念。元素的氧化态是用一定的数值来表示的。表示元素氧化态的代数值称为元素的氧化值,又称氧化数。对于简单的单原子离子来说,如 Cu^{2+},Na^+、Cl^- 和 S^{2-},它们的电荷数分别为 +2,+1,−1 和 −2,则这些元素的氧化值依次为 +2,

MOOC

教学视频
氧化值

+1,-1 和-2。这就是说,在这种情况下,元素的氧化值与离子所带的电荷数是一致的。但是,对于以共价键结合的多原子分子或离子来说,原子间成键时,没有电子的得失,只有电子对的偏移。通常,原子间共用电子对靠近电负性(见第八章)大的原子,而远离电负性小的原子。可以认为,电子对靠近的原子带负电荷,电子对远离的原子带正电荷。这样,原子所带电荷实际上是人为指定的形式电荷。原子所带形式电荷数就是其氧化值,如指定在 CO_2 中 C 的氧化值为+4,O 的氧化值为-2。1970 年,国际纯粹与应用化学联合会(IUPAC)定义了氧化值的概念:氧化值是指某元素的一个原子的荷电数。该荷电数是假定把每一化学键的电子指定给电负性更大的原子而求得的。确定氧化值的规则如下:

　　(1) 在单质中,元素的氧化值为零。

　　(2) 在单原子离子中,元素的氧化值等于离子所带的电荷数。

　　(3) 在大多数化合物中,氢的氧化值为+1;只有在金属氢化物(如 NaH,CaH_2)中,氢的氧化值为-1。

　　(4) 通常,在化合物中氧的氧化值为-2;但是在 H_2O_2,Na_2O_2,BaO_2 等过氧化物中,氧的氧化值为-1;在氧的氟化物(如 OF_2 和 O_2F_2)中,氧的氧化值分别为+2 和+1。

　　(5) 在所有的氟化物中,氟的氧化值为-1。

　　(6) 碱金属和碱土金属在化合物中的氧化值分别为+1 和+2。

　　(7) 在中性分子中,各元素氧化值的代数和为零。在多原子离子中,各元素氧化值的代数和等于离子所带电荷数。

　　元素的氧化值的改变与反应中得失电子相关联。如果反应中某元素的原子失去电子,使该元素的氧化值升高;相反,某元素的原子得到电子,其氧化值降低。在氧化还原反应中,失去电子的物质使另一物质得到电子被还原,则失去电子的物质是还原剂;还原剂是电子的给予体,它失去电子后本身被氧化。得到电子的物质是氧化剂;氧化剂是电子的接受体,它得到电子后本身被还原。例如,金属锌与硫酸铜溶液间的反应:

$$Zn(s)+Cu^{2+}(aq) \Longrightarrow Zn^{2+}(aq)+Cu(s) \tag{7-1a}$$

在该反应中,Zn 失去电子是还原剂,Cu^{2+} 得到电子是氧化剂;Zn 被氧化,Cu^{2+} 被还原。这两个过程可分别表示为

$$Zn(s) \Longrightarrow Zn^{2+}(aq)+2e^- \tag{7-1b}$$

$$Cu^{2+}(aq)+2e^- \Longrightarrow Cu(s) \tag{7-1c}$$

在还原剂 Zn 被氧化的反应(7-1b)中,锌元素的氧化值由 0 升高到+2;在氧化剂 Cu^{2+} 被还原的反应(7-1c)中,铜元素的氧化值由+2 降低到 0。可以根据氧化值的变化来确定氧化剂和还原剂。元素的氧化值升高的物质是还原剂;元素的氧化值降低的物质是氧化剂。

　　反应式(7-1b)+反应式(7-1c)就得到反应式(7-1a)。任何氧化还原反应都是由两个"半反应"组成的。一个是还原剂被氧化的半反应,另一个是氧化剂被还原的半反应。反应式(7-1b)是 Zn 氧化的半反应,反应式(7-1c)是 Cu^{2+} 还原的半反应。在半反应中,同一元素的两个不同氧化值的物种组成了电对。由 Zn^{2+} 与 Zn

所组成的电对可表示为 Zn^{2+}/Zn；由 Cu^{2+} 与 Cu 所组成的电对可表示为 Cu^{2+}/Cu。电对中氧化值较大的物种为氧化型，氧化值较小的物种为还原型。通常，电对表示为氧化型/还原型。任何氧化还原反应系统都是由两个电对构成的。如果以侧标（1）表示还原剂所对应的电对，以侧标（2）表示氧化剂所对应的电对，则氧化还原反应方程式可写为

$$还原型（1）+氧化型（2）\rightleftharpoons 氧化型（1）+还原型（2）$$

其中，还原型（1）为还原剂，在反应中被氧化为氧化型（1）；氧化型（2）是氧化剂，在反应中被还原为还原型（2）。在氧化还原反应中，失电子与得电子，氧化与还原，还原剂与氧化剂既是对立的，又是相互依存的，共处于同一反应中。

7.1.2 氧化还原反应方程式的配平

配平氧化还原方程式常用的方法有氧化值法和离子-电子半反应法（简称为"离子-电子"法）。这里只介绍后一种方法。配平时首先要知道反应物和生成物，并必须遵循下列配平原则：

（1）电荷守恒　反应中氧化剂所得到的电子数必须等于还原剂所失去的电子数；

（2）质量守恒　根据质量守恒定律，方程式两边各种元素的原子总数必须各自相等，各物种的电荷数的代数和必须相等。

配平的步骤主要是：

（1）以离子方程式写出主要的反应物及其氧化还原产物；

（2）分别写出氧化剂被还原和还原剂被氧化的半反应；

（3）分别配平两个半反应方程式，使每个半反应方程式等号两边的各种元素的原子总数各自相等且电荷数相等；

（4）确定两个半反应方程式得、失电子数目的最小公倍数。将两个半反应方程式中各项分别乘以相应的系数，使其得、失电子数目相同。然后，将二者合并，就得到了配平的氧化还原反应的离子方程式。有时根据需要，可将其改写为分子方程式。下面举例说明。

例 7-1 配平反应方程式：

$$KMnO_4+K_2SO_3 \xrightarrow{\text{在酸性溶液中}} MnSO_4+K_2SO_4$$

解：第一步，写出主要的反应物和产物的离子方程式：

$$MnO_4^-+SO_3^{2-} \longrightarrow Mn^{2+}+SO_4^{2-} \tag{a}$$

第二步，写出两个半反应中的电对：

$$MnO_4^- \longrightarrow Mn^{2+} \tag{b}$$

$$SO_3^{2-} \longrightarrow SO_4^{2-} \tag{c}$$

第三步，配平两个半反应方程式：

$$MnO_4^-+8H^++5e^- \Longrightarrow Mn^{2+}+4H_2O \tag{d}$$

$$SO_3^{2-}+H_2O \Longrightarrow SO_4^{2-}+2H^++2e^- \tag{e}$$

MOOC

教学视频
氧化还原反应
方程式的配平

MnO_4^- 被还原变为 Mn^{2+}，是氧原子数减少的过程。在酸性溶液中进行的反应，电对的氧化型转化为还原型，氧原子数减少时，应有足够的氢离子（氧原子减少数目的两倍）参与反应，并生成相应数目的 H_2O 分子。在本反应中，MnO_4^- 减少了 4 个 O，应在反应方程式左边加 8 个 H^+，右边加 4 个 H_2O；在反应方程式的左边需要加 5 个电子，从而使反应方程式两边氧原子数和电荷数相等。

SO_3^{2-} 被氧化变为 SO_4^{2-}，氧原子数目增加。在酸性或中性介质中，当电对的还原型转化为氧化型时，如果氧原子数目增加，则应添上足够多的 H_2O 分子（与氧原子增加的数目相同，以提供所需增加的氧原子）。因为该反应是在酸性溶液中进行，1 个 SO_3^{2-} 增加 1 个 O 变为 SO_4^{2-}，所以应在反应方程式的左边加 1 个 H_2O，其右边加 2 个 H^+，在反应方程式的右边需要加 2 个电子。

第四步，将两个半反应方程式合并，写出配平的离子方程式：

半反应（d）和（e）中，得、失电子的最小公倍数是 10，将式（d）乘 2，式（e）乘 5，再将二者相加消去电子和相同的离子。

$$2MnO_4^- + 16H^+ + 10e^- === 2Mn^{2+} + 8H_2O$$

$$+) \quad 5SO_3^{2-} + 5H_2O === 5SO_4^{2-} + 10H^+ + 10e^-$$

$$2MnO_4^- + 5SO_3^{2-} + 6H^+ === 2Mn^{2+} + 5SO_4^{2-} + 3H_2O$$

核对方程式两边的电荷数，以及各种元素的原子个数是否各自相等。

最后，在配平了的离子反应方程式中添上不参与反应的反应物和生成物的阳离子或阴离子，并写出相应的分子式，就可得到配平的分子方程式。

该反应是在酸性溶液中进行的，应加入何种酸为好？一般以不引入其他杂质和所引进的酸根离子不参与氧化还原反应为原则。上述反应的产物中有 SO_4^{2-}，所以应加入稀 H_2SO_4 为宜。这样，该反应的分子方程式为

$$2KMnO_4 + 5K_2SO_3 + 3H_2SO_4 === 2MnSO_4 + 6K_2SO_4 + 3H_2O$$

最后，再核对一下分子方程式两边各元素的原子个数是否各自相等。

例 7-2   氯气在热的氢氧化钠溶液中生成氯化钠和氯酸钠。配平该反应方程式。

解：
$$Cl_2 + NaOH \longrightarrow NaCl + NaClO_3$$

在该反应中，氯元素的氧化值从 0（在 Cl_2 中）变为 +5（在 ClO_3^- 中）和 -1（在 Cl^- 中）。像这样在同一物种中某元素的氧化值同时有增有减的反应，被称为歧化反应。该反应称为氯气在碱中的歧化反应。

因为反应在碱性溶液中进行，由 Cl_2 到 ClO_3^- 的转化所需增加的氧原子是由 OH^- 提供的。其中，还原剂 Cl_2 被氧化的半反应为

$$Cl_2 + 12OH^- === 2ClO_3^- + 6H_2O + 10e^-$$

氧化剂 Cl_2 被还原的半反应为

$$Cl_2 + 2e^- === 2Cl^-$$

将两个半反应方程式合并：

$$Cl_2 + 12OH^- === 2ClO_3^- + 6H_2O + 10e^-$$

$$+) 5 \times (\quad Cl_2 + 2e^- === 2Cl^- \quad)$$

$$6Cl_2 + 12OH^- === 2ClO_3^- + 10Cl^- + 6H_2O$$

应使配平的离子方程式中各种离子、分子的化学计量数为最小整数：

$$3Cl_2 + 6OH^- \Longrightarrow ClO_3^- + 5Cl^- + 3H_2O$$

核对方程式两边电荷数和各元素的原子个数是否各自相等。其分子方程式为

$$3Cl_2 + 6NaOH \Longrightarrow NaClO_3 + 5NaCl + 3H_2O$$

§7.2 电化学电池

1800 年意大利物理学家 A. Volta 设计并装配完成了第一个能产生持续电流的电堆（即电池）。他在一对圆盘状的锌板和银板之间，放入一层用盐水浸泡过的吸水纸；然后再接上另一对同样的锌板和银板，依次下去，堆置成由 30~40 对锌板和银板组成的电堆。把电堆的两极用导线连接起来，可产生持续的电流。很快用 Volta 电堆实现了电解水产生氢气和氧气。七年之后，Davy 用电分解氢氧化钠和氢氧化钾，从而获得了钠、钾两种元素。直到科学技术高度发达的现代社会，各种电池还都是以 Volta 电堆的原理为基础的。

7.2.1 原电池的构造

在前面的讨论中，将氧化还原反应分成了两个"半反应"。这种描述不仅仅是配平反应方程式的一种方法和技巧，更重要的是，可以根据 Volta 电堆的基本原理和模型，使氧化"半反应"和还原"半反应"在一定装置中"隔离"开来并分别发生反应，便可产生电流，从而将化学能转化为电能。这种装置统称为 Volta 电池或 Galvani 电池，又称为原电池。其中被普遍引用作为讨论原电池实例的是 Daniell 电池，即铜锌原电池。

金属锌置换铜离子的反应是典型的氧化还原反应。将一块锌片浸在硫酸铜溶液中，很快就观察到红色的金属铜不断地沉积在锌片上，硫酸铜的蓝色渐渐变淡；与此同时，还伴随着锌片的溶解。在这一过程中，由于锌与硫酸铜直接接触，电子由锌原子直接转移给铜离子，发生了锌的氧化反应和铜离子的还原反应。相关的离子反应方程式为

$$Zn(s) + Cu^{2+}(aq) \Longrightarrow Zn^{2+}(aq) + Cu(s);$$
$$\Delta_r H_m^{\ominus}(298.15\ K) = -218.66\ kJ \cdot mol^{-1}, \Delta_r G_m^{\ominus}(298.15\ K) = -212.55\ kJ \cdot mol^{-1}$$

很显然，这是一个自发反应（$\Delta_r G_m^{\ominus} < -40\ kJ \cdot mol^{-1}$，$\Delta_r G_m < 0$），系统没有对环境做功，但有热量放出，化学能转变为热能。

1836 年，英国化学家 J. F. Daniell 根据上述反应构造了一个原电池：在盛有 $ZnSO_4$ 溶液的烧杯中插入锌片；在盛有 $CuSO_4$ 溶液的烧杯中插入铜片。每种金属和含有相应金属离子的溶液组成一个半电池。两个烧杯之间由玻璃支管相连，支管中放有多孔的陶瓷隔板[图 7-1(a)]。这种多孔陶瓷允许某些离子迁移而不使两种溶液混合。改进的 Daniell 电池[图 7-1(b)]是用倒置的 U 形管将两个半电池联通。一般情况下，U 形管中充满含有饱和 KCl 溶液的琼脂胶冻，这样溶液不致流出，而离子则可以在其中迁移，这种 U 形管被称为盐桥。将锌片和铜片用导线（多半用铜导线）连接，并串联一个安培计（为确保安培计的使用安全，电路中应串联一适当的负载）。

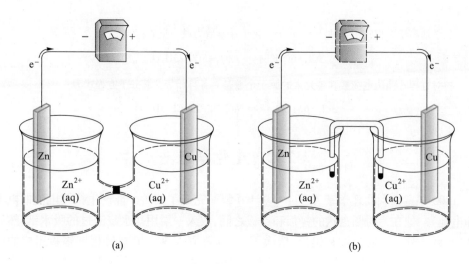

图 7-1　Daniell 电池

接通电路以后,可以观察到:

(1) 安培计指针发生偏转,表明金属导线上有电流通过。根据指针偏转方向可以判定锌片为负极,铜片为正极,电子流动的方向从负极到正极,电流的方向从正极到负极。

(2) 在铜片上有金属铜沉积出来,而锌片则溶解。

(3) 取出盐桥,安培计指针回至零点;放入盐桥,指针又发生偏转;表明盐桥起了使整个装置构成通路的作用。Daniell 电池中的多孔陶瓷隔板也起同样作用。

对上述现象可作如下分析:

锌片溶解时,Zn 失去电子,成为 Zn^{2+} 进入溶液,发生氧化反应:

$$Zn(s) \Longleftrightarrow Zn^{2+}(aq) + 2e^-$$

电子从锌片经由金属导线流向铜片,硫酸铜溶液中的 Cu^{2+} 从铜片上获得电子,成为金属铜而沉积在铜片上,发生了还原反应:

$$Cu^{2+}(aq) + 2e^- \Longleftrightarrow Cu(s)$$

在整个装置的电流回路中,溶液中的电流通路是靠离子迁移完成的。Zn 失去电子形成的 Zn^{2+} 进入 $ZnSO_4$ 溶液,$ZnSO_4$ 溶液因 Zn^{2+} 增多而带正电荷。同时,$CuSO_4$ 溶液则由于 Cu^{2+} 变为 Cu,使得 SO_4^{2-} 相对较多而带负电荷。溶液不保持电中性,将阻止放电作用继续进行。由于盐桥(多孔陶瓷隔板)的存在,其中阴离子 Cl^- 向 $ZnSO_4$ 溶液扩散和迁移,阳离子 K^+ 则向 $CuSO_4$ 溶液扩散和迁移,分别中和过剩电荷,保持溶液的电中性,因而放电作用不间断地进行,一直到锌片全部溶解或 $CuSO_4$ 溶液中的 Cu^{2+} 几乎完全沉积出来。

在上述装置中所进行的总反应仍然是式(7-1)。只是这种氧化还原反应的两个"半反应"分别在两处进行,在一处进行还原剂的氧化,另一处进行氧化剂的还原。电子不是直接由还原剂转移给氧化剂,而是通过外电路进行转移。电子进行有规则的定向流动,从而产生了电流,实现了由化学能到电能的转化。类似这种借助自发的氧化还原反应产生电流的装置,都叫做原电池。

原电池是由两个"半电池"组成的。在铜锌原电池中,锌和锌盐溶液组成一个"半电池";铜和铜盐溶液组成另一个"半电池"。半电池有时也被称为电极。在每个半反应中同时包含由同一种元素的不同氧化值的两个物种所组成的电对。分别在两个半电池中发生的氧化或还原反应,叫做半电池反应或电极反应。氧化和还原的总反应称为电池反应。

在原电池中,给出电子的电极为负极,接受电子的电极为正极。在负极上发生氧化反应,在正极上发生还原反应。书写电极反应和电池反应时,必须满足物质的量及电荷平衡。同时,应标明离子或电解质溶液的浓度[①]、气体的压力、纯液体或纯固体的相态。

一个实际的原电池装置可用简单的符号来表示,称为电池图示,也称为电池符号。Daniell 电池的电池图示为

$$Zn(s) \mid ZnSO_4(c_1) \mathbin{\Vert} CuSO_4(c_2) \mid Cu(s)$$

在电池图示中规定:将发生氧化反应的负极写在左边,发生还原反应的正极写在右边;并按顺序用化学式从左到右依次排列各个相的物质组成及相态;用单垂线"|"表示相与相间的界面,用双虚线"⫴"表示盐桥。

从理论上讲,借助任何自发的氧化还原反应都可以构成原电池。例如,在一个烧杯中放入含有 Fe^{3+} 和 Fe^{2+} 的溶液;另一烧杯中放入含有 Sn^{2+} 和 Sn^{4+} 的溶液。在两烧杯中插入铂片作导体(铂和石墨这类固态导体只起导电作用,不参与氧化或还原反应,叫做惰性电极。与此不同的另一类固态导体,如铜锌原电池中的金属铜和金属锌除起导电作用外,还参与半电池反应)。再用盐桥、导线等连接起来成为原电池(图 7-2)。电极反应分别为

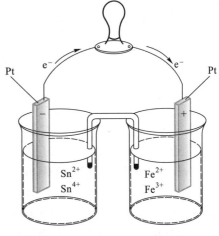

图 7-2 $Pt \mid Sn^{2+}, Sn^{4+} \mathbin{\Vert} Fe^{3+}, Fe^{2+} \mid Pt$

负极,氧化反应[②](阳极):

$$Sn^{2+}(aq) \Longrightarrow Sn^{4+}(aq) + 2e^-$$

正极,还原反应(阴极):

$$Fe^{3+}(aq) + e^- \Longrightarrow Fe^{2+}(aq)$$

电池反应为

$$2Fe^{3+}(aq) + Sn^{2+}(aq) \Longrightarrow 2Fe^{2+}(aq) + Sn^{4+}(aq)$$

电池图示为

---

① 严格讲,应该是离子或电解质的活度。活度的概念及有关计算将在物理化学课程教学中讨论。

② 电化学中规定,发生氧化反应的电极为阳极;发生还原反应的电极为阴极。又依电势的高低,将电极分为正极和负极,电势高的为正极,电势低的为负极。

$$\text{Pt} \mid \text{Sn}^{2+}(c_1), \text{Sn}^{4+}(c_1') \; \| \; \text{Fe}^{3+}(c_2), \text{Fe}^{2+}(c_2') \mid \text{Pt}$$

电池图示中,同一相中两物种的离子式或分子式以",",分开。

例 7-3 已知下列电池图示:

(1) $\text{Zn}(s) \mid \text{Zn}^{2+}(c_1) \; \| \; \text{H}^+(c_2) \mid \text{H}_2(p^{\ominus}) \mid \text{Pt}$

(2) $\text{Cu}(s) \mid \text{Cu}^{2+}(c_1) \; \| \; \text{Fe}^{3+}(c_2), \text{Fe}^{2+}(c_2') \mid \text{Pt}$

(3) $\text{Cd}(s) \mid \text{Cd}^{2+}(c_1) \; \| \; \text{Ag}^+(c_2) \mid \text{Ag}(s)$

写出各原电池的电极反应和电池反应。

解: (1) 负极,氧化反应:　　$\text{Zn}(s) \Longrightarrow \text{Zn}^{2+}(aq) + 2e^-$

　　　　正极,还原反应:　　$2\text{H}^+(aq) + 2e^- \Longrightarrow \text{H}_2(g)$

　　　　电池反应为　　　　$\text{Zn}(s) + 2\text{H}^+(aq) \Longrightarrow \text{Zn}^{2+}(aq) + \text{H}_2(g)$

(2) 负极,氧化反应:　　$\text{Cu}(s) \Longrightarrow \text{Cu}^{2+}(aq) + 2e^-$

　　　　正极,还原反应:　　$\text{Fe}^{3+}(aq) + e^- \Longrightarrow \text{Fe}^{2+}(aq)$

　　　　电池反应为　　　　$\text{Cu}(s) + 2\text{Fe}^{3+}(aq) \Longrightarrow \text{Cu}^{2+}(aq) + 2\text{Fe}^{2+}(aq)$

(3) 负极,氧化反应:　　$\text{Cd}(s) \Longrightarrow \text{Cd}^{2+}(aq) + 2e^-$

　　　　正极,还原反应:　　$\text{Ag}^+(aq) + e^- \Longrightarrow \text{Ag}(s)$

　　　　电池反应为　　　　$\text{Cd}(s) + 2\text{Ag}^+(aq) \Longrightarrow \text{Cd}^{2+}(aq) + 2\text{Ag}(s)$

7.2.2　电解池与 Faraday 定律

1. 电解池

原电池放电时,发生的氧化还原反应是自发的。自发反应的逆反应是非自发的。例如,Daniell 电池中金属锌置换铜离子的反应是自发的,而金属铜置换锌离子的反应就不能自发进行。只有在环境的干预下,对其做功,非自发反应才能进行。如果将直流电源与 Daniell 电池相连接,电源的负极与锌电极相连,正极与铜电极相连,则在阴极(负极)上发生了还原反应,有金属锌沉积出来:

$$\text{Zn}^{2+}(aq) + 2e^- \longrightarrow \text{Zn}(s)$$

阳极(正极)上发生了氧化反应,金属铜溶解:

$$\text{Cu}(s) \longrightarrow \text{Cu}^{2+}(aq) + 2e^-$$

在阴、阳极反应进行的同时,盐桥(或溶液)中的阳离子向阴极迁移,阴离子向阳极迁移,以保持溶液的电中性,使反应能持续进行。

这种利用电能发生氧化还原反应的装置被称为电解池。在电解池中电能转变为化学能。原电池和电解池统称为电化学电池。

2. Faraday 定律

在原电池和电解池中,阳极释放的电子通过外电路被阴极获得,即阳极失去的电子数等于阴极得到的电子数(电荷守恒)。因此,在两极反应了的物质的量与通过外电路的电荷总量之间必然有一定量关系。1834 年,英国科学家M. Faraday最早提出了电化学过程中的定量学说,按照现代的科学术语可概括如下:

(1)在电化学电池中,两极所产生或消耗的物质 B 的质量与通过电池的电荷量成正比;

(2)当给定的电荷量通过电池时,电极上所产生或消耗 B 的质量正比于它的摩尔质量被对应于半反应每摩尔物质所转移的电子数除的商。

这就是 Faraday 定律。

为了便于理解,举例说明如下:

某电极上发生的半反应是

$$B^{z+}(aq) + ze^- \rightleftharpoons B(s)$$

根据 Faraday 定律,第一,电极上沉积出的或消耗掉的 $m(B)$ 正比于通过电池的电荷量 Q。Q 越大,$m(B)$ 也越大。第二,当通过电池的电荷量 Q 一定时,$m(B)$ 正比于 $M(B)/z$;$M(B)$ 为 B 物质的摩尔质量($g \cdot mol^{-1}$)。如某一定电荷量 Q 通过电池时,对于银电极析出(或消耗)银的质量 $m(Ag) \propto 107.87 \ g \cdot mol^{-1}/1(z=1)$;而对铜电极来说,$z=2$,则消耗(或析出)铜的质量 $m(Cu) \propto 63.55 \ g \cdot mol^{-1}/2 (= 31.78 \ g \cdot mol^{-1})$。

Faraday 定律的提出早于电子发现半个多世纪。直到 19 世纪末 20 世纪初 J. J. Thomson 等人发现电子并测定了荷质比,精确地测定了电子所带电荷量,才确定了 Faraday 常数。电子所带电荷量为

$$e = 1.602 \ 177 \ 3 \times 10^{-19} \ C$$

C 是电荷量的单位——库仑。

1 mol 电子所带电荷量为

$$F = 1.602 \ 177 \ 3 \times 10^{-19} \ C \times 6.022 \ 137 \times 10^{23} \ mol^{-1}$$
$$= 9.648 \ 531 \times 10^4 \ C \cdot mol^{-1}$$

F 被称为 Faraday 常数。

7.2.3 原电池电动势的测定

把原电池的两个电极用导线(一般用与电极材料相同的金属)连接起来时,在构成的电路中就有电流通过,这说明两个电极之间有一定的电势差存在。如同有水位差(或者压差)时的水会自动流动一样,原电池两个电极间电势差的存在,说明构成原电池的两个电极各具有不同的电极电势。也就是说,原电池中电流的产生是由于两个电极的电势不同所致。

当原电池放电时,两个电极间的电势差将比该电池的最大电压要小。这是因为驱动电流通过电池需要消耗能量或者说要做功,产生电流时,电池电压的降低正反映了电池内所消耗的这种能量;而且电流越大,电压降低得越多。因此,只有电路中没有电流通过时,电池才具有最大电压(又称为开路电压)。当通过原电池的电流趋于零时,两电极间的最大电势差被称为原电池的电动势,以 E_{MF} 表示。可用电压表来测定电池

的电动势。测量时,电路中的电流很小,完全可以略而不计。因此,由电压表上所显示的数字可以确定电池的电动势,又可以确定电池的正极和负极;也可以用电位差计来测定原电池的电动势。

原电池的电动势与系统组成有关。当电池中各物种均处于各自的标准态时,测定的电动势称为标准电动势,以 $E_{MF}^{\ominus}$ 表示。例如,Daniell 电池中 $c(Zn^{2+}) = c(Cu^{2+}) = 1.0\ mol \cdot L^{-1}$;又 $Zn(s)$ 和 $Cu(s)$ 均为纯物质。在这种状态下,测定的电动势为 $E_{MF}^{\ominus}(= 1.10\ V)$。

7.2.4 原电池的最大功与 Gibbs 函数

测定原电池的电动势,可用来计算电池内发生的化学反应的热力学数据。为此,要涉及可逆电池的概念。

可逆电池必须具备以下条件。第一,电极必须是可逆的,即当相反方向的电流通过电极时,电极反应必然逆向进行;电流停止,反应亦停止。第二,要求通过电极的电流无限小,电极反应在接近化学平衡的条件下进行。除此之外,在电池中进行的其他过程也必须是可逆的。总之,一个可逆电池经过氧化还原反应产生电流(原电池放电)之后,在外界直流电源的作用下,进行原电池的逆向反应(电解池放电),系统和环境都能复原。

在可逆电池中,进行化学反应产生的电流可以做非体积功——电功。根据物理学原理可以确定,电流所做的电功等于电路中所通过的电荷量与电势差的乘积。即

$$电功(J) = 电荷量(C) \times 电势差(V)$$

可逆电池所做的最大电功为

$$W_{max} = -nFE_{MF} \tag{7-2}$$

式中,n 为电池反应所转移的电子的物质的量;F 为 Faraday 常数;nF 为 $n\ mol$ 电子的总电荷量。

热力学研究表明,在定温定压下:

$$\Delta G = W_{max} \tag{7-3}$$

即系统的 Gibbs 函数的变化等于系统所做的非体积功。

根据式(7-2)、式(7-3)得

$$\Delta G = -nFE_{MF} \tag{7-4a}$$

式(7-4a)表明了可逆电池中系统的 Gibbs 函数的变化等于系统对外所做的最大电功。

如果可逆电池反应在标准状态下进行 1 mol 反应进度,则式(7-4a)可改写为

$$\Delta_r G_m^{\ominus} = -zFE_{MF}^{\ominus} \tag{7-4b}$$

根据式(7-4)可以进行电池反应的 Gibbs 函数变和电池电动势的相互换算。可以利用测定原电池电动势的方法确定某些离子的 $\Delta_f G_m^{\ominus}$。

应当指出,对于一个给定的电池反应,其电池电动势是一定的,不因反应方程式写法的改变而改变,即 E_{MF} 不必与一个固定的化学反应计量式相对应。这与反应焓变、熵变、Gibbs 函数变及 $K^{\ominus}$ 等不同。因为在 $\Delta_r G_m$ 与 E_{MF} 的定量关系中,反应中得失电子

数 z 与方程式的写法有关,但 E_{MF} 作为可测量的物理量是不变的。下一节中讨论的电极电势也是如此。

例 7-4 在 298.15 K 下,实验测定 Daniell 电池的标准电动势。

$$Zn(s) \mid Zn^{2+}(1.0\ mol \cdot L^{-1}) \parallel Cu^{2+}(1.0\ mol \cdot L^{-1}) \mid Cu(s) \quad E_{MF}^{\ominus} = 1.10\ V$$

(1) 计算电池反应:$Zn(s) + Cu^{2+}(aq) \Longrightarrow Zn^{2+}(aq) + Cu(s)$ 的 $\Delta_r G_m^{\ominus}$;

(2) 若已知 $\Delta_f G_m^{\ominus}(Zn^{2+}, aq) = -147.06\ kJ \cdot mol^{-1}$,计算 $\Delta_f G_m^{\ominus}(Cu^{2+}, aq)$。

解:(1) $\qquad Zn(s) + Cu^{2+}(aq) \Longrightarrow Zn^{2+}(aq) + Cu(s)$

因为电池反应方程式中 $z = 2$,

所以 $\qquad \Delta_r G_m^{\ominus} = -zFE_{MF}^{\ominus}$

$\qquad\qquad\qquad = -2 \times 9.648\ 531 \times 10^4\ C \cdot mol^{-1} \times 1.10\ V$

$\qquad\qquad\qquad = -212\ kJ \cdot mol^{-1}$

(2) $\Delta_r G_m^{\ominus} = [\Delta_f G_m^{\ominus}(Zn^{2+}, aq) + \Delta_f G_m^{\ominus}(Cu, s)] - [\Delta_f G_m^{\ominus}(Cu^{2+}, aq) + \Delta_f G_m^{\ominus}(Zn, s)]$

$\Delta_f G_m^{\ominus}(Cu^{2+}, aq) = \Delta_f G_m^{\ominus}(Zn^{2+}, aq) - \Delta_r G_m^{\ominus}$

$\qquad\qquad\qquad\qquad = (-147.06 + 212)\ kJ \cdot mol^{-1} = 65\ kJ \cdot mol^{-1}$

式(7-4)的重要意义在于:对于氧化还原反应,通过将其设计成原电池的方法,可以用方便测量的物理量 E_{MF} 或 $E_{MF}^{\ominus}$ 计算出反应的 $\Delta_r G_m$ 或 $\Delta_r G_m^{\ominus}$,而这两个物理量是在定温定压条件下,判断反应进行方向和限度的物理量。也就是说,氧化还原反应的反应方向与限度又有了一个新的判据。

§7.3　电极电势

7.3.1　标准氢电极和甘汞电极

1. 标准氢电极

原电池的电动势是构成原电池的两个电极间的最大电势差,即正极的电极电势 $E_{(+)}$ 减去负极的电极电势 $E_{(-)}$ 等于电池的电动势:

$$E_{MF} = E_{(+)} - E_{(-)} \qquad (7-5a)$$

但是,电极电势的绝对值尚无法确定。通常选取标准氢电极(简写为 SHE)作为比较的基准,称为参比电极。将其他电对的电极电势与此标准电极电势作比较,从而确定出各电对的电极电势。如同确定海拔高度以海平面作基准一样。

标准氢电极的构造如图 7-3 所示,将镀有铂黑的铂片(镀铂黑的目的是增加电极的表面积,促进对气体的吸附,以有利于与溶液达到平衡)浸入含有氢离子的酸溶液中,并不断通入压力为

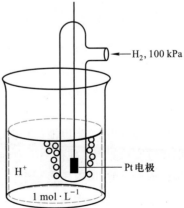

图 7-3　标准氢电极构造示意图

100 kPa 的纯净的氢气,使氢气作用在铂片上,同时使 H^+ 浓度为 $1\ mol \cdot L^{-1}$ 的溶液被氢气所饱和,氢气泡围绕铂片浮出液面。此时铂黑表面既有 H_2,又有 H^+。氢电极的图示可表示为

$$Pt \mid H_2(g) \mid H^+(aq) \text{ 或 } H^+(aq) \mid H_2(g) \mid Pt$$

其电极反应为

$$2H^+(aq) + 2e^- \Longrightarrow H_2(g)$$

这种电极反应表明了电对的氧化型得电子转变为还原型的过程,是还原反应。与电对的还原反应相对应的电极电势称为还原电势;与电对的氧化反应相对应的电极电势称为氧化电势。本书全部采用还原电极电势。像热力学中规定 $\Delta_f H_m^{\ominus}(H^+, aq) = 0$,$\Delta_f G_m^{\ominus}(H^+, aq) = 0$ 一样,规定标准氢电极的还原电极电势为零,即 $E^{\ominus}(H^+/H_2) = 0$。

2. 甘汞电极

氢电极的电极电势随温度变化很小,这是它的优点。但是它对使用条件却要求得十分严格,既不能用在含有氧化剂的溶液中,也不能用在含汞或砷的溶液中。因此,在实际应用中往往采用其他电极作为参比电极。参比电极中最常用的是甘汞电极。

甘汞电极的构造如图 7-4 所示。这是一类金属-难溶盐电极。它由两个玻璃套管组成,内套管下部有一多孔素瓷塞,并盛有汞和甘汞 Hg_2Cl_2 混合的糊状物,在其间插有作为导体的铂丝。在其外管中盛有饱和 KCl 溶液和少量 KCl 晶体(以保证 KCl 溶液处于饱和状态,因此称为饱和甘汞电极(SCE)。标准甘汞电极则要求 KCl 的浓度为 $1\ mol \cdot L^{-1}$);外玻璃细管的最底部也有一多孔素瓷塞。多孔素瓷允许溶液中的离子迁移。甘汞电极的图示为

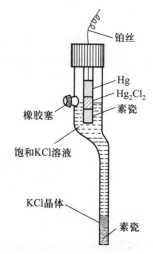

$$Hg(l) \mid Hg_2Cl_2(s) \mid Cl^- \text{ 或 } Cl^- \mid Hg_2Cl_2(s) \mid Hg(l)$$

电极反应为

图 7-4　甘汞电极构造示意图

$$Hg_2Cl_2(s) + 2e^- \Longrightarrow 2Hg(l) + 2Cl^-(aq)$$

以标准氢电极的电极电势为基准,可以测得饱和甘汞电极的电势,其值为 0.241 5 V。

7.3.2　标准电极电势

在实际应用中,半电池(即电对)的标准电极电势显得更重要些。标准电极电势可以通过实验测得。使待测半电池中各物种均处于标准状态下,将其与标准氢电极相连接组成原电池,以电压表测定该电池的电动势并确定其正极和负极,进而可推算出待测半电池(电极或电对)的标准电极电势。现举例说明。

金属锌置换稀硫酸中的氢,发生氧化还原反应:

$$Zn(s) + 2H^+(aq) \Longrightarrow Zn^{2+}(aq) + H_2(g)$$

对应的两个"半反应"分别是

负极,氧化反应: $\quad Zn(s) \Longrightarrow Zn^{2+}(aq) + 2e^-$

正极,还原反应: $\quad 2H^+(aq) + 2e^- \Longrightarrow H_2(g)$

上述两反应式相加,得到氧化还原总反应。在电化学中规定,还原电势必须对应还原反应。因此,负极上的氧化反应写成还原反应的形式为

$$Zn^{2+}(aq) + 2e^- \Longrightarrow Zn(s)$$

这样正极的还原反应减去负极的还原反应也得到了氧化还原总反应。在本章后面各节的讨论中,电极反应均为还原反应,相应的电极电势均为还原电极电势。

以标准氢电极和标准锌电极组成原电池,测其电动势。结果如下:

$$Zn(s) \mid Zn^{2+}(1.0 \text{ mol} \cdot L^{-1}) \;\|\; H^+(1.0 \text{ mol} \cdot L^{-1}) \mid H_2(p^\ominus) \mid Pt$$
$$E_{MF}^\ominus = 0.762 \text{ V}, E^\ominus(H^+/H_2) = 0 \text{ V}$$
$$0.762 \text{ V} = 0 \text{ V} - E^\ominus(Zn^{2+}/Zn)$$
$$E^\ominus(Zn^{2+}/Zn) = -0.762 \text{ V}$$

依照此法,可以通过实验测定出诸如 $E^\ominus(Cu^{2+}/Cu)$, $E^\ominus(Ag^+/Ag)$, $E^\ominus(Fe^{3+}/Fe^{2+})$, $E^\ominus(Cl_2/Cl^-)$ 等各电对的标准电极电势。不难理解,各电对的标准电极电势是以标准氢电极为参比电极并与各标准电极组成原电池时测得的电动势,如果待测电极为负极,其符号为−;待测电极为正极,其符号为+。例如:

$$Pt \mid H_2(p^\ominus) \mid H^+(1.0 \text{ mol} \cdot L^{-1}) \;\|\; Cu^{2+}(1.0 \text{ mol} \cdot L^{-1}) \mid Cu(s)$$
$$E_{MF}^\ominus = 0.340 \text{ V}, \quad E^\ominus(Cu^{2+}/Cu) = 0.340 \text{ V}$$

各电对的标准电极电势数据可查阅化学手册或书末附表六。根据这些数据,可将任意两电对组成原电池,并能计算出该电池的标准电动势 $E_{MF}^\ominus$。电极电势高的电对为正极;电极电势低的电对为负极;两电极的标准电极电势之差等于原电池的标准电动势。即

$$E_{MF}^\ominus = E_{(+)}^\ominus - E_{(-)}^\ominus \tag{7-5b}$$

7.3.3 Nernst 方程

1. Nernst 方程

标准电极电势是在标准状态下测定的,通常参考温度为 298.15 K。如果条件改变——温度、浓度、压力改变,则电对的电极电势也将随之发生改变。

根据电池反应的 Gibbs 函数变与电动势的关系式(7-4)、式(7-5)和等温方程式(4-22),可以进一步讨论影响电极电势的因素。

现有下列原电池:

$$Pt \mid H_2(g) \mid H^+(aq) \;\|\; M^{z+}(aq) \mid M(s)$$

在定温定压下各电极的还原反应分别为

$$M^{z+}+ze^- \rightleftharpoons M(s)\ ;\Delta_r G_m^\ominus(\text{正})$$

$$zH^+(aq)+ze^- \rightleftharpoons \frac{z}{2}H_2(g)\ ;\Delta_r G_m^\ominus(H^+/H_2)=0$$

两式相减得电池反应：

$$M^{z+}+\frac{z}{2}H_2(g) \rightleftharpoons M(s)+zH^+(aq)$$

将式(7-4a)和式(7-4b)代入等温方程式(4-22)：

$$-zFE_{MF}(T)=-zFE_{MF}^\ominus(T)+RT\ln J$$

$$E_{MF}(T)=E_{MF}^\ominus(T)-\frac{RT}{zF}\ln J \tag{7-6}$$

式中，$E_{MF}(T)$为某温度T时电池的电动势；$E_{MF}^\ominus(T)$为某温度T时电池的标准电动势；z为电池反应方程式中得到(或失去)的电子数；F为Faraday常数(常用96 485 C·mol^{-1})；J为电池反应的反应商。

式(7-6)最先由德国化学家W. Nernst提出，叫做Nernst方程，它是电化学中的基本方程。由Nernst方程可以看出，温度、系统组成(反应商J中的浓度和气体压力)对电动势的影响。这里要特别指出，因为$\Delta_r G_m^\ominus(T)=-zFE_{MF}^\ominus(T)$，$\Delta_r G_m^\ominus(T)$随温度变化而改变，则$E_{MF}^\ominus(T)$也随温度变化而改变。

在式(7-6)的基础上，可以推导出电极反应的Nernst方程。各电对的电极电势是以标准氢电极为参比电极组成原电池，再测定其电动势而得到的。对电极反应$M^{z+}+ze^- \rightleftharpoons M(s)$来说，

因为

$$\Delta_r G_m^\ominus(H^+/H_2)=0,\ E^\ominus(H^+/H_2)=0$$

所以

$$\Delta_r G_m^\ominus(T)=\Delta_r G_m^\ominus(M^{z+}/M,T)-\Delta_r G_m^\ominus(H^+/H_2,T)$$
$$=\Delta_r G_m^\ominus(M^{z+}/M,T)$$

同样，因为

$$E_{MF}^\ominus(T)=E^\ominus(M^{z+}/M,T)$$

所以

$$\Delta_r G_m^\ominus(M^{z+}/M,T)=-zFE^\ominus(M^{z+}/M,T)$$

$$\Delta_r G_m(M^{z+}/M,T)=-zFE(M^{z+}/M,T)$$

式(7-6)将变为

$$E(M^{z+}/M,T)=E^\ominus(M^{z+}/M,T)-\frac{RT}{zF}\ln\frac{c(\text{还原型})}{c(\text{氧化型})} \tag{7-7a}$$

将式(7-7a)变为对所有电极反应都适用的形式，去掉表示电对的M^{z+}/M，则

$$E(T)=E^\ominus(T)-\frac{RT}{zF}\ln\frac{c(\text{还原型})}{c(\text{氧化型})} \tag{7-7b}$$

这就是电极反应的Nernst方程。由此可以看出，温度、组成对电极电势的影响。许多氧化还原反应在常温下发生，在化学手册中能查到的标准电极电势也多半是298.15 K下的数据，因此，298.15 K下的Nernst方程有较大的应用价值。将$T=298.15$ K，

$R = 8.314 \text{ J} \cdot \text{mol}^{-1} \cdot \text{K}^{-1}, F = 96\,485 \text{ C} \cdot \text{mol}^{-1}$ 代入式 $(7-7\text{b})$,得

$$E(298.15 \text{ K}) = E^{\ominus}(298.15 \text{ K}) - \frac{0.025\,7 \text{ V}}{z}\ln\frac{c(还原型)}{c(氧化型)} \qquad (7-7\text{c})$$

或

$$E(298.15 \text{ K}) = E^{\ominus}(298.15 \text{ K}) - \frac{0.059\,2 \text{ V}}{z}\lg\frac{c(还原型)}{c(氧化型)} \qquad (7-7\text{d})$$

上式中 $c(还原型)$ 代表着电极反应中还原型一侧各物种的浓度或分压的乘积,$c(氧化型)$ 代表着该电极反应中氧化型一侧各物种的浓度或分压的乘积,纯固体、纯液体不出现在对数项中。

例 7-5 有一原电池:$Zn(s) \,|\, Zn^{2+}(aq) \,\|\, MnO_4^-(aq), Mn^{2+}(aq), H^+(aq) \,|\, Pt$
若 $pH = 2.00, c(MnO_4^-) = 0.12 \text{ mol} \cdot \text{L}^{-1}, c(Mn^{2+}) = 0.001\,0 \text{ mol} \cdot \text{L}^{-1}, c(Zn^{2+}) = 0.015 \text{ mol} \cdot \text{L}^{-1}, T = 298.15 \text{ K}$。(1) 计算两电极的电极电势;(2) 计算该电池的电动势。

解:(1) 正极为 MnO_4^-/Mn^{2+},负极为 Zn^{2+}/Zn。相应的电极反应为

$$MnO_4^-(aq) + 8H^+(aq) + 5e^- \Longrightarrow Mn^{2+}(aq) + 4H_2O(l)$$

$$Zn^{2+}(aq) + 2e^- \Longrightarrow Zn(s)$$

查附表六,$E^{\ominus}(MnO_4^-/Mn^{2+}) = 1.512 \text{ V}, E^{\ominus}(Zn^{2+}/Zn) = -0.762\,1 \text{ V}$

$$pH = 2.00, c(H^+) = 1.0 \times 10^{-2} \text{ mol} \cdot \text{L}^{-1}$$

正极 $\quad E(MnO_4^-/Mn^{2+})$

$$= E^{\ominus}(MnO_4^-/Mn^{2+}) - \frac{0.059\,2 \text{ V}}{z}\lg\frac{c(Mn^{2+})/c^{\ominus}}{\{c(MnO_4^-)/c^{\ominus}\}\{c(H^+)/c^{\ominus}\}^8}$$

$$= 1.512 \text{ V} - \frac{0.059\,2 \text{ V}}{5}\lg\frac{0.001\,0}{0.12 \times (1.0 \times 10^{-2})^8} = 1.347 \text{ V}$$

负极 $\quad E(Zn^{2+}/Zn) = E^{\ominus}(Zn^{2+}/Zn) - \frac{0.059\,2 \text{ V}}{z}\lg\frac{1}{c(Zn^{2+})/c^{\ominus}}$

$$= -0.762\,1 \text{ V} - \frac{0.059\,2 \text{ V}}{2}\lg\frac{1}{0.015} = -0.816 \text{ V}$$

(2) $E_{MF} = E_{(+)} - E_{(-)} = E(MnO_4^-/Mn^{2+}) - E(Zn^{2+}/Zn)$

$$= 1.347 \text{ V} - (-0.816 \text{ V}) = 2.163 \text{ V}$$

由式 $(7-7)$ 和例 7-5 的计算看出,电极反应中各物种浓度或分压对电极电势的影响符合 Le Châtelier 原理。电极反应中氧化型一侧各物种浓度或分压增大,以及还原型一侧各物种浓度或分压减小,都将使电极电势增大;反之,电极电势将减小。

2. 难溶化合物、配合物的形成对电极电势的影响

难溶化合物、配合物的形成都会引起电极反应中离子浓度的改变,从而使电极电势发生变化。根据 Nernst 方程可以计算出相关的电极电势。

例 7-6 298.15 K 时,在 Fe^{3+} 和 Fe^{2+} 的混合溶液中加入 NaOH 溶液时,有 $Fe(OH)_3$ 和 $Fe(OH)_2$ 沉淀生成(假设无其他反应发生)。当沉淀反应达到平衡时,保持 $c(OH^-) = 1.0 \text{ mol} \cdot \text{L}^{-1}$,求 $E(Fe^{3+}/Fe^{2+})$。

解: $\qquad\qquad\qquad Fe^{3+}(aq) + e^- \Longrightarrow Fe^{2+}(aq)$

在 Fe^{3+}，Fe^{2+} 混合溶液中，加入 NaOH(aq) 后，发生如下反应：

$$Fe^{3+}(aq)+3OH^-(aq) \Longrightarrow Fe(OH)_3(s) \qquad ①$$

$$K_1^\ominus = \frac{1}{K_{sp}^\ominus[Fe(OH)_3]} = \frac{1}{\{c(Fe^{3+})/c^\ominus\}\{c(OH^-)/c^\ominus\}^3}$$

$$Fe^{2+}(aq)+2OH^-(aq) \Longrightarrow Fe(OH)_2(s) \qquad ②$$

$$K_2^\ominus = \frac{1}{K_{sp}^\ominus[Fe(OH)_2]} = \frac{1}{\{c(Fe^{2+})/c^\ominus\}\{c(OH^-)/c^\ominus\}^2}$$

平衡时，$c(OH^-) = 1.0 \text{ mol·L}^{-1}$，则

$$\frac{c(Fe^{3+})}{c^\ominus} = \frac{K_{sp}^\ominus[Fe(OH)_3]}{\{c(OH^-)/c^\ominus\}^3} = K_{sp}^\ominus[Fe(OH)_3]$$

$$\frac{c(Fe^{2+})}{c^\ominus} = K_{sp}^\ominus[Fe(OH)_2]$$

所以

$$\begin{aligned}
E(Fe^{3+}/Fe^{2+}) &= E^\ominus(Fe^{3+}/Fe^{2+}) - \frac{0.059\,2 \text{ V}}{z}\lg\frac{c(Fe^{2+})/c^\ominus}{c(Fe^{3+})/c^\ominus} \\
&= E^\ominus(Fe^{3+}/Fe^{2+}) - \frac{0.059\,2 \text{ V}}{z}\lg\frac{K_{sp}^\ominus[Fe(OH)_2]}{K_{sp}^\ominus[Fe(OH)_3]} \\
&= 0.769 \text{ V} - 0.059\,2 \text{ V}\lg\frac{4.86\times10^{-17}}{2.8\times10^{-39}} \\
&= -0.55 \text{ V}
\end{aligned}$$

根据标准电极电势的定义，$c(OH^-) = 1.0 \text{ mol·L}^{-1}$ 时，$E(Fe^{3+}/Fe^{2+})$ 就是电极反应 $Fe(OH)_3(s)+e^- \Longrightarrow Fe(OH)_2(s)+OH^-(aq)$ 的标准电极电势 $E^\ominus[Fe(OH)_3/Fe(OH)_2]$。因此，在 $c(OH^-) = 1.0 \text{ mol·L}^{-1}$ 的限定条件下，就得到：

$$E^\ominus[Fe(OH)_3/Fe(OH)_2] = E^\ominus(Fe^{3+}/Fe^{2+}) - \frac{0.059\,2 \text{ V}}{z}\lg\frac{K_{sp}^\ominus[Fe(OH)_2]}{K_{sp}^\ominus[Fe(OH)_3]}$$

根据此式，可以得出如下结论：如果电对的氧化型生成难溶化合物，使 c(氧化型)变小，则电极电势变小。如果电对的还原型生成难溶化合物，使 c(还原型)变小，则电极电势变大。当氧化型和还原型同时生成沉淀时，若 $K_{sp}^\ominus$(氧化型) < $K_{sp}^\ominus$(还原型)，则电极电势变小；反之，则变大。

同理，可以确立配合物形成时对电极电势影响的定量关系。

例 7-7　在含有 $1.0 \text{ mol·L}^{-1} Fe^{3+}$ 和 $1.0 \text{ mol·L}^{-1} Fe^{2+}$ 的溶液中加入 KCN(s)，有 $[Fe(CN)_6]^{3-}$，$[Fe(CN)_6]^{4-}$ 配离子生成。当系统中 $c(CN^-) = 1.0 \text{ mol·L}^{-1}$，$c([Fe(CN)_6]^{3-}) = c([Fe(CN)_6]^{4-}) = 1.0 \text{ mol·L}^{-1}$ 时，计算 $E(Fe^{3+}/Fe^{2+})$。

解：
$$Fe^{3+}(aq)+e^- \Longrightarrow Fe^{2+}(aq)$$

加 KCN 后，发生下列配位反应：

$$Fe^{3+}(aq)+6CN^-(aq) \Longrightarrow [Fe(CN)_6]^{3-}(aq)$$

$$K_f^\ominus([Fe(CN)_6]^{3-}) = \frac{c([Fe(CN)_6]^{3-})/c^\ominus}{\{c(Fe^{3+})/c^\ominus\}\{c(CN^-)/c^\ominus\}^6}$$

$$Fe^{2+}(aq)+6CN^-(aq) \Longrightarrow [Fe(CN)_6]^{4-}(aq)$$

$$K_f^{\ominus}([Fe(CN)_6]^{4-}) = \frac{c([Fe(CN)_6]^{4-})/c^{\ominus}}{\{c(Fe^{2+})/c^{\ominus}\}\{c(CN^-)/c^{\ominus}\}^6}$$

$$E(Fe^{3+}/Fe^{2+}) = E^{\ominus}(Fe^{3+}/Fe^{2+}) - \frac{0.059\,2\text{ V}}{z}\lg\frac{c(Fe^{2+})/c^{\ominus}}{c(Fe^{3+})/c^{\ominus}}$$

当 $c(CN^-) = c([Fe(CN)_6]^{3-}) = c([Fe(CN)_6]^{4-}) = 1.0$ mol·L^{-1} 时,

$$\frac{c(Fe^{3+})}{c^{\ominus}} = \frac{1}{K_f^{\ominus}([Fe(CN)_6]^{3-})}$$

$$\frac{c(Fe^{2+})}{c^{\ominus}} = \frac{1}{K_f^{\ominus}([Fe(CN)_6]^{4-})}$$

所以, $E(Fe^{3+}/Fe^{2+}) = E^{\ominus}(Fe^{3+}/Fe^{2+}) - \frac{0.059\,2\text{ V}}{z}\lg\frac{K_f^{\ominus}([Fe(CN)_6]^{3-})}{K_f^{\ominus}([Fe(CN)_6]^{4-})}$

$$= 0.769\text{ V} - 0.059\,2\text{ V}\lg\frac{4.1\times10^{52}}{4.2\times10^{45}}$$

$$= 0.36\text{ V}$$

在这种条件下,$E(Fe^{3+}/Fe^{2+}) = E^{\ominus}([Fe(CN)_6]^{3-}/[Fe(CN)_6]^{4-}) = 0.36$ V。

这是因为在此条件下电极反应 $[Fe(CN)_6]^{3-}(aq)+e^- \Longrightarrow [Fe(CN)_6]^{4-}(aq)$ 处于标准状态。所以得出:

$$E^{\ominus}([Fe(CN)_6]^{3-}/[Fe(CN)_6]^{4-}) = E^{\ominus}(Fe^{3+}/Fe^{2+}) - \frac{0.059\,2\text{ V}}{z}\lg\frac{K_f^{\ominus}([Fe(CN)_6]^{3-})}{K_f^{\ominus}([Fe(CN)_6]^{4-})}$$

由此可以得出结论:如果电对的氧化型生成配合物,使 c(氧化型)变小,则电极电势变小。如果电对的还原型生成配合物,使 c(还原型)变小,则电极电势变大。当氧化型和还原型同时生成配合物时,若 $K_f^{\ominus}$(氧化型)$>K_f^{\ominus}$(还原型),则电极电势变小;反之,则变大。

配合物的形成能改变中心离子的氧化能力或还原能力,这是配合物形成时的又一特征。

7.3.4 E-pH 图

电极反应中有 $H^+(aq)$ 或 $OH^-(aq)$ 参与时,pH 的改变能引起电极电势的变化。根据 Nernst 方程画出 E-pH 图,由此可以了解 pH 对 E 的影响。

1. H^+/H_2 的 E-pH 图

$$2H^+(aq)+2e^- \Longrightarrow H_2(g)$$

$$E(H^+/H_2) = E^{\ominus}(H^+/H_2) - \frac{RT}{2F}\ln\frac{p(H_2)/p^{\ominus}}{\{c(H^+)/c^{\ominus}\}^2} \tag{a}$$

当 298.15 K,$p(H_2) = 100$ kPa 时:

$$E(H^+/H_2) = 0 \text{ V} + 0.059\ 2 \text{ V lg} \frac{c(H^+)}{c^{\ominus}}$$

$$= -0.059\ 2 \text{ V pH}$$

以 E 为纵坐标,pH 为横坐标作图,可以得到一条斜率为 $-0.059\ 2$ 的直线(图 7-5 中的 a 线)。当 pH=0 时,$E(H^+/H_2)=0$ V,此直线是 $p(H_2) = 100$ kPa 的 $H_2(g)$ 与 $H^+(aq)$ 的平衡线。

从式(a)可见,当 $c(H^+)$ 一定时,$p(H_2)$ 减小,$E(H^+/H_2)$ 增大。直线上方是氧化型 $H^+(aq)$ 的稳定区;直线下方是还原型 $H_2(g)$ 的稳定区。因此,在直线上方注明电对的氧化型,下方注明电对的还原型。

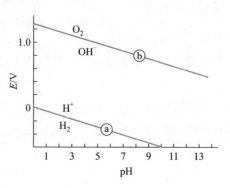

图 7-5　H^+/H_2 和 O_2/OH^- 的 E-pH 图

这里所谓的 $H^+(aq)$ 的稳定区,其含义是在这一区域出现的任一电对,其氧化型均能将 H_2 氧化为 $H^+(aq)$;所谓 $H_2(g)$ 的稳定区,其含义是在这一区域出现的任一电对,$H^+(aq)$ 均能氧化其还原型而生成 $H_2(g)$。

2. O_2/OH^- 的 E-pH 图

按照同样方法,可以画出 O_2/OH^- 的 E-pH 图。先写出电极反应:

$$O_2(g) + 2H_2O(l) + 4e^- \rightleftharpoons 4OH^-(aq)$$

$$E(O_2/OH^-) = 0.400\ 9 \text{ V} - \frac{0.059\ 2 \text{ V}}{4} \text{lg} \frac{\{c(OH^-)/c^{\ominus}\}^4}{p(O_2)/p^{\ominus}} \tag{b}$$

当 $p(O_2) = 100$ kPa 时:

$$E(O_2/OH^-) = 0.400\ 9 \text{ V} - 0.059\ 2 \text{ V lg} \frac{c(OH^-)}{c^{\ominus}}$$

$$= 0.400\ 9 \text{ V} - 0.059\ 2 \text{ V lg} \frac{K_w^{\ominus}}{c(H^+)/c^{\ominus}}$$

$$= 1.230 \text{ V} - 0.059\ 2 \text{ V pH}$$

这也是一条斜率为 $-0.059\ 2$ 的直线,其截距为 1.230(图 7-5 中的 b 线)。在直线上方注明电对的氧化型 O_2,下方注明还原型 OH^-。同样,直线上方的区域是 O_2 的稳定区,直线下方是 OH^- 的稳定区。

在图 7-5 中,可清楚地看出 H^+/H_2 和 O_2/OH^- 两电对在不同 pH 时的电极电势 E 值。

3. $Fe-H_2O$ 系统的 E-pH 图

铁元素有多种氧化值的不同物种,这里简单介绍 $Fe-H_2O$ 系统的 E-pH 图(图 7-6)中的典型电对的 E-pH 基线,为全面了解铁元素的 E-pH 图打下基础。

（1）Fe^{2+}/Fe 的 $E\text{-pH}$ 线

电极反应为

$$Fe^{2+}(aq)+2e^- \rightleftharpoons Fe(s)$$

该反应中无 H^+ 参与，E 与 pH 无关。除 $c(H^+)$ 以外，各物种均处于标准状态时，电对的 $E\text{-pH}$ 线被称为基线。Fe^{2+}/Fe 的 $E\text{-pH}$ 基线是一条平行于横坐标（pH 轴）的直线（图 7-6 中的①线，图中还画有 a 线和 b 线），截距为 $-0.408\,9$。a 线的位置较高，在反应中 H^+ 获得电子变为 H_2；Fe^{2+}/Fe 的基线位置较低，Fe 失去电子变为 Fe^{2+}。发生了金属铁置换酸中氢的反应。图中的蓝色箭头表示出反应方向。所有氧化还原反应都可以用类似的方法在 $E\text{-pH}$ 图上表示出来。

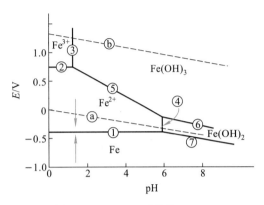

图 7-6　$Fe\text{-}H_2O$ 系统的 $E\text{-pH}$

（2）Fe^{3+}/Fe^{2+} 的 $E\text{-pH}$ 线

电极反应为

$$Fe^{3+}(aq)+e^- \rightleftharpoons Fe^{2+}(aq)$$

$$E(Fe^{3+}/Fe^{2+}) = 0.769\ \text{V} - 0.059\ 2\ \text{Vlg}\frac{c(Fe^{2+})/c^\ominus}{c(Fe^{3+})/c^\ominus}$$

令 $c(Fe^{3+}) = c(Fe^{2+}) = 1.00\ \text{mol·L}^{-1}$，则 $E(Fe^{3+}/Fe^{2+}) = 0.769\ \text{V}$。$Fe^{3+}/Fe^{2+}$ 的 $E\text{-pH}$ 图的基线平行于 pH 轴，截距为 0.769（图 7-6 中的②线）。基线上方是 Fe^{3+} 的稳定区，基线下方是 Fe^{2+} 的稳定区。

（3）$Fe^{3+}(aq)+3OH^-(aq) \rightleftharpoons Fe(OH)_3(s)$ 的 $E\text{-pH}$ 线

$Fe^{3+}(aq)+3OH^-(aq) \rightleftharpoons Fe(OH)_3(s)$ 是一个非氧化还原反应，但是有 $OH^-(aq)$ 参与，也可以在 $E\text{-pH}$ 图上表示出来。

该反应的溶度积表达式为

$$\{c(Fe^{3+})/c^\ominus\}\{c(OH^-)/c^\ominus\}^3 = K_{sp}^\ominus[Fe(OH)_3]$$

等式两边取负对数：

$$-\lg\{c(Fe^{3+})/c^\ominus\} - 3\lg\{c(OH^-)/c^\ominus\} = -\lg K_{sp}^\ominus[Fe(OH)_3]$$

$$\text{pOH} = -\lg\{c(OH^-)/c^\ominus\}, \quad \text{pOH} = 14.00-\text{pH}$$

$$\text{pH} = 14.00 + \frac{1}{3}\lg K_{sp}^\ominus[Fe(OH)_3] - \frac{1}{3}\lg\{c(Fe^{3+})/c^\ominus\} \tag{c}$$

由附表五查得 $K_{sp}^\ominus[Fe(OH)_3] = 2.8\times10^{-39}$，所以，基线方程式为 pH = 1.15。

因为这一沉淀反应与 E 无关，这是一条平行于 E 轴的直线。该直线向下延长可交 pH 轴于 1.15 处，如图 7-6 中的③线。当溶液中 $c(Fe^{3+}) = 1.00\ \text{mol·L}^{-1}$，pH>1.15 时，析

出 $Fe(OH)_3$ 沉淀；若 pH<1.15，则 $Fe(OH)_3$ 沉淀溶解。如果 $c(Fe^{3+}) = 0.100\ mol \cdot L^{-1}$ 或更小，则由式（c）可得出一系列与基线平行且在基线右方的直线。同样，可以画出 $Fe^{2+}(aq) + 2OH^-(aq) \Longleftrightarrow Fe(OH)_2(s)$ 的 E-pH 基线（图 7-6 中的④线）。

（4）$Fe(OH)_3/Fe^{2+}$ 的 E-pH 线

电极反应为

$$Fe(OH)_3(s) + e^- \Longleftrightarrow Fe^{2+}(aq) + 3OH^-(aq)$$

$E^{\ominus}[Fe(OH)_3/Fe^{2+}] = -1.51\ V$。该电对的 E-pH 基线方程式为

$$\begin{aligned}
E &= -1.51\ V - 0.059\ 2\ V\ lg\{c(Fe^{2+})/c^{\ominus}\}\{c(OH^-)/c^{\ominus}\}^3 \\
&= -1.51\ V - 0.059\ 2\ V\ lg\{c(OH^-)/c^{\ominus}\}^3 \\
&= 0.98\ V - 0.18\ V\ pH
\end{aligned}$$

在图 7-6 中的⑤线就是 $Fe(OH)_3/Fe^{2+}$ 的 E-pH 基线。同样，可以画出 $Fe(OH)_3/Fe(OH)_2$ 和 $Fe(OH)_2/Fe$ 的 E-pH 基线，分别是图中的⑥线和⑦线。

从图 7-6 中，可以直观地了解铁元素及其化合物的某些性质。例如，Fe^{2+}，$Fe(OH)_2$ 能被空气中的 O_2 氧化（②线、⑤线、⑥线均在 b 线之下）。这对了解金属腐蚀和防护的原理很有帮助。元素的 E-pH 图在分析化学、湿法冶金、环境保护等学科领域都有较广泛的应用。

总之，E-pH 图所涉及的电极电势、溶度积等都是与平衡有关的数据。E-pH 图能比较全面地考虑到化学平衡的各个方面。但是，它不涉及反应速率问题，应用时要注意到这种局限性。

§7.4 电极电势的应用

电极电势是很重要的基础数据，其重要应用分述如下。

7.4.1 判断氧化剂、还原剂的相对强弱

MOOC

教学视频
电极电势的应用(1)

在比较氧化剂或还原剂相对强弱的过程中，标准电极电势是很有用的。根据标准电极电势（还原电势）对应的电极反应，这种半电池反应常写为

$$氧化型 + ze^- \Longleftrightarrow 还原型$$

则 $E^{\ominus}$ 越大，$\Delta_r G_m^{\ominus}$ 越小，电极反应向右进行的趋势越强。即 $E^{\ominus}$ 越大，电对的氧化型得电子能力越强，还原型失电子能力越弱。或者说，某电对的 $E^{\ominus}$ 值越大，其氧化型是越强的氧化剂，还原型是越弱的还原剂。反之，某电对的 $E^{\ominus}$ 值越小，其还原型是越强的还原剂，氧化型是越弱的氧化剂。在按 $E^{\ominus}$ 值由小到大的顺序排列的标准电极电势表中（表 7-1），最强的还原剂是 Li，它是标准电极电势最小的电对的还原型；最强的氧化剂是 F_2，它是标准电极电势最大的电对的氧化型。相对应的 Li^+ 是最弱的氧化剂，F^- 是最弱的还原剂。

表 7-1　电对及其标准电极电势的大小趋势

电对	氧化型+ze^- ⇌ 还原型		$E^{\ominus}/V$
Li^+/Li ⋮ Zn^{2+}/Zn ⋮ H^+/H_2 ⋮ Cl_2/Cl^- ⋮ F_2/F^- ⋮	最强的还原剂 氧化能力增强 ↓ 最强的氧化剂	还原能力增强 ↑	代数值增大 ↓

　　电对氧化型氧化能力强,其对应的还原型的还原能力就弱,这种共轭关系如同酸碱的共轭关系一样。通常实验室用的强氧化剂,与其还原型构成的电对的 $E^{\ominus}$ 值往往大于 1,如 $KMnO_4$,$K_2Cr_2O_7$,H_2O_2 等;常用的强还原剂与其氧化型构成的电对的 $E^{\ominus}$ 值往往小于零或稍大于零,如 Zn,Fe,Sn^{2+} 等。当然,氧化剂、还原剂的强弱是相对的,并没有严格的界限。

7.4.2　判断氧化还原反应进行的方向

　　氧化还原反应是争夺电子的反应,自发的氧化还原反应总是在得电子能力强的氧化剂与失电子能力强的还原剂之间发生。即

$$强还原剂(1)+强氧化剂(2) \longrightarrow 弱氧化剂(1)+弱还原剂(2)$$

附表六的标准电极电势是按 $E^{\ominus}$ 由小到大排列的。表中左下方的氧化型与右上方的还原型能自发地发生氧化还原反应,产物为右下方的还原型和左上方的氧化型。

　　例 7-8　判断在酸性溶液中 H_2O_2 与 Fe^{2+} 混合时,能否发生氧化还原反应。若能反应,写出反应方程式。

　　解:过氯化氢(H_2O_2)中的氧元素的氧化值为-1,氧的氧化值还可能有 0 和-2 等。氧化值为-1 的氧元素处于中间氧化态,既可能作氧化剂又可能作还原剂。它可以失去电子使氧化值升高,本身被氧化为 O_2;在酸性溶液中对应的半反应为

$$O_2(g)+2H^+(aq)+2e^- \rightleftharpoons H_2O_2(aq); \quad E^{\ominus}=0.694\ 5\ V \qquad ①$$

另一方面,H_2O_2 又可以得到电子,氧元素的氧化值降低为-2,被还原生成 H_2O;在酸性溶液中对应的半反应为

$$H_2O_2(aq)+2H^+(aq)+2e^- \rightleftharpoons 2H_2O(l); \quad E^{\ominus}=1.763\ V \qquad ②$$

　　对于 Fe^{2+} 来说,它也是中间氧化值的物种,既可作还原剂而被氧化为 Fe^{3+},又可作氧化剂而被还原为 Fe。在酸性溶液中的有关两个电极反应及其 $E^{\ominus}$ 如下:

$$Fe^{3+}(aq)+e^- \rightleftharpoons Fe^{2+}(aq); \quad E^{\ominus}=0.769\ V \qquad ③$$

$$Fe^{2+}(aq)+2e^- \rightleftharpoons Fe(s); \quad E^{\ominus}=-0.408\ 9\ V \qquad ④$$

　　分析上述可能发生反应的半反应及其 $E^\ominus$ 得知:电对 H_2O_2/H_2O 的 $E^\ominus$ 最大,H_2O_2 又是该电对的氧化型物种,无疑 H_2O_2 就是其中最强的氧化剂。因此,如果 H_2O_2 与 Fe^{2+} 之间发生反应,Fe^{2+} 就是还原剂。这样,Fe^{2+} 必须是 $E^\ominus$ 小的电对的还原型。在式③中的情形正是如此,$E^\ominus(Fe^{3+}/Fe^{2+}) < E^\ominus(H_2O_2/H_2O)$。所以,$H_2O_2$ 与 Fe^{2+} 在酸性溶液中混合时能自发地发生氧化还原反应。相关的两个电极反应为②和③,反应方程式为

$$H_2O_2(aq) + 2H^+(aq) + 2e^- \rightleftharpoons 2H_2O(l)$$

$$-) \qquad\qquad 2Fe^{3+}(aq) + 2e^- \rightleftharpoons 2Fe^{2+}(aq)$$

$$\overline{H_2O_2(aq) + 2Fe^{2+}(aq) + 2H^+(aq) \rightleftharpoons 2Fe^{3+}(aq) + 2H_2O(l)}$$

　　上述判断氧化还原反应方向的基本依据是电池反应的电动势。若 $E_{MF} > 0$,$\Delta_r G_m < 0$,反应向正方向进行。氧化还原反应的电动势判据,就是 Gibbs 函数[变]判据。氧化还原反应的电动势等于氧化剂电对(对应于原电池的正极)的电极电势与还原剂电对(对应于原电池的负极)的电极电势之差。即

$$E_{MF} = E_{(氧)} - E_{(还)} = E_{(+)} - E_{(-)}$$

通常从手册中只能查到标准电极电势 $E^\ominus$。严格说来,由 $E^\ominus$ 得到的 $E_{MF}^\ominus$ 只能用来判断在标准状态下氧化还原反应进行的方向。根据经验,提出如下规则:$E_{MF}^\ominus > 0.2\ V$,反应正向进行;$E_{MF}^\ominus < -0.2\ V$,反应逆向进行;$-0.2\ V < E_{MF}^\ominus < 0.2\ V$,反应可能正向进行也可能逆向进行,此时必须考虑浓度的影响,以 E_{MF} 来判断反应进行的方向。这一经验规则在多数情况下是适用的。例 7-8 中,$E_{MF}^\ominus = 0.994\ V > 0.2\ V$,反应能正向进行。

　　例 7-9　(1)试判断反应:$MnO_2(s) + 4HCl(aq) \rightleftharpoons MnCl_2(aq) + Cl_2(g) + 2H_2O(l)$ 在 25 ℃时的标准状态下能否向右进行?

　　(2)实验室中为什么能用 $MnO_2(s)$ 与浓 HCl 反应制取 $Cl_2(g)$?

　　解:(1)查附表六可知:

$$MnO_2(s) + 4H^+(aq) + 2e^- \rightleftharpoons Mn^{2+}(aq) + 2H_2O(l)\ ;\qquad E^\ominus = 1.229\ 3\ V$$

$$Cl_2(g) + 2e^- \rightleftharpoons Cl^-(aq)\ ;\qquad\qquad\qquad\qquad E^\ominus = 1.360\ V$$

$$E_{MF}^\ominus = E^\ominus(MnO_2/Mn^{2+}) - E^\ominus(Cl_2/Cl^-)$$
$$= (1.229\ 3 - 1.360)\ V = -0.131\ V < 0$$

所以在标准状态下,上述反应不能向右进行。

　　(2)在实验室中制取 $Cl_2(g)$ 时,用的是浓 HCl($12\ mol \cdot L^{-1}$)。根据 Nernst 方程可分别计算上述两电对的电极电势,并假定 $c(Mn^{2+}) = 1.0\ mol \cdot L^{-1}$,$p(Cl_2) = 100\ kPa$。在浓 HCl 中,$c(H^+) = 12\ mol \cdot L^{-1}$,$c(Cl^-) = 12\ mol \cdot L^{-1}$,则

$$E(MnO_2/Mn^{2+}) = E^\ominus(MnO_2/Mn^{2+}) - \frac{0.059\ 2\ V}{2} lg \frac{c(Mn^{2+})/c^\ominus}{\{c(H^+)/c^\ominus\}^4}$$

$$= 1.229\ 3\ V - \frac{0.059\ 2\ V}{2} lg \frac{1}{12^4} = 1.36\ V$$

$$E(Cl_2/Cl^-) = E^{\ominus}(Cl_2/Cl^-) - \frac{0.059\ 2\ V}{2}\lg\frac{\{c(Cl^-)/c^{\ominus}\}^2}{p(Cl_2)/p^{\ominus}}$$

$$= 1.360\ V - 0.059\ 2\ V\ \lg 12 = 1.30\ V$$

$$E_{MF} = (1.36 - 1.30)\ V = 0.06\ V > 0$$

因此,从热力学方面考虑,MnO_2 可与浓 HCl 反应制取 Cl_2。实际操作时,还采取加热的方法,以便能加快反应速率,并使 Cl_2 尽快逸出,以减少其压力。

7.4.3　确定氧化还原反应进行的限度

电化学的最重要的研究结果之一是原电池的电动势、反应的 Gibbs 函数变和标准平衡常数之间的关系。

由式(7-4b)$\Delta_r G_m^{\ominus} = -zFE_{MF}^{\ominus}$ 和式(4-23)$\Delta_r G_m^{\ominus} = -RT\ln K^{\ominus}$ 可得

$$\ln K^{\ominus} = \frac{zFE_{MF}^{\ominus}}{RT} \tag{7-8a}$$

298.15 K 下,
$$\ln K^{\ominus} = \frac{zE_{MF}^{\ominus}}{0.025\ 7\ V} \tag{7-8b}$$

或
$$\lg K^{\ominus} = \frac{zE_{MF}^{\ominus}}{0.059\ 2\ V} \tag{7-8c}$$

由上述关系可以看出,电动势或电极电势的测定是热力学信息的重要来源之一,可以通过 $E_{MF}^{\ominus}$,$E^{\ominus}$,E_{MF} 等的测定或计算得到 $\Delta_r G_m^{\ominus}$,$\Delta_r G_m$ 和 $K^{\ominus}$。很显然,由热力学数据也可以计算 E_{MF},$E_{MF}^{\ominus}$ 和 $E^{\ominus}$。

例 7-10　试估计反应:$Zn(s) + Cu^{2+}(aq) \Longleftrightarrow Zn^{2+}(aq) + Cu(s)$ 在 298.15 K 下进行的限度。

解:化学反应进行的限度可以由它的标准平衡常数来评价。

$$Zn(s) + Cu^{2+}(aq) \Longleftrightarrow Zn^{2+}(aq) + Cu(s)$$

$$E_{MF}^{\ominus} = E^{\ominus}(Cu^{2+}/Cu) - E^{\ominus}(Zn^{2+}/Zn)$$

$$= 0.339\ 4\ V - (-0.762\ 1\ V) = 1.101\ 5\ V$$

$z = 2$
$$\lg K^{\ominus} = \frac{zE_{MF}^{\ominus}}{0.059\ 2\ V} = \frac{2 \times 1.101\ 5\ V}{0.059\ 2\ V} = 37.212\ 8$$

$$K^{\ominus} = 1.63 \times 10^{37}$$

$K^{\ominus}$ 值很大,说明反应向右进行得很完全。

根据氧化还原反应的标准平衡常数与原电池的标准电动势间的定量关系,可以用测定原电池电动势的方法来推算弱酸的解离常数、水的离子积、难溶电解质的溶度积和配离子的稳定常数等。

例 7–11 已知 298 K 时下列电极反应的 $E^{\ominus}$：

$$Ag^{+}(aq)+e^{-} \Longrightarrow Ag(s) ; \quad E^{\ominus}=0.799\ 1\ V$$

$$AgCl(s)+e^{-} \Longrightarrow Ag(s)+Cl^{-}(aq) ; \quad E^{\ominus}=0.222\ 2\ V$$

试求 AgCl 的溶度积。

解：设计一个原电池 $Ag(s) \mid AgCl(s) \mid Cl^{-}(1.0\ mol \cdot L^{-1}) \parallel Ag^{+}(1.0\ mol \cdot L^{-1}) \mid Ag(s)$

电极反应为

$$Ag^{+}(aq)+e^{-} \Longrightarrow Ag(s)$$

$$\underline{-) \qquad\qquad AgCl(s)+e^{-} \Longrightarrow Ag(s)+Cl^{-}(aq)}$$

电池反应：$\qquad\qquad Ag^{+}(aq)+Cl^{-}(aq) \Longrightarrow AgCl(s)$

$$K^{\ominus}=\frac{1}{K_{sp}^{\ominus}}$$

$$E_{MF}^{\ominus}=E^{\ominus}(Ag^{+}/Ag)-E^{\ominus}(AgCl/Ag)=(0.799\ 1-0.222\ 2)\ V=0.576\ 9\ V$$

$$lgK^{\ominus}=\frac{zE_{MF}^{\ominus}}{0.059\ 2\ V}$$

$$-lgK_{sp}^{\ominus}=\frac{zE_{MF}^{\ominus}}{0.059\ 2\ V}=\frac{0.576\ 9\ V}{0.059\ 2\ V}=9.744\ 9$$

$$K_{sp}^{\ominus}=1.80\times10^{-10}$$

上述电池反应并非氧化还原反应，然而电对 Ag^{+}/Ag 与 $AgCl/Ag$ 确实能组成原电池并产生电流。其电极电势差是由于 Ag^{+} 浓度不同所致。在标准状态下，Ag^{+}/Ag 半电池中，$c(Ag^{+})=1.0\ mol \cdot L^{-1}$；而在标准状态下的 $AgCl/Ag$ 半电池中，$c(Ag^{+})=K_{sp}^{\ominus}\ mol \cdot L^{-1}$。不言而喻，$E^{\ominus}(Ag^{+}/Ag)>E^{\ominus}(AgCl/Ag)$。这类由于两电极反应物种相同但浓度不同而产生电动势的原电池称为浓差电池。利用浓差电势还可以确定配离子的稳定常数。

例 7–12 已知 298.15 K 时，下列电极反应的 $E^{\ominus}$：

$$Ag^{+}(aq)+e^{-} \Longrightarrow Ag(s) ; \quad E^{\ominus}=0.799\ 1\ V$$

$$[Ag(NH_{3})_{2}]^{+}(aq)+e^{-} \Longrightarrow Ag(s)+2NH_{3}(aq) ; \quad E^{\ominus}=0.371\ 9\ V$$

试求出 $K_{f}^{\ominus}[Ag(NH_{3})_{2}^{+}]$。

解：以给出的两电极反应组成原电池，电池反应为

$$Ag^{+}(aq)+2NH_{3}(aq) \Longrightarrow [Ag(NH_{3})_{2}]^{+}(aq) ; \quad K^{\ominus}=K_{f}^{\ominus}[Ag(NH_{3})_{2}^{+}]$$

$$E_{MF}^{\ominus}=E^{\ominus}(Ag^{+}/Ag)-E^{\ominus}[Ag(NH_{3})_{2}^{+}/Ag]=(0.799\ 1-0.371\ 9)\ V=0.427\ 2\ V$$

$$lgK^{\ominus}=\frac{zE_{MF}^{\ominus}}{0.059\ 2\ V}=\frac{1\times0.427\ 2\ V}{0.059\ 2\ V}=7.216$$

$$K^{\ominus}=K_{f}^{\ominus}[Ag(NH_{3})_{2}^{+}]=1.64\times10^{7}$$

前面的讨论仅限于热力学范畴，没有涉及反应的动力学问题。一般说来，氧化还原反应的速率比酸碱反应和沉淀反应要慢些，特别是有结构复杂的含氧酸根参与的反应更是如此。有时氧化剂与还原剂的电极电势之差已足够大，反应应该很完全，但由于反应速率很小，实际上却见不到反应发生。例如，MnO_{4}^{-} 与 Ag 在酸性溶液中的反应：

$$MnO_4^-(aq)+5Ag(s)+8H^+(aq) \rightleftharpoons Mn^{2+}(aq)+5Ag^+(aq)+4H_2O(l)$$

$$E_{MF}^\ominus = E^\ominus(MnO_4^-/Mn^{2+}) - E^\ominus(Ag^+/Ag)$$

$$= (1.512-0.799\ 1)\ V = 0.713\ V > 0.2\ V$$

从热力学上判断,该反应能够发生,但是,实际上却难以进行。如果在溶液中引进少量的 Fe^{3+} 后,MnO_4^- 的紫色能较快地褪去。有人认为 Fe^{3+} 起了催化剂的作用,活化了金属银:

教学视频
电极电势的应
用(2)

$$Fe^{3+}(aq)+Ag(s) \rightleftharpoons Fe^{2+}(aq)+Ag^+(aq)$$

$$5Fe^{2+}(aq)+MnO_4^-(aq)+8H^+(aq) \rightleftharpoons 5Fe^{3+}(aq)+Mn^{2+}(aq)+4H_2O(l)$$

7.4.4 元素电势图

当某种元素可以形成三种或三种以上氧化值的物种时,这些物种可以组成多种不同的电对,各电对的标准电极电势可用图的形式表示出来,这种图叫做元素电势图。

画元素电势图时,可以按元素的氧化值由高到低的顺序,把各物种的化学式从左到右写出来,各不同氧化值物种之间用直线连接起来,在直线上标明两种不同氧化值物种所组成的电对的标准电极电势。例如,氧元素在酸性溶液中的电势图如下:

$$E_A^\ominus/V \qquad O_2 \underline{\quad 0.694\ 5 \quad} H_2O_2 \underline{\quad 1.763 \quad} H_2O$$
$$\underline{\quad\quad 1.229 \quad\quad}$$

图中所对应的电极反应都是在酸性溶液中发生的,它们是

$$O_2(g)+2H^+(aq)+2e^- \rightleftharpoons H_2O_2(aq); \quad E^\ominus = 0.694\ 5\ V$$

$$H_2O_2(aq)+2H^+(aq)+2e^- \rightleftharpoons 2H_2O(l); \quad E^\ominus = 1.763\ V$$

$$O_2(g)+4H^+(aq)+4e^- \rightleftharpoons 2H_2O(l); \quad E^\ominus = 1.229\ V$$

元素电势图对于了解元素的单质及化合物的性质是很有用的。现举例说明。

1. 判断歧化反应能否发生

例7-13 根据铜元素在酸性溶液中的有关电对的标准电极电势,画出它的电势图,并推测在酸性溶液中 Cu^+ 能否发生歧化反应。

解:在酸性溶液中,铜元素的电势图为

$$Cu^{2+} \underline{\quad 0.160\ 7\ V \quad} Cu^+ \underline{\quad 0.518\ 0\ V \quad} Cu$$

铜的电势图所对应的电极反应为

$$Cu^{2+}(aq)+e^- \rightleftharpoons Cu^+(aq); \quad E^\ominus = 0.160\ 7\ V \qquad\qquad ①$$

$$Cu^+(aq)+e^- \rightleftharpoons Cu(s); \quad E^\ominus = 0.518\ 0\ V \qquad\qquad ②$$

式②-式①,得 $\qquad\qquad 2Cu^+(aq) \rightleftharpoons Cu^{2+}(aq)+Cu(s) \qquad\qquad ③$

$$E^{\ominus}_{MF} = E^{\ominus}(Cu^+/Cu) - E^{\ominus}(Cu^{2+}/Cu^+)$$
$$= 0.518\ 0\ V - 0.160\ 7\ V = 0.357\ 3\ V$$

$E^{\ominus}_{MF} > 0$，反应③能从左向右进行，说明 Cu^+ 在酸性溶液中不稳定，能够发生歧化。

由上例可以得出判断歧化反应能否发生的一般规则：

$$A \xrightarrow{E^{\ominus}_{左}} B \xrightarrow{E^{\ominus}_{右}} C$$

若 $E^{\ominus}_{右} > E^{\ominus}_{左}$，B 既是电极电势大的电对的氧化型，可作氧化剂，又是电极电势小的电对的还原型，也可作还原剂，B 的歧化反应能够发生；若 $E^{\ominus}_{右} < E^{\ominus}_{左}$，B 的歧化反应不能发生。

2. 计算标准电极电势

根据元素电势图，可以从某些已知电对的标准电极电势很简便地计算出另一电对的未知标准电极电势。假设有一元素电势图：

$$A \underset{(z_1)}{\xrightarrow{E^{\ominus}_1}} B \underset{(z_2)}{\xrightarrow{E^{\ominus}_2}} C \underset{(z_3)}{\xrightarrow{E^{\ominus}_3}} D$$
$$\underset{(z_x)}{\underbrace{\qquad\qquad E^{\ominus}_x \qquad\qquad}}$$

相应的电极反应可表示为

$$A + z_1 e^- \rightleftharpoons B① \qquad\qquad E^{\ominus}_1;\ \Delta_r G^{\ominus}_{m(1)} = -z_1 F E^{\ominus}_1$$
$$B + z_2 e^- \rightleftharpoons C \qquad\qquad E^{\ominus}_2;\ \Delta_r G^{\ominus}_{m(2)} = -z_2 F E^{\ominus}_2$$
$$+)\ \ C + z_3 e^- \rightleftharpoons D \qquad\qquad E^{\ominus}_3;\ \Delta_r G^{\ominus}_{m(3)} = -z_3 F E^{\ominus}_3$$
$$\overline{A + z_x e^- \rightleftharpoons D \qquad\qquad E^{\ominus}_x;\ \Delta_r G^{\ominus}_{m(x)} = -z_x F E^{\ominus}_x}$$

$$\Delta_r G^{\ominus}_{m(x)} = \Delta_r G^{\ominus}_{m(1)} + \Delta_r G^{\ominus}_{m(2)} + \Delta_r G^{\ominus}_{m(3)}$$
$$-z_x F E^{\ominus}_x = -z_1 F E^{\ominus}_1 - z_2 F E^{\ominus}_2 - z_3 F E^{\ominus}_3$$
$$E^{\ominus}_x = \frac{z_1 E^{\ominus}_1 + z_2 E^{\ominus}_2 + z_3 E^{\ominus}_3}{z_x} \qquad\qquad (7-9)$$

根据式(7-9)，可以在元素电势图上，很简便地计算出欲求电对的 $E^{\ominus}$ 值。

　　例 7-14 已知 25 ℃ 时，氯元素在碱性溶液中的电势图，试计算出 $E^{\ominus}_1(ClO_3^-/ClO^-)$，$E^{\ominus}_2(ClO_4^-/Cl^-)$ 和 $E^{\ominus}_3(ClO^-/Cl_2)$ 的值。

　　解：25 ℃ 下，氯元素在碱性溶液中的电势图 $E^{\ominus}_B/V$：

$$ClO_4^- \underset{(z=2)}{\overset{0.397\ 9}{\rule{1.2cm}{0.4pt}}} ClO_3^- \underset{(z=2)}{\overset{0.270\ 6}{\rule{1.2cm}{0.4pt}}} ClO_2^- \underset{(z=2)}{\overset{0.680\ 7}{\rule{1.2cm}{0.4pt}}} ClO^- \underset{(z=1)}{\overset{E^{\ominus}_3=?}{\rule{1.2cm}{0.4pt}}} Cl_2 \underset{(z=1)}{\overset{1.360}{\rule{1.2cm}{0.4pt}}} Cl^-$$

（以下括注：$E^{\ominus}_1$，$(z=4)$；$0.890\ 2$，$(z=2)$；$E^{\ominus}_2 = ?$，$(z=8)$）

---

① 略去各物种的电荷。

$$E_1^\ominus(\text{ClO}_3^-/\text{ClO}^-) = \frac{2E^\ominus(\text{ClO}_3^-/\text{ClO}_2^-)+2E^\ominus(\text{ClO}_2^-/\text{ClO}^-)}{z}$$

$$= \frac{(2\times0.270\,6+0.680\,7\times2)\ \text{V}}{4} = 0.475\,6\ \text{V}$$

$$E_2^\ominus(\text{ClO}_4^-/\text{Cl}^-) = \frac{2E^\ominus(\text{ClO}_4^-/\text{ClO}_3^-)+4E^\ominus(\text{ClO}_3^-/\text{ClO}^-)+2E^\ominus(\text{ClO}^-/\text{Cl}^-)}{8}$$

$$= \frac{(2\times0.397\,9+4\times0.475\,7+2\times0.890\,2)\ \text{V}}{8} = 0.559\,9\ \text{V}$$

$$E_3^\ominus(\text{ClO}^-/\text{Cl}_2) = \frac{2E^\ominus(\text{ClO}^-/\text{Cl}^-)-E^\ominus(\text{Cl}_2/\text{Cl}^-)}{1}$$

$$= \frac{(2\times0.890\,2-1.360)\ \text{V}}{1} = 0.420\ \text{V}$$

因为从元素电势图上能很简便地计算出电对的 $E^\ominus$ 值,所以,在电势图上没有必要把所有电对的 $E^\ominus$ 值都表示出来,只要在电势图上把最基本的最常用的 $E^\ominus$ 值表示出来即可。

化学视野
化学电源的几个实例

思 考 题

1. 说明下列基本概念和术语:
(1) 氧化还原反应和 Lewis 酸碱反应;　(2) 氧化值;
(3) 氧化,还原;氧化剂,还原剂;　(4) 电对,氧化型与还原型;
(5) 正极和负极;　(6) 阴极与阳极;
(7) 标准氢电极,甘汞电极;　(8) 标准电动势和标准电极电势;
(9) Faraday 常数和 Nernst 方程;　(10) 歧化反应。

2. 总结配平氧化还原方程式应注意的问题。

3. 下列叙述是否正确? 并说明之。
(1) 在氧化还原反应中,氧化值升高的物种是氧化剂,氧化值降低的物种是还原剂;
(2) 某物种得电子,其相关元素的氧化值降低;
(3) 氧化剂一定是电极电势大的电对的氧化型,还原剂一定是电极电势小的电对的还原型;
(4) 在原电池中,负极发生还原反应,正极发生氧化反应;
(5) $\Delta_r G_m = -zFE$,不适合于电极反应;
(6) ClO_3^- 在碱性溶液中的氧化性强于在酸性溶液中的氧化性;
(7) 在 $\text{Fe}^{3+}(\text{aq})+\text{e}^- \rightleftharpoons \text{Fe}^{2+}(\text{aq})$ 这一电极反应中,没有 H^+ 或 OH^- 参与反应,因此,当 pH 增加时,Fe(Ⅲ) 的氧化性并不改变;
(8) 原电池反应,一定是氧化还原反应;
(9) 原电池中正极电对的氧化型物种浓度或分压增大,电池电动势增大;同样,负极电对的氧化型物种浓度或分压增大,电池电动势也增大。

4. 在原电池中盐桥的作用是什么?

5. 举例说明电极电势的应用。

6. 原电池放电时,其电动势如何变化? 当电池反应达到平衡时,电动势等于多少?

7. 某电极反应为
① $\text{M}^{z+}(\text{aq})+z\text{e}^- \rightleftharpoons \text{M}(\text{s})$;　$E_1^\ominus$,$\Delta_r G_{m(1)}^\ominus$

当将上述电极反应式乘以某一数值 $a(a>0)$,得

② $a\mathrm{M}^{n+}(\mathrm{aq})+a\,ze^- \Longleftrightarrow a\mathrm{M}(\mathrm{s})$; $E_2^{\ominus}$,$\Delta_r G_{m(2)}^{\ominus}$

则 $E_1^{\ominus}=E_2^{\ominus}$,$a\Delta_r G_{m(1)}^{\ominus}=\Delta_r G_{m(2)}^{\ominus}$,为什么? 由此能得出什么结论?

8. 在下列常见氧化剂中,如果使 $c(\mathrm{H}^+)$ 增加,哪些物种的氧化性增强? 哪些物种的氧化性不变?

$$\mathrm{Cl}_2,\mathrm{Cr}_2\mathrm{O}_7^{2-},\mathrm{Fe}^{3+},\mathrm{MnO}_4^-,\mathrm{PbO}_2,\mathrm{NaBiO}_3,\mathrm{Hg}^{2+},\mathrm{O}_2,\mathrm{H}_2\mathrm{O}_2$$

9. 总结溶液酸碱性的改变、沉淀与配合物的形成对电对的电极电势的影响及其变化规律。

10. 如何绘制元素电势图,它有哪些应用?

11. 试确立金属活动顺序与电极电势的对应关系。

12. 总结一下,利用原电池的原理,可以得到哪些热力学数据。

习 题

1. 判断下列反应中哪些是氧化还原反应,指出氧化还原反应中的氧化剂和还原剂。

(1) $2\mathrm{H}_2\mathrm{O}_2(\mathrm{aq}) \Longleftrightarrow \mathrm{O}_2(\mathrm{g})+2\mathrm{H}_2\mathrm{O}(\mathrm{l})$

(2) $2\mathrm{Cu}^{2+}(\mathrm{aq})+4\mathrm{I}^-(\mathrm{aq}) \Longleftrightarrow 2\mathrm{CuI}(\mathrm{s})+\mathrm{I}_2(\mathrm{aq})$

(3) $2\mathrm{CrO}_4^{2-}(\mathrm{aq})+2\mathrm{H}^+(\mathrm{aq}) \Longleftrightarrow \mathrm{Cr}_2\mathrm{O}_7^{2-}(\mathrm{aq})+\mathrm{H}_2\mathrm{O}(\mathrm{l})$

(4) $\mathrm{SnCl}_4^{2-}(\mathrm{aq})+\mathrm{HgCl}_2(\mathrm{aq}) \Longleftrightarrow \mathrm{Hg}(\mathrm{l})+\mathrm{SnCl}_6^{2-}(\mathrm{aq})$

(5) $\mathrm{SO}_2(\mathrm{g})+\mathrm{I}_2(\mathrm{aq})+2\mathrm{H}_2\mathrm{O}(\mathrm{l}) \Longleftrightarrow \mathrm{H}_2\mathrm{SO}_4(\mathrm{aq})+2\mathrm{HI}(\mathrm{aq})$

(6) $\mathrm{HgI}_2(\mathrm{s})+2\mathrm{I}^-(\mathrm{aq}) \Longleftrightarrow \mathrm{HgI}_4^{2-}(\mathrm{aq})$

(7) $3\mathrm{I}_2(\mathrm{aq})+6\mathrm{NaOH}(\mathrm{aq}) \Longleftrightarrow 5\mathrm{NaI}(\mathrm{aq})+\mathrm{NaIO}_3(\mathrm{aq})+3\mathrm{H}_2\mathrm{O}(\mathrm{l})$

2. 指出下列各化学式中画线元素的氧化值。

$\underline{\mathrm{O}}_3,\mathrm{H}_2\underline{\mathrm{O}}_2,\mathrm{Ba}\underline{\mathrm{O}}_2,\mathrm{K}\underline{\mathrm{O}}_2,\underline{\mathrm{O}}\mathrm{F}_2,\mathrm{H}\underline{\mathrm{C}}\mathrm{HO},\underline{\mathrm{C}}_2\mathrm{H}_5\mathrm{OH},\mathrm{K}_2\underline{\mathrm{Pt}}\mathrm{Cl}_6,\mathrm{K}_2\underline{\mathrm{Xe}}\mathrm{F}_6,\mathrm{K}\underline{\mathrm{H}},\underline{\mathrm{Mn}}_2\mathrm{O}_7,\mathrm{K}\underline{\mathrm{Br}}\mathrm{O}_4,\mathrm{Na}\underline{\mathrm{N}}\mathrm{H}_2,\mathrm{Na}\underline{\mathrm{Bi}}\mathrm{O}_3,\mathrm{Na}_2\underline{\mathrm{S}}_2\mathrm{O}_3,\mathrm{Na}_2\underline{\mathrm{S}}_4\mathrm{O}_6$。

3. 完成并配平下列在酸性溶液中所发生反应的方程式。

(1) $\mathrm{KMnO}_4(\mathrm{aq})+\mathrm{H}_2\mathrm{O}_2(\mathrm{aq})+\mathrm{H}_2\mathrm{SO}_4(\mathrm{aq}) \longrightarrow \mathrm{MnSO}_4(\mathrm{aq})+\mathrm{K}_2\mathrm{SO}_4(\mathrm{aq})+\mathrm{O}_2(\mathrm{g})$

(2) $\mathrm{PH}_4^+(\mathrm{aq})+\mathrm{Cr}_2\mathrm{O}_7^{2-}(\mathrm{aq}) \longrightarrow \mathrm{P}_4(\mathrm{s})+\mathrm{Cr}^{3+}(\mathrm{aq})$

(3) $\mathrm{As}_2\mathrm{S}_3(\mathrm{s})+\mathrm{ClO}_3^-(\mathrm{aq}) \longrightarrow \mathrm{Cl}^-(\mathrm{aq})+\mathrm{H}_2\mathrm{AsO}_4^-(\mathrm{aq})+\mathrm{SO}_4^{2-}(\mathrm{aq})$

(4) $\mathrm{S}_2\mathrm{O}_3^{2-}(\mathrm{aq})+\mathrm{Cl}_2(\mathrm{aq})+\mathrm{H}_2\mathrm{O} \longrightarrow \mathrm{SO}_4^{2-}(\mathrm{aq})+\mathrm{Cl}^-(\mathrm{aq})+\mathrm{H}^+(\mathrm{aq})$

(5) $\mathrm{UO}_2^{2+}(\mathrm{aq})+\mathrm{Te}(\mathrm{s}) \longrightarrow \mathrm{U}^{4+}(\mathrm{aq})+\mathrm{TeO}_4^{2-}(\mathrm{aq})$

(6) $\mathrm{CH}_3\mathrm{OH}(\mathrm{aq})+\mathrm{Cr}_2\mathrm{O}_7^{2-}(\mathrm{aq}) \longrightarrow \mathrm{CH}_2\mathrm{O}(\mathrm{aq})+\mathrm{Cr}^{3+}(\mathrm{aq})$

(7) $\mathrm{PbO}_2(\mathrm{s})+\mathrm{Mn}^{2+}(\mathrm{aq})+\mathrm{SO}_4^{2-}(\mathrm{aq}) \longrightarrow \mathrm{PbSO}_4(\mathrm{s})+\mathrm{MnO}_4^-(\mathrm{aq})$

(8) $\mathrm{P}_4(\mathrm{s})+\mathrm{HClO}(\mathrm{aq}) \longrightarrow \mathrm{H}_3\mathrm{PO}_4(\mathrm{aq})+\mathrm{Cl}^-(\mathrm{aq})+\mathrm{H}^+(\mathrm{aq})$

4. 完成并配平下列在碱性溶液中所发生反应的方程式。

(1) $\mathrm{N}_2\mathrm{H}_4(\mathrm{aq})+\mathrm{Cu(OH)}_2(\mathrm{s}) \longrightarrow \mathrm{N}_2(\mathrm{g})+\mathrm{Cu}(\mathrm{s})$

(2) $\mathrm{ClO}^-(\mathrm{aq})+\mathrm{Fe(OH)}_3(\mathrm{s}) \longrightarrow \mathrm{Cl}^-(\mathrm{aq})+\mathrm{FeO}_4^{2-}(\mathrm{aq})$

(3) $\mathrm{CrO}_4^{2-}(\mathrm{aq})+\mathrm{CN}^-(\mathrm{aq}) \longrightarrow \mathrm{CNO}^-(\mathrm{aq})+\mathrm{Cr(OH)}_3(\mathrm{s})$

(4) $\mathrm{Br}_2(\mathrm{l})+\mathrm{IO}_3^-(\mathrm{aq}) \longrightarrow \mathrm{Br}^-(\mathrm{aq})+\mathrm{IO}_4^-(\mathrm{aq})$

(5) $\mathrm{Ag}_2\mathrm{S}(\mathrm{s})+\mathrm{Cr(OH)}_3(\mathrm{s}) \longrightarrow \mathrm{Ag}(\mathrm{s})+\mathrm{HS}^-(\mathrm{aq})+\mathrm{CrO}_4^{2-}(\mathrm{aq})$

(6) $\mathrm{CrI}_3(\mathrm{s})+\mathrm{Cl}_2(\mathrm{g}) \longrightarrow \mathrm{CrO}_4^{2-}(\mathrm{aq})+\mathrm{IO}_4^-(\mathrm{aq})+\mathrm{Cl}^-(\mathrm{aq})$

(7) $\mathrm{Fe(CN)}_6^{4-}(\mathrm{aq})+\mathrm{Ce}^{4+}(\mathrm{aq}) \longrightarrow \mathrm{Ce(OH)}_3(\mathrm{s})+\mathrm{Fe(OH)}_3(\mathrm{s})+\mathrm{CO}_3^{2-}(\mathrm{aq})+\mathrm{NO}_3^-(\mathrm{aq})$

(8) $Cr(OH)_4^-(aq) + H_2O_2(aq) \longrightarrow CrO_4^{2-}(aq) + H_2O(l)$

5. 计算下列原电池的电动势,写出相应的电池反应。

(1) $Zn \mid Zn^{2+}(0.010 \text{ mol} \cdot L^{-1}) \parallel Fe^{2+}(0.0010 \text{ mol} \cdot L^{-1}) \mid Fe$

(2) $Pt \mid Fe^{2+}(0.010 \text{ mol} \cdot L^{-1}), Fe^{3+}(0.10 \text{ mol} \cdot L^{-1}) \parallel Cl^-(2.0 \text{ mol} \cdot L^{-1}) \mid Cl_2(p^\ominus) \mid Pt$

(3) $Ag \mid Ag^+(0.010 \text{ mol} \cdot L^{-1}) \parallel Ag^+(0.10 \text{ mol} \cdot L^{-1}) \mid Ag$

6. 某原电池中的一个半电池是由金属钴浸在 $1.0 \text{ mol} \cdot L^{-1} Co^{2+}$ 溶液中组成的;另一半电池则由铂(Pt)片浸在 $1.0 \text{ mol} \cdot L^{-1} Cl^-$ 溶液中,并不断通入 $Cl_2[p(Cl_2) = 100.0 \text{ kPa}]$ 组成。测得其电动势为 1.642 V;钴电极为负极。回答下列问题:

(1) 写出电池反应方程式;

(2) 由附表六查得 $E^\ominus(Cl_2/Cl^-)$,计算 $E^\ominus(Co^{2+}/Co)$;

(3) $p(Cl_2)$ 增大时,电池的电动势将如何变化?

(4) 当 Co^{2+} 浓度为 $0.010 \text{ mol} \cdot L^{-1}$,其他条件不变时,电池的电动势是多少?

7. 根据标准电极电势,判断下列氧化剂的氧化性由强到弱的次序:

$$Cl_2, Cr_2O_7^{2-}, MnO_4^-, Cu^{2+}, Fe^{3+}, Br_2$$

8. 根据标准电极电势,判断下列还原剂的还原性由强到弱的次序:

$$Fe^{2+}, Sn^{2+}, Hg_2^{2+}, Cl^-, Zn, Sn, SO_3^{2-}, Cu^+, H_2S, Br^-, I^-$$

9. 根据各物种相关的标准电极电势,判断下列反应能否发生;如果能发生反应,完成并配平有关反应方程式。

(1) $Fe^{3+}(aq) + I^-(aq) \longrightarrow$

(2) $Fe^{3+}(aq) + H_2S(aq) \longrightarrow$

(3) $Fe^{3+}(aq) + Cu(s) \longrightarrow$

(4) $Cr_2O_7^{2-}(aq) + Fe^{2+}(aq) \xrightarrow{H^+}$

(5) $MnO_4^-(aq) + H_2O_2(aq) \xrightarrow{H^+}$

(6) $S_2O_8^{2-}(aq) + Mn^{2+}(aq) \xrightarrow{H^+}$

(7) $[Fe(CN)_6]^{4-}(aq) + Br_2(l) \longrightarrow$

10. 根据附表六中能查到的相关电对的标准电极电势的数据,判断下列物种能否歧化,确定其最稳定的产物,并写出歧化反应的离子方程式,计算 298.15 K 下反应的标准平衡常数。

(1) $In^+(aq)$;(2) $Tl^+(aq)$;(3) $Br_2(l)$ 在碱性溶液中。

11. 已知某原电池反应:

$$3HClO_2(aq) + 2Cr^{3+}(aq) + 4H_2O(l) \longrightarrow 3HClO(aq) + Cr_2O_7^{2-}(aq) + 8H^+(aq)$$

(1) 计算该原电池的 $E_{MF}^\ominus$。

(2) 当 $pH = 0.00, c(Cr_2O_7^{2-}) = 0.80 \text{ mol} \cdot L^{-1}, c(HClO_2) = 0.15 \text{ mol} \cdot L^{-1}, c(HClO) = 0.20 \text{ mol} \cdot L^{-1}$,测定原电池的电动势 $E_{MF} = 0.15 \text{ V}$,计算其中的 Cr^{3+} 浓度。

(3) 计算 25 ℃ 下电池反应的标准平衡常数。

(4) $Cr_2O_7^{2-}(aq)$ 是橙红色,$Cr^{3+}(aq)$ 为绿色。如果 20.0 mL 的 $1.00 \text{ mol} \cdot L^{-1} HClO_2$ 溶液与 20.00 mL 的 $0.50 \text{ mol} \cdot L^{-1} Cr(NO_3)_3$ 溶液混合,最终溶液(pH 为 0)为何种颜色?

12. 已知某原电池的正极是氢电极 $[p(H_2) = 100.0 \text{ kPa}]$,负极的电极电势是恒定的。当氢电极中 $pH = 4.008$ 时,该电池的电动势为 0.412 V;如果氢电极中所用的溶液改为一未知 $c(H^+)$ 的缓冲溶液,又重新测得原电池的电动势为 0.427 V。计算该缓冲溶液的 H^+ 浓度和 pH。若缓冲溶液中 $c(HA) = c(A^-) = 1.0 \text{ mol} \cdot L^{-1}$,求该弱酸 HA 的解离常数。

13. 计算下列反应的 $E_{MF}^\ominus$,$\Delta_r G_m^\ominus$,$K^\ominus$ 和 $\Delta_r G_m$:

(1) $Sn^{2+}(0.10 \text{ mol} \cdot L^{-1}) + Hg^{2+}(0.010 \text{ mol} \cdot L^{-1}) \rightleftharpoons Sn^{4+}(0.020 \text{ mol} \cdot L^{-1}) + Hg(l)$

(2) $Cu(s) + 2Ag^+(0.010 \text{ mol} \cdot L^{-1}) \rightleftharpoons 2Ag(s) + Cu^{2+}(0.010 \text{ mol} \cdot L^{-1})$

(3) $Cl_2(g, 10.0\ kPa) + 2Ag(s) \Longrightarrow 2AgCl(s)$

14. 已知下列原电池:

(a) $Tl \mid Tl^+ \parallel Tl^{3+}, Tl^+ \mid Pt$;

(b) $Tl \mid Tl^{3+} \parallel Tl^{3+}, Tl^+ \mid Pt$;

(c) $Tl \mid Tl^+ \parallel Tl^{3+} \mid Tl$;

$E^{\ominus}(Tl^+/Tl) = -0.336\ V, E^{\ominus}(Tl^{3+}/Tl) = 0.741\ V, E^{\ominus}(Tl^{3+}/Tl^+) = 1.280\ V$。

(1) 写出各电池反应,并分别指出反应方程式中转移的电子数 z;

(2) 计算各电池的标准电动势 $E_{MF}^{\ominus}$;

(3) 计算各电池反应的 $\Delta_r G_m^{\ominus}$ 及 $K^{\ominus}$。

15. (1) 由附表六中查出 $E^{\ominus}(Cu^+/Cu)$,$E^{\ominus}(CuI/Cu)$,试计算 $K_{sp}^{\ominus}(CuI)$。

(2) 计算 298.15 K 下反应 $CuI(s) \Longrightarrow Cu^+(aq) + I^-(aq)$ 的 $\Delta_r G_m^{\ominus}$。

(3) 若已知(2)中反应的 $\Delta_r H_m^{\ominus}(298.15\ K) = 84.3\ kJ \cdot mol^{-1}$,计算该反应的 $\Delta_r S_m^{\ominus}(298.15\ K)$。

16. 已知 298.15 K 下,电极反应:

$$[Ag(S_2O_3)_2]^{3-}(aq) + e^- \Longrightarrow Ag(s) + 2S_2O_3^{2-}(aq); \quad E^{\ominus} = 0.017\ V$$

设计原电池,以电池图示表示之,计算 $K_f^{\ominus}[Ag(S_2O_3)_2^{3-}]$。

17. 已知 298.15 K 下,$E^{\ominus}(HgBr_4^{2-}/Hg) = 0.231\ 8\ V$,$\Delta_f G_m^{\ominus}(Br^-, aq) = -103.96\ kJ \cdot mol^{-1}$,计算 $\Delta_f G_m^{\ominus}(HgBr_4^{2-}, aq)$。

18. 根据有关配合物的稳定常数和电对的 $E^{\ominus}$,计算下列电极反应的 $E^{\ominus}$:

(1) $HgI_4^{2-}(aq) + 2e^- \Longrightarrow Hg(l) + 4I^-(aq)$

(2) $Cu^{2+}(aq) + 2I^-(aq) + e^- \Longrightarrow CuI_2^-(aq)$

(3) $[Fe(C_2O_4)_3]^{3-}(aq) + e^- \Longrightarrow [Fe(C_2O_4)_3]^{4-}(aq)$

19. 已知 $K_f^{\ominus}[Fe(bipy)_3^{2+}] = 10^{17.45}$,$K_f^{\ominus}[Fe(bipy)_3^{3+}] = 10^{14.25}$,其他数据查附表。

(1) 计算 $E^{\ominus}[Fe(bipy)_3^{3+}/Fe(bipy)_3^{2+}]$;

(2) 将 Cl_2 通入 $[Fe(bipy)_3]^{2+}$ 溶液中,Cl_2 能否将其氧化?写出反应方程式,并计算 25 ℃ 下该反应的标准平衡常数 $K^{\ominus}$;

(3) 若溶液中 $[Fe(bipy)_3]^{2+}$ 的浓度为 $0.20\ mol \cdot L^{-1}$,所通 Cl_2 的压力始终保持 100.0 kPa,计算平衡时溶液中各离子浓度。

20. 已知下列电极反应的标准电极电势:

$$Cu^{2+}(aq) + 2e^- \Longrightarrow Cu(s); \quad E^{\ominus} = 0.339\ 4\ V$$
$$Cu^{2+}(aq) + e^- \Longrightarrow Cu^+(aq); \quad E^{\ominus} = 0.160\ 7\ V$$

(1) 计算反应 $Cu^{2+}(aq) + Cu(s) \Longrightarrow 2Cu^+(aq)$ 的标准平衡常数 $K^{\ominus}$;

(2) 已知 $K_{sp}^{\ominus}(CuCl) = 1.7 \times 10^{-7}$,计算反应 $Cu^{2+}(aq) + Cu(s) + 2Cl^-(aq) \Longrightarrow 2CuCl(s)$ 的标准平衡常数 $K^{\ominus}$。

21. 由附表六中查出酸性溶液中 $E^{\ominus}(MnO_4^-/MnO_4^{2-})$,$E^{\ominus}(MnO_4^-/MnO_2)$,$E^{\ominus}(MnO_2/Mn^{2+})$,$E^{\ominus}(Mn^{3+}/Mn^{2+})$。

(1) 画出锰元素在酸性溶液中的元素电势图;

(2) 计算 $E^{\ominus}(MnO_4^{2-}/MnO_2)$ 和 $E^{\ominus}(MnO_2/Mn^{3+})$;

(3) MnO_4^{2-} 能否歧化?写出相应的反应方程式,并计算该反应的 $\Delta_r G_m^{\ominus}$ 与 $K^{\ominus}$;还有哪些物种能歧化?

(4) 计算 $E^{\ominus}[MnO_2/Mn(OH)_2]$。

22. 铅酸蓄电池的电极反应为

负极:$Pb(s)+HSO_4^-(aq) \longrightarrow PbSO_4(s)+H^+(aq)+2e^-$

正极:$PbO_2(s)+HSO_4^-(aq)+3H^+(aq)+2e^- \longrightarrow PbSO_4(s)+2H_2O(l)$

(1) 计算铅酸蓄电池的标准电动势 $E_{MF}^{\ominus}$。

(2) 如果将 6 个(1)中的铅酸蓄电池串联在一起,其总电动势为多少?

(3) 充电时的电极反应如何? 写出相应的反应方程式。

(4) 在使用过程中,可用测定硫酸密度的方法,确定铅酸蓄电池是否需要充电,这是什么道理?

(5) 充电时,需要用新的浓度大的硫酸替换电池中的稀硫酸吗? 为什么?

23. 丙烷燃料电池的电极反应为

$$C_3H_8(g)+6H_2O(l) \Longleftrightarrow 3CO_2(g)+20H^+(aq)+20e^-$$

$$5O_2(g)+20H^+(aq)+20e^- \Longleftrightarrow 10H_2O(l)$$

(1) 指出正极反应和负极反应;

(2) 写出电池反应方程式;

(3) 计算 25 ℃下丙烷燃料电池的标准电动势 $E_{MF}^{\ominus}[\Delta_f G_m^{\ominus}(C_3H_8,g)=-23.5 \text{ kJ}\cdot\text{mol}^{-1}]$。

第二篇　物质结构基础

　　物质的种类繁多,化学变化异彩纷呈。要深入了解物质的宏观性质,必须探究其微观结构。由于保持物质化学性质的最小粒子是分子,而分子是由原子组成的。所以,本篇首先学习近代原子结构理论,在此基础上,讨论分子结构和晶体结构的基本内容。随着配合物化学的迅猛发展,配合物结构理论已成为配位化学的重要内容之一,因此,配合物结构的基础知识也包括在本篇之中。

物质发生化学反应时,原子核外电子运动状态的变化导致原子间结合方式发生改变,随之产生性质各异的不同种物质。本章重点讨论原子核外电子的运动状态及其变化规律,进而阐述元素性质呈周期性变化的内在本质。

第八章
学习引导

§8.1　氢原子光谱和 Bohr 理论

8.1.1　原子结构理论发展历史的简单回顾

从原子概念的提出到今天可以借助仪器(STM)观察到原子的图像,已有 200 多年的历史了。在原子结构理论发展的历史进程中,有些开创性的工作值得我们回顾。

第八章
教学课件

1. Dalton 原子论

1808 年英国科学家 J. Dalton 发表了"化学哲学新体系"一文,提出了物质的原子论。其要点是:每一种化学元素的最小单元是原子;同种元素的原子质量相同,不同种元素由不同种原子组成,原子质量也不相同;原子是不可再分的。在化学反应中,相关种类的原子以整数比结合形成新物质。

Dalton 原子论圆满地解释了当时已知的化学反应中各物质的定量关系;同时,原子量概念的提出也为化学科学进入定量阶段奠定了基础。

MOOC

教学视频
氢原子光谱和
Bohr 理论

2. 电子的发现

到了 19 世纪末期,物理学的一系列重大发现推翻、否定了"原子不可再分"的传统观念。1897 年,英国物理学家 J. J. Thomson 进行了一系列高真空管中气体的放电实验,证实阴极射线是带负电荷的粒子流,Thomson 称这些带负电荷的粒子为电子,并通过实验测得了电子的荷质比。电子是组成原子的粒子之一,它普遍存在于原子之中。1904 年,Thomson 提出了葡萄干布丁(plum pudding)原子模型(也称为"西瓜式"原子结构模型)。

1909 年,美国物理学家 R. A. Millikan 通过油滴实验测出电子的电荷量为 1.602×10^{-19} C,借助 Thomson 的荷质比,得到电子的质量为 9.109×10^{-28} g。

3. Rutherford 核式原子结构模型

1911 年,英国物理学家 E. Rutherford 以 α 粒子流轰击金箔,发现绝大多数 α 粒子几乎不受阻拦地呈直线通过,只有极少数(约万分之一)α 粒子的运动方向发生偏转,

个别的 α 粒子被反射回来。α 粒子的反弹回去这一事实表明了 α 粒子与质量很大的带正电荷的粒子发生了强有力的碰撞,从而证明了原子核的存在。由此,Rutherford 提出了原子的核式结构模型:原子中的正电荷集中在很小的区域(原子直径约为 10^{-10} m,核的直径为 $10^{-16} \sim 10^{-14}$ m),原子质量主要来自于正电荷部分,即原子核。而原子中质量很小的电子则围绕着原子核作旋转运动,就像行星绕太阳运转一样。

科学的发展总是伴随着新问题的不断出现。对于原子的核式结构模型来说,按照经典电动力学,核外作曲线运动的电子将不断地辐射能量而减速,其运动轨道半径会不断缩小,最后将陨落在原子核上,随之原子塌缩。但是,现实世界中的原子却稳定地存在着。

8.1.2   氢原子光谱

光谱学的研究成果对原子结构理论的建立奠定了坚实的实验基础。早在 19 世纪末,光谱学已经积累了大量实验数据。人们发现,每种元素的原子辐射都具有由一定频率成分构成的特征光谱,它们是一条条离散的谱线,被称为线状光谱,即原子光谱。

氢原子是最简单的原子,产生氢原子光谱的实验装置见图 8-1。

动画
氢原子光谱仪
及氢原子可见
光区光谱

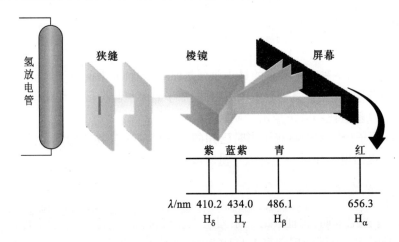

图 8-1   氢原子光谱仪及可见光区的氢原子光谱的谱线

在一个熔接着两个电极且抽成高真空的玻璃管内,填充极少量氢气。在电极上加高电压,使之放电发光。此光通过棱镜分光,在黑色屏幕上呈现出可见光区(400~700 nm)的四条颜色不同的谱线:H_α,H_β,H_γ,H_δ,分别呈现红、青、蓝紫和紫色。它们的频率分别为 4.57×10^{14} s^{-1},6.17×10^{14} s^{-1},6.91×10^{14} s^{-1} 和 7.31×10^{14} s^{-1},相应波长分别为 656.3 nm,486.1 nm,434.0 nm 和 410.2 nm。

1885 年瑞士的一位年近花甲的物理教师 J. J. Balmer 提出了一个符合氢原子可见光区的谱线波长公式:

$$\lambda = \frac{364.6n^2}{n^2 - 4} \text{ nm} \qquad (8-1)$$

当 $n=3,4,5,6$ 时,上式就分别给出氢原子光谱中 H_α,H_β,H_γ,H_δ 四条谱线的波长。

后来,Paschen,Lyman,Brackett 等人又相继发现了氢原子的红外与紫外光谱区的若干谱线系。1890 年,瑞典物理学家 J. R. Rydberg 提出了更有普遍性的氢原子光谱的频率公式:

$$\nu = 3.289 \times 10^{15} \left(\frac{1}{n_1^2} - \frac{1}{n_2^2} \right) \text{s}^{-1} \tag{8-2}$$

式中,n_1,n_2 为正整数,$n_2 > n_1$。当 $n_1 = 2$ 时,即为可见光区的 Balmer 线系;$n_1 = 1$ 时,该谱线系为紫外光谱区的 Lyman 线系;$n_1 = 3,4$ 时,依次为红外光谱区的 Paschen 线系,Brackett 线系。

8.1.3　Bohr 理论

如何解释原子的稳定性和氢原子光谱的实验事实与经验公式,经典物理学是无能为力的。因为按照经典电磁理论,原子应是不稳定的。绕核高速旋转的电子将自动而连续地辐射能量,其发射的光谱应该是连续光谱而不会是线状光谱。

1900 年,德国理论物理学家 M. Planck 提出了量子论。他认为在微观领域能量是不连续的,物质吸收或发射的能量总是一个最小能量单位的整数倍,这个最小的能量单位称为量子。能量量子化是微观世界的重要特征,这是一次物理学上的革命。

1905 年,瑞士物理学家 A. Einstein 提出了光子论。他认为:一束光由具有粒子特征的光子所组成,每一个光子的能量 E 与光的频率 ν 成正比,即 $E = h\nu$,h 是 Planck 常量,其值为 6.626×10^{-34} J·s。在光电效应实验中,具有一定频率的光子与电子碰撞时,将能量传递给电子。光子的能量越大,电子得到的能量也越大,发射出来的光电子能量也就越大。

1913 年,丹麦物理学家 N. Bohr 接受了 Planck 量子论和 Einstein 光子论的观点,提出了新的原子结构理论。Bohr 基于对金属的电子理论和射线穿透能力的研究,引用了能量量子化作为原子稳定的要素,建立了新的原子结构理论。其要点如下:

(1)定态假设　原子的核外电子在轨道上运行时,只能够稳定地存在于具有分立的、固定能量的状态中,这些状态称为定态(能级),即处于定态的原子的能量是量子化的。此时,原子并不辐射能量,是稳定的。

(2)跃迁规则　原子的能量变化(包括发射或吸收电磁辐射)只能在两定态之间以跃迁的方式进行。在正常情况下,原子中的电子尽可能处在离核最低的轨道上。这时原子的能量最低,即原子处于基态。当原子受到辐射、加热或通电时,获得能量后电子可以跃迁到离核较远的轨道上去,即电子被激发到高能量的轨道上,这时原子处于激发态。处于激发态的电子不稳定,可以跃迁到离核较近的轨道上,同时释放出光子。光的频率 ν 取决于离核较远轨道的能量(E_2)与离核较近轨道的能量(E_1)之差:

$$h\nu = E_2 - E_1 = \Delta E \tag{8-3}$$

　　Bohr 理论成功地阐释了原子的稳定性、氢原子光谱的产生和不连续性。

　　氢原子在正常情况下,电子处于基态,不会发光。当氢原子受到放电等能量激发时,电子由基态跃迁到激发态。但处于激发态的电子是不稳定的,它可以自发地回到能量较低的轨道,并以光子的形式释放出能量。因为两个轨道即两个能级间的能量差是确定的,所以发射出来的射线有确定的频率。如可见光谱,即 Balmer 线系,就是电子从 $n = 3,4,5,6,\cdots$ 能级跃迁到 $n = 2$ 能级时所放出的辐射,其中红线(H_α)是由 $n = 3$ 能级跃迁到 $n = 2$ 能级时放出的;青线(H_β),蓝紫线(H_γ)和紫线(H_δ)分别是由 $n = 4,5$ 和 6 能级跃迁到 $n = 2$ 能级时放出的(图 8-2)。总之,因为能级是不连续的,即量子化的,造成氢原子光谱是不连续的线状光谱,每条谱线有各自的频率。

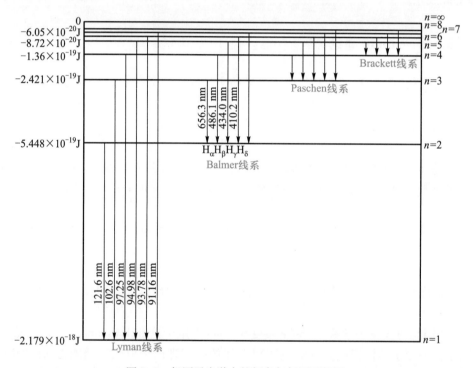

图 8-2　氢原子光谱中的频率与氢原子能级

　　图 8-2 所示氢原子能级能量值均为负数。前已述及,离核最近的电子处于最低能级,吸收能量可以跃迁至高能级。如果吸收了足够的能量可以离开原子(原子电离),可认为该电子处于离核无穷远的能级,即 $n = \infty$。离开原子的电子与核之间不再有吸引作用,因此,相对于核而言该电子能量是零。氢原子其他比 $n = \infty$ 低的能级,能量皆低于零,均为负值。

　　将式(8-2)代入式(8-3),得到氢原子光谱中各能级间的能量关系式:

$$\Delta E = 6.626 \times 10^{-34}\ \text{J·s} \times 3.289 \times 10^{15}\ \text{s}^{-1} \left(\frac{1}{n_1^2} - \frac{1}{n_2^2} \right)$$

$$= 2.179 \times 10^{-18}\ \text{J} \left(\frac{1}{n_1^2} - \frac{1}{n_2^2} \right) \tag{8-4}$$

由式(8-4)不难看出, n_1, n_2 均为能级的代号, 从而明确了 Balmer 公式中 n 的物理意义。

当 $n_1 = 1$, $n_2 = \infty$ 时, $\Delta E = 2.179 \times 10^{-18}$ J, 这就是氢原子的电离能[①]。

由公式(8-4)亦可算出氢原子各能级的能量。令 $n_2 = \infty$, $E_1 = -\Delta E$, 将 n_1 值代入式(8-4), 得

$$n_1 = 1, E_1 = -2.179 \times 10^{-18} \text{J}$$

$$n_1 = 2, E_2 = -5.448 \times 10^{-19} \text{J}$$

$$n_1 = 3, E_3 = -2.421 \times 10^{-19} \text{J}$$

$$\cdots\cdots$$

$$n_1 = n, E_n = -\frac{2.179 \times 10^{-18} \text{J}}{n^2}$$

这就是图 8-2 中左边所标明的氢原子各能级的能量。

Bohr 的原子结构理论, 开启了人们正确认识原子结构的大门。由于在原子理论和原子辐射方面做出的卓越贡献, Bohr 获得了 1922 年的 Nobel 物理学奖。Bohr 所提出的概念如量子化、能级和电子跃迁等, 至今仍被广泛采用。然而, Bohr 的量子论毕竟是建立在经典物理学的基础上, 存在问题和局限性是难以避免的。对多电子原子的光谱和氢原子光谱的精细结构无法解释, Bohr 假设的平面轨道与电子围绕原子核呈球形对称的现象也不符合等。Bohr 理论被人们划定为旧量子论。新量子力学就是在解决旧量子论问题的过程中, 继承和发展了物理学的新成果, 向人们展示了原子结构的真实面貌。

§8.2 微观粒子运动的基本特征

8.2.1 微观粒子的波粒二象性

微观粒子相对于宏观物体而言, 其质量和运动速度与宏观物体有着很大的区别。

宏观物体质量大, 运动速度与光速相比很小, 人们可以同时确定它们在某一时刻的位置和速度。例如, 2005 年我国发射的神舟六号载人航天飞船, 其返回舱在绕地球运转 115 h 的过程中, 它的运行轨迹、位置及速度均在陆面的测控中心的监测和控制之中。

然而, 微观粒子的情况大不相同, 其质量极小, 运动速度很快, 这使得微观粒子具有不同于宏观物体的运动特点。要了解原子的内部结构, 必须把握分子、原子、电子等微观粒子的基本特性。

MOOC

教学视频
微观粒子运动的基本特征与 Schrödinger 方程

[①] 能量若以 kJ·mol⁻¹ 计, 则需乘以 Avogadro 常数: 2.179×10^{-18} J $\times 6.022 \times 10^{23}$ mol⁻¹ $= 1312$ kJ·mol⁻¹

Bohr 原子结构理论的提出,在物理学界引起了轰动,很多科学家都很关注对物质微观世界的研究。1923 年,法国物理学家 L. de Broglie 在 Planck 和 Einstein 的光量子论及 Bohr 的原子结构理论的启发下,提出了微观粒子具有波粒二象性的假设。他指出:和光一样,实物粒子也具有波动性,即实物粒子具有波动-粒子二重性;并指出适合于光子的能量公式 $E=h\nu$,也适合于实物粒子。又根据Einstein 在狭义相对论中给出的自由粒子的能量公式推导出了波长 λ 的公式:

$$\lambda = \frac{h}{mv} = \frac{h}{p} \tag{8-5}$$

式中,m 为实物粒子的质量;v 为实物粒子的运动速度;p 为动量。式(8-5)就是著名的 de Broglie 关系式,它的高明之处就是把微观粒子的粒子性和波动性统一起来。人们称这种与微观粒子相联系的波为 de Broglie 波或物质波。表 8-1 中给出了按 de Broglie 关系式计算的多种实物粒子和宏观物体的速度和波长。

表 8-1　实物粒子和宏观物体的质量、速度与波长的关系

实物	质量 m/kg	速度 v/(m·s^{-1})	波长 λ/pm
1 V 电压加速的电子	9.1×10^{-31}	5.9×10^5	1 200
100 V 电压加速的电子	9.1×10^{-31}	5.9×10^6	120
He 原子(300 K)	6.6×10^{-27}	1.4×10^3	72
Xe 原子(300 K)	2.5×10^{-25}	2.4×10^2	12
垒球	2.0×10^{-1}	30	1.1×10^{-22}
枪弹	1.0×10^{-2}	1.0×10^3	6.6×10^{-23}

从表(8-1)中可以看出,宏观物体的波长太短,很难觉察到,也无法测量,因此不必考察宏观物体的波动性。然而,对高速运动着的微观粒子,就必须关注其波动性。

de Broglie 预言:一束电子通过一个非常小的孔时可能会产生衍射现象。当 de Broglie 波得到实验证实之后,他获得了 1929 年的 Nobel 物理学奖。

1927 年,美国物理学家 C. J. Davisson 和 L. H. Germer 将电子束射到镍的单晶上,得到了明暗相间的圆形衍射图像。金属晶体中原子之间的距离相当于光栅,其大小正好与电子波长相当。电子在 100 V 电压下的速度是 5.9×10^6 m·s^{-1},电子波长约为 120 pm(表 8-1),镍金属晶体中原子间的核间距约为 240 pm。

英国物理学家 G. P. Thomson 采用多晶金属薄膜进行电子衍射实验,也得到了衍射图像。图 8-3 是电子射线通过金(Au)晶体时的衍射环纹的照片。

衍射是波动的典型特征。Davisson 和 Thomson 的电子衍射实验是电子波存在的确实证据。为此,他们

图 8-3　金的电子衍射图像

两人共同获得了 1937 年的 Nobel 物理学奖。

8.2.2 不确定原理与微观粒子运动的统计规律

德国物理学家 W. Heisenberg 研究光谱线强度时,对旧量子论中"电子轨道"的概念产生了怀疑。在 Einstein 相对论的启发下,经过严格理论分析和推导,论证了微观粒子的运动规律不同于宏观物体。1927 年,Heisenberg 提出了不确定原理:对运动中的微观粒子来说,不能同时准确确定它的位置和动量。其关系式为

$$\Delta x \cdot \Delta p \geqslant \frac{h}{4\pi} \tag{8-6}$$

式中,Δx 为微观粒子位置(或坐标)的不确定度;Δp 为微观粒子动量的不确定度。该式表明,微观粒子位置的不确定度与其动量的不确定度的乘积大约等于 Planck 常量的数量级。这就是说,微观粒子位置的不确定度 Δx 越小,则相应它的动量的不确定度 Δp 就越大。例如,当原子中电子的运动速度为 10^6 m·s^{-1} 时,若要使其位置的测量精确到 10^{-10} m,利用不确定原理求得的电子运动速度的测量误差将达到 10^7 m·s^{-1},此值比电子本身的运动速度还大。也就是说,电子的位置若能准确地测定,其动量就不可能被准确地测定。不确定原理揭示了 Bohr 原子理论的缺陷(电子轨道和动量是确定的),原子中的电子没有确定的轨道。

不确定原理反映了微观粒子的波粒二象性,但并不意味着微观粒子的运动规律不可认识。微观粒子所具有的波动性可以与粒子行为的统计性规律联系在一起,以"概率波"和"概率密度"来描述原子中电子的运动特征。可以设想将电子衍射实验改造成下面的做法来说明这一问题。在通过照相获取电子衍射图像时,设法控制实验的速度,让一张底片接受弱电子源的轰击,使电子一个一个地从金属晶体中发射出来,这时照相底片上会出现一个一个的亮点[图 8-4(a)],似无规律可言,这是电子的粒子性的表现。让曝光时间足够长,亮点数目加大,其分布呈现出规律性,并得到明暗相间的衍射图像[图 8-4(b)],显示了电子的波动性;让另一张底片接受相同动量的强电子源的轰击,并且让其曝光时间很短,此时大量电子几乎同时射向底片,结果两个实验所得到的衍射图像完全相同。这说明在相同条件下大量电子的一次行为和一个电子的

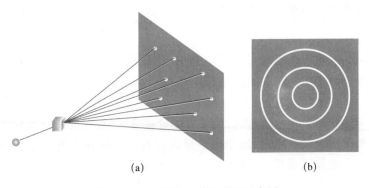

(a)   (b)

图 8-4 电子衍射图像形成的示意图

多次重复行为是统一的。由此可见,微观粒子的波动性是大量微粒运动(或者是一个粒子的千万次运动)所表现出来的性质,可以说微观粒子的运动是具有统计意义的概率波;在空间某个区域内波强度(即衍射强度)大的地方,粒子出现的机会多,波强度小的地方粒子出现的机会少。从数学角度上看,这里所说的机会就是概率。也就是说,在空间区域内任一点波的强度与粒子出现的概率成正比。

要研究微观粒子的运动规律,就要去寻找一个函数,用该函数的图像与粒子的运动规律建立联系,这种函数就是微观粒子运动的波函数 ψ。它是微观粒子的波动方程的解。

§8.3 氢原子结构的量子力学描述

8.3.1 Schrödinger 方程与三个量子数

1926 年,奥地利物理学家 E. Schrödinger 根据微观粒子的波粒二象性,运用 de Broglie 关系式,联系光的波动方程,类比推演出波动方程,即 Schrödinger 方程。此方程是一个二阶偏微分方程:

$$\frac{\partial^2\psi}{\partial x^2}+\frac{\partial^2\psi}{\partial y^2}+\frac{\partial^2\psi}{\partial z^2}+\frac{8\pi^2 m}{h^2}(E-V)\psi=0 \tag{8-7}$$

式中,波函数 ψ 是坐标 x,y 和 z 的函数;E 是系统的总能量;V 是势能;m 是微观粒子的质量;h 是 Planck 常量。

Schrödinger 方程可以作为处理原子、分子中电子运动的基本方程,它的每一个合理的解 ψ 都描述该电子运动的某一稳定状态,与这个解相应的 E 值就是粒子在此稳定状态下的能量。Schrödinger 方程在量子力学中的地位相当于牛顿运动定律在经典力学中的地位。正是由于 Schrödinger 在发展原子理论方面的工作,他获得了 1933 年 Nobel 物理学奖。

对于氢原子系统,m 为电子的质量,势能 $V=-\dfrac{e^2}{4\pi\varepsilon_0 r}$,其中 e 为电子电荷,ε_0 为真空介电常数,r 为电子与原子核的距离。将 $V=-\dfrac{e^2}{4\pi\varepsilon_0 r}$ 代入式(8-7)即得到氢原子的 Schrödinger 方程。

解 Schrödinger 方程需要较多的数学知识,将在后续课程中解决。这里简要地介绍量子力学处理原子结构问题的思路和一些重要结论,重点关注方程的解 ψ 及其图形表示法。

解氢原子的 Schrödinger 方程时,为了方便分离变量,首先要进行坐标变换。对于表述原子中电子运动状态来说,球坐标是最适宜的。正如在直角坐标系中空间任一点可以用 x,y,z 来描述那样,在球坐标中任一点 P 可以用 r,θ,ϕ 来描述(图 8-5)。波函数 ψ 的直角坐标表示为 $\psi(x,y,z)$,变换为球坐标 (r,θ,ϕ) 后,则表示为 $\psi(r,\theta,\phi)$。

设原子核在坐标原点 O 上,P 为核外电子的位置,r 为从 P 点到球坐标原点 O 的距离(即电子离核的距离),θ 为 z 轴与 OP 间的夹角,ϕ 为 x 轴与 OP 在 xOy 平面上的投影 OP' 的夹角。直角坐标与球坐标两者的关系为

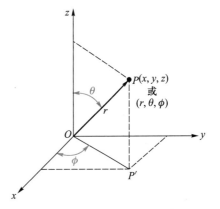

动画
直角坐标与球坐标

$$z = r\cos\theta$$
$$y = r\sin\theta\sin\phi$$
$$x = r\sin\theta\cos\phi$$
$$r = \sqrt{x^2+y^2+z^2}$$

坐标变换后,$\psi(x,y,z)$ 转换成以 r,θ,ϕ 为变量的 $\psi(r,\theta,\phi)$,得到球坐标系中的氢原子的 Schrödinger 方程[①]。再用分离变量法转

图 8-5 球坐标系与直角坐标系的关系

换成三个分别只含一个变量的常微分方程,然后分别求解,得到 $R(r),\Theta(\theta),\Phi(\phi)$,它们的乘积为 $\psi(r,\theta,\phi)$:

$$\psi(r,\theta,\phi) = R(r)\Theta(\theta)\Phi(\phi) \tag{8-8}$$

通常将与角度相关的两个解相乘:

$$Y(\theta,\phi) = \Theta(\theta)\Phi(\phi) \tag{8-9}$$

则式(8-8)变为

$$\psi(r,\theta,\phi) = R(r)\cdot Y(\theta,\phi) \tag{8-10}$$

式中,$R(r)$ 称为波函数的径向部分;$Y(\theta,\phi)$ 称为波函数的角度部分。$R(r)$ 表明 θ 和 ϕ 一定时,波函数 ψ 随 r 变化的关系;$Y(\theta,\phi)$ 表明 r 一定时,波函数 ψ 随 θ 和 ϕ 变化的关系。

波函数 ψ 是描述原子处于定态时电子运动状态的数学函数式。核外电子在原子核外空间中运动,要得到氢原子 Schrödinger 方程合理的解,必须满足一定的条件,如 ψ 应是坐标的单值函数等,为此引进取分立值的三个参数,即量子数 n,l,m(它们的物理意义见 8.3.2),而且必须限定一组 n,l,m 的允许取值。这三个量子数的取值和它们之间的关系如下:

(1)主量子数 $n = 1, 2, 3, \cdots$;

(2)角量子数 $l = 0, 1, 2, \cdots, n-1$;

(3)磁量子数 $m = +l, \cdots, 0, \cdots, -l$。

只有一套量子化的参数 n,l 和 m 值的允许组合才能得到合理的波函数 $\psi_{n,l,m}$。例如,在 $n=1, l=0, m=0$ 的条件下,电子处于 $\psi_{1,0,0}$ 的状态,即氢原子的基态,波函数的径向部分和角度部分分别为

$$R_{1,0}(r) = 2\sqrt{\frac{1}{a_0^3}}\,\mathrm{e}^{-r/a_0} \quad 和 \quad Y_{0,0}(\theta,\phi) = \sqrt{\frac{1}{4\pi}}$$

---

① $\dfrac{1}{r^2}\dfrac{\partial}{\partial r}\left(r^2\dfrac{\partial}{\partial r}\psi\right) + \dfrac{1}{r^2\sin\theta}\dfrac{\partial}{\partial\theta}\left(\sin\theta\dfrac{\partial\psi}{\partial\theta}\right) + \dfrac{1}{r^2\sin^2\theta}\dfrac{\partial^2\psi}{\partial\phi^2} + \dfrac{8\pi^2 m}{h^2}\left(E+\dfrac{e^2}{4\pi\varepsilon_0 r}\right)\psi = 0$

将两者相乘得

$$\psi_{1,0,0}=\psi_{1s}=R_{1,0}(r)\cdot Y_{0,0}(\theta,\phi)=\sqrt{\frac{1}{\pi a_0^3}}\,e^{-r/a_0}$$

式中，$a_0 = 52.9$ pm，称为 Bohr 半径。

氢原子的另一些波函数见表 8-2。

表 8-2 氢原子的某些波函数

n	l	m	$R_{n,l}(r)$	$Y_{l,m}(\theta,\phi)$	$\psi_{n,l,m}(r,\theta,\phi)$
1	0	0	$2\sqrt{\dfrac{1}{a_0^3}}\,e^{-r/a_0}$	$\sqrt{\dfrac{1}{4\pi}}$	$\sqrt{\dfrac{1}{\pi a_0^3}}\,e^{-r/a_0}$
2	0	0	$\sqrt{\dfrac{1}{8a_0^3}}\left(2-\dfrac{r}{a_0}\right)e^{-r/2a_0}$	$\sqrt{\dfrac{1}{4\pi}}$	$\dfrac{1}{4}\sqrt{\dfrac{1}{2\pi a_0^3}}\left(2-\dfrac{r}{a_0}\right)e^{-r/2a_0}$
2	1	0	$\sqrt{\dfrac{1}{24a_0^3}}\left(\dfrac{r}{a_0}\right)e^{-r/2a_0}$	$\sqrt{\dfrac{3}{4\pi}}\cos\theta$	$\dfrac{1}{4}\sqrt{\dfrac{1}{2\pi a_0^3}}\left(\dfrac{r}{a_0}\right)e^{-r/2a_0}\cos\theta$
2	1	+1 ⎫①	$\sqrt{\dfrac{1}{24a_0^3}}\left(\dfrac{r}{a_0}\right)e^{-r/2a_0}$	$\sqrt{\dfrac{3}{4\pi}}\sin\theta\cos\phi$	$\dfrac{1}{4}\sqrt{\dfrac{1}{2\pi a_0^3}}\left(\dfrac{r}{a_0}\right)e^{-r/2a_0}\sin\theta\cos\phi$
2	1	−1 ⎭	$\sqrt{\dfrac{1}{24a_0^3}}\left(\dfrac{r}{a_0}\right)e^{-r/2a_0}$	$\sqrt{\dfrac{3}{4\pi}}\sin\theta\sin\phi$	$\dfrac{1}{4}\sqrt{\dfrac{1}{2\pi a_0^3}}\left(\dfrac{r}{a_0}\right)e^{-r/2a_0}\sin\theta\sin\phi$

解氢原子系统的 Schrödinger 方程还得到总能量：

$$E_n=-2.179\times10^{-18}\mathrm{J}\times\frac{Z^2}{n^2}$$

式中，Z 为原子序数。对于单电子系统，能量只与主量子数 n 有关。

8.3.2 波函数与原子轨道

量子力学中，把原子中单电子波函数 $\psi_{n,l,m}$ 称为原子轨道函数，简称为原子轨道。例如，$\psi_{1,0,0}$ 就是 1s 轨道，也表示为 ψ_{1s}；$\psi_{2,0,0}$ 是 2s 轨道或 ψ_{2s}；$\psi_{2,1,0}$ 则是 $2p_z$ 轨道或 ψ_{2p_z}。这里引用的"轨道"一词，只是量子力学借用了经典力学中的术语，它已不是 Bohr 原子结构模型中的固定轨道，而是指电子的一种空间运动状态，而这种运动状态需要用波函数 ψ 来描述。

---

① ψ_{2p_x} 和 ψ_{2p_y} 是由 $\psi_{2,1,1}$ 和 $\psi_{2,1,-1}$ 线性组合而成：

$$\psi_{2p_x}=\frac{1}{\sqrt{2}}\left(\psi_{2,1,1}+\psi_{2,1,-1}\right),\psi_{2p_y}=\frac{1}{\sqrt{2}}\left(\psi_{2,1,1}-\psi_{2,1,-1}\right)$$

1. 氢原子基态的 $R(r)$ 和 $Y(\theta,\phi)$ 图

为了形象直观地描述原子中电子的运动状态,通常将波函数的径向部分 $R(r)$ 和角度部分 $Y(\theta,\phi)$ 随自变量的变化规律以图的形式表达出来。氢原子 1s 轨道的 $R(r)$ 和 $Y(\theta,\phi)$ 的函数式分别为

$$R(r) = 2\sqrt{\frac{1}{a_0^3}}\,\mathrm{e}^{-r/a_0} \text{ 和 } Y(\theta,\phi) = \sqrt{\frac{1}{4\pi}}$$

将有关计算结果列表如下:

r/a_0	0	1	2	3	4	∞
$R(r)\Big/\sqrt{\dfrac{1}{a_0^3}}$	2	0.736	0.271	0.099 6	0.036 6	$\to 0$

按表中数据作图(图 8-6)。如图中所示,氢原子的 1s 轨道的 $R(r)$ 只与 r 有关,当 r 从 0 趋于 ∞ 时,$R(r)$ 由最大值 $2\sqrt{\dfrac{1}{a_0^3}}$ 成幂函数递减并趋近于 0。

氢原子 1s 轨道的角度部分 $Y(\theta,\phi)$ 是一常数,并不随 θ,ϕ 的变化而改变,其图形是一个以 $Y(\theta,\phi)$ 为半径的球面,即是一种球形对称的图形(图 8-7)。

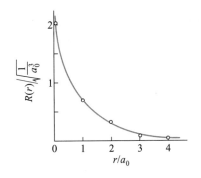
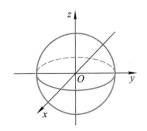

图 8-6　氢原子 1s 轨道的 $R(r)$ 图　　　　图 8-7　氢原子 1s 轨道的 $Y(\theta,\phi)$ 图

$\psi_{1s}(r,\theta,\phi)$ 的图形应同时考虑 $R(r)$ 与 $Y(\theta,\phi)$ 两部分。由于 $Y(\theta,\phi)$ 与 θ,ϕ 无关,则 $\psi_{1s}(r,\theta,\phi)$ 只是电子离核距离的函数。

2. 氢原子激发态的 $Y(\theta,\phi)$ 图

在 $n=2,l=0,m=0$ 的条件下,解氢原子 Schrödinger 方程可以得到另一个波函数 ψ_{2s}:

$$\psi_{2s} = R(r)Y(\theta,\phi)$$
$$= \frac{1}{2\sqrt{2}}\left(\frac{1}{a_0}\right)^{\frac{3}{2}}\left(2-\frac{r}{a_0}\right)\mathrm{e}^{-r/2a_0}\sqrt{\frac{1}{4\pi}}$$

2s 轨道的角度部分 $Y(\theta,\phi)$ 与 1s 轨道的相同,其图形也是球形对称的。但 2s 轨道的

径向部分 $R(r)$ 与 1s 轨道不同。在半径为 $2a_0$ 的球面上,函数值为 0,数学上把这种函数值为 0 的面称为节面。节面的存在正是微观粒子波动性的一种特殊表现。

在 $n=2,l=1,m=0$ 的条件下,可解出氢原子的一个 2p 态的波函数:

$$\psi_{2p_z} = \frac{1}{4}\sqrt{\frac{1}{2\pi a_0^3}}\left(\frac{r}{a_0}\right)e^{-r/2a_0} \cdot \cos\theta$$

其中

$$R(r) = \frac{1}{2\sqrt{6}}\left(\frac{1}{a_0}\right)^{3/2}\left(\frac{r}{a_0}\right)e^{-r/2a_0}$$

$$Y_{2p_z} = \sqrt{\frac{3}{4\pi}}\cos\theta = A\cos\theta$$

前已述及,θ 是从 z 坐标轴算起的角度。现令 $A=\sqrt{\dfrac{3}{4\pi}}$,则 $Y_{2p_z}=A \cdot \cos\theta$,算出 Y_{2p_z} 值:

θ	0°	30°	60°	90°	120°	150°	180°
$\cos\theta$	1	0.866	0.5	0	−0.5	−0.866	−1
Y_{2p_z}	A	0.866A	0.5A	0	−0.5A	−0.866A	−A

以 A 为单位长度,将不同 θ 时的 Y_{2p_z} 作图,得到两个等径外切的圆,如图 8-8。如果将所得的图形再绕 z 轴转 180°($\phi=0°\sim180°$),可得两个外切等径球面,这就是 Y_{2p_z} 的空间立体图像。图中的正负号表示 Y_{2p_z} 的正负值。

通过类似的方法可以画出 s,p,d 各种原子轨道的角度分布图(图 8-9)。

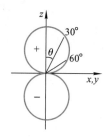

图 8-8　2p$_z$ 轨道的角度分布图

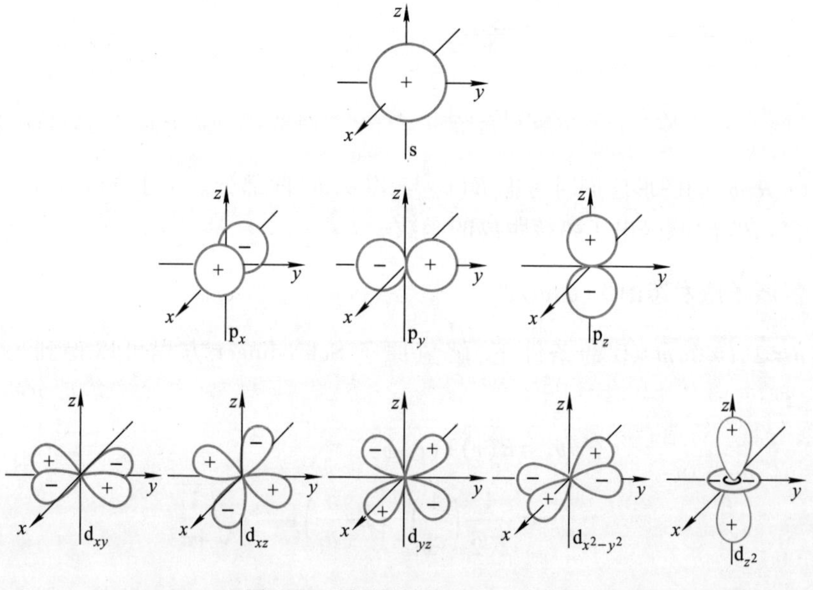

图 8-9　原子轨道的角度分布图

8.3.3　量子数与核外电子的运动状态

一组取值允许的量子数 n,l,m 对应一个合理的波函数 $\psi_{n,l,m}$。n,l,m 的取值决定着波函数所描述的电子能量、角动量、电子离核的远近、原子轨道的形状和空间取向等。

1. 主量子数 n

在原子中电子的最重要的量子化性质是能量。原子轨道的能量主要取决于主量子数 n，对于氢原子和类氢离子，电子的能量只取决于 n。n 越大电子离核的平均距离越远，能量越高。n 值所表示的电子运动状态对应于 $K,L,M,N,O,\cdots$ 电子层。

2. 角量子数 l

原子轨道的角动量大小由角量子数 l 决定。按照光谱学的规定，l 的取值为 $0,1,2,3,4,\cdots,(n-1)$，对应的符号为 s,p,d,f,g,$\cdots$。n 一定，l 的不同取值代表同一电子层中不同状态的亚层。例如：

$n=1$，$l=0$，l 只有 1 个值，即有 1 个亚层（1s 亚层）；

$n=2$，$l=0,1$，l 有 2 个值，即有 2 个亚层（2s,2p 亚层）；

$n=3$，$l=0,1,2$，l 有 3 个值，即有 3 个亚层（3s,3p,3d 亚层）；

$n=4$，$l=0,1,2,3$，l 有 4 个值，即有 4 个亚层（4s,4p,4d,4f 亚层）；

……

角量子数 l 的不同还表明了原子轨道的角度分布形状不同。例如，$l=0$，为 s 原子轨道，其角度分布为球形对称；$l=1$，为 p 原子轨道，其角度分布为哑铃形；$l=2$，为 d 原子轨道，其角度分布为花瓣形……

对单电子系统，如氢原子，其能量 E 不受 l 的影响，只与 n 有关，即 $E_{ns}=E_{np}=E_{nd}=E_{nf}$。

3. 磁量子数 m

m 决定着轨道角动量在磁场方向分量。其取值受角量子数 l 的限制，从 $-l,\cdots,0,\cdots,+l$，共有 $(2l+1)$ 个取值，即 m 的取值为 $0,\pm1,\pm2,\pm3,\cdots,\pm l$。

磁量子数 m 决定着原子轨道在核外空间的取向。例如，$l=0$ 时，$m=0$，m 只有一个取值，表示 s 轨道在核外空间中只有一种分布方式，即以核为球心的球形。

$l=1$ 时，m 有 0,+1 和 -1 共三个取值，表示 p 亚层在空间有三个分别沿着 z 轴、x 轴和 y 轴取向的轨道，即 p_z,p_x,p_y 轨道。

$l=2$ 时，m 有 $0,\pm1,\pm2$ 共五个取值，表示 d 亚层有五个取向不同的轨道，分别是 $d_{z^2},d_{xz},d_{yz},d_{xy}$ 和 $d_{x^2-y^2}$ 轨道。

三个量子数 n,l,m 与原子轨道之间的关系归纳于表 8-3 中。

MOOC

教学视频
四个量子数

表 8-3　量子数与原子轨道之间的关系

主量子数 n	主层符号	角量子数 l	亚层符号	亚层层数	磁量子数 m	原子轨道符号	亚层中的轨道数
1	K	0	1s	1	0	1s	1
2	L	0	2s	2	0	2s	1
		1	2p		0,±1	$2p_z, 2p_x, 2p_y$	3
3	M	0	3s	3	0	3s	1
		1	3p		0,±1	$3p_z, 3p_x, 3p_y$	3
		2	3d		0,±1,±2	$3d_{z^2}, 3d_{xz}, 3d_{yz}, 3d_{xy}, 3d_{x^2-y^2}$	5
4	N	0	4s	4	0	4s	1
		1	4p		0,±1	$4p_z, 4p_x, 4p_y$	3
		2	4d		0,±1,±2	$4d_{z^2}, 4d_{xz}, 4d_{yz}, 4d_{xy}, 4d_{x^2-y^2}$	5
		3	4f		0,±1,±2,±3	……	7

4. 自旋磁量子数 m_s

在解 Schrödinger 方程时,为了得到合理解,引入了三个量子数 n, l, m,但是,这还不能说明某些原子光谱线实际上是由靠得很近的两条线组成的实验事实。例如,通过高分辨率的光谱仪发现,氢原子光谱中 656.3 nm 这条红色谱线是由靠得很近的 656.272 nm 和 656.285 nm 两条谱线组成的。在钠原子光谱中最亮的黄色谱线(D 线)是由 589.0 nm 和 589.6 nm 两条靠得很近的谱线组成。这一现象不但 Bohr 理论不能解释,也无法用 n, l, m 三个量子数进行解释。

高分辨光谱实验事实揭示了电子除了轨道运动外,还有一种运动存在。1925 年,荷兰莱顿大学的研究生 G. Uhlenbeck 和 S. Goudsmit 提出了大胆的假设:电子除了轨道运动外,还有自旋运动。电子自旋运动具有自旋角动量,由自旋量子数 s 决定。

处于同一原子轨道上的电子自旋运动状态只能有两种,分别用自旋磁量子数 $m_s = +1/2$ 和 $m_s = -1/2$ 来确定。正是由于电子具有自旋角动量,使氢原子光谱在没有外磁场时也会发生微小的分裂,得到了靠得很近的谱线。

O. Stern 和 W. Gerlach 用实验证实了电子自旋现象的存在:将一束 Ag 原子流通过窄缝,再通过一不均匀磁场,结果原子束在磁场中分裂,有一部分向左偏转,另一部分向右偏转(图 8-10),表明 Ag 原子最外层的一个电子的自旋方式不同,磁矩恰好相反。

综上所述,一个原子轨道可以用一组三个量子数 n, l, m 来确定,再考虑自旋运动,原子中每个电子的运动状态则必须用四个量子数 n, l, m, m_s 来确定。四个量子数确定之后,电子在核外空间的运动状态就确定了。

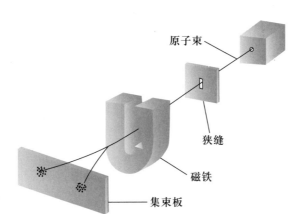

动画
电子自旋的实验
装置示意

图 8-10　电子自旋的实验装置示意图

8.3.4　概率密度与电子云

通过求解 Schrödinger 方程,可以得到描述单个电子运动状态的波函数 ψ,并称由波函数描述的波为概率波,因为在空间某点波的强度与波函数的绝对值的平方 $|\psi|^2$ 成正比。通常,直接用 ψ^2 表示核外电子出现的概率密度。

MOOC

教学视频
波函数的图像

概率密度是在空间某单位体积内粒子出现的概率。而电子在核外空间某区域内出现的概率等于概率密度与该区域体积的乘积。

为了形象地表示电子在核外空间出现的概率分布情况,可用小黑点的疏密程度来表示电子在核外空间各处的概率密度 ψ^2。黑点密的地方表示电子在那里出现的概率密度大,黑点稀疏的地方就表示电子在那里出现的概率密度小。这种图形称为电子云图,也就是 ψ^2 的图像。由此可见,电子云是概率密度的形象化描述。

s 电子云是球形对称的,1s 电子云(图 8-11)在原子核附近出现的概率密度最大,离核越远,概率密度越小。

2s 电子云(图 8-12)有两个概率密度大的区域,一个离核较近,一个离核较远,在这两个密集区之间有一个概率密度很小(接近零)的区域,称为节面。对 ns 电子,则有 n 个概率密度大的区域,同时也有 $(n-1)$ 个节面。

电子出现的概率除用概率密度图形象地表示外,也可以用电子云的等概率密度面图和界面图来表示。在等概率密度面上各点的 ψ^2 都相等,氢原子基态的等密度面是一系列同心球面(图 8-13),每一球面上的数字表示概率密度的相对大小。常见的电子云界面图(图 8-14)是一个等概率密度面,电子在此界面之内出现的概率很大(如>90%),电子在此界面之外出现的概率很小(如<10%)。

2p 电子云的角度分布图(图 8-15)与 2p 轨道的图形很相似,但有两点区别:一是 Y 的角度分布图上有+、-号,因为 Y 值有正、负之分,而 Y^2 全是正值。二是 Y^2 图形比 Y 的图形瘦一些,因为 Y 值小于1,Y^2 的值必然更小一些。

采用类似的方法可以画出 d 电子云的角度分布图(图 8-15)。d 电子云也比 d 轨道的角度分布图瘦,图上也没有+、-号之分。

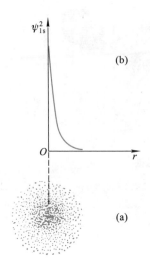

图 8-11 1s 电子云图 (a) 和
1s 的 ψ^2-r 图(b)

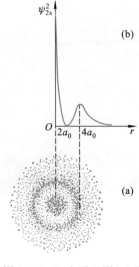

图 8-12 2s 电子云图(a)和
2s 的 ψ^2-r 图(b)

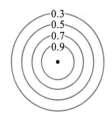

图 8-13 1s 的等概率密度面图

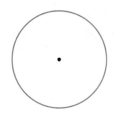

图 8-14 1s 电子云的界面图

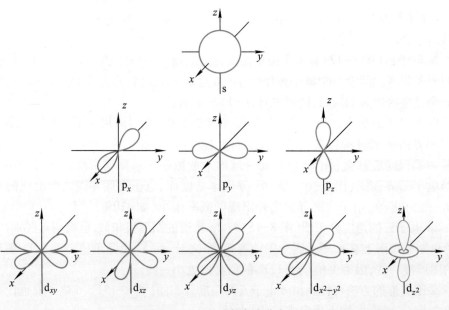

图 8-15 电子云的角度分布图

8.3.5　氢原子的径向分布函数图

电子在核外出现的概率还与空间体积有关。因为

$$概率 = 概率密度 \times 体积 = \psi^2 d\tau$$

式中，$d\tau$ 为空间微体积。

如果我们考虑一个离核距离为 r，厚度为 dr 的薄层球壳，由于以 r 为半径的球面的面积为 $4\pi r^2$，球壳的体积为 $d\tau = 4\pi r^2 dr$，则在此球壳内电子出现的概率为 $4\pi r^2 \psi^2 dr$。令 $D(r) = 4\pi r^2 \psi^2$，并把 $D(r)$ 叫做径向分布函数，它是半径 r 的函数，人们也称 $D(r)$ 为壳层概率。$D(r)$ 为纵坐标，半径 r 为横坐标，所作的图叫做径向分布函数图。图 8-16 是氢原子的各种状态的径向分布函数图。

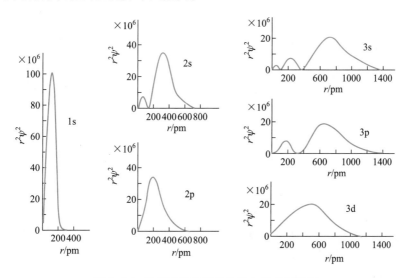

图 8-16　氢原子各种状态的径向分布函数图

对比图 8-11(b) 与图 8-16 中的 1s 的 $D(r)$ 图，可见 $D(r)$ 与 ψ^2 的图形是不同的，1s 轨道的 ψ^2 最大值出现在近核处，而 $D(r)$ 在 $r = 52.9$ pm 处有极大值。因为近核处虽然 ψ^2 值最大，而 r 很小，$D(r)$ 不会很大，在远离核处，尽管 r 很大，但此处 ψ^2 变小，$D(r)$ 也不会很大。

由 $D(r)-r$ 图可见，1s 有 1 个峰，2s 有 2 个峰，3s 有 3 个峰……ns 有 n 个峰；2p 有 1 个峰，3p 有 2 个峰，np 有 $(n-1)$ 个峰；3d 有 1 个峰……nd 有 $(n-2)$ 个峰。径向分布函数曲线的峰数 $N_{峰}$ 与描述电子运动状态的主量子数 n 和角量子数 l 有关：

$$N_{峰} = n - l \tag{8-11}$$

§ 8.4　多电子原子结构

由氢原子或类氢离子的 Schrödinger 方程可精确解出其波函数与轨道能量。多电子原子系统的能量难以由其 Schrödinger 方程得到精确解，这种原子系统的能量可以

用光谱实验的数据经过理论分析得到。这样得到的数据是整个原子处于各种状态时的能量,最低的能量便是原子处于基态时的能量。在一般情况下,原子系统的能量可看成各单个电子在某个原子轨道上运动对原子系统能量贡献的总和。单个电子在原子轨道上运动的能量叫做轨道能量,它可以借助某些实验数据或通过某种物理模型进行计算而求得。本节以轨道能量为重点,讨论核外电子排布规律。

8.4.1 多电子原子轨道能级

1. 屏蔽效应与有效核电荷数

多电子原子结构复杂,以仅含 2 个电子的氦原子为例:氦原子核内含 2 个质子,描述氦原子能量状态时,要考虑在核周围运动电子的动能,核与电子间的吸引能,以及两个电子间的排斥能。氦原子的 Schrödinger 方程难解的根源是排斥能 e^2/r_{12} 的存在(r_{12} 是两个电子间的距离),从而难以精确地说明一个电子对另一个电子的影响。解决的一种途径是用近似处理法。

先比较中性氦原子与氦离子:

He   He⁺

He⁺ 属于单电子类氢系统,其能量公式与结果为

$$E = -2.179 \times 10^{-18} \text{J} \times \left(\frac{Z}{n}\right)^2 = -2.179 \times 10^{-18} \text{ J} \times 2^2 = -8.716 \times 10^{-18} \text{ J}$$

也就是说,从气态 He⁺ 中移走电子需要的能量为 8.716×10⁻¹⁸ J。实验表明从氦原子移走一个电子需要的能量为 3.939×10⁻¹⁸ J,可以看出从 He⁺ 中移走电子比从氦原子移走同一电子要耗去两倍多的能量。

两者的原子核均有+2 电荷,为什么有此差异? 问题就在于氦原子的 2 个电子相互排斥,使得氦原子的每个电子被核束缚得不如 He⁺ 的电子被束缚得那么牢。相当于一个电子对另一个电子产生了电荷屏蔽,削弱了原子核对电子的吸引力,这意味着氦原子的核电荷数 $Z(=2)$ 被 $Z^*(=2-\sigma)$ 代替,如下所示:

实际的氦原子   假想的氦原子

σ 是核电荷减小值,称为屏蔽常数,相当于被抵消的正电荷数。原来的核电荷数 Z 减少为 Z^*,Z^* 称为有效核电荷数。这种由核外电子抵消一些核电荷的作用被称为屏蔽效应。

上述近似处理方法是建立在中心势场模型基础上,认为每一个电子都是在核和其余电子所构成的平均势场中运动。借此,可使多电子原子 Schrödinger 方程分解成一组单电子波动方程,然后求解。

多电子原子中每个电子的轨道能量为

$$E_n = \frac{-2.179\times10^{-18}(Z-\sigma)^2}{n^2}\text{J} \tag{8-12}$$

由上式可见,σ 的大小影响到各电子的轨道能量。对某一电子来说,σ 的数值既与起屏蔽作用的电子的多少及这些电子所处的轨道有关,也同该电子本身所在的轨道有关。一般讲来,内层电子对外层电子的屏蔽作用较大,同层电子的屏蔽作用较小,外层电子对较内层电子可近似地看成不产生屏蔽作用。由于屏蔽作用与被屏蔽电子所在的轨道有关,原子轨道的能量不仅取决于主量子数 n,而且取决于角量子数 l,随着 l 数值的增大,能级依次增高。各亚层的能级高低顺序为

$$E_{ns} < E_{np} < E_{nd} < E_{nf}$$

屏蔽常数 σ 可用 Slater 经验规则计算出来。Slater 规则如下:

(1) 将原子中的轨道按下列顺序分组:

$$(1s),(2s,2p),(3s,3p),(3d),(4s,4p),(4d),(4f),(5s,5p),\cdots$$

(2) 在上述顺序中处于被屏蔽电子右侧各组轨道中的电子,对此电子无屏蔽作用,即 $\sigma=0$。

(3) 如被屏蔽电子为 (ns,np) 组中的电子,则同组中每一个其他电子对被屏蔽电子的 σ 为 0.35 (同组为 1s 电子时 σ 为 0.30)。$(n-1)$ 电子层中的每个电子对被屏蔽电子的 σ 为 0.85,$(n-2)$ 及更内层中每个电子对被屏蔽电子的 σ 为 1.00。

(4) 如被屏蔽电子为 (nd) 或 (nf) 组中的电子,同组中其他各电子对被屏蔽电子的 σ 也是 0.35;按上述顺序所有左侧各组中的各电子对被屏蔽电子的 σ 均为 1.00。

在计算原子中某电子的 σ 值,可将有关屏蔽电子对该电子的 σ 值相加而得($\sigma=\sigma_1+\sigma_2+\sigma_3+\cdots$)。

由 Slater 规则可知氦原子的 1s 轨道能量:$\sigma(1s)=0.30$,$Z^*=1.70$,1s 轨道能量 $E_{1s}=-2.179\times10^{-18}\text{J}\times\left(\frac{1.70}{1}\right)^2=-6.297\times10^{-18}\text{ J}$。

利用 Slater 规则可得到第一至第三周期中原子的 s,p 轨道的有效核电荷数 Z^*(表 8-4)。由表 8-4 可以看出:同一周期有效核电荷数随原子序数的增大而增大。

表 8-4 有效核电荷数 Z^*

	H							He
1s	1							1.70
	Li	Be	B	C	N	O	F	Ne
1s	2.70	3.70	4.70	5.70	6.70	7.70	8.70	9.70
2s,2p	1.30	1.95	2.60	3.25	3.90	4.55	5.20	5.85
	Na	Mg	Al	Si	P	S	Cl	Ar
1s	10.70	11.70	12.70	13.70	14.70	15.70	16.70	17.70
2s,2p	6.85	7.85	8.85	9.85	10.85	11.85	12.85	13.85
3s,3p	2.20	2.85	3.50	4.15	4.80	5.45	6.10	6.75

2. Pauling 近似能级图

L. Pauling 根据光谱实验数据及理论计算结果,总结出多电子原子的近似能级图(图 8-17)。用小圆圈代表原子轨道,能量相近的划成一组,称为能级组,按 1,2,3,… 能级组的顺序,能量依次增高。

由图 8-17 可见,角量子数 l 相同的能级的能量高低由主量子数 n 决定,例如, $E_{1s}<E_{2s}<E_{3s}<E_{4s}<\cdots$。主量子数 n 相同,角量子数 l 不同的能级,能量随 l 的增大而升高,例如, $E_{ns}<E_{np}<E_{nd}<E_{nf}$;这现象称为"能级分裂";当主量子数 n 和角量子数 l 均不相同时,有时出现"能级交错"现象,例如, $E_{4s}<E_{3d}<E_{4p}<\cdots$。

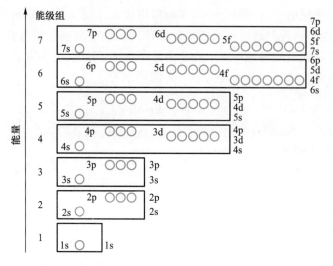

图 8-17　Pauling 近似能级图

3. Cotton 原子轨道能级图

实际上,原子轨道的能量和原子序数有关。1962 年,F. A. Cotton 给出了原子轨道能级图(图 8-18)。

Cotton 原子轨道能级图概括了理论和实验的结果,定性地表明了原子序数改变时,原子轨道能量的相对变化。由此图可看出以下不同于 Pauling 近似能级图的特点:

(1) 主量子数相同的氢原子轨道的简并性。也就是对原子序数为 1 的氢元素来说,其主量子数相同的各轨道(如 3s,3p,3d 等)全处于同一能量点上。

(2) 原子轨道的能量随着原子序数的增大而降低。

(3) 随着原子序数的增大,原子轨道能级下降幅度不同,因此能级曲线产生了相交现象。例如,3d 与 4s 轨道的能量高低关系:K,Ca 的 $E_{3d}>E_{4s}$;而原子序数较小或较大时, $E_{3d}<E_{4s}$。

在这个能级图中能量坐标不是按严格的比例画出的,而是把主量子数大的能级间的距离适当地拉开些,使能级曲线分散,这样就简明而清晰地反映出原子轨道能量和原子序数的关系。

4. 钻穿效应

在多电子原子中每个电子既被其他电子所屏蔽,也对其他电子起屏蔽作用。在原子核附近出现概率较大的电子,可更多地避免其他电子的屏蔽,受到核的较强的吸引而更靠近核,这种进入原子内部空间而更多地回避其他电子屏蔽的作用叫做钻穿效

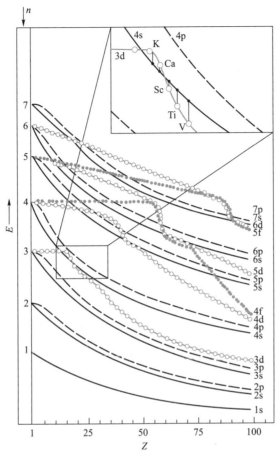

图 8-18　Cotton 原子轨道能级图
（右上角的方框内是 $Z=20$ 附近的原子能级次序的放大图）

应。就其实质而言，由于电子运动具有波动性，电子可在原子区域的任何位置上出现，也就是说，最外层电子有时也会出现在离核很近处，只是概率较小而已。

钻穿效应可以用原子的径向分布图加以说明。图 8-19 是钠原子的原子轨道径向分布图。图中阴影表示钠原子的内层（或称原子芯），即 K 层和 L 层电子已填满。而钠原子最外层即 3s，3p 和 3d 轨道的主峰均在原子芯外，也就是说在原子芯外出现的概率均比在原子芯内大。但是它们在原子芯内钻入的程度各不相同，3s 有两个小峰离核较近，钻入程度大；3p 有一个小峰离核稍近，钻入程度比 3s 小；3d 只有一个大峰，钻穿程度最小。由此可知，当主量子数 n 相同时，角量子数 l 越小的电子，钻穿效应越明显，能级也越低，即

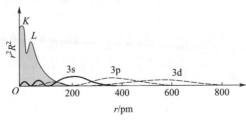

图 8-19　钠原子的原子轨道径向分布图

钻穿能力大小：$ns>np>nd>nf$

轨道能级高低：$E_{ns}<E_{np}<E_{nd}<E_{nf}$

"能级交错"现象也可以用钻穿效应作出解释。以 3d 和 4s 轨道能量高低为例，从 Cotton 原子轨道能级图上看到，钾原子和钙原子的 $E_{3d}>E_{4s}$，而原子序数较小或较大时，$E_{3d}<E_{4s}$。钾原子的 4s 电子对 K,L 内层原子芯的钻穿比 3d 大得多（图 8-20），这时 $E_{4s}<E_{3d}$。

随着原子序数增大，如钪原子，内电子层变大了（图 8-21）。相对而言，4s 对原子芯的钻穿效应又小了，此时 $E_{4s}>E_{3d}$。

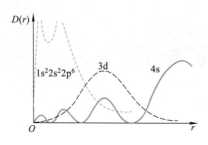

图 8-20　钾原子的 3d 电子和 4s 电子
对 K,L 内层原子芯的钻穿

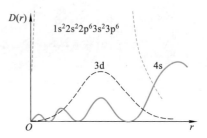

图 8-21　钪原子的 3d 电子和 4s 电子
对 K,L,3s3p 原子芯的钻穿

8.4.2　核外电子的排布

原子中单个电子的运动状态需要用主量子数 n，角量子数 l，磁量子数 m 及自旋磁量子数 m_s 四个量子数来描述，这四个量子数分别与电子层、电子亚层或能级、原子轨道和电子自旋相对应。原子的核外电子排布是通过原子的电子层、亚层和原子轨道来实现的。

1. 基态原子的核外电子排布原则

原子中的电子按一定规则排布在各原子轨道上。人们根据原子光谱实验和量子力学理论，总结出三个排布原则：能量最低原理、Pauli 不相容原理和 Hund 规则。

（1）能量最低原理

电子在原子轨道中的排布，要尽可能使整个原子系统能量最低。

（2）Pauli 不相容原理

同一原子轨道最多容纳两个自旋方式相反的电子，或者说，同一原子中不能有四个量子数完全相同的两个电子。该原理是奥地利物理学家 W. Pauli 于 1925 年提出来的。根据 Pauli 不相容原理推知，如果原子中电子的 n,l,m 三个量子数都相同，那么第四个量子数 m_s 一定不同。例如，氢原子核外唯一的电子排在能量最低的 1s 轨道上，其电子排布式为 $1s^1$，描述它的量子数为 $n=1,l=0,m=0$，该电子的自旋量子数 m_s 既可取 +1/2，也可取 -1/2。氦原子的核外电子排布式为 $1s^2$，两个电子的 n,l,m 量子数相同，只是自旋量子数 m_s 不同，分别为 +1/2, -1/2。电子排布图示常用小圆圈（或方框、短线）表示原子轨道，用箭头表示电子且用"↑"或"↓"来区别 m_s 不同的电子。氦原子的电子排布图示为 ⑩。

（3）Hund 规则

在相同 n 和相同 l 的轨道上分布的电子，将尽可能分占 m 值不同的轨道，且自旋平行。这是德国物理学家 F. H. Hund 根据大量光谱实验数据总结出来的。例如，碳原子核外有 6 个电子，根据能量最低原理、Pauli 不相容原理可以写出碳原子的电子排布式或电子构型为 $1s^2 2s^2 2p^2$。对应的电子排布图如图 8-22 所示。由图可见，2p 的 2 个电子以相同的自旋方式分占两个轨道。

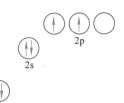

氮原子的电子排布式为 $1s^2 2s^2 2p^3$，也可以写为

图 8-22 碳原子的电子排布图

[He]$2s^2 2p^3$。2p 轨道中的 3 个电子分占 3 个 p 轨道而且自旋方式相同。[He] 表示氮原子的原子芯。所谓"原子芯"是指某原子的原子核及电子排布与某稀有气体原子里的电子排布相同的那部分。

能量相同的等价原子轨道（或简并轨道），在全充满（p^6，d^{10}，f^{14}）、半充满（p^3，d^5，f^7）及全空（p^0，d^0，f^0）情况下，原子处于比较稳定的状态。

2. 基态原子的核外电子排布

前述 Pauling 近似能级图中的能级顺序是电子按能级高低在核外排布的顺序，即随着原子序数的递增，基态原子的核外电子在各原子轨道上依次排布：1s，2s，2p，3s，3p，4s，3d，4p，5s，4d，5p，6s，4f，5d，6p，7s，5f，6d，7p，…这是从实验得到的一般规律，适用于大多数基态原子的核外电子排布。要注意，出现 d 轨道时，电子按照 ns，$(n-1)d$，np 的顺序在原子轨道上排布，若 d 轨道与 f 轨道均已出现时，电子按照 ns，$(n-2)f$，$(n-1)d$，np 的顺序在原子轨道上排布。

图片
多电子原子核外电子填充顺序

根据核外电子排布原则并结合上述基态原子中的电子在原子轨道上的排布顺序，可以写出原子的电子排布式。例如：

原子序数 $Z=11$ 的钠原子，其电子排布式为 $1s^2 2s^2 2p^6 3s^1$ 或者 [Ne]$3s^1$；

原子序数 $Z=20$ 的钙原子，其电子排布式为 $1s^2 2s^2 2p^6 3s^2 3p^6 4s^2$ 或者 [Ar]$4s^2$；

原子序数 $Z=50$ 的锡原子，其电子排布式为 [Kr]$4d^{10} 5s^2 5p^2$；

原子序数 $Z=56$ 的钡原子，其电子排布式为 [Xe]$6s^2$。

可见，原子序数偏大的原子，适合用原子芯的表示法书写原子的电子排布式，以避免电子排布式过长。

铬原子与铜原子的原子序数分别为 24 和 29，其原子的电子排布式分别为 [Ar]$3d^5 4s^1$，[Ar]$3d^{10} 4s^1$，而不是 [Ar]$3d^4 4s^2$，[Ar]$3d^9 4s^2$。因为 $3d^5$ 的半充满和 $3d^{10}$ 的全充满结构是能量较低的稳定结构。

表 8-5 列出了原子序数在前 110 的元素原子的电子排布式，它是光谱实验结果，充分体现了核外电子排布的一般规律。

事实表明，在内层原子轨道上运动的电子因能量较低而不活泼，在外层原子轨道上运动的电子因能量较高而活泼，因此一般化学反应只涉及外层原子轨道上的电子，这些电子称为价电子。元素的化学性质与价电子的性质和数目有密切关系。为简便起见，通常只表示出价电子排布。例如，基态铬原子的电子排布为 $1s^2 2s^2 2p^6 3s^2 3p^6 3d^5 4s^1$，其价电子排布式为 $3d^5 4s^1$。

表 8-5　原子的电子排布*

周期	原子序数	元素符号	电子结构
1	1	H	$1s^1$
1	2	He	$1s^2$
2	3	Li	$[He]2s^1$
2	4	Be	$[He]2s^2$
2	5	B	$[He]2s^22p^1$
2	6	C	$[He]2s^22p^2$
2	7	N	$[He]2s^22p^3$
2	8	O	$[He]2s^22p^4$
2	9	F	$[He]2s^22p^5$
2	10	Ne	$[He]2s^22p^6$
3	11	Na	$[Ne]3s^1$
3	12	Mg	$[Ne]3s^2$
3	13	Al	$[Ne]3s^23p^1$
3	14	Si	$[Ne]3s^23p^2$
3	15	P	$[Ne]3s^23p^3$
3	16	S	$[Ne]3s^23p^4$
3	17	Cl	$[Ne]3s^23p^5$
3	18	Ar	$[Ne]3s^23p^6$
4	19	K	$[Ar]4s^1$
4	20	Ca	$[Ar]4s^2$
4	21	Sc	$[Ar]3d^14s^2$
4	22	Ti	$[Ar]3d^24s^2$
4	23	V	$[Ar]3d^34s^2$
4	24	Cr	$[Ar]3d^54s^1$
4	25	Mn	$[Ar]3d^54s^2$
4	26	Fe	$[Ar]3d^64s^2$
4	27	Co	$[Ar]3d^74s^2$
4	28	Ni	$[Ar]3d^84s^2$
4	29	Cu	$[Ar]3d^{10}4s^1$
4	30	Zn	$[Ar]3d^{10}4s^2$
4	31	Ga	$[Ar]3d^{10}4s^24p^1$
4	32	Ge	$[Ar]3d^{10}4s^24p^2$
4	33	As	$[Ar]3d^{10}4s^24p^3$
4	34	Se	$[Ar]3d^{10}4s^24p^4$
4	35	Br	$[Ar]3d^{10}4s^24p^5$
4	36	Kr	$[Ar]3d^{10}4s^24p^6$
5	37	Rb	$[Kr]5s^1$
5	38	Sr	$[Kr]5s^2$
5	39	Y	$[Kr]4d^15s^2$
5	40	Zr	$[Kr]4d^25s^2$
5	41	Nb	$[Kr]4d^45s^1$
5	42	Mo	$[Kr]4d^55s^1$
5	43	Tc	$[Kr]4d^55s^2$
5	44	Ru	$[Kr]4d^75s^1$
5	45	Rh	$[Kr]4d^85s^1$
5	46	Pd	$[Kr]4d^{10}$
5	47	Ag	$[Kr]4d^{10}5s^1$
5	48	Cd	$[Kr]4d^{10}5s^2$
5	49	In	$[Kr]4d^{10}5s^25p^1$
5	50	Sn	$[Kr]4d^{10}5s^25p^2$
5	51	Sb	$[Kr]4d^{10}5s^25p^3$
5	52	Te	$[Kr]4d^{10}5s^25p^4$
5	53	I	$[Kr]4d^{10}5s^25p^5$
5	54	Xe	$[Kr]4d^{10}5s^25p^6$
6	55	Cs	$[Xe]6s^1$
6	56	Ba	$[Xe]6s^2$
6	57	La	$[Xe]5d^16s^2$
6	58	Ce	$[Xe]4f^15d^16s^2$
6	59	Pr	$[Xe]4f^36s^2$
6	60	Nd	$[Xe]4f^46s^2$
6	61	Pm	$[Xe]4f^56s^2$
6	62	Sm	$[Xe]4f^66s^2$
6	63	Eu	$[Xe]4f^76s^2$
6	64	Gd	$[Xe]4f^75d^16s^2$
6	65	Tb	$[Xe]4f^96s^2$
6	66	Dy	$[Xe]4f^{10}6s^2$
6	67	Ho	$[Xe]4f^{11}6s^2$
6	68	Er	$[Xe]4f^{12}6s^2$
6	69	Tm	$[Xe]4f^{13}6s^2$
6	70	Yb	$[Xe]4f^{14}6s^2$
6	71	Lu	$[Xe]4f^{14}5d^16s^2$
6	72	Hf	$[Xe]4f^{14}5d^26s^2$
6	73	Ta	$[Xe]4f^{14}5d^36s^2$
6	74	W	$[Xe]4f^{14}5d^46s^2$
6	75	Re	$[Xe]4f^{14}5d^56s^2$
6	76	Os	$[Xe]4f^{14}5d^66s^2$
6	77	Ir	$[Xe]4f^{14}5d^76s^2$
6	78	Pt	$[Xe]4f^{14}5d^96s^1$
6	79	Au	$[Xe]4f^{14}5d^{10}6s^1$
6	80	Hg	$[Xe]4f^{14}5d^{10}6s^2$
6	81	Tl	$[Xe]4f^{14}5d^{10}6s^26p^1$
6	82	Pb	$[Xe]4f^{14}5d^{10}6s^26p^2$
6	83	Bi	$[Xe]4f^{14}5d^{10}6s^26p^3$
6	84	Po	$[Xe]4f^{14}5d^{10}6s^26p^4$
6	85	At	$[Xe]4f^{14}5d^{10}6s^26p^5$
6	86	Rn	$[Xe]4f^{14}5d^{10}6s^26p^6$
7	87	Fr	$[Rn]7s^1$
7	88	Ra	$[Rn]7s^2$
7	89	Ac	$[Rn]6d^17s^2$
7	90	Th	$[Rn]6d^27s^2$
7	91	Pa	$[Rn]5f^26d^17s^2$
7	92	U	$[Rn]5f^36d^17s^2$
7	93	Np	$[Rn]5f^46d^17s^2$
7	94	Pu	$[Rn]5f^67s^2$
7	95	Am	$[Rn]5f^77s^2$
7	96	Cm	$[Rn]5f^76d^17s^2$
7	97	Bk	$[Rn]5f^97s^2$
7	98	Cf	$[Rn]5f^{10}7s^2$
7	99	Es	$[Rn]5f^{11}7s^2$
7	100	Fm	$[Rn]5f^{12}7s^2$
7	101	Md	$[Rn]5f^{13}7s^2$
7	102	No	$[Rn]5f^{14}7s^2$
7	103	Lr	$[Rn]5f^{14}6d^17s^2$
7	104	Rf	$[Rn]5f^{14}6d^27s^2$
7	105	Db	$[Rn]5f^{14}6d^37s^2$
7	106	Sg	$[Rn]5f^{14}6d^47s^2$
7	107	Bh	$[Rn]5f^{14}6d^57s^2$
7	108	Hs	$[Rn]5f^{14}6d^67s^2$
7	109	Mt	$[Rn]5f^{14}6d^77s^2$
7	110	Ds	$[Rn]5f^{14}6d^87s^2$

*表中单框中的元素是过渡元素，双框中的元素是镧系或锕系元素。

§ 8.5　元素周期表

　　1869 年,俄国化学家 A. И. Меиделеев 以当时发现的 63 种元素为基础发表了一张具有里程碑意义的元素周期表。他发现元素的性质随相对原子质量递增发生周期性的递变。当时人们对于原子结构的知识比较缺乏,尚未深刻了解元素周期表的实质。随着对原子结构的深入研究,人们越来越深刻地理解原子核外电子排布与元素周期和族划分的本质联系,并提出了多种形式的周期表。目前,最通用的是 A. Werner 首先倡导的长式周期表(见书后的元素周期表)。该表分为主表和副表。主表分为七个周期,18 列分成 A 族和 B 族。副表包含镧系元素和锕系元素。

8.5.1　元素的周期

　　原子中电子排布与元素周期表中周期划分有内在联系。Pauling 近似能级图中能级组的序号对应周期序数。例如,第 1 能级组对应第一周期,第 2,3 能级组对应第二、三周期……以此类推。

　　总之,元素周期表中的七个周期分别对应 7 个能级组,或者说,原子核外最外层电子的主量子数为 n 时,该原子则属于第 n 周期。

　　第 1 能级组只有 1 个 s 轨道,至多容纳两个电子,因此第一周期为特短周期,只有两种元素。

　　第 2,3 能级组各有 1 个 ns 和 3 个 np 轨道,可以填充 8 个电子,因此第二、第三周期各有 8 种元素,称为短周期。

　　第 4,5 能级组各有 1 个 ns 轨道、5 个 $(n-1)d$ 轨道和 3 个 np 轨道,至多可容纳 18 个电子,因此第四、第五周期各有 18 种元素,称为长周期。

　　第 6,7 能级组各有 1 个 ns 轨道、7 个 $(n-2)f$ 轨道、5 个 $(n-1)d$ 轨道和 3 个 np 轨道,至多可容纳 32 个电子,第六、第七周期各有 32 种元素,称为特长周期。能级组与周期的关系列于表 8-6。

表 8-6　能级组与周期的关系

周期	特点	能级组	对应的能级	原子轨道数	元素种类数
一	特短周期	1	1s	1	2
二	短周期	2	2s 2p	4	8
三	短周期	3	3s 3p	4	8
四	长周期	4	4s 3d 4p	9	18
五	长周期	5	5s 4d 5p	9	18
六	特长周期	6	6s 4f 5d 6p	16	32
七	特长周期	7	7s 5f 6d 7p	16	32

8.5.2　元素的族

　　长式周期表从左至右共有 18 列,第 1,2,13,14,15,16 和 17 列为主族,用 A 示意主族,前面用罗马数字示意族序数,主族从 ⅠA 到 ⅦA。族的划分与原子的价电子数目和价电子排布密切相关。同族元素的价电子数目相同。主族元素的价电子全部排布在最外层的 ns 和 np 轨道。尽管同族元素的电子层数从上到下逐渐增加,但价电子排布完全相同。例如,钠原子的价电子排布为 $3s^1$,钠元素属于ⅠA;氯元素的价电子排布为 $3s^23p^5$,氯元素属于ⅦA。因此,主族元素的族序数等于价电子总数。除氦元素外,稀有气体元素原子的最外层电子排布均为 ns^2np^6,呈现稳定结构,称为 0 族元素。

长式周期表中第 3,4,5,6,7,11 和 12 列为副族,用 B 表示。分别称为ⅢB,ⅣB,ⅤB,ⅥB,ⅦB,ⅠB 和ⅡB。前五个副族的价电子数目对应族序数。例如,钪的价电子排布为 $3d^14s^2$,价电子数为 3,对应的族名称为ⅢB;锰的价电子排布为 $3d^54s^2$,价电子数为 7,对应的族名称为ⅦB。而ⅠB 和ⅡB 是根据 ns 轨道上是有 1 个还是 2 个电子来划分的。表中第 8,9 和 10 列元素称为Ⅷ族,价电子排布一般为 $(n-1)d^{6\sim10}ns^{0\sim2}$。

8.5.3　元素的分区

元素周期表中价电子排布类似的元素集中在一起,可以将元素周期表分为四个区,以最后填入的电子的能级代号作为该区符号,如图 8-23 所示。

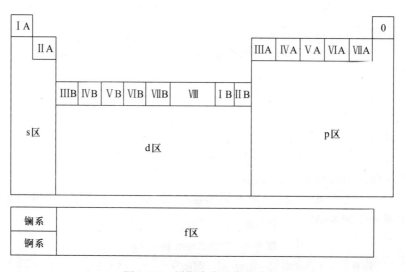

图 8-23　周期表中元素的分区

s 区元素:包括ⅠA 和ⅡA,最后 1 个电子填充在 s 轨道上,价电子排布为 $ns^{1\sim2}$,属于活泼金属。

p 区元素:包括ⅢA 到ⅦA 和 0 族,最后 1 个电子填充在 p 轨道上(氦除外),价电子排布为 $ns^2np^{1\sim6}$。随着最外层电子数目的增加,原子失去电子趋势越来越弱,得电子趋势越来越强。

d 区元素:包括ⅠB 到ⅦB 和Ⅷ族,最后 1 个电子填充在 $(n-1)d$ 轨道上,价电子排布为 $(n-1)d^{1\sim10}ns^{0\sim2}$。一般而言,它们的区别主要在次外层的 d 轨道上,d 区元素的次外层的 d 电子可以不同程度地参与化学键的形成。

f 区元素:包括镧系元素和锕系元素,最后 1 个电子填充在 f 轨道上,价电子排布为$(n-2)f^{0\sim14}(n-1)d^{0\sim2}ns^2$。

s 区和 p 区元素为主族元素,d 区和 f 区元素为过渡元素。

§8.6　元素性质的周期性

原子的一些基本性质,如原子半径、电离能、电子亲和能和电负性等都对元素的物理和化学性质产生重大影响。通常把这些基本性质称为原子参数。原子参数分为两类:一类参数是和自由原子的性质相关联的参数,如原子的电离能、电子亲和能等,只与气态原子本身有关,与其他原子无关;另一类参数是指化合物中表征原子性质的参数,如原子半径、电负性等,同一原子在不同的化学环境中这类参数的大小会有差别。随着元素的原子序数的增加,元素原子的核外电子排布呈现周期性变化,导致上述原子参数也呈现周期性变化。

MOOC

教学视频
元素性质的周期性

8.6.1　原子半径

依据量子力学的观点,电子在核外运动没有固定轨道,只是概率分布不同,因此,原子没有明确的界面,不存在经典意义上的半径。人们假定原子呈球体,借助相邻原子的核间距来确定原子半径。基于此假定及原子的不同存在形式,原子半径可以分为金属半径、共价半径和 van der Waals 半径。

金属单质的晶体中,两个最近邻金属原子核间距的一半,称为金属原子的金属半径。同种元素的两个原子以共价单键结合时,其核间距的一半,叫做该原子的共价单键半径。在分子晶体中,分子间是以 van der Waals 力结合的。例如,稀有气体形成的单原子分子晶体中,两个同种原子核间距离的一半就是稀有气体原子的 van der Waals 半径。

表 8-7 列出了各元素原子半径的数据,其中除金属为金属半径(配位数为 12),稀有气体为 van der Waals 半径外,其余皆为共价半径。

表 8-7　元素的原子半径 r　　　　　（单位:pm）

H 37																	He 122
Li 152	Be 111											B 88	C 77	N 70	O 66	F 64	Ne 160
Na 186	Mg 160											Al 143	Si 117	P 110	S 104	Cl 99	Ar 191
K 227	Ca 197	Sc 161	Ti 145	V 132	Cr 125	Mn 124	Fe 124	Co 125	Ni 125	Cu 128	Zn 133	Ga 122	Ge 122	As 121	Se 117	Br 114	Kr 198
Rb 248	Sr 215	Y 181	Zr 160	Nb 143	Mo 136	Tc 136	Ru 133	Rh 135	Pd 138	Ag 144	Cd 149	In 163	Sn 141	Sb 141	Te 137	I 133	Xe 217
Cs 265	Ba 217		Hf 159	Ta 143	W 137	Re 137	Os 134	Ir 136	Pt 136	Au 144	Hg 160	Tl 170	Pb 175	Bi 155	Po 153		

La 188	Ce 183	Pr 183	Nd 182	Pm 181	Sm 180	Eu 204	Gd 180	Tb 178	Dy 177	Ho 177	Er 176	Tm 175	Yb 194	Lu 173

从表8-7中数据可以总结出原子半径的变化规律：

（1）同一周期，随原子序数的增加原子半径逐渐减小，但长周期中部（d区）各元素的原子半径随核电荷增加而减小得较慢。ⅠB和ⅡB元素原子半径略有增大，此后又逐渐减小。

同一周期中，原子半径的大小受两个因素的制约：一是随着核电荷的增加，原子核对外层电子的吸引力增强，使原子半径逐渐变小；二是随着核外电子数的增加，电子间的斥力增强，使原子半径变大。因为增加的电子不足以完全屏蔽所增加的核电荷，所以从左向右，有效核电荷数逐渐增大，原子半径逐渐变小。

在长周期中从左到右电子逐一填入$(n-1)$d亚层，对核的屏蔽作用较大，有效核电荷数增加较少，核对外层电子的吸引力增加不多，因此原子半径减少缓慢。而到了长周期的后半部，即ⅠB和ⅡB元素，由于d^{10}电子构型，屏蔽效应显著，所以原子半径又略有增大。

镧系、锕系元素中，从左到右，原子半径也是逐渐减小的，只是减小的幅度更小。这是由于新增加的电子填入$(n-2)$f亚层上，f电子对外层电子的屏蔽效应更大，外层电子感受到的有效核电荷数增加更小，因此原子半径减小缓慢。镧系元素从镧（La）到镥（Lu）原子半径依次更缓慢减小的事实，称为镧系收缩。镧系收缩的结果，使镧系以后的铪（Hf）、钽（Ta）、钨（W）等原子半径与上一周期（第五周期）相应元素锆（Zr）、铌（Nb）、钼（Mo）等非常接近。导致了 Zr 和 Hf；Nb 和 Ta；Mo 和 W 等在性质上极为相似，分离困难。

（2）同一主族中，从上到下，外层电子构型相同，电子层增加的因素占主导地位，所以原子半径逐渐增大。副族元素的原子半径，从第四周期过渡到第五周期是增大的，但第五周期和第六周期同一族中的过渡元素的原子半径比较接近。例如：

第四周期元素	Sc	Ti	V	Cr
r/pm	161	145	132	125
第五周期元素	Y	Zr	Nb	Mo
r/pm	181	160	143	136
第六周期元素	Lu	Hf	Ta	W
r/pm	173	159	143	137

8.6.2　电离能

基态气态原子失去电子成为带一个正电荷的气态正离子所需要的能量称为第一电离能，用I_1表示。由+1价气态正离子失去电子成为+2价气态正离子所需的能量叫第二电离能，用I_2表示。以此类推，还有第三电离能I_3、第四电离能I_4，等等。随着原子逐步失去电子所形成的离子正电荷数越来越多，失去电子变得越来越难。因此，同一元素的原子的各级电离能依次增大，即$I_1 < I_2 < I_3 < I_4 < \cdots$。例如：

$$\text{Li}(g) - e^- \longrightarrow \text{Li}^+(g)；\quad I_1 = 520.2\ \text{kJ·mol}^{-1}$$

$$\text{Li}^+(g) - e^- \longrightarrow \text{Li}^{2+}(g)；\quad I_2 = 7\ 298.1\ \text{kJ·mol}^{-1}$$

$$\mathrm{Li^{2+}(g)-e^-\longrightarrow Li^{3+}(g)}; \quad I_3 = 11\,815\ \mathrm{kJ\cdot mol^{-1}}$$

Li 的第二电离能与第一电离能相比显著增大,意味着该过程电离的是内层电子。

通常讲的电离能,若不加以注明,指的是第一电离能。表 8-8 列出了元素周期表各元素的第一电离能。

表 8-8　元素周期表各元素的第一电离能 I_1　　　　　（单位:$\mathrm{kJ\cdot mol^{-1}}$）

H 1312.0																	He 2372.3
Li 520.2	Be 899.5											B 800.6	C 1086.5	N 1402.3	O 1313.9	F 1681.0	Ne 2080.7
Na 495.8	Mg 737.7											Al 577.5	Si 786.5	P 1011.8	S 999.6	Cl 1251.2	Ar 1520.6
K 418.8	Ca 589.8	Sc 633.0	Ti 658.8	V 650.9	Cr 652.9	Mn 717.3	Fe 762.5	Co 760.4	Ni 737.1	Cu 745.5	Zn 906.4	Ga 578.8	Ge 762.2	As 944.4	Se 941.0	Br 1139.9	Kr 1350.8
Rb 403.0	Sr 549.5	Y 599.9	Zr 640.1	Nb 652.1	Mo 684.3	Tc 702.4	Ru 710.2	Rh 719.7	Pd 804.4	Ag 731.0	Cd 867.8	In 558.3	Sn 708.6	Sb 830.6	Te 869.3	I 1008.4	Xe 1170.4
Cs 375.7	Ba 502.9	57~71	Hf 659.0	Ta 728.4	W 758.8	Re 755.8	Os 814.2	Ir 865.2	Pt 864.4	Au 890.1	Hg 1007.1	Tl 589.4	Pb 715.6	Bi 703.0	Po 812.1	At	Rn 1037.1
Fr 392.0	Ra 509.3	89~103															

La 538.1	Ce 534.4	Pr 527.2	Nd 533.1	Pm 538.4	Sm 544.5	Eu 547.1	Gd 593.4	Tb 565.8	Dy 573.0	Ho 581.0	Er 589.3	Tm 596.7	Yb 603.4	Lu 523.5
Ac 498.8	Th 608.5	Pa 568.3	U 597.6	Np 604.5	Pu 581.4	Am 576.4	Cm 580.8	Bk 601.1	Cf 607.9	Es 619.4	Fm 627.1	Md 634.9	No 641.6	Lr 470

电离能的大小反映了原子失去电子的难易。电离能越小,原子失去电子越易,金属性越强;反之,电离能越大,原子失去电子越难,金属性越弱。电离能的大小主要取决于原子的有效核电荷数、原子半径和原子的电子层结构。

电离能随原子序数的增加呈现出周期性变化,参见图 8-24。

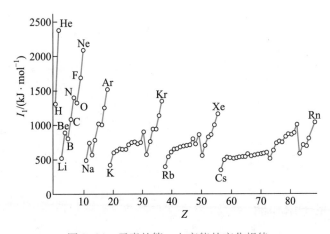

图 8-24　元素的第一电离能的变化规律

同一周期中,从碱金属到卤素,元素的有效核电荷数逐个增加,原子半径逐个减小,原子的最外层上的电子数逐个增多,电离能逐个增大。IA 的 I_1 最小,稀有气体的

I_1 最大，处于峰顶。长周期的中部元素（即过渡元素），由于电子加到次外层，有效核电荷数增加不多，原子半径减小缓慢，电离能仅略有增加。图中显示电离能变化的起伏状况，N，P 和 As 等的电离能较大，Be 和 Mg 的电离能也较大，均比它们后面的元素的电离能大，这是由于它们的电子层结构分别是半满和全满状态，比较稳定，失电子相对较难，因此电离能也就相对较大。

同一族从上到下，最外层电子数相同，有效核电荷数增加不多，原子半径的增大成为主要因素，致使核对外层电子的引力依次减弱，电子逐渐易于失去，电离能依次减小。

除了第一电离能以外，第二、第三电离能等也表现出类似的周期性规律。图 8-25 表示的是原子序数为 19~32 号元素的第三电离能的变化规律。Ca 的 I_3 最大，Mn 和 Zn 的 I_3 也较大。这是由于该电离能分别对应着 Ca 原子的 $3s^23p^6$ 全满状态，Mn 原子的 $3d^5$ 半满状态和 Zn 原子的 $3d^{10}$ 全满状态，从这些稳定结构中失去电子较难，电离能也就大些。

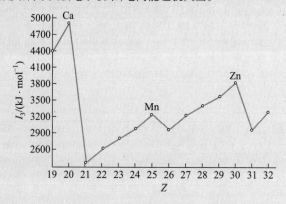

图 8-25　原子序数为 19~32 号元素第三电离能的变化规律

图 8-26 表示的是原子序数为 57~70 号元素的第三电离能的变化规律，Eu 和 Yb 的 I_3 相对较大，联想 Eu 原子的 $4f^7$ 半满状态和 Yb 原子的 $4f^{14}$ 全满状态，不难理解其中原因。

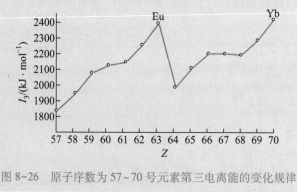

图 8-26　原子序数为 57~70 号元素第三电离能的变化规律

8.6.3　电子亲和能

元素的气态原子在基态时获得一个电子成为 -1 价气态负离子的过程中所放出的能量称为电子亲和能。例如：

$$F(g)+e^- \longrightarrow F^-(g); A_1 = -328 \text{ kJ} \cdot \text{mol}^{-1} ①$$

电子亲和能也有第一、第二电子亲和能之分,如果不加注明,都是指第一电子亲和能。当-1价气态负离子再获得电子时,要克服负电荷之间的排斥力,因此要吸收能量,故第二电子亲和能都为正值。例如:

$$O(g)+e^- \longrightarrow O^-(g); \quad A_1 = -141.0 \text{ kJ} \cdot \text{mol}^{-1}$$

$$O^-(g)+e^- \longrightarrow O^{2-}(g); \quad A_2 = +844.2 \text{ kJ} \cdot \text{mol}^{-1}$$

表8-9列出主族元素的电子亲和能。

表8-9　主族元素的电子亲和能 A 　　　　　　（单位:kJ·mol^{-1}）

H −72.7							He +48.2
Li −59.6	Be +48.2	B −26.7	C −121.9	N +6.75	O −141.0 (844.2)	F −328.0	Ne +115.8
Na −52.9	Mg +38.6	Al −42.5	Si −133.6	P −72.1	S −200.4 (531.6)	Cl −349.0	Ar +96.5
K −48.4	Ca +28.9	Ga −28.9	Ge −115.8	As −78.2	Se −195.0	Br −324.7	Kr +96.5
Rb −46.9	Sr +28.9	In −28.9	Sn −115.8	Sb −103.2	Te −190.2	I −295.1	Xe +77.2

本表数据依据　H. Hotop and W. C. Lineberger, *J. Phys. Chem. Ref. Data*, 14, 731(1985).
括号内数值为第二电子亲和能。

电子亲和能的大小反映了原子得到电子的难易。非金属原子的第一电子亲和能总是负值,而金属原子的电子亲和能一般为绝对值较小的负值或正值。稀有气体的电子亲和能均为正值。

电子亲和能的大小也取决于原子的有效核电荷数、原子半径和原子的电子层结构。主族元素的第一电子亲和能的变化规律如图8-27所示。

同一周期,从左到右,原子的有效核电荷数增大,原子半径逐渐减小,同时由于最外层电子数逐渐增多,趋向于结合电子形成8电子稳定结构。元素的电子亲和能减小。卤素的电子亲和能最小。碱土金属因为半径大,且有 ns^2 电子层结构难以结合电子,电子亲和能为正值;稀有气体具有8电子稳定电子层结构,更难以结合电子,因此电子亲和能为最大正值。

同一主族,从上到下规律不如同周期变化那么明显,大部分呈现电子亲和能数值变大的趋势,部分呈相反趋势。比较特殊的是氮原子的电子亲和能是正值,是 p 区元素中除稀有气体外唯一的正值,这是由于它具有半满 p 亚层稳定电子层结构,加之原子半径小,电子间排斥力大,得电子困难。另外,值得注意的是,电子亲和能最小值不是出现在氟原子,而是氯原子。这可能是由于氟原子的半径小,进入的电子会受到原有电子较强的排斥,用于克服电子排斥所消耗的能量相对多些的缘故。

---

①　本书将电子亲和能放出能量用负号表示,这样与焓变值正、负取得一致。

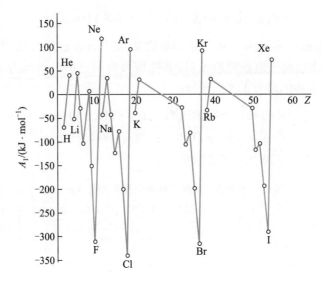

图 8-27   主族元素的第一电子亲和能的变化规律

8.6.4   电负性

电离能和电子亲和能分别从一个侧面反映了原子失去电子和得到电子的难易程度。为了比较分子中原子间争夺电子的能力,引入了元素电负性的概念。

1932 年,L. Pauling 定义元素的电负性是原子在分子中吸引电子的能力。电负性不是一个孤立原子的性质,而是在周围原子影响下的分子中原子的性质。为了比较不同原子的电负性,Pauling 最早建立了电负性标度。他把氢的电负性指定为 2.2,在此基础上,从相关分子的键能数据出发进行计算,与 H 的电负性对比,得到其他元素的电负性数值,因此,各元素原子的电负性是相对数值。Pauling 电负性标度 χ_P 自 1932 年提出后,作过多次改进,目前仍被广泛应用(表 8-10)。

表 8-10   元素的电负性 χ_P

H 2.18																
Li 0.98	Be 1.57											B 2.04	C 2.55	N 3.04	O 3.44	F 3.98
Na 0.93	Mg 1.31											Al 1.61	Si 1.90	P 2.19	S 2.58	Cl 3.16
K 0.82	Ca 1.00	Sc 1.36	Ti 1.54	V 1.63	Cr 1.66	Mn 1.55	Fe 1.8	Co 1.88	Ni 1.91	Cu 1.90	Zn 1.65	Ga 1.81	Ge 2.01	As 2.18	Se 2.55	Br 2.96
Rb 0.82	Sr 0.95	Y 1.22	Zr 1.33	Nb 1.60	Mo 2.16	Tc 1.9	Ru 2.28	Rh 2.2	Pd 2.20	Ag 1.93	Cd 1.69	In 1.78	Sn 1.96	Sb 2.05	Te 2.10	I 2.66
Cs 0.79	Ba 0.89	Lu 1.2	Hf 1.3	Ta 1.5	W 2.36	Re 1.9	Os 2.2	Ir 2.2	Pt 2.28	Au 2.54	Hg 2.00	Tl 2.04	Pb 2.33	Bi 2.02	Po 2.0	At 2.2

本表引自   M. Millian, *Chemical and Physical Data* (1992).

图片
元素电负性的
周期性变化

1934 年,R. S. Mulliken 根据原子光谱数据,将电负性 χ_M 定义为元素电离能与电子亲和能的平均值:

$$\chi_{\mathrm{M}} = \frac{1}{2}(I+A)^{\textcircled{1}} \qquad\qquad (8-13)$$

Mulliken 电负性物理意义明确,但因电子亲和能数据不完全,所以应用受到限制。

1956 年,A. L. Allred 和 E. G. Rochow 根据原子核对电子的静电吸引,在 Pauling 电负性基础上计算出一套电负性 χ_{AR} 数据。

1989 年,L. C. Allen 根据光谱实验数据,以基态自由原子价层电子的平均单位电子能量为基础获得主族元素的电负性:

$$\chi_{\mathrm{A}} = 0.169\,\frac{mE_{\mathrm{p}}+nE_{\mathrm{s}}}{m+n} \qquad\qquad (8-14)$$

式中,m 和 n 分别为 p 轨道和 s 轨道上的电子数;E_{p} 和 E_{s} 分别为 p 轨道和 s 轨道上的电子平均能量。

电负性标度有多种,数据各有不同,但在元素周期表中电负性变化规律是一致的。电负性可以综合衡量各种元素的金属性和非金属性。在 Pauling 电负性标度中金属元素的电负性一般在 2.0 以下,非金属元素的电负性一般在 2.0 以上。同一周期从左到右,电负性依次增大,元素的非金属性增强,金属性减弱;同一主族,从上到下,电负性依次变小,元素的非金属性减弱,金属性增强。过渡元素的电负性递变不明显,它们都是金属,但金属性都不及 ⅠA,ⅡA 两族元素。

化学视野
扫描隧道显微镜

思 考 题

1. 为什么氢原子光谱是线状光谱?Bohr 理论如何解释氢原子光谱?该理论存在何种局限性?如何理解 Bohr 理论不能解释多电子原子光谱和氢原子光谱的精细结构?

2. 微观粒子运动具有什么特点?证实这些特点的实验基础是什么?

3. 利用 de Broglie 关系式分别计算下列宏观物体(子弹)和微观粒子(电子)运动的波长,用计算结果说明宏观物体和微观粒子运动的不同特点。

(1) 子弹质量为 10 g,速度为 1 000 m·s⁻¹;

(2) 电子质量为 9.1×10^{-31} kg,运动速度为 5.9×10^{5} m·s⁻¹。

4. 怎样正确理解"s 电子云是球形对称的"这句话?

5. "氢原子的 1s 电子于核外出现的概率最大的地方在离核 52.9 pm 的球壳上,所以 1s 电子云的界面图的半径也是 52.9 pm。"这话对吗?为什么?

6. 为什么说 p 轨道有方向性?d 轨道是否有方向性?

7. 量子力学如何描述原子中电子的运动状态?一个原子轨道要用哪几个量子数来描述?试述各量子数的物理意义及其取值要求。量子力学的原子轨道与 Bohr 原子轨道的区别是什么?

8. 以 2p($n=2,l=1$)为例,

(1) 指出波函数($\psi_{2,1}$)的径向分布函数 $D(r)$、概率密度、电子云界面图等概念有何区别?

(2) 原子轨道角度分布和电子云角度分布的含义有什么不同?其图像区别在哪里?

9. Cotton 原子轨道能级图与 Pauling 近似能级图的主要区别是什么?

---

① 这里的电子亲和能 A 与本书中的规定相反,放热为正,吸热为负。参见徐光宪等. 物质结构(第二版). 高等教育出版社,1987。

10. 什么叫屏蔽效应、钻穿效应？如何解释同一主层中的能级分裂和不同主层中的能级交错现象？

11. 将氢原子核外电子从基态激发到 2s 轨道或 2p 轨道，所需能量是否相同？若是氦原子情况又怎样？

12. 何谓基态原子的电子排布原则？它产生的基础是什么？它包含的主要内容有哪些？

13. 元素的周期与能级组之间存在何种对应关系？元素的族序数与核外电子层结构有何对应关系？元素周期表有几个分区？各区分别包括哪些元素？

14. 主族元素和过渡元素的原子半径随着原子序数的增加，在元素周期表中由上到下和由左到右分别呈现什么规律？当原子失去电子变为正离子和得到电子变为负离子时，半径分别有何变化？

15. 试说明元素的第一电离能在同周期中的变化规律，并给予解释。

16. 氟离子与氖原子都具有 8 个价电子，它们的电离能有无区别？为什么？

17. 电子亲和能为什么有正值也有负值？电子亲和能在同周期中、同族中有何变化规律？

18. 衡量原子吸引电子的能力大小是否可用电离能表示？应该用什么表示，为什么？

19. 指出下列叙述是否正确：

（1）价电子排布为 ns^1 的元素都是碱金属元素；

（2）第Ⅷ族元素的价电子排布为 $(n-1)d^6ns^2$；

（3）第一过渡系元素的原子填充电子时是先填 3d 然后 4s，所以失去电子时，也是按这个次序；

（4）因为镧系收缩，第六周期元素的原子半径全比第五周期同族元素半径小；

（5）$O(g)+e^- \longrightarrow O^-(g)$，$O^-(g)+e^- \longrightarrow O^{2-}(g)$ 都是放热过程；

（6）氟是最活泼的非金属元素，故其电子亲和能具有最大负值；

（7）金属原子的电离能定义是以固态为始态。

20. 什么是电负性？常用的电负性标度有哪些？电负性在同周期中、同族中各有何变化规律？

习   题

1. 利用氢原子光谱的频率公式，令 $n=3,4,5,6$，求出相应的谱线频率。

2. 利用图 8-2 的氢原子能级数值，计算电子从 $n=6$ 能级回到 $n=2$ 能级时，由辐射能量而产生的谱线频率。

3. 利用氢原子光谱的能量关系式求出氢原子各能级（$n=1,2,3,4$）的能量。

4. 钠蒸气街灯发出亮黄色光；其光谱由两条谱线组成，波长分别为 589.0 nm 和 589.6 nm。计算相应的光子能量和频率。

5. 下列各组量子数中哪一组是正确的？将正确的各组量子数用原子轨道符号表示之。

（1）$n=3, l=2, m=0$；   （2）$n=4, l=-1, m=0$；

（3）$n=4, l=1, m=-2$；   （4）$n=3, l=3, m=-3$。

6. 一个原子中，量子数 $n=3, l=2, m=2$ 时可允许的电子数最多是多少？

7. 已知 $\psi_{1s} = \sqrt{\dfrac{1}{\pi a_0^3}} e^{-r/a_0}$（氢原子基态）

（1）计算 $r=52.9$ pm 处的 ψ 值；   （2）计算 $r=2\times52.9$ pm 处的 ψ 值；

（3）计算（1）与（2）的 ψ^2 值；   （4）计算（1）与（2）的 $4\pi r^2\psi^2$ 值；

（5）当 $r=0$ 和 $r=\infty$ 时，$4\pi r^2\psi^2$ 分别等于多少？

8. 从 $2p_z$ 轨道的角度分布 Y_{2p_z} 图［图 8-8］说明 Y_{2p_z} 的最大绝对值对应于曲线的哪一部位，最小绝对值又是哪里？这些部位怎样与 $2p_z$ 电子的出现概率密度相联系？

9. 试画出 Pauling 原子轨道近似能级图,并写出多电子原子电子填充进各能级的顺序。

10. 试用 Slater 规则,

(1) 计算说明原子序数为 13,17,27 各元素中,4s 和 3d 哪一个能级的能量高;

(2) 分别计算作用于 Fe 的 3s,3p,3d 和 4s 电子的有效核电荷数和这些电子所在各轨道的能量。

11. 用 s,p,d,f 等符号表示下列元素的原子电子层结构(原子电子构型),判断它们属于第几周期、第几主族或副族。

(1) $_{20}Ca$; (2) $_{27}Co$; (3) $_{32}Ge$; (4) $_{48}Cd$; (5) $_{83}Bi$。

12. 写出下列各原子电子构型代表的元素名称及符号:

(1) $[Ar]3d^64s^2$; (2) $[Ar]3d^24s^2$;

(3) $[Kr]4d^{10}5s^25p^5$; (4) $[Xe]4f^{14}5d^{10}6s^2$。

13. 不查看元素周期表,试填写下表的空格:

原子序数	电子排布式	价层电子构型	周期	族	结构分区
24					
	$[Ne]3s^23p^6$				
		$4s^24p^5$			
			5	ⅡB	

14. 下列中性原子何者有最多的未成对电子?

(1) Na　(2) Al　(3) Si　(4) P　(5) S

15. 下列离子何者不具有 Ar 的电子构型?

(1) Ga^{3+}　(2) Cl^-　(3) P^{3-}　(4) Sc^{3+}　(5) K^+

16. 已知某元素基态原子的电子分布是 $1s^22s^22p^63s^23p^63d^{10}4s^24p^1$,请回答:

(1) 该元素的原子序数是多少?

(2) 该元素属第几周期? 第几族? 是主族元素还是过渡元素?

17. 在某一周期(其稀有气体原子的外层电子构型为 $4s^24p^6$)中有 A,B,C,D 四种元素,已知它们的最外层电子数分别为 2,2,1,7;A 和 C 的次外层电子数为 8,B 和 D 的次外层电子数为 18。问 A,B,C,D 分别是哪种元素?

18. 某元素原子 X 的最外层只有一个电子,其 X^{3+} 中的最高能级的 3 个电子的主量子数 n 为 3,角量子数 l 为 2,写出该元素符号,并确定其属于第几周期、第几族的元素。

19. 写出 K^+,Ti^{3+},Sc^{3+},Br^- 的离子半径由大到小的顺序。

20. 列出图 8-24 中的原子序数从 11~20 第一电离能数据出现尖端的元素名称,并指出这些元素的原子结构的特点。

21. 下列元素中何者第一电离能最大? 何者第一电离能最小?

(1) B　(2) Ca　(3) N　(4) Mg　(5) Si　(6) S　(7) Se

22. 试解释下列事实:

(1) Na 的第一电离能小于 Mg,而第二电离能则大于 Mg;

(2) Cl 的电子亲和能比 F 有更大的负值;

(3) 从矿物中分离 Cr 与 Mo 容易,而分离 Mo 和 W 难。

分子是参与化学反应的基本单元之一,又是保持物质基本化学性质的最小粒子。本章将在原子结构的基础上,介绍原子之间的成键和分子的形成,重点讨论共价键理论及分子构型等问题。

§9.1 价键理论

9.1.1 Lewis 理论

分子或晶体中相邻原子(或离子)之间的强烈吸引作用被称为化学键。为了说明像 H_2 和 CCl_4 这样的分子是怎样形成的,1916 年美国化学家 G. N. Lewis 提出了电子配对理论。

Lewis 认为,像 H_2 和 CCl_4 这样的分子是通过原子之间共用电子对而形成的。通常,电负性相同或差值较小的非金属元素原子形成的化学键为共价键,两个原子之间必须共用电子,即电子配对才能形成化学键,这是 Lewis 理论的核心,故简称电子配对理论。在分子中,每个原子均应具有稳定的稀有气体原子的 8 电子外层电子构型(He 除外),习惯上称为"八隅体规则"。

通常用短线表示共用电子对将成键的元素符号连接起来,并在元素符号周围用小黑点表示未成键的价电子,这种描述分子结构的式子称为 Lewis 结构式。例如,H_2,CCl_4 的 Lewis 结构式分别为

$$H-H \qquad\qquad \ddot{C}l-\underset{\displaystyle :\ddot{C}l:}{\overset{\displaystyle :\ddot{C}l:}{C}}-\ddot{C}l:$$

如果原子间共用两对电子或三对电子,可分别用两条短线"="或三条短线"≡"表示。例如,CO_2 分子和 HCN 分子被分别写成

$$:\ddot{O}=C=\ddot{O}: \qquad\qquad H-C≡N:$$

需要指出的是,Lewis 结构式并不代表分子的形状,而仅仅代表成键方式和键的数目。另外,不符合"八隅体规则"的例子也不少。例如,BF_3,PCl_5 和 SF_6 分子中,B,P 和 S 原子周围的价电子数分别为 6,10 和 12,都不满足 8 电子结构,但事实是这些分子仍然是稳定的。总之,Lewis 理论不够完善,但是,Lewis 的电子对成键概念却为共价键理论的发展奠定了基础。

9.1.2　共价键的形成和本质

电荷排斥的两个电子为何能以共用电子对形式将两个原子结合在一起？Lewis 理论无法给予说明。

1927 年，德国化学家 W. Heitler 和 F. London 应用量子力学求解 H_2 分子的 Schrödinger 方程之后，成功地揭示了共价键的本质。应用量子力学对 H_2 分子的研究结果被推广到其他分子系统，发展成为价键理论。

科学工作者经常挑选最简单的有代表性的分子作为研究对象，由此取得一些结论，推广到比较复杂的分子中去，这些结论往往是不完全的，经过实践的检验再纠正它们的不完全性。H_2 分子就是开始研究共价键本质所选的最简单的一种分子。

Heitler 和 London 在用量子力学处理 H_2 分子形成的过程中，得到两个氢原子体系的能量 E 和核间距 R 之间的关系曲线，如图 9-1 所示。假设两个氢原子电子自旋方式相反，当它们相互靠近时，随着核间距 R 的减小，两个 1s 原子轨道发生重叠（波函数相加），核间形成一个概率密度较大的区域［图 9-2(a)］。两个氢原子核都被电子概率密度大的电子云吸引，系统能量降低。当核间距达到平衡距离 R_0（74 pm）时，系统能量达到最低点，这种状态称为 H_2 分子的基态，如图 9-1 蓝线所示。如果两个氢原子核再靠近，原子核间斥力增大，使系统的能量迅速升高，排斥作用又将氢原子推回平衡位置。

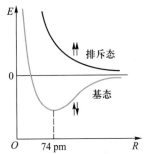

图 9-1　H_2 分子形成过程能量随核间距变化示意图

如果两个氢原子电子自旋方式相同，当它们靠近时，两个原子轨道异号叠加（即波函数相减），核间电子概率密度减小［图 9-2(b)］，增大了两核间的斥力，系统能量升高，处于不稳定态，称为排斥态。此时氢分子的能量曲线没有最低点（如图 9-1 黑线所示），即它的能量始终比两个孤立的氢原子的能量高，说明它们不会形成稳定的 H_2 分子。

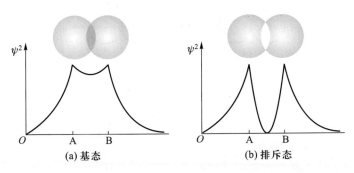

图 9-2　H_2 分子的基态与排斥态核间电子的概率密度

总之，价键理论继承了 Lewis 共享电子对的概念，又在量子力学理论的基础上，指出共价键的本质是由于原子轨道重叠，原子核间电子概率密度增大，吸引原子核而成键。

9.1.3　价键理论的基本要点与共价键的特点

1930 年,L.Pauling 等人发展了量子力学对 H_2 分子的处理结果,建立了现代价键理论。

1. 价键理论的基本要点

(1)原子中自旋方向相反的未成对电子相互接近时,可相互配对形成稳定的化学键。一个原子有几个未成对电子,便可与几个自旋相反的未成对电子配对成键。例如,H—H,H—F,H—O—H,N≡N 等。

就 N_2 分子而言,氮原子外层有 3 个成单的电子分别占据 3 个 2p 轨道,它可以与另一个氮原子的 3 个自旋相反的成单电子配对,形成共价叁键而结合成 N_2 分子。

(2)形成共价键时,成键电子的原子轨道必须在对称性(见§9.6)一致的前提下发生重叠,原子轨道的重叠程度越大,两核间电子的概率密度就越大,形成的共价键就越稳定。

2. 共价键的特点

(1)共价键具有饱和性　在以共价键结合的分子中,每个原子成键的总数或与其以共价键相连的原子数目是一定的,这就是共价键的饱和性。例如,氢原子与另一个氢原子组成 H_2 分子,只形成一个单键,不可能再与第三个氢原子结合成 H_3 分子。氧原子只能与两个氢原子结合为 H_2O 分子,形成两个共价单键。

(2)共价键具有方向性　除 s 轨道外,p,d 和 f 轨道在空间都有一定的伸展方向,成键时只有沿着一定的方向重叠,才能达到最大重叠,这就是共价键的方向性。

例如,在形成 HCl 分子时,氢原子的 1s 轨道与氯原子的 $3p_x$ 轨道只有沿着 x 轴正向达到最大限度重叠,才能形成稳定的共价键[图 9-3(a)]。如果 1s 轨道与 $3p_x$ 轨道沿 z 轴方向重叠[图 9-3(b)],两轨道没有达到最大程度的有效重叠,就不能形成共价键。

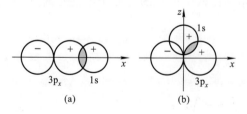

图 9-3　HCl 分子中的共价键

9.1.4　共价键的键型

1. σ 键和 π 键

由于原子轨道的形状不同,它们可采用不同方式重叠。根据重叠方式不同,共价键可分为 σ 键和 π 键。

原子轨道沿核间联线方向进行同号重叠而形成的共价键称为 σ 键。例如,H_2 分子是 s-s 轨道重叠成键,HCl 分子是 s-p_x 轨道重叠成键,Cl_2 分子是 p_x-p_x 轨道重叠成键[图 9-4(a)~(c)],这样形成的键都是 σ 键。两原子轨道垂直核间联线并相互平行而进行同号重叠所形成的共价键称为 π 键[图 9-4(d)]。

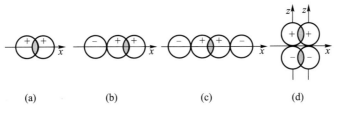

(a)　　　　　(b)　　　　　(c)　　　　　(d)

图 9-4　σ 键和 π 键示意图

例如,N_2 分子以 3 对共用电子把 2 个氮原子结合在一起。氮原子的外层电子构型为 $2s^2 2p^3$:

$$2p$$
↑　↑　↑

$$2s$$
↑↓

成键时所用的是 2p 轨道上的 3 个未成对电子,若 2 个氮原子沿 x 方向接近时,p_x 与 p_x 轨道形成 σ 键,而 2 个氮原子垂直于 p_x 轨道的 p_y-p_y,p_z-p_z 轨道,只能在核间联线两侧重叠形成两个互相垂直的 π 键,如图 9-5 所示。

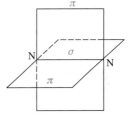

图 9-5　N_2 分子中的
叁键示意图

双键中有一个共价键是 σ 键,另一个共价键是 π 键;叁键中有一个共价键是 σ 键,另两个共价键都是 π 键;至于单键,则成键时轨道通常都是沿核间联线方向达到最大重叠的,所以都是 σ 键。

2. 配位键

共价键中共用的两个电子通常由两个原子分别提供,但也可以由一个原子单独提供一对电子,被两个原子共用。凡共用的一对电子由一个原子单独提供的共价键叫做配位键。配位键用箭头"→"而不用短线表示,以示区别。箭头方向是从提供电子对的原子指向接受电子对的原子。如在 CO 分子中,碳原子的两个未成对的 2p 电子可与氧原子的两个未成对的 2p 电子形成两个共价键,除此之外,氧原子的一对已成对的 2p 电子所在的轨道还可与碳原子的一个 2p 空轨道重叠,形成一个配位 π 键。CO 的结构式可写为

$$:C\!\!\equiv\!\!O:$$

由此可见,形成配位键的条件有二:一是提供共用电子对的原子有孤对电子;二是接受共用电子对的原子有空的价电子轨道。很多无机化合物的分子或离子都有配位键,如 NH_4^+,HBF_4,$[Cu(NH_3)_4]^{2+}$ 等。硫酸分子和硝酸分子的结构中也可以认为存在配位键:

$$\underset{\text{H}-\overset{..}{\underset{..}{O}}-\overset{\overset{..}{O}:}{\underset{\underset{..}{O}:}{S}}-\overset{..}{\underset{..}{O}}:}{}\qquad\qquad\text{H}-\overset{..}{\underset{..}{O}}-N\overset{\overset{..}{O}}{\underset{\overset{..}{O}:}{}}$$

§9.2　键　参　数

MOOC
教学视频
键参数

　　共价键的性质可以用被称为键参数的某些物理量来描述,如键级、键能、键长、键角和键矩等。键级将在分子轨道理论中介绍,本节只讨论键能、键长、键角和键矩。

9.2.1　键能

　　原子间形成的共价键的强度可用键断裂时所需能量的大小来衡量。

　　双原子分子于 100 kPa 下按下列化学反应计量式使气态分子断裂成气态原子所需要的能量叫做键解离能。即

$$A-B(g)\xrightarrow{\ 100\ kPa\ }A(g)+B(g);\quad D(A-B)$$

例如,在 298.15 K 时,$D(H-Cl)=432\ \text{kJ}\cdot\text{mol}^{-1}$,$D(Cl-Cl)=243\ \text{kJ}\cdot\text{mol}^{-1}$。

　　在多原子分子中断裂气态分子中的某一个键,形成两个原子或原子团时所需的能量叫做分子中这个键的解离能。例如:

$$HOCl(g)\longrightarrow H(g)+OCl(g);\qquad D(H-OCl)=326\ \text{kJ}\cdot\text{mol}^{-1}$$
$$HOCl(g)\longrightarrow Cl(g)+OH(g);\qquad D(Cl-OH)=251\ \text{kJ}\cdot\text{mol}^{-1}$$
$$H_2O(g)\longrightarrow H(g)+OH(g);\qquad D(H-OH)=499\ \text{kJ}\cdot\text{mol}^{-1}$$
$$HO(g)\longrightarrow H(g)+O(g);\qquad D(O-H)=429\ \text{kJ}\cdot\text{mol}^{-1}$$

　　使气态的多原子分子的键全部断裂形成此分子的各组成元素的气态原子时所需的能量,叫做该分子的原子化能 E_{atm}。例如:

$$HOCl(g)\longrightarrow H(g)+Cl(g)+O(g)$$
$$E_{\text{atm}}(HOCl)=D(Cl-OH)+D(O-H)=680\ \text{kJ}\cdot\text{mol}^{-1}$$

但 $E_{\text{atm}}(HOCl)$ 不等于 $D(H-OCl)$ 与 $D(Cl-OH)$ 之和。同理,

$$H_2O(g)\longrightarrow 2H(g)+O(g)$$
$$E_{\text{atm}}(H_2O)=D(H-OH)+D(O-H)=928\ \text{kJ}\cdot\text{mol}^{-1}$$

此值也不等于 $D(H-OH)$ 的 2 倍。

　　至于单质的原子化能则是由参考状态的单质在标准状态下生成气态原子($\nu_B=1$)所需要的能量。例如,金属钠在 298.15 K 时,$E_{\text{atm}}=107.32\ \text{kJ}\cdot\text{mol}^{-1}$。对硫单质而言,其指定单质正交晶体为 8 个硫原子组成的环形 S_8 分子。已知:

$$S_8(s) \longrightarrow 8S(g); \quad \Delta_r H_m^\ominus = 2\,230.44 \ kJ \cdot mol^{-1}$$

$$E_{atm}(S) = \left(\frac{1}{8} \times 2\,230.44\right) \ kJ \cdot mol^{-1} = 278.805 \ kJ \cdot mol^{-1}$$

同理

$$E_{atm}(H) = \left(\frac{1}{2} \times 436\right) \ kJ \cdot mol^{-1} = 218 \ kJ \cdot mol^{-1}$$

通常所说的原子化能,往往是原子化焓,两者相差很小。

所谓键能,通常是指在标准状态下气态分子拆开某种键所需能量的平均值。对双原子分子来说,键能就是键的解离能。例如,298.15 K 时,$E(H—H) = D(H—H) = 436 \ kJ \cdot mol^{-1}$。而对于多原子分子来说,键能和键的解离能是不同的。例如,H_2O 含 2 个 O—H 键,每个键的解离能不同,但 O—H 键的键能应是两个解离能的平均值,或者说是原子化能的一半:

$$E(O—H) = \left[\frac{1}{2}(499+429)\right] \ kJ \cdot mol^{-1} = 464 \ kJ \cdot mol^{-1}$$

由上所述,键解离能指的是解离分子中某一种特定键所需的能量,而键能指的是某种键的平均能量,键能与原子化能的关系则是气态分子的原子化能等于全部键能之和。

键能是热力学能的一部分,在化学反应中键的破坏或形成,都涉及系统热力学能的变化;但若反应中的体积功很小,甚至可忽略时,常用焓变近似地表示热力学能的变化。

在气相中键($\nu_B = +1$)断开时的标准摩尔焓变称为键焓,以 $\Delta_B H_m^\ominus$ 表示。键焓与键能近似相等,实验测定中常常得到的是键焓数据。例如:

$$\Delta_B H_m^\ominus(H-H) = E(H-H) = 436 \ kJ \cdot mol^{-1}$$

$$\Delta_B H_m^\ominus(C-H) = E(C-H) = D(C-H) = 414 \ kJ \cdot mol^{-1}$$

借助 Hess 定律,利用键能数据可以估算气相反应的标准摩尔焓变。因为化学反应的实质,是反应物中化学键的断裂和生成物中化学键的形成。断开化学键要吸热,形成化学键要放热。通过分析反应过程中化学键的断裂和形成,应用键能的数据,可以估算化学反应的焓变。

例 9-1 利用键能估算氨氧化反应的焓变 $\Delta_r H_m^\ominus$:

$$4NH_3(g) + 3O_2(g) \longrightarrow 2N_2(g) + 6H_2O(g)$$

解: 由上述反应方程式可知:

反应过程中断裂的键有 12 个 N—H 键,3 个 O $\stackrel{\cdots}{=}$ O 键;形成的键有 2 个 N≡N 键,12 个 O—H 键。有关化学键的键能数据为

$$E(N—H) = 389 \ kJ \cdot mol^{-1}, E(O \stackrel{\cdots}{=} O) = 498 \ kJ \cdot mol^{-1}$$

$$E(N≡N) = 946 \ kJ \cdot mol^{-1}, E(O—H) = 464 \ kJ \cdot mol^{-1}$$

$$\Delta_r H_m^\ominus = [12 \times E(N—H) + 3 \times E(O \stackrel{\cdots}{=} O)] - [2 \times E(E(N≡N) + 12E(O—H)]$$

$$= [12 \times 389 + 3 \times 498] \ kJ \cdot mol^{-1} - [2 \times 946 + 12 \times 464] \ kJ \cdot mol^{-1}$$

$$= -1\,298 \ kJ \cdot mol^{-1}$$

由键能估算反应焓变值有一定实用价值。但是,由于反应物和生成物的状态未必能满足定义键能时的反应条件,所以,由键能求得的反应的焓变值尚不能完全取代精确的热力学计算和反应热的测量。

9.2.2　键长

分子中两原子核间的平衡距离称为键长。例如,H_2 分子中 2 个 H 原子的核间距为 74 pm,所以 H—H 键键长就是 74 pm。键长和键能都是共价键的重要性质,可由实验(主要是分子光谱或热化学)测知。表 9-1 列出一些共价键的键长和键能数据。

表 9-1　一些共价键的键长和键能

共价键	键长 l/pm	键能 $E/(kJ \cdot mol^{-1})$	共价键	键长 l/pm	键能 $E/(kJ \cdot mol^{-1})$
H—H	74	436	C—C	154	346
H—F	92	570	C=C	134	602
H—Cl	127	432	C≡C	120	835
H—Br	141	366	N—N	145	159
H—I	161	298	N≡N	110	946
F—F	141	159	C—H	109	414
Cl—Cl	199	243	N—H	101	389
Br—Br	228	193	O—H	96	464
I—I	267	151	S—H	134	368

由表 9-1 中数据可见,H—F 键,H—Cl 键,H—Br 键,H—I 键键长依次递增,而键能依次递减(Cl_2,Br_2,I_2 也如此);单键、双键及叁键的键长依次缩短,键能依次增大,但双键、叁键的键长与单键的相比并非两倍、三倍的关系。

9.2.3　键角

键角与键长是反映分子空间构型的重要参数。例如,H_2O 分子中 2 个 O—H 键之间的夹角是 104.5°,这就决定了 H_2O 分子是 V 形结构。键长与键角主要是通过实验测定,其中最主要的手段是通过 X 射线衍射测定单晶体的结构,同时给出形成单晶体分子的键长和键角的数据。

9.2.4 键矩与部分电荷

当分子中共用电子对偏向成键两原子的一方时,键具有极性,如在 HCl 中共用电子对偏向电负性较大的 Cl 一方形成成极性共价键,其中氢为正端,氯为负端,可以 $\overset{+\delta}{H}—\overset{-\delta}{Cl}$ 表示之,键的极性的大小可用键矩来衡量,定义为:键矩 $\boldsymbol{\mu} = q \cdot l$。式中 q 为电荷量,l 通常取两原子的核间距即键长,如 $l(HCl) = 127$ pm。$\boldsymbol{\mu}$ 的单位为 C·m,键矩是矢量,其方向是从正指向负,其值可由实验测得,如经测得 HCl 键矩 $\boldsymbol{\mu} = 3.57 \times 10^{-30}$ C·m。由此计算出:

$$q = \frac{\boldsymbol{\mu}}{l} = \frac{3.57 \times 10^{-30} \ C \cdot m}{127 \times 10^{-12} \ m} = 28.1 \times 10^{-21} \ C$$

相当于 0.18 元电荷(将 q 值除以 1.6022×10^{-19} C 的结果),即 $\delta = 0.18$ 元电荷:

$$\overset{\delta_H = 0.18}{H} \quad — \quad \overset{\delta_{Cl} = -0.18}{Cl}$$

也就是说,H—Cl 键具有 18% 的离子性。

这里的 δ 通常又称为部分电荷,原子的部分电荷大小与成键原子间的电负性差有关,δ 值可借助电负性分数来计算:

部分电荷=某原子的价电子数-孤对电子数-共用电子数×电负性分数

如果成键原子分别为 A 和 B,其电负性分别为 χ_a 和 χ_b,则 A 原子的电负性分数为 $\chi_a / (\chi_a + \chi_b)$。已知 H 和 Cl 的电负性分别为 2.18 和 3.16[①],HCl 分子中,氢原子和氯原子的部分电荷计算如下:

$$\delta_H = 1 - 0 - 2 \times \left(\frac{2.18}{2.18 + 3.16} \right) = 0.18$$

$$\delta_{Cl} = 7 - 6 - 2 \times \left(\frac{3.16}{3.16 + 2.18} \right) = -0.18$$

综上所述,键能可用来描述共价键的强度,键长和键角可用来描述共价键分子的空间构型,而键矩或部分电荷可用来描述共价键的极性,它们都是描述共价键的重要基本参数。

§9.3 杂化轨道理论

为了解释多原子分子的几何构型(或空间构型),即分子中各原子在空间的分布情况,1931 年 L. Pauling 提出了杂化轨道理论,在推动价键理论的发展方面取得了突破性的成就。

---

① 采用的 Pauling 电负性 χ_p,参见表 8–10。

MOOC

教学视频
杂化轨道理论
基本要点

9.3.1　杂化轨道的概念

以 CH_4 分子为例,经实验测知,这 5 个原子的空间分布如图 9-6 所示。图中实线是 C—H 共价键,虚线表示原子之间的相对位置,这种构型叫做四面体构型。每一面都是一个等边三角形,4 个氢原子在四面体的 4 个角上,碳原子在四面体的中心,H—C—H 的角度,即 2 个 C—H 共价键的夹角(键角)∠HCH 是 109.5°。

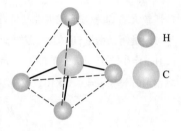

图 9-6　CH_4 分子的构型

碳原子的外层电子构型是 $2s^2 2p^2$,即只有 2 个未成对的 p 电子,怎么能形成 4 个 C—H 共价键呢? 近代物质结构理论认为,在形成 CH_4 分子的时候,碳原子有一个激发过程,就是有 1 个电子从 2s 轨道激发到 2p 空轨道上去,这样就有 4 个未成对电子,可以分别与 4 个氢原子的电子形成 4 个共价键。

随之而来的问题是:碳原子的 4 个外层电子中有 1 个处在 s 轨道,有 3 个处在 p 轨道,但是它们形成的 C—H 共价键为什么没有差别? 前面已讨论过 3 个 p 轨道互相垂直,那么为什么键角是 109.5°? 为了解释这样的实验事实,Pauling 引入了杂化与杂化轨道的概念。所谓杂化是指在形成分子的过程中,中心原子若干不同类型能量相近的原子轨道重新组合成一组新的原子轨道。这种轨道重新组合的过程称为杂化,所形成的新轨道叫做杂化轨道。

CH_4 分子中的中心原子碳原子与氢原子成键时,碳原子外层的 1 个 s 轨道和 3 个 p 轨道"混合"起来,重新组成 4 个 sp^3 新轨道。在这些新轨道中,每一个新轨道都含有 1/4 s 轨道成分和 3/4 p 轨道成分,叫做 sp^3 杂化轨道。

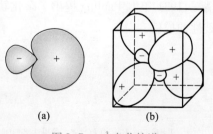

杂化轨道为什么有利于成键,从理论上也得到了说明。sp^3 杂化轨道[图 9-7(a)]一头大,一头小。较大的一头与参与成键的另一个原子的价电子轨道进行重叠,可以比未杂化的 p 轨道重叠得更多,形成的共价键更稳定。4 个 sp^3 杂化轨道的夹角根据理论计算都是 109.5°。图 9-7(b)是 4 个 sp^3 杂化轨道在空间分布的示意图。

通过 CH_4 分子构型的讨论,可以说明共价

图 9-7　sp^3 杂化轨道

键的方向性。碳原子的 4 个 sp^3 杂化轨道在空间各有一定伸展方向,为了实现最大重叠,形成稳定的共价键,成键时价电子轨道必须沿着这种特定的方向重叠,CH_4 分子中的键角 $\angle HCH$ 为 109.5°,也就体现了共价键的方向性。

9.3.2　杂化轨道的类型

根据组成杂化轨道的原子轨道的种类和数目的不同,可以把杂化轨道分成不同的类型。

M⑤DC

教学视频
等性杂化

1. s-p 型杂化

只有 s 轨道和 p 轨道参与的杂化称为 s-p 型杂化。根据参与杂化的 p 轨道数目不同,s-p 型杂化又可分为 3 种杂化方式。

（1）sp^3 杂化　如上所述,sp^3 杂化轨道是由 1 个 s 轨道和 3 个 p 轨道杂化而成。每个杂化轨道含 1/4 s 轨道成分和 3/4 p 轨道成分,sp^3 杂化轨道间夹角为 109.5°,空间构型为四面体。CH_4,C_2H_6 和 CCl_4 等分子的中心碳原子均采用了 sp^3 杂化方式与相应原子成键。

动画
sp^3 杂化

（2）sp^2 杂化　sp^2 杂化轨道由 1 个 s 轨道和 2 个 p 轨道杂化而成,每个杂化轨道含有 1/3 s 轨道成分和 2/3 p 轨道成分,sp^2 杂化轨道间夹角为 120°,空间构型为平面三角形。

BF_3 分子的 4 个原子在同一平面上,硼原子位于中心,键角 $\angle FBF$ 等于 120° [图 9-8(a)]。中心的硼原子的外层电子构型为 $2s^2 2p^1$,成键时 1 个 2s 电子激发到 1 个空的 2p 轨道上,与此同时,1 个 s 轨道与 2 个 p 轨道杂化成 3 个 sp^2 杂化轨道。

动画
sp^2 杂化

sp^2 杂化轨道的图形[图 9-8(b)]也是一头大,一头小,形状与 sp^3 杂化轨道相似。

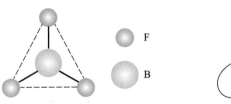

(a) 平面三角形结构的 BF_3 分子　　　　(b) 杂化轨道的形状与空间取向

图 9-8　BF_3 分子的构型与 sp^2 杂化轨道的空间取向

应用 sp^2 杂化轨道的概念也可以说明 C_2H_4 等分子的空间构型。在 C_2H_4 分子中,2 个碳原子和 4 个氢原子处于同一平面上,每个碳原子用 3 个 sp^2 杂化轨道分别与 2 个氢原子及另一个碳原子成键,而 2 个碳原子各有 1 个垂直于分子平面的未杂化的 2p 轨道,相互重叠形成 1 个 π 键,所以 C_2H_4 分子的 C =C 双键中一个是 sp^2-$sp^2\sigma$ 键,另一个是 p_z-$p_z\pi$ 键。

（3）sp 杂化　sp 杂化轨道是由 1 个 s 轨道和 1 个 p 轨道杂化而成,每个杂化轨道含有 1/2 s 轨道成分和 1/2 p 轨道成分。两个杂化轨道在空间伸展方向呈直线形,夹角为 180°。

气态 $BeCl_2$ 分子的几何构型为直线形,铍原子位于 2 个氯原子的中间,键角 $\angle ClBeCl$ 为 180°:

动画
sp 杂化

$$Cl—Be—Cl$$

铍原子的外层电子为 $2s^2$,成键时 1 个 2s 电子激发到 1 个空的 2p 轨道上,与此同时,1 个 s 轨道和 1 个 p 轨道杂化成 2 个 sp 杂化轨道。

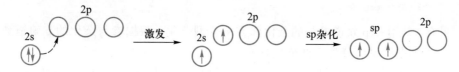

sp 杂化轨道的形状与 sp^3 杂化轨道相似,也是一头大,一头小(图 9-9),而以较大的一头成键(图 9-10)。

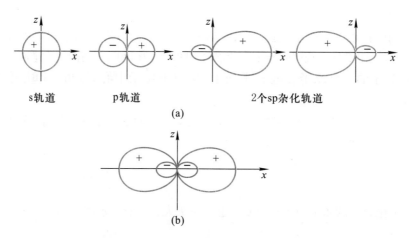

图 9-9　sp 杂化轨道的形成及其在空间取向

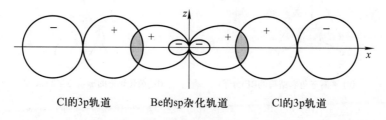

图 9-10　$BeCl_2$ 分子用杂化轨道成键示意图

应用 sp 杂化轨道的概念可分别说明 CO_2 和 C_2H_2 分子的空间构型。

根据实验测定,CO_2 分子中的 3 个原子成一直线,碳原子居中。为了说明 CO_2 分子的这一构型,一般认为碳原子的外层电子 $2s^2 2p^2$ 在成键时经激发,并发生 sp 杂化,形成 2 个 sp 杂化轨道:

另两个未参与杂化的 2p 轨道仍保持原状,并与 sp 轨道相垂直。碳原子的 2 个 sp 杂化轨道上的电子分别与两个氧原子的 2p 电子形成 σ 键。碳原子的 2p 轨道上的电子则分别与 2 个氧原子剩下的未成对 2p 电子形成 π 键(图 9-11)。

乙炔(C_2H_2)分子中,每个碳原子用 2 个 sp 杂化轨道分别与 1 个氢原子及相邻的碳原子成键,而未杂化的 2 个 2p 轨道与另一碳原子相对应的 2 个 2p 轨道相互重叠形成 π 键,所以 C_2H_2 分子中的 C≡C 叁键是由一个 σ 键,两个 π 键所组成:

$$\text{H—C} \overset{\pi}{\underset{\pi}{\equiv}} \underset{sp-sp\sigma}{\text{C—H}}$$

图 9-11　CO_2 分子的 σ 键和 π 键示意图

可以借助理论计算方式计算 s-p 型杂化轨道之间的夹角:

$$\cos\theta = \frac{-\alpha}{1-\alpha}$$

式中,θ 为杂化轨道之间的夹角;α 为杂化轨道中含 s 轨道的成分。

2. s-p-d 型杂化

s 轨道、p 轨道和 d 轨道共同参与的杂化称为 s-p-d 型杂化。这里只介绍常见的两种:sp^3d 杂化和 sp^3d^2 杂化。

(1) sp^3d 杂化　1 个 s 轨道、3 个 p 轨道和 1 个 d 轨道杂化成 5 个 sp^3d 杂化轨道,在空间排列成三角双锥构型,杂化轨道间夹角分别为 90° 和 120°。

PCl_5 分子的几何构型为三角双锥,磷原子的外层电子构型为 $3s^23p^3$,磷原子与氯原子成键时,3s 轨道上的 1 个电子激发到空的 3d 轨道上,同时,1 个 3s 轨道、3 个 3p 轨道和 1 个 3d 轨道杂化,形成 5 个 sp^3d 杂化轨道,与 5 个氯原子的 p 轨道形成 5 个 σ 键,平面的 3 个 P—Cl 键键角为 120°,垂直于平面的两个 P—Cl 键与平面的夹角为 90°(图 9-12)。

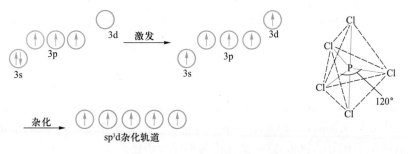

图 9-12　sp^3d 杂化与 PCl_5 分子的空间构型

(2) sp^3d^2 杂化　1 个 s 轨道、3 个 p 轨道和 2 个 d 轨道杂化成 6 个 sp^3d^2 杂化轨道,在空间排列成正八面体构型,杂化轨道间夹角为 90° 和 180°。

SF$_6$ 分子的几何构型为八面体(图 9-13)。中心硫原子的外层电子构型为 $3s^2 3p^4$。成键时硫原子将 1 个 3s 电子和 1 个已成对的 3p 电子激发到空的 3d 轨道上，同时将 1 个 3s 轨道、3 个 3p 轨道和 2 个 3d 轨道杂化，形成 6 个 $sp^3 d^2$ 杂化轨道，与 6 个氟原子的 2p 轨道重叠形成 6 个 σ 键。

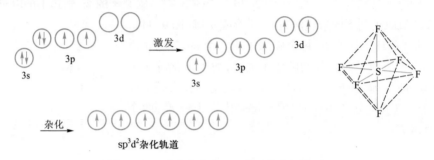

图 9-13 $sp^3 d^2$ 杂化和 SF$_6$ 分子的空间构型

d 轨道参与的杂化类型还有 dsp^2，dsp^3 和 $d^2 sp^3$ 杂化，这些杂化轨道是由 $(n-1)d$，ns 和 np 轨道组成，即采用 $(n-1)d$ 轨道参与杂化，此类杂化方式将在第十一章配合物结构中介绍。

表 9-2 归纳了上述的杂化轨道类型与分子空间构型。图 9-14 示出 s-p 型、s-p-d 型杂化轨道和参与杂化的原子轨道的形状。

表 9-2   杂化轨道类型与分子空间构型

杂化轨道	杂化轨道数目	键角	分子几何构型	实例
sp	2	180°	直线形	BeCl$_2$，CO$_2$
sp^2	3	120°	平面三角形	BF$_3$，AlCl$_3$
sp^3	4	109.5°	四面体	CH$_4$，CCl$_4$
sp^{3}d	5	90°、120°	三角双锥	PCl$_5$，AsF$_5$
sp^{3}d^2	6	90°	八面体	SF$_6$，SiF$_6^{2-}$

3. 不等性杂化

上述 s-p 型杂化和 s-p-d 型杂化过程中形成的是一组能量简并的轨道，每个杂化轨道含有的轨道成分相同，这种杂化属于等性杂化。上述讨论的 CH$_4$，BF$_3$，BeCl$_2$，PCl$_5$ 和 SF$_6$ 分子均属此类。

有些分子中的杂化情况不同，参与杂化的原子轨道不仅涉及含有未成对电子的原子轨道，也涉及电子已耦合成对的原子轨道或者没有电子的空原子轨道。也就是说，杂化过程中参与杂化的各原子轨道 s,p,d 等成分并不完全相等，所形成的杂化轨道是一组能量彼此不相等的轨道，这种杂化称为不等性杂化。

NH$_3$ 分子和 H$_2$O 分子均属于 sp^3 不等性杂化。NH$_3$ 分子中键角 $\angle$HNH 为 107°，H$_2$O 分子中键角 $\angle$HOH 为 104.5°。这些数值都不等于 109.5°，但与它较接近。分析一下这两个分子中氮原子和氧原子的电子构型，可以认识这种差异。

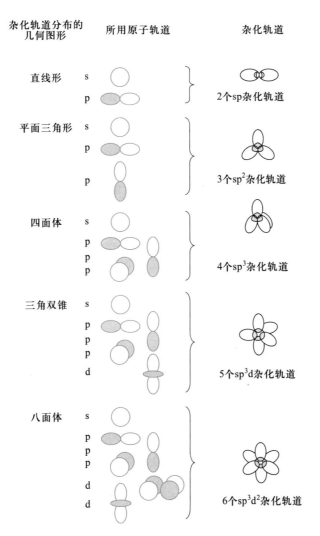

图 9-14　s-p 型、s-p-d 型杂化轨道和参与杂化的原子轨道的形状

在 NH_3 分子中,氮原子的外层电子构型为 $2s^2 2p^3$,成键时杂化形成的 4 个 sp^3 杂化轨道能量并不一致,一对孤对电子占据的杂化轨道能量较低,另外 3 个杂化轨道能量较高,为单电子所占据(图 9-15),这 3 个杂化轨道与 3 个氢原子的 1s 轨道重叠形成 3 个共价键。孤对电子所在轨道含更多的 s 成分,更靠近氮原子,施加同性排斥的影响于 N—H 共价键,把键角压缩至 107°。

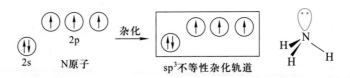

图 9-15　NH_3 分子的不等性杂化及分子构型

在 H_2O 分子中,氧原子的外层电子构型为 $2s^2 2p^4$,成键时杂化形成 4 个 sp^3 杂化轨道,其中有 2 个杂化轨道能量较低,被两对孤对电子占据,另两个杂化轨道能量较

高,为单电子所占据,这两个杂化轨道与两个氢原子的 1s 轨道形成两个共价键,受两对孤对电子的排斥较大,键角压缩到 104.5°(图 9-16)。

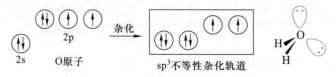

图 9-16　H_2O 分子的不等性杂化及分子构型

在理论上,通过量子化学计算可获得有关杂化轨道波函数及其能量的数据,这将在后续课程中解决。通常,用杂化轨道理论讨论问题是在已知分子几何构型的基础上进行的。但是,用杂化轨道理论预测分子的几何构型却比较困难。当然,随着实验技术手段的不断进步,通过实验检测,配合量子化学计算,可以得到有关分子构型的一些数据。价层电子对互斥理论可以避开复杂的检测和计算,推测一些分子的几何构型。

§9.4　价层电子对互斥理论

价层电子对互斥理论(valence shell electron pair repulsion,简称 VSEPR 理论)用于推测共价分子的空间构型,简便、实用,且预测结果能够较好地与实验事实吻合。该理论是 H. N. Sidgwick 与 H. M. Powell 于 1940 年提出来的,1957 年 R. J. Gillespie 和 R. S. Nyholm 加以发展而形成的。

9.4.1　价层电子对互斥理论的基本要点

1. 当中心原子 A 与 m 个配位原子 X 组成含 n 个孤对电子 L 的 AX_mL_n 型分子时,分子的空间构型取决于中心原子 A 的价电子层电子对数(VPN)。价电子层电子对(简称价层电子对)包括成键电子对与未成键的孤对电子。

2. 分子的空间构型采取价层电子对相互排斥作用最小的构型。价层电子对间尽可能远离以使斥力最小。设想中心原子的价电子层为一个球面,球面上相距最远的两点是直径的两个端点,相距最远的三点是通过球心的内接三角形的 3 个顶点……以此类推,5 点对应着三角双锥的 5 个顶点,6 点对应着八面体的顶点。因此,价层电子对空间排布方式如表 9-3 所示。

表 9-3　价层电子对的排布方式

价层电子对数(VPN)	价层电子对的排布方式
2	直线形
3	平面三角形
4	四面体
5	三角双锥
6	八面体

3. 就只含共价单键的 AX_mL_n 型分子而言，中心原子 A 的价层电子对数 VPN 等于成键电子对数 m 和孤对电子数 n 之和（VPN＝$m+n$）。AX_mL_n 分子的几何构型与价层电子对数、成键电子对数及孤对电子数之间的关系总结在表 9-4 中。

表 9-4　AX_mL_n 分子的几何构型与价层电子对的排布方式

A 的价层电子对数 VPN	电子对的空间排布	成键电子对数 m	孤对电子数 n	分子类型 AX_mL_n	分子的几何构型	实例
2	直线形	2	0	AX_2	直线形	$BeCl_2$，CO_2
3	平面三角形	3	0	AX_3	平面三角形	BF_3，SO_3，NO_3^-
		2	1	AX_2L	V 形	$SnCl_2$，O_3，NO_2，NO_2^-
4	四面体	4	0	AX_4	四面体	CH_4，CCl_4，SO_4^{2-}，PO_4^{3-}
		3	1	AX_3L	三角锥	NH_3，NF_3，ClO_3^-
		2	2	AX_2L_2	V 形	H_2O，H_2S，SCl_2
5	三角双锥	5	0	AX_5	三角双锥	PCl_5，AsF_5

续表

A 的价层电子对数 VPN	电子对的空间排布	成键电子对数 m	孤对电子数 n	分子类型 AX_mL_n	分子的几何构型	实例
5	三角双锥	4	1	AX_4L	变形四面体（跷跷板形）	SF_4，$TeCl_4$
		3	2	AX_3L_2	T 形	ClF_3，BrF_3
		2	3	AX_2L_3	直线形	XeF_2，I_3^-
6	正八面体	6	0	AX_6	八面体	SF_6，AlF_6^{3-}
		5	1	AX_5L	四方锥	ClF_5，IF_5
		4	2	AX_4L_2	平面正方形	XeF_4，ICl_4^-

动画
NH_3 的生成

动画
H_2O 的生成

4. 中心原子 A 与配位原子 X 之间以双键或叁键结合时，VSEPR 理论把多重键当成单键处理(即只考虑 σ 键)，因为同一多重键中的 σ 键和 π 键连接着相同的两个原子，就决定分子几何构型的意义上看，多重键的 2 对或 3 对电子同单键的 1 对电子是等同的。

5. 价层电子对间斥力大小取决于电子对之间的夹角大小及价层电子对的类型。

一般规律是

（1）电子对之间夹角越小,斥力越大。

（2）价层电子对间斥力大小顺序为

　　孤对电子-孤对电子>孤对电子-成键电子对>成键电子对-成键电子对

（3）多重键的存在虽然不能改变分子的几何形状,但 π 键的存在对键角有一定影响,排斥作用随多重键的类型不同而有差异:

$$叁键>双键>单键$$

9.4.2　分子几何构型的推测

用 VSEPR 理论推测分子或离子的几何构型的具体步骤如下:

1. 计算中心原子的价层电子对数。中心原子 A 的价层电子对数 VPN 可用下式计算:

$$VPN = \frac{1}{2}\left\{ A\ 的价电子数 + X\ 提供的价电子数 \pm 离子电荷\binom{负离子}{正离子} \right\}$$

式中,A 的价电子数等于中心原子 A 所在的族数。VSEPR 理论讨论的共价分子主要针对中心原子为主族元素的化合物,例如,$BeCl_2$,BF_3,CH_4,PCl_5,SF_6,IF_5,XeF_4 等分子,它们的中心原子分别属于 ⅡA,ⅢA,ⅣA,ⅤA,ⅥA,ⅦA 和 0 族元素,它们作为中心原子,提供的价电子数分别为 2,3,4,5,6,7 和 8(He 除外)。

作为配位原子 X 的元素通常是氢、卤素、氧和硫。计算配位原子 X 提供的价电子数时,氢和卤素记为 1,氧和硫当作不提供共用电子处理,故价电子数记为 0。例如:

CH_4 分子中,中心碳原子的价层电子对数:

$$VPN = (4+1\times4)/2 = 4$$

H_2O 分子中,中心氧原子 O 的价层电子对数:

$$VPN = (6+1\times2)/2 = 4$$

SO_3 分子中,中心硫原子的价层电子对数:

$$VPN = (6+0)/2 = 3$$

SO_4^{2-} 中,中心硫原子的价层电子对数:

$$VPN = (6+0+2)/2 = 4$$

因为是负离子,计算 VPN 时要加上相应的负电荷;若是正离子则应减去相应的正电荷。

2. 根据中心原子 A 的价层电子对数,确定价层电子对的排布方式,参见表 9-3。

3. 确定中心原子的孤对电子数 n,推断分子的几何构型。孤对电子数 n 可通过下式计算:

$$n = VPN - m$$

例如,SF_4 分子:

$$n = 5 - 4 = 1$$

若孤对电子数 $n = 0$,分子的几何构型与价层电子对的空间排布是相同的,如 $BeCl_2$,BF_3,CH_4,PCl_5 和 SF_6 的几何构型分别是直线形、三角形、正四面体、三角双锥和正八面体。

若孤对电子数 $n \neq 0$,分子的几何构型与价层电子对的空间排布不相同。例如,NH_3 分子的价层电子对数为 4,价层电子对空间构型为四面体,但分子的几何构型为三角锥,因为四面体的一个顶点被孤对电子占据。又如 H_2O 分子,价层电子对中有两对孤对电子,价层电子对的空间构型为四面体,而分子的几何构型是 V 形,两对孤对电子占据了四面体的两个顶点。

孤对电子在四面体中处于任何顶点其斥力都是等同的。在三角双锥构型中,孤对电子是处于轴向还是处于水平方向三角形的某个顶点上产生的斥力情况有所不同。原则上应处于斥力最小的位置上。例如,SF_4 分子中 S 的价层电子对数为 5,电子对空间排布为三角双锥,有四个顶点被 F 占领,余下一个顶点由孤对电子占据,孤对电子占据的位置有两种可能(图 9-17)。

图 9-17(a)是指孤对电子占有轴向上的一个顶点,孤对电子与成键电子对间互成 90° 角的有三处,互成 180° 角的有一处。图 9-17(b)是指孤对电子占据水平方向三角形的一个顶点,与成键电子对互成 90° 角的有两处,互成 120° 角的有两处。角度越小,斥力越大。首先考虑成 90° 角的有几处,成 90° 角的越少,斥力越小,其构型将越稳定。显然,SF_4 分子应以(b)为稳定的构型,即孤对电子应占据水平方向三角形的一个顶点,则分子的构型为变形四面体[①]。

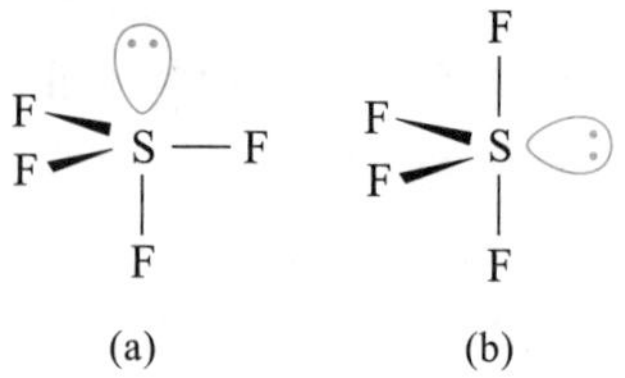

图 9-17　SF_4 中孤对电子所处的位置

假如三角双锥的电子对空间排布中有 2 对和 3 对孤对电子,它们将分别占有水平方向三角形的 2 个和 3 个顶点,使分子的几何构型分别为 T 形和直线形(表 9-4)。

在八面体的电子对空间排布中,若有 1 对和 2 对孤对电子,基于上述的同样考虑,孤对电子将分别占据八面体的一个顶点和相对的 2 个顶点,分子的几何构型则分别为四方锥形和平面正方形。

9.4.3　推断分子(离子)几何构型的实例

1. 推断 BrF_3 分子的几何构型

Br 为 ⅦA 元素,族数为 7,Br 作为中心原子提供 7 个价电子,与 Br 同为卤素的 F 作为配位原子时,仅提供 1 个电子。

中心原子 Br 的价层电子对数 VPN = $(7 + 1 \times 3)/2 = 5$,价层电子对应排布为三角双锥。

---

① 也常把这种形状描述为跷跷板形(两个轴向键好比"板",两个平面三角形的平伏键好比支架)。

孤对电子数 $n = 5 - 3 = 2$。

BrF_3 属于 AX_3L_2 型分子,两对孤对电子占据三角双锥的平面三角形的 2 个顶点,因此 BrF_3 分子的几何构型为 T 形(表 9-4)。

2. 推断 I_3^- 的几何构型

I_3^- 中一个碘原子为中心原子,两个碘原子为配位原子,可以写做 II_2^-。中心碘原子的价层电子对数 $VPN = (7 + 1 \times 2 + 1)/2 = 5$,价层电子对的排布为三角双锥。

孤对电子数 $n = 5 - 2 = 3$。

I_3^- 属于 AX_2L_3 型分子,3 对孤对电子占据三角双锥的平面三角形的 3 个顶点,该离子的几何构型为直线形。

3. 推断 $XeOF_4$ 分子的几何构型

电负性小的氙原子为中心原子,提供的价电子数为 8。氙原子的价层电子对数 $VPN = (8 + 0 + 1 \times 4)/2 = 6$,价层电子对排布为八面体。

孤对电子数 $n = 6 - 5 = 1$

$XeOF_4$ 属于 AX_5L_1 型分子,其几何构型为四方锥。

4. 推断 ClO_2 分子的几何构型

中心氯原子的价电子数为 7,价层电子对数为 3.5,当成 4 对处理,价层电子对排布为四面体。配位氧原子不提供价电子,而是接受中心原子的 1 对电子成键,4 对价层电子对中有两对成键电子,另两对为未成键的孤对电子。ClO_2 分子属于 AX_2L_2 型分子,其几何构型为 V 形。

总之,价层电子对互斥理论可以预测许多分子的几何构型,简明、直观,尤其是在一系列稀有气体元素化合物构型的预测上,多被实验证实是正确的。但是,该理论的应用有局限性,对过渡元素和长周期主族元素形成的分子常与实验结果不吻合。该理论不适用有明显极性的碱土金属卤化物,如高温气态分子 CaF_2,SrF_2,BaF_2 等的几何构型并非直线形,而是 V 形,键角都小于 $180°$。同时,该理论不能说明原子结合时的成键原理。为此,讨论分子结构时,往往先用 VSEPR 理论确定分子的几何构型,然后再用杂化轨道理论等说明成键原理。

§9.5　分子轨道理论

价键理论直观、简明,较好地说明了共价键的形成,为引入量子力学处理分子结构奠定了基础。但是,该理论把形成共价键的电子只定域在两个相邻原子之间,没有考虑整个分子的情况,因此不能解释某些分子的性质。例如,O_2 分子具有顺磁性,表明 O_2 分子中含有未成对电子,从 O_2 分子的 Lewis 结构式看,电子均已成对,显然与实验事实不符合。又如,H_2^+ 和 He_2^+ 的形成,B_2H_6 等缺电子化合物的结构,也是价键理论无法解释的。20 世纪 20 年代末,R. S. Mulliken 和 F. Hund 提出了分子轨道理论,建立了分子的离域电子模型。分子轨道理论与价键理论成为量子力学理论描述分子结构的两大不同的分支。但是,随着计算机技术的飞速发展,分子轨道理论比价键理论应用得更为广泛,在药物设计等领域都发挥了重要的作用。

9.5.1　分子轨道理论的要点

MOOC

教学视频
分子轨道理论
要点

1. 分子轨道理论认为,在分子中的电子不局限在某个原子轨道上运动,而是在分子轨道中运动。分子中每个电子的运动状态用波函数 ψ 来描述,这些波函数称为分子轨道。

2. 分子轨道可以由其组成原子的原子轨道线性组合而成。例如,两个原子轨道 ψ_a 和 ψ_b 线性组合成两个分子轨道 ψ_I 和 ψ_{II}。

$$\psi_I = C_1\psi_a + C_2\psi_b$$
$$\psi_{II} = C_1\psi_a - C_2\psi_b$$

式中,C_1 和 C_2 是常数。

组合形成的分子轨道数目与组合前的原子轨道数目相等,但轨道的能量不同。

ψ_I 是能量低于原子轨道的成键分子轨道,是原子轨道同号重叠(波函数相加)形成的,电子出现在核间区域概率密度大,对两个核产生强烈的吸引作用,对成键有利(图9-18)。

ψ_{II} 是能量高于原子轨道的反键分子轨道,是原子轨道异号重叠(波函数相减)形成的。在两核之间出现节面,即电子在核间出现的概率密度小,对成键不利(图9-19)。

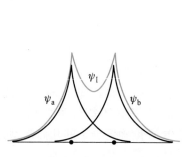

图9-18　原子轨道(黑色线)同号重叠
组合成成键分子轨道(蓝色线)

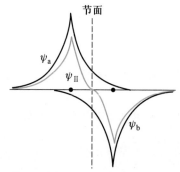

图9-19　原子轨道(黑色线)异号重叠
组合成反键分子轨道(蓝色线)

3. 根据原子轨道组合方式不同,可将分子轨道分为 σ 轨道和 π 轨道。

(1) s 轨道与 s 轨道的线性组合　2 个原子的 s 轨道线性组合成成键分子轨道 σ_s 和反键分子轨道 σ_s^*,如图 9-20 所示。图中可见,反键分子轨道在两核间有节面,而成键分子轨道则没有。

(2) p 轨道与 p 轨道的线性组合　2 个原子的 p 轨道线性组合有两种方式,一是"头碰头"方式,二是"肩并肩"方式。

2 个原子的 p_x 轨道沿 x 轴以"头碰头"方式组合时,形成一个成键分子轨道 σ_{p_x} 和一个反键分子轨道 $\sigma_{p_x}^*$,如图 9-21 所示。

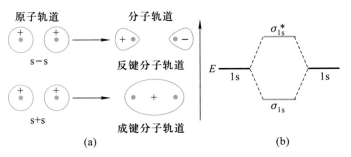

图 9-20　s-s 轨道组合形成 σ_s,σ_s^* 分子轨道(a)和
s-s 轨道组合成 σ_s,σ_s^* 能量变化图(b)

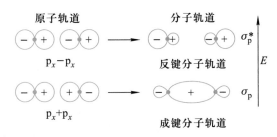

图 9-21　p-p 轨道"头碰头"方式组合成 σ_p 分子轨道

同时,2 个原子的 2 个 p_y 轨道之间及 2 个 p_z 轨道之间分别以"肩并肩"的方式组合,分别形成成键分子轨道 π_{p_y},π_{p_z} 及反键分子轨道 $\pi_{p_y}^*$,$\pi_{p_z}^*$(图 9-22)。比较图 9-22 与图 9-21 不难看出,π 分子轨道有通过键轴的节面,而 σ 分子轨道没有通过键轴的节面。

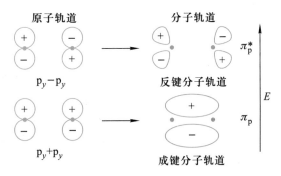

图 9-22　p-p 轨道"肩并肩"方式组合成 π_p 分子轨道

4. 原子轨道线性组合要遵循能量相近原则,对称性匹配原则和最大重叠原则。

(1) 能量相近原则　只有能量相近的原子轨道才能有效地组合成分子轨道。此原则对于选择不同类型的原子轨道之间的组合对象尤为重要。例如,氟原子的 2s 轨道能量和 2p 轨道能量分别为 -6.428×10^{-18} J 和 -2.98×10^{-18} J,氢原子的 1s 轨道能量为 -2.179×10^{-18} J。因此氢原子与氟原子生成 HF 分子时,只有氟原子的 2p 轨道与氢原子的 1s 轨道能量相近,可以组成分子轨道。

（2）**对称性匹配原则**   只有对称性相同的原子轨道才能组合成分子轨道。以 x 轴为键轴，s，p_x 等原子轨道，以及 $s-s$，$s-p_x$，p_x-p_x 等组成的分子轨道绕键轴旋转，各轨道形状和符号不变，这种分子轨道称为 σ 轨道。p_y，p_z 等原子轨道，以及 p_y-p_y，p_z-p_z 等原子轨道组成的分子轨道绕键轴旋转，轨道的符号发生改变，这种分子轨道称为 π 轨道。有关原子轨道和分子轨道的对称性将在 §9.6 中进一步讨论。

（3）**最大重叠原则**   在满足能量相近原则，对称性匹配原则的前提下，原子轨道重叠程度越大，形成的共价键越稳定。

5. 电子在分子轨道中填充亦遵循能量最低原理，Pauli 不相容原理及 Hund 规则。

9.5.2 分子轨道能级图及其应用

1. 同核双原子分子的分子轨道能级图

将分子轨道按能量由低到高排列，可得到分子轨道能级图。第二周期同核双原子分子轨道能级图（图 9-23）有两种情况。图 9-23（a）适用于 O_2 和 F_2 分子。氧原子的 2p 轨道与 2s 轨道的能级差 $\Delta E = 2.64 \times 10^{-18}$ J，氟原子的 2p 轨道与 2s 轨道的能级差 $\Delta E = 3.45 \times 10^{-18}$ J，它们的 2s 和 2p 原子轨道能量相差较大。它们的分子轨道排列中，π_{2p} 能级高于 σ_{2p}。

图 9-23（b）适用于 N 和 N 以前的元素形成的双原子分子。2s 和 2p 原子轨道能级相差较小，如氮、碳和硼原子的 2p 和 2s 轨道的能量差分别为 2.03×10^{-18} J，8.4×10^{-19} J 和 8.0×10^{-19} J。当原子相互靠近时，不仅发生 s-s 组合、p-p 组合，而且会发生 s-p 轨道间的作用，导致能级顺序的改变，使 σ_{2p} 能级高于 π_{2p}。

MOOC

教学视频
分子轨道能级
图及其应用

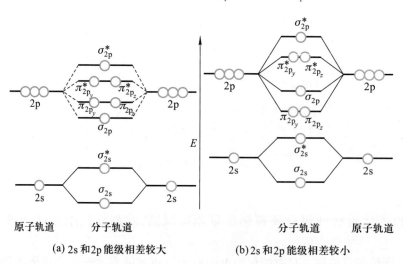

(a) 2s 和 2p 能级相差较大   (b) 2s 和 2p 能级相差较小

图 9-23   同核双原子分子轨道能级图

分子轨道的能量目前主要从电子吸收光谱、光电子能谱（PES）或相关计算来确定。表 9-5 列出了 N_2 分子和 O_2 分子的相关轨道能量数据。

表 9-5　N_2 和 O_2 的分子轨道与 N 和 O 原子轨道能级数据①

轨道能量	原子轨道		分子轨道				
	2s	2p	σ_{2s}	σ_{2s}^*	σ_{2p}	π_{2p}	π_{2p}^*
N_2 轨道能量/(10^{-18} J)	−4.10	−2.07	−5.69	−3.00	−2.50	−2.74	−1.12
O_2 轨道能量/(10^{-18} J)	−5.19	−2.55	−7.19	−4.79	−3.21	−3.07	−2.32

在分子轨道理论中,分子中全部电子属于分子所有,电子进入成键分子轨道使系统能量降低,对成键有贡献;电子进入反键分子轨道使系统能量升高,对成键起削弱或抵消作用。总之,成键轨道中电子多,分子稳定,反键轨道中电子多,分子不稳定。分子的稳定性通过键级来描述。分子轨道理论把分子中成键电子数和反键电子数之差的一半定义为键级。

$$键级 = \frac{1}{2}(成键轨道中的电子数 - 反键轨道中的电子数)$$

键级越大,分子越稳定。

2. 同核双原子分子的分子轨道及其电子排布式

(1) H_2　H_2 分子是最简单的同核双原子分子,2 个 1s 原子轨道组合成 2 个分子轨道:σ_{1s} 和 σ_{1s}^*。2 个电子以不同的自旋方式进入能量低的 σ_{1s} 成键轨道,其电子排布式(又称为电子构型)可以写成 $H_2[(\sigma_{1s})^2]$,键级为 1。

(2) He_2 与 He_2^+　如果是 2 个氦原子靠近时,每个氦原子都有一对已成对的 1s 电子。形成分子轨道时,一对电子进入 σ_{1s} 成键轨道,这时成键轨道已被占满,另一对电子只能进入 σ_{1s}^* 反键轨道。虽然进入成键轨道的电子对使分子系统的能量降低,但进入反键轨道的电子对却使能量升高,所以 2 个氦原子靠近时不能形成稳定的分子。但是 He_2^+ 能存在,键级为 (2−1)/2 = 1/2,不太稳定。

(3) N_2　组成 N_2 分子的氮原子的电子层构型是 $1s^2 2s^2 2p^3$。N_2 分子共有 14 个电子,按能量由低到高的顺序分布,每个分子轨道容纳 2 个自旋方式不同的电子,N_2 分子的电子排布式应是

$$N_2[KK(\sigma_{2s})^2(\sigma_{2s}^*)^2(\pi_{2p})^4(\sigma_{2p})^2]$$

其中,K 表示原子内层的 2 个 1s 电子。这里对成键有贡献的主要是 $(\pi_{2p})^4$ 和 $(\sigma_{2p})^2$ 这 3 对电子,即形成 2 个 π 键和 1 个 σ 键。这 3 个键构成 N_2 分子中的叁键,与价键理论讨论的结果一致。根据价键理论所写的 N_2 分子结构式为

$$:N≡N:$$

---

①　N_2 分子轨道能级数据取自 J. Chatt, *Proc. Roy. Soc.* B172, 327(1969);O_2 分子轨道能级数据取自 W. L. Jorgenson, *The Organic Chemist's Book of Orbitals*, 88(1973)。

上式除了叁键外,还标明了两对孤对电子。有人认为,这两对孤对电子相应于分子轨道理论中的$(\sigma_{2s})^2$和$(\sigma_{2s}^*)^2$。至于$(\sigma_{1s})^2$和$(\sigma_{1s}^*)^2$则是内层电子,对成键贡献极小,在写结构式时通常就不另标明了。

化学模拟生物固氮是人们一直热心研究的课题,为了探索 N_2 分子在常温下不活泼的原因和寻找促进 N_2 分子在温和条件下起反应的可能性,要经常使用分子轨道理论来研究 N_2 分子活化的可能性。

(4) O_2　组成 O_2 分子的氧原子的电子层构型是 $1s^2 2s^2 2p^4$。O_2 分子共有 16 个电子,对照图 9-23(a),O_2 分子的电子排布式应是

$$O_2 \left[KK(\sigma_{2s})^2 (\sigma_{2s}^*)^2 (\sigma_{2p})^2 (\pi_{2p})^4 (\pi_{2p}^*)^2 \right]$$

最后 2 个电子进入 π_{2p}^* 轨道,根据 Hund 规则,它们分别占有能量相等的 2 个反键轨道,每个轨道里有 1 个电子,它们自旋方式相同。O_2 分子中有 2 个自旋方式相同的未成对电子,这一结果成功地解释了 O_2 分子的顺磁性。

O_2 分子中对成键有贡献的是$(\sigma_{2p})^2$和$(\pi_{2p})^4$这 3 对电子(图 9-24),即形成 1 个 σ 键和 2 个 π 键。在$(\pi_{2p}^*)^2$反键轨道上的电子抵消了一部分$(\pi_{2p})^4$这 2 个 π 键的能量,使得 O_2 分子的键能实际上与双键差不多,只有 498 $kJ \cdot mol^{-1}$($N \equiv N$ 键键能为 946 $kJ \cdot mol^{-1}$; $C \equiv C$ 键键能为 835 $kJ \cdot mol^{-1}$; $C = C$ 键键能为 602 $kJ \cdot mol^{-1}$)。

$$O_2 \text{ 的键级} = \frac{1}{2}(10-6) = 2$$

根据分子轨道理论,O_2 分子的结构应写为

$$:O \overset{\cdots}{=\!=} O:$$

第二周期元素的某些同核双原子分子的分子轨道电子排布式、键级和键能数据归纳成表 9-6。

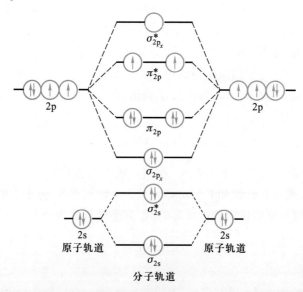

图 9-24　O_2 分子轨道能级及电子排布示意图

表 9-6 第二周期同核双原子分子的分子轨道电子排布式、键级和键能

分子	分子轨道电子排布式	键级	键能/$(kJ \cdot mol^{-1})$
Li_2	$(\sigma_{1s})^2(\sigma_{1s}^*)^2(\sigma_{2s})^2$ 或 $KK(\sigma_{2s})^2$	1	106
B_2	$KK(\sigma_{2s})^2(\sigma_{2s}^*)^2(\pi_{2p})^2$	1	297
C_2	$KK(\sigma_{2s})^2(\sigma_{2s}^*)^2(\pi_{2p})^4$	2	602
N_2	$KK(\sigma_{2s})^2(\sigma_{2s}^*)^2(\pi_{2p})^4(\sigma_{2p})^2$	3	946
O_2	$KK(\sigma_{2s})^2(\sigma_{2s}^*)^2(\sigma_{2p})^2(\pi_{2p})^4(\pi_{2p}^*)^2$	2	498
F_2	$KK(\sigma_{2s})^2(\sigma_{2s}^*)^2(\sigma_{2p})^2(\pi_{2p})^4(\pi_{2p}^*)^4$	1	157

3. 异核双原子分子的分子轨道图及电子排布式

（1）HF 氟原子的 $2p_x$ 轨道与氢原子的 1s 轨道能量相近，对称性匹配组成一个成键分子轨道，能量低于 F 的 2p 轨道，另一个反键分子轨道，能量高于 H 的 1s 轨道。氟原子的 1s 和 2s 轨道在形成分子轨道时不参与成键，其能量与原子轨道能量相同，这样的分子轨道叫做非键轨道。氟原子的 $2p_y,2p_z$ 轨道因对称性不匹配而不能与 H 原子的 1s 轨道有效组合，也形成两个非键轨道，见图 9-25。因此在 HF 分子中共有三种分子轨道：即成键轨道（3σ），反键轨道（4σ）和非键轨道（$1\sigma,2\sigma,1\pi$）[1]。氢原子和氟原子共有 10 个电子，根据最低能量原理和 Pauli 不相容原理把这些电子填入分子轨道中，从图 9-25 可看出使 HF 分子能量降低的是进入 3σ 轨道中的 2 个电子。HF 分子的电子排布式为 $[(1\sigma)^2(2\sigma)^2(3\sigma)^2(1\pi)^4]$。

（2）CO CO 分子也是一种异核双原子分子，它的核外电子总数等于 6+8＝14，与 N_2 分子的核外电子数相同。CO 分子的分子轨道与 N_2 分子的分子轨道有相似之处，图 9-26 是 CO 分子的分

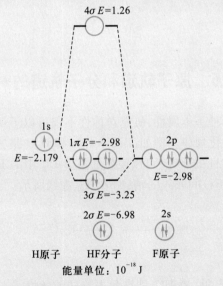

H原子　　　HF分子　　　F原子

能量单位：10^{-18} J

图 9-25 HF 的分子轨道能级图*

* 能级数据取自 W. L. Jorgenson，*The Organic Chemist's Book of Orbitals*，71（1973）.

[1] 异核双原子分子的分子轨道符号与同核双原子分子稍有不同。

子轨道能级图①。CO 分子的电子排布式为 $[(1\sigma)^2(2\sigma)^2(3\sigma)^2(4\sigma)^2(1\pi)^4(5\sigma)^2]$。分子的电子排布式的写法也像原子电子排布式一样：轨道按能量升高的顺序排列，每个轨道上的电子数目用上标表明。

　　按照电子排布规则，最高占有分子轨道(HOMO)是最后被占据的分子轨道，最低未占分子轨道(LUMO)则是紧接其后的能量较高的空分子轨道。二者一起构成分子的前线轨道。图 9-26 中 CO 分子的 HOMO 是 5σ，LUMO 是 2π 反键空轨道。前线轨道的这种组合方式非常重要，这是 d 区元素容易形成金属羰基化合物的原因之一（第十六章），金属羰基化合物中 CO 分子的 HOMO 为电子占据轨道参与形成 σ 键，而 LUMO 空 π 轨道参与形成 π 键。

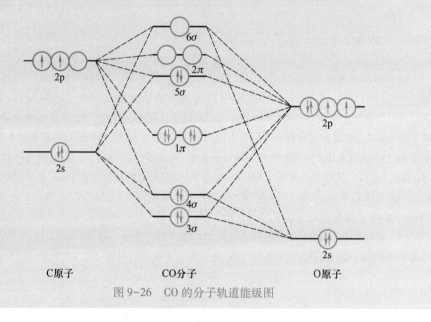

图 9-26　CO 的分子轨道能级图

§9.6　原子轨道和分子轨道的对称性

　　对称性是物质的一种基本属性，研究对称性不仅可以了解各种物质间的联系，还有助于掌握其性质及变化规律。例如，$BeCl_2$，CO_2 和 H_2O 是三种聚集状态不同、性质各异的物质。根据对称性的研究，可以设想通过 $BeCl_2$ 中的 Be 原子核和 CO_2 中的 C 原子核，分别有一垂直于核间联线的轴，如下图蓝虚线所示：

$$Cl\!-\!Be\!-\!Cl \qquad O\!=\!C\!=\!O$$
$$C_2\text{轴} \qquad\qquad C_2\text{轴}$$

绕此轴旋转 180°，分子可得"重现"，即恢复未旋转前的样子。通常以 C_2 符号表示，C 表示旋转，2 表示旋转 360°可有两次"重现"，此轴称为 C_2 旋转轴，简称 C_2 轴。在 H_2O 中也有这样的 C_2 轴，如下图蓝虚线所示：

---

　　① 确切地说，CO 分子轨道形成时其某些原子轨道也是先进行组合然后形成分子轨道，这样形成的分子轨道其能级的高低将发生变化，参见《原子价》(科学出版社，1986)，p167。

它通过的是 O 原子核和键角 ∠HOH 的平分线。虽然以上三种化合物的性质差别很大,但在具有 C_2 轴对称性方面却有共同点。

又如,BF_3,CO_3^{2-} 和 NH_3,它们的空间构型如下:

在 BF_3 和 CO_3^{2-} 中分别通过 B 原子核和 C 原子核,设想有一垂直于这个分子和离子平面的轴,它是 C_3 轴,绕此轴旋转 360°,可使它们得到三次"重现"。在 NH_3 中这样的 C_3 轴则是通过 N 原子核垂直于三角锥底面的。

这样的对称性不仅分子或离子有,而且原子轨道和分子轨道也有。例如,$2p_x$ 轨道,若取 x 轴为旋转轴,旋转 180°后,在同一平面上 ψ 的数值和符号均未变,如下图所示:

这种对称叫做 σ 对称,显然,s 轨道同样是 σ 对称的。但对 $2p_z$ 轨道(或 $2p_y$ 轨道)来说,如仍取 x 轴为旋转轴,虽然每旋转 180°后 ψ 的数值恢复,但符号却相反了,如下图所示:

这种对称叫做反对称,又叫 π 对称。

同理,d 轨道也有这样的 σ 对称和 π 对称之分。例如,$3d_{x^2-y^2}$ 和 $3d_{xy}$ 均取 x 轴为旋转轴,如图 9-27 所示。

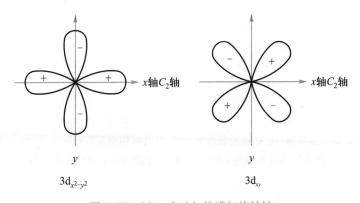

$3d_{x^2-y^2}$　　　　　　　　$3d_{xy}$

图 9-27　$3d_{x^2-y^2}$ 与 $3d_{xy}$ 轨道与旋转轴

$3d_{x^2-y^2}$有 σ 对称,$3d_{xy}$有 π 对称,同理可知 d_{z^2}是 σ 对称的,d_{xz}是 π 对称的。

现在来看前面讨论过的 σ 分子轨道和 π 分子轨道,取核间联线为旋转轴,其为 C_2 轴。这三种轨道的对称性,如图 9-28 所示。

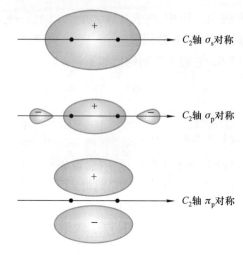

图 9-28　三种分子轨道对称性示意图

所以,分子轨道理论中提到的 σ 轨道或 π 轨道,实际上指的是具有 σ 对称或 π 对称的分子轨道。前面讨论过的形成分子轨道的三原则中所提的对称性匹配就是指这种对称性的匹配,σ 与 σ 匹配,π 与 π 匹配,反之,则不能线性组合成分子轨道,如 HF 分子中 1s 与 $2p_x$ 属于 σ 与 σ 匹配成键,而 1s 与 $2p_y$(或 $2p_z$)则属于 σ 与 π 不匹配,不能成键。

化学视野
光电子能谱

思 考 题

1. 说明下列各对概念的区别:
(1) 原子轨道与分子轨道;　　　(2) 成键分子轨道与反键分子轨道;
(3) σ 键与 π 键;　　　　　　　(4) 单键与单电子键;
(5) 叁键与三电子键;　　　　　(6) 等性杂化与不等性杂化;
(7) 最高占有分子轨道(HOMO)与最低未占分子轨道(LUMO)。

2. 说出三位对共价键近代理论研究做出过重要贡献的科学家的名字。

3. 结合 Cl_2 的形成,说明共价键形成的条件。共价键为什么有饱和性和方向性?

4. CH_4,C_2H_4 和 C_2H_2 分子中 C 分别采用的是何种杂化方式? 说明 CO_2 分子中 C 与 O 之间形成键的类型,C 的杂化轨道用于形成何种类型键。

5. PCl_3 的空间构型是三角锥形,键角略小于 109.5°,$SiCl_4$ 是四面体形,键角为 109.5°,试用杂化轨道理论加以说明。

6. 凡是中心原子采取 sp^3 杂化轨道成键的分子,其几何构型都是正四面体,此说法对吗?

7. 根据 VSEPR 理论判断分子或离子几何构型时,在价层电子对中有或没有孤对电子将对其构型有何影响?

8. 共价键理论主要有哪些分支? 简述价键理论的发展阶段。

9. O_2 分子具有顺磁性,N_2 分子具有反磁性,用分子轨道理论解释之。

10. 分别用价键理论和分子轨道理论来说明 CO 的成键情况。

11. 如何用键级、键能和键长来说明分子的稳定性。键能与键解离能的区别是什么?

12. 相同原子间的叁键键能是单键键能的三倍,此话正确吗?

13. 对多原子分子来说,其中键的键能就等于它的解离能,此说法对吗?

14. 通常纯盐 NaCl 加热至 801 ℃ 固体熔化产生 Na⁺ 和 Cl⁻。若继续加热将产生熔盐蒸气。在气相中发现某些物种是 NaCl(g)。其他盐加热至足够高温度时也有类似性质。计算下列气态分子中两原子的部分电荷:LiCl,NaCl,KCl,RbCl,CsCl。此部分电荷的趋势是否与你用电负性估计相一致?

习　题

1. 写出下列化合物分子的 Lewis 结构式,并指出其中何者是 σ 键,何者是 π 键,何者是配位键。

(1) 膦 PH_3;　　(2) 联氨 N_2H_4(N—N 单键);　　(3) 乙烯;

(4) 甲醛;　　(5) 甲酸;　　　　(6) 四氧化二氮(有双键)。

2. 反应:　　　　$BBr_3(g)+BCl_3(g) \longrightarrow BBr_2Cl(g)+BCl_2Br(g)$

画出四种化合物的结构式。不查任何数据表,根据键焓的定义,估算该反应的 $\Delta_r H_m^\ominus$ 大约是多少,并简单说明之。

3. 利用键能数据估算丙烷的标准摩尔燃烧焓 $\Delta_c H_m^\ominus(C_3H_8, g)$ $\left[E(O \cdots O) = 498 \text{ kJ} \cdot \text{mol}^{-1}, E(C=O) = 803 \text{ kJ} \cdot \text{mol}^{-1} \right.$,其他键能数据查表 9-1$\left. \right]$。

4. 已知下列热化学方程式:

(1) $H_2C=CH_2(g) \longrightarrow 4H(g) + C=C(g)$;　$\Delta_r H_m^\ominus(1) = 1\ 656 \text{ kJ} \cdot \text{mol}^{-1}$

(2) C(石墨,s) $\longrightarrow$ C(g);　　　　　　$\Delta_r H_m^\ominus(2) = 716.7 \text{ kJ} \cdot \text{mol}^{-1}$

(3) $H_2(g) \longrightarrow 2H(g)$;　　　　　　　$\Delta_r H_m^\ominus(3) = 436.0 \text{ kJ} \cdot \text{mol}^{-1}$

(4) 2C(石墨,s)+$2H_2(g) \longrightarrow H_2C=CH_2(g)$;　$\Delta_r H_m^\ominus(4) = 52.3 \text{ kJ} \cdot \text{mol}^{-1}$

计算 $\Delta_B H_m^\ominus(C=C)$。

5. 计算下列分子中氟原子上的部分电荷。

(1) F_2;　　　　(2) HF;　　　　　(3) ClF。

6. 根据下列分子或离子的几何构型,试用杂化轨道理论加以说明。

(1) $HgCl_2$(直线形);　　　　(2) SiF_4(正四面体);

(3) BCl_3(平面三角形);　　　(4) NF_3(三角锥形,102°);

(5) NO_2^-(V 形,115.4°);　　(6) SiF_6^{2-}(八面体)。

7. 试用价层电子对互斥理论推断下列各分子的几何构型,并用杂化轨道理论加以说明。

(1) $SiCl_4$;　　　(2) CS_2;　　　　(3) BBr_3;

(4) PF_3;　　　(5) OF_2;　　　　(6) SO_2。

8. 试用 VSEPR 理论判断下列离子的几何构型。

(1) I_3^-;　　(2) ICl_2^+;　　(3) TlI_4^{3-};　　(4) CO_3^{2-};

(5) ClO_3^-;　　(6) SiF_5^-;　　(7) PCl_6^-。

9. 下列离子中,何者几何构型为 T 形? 何者几何构型为平面四方形?

(1) XeF_3^+;　　(2) NO_3^-;　　(3) SO_3^{2-};

(4) ClO_4^-;　　(5) IF_4^+;　　(6) ICl_4^-。

10. 下列各对分子或离子中,何者具有相同的几何构型?

(1) SF_4 与 CH_4;　(2) ClO_2 与 H_2O;　(3) CO_2 与 BeH_2;

(4) NO_2^+ 与 NO_2；　　　(5) PCl_4^+ 与 SO_4^{2-}；　　　(6) BrF_5 与 $XeOF_4$。

11. 下列分子或离子中何者键角最小？

(1) NH_3；　　　(2) PH_4^+；　　　(3) BF_3；

(4) H_2O；　　　(5) $HgBr_2$。

12. 指出下列分子或离子的几何构型、键角、中心原子的杂化轨道，并估计分子中键的极性。

(1) KrF_2；　　　(2) BF_4^-；　　　(3) SO_3；

(4) XeF_4；　　　(5) PCl_5；　　　(6) SeF_6。

13. 试写出下列同核双原子分子的电子排布式、计算键级，指出何者最稳定，何者不稳定，且判断哪些具有顺磁性，哪些具有反磁性。

H_2，He_2，Li_2，Be_2，B_2，C_2，N_2，O_2，F_2

14. 写出 O_2^+，O_2，O_2^-，O_2^{2-} 的分子轨道电子排布式，计算其键级，比较其稳定性强弱，并说明其磁性。

15. 实验测得 O_2 的键长比 O_2^+ 的键长长，而 N_2 的键长比 N_2^+ 的键长短；除 N_2 以外，其他三个物种均为顺磁性，如何解释上述实验事实？

第十章　　　　　　　　　　　　固体结构

第十章
学习引导

第十章
教学课件

MOOC

教学视频
晶体结构的特
征与晶格理论

大部分的元素单质和无机化合物在常温下均为固体,它们在人类生活中起着重要作用。能源、信息和材料是现代社会发展的三大支柱,而材料又是能源和信息的物质基础。材料主要是固体物质,于是人们对固体结构与性质进行了广泛深入的研究。

固体有晶体、非晶体与准晶体之分,本章重点讨论晶体结构,着重研究晶体中粒子之间的作用力和这些粒子在空间的排布情况。

§ 10.1　晶体结构和类型

10.1.1　晶体结构的特征与晶格理论

1. 晶体结构的特征

晶体和非晶体是按粒子在固体中排列的特性不同而划分的。

晶体是由原子、离子或分子在空间按一定规律周期性地重复排列构成的固体。晶体的这种周期性排列的基本结构特征使它具有以下共同的性质:

(1)晶体具有规则的多面体几何外形,这是指物质凝固或从溶液中结晶的自然生长过程中出现的外形,而非晶体不会自发地形成多面体外形。

(2)晶体呈现各向异性,许多物理性质,如光学性质、导电性、热膨胀系数和机械强度等,在晶体的不同方向上测定时,是各不相同的。非晶体的各种物理性质不随测定的方向而改变。

(3)晶体具有固定的熔点。非晶体如玻璃受热渐渐软化成液态,有一段较宽的软化温度范围。

上述晶体的宏观特性是由它的微观内在结构特征所决定的,科学家们历经两个多世纪的研究终于找到了内在奥秘。在 17 世纪中叶,丹麦矿物学家 N. Steno 对石英的断面仔细"相面"后发现,从不同产地得到的石英晶体大小形状千差万别,但有一条不变的规律:晶面夹角相等。即呈多种形状的石英晶体,它们的三组晶面 a,b,c 之间的夹角却保持不变,即 a,c 晶面间夹角总是 $113°$,b,c 晶面间夹角总是 $120°$(图 10-1)。这种规律适用于各种晶体,这就是晶面夹角守恒定律。

在 18 世纪中叶,法国地质学家 R. J. Haüy 发现方解石可以不断地解理成越来越小的菱面体,并提出了构造理论:晶体是由一个个小的几何体在空间平行地无间隙地堆

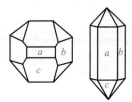

图 10-1　石英晶体的晶面

砌而成的。它为现代晶格理论奠定了基础

19 世纪，A. Bravais，A. M. Schöenflies 和 E. C. Фёдоров 等科学家创建了晶格理论，并在 20 世纪被 M. Laue，W. H. Bragg 等物理学家用 X 射线衍射实验所证实。

2. 晶格理论的基本概念

如果将实际晶体看成无限大且没有缺陷的"理想晶体"，那么它就具有无限重复的周期性结构。从这一周期性结构中选取重复出现的最小单元，即可得到结构基元。如果将每个结构基元用一个几何点来表示，得到的就是一个点阵点。整个晶体就可以被抽象为一组点，被称为空间点阵。如果将空间点阵用直线网格的形式表示出来，所得到的空间格子，就是晶格。点阵和晶格都是从晶体中抽象出的几何图像，通过点和线反映了晶体结构的周期性。

晶格可以将实际晶体切分为无数个平行六面体小晶块，每个晶块都是晶体的最小重复单元，可以在空间平移并无隙地堆砌为晶体，这一平行六面体被称为晶胞。

晶胞包括两个要素：一是晶胞的大小和形状，由晶胞参数 $a,b,c,\alpha,\beta,\gamma$ 表示。a,b,c 是六面体的边长，α,β,γ 是 bc,ca,ab 所成的三个夹角（图 10-2）。二是晶胞的内容，由晶胞中粒子的种类、数目和它在晶胞中的相对位置来表示。

按照晶胞参数的差异将晶体分成七种晶系（表10-1）。它们具有不同的对称性。

晶胞参数决定了晶胞的形状、大小。同时，考虑在六面体的面上和体中有无面心或体心，即所谓按带心类型进行分类，可将七大晶系分为 14 种空间点阵排列型式，又称为 14 种布拉维晶格（表10-2）。例如，其中立方晶系可分为简单立方、体心立方和面心立方三种。

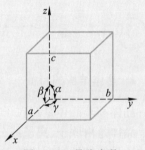

图 10-2　晶胞参数

表 10-1　七 种 晶 系

晶系	边长	夹角	晶体实例
立方晶系	$a=b=c$	$\alpha=\beta=\gamma=90°$	$NaCl,ZnS$
四方晶系	$a=b\neq c$	$\alpha=\beta=\gamma=90°$	SnO_2,Sn
正交晶系	$a\neq b\neq c$	$\alpha=\beta=\gamma=90°$	$HgCl_2,BaCO_3$
单斜晶系	$a\neq b\neq c$	$\alpha=\gamma=90°,\beta\neq90°$	$KClO_3,Na_2B_4O_7$
三斜晶系	$a\neq b\neq c$	$\alpha\neq\beta\neq\gamma\neq90°$	$CuSO_4\cdot5H_2O$
三方晶系	$a=b=c$	$\alpha=\beta=\gamma\neq90°$	Al_2O_3,Bi
六方晶系	$a=b\neq c$	$\alpha=\beta=90°,\gamma=120°$	AgI,SiO_2（石英）

表 10-2　14 种空间点阵排列

晶系	格子			
	简单格子	体心格子	面心格子	底心格子
立方晶系				

续表

晶系	格子			
	简单格子	体心格子	面心格子	底心格子
四方晶系	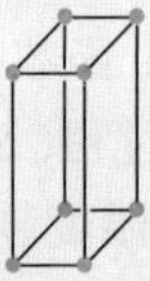	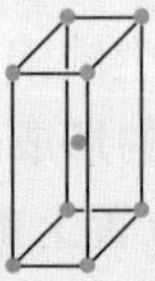		
正交晶系	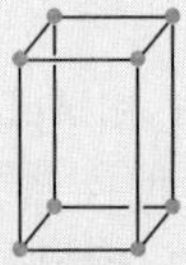	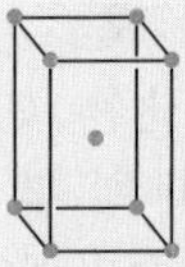	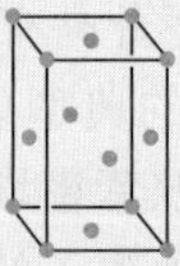	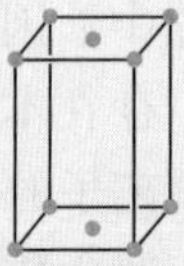
单斜晶系	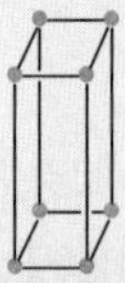			
三斜晶系	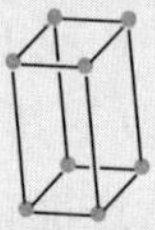			
三方晶系				
六方晶系	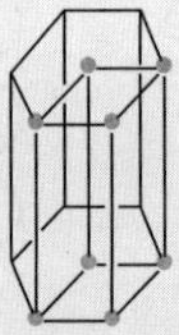			

10.1.2　晶体缺陷

晶体以其组成粒子排列规则有序为主要特征,但实际晶体并非完美无缺,而常有缺陷。晶体中一切偏离理想的晶格结构都称为晶体的缺陷。少量缺陷对晶体性质会有较大影响,如机械强度、导电性、耐腐蚀性和化学反应性能等。

按照缺陷的形成和结构分类有:本征缺陷(又称固有缺陷),指不是由外来杂质原子形成,而是由于晶体结构本身偏离晶格结构造成的;杂质缺陷,指杂原子进入基质晶体中所形成的缺陷。

教学视频
晶体缺陷和晶
体类型

1. 本征缺陷

本征缺陷是由于晶体中晶格结点上的粒子热涨落所致。所有固体都有产生本征缺陷的热力学倾向,因为缺陷使固体由有序结构变为无序结构,从而使熵值增加。实际晶体的熵值都高于完整晶体,但是产生缺陷过程的 Gibbs 函数变既取决于熵变也取决于焓变($\Delta_r G_m = \Delta_r H_m - T\Delta_r S_m$)。缺陷的形成通常是吸热过程($\Delta_r H_m > 0$),因为当温度高于 0 K 时,晶格中的粒子在其平衡位置上的振动加剧,温度越高振幅也越大,如果有些粒子的动能大到足以克服粒子间的引力而脱离平衡位置,就可进入错位或晶格间隙中。因此,温度升高有利于缺陷形成。

存在本征缺陷的典型化合物是卤化物,如 AgCl,AgBr 和 AgI。在这些化合物中,卤素离子的位置按照紧密堆积的方式排列,蓝色的 Ag^+ 占据卤素离子堆积的空隙中,但有时少数挤到其他离子的夹缝中去,而出现空位,形成晶体缺陷(图 10-3)。

2. 杂质缺陷

杂质缺陷是由于杂质进入晶体后所形成的缺陷。当外加杂质粒子较小时,一般形成间隙式杂质缺陷,如 C 原子或 N 原子进入金属晶体的间隙中形成填充型合金等杂质缺陷。当外加杂质粒子的大小和电负性与组成晶体的粒子相差不大时,两者可以互相取代形成取代式杂质缺陷。例如,晶体 Si 中掺入少量的 P 或 B,可以产生多电子或缺电子的有缺陷的晶体(图 10-4)。晶体中有掺杂往往能改变其性质。如在非线性光学晶体 $LiNbO_3$ 中加入少量 MgO,可以明显提高其抗光折变性能;而如果加入少量 Fe,则成为光折变晶体。

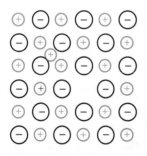

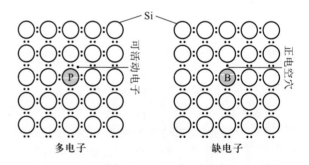

图 10-3　AgBr 晶体的缺陷　　　　　图 10-4　晶体 Si 的杂质缺陷
　　　　　(本征缺陷)

3. 非化学计量化合物

近代晶体结构的研究结果表明,与由有限原子构成的分子不同,晶体化合物中有相当一部分是非化学计量化合物,而且总是伴有晶体缺陷。

非化学计量化合物是指其组成中各元素原子的相对数目不能用整数比表示的化合物。如方铁矿的理想化学式为 FeO,实际的组成范围为 $Fe_{0.89}O$ 至 $Fe_{0.96}O$,这是由于少量 Fe^{3+} 的存在,为了保持化合物电中性,3 个 Fe^{2+} 只需 2 个 Fe^{3+} 代替即可,因而有了一个 Fe^{2+} 的空位,由此产生了晶体缺陷。

　　除了具有多种氧化值的过渡金属可形成非化学计量化合物之外,不具备多种氧化值的金属也能形成非化学计量化合物,如 NaCl 与 Na 蒸气作用生成 $NaCl_{1-x}$,产生的 Cl^- 空位由电子占据,此电子可达到激发态,发出蓝色光。

　　某些较小的原子进入晶体的空隙中,也能产生非化学计量化合物,如镧镍合金作为吸氢材料形成 $LaNi_5H_x$。

　　非化学计量化合物与相同组成元素的化学计量化合物在结构的主要特征上无大差异,但是在光学性质、导电性、磁性和催化性能上有明显差别。研究这类非化学计量化合物性能对探索新型无机功能材料十分重要。

10.1.3　非晶体和准晶体

1. 非晶体

　　固态物质除了晶体之外,还有非晶体,如玻璃、沥青、石蜡、橡胶和塑料等。非晶体没有规则的外形,内部粒子的排列是无规则的,没有特定的晶面。基于这一点,人们把非晶体看成是"过冷的液体"。

　　玻璃是非晶体,快速冷却石英熔体可得到石英玻璃。石英晶体[图 10-5(a)]与石英玻璃[图 10-5(b)]不同,前者又称水晶,在 SiO_4 立体网状结构中,键角均接近 180°;石英玻璃的结构特征是近程有序,长程无序。所谓近程范围一般为 0.1 nm 以下,长程范围一般在 20 nm 以上。这是近 30 年来对玻璃结构研究的重大进展,从而带动了各种特种玻璃的制备。将玻璃拉成直径为 0.005 mm 的细丝,制成石英玻璃光导纤维,广泛用于电话、电视、计算机网络等领域。另外,宇宙飞船上的窗玻璃、激光器所用的激光玻璃、太阳能电池所用的非晶硅……都显示着非晶体作为新材料在高科技领域中广阔的应用前景。

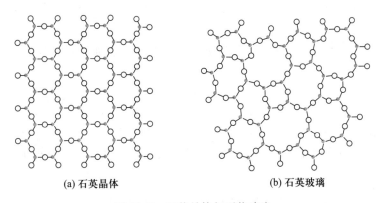

(a) 石英晶体　　　　　　　　　　(b) 石英玻璃

图 10-5　石英晶体与石英玻璃

2. 准晶体

　　长期以来,人们将固体材料分为两类:一类是晶体,其组成质点排列长程有序,且在三维空间作周期性重复;另一类是非晶体,其组成质点的排列是长程无序的。1984

年在对 AlMn 合金的透射电子显微镜研究中,首次发现了具有长程定向有序而没有周期平移有序的一种封闭正二十面体相。这种新的结构因为缺少空间周期性而不是晶体,其所展现的完美长程有序结构又不像非晶体。这类物质随后被陆续发现,它们被认为是介于非晶态和结晶态之间的一种新物态,即准晶态。

准晶体是具有准周期平移格子构造的固体,其中的质点常呈定向有序排列,但是不作周期性平移重复,其对称要素含与晶体空间点阵不相容的对称。准晶体的发现对传统晶体学产生了强烈的冲击,它对传统晶体学理论中长程有序与周期性等价的基本概念提出了挑战。同时,准晶体的发现也为物质微观结构的研究增添了新的内容,为新材料的发展开拓了新的领域。

10.1.4　晶体类型

根据组成晶体的粒子的种类及粒子之间作用力的不同,将晶体分成四种基本类型:金属晶体、离子晶体、分子晶体和原子晶体。

1. 金属晶体

金属晶体是金属原子或离子彼此靠金属键结合而成的。与共价键不同,金属键没有方向性,也没有饱和性,因此在每个金属原子周围总是有尽可能多的邻近金属离子紧密地堆积在一起,以使系统能量最低。金属晶体内原子都以具有较高的配位数为特征。元素周期表中约三分之二的金属原子是配位数为 12 的紧密堆积结构,少数金属晶体配位数是 8,只有极少数为 6。

金属具有许多共同的性质:有金属光泽,能导电、传热,富有延展性等。这些通性与金属键的性质和强度有关。金属键的强度可用金属的原子化焓来衡量。一般来说,原子化焓越大,金属的硬度①越大,熔点越高。而原子化焓随着成键电子数增加而变大。如第六周期元素钨的熔点最高达 3 390 ℃,而汞熔点最低,室温下是液体。金属的硬度差异也不小,例如,铬的硬度为 9.0,而铅的硬度仅为 1.5。这些性质都与金属原子的电子构型和金属键的复杂性有关。金属键理论将在下面进一步讨论。

2. 离子晶体

离子晶体是由正、负离子组成的。破坏离子晶体时,要克服离子间的静电引力。若离子间静电引力较大,那么离子晶体的硬度大,熔点也高。多电荷离子组成的晶体更为突出。例如:

NaF	硬度 3.0	熔点 995 ℃
MgO	硬度 6.5	熔点 2 800 ℃

此外,离子晶体熔融后都能导电。

---

① 硬度是指物质对于某种外来机械作用的抵抗程度。通常用一种物质对另一物质进行刻画,根据刻画难易的相对等级来确定。一般用莫氏硬度标准来确定,最硬的金刚石的硬度为 10,最软的滑石的硬度为 1。

在离子晶体中离子的堆积方式与金属晶体是类似的。由于纯粹的离子键没有方向性和饱和性,所以离子在晶体中常常趋向于采取紧密堆积方式,但不同的是各离子周围接触的是带异号电荷的离子。一般负离子半径较大,可把负离子看成等径圆球进行密堆积,而正离子有序地填在负离子密堆积形成的空隙中。

3. 分子晶体

非金属单质(如 O_2,Cl_2,S,I_2 等)和某些化合物(如 CO_2,NH_3,H_2O 和苯甲酸、尿素等)在降温凝聚时可通过分子间力聚集在一起,形成分子晶体。虽然分子内部存在着较强的共价键,但分子之间是较弱的分子间力或氢键。因此,分子晶体的硬度不大,熔点不高。

由于分子间作用力没有方向性和饱和性,所以球形或近似球形的分子也采用紧密的堆积方式,配位数可高达 12。

4. 原子晶体

原子晶体的晶格结点是原子,原子与原子间以共价键结合,构成一个巨大分子。原子晶体也被称为共价晶体。例如,金刚石是原子晶体的典型代表,每一个 C 原子以 sp^3 杂化轨道成键,每一个 C 原子与邻近的 4 个 C 原子形成共价键,无数个 C 原子构成三维空间网状结构(图 13-9)。金刚砂(SiC)、石英(SiO_2)都是原子晶体。破坏原子晶体时必须破坏共价键,需要耗费很大能量,因此原子晶体硬度大,熔点高。例如:

金刚石	硬度 10	熔点约 3 570 ℃
金刚砂	硬度 9~10	熔点约 2 700 ℃

原子晶体一般不能导电。但硅、碳化硅等有半导体性质,在一定条件下它们能导电。

由于共价键的方向性和饱和性,使得原子晶体不再采取紧密堆积方式,只能低配位数、低密度,部分靠共价键或配位键结合的晶体还可以形成多孔结构等。

上述四类晶体中原子晶体靠共价键结合,第九章已经详细讨论过共价键。本章将在后面分别讨论金属晶体、离子晶体和分子晶体。需要指出的是,上述对晶体种类的划分仅仅是对晶体简单的分类,通过 X 射线单晶衍射测定得到的越来越多的晶体结构数据表明,绝大多数晶体都不是纯的离子晶体、金属晶体或原子晶体,尤其是在一些复杂的包括有机、无机配体和生物大分子的晶体结构中,原子或分子间存在着多种多样的作用形式,其中以共价键、氢键和分子间力作用为主。因此,要明确指出一个晶体究竟属于上述分类中的哪一种晶体类型是比较困难的,有时也是没有必要的。

§ 10.2 　金 属 晶 体

10.2.1 　金属晶体的结构

由于金属键没有饱和性和方向性,因此金属原子或金属正离子趋于以紧密堆积的形式存在,最紧密的堆积是最稳定的结构。所谓的金属密堆积是球状的刚性

MOOC

教学视频
金属晶体的结构

金属原子一个挨一个堆积在一起而组成的。金属晶体中粒子的堆积方式主要有以下三种：六方密堆积（hcp）、面心立方密堆积（ccp）和体心立方堆积（bcc）（表10-3）。

表 10-3　常温下某些金属元素的晶体结构

金属原子堆积方式	元素	原子空间利用率/%
六方密堆积	Be,Mg,Ti,Co,Zn,Cd	74
面心立方密堆积	Al,Pb,Cu,Ag,Au,Ni,Pd,Pt	74
体心立方堆积	碱金属,Ba,Cr,Mo,W,Fe	68

图10-6所示，在同一层中，每个球周围可排6个球构成密堆积。第二层密堆积层排在第一层上时，每个球放入第一层3个球所形成的空隙上。第一层球用 A 表示，第二层球用 B 表示。在密堆积结构中，第三密堆积层的球加到已排好的两层上时，可能有两种情况：一是第三层球可以与第一层球对齐，产生ABAB…方式的排列，形成六方密堆积，金属镁晶体中的镁原子便是这样堆积的；二是第三层球与第一层有一定错位，以 ABCABC…的方式排列，得到的是面心立方密堆积，像铜晶体中铜原子密堆积那样。

动画
六方密堆积

动画
面心立方密堆积

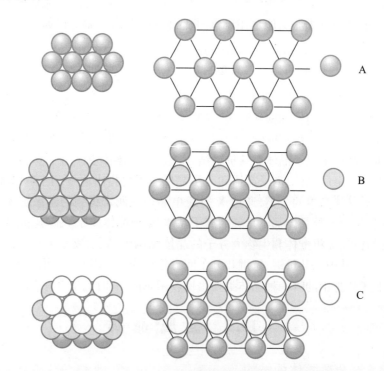

图 10-6　密堆积层

对于密堆积结构来说，每个球有 12 个近邻，在同一层中有 6 个以六角形排列，另外 6 个分布在上、下两层，3 个在上，3 个在下（图10-7）。

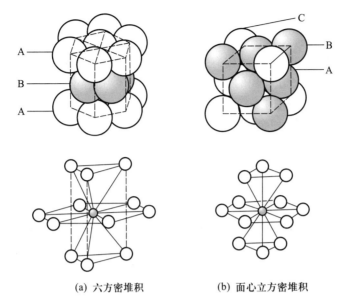

(a) 六方密堆积　　　　(b) 面心立方密堆积

图 10-7　六方密堆积和面心立方密堆积

在密堆积层间有空隙,这种空隙有两类:四面体型和八面体型。在一层的 3 个球与上层或下层最密接触的第四个球间存在的空隙叫做四面体空隙[图 10-8(a),(b)]。而在一层的 3 个球与交错排列的另一层的 3 个球之间形成较大的空隙,叫八面体空隙[图 10-8(c),(d)]。这些空隙具有重要意义,许多合金结构、离子化合物结构等均可看成是某些原子或离子占据金属原子或离子的密堆积结构的空隙形成的。

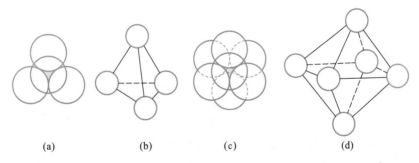

(a)　　　　(b)　　　　(c)　　　　(d)

图 10-8　四面体空隙和八面体空隙

金属结构中还有一种体心立方堆积,如金属钾。立方体晶胞的中心和 8 个角上各有一个 K 原子,粒子的配位数为 8(图 10-9),因此不属于密堆积结构。

不少金属具有多种结构,这与温度和压力有关。如铁在室温下是体心立方堆积(称为 α-Fe),在 906~1 400 ℃时面心立方密堆积结构较稳定(称为 γ-Fe),但在 1 400~1 535 ℃(熔点),其体心立方堆积结构的 α-Fe 又变得稳定。而 β-Fe 则是在高压下形成的。这就是金属的多晶现象。

需要指出的是,并非所有单质金属都具有密堆积结构,如金属 Po,α-Po 是其在 0 ℃下具有简单立方结构的唯一实例。

研究金属晶体的结构类型,有利于我们了解它们的性质并在实践中应用。例如,Fe,Co,Ni 等金属是常用的催化剂,其催化作用除与它们的 d 轨道有关外,也和它们的晶体结构有关。对某些加氢反应而言,面心立方堆积的 β-Ni 具有较高的催化活性,而六方堆积的 α-Ni 则没有这种活性。又如结构相同的两种金属容易互溶而形成合金等。

动画
体心立方堆积

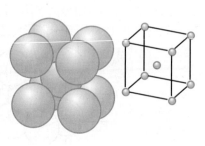

图 10-9　体心立方晶胞

MOOC

教学视频
金属键理论

10.2.2　金属键理论

金属键的理论模型有电子海模型和金属的分子轨道模型(即能带理论)。检验模型是否成功,关键是能否说明金属的典型性质。

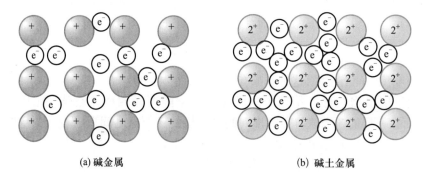

(a) 碱金属　　　　　　　　　(b) 碱土金属

图 10-10　金属键的电子海模型

1. 电子海模型

电子海模型是将金属描绘成金属正离子在电子海中的规则排列,如图10-10所示。

相对于非金属原子而言,金属原子价电子数目较少,核对价电子吸引力较弱。因此,电子容易摆脱金属原子的束缚成为自由电子,为整个金属所共有。金属正离子靠这些自由电子的胶合作用构成金属晶体,这种作用就是金属键。

电子海模型可以说明金属的一些特性。自由电子在外加电场的影响下可以定向流动而形成电流,使金属具有良好的导电性。金属受热时,金属离子振动加强,与其不断碰撞的自由电子可将热量交换并传递,使金属温度很快升高,呈现良好的导热性。当金属受到机械外力的冲击,由于自由电子的胶合作用,金属正离子间容易滑动而不像离子晶体那样脆,可以加工成细丝和薄片,表现出良好的延展性。

2. 能带理论

能带理论是 20 世纪 30 年代形成的晶体量子理论。能带理论把金属晶体看成为一个大分子。这个分子由晶体中所有原子构成。现在以 Li 为例讨论金属晶体中的成键情况。1 个 Li 原子有 1s 和 2s 两个轨道,2 个 Li 原子有两个 1s,两个 2s 轨道。按照分子轨道理论的概念,2 个原子相互作用时原子轨道要重叠,同时形成成键分子轨道和反键分子轨道,这样由原来的原子能量状态变成分子能量状态。晶体中包含原子数越多,分子能态也就越多。若有 N 个 Li 原子,其 $2N$ 个原子轨道则可形成 $2N$ 个分子轨道。分子轨道如此之多,分子轨道之间的能级差很小[①],实际上这些能级很难分清(图10-11),可以看做连成一片成为能带。能带可看做是整个晶体的分子轨道。

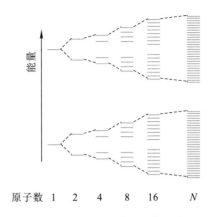

图 10-11　由原子紧密结合形成能带结构的示意图

Li 原子的电子构型是 $1s^2 2s^1$,每个原子有 3 个电子,价电子数是 1。N 个 Li 原子有 $3N$ 个电子,这些电子如何填充到能带中去,与在原子和分子中的情况相似,要符合能量最低原理和 Pauli 原理。由 s,p,d 和 f 原子轨道分别重叠产生的能带中,最多容纳的电子数目,s 带为 $2N$ 个,p 带为 $6N$ 个,d 带为 $10N$ 个,f 带为 $14N$ 个等。由于每个 Li 原子只提供 1 个价电子,故其 2s 能带为半充满。由充满电子的分子轨道所形成的较低能量的能带叫做满带,由未充满电子的分子轨道所形成的较高能量的能带,叫做导带。例如,金属 Li 中,1s 能带是满带,而 2s 能带是导带。在这两种能带之间有一个能量差(图 10-12)。正如电子不能停留在 1s 与 2s 能级之间一样,电子不能进入 1s 能带和 2s 能带之间的能量空隙,所以这段能量空隙叫做禁带。金属的导电性就是靠导带中的电子来体现的。

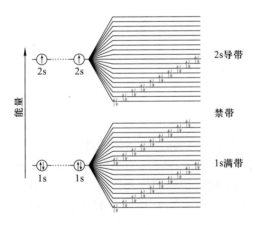

图 10-12　金属 Li 的能带

金属 Mg 的价电子层结构为 $3s^2$,它的 3s 能带应是满带,似乎 Mg 应是一个非导体,其实不然,金属相邻能带之间的能量间隔很小,甚至能带可以重叠。Mg 原子的 3s 和 3p 原子轨道能级相差较小,使得金属 Mg 的 3s 和 3p 能带部分重叠(3p 能带为空带),也就是说满带和空带重叠则成导带(图 10-13)。

---

① 一般讲来,分子轨道的能差为 10^{-18} J,设 N 为 Avogadro 常数,其数量级为 10^{23},在晶体中这一能级差被分化为 N 个能级时,相邻两能级间的能量差为 10^{-18} J$/N \approx 10^{-41}$ J。

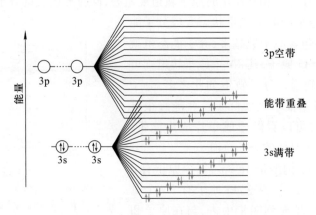

图 10-13   金属 Mg 的能带重叠

根据能带结构中禁带宽度和能带中电子填充状况,可把物质分为导体、绝缘体和半导体(图 10-14)。

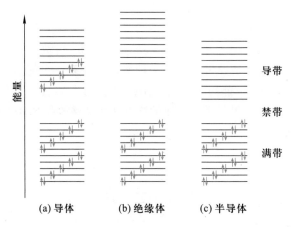

(a) 导体   (b) 绝缘体   (c) 半导体

图 10-14   导体、绝缘体和半导体的能带

一般金属导体的导带是未充满的,绝缘体的禁带很宽,其能量间隔 ΔE 超过 4.8×10^{-19} J(3 eV),而半导体的禁带较狭窄,能量间隔在 $1.6 \times 10^{-20} \sim 4.8 \times 10^{-19}$ J($0.1 \sim 3$ eV)。例如,金刚石为绝缘体,禁带宽度为 9.6×10^{-19} J(约相当于 6 eV),硅和锗为半导体,禁带宽度分别为 1.7×10^{-19} J 和 9.3×10^{-20} J(约相当于 1.1 eV 和 0.6 eV)。

能带理论是这样说明金属导电性的:当在金属两端接上导线并通电,在外加电场的作用下,电子将获得能量从负端流向正端,即朝着与电场相反方向流动。在满带中的电子无法跃迁,电子往往不能由满带越过禁带进入导带。只有导带没有被电子占满,能量较高的部分还空着,导带内的电子获得能量后可以跃入其空缺部分,这样的电子在导体中担负着导电的作用。这些电子显然不定域于某两个原子之间,而是活动在整个晶体范围内,成为非定域状态。因此,金属的导电性取决于它的结构特征——具有导带。

绝缘体不能导电,它的结构特征是只有满带和空带,且禁带宽度大,一般电场条件下,难以将满带电子激发入空带,即不能形成导带而导电。

半导体的能带特征也是只有满带和空带,但禁带宽度较窄,在外电场作用下,部分电子跃入空带,空带有了电子变成了导带,原来的满带缺少了电子,或者说产生了空穴,也形成导带能导电,一般称为空穴导电。在外加电场作用下,导带中的电子可从外加电场的负端向正端运动,而满带中的空穴则可接受靠近负端的电子,同时在该电子原来所在的地方留下新的空穴,相邻电子再向该新空穴移动又形成新的空穴,以此类推,其结果是空穴从外加电场的正端向负端移动,空穴移动方向与电子移动方向相反。半导体中的导电性是导带中的电子传递(电子导电)和满带中的空穴传递(空穴导电)所构成的混合导电性。

一般金属在升高温度时由于原子振动加剧,在导带中的电子运动受到的阻碍增强,因而电阻增大,减弱了导电性能。

在半导体中,随着温度升高,满带中有更多的电子被激发进入导带,导带中的电子数目与满带中形成的空穴数目相应增加,增强了导电性能,其结果足以抵消由于温度升高原子振动加剧所引起的阻碍。

金属晶体与金属键的理论还不成熟,能带理论虽然能够成功地说明一些事实,但有些问题还解释不了。有人认为 d 轨道不影响金属中原子的堆积,也有人认为过渡元素次外层的 d 电子参与形成了部分共价性的金属键,从而使某些金属(如 Cr 和 W 等)具有高硬度、高熔点等性质,这是很有意义的理论问题。

§10.3 离 子 晶 体

10.3.1 离子晶体的结构

由于离子的大小不同、电荷数不同,以及正离子最外层电子构型不同等因素的影响,离子晶体中正、负离子在空间的排布情况是多种多样的。下面以最简单的立方晶系 AB 型离子晶体为代表,讨论常见的三种典型的结构类型——NaCl 型、CsCl 型和 ZnS 型,同时简单介绍几种其他类型的离子晶体。

1. 三种典型的 AB 型离子晶体

NaCl 型、CsCl 型和 ZnS 型均属于 AB 型离子晶体,即只含有一种正离子和一种负离子且电荷数相同的晶体。但是,这三种离子晶体的结构特征是有区别的(图 10-15)。NaCl 型晶体可以看成由 Cl^- 形成面心立方晶格,Na^+ 占据晶格中所有八面体空隙构成。每个离子都被 6 个异号离子以八面体方式包围,因而每种离子的配位数都是 6,配位比是 6:6。从图上看,NaCl 晶胞似乎有 13 个 Na^+ 和 14 个 Cl^-,其实 8 个顶点上的每个离子为 8 个晶胞所共享,属于这个晶胞的只有 $8×1/8=1$,6 个面上的每个离子为两个晶胞所共享,属于此晶胞的只有 $6×1/2=3$,12 个棱上每个离子为 4 个晶胞所共享,属于此晶胞的只有 $12×1/4=3$,只有晶胞中心 1 个离子完全属于此晶胞。按此计算每个晶胞含有 4 个 Na^+ 和 4 个 Cl^-。

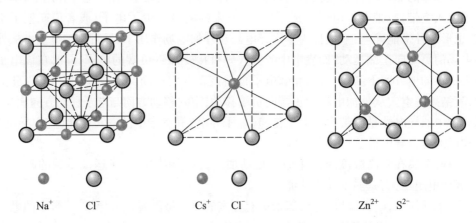

图 10-15　NaCl 型、CsCl 型和 ZnS 型(闪锌矿型)晶体结构

CsCl 型晶体结构可看成 Cl⁻ 作简单立方堆积,Cs⁺ 填入立方体空隙中,CsCl 的正、负离子配位数均为 8,配位比是 8∶8。每个晶胞含有 1 个 Cs⁺ 和 1 个 Cl⁻。

ZnS 型晶体有两种结构类型,一种是闪锌矿型,另一种是纤锌矿型。前者的结构为 S^{2-} 呈面心立方密堆积,半数的四面体空隙被 Zn^{2+} 占据,Zn^{2+} 和 S^{2-} 的配位数都是 4,配位比为 4∶4。根据前述同样的方法可以算出每个晶胞含有 4 个 S^{2-} 和 4 个 Zn^{2+}。

纤锌矿的结构(图 10-16)与闪锌矿不同,S^{2-} 采用六方密堆积,Zn^{2+} 填充在一部分四面体空隙之中,配位比也是 4∶4,与闪锌矿相同。

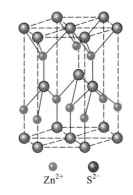

图 10-16　纤锌矿的六方密堆积

2. 其他类型的离子晶体

离子晶体的类型很多,除了上述的 AB 型离子晶体外,还有 AB_2 型、ABX_3 型等。

萤石 CaF_2 晶体属于 AB_2 型。其 Ca^{2+} 呈面心立方密堆积,F⁻ 占据着所有四面体空隙,每个 Ca^{2+} 的配位数为 8,而 F⁻ 的配位数为 4,配位比为 8∶4(图10-17)。

金红石(图 10-18)是 TiO_2 的一种矿物,其结构是常见的重要结构类型之一。该结构中,O^{2-} 近似地具有六方密堆积结构,Ti^{4+} 只占据半数的八面体空隙。由图 10-18 可见,金红石结构由 TiO_6 八面体组成,O 原子为邻近的 Ti 原子所共享。每个 Ti 原子周围有 6 个 O 原子,而每个 O 原子周围有 3 个 Ti 原子,因此配位比为 6∶3。

钙钛矿($CaTiO_3$)结构是许多 ABX_3 型晶体结构的代表(图 10-19)。它是立方结构:每个 A 原子周围有 12 个 X 原子,而每个 B 原子周围有 6 个 X 原子。A 和 B 两种离子的电荷总数必须等于 6(A^{2+},B^{4+} 或 A^{3+},B^{3+})。$CaTiO_3$ 可看成是 CaO 与 TiO_2 的混合氧化物。不少具有高温超导性的材料具有类似钙钛矿的结构。

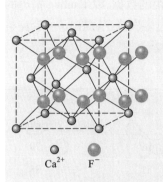

Ca²⁺ F⁻

图 10-17　萤石结构

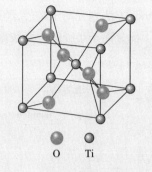

O Ti

图 10-18　金红石结构

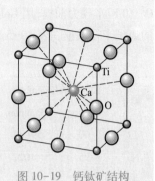

Ti
Ca
O

图 10-19　钙钛矿结构

上述几种结构代表着许多种晶体的结构(表 10-4)。

表 10-4　具有特定晶体结构的化合物

晶体结构	化合物
NaCl 型(岩盐型)	$NaCl$,$LiCl$,KBr,RbI,$AgCl$,$AgBr$,MgO,CaO,FeO,NiO
CsCl 型	$CsCl$,$CsBr$,CsI,$TlCl$,CaS
闪锌矿型	ZnS,$CuCl$,CdS,HgS
纤锌矿型	ZnS,MnS,BeO,ZnO,AgI,SiC
萤石型	CaF_2,PbO_2,$BaCl_2$
金红石型	TiO_2,SnO_2,MnO_2,MgF_2
钙钛矿型	$CaTiO_3$,$BaTiO_3$,$SrTiO_3$

3. 离子半径与配位数

离子晶体的配位比与正、负离子半径之比有关。所谓离子半径,可以这样来理解:设想离子呈球形,在离子晶体中,最近邻的正、负离子中心之间的距离是正、负离子半径之和。离子中心之间的距离可以通过 X 射线衍射测出。

离子中心之间的距离与晶体构型有关。为了确定离子半径,通常以 NaCl 构型的半径作为标准,对其他构型的半径再作一定的校正[①]。

实验测知的晶体中离子间距离既然被认为是 2 个离子半径之和,要得到每一个离子半径,就需要经过推算,才能把离子间距离合理地分给两个离子。1926 年 Goldschmidt 利用球形离子堆积的几何方法推算出 80 多种离子的半径。1927 年 Pauling 根据原子核对外层电子的吸引力推算出一套离子半径[②],至今还在使用。后来 R. D. Shannon 等人归

---

① 当配位数为 12,8,4 时,将由配位数为 6 的 NaCl 型为标准算得的离子半径数据分别乘以 1.12,1.03 和 0.94。

② Pauling 离子半径推算公式: $r = \dfrac{c_n}{Z-\sigma}$,式中 r 为半径,$(Z-\sigma)$ 为有效核荷电数,c_n 为一取决于最外电子层主量子数 n 的常数。

纳整理实验测定的上千种氧化物、氟化物中正、负离子核间距的数据,以 Pauling 提出的 O^{2-} 和 F^- 半径为前提,用 Goldschmidt 方法划分离子半径,经过多次修正,提出了一套完整的离子半径数据。表 10-5 列出了部分离子半径的两套数据。

表 10-5 离 子 半 径 *

离子	半径/pm		离子	半径/pm		离子	半径/pm	
	Pauling	Shannon		Pauling	Shannon		Pauling	Shannon
Li^+	60	59(4)	Fe^{2+}	76		In^{3+}		79
Na^+	95	102	Fe^{3+}	64		Tl^{3+}		88
K^+	133	138	Co^{2+}	74		Sn^{2+}	102	
Rb^+	148	149	Ni^{2+}	72		Sn^{4+}	71	
Cs^+	169	170	Cu^+	96		Pb^{2+}	120	
Be^{2+}	31	27(4)	Cu^{2+}	72		O^{2-}	140	140
Mg^{2+}	65	72	Ag^+	126		S^{2-}	184	184
Ca^{2+}	99	100	Zn^{2+}	74		Se^{2-}	198	198
Sr^{2+}	113	116	Cd^{2+}	97		Te^{2-}	221	221
Ba^{2+}	135	136	Hg^{2+}	110		F^-	136	133
Ti^{4+}	68		B^{3+}	20	12(4)	Cl^-	181	181
Cr^{3+}	64		Al^{3+}	50	53	Br^-	196	196
Mn^{2+}	80		Ga^{3+}	62	62	I^-	216	220

* Shannon 数据引自 R. D. Shannon and C. T. Prewitt, *Acta Cryst.*, A32, 751(1976);括号内数字是离子的配位数,未注明的为 6。

离子半径的概念在预言物质性质、判断矿物中离子相互取代及共生等方面十分有用,但使用时要注意选用同一套数据,不能将来源不同的数据混用。

形成离子晶体时只有当正、负离子紧靠在一起,晶体才能稳定。离子能否完全紧靠与正、负离子半径之比 r_+/r_- 有关。取配位比为 6∶6 的晶体构型的某一层为例(图 10-20):

令 $r_- = 1$

则 $ac = 4, ab = bc = 2 + 2r_+$

因为 Δabc 为直角三角形,故

$$ac^2 = ab^2 + bc^2$$
$$4^2 = 2(2 + 2r_+)^2$$

可以解出　　　　　　　　　　　$r_+ = 0.414$

即 $r_+/r_- = 0.414$ 时,正、负离子直接接触,负离子也两两接触。如果 $r_+/r_- < 0.414$ 或 $r_+/r_- > 0.414$,就会出现如图 10-21 所示情况:在 $r_+/r_- < 0.414$ 时,负离子互相接触(排斥)而正、负离子接触不良,这样的构型不稳定。若晶体转入较少的配位数,如转入 4∶4 配位,这样正、负离子才能接触得比较好。在 $r_+/r_- > 0.414$ 时,负离子之间不接触,正、负离子能紧靠在一

起,这样的构型稳定。但是当 $r_+/r_->0.732$ 时,正离子就有可能紧靠上更多的负离子,使配位数增加到 8。根据这样的考虑,可以归纳出表 10-6 所示的关系。

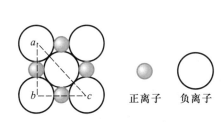

图 10-20　配位数为 6 的晶体中
正、负离子半径之比

正离子　　负离子

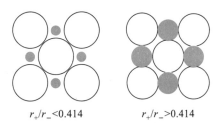

$r_+/r_-<0.414$　　　　$r_+/r_->0.414$

图 10-21　半径比与配位数的关系

表 10-6　离子半径比与配位数的关系

r_+/r_-	配位数	构型
0.225~0.414	4	ZnS 型
0.414~0.732	6	NaCl 型
0.732~1.00	8	CsCl 型

在不同的温度和压力下,离子晶体可以以不同晶体构型存在,如 CsCl 晶体在常温下是 CsCl 型,但在高温下可以转变为 NaCl 型。NH_4Cl 在 184.3 ℃ 以下为 CsCl 型,在 184.3 ℃ 以上为 NaCl 型。RbCl 和 RbBr 也存在同质异构现象,它们在通常情况下属于 NaCl 型,但在高压下可转变为 CsCl 型。因此,离子半径比规则只能帮助我们初步判断离子晶体的构型,而它们具体采取什么构型则应以实验测定为准。

10.3.2　晶格能

X 射线衍射实验能够测出晶体中各质点的电子相对密度。结果表明,氯化钠晶体是由具有 10 个电子的钠离子和 18 个电子的氯离子规则排列而成,说明离子晶体中含有正、负离子间的静电作用(离子键)。离子间的静电作用强度可用晶格能的大小来衡量。

在标准状态下,按下列化学反应计量式:

$$M_aX_b(s) \longrightarrow aM^{b+}(g)+bX^{a-}(g)$$

使离子晶体变为气态正离子和气态负离子时所吸收的能量称为晶格能[①],用 U 表示。晶格能的数据可以通过以下几种方法获得。

1. Born–Haber 循环

M. Born 和 F. Haber 设计了一个热化学循环,利用这一循环,可以根据实验数据计

---

① 按此定义,使晶格能的正负号与焓变的正负号保持一致。

算晶体的晶格能,通常称为晶格能的实验值。

$$K(s) \quad + \quad \frac{1}{2}Br_2(l) \quad \xrightarrow{\Delta_f H_m^\ominus} \quad KBr(s)$$

以 KBr(s) 为例:金属钾与液态溴作用生成 KBr 晶体是一个比较复杂的过程,反应过程中放出大量的热。从金属钾开始来分析这一过程。金属钾晶体变为气态钾原子,相当于升华或钾的原子化过程,要吸收热量以破坏金属键:

$$K(s) \xrightarrow{\text{升华}} K(g); \Delta_r H_{m,1}^\ominus = 89.2 \text{ kJ·mol}^{-1}$$

气态 K 原子电离成为 K^+,这一步也要吸收热量,相当于 K 的第一电离能:

$$K(g) - e^- \xrightarrow{\text{电离}} K^+(g); \Delta_r H_{m,2}^\ominus = 418.8 \text{ kJ·mol}^{-1}$$

再考虑溴。首先是液体溴的汽化,接着是双原子分子 Br_2 中共价键的断裂。这两步都是吸收热量的:

$$\frac{1}{2}Br_2(l) \xrightarrow{\text{汽化}} \frac{1}{2}Br_2(g); \Delta_r H_{m,3}^\ominus = 15.5 \text{ kJ·mol}^{-1}$$

$$\frac{1}{2}Br_2(g) \xrightarrow{\text{断键}} Br(g); \Delta_r H_{m,4}^\ominus = 96.5 \text{ kJ·mol}^{-1}$$

Br 原子获得电子时放出的热量,是 Br 的电子亲和能:

$$Br(g) + e^- \xrightarrow{\text{电子亲和能}} Br^-(g); \Delta_r H_{m,5}^\ominus = -324.7 \text{ kJ·mol}^{-1}$$

把这些过程的焓变结算一下。根据 Hess 定律:

$$K(s) + \frac{1}{2}Br_2(l) \longrightarrow K^+(g) + Br^-(g); \Delta_r H_m^\ominus = 295.3 \text{ kJ·mol}^{-1}$$

至此,从金属钾与液态溴作用,生成气态的 K^+ 和 Br^- 时,需要吸收大量的热。实验中金属钾与液态溴反应生成 KBr 晶体时放出大量的热[$\Delta_f H_m^\ominus(KBr, s) = -393.8 \text{ kJ·mol}^{-1}$],这些热量究竟从何而来? 这是因为从气态的 K^+ 和 Br^- 靠静电作用形成离子晶体时将放出大量的热。即

$$K^+(g) + Br^-(g) \longrightarrow KBr(s); \Delta_r H_{m,6}^\ominus = -689.1 \text{ kJ·mol}^{-1}$$

此值是基于上面的循环,根据能量守恒定律,即一步焓变值等于各步焓变值之和计算

得来的。所以

$$U = -\Delta_r H_{m,6}^{\ominus} = -\left[\Delta_r H_m^{\ominus} - \left(\Delta_r H_{m,1}^{\ominus} + \Delta_r H_{m,2}^{\ominus} + \Delta_r H_{m,3}^{\ominus} + \Delta_r H_{m,4}^{\ominus} + \Delta_r H_{m,5}^{\ominus} \right) \right]$$
$$= -\left[-393.8 - (89.2 + 418.8 + 15.5 + 96.5 - 324.7) \right] \text{ kJ} \cdot \text{mol}^{-1}$$
$$= 689.1 \text{ kJ} \cdot \text{mol}^{-1}$$

下面是利用这种方法推算出的一些离子晶体晶格能的实验值(单位是 $\text{kJ} \cdot \text{mol}^{-1}$):

NaF	923	NaCl	786	NaBr	747	NaI	704
KF	821	KCl	715	KI	649	BeO	4 443
MgO	3 791	CaO	3 401	SrO	3 223	BaO	3 054

2. Born-Landé 公式

既然晶格能来源于正、负离子间的静电作用,根据这种观点,就可以建立一些半经验公式,从理论上计算晶格能。

导出这些半经验的理论公式的出发点是:

(1) 离子晶体中的异号离子间有静电引力,同号离子间有静电斥力,这种静电作用符合 Coulomb 定律。

(2) 异号离子间虽有静电引力,但当它们靠得很近时,离子的电子云之间将产生排斥作用。电子云之间的排斥作用不能用 Coulomb 定律计算。排斥能被假定与离子间距离的 5 至 12 次方成反比。由此推导出来的计算晶格能的 Born-Landé 公式:

$$U = \frac{KA z_1 z_2}{R_0} \left(1 - \frac{1}{n} \right)$$

式中,K 为一常数;R_0 是正、负离子的核间距离,可由实验测知,如无实验数据则可近似地用正、负离子半径之和代替;z_1 与 z_2 分别为正、负离子电荷数的绝对值;A[①] 为 Madelung 常量,与晶体构型有关:

晶体构型:	CsCl	NaCl	ZnS
A:	1.763	1.748	1.638

公式中的 n 叫做 Born 指数,用以计算正、负离子相当接近时在它们的电子云之间产生的排斥作用。Born 认为这种排斥能与距离的 n 次方成反比。n 的数值与离子的电子层结构类型有关[②]:

结构类型:	He	Ne	Ar(Cu⁺)	Kr(Ag⁺)	Xe(Au⁺)
n:	5	7	9	10	12

当 R_0 以 pm,U 以 $\text{kJ} \cdot \text{mol}^{-1}$ 为单位时,$K = 1.389\,40 \times 10^5 \text{ kJ} \cdot \text{mol}^{-1} \cdot \text{pm}$,

---

① GB3102.13—93 中用 α 作为 Madelung 常量的符号。

② 如果正、负离子属于不同类型,则取其平均值。例如,NaCl 型的 Na⁺ 属于 Ne 型,Cl⁻ 属于 Ar 型,因此取 $n = \frac{1}{2}(7+9) = 8$。

$$U=\left[\frac{1.389\,40\times10^5\,Az_1z_2}{R_0}\left(1-\frac{1}{n}\right)\right]\ kJ\cdot mol^{-1}$$

以 NaCl 为例,用上式计算其晶格能。因 $R_0=(95+181)$ pm = 276 pm, $z_1=z_2=1$, $A=1.748$, $n=8$,代入公式可得 $U=770$ kJ·mol^{-1}。

用理论公式计算出的晶格能与实验值基本符合,说明导出理论公式时的推理基本正确,抓住了问题的实质。根据 Born-Landé 公式可知,在晶体类型相同时,晶体晶格能与正、负离子电荷数成正比,而与它们的核间距成反比。因此,离子电荷数大,离子半径小的离子晶体晶格能大,相应表现为熔点高、硬度大等性质(表 10-7)。晶格能也影响着离子化合物的溶解度,这将在第十二章 s 区元素中讨论。

表 10-7 离子电荷、半径对晶格能*及晶体熔点、硬度的影响

NaCl 型离子晶体	z_1	z_2	r_+/pm	r_-/pm	U/(kJ·mol^{-1})	熔点/℃	硬度(Mohs)
NaF	1	1	95	136	920	992	3.2
NaCl	1	1	95	181	770	801	2.5
NaBr	1	1	95	195	733	747	<2.5
NaI	1	1	95	216	683	662	<2.5
MgO	2	2	65	140	4 147	2 800	5.5
CaO	2	2	99	140	3 557	2 613	4.5
SrO	2	2	113	140	3 360	2 430	3.5
BaO	2	2	135	140	3 091	1 923	3.3

*表中晶格能值为理论计算值。

当离子相互极化显著的情况下,用理论公式计算所得值与实验值相差较大。

3. Капустинский 公式

在晶格能的理论公式中,Madelung 常量 A 随晶体的结构类型不同而有不同的值。对于结构尚未弄清的晶体,A 的数值无法确定。Капустинский 找到一条经验规律:A 约与 Σ 成正比(比值约等于 0.8),这里 $\Sigma=n_++n_-$,其中 n_+ 和 n_- 分别为晶体的化学式中正、负离子的数目(例如,CaCl$_2$ 晶体:$\Sigma=n_++n_-=1+2=3$)。于是,Капустинский 以 Σ 代替 A,并取定 Born 指数为 9,得出计算二元离子化合物晶格能的半经验公式:

$$U=\left(1.071\,5\times10^5\,\frac{\Sigma z_1z_2}{\{r_++r_-\}}\right)\ kJ\cdot mol^{-1}$$

后来又进一步改进,得到较精确的公式:

$$U=\left[1.202\times10^5\,\frac{\Sigma z_1z_2}{\{r_++r_-\}}\left(1-\frac{34.5}{\{r_++r_-\}}\right)\right]\ kJ\cdot mol^{-1}$$

用这个半经验公式计算所得的结果与实验值基本符合。

综上所述,晶格能的计算可以采用多种方法,各有其特点。例如,利用 Born-Haber 循环计算晶格能可以理解晶格能与其他有关过程(电离、升华、解离等)的能量之间的关系。利用理论公式计算晶格能则可以看出核间距离、离子电荷和配位数(反映在

Madelung 常量 A 上)等微观因素对晶格能的影响。至于利用 Капустинский 公式计算晶格能,则意味着在不了解晶体结构的细节情况下,也能求出晶格能。

应该指出,计算晶格能的半经验公式都是从有限的实验数据出发归纳总结出来的,具有一定的适用范围,超出这个适用范围,其计算结果将有很大的误差,这一点在使用这些经验公式时要充分注意。

10.3.3　离子极化

在离子晶体中有离子键向共价键过渡的情况。这种过渡突出地表现在它们的溶解度上。这里讨论离子极化就是要从本质上了解晶体中键型的过渡。

所有离子在外加电场的作用下,除了向带有相反电荷的极板移动外,在非常靠近电极板的时候本身都会变形。当负离子靠近正极板时,正极板把离子中的电子拉近一些,把原子核推开一些(图 10-22);正离子靠近负极板时则反之,负极板把离子中的电子推开一些,把原子核拉近一些,这种现象叫做离子的极化。

离子中的电子被核吸引得越不牢,则离子的极化率越大。极化率可以作为离子变形的一种量度。表 10-8 是实验测得的一些常见离子的极化率。从表中可以看出一些规律:离子半径越大,则极化率越大。负离子的极化率一般比正离子的极化率大。正离子带电荷较多的,其极化率较小;负离子带电荷越多的,则极化率较大。这些规律都可以从原子核对核外电子吸引得牢或不牢,从而使得离子不容易或容易变形来理解。

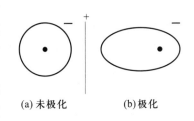

(a) 未极化　　(b) 极化

图 10-22　负离子在电场中的极化

表 10-8　离子的极化率

离子	$\alpha/(10^{-40}\ C\cdot m^2\cdot V^{-1})$	离子	$\alpha/(10^{-40}\ C\cdot m^2\cdot V^{-1})$	离子	$\alpha/(10^{-40}\ C\cdot m^2\cdot V^{-1})$
Li^+	0.034	B^{3+}	0.003 3	F^-	1.16
Na^+	0.199	Al^{3+}	0.058	Cl^-	4.07
K^+	0.923	Si^{4+}	0.018 4	Br^-	5.31
Rb^+	1.56	Ti^{4+}	0.206	I^-	7.90
Cs^+	2.69	Ag^+	1.91	O^{2-}	4.32
Be^{2+}	0.009	Zn^{2+}	0.32	S^{2-}	11.3
Mg^{2+}	0.105	Cd^{2+}	1.21	Se^{2-}	11.7
Ca^{2+}	0.52	Hg^{2+}	1.39	OH^-	1.95
Sr^{2+}	0.96	Ce^{4+}	0.81	NO_3^-	4.47

离子的最外层电子是被原子核吸引得最不牢的。对于简单负离子而言,通常具有稳定的 8 电子构型。对于正离子来说情况比较复杂,正离子的最外层有 8 电子构型的,也有多于 8 电子构型的。多于 8 电子构型的正离子,常见的有 9~17 电子构型

$(ns^2 np^6 nd^{1\sim9})$，如 Fe^{2+}，Cr^{3+} 等；18 电子构型 $(ns^2 np^6 nd^{10})$，如 Ag^+，Cd^{2+} 等；(18+2) 电子构型 $[(n-1)s^2(n-1)p^6(n-1)d^{10}ns^2]$，如 Pb^{2+}，Bi^{3+} 等。当其他条件(电荷数、离子大小)基本相同时，多于 8 电子构型的离子，如 18 电子构型和 9~17 电子构型的离子要比 8 电子构型离子的变形性大。

在离子晶体中，正离子和负离子作为带电粒子，可以看作是相应的电场。正离子的电场使负离子发生极化(即引起负离子变形)，负离子的电场则使正离子发生极化(即引起正离子变形)。离子的电荷越多，半径越小，则其电场越强，引起相反电荷的离子极化越厉害。如对于 Cl^- 来说，Li^+(半径为 60 pm)对它极化的作用大于 Na^+(半径为95 pm)的作用；Ca^{2+} 对它极化的作用大于 Na^+ 的作用(Ca^{2+} 与 Na^+ 半径相近，但 Ca^{2+} 所带正电荷是 Na^+ 的 2 倍)。

一般情况下，由正离子的电场引起的负离子的极化是极化作用的主要方面，只有当正离子最外层为 18 电子或 (18+2) 电子构型(如 Ag^+，Zn^{2+}，Pb^{2+} 等)时，正离子的变形性比较显著，此时负离子对正离子的极化也较显著。像 AgI 那样的晶体中，正、负离子间的相互极化很突出，两种离子的电子云都发生变形，离子键向共价键过渡的程度较大(图 10-23)。

未极化　　弱极化　　强极化

图 10-23　离子的极化

由于键型的过渡，键的极性减弱了。离子的电子云相互重叠，缩短了离子间的距离。例如，AgI 晶体中 Ag^+ 和 I^- 间的距离，按离子半径之和应是 (126+216) pm = 342 pm，实验测定却是 299 pm，缩短了 43 pm。

键型过渡在性质上的表现，最明显的是物质在水中溶解度的降低。离子晶体通常是可溶于水的。水的介电常数很大(约等于 80)，它会削弱正、负离子间的静电吸引，离子晶体进入水中后，正、负离子间的吸引力减小到约为原来的1/80，这样使正、负离子很容易受热运动的作用而互相分离。离子间极化作用明显时，离子键向共价键过渡的程度较大，水不能像减弱离子间的静电作用那样减弱共价键的结合力，所以离子极化作用显著地使晶体难溶于水。AgI 在水中的溶解度只有 3.0×10^{-7} g/100 g H_2O。

键型的过渡既缩短了离子间的距离，往往也减小了晶体的配位数。如硫化镉 CdS 的离子半径比 r_+/r_- 约为 0.53，按半径比规则应属于配位数为 6 的 NaCl 型晶体，实际上 CdS 晶体却属于配位数为 4 的 ZnS 型。其原因就在于 Cd^{2+} 和 S^{2-} 之间有显著的极化作用。极化作用使 Cd^{2+} 部分地钻入 S^{2-} 的电子云中，犹如减小了离子半径比 r_+/r_-，使之不再等于正、负离子未极化时的比值 0.53，而减小到小于 0.414。这种由于离子极化作用导致的配位数降低的现象，也可以从共价键具有饱和性和方向性角度得到解释。总之，由于极化而改变晶形、减小配位数的现象是很普遍的。

§ 10.4　分　子　晶　体

分子晶体是由极性分子或非极性分子通过分子间作用力或氢键聚集在一起的。

分子从总体上看是不显电性的，然而在温度足够低时许多气体可凝聚为液体，甚至凝固为固体,这是怎样的吸引力使这些分子凝聚在一起的呢?

这里有一个局部与整体的关系问题。虽然分子从总体上看不显电性,但是在分子中有带正电荷的原子核和带负电荷的电子,它们一直在运动着,只是保持着大致不变的相对位置。有了这样的认识,才能理解分子之间吸引力的来源。这种吸引力比化学键弱得多,即使在晶体中分子靠得很近时,也不过是后者的 1/10~1/100,但是在很多实际问题中却起着重要的作用。

10.4.1 分子的偶极矩和极化率

利用电学和光学等物理实验方法可以测出分子的一种基本性质——偶极矩,这是衡量分子极性的物理量。表 10-9 列出了一些分子的偶极矩的实验数据。

MOOC

教学视频
分子的偶极矩
和极化率

表 10-9　一些分子的偶极矩

分子式	$\mu/(10^{-30}\ C\cdot m)$	分子式	$\mu/(10^{-30}\ C\cdot m)$
H_2	0	SO_2	5.33
N_2	0	H_2O	6.17
CO_2	0	NH_3	4.90
CS_2	0	HCN	9.85
CH_4	0	HF	6.37
CO	0.40	HCl	3.57
$CHCl_3$	3.50	HBr	2.67
H_2S	3.67	HI	1.40

为了了解偶极矩的意义,首先对分子中的电荷分布作一分析。如前所说,分子中有正电荷部分(各原子核)和负电荷部分(电子)。例如,H_2 的正电荷部分就在两个核上,负电荷部分则在两个电子(共用电子对)上。像对物体的质量取中心(重心)那样,可以在分子中取一个正电荷中心和一个负电荷中心。对于 H_2 来说,这两个中心都正好在两核之间,重合在一起。偶极矩等于正电荷中心(或负电荷中心)上的电荷量乘以两个中心之间的距离。偶极矩是矢量,方向由正电荷中心指向负电荷中心。H_2 的正、负电荷中心之间的距离为零(二中心重合),所以偶极矩为零。像 H_2 这样的分子叫做非极性分子,表 10-9 中偶极矩为零的都是非极性分子,它们的正、负电荷中心都重合在一起。

与此相反,偶极矩不等于零的分子叫做极性分子,它们的正、负电荷中心不重合在一起。以 H_2O 为例,前面讨论过它是键角等于 104.5° 的非线性分子(图 10-24)。正电荷分布在 2 个 H 核和 1 个 O 核上,其中心应在三角形平面中的某一点(示意图中的 +号);由于 O—H 共用电子对偏向 O 原子,负电荷中心也在三角形平面中,但更靠近 O 原子核(示意图中的-号)。因此正、负电荷中心不重合,都在 ∠HOH 的等分线上。

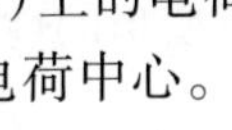

通常用下列符号表示非极性分子和极性分子:

图 10-24　H_2O 分子
的极性示意图

非极性分子　　极性分子

　　通常是根据实验测出的偶极矩推断分子构型的。例如,实验测得 CO_2 的偶极矩为零,为非极性分子,可以断言 CO_2 分子中的正、负电荷中心是重合的,由此推测 CO_2 分子应呈直线形,因为只有这样才能得到正、负电荷中心重合的结果(正、负电荷中心都在 C 原子核上)。又如,实验测知 NH_3 的偶极矩不等于零,是极性分子。由此可以推断 N 原子和 3 个 H 原子不会在同一平面上成为三角形构型,否则正、负电荷中心将重合在 N 原子核上,成为非极性分子。前面讨论 NH_3 时得出它的构型像一个三角锥,底上是 3 个 H 原子,锥顶是 N 原子。这种构型就是考虑了 NH_3 的极性而推测出来的。所以利用实验测定分子的偶极矩是推测和验证分子构型的一种有效方法。

　　双原子极性分子的正负端,如果是以单键形成的双原子分子,可由电负性来判断,即电负性大的一方为负端,电负性小的一方为正端。如果是以多重键形成的双原子分子,则要加以分析。例如,CO 为具有多重键的极性双原子分子,根据分子轨道理论的研究(参见图 9-26),对分子偶极矩贡献最大的 5σ 轨道中,电子密度较大的偏向 C 的一方,因此 CO 分子的负端在 C,正端在 O。

　　分子还有另一种基本性质——极化率,用它表征分子的变形性。分子可以看成是以原子核为骨架,电子受着骨架的吸引。但是,不论是原子核还是电子,无时无刻不在运动,每个电子都可能离开它的平衡位置,尤其是那些离核稍远的电子因被吸引得并不太牢,更是如此。不过离开平衡位置的电子很快又被拉了回来,轻易不能摆脱核骨架的束缚。但平衡是相对的,所谓分子构型其实只表现了在一段时间内的大体情况,每一瞬间都是不平衡的。分子的变形性与分子的大小有关。分子越大,包含的电子越多,就会有较多电子被吸引得较弱,分子的变形性也越大。通过实验,在外加电场的作用下,由于同性相斥,异性相吸,非极性分子原来重合的正、负电荷中心也可以被分开,极性分子原来不重合的正、负电荷中心可以被进一步分开。这种正、负两“极”(即电荷中心)分开的过程叫做极化(图 10-25)。极化率由实验测出,它反映分子在外电场作用下变形的性质(表 10-10)[1]。

动画
分子在电场中
的极化

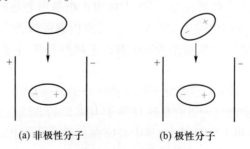

(a) 非极性分子　　　　　　(b) 极性分子

图 10-25　分子在电场中的极化

────────────

　　[1]　确切地说,由实验测得的极性分子的极化率,除了表明极性分子的变形性能以外,还包含着它们在电场中的取向作用。取向就是分子克服热运动的影响,在电场中将正电荷中心指向负极板和将负电荷中心指向正极板的一种运动。

表 10-10　一些分子的极化率*

分子式	$\alpha/(10^{-40}\ C\cdot m^2\cdot V^{-1})$	分子式	$\alpha/(10^{-40}\ C\cdot m^2\cdot V^{-1})$
He	0.227	HCl	2.85
Ne	0.437	HBr	3.86
Ar	1.81	HI	5.78
Kr	2.73	H_2O	1.61
Xe	4.45	H_2S	4.05
H_2	0.892	CO	2.14
O_2	1.74	CO_2	2.87
N_2	1.93	NH_3	2.39
Cl_2	5.01	CH_4	3.00
Br_2	7.15	C_2H_6	4.81

* 数据引自：E. A. Moelwyn-Hughes, *Physical Chemistry*, 373, 1957.

10.4.2　分子间的吸引作用

　　任何分子都有正、负电荷中心，非极性分子也有正、负电荷中心，不过是重合在一起罢了。任何分子又都有变形的性能。分子的极性和变形性是当分子互相靠近时分子间产生吸引作用的根本原因。

　　先看两个非极性分子(如氩分子)相遇时的情况。分子中的电子和原子核都在不停地运动着，运动的过程中它们会发生瞬时的相对位移，在每一瞬间分子的正、负电荷中心就可能不重合。虽然在一段时间内大体上看，分子的正、负电荷中心是重合的，表现为非极性分子，但每一瞬间却总是出现正、负电荷中心不重合的状态，形成了瞬时偶极[图 10-26(a)]。当两个非极性分子靠得较近，如相距只有几百皮米(氩分子本身的直径约为 348 pm)时，这两个分子的电荷中心可以处于异极相邻的状态[图 10-26(b)]。这样就在两个分子之间产生一种吸引作用，叫做色散作用。虽然每一瞬间的时间极短，但在下一瞬间仍然重复着这样异极相邻的状态[图 10-26(c)]。因此，在靠近的两个分子之间，色散作用始终存在着。只有当分子离得稍远时，色散作用才变得不显著。色散作用与分子的极化率有关，极化率越大的分子之间色散作用越强。

　　当极性分子(如 HCl 分子)和非极性分子(如 N_2 分子)靠近时，由于每种分子都有变形性，如上所述，在这两种分子之间显然会有色散作用。但除此之外，在这两种分子之间还有一种诱导作用。由于极性分子本身具有不重合的正、负电荷中心，当非极性分子与它靠近到几百皮米时，在极性分子的电场影响(诱导)下，非极性分子中原来重合着的正、负电荷中心被拉开(极化)了[图 10-27(b)]。两个分子保持着异极相邻的状态，在它们之间由此而产生的吸引作用叫做诱导作

MOOC

教学视频
van der Waals 力

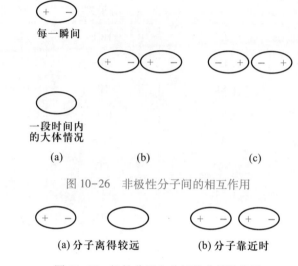

每一瞬间

一段时间内
的大体情况

(a)　　　　　　(b)　　　　　　(c)

图 10-26　非极性分子间的相互作用

(a) 分子离得较远　　　(b) 分子靠近时

图 10-27　极性分子和非极性分子的作用

用。诱导作用的强弱除与距离有关外，还与两个因素有关：一是极性分子的偶极矩，偶极矩越大则诱导作用越强；二是非极性分子的极化率，极化率越大则被诱导而"两极分化"越显著，产生的诱导作用越强。当然非极性分子诱导出的偶极对极性分子也会产生诱导作用。

　　当两个极性分子（如 H_2S 分子）靠近时，分子间依然有色散作用。此外它们由于同极相斥，异极相吸的结果，使分子在空间的运动循着一定的方向，成为异极相邻的状态[图 10-28(b)]。由于极性分子的取向而产生的分子之间的吸引作用叫做取向作用。取向作用的强弱除了与分子间距离和系统的温度有关外，还取决于极性分子的偶极矩。偶极矩越大则取向作用越强。

　　取向作用使两个极性分子更加接近，两个分子相互诱导，使每个分子的正、负电荷中心分得更开[图 10-28(c)]，所以它们之间也还有诱导作用。

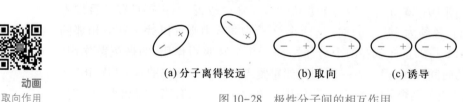

(a) 分子离得较远　　　(b) 取向　　　(c) 诱导

图 10-28　极性分子间的相互作用

　　总之，在非极性分子之间，只有色散作用，在极性分子和非极性分子之间，有诱导作用和色散作用；在极性分子之间，则有取向、诱导和色散作用。这三种作用都是吸引作用，分子间力就是这三种吸引力的总称，有时也把分子间力叫做 van der Waals 力。

　　表 10-11 列举了几种分子间吸引作用的数值，所有数值都用能量单位表示。从这些数值可以看出，除了偶极矩很大的分子（如 H_2O）之外，色散作用是最主要的吸引作用，诱导作用所占成分最少。为了便于比较，分子间的距离都取为 500 pm。

表 10-11 分子间的吸引作用

两分子间距离 = 500 pm, T = 298 K

分子	取向能/(10^{-22} J)	诱导能/(10^{-22} J)	色散能/(10^{-22} J)	总和/(10^{-22} J)
He	0	0	0.05	0.05
Ar	0	0	2.9	2.9
Xe	0	0	18	18
CO	0.000 21	0.003 7	4.6	4.6
CCl_4	0	0	116	116
HCl	1.2	0.36	7.8	9.4
HBr	0.39	0.28	15	16
HI	0.021	0.10	33	33
H_2O	11.9	0.65	2.6	15
NH_3	5.2	0.63	5.6	11

　　分子间的取向、诱导和色散作用是相互联系的。我国著名的量子化学家唐敖庆等考虑到它们的内在联系,依据内在联系的本质,统一处理分子间的三种作用力,得到了更深刻的认识,发展了分子间力的理论[①]。

　　在实际工作中利用分子间力的地方很多。例如,化工行业用空气氧化甲苯制取苯甲酸,未起反应的甲苯随尾气逸出,可以用活性炭吸附回收甲苯蒸气,空气则不被吸附而放空。这可以使用甲苯、氧和氮分子的变形性来理解。甲苯 C_7H_8 分子比 O_2 或 N_2 分子大得多,变形性显著。在同样的条件下,变形性越大的分子越容易被吸附,利用活性炭分离出甲苯就是根据这一原理。防毒面具滤去氯气等有毒气体而让空气通过,其原理也是相同的。近年来生产和科学实验中广泛使用的气相色谱,就是利用了各种气体分子的极性和变形性不同而被吸附的情况不同,从而分离、鉴定气体混合物中的各种成分。

10.4.3　氢键

先研究卤素氢化物的沸点:

	HF	HCl	HBr	HI
沸点/℃	19.9	−85.0	−66.7	−35.4

---

① 参见唐敖庆等,科学记录,1,219(1957);2,135(1958)。

气体能够凝聚为液体,是由于分子间的吸引作用。分子间吸引作用越强,则液体越不易汽化,所以沸点越高。从表 10-11 可以看出:HCl,HBr 和 HI 三种氢化物分子间的吸引作用中色散作用是主要的。

	HCl	HBr	HI
极化率	小 ——————→		大
色散作用	弱 ——————→		强
沸点	低 ——————→		高

按此规律,HF 分子的变形性不及 HCl 分子的大(HF 的极化率为 $0.89 \times 10^{-40} \mathrm{C \cdot m^2 \cdot V^{-1}}$),HF 的沸点应该低于 $-85.0\ ℃$,而事实上却高达 $19.9\ ℃$,这是什么原因呢? 研究发现,在 HF 分子之间除了前面所说的分子间的三种吸引作用外,还有一种叫做氢键的作用。

F 原子的外层电子构型是 $2s^2 2p^5$,其中 2p 亚层的一个未成对电子与 H 原子的 1s 电子配对,形成共价键。由于 F 的电负性(3.98)比 H 的电负性(2.18)大得多,共用电子对强烈地偏向 F 的一边,使 H 原子的核几乎裸露出来。F 原子上还有三对孤对电子,在几乎裸露的 H 原子核与另一个 HF 分子中 F 原子的某一孤对电子之间产生一种吸引作用,这种吸引作用叫做氢键。通常用虚线表示(图 10-29)。

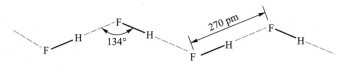

图 10-29　HF 分子间氢键

HF 分子在固态、液态,甚至是气态时都是以锯齿形链相聚合的,这种链是由氢键形成的。氢键的键能通常指破坏每单位物质的量的 H⋯F 氢键所需能量,实验测知此值约为 $28\ \mathrm{kJ \cdot mol^{-1}}$,仅为 F—H 键能($565\ \mathrm{kJ \cdot mol^{-1}}$)的 1/20。氢键的键长为 270 pm,指的是 F—H⋯F 中 2 个 F 原子之间的距离。

氢可与电负性大、原子半径小且具有孤对电子的元素原子结合并形成氢键。这样的元素中氟、氧、氮与氢所形成的氢键最为突出,它们所形成的氢键键能分别为 $25 \sim 40\ \mathrm{kJ \cdot mol^{-1}}$,$13 \sim 29\ \mathrm{kJ \cdot mol^{-1}}$ 和 $5 \sim 21\ \mathrm{kJ \cdot mol^{-1}}$。

氢键的键能比共价键的键能小得多,但是有一点却与共价键相仿,氢键一般也有饱和性和方向性,而取向、诱导或色散作用则不具有这些性质。如液态水中,H_2O 分子靠氢键结合起来,形成缔合分子,一个 H_2O 分子可形成四个氢键,如图 10-30 所示。

O—H 只能和 1 个 O 原子相结合而形成 O—H⋯O 键,H 原子非常小,第三个 O 原子在靠近它之前,早就被已经结合的 O 原子排斥开了,这是氢键的饱和性。此外,当 O 原子靠近 O—H 的 H 原子形成氢键时,尽量使 O—H⋯O 保持直线形,这样 2 个 O 原子间的斥力最小才能吸引得牢,这是氢键的方向性。当然,X—H 和另一分子的原子 Y 形成氢键时,X—H⋯Y 也并非总能保持直线形,而更多呈弯曲状,即 $\angle XHY \neq 180°$,此时,氢键键长仍定义为 X—Y 之间的核间距。

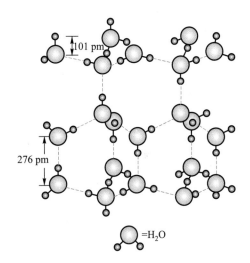

图 10-30　H_2O 分子间的氢键(冰中)

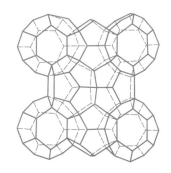

图 10-31　笼形水合物$[Cl_2(H_2O)_{7.25}]$

由于氢键的存在,冰和水具有很多不寻常的性质。氢键具有饱和性和方向性,使得冰靠氢键的作用结合成的晶体含有许多空洞的结构,因而冰的密度小于水,并浮在水面上,才使得江河湖泊中的生物在冬季免于冻死。

由氢键结合而成的水分子笼将外来分子或离子包围起来形成笼形水合物。例如,组成为 $Cl_2(H_2O)_{7.25}$ 的笼形水合物的十四面体或十二面体就是由氢键维系在一起的(图 10-31)。Cl_2 分子位于十四面体内。高压下地层和海洋深处的甲烷可形成笼形水合物,海底天然气可能就是以这种形式存在的。

氢键在分子聚合、结晶、溶解、晶体水合物形成等重要物理化学过程中,起着重要作用。当氨水冷却时,$NH_3 \cdot H_2O$ 和 $2NH_3 \cdot H_2O$ 等水合氨分子晶体可以沉淀出来,此类化合物中氨分子和水分子通过氢键结合。此外,在 H_3BO_3 晶体、$NaHCO_3$ 晶体中,都有 O—H⋯O 氢键。

在有机羧酸、醇、酚和胺中也都有氢键存在,如甲酸靠氢键形成双聚体结构:

$$
\begin{array}{c}
\text{H—C} \begin{array}{c} \text{O—H⋯O} \\ \text{O⋯H—O} \end{array} \text{C—H}
\end{array}
$$

除了分子间氢键外,还有分子内氢键。硝酸分子中存在分子内氢键,使之形成多原子环状结构(图 10-32)。硝酸的熔点和沸点较低,酸性比其他强酸稍弱,都与分子内氢键有关。

氢键在许多生物大分子如蛋白质中起着重要作用,在通常温度下氢键容易形成和破坏,这在生理过程中是重要的。有人还提出氢键在遗传机制中起着重要作用。

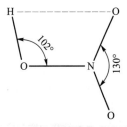

图 10-32　HNO_3 分子中的分子内氢键

§10.5　层 状 晶 体

　　前面已介绍了三种典型的化学键及由这些化学键和分子间作用力所构成的四种典型晶体。实际上在这些键型和晶体类型之间没有绝对界限。三种键型之间存在交融,每一种键型都存在其他键型的成分,形成一系列过渡性键型,从而产生一系列过渡型晶体结构。

　　在元素周期表中绝大多数元素单质是金属晶体,分布在左侧,从左向右,化学键型由金属键向共价键转变,晶形由金属晶体向分子晶体转变。周期表右侧的非金属单质是分子晶体,如 F_2,Cl_2,I_2,O_2,N_2 及稀有气体单质。在典型的分子晶体与金属晶体之间的过渡区域内存在着混合型晶体。石墨就是典型的混合型晶体。

　　石墨具有层状结构(图 10-33),又称层状晶体。同一层的 C—C 键长为 142 pm,层与层之间的距离是 340 pm。在这样的晶体中,C 原子采用 sp^2 杂化轨道,彼此之间以 σ 键连接在一起。每个 C 原子周围形成 3 个 σ 键,键角120°,每个 C 原子还有 1 个 2p 轨道,其中有 1 个 2p 电子。这些 2p 轨道都垂直于 sp^2 杂化轨道的平面,且互相平行。互相平行的 p 轨道满足形成 π 键的条件。同一层中有很多 C 原子,所有 C 原子的垂直于 sp^2 杂化轨道平面的 2p 轨道中的电子,都参与形成了 π 键,这种包含着很多个原子的 π 键叫做大 π 键。因此石墨中 C—C 键长比通常的 C—C 单键(154 pm)略短,比 C=C 双键(134 pm)略长。

　　大 π 键中的电子并不定域于两个原子之间,而是非定域的,可以在同一层中运动。正如金属键一样,大 π 键中的电子使石墨具有金属光泽,并具有良好的导电性和导热性。层与层之间的距离较远,它们是靠分子间力结合起来的。这种引力较弱,所以层与层之间可以滑移。石墨在工业上用作润滑剂就是利用这一特性。

　　总之,石墨晶体中既有共价键,又有类似于金属键那样的非定域大 π 键和分子间力,它实际上是一种混合键型的晶体。还有许多化合物也是层状结构的晶体,如六方氮化硼等。

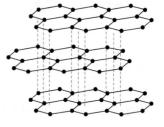

图 10-33　石墨的层状晶体结构

思 考 题

　　1. 区分下列各对概念并加以解释:

　　(1) 晶格与晶胞;　　　(2) 本征缺陷与杂质缺陷;

　　(3) 晶体与无定形体;　　(4) 极化力与极化率。

　　2. 在晶体密堆积结构中,每个粒子的配位数是多少? 六方密堆积与面心立方密堆积的主要区别在哪里?

　　3. "六方密堆积与面心立方密堆积中都存在着四面体空隙""在 NaCl 晶体结构中,Cl^-粒子堆积形成了八面体空隙,所以 NaCl 晶体不属于密堆积结构"这两句话是否正确?

　　4. 每个体心立方晶胞中含有 9 个原子,此话对否? 如何计算晶胞所含原子数?

　　5. 只有金属晶体采取密堆积,此话对否?

　　6. "由于离子键没有方向性和饱和性,所以离子在晶体中趋向于紧密堆积方式",此话对否?

NaCl 型晶体离子配位数为 6,立方 ZnS 型晶体离子配位数仅为 4,这与上述的紧密堆积是否矛盾?

7. 离子半径的推算方法主要有哪几种? 简要说明之。几种方法所得到的离子半径值是否完全相等? 由此联想到选用离子半径数据时要注意什么?

8. 当温度不同时,RbCl 可能以 NaCl 型或 CsCl 型结构存在,(1) 每种结构中正离子与负离子的配位数各是多少? (2) 哪一种结构中 Rb 的半径较大?

9. 闪锌矿晶胞中 Zn^{2+} 与 S^{2-} 各有几个? 除了 AB 型离子晶体外,你还了解有哪些其他类型离子晶体?

10. 金属原子堆积方式与离子晶体堆积方式有无相似之处? 对照模型,比较金属原子的三种基本堆积方式,以及两种离子晶体(CsCl 型、NaCl 型)的特征,它们的原子配位数分别是多少?

11. 晶格能数据的获得途径有哪些? 举例说明晶格能实验值计算过程。

12. 离子晶体晶格能理论公式推导的基础是什么? 联系该理论公式,可推知晶格能与离子半径、离子电荷、配位数有什么关系? 由此是否可寻求典型离子晶体熔点、沸点随离子半径、电荷变化的规律? 举例说明。

13. 离子的极化力、变形性与离子电荷、半径、电子层结构有何关系? 离子极化对晶体结构和性质有何影响? 举例说明。

14. 试用离子极化的概念讨论,Cu^+ 与 Na^+ 虽然半径相近,但 CuCl 在水中溶解度比 NaCl 小得多的原因。

15. 化学键与分子间力的本质区别何在?

16. 下列说法是否正确? 为什么?

(1) 具有极性共价键的分子,一定是极性分子。

(2) 非极性分子中的化学键,一定是非极性的共价键。

(3) 非极性分子间只存在色散力,极性分子与非极性分子之间只存在诱导力,极性分子间只存在取向力。

(4) 氢键就是氢和其他元素间形成的化学键。

17. 氢键形成必须具备哪些基本条件? 举例说明氢键存在对物性的影响。

18. 试说明石墨的结构是一种混合型的晶体结构。利用石墨作电极或作润滑剂各与它的晶体中哪一部分结构有关? 金刚石为什么没有这种性能?

习　题

1. 填充下表:

物质	晶体中质点间作用力	晶体类型	熔点/℃
KI			880
Cr			1 907
BN(立方)			3 300
BBr$_3$			−46

2. 根据晶胞参数,判断下列物质各属于何种晶系?

化合物	a/nm	b/nm	c/nm	α	β	γ	晶系
Sb	6.23	6.23	6.23	57°5′	57°5′	57°5′	
TiO$_2$	4.58	4.58	2.95	90°	90°	90°	
Cu	0.356	0.356	0.356	90°	90°	90°	
FeSO$_4$·7H$_2$O	15.34	10.98	20.02	90°	90°	104°15′	

3. 根据离子半径比推测下列物质的晶体各属何种类型。

(1) KBr;　　　(2) CsI;　　　(3) NaI;　　　(4) BeO;　　　(5) MgO。

4. 利用 Born-Haber 循环计算 NaCl 的晶格能。

5. 试通过 Born-Haber 循环,计算 $MgCl_2$ 的晶格能,并用 Капустинский 公式计算出晶格能,再确定两者的符合程度(已知镁的 I_2 为 1 457 $kJ \cdot mol^{-1}$)。

6. KF 晶体属于 NaCl 构型,试利用 Born-Landé 公式计算 KF 晶体的晶格能。已知从 Born-Haber 循环求得的晶格能为 821 $kJ \cdot mol^{-1}$,比较实验值和理论值的符合程度。

7. 下列物质中,何者熔点最低?

(1) NaCl;　　　(2) KBr;　　　(3) KCl;　　　(4) MgO。

8. 列出下列两组物质熔点由高到低的次序。

(1) NaF,NaCl,NaBr,NaI;

(2) BaO,SrO,CaO,MgO。

9. 指出下列离子的外层电子构型属于哪种类型$[8e^-,18e^-,(18+2)e^-,(9\sim17)e^-]$。

(1) Ba^{2+};　　　(2) Cr^{3+};　　　(3) Pb^{2+};　　　(4) Cd^{2+}。

10. 指出下列离子中,何者极化率最大。

(1) Na^+;　　　(2) I^-;　　　(3) Rb^+;　　　(4) Cl^-。

11. 写出下列物质的离子极化作用由大到小的顺序。

(1) $MgCl_2$;　　　(2) NaCl;　　　(3) $AlCl_3$;　　　(4) $SiCl_4$。

12. 讨论下列物质的键型有何不同。

(1) Cl_2;　　　(2) HCl;　　　(3) AgI;　　　(4) NaF。

13. 指出下列各固态物质中分子间作用力的类型。

(1) Xe;　　　(2) P_4;　　　(3) H_2O;

(4) NO;　　　(5) BF_3;　　　(6) C_2H_6;　　　(7) H_2S。

14. 指出下列物质何者不含有氢键。

(1) $B(OH)_3$;　(2) HI;　　　(3) CH_3OH;　(4) $H_2NCH_2CH_2NH_2$。

15. 对下列各对物质的沸点的差异给出合理的解释。

(1) HF(20 ℃)与 HCl(-85 ℃);

(2) NaCl(1 465 ℃)与 CsCl(1 290 ℃);

(3) $TiCl_4$(136 ℃)与 LiCl(1 360 ℃);

(4) CH_3OCH_3(-25 ℃)与 CH_3CH_2OH(79 ℃)。

16. 试用离子极化的观点解释 AgF 易溶于水,而 AgCl,AgBr 和 AgI 难溶于水,并且由 AgF 到 AgBr 再到 AgI 溶解度依次减小的现象。

17. 指出下列各组物质中某种性质之最的化学式:

(1) 沸点最高:NaCl,Na,Cl_2;

(2) 溶解度最小:NaF,NaCl,CaF_2,$CaCl_2$;

(3) 汽化热最大:H_2O,H_2S,H_2Se,H_2Te;

(4) 熔化焓最小:H_2O,CO_2,MgO,SiO_2。

第十一章　　　　　配合物结构

第十一章
学习引导

第十一章
教学课件

第五章已经讨论过配位反应,对一些配位化合物的生成与解离及其稳定性已有了初步的了解。那么配合物的结构有什么特征? 中心离子和配位原子又是如何结合的?这些问题都需要配合物的结构理论来解决。

和其他理论一样,配合物化学键理论的建立也是以实验事实为依据的,进而再对实验事实作出解释。对大量配合物的研究得知,有些配合物有较高的稳定性,而有些配合物的稳定性却较低;相当数量的配合物具有颜色;配合物中心离子(或原子)的配位数有的大、有的小;配位数不同的配合物其空间构型不同;各种配合物的磁性也不尽相同。配合物的这些性质都与结构有关。在介绍配合物化学键理论之前,先介绍配合物的空间构型、异构现象和磁性。

§11.1　配合物的空间构型、异构现象和磁性

研究配合物的空间构型、异构现象和磁性对于深入了解配合物中化学键的性质,揭示配合物的反应机理和催化作用等具有十分重要的意义。

11.1.1　配合物的空间构型

配合物的空间构型指的是配体围绕着中心离子(或原子)排布的几何构型。目前已有多种方法测定配合物的空间构型。普遍采用的是 X 射线对配合物晶体的衍射。这种方法能够比较精确地测出配合物中各原子的位置、键角和键长等,从而得出配合物分子或离子的空间构型。空间构型与配位数的多少密切相关。现将其中主要空间构型列在表 11-1 中。

表 11-1　配合物的空间构型

配位数	空间构型	配合物
2	直线形 	$[Ag(NH_3)_2]^+$, $[Cu(NH_3)_2]^+$, $[AgBr_2]^-$, $[Ag(CN)_2]^-$
3	平面三角形 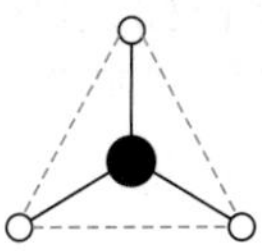	$[HgI_3]^-$

续表

配位数	空间构型	配合物
4	四面体	$[BeF_4]^{2-}$,$[BF_4]^-$,$[HgCl_4]^{2-}$,$[Zn(NH_3)_4]^{2+}$,$Ni(CO)_4$
	平面正方形	$[Ni(CN)_4]^{2-}$,$[PtCl_2(NH_3)_2]$,$[Cu(NH_3)_4]^{2+}$,$[PdCl_4]^{2-}$,$[AuCl_4]^-$
5	四方锥	$[SbCl_5]^{2-}$,$[MnCl_5]^{2-}$,$[Co(CN)_5]^{3-}$,$[InCl_5]^{2-}$
	三角双锥	$[CuCl_5]^{3-}$,$[CdI_5]^{3-}$,$Fe(CO)_5$,$[Mn(CO)_5]^-$
6	八面体	$[Co(NH_3)_6]^{3+}$,$[Fe(CN)_6]^{3-}$,$[SiF_6]^{2-}$,$[AlF_6]^{3-}$,$[PtCl_6]^{2-}$

MOOC

教学视频
配合物的空间
构型和磁性

　　配合物的配位数在 2~14 之间,常见的配位数为 2,4,6,此外较重要的还有 5。

　　二配位的配合物的中心金属离子大多具有 d^{10} 电子构型,如 Ag^+,Cu^+ 和 Hg^{2+} 等,它们形成的二配位配合物的空间构型为直线形。

　　四配位配合物是常见且又十分重要的。非过渡元素的四配位配合物大多是四面体构型,如 $[BeCl_4]^{2-}$ 和 $[BF_4]^-$ 等,这是因为采取四面体构型,配体间能尽量远离,静电斥力最小,能量最低。四配位配合物也有平面正方形构型的,如 $[Cu(NH_3)_4]^{2+}$ 等。

　　可见,配合物空间构型不仅仅取决于配位数,还与中心离子和配体的种类有关,如 $[NiCl_4]^{2-}$ 是四面体构型,而 $[Ni(CN)_4]^{2-}$ 则为平面正方形。

　　六配位配合物最为常见,其空间构型一般为八面体。

　　五配位配合物虽然为数不多,但却是很重要的配合物。人们在研究配合物的反应动力学时发现,无论四配位还是六配位,在化合物的取代反应历程中,都可以形成不稳定的五配位中间产物,类似的现象也出现在许多重要催化反应及生物体内的某些生化反应中。五配位配合物具有两种基本结构形式,即三角双锥和四方锥,两种构型中以前者为主。

11.1.2　配合物的异构现象

如前所述,配合物具有不同配位数和复杂多变的几何构型,因而造成了各种异构现象。两种或两种以上化合物,具有相同的原子种类和数目,但结构不同,这种现象叫异构现象。配合物的异构现象有多种,如配位异构、键合异构等,这里只讨论几何异构和旋光异构。

1. 几何异构现象

几何异构现象主要发生在配位数为 4 的平面正方形和配位数为 6 的八面体构型的配合物中。在这类配合物中,按照配体对于中心离子的不同位置,通常分为顺式(cis)和反式(trans)两种异构体。早年,Werner 研究了 Pt(Ⅱ)的四配位化合物。[PtCl₂(NH₃)₂]的空间构型是平面正方形,具有两种几何异构体。两个相同的配体处于正方形相邻两顶角的叫做顺式异构体,处于对角的则叫做反式异构体。

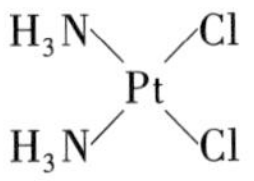

顺式(cis)异构体 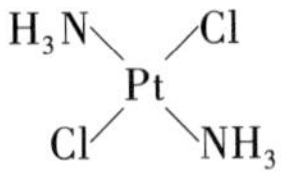　　　反式(trans)异构体

这两种几何异构体的性质不相同: cis-[PtCl₂(NH₃)₂]呈棕黄色,为极性分子(在水中溶解度为 0.258 g/100 gH₂O),邻位的 Cl⁻可被 OH⁻取代,然后被草酸根取代:

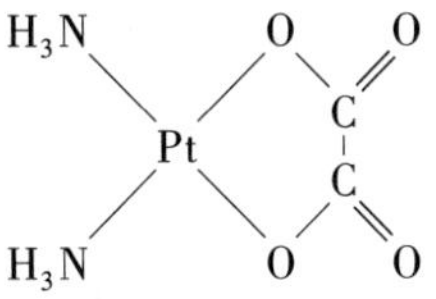

而 $trans$-[PtCl₂(NH₃)₂]呈淡黄色,为非极性分子(在水中难溶,溶解度仅为 0.037 g/100 gH₂O),不能转变为草酸配合物。

显然,配位数为 4 的四面体配合物及配位数为 2 和 3 的配合物不存在几何异构体,因为在这些构型中所有的配位位置彼此相邻或相反。

上述几何异构现象不只局限于学术上的意义,Pt(Ⅱ)配合物用于癌症治疗时,只有顺式异构体才能与癌细胞 DNA 上的碱基结合而显示治癌活性[①]。

配位数为 6 的八面体配合物也存在顺、反异构体[②]。例如,[CoCl₂(NH₃)₄]⁺的顺式

---

① DNA 是脱氧核糖核酸,为生物遗传物质,它具有由两条多核苷酸链围绕一个轴相互盘绕而构成的双螺旋结构,其内部的碱基通过氢键偶合。顺铂的抑癌机理可能为本身解离出 Cl⁻后,再进攻癌细胞的碱基,形成碱基-铂-碱基交联,阻止了癌细胞的分裂,而反式异构体由于空间效应,不能与 DNA 的两个碱基配位,起不到抑癌的作用。

② 具有[MX₃A₃]型式的配离子(如[PtCl₃(NH₃)₃]⁺的顺、反异构体分别称为面式(fac),经式(mer)异构体:

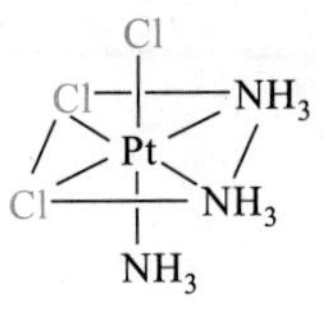

面式(fac) 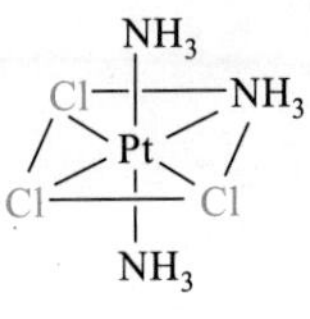　　　经式(mer)

异构体中两个 Cl 共占八面体的一个边[图 11-1(a)];其反式异构体的两个 Cl 处于八面体对角位置[图 11-1(b)]。由于结构上的差异,使得两种异构体的性质有所不同。例如,cis-$[CoCl_2(NH_3)_4]^+$ 呈现紫色,$trans$-$[CoCl_2(NH_3)_4]^+$ 则呈绿色。

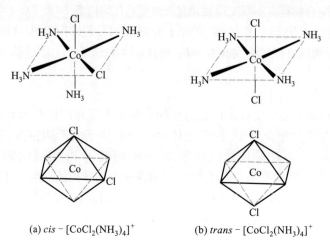

(a) cis - $[CoCl_2(NH_3)_4]^+$　　　　(b) $trans$ - $[CoCl_2(NH_3)_4]^+$

图 11-1　$[CoCl_2(NH_3)_4]^+$的几何异构体

2. 旋光异构现象

旋光异构又称光学异构。旋光异构现象是由于分子的特殊对称性[①]形成的两种异构体而导致旋光性相反的现象。两种旋光异构体的对称关系犹如一个人的左手和右手,互成镜像关系(图 11-2)。右手的镜像看来与左手一样,但与实际的右手不能重合。旋光异构体能使偏振光发生方向相反的偏转。例如,cis-$[CoCl_2(en)_2]^+$与它的镜像是不能重合的(图 11-3),该分子与其镜像彼此互为异构体。具有旋光性的分子称为手性分子。

$[CoCl_2(en)_2]^+$的顺式异构体可形成一对旋光活性异构体,而反式异构体则往往没有旋光活性,其分子不是手性分子(图 11-4)。

含双齿配体的六配位螯合物(如$[CoCl_2(en)_2]^+$和$[Co(en)_2(NO_2)_2]^+$等)都可能具有旋光活性。

平面正方形的四配位化合物通常没有旋光活性,而四面体构型的配合物则常有旋光活性。

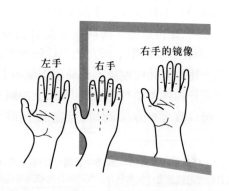

图 11-2　人手与其镜像不重合

---

① 这类分子没有对称中心,没有对称面。

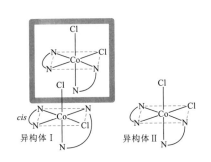

图 11-3　cis-$[CoCl_2(en)_2]^+$的旋光异构体

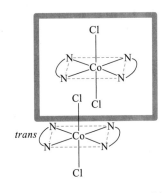

图 11-4　$trans$-$[CoCl_2(en)_2]^+$
与其镜像相同(无旋光活性)

11.1.3　配合物的磁性

　　配合物的磁性是配合物的重要性质之一,它为配合物结构的研究提供了重要的实验依据。

　　物质的磁性是指它在磁场中表现出来的性质。若把所有的物质分别放在磁场中,按照它们受磁场的影响可分为三类:反磁性物质、顺磁性物质和铁磁性物质。磁力线通过反磁性物质时,比在真空中受到的阻力大。外磁场力图把这类物质从磁场中排斥出去。磁力线通过顺磁性物质时,比在真空中来得容易。外磁场倾向于把这类物质吸向自己。此外,被磁场强烈吸引的物质叫做铁磁性物质。例如,铁、钴、镍及其合金都是铁磁性物质。

　　上述不同表现主要与物质的电子自旋有关。若这些物质中的电子都是偶合成对的,由电子自旋产生的磁效应彼此抵消,这种物质在磁场中表现出反磁性。反之,有未成对电子存在时,由电子自旋产生的磁效应不能抵消,这种物质就表现出顺磁性。

　　大多数的物质都是反磁性的。氢分子是反磁性的,因为它的两个自旋方式不同的电子已偶合成对。顺磁性物质都含有未成对的电子,如 O_2,NO,NO_2,ClO_2。d 区元素中许多金属离子,以及由它们组成的简单化合物和配合物常具有顺磁性。

　　顺磁性物质的分子中如含有不同数目的未成对电子,则它们在磁场中产生的磁效应也不同,这种磁效应可以由实验测出。通常用物质的磁矩(μ)来表示顺磁性物质在磁场中产生的磁效应。物质的磁矩与分子中的未成对电子数(n)有如下的近似关系:

$$\mu = \sqrt{n(n+2)}\,\mu_B \quad [1]$$

根据此式,可用未成对电子数目 n 估算磁矩 μ;反之,也可以由实验测得的磁矩推算分子中的未成对电子数。

未成对电子数(n)	0	1	2	3	4	5
$\mu/\mu_B \approx$	0	1.73	2.83	3.87	4.90	5.92

---

[1]　μ_B 为玻尔磁子,是磁矩的单位。$1\,\mu_B = 9.274 \times 10^{-24}\ \text{J} \cdot \text{T}^{-1}$(T:Tesla)。

　　由实验测得的磁矩与以上估算值略有出入。现将由实验测得的一些配合物的磁矩列在表 11-2 中。

表 11-2　一些配合物的磁矩

中心离子 d 电子数	配合物	μ/μ_B（实验值）	未成对 d 电子数	μ/μ_B（估算值）
1	$[Ti(H_2O)_6]^{3+}$	1.73	1	1.73
2	$[V(H_2O)_6]^{3+}$	2.75~2.85	2	2.83
3	$[Cr(H_2O)_6]^{3+}$	3.70~3.90	3	3.87
	$[Cr(NH_3)_6]Cl_3$	3.88	3	3.87
	$K_2[MnF_6]$	3.90	3	3.87
4	$K_3[Mn(CN)_6]$	3.18	2	2.83
5	$[Mn(H_2O)_6]^{2+}$	5.65~6.10	5	5.92
	$K_4[Mn(CN)_6]\cdot3H_2O$	1.80	1	1.73
	$K_3[FeF_6]$	5.90	5	5.92
	$K_3[Fe(CN)_6]$	2.40*	1	1.73
	$NH_4[Fe(EDTA)]$	5.91	5	5.92
6	$[Fe(H_2O)_6]^{2+}$	5.10~5.70	4	4.90
	$K_3[CoF_6]$	5.26	4	4.90
	$[Co(NH_3)_6]^{3+}$	0	0	0
	$[Co(CN)_6]^{3-}$	0	0	0
	$[CoCl_2(en)_2]^+$	0	0	0
	$[Co(NO_2)_6]^{3-}$	0	0	0
	$[Fe(CN)_6]^{4-}$	0	0	0
7	$[Co(H_2O)_6]^{2+}$	4.30~5.20	3	3.87
	$[Co(NH_3)_6](ClO_4)_2$	4.26	3	3.87
	$[Co(en)_3]^{2+}$	3.82	3	3.87
8	$[Ni(H_2O)_6]^{2+}$	2.80~3.50	2	2.83
	$[Ni(NH_3)_6]Cl_2$	3.11	2	2.83
	$[Ni(CN)_4]^{2-}$	0	0	0
9	$[Cu(H_2O)_4]^{2+}$	1.70~2.20	1	1.73

*见 § 11.2 的说明。

　　物质的磁性通常借助磁天平（图11-5）测定。反磁性的物质在磁场中由于受到磁场力的排斥作用而使重量减轻，顺磁性的物质在磁场中受到磁场力的吸引而使重量增加。由物质的重量变化值计算磁矩大小，从而确定未成对电子数。

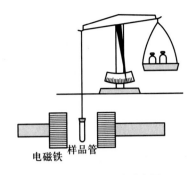

图 11-5　磁天平示意图

电磁铁　样品管

图片
磁天平示意图

§ 11.2　配合物的化学键理论

　　关于配合物的化学键理论有价键理论、晶体场理论、配位场理论和分子轨道理论等。

　　价键理论是杂化轨道理论和电子对成键概念在配合物中的应用和发展。虽然该理论提出得早,如今已很少使用,但讨论化学键时仍然要使用杂化的概念。晶体场理论是一种静电作用理论,考虑的是配体形成的晶体场对中心离子 d 电子轨道能量的影响。配位场理论是改进了的晶体场理论,考虑了共价作用。分子轨道理论则将配合物看成是中心离子和配体构成的分子整体,从而能做进一步的定量处理。本节主要讨论配合物的价键理论和晶体场理论,配位场理论和分子轨道理论将在后续课程中讨论。

11.2.1　价键理论

　　20 世纪 30 年代,L. Pauling 把杂化轨道理论应用于配合物结构的研究,较好地说明了配合物的空间构型和某些性质,这就是配合物的价键理论。20 世纪 30 年代到 50 年代人们主要用这个理论来讨论配合物中的化学键。

MOOC

教学视频
配合物的价键理论

1. 价键理论的要点

　　(1)在配合物形成时由配体提供的孤对电子进入形成体的空的价电子轨道而形成配键;

　　(2)形成体采用杂化轨道与配体成键;从而形成特定结构的配合物;

　　(3)不同类型的杂化轨道对应不同空间构型的配合物。

　　常见的杂化轨道及其对应的空间构型如表 11-3 所示。

表 11-3　常见的杂化轨道及其对应的空间构型

配位数	杂化轨道	参与杂化的原子轨道	空间构型
2	sp	s, p_z	直线形
3	sp^2	s, p_x, p_y	三角形
4	sp^3	s, p_x, p_y, p_z	四面体
4	dsp^2	$d_{x^2-y^2}, s, p_x, p_y$	平面正方形

续表

配位数	杂化轨道	参与杂化的原子轨道	空间构型
5	dsp^3	$d_{z^2}, s, p_x, p_y, p_z$	三角双锥
5	d^2sp^2	$d_{z^2}, d_{x^2-y^2}, s, p_x, p_y$	四方锥
6	d^2sp^3, sp^3d^2	$d_{z^2}, d_{x^2-y^2}, s, p_x, p_y, p_z$	八面体

由表 11-3 可见,同是八面体构型的配合物却有两种杂化方式:d^2sp^3 和 sp^3d^2,同是四配位的配合物不仅有两种杂化方式,对应的空间构型也不同。对此,价键理论都给予了简单明了的解释。

2. 配位数为 2 的配合物

氧化值为+1 的过渡金属离子常形成配位数为 2 的配合物,如 Ag^+,Cu^+ 的配合物 $[Ag(NH_3)_2]^+$,$[Cu(NH_3)_2]^+$,$[AgCl_2]^-$ 和 $[AgI_2]^-$ 等。价键理论对它们的结构和成键给予了明确的说明。为了说明这些配合物的形成,首先应该知道未成键时 Ag^+ 的电子分布情况。Ag^+ 的价层电子分布为

从 Ag^+ 的价电子轨道的电子分布情况看来,Ag^+ 与配体形成配位数为 2 的配合物时,它应提供 1 个 5s 轨道和 1 个 5p 轨道来接受配体提供的电子对。按照杂化轨道理论,为了增强成键的能力,并形成直线形结构的配合物,Ag^+ 的 5s 和 5p 轨道通过杂化形成两个新的轨道,即 sp 杂化轨道。以 sp 杂化轨道成键的配合物的空间构型为直线形,例如,$[Ag(NH_3)_2]^+$ 的电子分布如下:

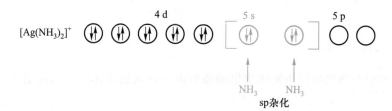

3. 配位数为 4 的配合物

已知配位数为 4 的配合物有两种构型:一种是四面体构型,另一种是平面正方形构型。由表 11-3 可知,中心离子以 sp^3 杂化轨道成键的配合物,其空间构型为四面体,中心离子以 dsp^2 杂化轨道成键的配合物,其空间构型为平面正方形。至于什么情况下以 sp^3 杂化轨道成键,什么情况下以 dsp^2 杂化轨道成键,则主要由形成体的价层电子结构和配体的性质所决定。例如,Be^{2+} 的 2s 和 2p 价电子轨道都是空的,且无 $(n-1)d$ 轨道:

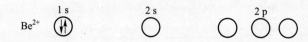

　　Be^{2+} 形成配位数为 4 的配合物时,将采取 sp^3 杂化轨道成键,空间构型为四面体。由实验事实知道,Be^{2+} 的配位数为 4 的配合物(如 $[BeF_4]^{2-}$ 和 $[BeCl_4]^{2-}$ 等)都是四面体构型。它们的电子分布为

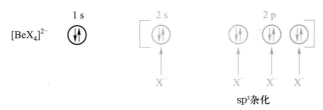

　　Zn^{2+},Cd^{2+},Hg^{2+} 形成配位数为 4 的配合物时,由于中心离子的 $(n-1)d$ 轨道中电子全充满,所以它们的外层 ns 轨道和三个 np 轨道杂化,形成四个 sp^3 杂化轨道,用于和配位体成键。这类配合物的空间构型为正四面体。

　　一些价电子轨道中 d 轨道未充满电子的离子,形成配位数为 4 的配合物时,与 Be^{2+} 的配合物构型有时不完全相同。例如,Ni^{2+} 的价电子轨道中的电子分布为

Ni^{2+} 形成配位数为 4 的配合物时,一种可能是以 sp^3 杂化轨道成键。这种配合物的空间构型为四面体。它的磁矩为 2.83 μ_B 左右(因为它保留了两个未成对电子);另一种可能是 Ni^{2+} 的两个未成对的 d 电子偶合成对,这样就可以空出一个 3d 轨道形成 dsp^2 杂化轨道,配合物的空间构型为平面正方形,这样形成的配合物的磁矩为 0。

　　在已合成的 Ni^{2+} 的配位数为 4 的配合物中,确实有上述两种构型。例如,$[NiCl_4]^{2-}$ 是四面体构型的配合物,其磁矩基本符合理论的预测。$[NiCl_4]^{2-}$ 的电子分布为

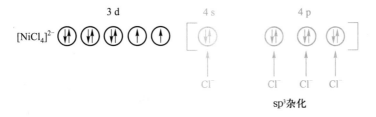

而 $[Ni(CN)_4]^{2-}$ 的空间构型为平面正方形,且为反磁性(即 $\mu=0$)的配合物。$[Ni(CN)_4]^{2-}$ 形成时以 dsp^2 杂化轨道成键,它的电子分布为

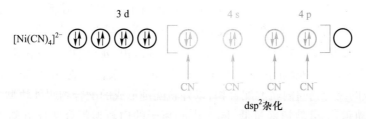

图片
价键理论(平面正方形的四配位配合物)

　　在 $[Ni(CN)_4]^{2-}$ 中还有一个空的 4p 轨道,Ni^{2+} 似乎还可以形成配位数为 5 的配合物。如果有的话,它可能以 dsp^3 杂化轨道成键,构型为三角双锥。由实验得知,Ni^{2+} 在过量的 CN^- 溶液中,确实能形成 $[Ni(CN)_5]^{3-}$,它的空间构型也与理论预测的相符合。

4. 配位数为 6 的配合物

配位数为 6 的配合物绝大多数是八面体构型。这种构型的配合物可能采取 d^2sp^3 或 sp^3d^2 杂化轨道成键。例如,已知配合物 $[Fe(CN)_6]^{3-}$ 的空间构型为八面体,磁矩为 $2.4\ \mu_B$。根据上述事实,价键理论推测它的成键情况如下:Fe^{3+} 的价电子轨道中的电子分布为

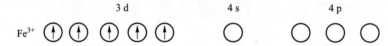

当 $[Fe(CN)_6]^{3-}$ 形成时,若 Fe^{3+} 仍保留 5 个未成对的电子,其磁矩应等于 $5.92\ \mu_B$,这一数值与它的磁矩实验值($2.4\ \mu_B$)相差太远。若 Fe^{3+} 保留 3 个或 1 个未成对电子,其磁矩应分别为 $3.87\ \mu_B$ 和 $1.73\ \mu_B$。实验测得的磁矩为 $2.4\ \mu_B$,与 $1.73\ \mu_B$ 比较接近。由此确定 $[Fe(CN)_6]^{3-}$ 仅有 1 个未成对 d 电子,其他 4 个 d 电子两两偶合。$[Fe(CN)_6]^{3-}$ 形成时 Fe^{3+} 以 d^2sp^3 杂化轨道成键,其电子分布为

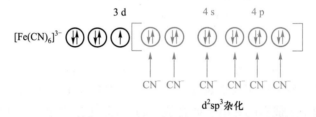

已知 Fe^{3+} 的另一配合物 $[FeF_6]^{3-}$ 的空间构型也是八面体,但是它的磁矩却是 $5.90\ \mu_B$,推测应当有 5 个未成对的电子。很明显,$[FeF_6]^{3-}$ 形成时的电子分布和成键情况与 $[Fe(CN)_6]^{3-}$ 形成时是不相同的。$[FeF_6]^{3-}$ 中 Fe^{3+} 是以 sp^3d^2 杂化轨道成键的,其电子分布为

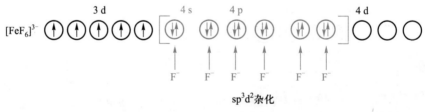

这种电子分布和杂化情况正好说明了它的磁矩和空间构型。

从上面讨论的 Fe^{3+} 的两种配合物 $[Fe(CN)_6]^{3-}$ 和 $[FeF_6]^{3-}$ 可以看出,虽然它们形成时都有 Fe^{3+} 的 2 个 d 轨道参与杂化,但是前者所用的是能量较低的 3d 轨道,而后者所用的是能量较高的 4d 轨道。因此,形成 $[Fe(CN)_6]^{3-}$ 的配键叫做内轨配键,形成 $[FeF_6]^{3-}$ 的配键叫做外轨配键。形成内轨配键时,由 $(n-1)d, ns, np$ 轨道杂化形成 d^2sp^3 杂化轨道;形成外轨配键时,由 ns, np 和 nd 轨道杂化形成 sp^3d^2 杂化轨道。以内轨配键形成的配合物叫内轨型配合物,以外轨配键形成的配合物叫外轨型配合物。由于 $(n-1)d$ 轨道比 nd 轨道能量低,同一中心离子的内轨型配合物比外轨型配合物稳定。例如,$[Fe(CN)_6]^{3-}$ 和 $[FeF_6]^{3-}$ 的稳定常数 $K_f^{\ominus}$ 分别为 $10^{52.6}$ 和 $10^{14.3}$。

在什么情况下形成内轨型配合物或外轨型配合物,价键理论尚不能准确预测。从中心离子的价层电子构型来看,具有 $d^4 \sim d^7$ 构型的中心离子,既可能形成内轨型配合

物,也可能形成外轨型配合物。配体的性质与形成内轨型或外轨型配合物的关系比较复杂,难以作出全面的概括,只能以实验事实为依据。一般说来,电负性较大的配位原子(如 F 和 O)大都与上述中心离子形成外轨型配合物。能与多种中心离子形成内轨型配合物的配体常是 CN^- 等。

综上所述,价键理论简单明了、使用方便,能说明配合物的配位数、空间构型、磁性和稳定性。它曾是 20 世纪 30 年代化学家用以说明配合物结构的唯一理论。但目前已很少有人用单一的价键理论来说明配合物结构。因为价键理论尚不能定量地说明配合物的吸收光谱。对于过渡金属离子的配合物的稳定性随中心离子的 d 电子数的变化而变化也无法给出解释。另外,目前许多电子光谱的实验数据也表明,中心离子为 Fe^{3+} 等的配合物使用了高能量的 4d 轨道似乎不大可能。

11.2.2 晶体场理论

几乎在价键理论提出的同时,H. Bethe[1] 和 J. H. van Vleck[2] 通过对晶体结构的研究,先后于 1929 年和 1932 年提出了晶体场理论,但直到 20 世纪 50 年代这一理论才开始广泛用于处理配合物的化学键问题。晶体场理论与价键理论不同,它不是从共价键角度考虑配合物的成键,而是从静电理论出发,把配合物的中心离子和配体看成是点电荷(或偶极子),在形成配合物时,带正电荷的中心离子和带负电荷的配体以静电相互吸引,配体间则相互排斥。晶体场理论还考虑了带负电荷的配体对中心离子最外层电子(特别是过渡元素离子的 d 电子)的排斥作用,把由带负电荷的配体对中心离子产生的静电场叫做晶体场。

1. 晶体场理论的基本要点

(1) 在配合物中,中心离子处于带负电荷的配体(负离子或极性分子)形成的静电场中,中心离子与配体之间完全靠静电作用结合在一起,这是配合物稳定的主要原因。

(2) 配体形成的晶体场对中心离子的电子,特别是价电子层中的 d 电子,产生排斥作用,使中心离子的价层 d 轨道能级分裂,有些 d 轨道能量升高,有些则降低。

(3) 在空间构型不同的配合物中,配体形成不同的晶体场,对中心离子 d 轨道的影响也不相同。

下面主要以八面体构型的配合物为例,具体介绍晶体场理论。

2. 八面体场中中心离子 d 轨道能级的分裂

在八面体构型的配合物中,6 个配体分别占据八面体的 6 个顶点,由此产生的静电场叫做八面体场。现以八面体构型的配合物 $[Ti(H_2O)_6]^{3+}$ 为例进行讨论。自由离子 Ti^{3+} 的 3d 轨道中只有 1 个 d 电子。在未与 6 个 H_2O 配合时,这个 d 电子在 5 个 d 轨道 $(d_{z^2}, d_{x^2-y^2}, d_{xz}, d_{xy}, d_{yz})$ 中出现的机会是相等的,因为这 5 个 d 轨道是简并的,能量相等。设想把 6 个 H_2O 的配位端的负电荷均匀地分布在一个空心球的球面上,形成球形对称

① H. Bethe, *Ann. Phys.*, 3, 133,(1929).
② J. H. van Vleck, *J. Chem. Phys.*, 3, 807,(1935).

场。若将 Ti^{3+} 移入到这个球形静电场中,受球形对称场的静电排斥作用,Ti^{3+} 的 5 个能量相等的 d 轨道能量升高(图 11-6)。实际上 6 个 H_2O 所形成的是八面体场而不是球形场。在 z 轴的两个方向上,H_2O 分子的负端正好与 Ti^{3+} 的 d_{z^2} 轨道迎头相碰;在 x 轴和 y 轴的 4 个方向上,H_2O 分子的负端正好与 Ti^{3+} 的 $d_{x^2-y^2}$ 轨道迎头相碰(图 11-7)。如果 Ti^{3+} 的 1 个 3d 电子处在 d_{z^2} 或 $d_{x^2-y^2}$ 中,将受到配体的负电荷较大的排斥,这 2 个 d 轨道的能量比八面体场的平均能量高。另一方面,d_{xy},d_{xz},d_{yz} 轨道分别伸展在两个坐标轴的夹角平分线上(图 11-7)。如果 3d 电子处在这 3 个轨道的某一个轨道中,受配体的负电荷排斥作用较小,这 3 个轨道的能量比八面体场平均能量低。这样,本来 5 个能量相等的 d 轨道,在八面体场作用下,分裂为两组:一组是能量较高的 d_{z^2} 和 $d_{x^2-y^2}$ 轨道,这组轨道称为 e_g 轨道(或 $d\gamma$ 轨道);另一组是能量较低的 d_{xy},d_{xz} 和 d_{yz} 轨道,这组轨道称为 t_{2g} 轨道(或 $d\varepsilon$ 轨道)。这些轨道符号表示对称类别,e 为二重简并,t 为三重简并,g 代表中心对称。

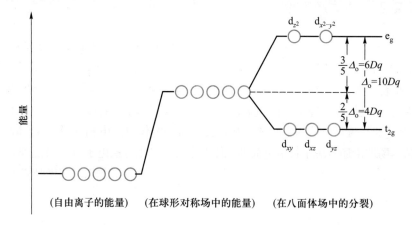

图 11-6　在八面体场中 d 轨道能级的分裂

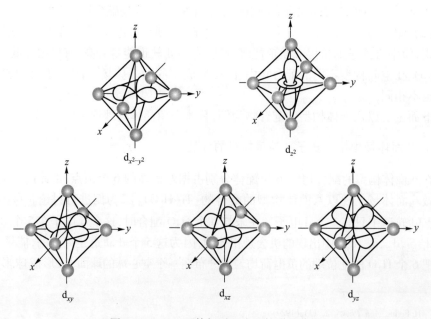

图 11-7　正八面体场对 5 个 d 轨道的作用

3. 晶体场分裂能及其影响因素

晶体场分裂能是指在晶体场中 d 轨道能级分裂后的最高能量的 d 轨道与最低能量的 d 轨道之间的能量差。对八面体场而言,也就是 t_{2g} 轨道和 e_g 轨道的能量差为分裂能,用 Δ_o 表示,也可用 $10Dq$ 表示(Dq 为场强参数),即

$$\Delta_o = E(e_g) - E(t_{2g}) \tag{11-1}$$

或
$$10Dq = E(e_g) - E(t_{2g}) \tag{11-2}$$

量子力学证明,一组简并轨道因静电场的作用而引起能级分裂,分裂后能级的平均能量不变,称为能量重心不变原则。按照这一原则,三重简并的(t_{2g})轨道能量的减少等于二重简并的(e_g)轨道能量的增加,得到以下关系:

$$2E(e_g) + 3E(t_{2g}) = 0 \tag{11-3}$$

联立式(11-1)和式(11-3)可得

$$E(e_g) = \frac{3}{5}\Delta_o = 6Dq$$

$$E(t_{2g}) = -\frac{2}{5}\Delta_o = -4Dq$$

可见,八面体场中 d 轨道分裂的结果,相对于球形场,e_g 轨道能量比分裂前上升 $3/5\Delta_o$,t_{2g} 轨道能量比分裂前下降 $2/5\Delta_o$。Δ_o 值可通过电子光谱由实验求得,单位常用 cm^{-1} 或 $kJ \cdot mol^{-1}$ 来表示。表 11-4 列出一些常见八面体配合物的分裂能值。

表 11-4　某些八面体配合物的 Δ_o 值　　　　　　　　　　　（单位:cm^{-1}）

d 电子数	中心离子	配体						
		$6Br^-$	$6Cl^-$	$6H_2O$	$edta^{4-}$	$6NH_3$	$3en$	$6CN^-$
$3d^1$	Ti^{3+}			20 300				
$3d^2$	V^{3+}			17 700				
$3d^3$	V^{2+}			12 600				
	Cr^{3+}		13 600	17 400	18 400	21 600	21 900	26 300
$4d^3$	Mo^{3+}		19 200	24 000				
$3d^4$	Cr^{2+}			13 900				
	Mn^{3+}			21 000				
$3d^5$	Mn^{2+}			7 800				
	Fe^{3+}			13 700				
$3d^6$	Fe^{2+}			10 400				33 000
	Co^{3+}			18 600	20 400	23 000	23 300	34 000
$4d^6$	Rh^{3+}	18 900	20 300	27 000		33 900	34 400	
$5d^6$	Ir^{3+}	23 100	24 900				41 200	
	Pt^{4+}	24 000	29 000					
$3d^7$	Co^{2+}			9 300		10 100	11 000	
$3d^8$	Ni^{2+}	7 000	7 300	8 500	10 100	10 800	11 600	
$3d^9$	Cu^{2+}			12 600	13 600	15 100	16 400	

影响分裂能的因素有中心离子的电荷、d 轨道的主量子数 n、价层电子构型,以及配体的结构和性质。主要变化规律如下:

(1) 中心离子的电荷　同种配体与不同的中心离子形成的配合物其分裂能大小不等。表 11-4 中,M^{3+}(Cr^{3+},Mn^{3+},Fe^{3+},Co^{3+}) 的六水配合物比 M^{2+}(Cr^{2+},Mn^{2+},Fe^{2+},Co^{2+}) 的六水配合物的 Δ_o 大,也就是说,同一元素与相同配体形成的配合物中,中心离子电荷多的比电荷少的 Δ_o 值大。因为中心离子的正电荷越多,对配体引力越大,中心离子与配体之间距离越小,中心离子外层的 d 电子与配体之间斥力越大,所以 Δ_o 值越大。

(2) 形成体元素的周期　相同配体带相同电荷的同族金属离子,随着中心离子(形成体)的周期数的增加而增大。如从表 11-4 中可查得以下相关配合物的 Δ_o 值。

金属元素的周期	金属元素的族及 Δ_o/cm^{-1}			
	ⅥB	Δ_o	Ⅷ	Δ_o
四	$[CrCl_6]^{3-}$	13 600	$[Co(en)_3]^{3+}$	23 300
五	$[MoCl_6]^{3-}$	19 200	$[Rh(en)_3]^{3+}$	34 400
六			$[Ir(en)_3]^{3+}$	41 200

与 3d 轨道相比,第五、六周期元素的 4d 和 5d 轨道伸展的较远,与配体更为接近,使中心离子与配体间斥力更大。

(3) 配体的性质　当同一中心离子与不同配体形成配合物时,因配体的性质不同而有不同的 Δ_o 值。从表 11-4 不难看出,在配合物构型相同的前提下,各种配体对同一中心离子产生的分裂能由小到大的顺序如下:

$$I^- < Br^- < Cl^- < S^{2-} < SCN^- < NO_3^- < F^- < OH^- \sim ONO^- < C_2O_4^{2-} <$$
$$H_2O < NCS^- < edta^{4-} < NH_3 < en < SO_3^{2-} < NO_2^- < CN^-, CO$$

这一顺序叫做光谱化学序列,即配体产生的晶体场从弱到强的顺序。因为它是由光谱数据统计得到的,所以称为光谱化学序列。

由光谱化学序列可看出 I^- 把 5 个 d 轨道能级分裂为 t_{2g} 与 e_g 的本领最差(Δ_o 值最小),而 CN^- 和 CO 最大。因此,I^- 为弱场配体,CN^- 和 CO 称为强场配体。配体是强场还是弱场,常因中心离子不同而不同。一般说来,位于 H_2O 以前的都是弱场配体,H_2O 与 CN^- 间的配体是强是弱,还要看中心离子,可结合配合物的磁矩来确定。上述光谱化学序列存在这样的规律:配位原子相同的列在一起,如 OH^-,$C_2O_4^{2-}$,H_2O 均为 O 作配位原子,又如 NCS^-,$edta^{4-}$,NH_3,en 均为 N 作配位原子。从光谱序列还可以粗略看出,按配位原子来说 Δ_o 的大小顺序为 I<Br<Cl<F<O<N<C。

(4) 配合物的空间构型　中心离子、配体均相同时,分裂能与配合物的空间构型有关。分裂能大小的顺序是平面正方形>八面体>四面体(表 11-5 和图 11-8)。

表 11-5   不同晶体场中 d 轨道的能级分裂*

空间构型	d_{z^2}	$d_{x^2-y^2}$	d_{xy}	d_{xz}	d_{yz}	晶体场分裂能 Δ
八面体	6.00	6.00	-4.00	-4.00	-4.00	10.00
四面体	-2.67	-2.67	1.78	1.78	1.78	4.45
平面正方形	-4.28	12.28	2.28	-5.14	-5.14	17.42

*能量以 Dq 为单位。

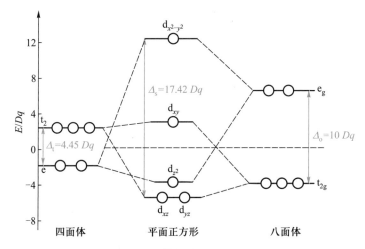

图 11-8   不同晶体场中 d 轨道的能量关系

  在四面体构型的配合物中，4 个配体分别占据在正六面体的 4 个顶点上（图 11-9）。这些配体的负电荷与中心离子的 d_{xy}，d_{xz} 和 d_{yz} 轨道靠得较近，而与 d_{z^2} 和 $d_{x^2-y^2}$ 轨道则离得较远。因此，中心离子的 d_{xy}，d_{xz} 和 d_{yz} 轨道的能量比四面体场的平均能量高，而 d_{z^2} 和 $d_{x^2-y^2}$ 轨道的能量则比平均能量低，前者叫 t_2 轨道，后者叫 e 轨道（与八面体场不同，这里下标没有 g，是因为四面体场不存在对称中心的缘故）。t_2 轨道的能量升高了，e 轨道的能量降低了。显然与八面体场中 d 轨道的分裂情况正好相反（参看图 11-8）。四面体场的分裂能用 Δ_t 表示，Δ_t 约为 Δ_o 的 4/9。

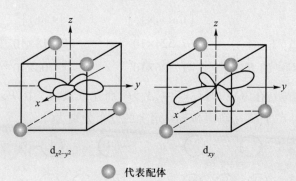

图 11-9   四面体配位场中的 $d_{x^2-y^2}$，d_{xy} 轨道

平面正方形场与八面体场、四面体场相比有较大的能级分裂值。当 4 个配体沿 x 轴、y 轴向中心离子靠近时，$d_{x^2-y^2}$ 轨道中的电子受配体排斥作用最强，能级升高最多，其次是 d_{xy} 轨道，而 d_{z^2} 和 d_{yz}，d_{xz} 能量降低如图 11-8 所示。表 11-5 列出各种构型配合物的 d 轨道能量值。

4. 高自旋与低自旋配合物及其 d 电子分布

在八面体场中，中心离子的 d 电子在 t_{2g} 和 e_g 轨道中的分布要遵守能量最低原理、Pauli 不相容原理和 Hund 规则，同时还要考虑分裂能的影响。当中心离子具有 1～3 个 d 电子时，如 $Ti^{3+}(d^1)$，$V^{3+}(d^2)$ 和 $Cr^{3+}(d^3)$，d 电子应排在低能量的 t_{2g} 轨道上，而且自旋平行，其电子排布方式只有一种。上述中心离子为 Ti^{3+}，V^{3+} 和 Cr^{3+} 的配合物的电子排布式可分别记为 $t_{2g}^1 e_g^0$，$t_{2g}^2 e_g^0$ 和 $t_{2g}^3 e_g^0$。

动画
5 个 d 电子在八面体弱场轨道中的排布

对于 $d^{4\sim7}$ 构型的离子，d 电子可有两种排布方式：一是电子克服分裂能进入 e_g 轨道，采取高自旋排布；另一种是电子继续进入 t_{2g} 轨道，与先进入 t_{2g} 轨道的电子偶合成对，采取低自旋排布。这种排布需要克服电子之间排斥作用所消耗的能量，这种能量称为电子成对能，用符号 P 表示。不同金属离子，电子成对能 P 不等。表 11-6 列出 $d^4\sim d^7$ 电子构型离子的 P 值。

表 11-6　$d^4\sim d^7$ 电子构型离子的 P 值　　　　（单位：cm^{-1}）

d^n	d^4		d^5		d^6		d^7
M^{a+}	Cr^{2+}	Mn^{3+}	Mn^{2+}	Fe^{3+}	Fe^{2+}	Co^{3+}	Co^{2+}
P	23 500	28 000	25 500	30 000	17 600	21 000	22 500

动画
5 个 d 电子在八面体强场轨道中的排布

此时，要视分裂能 Δ_o 与电子成对能 P 的相对大小确定配合物的 d 电子排布式。

若 $\Delta_o < P$，电子成对需要能量较大，d 电子将先分别占据分裂后的各个轨道（t_{2g} 和 e_g），然后再成对，采取高自旋分布，形成高自旋配合物。

若 $\Delta_o > P$，电子进入 e_g 轨道需要较多的能量，因此，电子将先成对充满 t_{2g} 轨道，然后再占据 e_g 轨道。采取的是低自旋分布，形成低自旋配合物。例如，Co^{3+} 形成的两种配离子 $[Co(CN)_6]^{3-}$ 和 $[CoF_6]^{3-}$ 的 Δ_o 值和 P 值如下：

	$[Co(CN)_6]^{3-}$	$[CoF_6]^{3-}$
Δ_o/J	67.524×10^{-20}	25.818×10^{-20}
Co^{3+} 的 P/J	41.706×10^{-20}	41.706×10^{-20}

由以上数据看出，在 $[Co(CN)_6]^{3-}$ 中，$\Delta_o > P$，而在 $[CoF_6]^{3-}$ 中，$P > \Delta_o$，$[Co(CN)_6]^{3-}$ 和 $[CoF_6]^{3-}$ 中的 d 电子在 t_{2g} 轨道和 e_g 轨道上的分布分别为

$[Co(CN)_6]^{3-}$　　　　　　$[CoF_6]^{3-}$

用符号表示它们的 d 电子分布时，$[Co(CN)_6]^{3-}$ 表示为 $t_{2g}^6 e_g^0$，$[CoF_6]^{3-}$ 表示为 $t_{2g}^4 e_g^2$。由表 11-2 得知，$[Co(CN)_6]^{3-}$ 的 $\mu = 0$，$[CoF_6]^{3-}$ 的 $\mu = 5.26\ \mu_B$，可见晶体场理论给出 Co(Ⅲ) 的未成对电子的数目，与 $[Co(CN)_6]^{3-}$ 和 $[CoF_6]^{3-}$ 的磁矩的实验结果相符合，从而令人满意地解释了这些配合物的磁性。

$[Co(CN)_6]^{3-}$ 中 Co^{3+} 的 d 电子先充满能量较低的 t_{2g} 轨道，这种配合物叫做低自旋配合物，它相当于价键理论的内轨型配合物。$[CoF_6]^{3-}$ 中 Co^{3+} 的 d 电子，除了有两个电子必须成对外，其他 4 个电子分别占据剩下的 t_{2g} 和 e_g 的 4 个轨道，这种配合物叫做高自旋配合物，它相当于外轨型配合物。强场配体可形成低自旋配合物，弱场配体可形成高自旋配合物。

在八面体的强场和弱场中，$d^1 \sim d^{10}$ 构型的中心离子的电子在 t_{2g} 和 e_g 轨道中的分布情况列在表 11-7 中。

表 11-7　八面体场中中心离子 d 电子在 t_{2g} 和 e_g 轨道中的分布

	弱场		未成对电子数	强场		未成对电子数
	t_{2g}	e_g		t_{2g}	e_g	
d^1	↑		1	↑		1
d^2	↑ ↑		2	↑ ↑		2
d^3	↑ ↑ ↑		3	↑ ↑ ↑		3
d^4	↑ ↑ ↑	↑	4	↑↓ ↑ ↑		2
d^5	↑ ↑ ↑	↑ ↑	5	↑↓ ↑↓ ↑		1
d^6	↑↓ ↑ ↑	↑ ↑	4	↑↓ ↑↓ ↑↓		0
d^7	↑↓ ↑↓ ↑	↑ ↑	3	↑↓ ↑↓ ↑↓	↑	1
d^8	↑↓ ↑↓ ↑↓	↑ ↑	2	↑↓ ↑↓ ↑↓	↑ ↑	2
d^9	↑↓ ↑↓ ↑↓	↑↓ ↑	1	↑↓ ↑↓ ↑↓	↑↓ ↑	1
d^{10}	↑↓ ↑↓ ↑↓	↑↓ ↑↓	0	↑↓ ↑↓ ↑↓	↑↓ ↑↓	0

由表 11-7 可以看出，构型为 d^1, d^2, d^3 和 d^8, d^9, d^{10} 的中心离子在强场和弱场中电子分布是相同的；对于构型为 d^4, d^5, d^6 和 d^7 的中心离子，在强场和弱场中的电子分布不相同。

前已述及，随着 d 轨道主量子数 n 的增加，其分裂能 Δ_o 增大，因此用 4d，5d 轨道形成的配合物一般是低自旋的。另外，四面体配合物的分裂能 Δ_t 仅是八面体分裂能的 Δ_o 的 4/9，如此较小的分裂能常常不会超过电子成对能 P，因此四面体配合物中 d 电子排布一般取高自旋状态。

5. 晶体场稳定化能

在晶体场影响下，中心离子的 d 轨道能级分裂，电子优先占据能量较低的轨道。d 电子进入分裂的轨道后，与占据未分裂轨道（在球形场中）时相比，系统的总能量有所下降,这部分下降的能量叫做晶体场稳定化能,用 CFSE 表示。

　　晶体场稳定化能与中心离子的电子数目有关,也与晶体场的强弱有关,此外还与配合物的空间构型有关。以八面体场为例,根据 t_{2g} 和 e_g 的相对能量和进入其中的电子数,就可以计算八面体配合物的晶体场稳定化能。若 t_{2g} 轨道中的电子数为 n_1 , e_g 轨道中的电子数为 n_2 ,晶体场稳定化能可用下式表示:

$$CFSE = n_1 E\,(\,t_{2g}\,) + n_2 E\,(\,e_g\,)$$

若以 Dq 为单位,则

$$CFSE = n_1 \times (\,-4Dq\,) + n_2 \times 6Dq$$

　　例如,构型为 d^3 的中心离子(Cr^{3+}),形成八面体配合物时电子分布为 $t_{2g}^3 e_g^0$,则

$$CFSE = 3 \times (\,-4Dq\,) = -12Dq$$

无论是在强场还是弱场中均可获得 $-12Dq$ 的稳定化能。又如,构型为 d^4 的中心离子,在弱场中的电子分布为 $t_{2g}^3 e_g^1$,在强场中的电子分布为 $t_{2g}^4 e_g^0$ 。两者的稳定化能是不同的:

　　弱场　　　　　　　　$CFSE = 3 \times (\,-4Dq\,) + 1 \times 6Dq = -6Dq$
　　强场　　　　　　　　$CFSE = 4 \times (\,-4Dq\,) + 0 \times 6Dq = -16Dq$

可以看出, d^4 型的中心离子在强场中的晶体场稳定化能比在弱场中大。 $d^5 \sim d^7$ 构型的中心离子也存在着弱场与强场的这一区别。

　　严格说来,在强场中的稳定化能还应扣除电子成对能 P ,见表 11-8。

表 11-8　八面体场的 CFSE

d^n	弱场				强场			
	构型	电子对数		CFSE	构型	电子对数		CFSE
		m_1	m_2			m_1	m_2	
d^1	t_{2g}^1	0	0	$-4Dq$	t_{2g}^1	0	0	$-4Dq$
d^2	t_{2g}^2	0	0	$-8Dq$	t_{2g}^2	0	0	$-8Dq$
d^3	t_{2g}^3	0	0	$-12Dq$	t_{2g}^3	0	0	$-12Dq$
d^4	$t_{2g}^3 e_g^1$	0	0	$-6Dq$	t_{2g}^4	1	0	$-16Dq+P$
d^5	$t_{2g}^3 e_g^2$	0	0	$0Dq$	t_{2g}^5	2	0	$-20Dq+2P$
d^6	$t_{2g}^4 e_g^2$	1	1	$-4Dq$	t_{2g}^6	3	1	$-24Dq+2P$
d^7	$t_{2g}^5 e_g^2$	2	2	$-8Dq$	$t_{2g}^6 e_g^1$	3	2	$-18Dq+P$
d^8	$t_{2g}^6 e_g^2$	3	3	$-12Dq$	$t_{2g}^6 e_g^2$	3	3	$-12Dq$
d^9	$t_{2g}^6 e_g^3$	4	4	$-6Dq$	$t_{2g}^6 e_g^3$	4	4	$-6Dq$
d^{10}	$t_{2g}^6 e_g^4$	5	5	$0Dq$	$t_{2g}^6 e_g^4$	5	5	$0Dq$

按照晶体场稳定化能的定义,CFSE 是电子优先占据能量较低的 d 轨道所得到的总能量 E_0 与电子随机占据原来 5 个简并 d 轨道的总能量 E_s 的差:

$$CFSE = E_0 - E_s$$

在八面体场中,设占据 t_{2g} 轨道上的电子数为 n_1,占据 e_g 轨道上的电子数为 n_2,并形成 m_1 个电子对,其总成对能为 $m_1 P$,则

$$E_0 = (-4n_1 + 6n_2) Dq + m_1 P$$

由于 E_s 为随机占据 5 个 d 轨道的能量,确定分裂能时以此为基准,若无成对电子时,E_s 应为零,否则,若随机填充时形成 m_2 个电子对,则

$$E_s = m_2 P$$

这样 $$CFSE = (-4n_1 + 6n_2) Dq + (m_1 - m_2) P$$

表 11-8 列出了八面体场的 CFSE。

晶体场成对能由两部分组成,一是 2 个电子占据同一轨道时必须克服的相互排斥能,这部分能量几乎对所有元素都是相同的,二是交换能的损失。根据 Hund 规则,两个电子的最低能量状态应是分占不同轨道且自旋平行,这种稳定状态是由于产生了交换能。当电子成对时将有交换能的损失,这部分能量在成对能中占较大成分。一般认为交换能与自旋平行的电子两两组合的数目成比例。若用 n 代表自旋平行的电子数,则从中两两组合的数目为 $\dfrac{n(n-1)}{2!}$,交换能 $E_{ex} \propto \dfrac{n(n-1)}{2!}$。若电子以相反自旋方式偶合成对,将使交换能减少。例如,在 d^5 构型离子的八面体场中,若采取 $t_{2g}^3 e_g^2$ 的排布,自旋平行的电子数为 5,则组合数为 $\dfrac{5(5-1)}{2!} = 10$;若采取 $t_{2g}^5 e_g^0$ 排布,在 t_{2g} 轨道中有 3 个电子以一种方式自旋平行,2 个电子以另一种方式自旋平行,则相应的组合数分别为 $\dfrac{3(3-1)}{2!} = 3$ 和 $\dfrac{2(2-1)}{2!} = 1$,交换能与它们的和 $(3+1=4)$ 成比例,组合总数由 10 减少成 4,因而交换能减少,使系统总能量升高。

利用晶体场稳定化能,可以说明第四周期元素 $M^{2+}(g)$ 的水合热 $(\Delta_h H_m^\ominus)$ 变化规律。这些离子的水合热是指下述过程的焓变 $(\Delta_h H_m^\ominus)$:

$$M^{2+}(g) + 6H_2O \longrightarrow [M(H_2O)_6]^{2+}(aq)$$

把从 $Ca^{2+}(g)$ 到 $Zn^{2+}(g)$ 的水合热实验值画在图 11-10 中,用"○"表示。

如果不考虑晶体场的影响,从 Ca^{2+} 到 Zn^{2+} 核电荷数依次增加,离子半径逐个减小,在它们的水合离子 $[M(H_2O)_6]^{2+}$ 中,中心离子与水分子结合得越牢,其水合热应有规律地增大。实际情况并非如此,而是如图11-10以"○"所示的两个小山丘。这种现象可用晶体场稳定化能来解释。如果从 $M^{2+}(g)$ 的水合热实

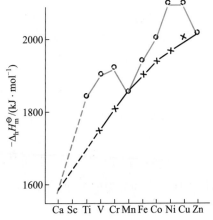

图 11-10　从 $Ca^{2+}(g)$ 到 $Zn^{2+}(g)$ 的水合热

验值中扣除每个配离子(都是高自旋的)的晶体场稳定化能,则得到图 11–10 中用"×"表示的曲线。

$[Ca(H_2O)_6]^{2+}(d^0)$,$[Mn(H_2O)_6]^{2+}(d^5)$,$[Zn(H_2O)_6]^{2+}(d^{10})$ 的晶体场稳定化能都为零(表 11–8),$Ca^{2+}(g)$,$Mn^{2+}(g)$,$Zn^{2+}(g)$ 的水合热值几乎无变化并落在同一条曲线上。其他离子都有不同的晶体场稳定化能,但改正后用"×"表示的各点,基本上落在此曲线上。

6. 配合物的吸收光谱

晶体场理论可以解释 $d^1 \sim d^{10}$ 构型的过渡金属离子形成的配合物所呈现的颜色,以及配合物吸收光谱产生的原因。

以 $[Ti(H_2O)_6]^{3+}$ 的吸收光谱为例:用不同波长(或波数)的光照射 $[Ti(H_2O)_6]^{3+}$ 的溶液,并用分光光度计测定其吸收率。光的波长不同,它的吸收率也不同。以吸收率对波长(或波数)作图,得到该物质的吸收曲线即吸收光谱(图 11–11)。

由图可见,$[Ti(H_2O)_6]^{3+}$ 在可见光区 20 300 cm^{-1} (波长 490 nm)处有一最大吸收峰。该峰值对应于

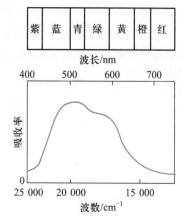

图 11–11 　$[Ti(H_2O)_6]^{3+}$ 的吸收光谱

$[Ti(H_2O)_6]^{3+}$ 的 d 电子从 t_{2g} 轨道跃迁到 e_g 轨道所吸收的能量,也就是分裂能 Δ_o。(图 11–12)。

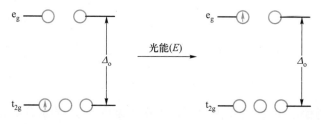

图 11–12 　d–d 跃迁

吸收光谱的产生可描述为:一个原处于低能量的 t_{2g} 轨道的电子,进入高能量的 e_g 轨道,这种跃迁(d–d 跃迁)必须吸收相当于分裂能 Δ_o 的光能。轨道间的能量差与光的频率(或波数)的关系是

$$E(e_g) - E(t_{2g}) = \Delta_o = h\nu = hc/\lambda$$

式中,h 是 Planck 常量,c 为光速,ν 为频率,λ 为波长。显然,光能与波数$(1/\lambda)$成正比。已知:

$$1\ cm^{-1} = 1.986 \times 10^{-23}\ J$$

$[Ti(H_2O)_6]^{3+}$ 的分裂能为 20 300 cm^{-1},也可以表示为 4.031×10^{-19} J 或 243 kJ·mol^{-1}。

由于 d–d 跃迁吸收的是蓝绿色光,而紫色光和红色光吸收最少而被透过,所以 $[Ti(H_2O)_6]^{3+}$ 呈紫红色。总之,配合物吸收可见光的一部分,让未吸收的部分透过,

溶液呈现透过光的颜色。

具有 $d^1 \sim d^9$ 电子构型的同一中心离子与不同配体形成的多种配合物,或者同一配体与不同中心离子所形成的各种配合物,因产生的晶体场强度不同,发生 d-d 跃迁所需要的能量也不相同,因此配合物吸收或透过的光也不一样,呈现的颜色也就各不相同。

晶体场理论较好地解释了配合物的吸收光谱、磁性和 d 区元素 $M^{2+}(g)$ 离子的水合热等实验事实。晶体场理论着眼于中心离子与配体之间的静电作用,着重考虑了配体对中心离子的 d 轨道的影响。但是当中心离子与配体之间形成化学键的共价成分不能忽视时,或者一些形成体是中性原子时,晶体场理论就不太适用了。例如,CO 分子不带电荷,甚至偶极矩也很小,但它使轨道产生的分裂能却很大。为此,人们对此理论做了修正,考虑了金属离子的轨道与配体的原子轨道有一定程度的重叠,并将晶体场理论在概念和计算上的优越性保留下来,这样修正后的理论称为配位场理论,本书不予介绍。

化学视野
生物体中的配合物

思 考 题

1. 区别下列概念:
(1) 几何异构体与旋光异构体;　　(2) 内轨型配合物与外轨型配合物;
(3) 低自旋配合物与高自旋配合物;　(4) 强场配体与弱场配体。

2. 解释下列名词:
(1) 八面体场;　　　　　　　　　　(2) d-d 跃迁;
(3) 晶体场分裂能;　　　　　　　　(4) 电子成对能;
(5) 晶体场稳定化能;　　　　　　　(6) 光谱化学序列;
(7) 配合物的吸收光谱。

3. 影响晶体场分裂能大小的因素有哪些?

4. 试述配合物的两种成键理论(价键理论和晶体场理论)的基本要点,它们的主要区别是什么?

5. 判断一个配合物($[Co(NH_3)_6]^{3+}$)是内轨型还是外轨型,如何着手? 需要借助什么仪器测得什么数据?

6. $[Fe(CN)_6]^{3-}$ 是具有 1 个未成对电子的顺磁性物质,而 $[Fe(NCS)_6]^{3-}$ 具有 5 个未成对电子,推测 SCN^- 与 CN^- 在光谱化学序列中的相对位置。

7. $[Ni(H_2O)_6]Cl_2$ 是绿色物质,而 $[Ni(NH_3)_6]Cl_2$ 为紫色。推测这两种配合物何者吸收具有较短波长的光。预测哪种配合物的 Δ_o 较大? H_2O 或 NH_3 何者是强场配体?

8. 现将 $Fe^{2+}(g)$,$Co^{2+}(g)$ 和 $Ni^{2+}(g)$ 的水合热($\Delta_h H_m^\ominus$)和 $[Fe(H_2O)_6]^{2+}$,$[Co(H_2O)_6]^{2+}$,$[Ni(H_2O)_6]^{2+}$ 的 Δ_o 值分别列在下面。计算扣除 $[Fe(H_2O)_6]^{2+}$,$[Co(H_2O)_6]^{2+}$ 和 $[Ni(H_2O)_6]^{2+}$ 的晶体场稳定化能(它们都是八面体弱场)后的 $\Delta_h H_m^\ominus$ 值。将此值与 $Mn^{2+}(g)$ 和 $Zn^{2+}(g)$ 的水合热(分别为 1 861 kJ·mol^{-1} 和 2 058 kJ·mol^{-1})一起对原子序数(25~30)作图。结果如何?

	$[Fe(H_2O)_6]^{2+}$	$[Co(H_2O)_6]^{2+}$	$[Ni(H_2O)_6]^{2+}$
$\Delta_o/(kJ\cdot mol^{-1})$	124	111	101
	Fe^{2+}	Co^{2+}	Ni^{2+}
$\Delta_h H_m^\ominus/(kJ\cdot mol^{-1})$	−1 958	−2 079	−2 121

9. 决定过渡金属八面体配合物稳定性的因素有哪些? 是否可以说晶体场稳定化能是决定其稳定性的主要因素?

习　题

1. 指出下列配合物可能存在的几何异构体：

(1) $[Co(NH_3)_4(H_2O)_2]^{3+}$；　　　　　(2) $[PtCl(NO_2)(NH_3)_2]$；

(3) $[PtI_2(NH_3)_4]^{2+}$；　　　　　　　(4) $[Co(H_2O)_2(C_2O_4)_2]^-$；

(5) $[IrCl_3(NH_3)_3]$。

2. 根据下列配离子的空间构型，画出它们形成时中心离子的价层电子分布，并指出它们以何种杂化轨道成键，估计其磁矩各为多少(μ_B)。

(1) $[CuCl_2]^-$（直线形）；(2) $[Zn(NH_3)_4]^{2+}$（四面体）；(3) $[Co(NCS)_4]^{2-}$（四面体）。

3. 根据下列配离子的磁矩画出它们中心离子的价层电子分布，指出杂化轨道和配离子的空间构型。

	$[Co(H_2O)_6]^{2+}$	$[Mn(CN)_6]^{4-}$	$[Ni(NH_3)_6]^{2+}$
μ/μ_B	4.3	1.8	3.11

4. 已知下列螯合物的磁矩，画出它们中心离子的价层电子分布，并指出其空间构型。这些螯合物中哪种是内轨型？哪种是外轨型？

	$[Co(en)_3]^{2+}$	$[Fe(C_2O_4)_3]^{3-}$	$[Co(edta)]^-$
μ/μ_B	3.82	5.75	0

5. 配离子$[NiCl_4]^{2-}$含有 2 个未成对电子，但$[Ni(CN)_4]^{2-}$是反磁性的，指出两种配离子的空间构型，并估算它们的磁矩。

6. 下列配离子中未成对电子数是多少？估计其磁矩各为多少(μ_B)。

(1) $[Ru(NH_3)_6]^{2+}$（低自旋状态）；　　(2) $[Fe(CN)_6]^{3-}$（低自旋状态）；

(3) $[Ni(H_2O)_6]^{2+}$；　　　　　　　(4) $[V(en)_3]^{3+}$；

(5) $[CoCl_4]^{2-}$。

7. 画出下列离子在八面体场中 d 轨道能级分裂图，写出 d 电子排布式。

(1) Fe^{2+}（高自旋和低自旋）；　　　　(2) Fe^{3+}（高自旋）；

(3) Ni^{2+}；　　　　　　　　　　　(4) Zn^{2+}；

(5) Co^{2+}（高自旋和低自旋）。

8. 已知下列配合物的分裂能(Δ_o)和中心离子的电子成对能(P)，表示出各中心离子的 d 电子在 e_g 轨道和 t_{2g} 轨道中的分布，并估计它们的磁矩各约为多少(μ_B)。指出这些配合物中何者为高自旋配合物，何者为低自旋配合物。

	$[Co(NH_3)_6]^{2+}$	$[Fe(H_2O)_6]^{2+}$	$[Co(NH_3)_6]^{3+}$
M^{n+}的 P/cm^{-1}	22 500	17 600	21 000
Δ_o/cm^{-1}	11 000	10 400	22 900

9. 计算 8 题中各配合物的晶体场稳定化能。

10. 已知$[Fe(CN)_6]^{4-}$和$[Fe(NH_3)_6]^{2+}$的磁矩分别为 0 和 5.2 μ_B。用价键理论和晶体场理论，分别画出它们形成时中心离子的价层电子分布。这两种配合物各属哪种类型（指内轨型和外轨型，低自旋和高自旋）。

11. 利用光谱化学序列确定下列配合物的配体哪些是强场配体？哪些是弱场配体？并确定电子在 t_{2g} 和 e_g 中的分布、未成对 d 电子数和晶体场稳定化能。

(1) $[Co(NO_2)_6]^{3-}$（$\mu = 0 \mu_B$）；　　　　(2) $[Fe(CN)_6]^{3-}$；

(3) $[Cr(NH_3)_6]^{3+}$（$\mu = 3.88 \mu_B$）；　　　(4) $[FeF_6]^{3-}$。

第三篇 元素化学

　　元素化学是无机化学的中心内容,它主要讨论元素及其化合物的存在、性质、制备和用途。物质的性质及反应的有关事实是元素化学中最本质的内容。元素周期表是讨论和掌握元素性质的基础和工具。在元素的原子结构中,最后填充的电子进入 s 能级的元素是 s 区元素,填充在 p 能级的是 p 区元素,依次类推,还有 d 区元素和 f 区元素。本篇按照结构分区讨论元素化学,第十二章讨论 s 区元素,第十三章至第十五章讨论 p 区元素,第十六章和第十七章讨论 d 区元素,第十八章讨论 f 区元素。

　　元素化学中充满着丰富多彩的化学反应事实和振奋人心的新发现。在学习元素化学的过程中,可以结合结构模型和化学反应原理,评价与解释已观察到的实验现象和相关信息。此外,还要特别注重"事实"对原有理论的修正和其中孕育着的新理论。

第十二章　　　　　s区元素

学习元素化学的目的之一,是利用我们能够直接获得的元素及其化合物,或经过物理、化学提纯与转化制备出新的物质,为人类生存与社会发展服务。要达到这一目标,需要知道这些元素及其化合物存在多少,在哪里存在,以何种状态存在。这些问题涉及元素的丰度和分类问题。

第十二章
学习引导

1. 元素的丰度

各种元素在地球上的含量相差极为悬殊。一般说来,较轻的元素含量较多,较重的元素含量较少;原子序数为偶数的元素含量较多,原子序数为奇数的元素含量较少。地球表面下 16 km 厚的岩石层称为地壳[①],化学元素在地壳中的含量称为丰度。丰度可以用质量分数表示,称为质量 Clarke 值,也可以用原子分数表示,称为原子 Clarke 值。对于同一元素,其质量 Clarke 值和原子 Clarke 值是不同的。表 12-1 列出了一些元素的质量 Clarke 值。氧是地壳中含量最多的元素,其次是硅,这两种元素的总质量约占地壳的 75%。氧、硅、铝、铁、钙、钠、钾、镁这 8 种元素的总质量占地壳的 99% 以上。

第十二章
教学课件

表 12-1　地壳中某些元素的丰度[*]

元素	$w/\%$	元素	$w/\%$	元素	$w/\%$
O	47.2	K	2.60	P	0.08
Si	27.6	Mg	2.10	S	0.05
Al	8.80	Ti	0.60	Ba	0.05
Fe	5.1	H	(0.15)	Cl	0.045
Ca	3.60	C	0.10	Sr	0.04
Na	2.64	Mn	0.09		

[*] 不包括海洋和大气。

人体中大约含有 30 多种元素,其中有 11 种为常量元素(见表 12-2),约占人体质量的 99.95%,其余的为微量元素或超微量元素。人体中的多数常量元素在地壳中的含量也较多。

表 12-2　人体中常量元素的含量

元素	$w/\%$	元素	$w/\%$	元素	$w/\%$
O	65	Ca	2	Na	0.15
C	18	P	1	Cl	0.15
H	10	K	0.35	Mg	0.05
N	3	S	0.25		

---

① 有时地壳还包括水圈和大气圈,前者质量为 1.2×10^{21} kg,占地壳总质量的 6.91%,后者质量为 5.1×10^{18} kg,占地壳总质量的 0.03%。

2. 元素的分类

在化学上按习惯将元素分为普通元素和稀有元素,这种划分只是相对的,它们之间没有严格的界限。所谓稀有元素,一般是指在自然界中含量少;或被人们发现较晚;或对其研究较少;或比较难以提炼,以致在工业上应用得也较晚的元素。通常稀有元素分为以下几类:

轻稀有金属　Li,Rb,Cs,Be;

高熔点稀有金属　Ti,Zr,Hf,V,Nb,Ta,Mo,W,Re;

分散稀有元素　Ga,In,Tl,Ge,Se,Te;

稀有气体　He,Ne,Ar,Kr,Xe,Rn;

稀土金属　Y 和镧系元素;

铂系元素　Ru,Rh,Pd,Os,Ir,Pt;

放射性稀有元素　Fr,Ra,Tc,Po,At 和锕系元素。

在自然界中只有少数元素(如稀有气体,O_2,N_2,S,C,Au,Pt 等)以单质的形态存在,大多数元素则以化合态存在,而且主要以氧化物、硫化物、卤化物和含氧酸盐的形式存在。

我国矿产资源很丰富,其中钨、锌、锑、锂、稀土元素等储量占世界首位,铜、锡、铅、汞、镍、钛、钼等储量也居世界前列。非金属硼、硫、磷等储量也不少。开发我国的丰产元素,并在高科技领域中加以利用,服务于国家的现代化建设,是我国化学工作者应承担的责任。

§ 12.1　s 区元素概述

周期系第ⅠA族包括锂、钠、钾、铷、铯、钫 6 种元素,又称为碱金属。第ⅡA族包括铍、镁、钙、锶、钡、镭 6 种元素,又称为碱土金属。碱金属和碱土金属原子的价层电子构型分别为 ns^1 和 ns^2,它们的原子最外层有 1~2 个 s 电子,这些元素称为 s 区元素。s 区元素中,锂、铷、铯、铍是稀有金属元素,钫和镭是放射性元素。

s 区元素是最活泼的金属元素。碱金属和碱土金属的一些性质分别列于表 12-3 和表 12-4 中。碱金属原子最外层只有 1 个 ns 电子,而次外层是 8 电子(锂的次外层是 2 电子)结构,它们的原子半径在同周期元素中(稀有气体除外)是最大的,而核电荷数在同周期元素中是最小的。由于内层电子的屏蔽作用显著,故这些元素很容易失去最外层的 1 个 s 电子,从而使碱金属的第一电离能在同周期元素中为最低。因此,碱金属是同周期元素中金属性最强的元素。碱土金属原子最外层有 2 个 ns 电子,次外层也是 8 电子(铍的次外层是 2 电子)结构,它们的核电荷数比同周期的碱金属大,原子半径比碱金属小。虽然这些元素也容易失去最外层的 s 电子而且有较强的金属性,但它们的金属性比同周期的碱金属略差一些。

表 12-3　碱金属的一些性质

	Li	Na	K	Rb	Cs
价层电子构型	$2s^1$	$3s^1$	$4s^1$	$5s^1$	$6s^1$
金属半径/pm	152	186	227	248	265

续表

	Li	Na	K	Rb	Cs
沸点/℃	1 341	881.4	759	691	668.2
熔点/℃	180.54	97.82	63.38	39.31	28.44
密度/$(g \cdot cm^{-3})$	0.534	0.968	0.89	1.532	1.878 5
电负性	0.98	0.93	0.82	0.82	0.79
电离能 I_1/$(kJ \cdot mol^{-1})$	526.41	502.04	425.02	409.22	381.90
电子亲和能/$(kJ \cdot mol^{-1})$	−59.6	−52.9	−48.4	−46.9	−45
标准电极电势 $E^{\ominus}(M^+/M)$/V	−3.040	−2.714	−2.936	−2.943	−3.027
氧化值	+1	+1	+1	+1	+1
晶体结构	体心立方	体心立方	体心立方	体心立方	体心立方

表 12-4　碱土金属的一些性质

	Be	Mg	Ca	Sr	Ba
价层电子构型	$2s^2$	$3s^2$	$4s^2$	$5s^2$	$6s^2$
金属半径/pm	111	160	197	215	217
沸点/℃	2 467	1 100	1 484	1 366	1 845
熔点/℃	1 287	651	842	757	727
密度/$(g \cdot cm^{-3})$	1.847 7	1.738	1.55	2.64	3.51
电负性	1.57	1.31	1.00	0.95	0.89
电离能 I_1/$(kJ \cdot mol^{-1})$	905.63	743.94	596.1	555.7	508.9
电子亲和能/$(kJ \cdot mol^{-1})$	48.2	38.6	28.9	28.9	—
标准电极电势 $E^{\ominus}(M^{2+}/M)$/V	−1.968	−2.357	−2.869	−2.899	−2.906
氧化值	+2	+2	+2	+2	+2
晶体结构	六方(低温) 体心立方(高温)	六方	面心立方	面心立方	体心立方

　　s 区元素中,同一族元素自上而下性质的变化是有规律的。例如,随着核电荷数的增加,同族元素的原子半径、离子半径逐渐增大,电离能逐渐减小,电负性逐渐减小,金属性、还原性逐渐增强。但这些性质的递变有时并不是很均匀的。第二周期元素与第三周期元素之间在性质上有较大的差异,而其后各周期元素性质的递变则较均匀。例如,锂及其化合物表现出与同族元素不同的性质。

　　s 区元素的一个重要特点是各族元素通常只有一种稳定的氧化态。碱金属和碱土金属的常见氧化值分别为+1 和+2,这与它们的族序数是一致的。从电离能的数据可以看出,碱金属的第一电离能最小,很容易失去 1 个电子,但碱金属的第二电离能很大,故很难再失去第二个电子。碱土金属的第一、第二电离能较小,容易失去 2 个电子,而第三电离能很大,所以很难再失去第三个电子。

　　s区元素的单质是最活泼的金属,它们都能与大多数非金属反应,如它们极易在空气中燃烧。除了铍和镁外,它们都较易与水反应,形成稳定的氢氧化物,这些氢氧化物大多是强碱。

　　s区元素所形成的化合物大多是离子型的。第二周期的锂和铍的离子半径小,极化作用较强,形成的化合物是共价型的(有一部分锂的化合物是离子型的)。少数镁的化合物也是共价型的。常温下在s区元素的盐类水溶液中,金属离子大多数不发生水解反应。除铍以外,s区元素的单质都能溶于液氨生成蓝色的还原性溶液。

　　由表12-3可以看出,碱金属的标准电极电势都很小,且从钠到铯,$E^{\ominus}(M^+/M)$逐渐减小,但$E^{\ominus}(Li^+/Li)$却比$E^{\ominus}(Cs^+/Cs)$还小,表现出反常性。

　　金属在水溶液中的标准电极电势$E^{\ominus}(M^{z+}/M)$与下列电极反应的$\Delta_r G_m^{\ominus}$有关:

$$M^{z+}(aq)+ze^- \rightleftharpoons M(s)$$
$$\Delta_r G_m^{\ominus}=-zFE^{\ominus}(M^{z+}/M)$$

这一电极反应的逆反应是$M^{z+}(aq)$的生成反应:

$$M(s) \xrightarrow{H_2O} M^{z+}(aq)+ze^-$$

由于　　　　　　　$\Delta_f G_m^{\ominus}(M^{z+},aq)=-\Delta_r G_m^{\ominus}$

所以　　　　　　　$\Delta_f G_m^{\ominus}(M^{z+},aq)=zFE^{\ominus}(M^{z+}/M)$

根据　　　　　　　$\Delta_r G_m^{\ominus}=\Delta_r H_m^{\ominus}-T\Delta_r S_m^{\ominus}$

对于碱金属,如果不考虑$\Delta_r S_m^{\ominus}$的差异,可以用水合离子标准摩尔生成焓$\Delta_f H_m^{\ominus}(M^+,aq)$代替$\Delta_f G_m^{\ominus}(M^+,aq)$,近似地估计$E^{\ominus}(M^+/M)$的相对大小。$\Delta_f H_m^{\ominus}(M^+,aq)$越小,$E^{\ominus}(M^+/M)$也越小。

　　由下面的热力学循环可以计算碱金属水合离子的标准摩尔生成焓$\Delta_f H_m^{\ominus}(M^+,aq)$:

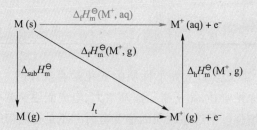

由此可以得出:

$$\Delta_f H_m^{\ominus}(M^+,aq)=\Delta_{sub}H_m^{\ominus}+I_1+\Delta_h H_m^{\ominus}(M^+,g)$$

式中,$\Delta_{sub}H_m^{\ominus}$和$I_1$分别是金属的升华焓和第一电离能,这两项之和等于气态金属离子的标准摩尔生成焓。$\Delta_h H_m^{\ominus}(M^+,g)$是气态金属离子标准摩尔水合焓。金属的升华焓与电离能越大,气态离子水合焓越大,则越不容易形成水合金属离子,表现为标准电极电势越大。反之,则越容易形成水合金属离子,$E^{\ominus}(M^+/M)$数值越小。对于碱金属,有关的热力学数据列于表12-5中。

表 12-5　计算碱金属 $\Delta_f H_m^{\ominus}(M^+, aq)$ 的有关数据

	Li	Na	K	Rb	Cs
$\Delta_{sub} H_m^{\ominus}/(kJ \cdot mol^{-1})$	159.37	107.32	89.24	80.88	76.065
$I_1/(kJ \cdot mol^{-1})$	526.41	502.04	425.02	409.22	381.90
$\Delta_h H_m^{\ominus}(M^+, g)/(kJ \cdot mol^{-1})$	−535.27	−420.48	−337.64	−312.27	−287.24
$\Delta_f H_m^{\ominus}(M^+, aq)/(kJ \cdot mol^{-1})$	150.51	188.88	176.62	177.83	170.72
$E^{\ominus}(M^+/M)/V$	−3.040	−2.714	−2.936	−2.943	−3.027

由表中数据可以看出,虽然锂的升华焓和第一电离能都较大,但气态锂离子水合时放出的热量也特别大,可以更多地抵消前两个过程所吸收的热量,使得 $\Delta_f H_m^{\ominus}(Li^+, aq)$ 比 $\Delta_f H_m^{\ominus}(Cs^+, aq)$ 还小。因此,金属锂比其他碱金属更容易形成水合离子。

单独一种离子的水合焓是不能直接测定的,只能通过测定化合物的水合焓来间接地确定离子的水合焓。但若能得出水合离子的标准摩尔生成焓,则可以由此求出相应气态离子的水合焓。

通常把水合氢离子标准摩尔生成焓 $\Delta_f H_m^{\ominus}(H^+, aq)$ 的数值取为 0,并以此为基准确定其他水合离子标准摩尔生成焓的相对值。

如果要准确地确定水合离子的标准摩尔生成焓的绝对值,则需要先确定水合氢离子的标准摩尔生成焓的绝对值。已有人估计水合氢离子标准摩尔生成焓的绝对值为 429 $kJ \cdot mol^{-1}$,根据这一数据,其他水合离子的标准摩尔生成焓的绝对值可由下式求出:

$$绝对值 = 相对值 \pm z \times 429 \ kJ \cdot mol^{-1}$$

式中,阳离子取"+"号计算,阴离子取"−"号计算,z 为离子的电荷数。在研究离子的性质时常需用水合离子标准摩尔生成焓的绝对值。但因 429 $kJ \cdot mol^{-1}$ 这一数据在不断研究的过程中常有变动,所以数据表中通常所列的是相对值。本书附表一中的数据即为相对值。

确定了水合离子标准摩尔生成焓的绝对值,就不难由气态离子标准摩尔生成焓 $\Delta_f H_m^{\ominus}(M^+, g)$ 推算气态离子的水合焓。气态离子标准摩尔生成焓加上该离子的水合焓即等于水合离子的标准摩尔生成焓:

$$\Delta_f H_m^{\ominus}(M^+, aq) = \Delta_f H_m^{\ominus}(M^+, g) + \Delta_h H_m^{\ominus}(M^+, g)$$

例如,查得 $\Delta_f H_m^{\ominus}(Li^+, aq)$ 的相对值为 −278.49 $kJ \cdot mol^{-1}$,则 $\Delta_f H_m^{\ominus}(Li^+, aq)$ 的绝对值为

$$\Delta_f H_m^{\ominus}(Li^+, aq) = (−278.49 + 1 \times 429) kJ \cdot mol^{-1} = 150.51 \ kJ \cdot mol^{-1}$$

又已知:

$$\Delta_f H_m^{\ominus}(Li^+, g) = \Delta_{sub} H_m^{\ominus} + I_1 = (159.37 + 526.41) kJ \cdot mol^{-1} = 685.78 \ kJ \cdot mol^{-1}$$

所以 $Li^+(g)$ 的水合焓为

$$\Delta_h H_m^{\ominus}(Li^+, g) = \Delta_f H_m^{\ominus}(Li^+, aq) − \Delta_f H_m^{\ominus}(Li^+, g)$$
$$= (150.51 − 685.78) kJ \cdot mol^{-1}$$
$$= −535.27 \ kJ \cdot mol^{-1}$$

这一计算结果与热力学数据表中的数据(−537.27 $kJ \cdot mol^{-1}$)很接近。

与碱金属相似,碱土金属水合离子的标准摩尔生成焓也是由金属的升华焓、电离能及气态离子水合焓三项决定的,所不同的是电离能为第一、第二电离能之和。即

$$\Delta_f H_m^\ominus(M^{2+}, aq) = \Delta_{sub} H_m^\ominus + (I_1 + I_2) + \Delta_h H_m^\ominus(M^{2+}, g)$$

虽然碱土金属的气态离子水合焓较小,似乎更有利于水合离子 $M^{2+}(aq)$ 的形成,但由于第一、第二电离能之和较大,结果使其 $\Delta_f H_m^\ominus(M^{2+}, aq)$ 仍大于碱金属的 $\Delta_f H_m^\ominus(M^+, aq)$,即需吸收更多的热。因此碱土金属形成水合离子的趋势较碱金属小,$E^\ominus(M^{2+}/M)$ 比 $E^\ominus(M^+/M)$ 大一些,还原性不及碱金属强。在碱土金属中,$Be^{2+}(g)$ 的水合焓虽然很小,但铍的电离能和升华焓也都很大,总的结果是 $\Delta_f H_m^\ominus(Be^{2+}, aq)$ 仍比其他碱土金属大,表现为 $E^\ominus(Be^{2+}/Be)$ 仍高于其他碱土金属。

§ 12.2　s 区元素的单质

12.2.1　单质的物理性质和化学性质

1. 物理性质

碱金属和碱土金属都是具有金属光泽的银白色(铍为灰色)金属。它们的物理性质的主要特点是:轻、软、低熔点。碱金属的密度都小于 2 $g \cdot cm^{-3}$,其中锂、钠、钾的密度均小于 1 $g \cdot cm^{-3}$(表 12-3),能浮在水面上;碱土金属的密度也都小于 5 $g \cdot cm^{-3}$。它们都是轻金属。碱金属的密度小与它们的原子半径比较大、价电子少、晶体结构为堆积密度比较小的体心立方,以及摩尔质量比较小等因素有关;同样,可以从原子半径、晶体结构和摩尔质量的变化来了解碱土金属的密度比同周期碱金属的密度有所增大的事实。

碱金属、碱土金属的硬度很小,除铍、镁外,它们的硬度都小于 2。碱金属和钙、锶、钡可以用刀切割。碱金属原子半径较大,又只有 1 个价电子,所形成的金属键很弱,它们的熔点、沸点都较低。铯的熔点比人的体温还低。碱土金属原子半径比相应的碱金属小,有 2 个价电子,所形成的金属键比碱金属的强,故它们的熔点、沸点比碱金属高。在碱金属、碱土金属的晶体中有活动性较强的自由电子,因而它们具有良好的导电性、导热性。钠的导电性比铜、铝还好。

s 区元素的物理性质与它们在实际中的应用密切相关,如镁铝合金是大家熟悉的轻质合金。镁合金具有很好的机械强度和质轻的特点,是很重要的结构材料。航空工业应用了大量的镁合金,直升机需要极轻的材料,镁合金广泛地应用于直升机的制造上。镁合金也成为各种运输工具、军事器材(枪炮零件)、通信器材等的重要结构材料。目前在空间轨道飞行器上所用的镁比任何其他金属都多。随着火箭、导弹、人造地球卫星和各种空间运载工具的发展,镁合金的用量将越来越多。

除镁之外,锂、铍的合金也有较多的应用。例如,锂铅合金(0.4% Li,0.70% Cu,0.6% Na,其余为铅)使铅的硬度增大,可用来制造火车的机车轴承。锂铝合金也具有高强度和低密度的性能,锂合金也是制造航空、宇航产品所需要的材料。含 2.6% Be 的铍镍合金的强度与不锈钢相似。62% Be 和 38% Al 的合金被称为"锁合金",其弹性模数高,密度低,并容易成型。铍青铜是铍与铜的合金,少量的铍可以大大增加铜的硬度和导电性。铍作为最有效的中子减速剂和反射剂用于核反应堆。铍还可用作 X 射线管的窗口材料。

由于钠的低熔点、低黏度及低的中子吸收截面,并兼有异常高的热容量和导热率,在快增殖核反应堆中钠被用作热交换液体。钾钠合金和锂都可作为核反应堆中的热交换介质。在一定波长光的作用下,碱金属的电子可获得能量从金属表面逸出而产生光电效应。将碱金属的真空光电管安装在宾馆或会堂的自动开关的门上,当光照射时,由光电效应产生电流,通过一定装置形成电流,使门关上。当人走在自动门附近时,遮住了光,光电效应消失,电路断开,门就会自动打开。铷、铯主要用于制造光电管。

2. 化学性质

碱金属和碱土金属是化学活泼性很强或较强的金属元素。它们能直接或间接地与电负性较大的非金属元素形成相应的化合物。碱金属和碱土金属的重要化学反应分别列于表 12-6 和表 12-7 中。

表 12-6　碱金属的重要化学反应

$4Li+O_2(过量) \longrightarrow 2Li_2O$	其他金属形成 $Na_2O_2, K_2O_2, KO_2, RbO_2, CsO_2$
$2M+S \longrightarrow M_2S$	反应很激烈,也有多硫化物产生
$2M+2H_2O \longrightarrow 2MOH+H_2$	Li 反应缓慢,K 发生爆炸,与酸作用时都发生爆炸
$2M+H_2 \longrightarrow 2M^+H^-$	高温下反应,LiH 最稳定
$2M+X_2 \longrightarrow 2M^+X^-$	X=卤素
$6Li+N_2 \longrightarrow 2Li_3^+N^{3-}$	室温,其他碱金属无此反应
$3M+E \longrightarrow M_3E$	E=P,As,Sb,Bi,加热反应
$M+Hg \longrightarrow 汞齐$	

表 12-7　碱土金属的重要化学反应

$2M+O_2 \longrightarrow 2MO$	加热能燃烧,钡能形成过氧化钡 BaO_2
$M+S \longrightarrow MS$	
$M+2H_2O \longrightarrow M(OH)_2+H_2$	Be,Mg 与冷水反应缓慢
$M+2H^+ \longrightarrow M^{2+}+H_2$	Be 反应缓慢,其余反应较快
$M+H_2 \longrightarrow MH_2$	仅高温下反应,Mg 需高压
$M+X_2 \longrightarrow MX_2$	X=卤素
$3M+N_2 \longrightarrow M_3N_2$	水解生成 NH_3 和 $M(OH)_2$
$Be+2OH^-+2H_2O \longrightarrow Be(OH)_4^{2-}+H_2$	余者无此类反应

碱金属有很高的反应活性,在空气中极易形成 M_2CO_3 的覆盖层,因此要将它们保存在无水的煤油中。锂的密度很小,能浮在煤油上,所以将其保存在液体石蜡中。碱土金属的活泼性不如碱金属,铍和镁表面形成致密的氧化物保护膜。

实验视频
金属钠与水反应

碱金属的 $E^{\ominus}(M^+/M)$ 和碱土金属的 $E^{\ominus}(M^{2+}/M)$ 都很小,相应金属的还原性强,都能与水反应,并生成氢气。例如,钠、钾与水反应很激烈,并能放出大量的热,使钠、钾熔化,同时使 H_2 燃烧。虽然锂的标准电极电势比铯的还小,但它与水反应时还不如钠激烈。这是因为锂的升华焓很大,不易活化,因而反应速率较小。另外,反应生成的氢氧化锂的溶解度较小,覆盖在金属表面上,也降低了反应速率。同周期的碱土金属与水反应不如碱金属激烈。铍、镁与冷水作用很慢,因为金属表面形成一层难溶的氢氧化物,阻止了金属与水的进一步作用。利用这些金属与水反应的性质,常将钠与钙作为某些有机溶剂的脱水剂,除去其中含有的极少量水。不能用钠脱除醇中的水,因为钠与醇反应能生成醇钠和氢气。钡、钙可以用作真空管中的脱气剂,除去其中少量的氮、氧等气体。镁在炼钢中作为除氧剂和脱硫剂。

钠、锂、镁、钙等常用作冶金、无机合成和有机合成中的还原剂。例如:

(1) 20%以上的金属钠用于还原钛、锆的氯化物,生产相应的金属:

$$TiCl_4(g)+4Na(l) \xrightarrow{700\sim800\ ℃} Ti(s)+4NaCl(s)$$

金属镁可以代替钠,发生上述的相似反应,同样得到钛金属。钙将氯化铯还原,生产金属铯。

(2) Grignard 试剂:卤代烃与金属镁在醚中反应生成烃基卤化镁,称为 Grignard 试剂:

$$R—X+Mg \xrightarrow{\text{醚}} RMgX$$

这是一种亲核性极强的试剂,可以与许多有机化合物、无机化合物发生反应。

金属锂的应用范围日益扩大。除了用其制作合金、还原剂、催化剂之外,还可以用 ^6Li 制备热核反应中所需要的原料氚。锂电池(如 Li/MnO_2 电池,电解质是含有 $LiClO_4$ 的有机溶剂)的应用日益普遍,这种电池有相对较高的输出电压和能量密度[①],并能在高温或低温下使用。

碱金属的还原性还体现在能置换出氨中的氢。它们同液氨慢慢地反应,生成氢气和金属的氨基化物 MNH_2。这种反应非常类似于碱金属与水的反应:

$$2M(s)+2NH_3(l) \longrightarrow 2M^+(am)+2NH_2^-(am)+H_2(g)$$

碱金属溶解在液氨(-33 ℃)中,形成含有美丽的深蓝色溶剂化电子和金属阳离子的溶液:

$$M(s) \xrightarrow{\text{液氨溶剂}} M^+(am)+e^-(am)$$

可以推测出这种溶液有极强的还原能力。现在已经知道重碱土金属(Ca,Sr 和 Ba)及二价的镧系元素铕和镱在液氨中也能形成类似的溶液。这些溶液最显著的物理性质是颜色、电导率和磁化率。将这些溶液稀释后都具有相同的蓝色,表明其中存在着一种共同的有色物种 $e^-(am)$。稀溶液的电导率比水中完全解离了的盐的电导率高一个数量级。这种溶液又是顺磁性的,其磁化率相当于每个金属原子有一个未成对电子。碱金属的液氨溶液作为还原剂时,可以使一些较难进行的有机化学反应(如芳香族化合物还原成环状的单烯烃或双烯烃)得以实现。

---

① 单位质量的反应物所释放出的能量。

3. 焰色反应

碱金属和碱土金属中的钙、锶、钡及其挥发性化合物在无色的火焰中灼烧时,其火焰都具有特征的焰色,称为焰色反应。产生焰色反应的原因是它们的原子或离子受热时,电子容易被激发,当电子从较高能级跃迁到较低能级时,相应的能量以光的形式释放出来,产生线状光谱。火焰的颜色往往对应于强度较大的谱线区域。不同种元素的原子因电子层结构不同而产生不同颜色的火焰(如钠的谱线对应着3s-3p间电子的跃迁)。这也是借助火焰光谱或原子吸收光谱分析鉴定这些金属的基础。s区元素的火焰颜色及主要的发射(或吸收)波长见表12-8。在实际生活中,锶、钡、钾的硝酸盐分别与氯酸钾、硫粉及镁粉、松香等按比例混合,可以制成能发射出各种颜色光的信号剂和焰火剂。

实验视频
焰色反应-钙

表 12-8　s区元素的火焰颜色及主要发射(或吸收)波长

元素	Li	Na	K	Rb	Cs	Ca	Sr	Ba
颜色	深红	黄	紫	红紫	蓝	橙红	深红	绿
波长/nm	670.8	589.2	766.5	780.0	455.5	714.9	687.8	553.5

实验视频
焰色反应-钡

12.2.2　s区元素的存在和单质的制备

碱金属和碱土金属是活泼的金属元素,因此在自然界中不存在碱金属和碱土金属的单质,这些元素多以离子型化合物的形式存在。碱金属中的钠、钾和碱土金属(除镭外)在自然界中的分布均很广,Na,K,Mg,Ca 和 Ba 的丰度比较大。它们的主要矿物资源见表12-9。

表 12-9　s区元素的矿物资源

	主要矿物的名称和组成
锂	锂辉石 $LiAl(SiO_3)_2$,锂云母 $K_2Li_3Al_4Si_7O_{21}(OH,F)_3$,透锂长石 $Li[AlSi_4O_{10}]$
钠	盐湖和海水中的氯化钠(每升海水约含 30 g NaCl),天然碱($Na_2CO_3 \cdot xH_2O$),硝石($NaNO_3$),芒硝($Na_2SO_4 \cdot 10H_2O$)
钾	光卤石 $KCl \cdot MgCl_2 \cdot 6H_2O$,盐湖中含 KCl,海水中 KCl 仅为 NaCl 的 1/40,钾长石 $K[AlSi_3O_8]$
铍	绿柱石 $Be_3Al_2(SiO_3)_6$,硅铍石 Be_2SiO_4,铝铍石 $BeO \cdot Al_2O_3$
镁	菱镁矿 $MgCO_3$,光卤石,白云石 $(Ca,Mg)CO_3$
钙	大理石,方解石,白垩,石灰石($CaCO_3$),石膏 $CaSO_4 \cdot 2H_2O$,萤石 CaF_2
锶	天青石 $SrSO_4$,碳酸锶矿 $SrCO_3$
钡	重晶石 $BaSO_4$,毒重石 $BaCO_3$

图片
绿柱石

图片
石膏晶体

由于钠和镁等 s 区主要金属有很强的还原性,它们的制备一般都采用电解熔融盐的方法。应当指出,在金属钾的实际生产中,并不采用电解 KCl 熔盐的方法。这是因为钾太容易溶解在熔化的 KCl 中,以致不能浮在电解槽的上部加以分离收集。同时,还因为钾在操作温度下迅速汽化,增加了不安全因素。工业上采用热还原法,在 850 ℃ 以上用金属钠还原氯化钾得到金属钾:

$$Na(g)+KCl(l) \rightleftharpoons NaCl(l)+K(g)$$

由于钾的沸点比钠的沸点低,钾比钠更容易汽化。随着钾蒸气的不断逸出,平衡不断向右移动,可以得到含少量钠的金属钾,再经过蒸馏可得到纯度为 99% ~ 99.99% 钾。用类似的方法,在减压的情况下,于 750 ℃ 时用金属钙还原可以生产金属铷和铯。由于锶、钡在电解质中有较大的溶解度,不能用电解法生产锶和钡。一般用铝热法生产锶和钡(也可用硅还原法)。

现将 s 区元素单质的制备方法概括在表 12-10 中。

表 12-10　s 区元素单质的制备方法

	提取方法的主要过程
锂	450 ℃ 下电解 55%LiCl 和 45%KCl 的熔融混合物
钠	580 ℃ 下电解熔融的 40%NaCl 和 60%CaCl$_2$ 的混合物
钾	850 ℃ 下,用金属钠还原氯化钾:$KCl+Na \longrightarrow NaCl+K$
铷或铯	13 Pa,800 ℃ 下,用钙还原氯化铯:$2CsCl+Ca \longrightarrow CaCl_2+2Cs$
铍	350~400 ℃ 下,电解 NaCl 和 BeCl$_2$ 的熔融盐,或采用镁还原氟化铍: $$BeF_2+Mg \longrightarrow Be+MgF_2$$
镁	电解水合氯化镁(含 20%CaCl$_2$,60%NaCl),先脱去其中的水,再电解得到镁和氯气: $$MgCl_2 \cdot 1.5H_2O(+CaCl_2+NaCl) \xrightarrow[\text{熔融}]{700~720 ℃} MgCl_2+1.5H_2O$$ $$MgCl_2 \xrightarrow{\text{电解}} Mg+Cl_2$$ 硅热还原法:$2(MgO \cdot CaO)+FeSi \longrightarrow 2Mg+Ca_2SiO_4+Fe$
钙	780~800 ℃ 下,电解 CaCl$_2$ 与 KCl 的混合物; 铝热法:$6CaO+2Al \longrightarrow 3Ca+3CaO \cdot Al_2O_3$

§ 12.3　s 区元素的化合物

12.3.1　氢化物

碱金属和碱土金属中的镁、钙、锶、钡在氢气流中加热,可以分别生成离子型氢化物(也称为盐型氢化物),例如:

$$2Li+H_2 \xrightarrow{\triangle} 2LiH$$

$$2Na+H_2 \xrightarrow{653\ K} 2NaH$$

$$Ca+H_2 \xrightarrow{423\sim573\ K} CaH_2$$

常温下离子型氢化物都是白色晶体,它们的熔点、沸点较高,熔融时能够导电。碱金属氢化物具有 NaCl 型晶体结构,钙、锶、钡的氢化物具有像某些重金属氯化物(如斜方 $PbCl_2$)那样的晶体结构。晶体结构研究表明,在碱金属氢化物中,H^- 的离子半径在 126 pm(LiH 中)到 154 pm(CsH 中)这样大的范围内变化。

s 区元素的离子型氢化物热稳定性差异较大,分解温度各不相同。碱金属氢化物中,以 LiH 为最稳定,其分解温度为 850 ℃,高于其熔点(680 ℃)。氢化锂溶于熔融的 LiCl 中,电解时在阴极上析出金属锂,在阳极上放出氢气,这一点进一步证明了离子型氢化物中含有 H^-。其他碱金属氢化物加热未到熔点时便分解为氢气和相应的金属单质。碱土金属的离子型氢化物比碱金属的氢化物热稳定性高一些,BaH_2 具有较高的熔点(1 200 ℃)。

离子型氢化物与水都发生剧烈的水解反应而放出氢气:

$$MH+H_2O \longrightarrow MOH+H_2$$

$$MH_2+2H_2O \longrightarrow M(OH)_2+2H_2$$

CaH_2 常用作军事和气象野外作业的生氢剂。

离子型氢化物都具有强还原性,$E^\ominus(H_2/H^-)=-2.23$ V。例如,NaH 在 400 ℃时能将 $TiCl_4$ 还原为金属钛:

$$TiCl_4+4NaH \longrightarrow Ti+4NaCl+2H_2$$

在有机合成中,LiH 常用来还原某些有机化合物,CaH_2 也是重要的还原剂。

由于 H^- 有一对孤对电子,H^- 是很强的 Lewis 碱,所以离子型氢化物能在非水溶剂中与硼、铝等元素的缺电子化合物(见第十三章)作用形成配位氢化物。例如,LiH 和无水 $AlCl_3$ 在乙醚溶液中相互作用,生成铝氢化锂:

$$4LiH+AlCl_3 \xrightarrow{乙醚} Li[AlH_4]+3LiCl$$

在 $Li[AlH_4]$ 中,锂以 Li^+ 存在。$Li[AlH_4]$ 在干燥空气中较稳定,遇水则发生猛烈反应:

$$Li[AlH_4]+4H_2O \longrightarrow LiOH+Al(OH)_3+4H_2$$

$Li[AlH_4]$ 具有很强的还原性,能将许多有机化合物中的官能团还原,如将醛、酮、羧酸等还原为醇,将硝基还原为氨基等。配位氢化物已广泛应用在有机合成上。

12.3.2　氧化物

碱金属、碱土金属与氧能形成多种类型的二元化合物,如正常氧化物、过氧化物、超氧化物和臭氧化物,其中分别含有 O^{2-},O_2^{2-},O_2^- 和 O_3^-。前两种是反磁性物质,后两种是顺磁性物质。s 区元素与氧所形成的各种含氧二元化合物列于表 12-11 中。

表 12-11 s 区元素形成的含氧二元化合物

	阴离子	直接形成	间接形成
正常氧化物	O^{2-}	Li,Be,Mg,Ca,Sr,Ba	ⅠA,ⅡA 所有元素
过氧化物	O_2^{2-}	Na,Ba	除 Be 外的所有元素
超氧化物	O_2^-	(Na),K,Rb,Cs	除 Be,Mg,Li 外的所有元素
臭氧化物	O_3^-		Na,K,Rb,Cs

1. 正常氧化物

碱金属中的锂和所有碱土金属在空气中燃烧时,生成正常氧化物 Li_2O 和 MO。其他碱金属的正常氧化物是用金属与它们的过氧化物或硝酸盐作用得到的。例如:

$$Na_2O_2+2Na \longrightarrow 2Na_2O$$

$$2KNO_3+10K \longrightarrow 6K_2O+N_2$$

碱土金属的碳酸盐、硝酸盐等热分解也能得到氧化物 MO。

碱金属氧化物的有关性质列于表 12-12 中。由 Li_2O 到 Cs_2O,颜色依次加深。由于 Li^+ 的离子半径特别小,Li_2O 的熔点很高。Na_2O 的熔点也较高,其余的氧化物未达到熔点时便开始分解。

表 12-12 碱金属氧化物的有关性质

	Li_2O	Na_2O	K_2O	Rb_2O	Cs_2O
颜色	白	白	淡黄	亮黄	橙红
熔点/℃	1 570	920	350 分解	400 分解	490
$\Delta_f H_m^\ominus/(kJ \cdot mol^{-1})$	−597.9	−414.22	−361.5	−339	−345.77

碱金属氧化物与水化合生成碱性氢氧化物 MOH。Li_2O 与水反应很慢,Rb_2O 和 Cs_2O 与水发生剧烈反应,甚至爆炸。

碱土金属的氧化物都是难溶于水的白色粉末。碱土金属氧化物中,唯有 BeO 是六方 ZnS 型晶体,其他氧化物都是 NaCl 型晶体。与 M^+ 相比,M^{2+} 的电荷多,离子半径小,所以碱土金属氧化物具有较大的晶格能,熔点都很高,硬度也较大。碱土金属氧化物的有关性质列于表 12-13 中。

表 12-13 碱土金属氧化物的有关性质

	BeO	MgO	CaO	SrO	BaO
熔点/℃	2 578	2 800	2 900	2 430	1 973
离子间距离/pm	165	210	240	257	277
密度/($g \cdot cm^{-3}$)	3.025	3.65~3.75	3.34	4.7	5.72

续表

	BeO	MgO	CaO	SrO	BaO
莫氏硬度（金刚石为 10）	9	5.5	4.5	3.5	3.3
$\Delta_f H_m^{\ominus}/(kJ \cdot mol^{-1})$	−609.6	−601.70	−635.09	−592.0	−553.5
$\Delta_h H_m^{\ominus}/(kJ \cdot mol^{-1})$	−14.2	−40.6	−66.5	−81.6	−103.4

BeO 几乎不与水反应，MgO 与水缓慢反应生成相应的碱。CaO,SrO,BaO 遇水都能发生剧烈反应并放出大量的热，其反应的焓变 $\Delta_h H_m^{\ominus}$ 列于表 12-13 中。

BeO 和 MgO 可作耐高温材料和高温陶瓷，生石灰(CaO)是重要的建筑材料。

2. 过氧化物

除铍外，所有碱金属和碱土金属都能分别形成相应的过氧化物 $M_2^I O_2$ 和 $M^{II} O_2$，其中只有钠和钡的过氧化物可由金属在空气中燃烧直接得到。

过氧化钠 Na_2O_2 是最常见的碱金属过氧化物。将金属钠在铝制容器中加热到 300 ℃，并通入不含二氧化碳的干空气，得到淡黄色的颗粒状的 Na_2O_2 粉末。

过氧化钠与水或稀硫酸在室温下反应生成过氧化氢：

$$Na_2O_2 + 2H_2O \longrightarrow 2NaOH + H_2O_2$$

$$Na_2O_2 + H_2SO_4(稀) \longrightarrow Na_2SO_4 + H_2O_2$$

过氧化钠与二氧化碳反应，放出氧气：

$$2Na_2O_2 + 2CO_2 \longrightarrow 2Na_2CO_3 + O_2$$

因此，Na_2O_2 可以用来作为氧气发生剂，用于高空飞行和水下工作时的供氧剂和二氧化碳吸收剂。Na_2O_2 是一种强氧化剂，工业上用作漂白剂。Na_2O_2 在熔融时几乎不分解，但遇到棉花、木炭或铝粉等还原性物质时，就会发生爆炸，使用 Na_2O_2 时应当注意安全。Na_2O_2 在遇到像 $KMnO_4$ 这样的强氧化剂时也表现出还原性，即 Na_2O_2 被氧化放出氧气。

工业上把 BaO 在空气中加热到 600 ℃以上，使它转化为过氧化钡：

$$2BaO + O_2 \xrightarrow{600 \sim 800 \, ℃} 2BaO_2$$

过氧化物中的阴离子是过氧离子 O_2^{2-}，其结构式如下：

$$\left[\ddot{\underset{..}{O}} \ddot{\underset{..}{O}} \right]^{2-}$$

按照分子轨道理论，O_2^{2-} 的分子轨道电子排布式为

$$(\sigma_{1s})^2 (\sigma_{1s}^*)^2 (\sigma_{2s})^2 (\sigma_{2s}^*)^2 (\sigma_{2p})^2 (\pi_{2p})^4 (\pi_{2p}^*)^4$$

其中只有一个 σ 键对形成稳定的过氧离子有利，相应键级为 1。

3. 超氧化物

除了锂、铍、镁外，碱金属和碱土金属都能分别形成超氧化物 MO_2 和 $M(O_2)_2$。其

中,钾、铷、铯在空气中燃烧能直接生成超氧化物 MO_2。一般说来,金属性很强的元素容易形成含氧较多的氧化物,因此钾、铷、铯易生成超氧化物。KO_2 为橙黄色,RbO_2 为深棕色,CsO_2 为深黄色。

超氧化物与水反应立即产生氧气和过氧化氢。例如:

$$2KO_2+2H_2O \longrightarrow 2KOH+H_2O_2+O_2$$

因此,超氧化物也是强氧化剂。超氧化钾与二氧化碳作用放出氧气:

$$4KO_2+2CO_2 \longrightarrow 2K_2CO_3+3O_2$$

KO_2 较易制备,常用于急救器和消防队员的空气背包中,利用上述反应除去呼出的 CO_2 和湿气并提供氧气。

在碱金属和碱土金属的超氧化物中,阴离子是超氧离子 O_2^-,其结构式如下:

$$[:O \overset{\cdots}{\underset{\cdots}{-}} O:]^-$$

按照分子轨道理论,O_2^- 的分子轨道电子排布式为

$$(\sigma_{1s})^2(\sigma_{1s}^*)^2(\sigma_{2s})^2(\sigma_{2s}^*)^2(\sigma_{2p})^2(\pi_{2p})^4(\pi_{2p}^*)^3$$

O_2^- 中含有一个 σ 键和一个三电子键,键级为 3/2。由于含有一个未成对电子,因而 O_2^- 具有顺磁性。

4. 臭氧化物

干燥的钠、钾、铷、铯的氢氧化物固体与臭氧反应,可以制得臭氧化物,例如:

$$3KOH(s)+2O_3(g) \longrightarrow 2KO_3(s)+KOH \cdot H_2O(s)+\frac{1}{2}O_2(g)$$

产物在液氨中重结晶,可以得到橘红色的 KO_3 晶体。

碱金属臭氧化物在室温下放置会缓慢地分解为超氧化物和氧气:

$$KO_3 \longrightarrow KO_2+\frac{1}{2}O_2$$

臭氧化物中含有臭氧离子 O_3^-,臭氧离子比臭氧分子 O_3 多一个电子,是顺磁性物质,具有"V"形结构(见第十四章)。

联系 O_2,O_2^{2-},O_2^- 的结构可以看出:O_2^{2-} 和 O_2^- 的反键轨道上的电子比 O_2 多,键级比 O_2 小,键能分别为 142 $kJ \cdot mol^{-1}$ 和 398 $kJ \cdot mol^{-1}$,比 O_2(498 $kJ \cdot mol^{-1}$)小。所以过氧化物和超氧化物稳定性不高,臭氧化物的稳定性更差。

12.3.3 氢氧化物

碱金属和碱土金属的氢氧化物都是白色固体。它们在空气中易吸水而潮解,故固体 NaOH 和 $Ca(OH)_2$ 常用作干燥剂。

碱金属的氢氧化物在水中都是易溶的(其中 LiOH 的溶解度稍小些),溶解时还放出大量的热。碱土金属的氢氧化物的溶解度则较小,其中 $Be(OH)_2$ 和 $Mg(OH)_2$ 是难

溶的氢氧化物。碱土金属氢氧化物的溶解度列于表 12-14 中。由表中数据可见，对碱土金属来说，由 $Be(OH)_2$ 到 $Ba(OH)_2$，溶解度依次增大。这是由于随着金属离子半径的增大，阳、阴离子之间的作用力逐渐减小，容易为水分子所解离的缘故。

表 12-14　碱土金属氢氧化物的溶解度（20 ℃）

氢氧化物	$Be(OH)_2$	$Mg(OH)_2$	$Ca(OH)_2$	$Sr(OH)_2$	$Ba(OH)_2$
溶解度/$(mol \cdot L^{-1})$	8×10^{-6}	2.1×10^{-4}	2.3×10^{-2}	6.6×10^{-2}	1.2×10^{-1}

碱金属、碱土金属的氢氧化物中，除 $Be(OH)_2$ 为两性氢氧化物外，其他氢氧化物都是强碱或中强碱。这两族元素氢氧化物碱性的递变次序如下：

$$LiOH < NaOH < KOH < RbOH < CsOH$$
中强碱　　强碱　　强碱　　强碱　　强碱

$$Be(OH)_2 < Mg(OH)_2 < Ca(OH)_2 < Sr(OH)_2 < Ba(OH)_2$$
两性　　中强碱　　强碱　　　强碱　　　强碱

金属氢氧化物的酸碱性取决于它们的解离方式。如果以 ROH 表示金属氢氧化物，它可以有如下两种解离方式：

$$R \,\vdots\, OH \longrightarrow R^+ + OH^- \qquad 碱式解离$$

$$R-O \,\vdots\, H \longrightarrow RO^- + H^+ \qquad 酸式解离$$

氢氧化物的解离方式与 R 的电荷数 z 和 R 的半径 r 的比值有关。令

$$\phi = \frac{z}{r}$$

若 ϕ 值小，也就是说 R 离子的电荷数少，离子半径大，则 R 与 O 原子间的静电作用较弱，相对的 O—H 键显得较强，有利于碱式解离，这时氢氧化物表现出碱性。若 ϕ 值大，即 z 大，r 小时，R 与 O 原子间的静电作用较强，氢氧化物易作酸式解离，表现出酸性。据此，有人提出了用 $\sqrt{\phi}$ 值（r 的单位为 pm）判断金属氢氧化物酸碱性的经验规律，即

$$\sqrt{\phi} < 0.22 \text{ 时，金属氢氧化物呈碱性}$$

$$0.22 < \sqrt{\phi} < 0.32 \text{ 时，金属氢氧化物呈两性}$$

$$\sqrt{\phi} > 0.32 \text{ 时，金属氢氧化物呈酸性}$$

碱金属 M^+ 的最外层电子构型相同（Li^+ 除外），离子的电荷数相同，随着 r 的增大，$\sqrt{\phi}$ 变小，因而碱金属氢氧化物碱性依次增强。碱土金属也有类似情况。对于 $Be(OH)_2$，经计算其 $\sqrt{\phi}$ 值为 0.254，所以它是两性氢氧化物。碱土金属的 M^{2+} 电荷数比碱金属的 M^+ 多，而离子半径却又比相邻的碱金属小，使得其 $\sqrt{\phi}$ 值比相邻 M^+ 的大，因此它们的氢氧化物的碱性也就比相邻碱金属的弱。除了碱金属和碱土金属的氢氧化物之外，上述这一规律对其他金属氢氧化物有时不太适用。

在碱金属氢氧化物中最重要的是氢氧化钠。NaOH 俗称烧碱，是重要的化工原料，应用很广泛。工业上制备 NaOH 采用电解食盐水溶液的方法，常用隔膜电解法和

离子交换膜电解法。用碳酸钠和熟石灰反应(苛化法)也可以制备 NaOH。LiOH 在宇宙飞船和潜水艇等密封环境中用于吸收 CO_2。

在碱土金属氢氧化物中较重要的是氢氧化钙。$Ca(OH)_2$ 俗称熟石灰或消石灰,它可由 CaO 与水反应制得。$Ca(OH)_2$ 价格低廉,大量用于化工和建筑工业。

12.3.4　重要盐类及其性质

碱金属和碱土金属常见的盐有卤化物、硝酸盐、硫酸盐、碳酸盐等。这里着重讨论它们的晶体类型、溶解度、热稳定性等问题,并介绍几种重要的盐。

1. 盐类的性质

(1) 晶体类型

碱金属的盐大多数是离子晶体,它们的熔点(表 12-15)、沸点较高。由于 Li^+ 半径很小,极化力较强,它的某些盐(如卤化物)表现出不同程度的共价性。

表 12-15　碱金属盐类的熔点

	氯化物熔点/℃	硝酸盐熔点/℃	硫酸盐熔点/℃	碳酸盐熔点/℃
Li	613	~255	859	720
Na	801	307	880	858
K	771	333	1 069	901
Rb	715	305	1 050	837
Cs	646	414	1 005	792

碱土金属离子带 2 个正电荷,其离子半径比相应的碱金属离子小,故它们的极化力增强,因此碱土金属盐的离子键特征比碱金属差。但同族元素随着金属离子半径的增大,键的离子性增强。例如,碱土金属氯化物的熔点从 Be 到 Ba 依次增高:

	$BeCl_2$	$MgCl_2$	$CaCl_2$	$SrCl_2$	$BaCl_2$
熔点/℃	415	714	775	874	962

其中,$BeCl_2$ 的熔点明显低,这是由于 Be^{2+} 半径小,电荷数较多,极化力较强,它与 Cl^-,Br^-,I^- 等极化率较大的阴离子形成的化合物已过渡为共价化合物。$BeCl_2$ 易于升华,气态时形成双聚分子$(BeCl_2)_2$,固态时形成多聚物$(BeCl_2)_n$,能溶于有机溶剂,这些性质都表明了 $BeCl_2$ 的共价性。$MgCl_2$ 也有一定程度的共价性。

由于碱金属离子 M^+ 和碱土金属离子 M^{2+} 是无色的,所以它们的盐类的颜色一般取决于阴离子的颜色。无色阴离子(如 X^-,NO_3^-,SO_4^{2-},ClO_3^- 和 ClO^- 等)与之形成的盐一般是无色或白色的,而有色阴离子与之形成的盐则具有阴离子的颜色,如紫色的 $KMnO_4$、黄色的 $BaCrO_4$、橙色的 $K_2Cr_2O_7$ 等。

(2) 溶解度

碱金属的盐类大多数都易溶于水。少数碱金属的盐难溶于水,如 LiF,Li_2CO_3

和 Li_3PO_4 等。此外,还有少数大阴离子的碱金属盐是难溶的。例如,六亚硝酸根合钴(Ⅲ)酸钠 $Na_3[Co(NO_2)_6]$ 与钾盐作用,生成亮黄色的六亚硝酸根合钴(Ⅲ)酸钠钾 $K_2Na[Co(NO_2)_6]$ 沉淀,利用这一反应可以鉴定 K^+。四苯基硼酸钠与 K^+ 反应生成 $K[B(C_6H_5)_4]$ 白色沉淀,也可用于鉴定 K^+。醋酸铀酰锌 $ZnAc_2 \cdot 3UO_2Ac_2$ 与钠盐作用,生成淡黄色多面体形晶体 $NaAc \cdot ZnAc_2 \cdot 3UO_2Ac_2 \cdot 9H_2O$,这一反应可以用来鉴定 Na^+。此外,$Na[Sb(OH)_6]$ 也是难溶的钠盐,也可以利用其生成反应鉴定 Na^+。

在钾、钠的可溶性盐中,钠盐的溶解性较好,但 $NaHCO_3$ 的溶解度不大(见 13.3.3),$NaCl$ 的溶解度随温度变化不大,这是常见的钠盐中两个溶解性较特殊的盐。钠盐的吸湿性强,因此在化学分析工作中常用的标准试剂许多是钾盐,如 $K_2Cr_2O_7$,KCl 等。含结晶水的钠盐比钾盐多,如 $Na_2SO_4 \cdot 10H_2O$,K_2SO_4;$Na_2HPO_4 \cdot H_2O$,K_2HPO_4。

碱土金属的盐比相应的碱金属盐溶解度小(表 12-16),而且不少是难溶的,通常碱土金属与半径小、电荷高的阴离子形成的盐较难溶。例如,碱土金属的氟化物、碳酸盐、磷酸盐及草酸盐等都是难溶盐。钙盐中以 CaC_2O_4 的溶解度为最小,因此常用生成白色 CaC_2O_4 的沉淀反应来鉴定 Ca^{2+}。碱土金属与一价大阴离子形成的盐是易溶的。例如,碱土金属的硝酸盐、氯酸盐、高氯酸盐、酸式碳酸盐、磷酸二氢盐等均易溶,卤化物除氟化物外也是易溶的。碱土金属的硫酸盐、铬酸盐的溶解度差别较大。一般阳离子半径小的盐易溶,例如,$BeSO_4$ 和 $MgCrO_4$ 是易溶的,而 $BaSO_4$ 和 $BaCrO_4$ 则是难溶的。$BaSO_4$ 甚至不溶于酸,因此可以用 Ba^{2+} 来鉴定 SO_4^{2-}。而 Ba^{2+} 的鉴定则常利用生成黄色 $BaCrO_4$ 沉淀的反应。

表 12-16　室温下碱金属、碱土金属常见盐的溶解度

	氯化物 /[g·(100 mL aq)$^{-1}$]	硝酸盐 /[g·(100 mL aq)$^{-1}$]	碳酸盐 /[g·(100 mL aq)$^{-1}$]	硫酸盐 /[g·(100 mL aq)$^{-1}$]
Li	77	50	1.3	34.5
Na	36	88	29	28
K	34	32	90	11
Rb	91	19.5	450	48
Cs	187	23	很大	179
Be	42	166(3H$_2$O)	—	39(4H$_2$O)
Mg	54.6	120(6H$_2$O)	(0.01)*	27.2(7H$_2$O)
Ca	42	52	0.0013	(0.20)
Sr	52.9	69.5	—	(0.013)
Ba	36	(5.0)	(0.0024)	(0.00285)

*括号内数据单位为 g/100 g H_2O。

（3）热稳定性

碱金属的盐一般具有较高的热稳定性。碱金属卤化物在高温时挥发而不易分解；硫酸盐在高温下既不挥发也难分解；碳酸盐中除 Li_2CO_3 在 700 ℃部分地分解为 Li_2O 和 CO_2 外，其余的在 800 ℃以下均不分解。碱金属的硝酸盐热稳定性差，加热时易分解，例如：

$$4LiNO_3 \xrightarrow{700\ ℃} 2Li_2O+4NO_2+O_2$$

$$2NaNO_3 \xrightarrow{730\ ℃} 2NaNO_2+O_2$$

$$2KNO_3 \xrightarrow{670\ ℃} 2KNO_2+O_2$$

碱土金属盐的热稳定性比碱金属盐差，但常温下也都是稳定的。碱土金属的碳酸盐、硫酸盐等的稳定性都是随着金属离子半径的增大而增强，表现为它们的分解温度依次升高。铍盐的稳定性特别差，例如，$BeCO_3$ 加热不到 100 ℃就分解，而 $BaCO_3$ 需在 1 360 ℃时才分解。铍的这一性质再次说明了第二周期元素的特殊性。表 12-17 给出了常见碱土金属盐类的分解温度。

表 12-17　常见碱土金属盐类的分解温度

	硝酸盐分解温度/℃	碳酸盐分解温度/℃	硫酸盐分解温度/℃
Be	约 100	<100	550~600
Mg	约 129	540	1 124
Ca	>561	900	>1 450
Sr	>750	1 290	1 580
Ba	>592	1 360	>1 580

碱土金属碳酸盐的热稳定性规律可以用离子极化来说明。在碳酸盐中，阳离子半径越小，即 z/r 值越大，极化力越强，越容易从 CO_3^{2-} 中夺取氧成为氧化物，同时放出 CO_2，表现为碳酸盐的热稳定性越差，受热容易分解。碱土金属离子的极化力比相应的碱金属离子强，因而碱土金属的碳酸盐的热稳定性比相应的碱金属差。Li^+ 和 Be^{2+} 的极化力在碱金属和碱土金属中是最强的，因此 Li_2CO_3 和 $BeCO_3$ 在其各自同族元素的碳酸盐中都是最不稳定的。

2. 几种重要的盐

（1）卤化物

氯化钠是钠的最重要的化合物之一，也是钠的最主要的矿物资源，它主要来源于海盐、岩盐、井盐。氯化钠除供食用外，还是重要的化工原料，可用于制备其他钠化合物和金属钠及 Cl_2，HCl 等。氯化钠与冰的混合物可用作制冷剂。

氯化钾是制取其他钾化合物的基本原料，也用来制取金属钾。电解 KCl 水溶液可以得到 KOH。根据在热水中 NaCl 的溶解度较小，利用 KCl 和 $NaNO_3$ 溶液使二者之间进行离子互换反应可得 KNO_3：

$$NaNO_3(aq) + KCl(aq) \longrightarrow KNO_3(aq) + NaCl(s)$$

KNO_3 是重要的氧化剂，可用来制造火药。大量的 KCl 和 K_2SO_4 用作肥料。

　　要指出的是，钾的化合物往往比相应的钠化合物价格高，因此，钾化合物的应用受到了影响。

　　氯化镁通常情况下以 $MgCl_2 \cdot 6H_2O$ 形式存在，加热时水解为碱式氯化镁：

$$MgCl_2 \cdot 6H_2O \xrightarrow{>135\,℃} Mg(OH)Cl + HCl + 5H_2O$$

要得到无水 $MgCl_2$，必须在干燥的 HCl 气流中加热 $MgCl_2 \cdot 6H_2O$ 使其脱水。而 $CaCl_2 \cdot 6H_2O$ 可直接加热脱水：

$$CaCl_2 \cdot 6H_2O \xrightarrow{200\,℃} CaCl_2 \cdot 2H_2O \xrightarrow{260\,℃} CaCl_2$$

上述失水过程中仍有少许水解反应，故无水 $CaCl_2$ 中常含有微量的 CaO。无水氯化钙是重要的干燥剂，$CaCl_2 \cdot 6H_2O$ 与冰的混合物是实验室常用的制冷剂。氯化钡一般以水合物 $BaCl_2 \cdot 2H_2O$ 形式存在，加热到 $127\,℃$ 转化为无水 $BaCl_2$。氯化钡是重要的可溶性钡盐，有毒，对人的致死量为 $0.8\ g$。氯化钡用于灭鼠，在实验室中常用于鉴定 SO_4^{2-}。

　　氟化钙 CaF_2（又称为萤石）是制取 HF 和 F_2 的重要原料。在冶金工业中用作助熔剂，也用于制作光学玻璃和陶瓷等。

　　（2）硫酸盐

　　十水硫酸钠 $Na_2SO_4 \cdot 10H_2O$ 俗称芒硝，由于它有很大的熔化热，是一种较好的相变储热材料的主要成分。白天它吸收太阳能而熔融，夜间冷却结晶就释放出能量。无水硫酸钠 Na_2SO_4 俗称元明粉，大量用于玻璃、造纸、陶瓷等工业中，也用于制备 Na_2S 和 $Na_2S_2O_3$。

　　硫酸镁 $MgSO_4 \cdot 7H_2O$ 为白色晶体，受热脱水过程如下：

$$MgSO_4 \cdot 7H_2O \xrightarrow{77\,℃} MgSO_4 \cdot H_2O \xrightarrow{247\,℃} MgSO_4$$

硫酸镁易溶于水，微溶于乙醇，用于造纸、纺织、肥皂、陶瓷和油漆工业等。

　　二水硫酸钙 $CaSO_4 \cdot 2H_2O$ 俗称生石膏，受热脱水过程如下：

$$CaSO_4 \cdot 2H_2O \xrightarrow{120\,℃} CaSO_4 \cdot \frac{1}{2}H_2O \xrightarrow{>400\,℃} CaSO_4 \xrightarrow{\triangle} xCaSO_4 \cdot yCaO$$

熟石膏 $CaSO_4 \cdot \dfrac{1}{2}H_2O$ 与水混合成糊状后放置一段时间会变成二水合盐。这时逐渐硬化并膨胀，故用于制造模型、塑像、粉笔和石膏绷带等。无水石膏 $CaSO_4$ 不能与水化合。无水石膏进一步受热分解所得的 $xCaSO_4 \cdot yCaO$ 叫做水凝石膏，遇水会凝固，大量用于建筑材料。

　　硫酸钡 $BaSO_4$ 俗称重晶石，是制备其他钡类化合物的原料。例如，将 $BaSO_4$ 还原

为可溶性的 BaS,然后制备其他钡盐:

$$BaSO_4(s)+4C(s) \xrightarrow{1\,000\,℃} BaS(aq)+4CO(g)$$

$$BaS(aq)+2HCl(aq) \longrightarrow BaCl_2(aq)+H_2S(g)$$

$$BaS(aq)+CO_2(g)+H_2O(l) \longrightarrow BaCO_3(s)+H_2S(g)$$

BaSO$_4$ 是唯一无毒钡盐,由于它不溶于胃酸,不会使人中毒,同时它能强烈吸收 X 射线,医学上用于胃肠 X 射线透视造影。重晶石也可做白色涂料,在合成橡胶、造纸工业中作白色填料。此外,由于重晶石粉难溶和密度大($4.5\ g\cdot cm^{-1}$)被大量用作钻井泥浆的加重剂,以防止井喷。

(3)碳酸盐

碳酸锂可以由含锂的矿物得到:

$$2LiAlSi_2O_6(s)+Na_2CO_3(aq) \longrightarrow Li_2CO_3(s)+2NaAlSi_2O_6(s)$$

在上述反应系统中不断通入 CO$_2$,使难溶的 Li$_2$CO$_3$ 转化为可溶的 LiHCO$_3$,从而与难溶的硅酸盐分离开:

$$Li_2CO_3(s)+CO_2(g)+H_2O(l) \longrightarrow 2LiHCO_3(aq)$$

碳酸锂是制取其他锂化合物的原料。例如,用碳酸锂和氢氧化钙反应可制取 LiOH:

$$Li_2CO_3(s)+Ca(OH)_2(aq) \longrightarrow 2LiOH(aq)+CaCO_3(s)$$

碳酸锂在医学上用于治疗狂躁型抑郁症。

碳酸钠俗称为纯碱或苏打,是最基本的化工原料之一。工业生产中,以 NaCl 为主要原料,采用联碱法①来制造碳酸钠,其主要的工艺过程为:将 CO$_2$ 通入含有 NH$_3$ 的 NaCl 饱和溶液中,发生反应如下:

$$NaCl(aq)+NH_3(g)+CO_2(g)+H_2O(l) \xrightarrow{<40\,℃} NaHCO_3(s)+NH_4Cl(aq)$$

NaHCO$_3$ 溶解度较小,从溶液中析出,经分离后进行煅烧,分解为 Na$_2$CO$_3$:

$$2NaHCO_3(s) \xrightarrow{200\,℃} Na_2CO_3(s)+CO_2(g)+H_2O(g)$$

在析出 NaHCO$_3$ 的母液中,加入 NaCl,利用低温下 NH$_4$Cl 的溶解度比 NaCl 的小及同离子效应,使 NH$_4$Cl 从母液中析出:

$$NH_4Cl(aq)+NaCl(s) \xrightarrow{5\sim10\,℃} NH_4Cl(s)+NaCl(aq)$$

NaCl 溶液可以循环利用,从而提高了氯化钠的利用率。氯化铵可用作肥料。

碳酸钠大量用于玻璃、搪瓷、肥皂、纸张、纺织物、洗涤剂的生产和有色金属的冶炼。

---

① 联碱法又称为侯氏制碱法,是我国著名的化学工程学家侯德榜在 1942 年对 Solvay(比利时的工业化学家)的氨碱法做了改进,而确定的制碱工艺。

碳酸氢钠又称为小苏打,它是发酵粉的主要成分,可用来烘烤面包。有时也在食盐中加入少量 $NaHCO_3$。这是因为食盐中常含有少量的 $MgCl_2$,这种盐是吸湿的,即从空气中吸收水分,从而使食盐结块。加入 $NaHCO_3$ 后,使 $MgCl_2$ 转化为 $MgCO_3$,就不再吸湿了。有关反应为

$$MgCl_2(s)+2NaHCO_3(s) \longrightarrow MgCO_3(s)+2NaCl(s)+H_2O(l)+CO_2(g)$$

12.3.5　配合物

通常,s区金属形成配合物的能力较弱,特别是与一些常见的单齿配体多半难以形成稳定的配合物。但是,自 1967 年美国化学家 C. J. Pederson 首次报道合成了二苯并-18-冠-6 这一冠醚以来,促进了 s 区金属的冠醚和穴醚配合物的研究。冠醚是含有多个醚键的大环醚,从组成上看,它们包含 $\{CH_2CH_2O\}_n$ 重复单元,是一类具有大环结构的聚醚化合物,形状很像皇冠,故称为冠醚。例如,18-冠-6 的结构如图 12-1 所示。18 表示聚醚环的碳、氧原子总数,6 表示环的氧原子数,距离最近的氧原子间以—CH_2—CH_2—相桥联。冠醚既具有疏水的外部骨架,又具有亲水的可以与金属离子成键的内腔。不同的冠醚其腔径不同。不同大小的空腔对不同体积的金属离子具有选择性,随环的大小不同而与不同的金属离子配位。冠醚能与碱金属离子、碱土金属离子形成稳定的配合物。例如,18-冠-6 的腔径与 K^+ 的直径相当,两者间能形成稳定的配合物。

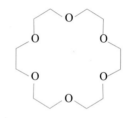

图 12-1　18-冠-6 的结构

当冠醚中的氧原子被杂原子氮所取代,形成含氮的双环和三环多醚,其结构形状犹如地穴,称为穴醚。碱金属离子和碱土金属离子的穴醚配合物比冠醚配合物稳定得多。例如,在 $EtNH_2$(乙胺)存在下,Na 与穴状化合物反应,生成了第一种含 Na^- 的钠盐:

$$2Na+N\{(C_2H_4O)_2C_2H_4\}_3N \xrightarrow{EtNH_2} [Na(Crypt)]^+Na^-$$

Crypt 代表穴醚 $N\{(C_2H_4O)_2C_2H_4\}_3N$。

冠醚与穴醚配合物可以用来分离各种金属离子混合物,在有机合成、功能材料和生物化学的研究中有着重要作用。Pederson 等人因在大环配位化学领域进行的开创性研究工作,获得了 1987 年 Nobel 化学奖。

碱土金属离子除能形成大环配合物外,还能与一些较常见的配体形成较稳定的配合物。

铍能与一些配体(如 $C_2O_4^{2-}$ 等)形成螯合物,它们几乎总是 4 配位的。Mg^{2+} 和 Ca^{2+} 有较明显的形成配合物的趋势,它们都能与多磷酸根离子结合生成胶态螯合物。利用这一性质可除去硬水中的 Mg^{2+} 和 Ca^{2+},以达到软化水的目的。碱土金属离子(除 Be^{2+} 外)都能与 $edta^{4-}$ 形成螯合物:

$$M^{2+}+H_2edta^{2-} \longrightarrow [M(edta)]^{2-}+2H^+$$

Mg^{2+},Ca^{2+},Sr^{2+},Ba^{2+} 的 $edta^{4-}$ 螯合物都比较稳定,它们的 $lgK_f^\ominus$ 依次为 8.64,11.0,8.80,7.78。从热力学来看,这一反应正向进行的趋势较大,主要是由于 $\Delta_r S_m^\ominus$ 有较大的正值。如 M^{2+} 为 Ca^{2+} 时,$\Delta_r G_m^\ominus = -60$ kJ·mol^{-1},$\Delta_r H_m^\ominus = -27$ kJ·mol^{-1},$\Delta_r S_m^\ominus = 113$ J·mol^{-1}·K^{-1}。熵增较大与形成了 5 个五原子环的结构有关(见第五章)。

叶绿素及其有关化合物是镁的一类重要螯合物。叶绿素在植物的光合作用中起着重要的作用,将大气中的 CO_2 转变成糖类:

$$6CO_2 + 6H_2O \xrightarrow{h\nu} C_6H_{12}O_6 + 6O_2$$

叶绿素 a 的结构如图 12-2 所示。

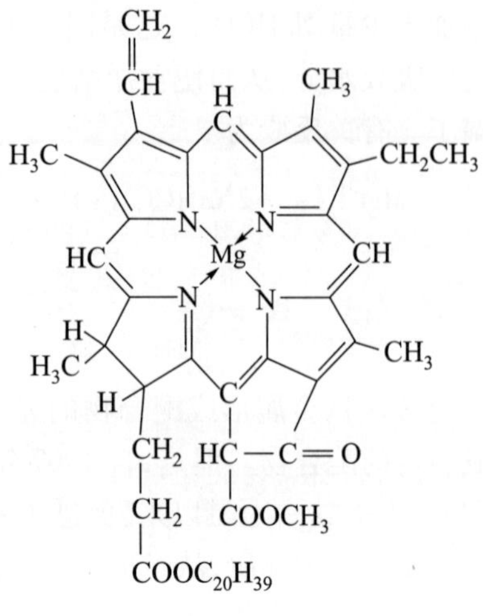

图 12-2 叶绿素 a 的结构

§12.4 锂、铍的特殊性 对角线规则

12.4.1 锂的特殊性

一般说来,碱金属元素性质的递变是很规律的,但锂常表现出反常性。锂及其化合物与其他碱金属元素及其化合物在性质上有明显的差别。

锂的熔点、硬度高于其他碱金属,而导电性则较弱。锂的化学性质与其他碱金属化学性质变化规律不一致。锂的标准电极电势 $E^\ominus(Li^+/Li)$ 在同族元素中反常地低,这与 $Li^+(g)$ 的水合放热较多有关。锂在空气中燃烧时能与氧形成普通氧化物 Li_2O,与氮气直接作用生成氮化物,这是由于它的离子半径小,因而对晶格能有较大贡献的缘故。

锂的化合物也与其他碱金属化合物有性质上的差别。例如,锂的化合物的共价性比其他碱金属化合物共价性显著,$LiOH$ 红热时分解,而其他 MOH 则不分解;LiH 的热稳定性比其他 MH 高;LiF,Li_2CO_3,Li_3PO_4 难溶于水。

12.4.2 铍的特殊性

铍及其化合物的性质和ⅡA族其他金属元素及其化合物也有明显的差异。铍的熔点、沸点比其他碱土金属高,硬度也是碱土金属中最大的,但却有脆性。铍的电负性也较大,有较强的形成共价键的倾向。例如,$BeCl_2$ 已属于共价型化合物,而其他碱土金属的氯化物基本上都是离子型的。另外,铍的化合物热稳定性相对较差,易水解。铍的氢氧化物 $Be(OH)_2$ 呈两性,它既能溶于酸,又能溶于碱,反应方程式如下:

$$Be(OH)_2 + 2H^+ + 2H_2O \longrightarrow [Be(H_2O)_4]^{2+}$$

$$Be(OH)_2 + 2OH^- \longrightarrow [Be(OH)_4]^{2-}$$

12.4.3　对角线规则

在 s 区和 p 区元素中,除了同族元素的性质相似外,还有一些元素及其化合物的性质呈现出"对角线"相似性。所谓对角线相似即IA 族的 Li 与ⅡA 族的 Mg,ⅡA 族的 Be 与ⅢA 族的 Al,ⅢA 族的 B 与ⅣA 族的 Si 这三对元素在周期表中处于对角线位置:

$$
\begin{array}{cccc}
\text{Li} & \text{Be} & \text{B} & \text{C} \\
\text{Na} & \text{Mg} & \text{Al} & \text{Si}
\end{array}
$$

相应的两元素及其化合物的性质有许多相似之处。这种相似性称为对角线规则。这里先讨论前两对元素的相似性,B 与 Si 的相似性将在下一章讨论。

1. 锂与镁的相似性

锂、镁在过量的氧气中燃烧时并不生成过氧化物,而生成正常氧化物。锂和镁都能与氮直接化合而生成氮化物,与水反应均较缓慢。锂和镁的氢氧化物都是中强碱,溶解度都不大,在加热时可分别分解为 Li_2O 和 MgO。锂和镁的某些盐类如氟化物、碳酸盐、磷酸盐均难溶于水。它们的碳酸盐在加热下均能分解为相应的氧化物和二氧化碳。锂、镁的氯化物均能溶于有机溶剂中,表现出共价特征。

2. 铍与铝的相似性

铍、铝都是两性金属,既能溶于酸,也能溶于强碱。铍和铝的标准电极电势相似,$E^{\ominus}(Be^{2+}/Be) = -1.968\ V$,$E^{\ominus}(Al^{3+}/Al) = -1.68\ V$。金属铍和铝都能被冷的浓硝酸钝化。铍和铝的氧化物均是熔点高、硬度大的物质。铍和铝的氢氧化物 $Be(OH)_2$ 和 $Al(OH)_3$ 都是两性氢氧化物,而且都难溶于水。铍和铝的氟化物都能与碱金属的氟化物形成配合物,如 $Na_2[BeF_4]$ 和 $Na_3[AlF_6]$。它们的氯化物、溴化物、碘化物都易溶于水,氯化物都是共价型化合物,易升华,易聚合,易溶于有机溶剂。

对角线规则是从有关元素及其化合物的许多性质中总结出来的经验规律。对此可以用离子极化的观点加以粗略地说明。同一周期最外层电子构型相同的金属离子,从左至右随离子电荷数的增加而引起极化作用的增强。同一族电荷数相同的金属离子,自上而下随离子半径的增大而使得极化作用减弱。因此,处于周期表中左上右下对角线位置上的邻近两种元素,由于电荷数和半径的影响恰好相反,它们的离子极化作用比较相近,从而使它们的化学性质有许多相似之处。由此反映出物质的性质与结构的内在联系。

化学视野
Na^+,K^+,Mg^{2+},Ca^{2+} 的生理作用

思　考　题

1. s 区元素单质的哪些性质的递变是有规律的,试解释之。
2. ⅠA 族和ⅡA 族元素的性质有哪些相近? 有哪些不同?
3. $E^{\ominus}(Li^+/Li)$ 比 $E^{\ominus}(Cs^+/Cs)$ 还小,但金属锂同水反应不如钠同水反应激烈,试解释这些事实。
4. 试述过氧化钠的性质、制备和用途。

5. 解释 s 区元素氢氧化物的碱性递变规律,并推测 $LiCl$,$BeCl_2$,$MgCl_2$,$CaCl_2$ 溶液的酸碱性,再简单说明之,或写出相应的反应方程式。

6. 解释碱土金属碳酸盐的热稳定性变化规律。

7. 通过 s 区元素化学的讨论,说明元素在自然界的存在形式、单质的制取方法,以及单质、化合物的用途与元素、化合物性质的内在联系。你怎样理解"性质是元素化学中最基本的内容"这句话?

8. 试述对角线规则,比较锂与镁、铍与铝的相似性。与同族元素相比,锂、铍有哪些特殊性?

9. 晶体氧化镁有一有趣的性质:MgO 在高温下稳定又是热的良导体,但它不导电。根据这些性质可用 MgO 作为电加热装置中电的绝缘体(如家用烹调炉灶和小型供热器)。请举出你亲身经历或使用过的 s 区金属单质和化合物,并说明它们的用途。

10. 城市路边的钠蒸气照明灯所发出的黄光产生于电子从 3p 轨道跃迁到了 3s 轨道,钠光谱谱线波长为 589 nm。(1) 写出钠发光时,其原子激发态的电子排布;(2) 计算钠原子 3p 与 3s 轨道间的能级差。

11. 卤化锂在非极性溶剂中的溶解度顺序为:$LiI > LiBr > LiCl > LiF$,试解释之。

12. 试述碱金属液氨溶液具有导电性和顺磁性的原因。

<h1 style="text-align:center">习　题 </h1>

1. 完成并配平下列反应方程式:

(1) $Na + H_2 \xrightarrow{\triangle}$　　　　　　　(2) $LiH(熔融) \xrightarrow{电解}$

(3) $CaH_2 + H_2O \longrightarrow$　　　　　　(4) $NaH + HCl \longrightarrow$

(5) $Na_2O_2 + Na \longrightarrow$　　　　　　(6) $Na_2O_2 + CO_2 \longrightarrow$

(7) $Na_2O_2 + MnO_4^- + H^+ \longrightarrow$　　(8) $BaO_2 + H_2SO_4(稀、冷) \longrightarrow$

2. 写出下列过程的反应方程式,并予以配平:

(1) 金属镁在空气中燃烧生成两种二元化合物;

(2) 在纯氧中加热氧化钡;

(3) 氧化钙用来除去火力发电厂排出废气中的二氧化硫;

(4) 唯一能生成氮化物的碱金属与氮气反应;

(5) 在消防队员的空气背包中,超氧化钾既是空气净化剂又是供氧剂;

(6) 用硫酸锂同氢氧化钡反应制取氢氧化锂;

(7) 铍是 s 区元素中唯一的两性元素,它与氢氧化钠水溶液反应生成了气体和澄清的溶液;

(8) 铍的氢氧化物与氢氧化钠溶液混合;

(9) 金属钙在空气中燃烧,将燃烧产物再与水反应。

3. 商品 $NaOH(s)$ 中常含有少量的 Na_2CO_3,如何鉴别之,并将其除掉? 在实验室中,如何配制不含 Na_2CO_3 的 $NaOH$ 溶液?

4. 用两种不同的简便方法区分 $Li_2CO_3(s)$ 和 $K_2CO_3(s)$。

5. $NaOH(s)$,$Ca(OH)_2(s)$ 都是强碱,自行设计不同的实验方案来区分这两种碱。如何区分 $KOH(s)$ 和 $Ba(OH)_2(s)$?

6. 某溶液中含有 $MgCl_2$ 和 $BaCl_2$,试设计一实验方案将 Mg^{2+} 和 Ba^{2+} 分离开。如何分离 $NaCl$ 和 $MgCl_2$?

7. 下列物质均为白色固体,试用较简单的方法,较少的实验步骤和常用试剂区别它们,并写出现象和有关的反应方程式。

$$Na_2CO_3,Na_2SO_4,MgCO_3,Mg(OH)_2,CaCl_2,BaCO_3$$

8. 将 1.00 g 白色固体 A 加强热,得到白色固体 B(加热时直至 B 的质量不再变化)和无色气体。将气体收集在 450 mL 的烧瓶中,温度为 25 ℃,压力为 27.9 kPa。将该气体通入 $Ca(OH)_2$ 饱和溶液中得到白色固体 C。如果将少量 B 加入水中,所得 B 溶液能使红色石蕊试纸变蓝。B 的水溶液被盐酸中和后,经蒸发干燥得白色固体 D。用 D 做焰色反应试验,火焰为绿色。如果 B 的水溶液与 H_2SO_4 反应后,得白色沉淀 E,E 不溶于盐酸。试确定 A,B,C,D,E 各是什么物质,并写出相关反应方程式。

9. 以 Na_2SO_4,NH_4HCO_3 和 $Ca(OH)_2$ 为原料可依次制备 $NaHCO_3$,Na_2CO_3 和 $NaOH$,试以反应方程式表示之。

10. 在工业生产中,以氯化钠为原料所能得到的化工产品有哪些?简述其工艺过程或写出相应的反应方程式。

11. 写出 $Ca(OH)_2(s)$ 与 $MgCl_2$ 溶液反应的离子方程式,计算该反应在 298.15 K 下的标准平衡常数 $K^{\ominus}$。如果 $CaCl_2$ 溶液中含有少量 $MgCl_2$ 可怎样除去?

12. 计算 298.15 K 标准状态下金属镁在 CO_2 中燃烧的焓变。根据计算结果说明能否用 CO_2 作为镁着火时的灭火剂。

13. 已知钡的升华焓 $\Delta_{sub}H_m^{\ominus} = 180.0\ kJ \cdot mol^{-1}$,第一、第二电离能分别为 $507.94\ kJ \cdot mol^{-1}$ 和 $971.44\ kJ \cdot mol^{-1}$,$Ba^{2+}(aq)$ 的标准摩尔生成焓的相对值 $\Delta_f H_m^{\ominus}(Ba^{2+}, aq) = -537.64\ kJ \cdot mol^{-1}$。试用热力学循环计算:(1) $Ba^{2+}(g)$ 的标准摩尔生成焓 $\Delta_f H_m^{\ominus}(Ba^{2+}, g)$;(2) $Ba^{2+}(g)$ 的水合焓 $\Delta_h H_m^{\ominus}(Ba^{2+}, g)$。

14. 已知 NaH 晶体中,Na^+ 与 H^- 的核间距离为 245 pm,试用 Born-Landé 公式计算 NaH 的晶格能;再用 Born-Haber 循环计算 NaH 的标准摩尔生成焓。

15. 计算反应 $MgO(s) + C(石墨) \rightleftharpoons CO(g) + Mg(s)$ 的 $\Delta_r H_m^{\ominus}(298.15\ K)$,$\Delta_r S_m^{\ominus}(298.15\ K)$ 和 $\Delta_r G_m^{\ominus}(298.15\ K)$ 及该反应可以自发进行的最低温度。

第十三章
学习引导

第十三章
教学课件

MOOC

教学视频
p 区元素概述

周期系第ⅢA~ⅦA族和0族元素原子的最外层分别有2个s电子和1~6个p电子。这些元素组成p区元素。本章着重讨论第ⅢA族元素和第ⅣA族元素，第ⅤA族元素和第ⅥA族元素、第ⅦA族元素和稀有气体将分别在第十四章、第十五章中讨论。

§13.1　p 区元素概述

p区元素包括了除氢以外的所有非金属元素和部分金属元素。与s区元素相似，p区元素的原子半径在同一族中自上而下逐渐增大，它们获得电子的能力逐渐减弱，元素的非金属性也逐渐减弱，金属性逐渐增强。这些变化规律在p区元素中表现较明显，在第ⅢA~ⅤA族元素中表现得更为突出。除第ⅦA族和稀有气体外，p区各族元素都由明显的非金属元素起，过渡到明显的金属元素止。同一族元素中，第一个元素的原子半径最小，电负性最大，获得电子的能力最强，因而与同族其他元素相比，化学性质有较大的差别。

p区元素的价层电子构型为 $ns^2np^{1\sim6}$，它们大多数都有多种氧化态。第ⅢA~ⅤA族元素的低的正氧化值化合物的稳定性在同一主族中大致随原子序数的增加而增强，但高的正氧化值化合物的稳定性则自上而下依次减弱。例如，第ⅣA族中的 Si(Ⅳ) 的化合物很稳定，Si(Ⅱ) 的化合物则不稳定；Ge(Ⅳ) 的化合物较 Ge(Ⅱ) 的化合物稍稳定些；到第六周期的 Pb 时，情况则恰好相反，Pb(Ⅱ) 的化合物较稳定，Pb(Ⅳ) 的化合物则不稳定。Pb(Ⅳ) 容易得到电子成为 Pb(Ⅱ)，表现出强的氧化性。同一族元素这种自上而下低氧化值化合物比高氧化值化合物变得更稳定的现象叫做惰性电子对效应。一般认为，同族元素随着原子序数的增加，外层 ns 轨道中的一对电子越来越不容易参与成键，显得不够活泼。因此，高氧化值化合物容易获得2个电子而形成 ns^2 电子结构。惰性电子对效应也存在于第ⅢA族和第ⅤA族元素中。

p区元素的电负性较s区元素的电负性大，在许多化合物中以共价键结合。例如，除 In 和 Tl 以外，p区元素形成的氢化物都是共价型的。较重元素形成的氢化物不稳定，例如，第ⅤA族元素氢化物的稳定性按 NH_3，PH_3，AsH_3，SbH_3，BiH_3 的顺序依次减弱。

与s区元素中的锂和铍具有特殊性相似，在p区元素中，第二周期元素也表现出反常性。例如，N，O，F 的单键键能分别小于第三周期元素 P，S，Cl 的单键键能：

	$N\!-\!N(N_2H_4$ 中)	$O\!-\!O(H_2O_2$ 中)	$F\!-\!F$
$\Delta_B H_m^{\ominus}/(kJ\cdot mol^{-1})$	159	142	159
	$P\!-\!P(P_4$ 中)	$S\!-\!S(H_2S_2$ 中)	$Cl\!-\!Cl$
$\Delta_B H_m^{\ominus}/(kJ\cdot mol^{-1})$	209	264	243

这与通常情况下单键键能在同一族中自上而下依次递减的规律不符。造成这一反常现象的原因是:N,O,F 原子半径小,成键时 N 与 N;O 与 O;F 与 F 原子间靠得近(即键长较短),原子中未参与成键的电子之间有较明显的排斥作用,从而削弱了共价单键的强度。

第二周期 p 区元素原子最外层只有 2s 和 2p 轨道,所容纳的电子数最多不超过 8,而除此之外,其他元素的原子最外层除 s 和 p 轨道外尚有 d 轨道,可容纳更多的电子。因此,第二周期 p 区元素形成化合物时配位数一般不超过 4,而较重元素则可以有更高配位数的化合物。如 V A 族元素中,除氮以外,其他元素都能与氟形成五氟化物。

从第四周期起,在周期系中 s 区元素和 p 区元素之间插进了 d 区元素,使第四周期 p 区元素的有效核电荷数显著增大,对核外电子的吸引力增强,因而原子半径比同周期的 s 区元素的原子半径显著地减小。因此 p 区第四周期元素的性质在同族中也显得比较特殊,表现出异样性,Ga,Ge,As,Se,Br 等元素都如此。例如,在 V A 族元素中,砷的氯化物 $AsCl_5$ 并不存在,这与同族中的磷和锑能形成高氧化值的氯化物不同。在 VIIA 族元素的含氧酸中,溴酸、高溴酸的氧化性均比其他卤酸、高卤酸的氧化性强。

在第五周期和第六周期的 p 区元素前面,也排列着 d 区元素(第六周期前还排列着 f 区元素),它们对这两周期元素也有类似的影响,因而使各族第四、五、六周期三种元素性质又出现了同族元素性质的递变情况,但这种递变远不如 s 区元素那样明显。

p 区同族元素性质的递变虽然并不规则,但这种不规则也有一定的规律性,如第二周期元素的反常性和第四周期元素的异样性在 p 区中都存在着,在程度上也是逐渐改变的。如从电负性与原子序数的关系(图 13-1)来看,随着原子序数的增加(或周期数的增加)电负性出现锯齿形变化。

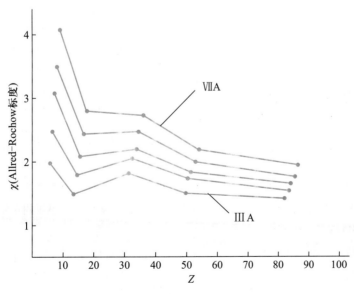

图 13-1　p区元素电负性-原子序数的关系

通常所谓周期性是指各周期元素之间的规律性。这里同族元素之间的这种规律曾被称为二次周期性。早在 1915 年 Biron 已提出这一概念,其后 Sanderson 及 Allred 和 Rochow 都曾指出这种情况。同族元素之间的周期性产生的原因是由于在考虑元素性质的时候,不仅要考虑价层电子,而且要考虑内层电子排布的影响。例如,d 和 f 电子层的出现不能不影响元素的性质。在后面的元素化合物的讨论中,二次周期性的具体例子很多,如含氧酸的氧化还原性、卤化物的生成焓等。

综上所述,由于 d 区和 f 区元素的插入,使 p 区元素自上而下性质的递变远不如 s 区元素那样有规律,大体呈现如下四个特征:

(1) 第二周期元素具有反常性;

(2) 第四周期元素表现出异样性;

(3) 各族第四、五、六周期三种元素性质缓慢地递变;

(4) 各族第五、六周期两种元素性质有些相似。

§13.2　硼族元素

13.2.1　硼族元素概述

周期系第ⅢA 族元素包括硼、铝、镓、铟、铊 5 种元素,又称为硼族元素。铝在地壳中的含量仅次于氧和硅,丰度(以质量计)居第三位,而在金属元素中铝的丰度居于首位。硼和铝有富集矿藏,而镓、铟、铊是分散的稀有元素,常与其他矿共生。本节重点讨论硼、铝及其化合物。硼族元素的一般性质列于表 13−1 中。

表 13−1　硼族元素的一般性质

	硼	铝	镓	铟	铊
元素符号	B	Al	Ga	In	Tl
原子序数	5	13	31	49	81
价层电子构型	$2s^2 2p^1$	$3s^2 3p^1$	$4s^2 4p^1$	$5s^2 5p^1$	$6s^2 6p^1$
共价半径/pm	88	143	122	163	170
沸点/℃	3 864	2 518	2 203	2 072	1 457
熔点/℃	2 076	660.3	29.764 6	156.6	303.5
电负性	2.04	1.61	1.81	1.78	2.04
电离能/$(kJ \cdot mol^{-1})$	807	583	585	541	596
电子亲和能/$(kJ \cdot mol^{-1})$	−23	−42.5	−28.9	−28.9	−50
$E^{\ominus}(M^{3+}/M)/V$		−1.68	−0.549 3	−0.339	0.741
$E^{\ominus}(M^{+}/M)/V$					−0.335 8
氧化值	+3	+3	(+1),+3	+1,+3	+1,(+3)
配位数	3,4	3,4,6	3,6	3,6	3,6
晶体结构	原子晶体	金属晶体	金属晶体	金属晶体	金属晶体

从表 13-1 可以看出,硼和铝在共价半径、电离能、电负性、熔点等性质上有较大的差异。从硼到铝这种性质上的变化正说明了 p 区元素性质的一个特征,即 p 区第二周期元素的反常性。

硼族元素原子的价层电子构型为 ns^2np^1,因此它们一般形成氧化值为 +3 的化合物。随着原子序数的增加,形成低氧化值 +1 化合物的趋势逐渐增强。硼的原子半径较小,电负性较大,所以硼的化合物都是共价型的,在水溶液中也不存在 B^{3+},而其他元素均可形成 M^{3+} 和相应的化合物。但由于 M^{3+} 具有较强的极化作用,这些化合物中的化学键也容易表现出共价性。在硼族元素化合物中形成共价键的趋势自上而下依次减弱。由于惰性电子对效应的影响,低氧化值的 Tl(I) 的化合物较稳定,所形成的键具有较强的离子键特征。

硼族元素原子的价电子轨道(ns 和 np)数为 4,而其价电子仅有 3 个,这种价电子数小于价键轨道数的原子称为缺电子原子,容易形成缺电子化合物。在缺电子化合物中,成键电子对数小于中心原子的价键轨道数。由于有空的价键轨道的存在,所以它们有很强的接受电子对的能力,容易形成聚合型分子(如 Al_2Cl_6)和配位化合物(如 HBF_4)。在此过程中,中心原子价键轨道的杂化方式由 sp^2 杂化过渡到 sp^3 杂化,相应分子的空间构型由平面结构过渡到立体结构。

在硼的化合物中,硼原子的配位数一般为 4,而在硼族其他元素的化合物中,由于外层 d 轨道参与成键,所以中心原子的最高配位数可以是 6。

硼族元素的电势图如下:

酸性溶液中 $E_A^\ominus/V$

$$H_3BO_3 \xrightarrow{-0.8894} B$$

$$Al^{3+} \xrightarrow{-1.68} Al$$

$$Ga^{3+} \xrightarrow{-0.5493} Ga$$

$$In^{3+} \xrightarrow{-0.339} In$$

$$Tl^{3+} \xrightarrow{1.28} Tl^+ \xrightarrow{-0.3358} Tl$$
$$\underset{0.741}{\rule{3cm}{0.4pt}}$$

碱性溶液中 $E_B^\ominus/V$

$$B(OH)_4^- \xrightarrow{-2.5} B$$

$$Al(OH)_4^- \xrightarrow{-2.34} Al$$

$$Ga(OH)_4^- \xrightarrow{-1.22} Ga$$

$$Tl(OH)_3 \xrightarrow{-0.05} TlOH \xrightarrow{-0.334} Tl$$

13.2.2 硼族元素的单质

硼在地壳中的含量很少,在自然界中主要以含氧化合物的形式存在。硼的重要矿石有硼砂 $Na_2B_4O_7 \cdot 10H_2O$,方硼石 $Mg_3B_{14}O_{26} \cdot MgCl_2$,硼镁矿 $Mg_2B_2O_5 \cdot H_2O$ 等,还有少量硼酸 H_3BO_3。我国西部地区的内陆盐湖和辽宁、吉林等省都有硼矿。

铝在自然界分布很广,主要以铝矾土($Al_2O_3 \cdot xH_2O$)矿形式存在。铝矾土是一种含有杂质的水合氧化铝矿,是提取金属铝的主要原料。

镓、铟、铊在自然界没有单独的矿物,而是以杂质的形式分散在其他矿物中。例如,铝矾土矿中含有镓,闪锌矿 ZnS 中含有少量的铟和铊。

单质硼有无定形硼和晶形硼等多种同素异形体。无定形硼为棕色粉末,晶形硼呈

图片
放射状方硼石

黑灰色。硼的熔点、沸点都很高。晶形硼的硬度很大,在单质中,其硬度略次于金刚石。晶形硼有多种复杂的结构。其中,α-菱形硼等所含 B_{12} 基本结构单元为 12 个硼原子组成的正二十面体,如图 13-2 所示。每个 B 原子位于正二十面体的一个顶点,分别和另外 5 个 B 原子相连,B—B 键的键长为 177 pm。

动画
B_{12} 的结构单元

铝是银白色的有光泽的轻金属,密度为 2.7 g·cm^{-3},具有良好的导电性和延展性。

镓、铟、铊都是软金属,物理性质相近,熔点都较低,镓的熔点比人体体温还低。

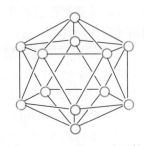

图 13-2　B_{12} 的正二十面体结构单元

工业上制备单质硼一般采取浓碱溶液分解硼镁矿的方法。经热碱溶液溶出后,先得到偏硼酸钠晶体,再将其溶于水,通入 CO_2 调节溶液的 pH,经浓缩后可得到硼砂。硼砂溶于水后经硫酸酸化可析出硼酸,再加热脱水生成三氧化二硼,最后用镁等活泼金属将其还原得到单质硼。制备高纯度的硼可以采用碘化硼 BI_3 热分解的方法。

工业上提取铝是以铝矾土矿为原料,在加压条件下碱溶得到四羟基合铝(Ⅲ)酸钠:

$$Al_2O_3(铝矾土)+2NaOH+3H_2O \longrightarrow 2Na[Al(OH)_4]$$

经沉降、过滤后,在溶液中通入 CO_2 生成氢氧化铝 $Al(OH)_3$ 沉淀:

$$2Na[Al(OH)_4]+CO_2 \longrightarrow 2Al(OH)_3(s)+Na_2CO_3+H_2O$$

过滤后将沉淀干燥、灼烧得到 Al_2O_3:

$$2Al(OH)_3 \xrightarrow{\text{灼烧}} Al_2O_3+3H_2O$$

最后将 Al_2O_3 和冰晶石 Na_3AlF_6 的熔融液在 1 300 K 左右的高温下电解,在阴极上得到熔融的金属铝,纯度可达 99% 左右,放出后铸成铝锭。电解反应方程式如下:

$$2Al_2O_3 \xrightarrow[\text{电解}]{Na_3AlF_6} 4Al+3O_2$$

硼族元素单质的聚集状态不同,化学性质也有较大差异。晶形硼相当稳定,不与氧、硝酸、热浓硫酸、烧碱等作用。无定形硼则比较活泼,能与熔融的 NaOH 反应。金属铝的化学性质比较活泼,但由于其表面有一层致密的氧化膜,而使铝的反应活性大为降低,不能与空气和水进一步作用。但粒度很小的铝粉却十分活泼,在空气中可以自燃。硼族单质的化学性质列于表 13-2 中。由于硼有较大的电负性,所以能与金属形成硼化物,其中硼的氧化值一般认为是-3。硼和铝都是亲氧元素,它们与氧的结合力极强。此外,硼还能把铜、锡、铅、锑、铁和钴的氧化物还原为金属单质。

铝和氧化合时放出大量的热,比一般金属与氧化合时放出的热量要大得多。例如:

$$2Al(s)+\frac{3}{2}O_2(g) \xrightarrow{\triangle} Al_2O_3(s); \quad \Delta_rH_m^{\ominus}=-1\ 675.7 \text{ kJ·mol}^{-1}$$

表 13-2　硼族单质的化学性质（M 为金属元素）

	B	Al	Ga	In	Tl
空气(25 ℃)	不反应	不反应 $\xrightarrow[\text{反应活泼性增强}]{M_2O_3}$			
在空气中加热	B_2O_3, BN	M_2O_3			Tl_2O
N_2(加热)	BN	AlN			
C(加热)	B_4C	Al_4C_3			
S(加热)	B_2S_3	——M_2S_3——			Tl_2S
X_2(加热)	BX_3	——MX_3——			TlX
金属(加热)	Mg_3B_2, Fe_2B, VB	——合金——			
水蒸气	$H_3BO_3+H_2$	不反应 $\xrightarrow[\text{反应活泼性增强}]{H_2+M^{3+}(\text{Tl 为 Tl}^+)}$			
稀酸	不反应	反应较慢 $\xrightarrow[\text{反应活泼性增强}]{H_2+M^{3+}(\text{Tl 为 Tl}^+)}$			
浓 HCl	不反应	——————H_2——————			
浓 H_2SO_4,加热	$H_3BO_3+SO_2$	——$M^{3+}+SO_2$——			
浓 HNO_3	$H_3BO_3+NO_2$	钝化	——$M^{3+}+NO_2$——		
热的浓碱	$BO_2^-+H_2$	$Al(OH)_4^-$　$Ga(OH)_4^-$			

这与 Al_2O_3 具有很大的晶格能有关。因此,铝能将大多数金属氧化物还原为单质。当把某些金属的氧化物和铝粉的混合物灼烧时,便发生铝还原金属氧化物的剧烈反应,得到相应的金属单质,并放出大量的热。例如:

$$2Al(s)+Fe_2O_3(s) \longrightarrow 2Fe(s)+Al_2O_3(s);\quad \Delta_rH_m^\ominus=-851.5\ kJ\cdot mol^{-1}$$

这类反应可在容器(如坩埚)内进行,能够达到很高的温度,用于制备许多难熔金属单质(如 Cr,Mn,V 等),称为铝热法。这种方法也可用在焊接工艺上,如铁轨的焊接等,所用的"铝热剂"是由铝和四氧化三铁 Fe_3O_4 的细粉组成(借助铝和过氧化钠 Na_2O_2 的混合物或镁来点燃),反应方程式如下:

$$8Al(s)+3Fe_3O_4(s) \longrightarrow 4Al_2O_3(s)+9Fe(s);\quad \Delta_rH_m^\ominus=-3\ 347.6\ kJ\cdot mol^{-1}$$

温度可高达 3 000 ℃。

高温金属陶瓷涂层是将铝粉、石墨、二氧化钛(或其他高熔点金属的氧化物)按一定比例混合后,涂在底层金属上,然后在高温下煅烧而成,反应方程式如下:

$$4Al+3TiO_2+3C \longrightarrow 2Al_2O_3+3TiC$$

这两种产物都是耐高温的物质,因此在金属表面上形成了耐高温的涂层,这在火箭及导弹技术上有重要应用。

硼有较强的吸收中子的能力,在核反应堆中,硼被当作良好的中子吸收剂使用。硼还被用作原料来制备一些特殊的硼化合物，如金属硼化物和碳化硼 B_4C 等。

铝是一种很重要的金属材料。纯铝导电能力强，且比铜轻，资源丰富，所以被广泛用作导线、结构材料和日用器皿。特别是铝合金质轻而又坚硬，大量用于飞机制造和其他构件上。

镓、铟、铊可用于生产新型半导体材料，如砷化镓是一种重要的半导体材料。

13.2.3　硼的化合物

从硼元素的成键特征看，硼的化合物有 4 种类型：

（1）硼与电负性比它大的元素形成共价型化合物，如 BF_3 和 BCl_3 等。在这类化合物中，硼原子以 sp^2 杂化轨道与其他元素的原子形成 σ 键，分子的空间构型为平面三角形。

（2）通过配位键形成四配位化合物，如 $[BF_4]^-$ 等。由于硼是缺电子原子，在三配位的硼化合物中，硼原子与其他元素的原子形成 3 个共价键后，还空出一个 p 轨道，因此，它还可以接受其他负离子或分子的一对电子形成配键。形成配键时，硼原子以 sp^3 杂化轨道成键，空间构型为四面体。

（3）硼与氢形成含三中心键（氢桥）的缺电子化合物，如 B_2H_6 和 B_4H_{10} 等（详见硼的氢化物）。这也是由硼原子的缺电子特性所决定的。

（4）硼与活泼金属形成氧化值为 -3 的化合物，如 Mg_3B_2 等。

在硼的化合物中，重要的有硼的氢化物、含氧化合物和卤化物。

1. 硼的氢化物

硼可以与氢形成一系列共价型氢化物，如 B_2H_6，B_4H_{10}，B_5H_9 和 B_6H_{10} 等。这类化合物的性质与烷烃相似，故又称为硼烷。多氢型硼烷和少氢型硼烷是硼烷的两种主要类型，其通式可以分别写成 B_nH_{n+6} 和 B_nH_{n+4}。硼原子仅有 3 个价电子，它与氢似乎应该形成 BH_3，$B_2H_4(H_2B—BH_2)$，$B_3H_5(H_2B—BH—BH_2)$ 等类型的硼氢化合物，但实际上硼烷分子的组成、结构和性质与此不同，是一系列特殊的化合物。通过测定硼烷的气体密度已经证明最简单的稳定的硼烷是乙硼烷 B_2H_6 而不是 BH_3。

硼烷的标准摩尔生成焓都为正值，所以硼和氢不能直接化合生成硼烷。硼烷的制取是采用间接方法实现的。例如，用 LiH，NaH 或 $NaBH_4$ 与卤化硼作用可以制得 B_2H_6：

$$6LiH(s)+8BF_3(g) \longrightarrow 6LiBF_4(s)+B_2H_6(g)\,;\,\Delta_rH_m^{\ominus}=-1\,386\ kJ\cdot mol^{-1}$$

$$3NaBH_4(s)+4BF_3(g) \xrightarrow{50\sim70\ ℃} 3NaBF_4(s)+2B_2H_6(g)\,;$$

$$\Delta_rH_m^{\ominus}=-349\ kJ\cdot mol^{-1}$$

上述反应较完全，收率高，产物比较纯。实验室制乙硼烷还有下述方法：

$$2NaBH_4+I_2 \xrightarrow{\text{二甘醇二甲醚}} B_2H_6+2NaI+H_2$$

硼氢化合物的分子结构不能仅用一般的共价键来表示。由于硼原子是缺电子原子,硼烷分子内所有的价电子总数不能满足形成一般共价键所需要的数目。若使硼原子达到稳定的八电子结构,在乙硼烷分子中必须有 14 个价电子,而实际上 B_2H_6 中仅有 12 个价电子。所以硼烷也呈缺电子状态。在 B_2H_6 和 B_4H_{10} 这类硼烷分子中,除了形成一部分正常共价键外,还形成一部分非定域的三中心键,即 2 个硼原子与 1 个氢原子通过共用 2 个电子而形成的三中心二电子键。其结构分别如图 13-3 和图 13-4所示。常以弧线表示三中心键,好像是 2 个硼原子通过氢原子作为桥梁而联结起来的,该三中心键又称为氢桥。氢桥与氢键不同,它是一种特殊的共价键,体现了硼氢化合物的缺电子特征。值得注意的是,乙硼烷分子中,2 个硼原子间没有 B—B 单键,而 B_4H_{10} 中则有一个 B—B 单键。

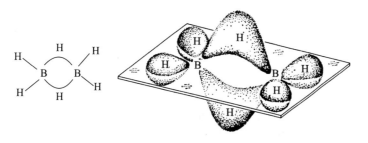

图 13-3 B_2H_6 分子结构示意图

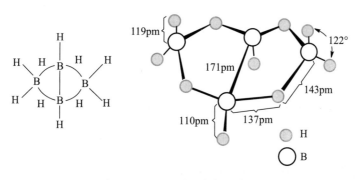

图 13-4 B_4H_{10}分子结构示意图

在乙硼烷分子中,硼原子采取不等性 sp^3 杂化,以 2 个 sp^3 杂化轨道与 2 个氢原子形成 2 个正常 σ 键,键长 119 pm。另外 2 个 sp^3 杂化轨道则用于同氢原子形成三中心键。2 个硼原子和与其形成正常 σ 键的 4 个氢原子位于同一平面,而 2 个三中心键则对称分布于该平面的上方和下方,且与平面垂直。

简单的硼烷都是无色的气体,具有难闻的臭味,极毒。乙硼烷、丁硼烷的一些性质列于表 13-3 中。

表 13-3 乙硼烷、丁硼烷的性质

硼烷	熔点/℃	沸点/℃	溶解性	与水作用	$\Delta_f H_m^\ominus/(kJ \cdot mol^{-1})$
B_2H_6	−165.5	−92.5	溶于乙醚	水解快	35.6
B_4H_{10}	−120	18	溶于苯	水解慢	66.1

在通常情况下硼烷很不稳定,在空气中极易燃烧,甚至能自燃,生成三氧化二硼和水,并且反应速率大,放热比相应的碳氢化合物大得多。例如:

$$B_2H_6(g)+3O_2(g) \longrightarrow B_2O_3(s)+3H_2O(g) \; ; \Delta_r H_m^\ominus = -2\,033.8 \text{ kJ} \cdot \text{mol}^{-1}$$

因此,硼烷曾被考虑作为火箭和导弹上的高能燃料。

硼烷与水发生不同程度的水解,反应速率也不同。例如,乙硼烷极易和水反应,室温下反应很快:

$$B_2H_6(g)+6H_2O(l) \longrightarrow 2H_3BO_3(s)+6H_2(g) \; ; \Delta_r H_m^\ominus = -509.3 \text{ kJ} \cdot \text{mol}^{-1}$$

由于该反应放热也较大,人们也曾考虑把乙硼烷作为水下火箭的燃料。

硼烷作为 Lewis 酸,能与 CO,NH_3 等具有孤对电子的分子发生加合反应。例如:

$$B_2H_6+2CO \longrightarrow 2[H_3B \leftarrow CO]$$

$$B_2H_6+2NH_3 \longrightarrow [BH_2 \cdot (NH_3)_2]^+ + [BH_4]^-$$

乙硼烷在乙醚中与 LiH,NaH 直接反应生成 $LiBH_4$ 和 $NaBH_4$:

$$2LiH+B_2H_6 \longrightarrow 2LiBH_4$$

$$2NaH+B_2H_6 \longrightarrow 2NaBH_4$$

$LiBH_4$ 和 $NaBH_4$ 可以作为优良的还原剂用于有机合成。

硼烷的毒性极大,其毒性可与氰化氢 HCN 和光气 $COCl_2$ 相比,空气中 B_2H_6 最高允许含量仅为 0.1 $\mu g \cdot g^{-1}$。因此,在使用硼烷时必须十分小心。

2. 硼的含氧化合物

由于硼与氧形成的 B—O 键键能(806 kJ·mol^{-1})大,所以硼的含氧化合物具有很高的稳定性。构成硼的含氧化合物的基本结构单元是平面三角形的 BO_3 和四面体形的 BO_4,这是由硼元素的亲氧性和缺电子性质所决定的。

（1）三氧化二硼

硼酸受热脱水后得到三氧化二硼 B_2O_3:

$$H_3BO_3 \xrightarrow{150\,℃} HBO_2+H_2O$$

$$2HBO_2 \xrightarrow{300\,℃} B_2O_3+H_2O$$

温度较低时,得到的是 B_2O_3 晶体,高温灼烧后得到的是玻璃状 B_2O_3。

B_2O_3 是白色固体。晶态 B_2O_3 比较稳定,其密度为 2.55 g·cm^{-3},熔点为 450 ℃。玻璃状 B_2O_3 的密度为 1.83 g·cm^{-3},温度升高时逐渐软化,当达到赤热高温时即成为液态。

与碳、氮不同,硼与氧之间只能形成稳定的 B—O 单键,不能形成 B=O 双键。B_2O_3 的晶体结构为含有—B—O—B—O—链的大分子。

B_2O_3 能被碱金属及镁和铝还原为单质硼。例如:

$$B_2O_3+3Mg \longrightarrow 2B+3MgO$$

用盐酸处理反应混合物时,MgO 与盐酸作用生成溶于水的 $MgCl_2$,过滤后得到粗硼。

B_2O_3 在高温时不被碳还原。

B_2O_3 与水反应可生成偏硼酸 HBO_2 和硼酸:

$$B_2O_3 + H_2O \longrightarrow 2HBO_2$$
$$B_2O_3 + 3H_2O \longrightarrow 2H_3BO_3$$

B_2O_3 同某些金属氧化物反应,形成具有特征颜色的玻璃状偏硼酸盐。由锂、铍和硼的氧化物制成的玻璃可以用作 X 射线管的窗口。

(2)硼酸

硼酸包括原硼酸 H_3BO_3、偏硼酸 HBO_2 和多硼酸 $xB_2O_3 \cdot yH_2O$。原硼酸通常又简称为硼酸。

将硼砂($Na_2B_4O_7 \cdot 10H_2O$)溶于沸水中并加入盐酸,放置后可析出硼酸:

$$Na_2B_4O_7 + 2HCl + 5H_2O \longrightarrow 4H_3BO_3 + 2NaCl$$

硼酸微溶于冷水,但在热水中溶解度较大。H_3BO_3 是一元酸,其水溶液呈弱酸性。H_3BO_3 与水的反应如下:

$$B(OH)_3 + H_2O \rightleftharpoons B(OH)_4^- + H^+; \quad K^\ominus = 5.8 \times 10^{-10}$$

$B(OH)_4^-$ 的构型为四面体,其中硼原子采用 sp^3 杂化轨道成键。H_3BO_3 与 H_2O 反应的特殊性是由其缺电子性质决定的。

H_3BO_3 是典型的 Lewis 酸,在 H_3BO_3 溶液中加入多羟基化合物,如丙三醇(甘油)、甘露醇 $CH_2OH(CHOH)_4CH_2OH$,由于形成配合物和 H^+ 而使溶液酸性增强:

$$H_3BO_3 + 2 \quad \begin{array}{c} R \\ | \\ H-C-OH \\ | \\ H-C-OH \\ | \\ R \end{array} \longrightarrow \left[\begin{array}{c} R \qquad\qquad R \\ | \qquad\qquad | \\ H-C-O \quad O-C-H \\ \qquad \diagdown B \diagup \\ H-C-O \quad O-C-H \\ | \qquad\qquad | \\ R \qquad\qquad R \end{array} \right]^- + H^+ + 3H_2O$$

硼酸和单元醇反应则生成硼酸酯:

$$\begin{array}{c} OH \quad H-OR \\ | \\ B-OH + H-OR \\ | \\ OH \quad H-OR \end{array} \longrightarrow \begin{array}{c} OR \\ | \\ B-OR + 3H_2O \\ | \\ OR \end{array}$$

这一反应进行时要加入浓 H_2SO_4 作为脱水剂,以抑制硼酸酯的水解。硼酸酯可挥发并且易燃,燃烧时火焰呈绿色。利用这一特性可以鉴定有无硼的化合物存在。

硼酸只有一种晶形,其晶体结构为层状。硼酸晶体的基本结构单元为 H_3BO_3 分子,构型为平面三角形。在 H_3BO_3 分子中,硼原子以 sp^2 杂化轨道与 3 个氧原子形成 3 个 σ 键。在同一层内 H_3BO_3 分子彼此通过氢键相互连接,如图 13-5 所示。每个硼原子以

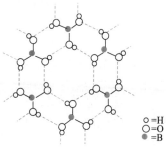

○=H
○=O
●=B

图 13-5 硼酸的分子结构

图片
硼酸的分子结构

共价键与 3 个氧原子相连接,而每个氧原子除以共价键与 1 个硼原子结合外,还通过氢键与其他 2 个氧原子相连接。氢键(OH---O)的平均键长为 272 pm。层与层之间距离为318 pm,层间以微弱的分子间力结合。因此硼酸晶体呈鳞片状,具有解理性,可作润滑剂使用。

大量硼酸用于搪瓷工业,有时也用作食物的防腐剂,在医药卫生方面也有广泛的用途。

（3）硼酸盐

硼酸盐有偏硼酸盐、原硼酸盐和多硼酸盐等。最重要的硼酸盐是四硼酸钠,俗称硼砂。硼砂的分子式是 $Na_2B_4O_5(OH)_4 \cdot 8H_2O$,习惯上也常写为 $Na_2B_4O_7 \cdot 10H_2O$。硼砂晶体中,$[B_4O_5(OH)_4]^{2-}$ 通过氢键互相连接成链,链与链之间借钠离子联系在一起,其中还含有水分子。$[B_4O_5(OH)_4]^{2-}$ 的结构及其立体结构如图 13-6 所示。

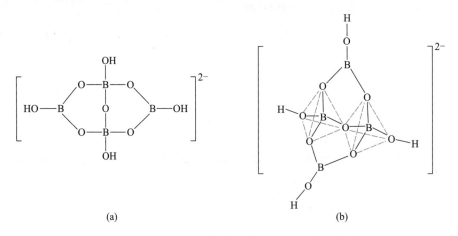

图 13-6　$[B_4O_5(OH)_4]^{2-}$ 的结构(a)及其立体结构(b)

硼砂是无色透明的晶体,在干燥的空气中容易风化失水。硼砂受热时失去结晶水;加热至 350~400 ℃进一步脱水而成为无水四硼酸钠 $Na_2B_4O_7$;在 878 ℃时熔化为玻璃体。熔融的硼砂可以溶解许多金属氧化物,形成偏硼酸的复盐。不同金属的偏硼酸复盐呈现不同的特征颜色。例如:

$$Na_2B_4O_7 + CoO \longrightarrow Co(BO_2)_2 \cdot 2NaBO_2(蓝色)$$

$$Na_2B_4O_7 + NiO \longrightarrow Ni(BO_2)_2 \cdot 2NaBO_2(棕色)$$

上述反应可以看成是酸性氧化物 B_2O_3 和碱性金属氧化物作用而生成偏硼酸盐的过程。利用硼砂的这一类反应,可以鉴定某些金属离子,这在分析化学上称为硼砂珠试验。

硼砂易溶于水,其溶液因 $[B_4O_5(OH)_4]^{2-}$ 的水解而显碱性:

$$[B_4O_5(OH)_4]^{2-} + 5H_2O \rightleftharpoons 4H_3BO_3 + 2OH^- \rightleftharpoons 2H_3BO_3 + 2B(OH)_4^-$$

20 ℃时,硼砂溶液的 pH 为 9.24。硼砂溶液中含有等物质的量的 H_3BO_3 和 $B(OH)_4^-$,故具有缓冲作用,在实验室中可用它来配制缓冲溶液。

陶瓷工业上用硼砂来制备低熔点釉。硼砂也用于制造耐温度骤变的特种玻璃和光学玻璃。由于硼砂能溶解金属氧化物,焊接金属时可以用它作助熔剂,以熔去金属表面的氧化物。此外,硼砂还用作防腐剂。

3. 硼的卤化物

卤素都能和硼形成硼的卤化物,即三卤化硼 BX_3。BX_3 可用卤素单质与硼在加热的条件下直接反应而生成。例如:

$$2B(无定形)+3Cl_2 \xrightarrow{300\ ℃} 2BCl_3$$

通常三氟化硼是用 B_2O_3、100% H_2SO_4 和 CaF_2 混合物加热来制取:

$$B_2O_3+3H_2SO_4+3CaF_2 \xrightarrow{\triangle} 2BF_3+3CaSO_4+3H_2O$$

三氯化硼也可以用 B_2O_3、碳和氯气反应来制备:

$$B_2O_3+3C+3Cl_2 \xrightarrow{>500\ ℃} 2BCl_3+3CO$$

三卤化硼的分子构型为平面三角形,在 BX_3 分子中,硼原子以 sp^2 杂化轨道与卤素原子形成 σ 键。随着卤素原子半径的增大,B—X 键的键能依次减小。实验测得 BF_3 分子中 B—F 键键长为 130 pm,比理论 B—F 单键键长 152 pm 短。有人认为这与 BF_3 分子中存在着 Π_6^4 键有关。硼原子除与 3 个氟原子形成 3 个 σ 键外,具有孤对 2p 电子的 3 个氟原子与具有 1 个 2p 空轨道的硼原子之间形成离域大 π 键。

三卤化硼的一些性质列于表 13-4 中。三卤化硼分子是共价型的,在室温下,随相对分子质量的增加,BX_3 的存在状态由气态的 BF_3 和 BCl_3 经液态的 BBr_3 过渡到固态的 BI_3。纯 BX_3 都是无色的,但 BBr_3 和 BI_3 在光照下部分分解而显黄色。

表 13-4 三卤化硼的一些性质

	BF_3	BCl_3	BBr_3	BI_3
熔点/℃	−127.1	−107	−46.0	49.9
沸点/℃	−100.4	12.7	91.3	210
键能/($kJ·mol^{-1}$)	613.1	456	377	267
键长/pm	130	175	195	210

BX_3 在潮湿的空气中因水解而发烟:

$$BX_3+3H_2O \longrightarrow B(OH)_3+3HX$$

BX_3 是缺电子化合物,有接受孤对电子的能力,因而表现出 Lewis 酸的性质,可以与 Lewis 碱(如氨、醚等)生成加合物。例如:

$$BF_3+NH_3 \longrightarrow F_3B{\leftarrow}NH_3$$

三氟化硼水解生成硼酸和氢氟酸,BF_3 又与生成的 HF 加合而产生氟硼酸($H[BF_4]$),反应如下:

MOOC

教学视频
硼的卤化物和氮化物

$$BF_3 + 3H_2O \longrightarrow H_3BO_3 + 3HF$$

$$BF_3 + HF \longrightarrow H[BF_4]$$

总反应方程式为

$$4BF_3 + 3H_2O \longrightarrow H_3BO_3 + 3H[BF_4]$$

氟硼酸是一种强酸,其酸性比氢氟酸强。除了 BF_3 外,其他三卤化硼一般不与相应的氢卤酸加合形成 BX_4^-。这是因为中心硼原子半径很小,随着卤素原子半径的增大,在硼原子周围容纳 4 个较大的原子更加困难。BX_3 虽然是缺电子化合物,但它们不能形成二聚分子,这一点与卤化铝不同。

BX_3 和碱金属、碱土金属作用被还原为单质硼。

在 BX_3 中最重要的是 BF_3 和 BCl_3,它们是许多有机反应的催化剂,也常用于有机硼化合物的合成和硼氢化合物的制备。

4. 硼的氮化物

氮化硼 BN 是一种新型的无机合成材料。在实验室里,用硼砂和氯化铵熔融制备较纯的 BN。三氯化硼与过量的氨气反应,生成物受热分解也可生成 BN。

BN 共有 12 个电子,与两个碳原子的核外电子数相等。像这类具有相同原子数目和电子数目的分子(或离子)属于等电子体。等电子体常常表现出相似的结构和相近的性质。BN 有三种晶形:无定形(类似无定形碳)、六方晶形(类似于石墨)以及立方晶形(类似于金刚石)。六方晶形的 BN(图 13-7)又称为白石墨,是一种优良的耐高温润滑剂。用它做成的氮化硼纤维质地柔软,不被无机溶剂所浸蚀,具有质轻、防火、耐高温、耐腐蚀等特点,已被用于工业上。立方晶形的 BN,硬度近似金刚石,用作磨料。

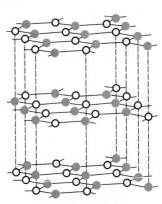

图 13-7　六方氮化硼的晶体结构

13.2.4　铝的化合物

铝位于周期系中典型金属元素和非金属元素的交界区,它既有明显的金属性,也有较明显的非金属性,是典型的两性元素。铝的单质及其氧化物既能溶于酸而生成相应的铝盐,又能溶于碱而生成相应的铝酸盐。

在铝的化合物中,铝的氧化值一般为 +3。铝的化合物有共价型的,也有离子型的。由于 Al^{3+} 电荷数较多,半径较小($r = 53$ pm),对阴离子产生较大的极化作用,所以,Al^{3+} 与那些难变形的阴离子(如 F^-,O^{2-})形成离子型化合物;而与那些较易变形的阴离子(如 Cl^-,Br^-,I^-)则形成共价型化合物。铝的共价型化合物熔点低、易挥发,能溶于有机溶剂中;铝的离子型化合物熔点高,不溶于有机溶剂。

铝的重要化合物有 Al_2O_3,无水 $AlCl_3$,$Al_2(SO_4)_3 \cdot 18H_2O$,$KAl(SO_4)_2 \cdot 12H_2O$ 等,它们的性质列于表 13-5 中。

表 13-5　铝的重要化合物

	颜色和状态	密度 / g·cm⁻³	熔点 / ℃	沸点 / ℃	受热时的变化	溶解度 g/100 g H₂O
氧化铝 Al_2O_3	白色粉末	3.97	2 054	2 980		不溶于水，但能吸收空气中水分，不溶于无机酸、酒精和醚，能溶于熔融碱
无水氯化铝 $AlCl_3$（Al_2Cl_6）	无色透明晶体	2.440	192.6（加压下）	181.1（升华）	在常压下，加热至 181.1 ℃升华，带结晶水的 $AlCl_3 \cdot 6H_2O$ 受热分解生成碱式盐和 HCl	69.9(20 ℃)，能溶于乙醇、醚，放出大量热
硫酸铝 $Al_2(SO_4)_3 \cdot 18H_2O$	白色六角薄片或针状晶体	1.62	86.5		加热时，猛烈膨胀，并变成海绵状物，赤热时放出 SO_3	36.4(20 ℃)，难溶于乙醇
钾铝矾 $KAl(SO_4)_2 \cdot 12H_2O$	无色透明八面体构型晶体	1.757	92（-9H₂O）	200（无水）	加热时容易失去结晶水，同时变为难溶于水的(焙烧)钾明矾	3.1(0 ℃) 6.0(25 ℃) 在空气中不易风化

1. 氧化铝和氢氧化铝

(1) 氧化铝

氧化铝 Al_2O_3 有多种晶形，其中两种主要的变体是 α-Al_2O_3 和 γ-Al_2O_3。

在自然界中以结晶状态存在的 α-Al_2O_3 称为刚玉。刚玉的熔点高，硬度仅次于金刚石。一般氧化铝晶体不透明，有些透明的氧化铝晶体因为含有杂质而呈现鲜艳的颜色。例如，红宝石由于含有极微量铬的氧化物而呈红色，可用于制造红宝石激光器；蓝宝石由于含有铁、钛等的氧化物而呈现除红色以外的其他颜色。含有少量 Fe_2O_3 的氧化铝称为刚玉粉，刚玉和刚玉粉可用作磨料和抛光剂。将铝矾土在电炉中熔化，可以得到人造宝石，用作机器的轴承、手表的钻石和耐火材料等。金属铝在氧气中燃烧，灼烧 $Al(OH)_3$、$Al(NO_3)_3$ 或 $Al_2(SO_4)_3$ 也能得到 α-Al_2O_3。

γ-Al_2O_3 是在 450 ℃左右加热 $Al(OH)_3$ 或铝铵矾 $(NH_4)_2SO_4 \cdot Al_2(SO_4)_3 \cdot 24H_2O$ 使其分解而得到的。γ-Al_2O_3 在 1 000 ℃高温下转变为 α-Al_2O_3，可见两者的生成条件是不同的。

α-Al_2O_3 和 γ-Al_2O_3 的晶体结构不同，它们的化学性质也不同。α-Al_2O_3 化学性质极不活泼，除溶于熔融的碱外，与很多试剂都不反应；γ-Al_2O_3 可溶于稀酸，也能溶于碱，又称为活性氧化铝，由于其比表面很大($200 \sim 600$ $m^2 \cdot g^{-1}$)，所以可用作吸附剂和催化剂载体。

（2）氢氧化铝

氢氧化铝是两性氢氧化物，它可以溶于酸生成 Al^{3+}，又可溶于过量的碱生成 $[Al(OH)_4]^-$：

$$Al(OH)_3(s)+OH^- \longrightarrow [Al(OH)_4]^-$$

实际上铝酸盐溶液中不存在 AlO_2^- 或 AlO_3^{3-}，这已为光谱实验所证明。另外，铝酸盐晶体里含有 $[Al(OH)_6]^{3-}$。

在铝酸盐溶液中通入 CO_2 沉淀出来的是氢氧化铝白色晶体：

$$2[Al(OH)_4]^-+CO_2 \longrightarrow 2Al(OH)_3+CO_3^{2-}+H_2O$$

而在铝酸盐溶液中加入氨水或适量的碱所得到的凝胶状白色沉淀则是无定形 $Al(OH)_3$，实际上是含水量不定的水合氧化铝 $Al_2O_3 \cdot xH_2O$，但是，通常也写为 $Al(OH)_3$ 的形式。$Al(OH)_3$ 是一种优良的阻燃剂，用量较大。

2. 铝的卤化物

铝能形成卤化铝 AlX_3，其中除 AlF_3 是离子型化合物外，其他 AlX_3 均为共价型化合物，AlF_3 的性质也比较特殊，它是白色难溶固体（其溶解度为 $0.56\ g/100\ g\ H_2O$），而其他 AlX_3 均易溶于水。在 AlF_3 晶体中，Al 的配位数为 6，气态 AlF_3 为单分子。

铝的卤化物中以 $AlCl_3$ 最为重要。由于铝盐溶液水解，所以在水溶液中不能制得无水 $AlCl_3$。将铝溶解于盐酸中，分离出的是无色、吸潮的水合晶体 $AlCl_3 \cdot 6H_2O$。在氯气或氯化氢气流中加热金属铝可得到无水 $AlCl_3$：

$$2Al+3Cl_2(g) \xrightarrow{\triangle} 2AlCl_3$$

$$2Al+6HCl(g) \xrightarrow{\triangle} 2AlCl_3+3H_2(g)$$

在红热的 Al_2O_3 及炭的混合物中通入氯气，也可制备无水 $AlCl_3$：

$$Al_2O_3+3C+3Cl_2 \xrightarrow{\triangle} 2AlCl_3+3CO$$

常温下无水 $AlCl_3$ 是无色晶体，但常常因含有 $FeCl_3$ 而呈黄色。无水 $AlCl_3$ 能溶于有机溶剂，在水中的溶解度也很大。其水解反应非常激烈并放出大量的热，甚至在潮湿的空气中也因强烈的水解而发烟。无水 $AlCl_3$ 易挥发。

在 $AlCl_3$ 分子中的铝原子是缺电子原子，因此 $AlCl_3$ 是典型的 Lewis 酸，表现出强烈的加合作用倾向。在气态中 2 个 $AlCl_3$ 分子聚合为双聚分子 Al_2Cl_6，其结构如图 13-8 所示。在 Al_2Cl_6 分子中，每个铝原子以 sp^3 杂化轨道与 4 个氯原子成键，呈四面体结构。2 个铝原子与两端的 4 个氯原子共处于同一平面，中间 2 个氯原子位于该平面的两侧，形成桥式结构，并与上述平面垂直。这 2 个氯原子各与 1 个铝原子形成一个 $Cl \rightarrow Al$ 配键。这是由 $AlCl_3$ 的缺电子性所决定的。

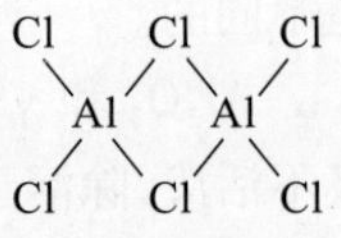

$AlCl_3$ 除了聚合为二聚分子外，也能与有机胺、醚、醇等 Lewis 碱加合。因此，无水 $AlCl_3$ 被广泛地用作石油化工和有机

图 13-8　Al_2Cl_6 的结构

合成工业的催化剂。

溴化铝 $AlBr_3$ 和碘化铝 AlI_3 的性质与 $AlCl_3$ 类似,它们在气相时也是双聚分子,与 Al_2Cl_6 结构相似。

聚合氯化铝(PAC)也称为碱式氯化铝,是一种无机高分子材料,其组成为 $[Al_2(OH)_nCl_{6-n}]_m(1 \leqslant n \leqslant 5, m \leqslant 10)$,它是水处理中广泛应用的无机絮凝剂。

3. 铝的含氧酸盐

铝的含氧酸盐有硫酸铝、氯酸铝、高氯酸铝和硝酸铝等。

用浓硫酸溶解氢氧化铝,或用硫酸直接处理铝矾土都可制得硫酸铝:

$$2Al(OH)_3 + 3H_2SO_4 \longrightarrow Al_2(SO_4)_3 + 6H_2O$$

$$Al_2O_3 + 3H_2SO_4 \longrightarrow Al_2(SO_4)_3 + 3H_2O$$

常温下从水溶液中析出的铝盐晶体为水合晶体,如 $Al_2(SO_4)_3 \cdot 18H_2O$ 和 $Al(NO_3)_3 \cdot 9H_2O$ 等。硫酸铝常易与碱金属 $M^{(I)}$(除 Li 以外)的硫酸盐结合成复盐,称为矾。矾的组成可以用通式 $M^{(I)}Al(SO_4)_2 \cdot 12H_2O$ 来表示。例如,铝钾矾 $KAl(SO_4)_2 \cdot 12H_2O$ 就是通常用的明矾。如果 Al^{3+} 被半径与其相近的 Fe^{3+},Cr^{3+},Ti^{3+} 等离子所代替,则形成通式为 $M^{(I)}M^{(III)}(SO_4)_2 \cdot 12H_2O$ 的矾,如铬钾矾 $KCr(SO_4)_2 \cdot 12H_2O$。像铝钾矾和铬钾矾这样组成相似而晶体形状完全相同的物质称为类质同晶物质,这种现象则叫做类质同晶现象。矾类大多都有类质同晶物质。

硫酸铝和硝酸铝是离子型化合物,都易溶于水,由于 Al^{3+} 的水解作用,使得溶液呈酸性。

$$[Al(H_2O)_6]^{3+} \Longrightarrow [Al(OH)(H_2O)_5]^{2+} + H^+$$

或 $$Al^{3+} + H_2O \Longrightarrow [Al(OH)]^{2+} + H^+ ; K^{\ominus} = 10^{-5.03}$$

$$2[Al(H_2O)_6]^{3+} \Longrightarrow [Al_2(OH)_2(H_2O)_8]^{4+} + 2H^+ + 2H_2O$$

或 $$2Al^{3+} + 2H_2O \Longrightarrow [Al_2(OH)_2]^{4+} + 2H^+ ; K^{\ominus} = 10^{-6.27}$$

进一步水解则生成 $Al(OH)_3$ 沉淀。从上述平衡可知,只有在酸性溶液中才有水合离子 $[Al(H_2O)_6]^{3+}$ 存在。

铝的弱酸盐水解更加明显,甚至达到几乎完全的程度。因此,在 Al^{3+} 的溶液中加入 $(NH_4)_2S$ 或 Na_2CO_3 溶液,得不到相应的弱酸铝盐,而都生成 $Al(OH)_3$ 沉淀:

$$2Al^{3+} + 3S^{2-} + 6H_2O \longrightarrow 2Al(OH)_3(s) + 3H_2S(g)$$

$$2Al^{3+} + 3CO_3^{2-} + 3H_2O \longrightarrow 2Al(OH)_3(s) + 3CO_2(g)$$

所以,弱酸的铝盐不能用湿法制取。

在 Al^{3+} 溶液中加入茜素的氨溶液,生成红色沉淀。反应方程式如下:

$$Al^{3+} + 3NH_3 \cdot H_2O \longrightarrow Al(OH)_3(s) + 3NH_4^+$$

$$Al(OH)_3 + 3C_{14}H_6O_2(OH)_2 \longrightarrow Al(C_{14}H_7O_4)_3(红色) + 3H_2O$$
$$（茜素）$$

这一反应的灵敏度较高,溶液中微量的 Al^{3+} 也有明显的反应,故常用来鉴定 Al^{3+} 的存在。

Al³⁺能形成一些较稳定的配合物,如[AlF₆]³⁻,[Al(C₂O₄)₃]³⁻和[Al(edta)]⁻等。

工业上最重要的铝盐是硫酸铝和明矾。它们在造纸工业上用作胶料,与树脂酸钠一同加入纸浆中使纤维黏合;还可用以净水,因为它们与水作用所得的氢氧化物具有很强的吸附性能;在印染工业上硫酸铝或明矾还被用作媒染剂。

§13.3　碳族元素

13.3.1　碳族元素概述

MOOC
教学视频
碳族元素概述
及单质

周期系第ⅣA族元素包括碳、硅、锗、锡、铅5种元素,又称为碳族元素。碳和硅在自然界分布很广,硅在地壳中的含量仅次于氧,其丰度位居第二。除碳、硅外,其他元素比较稀少。但锡和铅矿藏富集,易提炼,应用也比较广泛。

在碳族元素中,碳和硅是非金属元素。硅虽然也呈现较弱的金属性,但仍以非金属性为主。锗、锡、铅是金属元素,其中锗在某些情况下也表现出非金属性。碳族元素的一般性质列于表13-6中。

表13-6　碳族元素的一般性质

	碳	硅	锗	锡	铅
元素符号	C	Si	Ge	Sn	Pb
原子序数	6	14	32	50	82
价层电子构型	$2s^2 2p^2$	$3s^2 3p^2$	$4s^2 4p^2$	$5s^2 5p^2$	$6s^2 6p^2$
共价半径/pm	77	117	122	141	175
沸点/℃	4 329	3 265	2 830	2 602	1 749
熔点/℃	3 550	1 412	937.3	232	327
电负性	2.55	1.90	2.01	1.96	2.33
电离能/$(kJ \cdot mol^{-1})$	1 093	793	767	715	722
电子亲和能/$(kJ \cdot mol^{-1})$	−122	−137	−116	−116	−100
$E^{\ominus}(M^{IV}/M^{2+})/V$				0.153 9	1.458
$E^{\ominus}(M^{2+}/M)/V$				−0.141 0	−0.126 6
氧化值	−4,+4	4	(2),4	2,4	2,4
配位数	3,4	4	4	4,6	4,6
晶体结构	原子晶体 (金刚石) 层状晶体 (石墨)	原子晶体	原子晶体	原子晶体 (灰锡) (金属晶体) (白锡)	金属晶体

碳族元素的价层电子构型为 ns^2np^2，因此它们能生成氧化值为+4 和+2 的化合物，碳有时也能生成氧化值为−4 的化合物，氧化值为+4 的化合物主要是共价型的。位于第二周期的碳形成化合物时，碳原子的价层电子数不能超过 8 个，因而碳原子的配位数不能超过 4，而其他元素的原子最外层还有 nd 轨道可以参与成键，所以，除形成配位数为 4 的化合物外，还能形成配位数为 6 的阴离子，如 $GeCl_6^{2-}$，SiF_6^{2-} 和 $SnCl_6^{2-}$ 等。

在碳族元素中，随着原子序数的增大，氧化值为+4 的化合物的稳定性降低，惰性电子对效应表现得比较明显。例如，Pb(Ⅱ) 的化合物比较稳定，而 Pb(Ⅳ) 的化合物氧化性较强，稳定性差。

硅与第ⅢA族的硼在周期表中处于对角线位置，它们的单质及其化合物的性质有相似之处。

13.3.2　碳族元素的单质

在自然界以单质状态存在的碳有金刚石、石墨等，以化合物形式存在的碳有煤、石油、天然气、碳酸盐、二氧化碳等，动植物体内也含有碳。

金刚石和石墨是碳的最常见的两种同素异形体。金刚石为原子晶体(见第十章)，其晶体结构如图 13-9 所示。C—C 键键长为 155 pm，键能为 347.3 kJ·mol^{-1}。

石墨是层状晶体(见第十章)，质软，有金属光泽，可以导电。通常所谓无定形碳，如焦炭、炭黑等都具有石墨结构。活性炭是经过加工处理所得的无定形碳，具有很大的比表面积和良好的吸附性能。碳纤维是一种新型的结构材料，具有质轻、耐高温、抗腐蚀、导电等性能，机械强度很高，广泛用于航空、机械、化学工业和电子工业上，也可以用于外科医疗上。碳纤维也是一种无定形碳。

图 13-9　金刚石的结构

通常情况下，石墨比金刚石稳定。由金刚石转变为石墨的反应如下：

$$C(金刚石) \longrightarrow C(石墨)；\quad \Delta_r H_m^{\ominus} = -1.895 \text{ kJ·mol}^{-1}$$

$$\Delta_r G_m^{\ominus} = -2.980\ 0 \text{ kJ·mol}^{-1}$$

虽然这一转变反应是自发的、放热的过程，但实际上却很难进行，需要在 1 000 ℃ 的高温下才能转化。其逆过程，由石墨合成金刚石的反应也很困难，必须在高温(2 000 ℃)、高压(500 MPa)和催化剂(如 Fe，Cr，Pt)存在的条件下才能实现。现在工业上合成金刚石一般采用静态加压法，将石墨片和触媒(催化剂)材料片(镍铬铁合金)隔层装入叶蜡石柱体圆孔中，升温加压，将石墨转变为金刚石。然后用高氯酸清除石墨，用电解法或酸清除触媒，用熔融的氢氧化钠除去硅酸盐，得到粒度不同的人造金刚石。由于天然金刚石的产量有限，所以尽管人工合成金刚石难度很大，收率不高，却已是金刚石的重要来源之一。用砂石、焦炭在电炉中加热至 3 500 ℃，保持 24 h 左右，可合成石墨：

$$SiO_2 + 3C \longrightarrow 2CO + SiC \longrightarrow C(石墨) + Si + 2CO$$

金刚石在工业上用作钻头、刀具及精密轴承等。金刚石薄膜既是一种新颖的结构材料,又是一种重要的功能材料。石墨用来制造电极、石墨坩埚、电动机碳刷、铅笔芯及润滑剂等。

其他几种重要的碳的单质如碳笼原子簇、石墨烯等已成为近年来被广泛而深入研究的物质,具有潜在的应用价值。

拓展阅读
新型二维碳材料——石墨烯

在硅的化合物中,除 Si—F 键外,Si—O 键最为牢固,也最为普遍,因此硅多以 SiO_2 和各种硅酸盐的形式存在于地壳中。硅是构成各种矿物的重要元素,在矿物中,硅原子通过 Si—O—Si 键构成链状、层状和三维骨架的复杂结构,组合成岩石、土壤、黏土和沙子等。

硅有晶体和无定形体两种。晶体硅的结构与金刚石类似,熔点、沸点较高,性质脆硬。工业用晶体硅可按下面步骤得到:

$$SiO_2 \xrightarrow[\text{电炉}]{C} Si \xrightarrow{Cl_2} SiCl_4 \xrightarrow{\text{蒸馏}} \text{纯 } SiCl_4 \xrightarrow[\text{还原}]{H_2} Si$$

锗常与许多硫化物矿共生,如硫银锗矿 $4Ag_2S \cdot GeS_2$、硫铅锗矿 $2PbS \cdot GeS_2$ 等。另外,锗还以 GeO_2 的形式富集在烟道灰中。锗矿石用硫酸和硝酸的混合酸处理后,转化为 GeO_2,然后溶解于盐酸中,生成 $GeCl_4$,经水解生成纯的 GeO_2,再用 H_2 还原,得到金属锗。

锗是一种灰白色的金属,比较脆硬,其晶体结构也是金刚石型。

图片
柱状锡石

高纯度的硅和锗是良好的半导体材料,在电子工业上用来制造各种半导体元件。在晶体中,硅原子和锗原子的价电子都参与成键。当掺入少量的磷时制成的是 n 型半导体,磷原子参与成键后剩余一个电子;当掺入微量的硼时制成的是 p 型半导体,由于硼原子成键时缺少一个电子,留下一个空穴。

重要的锡矿是锡石,其主要成分为 SnO_2。铅主要以硫化物和碳酸盐的形式存在,如方铅矿 PbS、白铅矿 $PbCO_3$ 等。从锡石制备单质锡常用碳还原的方法:

图片
方铅矿

$$SnO_2 + 2C \longrightarrow Sn + 2CO$$

从方铅矿制备单质铅是先将矿石焙烧转化为相应的氧化物,然后用碳还原得到铅:

$$2PbS + 3O_2 \longrightarrow 2PbO + 2SO_2$$

$$PbO + C \longrightarrow Pb + CO$$

锡有三种同素异形体,即灰锡(α-锡)、白锡(β-锡)和脆锡,它们之间的相互转变关系如下:

$$\text{灰锡}(\alpha\text{-锡}) \underset{13.2\,℃}{\rightleftharpoons} \text{白锡}(\beta\text{-锡}) \underset{161\,℃}{\rightleftharpoons} \text{脆锡}$$

白锡是银白色的,比较软,具有延展性。低温下白锡转变为粉末状的灰锡的速率大大加快,所以,锡制品会因长期处于低温而自行毁坏,这种现象称为锡疫。

铅是很软的重金属,强度不高。铅能挡住 X 射线。

锡和铅的熔点都较低,它们用于制造合金。此外,铅可作电缆的包皮、铅蓄电池的电极、核反应堆的防护屏等。

碳族单质的化学活泼性自上而下逐渐增强,其化学性质列于表 13-7 中。

表 13-7　碳族元素的化学性质

试剂	反应	说明
热的浓盐酸	$E+2H^+\longrightarrow E^{2+}+H_2$	C,Si,Ge 不反应,Pb 和稀盐酸反应缓慢,可以溶于浓盐酸
热的浓硫酸	$C+2H_2SO_4\longrightarrow CO_2+2SO_2+2H_2O$	Si 不反应
	$E+4H_2SO_4\longrightarrow E(SO_4)_2+2SO_2+4H_2O$	$E=Sn,Ge$, Pb 生成 $PbSO_4$
浓硝酸	$E+4H^++4NO_3^-\longrightarrow EO_2+4NO_2+2H_2O$	不包括 Si
稀硝酸	$3Pb+8H^++2NO_3^-\longrightarrow 3Pb^{2+}+2NO+4H_2O$	但发烟硝酸使铅钝化
HF	$Si+6HF\longrightarrow 2H_2+H_2SiF_6$	Si 只与 HF 反应
碱溶液	$Si+2OH^-+H_2O\longrightarrow SiO_3^{2-}+2H_2$	C,Ge,Pb 不反应,$Sn(OH)_4^{2-}$ 很缓慢生成,不易觉察
熔融碱	$E+4OH^-\longrightarrow EO_4^{4-}+2H_2$	C 不反应,Sn 生成 $Sn(OH)_6^{2-}$,Pb 生成 $Pb(OH)_4^{2-}$
空气中加热	$E+O_2\longrightarrow EO_2$	
热水蒸气	$Pb\xrightarrow{\text{空气}}PbO\xrightarrow{H_2O}Pb(OH)_2\xrightarrow{CO_2}$碱式碳酸盐 $E+2H_2O\longrightarrow EO_2+2H_2$ $C+H_2O\longrightarrow CO+H_2$	$E=Sn,Si($不包括 $Ge,Pb)$
S,加热	$E+2S\longrightarrow ES_2$	Pb 生成 PbS
Cl_2,加热	$E+2Cl_2\longrightarrow ECl_4$	Pb 生成 $PbCl_2$
金属,加热	碳化物,硅化物,Pb,Sn 形成合金	

锡在常温下表面有一层保护膜,在空气和水中都稳定,有一定的抗腐蚀性。马口铁就是表面镀锡的薄铁皮。

从电极电势看,$E^\ominus(Pb^{2+}/Pb)=-0.126\,6$ V,似乎铅应是较活泼的金属,但它在化学反应中却表现得不太活泼。这主要是由于铅的表面生成难溶性化合物而阻止反应继续进行的缘故。例如,铅与稀硫酸接触时,由于生成难溶性硫酸铅而阻止了铅与硫酸的进一步作用;铅与盐酸作用也因生成难溶的 $PbCl_2$ 而减缓;常温下,铅与空气中氧、水和二氧化碳作用,表面形成致密的碱式碳酸盐保护层。铅能溶于醋酸,生成可溶性的 $Pb(Ac)_2$,但反应相当缓慢。

13.3.3　碳的化合物

碳的化合物几乎都是共价型的,绝大部分碳的化合物属于有机化合物,仅一小部分碳的化合物,如一氧化碳、二氧化碳、碳酸及其盐等,习惯上作为无机化合物讨论。碳的氧化值除在 CO 中为 +2 外,在其他化合物中均为 +4 或 -4。

1. 碳的氧化物

(1) 一氧化碳

一氧化碳 CO 是无色、无臭、有毒的气体,微溶于水。CO 可以由甲酸脱水制得,但

MOOC

教学视频
碳的化合物

它并不能和水反应生成甲酸。实验室可以用浓硫酸从 HCOOH 中脱水制备少量的 CO;碳在氧气不充分的条件下燃烧生成 CO;工业上 CO 的主要来源是水煤气。CO 分子中碳原子与氧原子间形成三重键,即 1 个 σ 键和 2 个 π 键,与 N_2 分子所不同的是其中 1 个 π 键是配键,这对电子是由氧原子提供的。CO 分子的结构式为

$$:C\!\equiv\!\!O: \quad \text{或} \quad :C\!\!-\!\!-\!\!O:$$

拓展阅读
CO 分子偶极矩的方向

CO 的分子轨道参见第九章。

CO 的主要化学性质如下:

CO 作为还原剂被氧化为 CO_2。例如:

$$CO(g) + \frac{1}{2}O_2(g) \longrightarrow CO_2(g) \, ; \Delta_r H_m^\ominus = -283 \text{ kJ} \cdot \text{mol}^{-1}$$

$$Fe_2O_3(s) + 3CO(g) \longrightarrow 2Fe(s) + 3CO_2(g) \, ; \Delta_r H_m^\ominus = -24.8 \text{ kJ} \cdot \text{mol}^{-1}$$

CO 作为配体与过渡金属原子(或离子)形成羰基配合物(见第十六章),如 $Fe(CO)_5$、$Ni(CO)_4$ 和羰基钴 $Co_2(CO)_8$ 等。在金属羰基配合物中,CO 分子作为配体,通常配位原子为 C。

CO 还可以与其他非金属反应,应用于有机合成。例如:

$$CO + 2H_2 \xrightarrow[623 \sim 673 \text{ K}]{Cr_2O_3 \cdot ZnO} CH_3OH$$

$$CO + Cl_2 \xrightarrow{活性炭} COCl_2$$

CO 是重要的化工原料和燃料。CO 毒性很大,它能与人体血液中的血红蛋白结合形成稳定的配合物,使血红蛋白失去输送氧气的功能。当空气中 CO 的含量达 0.1%(体积分数)时,就会引起中毒,导致缺氧症,甚至引起心肌坏死。为减轻 CO 对大气的污染,含 CO 的废气排放前常用 O_2 进行催化氧化,将其转化为无毒的 CO_2,所用的催化剂有 Pt,Pd 或 Mn,Cu 的氧化物或稀土氧化物等。

(2)二氧化碳

碳或含碳化合物在充足的空气或氧气中完全燃烧,以及生物体内许多有机化合物的氧化都产生二氧化碳。CO_2 在大气中的含量约为 0.03%(体积分数)。近年来,随着世界上各国工业生产的发展,大气中 CO_2 的含量逐渐增加,被认为是引起世界性气温普遍升高,造成地球温室效应的主要原因之一。1997 年 12 月 1 日,联合国气候变化框架公约的 150 多个缔约国的领导人签订的《京都议定书》已于 2005 年 2 月 16 日正式生效。

CO_2 是无色、无臭的气体,其临界温度为 31.26 ℃,临界压力为 7.4 MPa,很容易被液化。常温下,加压至 7.6 MPa 即可使 CO_2 液化。液态 CO_2 汽化时从未汽化的 CO_2 吸收大量的热而使这部分 CO_2 变成雪花状固体,俗称"干冰"。固体 CO_2 是分子晶体,在常压下 -78.5 ℃ 直接升华。

拓展阅读
超临界 CO_2(SC-CO_2)及其应用

工业上大量的 CO_2 用于生产 Na_2CO_3、$NaHCO_3$、NH_4HCO_3 和尿素等化工产品,也用作低温冷冻剂,还广泛用于啤酒、饮料等生产中。由于 CO_2 不助燃,可用作灭火剂。

但燃着的金属镁与 CO_2 反应：

$$2Mg+CO_2 \longrightarrow 2MgO+C ; \Delta_r H_m^{\ominus} = -809.89 \text{ kJ} \cdot \text{mol}^{-1}$$

所以镁燃烧时不能用 CO_2 扑灭。

工业用 CO_2 大多是石灰生产和酿酒过程的副产品。

CO_2 分子是直线形的,其结构式可以写作$O\!=\!C\!=\!O$。在 CO_2 分子中,碳原子与氧原子的成键情况已讨论过(见第九章)。由于$C\!=\!O$键键能大,因此 CO_2 的热稳定性很高,在 2 000 ℃时仅有 1.8% 的 CO_2 分解成 CO 和 O_2。CO_2 分子中碳氧键键长为 116 pm,介于$C\!=\!O$键键长(乙醛中为 124 pm)和$C\!\equiv\!O$键键长(CO 中为 112.8 pm)之间,说明它已具有一定程度的叁键特征。因此,有人认为在 CO_2 分子中可能存在着离域 π 键,即碳原子除了与氧原子形成 2 个 σ 键外,还形成 2 个三中心四电子的大 π 键。CO_2 分子结构的另一种表示如下图所示:

2. 碳酸及其盐

二氧化碳溶于水,其溶液呈弱酸性,因此习惯上将 CO_2 的水溶液称为碳酸。但实际上 CO_2 溶于水后,大部分 CO_2 是以水合分子的形式存在,仅有一小部分 CO_2 与 H_2O 形成碳酸。碳酸仅存在于水溶液中,而且浓度很小,浓度增大时即分解出 CO_2。纯的碳酸至今尚未制得。

碳酸是二元弱酸,通常将水溶液中 H_2CO_3 的解离平衡写成

$$H_2CO_3 \rightleftharpoons H^+ + HCO_3^- ; K_{a1}^{\ominus} = 4.2 \times 10^{-7}$$

$$HCO_3^- \rightleftharpoons H^+ + CO_3^{2-} ; K_{a2}^{\ominus} = 4.7 \times 10^{-11}$$

实际上当 CO_2 溶于水后还存在下列平衡:

$$CO_2 + H_2O \underset{k_1(逆)}{\overset{k_1(正)}{\rightleftharpoons}} H_2CO_3 \tag{1}$$

反应速率系数 $k_1(正) = 3.9 \times 10^{-2}$,$k_1(逆) = 23$。则标准平衡常数:

$$K_1^{\ominus} = \frac{k_1(正)}{k_1(逆)} = 1.7 \times 10^{-3}$$

对于反应:

$$CO_2 + OH^- \underset{k_2(逆)}{\overset{k_2(正)}{\rightleftharpoons}} HCO_3^- \tag{2}$$

反应速率系数 $k_2(正) = 9.4 \times 10^3$,$k_2(逆) = 2.2 \times 10^{-4}$,则

$$K_2^{\ominus} = \frac{k_2(正)}{k_2(逆)} = 4.3 \times 10^7$$

式(1)减式(2)得 HCO_3^- 的水解平衡：

$$HCO_3^- + H_2O \rightleftharpoons H_2CO_3 + OH^- \tag{3}$$

$$K_3^\ominus = \frac{K_1^\ominus}{K_2^\ominus} = 4.0 \times 10^{-11}$$

H_2CO_3 的第一级解离平衡：

$$H_2CO_3 \rightleftharpoons H^+ + HCO_3^- \tag{4}$$

其标准解离常数以 $K_4^\ominus$ 表示，则又有：

$$K_3^\ominus = \frac{K_w^\ominus}{K_4^\ominus} = \frac{1.0 \times 10^{-14}}{K_4^\ominus} = 4.0 \times 10^{-11}$$

所以

$$K_4^\ominus = 2.5 \times 10^{-4}$$

即 H_2CO_3 的第一级标准解离常数。

式(1)加式(4)得

$$CO_2 + H_2O \rightleftharpoons H^+ + HCO_3^- \tag{5}$$

$$K_5^\ominus = K_1^\ominus K_4^\ominus = 1.7 \times 10^{-3} \times 2.5 \times 10^{-4} = 4.2 \times 10^{-7}$$

一般书上所用的 $K_{a1}^\ominus = 4.2 \times 10^{-7}$，实际上是反应(5)的标准平衡常数，而不是 H_2CO_3 的第一级标准解离常数[①]。

碳酸盐有两种类型，即正盐(碳酸盐)和酸式盐(碳酸氢盐)。碱金属(锂除外)和铵的碳酸盐易溶于水，其他金属的碳酸盐难溶于水。对于难溶的碳酸盐来说，通常其相应的酸式盐溶解度较大。例如，$Ca(HCO_3)_2$ 的溶解度比 $CaCO_3$ 大。因此，地表层中的碳酸盐矿石在 CO_2 和水的长期侵蚀下能部分地转变为 $Ca(HCO_3)_2$ 而溶解：

$$CaCO_3 + CO_2 + H_2O \longrightarrow Ca(HCO_3)_2$$

但对易溶的碳酸盐来说却恰好相反，其相应的酸式盐的溶解度则较小。例如，$NaHCO_3$ 和 $KHCO_3$ 的溶解度分别小于 Na_2CO_3 和 K_2CO_3 的溶解度。这是由于在酸式盐中 HCO_3^- 之间以氢键相连形成二聚离子或多聚链状离子的结果。

碱金属的碳酸盐和碳酸氢盐的水溶液分别呈强碱性和弱碱性。当可溶性碳酸盐作为沉淀试剂与溶液中的金属离子作用时，产物可能是相应的正盐、碳酸羟盐(碱式碳酸盐)或氢氧化物。对于一个具体的反应来说，其产物类型可根据金属碳酸盐和氢氧化物的溶解度来判断。如果氢氧化物的溶解度很小，金属离子的水解性强，则生成氢氧化物沉淀。例如：

$$2Cr^{3+} + 3CO_3^{2-} + 3H_2O \longrightarrow 2Cr(OH)_3 + 3CO_2$$

如果碳酸盐的溶解度小于相应氢氧化物的溶解度，则产物为正盐沉淀。例如：

---

① M. J. Welch 等，*J. Phys. Chem.*，73，3351(1969)。

$$Ca^{2+}+CO_3^{2-} \longrightarrow CaCO_3$$

如果碳酸盐和相应的氢氧化物的溶解度相近,则反应产物为碳酸羟盐。例如:

$$2Cu^{2+}+2CO_3^{2-}+H_2O \longrightarrow Cu_2(OH)_2CO_3+CO_2$$

由于碳酸铜完全水解为碳酸羟盐,至今尚未制得 $CuCO_3$。

碳酸盐的另一个重要性质是其热稳定性较差。碳酸氢盐受热分解为相应的碳酸盐、水和二氧化碳:

$$2M^IHCO_3 \xrightarrow{\triangle} M_2^ICO_3+H_2O+CO_2$$

大多数碳酸盐在加热时分解为金属氧化物和二氧化碳:

$$M^{II}CO_3 \xrightarrow{\triangle} M^{II}O+CO_2$$

一般说来,碳酸、碳酸氢盐、碳酸盐的热稳定性顺序是

碳酸<碳酸氢盐<碳酸盐

例如,Na_2CO_3 很难分解,$NaHCO_3$ 在 270 ℃ 分解,H_2CO_3 在室温以下即分解。

这些事实可根据极化理论得到解释。在 H_2CO_3 和 HCO_3^- 中,H 与 O 以共价键结合,但极化理论把这种结合看成是 H^+ 和 O^{2-} 的作用。在 HCO_3^- 中,H^+ 容易把 CO_3^{2-} 中的 O^{2-} 吸引过来形成 OH^-。OH^- 与另一个 HCO_3^- 中的 H^+ 结合为 H_2O,同时放出 CO_2,这一过程促使 HCO_3^- 不稳定。在 H_2CO_3 中有 2 个 H^+,更容易夺取 CO_3^{2-} 中的 O^{2-} 成为 H_2O,并放出 CO_2,所以 H_2CO_3 比 HCO_3^- 更不稳定。

不同金属碳酸盐的分解温度可以相差很大,这与金属离子的极化作用有关。金属离子的极化作用越强,其碳酸盐的分解温度就越低,即碳酸盐越不稳定。表 13-8 列出了几种碳酸盐的分解温度。

表 13-8 几种碳酸盐的分解温度

碳酸盐	Li_2CO_3	Na_2CO_3	$MgCO_3$	$BaCO_3$	$FeCO_3$	$ZnCO_3$	$PbCO_3$
$r(M^{n+})/pm$	60	95	65	135	76	74	120
M^{n+} 的电子构型	$2e^-$	$8e^-$	$8e^-$	$8e^-$	$(9\sim17)e^-$	$18e^-$	$(18+2)e^-$
分解温度/℃	700	1 800	540	1 360	282	300	300

CO_3^{2-} 的空间构型为平面三角形,碳原子以 sp^2 杂化轨道与氧原子成键。碳氧键键长介于 C—O 键键长和 C═O 键键长之间,这被认为是碳氧原子间除形成 σ 键之外,还形成离域的四中心六电子大 π 键 Π_4^6。

3. 碳的卤化物

碳的卤化物 CX_4 中,常温下 CF_4 是气体,CCl_4 是液体,CBr_4 和 CI_4 是固体。

四氯化碳 CCl_4 是无色液体,带有微弱的特殊臭味,沸点为 77 ℃,几乎不溶于水。CCl_4 是化学惰性的物质,在通常情况下既不与酸也不与碱作用。CCl_4 是脂肪、油、树脂及不少油漆等的优良溶剂,因此它能洗除油渍。CCl_4 不能燃烧,可用作灭火剂。

碳的卤化物还有混合四卤化物 CCl_2F_2 和 $CBrClF_2$ 等。二氟二氯甲烷 CCl_2F_2 的商业名称是氟利昂-12,它的化学性质极不活泼,无毒,不可燃,在-30 ℃冷凝,用作冰箱、空调器等制冷装置的冷冻剂。近年来,由于大气中氟利昂(CCl_2F_2,CCl_3F 等)不断增加,对臭氧层有破坏作用,所以氟利昂正逐步被新的无氟制冷剂代替。在 1211 灭火器中装入的灭火剂是 $CBrClF_2$,其商品名称为哈龙。与 CCl_4 相比,它具有密度大、无毒等优点,但哈龙对环境的破坏作用比氯氟烃大 3~10 倍。根据《蒙特利尔议定书》规定,自 2010 年 1 月 1 日起,除特殊用途外,全面禁止生产和使用哈龙-1211,哈龙-1301 和哈龙-2402。

4. 碳化物

碳化物是指碳与电负性比它小的或与之相近的元素(除氢外)所生成的二元化合物。碳化物都是具有高熔点的固体。大多数碳化物都是通过碳与金属在高温下反应得到的。碳化物可按其成键的特点分为离子型、共价型和间充型三种类型。

周期系 ⅠA,ⅡA,ⅢA 族元素(除硼外)与碳生成无色透明的离子型碳化物。有人认为常见的 CaC_2 和 Be_2C 可能因含杂质而有色,其他离子型碳化物都是无色透明的晶体。这些碳化物的稳定性都很高,但大多数在水或稀酸中水解生成乙炔或甲烷:

$$CaC_2+2H_2O \longrightarrow Ca(OH)_2+C_2H_2$$
$$Al_4C_3+12H_2O \longrightarrow 3CH_4+4Al(OH)_3$$

硼、硅的碳化物 B_4C 和 SiC 是共价型的,它们都是原子晶体,具有高硬度(接近金刚石)、高熔点及化学惰性等特征。碳化硅又名金刚砂,是无色晶体,可用作优良磨料。碳化硼是黑色有光泽的晶体,可用于研磨金刚石。

原子半径大于 130 pm 的过渡元素与碳形成间充型碳化物。其晶体结构中,半径很小的碳原子嵌在金属密堆积形成的八面体穴中。因此,这类化合物属于合金,它们的特点是不透明、有金属光泽、熔点极高、硬度很大、导电性强并具有化学惰性。

原子半径小于 130 pm 的过渡元素(如 Cr,Mn,Fe,Co,Ni)所形成的碳化物,虽然形式上像间充型碳化物,也有导电性,而且熔点高、硬度大,但相对于间充型碳化物来说,它们是较软的,熔点也较低,化学活泼性强。它们能与稀酸反应,生成氢和各种碳氢化合物。因此,将它们看成是介于间充型和离子型之间的过渡型碳化物。

13.3.4　硅的化合物

硅的化合物中重要的有硅的氧化物、含氧酸盐、卤化物等。

1. 硅的氧化物

二氧化硅 SiO_2 又称硅石,是由 Si 和 O 组成的巨型分子,有晶体和无定形两种形态。石英是天然的二氧化硅晶体,纯净的石英又叫水晶,它是一种坚硬、脆性、难溶的无色透明固体,常用于制作光学仪器等。

石英是原子晶体,其中每个硅原子与 4 个氧原子以单键相连,构成 SiO_4 四面体结构单元。硅原子位于四面体的中心,4 个氧原子位于四面体的顶角,如图 13-10 所示。

SiO₄ 四面体间通过共用顶角的氧原子而彼此连接起来，并在三维空间里多次重复这种结构，形成了硅氧网格形式的二氧化硅晶体。二氧化硅的最简式是 SiO_2，但 SiO_2 不代表一个简单分子。

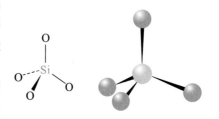

图 13-10　SiO_4 四面体

石英在 1 600 ℃熔化成黏稠液体（不易结晶），其结构单元处于无规则状态，当急速冷却时，形成石英玻璃。石英玻璃是无定形二氧化硅，其中硅和氧的排布是杂乱的。此外，自然界中的硅藻土和燧石也是无定形二氧化硅。

石英玻璃有许多特殊性质，如能高度透过可见光和紫外光，膨胀系数小，能经受温度的剧变。因此石英玻璃可用来制造紫外灯和光学仪器。石英玻璃有强的耐酸性，但能被 HF 所腐蚀，反应方程式如下：

$$SiO_2 + 4HF \longrightarrow SiF_4(g) + 2H_2O$$

SiO_2 是酸性氧化物，能与热的浓碱溶液反应生成硅酸盐，反应较快，SiO_2 和熔融的碱反应更快，例如：

$$SiO_2 + 2NaOH \longrightarrow Na_2SiO_3 + H_2O$$

SiO_2 也可以与某些碱性氧化物或某些含氧酸盐发生反应生成相应的硅酸盐。例如：

$$SiO_2 + Na_2CO_3 \xrightarrow{\triangle} Na_2SiO_3 + CO_2$$

第ⅣA 族元素的氧化物中，二氧化碳为气体，而 SiO_2 和同族其他元素的氧化物都是固体。根据各元素与氧所形成的共价键稳定性的不同可以很好地说明这一事实。例如，碳、硅与氧形成的共价键键能如下：

	C—O	C=O	Si—O	Si=O
键能/（kJ·mol⁻¹）	360	803	464	640

由上述数据可见，Si—O 单键键能是 Si=O 双键键能的 2/3，并且大于 C—O 单键键能，所以硅形成的含氧化合物是以 Si—O 单键为基础的。而在 CO_2 中，C=O 双键键能很大，所以 CO_2 分子很稳定。因此，二氧化碳与二氧化硅的分子结构不同，前者为三原子分子；后者为大分子，含有 SiO_4 结构单元。SiO_2 为原子晶体，而固态 CO_2 则为分子晶体。

下面通过有关的热力学计算进一步说明二氧化碳 O=C=O 结构的稳定性。设想若 CO_2 的结构与 SiO_2 相同，即也具有硅石式结构。在晶体中碳原子也以单键与 4 个氧原子相连接。则由硅石式二氧化碳转变为气态 O=C=O 反应的标准摩尔焓变可以通过下面的热力学循环计算出来。

$$
\begin{array}{ccc}
CO_2(\text{硅石式}) & \xrightarrow{\quad \Delta_r H_m^\ominus \quad} & CO_2(g) \\
\Big\downarrow {\scriptstyle 4E(C—O)} & & \Big\uparrow {\scriptstyle \Delta_f H_m^\ominus(CO_2,\,g)} \\
C(g)+2O(g) & \xrightarrow[{-\Delta_f H_m^\ominus(C,\,g)}]{-E(O\overset{\cdots}{\underset{\cdots}{-}}O)} & C(s)+O_2(g)
\end{array}
$$

$$\Delta_r H_m^\ominus = 4E(C-O) - E(O\overset{\cdots}{\underset{\cdots}{-}}O) - \Delta_f H_m^\ominus(C,g) + \Delta_f H_m^\ominus(CO_2,g)$$

$$= (4\times360-498-717-394)\ \text{kJ}\cdot\text{mol}^{-1}$$

$$= -169\ \text{kJ}\cdot\text{mol}^{-1}$$

结果表明,硅石式的二氧化碳是极不稳定的。碳与氧不能以 C—O 单键结合形成硅石式晶体,而是通过 C=O 双键生成热力学稳定的 O=C=O 气体。

一氧化硅 SiO 已经在真空中于 1 800 ℃ 以 SiO₂ 与 Si 作用而制得。它是黄褐色固体,不稳定,在空气中逐渐被氧化为 SiO₂。

2. 硅酸及其盐

硅酸 H_2SiO_3 的酸性比碳酸还弱。H_2SiO_3 的 $K_{a1}^\ominus = 1.7\times10^{-10}$,$K_{a2}^\ominus = 1.6\times10^{-12}$。用硅酸钠与盐酸作用可制得硅酸:

$$Na_2SiO_3 + 2HCl \longrightarrow H_2SiO_3 + 2NaCl$$

由于开始生成的单分子硅酸可溶于水,所以生成的硅酸并不立即沉淀。当这些单分子硅酸逐渐聚合成多硅酸 $xSiO_2\cdot yH_2O$ 时,则形成硅酸溶胶。若硅酸浓度较大或向溶液中加入电解质时,则呈胶状或形成凝胶。

硅酸的组成比较复杂,随形成的条件而异,常以通式 $xSiO_2\cdot yH_2O$ 表示。原硅酸 H_4SiO_4 经脱水得到偏硅酸 H_2SiO_3 和多硅酸。由于各种硅酸中偏硅酸的组成最简单,所以习惯上常用化学式 H_2SiO_3 表示硅酸。

从凝胶状硅酸中除去大部分的水,可得到白色、稍透明的固体,工业上称为硅胶。硅胶具有许多极细小的孔隙,比表面积很大,因而其吸附能力很强,可以吸附各种气体和水蒸气,常用作干燥剂或催化剂的载体。

硅酸盐按其溶解性分为可溶性和不溶性两大类。常见的硅酸盐 Na_2SiO_3 和 K_2SiO_3 是易溶于水的,其水溶液因 SiO_3^{2-} 水解而显碱性,俗称为水玻璃的是硅酸钠(通常写作 $Na_2O\cdot nSiO_2$)的水溶液。其他硅酸盐难溶于水并具有特征的颜色。

天然存在的硅酸盐都是不溶性的。长石、云母、黏土、石棉、滑石等都是最常见的天然硅酸盐,其化学式很复杂,通常写成氧化物的形式。几种天然硅酸盐的化学式如下:

图片
水中花园实验

正长石 $K_2O\cdot Al_2O_3\cdot 6SiO_2$
白云母 $K_2O\cdot 3Al_2O_3\cdot 6SiO_2\cdot 2H_2O$
高岭土 $Al_2O_3\cdot 2SiO_2\cdot 2H_2O$
石　棉 $CaO\cdot 3MgO\cdot 4SiO_2$
滑　石 $3MgO\cdot 4SiO_2\cdot H_2O$
泡沸石 $Na_2O\cdot Al_2O_3\cdot 2SiO_2\cdot nH_2O$

由此可见,铝硅酸盐在自然界中分布最广。

天然硅酸盐晶体骨架的基本结构单元是四面体构型的 SiO_4 原子团。不论与之结合的是哪种离子,这个基本结构单元保持不变。SiO_4 四面体间通过共用顶角氧原子而彼此连接起来。四面体的排列方式不同,则形成不同结构的硅酸盐:双硅酸根的硅酸盐[图 13-11(a)]、链式阴离子硅酸盐[图 13-11(b)]、网状结构硅酸盐[图 13-11(c)]。由于铝也能与氧形成 AlO_4 四面体结构单元,所以铝可以部分地取代硅酸盐结构中的硅而形成硅铝酸盐,如长石、云母、泡沸石等。

3. 分子筛

某些含水的铝硅酸盐晶体具有空腔的硅氧骨架,在其结构中有许多孔径均匀的孔道和内表面很大的孔穴。若经加热把孔穴和孔道内的水脱掉,得到的铝硅酸盐便具有吸附某些分子的能力。直径比孔道小的分子能进入孔穴中,直径比孔道大的分子被拒于外,起着筛选分子的作用。天然沸石是具有多孔多穴结构的铝硅酸盐。人工合成的多孔多穴的铝硅酸盐也具有筛选分子的作用,被称为分子筛。

分子筛的结构由立体的硅(铝)氧骨架组成,其结构普遍具有下列特点:

(1)每个硅原子的周围有 4 个氧原子,分占四面体的四个角,硅原子处在四面体的中心,Si—O 键键长约为 160 pm,氧原子之间距离约为 260 pm。如图 13-12 所示。

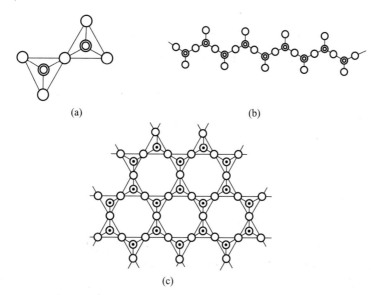

(a) (b)

(c)

图 13-11 各种结构的硅酸盐

(金属离子在骨架外,图中未标明)

(2)硅氧四面体通过共用顶点的氧原子连接成各种形式的骨架,而不是共用四面体的棱和面连接。

(3)硅氧骨架中的硅原子可被铝原子置换,置换后形成铝氧四面体。其中 Al—O 键键长约为 175 pm,氧原子之间距约为 286 pm。两个铝氧四面体一般不直接相连,而是形成铝氧四面体和硅氧四面体交替排列的硅(铝)氧骨架,其平面结构可表示如下:

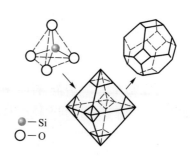

●—Si
○—O

图 13-12 硅氧削角八面体

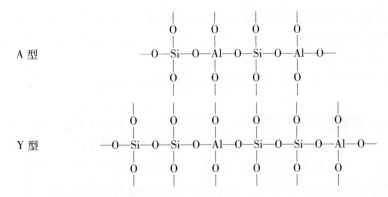

A 型

Y 型

（4）在硅氧骨架中有许多孔道和孔穴,其中充满水分子,通过加热除去水分子后则形成具有空腔结构的分子筛。

（5）硅氧骨架外用于平衡负电荷的金属离子 M^+（如 Na^+, K^+ 等）可被其他离子交换,如 Ca^{2+}, Mg^{2+}, Sr^{2+} 和 Ba^{2+} 等,离子交换对骨架的结构并无多大影响,但对性能却影响很大。

按硅氧骨架连接方式的不同可将分子筛分为 A 型分子筛和 X 型、Y 型分子筛等。A 型分子筛的结构如图 13-13 所示。每个单位含有 $Na_{12}[Al_{12}Si_{12}O_{48}] \cdot 27H_2O$,即 24 个硅（铝）氧四面体,其中心位置在削角八面体的 24 个顶点上[①],见图 13-12。

一般钠型分子筛的孔径约 4Å（1 Å = 10^{-10} m）,称为 4 A 分子筛;钙型分子筛的孔径为 5 Å,称为 5 A 分子筛;钾型分子筛的孔径约为 3 Å,称为 3 A 分子筛。晶体中的水分子加热除去后,晶体密度约为 1.33 $g \cdot cm^{-3}$,每克 A 型分子筛约有 0.28 cm^3 的孔穴体积。

X 型、Y 型分子筛的结构如图 13-14 所示。二者的骨架结构相同,只是硅、铝比不同:

X 型　　$Na_{86}[Al_{86}Si_{106}O_{384}] \cdot 264H_2O$

Y 型　　$Na_{56}[Al_{56}Si_{136}O_{384}] \cdot 250H_2O$

每个单位都含有相当于 192 个硅（铝）氧四面体。分子筛孔径为 8~10Å。脱水后每克 Y 型分子筛的孔穴体积为 0.35 cm^3,密度为 1.30 $g \cdot cm^{-3}$。

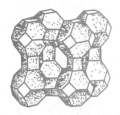

图 13-13　A 型分子筛的结构

图 13-14　X 型、Y 型分子筛的结构

分子筛在化工、冶金、石油、医药等工业上都有非常广泛的应用。分子筛可以作为吸附剂分离某些气体和液体的混合物,或除去某些有害的气体杂质,达到净化与干燥

---

① 八面体共有 6 个角,削角后每一个角成为一个正方形平面,具有 4 个顶点。所以削角八面体共有 24 个顶点。

的目的。分子筛具有很高的活性、较好的选择性和热稳定性。此外,分子筛可以作催化剂,用于石油催化裂化等工业。

4. 硅的卤化物

硅的卤化物 SiX_4 都是无色的,常温下 SiF_4 是气体,$SiCl_4$ 和 $SiBr_4$ 是液体,SiI_4 是固体。其中最重要的是 SiF_4 和 $SiCl_4$。

四氟化硅是无色而有刺激气味的气体,由于它在水中强烈水解,因而在潮湿的空气中发烟,在气相中的主要产物为 $F_3SiOSiF_3$。无水的 SiF_4 很稳定,干燥时不腐蚀玻璃。

通常制备 SiF_4 是用萤石粉 CaF_2 和石英砂 SiO_2 的混合物与浓硫酸加热,反应方程式如下:

$$CaF_2 + H_2SO_4 \xrightarrow{\triangle} CaSO_4 + 2HF$$

$$SiO_2 + 4HF \xrightarrow{\triangle} SiF_4 + 2H_2O$$

SiF_4 与 HF 相互作用生成酸性较强的氟硅酸:

$$2HF + SiF_4 \longrightarrow H_2[SiF_6]$$

其他卤素则不能形成这类化合物,这是因为 F 的半径比其他卤素原子的半径小得多的缘故。

游离的氟硅酸不稳定,易分解为 HF 和 SiF_4。H_2SiF_6 的水溶液很稳定,它是一种强酸,酸性与硫酸相仿。各种碱金属(锂除外)的氟硅酸盐较难溶于水;碱土金属中钡的氟硅酸盐溶解度很小。其他金属的氟硅酸盐都溶于水。

在氯气气流内加热硅(或二氧化硅和焦炭的混合物)可生成四氯化硅:

$$Si + 2Cl_2 \xrightarrow{\triangle} SiCl_4$$

$$SiO_2 + 2C + 2Cl_2 \xrightarrow{\triangle} SiCl_4 + 2CO$$

常温下,$SiCl_4$ 是无色而有刺鼻气味的液体。$SiCl_4$ 易水解,因而在潮湿的空气中与水蒸气发生水解作用会产生烟雾,其反应方程式如下:

$$SiCl_4 + 4H_2O \longrightarrow H_4SiO_4 + 4HCl$$

若使氨与 $SiCl_4$ 同时蒸发,所形成的烟雾更为浓厚,这是因为 NH_3 与 HCl 结合成氯化铵雾。利用这一类反应可制作烟雾。

5. 硅的氢化物

硅与氢能形成一系列氢化物,硅的氢化物又叫硅烷。与碳烷不同的是,硅烷的数目是有限的,这反映了硅原子间彼此结合成链的能力比碳差。迄今为止,已制得的硅烷也只有二十几种。硅与氢不能生成与烯烃、炔烃类似的不饱和化合物,因此硅烷的通式可以写为 Si_nH_{2n+2}。硅烷的结构与烷烃相似。

最简单的硅烷是甲硅烷 SiH_4。由于硅与氢不能直接作用生成硅烷,可用稀酸与硅化镁作用:

$$Mg_2Si + 4H^+ \longrightarrow 2Mg^{2+} + SiH_4$$

在所得产物中有不到一半的甲硅烷,其余为高级硅烷和氢气。

甲硅烷也可用 $LiAlH_4$ 还原 $SiCl_4$ 来制得:

$$SiCl_4+LiAlH_4 \longrightarrow SiH_4+LiCl+AlCl_3$$

SiH_4 是无色、无臭的气体,高级硅烷为无色液体。硅烷都是共价型化合物,能溶于有机溶剂。

硅烷的化学性质比相应的碳烷活泼,在空气中能自燃生成二氧化硅和水:

$$SiH_4+2O_2 \longrightarrow SiO_2+2H_2O$$

硅烷有强的还原性,可将高锰酸钾还原为二氧化锰,反应方程式如下:

$$SiH_4+2KMnO_4 \longrightarrow 2MnO_2+K_2SiO_3+H_2O+H_2$$

硅烷对碱十分敏感,溶液有微量的碱便可引起硅烷迅速水解,生成硅酸和氢气:

$$SiH_4+(n+2)H_2O \xrightarrow{\text{碱催化}} SiO_2 \cdot nH_2O+4H_2$$

上述反应都是从 Si—H 键转变为 Si—O 键的过程,Si—O 键的键能($455.7 \; kJ \cdot mol^{-1}$)比 Si—H 键的键能($321.7 \; kJ \cdot mol^{-1}$)大。

硅烷的热稳定性差,400 ℃ 以上分解为单质硅和氢气,而且相对分子质量越大越易分解。例如,SiH_4 的标准摩尔生成焓为正值,所以 SiH_4 容易分解,反应是放热的:

$$SiH_4(g) \xrightarrow{500\,℃} Si(s)+2H_2(g) \; ;\Delta_r H_m^{\ominus}=-34.3 \; kJ \cdot mol^{-1}$$

6. 硅和硼的相似性

硅和硼在周期表中处于对角线位置上,它们的化合物表现出相似性。例如,硼、硅的单质与碱溶液反应均能生成氢气。硼、硅的氢化物化学性质都很活泼,且易挥发,与水反应则放出氢气。硼、硅都能生成玻璃态氧化物,显酸性,能与金属氧化物作用分别生成硼酸盐和硅酸盐,这些盐类中除了部分碱金属的盐能溶于水外,其他盐类都难溶于水。硼酸和硅酸都是弱酸,在冷水中的溶解度都不大。硼、硅的卤化物水解后都生成相应的酸——硼酸和硅酸。

13.3.5　锡、铅的化合物

锡、铅都能形成氧化值为 +4 和 +2 的化合物。对于第ⅣA族元素来说,从碳到锗,氧化值为 +4 的化合物比氧化值为 +2 的化合物稳定。锡仍保留着碳元素的这一规律性,因此,Sn(Ⅳ) 的化合物比 Sn(Ⅱ) 的稳定。Sn(Ⅱ) 的化合物有较强的还原性,它很容易被氧化为 Sn(Ⅳ) 的化合物。而对铅来说,Pb(Ⅱ) 的化合物则比 Pb(Ⅳ) 的稳定。Pb(Ⅳ) 的化合物具有较强的氧化性,较容易还原为 Pb(Ⅱ)。Pb(Ⅳ) 容易获得 2 个电子形成 $6s^2$ 构型的相对稳定的 Pb(Ⅱ) 的化合物。

在高温下用碳还原 SnO_2 可得到 Sn。工业上常用 Sn 作原料来制取其他锡的化合物。例如，Sn 与 HCl 作用可得到 $SnCl_2 \cdot 2H_2O$；Sn 与 Cl_2 作用可得到 $SnCl_4$。

铅的化合物大都以 Pb 为原料制取。首先制出可溶性的硝酸铅或醋酸铅，再从这些可溶性化合物制取其他铅的化合物。

锡、铅的常见化合物列于表 13-9 中。

表 13-9 锡、铅的常见化合物

	颜色和状态	密度 $g \cdot cm^{-3}$	熔点 ℃	受热时的变化	溶解性
氧化锡 SnO_2	白色粉末	6.95	1 630	—	不溶于水、酸及碱溶液中
氯化亚锡 $SnCl_2 \cdot 2H_2O$	无色针状晶体或片状晶体	2.7	246.9 （无水）	40 ℃溶于其结晶水中，强热时失水，变成碱式盐，无水 $SnCl_2$ 在 603.15 ℃沸腾	溶于水和乙醇中，易水解，15 ℃时 $SnCl_2$ 溶解度为 270 g/100 g H_2O （水解）
氯化锡 $SnCl_4$	无色液体	2.234	-33	114 ℃沸腾	在空气中发烟，吸水性强，水解生成锡酸，与乙醇、乙醚生成加合物
氧化高铅 PbO_2	暗褐色粉末	9.38	290 （分解）	加热至 290 ℃以上分解为 Pb_3O_4 和 O_2，与热的浓 H_2SO_4 作用放出 O_2，与 HCl 作用放出 Cl_2	难溶于水及稀酸（草酸除外）
硝酸铅 $Pb(NO_3)_2$	无色晶体	4.53	470 （分解）	加热至 200 ℃以上分解为 PbO，NO_2 和 O_2	溶解度 56 g/100 g H_2O，不溶于乙醇

1. 锡、铅的氧化物和氢氧化物

锡和铅都能形成氧化值为+2 和+4 的氧化物及相应的氢氧化物。

氧化亚锡 SnO 因制备方法不同可呈黑色或绿色。

在空气中加热金属锡生成白色的氧化锡 SnO_2，经高温灼烧过的 SnO_2 不能和酸、碱溶液反应，但能溶于熔融的碱生成锡酸盐。

金属铅在空气中加热生成橙黄色的氧化铅 PbO。氧化铅主要用于制造铅蓄电池、铅玻璃和铅的化合物，高纯度氧化铅是制造铅靶彩色电视光导摄像管靶面的关键材料。

在碱性溶液中用强氧化剂(如氯气或次氯酸钠)氧化 PbO,可生成褐色的氧化高铅 PbO_2,它是一种很强的氧化剂:

$$PbO_2 + 4H^+ + 2e^- \Longrightarrow Pb^{2+} + 2H_2O; E^\ominus = 1.458 \text{ V}$$

它在硫酸溶液中能释放出氧气:

$$2PbO_2 + 4H_2SO_4 \longrightarrow 2Pb(HSO_4)_2 + O_2 + 2H_2O$$

在酸性溶液中 PbO_2 可以把 Cl^- 氧化为 Cl_2,还可以把 Mn^{2+} 氧化为紫红色的 MnO_4^-:

$$PbO_2 + 4HCl(浓) \longrightarrow PbCl_2 + Cl_2 + 2H_2O$$

$$2Mn^{2+} + 5PbO_2 + 4H^+ \longrightarrow 2MnO_4^- + 5Pb^{2+} + 2H_2O$$

PbO_2 加热后分解为鲜红色的四氧化三铅 Pb_3O_4 和氧气:

$$3PbO_2 \xrightarrow{\triangle} Pb_3O_4 + O_2$$

PbO 在过量的空气中加热也能得到 Pb_3O_4。Pb_3O_4 俗称铅丹,可看成是原铅酸 H_4PbO_4 的铅(Ⅱ)盐 Pb_2PbO_4,它和稀硝酸共热时,析出褐色的 PbO_2:

$$Pb_2PbO_4 + 4HNO_3 \longrightarrow 2Pb(NO_3)_2 + PbO_2 + 2H_2O$$

铅丹的化学性质较稳定,在工业上与亚麻仁油混合后作为油灰涂在管子的连接处防止漏水。

铅的另一种氧化物是橙色的 Pb_2O_3,其中含有 Pb(Ⅳ)和 Pb(Ⅱ),可以看成是 PbO 和 PbO_2 的复合氧化物。

在含有 Sn^{2+} 或 Pb^{2+} 的溶液中加入适量的 NaOH 溶液,可以生成白色的 $Sn(OH)_2$ 或 $Pb(OH)_2$ 沉淀:

$$Sn^{2+} + 2OH^- \longrightarrow Sn(OH)_2(s)$$

$$Pb^{2+} + 2OH^- \longrightarrow Pb(OH)_2(s)$$

分别加热 $Sn(OH)_2$ 和 $Pb(OH)_2$ 可以得到 SnO 和 PbO。

$Sn(OH)_2$ 既能溶于酸生成 Sn^{2+},又能溶于过量的 NaOH 溶液生成 $[Sn(OH)_4]^{2-}$(或 SnO_2^{2-}):

$$Sn(OH)_2 + 2OH^- \longrightarrow [Sn(OH)_4]^{2-}$$

$Pb(OH)_2$ 溶于硝酸或醋酸生成可溶性的铅盐溶液,$Pb(OH)_2$ 也能溶于过量的 NaOH 溶液生成 $[Pb(OH)_3]^-$:

$$Pb(OH)_2 + OH^- \longrightarrow [Pb(OH)_3]^-$$

在含有 Sn^{4+} 的溶液中加入 NaOH 溶液或在 $Na_2[Sn(OH)_6]$ 溶液中加入适量的酸,可得到难溶于水的 α-锡酸 H_2SnO_3 凝胶。α-锡酸既能和酸作用也能和碱作用,纯的 $H_2[Sn(OH)_6]$ 至今尚未制得。

α-锡酸长时间放置会转变成 β-锡酸,金属锡和浓硝酸作用也生成 β-锡酸。β-锡酸是锡酸的另一种变体,它既不溶于酸,也不溶于碱,但与碱共熔可以使其转入溶液中。

关于 α-锡酸和 β-锡酸的区别,有人认为 α-锡酸是无定形的,β-锡酸是晶态的。α-锡酸和 β-锡酸都是水合氧化锡 $SnO_2 \cdot xH_2O$,但它们的含水量及表面性质不同。

锡、铅的氢氧化物都是两性的,它们的酸碱性递变规律如下:

$$
\begin{array}{ccc}
 & \xleftarrow{\quad\text{酸性增强}\quad} & \\
\text{酸} & Sn(OH)_4 \qquad Pb(OH)_4 & \text{碱} \\
\text{性} & & \text{性} \\
\text{增} & & \text{增} \\
\text{强} & Sn(OH)_2 \qquad Pb(OH)_2 & \text{强} \\
 & \xrightarrow{\quad\text{碱性增强}\quad} &
\end{array}
$$

酸性以 $Sn(OH)_4$ 为最显著,但它仍是一个很弱的酸;碱性以 $Pb(OH)_2$ 为最显著,它在水中的悬浮液呈显著的碱性。

2. 锡、铅的盐

亚锡酸盐和氯化亚锡都具有较强的还原性,有关的标准电极电势如下:

$$[Sn(OH)_6]^{2-} + 2e^- \rightleftharpoons HSnO_2^- + 3OH^- + H_2O; \quad E^\ominus = -0.96 \text{ V}$$

$$Sn^{4+} + 2e^- \rightleftharpoons Sn^{2+}; \qquad\qquad\qquad E^\ominus = 0.153\,9 \text{ V}$$

在碱性溶液中,$HSnO_2^-$ 能把 Bi^{3+} 还原为金属铋(粉末状的金属铋呈黑色):

$$3HSnO_2^- + 2Bi^{3+} + 9OH^- + 3H_2O \longrightarrow 3Sn(OH)_6^{2-} + 2Bi(s)$$

这一反应常用来鉴定溶液中是否有 Bi^{3+} 存在。在酸性溶液中,Sn^{2+} 能把 Fe^{3+} 还原为 Fe^{2+}。

$SnCl_2$ 是重要的还原剂,能将 $HgCl_2$ 还原为白色的氯化亚汞 Hg_2Cl_2 沉淀:

$$2HgCl_2 + Sn^{2+} + 4Cl^- \longrightarrow Hg_2Cl_2(s) + [SnCl_6]^{2-}$$

过量的 $SnCl_2$ 还能将 Hg_2Cl_2 还原为单质汞(这种情况下汞为黑色):

$$Hg_2Cl_2(s) + Sn^{2+} + 4Cl^- \longrightarrow 2Hg + [SnCl_6]^{2-}$$

上述反应可用来鉴定溶液中的 Sn^{2+},也可以用来鉴定 $Hg(II)$ 盐。

由于 $Pb(II)$ 的还原性比 $Sn(II)$ 差,$Pb(IV)$ 的氧化性强,所以在酸性溶液中要把 Pb^{2+} 氧化为 $Pb(IV)$ 的化合物很困难,在碱性溶液中将 $Pb(OH)_2$ 氧化为 $Pb(IV)$ 的化合物也需要用较强的氧化剂才能实现,例如:

$$Pb(OH)_3^- + ClO^- \longrightarrow PbO_2(s) + Cl^- + OH^- + H_2O$$

可溶性的 $Sn(II)$ 和 $Pb(II)$ 的化合物只有在强酸性溶液中才有水合离子存在。当溶液的酸性不足或由于加入碱而使酸性降低时,水合金属离子便按下式发生显著的水解:

实验视频
Sn(II) 的还原性

实验视频
Pb(IV) 的氧化性

$$Sn^{2+}+H_2O \rightleftharpoons Sn(OH)^+ + H^+; \qquad K^\ominus = 10^{-3.9}$$

$$2Sn^{2+}+2H_2O \rightleftharpoons [Sn_2(OH)_2]^{2+} + 2H^+; \quad K^\ominus = 10^{-4.45}$$

$$Pb^{2+}+H_2O \rightleftharpoons Pb(OH)^+ + H^+; \qquad K^\ominus = 10^{-7.1}$$

水解的结果可以生成碱式盐或氢氧化物沉淀。例如,$SnCl_2$ 水解生成白色的 $Sn(OH)Cl$ 沉淀:

$$Sn^{2+}+H_2O+Cl^- \longrightarrow Sn(OH)Cl(s)+H^+$$

$Sn(IV)$ 和 $Pb(IV)$ 的盐在水溶液中也发生强烈的水解。例如,$SnCl_4$ 在潮湿的空气中因水解而发烟;$PbCl_4$ 也有类似的水解,但 $PbCl_4$ 本身不稳定,只在低温时存在,常温即分解为 $PbCl_2$ 和 Cl_2。

可溶性的铅盐有 $Pb(NO_3)_2$ 和 $Pb(Ac)_2$。$Pb(Ac)_2$ 是弱电解质,有甜味,称为铅糖,它在水溶液中存在下列解离平衡:

$$Pb(Ac)_2 \rightleftharpoons PbAc^+ + Ac^-; \qquad K_1^\ominus = 0.18$$

$$PbAc^+ \rightleftharpoons Pb^{2+} + Ac^-; \qquad K_2^\ominus = 6.9 \times 10^{-3}$$

可溶性铅盐都是有毒的。

绝大多数 $Pb(II)$ 的化合物是难溶于水的。例如,Pb^{2+} 与 Cl^-,Br^-,NCS^-,F^-,I^-,SO_4^{2-},CO_3^{2-} 和 CrO_4^{2-} 形成的化合物都难溶于水,它们在水中的溶解度按上述顺序依次减小。其中有些难溶的铅盐可以通过形成配合物而溶解。$PbCl_2$ 在冷水中溶解度小,但易溶于热水中,也可溶于盐酸:

$$PbCl_2+2HCl \longrightarrow H_2[PbCl_4]$$

$PbSO_4$ 能溶于浓硫酸生成 $Pb(HSO_4)_2$,也能溶于醋酸铵溶液生成 $Pb(Ac)_2$。

Pb^{2+} 与 CrO_4^{2-} 反应生成黄色的 $PbCrO_4$ 沉淀:

$$Pb^{2+}+CrO_4^{2-} \longrightarrow PbCrO_4(s)$$

这一反应常用来鉴定 Pb^{2+},也可用来鉴定 CrO_4^{2-}。$PbCrO_4$ 可溶于过量的碱生成 $[Pb(OH)_3]^-$:

$$PbCrO_4+3OH^- \longrightarrow [Pb(OH)_3]^- + CrO_4^{2-}$$

利用这一性质可以将 $PbCrO_4$ 与其他黄色的铬酸盐(如 $BaCrO_4$)沉淀区别开来。$PbCrO_4$ 俗称铬黄,可用作颜料。

3. 锡、铅的硫化物

锡、铅的硫化物有 SnS,SnS_2 和 PbS。在含有 Sn^{2+} 和 Pb^{2+} 的溶液中通入 H_2S 时,分别生成棕色的 SnS 和黑色的 PbS 沉淀;在 $SnCl_4$ 的盐酸溶液中通入 H_2S 则生成黄色的 SnS_2 沉淀。

SnS,PbS 和 SnS_2 均不溶于水和稀酸,它们与浓盐酸作用因生成配合物而溶解:

$$MS+4HCl \longrightarrow H_2[MCl_4]+H_2S$$

$$SnS_2+6HCl(浓) \longrightarrow H_2[SnCl_6]+2H_2S$$

SnS_2 能溶于 Na_2S 或 $(NH_4)_2S$ 溶液中生成硫代锡酸盐：

$$SnS_2+S^{2-} \longrightarrow SnS_3^{2-}$$

SnS 和 PbS 不溶于 Na_2S 或 $(NH_4)_2S$ 溶液，但有时发现 SnS 沉淀也能溶解，这是由于 Na_2S 或 $(NH_4)_2S$ 中含有多硫化物，其中多硫离子 S_x^{2-} 具有氧化性，能把 SnS 氧化为 SnS_2 而溶解的缘故，反应方程式如下：

$$SnS+S_2^{2-} \longrightarrow SnS_3^{2-}$$

硫代锡酸盐不稳定，遇酸分解为 SnS_2 和 H_2S：

$$SnS_3^{2-}+2H^+ \longrightarrow SnS_2+H_2S$$

SnS_2 能和不足量的碱作用，生成硫代锡酸盐和锡酸盐：

$$3SnS_2+6OH^- \longrightarrow 2SnS_3^{2-}+SnO_3^{2-}+3H_2O$$

而低氧化值的 SnS 和 PbS 则不溶于碱。

化学视野
几种新型无机材料简介

思 考 题

1. 何为缺电子原子？何为缺电子化合物？总结本章中重要的缺电子原子和化合物。
2. 通过对乙硼烷分子结构的分析，说明何为三中心二电子键？它与通常的共价键有何不同？
3. 举例说明常见硼的化合物中哪些是 Lewis 酸，并说明硼酸为什么是一元酸，而不是三元酸。
4. 硼酸和石墨均为层状晶体，试比较它们结构的异同。
5. 总结硼砂的重要性质和应用。
6. 举例说明金属铝和铝化合物的两性，并写出相关的反应方程式。
7. 说明在 $[AlF_6]^{3-}(aq)$，$Al_2Cl_6(g)$，$AlCl_3(g)$ 中，铝原子以何种杂化轨道成键。
8. 总结碳酸盐的热稳定性和溶解性的变化规律，并用离子极化理论说明其稳定性的变化规律。
9. 金刚石与晶体硅有相似的结构，但金刚石的熔点却高得多，用键能加以说明。
10. 试比较二氧化碳与二氧化硅的结构和性质。
11. 简述硼与同族元素的主要差异性和硼与硅的相似性。比较硅的氢化物和硼的氢化物的性质和结构。
12. 从酸碱性、氧化还原性和溶解性等诸方面说明锡、铅常见化合物的重要性质及其变化规律。

习 题

1. 完成并配平下列反应方程式：
(1) $B_2H_6+O_2 \longrightarrow$
(2) $B_2H_6+H_2O \longrightarrow$
(3) $H_3BO_3+HOCH_2CH_2OH \longrightarrow$
(4) $BBr_3+H_2O \longrightarrow$
(5) $Na_2B_4O_7+H_2O \longrightarrow$
2. 写出下列反应方程式：
(1) 用氢气还原三氯化硼；
(2) 由三氟化硼和氢化铝锂制备乙硼烷；

(3) 由三氟化硼生成氟硼酸;　　　　　　(4) 由三氯化硼生成硼酸;

(5) 由硼的氧化物、萤石、硫酸制取三氟化硼。

3. 何为硼砂珠试验? 写出硼砂与下列氧化物共熔时的现象和反应方程式。

(1) NiO　　　　　　　　　　　(2) CoO

4. 以硼砂为原料如何制备下列物质? 写出有关的反应方程式。

(1) H_3BO_3　　　　(2) B_2O_3　　　　(3) B

5. 某气态硼氢化合物在25℃和50.66 kPa 时的密度为 0.57 $g \cdot L^{-1}$。求此化合物的摩尔质量,并推测其化学式。

6. 已知 $\Delta_f H_m^{\ominus}(BH_3, g) = 100$ kJ·mol^{-1}。试根据书后附表中的有关热力学数据计算:

(1) B—H 键键焓;　　　　　　　　　(2) 乙硼烷中 B $\overset{H}{\overgroup{\quad}}$ B 键的键焓。

7. 25℃时,用 1.50 g 乙硼烷和 1.00 L 水反应。试计算所得溶液的 pH。

8. 写出下列反应方程式:

(1) 氧化铝与碳和氯气反应;

(2) 在 $Na[Al(OH)_4]$ 溶液中加入氯化铵;

(3) $AlCl_3$ 溶液加氨水。

9. 铝矾土中常含有氧化铁杂质。将铝矾土和氢氧化钠共熔($Na[Al(OH)_4]$ 为生成物之一),用水溶解熔块后过滤。在滤液中通入二氧化碳后生成沉淀。再次过滤后将沉淀灼烧,便得到较纯的氧化铝。试写出有关反应方程式,并指出杂质铁是在哪一步除去的。

10. 将 0.250 g 金属铝在干燥的氯气流中加热,得到 1.236 g 白色固体。此固体在 200 mL 容器中加热至 183℃时变为气体,250℃时测得气体的压力为 100.8 kPa。计算气态物质的摩尔质量,并写出气体分子的结构式。

11. 完成并配平下列反应方程式:

(1) $Sr^{2+} + CO_3^{2-} \longrightarrow$　　　　　(2) $Al^{3+} + CO_3^{2-} + H_2O \longrightarrow$

(3) $Mg^{2+} + CO_3^{2-} + H_2O \longrightarrow$　　　(4) $Pb^{2+} + CO_3^{2-} + H_2O \longrightarrow$

12. (1) 试根据有关热力学数据估算当 $p(CO_2) = 100$ kPa 时 $Na_2CO_3(s)$,$MgCO_3(s)$,$BaCO_3(s)$ 和 $CdCO_3(s)$ 的分解温度。

(2) 从书中查出上述各碳酸盐的分解温度($CdCO_3$ 为 345℃),与计算结果加以比较,并加以评价。

(3) 各碳酸盐分解温度的实验值与由计算结果所得出的有关碳酸盐分解温度的规律是否一致? 并从离子半径、离子电荷、离子的电子构型等因素对上述规律加以说明。

13. 完成并配平下列反应方程式:

(1) $SiO_2 + Na_2CO_3 \overset{\triangle}{\longrightarrow}$　　　　　(2) $SiO_2 + HF \longrightarrow$

(3) $Na_2SiO_3 + NH_4Cl + H_2O \longrightarrow$　　(4) $SiCl_4 + H_2O \longrightarrow$

14. 写出下列各反应的方程式:

(1) 氢氧化亚锡溶于氢氧化钾溶液;　　(2) 铅丹溶于盐酸中;

(3) 铬酸铅与氢氧化钠溶液反应;　　　(4) 用 Na_2S 溶液处理 SnS_2。

15. 完成并配平下列反应方程式:

(1) $SnCl_2 + FeCl_3 \longrightarrow$　　　　　(2) $PbO + Cl_2 + NaOH \longrightarrow$

(3) $SnS + Na_2S_2 \longrightarrow$　　　　　(4) $PbS + HNO_3 \longrightarrow$

(5) $PbO_2 + Mn(NO_3)_2 + HNO_3 \longrightarrow$　(6) $Na_2SnS_3 + HCl \longrightarrow$

16. 为什么在配制 $SnCl_2$ 溶液时要加入盐酸和锡粒? 否则会发生哪些反应? 试写出反应方程式。

17. 在过量氧气中加热 2.00 g 铅,得到红色粉末。将其用浓硝酸处理,形成棕色粉末,过滤并干燥。在滤液中加入碘化钾溶液,生成黄色沉淀。写出每一步反应方程式,并计算最多能得到多少克棕色粉末和黄色沉淀。

第十四章　p区元素（二）

§14.1　氮族元素

14.1.1　氮族元素概述

周期系第ⅤA族元素包括氮、磷、砷、锑、铋5种元素，又称为氮族元素。氮和磷是非金属元素，砷和锑为准金属元素，铋是金属元素。与硼族、碳族元素相似，第ⅤA族元素也是由典型的非金属元素过渡到典型的金属元素。氮族元素的一般性质列在表14-1中。

表 14-1　氮族元素的一般性质

	氮	磷	砷	锑	铋
元素符号	N	P	As	Sb	Bi
原子序数	7	15	33	51	83
价层电子构型	$2s^22p^3$	$3s^23p^3$	$4s^24p^3$	$5s^25p^3$	$6s^26p^3$
共价半径/pm	70	110	121	141	155
沸点/℃	−195.79	280.3	615(升华)	1 587	1 564
熔点/℃	−210.01	44.15	817	630.7	271.5
电负性	3.04	2.19	2.18	2.05	2.02
电离能/($kJ\cdot mol^{-1}$)	1 409	1 020	953	840	710
电子亲和能/($kJ\cdot mol^{-1}$)	6.75	−72.1	−78.2	−103.2	−110
$E^{\ominus}(M^{V}/M^{III})/V$	0.94	−0.276	0.574 8	0.58 (Sb_2O_5/SbO^+)	(1.6) (Bi_2O_5/BiO^+)
$E^{\ominus}(M^{III}/M^{0})/V$	1.46 HNO_2	−0.503 H_3PO_3	0.247 3 $HAsO_2$	0.21 (SbO^+)	0.32 (BiO^+)
氧化值	0,+1,+2,+3,+4,+5,−3,−2,−1	+3,+5,−3,(+1)	−3,+3,+5	(−3),+3,+5	+3,(+5)
配位数	3,4	3,4,5,6	3,4,(5),6	3,4,(5),6	3,6
晶体结构	分子晶体	分子晶体（白磷）层状晶体（黑磷）	分子晶体（黄砷）层状晶体（灰砷）	分子晶体（黑锑）层状晶体（灰锑）	层状晶体

第十四章
学习引导

第十四章
教学课件

MOOC

教学视频
氮族元素概述
及单质

氮族元素性质的变化也是不规则的。氮的原子半径最小,熔点最低,电负性最大。第四周期元素砷表现出异样性,砷的熔点比预期的高。

氮族元素的价层电子构型为 ns^2np^3,电负性不是很大,所以本族元素形成氧化值为正的化合物的趋势比较明显。它们与电负性较大的元素结合时,主要形成氧化值为 +3 和 +5 的化合物。由于惰性电子对效应,氮族元素自上而下氧化值为 +3 的化合物稳定性增强,而氧化值为 +5(除氮外)的化合物稳定性减弱,这一规律可由表 14-1 中有关的 $E^\ominus$ 值看出。随着元素金属性的增强,E^{3+}(E 为 N,P,As,Sb,Bi)的稳定性增强,氮、磷不形成 N^{3+} 和 P^{3+},而锑、铋都能以 Sb^{3+} 和 Bi^{3+} 的盐存在,如 BiF_3,$Bi(NO_3)_3$,$Sb_2(SO_4)_3$ 等。氧化值为 +5 的含氧阴离子稳定性从磷到铋依次减弱,氮、磷以含氧酸根 NO_3^-,PO_4^{3-} 的形式存在。砷和锑能形成配离子,如 $Sb(OH)_6^-$,$Sb(OH)_4^-$,$As(OH)_4^-$。铋不存在 Bi^{5+},Bi(V) 的化合物是强氧化剂。

氮族元素所形成的化合物主要是共价型的,而且原子越小,形成共价键的趋势也越大。较重元素除与氟化合形成离子键外,与其他元素多以共价键结合。在氧化值为 -3 的化合物中,只有活泼金属的氮化物是离子型的,含有 N^{3-}。

氮族元素氢化物的稳定性从 NH_3 到 BiH_3 依次减弱,碱性依次减弱,酸性依次增强。

氮族元素氧化物的酸性也随原子序数的递增而递减。氧化值为 +3 的氧化物中,只有 N_2O_3 和 P_2O_3 是酸性的,As_2O_3 是两性偏酸的,Sb_2O_3 是两性氧化物,Bi_2O_3 则是碱性氧化物。

氮族元素在形成化合物时,除了 N 原子最大配位数一般为 4 外,其他元素的原子的最大配位数为 6。

氮族元素的有关电势图如下:

酸性溶液中　$E_A^\ominus/V$

$$
\begin{array}{c}
\overset{\displaystyle 1.125}{\overbrace{\qquad\qquad\qquad\qquad}} \\
NO_3^- \xrightarrow{\,0.7989\,} NO_2 \xrightarrow{\,1.08\,} HNO_2 \xrightarrow{\,1.04\,} NO \xrightarrow{\,1.582\,} N_2O \xrightarrow{\,1.77\,} N_2 \xrightarrow{\,0.27\,} NH_4^+
\end{array}
$$

上方: 0.94；1.125
下方: 0.97；1.25；0.88

$$H_3PO_4 \xrightarrow{\,-0.276\,} H_3PO_3 \xrightarrow{\,-0.50\,} H_3PO_2 \xrightarrow{\,-0.51\,} P \xrightarrow{\,-0.065\,} PH_3$$

下方: −0.503

$$H_3AsO_4 \xrightarrow{\,0.5748\,} H_3AsO_3 \xrightarrow{\,0.2473\,} As \xrightarrow{\,-0.2381\,} AsH_3$$

$$Sb_2O_3 \xrightarrow{\,0.58\,} SbO^+ \xrightarrow{\,0.21\,} Sb \xrightarrow{\,-0.5104\,} SbH_3$$

$$Bi_2O_5 \xrightarrow{\,1.6\,} Bi^{3+} \xrightarrow{\,0.32\,} Bi \xrightarrow{\,-0.8\,} BiH_3$$

碱性溶液中　　$E_B^\ominus/V$

$$NO_3^- \xrightarrow{\ \ -0.86\ \ } NO_2 \xrightarrow{\ \ 0.88\ \ } NO_2^- \xrightarrow{\ \ -0.46\ \ } NO \xrightarrow{\ \ 0.76\ \ } N_2O \xrightarrow{\ \ 0.94\ \ } N_2 \xrightarrow{\ \ -0.73\ \ } NH_3$$

上标：0.15（NO_3^- 到 NO_2^-），下标：0.01（NO_3^- 到 NO_2^-）

$$PO_4^{3-} \xrightarrow{\ \ -1.12\ \ } HPO_3^{2-} \xrightarrow{\ \ -1.57\ \ } H_2PO_2^- \xrightarrow{\ \ -2.05\ \ } P \xrightarrow{\ \ -0.89\ \ } PH_3$$

下标：-1.73（HPO_3^{2-} 到 P）

$$AsO_4^{3-} \xrightarrow{\ \ -0.67\ \ } As(OH)_4^- \xrightarrow{\ \ -0.68\ \ } As \xrightarrow{\ \ -1.43\ \ } AsH_3$$

$$Sb(OH)_4^- \xrightarrow{\ \ (-0.66)\ \ } Sb \xrightarrow{\ \ (-1.34)\ \ } SbH_3$$

$$Bi_2O_5 \xrightarrow{\ \ 0.78\ \ } Bi_2O_4 \xrightarrow{\ \ 0.56\ \ } Bi_2O_3 \xrightarrow{\ \ -0.46\ \ } Bi$$

14.1.2　氮族元素的单质

氮族元素中,除磷在地壳中含量较多外,其他各元素含量均较少,但它们都是比较常见的元素。

氮主要以单质存在于大气中,约占空气体积的 78%,天然存在的氮的无机化合物较少,只有硝酸钠大量分布于智利沿海。氮和磷是构成动植物组织的基本的和必要的元素。

磷很容易被氧化,因此自然界不存在单质磷。磷主要以磷酸盐形式分布在地壳中,如磷酸钙 $Ca_3(PO_4)_2$、氟磷灰石 $Ca_5F(PO_4)_3$。

砷、锑和铋主要以硫化物矿存在,如雄黄 As_4S_4,辉锑矿 Sb_2S_3,辉铋矿 Bi_2S_3 等。

工业上以空气为原料大量生产氮气,首先将空气液化,然后分馏,得到的氮气中含有少量的氩和氧。

实验室需要的少量氮气可以用下述方法制得:

$$NH_4NO_2 \xrightarrow{\ \triangle\ } N_2 + 2H_2O$$

实际制备时可用浓的 NH_4Cl 与 $NaNO_2$ 混合溶液加热。

将磷酸钙、沙子和焦炭混合在电炉中加热到约 1 500 ℃,可以得到白磷。反应分两步进行:

$$2Ca_3(PO_4)_2 + 6SiO_2 \longrightarrow 6CaSiO_3 + P_4O_{10}$$
$$P_4O_{10} + 10C \longrightarrow P_4 + 10CO$$

总反应为

$$2Ca_3(PO_4)_2 + 6SiO_2 + 10C \longrightarrow 6CaSiO_3 + P_4 + 10CO$$

砷、锑、铋的制备是将硫化物矿焙烧得到相应的氧化物,然后用碳还原。例如:

$$2Sb_2S_3 + 9O_2 \longrightarrow 2Sb_2O_3 + 6SO_2$$

图片
磷灰石

图片
放射状辉锑矿

$$Sb_2O_3 + 3C \longrightarrow 2Sb + 3CO$$

氮族元素中,除氮气外,其他元素的单质都比较活泼。氮族元素(除氮外)的化学性质列在表 14-2 中。

表 14-2 氮族元素的化学性质

试剂	磷	砷	锑	铋
O_2	P_2O_3, P_2O_5	As_2O_3	Sb_2O_3	Bi_2O_3
	(白磷极易氧化,故保存在水中)————强 热 下 反 应————			
H_2	PH_3(磷与氢气在气相反应)————不能直接反应————			
Cl_2	PCl_5, PCl_3	$AsCl_3, AsCl_5$(低温)	$SbCl_3, SbCl_5$	$BiCl_3$
S	P_2S_3	As_2S_3	Sb_2S_3	Bi_2S_3
热、浓 H_2SO_4	—	H_3AsO_3	$Sb_2(SO_4)_3$	$Bi_2(SO_4)_3$
浓 HNO_3	H_3PO_4	H_3AsO_4	Sb_2O_5	Bi_2O_3
碱溶液	$H_2PO_2^- + PH_3$(白磷歧化)	反应	不反应	不反应

氮气是无色、无味、无臭的气体,微溶于水,0 ℃时 1 mL 水仅能溶解 0.023 mL 的氮气。

氮气在常温下化学性质极不活泼,不与任何元素化合,升高温度能增进氮气的化学活性。当与锂、钙、镁等活泼金属一起加热时,能生成离子型氮化物。在高温高压并有催化剂存在时,氮与氢化合生成氨。在很高的温度下氮才与氧化合生成一氧化氮。

氮分子是双原子分子,两个氮原子以叁键结合(参见第九章)。由于 N≡N 键键能(946 kJ·mol^{-1})非常大,所以 N_2 是最稳定的双原子分子。在化学反应中破坏 N≡N 键是十分困难的,反应活化能很高,在通常情况下反应很难进行,致使氮气表现出高的化学惰性,常被用作保护气体。

通过有关的热力学数据可以说明 N_2 分子的稳定性。氮和磷的有关键能数据如下:

键	N≡N	N—N	P≡P	P—P
键能/(kJ·mol^{-1})	946	159	523	209

由此可见,N≡N 键键能比 P≡P 键键能大,而 N—N 键键能比 P—P 键键能小。单质氮为双原子分子 N_2,白磷则为四原子分子 P_4,其中 P 原子间都以 P—P 单键相连接,P_4 分子是四面体构型,其中共有 6 个 P—P 单键。设想,如果相反的话,即氮以"N_4"分子存在,磷以"P_2"分子存在,并且前者的结构与 P_4 分子相同,含有 6 个 N—N 单键,后者的结构与 N_2 分子相同,具有 P≡P 叁键,则可根据前面所列的键能数据计算下列过程的反应焓变:

$$P_4(g) \longrightarrow 2\text{"}P_2\text{"}(g); \qquad \Delta_r H_m^{\ominus} = 208 \text{ kJ·mol}^{-1}$$
$$\text{"}N_4\text{"}(g) \longrightarrow 2N_2(g); \qquad \Delta_r H_m^{\ominus} = -938 \text{ kJ·mol}^{-1}$$

由此可以说明,P_4 相对于"P_2"是稳定的,而"N_4"相对于 N_2 却是不稳定的。也就是说,氮应以双原子分子的气态存在,而磷应以 P_4 分子固态形式存在。N_2 和 P_4 分别是氮和磷的热力学稳定状态。

N_2 和 CO 都含有 14 个电子,它们是等电子体,具有相似的结构和相近的性质。N_2 和 CO 的分子结构分别为 :N≡N: 和 :C≡O:,它们的性质列于表 14-3 中。

表 14-3 N_2 和 CO 的性质

性质	N_2	CO	性质	N_2	CO
沸点/℃	-195.79	-191.49	溶解度/$(mL \cdot L^{-1} H_2O)$	16(20 ℃)	23(20 ℃)
汽化焓/$(kJ \cdot mol^{-1})$	6.233	6.750	极化率/$(10^{-40} C \cdot m^2 \cdot V^{-1})$	1.93	2.14
熔点/℃	-210.01	-205.05	偶极矩/$(1 \times 10^{30} C \cdot m)$	0	0.40
熔化焓/$(kJ \cdot mol^{-1})$	0.720 4	0.835 2	键能/$(kJ \cdot mol^{-1})$	946	1 080
黏度/$(10^7 kg \cdot m^{-1} \cdot s^{-1})$	166	166	键长/pm	110	113
密度/$(g \cdot L^{-1})$	1.165(20 ℃)	1.250(0 ℃)	分子电离能/$(kJ \cdot mol^{-1})$	1 504.1	1 352.6

由表 14-3 可以看出,N_2 与 CO 除了与分子极性有关的在水中的溶解度有明显差异外,其他主要由分子间色散作用决定的性质非常相近。

CO 与 N_2 分子的分子轨道研究表明,它们的最高占有电子的轨道能级很接近,分别为 2.417×10^{-18} J[①] 和 2.499×10^{-18} J[②],其图形如下:

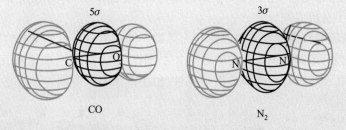

图中黑色线表示 $\psi > 0$,蓝色线表示 $\psi < 0$。

N_2 的配位能力远低于 CO。从图上可以看出 N_2 的电子密度分布均匀,且在核间比较集中,不利于 N_2 的端基配位。CO 则在 C 的一端电子有较多的出现机会,有利于用它的端基配位。

气态氮在室温下是相当不活泼的,不仅因为 N≡N 键非常强,而且在最高被占据的分子轨道(HOMO)和最低未被占据的分子轨道(LUMO)二者之间的能级间距大。此外,分子中非常对称的电子分布,以及键没有极性也是影响因素。在 CO,CN^- 和 NO^+ 等 N_2 的等电子体中,由于电子分布的对称性与键的极性改变,使反应性差异明显。

常见的磷的同素异形体有白磷、红磷和黑磷三种。

---

① CO 数据取自 W. L. Jorgensen,*The Organic Chemists' Book of Orbitals*,78(1973).

② N_2 数据取自 J. Chalt,*Proc. Roy. Soc.*,B172,327(1969).

白磷是透明的、软的蜡状固体,由 P_4 分子通过分子间力堆积起来。P_4 分子为四面体构型,其结构如图 14-1 所示。在 P_4 分子中,磷原子均位于四面体顶点,磷原子间以共价单键结合,每个磷原子通过其 p_x,p_y 和 p_z 轨道分别与另外 3 个磷原子形成 3 个 σ 键,键角 $\angle PPP$ 为 60°。这样的分子内部具有张力,其结构是不稳定的。P—P 键的键能小,易被破坏,所以白磷的化学性质很活泼,容易被氧化,在空气中能自燃,因此必须将其保存在水中。

P_4 分子是非极性分子,所以白磷能溶于非极性溶剂。白磷是剧毒物质,约 0.15 g 的剂量可致人死亡。将白磷在隔绝空气的条件下加热至 400 ℃,可以得到红磷:

$$P_4(白磷) \longrightarrow 4P(红磷); \quad \Delta_r H_m^\ominus = -17.6 \text{ kJ·mol}^{-1}$$

红磷的结构比较复杂,其中一种结构为 P_4 分子中的一个 P—P 键断裂后相互连接起来的长链结构,如图 14-2 所示。另外,还有含横截面为五角形管道的层、网状复杂结构。

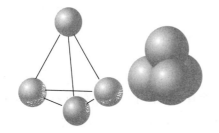

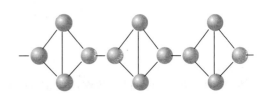

图 14-1 P_4 分子的构型   图 14-2   红磷的一种可能的结构

红磷比白磷稳定,其化学性质不如白磷活泼,室温下不与 O_2 反应,400 ℃ 以上才能燃烧,不溶于有机溶剂。

白磷在高压和较高温度下可以转变为黑磷。黑磷具有与石墨类似的层状结构,但与石墨不同的是,黑磷每一层内的磷原子并不都在同一平面上,而是相互以共价键联结成网状结构(图 14-3)。黑磷具有导电性,也不溶于有机溶剂。

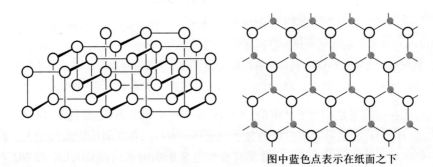

图中蓝色点表示在纸面之下

图 14-3   黑磷的网状结构

氮主要用于制取硝酸、氨及各种铵盐,多种铵盐可用作化肥。磷可用于制造磷酸、火柴、农药等。锑、铋在凝固时具有膨胀的特性,因此在印刷工业上有着重要的用途,用含锑、铋的合金铸字可以得到清晰的字迹。

14.1.3　氮的化合物

1. 氮的氢化物

（1）氨

氨分子的构型为三角锥形,氮原子除以 sp^3 不等性杂化轨道与氢原子成键外,还有一对孤对电子。氨分子是极性分子,在水中溶解度极大。

氨是具有特殊刺激气味的无色气体。由于氨分子间形成氢键,所以氨的熔点、沸点高于同族元素磷的氢化物 PH_3。氨容易被液化,液态氨的汽化焓较大,故液氨可用作制冷剂。

实验室一般用铵盐与强碱共热来制取氨,工业上目前主要是采用合成的方法制氨。

氨的化学性质较活泼,能和许多物质发生反应,这些反应基本上可分为三种类型,即加合反应、取代反应和氧化还原反应。

氨作为 Lewis 碱能与一些物质发生加合反应,例如,NH_3 与 Ag^+ 和 Cu^{2+} 分别形成 $[Ag(NH_3)_2]^+$ 和 $[Cu(NH_3)_4]^{2+}$。氨与某些盐的晶体也有类似的反应,例如,氨与无水 $CaCl_2$ 可生成 $CaCl_2 \cdot 8NH_3$,得到的氨合物与结晶水合物相似,NH_4^+ 可以看成是 H^+ 与 NH_3 加合的产物。

氨分子中的氢原子可以被活泼金属取代形成氨基化物。例如,当氨通入熔融的金属钠可以得到氨基化钠 $NaNH_2$:

$$2Na+2NH_3 \xrightarrow{350\ ℃} 2NaNH_2+H_2$$

$NaNH_2$ 是有机合成中重要的缩合剂。此外,金属氮化物（如 Mg_3N_2）可以看成是氨分子中 3 个氢原子全部被金属原子取代而形成的化合物。

氨分子中氮的氧化值为 -3,是氮的最低氧化值,所以氨具有还原性。例如,氨在纯氧中可以燃烧生成水和氮气:

$$4NH_3+3O_2 \longrightarrow 6H_2O+2N_2$$

氨在一定条件下进行催化氧化可以制得 NO（见硝酸的制备）,这是目前工业制备硝酸的重要步骤之一。

（2）联氨

联氨 N_2H_4 也叫肼,相当于 2 个 NH_3 各脱去 1 个氢原子而结合起来的产物 H_2N-NH_2。纯净的联氨是无色液体,凝固点为 1.4 ℃,沸点为 113.5 ℃。

联氨为二元弱碱,碱性弱于氨（$K_{b1}^{\ominus}=9.8 \times 10^{-7}$）。在 N_2H_4 中,氮的氧化值为 -2,是一种强还原剂,在碱性溶液中有关电对的标准电极电势为

$$N_2+4H_2O+4e^- \rightleftharpoons N_2H_4+4OH^- ; \quad E_B^{\ominus}=-1.16\ V$$

联氨在空气中可燃烧,放出大量的热:

$$N_2H_4(l)+O_2(g) \longrightarrow N_2(g)+2H_2O(l) ; \quad \Delta_r H_m^{\ominus}=-622\ kJ \cdot mol^{-1}$$

因此,联氨及其衍生物可用作火箭燃料。由于 N—N 键键能较小,因此联氨的热稳定性差,在 250 ℃时分解为 NH_3,N_2 和 H_2。

（3）羟胺

羟胺 NH_2OH 可以看成氨分子中的 1 个氢原子被羟基取代的衍生物。羟胺是白色晶体,熔点为 330 ℃,易溶于水,其水溶液呈弱碱性($K_b^\ominus = 9.1 \times 10^{-9}$),比氨的碱性还弱。

由于 N—O 键键能较小,因此 NH_2OH 固体不稳定,在 15 ℃以上发生分解,生成 NH_3,N_2,N_2O,NO 和 H_2O 等的混合物。羟胺高温分解时会发生爆炸,但羟胺的水溶液比较稳定。

羟胺中氮的氧化值为-1,因此它既有氧化性又有还原性,在酸性溶液中,有关电对的标准电极电势为

$$N_2 + 4H^+ + 2H_2O + 2e^- \rightleftharpoons 2NH_3OH^+; \quad E^\ominus = -1.87 \text{ V}$$

通常,羟胺主要是用作还原剂,其氧化产物是无污染的 N_2 和 H_2O。羟胺与酸形成盐,如盐酸羟胺$[NH_3OH]Cl$、硫酸羟胺$[NH_3OH]_2SO_4$ 等。羟胺是有机化学中的重要试剂。

（4）铵盐

氨与酸作用可以得到各种相应的铵盐。铵盐与碱金属的盐非常相似,特别是与钾盐相似,这是由于 NH_4^+ 的半径(143 pm)和 K^+ 的半径(133 pm)相近。

铵盐一般为无色晶体,皆溶于水,但酒石酸氢铵与高氯酸铵等少数铵盐的溶解度较小(相应的钾盐和铷盐溶解度也很小)。硝酸铵的溶解度为 192 g/100 g H_2O(20 ℃),高氯酸铵的溶解度为 20 g/100 g H_2O,高氯酸钾的溶解度为 1.80 g/100 g H_2O。铵盐在水中都有一定程度的水解。

用 Nessler 试剂($K_2[HgI_4]$ 的 KOH 溶液)可以鉴定试液中的 NH_4^+:

$$NH_4^+ + 2[HgI_4]^{2-} + 4OH^- \longrightarrow \left[O \begin{matrix} Hg \\ Hg \end{matrix} NH_2 \right] I(s)^{[1]} + 7I^- + 3H_2O$$

因 NH_4^+ 的含量和 Nessler 试剂的量不同,生成沉淀的颜色从红棕到深褐色有所不同。但如果试液中含有 Fe^{3+},Co^{2+},Ni^{2+},Cr^{3+},Ag^+ 和 S^{2-} 等,将会干扰 NH_4^+ 的鉴定,可在试液中加碱,使逸出的氨与滴在滤纸条上的 Nessler 试剂反应,以防止其他离子的干扰。

固体铵盐受热易分解,分解的情况因组成铵盐的酸的性质不同而异。如果酸是易挥发的且无氧化性的,则酸和氨一起挥发。例如:

$$(NH_4)_2CO_3 \xrightarrow{\triangle} 2NH_3 + H_2O + CO_2$$

如果酸是不挥发的且无氧化性,则只有氨挥发掉,而酸或酸式盐则留在容器中。例如:

$$(NH_4)_3PO_4 \xrightarrow{\triangle} 3NH_3 + H_3PO_4$$

$$(NH_4)_2SO_4 \xrightarrow{\triangle} NH_3 + NH_4HSO_4$$

---

① 沉淀的组成也可能是 $Hg_2NI \cdot H_2O$。

如果酸是有氧化性的，则分解出的氨被酸氧化生成 N_2 或 N_2O。例如：

$$(NH_4)_2Cr_2O_7 \xrightarrow{\triangle} N_2+Cr_2O_3+4H_2O$$

$$NH_4NO_3 \xrightarrow{\triangle} N_2O+2H_2O$$

或
$$5NH_4NO_3 \xrightarrow[\text{有机杂质催化}]{240\ ℃\text{以上}} 4N_2+2HNO_3+9H_2O$$

实验视频
重铬酸铵受热分解

有人认为后一反应中生成的 HNO_3 对 NH_4NO_3 的分解有催化作用，因此加热大量无水 NH_4NO_3 会引起爆炸。在制备、储存、运输、使用 NH_4NO_3，NH_4NO_2，NH_4ClO_3，NH_4ClO_4，NH_4MnO_4 等时，应格外小心，防止受热或撞击，以避免发生安全事故。

铵盐中最重要的是硝酸铵 NH_4NO_3 和硫酸铵 $(NH_4)_2SO_4$，这两种铵盐大量地用作肥料。硝酸铵还用来制造炸药。在焊接金属时，常用氯化铵来除去待焊金属物件表面的氧化物，使焊料更好地与焊件结合。当氯化铵接触到红热的金属表面时，就分解成为氨和氯化氢，氯化氢立即与金属氧化物起反应生成易溶的或挥发性的氯化物，这样金属表面就被清洗干净。

（5）叠氮酸和叠氮化物

当用联氨还原亚硝酸时，生成叠氮酸 HN_3 溶液：

$$N_2H_4+HNO_2 \longrightarrow HN_3+2H_2O$$

叠氮酸的分子构型如图 14-4 所示。叠氮酸中的 3 个氮原子在一直线上。

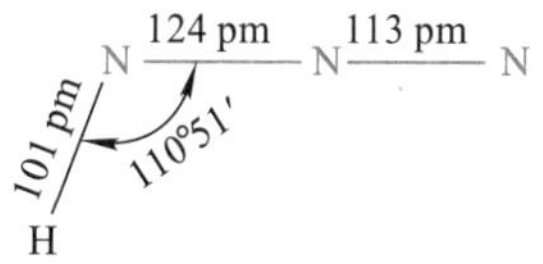
N
124 pm
N
113 pm
N
101 pm
110°51′
H
图 14-4 叠氮酸的分子构型

无水叠氮酸是无色、有刺鼻臭味的液体，沸点为 35.65 ℃，凝固点为 -80.15 ℃。叠氮酸很不稳定，常因震动而引起强烈爆炸：

$$2HN_3 \longrightarrow 3N_2+H_2;\quad \Delta_rH_m^{\ominus}=-593.6\ kJ\cdot mol^{-1}$$

HN_3 的水溶液较稳定，它是一元弱酸，$K_a^{\ominus}=2.4\times10^{-5}$。叠氮酸易挥发，因此用不挥发酸与叠氮化物反应也可以得到 HN_3。

叠氮酸的盐叫做叠氮化物，大多数叠氮化物溶于水，稳定性差。例如，叠氮化铅 $Pb(N_3)_2$ 在 327 ℃或受撞击时爆炸，在军事上常用作引爆剂；叠氮化钠 NaN_3 用于汽车安全气囊中氮气的发生剂。

叠氮酸根离子 N_3^- 是直线形离子，它与 CO_2 分子是等电子体，N_3^- 的结构与 CO_2 分子的结构也是类似的，除形成 2 个 σ 键外，还形成 2 个三中心四电子大 π 键。

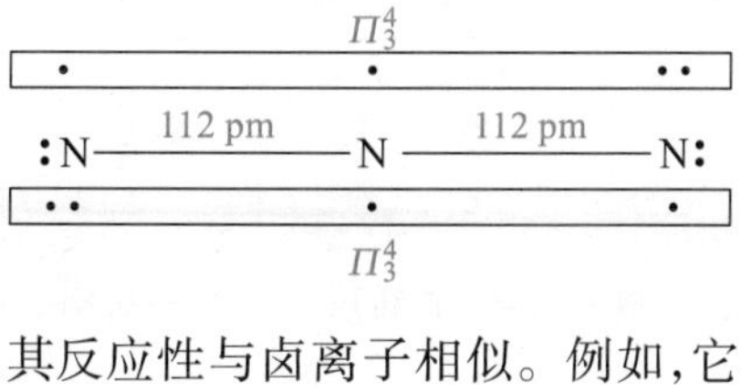
Π₃⁴
:N
112 pm
N
112 pm
N:
Π₃⁴

N_3^- 是一个类卤离子，其反应性与卤离子相似。例如，它与 Ag^+ 形成的 AgN_3 也难溶于水。

氮的氢化物和几种铵盐的性质列在表 14-4 中。

表14-4　氮的氢化物和几种铵盐的性质

	颜色和状态	密度 g·cm⁻³	熔点 ℃	沸点 ℃	受热时的变化	溶解度 g/100 g H_2O
氨 NH_3	无色、刺激性气体	0.770 8 (g·L⁻¹)	−77.7	−33.4	氨在氧气中燃烧呈绿色火焰,生成氮和水,4∶3(体积)氨和氧的混合气点火发生爆炸	1 176 体积(0 ℃) 947 体积(10 ℃) 702 体积(20 ℃) 水溶液呈碱性
联氨 N_2H_4	在空气中强烈发烟的无色液体	1.011	1.4	113.5	室温下稳定,超过350 ℃时分解为氮和氨,燃烧时呈紫色火焰	与水及醇类可以任何比例混合,不溶于其他有机溶剂中
硫化铵 $(NH_4)_2S$	无色或黄色晶体				与空气接触很快变黄,形成部分多硫化物和硫代硫酸盐,例如,$(NH_4)_2S_2O_3$	
硫氰化铵 NH_4SCN	无色晶体	1.31	149	170 分解	加热到70 ℃时常变成异构体硫脲,149 ℃以上分解	122.1(0 ℃) 162.2(20 ℃) 在空气中易潮解,易溶于乙醇。溶于水时吸收大量热
氯化铵 NH_4Cl	白色晶体粉末	1.53	340 升华	520	加热到337.8 ℃时即分解为 NH_3 和 HCl,在封闭的管内加热到400 ℃熔融	29.4(0 ℃) 37.2(20 ℃) 难溶于酒精

2. 氮的氧化物

氮的氧化物常见的有:一氧化二氮 N_2O,一氧化氮 NO,三氧化二氮 N_2O_3,二氧化氮 NO_2(四氧化二氮 N_2O_4),五氧化二氮 N_2O_5,其中氮的氧化值从+1 到+5。氮的氧化物的结构和物理性质列于表14-5 中。

表14-5　氮的氧化物的结构和物理性质

	颜色和状态	结构	熔点/℃	沸点/℃	$\Delta_f H_m^\ominus$ kJ·mol⁻¹
一氧化二氮 N_2O	无色气体	N≡N=O 直线形	−90.8	−88.5	82
一氧化氮 NO	无色气体	$\dot{N}$=O 或 N ⸬ O	−163.6	−151.8	90.25

续表

	颜色和状态	结构	熔点/℃	沸点/℃	$\dfrac{\Delta_f H_m^{\ominus}}{\text{kJ·mol}^{-1}}$
三氧化二氮 N_2O_3	淡蓝色气体	$O{=}N{-}N\overset{O}{\underset{O}{}}$ 平面	-100.7	3.5 升华	83.72
二氧化氮 NO_2	红棕色气体	$O{\cdot}N\overset{\cdot}{\underset{O}{}}$ V形	-11.2	21.2	33.18
四氧化二氮 N_2O_4	无色气体	$\overset{O}{\underset{O}{}}N{-}N\overset{O}{\underset{O}{}}$ 平面	-9.3	21.2（分解）	9.16
五氧化二氮 N_2O_5	无色固体	气态 $\overset{O}{\underset{O}{}}N{-}O{-}N\overset{O}{\underset{O}{}}$ 平面	30	47.0	11.3
		固态: $NO_2^+·NO_3^-$ 离子型			-43.1

　　氮的氧化物分子中因所含的 N—O 键较弱,所以热稳定性都比较差,它们受热易分解或易被氧化。

　　（1）一氧化氮

　　一氧化氮 NO 分子中,氧原子和氮原子的价电子数之和为11,即含有未成对电子,具有顺磁性。这种价电子数为奇数的分子称为奇电子分子。NO 的分子轨道电子排布式为

$$(1\sigma)^2(2\sigma)^2(3\sigma)^2(4\sigma)^2(5\sigma)^2(1\pi)^4(2\pi)^1$$

NO 参与反应时,容易失去 2π 轨道上的 1 个电子形成亚硝酰离子 NO^+。例如,NO 与 $FeSO_4$ 溶液反应生成深棕色的硫酸亚硝酰铁(Ⅰ)$[Fe(NO)]SO_4$(参见第十六章),有人认为配位体是 NO^+ 而不是 NO。NO 与卤素化合生成卤化亚硝酰 NOX。

　　通常奇电子分子是有颜色的,但 NO 却不同,气态 NO 是无色的。液态和固态一氧化氮中有双聚分子 N_2O_2,其结构如下:

$$\begin{array}{l} :N{=}\ddot{O}: \\ :N{=}\ddot{O}: \end{array} \qquad \begin{array}{c} N\xrightarrow{\ 218\ pm\ }N \\ \Big| \qquad \qquad \Big|{}^{112\ pm} \\ O\cdots\cdots\cdots O \\ \ \ \ 262\ pm \end{array}$$

液态和固态一氧化氮有时呈蓝色,这是由于含有微量的 N_2O_3 所导致的。

　　NO 是硝酸生产的中间产物,工业上是用氨的铂催化氧化的方法制备,实验室用金属铜与稀硝酸反应制取 NO。

（2）二氧化氮和四氧化二氮

二氧化氮 NO_2 是红棕色气体，具有特殊的臭味并有毒。NO_2 在 21.2 ℃时凝聚为红棕色液体，冷却时液体 NO_2 颜色逐渐变淡，最后变为无色，在 -9.3 ℃凝结为无色晶体。经蒸气密度的测定证明，颜色的改变是由于二氧化氮在冷凝时聚合成无色的四氧化二氮 N_2O_4。

$$2NO_2(g) \rightleftharpoons N_2O_4(g); \quad \Delta_r H_m^{\ominus} = -57.2 \ kJ \cdot mol^{-1}$$

温度升高到 140 ℃时，N_2O_4 几乎全部变成 NO_2，呈深棕色。温度超过 150 ℃以上，NO_2 开始分解为 NO 和 O_2。

NO_2 与水反应生成硝酸和 NO。NO_2 和 NaOH 溶液反应生成硝酸盐和亚硝酸盐的混合物：

$$2NO_2 + 2NaOH \longrightarrow NaNO_3 + NaNO_2 + H_2O$$

NO_2 是强氧化剂，从有关的标准电极电势可以看出其氧化能力比硝酸强：

$$NO_2 + H^+ + e^- \rightleftharpoons HNO_2; \qquad E^{\ominus} = 1.07 \ V$$

$$NO_3^- + 3H^+ + 2e^- \rightleftharpoons HNO_2 + H_2O; \qquad E^{\ominus} = 0.94 \ V$$

N_2O_4 已被用作火箭燃料 N_2H_4 的氧化剂。

NO_2 也是奇电子分子，空间构型为 V 形，氮原子以 sp^2 杂化轨道与氧原子成键，此外还形成一个三中心四电子大 π 键[①]。N_2O_4 分子具有对称的结构，2 个氮原子和 4 个氧原子在同一平面上。NO_2 和 N_2O_4 的分子构型如图 14-5 所示。

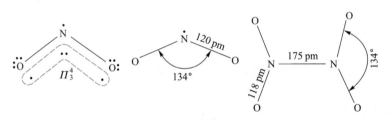

图 14-5 NO_2 与 N_2O_4 的分子构型

3. 氮的含氧酸及其盐

MOOC

教学视频
氮的含氧酸及
其盐

（1）亚硝酸及其盐

将等物质的量的 NO_2 和 NO 的混合物溶解在冰冷的水中，可得到亚硝酸的水溶液：

$$NO_2 + NO + H_2O \longrightarrow 2HNO_2$$

在亚硝酸盐的冷溶液中加入强酸时，也可以生成亚硝酸溶液，例如：

$$NaNO_2 + H_2SO_4 \longrightarrow NaHSO_4 + HNO_2$$

亚硝酸极不稳定，只能存在于很稀的冷溶液中，溶液无色，经浓缩或加热时，就分

---

① 也有人认为 NO_2 分子中形成 Π_3^3，N 的一个 sp^2 杂化轨道中有两个未成对电子。

解为 H_2O 和 N_2O_3（所以溶液容易呈淡蓝色），后者又继续分解为 NO_2 和 NO，因而气相出现棕色。

$$2HNO_2 \rightleftharpoons H_2O+\underset{(淡蓝色)}{N_2O_3} \rightleftharpoons H_2O+NO+\underset{(棕色)}{NO_2}$$

实验视频
亚硝酸的生成和分解

亚硝酸是一种弱酸，$K_a^\ominus=6.0\times10^{-4}$，酸性稍强于醋酸。亚硝酸分子的构型如图 14-6 所示。

亚硝酸盐大多是无色的，除淡黄色的 $AgNO_2$ 外，一般都易溶于水。碱金属、碱土金属的亚硝酸盐有很高的热稳定性，在水溶液中这些亚硝酸盐尚稳定。所有亚硝酸盐都是剧毒的，还是致癌物质。

通常用碱吸收等物质的量的 NO_2 和 NO 可以制得亚硝酸盐：

$$NO+NO_2+2NaOH \longrightarrow 2NaNO_2+H_2O$$

硝酸工厂的尾气中含有 NO，可用空气部分氧化成 NO_2，再用 Na_2CO_3 溶液来吸收这种混合气体而得到 $NaNO_2$（有时混有 $NaNO_3$）。工业上用碳或铁在高温下还原硝酸盐来制备亚硝酸盐。

亚硝酸根离子 NO_2^- 的构型为 V 形，氮原子采取 sp^2 杂化与氧原子形成 σ 键，此外还形成一个三中心四电子大 π 键，如图 14-7 所示。

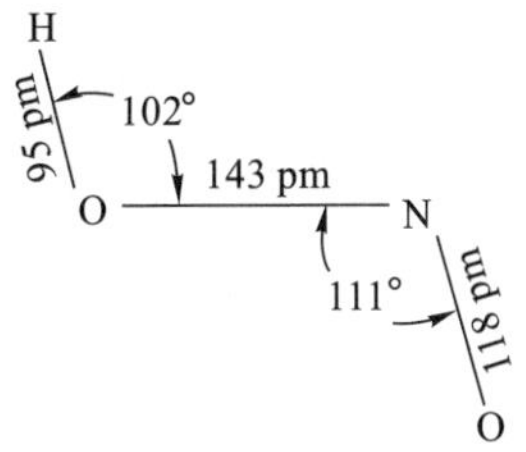

图 14-6　HNO_2 分子的构型

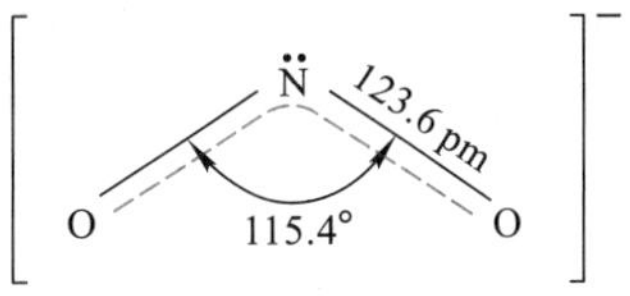

图 14-7　NO_2^- 的构型

亚硝酸盐在酸性介质中具有氧化性，其还原产物一般为 NO。例如：

$$2NaNO_2+2KI+2H_2SO_4 \longrightarrow 2NO+I_2+Na_2SO_4+K_2SO_4+2H_2O$$

这一反应在分析化学中用于测定 NO_2^- 的含量。当与强氧化剂作用时，NO_2^- 又表现出其还原性。例如：

$$2KMnO_4+5KNO_2+3H_2SO_4 \longrightarrow 2MnSO_4+5KNO_3+K_2SO_4+3H_2O$$

实验视频
亚硝酸盐的氧化性

在实际应用中，亚硝酸盐多在酸性介质中作氧化剂。

NO_2^- 还具有一定的配位能力，可与许多金属离子形成配合物。例如，NO_2^- 与 Co^{3+} 生成六亚硝酸根合钴（Ⅲ）配离子 $[Co(NO_2)_6]^{3-}$，可用来鉴定 K^+。

大量的亚硝酸钠用于生产各种有机染料。

（2）硝酸及其盐

硝酸是工业上重要的无机酸之一。目前普遍采用氨催化氧化法制取硝酸。将氨和空气的混合物通过灼热（800 ℃）的铂铑丝网（催化剂），氨可以相当完全地被氧化为 NO：

$$4NH_3(g)+5O_2(g) \xrightarrow{Pt,Rh} 4NO(g)+6H_2O(g)$$

$$\Delta_r G_m^\ominus(298.15\ K)=-958\ kJ\cdot mol^{-1};\quad K^\ominus(298.15\ K)=10^{168}$$

生成的 NO 被 O_2 氧化为 NO_2,后者再与水发生歧化反应生成硝酸和 NO:

$$3NO_2+H_2O \longrightarrow 2HNO_3+NO$$

生成的 NO 再经氧化、吸收,这样得到的是质量分数为 47%~50% 的稀硝酸,加入硝酸镁作脱水剂进行蒸馏可制得浓硝酸。

用硫酸与硝石 $NaNO_3$ 共热也可制得硝酸:

$$NaNO_3+H_2SO_4 \longrightarrow NaHSO_4+HNO_3$$

在硝酸分子中,氮原子采用 sp^2 杂化轨道与 3 个氧原子形成 3 个 σ 键,呈平面三角形分布。此外,氮原子上余下的一个未参与杂化的 p 轨道则与 2 个非羟基氧原子的 p 轨道相重叠,在 O—N—O 间形成三中心四电子键,表示为 Π_3^4[①]。HNO_3 分子内还可以形成氢键。HNO_3 分子的构型如图14-8所示。

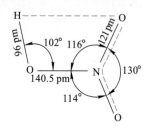

图 14-8　HNO_3 分子的构型

纯硝酸是无色液体。实验室中用的浓硝酸含 HNO_3 约为 69%,密度为 $1.4\ g\cdot cm^{-3}$,相当于 $15\ mol\cdot L^{-1}$。浓度为 86% 以上的浓硝酸,由于硝酸的挥发而产生白烟,故通常称为发烟硝酸。溶有过量 NO_2 的浓硝酸产生红烟。发烟硝酸可用作火箭燃料的氧化剂。

浓硝酸很不稳定,受热或光照时,部分地按下式分解:

$$4HNO_3 \longrightarrow 4NO_2+O_2+2H_2O$$

因此,硝酸中由于溶有分解出来的 NO_2 而常带有黄色或红棕色。浓硝酸应置于阴凉不见光处存放。

硝酸是一种强酸,在水溶液中完全解离,但由于硝酸具有强氧化性,不能利用它来制取氢气;酯化反应则是利用硝酸的酸性,例如,硝化棉 $[C_6H_7O_2(ONO_2)_a(OH)_{3-a}]_n$ 是无烟火药的主要成分,又称硝化纤维素,实际上是纤维素的硝酸酯。

在硝酸中,氮的氧化值为 +5。硝酸是氮的最高氧化值的化合物之一,具有强氧化性,硝酸可以把许多非金属单质氧化为相应的氧化物或含氧酸。例如,碳、磷、硫、碘等和硝酸共煮时,分别被氧化成二氧化碳、磷酸、硫酸、碘酸,硝酸则被还原为 NO。

实验视频
浓硝酸的氧化性

$$3C+4HNO_3 \longrightarrow 3CO_2+4NO+2H_2O$$

$$3P+5HNO_3+2H_2O \longrightarrow 3H_3PO_4+5NO$$

$$S+2HNO_3 \longrightarrow H_2SO_4+2NO$$

$$3I_2+10HNO_3 \longrightarrow 6HIO_3+10NO+2H_2O$$

---

①　近年来,有人根据分子轨道理论计算,认为 HNO_3 分子中还有 Π_4^6 的成分。即在氮和 3 个氧原子间存在着四中心六电子大 π 键的成分。

某些还原性较强的物质(如 H_2S,HI 等)更易被硝酸所氧化;一些金属硫化物可以被浓硝酸氧化为单质硫而溶解;有些有机化合物(如松节油等)与浓硝酸接触时可以燃烧起来。因此,储存浓硝酸时,应与还原性物质隔开。

除了不活泼的金属(如金、铂等)和某些稀有金属外,硝酸几乎能与所有的其他金属反应生成相应的硝酸盐,但是硝酸与金属反应的情况比较复杂,这与硝酸的浓度和金属的活泼性有关。

有些金属(如铁、铝、铬等)可溶于稀硝酸而不溶于冷的浓硝酸,这是由于浓硝酸将金属表面氧化成一层薄而致密的氧化物保护膜(有时叫做钝化膜),致使金属不能再与浓硝酸继续作用。

有些金属(如锡、钼、钨等)与硝酸作用生成不溶于酸的氧化物。

有些金属和硝酸作用后生成可溶性的硝酸盐。硝酸作为氧化剂与这些金属反应时,主要被还原为下列物质:

$$\overset{+4}{NO_2} \longrightarrow \overset{+3}{HNO_2} \longrightarrow \overset{+2}{NO} \longrightarrow \overset{+1}{N_2O} \longrightarrow \overset{0}{N_2} \longrightarrow \overset{-3}{NH_3}$$

有关的标准电极电势参见 14.1.1 的电势图。通常得到的产物是上述某些物质的混合物,只是以其中某种还原产物为主而已。至于究竟哪种产物较多些,则取决于硝酸的浓度和金属的活泼性。浓硝酸主要被还原为 NO_2;稀硝酸通常被还原为 NO;当较稀的硝酸与较活泼的金属作用时,可得到 N_2O;若硝酸很稀时,则可被还原为 NH_4^+。例如:

$$Cu+4HNO_3(浓) \longrightarrow Cu(NO_3)_2+2NO_2+2H_2O$$

$$3Cu+8HNO_3(稀) \longrightarrow 3Cu(NO_3)_2+2NO+4H_2O$$

$$4Zn+10HNO_3(稀) \longrightarrow 4Zn(NO_3)_2+N_2O+5H_2O$$

$$4Zn+10HNO_3(很稀) \longrightarrow 4Zn(NO_3)_2+NH_4NO_3+3H_2O$$

在上述反应中,氮的氧化值由+5 分别改变到+4,+2,+1 和−3,但不能认为稀硝酸的氧化性比浓硝酸强,相反,硝酸越稀,氧化性越弱。

浓硝酸和浓盐酸的混合物(体积比为 1∶3)叫做王水,氧化性比硝酸更强,可以将金、铂等不活泼金属溶解。例如:

$$Au+HNO_3+4HCl \longrightarrow HAuCl_4+NO+2H_2O$$

另外,王水中有大量的 Cl^-,能与 Au^{3+} 形成 $[AuCl_4]^-$,从而降低了金属电对的电极电势,增强了金属的还原性。浓硝酸和氢氟酸的混合液也具有强氧化性和配位作用,能溶解铌和钽。

硝酸还有硝化性,能与有机化合物发生硝化反应,以硝基—NO_2 取代有机化合物分子中的氢原子,生成硝基化合物。实际应用上,硝化反应常常是以浓硝酸和浓硫酸的混酸作硝化剂。例如:

$$C_6H_6+HNO_3 \xrightarrow{H_2SO_4} C_6H_5NO_2+H_2O$$

产生的废酸经萃取、蒸发、浓缩,用于配制混酸,或与氨反应制成化肥。硝基化合物大多数为黄色,皮肤与浓硝酸接触后变黄色,也是硝化作用的结果。

综上所述,由于硝酸具有强酸性、氧化性和硝化性,因而广泛用于制造染料、炸药、硝酸盐及其他化学药品,是化学工业和国防工业的重要原料。

硝酸盐通常是用硝酸作用于相应的金属或金属氧化物而制得,几乎所有的硝酸盐都易溶于水,绝大多数硝酸盐是离子型化合物。

在硝酸盐中,NO_3^- 的构型为平面三角形,如图 14-9 所示。NO_3^- 与 CO_3^{2-} 互为等电子体,它们的结构相似。NO_3^- 中的氮原子除了以 sp^2 杂化轨道与 3 个氧原子形成 σ 键外,还与这些氧原子形成一个四中心六电子大 π 键 Π_4^6。

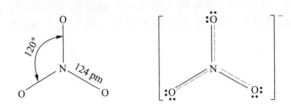

图 14-9　NO_3^- 的构型

硝酸盐固体或水溶液在常温下比较稳定。固体的硝酸盐受热时能分解,分解的产物因金属离子的性质不同而分为三类:最活泼的金属(在金属活动顺序中比 Mg 活泼的金属)的硝酸盐受热分解时产生亚硝酸盐和氧气。例如:

$$2NaNO_3 \xrightarrow{\triangle} 2NaNO_2 + O_2$$

活泼性较差的金属(活泼性位于 Mg 和 Cu 之间的金属,包括 Mg 和 Cu)的硝酸盐受热分解为氧气、二氧化氮和相应的金属氧化物。例如:

$$2Pb(NO_3)_2 \xrightarrow{\triangle} 2PbO + 4NO_2 + O_2$$

不活泼金属(比 Cu 更不活泼的金属)的硝酸盐受热时则分解为氧气、二氧化氮和金属单质。例如:

$$2AgNO_3 \xrightarrow{\triangle} 2Ag + 2NO_2 + O_2$$

通常,硝酸盐的热分解反应的产物与相应的亚硝酸盐和氧化物的稳定性有关。活泼金属的亚硝酸盐较稳定;活泼性较差金属的亚硝酸盐不稳定,而其氧化物则较稳定;不活泼金属的亚硝酸盐和氧化物都不稳定,所以活泼性不同的金属的硝酸盐受热分解的最后产物是不同的。

硝酸盐的水溶液几乎没有氧化性,只有在酸性介质中才有氧化性。固体硝酸盐在高温时是强氧化剂。

硝酸盐中最重要的是硝酸铵、硝酸钾、硝酸钠和硝酸钙等。硝酸铵大量用作肥料,由于固体硝酸盐高温时分解出 O_2,具有氧化性,故硝酸铵与可燃物混合在一起可作炸药。硝酸钾可用来制造黑色火药。有些硝酸盐还用来制造焰火。

硝酸和常见硝酸盐、亚硝酸盐的性质列于表 14-6 中。

表 14-6　硝酸和常见硝酸盐、亚硝酸盐的性质

	颜色和状态	密度 g·cm^{-3}	熔点 ℃	沸点 ℃	受热时的变化	溶解度 g/100 g H$_2$O
硝酸 HNO$_3$	无色液体	1.549 2 (20 ℃)	-41.59	83	见光受热易分解出 NO$_2$ 和 O$_2$，加热至 100 ℃ 有 11.17% HNO$_3$ 分解，加热至 256 ℃ 可达 100%的分解	发烟硝酸有的呈红褐色，加热时放出 NO$_2$
硝酸铵 NH$_4$NO$_3$	无色透明晶体	1.725	169.6	210 (分解)	小心地加热到 200 ℃ 则分解为 H$_2$O 和 N$_2$O，加热过猛时可发生爆炸	118(0 ℃) 150(20 ℃) 溶于水吸热，有制冷作用,易吸水
硝酸钾 KNO$_3$	无色透明晶体	2.109	334	400 (分解)	加热超过熔点后，即分解放出 O$_2$，变为 KNO$_2$	13.3(0 ℃) 24.2(20 ℃) 不溶于无水乙醇中
亚硝酸钠 NaNO$_2$	无色细小晶体	2.17	271	320 分解	在空气中稳定，受热时熔化而不分解	72.1(0 ℃) 84.5(20 ℃) 163(103 ℃) 水溶液呈碱性，易被空气中 O$_2$ 氧化为 NaNO$_3$
亚硝酸铵 NH$_4$NO$_2$	浅黄色晶体	1.69	—	—	储藏时逐渐分解为 N$_2$ 和 H$_2$O，浓溶液分解更快，稀溶液加热至 50 ℃ 分解出 N$_2$，固体加热至 60~70 ℃ 即爆炸	易溶于水、甲醇、乙醇中

4. 氮化物

氮与电负性比它小的元素生成的二元化合物叫做氮化物。氮化物分为离子型、共价型和间充型三类。

金属锂和碱土金属的氮化物如 Li_3N, Mg_3N_2, Ca_3N_2 等为离子型氮化物,这类氮化物中含有 N^{3-}。离子型氮化物尚稳定,但在水溶液中迅速水解,生成氨和金属氢氧化物。

氮化硼 BN(参见 13.2.3)和氮化铝 AlN 等是不挥发的共价型氮化物。AlN 具有金刚石型的结构,P_3N_5 是易挥发的共价型氮化物。

过渡元素氮化物属于间充型氮化物,如 ScN,LaN,VN,W_2N 和 Mn_4N 等,氮原子位于金属密堆积的间隙中。这类氮化物具有熔点高、硬度大、化学惰性及导电性良好等特点。

14.1.4　磷的化合物

教学视频
磷的氢化物、氧化物和卤化物

1. 磷的氢化物

磷的氢化物常见的有气态的膦 PH_3(磷化氢)和液态的联膦 P_2H_4。

白磷在氢氧化钾溶液中加热发生歧化反应,得到膦和次磷酸盐:

$$P_4+3KOH+3H_2O \xrightarrow{\triangle} PH_3(g)+3KH_2PO_2$$

在得到的膦气体中,常含有少量的联膦。纯净的膦可以用水或氢氧化钾与碘化磷作用制取:

$$PH_4I+KOH \longrightarrow PH_3(g)+KI+H_2O$$

某些金属(第 ⅠA,ⅡA 族元素和铝等活泼金属)的磷化物水解也可以得到膦。例如:

$$Mg_3P_2+6H_2O \longrightarrow 3Mg(OH)_2+2PH_3(g)$$

膦是无色气体,有似大蒜的臭味,有剧毒。膦在 $-87.78\ ℃$ 凝聚为液体,在 $-133.81\ ℃$ 结晶为固体。膦在水中的溶解度很小(20 ℃时只有氨溶解度的1/2 600)。

纯净的膦在空气内的着火点是 150 ℃,膦燃烧生成磷酸:

$$PH_3+2O_2 \longrightarrow H_3PO_4$$

膦分子的结构与氨分子相似,也呈三角锥形,磷原子上有一对孤对电子。膦的碱性比氨弱,它是一种较强的还原剂,稳定性较差。与 NH_3 不同,PH_3 的加合性很差,与铵盐相对应的许多膦盐是不存在的。比较稳定的膦盐是碘化膦 PH_4I,它可由膦与碘化氢直接化合而成。氯化膦和溴化膦在室温下便分解。与铵盐不同,卤化膦遇水立即分解,例如:

$$PH_4Cl+H_2O \longrightarrow PH_3+H_3O^++Cl^-$$

联膦极不稳定,易自燃,是一种强还原剂。有时制得的膦在常温下可自动燃烧,就是由于其中含有少量的联膦而引起的。联膦见光即分解为膦和单质磷:

$$3P_2H_4 \longrightarrow 4PH_3+2P$$

2. 磷的氧化物

磷的氧化物常见的有五氧化二磷和三氧化二磷两种。P_2O_5 是磷酸的酸酐,称为磷酸酐;P_2O_3 是亚磷酸的酸酐,称为亚磷酸酐。磷在充足的空气中燃烧时生成 P_4O_{10},若氧气不足则生成 P_4O_6。P_4O_{10} 和 P_4O_6 分别简称为五氧化二磷和三氧化二磷,通常也将它们的化学式分别写作最简式 P_2O_5 和 P_2O_3。

（1）三氧化二磷

气态或液态的三氧化二磷都是二聚分子 P_4O_6,其构型如图 14-10 所示。其中 4 个磷原子构成一个四面体,6 个氧原子位于四面体每一棱的外侧,分别与两个磷原子形成 P—O 单键,键长为 165 pm,键角 $\angle POP$ 为 128°,$\angle OPO$ 为 99°。

P_4O_6 是白色易挥发的蜡状固体,在 23.8 ℃熔化,沸点为 173 ℃,易溶于有机溶剂。

在空气流中加热 P_4O_6 可以得到 P_4O_{10},常温下 P_4O_6 也会缓慢地被氧化。P_4O_6 与冷水反应较慢,生成亚磷酸:

$$P_4O_6+6H_2O(冷) \longrightarrow 4H_3PO_3$$

P_4O_6 与热水反应则歧化为磷酸和膦(或单质磷):

$$P_4O_6+6H_2O(热) \longrightarrow 3H_3PO_4+PH_3$$

或
$$5P_4O_6+18H_2O(热) \longrightarrow 12H_3PO_4+8P$$

（2）五氧化二磷

根据蒸气密度的测定证明五氧化二磷为二聚分子 P_4O_{10},其构型如图14-11所示。P_4O_{10} 分子的结构基本与 P_4O_6 相似,只是在每个磷原子上又多结合了一个氧原子。每个磷原子与周围 4 个氧原子以 O—P 键联结形成一个四面体,其中 3 个氧原子是与另外 3 个四面体共用。

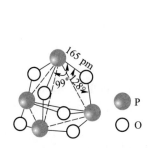

图 14-10　P_4O_6 分子构型

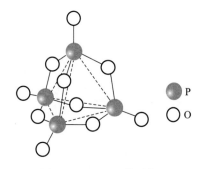

图 14-11　P_4O_{10} 分子构型

P_4O_{10} 是白色雪花状晶体,在 360 ℃时升华。P_4O_{10} 加压下加热,因加热程度不同而转变为几种不同的晶形。不论是哪一种晶形的 P_4O_{10},与水反应时都先生成偏磷酸,然后形成焦磷酸,最后形成正磷酸。但生成 H_3PO_4 的反应较慢,在酸性和加热的条件下,反应可以大大加快。

P_4O_{10} 吸水性很强,在空气中吸收水分迅速潮解,因此常用作气体和液体的干燥剂。P_4O_{10} 甚至可以使硫酸、硝酸等脱水成为相应的氧化物:

$$P_4O_{10}+6H_2SO_4 \longrightarrow 6SO_3+4HPO_3+4H_2O$$
$$P_4O_{10}+12HNO_3 \longrightarrow 6N_2O_5+4HPO_3+4H_2O$$

磷的常见含氧化合物的性质列于表 14-7 中。

表 14-7　磷的常见含氧化合物的性质

	颜色和状态	密度 $g\cdot cm^{-3}$	熔点 ℃	沸点 ℃	受热时的变化	溶解度 $g/100\ g\ H_2O$
磷酸 H_3PO_4	无色晶体	1.88	42.3	213 $\left(-\dfrac{1}{2}H_2O\right)$	H_3PO_4 溶液蒸发至相对密度为 1.75~1.85 时,冷却可析出结晶。脱水时先变为 $H_4P_2O_7$,后变为 HPO_3	54, 磷酸水合物为 $H_3PO_4\cdot\dfrac{1}{2}H_2O$ 白色晶体,熔点 29.35 ℃
五氧化二磷 P_2O_5	雪白色絮状晶体	2.30	340	360 升华	加热超过 563 ℃时易汽化,670~1 100 ℃时,五氧化二磷的相对分子质量符合 P_4O_{10}	极易吸水,在 P_2O_5 上的水蒸气压力几乎等于 0,溶于水发出咝咝声
磷酸钠 $Na_3PO_4\cdot 12H_2O$	无色晶体	1.62	73.4	100 (分解)	加热至 73.4 ℃以上,逐步失去结晶水,无水 Na_3PO_4 的相对密度为 2.54。在空气中风化	28.3(20 ℃) 水溶液水解为 Na_2HPO_4 和 NaOH
磷酸一氢钠 $Na_2HPO_4\cdot 12H_2O$	无色透明晶体	1.52	35 (-5H_2O)	100 (-12H_2O)	在空气中风化,100 ℃时失去结晶水,250 ℃分解生成 $Na_4P_2O_7$,温度在 35 ℃以上从溶液中析出 $Na_2HPO_4\cdot 7H_2O$ 晶体	无水盐: 1.8(0 ℃) 7.2(20 ℃) 51.0(95 ℃) (0.05~0.5)$mol\cdot L^{-1}$ 时 pH 为 9.0
磷酸二氢钠 $NaH_2PO_4\cdot 2H_2O$	无色晶体	1.91	60	—	加热至 100 ℃脱水,至 200 ℃时生成 $Na_2H_2P_2O_7$	85.2

3. 磷的含氧酸及其盐

磷能形成多种含氧酸。磷的含氧酸按氧化值不同可分为次磷酸 H_3PO_2、亚磷酸 H_3PO_3 和磷酸 H_3PO_4 等,其中磷的氧化值分别为 +1,+3 和 +5。根据磷的含氧酸脱水的数目不同,又分为正、偏、聚、焦磷酸等。

（1）次磷酸及其盐

次磷酸（H_3PO_2）是一种无色晶状固体,熔点为 26.5 ℃,易潮解,极易溶于水。H_3PO_2 是一元中强酸,$K_a^\ominus = 1.0 \times 10^{-2}$。在 H_3PO_2 分子中,有 2 个氢原子直接与磷原子相连,另外 1 个与氧原子相连的氢原子可以被金属原子取代,在水中解离出 H^+。H_3PO_2 的结构如下:

教学视频
磷的含氧酸及其盐

图片
次磷酸的构型

$$H \!:\! \overset{H}{\underset{\displaystyle :\!O\!:}{\overset{\displaystyle \cdot\cdot}{P}}} \!:\! \overset{\cdot\cdot}{O} \!:\! H \qquad 或 \qquad H\!-\!\overset{\displaystyle H}{\underset{\displaystyle O}{P}}\!-\!OH$$

H_3PO_2 常温下比较稳定,升温至 50 ℃分解,但在碱性溶液中 H_3PO_2 非常不稳定,容易歧化为 HPO_3^{2-} 和 PH_3。

H_3PO_2 是强还原剂,能在溶液中将 $AgNO_3$,$HgCl_2$,$CuCl_2$ 等重金属盐还原为金属单质。

次磷酸盐多易溶于水,也是强还原剂。例如,化学镀镍就是用 NaH_2PO_2 将镍盐还原为金属镍,沉积在钢或其他金属镀件的表面。

（2）亚磷酸及其盐

亚磷酸通常是指正亚磷酸（H_3PO_3）。虽然偏亚磷酸（HPO_2）、焦亚磷酸（$H_4P_2O_5$）及它们的盐都可以制取,但只有正亚磷酸最重要,偏亚磷酸和焦亚磷酸在水溶液中很快就会水合成正亚磷酸。

三氧化二磷与冷水反应,或三氯化磷水解,或磷与溴水共煮,都能生成亚磷酸溶液。

亚磷酸是无色晶体,熔点为 73 ℃,易潮解,在水中的溶解度较大,20 ℃时其溶解度为 82 g/100 g H_2O。

亚磷酸为二元酸,$K_{a1}^\ominus = 6.3 \times 10^{-2}$,$K_{a2}^\ominus = 2.0 \times 10^{-7}$。在 H_3PO_3 中,有 1 个氢原子与磷原子直接相连接,H_3PO_3 的结构如下:

图片
亚磷酸的构型

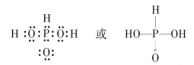

$$H\!:\!\overset{\cdot\cdot}{\underset{\cdot\cdot}{O}}\!:\!\overset{H}{\underset{\displaystyle :\!O\!:}{P}}\!:\!\overset{\cdot\cdot}{\underset{\cdot\cdot}{O}}\!:\!H \qquad 或 \qquad HO\!-\!\overset{\displaystyle H}{\underset{\displaystyle O}{P}}\!-\!OH$$

H_3PO_3 受热发生歧化反应,生成磷酸和膦。

亚磷酸能形成正盐和酸式盐（如 NaH_2PO_3）,碱金属和钙的亚磷酸盐易溶于水,其他金属的亚磷酸盐都难溶。

亚磷酸和亚磷酸盐都是较强的还原剂,它们的氧化性极差。例如,亚磷酸能将 Ag^+ 还原为金属银,能将热的浓硫酸还原为二氧化硫。

（3）磷酸及其盐

磷的含氧酸中磷酸最稳定。P_4O_{10} 与水作用时,由于加合水分子数目不同,可以生成几种主要的 P（Ⅴ）的含氧酸:

图片
磷酸的构型

$$P_4O_{10} + 2H_2O（冷）\longrightarrow 4HPO_3（偏磷酸）$$

$$3P_4O_{10}+10H_2O \longrightarrow 4H_5P_3O_{10}(三聚磷酸)$$

$$P_4O_{10}+4H_2O \longrightarrow 2H_4P_2O_7(焦磷酸)$$

$$P_4O_{10}+6H_2O(热) \longrightarrow 4H_3PO_4(正磷酸)$$

图片
焦磷酸的构型

这些磷的含氧酸可以用一个通式表示：

当 $x=1$ 时,为正磷酸;当 $x=2$ 时,为焦磷酸;当 $x=3$ 时,为三聚磷酸。至于偏磷酸,则是 $x=1$ 且脱去 1 分子水。

从上述反应方程式可见,磷酸含水量最多。磷酸经强热时就发生脱水作用,生成焦磷酸($200\sim300\ ℃$)、三聚磷酸或四偏磷酸,其脱水过程可以用下面的反应方程式表示：

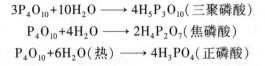

上述各式表明,焦磷酸、三聚磷酸和四偏磷酸等都是由若干个磷酸分子经脱水后通过氧原子连接起来的多聚磷酸。几个简单分子经过失去水分子而连接起来的作用属于缩合作用,多聚磷酸属于缩合酸。多聚磷酸有两类,一类分子是链状结构的(如焦磷酸和三聚磷酸),另一类分子是环状结构的(如四偏磷酸)。所谓多偏磷酸,实际

上是具有环状结构的多聚磷酸;对于链状结构的多聚磷酸,如果缩合的磷酸分子数目增多,链增长,则得到高分子多聚磷酸 $H_{x+2}P_xO_{3x+1}(x=16\sim90)$:

$$x\ \mathrm{HO-P-OH} \xrightarrow{-(x-1)\mathrm{H_2O}} \mathrm{HO}\left[\mathrm{P-O}\right]_x\mathrm{H}$$

常用的是多聚磷酸的盐类。

(4) 正磷酸及其盐

正磷酸(H_3PO_4)常简称为磷酸,是磷酸中最重要的一种。将磷燃烧成 P_4O_{10},再与水化合可制得正磷酸;工业上也用硫酸分解磷灰石来制取正磷酸:

$$\mathrm{Ca_3(PO_4)_2+3H_2SO_4 \longrightarrow 2H_3PO_4+3CaSO_4}$$

但得到的磷酸不纯,含有 Ca^{2+},Mg^{2+} 等杂质。

纯净的磷酸为无色晶体,熔点为 42.3 ℃,是一种高沸点酸。磷酸不形成水合物,但可与水以任何比例混溶。市售磷酸试剂是黏稠的、不挥发的浓溶液,磷酸含量为 83%~98%。

磷酸是三元中强酸,其三级解离常数为:$K_{a1}^\ominus=6.7\times10^{-3}$,$K_{a2}^\ominus=6.2\times10^{-8}$,$K_{a3}^\ominus=4.5\times10^{-13}$。

磷酸分子的构型如图 14-12 所示。其中,PO_4 原子团呈四面体构型,磷原子以 sp^3 杂化轨道与 4 个氧原子形成 4 个 σ 键[①]。

磷酸是磷的最高氧化值化合物,但却没有氧化性。浓磷酸和浓硝酸的混合液常用作化学抛光剂来处理金属表面,以提高其光洁度。

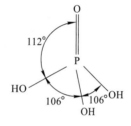

图 14-12　磷酸分子的构型

正磷酸可以形成三种类型的盐,即磷酸二氢盐、磷酸一氢盐和正盐。例如:酸式盐磷酸二氢钠 NaH_2PO_4、磷酸一氢钠 Na_2HPO_4,正盐磷酸钠 Na_3PO_4。

磷酸正盐比较稳定,一般不易分解,但酸式磷酸盐受热容易脱水成为焦磷酸盐或偏磷酸盐。

大多数磷酸二氢盐都易溶于水,而磷酸一氢盐和正盐(除钠、钾及铵等少数盐外)都难溶于水。

碱金属的磷酸盐(除锂外)都易溶于水。由于 PO_4^{3-} 的水解作用,Na_3PO_4 溶液呈碱性;而 HPO_4^{2-} 的水解程度比其解离程度大,故 Na_2HPO_4 溶液也呈碱性;$H_2PO_4^-$ 的水解程度不如其解离程度大,故 NaH_2PO_4 溶液呈弱酸性。

在碱金属的氢氧化物或碳酸盐溶液中加入适量的磷酸,可以得到碱金属磷酸盐;不溶性的磷酸盐可以用复分解法由可溶性磷酸盐来制取。例如,在近中性磷酸盐溶液

---

① 在 PO_4^{3-} 中,P—O 键键长(154 pm)介于磷氧单键和双键之间。因此有人认为在 PO_4^{3-} 中存在着 $d\pi$-$p\pi$ 键。磷原子以 sp^3 杂化轨道与 4 个氧原子形成 4 个 σ 键外,磷原子的 $d_{x^2-y^2}$,d_{z^2} 与氧原子的 p_y,p_z 轨道重叠,形成 π 键。SO_4^{2-},ClO_4^-,SiO_4^{4-} 与 PO_4^{3-} 为等电子体,它们结构相似,也形成 $d\pi$-$p\pi$ 键。

中加入硝酸银可得到黄色磷酸银沉淀。

磷酸盐中最重要的是钙盐。磷酸的钙盐在水中的溶解度按$Ca(H_2PO_4)_2$，$CaHPO_4$和$Ca_3(PO_4)_2$的次序减小。磷酸钙除以磷灰石和纤核磷灰石矿存在于自然界外，也少量地存在于土壤中。工业上利用天然磷酸钙生产磷肥，其反应方程式如下：

$$Ca_3(PO_4)_2 + 2H_2SO_4 + 4H_2O \longrightarrow Ca(H_2PO_4)_2 + 2CaSO_4 \cdot 2H_2O$$

得到的$Ca(H_2PO_4)_2$和$CaSO_4 \cdot 2H_2O$的混合物称为"过磷酸钙"，可作为化肥施用。

PO_4^{3-}具有较强的配位能力，能与许多金属离子形成可溶性的配合物。例如，Fe^{3+}与PO_4^{3-}，HPO_4^{2-}形成无色的$H_3[Fe(PO_4)_2]$，$H[Fe(HPO_4)_2]$，在分析化学上常用PO_4^{3-}作为Fe^{3+}的掩蔽剂。

磷酸盐与过量的钼酸铵$(NH_4)_2MoO_4$及适量的浓硝酸混合后加热，可慢慢生成黄色的磷钼酸铵沉淀：

$$PO_4^{3-} + 12MoO_4^{2-} + 24H^+ + 3NH_4^+ \longrightarrow (NH_4)_3PO_4 \cdot 12MoO_3 \cdot 6H_2O(s) + 6H_2O$$

这一反应可用来鉴定PO_4^{3-}。

工业上大量使用磷酸的盐类处理钢铁构件，使其表面生成难溶磷化物保护膜，这一过程称为磷化。

（5）焦磷酸及其盐

焦磷酸$(H_4P_2O_7)$是无色玻璃状物质，易溶于水，在冷水中，可以很缓慢地转变为磷酸，在热水中，特别是有硝酸存在时，这种转变很快。

$$H_4P_2O_7 + H_2O \longrightarrow 2H_3PO_4$$

焦磷酸是四元酸，其$K_{a1}^{\ominus} = 2.9 \times 10^{-2}$，$K_{a2}^{\ominus} = 5.3 \times 10^{-3}$，$K_{a3}^{\ominus} = 2.2 \times 10^{-7}$，$K_{a4}^{\ominus} = 4.8 \times 10^{-10}$，可见焦磷酸的酸性比磷酸强。一般说来，酸的缩合程度越大，其产物的酸性越强。

焦磷酸盐常见的多为两类，即$M_2^IH_2P_2O_7$和$M_4^IP_2O_7$。焦磷酸的钠盐溶于水，将磷酸一氢钠加热可得焦磷酸钠：

$$2Na_2HPO_4 \xrightarrow{\triangle} Na_4P_2O_7 + H_2O$$

适量的$Na_4P_2O_7$溶液与Cu^{2+}等离子作用生成焦磷酸铜沉淀；由于$P_2O_7^{4-}$具有配位能力，当$Na_4P_2O_7$过量时，则由于生成配合物而使沉淀溶解：

$$2Cu^{2+} + P_2O_7^{4-} \longrightarrow Cu_2P_2O_7(s)$$

$$Cu_2P_2O_7(s) + 3P_2O_7^{4-} \longrightarrow 2[Cu(P_2O_7)_2]^{6-}$$

焦磷酸盐可用于硬水软化和无氰电镀。

$P_2O_7^{4-}$的结构如图14-13所示，其中两个四面体构型的PO_4原子团共用一个蓝色氧原子而连接起来。

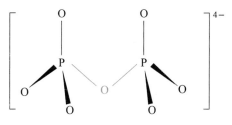

图 14-13　$P_2O_7^{4-}$ 的结构

（6）偏磷酸及其盐

偏磷酸是硬而透明的玻璃状物质,易溶于水。在水溶液中转化为 H_3PO_4 的反应很慢。常见的多聚偏磷酸$(HPO_3)_x$有三聚偏磷酸和四聚偏磷酸。

与焦磷酸相似,当偏磷酸溶液中加入硝酸银时产生白色沉淀。偏磷酸溶液有使蛋白沉淀的特性,根据各种磷酸与硝酸银或蛋白作用的差异,可对焦磷酸、偏磷酸和正磷酸进行鉴别。

偏磷酸盐 M^IPO_3 可由灼烧磷酸氢盐得到。例如,由磷酸氢钠铵制取偏磷酸钠的反应如下:

$$NH_4NaHPO_4 \xrightarrow{\triangle} NaPO_3 + NH_3 + H_2O$$

将磷酸二氢钠加热至 400~500 ℃,可得到三聚偏磷酸盐:

$$3NaH_2PO_4 \xrightarrow{400\sim500\ ℃} Na_3(PO_3)_3 + 3H_2O$$

继续加热至 600 ℃,然后将熔融物骤冷而制得多磷酸盐,它是含有 30~90 个 PO_3 基团的长链结构,易溶于水,有与 Ca^{2+},Mg^{2+} 等配位的能力,主要用作硬水的软化剂和锅炉的阻垢剂。

含磷、氮等植物生长必须元素的工业废水和城市生活污水排入湖泊、水库、河流、海湾等区域,造成水体富营养化,会导致藻类等水生植物生长过盛,并引发赤潮,因此,含磷洗涤剂的生产和使用广泛受到限制。

4. 磷的卤化物

磷可以形成氧化值为+3 和+5 的卤化物,即三卤化磷 PX_3 和五卤化磷 PX_5。

磷与适量的卤素单质作用生成 PX_3($X = Cl,Br,I$),产物中常含有少量 PX_5。三卤化磷的性质列于表 14-8 中。

表 14-8　三卤化磷的性质

PX_3	熔点/ ℃	沸点/℃	P—X 键键长/pm	$\Delta_f H_m^\Theta(PX_3)/(kJ \cdot mol^{-1})$
PF_3	−151.3	−101.38	152	−918.8
PCl_3	−93.6	76.1	204	−319.7
PBr_3	−41.5	173.2	223	−184.5
PI_3	60	—	247	−45.6

三卤化磷分子的构型为三角锥形,如图 14-14(a)所示。磷原子位于三角锥的顶点,除了采取 sp^3 杂化与 3 个卤原子形成 3 个 σ 键外,还有一对孤对电子,因此 PX_3 具有加合性。

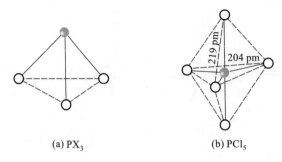

(a) PX₃   (b) PCl₅

图 14-14   PX₃ 和 PCl₅ 的分子构型

PX₃ 容易与氧或硫反应,分别生成三卤氧化磷 POX₃ 和三卤硫化磷 PSX₃,例如:

$$2PF_3+O_2 \longrightarrow 2POF_3$$

$$PBr_3+S \longrightarrow PSBr_3$$

三卤化磷中以三氯化磷为最重要,可以通过过量的磷在氯气中燃烧制得。PCl₃ 在室温下是无色液体,在潮湿空气中强烈地发烟,在水中强烈地水解,生成亚磷酸和氯化氢:

$$PCl_3+3H_2O \longrightarrow H_3PO_3+3HCl$$

磷与过量的卤素单质直接反应生成五卤化磷,三卤化磷和卤素反应也可以得到五卤化磷。例如,三氯化磷和氯气直接反应生成五氯化磷。

五卤化磷的气态分子为三角双锥形,PCl₅ 的构型如图 14-14(b)所示。磷原子以 sp³d 杂化轨道与 5 个卤原子形成 5 个 P—X 键,其中 2 个 P—X 键比其他 3 个 P—X 键长一些。

PX₅ 受热分解为 PX₃ 和 X₂,其热稳定性随 X₂ 的氧化性增强而增强。例如,PCl₅ 在 300 ℃ 以上分解为 PCl₃ 和 Cl₂,此时 PF₅ 尚不分解。

PX₅ 中最重要的是 PCl₅。PCl₅ 是白色晶体,含有 $[PCl_4]^+$ 和 $[PCl_6]^-$,$[PCl_4]^+$ 和 $[PCl_6]^-$ 的排列类似于 CsCl 的 Cs^+ 和 Cl^-。

PCl₅ 水解得到磷酸和氯化氢,反应分两步进行:

$$PCl_5+H_2O \longrightarrow POCl_3+2HCl$$

$$POCl_3+3H_2O \longrightarrow H_3PO_4+3HCl$$

POCl₃ 在室温下是无色液体,它与 PCl₅ 在有机反应中都用作氯化剂。POCl₃ 分子的构型为四面体,磷原子采取 sp³ 杂化与 3 个氯原子和 1 个氧原子结合。

14.1.5   砷、锑、铋的化合物

1. 砷、锑、铋的氢化物

砷、锑、铋都能形成氢化物,即 AsH₃,SbH₃,BiH₃。它们都是无色液体,分子结构与 NH₃ 类似,为三角锥形,熔点、沸点依次升高。AsH₃,SbH₃,BiH₃ 都是不稳定的,且稳定性依次降低,BiH₃

极不稳定。它们的碱性也按此顺序依次减弱，BiH_3 根本没有碱性。砷、锑、铋的氢化物都是极毒的。

　　砷、锑、铋的氢化物中较重要的是砷化氢 AsH_3，也叫做胂。金属的砷化物水解或用较活泼金属在酸性溶液中还原 As(Ⅲ) 的化合物，可以得到 AsH_3：

$$Na_3As+3H_2O \longrightarrow AsH_3+3NaOH$$

$$As_2O_3+6Zn+6H_2SO_4 \longrightarrow 2AsH_3+6ZnSO_4+3H_2O$$

　　胂有大蒜的刺激气味，室温下胂在空气中能自燃：

$$2AsH_3+3O_2 \longrightarrow As_2O_3+3H_2O$$

　　在缺氧条件下，胂受热分解成单质砷和氢气：

$$2AsH_3 \xrightarrow{\triangle} 2As(s)+3H_2$$

这就是马氏试砷法的基本原理。具体方法是将试样、锌和盐酸混在一起，反应生成的气体导入热石英管中，如果试样中含有砷的化合物，则因锌的还原而生成胂，由于胂在石英管的受热部分分解，生成的砷沉积在管壁上形成亮棕黑色的"砷镜"。

　　胂是一种很强的还原剂，不仅能还原高锰酸钾、重铬酸钾及硫酸、亚硫酸等，还能和某些重金属的盐反应而析出重金属。例如：

$$2AsH_3+12AgNO_3+3H_2O \longrightarrow As_2O_3+12HNO_3+12Ag(s)$$

$$AsH_3+6AgNO_3(浓) \longrightarrow Ag_3As \cdot 3AgNO_3(s，亮黄色)+3HNO_3$$

这是古氏试砷法的两个主要反应。

2. 砷、锑、铋的氧化物

　　砷、锑、铋与磷相似，可以形成两类氧化物，即氧化值为 +3 的 As_2O_3，Sb_2O_3，Bi_2O_3 和氧化值为 +5 的 As_2O_5，Sb_2O_5，Bi_2O_5（Bi_2O_5 极不稳定）。砷、锑、铋的 M_2O_3 是其相应亚酸的酸酐，它们的 M_2O_5 则是相应正酸的酸酐。

　　砷、锑、铋的单质在空气中燃烧或焙烧砷、锑、铋的硫化物可制得它们的 M_2O_3。它们的 M_2O_5 不能用这种方法制得，可以用硝酸氧化砷或锑得到其 M_2O_5 的水合物，再小心加热脱水，就可以得到 M_2O_5。常态下，砷、锑的 M_2O_3 是双聚分子 As_4O_6 和 Sb_4O_6，其结构与 P_4O_6 相似，它们在较高温度下才解离为 As_2O_3 和 Sb_2O_3。它们的晶体为分子晶体，而 Bi_2O_3 则为离子晶体。

　　三氧化二砷（As_2O_3）俗名砒霜，为白色粉末状的剧毒物，是砷的最重要的化合物。As_2O_3 微溶于水，在热水中溶解度稍大，溶解后形成亚砷酸 H_3AsO_3 溶液。As_2O_3 是两性偏酸的氧化物，因此可以在碱溶液中溶解生成亚砷酸盐。As_2O_3 主要用于制造杀虫药剂、除草剂及含砷药物。

　　三氧化二锑（Sb_2O_3）是不溶于水的白色固体，但既可以溶于酸，也可以溶于强碱溶液。Sb_2O_3 具有明显的两性，其酸性比 As_2O_3 弱，碱性则略强。

　　三氧化二铋（Bi_2O_3）是黄色粉末，加热变为红棕色。Bi_2O_3 极难溶于水，溶于酸生成相应的铋盐，是碱性氧化物。

　　总之，砷、锑、铋的氧化物酸性依次减弱，碱性依次增强。

MOOC

教学视频
砷、锑、铋的化合物

实验视频
Sb(OH)₃ 的生
成和酸碱性

3. 砷、锑、铋的氢氧化物及含氧酸

砷、锑、铋的氧化值为 +3 的氢氧化物有 H_3AsO_3，$Sb(OH)_3$ 和 $Bi(OH)_3$，它们的酸性依次减弱，碱性依次增强。H_3AsO_3 和 $Sb(OH)_3$ 是两性氢氧化物，而 $Bi(OH)_3$ 的碱性大大强于酸性，只能微溶于浓的强碱溶液中。H_3AsO_3 仅存在于溶液中，而 $Sb(OH)_3$ 和 $Bi(OH)_3$ 都是难溶于水的白色沉淀。

亚砷酸（H_3AsO_3）是一种弱酸，$K_{a1}^{\ominus}=5.9\times10^{-10}$。在酸性介质中，亚砷酸还原性较差，但在碱性溶液中，亚砷酸盐是一种还原剂，能将碘这样的弱氧化剂还原：

$$AsO_3^{3-}+I_2+2OH^- \longrightarrow AsO_4^{3-}+2I^-+H_2O$$

$Sb(OH)_3$ 即使在强碱溶液中还原性也较差。$Bi(OH)_3$ 则只能在强碱介质中被很强的氧化剂所氧化。例如：

$$Bi(OH)_3+Cl_2+3NaOH \longrightarrow NaBiO_3+2NaCl+3H_2O$$

砷、锑、铋的氧化值为 +3 的氢氧化物（或含氧酸）的还原性依次减弱。

以浓硝酸作用于砷、锑的单质或三氧化物时，生成氧化值为 +5 的含氧酸或水合氧化物：

$$3As+5HNO_3+2H_2O \longrightarrow 3H_3AsO_4+5NO$$
$$6Sb+10HNO_3 \longrightarrow 3Sb_2O_5+10NO+5H_2O$$
$$xSb_2O_5+yH_2O \longrightarrow xSb_2O_5\cdot yH_2O$$

砷酸（H_3AsO_4）易溶于水，是一种三元酸（$K_{a1}^{\ominus}=5.7\times10^{-3}$，$K_{a2}^{\ominus}=1.7\times10^{-7}$，$K_{a3}^{\ominus}=2.5\times10^{-12}$），其酸性近似磷酸。锑酸 $H[Sb(OH)_6]$ 在水中是难溶的，酸性相对较弱（$K_a^{\ominus}=4\times10^{-5}$）。相应的锑酸盐中，$Na[Sb(OH)_6]$ 的溶解度更小，所以定性分析上用 $K[Sb(OH)_6]$ 检定 Na^+。铋酸很难制得，硝酸只能将金属铋氧化为硝酸铋：

$$Bi+4HNO_3 \longrightarrow Bi(NO_3)_3+NO+2H_2O$$

但铋酸盐已经制得，如铋酸钠 $NaBiO_3$。用酸处理 $NaBiO_3$ 得到的红棕色的 Bi_2O_5 极不稳定，很快分解为 Bi_2O_3 和 O_2，因此纯净的 Bi_2O_5 至今尚未制得。

砷酸盐、锑酸盐和铋酸盐都具有氧化性，且氧化性依次增强，其中砷酸盐、锑酸盐只有在酸性溶液中才表现出氧化性，例如：

$$H_3AsO_4+2I^-+2H^+ \longrightarrow H_3AsO_3+I_2+H_2O$$

电对 H_3AsO_4/H_3AsO_3 的电极电势随溶液 pH 的变化而改变：

$$H_3AsO_4+2H^++2e^- \Longleftrightarrow H_3AsO_3+H_2O; \quad E^{\ominus}=0.574\ 8\ V$$

$$E=E^{\ominus}+\frac{0.059\ 2\ V}{2}\lg\frac{[c(H_3AsO_4)/c^{\ominus}][c(H^+)/c^{\ominus}]^2}{[c(H_3AsO_3)/c^{\ominus}]}$$

电对 I_2/I^- 的电极电势在一定的 pH 范围内不随溶液 pH 的改变而改变（pH 大于 9，I_2 本身发生歧化反应生成 I^- 和 IO_3^-）：

$$I_2+2e^- \Longleftrightarrow 2I^-; \quad E^{\ominus}=0.534\ 5\ V$$

这两个电对的电极电势与溶液 pH 的关系如图 14-15 所示。由图可见,当溶液酸性较强(pH<0.78)时,H_3AsO_4 可以氧化 I^-;而在酸性稍弱时,H_3AsO_3 可以还原 I_2。显然,H_3AsO_4 只有在强酸性溶液中才表现出明显的氧化性。铋酸盐在酸性溶液中是很强的氧化剂,可将 Mn^{2+} 氧化成高锰酸根:

$$2Mn^{2+}+5NaBiO_3(s)+14H^+ \longrightarrow$$
$$2MnO_4^-+5Bi^{3+}+5Na^++7H_2O$$

这一反应可以用于鉴定 Mn^{2+}。

砷、锑、铋化合物的酸碱性、氧化还原性变化规律归纳如下:

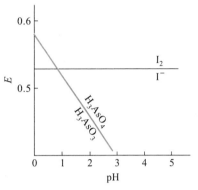

图 14-15　H_3AsO_4/H_3AsO_3 和 I_2/I^-
系统的 E-pH 图

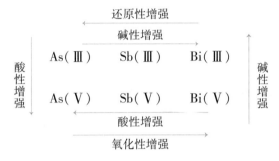

4. 砷、锑、铋的盐

砷、锑、铋难以形成 M^{5+},但在强酸溶液中可以形成 M^{3+}。例如,砷、锑、铋的三氯化物、硫酸锑 $Sb_2(SO_4)_3$、硫酸铋 $Bi_2(SO_4)_3$ 和硝酸铋 $Bi(NO_3)_3$ 等就是如此。这些盐在水溶液中都易水解,除 $AsCl_3$ 的水解与 PCl_3 相似外,其他盐的水解产物为碱式盐。例如:

$$Sb_2(SO_4)_3+2H_2O \longrightarrow (SbO)_2SO_4(s)+2H_2SO_4$$
$$BiCl_3+H_2O \longrightarrow BiOCl(s)+2HCl$$

Sb^{3+} 和 Bi^{3+} 也具有一定的氧化性,可被强还原剂还原为金属单质。例如:

$$2Sb^{3+}+3Sn \longrightarrow 2Sb+3Sn^{2+}$$

实验视频
$BiCl_3$ 的水解

这一反应可以用来鉴定 Sb^{3+}。在碱性溶液中,$Sn(II)$ 可将 $Bi(III)$ 还原为 Bi:

$$2Bi^{3+}+3[Sn(OH)_4]^{2-}+6OH^- \longrightarrow 2Bi+3[Sn(OH)_6]^{2-}$$

利用这一反应可以鉴定 Bi^{3+}。

5. 砷、锑、铋的硫化物

砷、锑、铋都能形成稳定的硫化物。氧化值为+3 的硫化物有黄色的 As_2S_3、橙色的 Sb_2S_3 和黑色的 Bi_2S_3;氧化值为+5 的硫化物有黄色的 As_2S_5 和橙色的 Sb_2S_5,但不能生成 Bi_2S_5。

在砷、锑、铋的盐溶液中通入硫化氢或加入可溶性硫化物,可得到相应的砷、锑、铋的硫化物沉淀。例如:

$$2AsO_3^{3-}+3H_2S+6H^+ \longrightarrow As_2S_3(s)+6H_2O$$

这些硫化物都不溶于水和稀酸。

砷、锑、铋的硫化物与酸和碱的反应同它们相应的氧化物相似。其中,砷、锑的硫化物能溶于碱溶液,也能溶于 Na_2S 或 $(NH_4)_2S$ 溶液:

$$As_2S_3+6NaOH \longrightarrow Na_3AsS_3+Na_3AsO_3+3H_2O$$

$$Sb_2S_3+6NaOH \longrightarrow Na_3SbO_3+Na_3SbS_3+3H_2O$$

$$As_2S_3+3Na_2S \longrightarrow 2Na_3AsS_3$$
$$\text{(硫代亚砷酸钠)}$$

$$Sb_2S_3+3Na_2S \longrightarrow 2Na_3SbS_3$$

$$As_2S_5+3Na_2S \longrightarrow 2Na_3AsS_4$$
$$\text{(硫代砷酸钠)}$$

$$Sb_2S_5+3Na_2S \longrightarrow 2Na_3SbS_4$$

Bi_2S_3 不溶于上述溶液。

砷的硫化物不溶于浓盐酸,而 Sb_2S_3 和 Bi_2S_3 则溶于浓盐酸:

$$Sb_2S_3+12HCl(浓) \longrightarrow 2H_3[SbCl_6]+3H_2S$$

$$Bi_2S_3+8HCl(浓) \longrightarrow 2H[BiCl_4]+3H_2S$$

As_2S_3 和 Sb_2S_3 都具有还原性,能与多硫化物反应生成硫代酸盐:

$$As_2S_3+3S_2^{2-} \longrightarrow 2AsS_4^{3-}+S$$

$$Sb_2S_3+3S_2^{2-} \longrightarrow 2SbS_4^{3-}+S$$

Bi_2S_3 的还原性极弱,不发生这类反应。

在砷、锑的硫代酸盐或硫代亚酸盐溶液中加入酸,生成不稳定的硫代酸或硫代亚酸,它们立即分解为相应的硫化物和硫化氢:

$$2AsS_3^{3-}+6H^+ \longrightarrow As_2S_3(s)+3H_2S$$

$$2SbS_3^{3-}+6H^+ \longrightarrow Sb_2S_3(s)+3H_2S$$

$$2AsS_4^{3-}+6H^+ \longrightarrow As_2S_5(s)+3H_2S$$

$$2SbS_4^{3-}+6H^+ \longrightarrow Sb_2S_5(s)+3H_2S$$

根据以上性质,分析化学上用 $(NH_4)_2S$ 或 Na_2S 溶液将砷、锑的硫化物溶解,使之与某些金属硫化物从沉淀中分离出来。如果将分离后的溶液酸化,又得到原来的硫化物沉淀。

砷、锑的硫代酸盐和硫代亚酸盐在固态和溶液中都是稳定的,它们的钠、钾、铵盐易溶,而其他金属的盐则大多难溶。硫代砷酸盐和硫代亚砷酸盐也用来作杀虫剂。砷的化合物都是有毒的。

砷、锑、铋的常见化合物的性质列于表 14-9 中。

表 14-9　砷、锑、铋的常见化合物的性质

	颜色和状态	密度 g·cm⁻³	熔点 ℃	沸点 ℃	受热时的变化	溶解度 g/100 g H₂O
三氧化二砷（砒霜）As_2O_3	无色晶体（正八面体或四面体），也有无定形的	3.86（砷华）3.74（白砷石）	274（砷华）313（白砷石）	460	加热至 200 ℃时不经熔融而挥发，在饱和水蒸气中表面呈浑浊不透明，剧毒，0.1 g 致死	1.8,在甲醇、戊醇、氯仿及乙醚中溶解,既溶于酸也溶于碱
三氯化锑 $SbCl_3$	无色晶体	3.14	73.4	220.3	在空气中发烟,有强烈吸湿性,对皮肤有腐蚀性	遇水分解,生成氯化氧锑（SbOCl）,能溶于乙醇不分解
硝酸铋 $Bi(NO_3)_3·5H_2O$	无色三斜晶体	2.93	—	—	80 ℃时失去全部结晶水,200 ℃分解放出 NO_2	加水,水解生成碱式盐,加热时可溶在酸和甘油里,亦可溶于丙酮
砷酸钠 $Na_3AsO_4·12H_2O$	无色六立晶体	1.76	85.5溶于结晶水	—	常温下于空气中无变化	38.9,水溶液呈碱性,从空气中吸收 CO_2 变为 Na_2HAsO_4
五氧化二锑 Sb_2O_5	淡黄色粉末	3.78	380（分解）	—	煅烧时失去氧	0.3,难溶于水,不溶于乙醇,可溶于盐酸和 KOH 中

§14.2　氧　族　元　素

14.2.1　氧族元素概述

　　周期系第ⅥA族元素包括氧、硫、硒、碲和钋 5 种元素,总称为氧族元素。氧和硫是典型的非金属元素,硒和碲也是非金属元素,而钋则是放射性金属元素。氧族元素的性质列在表 14-10 中。

表 14-10　氧族元素的性质

	氧	硫	硒	碲	钋
元素符号	O	S	Se	Te	Po
原子序数	8	16	34	52	84
价层电子构型	$2s^2 2p^4$	$3s^2 3p^4$	$4s^2 4p^4$	$5s^2 5p^4$	$6s^2 6p^4$
共价半径/pm	60	104	117	137	153
沸点/℃	−183	445	685	990	962
熔点/℃	−218	115	217	450	254
电负性	3.44	2.58	2.55	2.10	2.0
电离能/($kJ\cdot mol^{-1}$)	1 320	1 005	947	875	812
电子亲和能/($kJ\cdot mol^{-1}$)	−141	−200	−195	−190	
$E^{\ominus}(X/X^{2-})$/V		−0.445	−0.78	−0.92	
氧化值	−2,(−1)	−2,+2,+4,+6	−2,+2,+4,+6	+2,+4,+6	+2,+6
配位数	1,2	2,4,6	2,4,6	6,8	
晶体结构	分子晶体	分子晶体	分子晶体(红硒) 链状晶体(灰硒)	链状晶体	金属晶体

　　氧族元素原子的价层电子构型为 $ns^2 np^4$,有获得 2 个电子达到稀有气体的稳定电子层结构的趋势,表现出较强的非金属性。随着原子序数的增加,氧族元素的非金属性依次减弱,而逐渐显示出金属性。从电负性的数值可以看出,氧族元素的非金属性不如相应的卤族元素那样强。

　　由表 14-10 可见,氧是本族元素中电负性最大、原子半径最小、电离能最大的元素。氧化值为−2 的化合物的稳定性从氧到碲依次降低,其还原性依次增强。例如,H_2O 通常情况下是很稳定的,而且没有还原性;碲化氢 H_2Te 则在常温下很不稳定,它在酸性介质中是强还原剂。氧族元素氢化物的酸性从 H_2O 到 H_2Te 依次增强。从硫到碲其氧化物的酸性依次递减,较重元素的氧化物表现出一定的碱性,例如,TeO_2 与盐酸反应生成 $TeCl_4$。

　　由于氧的电负性很大,仅次于氟,所以只有当它与氟化合时,其氧化值为正值,在一般化合物中氧的氧化值为负值。其他氧族元素在与电负性大的元素结合时,可以形成氧化值为+2,+4,+6 的化合物。

　　氧原子在成键时遵循八隅体规则。本族其他元素,由于原子最外层具有空的 d 轨道可参与成键,因此可形成配位数大于 4 的化合物,如 SF_6,$SeBr_6^{2-}$ 和 $TeBr_6^{2-}$ 等。这种倾向从硫到碲依次增大,较重元素能形成配位数更大的物种,如 TeF_8^{2-}。

　　氧族元素单质的非金属化学活泼性按 O>S>Se>Te 的顺序降低。氧和硫是比较活泼的,氧几乎与所有元素(除大多数稀有气体外)化合而生成相应的氧化物;单质硫与许多金属接触时都能发生反应,室温时汞也能与硫化合,高温下硫能与氢、氧、碳等非金属作用,只有稀有气体及单质碘、氮、碲、金、铂和钯不能直接同硫化合。硒和碲也能与大多数元素反应而生成相应的硒化物和碲化物。除钋外,氧族元素单质不与水和稀酸反应,浓硝酸可以将硫、硒和碲分别氧化成 H_2SO_4,H_2SeO_3 和 H_2TeO_3。

　　在氧族元素中,氧和硫能以单质和化合态存在于自然界,硒和碲属于分散稀有元素,它们以极微量存在于各种硫化物矿中。从这些硫化物矿的焙烧的烟道气中除尘时可以回收硒和碲,也可以从电解精炼铜的阳极泥中回收得到硒和碲。

　　硒有几种同素异形体,其中灰硒为链状晶体,它的导电性在暗处很低,当受到光照时可升高近千倍,可用来做光电池和整流器的结构材料;红硒是分子晶体,常用于制造红玻璃。硒还用于生产不锈钢和合金,也是人体必需的微量元素之一。

图片
单质硫晶体

　　碲是银白色链状晶体,很脆,易成粉末,主要用来制造合金,以增加其坚硬性和耐磨性。

　　关于硒和碲,本书不再做更多的讨论,以下将重点讨论氧和硫及其化合物。

　　氧元素和硫元素的电势图如下:

酸性溶液中　　$E_A^\ominus/\text{V}$

$$O_3 \xrightarrow{2.08} O_2 \xrightarrow[\quad 1.229 \quad]{0.694} H_2O_2 \xrightarrow{1.76} H_2O$$

$$S_2O_8^{2-} \xrightarrow{1.939} SO_4^{2-} \xrightarrow{0.1576} H_2SO_3 \begin{array}{c} \xrightarrow{0.539} S_4O_6^{2-} \xrightarrow{0.02384} \\ \xrightarrow{0.068} HS_2O_4^{-} \xrightarrow{0.752} \\ \xrightarrow{0.4101} \end{array} S_2O_3^{2-} \xrightarrow{0.489} S \xrightarrow{0.1442} H_2S$$

0.449 7

碱性溶液中　　$E_B^\ominus/\text{V}$

$$O_3 \xrightarrow{1.247} O_2 \xrightarrow[\quad 0.401 \quad]{-0.065} HO_2^{-} \xrightarrow{0.867} OH^{-}$$

$$SO_4^{2-} \xrightarrow{-0.9362} SO_3^{2-} \begin{array}{c} \xrightarrow{-0.6592} \\ \xrightarrow{-0.5659} \\ \xrightarrow{-1.13} S_2O_4^{2-} \xrightarrow{-0.0023} \end{array} S_2O_3^{2-} \xrightarrow{-0.753} S \xrightarrow{-0.445} S^{2-}$$

-0.587 2

14.2.2　氧及其化合物

1. 氧

　　氧是地壳中分布最广的元素,其丰度居各种元素之首,其质量约占地壳质量的一半。氧广泛分布在大气和海洋中,在海洋中主要以水的形式存在,海洋中氧的质量分数约为 89%,大气层中,氧以单质状态存在,空气中氧的体积分数约为 21%,质量分数约为23%。此外,氧还以硅酸盐、氧化物及其他含氧阴离子的形式存在于岩石和土壤中,其质量分数约为岩石层的47%。

自然界的氧有三种同位素,即^{16}O,^{17}O,^{18}O,其中^{16}O的含量最高,占氧原子数的99.76%。^{18}O是一种稳定的同位素,可以通过水的分馏以重氧水的形式富集,常作为示踪原子用于化学反应机理的研究。

工业上通过液态空气的分馏制取氧气,用电解的方法也可以制得氧气;实验室利用氯酸钾的热分解制备氧气。

氧分子的结构式为O⋮⋮O,具有顺磁性。在液态氧中还有缔合分子O_4存在,在室温和加压下,分子光谱实验证明O_4具有反磁性。

氧是无色、无臭的气体,在-183℃时凝聚为淡蓝色液体,冷却到-218℃时,凝结为蓝色的固体。氧气常以15 MPa压入钢瓶内储存。氧分子是非极性分子,在水中的溶解度很小,在-80℃时,1 L水中只能溶解30 mL氧气,尽管如此,这却是各种水生动物、植物赖以生存的重要条件。

氧分子的键解离能较大,$D(\text{O⋮⋮O}) = 498$ kJ·mol^{-1},常温下空气中的氧气只能将某些强还原性的物质(如 NO,$SnCl_2$,H_2SO_3 等)氧化。在加热条件下,除卤素、少数贵金属(如 Au,Pt 等)及稀有气体外,氧气几乎能与所有元素直接化合成相应的氧化物。

氧气的用途很广泛。富氧空气或纯氧用于医疗和高空飞行;大量的纯氧用于炼钢;氢氧焰和氧炔焰用于切割和焊接金属;液氧常用作火箭发动机的助燃剂等

2. 臭氧

臭氧 O_3 是氧气 O_2 的同素异形体,其在地面附近的大气层中含量极少,仅为 1.0×10^{-3} mL/m^3。而在大气层的平流层,由于太阳对大气中氧气的强烈辐射作用,形成了一层臭氧层,臭氧层能吸收太阳光的紫外辐射,成为保护地球上的生命免受太阳强辐射的天然屏障。因此,对臭氧层的保护已成为全球性的任务。在大雷雨的天气,空气中的氧气在电火花作用下也部分地转化为臭氧;复印机工作时有臭氧产生;在实验室里可借助无声放电的方法制备浓度达百分之几的臭氧。

臭氧分子的构型为 V 形,如图 14-16 所示。在臭氧分子中,中心氧原子以 2 个 sp^2 杂化轨道与另外 2 个氧原子形成 σ 键,第三个 sp^2 杂化轨道为孤对电子所占有。此外,中心氧原子的未参与杂化的 p 轨道上有一对电子,两端氧原子与其平行的 p 轨道上各有 1 个电子,它们之间形成垂直于分子平面的三中心四电子大 π 键,用 Π_3^4 表示。臭氧分子是反磁性的,表明其分子中没有成单电子。

臭氧是淡蓝色的气体,有一种鱼腥味,在-112℃时凝聚为深蓝色液体,在-193℃时凝结为黑紫色固体。臭氧分子为极性分子,其偶极矩 $\mu = 1.8\times10^{-30}$ C·m,比氧气易溶于水(0℃时1 L水中可溶解0.49 L O_3)。液态臭氧与液氧不能互溶,故可以通过分级液化的方法提纯。

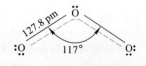

图 14-16　臭氧分子的构型

与氧气相反,臭氧是非常不稳定的,在常温下缓慢分解,在 200 ℃ 以上分解较快:

$$2O_3(g) \longrightarrow 3O_2(g); \quad \Delta_r H_m^\ominus = -285.4 \text{ kJ·mol}^{-1}$$

二氧化锰的存在可加速臭氧的分解,而水蒸气则可减缓臭氧的分解,纯的臭氧容易爆炸。

臭氧的氧化性比 O_2 强,能将 I^- 氧化而析出单质碘:

$$O_3 + 2I^- + 2H^+ \longrightarrow I_2 + O_2 + H_2O$$

这一反应用于测定臭氧的含量。臭氧还能氧化有机化合物,例如,利用臭氧氧化烯烃的反应可以用来确定不饱和烃中双键的位置。

利用臭氧的氧化性及不容易导致二次污染这一优点,可用臭氧来净化废气和废水;臭氧又可用作杀菌剂,用臭氧代替氯气作为饮用水消毒剂,其优点是杀菌快而且消毒后无味;臭氧还是一种高能燃料的氧化剂。

尽管空气中含微量的臭氧有益于人体的健康,但当臭氧含量高于 1 mL/m^3 时,会引起头疼等症状,对人体是有害的。此外,由于臭氧的强氧化性,它对橡胶和某些塑料还有破坏作用。

3. 过氧化氢

纯的过氧化氢的熔点为 -1 ℃,沸点为 150 ℃,-4 ℃时固体 H_2O_2 的密度为 1.643 g·cm^{-3}。H_2O_2 分子间通过氢键发生缔合,其缔合程度比水大,能与水以任何比例相混溶,过氧化氢的水溶液也称为双氧水。

结构研究表明,H_2O_2 分子不是直线形的,其分子构型如图 14-17 所示。在 H_2O_2 分子中有 1 个过氧链—O—O—,2 个氧原子都以 sp^3 杂化轨道成键,除相互连接形成 O—O 键外,还各与 1 个氢原子相连。

高纯度的 H_2O_2 在低温下是比较稳定的,其分解反应相对平稳,但加热到 153 ℃ 以上时,会发生强烈的爆炸性分解:

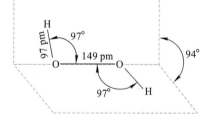

图 14-17　H_2O_2 分子的构型

$$2H_2O_2(l) \longrightarrow 2H_2O(l) + O_2(g);$$
$$\Delta_r H_m^\ominus = -196 \text{ kJ·mol}^{-1}$$

浓度高于 65% 的 H_2O_2 和某些有机化合物接触时,容易发生爆炸。H_2O_2 在碱性介质中的分解速率远比在酸性介质中大,少量 Fe^{2+},Mn^{2+},Cu^{2+},Cr^{3+} 等金属离子的存在能大大加速 H_2O_2 的分解,光照也可使 H_2O_2 的分解速率加大,因此,H_2O_2 应储存在棕色瓶中,置于阴凉处。

过氧化氢是一种极弱的酸,298 K 时,其 $K_{a1}^\ominus = 2.0 \times 10^{-12}$,$K_{a2}^\ominus$ 约为 10^{-25}。H_2O_2 能与某些金属氢氧化物反应,生成过氧化物和水。例如:

$$H_2O_2 + Ba(OH)_2 \longrightarrow BaO_2 + 2H_2O$$

在过氧化氢中,氧的氧化值为 -1,因此,H_2O_2 既有氧化性,又有还原性。无论在

图片
过氧化氢分子
的构型

酸性还是在碱性溶液中,H_2O_2 都是强氧化剂。例如:

$$2I^- + H_2O_2 + 2H^+ \longrightarrow I_2 + 2H_2O$$

$$2[Cr(OH)_4]^- + 3H_2O_2 + 2OH^- \longrightarrow 2CrO_4^{2-} + 8H_2O$$

H_2O_2 的还原性较弱,只有当 H_2O_2 与强氧化剂作用时,才能被氧化而放出 O_2。例如:

$$2KMnO_4 + 5H_2O_2 + 3H_2SO_4 \longrightarrow 2MnSO_4 + 5O_2 + K_2SO_4 + 8H_2O$$

$$H_2O_2 + Cl_2 \longrightarrow 2HCl + O_2$$

过氧化氢可将黑色的 PbS 氧化为白色的 $PbSO_4$:

$$PbS + 4H_2O_2 \longrightarrow PbSO_4 + 4H_2O$$

在酸性溶液中,H_2O_2 能与重铬酸盐反应生成蓝色的过氧化铬 CrO_5,CrO_5 在乙醚或戊醇中比较稳定。

$$4H_2O_2 + Cr_2O_7^{2-} + 2H^+ \longrightarrow 2CrO_5 + 5H_2O$$

这个反应可用于检验 H_2O_2,也可以用于检验 CrO_4^{2-} 或 $Cr_2O_7^{2-}$ 的存在。

过氧化氢的主要用途是作为氧化剂使用,其优点是产物为 H_2O,不会给反应系统引入其他杂质。工业上使用 H_2O_2 作漂白剂;医药上用稀 H_2O_2 作为消毒杀菌剂;纯 H_2O_2 可作为火箭燃料的氧化剂;实验室常用 30% 和稀的(3%)H_2O_2 作氧化剂。应该注意,浓度稍大的 H_2O_2 水溶液会灼伤皮肤,使用时应格外小心!

14.2.3　硫及其化合物

硫在自然界以单质和化合状态存在。单质硫矿床主要分布在火山附近。以化合物形式存在的硫分布较广,主要有硫化物(如 FeS_2,PbS,$CuFeS_2$,ZnS 等)和硫酸盐(如 $CaSO_4$,$BaSO_4$,$Na_2SO_4 \cdot 10H_2O$ 等),其中黄铁矿 FeS_2 是最重要的硫化物矿,它大量用于制造硫酸,是一种基本的化工原料。煤和石油中也含有硫。此外,硫是细胞的组成元素之一,它以化合物形式存在于动物、植物有机体内。例如,各种蛋白质中化合态硫的含量为 0.8%~2.4%。

1. 单质硫

单质硫俗称硫黄,是分子晶体,很松脆,不溶于水,导电性、导热性很差。

硫有几种同素异形体。天然硫是黄色固体,叫做正交硫(菱形硫),密度为 2.06 $g \cdot cm^{-3}$,在 94.5 ℃ 以下是稳定的。将正交硫加热到 94.5 ℃ 时,正交硫转变为单斜硫。单斜硫呈浅黄色,密度为 1.99 $g \cdot cm^{-3}$,在 94.5~115 ℃(熔点)范围内稳定。当温度低于 94.5 ℃ 时,单斜硫又慢慢转变为正交硫。因此,94.5 ℃ 是正交硫和单斜硫这两种同素异形体的转变温度:

$$S(正交) \underset{}{\overset{94.5\,℃}{\rlap{\longrightarrow}{\longleftarrow}}} S(单斜); \quad \Delta_r H_m^{\ominus} = 0.33 \text{ kJ} \cdot \text{mol}^{-1}$$

正交硫和单斜硫的分子都是由 8 个硫原子组成的,具有环状结构,如图 14-18

实验视频
过氧化氢的氧化性

MOOC

教学视频
硫的单质和氢化物

所示。在 S_8 分子中,每个硫原子各以 sp^3 杂化轨道中的 2 个轨道与相邻的 2 个硫原子形成 σ 键,而 sp^3 杂化轨道中的另 2 个则各有 1 对孤对电子。S_8 分子之间靠弱的分子间力结合,熔点较低。它们都不溶于水而溶于 CS_2,CCl_4 等非极性溶剂或 CH_3Cl,C_2H_5OH 等弱极性溶剂。单斜硫与正交硫相比,只是晶体中的分子排列不同而已。

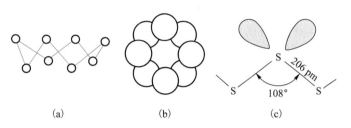

图片
硫的分子构型

(a)　　　　　(b)　　　　　(c)

图 14-18　硫的分子构型

当单质硫加热熔化后,得到浅黄色、透明、易流动的由 S_8 环状分子组成的液体。继续加热至 160 ℃ 左右,S_8 环开始断开,形成开链的线形分子,并且聚合成中长链的大分子,因而液体颜色变暗,黏度显著增大。当温度达 190 ℃ 左右,黏度变得最大,以致不能将熔融硫从容器中倒出。这是因为环不断地破裂并聚合成长链的巨分子,链与链又相互纠缠使之不易流动的缘故。进一步加热至 200 ℃,液体变黑,长链破裂成较短的链状分子(如 S_8,S_6 等),黏度又逐渐降低。温度达 444.6 ℃ 时液体沸腾,蒸气中有 S_8,S_6,S_4,S_2 等分子,温度越高,分子中硫原子数目越少。当温度高达 2 000 ℃ 左右时,开始有单原子硫解离出来。如果将 S_2 蒸气急剧冷却至 -196 ℃,可得到含 S_2 的紫色固体,其结构和 O_2 相似,也具有顺磁性。

将加热到 190 ℃ 的熔融硫倒入冷水中迅速冷却,可以得到弹性硫。由于骤冷,长链状硫分子来不及成环,仍以绞结的长链存在于固体中,因而固体具有弹性。弹性硫不溶于任何溶剂,静置后缓慢地转变为稳定的晶状硫。

硫的化学性质比较活泼,能与许多金属直接化合生成相应的硫化物,也能与氢、氧、卤素(碘除外)、碳、磷等直接作用生成相应的共价化合物。硫能与具有氧化性的酸(如硝酸、浓硫酸等)反应,也能溶于热的碱液生成硫化物和亚硫酸盐:

$$3S+6NaOH \xrightarrow{\triangle} 2Na_2S+Na_2SO_3+3H_2O$$

当硫过量时则可生成硫代硫酸盐:

$$4S+6NaOH \xrightarrow{\triangle} 2Na_2S+Na_2S_2O_3+3H_2O$$

硫的最大用途是制造硫酸,在合成橡胶工业、造纸工业、火柴和焰火制造等方面也不可缺少。此外,硫还用于制造黑火药、合成药剂及农药杀虫剂等。

2. 硫化氢和硫化物

(1) 硫化氢

硫化氢(H_2S)是无色、剧毒的气体。空气中 H_2S 的含量达到 0.05% 时,即可闻到其腐蛋臭味,工业上允许空气中 H_2S 的含量不超过 $0.01~mg\cdot L^{-1}$。H_2S 的毒性是由于它能与血红素中的 Fe^{2+} 作用生成 FeS 沉淀,从而使 Fe^{2+} 失去原来正常的生理作用。

硫化氢的沸点为 $-60~℃$,熔点为 $-86~℃$,比同族的 H_2O,H_2Se,H_2Te 都低。硫化氢稍溶于水,在 $20~℃$ 时 1 体积的水能溶解 2.5 体积的硫化氢。

硫化氢分子的构型与水分子相似,也呈 V 形,但 H—S 键键长(136 pm)比 H—O 键略长,而键角 $\angle HSH(92°)$ 比 $\angle HOH$ 小,H_2S 分子的极性比 H_2O 弱。

氢气和硫蒸气可直接化合生成硫化氢,通常用金属硫化物和非氧化性酸作用制取硫化氢:

$$FeS+2HCl \longrightarrow H_2S+FeCl_2$$

产物气体中常含有少量 HCl 气体,可以用水吸收以除去 HCl。在实验室中可利用硫代乙酰胺水溶液加热水解的方法制取硫化氢:

$$CH_3CSNH_2+2H_2O \longrightarrow CH_3COONH_4+H_2S$$

逸出的 H_2S 气体可用 P_4O_{10} 干燥。

硫化氢中硫的氧化值为 -2,是硫的最低氧化值,因此,硫化氢具有较强的还原性。硫化氢在充足的空气中燃烧生成二氧化硫和水,当空气不足或温度较低时,生成游离的硫和水。硫化氢也能被卤素氧化成游离的硫。例如:

$$H_2S+Br_2 \longrightarrow 2HBr+S$$

氯气还能把硫化氢氧化成硫酸:

$$H_2S+4Cl_2+4H_2O \longrightarrow H_2SO_4+8HCl$$

实验视频
硫化氢的还原性

硫化氢在水溶液中更容易被氧化。有关的标准电极电势如下:

酸性溶液中 $S+2H^++2e^- \rightleftharpoons H_2S$; $E^\ominus = 0.144~V$

碱性溶液中 $S+2e^- \rightleftharpoons S^{2-}$; $E^\ominus = -0.445~V$

由此可见,碱性溶液中 S^{2-} 的还原性比酸性溶液中的 H_2S 稍强,硫化氢水溶液在空气中放置后,由于空气中的氧把硫化氢氧化成游离的硫而渐渐变混浊。

硫化氢的水溶液称为氢硫酸,是一种很弱的二元酸,其 $K_{a1}^\ominus = 8.9\times10^{-8}$,$K_{a2}^\ominus = 7.1\times10^{-19}$。氢硫酸能与金属离子形成正盐,即硫化物,也能形成酸式盐即硫氢化物(如 NaHS)。

(2)金属硫化物

教学视频
金属硫化物和
多硫化物

金属硫化物大多数是有颜色的。碱金属硫化物、$(NH_4)_2S$ 和 BaS 易溶于水,其他碱土金属硫化物微溶于水(BeS 难溶),除此以外,大多数金属硫化物难溶于水,有些还难溶于酸。个别硫化物由于完全水解,在水溶液中不能生成,如 Al_2S_3 和 Cr_2S_3 必须采用干法制备。可以利用硫化物的上述性质来分离和鉴别各种金属离子。根据金属硫化物在水中和稀酸中的溶解性差别,可以把它们分成三类,列于表 14–11 中。

表 14-11 某些金属硫化物的颜色和溶解性

硫化物	颜色	$K_{sp}^{\ominus}$	溶解性	硫化物	颜色	$K_{sp}^{\ominus}$	溶解性
Na_2S	白色	——	溶于水或微溶于水	SnS	棕色	$1.0×10^{-25}$	难溶于水和稀酸
K_2S	黄棕色	——		PbS	黑色	$8.0×10^{-28}$	
$(NH_4)_2S$	溶液无色(微黄)	——		Sb_2S_3	橙色	$2.9×10^{-59}$	
CaS	无色	——		Bi_2S_3	黑色	$1×10^{-97}$	
BaS	无色	——		Cu_2S	黑色	$2.5×10^{-48}$	
MnS	肉红色	$2.5×10^{-13}$	难溶于水而溶于稀酸*	CuS	黑色	$6.3×10^{-36}$	
FeS	黑色	$6.3×10^{-18}$		$Ag_2S(\alpha)$	黑色	$6.3×10^{-50}$	
$CoS(\alpha)$	黑色	$4.0×10^{-21}$		CdS	黄色	$8.0×10^{-27}$	
$NiS(\alpha)$	黑色	$3.2×10^{-19}$		Hg_2S	黑色	$1.0×10^{-47}$	
$ZnS(\alpha)$	白色	$1.6×10^{-24}$		HgS	黑色	$1.6×10^{-52}$	

本表数据取自于 J. A. Dean. *Lange's Handbook of Chemistry*, 15th ed(1999).

* $0.3\ mol·L^{-1}$盐酸。

硫化钠(Na_2S)是白色晶状固体,在空气中易潮解,其水溶液由于 S^{2-} 水解而呈碱性,故 Na_2S 俗称硫化碱。常用的硫化钠是其水合晶体 $Na_2S·9H_2O$,将天然芒硝($Na_2SO_4·10H_2O$)在高温下用煤粉还原是工业上大量生产硫化钠的方法之一:

$$Na_2SO_4+4C \xrightarrow[\text{高温转炉}]{1\ 373\ K} Na_2S+4CO$$

硫化钠广泛用于染料、印染、涂料、制革、食品等工业,还用于制造荧光材料。

硫化铵($(NH_4)_2S$)为橙黄色晶体,也是一种常用的可溶性硫化物试剂。在氨水中通入硫化氢可制得硫氢化铵和硫化铵,它们的溶液呈碱性。

硫化钠和硫化铵都具有还原性,容易被空气中的 O_2 氧化而形成多硫化物。

金属硫化物无论是易溶的还是微溶的,都会发生水解反应,即使是难溶金属硫化物,其溶解的部分也发生水解。

各种难溶金属硫化物在酸中的溶解情况差异很大,这与它们的溶度积有关。$K_{sp}^{\ominus}$ 大于 10^{-24} 的硫化物一般可溶于稀酸。例如,ZnS 可溶于 $0.30\ mol·L^{-1}$ 的盐酸,而溶度积更大的 MnS 在醋酸溶液中即可溶解。溶度积介于 10^{-30} 与 10^{-25} 之间的硫化物一般不溶于稀酸而溶于浓盐酸,如 CdS 可溶于 $6.0\ mol·L^{-1}$ 的盐酸:

$$CdS+4HCl \longrightarrow H_2[CdCl_4]+H_2S$$

溶度积更小的硫化物(如 CuS)在浓盐酸中也不溶解,但可溶于浓硝酸。对于在浓硝酸中也不溶解的 HgS 来说,则需要用王水才能将其溶解。

难溶的酸性硫化物还可溶于碱液或 Na_2S,$(NH_4)_2S$ 溶液中,如 Sb_2S_3,Sb_2S_5,As_2S_3,As_2S_5,SnS_2,HgS 等。

实验视频
硫离子的鉴定

3. 多硫化物

在可溶性硫化物的浓溶液中加入硫粉时,硫溶解后生成相应的多硫化物,例如:

$$(NH_4)_2S+(x-1)S \longrightarrow (NH_4)_2S_x$$

通常生成的产物是含有不同数目硫原子的各种多硫化物的混合物,随着硫原子数目 x 的增加,多硫化物的颜色从黄色经过橙黄色而变为红色。其中,$x=2$ 的多硫化物也可称为过硫化物。

在多硫化物中,硫原子之间通过共用电子对相互连接形成多硫离子,具有链式结构:

$$\left[\cdots \begin{array}{ccc} & S & \quad S \\ S & \quad S & \quad S \end{array} \cdots \right]^{2-}_x$$

过硫化氢 H_2S_2 与过氧化氢的结构相似。

多硫化物具有氧化性,这一点与过氧化物相似,但多硫化物的氧化性不及过氧化物强。

多硫离子可以与 Sn(Ⅱ),As(Ⅲ) 和 Sb(Ⅲ) 等的硫化物作用生成相应元素高氧化值的硫代酸盐。例如:

$$Sb_2S_3+3S_2^{2-} \longrightarrow 2SbS_4^{3-}+S$$

多硫化物与酸反应生成多硫化氢 H_2S_x,它不稳定,能分解成为硫化氢和单质硫:

$$S_x^{2-}+2H^+ \longrightarrow H_2S_x \longrightarrow H_2S+(x-1)S$$

随 x 的增大,多硫化氢的稳定性逐渐减弱。

多硫化物在皮革工业中用作原皮的除毛剂,在农业上用多硫化物作为杀虫剂来防治棉花红蜘蛛及果木的病虫害。

4. 二氧化硫、亚硫酸及其盐

硫在空气中燃烧生成二氧化硫 SO_2,工业上利用焙烧硫化物矿制取 SO_2:

$$3FeS_2+8O_2 \longrightarrow Fe_3O_4+6SO_2$$

实验室中用亚硫酸盐与酸反应制取少量的 SO_2,也可用铜和浓硫酸共同加热制取 SO_2。

气态 SO_2 的分子构型为 V 形,键角 $\angle OSO$ 为 119.5°,S—O 键键长为 143 pm。如图 14-19 所示。在 SO_2 分子中,硫原子以 2 个 sp^2 杂化轨道分别与 2 个氧原子形成 σ 键,而另 1 个 sp^2 杂化轨道上则保留 1 对孤对电子,硫原子的未参与杂化的 p 轨道上的 2 个电子与 2 个氧原子的未成对 p 电子形成三中心四电子大 π 键。

SO_2 是无色、具有强烈刺激性气味的气体,其沸点为 -10 ℃,熔点为 -75.5 ℃,较易液化。液态 SO_2 能够解离,是一种良好的非水溶剂:

$$2SO_2 \rightleftharpoons SO^{2+}+SO_3^{2-}$$

SO_2 的汽化熔大,可用作制冷剂。SO_2 分子的极性较强,易溶于水,生成很不稳定的亚硫酸 H_2SO_3。

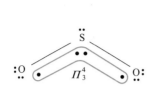

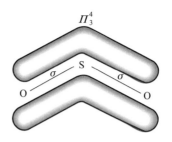

图片
SO₂ 分子的构型

图 14-19　SO₂ 分子的构型

H_2SO_3 是二元中强酸,其 $K_{a1}^{\ominus} = 1.7 \times 10^{-2}$, $K_{a2}^{\ominus} = 6.0 \times 10^{-8}$。$H_2SO_3$ 只存在于水溶液中,游离状态的纯 H_2SO_3 尚未制得。光谱实验证明,SO_2 在水中主要是物理溶解,SO_2 分子与 H_2O 分子之间存在着较弱的作用,因此有人认为 SO_2 在水溶液中的状态基本上是 $SO_2 \cdot H_2O$。SO_2 溶于水中的解离反应按下式进行:

$$SO_2 + H_2O \rightleftharpoons H^+ + HSO_3^-$$

前述 $K_{a1}^{\ominus}$ 为此反应的标准平衡常数。

在 SO_2 和 H_2SO_3 中,硫的氧化值是 +4,它们既有氧化性,也有还原性。例如:

$$SO_2 + 2CO \xrightarrow[\text{铝矾土}]{500\ ℃} 2CO_2 + S$$

此反应说明 SO_2 具有氧化性,这是从烟道气分离回收硫的一种方法。

亚硫酸是较强的还原剂,可以将 Cl_2 和 MnO_4^- 分别还原为 Cl^- 和 Mn^{2+},甚至可以将 I_2 还原为 I^-:

$$2MnO_4^- + 5SO_3^{2-} + 6H^+ \longrightarrow 2Mn^{2+} + 5SO_4^{2-} + 3H_2O$$
$$H_2SO_3 + I_2 + H_2O \longrightarrow H_2SO_4 + 2HI$$

当与强还原剂反应时,H_2SO_3 才表现出氧化性。例如:

$$H_2SO_3 + 2H_2S \longrightarrow 3S + 3H_2O$$

SO_2 和 H_2SO_3 主要作为还原剂用于化工生产中。SO_2 主要用于生产硫酸和亚硫酸盐,还大量用于生产合成洗涤剂、食品防腐剂、住所和用具消毒剂。某些有机化合物可以与 SO_2 或 H_2SO_3 发生加成反应,生成无色的加成物而使有机化合物褪色,所以 SO_2 可用作漂白剂。

亚硫酸可形成正盐(如 Na_2SO_3)和酸式盐(如 $NaHSO_3$)。碱金属和铵的亚硫酸盐易溶于水,并发生水解;亚硫酸氢盐的溶解度大于相应的正盐,也易溶于水。在含有不溶性亚硫酸钙的溶液中通入 SO_2,可使其转化为可溶性的亚硫酸氢盐:

$$CaSO_3 + SO_2 + H_2O \longrightarrow Ca(HSO_3)_2$$

通常在金属氢氧化物的水溶液中通入 SO_2 得到相应的亚硫酸盐。

实验视频
亚硫酸的还原性

亚硫酸盐的还原性比亚硫酸还要强,在空气中易被氧化成硫酸盐而失去还原性。亚硫酸钠和亚硫酸氢钠作为还原剂大量用于染料工业中;在纺织、印染工业中,亚硫酸盐用作织物的去氯剂:

$$SO_3^{2-} + Cl_2 + H_2O \longrightarrow SO_4^{2-} + 2Cl^- + 2H^+$$

亚硫酸氢钙能溶解木质素,大量用于造纸工业中。

5. 三氧化硫、硫酸及其盐

(1) 三氧化硫

虽然S(Ⅳ)的化合物都具有还原性,但是要把SO_2氧化成SO_3则比氧化H_2SO_3或Na_2SO_3慢得多。当有催化剂存在时,能加速SO_2的氧化:

$$2SO_2 + O_2 \xrightarrow[>450\,℃]{V_2O_5} 2SO_3; \quad \Delta_r H_m^\ominus = -198 \text{ kJ·mol}^{-1}$$

在实验室中可以用发烟硫酸或焦硫酸加热而得到SO_3。

纯三氧化硫是一种无色、易挥发的固体,其熔点为16.8 ℃,沸点为44.8 ℃。

图片
SO_3 分子的构型

气态SO_3为单分子,其分子构型为平面三角形,如图14-20所示。在SO_3分子中,硫原子以sp^2杂化轨道与3个氧原子形成3个σ键,此外,还以pd^2杂化π轨道①与3个氧原子形成垂直于分子平面的四中心六电子大π键。在大π键中,有3个电子原来属于硫原子,而另外3个电子原来分别属于3个氧原子。在SO_3分子中,∠OSO 为120°, S—O 键键长为143 pm,比S—O 单键(155 pm)短,故具有双键特征。

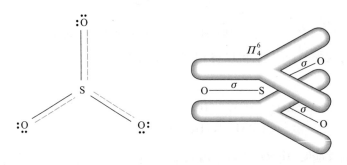

图 14-20　SO_3 分子的构型

图片
β 型 SO_3 晶体的结构

固体SO_3有几种聚合晶体类型,在不同类型SO_3固体中,SO_3分子的排列方式不同。γ型晶体为三聚分子,具有与冰相似的结构,如图14-21所示;β型晶体与石棉的结构相似,SO_3原子团互相连接成螺旋式长链;α型晶体也具有类似石棉的结构。在固态SO_3中,硫原子都采取sp^3杂化轨道成键。α,β,γ型SO_3的稳定性依次降低。液态SO_3,主要是以三聚分子形式存在。

三氧化硫具有很强的氧化性,例如,当磷和它接触时会燃烧。高温时SO_3的氧化性更为显著,它能氧化 KI,HBr,以及 Fe,Zn 等金属。

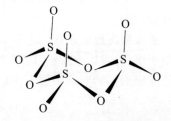

图 14-21　γ 型 SO_3 晶体的结构

① 根据对称性原理,杂化轨道理论认为除了杂化σ轨道外,在有 d 轨道的情况还有垂直于分子平面的杂化π轨道,这里的pd^2杂化π轨道所用的是 p_z,d_{xz}和 d_{yz}原子轨道,这些原子轨道都是π对称的。

三氧化硫极易与水化合生成硫酸,同时放出大量的热:

$$SO_3(g)+H_2O(l) \longrightarrow H_2SO_4(aq); \quad \Delta_r H_m^\ominus = -132.44 \ kJ \cdot mol^{-1}$$

因此,SO_3 在潮湿的空气中挥发呈雾状。

（2）硫酸

纯硫酸是无色的油状液体,在 10.38 ℃时凝固成晶体,市售的浓硫酸密度为 1.84 ~ 1.86 $g \cdot cm^{-3}$,浓度约为 18 $mol \cdot L^{-1}$。98%的硫酸沸点为330 ℃,是常用的高沸点酸,这是由于硫酸分子间形成氢键的缘故。

硫酸是 SO_3 的水合物,除了硫酸 $H_2SO_4(SO_3 \cdot H_2O)$ 和焦硫酸 $H_2S_2O_7(2SO_3 \cdot H_2O)$ 外,SO_3 还和水生成一系列其他的水合物:$H_2SO_4 \cdot H_2O(SO_3 \cdot 2H_2O)$,$H_2SO_4 \cdot 2H_2O(SO_3 \cdot 3H_2O)$,$H_2SO_4 \cdot 4H_2O(SO_3 \cdot 5H_2O)$。这些水合物很稳定,因此浓硫酸有很强的吸水性。硫酸与水混合时放出大量的热,在稀释硫酸时必须非常小心,应将浓硫酸在搅拌下慢慢倒入水中,不可将水倒入浓硫酸中。

由于浓硫酸具有强吸水性,可以用浓硫酸来干燥不与硫酸起反应的各种气体,如氯气、氢气和二氧化碳等,浓硫酸也是实验室常用的干燥剂之一（放在干燥器中）。浓硫酸不仅可以吸收气体中的水分,而且还能与纤维、糖类等有机化合物作用,夺取这些物质里的氢原子和氧原子（其比例相当于 H_2O 的组成）而留下游离的碳。鉴于浓硫酸的强腐蚀作用,在使用时必须注意安全!

硫酸分子的结构式为

$$
\begin{array}{c}
O \\
\| \\
H{-}O{-}S{-}O{-}H \\
\| \\
O
\end{array}
$$

在硫酸分子中,各键角和4个S—O键键长是全不相等的（图14-22）。硫原子采取 sp^3 杂化轨道与4个氧原子中的2个氧原子形成2个 σ 键;另2个氧原子则接受硫的电子对分别形成 σ 配键;与此同时,硫原子的空的 3d 轨道与2个不在 OH 基中的氧原子的 2p 轨道对称性匹配,相互重叠,反过来接受来自2个氧原子的孤对电子,从而形成了附加的(p-d)π 反馈配键,如图14-23所示。

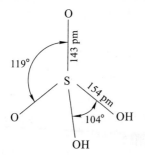

图 14-22　硫酸分子的构型

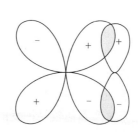

图 14-23　(p-d)π 反馈配键

硫酸晶体呈现波纹形层状结构,每个硫氧四面体(SO_4 原子团)通过氢键与其他4个 SO_4 基团连接,如图14-24所示(图中未标出氢原子,蓝色线表示氢键)。

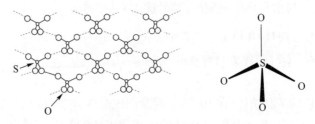

图 14-24 硫酸晶体结构和硫氧四面体

浓硫酸是一种氧化剂,在加热的情况下,能氧化许多金属和某些非金属,通常浓硫酸被还原为二氧化硫。例如:

$$Zn+2H_2SO_4(浓) \xrightarrow{\triangle} ZnSO_4+SO_2+2H_2O$$

$$S+2H_2SO_4(浓) \xrightarrow{\triangle} 3SO_2+2H_2O$$

比较活泼的金属也可以将浓硫酸还原为硫或硫化氢,例如:

$$3Zn+4H_2SO_4 \longrightarrow 3ZnSO_4+S+4H_2O$$

$$4Zn+5H_2SO_4 \longrightarrow 4ZnSO_4+H_2S+4H_2O$$

浓硫酸氧化金属并不放出氢气,稀硫酸与比氢活泼的金属(如 Mg,Zn,Fe 等)作用时,能放出氢气。

冷的浓硫酸(70%以上)能使铁的表面钝化,生成一层致密的保护膜,阻止硫酸与铁表面继续作用,因此可以用钢罐储装和运输浓硫酸(80%~90%)。

硫酸是二元强酸,在一般温度下,硫酸并不分解,是比较稳定的酸。

近代工业中主要采取接触法制造硫酸。由黄铁矿(或硫黄)在空气中焙烧得到 SO_2 和空气的混合物,在 450 ℃左右的温度下通过催化剂 V_2O_5,SO_2 即被氧化成 SO_3。生成的 SO_3 用浓硫酸吸收。如果直接用水吸收 SO_3,由于 SO_3 遇水生成 H_2SO_4 雾滴,弥漫在吸收器内的空间,而不能被完全收集。用黄铁矿生产硫酸的方法由于污染严重将被淘汰。

将 SO_3 溶解在 100%的 H_2SO_4 中得到发烟硫酸,将发烟硫酸暴露在空气中时,挥发出来的 SO_3 会和空气中的水蒸气形成 H_2SO_4 细小雾滴而发烟。市售发烟硫酸的浓度以游离 SO_3 的含量来标明,如 20%或 40%等分别表示溶液中含有 20%或 40%游离的 SO_3。

硫酸是一种重要的基本化工原料。化肥工业中使用大量的硫酸以制造过磷酸钙和硫酸铵;在有机化学工业中用硫酸作磺化剂制取磺酸化合物。在磺化反应中,磺酸基—SO_3H 取代有机化合物中的氢原子。此外,硫酸还与硝酸一起大量用于炸药的生产、石油和煤焦油产品的精炼,以及各种矾和颜料等的制造。硫酸沸点高,挥发性很小,还可以用来生产其他较易挥发的酸,如盐酸和硝酸。

(3)硫酸盐

硫酸能形成两种类型的盐,即正盐和酸式盐(硫酸氢盐)。

经 X 射线结构研究表明,在硫酸盐中,SO_4^{2-} 的构型为正四面体,SO_4^{2-} 中 4 个 S—O 键键长均为 144 pm,具有很大程度的双键性质。

大多数硫酸盐易溶于水,但硫酸铅 $PbSO_4$、硫酸钙 $CaSO_4$ 和硫酸锶 $SrSO_4$ 溶解度很小,硫酸钡 $BaSO_4$ 几乎不溶于水,而且也不溶于酸。根据 $BaSO_4$ 的这一特性,可以用 $BaCl_2$ 等可溶性钡盐鉴定 SO_4^{2-}。虽然 SO_3^{2-} 和 Ba^{2+} 也生成白色 $BaSO_3$ 沉淀,但它能溶于盐酸而放出 SO_2。

钠、钾的固态酸式硫酸盐是稳定的。酸式硫酸盐都易溶于水,其溶解度稍大于相应的正盐,其水溶液呈酸性。

活泼金属的硫酸盐热稳定性高,如 Na_2SO_4,K_2SO_4,$BaSO_4$ 等在 1 000 ℃ 时仍不分解。不活泼金属的硫酸盐(如 $CuSO_4$,Ag_2SO_4 等)在高温下分解为 SO_3 和相应的氧化物或金属单质和氧气。

大多数硫酸盐结晶时带有结晶水,如 $Na_2SO_4 \cdot 10H_2O$,$CaSO_4 \cdot 2H_2O$,$CuSO_4 \cdot 5H_2O$,$FeSO_4 \cdot 7H_2O$ 等。一般认为,水分子与 SO_4^{2-} 间以氢键相连,形成水合阴离子 $SO_4(H_2O)^{2-}$。另外,容易形成复盐是硫酸盐的又一个特征。例如,$K_2SO_4 \cdot Al_2(SO_4)_3 \cdot 24H_2O$(明矾),$K_2SO_4 \cdot Cr_2(SO_4)_3 \cdot 24H_2O$(铬钾矾)和 $(NH_4)_2SO_4 \cdot FeSO_4 \cdot 6H_2O$(Mohr 盐)等是较常见的重要硫酸复盐。

许多硫酸盐在净化水、造纸、印染、颜料、医药和化工等方面有着重要的用途。

6. 硫的其他含氧酸及其盐

(1) 焦硫酸及其盐

冷却发烟硫酸时,可以析出焦硫酸 $H_2S_2O_7$ 无色晶体,其熔点为 35 ℃,结构式如下:

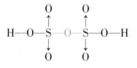

它可以看成是两分子硫酸间脱去一分子水所得的产物。焦硫酸的吸水性、腐蚀性比硫酸更强,若和水作用,则重新生成硫酸。焦硫酸是一种强氧化剂,又是良好的磺化剂,工业上用于制造染料、炸药和其他有机磺酸化合物。

把碱金属的酸式硫酸盐加热到熔点以上,可得到焦硫酸盐,例如:

$$2KHSO_4 \xrightarrow{\triangle} K_2S_2O_7 + H_2O$$

为了使某些既不溶于水又不溶于酸的金属氧化物(如 Al_2O_3,Fe_3O_4,TiO_2 等)溶解,常用 $K_2S_2O_7$(或 $KHSO_4$)与这些难溶氧化物共熔,生成可溶于水的硫酸盐。例如:

$$Al_2O_3 + 3K_2S_2O_7 \xrightarrow{\triangle} Al_2(SO_4)_3 + 3K_2SO_4$$

这是分析化学中处理某些固体试样的一种重要方法。

(2) 硫代硫酸及其盐

硫代硫酸($H_2S_2O_3$)可以看成是硫酸分子中的一个氧原子被硫原子所取代的产物,它极不稳定。

亚硫酸盐与硫作用生成硫代硫酸盐。例如,将硫粉和亚硫酸钠一同煮沸可制得硫

代硫酸钠:

$$Na_2SO_3+S \xrightarrow{\triangle} Na_2S_2O_3$$

另外,在 Na_2S 和 Na_2CO_3 混合溶液(物质的量比为 2 : 1)中通入 SO_2 也可以制得 $Na_2S_2O_3$:

$$2Na_2S+Na_2CO_3+4SO_2 \longrightarrow 3Na_2S_2O_3+CO_2$$

$Na_2S_2O_3 \cdot 5H_2O$ 是最重要的硫代硫酸盐,它俗称海波或大苏打,是无色透明的晶体,易溶于水,其水溶液呈弱碱性。

硫代硫酸钠在中性或碱性溶液中很稳定,当与酸作用时,形成的硫代硫酸立即分解为硫和亚硫酸,后者又分解为二氧化硫和水。反应方程式如下:

$$S_2O_3^{2-}+2H^+ \longrightarrow S+SO_2+H_2O$$

硫代硫酸根离子具有硫酸根离子相似的四面体构型,如图 14-25 所示。在 $S_2O_3^{2-}$ 中,2 个蓝色的硫原子在结构上所处的位置是不同的,这已为"标记原子"实验所证明。按照计算氧化值的习惯,$S_2O_3^{2-}$ 中硫的氧化值的平均值为 +2,所以,硫代硫酸钠具有还原性。例如,$Na_2S_2O_3$ 可以被较强的氧化剂 Cl_2 氧化为硫酸钠:

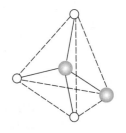

$$S_2O_3^{2-}+4Cl_2+5H_2O \longrightarrow 2SO_4^{2-}+8Cl^-+10H^+$$

图 14-25 $S_2O_3^{2-}$ 的构型

在纺织工业中用 $Na_2S_2O_3$ 作脱氯剂。$Na_2S_2O_3$ 与碘的反应是定量的,在分析化学中用于碘量法的滴定,其反应方程式为

$$2S_2O_3^{2-}+I_2 \longrightarrow S_4O_6^{2-}+2I^-$$

反应产物中的 $S_4O_6^{2-}$ 叫做连四硫酸根离子,其结构式如下:

$$\left[\begin{array}{c} O \quad\quad O \\ \uparrow \quad\quad \uparrow \\ O-S-S-S-S-O \\ \downarrow \quad\quad \downarrow \\ O \quad\quad O \end{array}\right]^{2-}$$

硫代硫酸钠具有配位能力,可与 Ag^+ 和 Cd^{2+} 等形成稳定的配离子。硫代硫酸钠大量用作照相的定影剂,底片上未感光的溴化银在定影液中形成 $[Ag(S_2O_3)_2]^{3-}$ 而溶解:

$$AgBr+2S_2O_3^{2-} \longrightarrow [Ag(S_2O_3)_2]^{3-}+Br^-$$

此外,硫代硫酸钠还用作化工生产的还原剂及用于电镀、鞣革等。

(3)过硫酸及其盐

过硫酸可以看成是过氧化氢的衍生物。若 H_2O_2 分子中的一个氢原子被 $-SO_3H$ 基团取代,形成过一硫酸 H_2SO_5,若两个氢原子都被 $-SO_3H$ 基团取代则形成过二硫酸 $H_2S_2O_8$。过一硫酸和过二硫酸的结构式如下:

$$HO-O-\underset{\underset{O}{\uparrow}}{\overset{\overset{O}{\uparrow}}{S}}-OH \qquad HO-\underset{\underset{O}{\uparrow}}{\overset{\overset{O}{\uparrow}}{S}}-O-O-\underset{\underset{O}{\uparrow}}{\overset{\overset{O}{\uparrow}}{S}}-OH$$

工业上用电解冷的硫酸溶液的方法制备过二硫酸,HSO_4^-在阳极失去电子而生成过二硫酸:

$$2HSO_4^- - 2e^- \longrightarrow H_2S_2O_8$$

纯净的过二硫酸和过一硫酸都是无色晶体,同浓硫酸一样,过硫酸也都有强的吸水性,并可以使纤维和糖类炭化。过一硫酸和过二硫酸的分子中都含有过氧键—O—O—,因此它们与过氧化氢相似,也具有强氧化性。它们作为氧化剂参与反应时,过氧键断裂,这两个氧原子的氧化值由原来的-1变为-2,而硫的氧化值仍为+6。

重要的过二硫酸盐有$K_2S_2O_8$和$(NH_4)_2S_2O_8$,它们也是强氧化剂。过二硫酸盐能将I^-和Fe^{2+}氧化成I_2和Fe^{3+},在酸性溶液中,甚至能将Cr^{3+}和Mn^{2+}氧化成相应的高氧化值的$Cr_2O_7^{2-}$和MnO_4^-。但其中有些反应的速率较小,在催化剂作用下,反应进行得较快。例如:

$$S_2O_8^{2-} + 2I^- \xrightarrow[\text{催化}]{Cu^{2+}} 2SO_4^{2-} + I_2$$

$$2Mn^{2+} + 5S_2O_8^{2-} + 8H_2O \xrightarrow[\text{催化}]{Ag^+} 2MnO_4^- + 10SO_4^{2-} + 16H^+$$

过硫酸及其盐的热稳定性较差,受热时容易分解。例如,$K_2S_2O_8$受热时会放出SO_3和O_2:

$$2K_2S_2O_8 \xrightarrow{\triangle} 2K_2SO_4 + 2SO_3 + O_2$$

（4）连二亚硫酸及其盐

连二亚硫酸($H_2S_2O_4$)是二元酸,很不稳定,遇水会立即分解为硫和亚硫酸。

连二亚硫酸钠($Na_2S_2O_4 \cdot 2H_2O$)是白色粉末状固体,俗称保险粉,它是连二亚硫酸的钠盐,比相应的酸稳定,受热时发生分解。在无氧的条件下,用锌粉还原亚硫酸氢钠可以得到$Na_2S_2O_4$。

连二亚硫酸钠是强还原剂,能将I_2、Cu^{2+}、Ag^+等还原,能把硝基化合物还原为氨基化合物,空气中的氧能将$Na_2S_2O_4$氧化。

连二亚硫酸钠是染料工业和印染工业中常用的还原剂,还广泛用于造纸、食品及医学上。

7. 氯磺酸和二氯化硫酰

氯磺酸(HSO_3Cl)可以看成硫酸分子中的一个羟基被氯原子取代的产物。其结构式为

$$HO-\underset{\underset{O}{\downarrow}}{\overset{\overset{O}{\uparrow}}{S}}-Cl$$

干燥的氯化氢气体与发烟硫酸反应,生成氯磺酸:

$$HCl+SO_3 \longrightarrow HSO_3Cl$$

氯磺酸是一种无色、有刺激性气味的液体,遇水发生剧烈水解并爆炸,在潮湿的空气中因水解而发烟。在有机化学中氯磺酸是良好的磺化剂。

二氯化硫酰(SO_2Cl_2)相当于硫酸分子中两个羟基都被氯原子取代的产物,其结构式如下:

化学视野
生物活性分子 NO

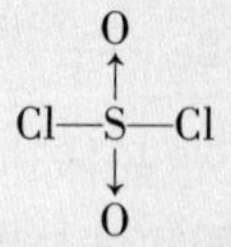

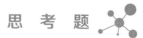

二氧化硫与氯气在催化剂存在下能直接化合生成二氯化硫酰:

$$SO_2+Cl_2 \xrightarrow{\text{活性炭}} SO_2Cl_2$$

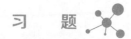

二氯化硫酰也是一种无色液体,能强烈地水解。二氯化硫酰也用于有机合成工业。

思 考 题

1. 磷与氮为同族元素,为什么白磷比氮气活泼得多?

2. 硝酸与金属、非金属反应所得产物受哪些因素影响?

3. 总结硝酸盐受热分解所得产物的规律,并举例说明之。

4. 写出次磷酸、亚磷酸、正磷酸、焦磷酸的结构式,并比较它们酸性的强弱。重要的磷酸盐有哪些?

5. 如何由磷酸钙制取磷、五氧化二磷和磷酸?写出相关反应方程式。举例说明 P_2O_5 的强脱水(或吸水)作用。

6. 比较砷、锑、铋氢氧化物(或氧化物)酸碱性、氧化还原性的变化规律。指出砷、锑、铋氧化物酸碱性与硫化物酸碱性的对应关系。

7. 试总结 p 区金属氢氧化物的酸碱性,其中典型的两性氢氧化物有哪些?

8. p 区元素化合物分子或离子中哪些含有 Π_3^4 键?哪些含有 Π_4^6 键?

9. 试说明过氧化氢分子的结构,指出其中氧原子的杂化轨道和成键方式。

10. 指出重要难溶金属硫化物的颜色,总结金属硫化物的溶解性和酸碱性,以及溶解硫化物的各种方法。

11. 总结 H_2SO_4,$Na_2S_2O_3$,H_2SO_3,$K_2S_2O_8$ 的氧化还原性,并写出有关重要反应方程式。

12. 如何认识惰性电子对效应?用它能说明元素的哪些性质?

习 题

1. 试写出下列物质之间的反应方程式:

(1) 氨和氧(铂催化);　(2) 液氨和钠;

(3) 浓硝酸和汞;　(4) 稀硝酸和铝;

(5) 稀硝酸和银;　(6) 锡和浓硝酸;

(7) 氯化铵溶液与亚硝酸钠溶液;　(8) 酸性溶液中碘化钾与亚硝酸钠。

2. 完成并配平下列反应方程式：

(1) $NH_4HS \xrightarrow{\triangle}$ (2) $NH_4HCO_3 \xrightarrow{\triangle}$

(3) $Ca(NO_3)_2 \xrightarrow{\triangle}$ (4) $Cu(NO_3)_2 \xrightarrow{\triangle}$

(5) $Hg(NO_3)_2 \xrightarrow{\triangle}$

3. 完成并配平下列反应方程式：

(1) $PBr_3 + H_2O \longrightarrow$ (2) $Ag^+ + HPO_4^{2-}$（过量）$\longrightarrow$

(3) $P_4O_{10} + HNO_3 \longrightarrow$ (4) $Cu^{2+} + P_2O_7^{4-}$（过量）$\longrightarrow$

4. 写出下列反应方程式：

(1) 三氧化二砷溶于氢氧化钠溶液；   (2) 三硫化二锑溶于硫化铵溶液；

(3) 五硫化二锑溶于浓盐酸；   (4) 硝酸铋溶液稀释时变混浊；

(5) 硫代亚锑酸钠与盐酸作用；   (6) 铋酸钠与浓盐酸反应；

(7) 硫酸亚锡与单质锡反应。

5. 如何鉴定 Bi^{3+}，Sb^{3+} 的存在是否干扰 Bi^{3+} 的鉴定？如何分离 Bi^{3+} 和 Sb^{3+}？

6. 某金属氯化物 A 的晶体放入水中生成白色沉淀 B；再加入盐酸，沉淀 B 消失，又得到 A 的溶液。此溶液与过量的稀 NaOH 溶液反应生成白色沉淀 C；C 与 NaClO-NaOH 混合溶液反应生成土黄色沉淀 D，D 可与 $MnSO_4$ 和 HNO_3 的混合溶液反应生成紫色溶液。A 溶液与 H_2S 溶液反应生成黑色沉淀 E。沉淀 C 同亚锡酸钠的碱性溶液混合，生成黑色沉淀 F。试确定各字母所代表物种的化学式，写出相关反应方程式。

7. 根据教材附表一中的相关数据计算电势图 N_2——$HN_3(aq)$——$NH_4^+(aq)$ 在酸性溶液中 $E^{\ominus}(N_2/HN_3)$ 和 $E^{\ominus}(HN_3/NH_4^+)$。写出 $HN_3(aq)$ 的歧化反应方程，计算 25 ℃下该反应的标准平衡常数 $K^{\ominus}$，并评价 $HN_3(aq)$ 的稳定性。

8. 试计算 25 ℃时反应 $H_3AsO_4 + 2I^- + 2H^+ \rightleftharpoons H_3AsO_3 + I_2 + H_2O$ 的标准平衡常数。当 H_3AsO_4，H_3AsO_3 和 I^- 的浓度均为 $1.0\ mol \cdot L^{-1}$，该反应正、负极电极电势相等时，溶液的 pH 为多少？

9. 完成并配平下列反应方程式：

(1) $I^- + O_3 + H^+ \longrightarrow$ (2) $H_2O_2 + I^- + H^+ \longrightarrow$

(3) $H_2O_2 + MnO_4^- + H^+ \longrightarrow$ (4) $FeCl_3 + H_2S \longrightarrow$

(5) $Ag_2S + HNO_3$（浓）$\longrightarrow$ (6) $S + HNO_3$（浓）$\longrightarrow$

(7) $Na_2S_2O_3 + I_2 \longrightarrow$ (8) $I_2 + H_2SO_3 + H_2O \longrightarrow$

(9) $H_2S + H_2SO_3 \longrightarrow$ (10) $Na_2S_2O_3 + Cl_2 + H_2O \longrightarrow$

(11) $Mn^{2+} + S_2O_8^{2-} + H_2O \longrightarrow$ (12) $S_2O_8^{2-} + S^{2-} + OH^- \longrightarrow$

10. 在 4 个瓶子内分别盛有 $FeSO_4$，$Pb(NO_3)_2$，K_2SO_4，$MnSO_4$ 溶液，怎样用通入 H_2S 和调节 pH 的方法来鉴别它们？

11. 试用一种试剂将钠的硫化物、多硫化物、亚硫酸盐、硫代硫酸盐和硫酸盐彼此区分开来。写出有关的离子方程式。

12. 将 $SO_2(g)$ 通入纯碱溶液中，有无色无味气体 A 逸出，所得溶液经烧碱中和，再加入硫化钠溶液除去杂质，过滤后得溶液 B。将某非金属单质 C 加入溶液 B 中加热，反应后再经过滤、除杂等过程后，得溶液 D。取 3 mL 溶液 D 加入 HCl 溶液，其反应产物之一为沉淀 C。另取 3 mL 溶液 D，加入少许 AgBr(s)，则其溶解，生成配离子 E。再取第 3 份 3 mL 溶液 D，在其中加入几滴溴水，溴水颜色消失，再加入 $BaCl_2$ 溶液，得到不溶于稀盐酸的白色沉淀 F。试确定 A，B，C，D，E，F 的化学式，并写出各步反应方程式。

13. 两种盐的晶体 A，B 溶于水都能得到无色溶液。在 A 溶液中加入饱和 H_2S 溶液没有沉淀生成;B 溶液中加入饱和 H_2S 溶液产生黑色沉淀 C。将 A 和 B 溶液混合后生成白色沉淀 D 与溶液 E;D 可溶于 $Na_2S_2O_3$ 溶液生成无色溶液 F;F 中加入 KI 溶液生成黄色沉淀 G;若在 F 中加入 Na_2S 溶液可生成沉淀 C,C 与硝酸混合后加热生成含 B 的溶液和淡黄色沉淀 H,并有气体生成。溶液 E 中加入 Na_2SO_4,生成不溶于盐酸的白色沉淀 I。试确定各字母所代表物种的化学式,写出相关反应方程式。

14. Fe^{3+} 可以作为 H_2O_2 歧化(分解)反应的催化剂。若该反应的机理为

(1) $H_2O_2(aq) + 2Fe^{3+}(aq) \longrightarrow 2Fe^{2+}(aq) + 2H^+(aq) + O_2(g)$

(2) $H_2O_2(aq) + 2Fe^{2+}(aq) + 2H^+(aq) \longrightarrow 2Fe^{3+}(aq) + 2H_2O(l)$

总反应:$2H_2O_2(aq) \longrightarrow 2H_2O(l) + O_2(g)$

查出相关电对的标准电极电势,说明上述机理的可行性。并推断 Au^{3+} 催化 H_2O_2 分解的反应机理。

15. 已知 $\Delta_f H_m^{\ominus}(H_2O_2, aq) = -191.17 \ kJ \cdot mol^{-1}$,$\Delta_f H_m^{\ominus}(H_2O, l) = -285.83 \ kJ \cdot mol^{-1}$,$E^{\ominus}(O_2/H_2O_2) = 0.6945 \ V$,$E^{\ominus}(H_2O_2/H_2O) = 1.763 \ V$。试计算 25 ℃时反应 $2H_2O_2(l) \Longleftrightarrow 2H_2O(l) + O_2(g)$ 的 $\Delta_r H_m^{\ominus}$,$\Delta_r G_m^{\ominus}$,$\Delta_r S_m^{\ominus}$ 和标准平衡常数 $K^{\ominus}$。

第十五章　　　p区元素（三）

§ 15.1　卤　素

15.1.1　卤素概述

第十五章
学习引导

第十五章
教学课件

MOOC
教学视频
卤素概述

周期系第ⅦA族元素包括氟、氯、溴、碘和砹5种元素，总称为卤素（卤素是成盐元素的意思）。卤素是非金属元素，其中氟是所有元素中非金属性最强的，碘具有微弱的金属性，砹是放射性元素，本章不予介绍。卤素的一般性质列于表15-1中。

表 15-1　卤素的一般性质

	氟	氯	溴	碘
元素符号	F	Cl	Br	I
原子序数	9	17	35	53
价层电子构型	$2s^2 2p^5$	$3s^2 3p^5$	$4s^2 4p^5$	$5s^2 5p^5$
共价半径/pm	64	99	114	133
电负性	3.98	3.16	2.96	2.66
电离能/($kJ \cdot mol^{-1}$)	1 687	1 257	1 146	1 015
电子亲和能/($kJ \cdot mol^{-1}$)	-328	-349	-325	-295
氧化值	-1	-1,+1,+3, +5,+7	-1,+1,+3, +5,+7	-1,+1,+3, +5,+7
配位数	1	1,2,3,4	1,2,3,4,5	1,2,3,4,5,6,7

卤素是相应各周期中原子半径最小、电负性最大的元素，它们的非金属性是同周期元素中最强的。从表15-1中可以看出，卤素的许多性质随着原子序数的增加较有规律地变化。

卤素原子的价层电子构型为 $ns^2 np^5$，再得到一个电子便可达到稳定的8电子构型。因此卤素原子的电子亲和能的绝对值很大。但在卤素中，电子亲和能最小的元素是氯而不是氟（为什么）。在每一周期元素中，除稀有气体外，卤素的第一电离能最大，因而卤素原子不易失去一个电子成为 X^+。除氟外，其他卤素原子的价电子层都有空的 nd 轨道可以容纳电子，从而形成配位数大于4的高氧化值的卤素化合物。氯、溴、碘的氧化值多为奇数，即+1，+3，+5，+7。

水溶液中卤素的标准电极电势图如下：

酸性溶液中　　$E_A^{\ominus}/V$

$$F_2 \xrightarrow{\ 3.076\ } HF$$

$$ClO_4^- \xrightarrow{\ 1.226\ } ClO_3 \xrightarrow[\ \ 1.458\ \ ]{\ 1.157\ } HClO_2 \xrightarrow{\ 1.673\ } HClO \xrightarrow{\ 1.630\ } Cl_2 \xrightarrow{\ 1.360\ } Cl^-$$

上方括号: 1.415 (从 ClO_3 到 HClO)

$$BrO_3^- \xrightarrow[\ \ 1.513\ \ ]{\ 1.49\ } HBrO \xrightarrow{\ 1.604\ } Br_2 \xrightarrow{\ 1.077\ 4\ } Br^-$$

$$H_5IO_6 \xrightarrow{\ 1.60\ } IO_3^- \xrightarrow[\ \ 1.209\ \ ]{\ 1.15\ } HIO \xrightarrow{\ 1.431\ } I_2 \xrightarrow{\ 0.534\ 5\ } I^-$$

碱性溶液中 $E_B^{\ominus}/V$

$$F_2 \xrightarrow{\ 2.889\ } F^-$$

$$ClO_4^- \xrightarrow{\ 0.397\ 9\ } ClO_3^- \xrightarrow[\ \ 0.476\ \ ]{\ 0.271\ } ClO_2 \xrightarrow{\ 0.680\ 1\ } ClO^- \xrightarrow[\ \ 0.890\ 2\ \ ]{\ 0.420\ } Cl_2 \xrightarrow{\ 1.360\ } Cl^-$$

上方括号: 0.465 (ClO_3^- 到 ClO^-)

$$BrO_3^- \xrightarrow[\ \ 0.520\ \ ]{\ 0.536\ } BrO^- \xrightarrow{\ 0.456\ } Br_2 \xrightarrow{\ 1.077\ 4\ } Br^-$$

$$H_3IO_6^{2-} \xrightarrow{\ (0.7)\ } IO_3^- \xrightarrow[\ \ 0.216\ \ ]{\ 0.169\ } IO^- \xrightarrow{\ 0.403\ } I_2 \xrightarrow{\ 0.534\ 5\ } I^-$$

15.1.2 卤素单质

1. 卤素单质的物理性质

卤素单质均为非极性双原子分子,从氟到碘,随着相对分子质量的增大,分子间色散力逐渐增加,卤素单质的密度、熔点、沸点等物理性质均依次递增(表15-2)。卤素单质都是有颜色的,且随着原子序数的增大,颜色逐渐加深。

图片
卤素单质的熔
沸点

表 15-2 卤素单质的性质

	氟	氯	溴	碘
物态(298 K,101.3 kPa)	气体	气体	液体	固体
颜色	浅黄色	黄绿色	红棕色	紫黑色 (有金属光泽)
密度(液体)/(g·mL^{-1})	1.513 (-188 ℃)	1.655 (-70 ℃)	3.187 (0 ℃)	3.960 (120 ℃)
沸点/℃	-188.13	-34.04	58.8	185.24
熔点/℃	-219.61	-101.5	-7.25	113.60
$\Delta_f H_m^{\ominus}(X^-,aq)/(kJ·mol^{-1})$	-332.63	-167.159	-121.55	-55.19
$E^{\ominus}(X_2/X^-)/V$	2.889	1.360	1.077 4	0.534 5
X—X 键键能/(kJ·mol^{-1})	159	243	193	151
晶体类型	分子晶体	分子晶体	分子晶体	分子晶体 (具有部分金属性)

卤素单质在水中的溶解度不大。其中,氟使水剧烈地分解而放出氧气。常温下,1 m³水可溶解约2.5 m³的氯气。氯、溴和碘的水溶液分别称为氯水、溴水和碘水。卤素单质在有机溶剂中的溶解度比在水中的溶解度大得多。根据这一差别,可以用四氯化碳等有机溶剂将卤素单质从水溶液中萃取出来。

卤素单质都具有毒性,毒性从氟到碘而减弱。卤素单质强烈地刺激眼、鼻、气管等器官的黏膜,吸入较多的卤素蒸气会导致严重中毒,甚至死亡。液溴会使皮肤严重灼伤而难以治愈,在使用液溴时要特别小心。

2. 卤素单质的化学性质

卤素是很活泼的非金属元素。卤素单质具有强氧化性,能与大多数元素直接化合。氟是最活泼的非金属,除氮、氧和某些稀有气体外,氟能与所有金属和非金属直接化合,而且反应通常十分激烈,有时伴随着燃烧和爆炸。在室温或不太高的温度下,氟可以使铜、铁、镁、镍等金属钝化,生成金属氟化物保护膜。氯也能与所有金属和大多数非金属元素(除氮、氧、碳和稀有气体外)直接化合,但反应不如氟剧烈。溴、碘的活泼性与氯相比则更差。

卤素单质的氧化性是它们最典型的化学性质,随着原子半径的增大,卤素的氧化性依次减弱:

$$F_2 > Cl_2 > Br_2 > I_2$$

卤素单质化学活泼性的变化在卤素与氢的化合反应中表现得十分明显。氟与氢化合即使在低温、暗处也会发生爆炸。氯与氢在暗处反应极为缓慢,但在光照射下可瞬间完成。溴与氢的反应需要加热才能进行。碘与氢只有在加热或有催化剂存在的条件下才能反应,且反应是可逆的。

卤素单质在水溶液中的氧化性也同样按$F_2 > Cl_2 > Br_2 > I_2$的次序递变;因此,位于前面的卤素单质可以氧化后面卤素的阴离子。例如,Cl_2能氧化Br^-和I^-,分别生成相应的单质Br_2和I_2;Br_2则能氧化I^-,生成I_2。卤素能氧化某些硫化物,生成单质硫,例如:

$$CS_2 + 2Cl_2 \longrightarrow CCl_4 + 2S$$

由于Cl_2用量的不同,还可以生成S_2Cl_2和SCl_2。

卤素与水发生两类重要的化学反应。第一类反应是卤素置换水中氧的反应:

$$2X_2 + 2H_2O \longrightarrow 4X^- + 4H^+ + O_2 \tag{1}$$

第二类反应是卤素的歧化反应:

$$X_2 + H_2O \rightleftharpoons H^+ + X^- + HXO \tag{2}$$

卤素单质与水发生第一类反应的激烈程度同样按$F_2 > Cl_2 > Br_2 > I_2$的次序递变。氟的氧化性最强,只能与水发生第一类反应,反应是自发的、激烈的放热反应:

$$2F_2 + 2H_2O \longrightarrow 4HF + O_2; \quad \Delta_r G_m^\ominus = -713.02 \text{ kJ} \cdot \text{mol}^{-1}$$

相反,碘却可以作用于碘化氢溶液,析出单质碘。Cl_2, Br_2, I_2与水主要发生第二类反应,反应是可逆的。在 25 ℃时,Cl_2,Br_2,I_2 歧化反应的标准平衡常数分别为 4.2×10^{-4},7.2×10^{-9},2.0×10^{-13}。由此可见,反应进行的程度随原子序数的增大依次减小。

当溶液的 pH 增大时,卤素的歧化反应平衡向右移动。卤素在碱性溶液中易发生如下的歧化反应:

$$X_2 + 2OH^- \longrightarrow X^- + OX^- + H_2O \tag{3}$$

$$3OX^- \longrightarrow 2X^- + XO_3^- \tag{4}$$

氯在 20 ℃时,只有反应(3)进行得很快,在 70 ℃时,反应(4)才进行得很快,因此常温下氯与碱作用主要是生成次氯酸盐。溴在 20 ℃时,反应(3)和反应(4)进行得都很快,而在 0 ℃时反应(4)较缓慢,因此只有在 0 ℃时才能得到次溴酸盐。碘即使在 0 ℃时反应(4)也进行得很快,所以碘与碱反应只能得到碘酸盐。

3. 卤素的存在及其单质的制备和用途

由于卤素是具有强化学活泼性的非金属元素,所以它们在自然界以化合态存在,而不可能以单质形式存在。大多数卤素以卤化物的形式存在,所以,由卤化物制备卤素单质的方法,可以归结为卤素负离子氧化手段的选择。根据不同卤素的氧化还原性的差别,可以利用电解的方法氧化或用氧化剂来氧化。

(1)氟

氟主要以萤石 CaF_2、冰晶石 Na_3AlF_6、氟磷酸钙 $3Ca_3(PO_4)_2 \cdot CaF_2$ 等矿物存在。制取氟通常采用电解氧化法,这是由于氟是很强的氧化剂,很难夺取 F^- 中的电子而将其氧化为 F_2。通常,电解所用的电解质是三份氟化氢钾(KHF_2)和二份无水氟化氢的熔融混合物(熔点为 72 ℃),目的是减轻 HF 的挥发,增强体系的导电性,并且可降低电解质的熔点。电解时,在阳极生成氟气,在阴极生成氢气。电解槽材料用抗氟腐蚀的 Monel 合金(含 Cu30%,Ni60%~65%的合金),电解反应的方程式为

$$2HF \xrightarrow[373\ K]{电解} F_2 + H_2$$

由上述反应可以看出,电解所不断消耗的是 HF,而不是 KF,所以要不断加入无水 HF,以降低电解质的熔点,保证电解反应继续进行。为了防止产物 F_2 和 H_2 相互混合而引起爆炸,电解槽中有一特制的合金隔膜将两者严格分开。储存氟的容器是用含镍合金制成的钢瓶。

化学方法制氟直到 1986 年才获得成功,该工作由化学家 K. Christe 首次完成。他先制备 K_2MnF_6 和 SbF_5:

$$2KMnO_4 + 2KF + 10HF + 3H_2O_2 \longrightarrow 2K_2MnF_6 + 8H_2O + 3O_2$$

$$SbCl_5 + 5HF \longrightarrow SbF_5 + 5HCl$$

再用 K_2MnF_6 和 SbF_5 制备 MnF_4,而 MnF_4 不稳定,分解为 MnF_3 和 F_2:

$$2K_2MnF_6 + 4SbF_5 \xrightarrow{423\ K} 4KSbF_6 + 2MnF_3 + F_2$$

氟主要用来制造有机氟化物,如塑料单体 $CF_2{=\!=}CF_2$(四氟乙烯),杀虫剂 CCl_3F,制冷剂 CCl_2F_2(氟利昂-12),高效灭火剂 CBr_2F_2 等。氟的另一重要用途是在原子能

工业上制造六氟化铀 UF_6。液态氟也是航天工业中所用的高能燃料的氧化剂。SF_6 的热稳定性好,可作为理想的气体绝缘材料。含 ZrF_4,BaF_2,NaF 的氟化物玻璃可用作光导纤维材料。

氟的有机产品也进入了大众的生活领域,如烹饪用具表面上的防粘涂层为特氟龙。氟化烃已用作血浆的临时代用品用于临床,以挽救病人生命。

元素氟是生命必需的微量元素,是体内骨骼正常发育、增加骨骼和牙齿强度不可缺少的成分。氟与钙有强的亲和力,与形成骨骼的羟基磷灰石作用形成氟磷灰石的混合体,使骨骼矿化。牙膏中的活性成分——氟化钠的防龋齿作用就在于此。但当大量氟化物(饮水中含氟量 $\geqslant 50$ mg · L^{-1} 时会导致急性氟中毒;大于 1 mg · L^{-1} 时会导致慢性氟中毒。)进入人体时,会对人体组织产生危害。

(2)氯

氯主要以钠、钾、钙、镁的无机盐形式存在于海水中,其中以氯化钠的含量最高。氯的氧化性也很强,只能用电解氧化法或与强氧化剂作用将 Cl^- 氧化为 Cl_2。工业上用电解氯化钠水溶液的方法来制取氯气。目前主要采用隔膜法和离子交换膜法。隔膜电解槽以石墨作阳极,铁网作阴极,而以石棉为隔膜材料。电解过程中,阳极产生氯气,阴极产生氢气和氢氧化钠:

$$2NaCl + 2H_2O \xrightarrow{电解} 2NaOH + Cl_2 + H_2$$

石墨电极在电解过程中不断受到腐蚀,需要定期更换。20 世纪 70 年代以来,已逐渐被金属阳极(如钌钛阳极)所替代。离子交换膜法是 80 年代起采用的新工艺,以高分子离子交换膜代替石棉隔膜(图 15-1),这种离子交换膜对 Na^+ 渗透性高,对 Cl^- 和 OH^- 渗透性低,即只允许 Na^+ 由阳极室迁移至阴极室,不允许 Cl^- 和 OH^- 发生迁移,这种工艺制得的氢氧化钠浓度大、纯度高,并能节约能量。

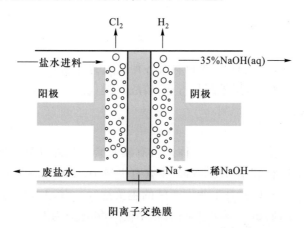

图 15-1 使用阳离子交换膜的现代氯碱电解池简图

实验室常用强氧化剂如 $KMnO_4$,$K_2Cr_2O_7$,MnO_2 和 HCl 反应制取少量氯气:

$$2KMnO_4 + 16HCl \longrightarrow 2KCl + 2MnCl_2 + 5Cl_2 + 8H_2O$$
$$K_2Cr_2O_7 + 14HCl \longrightarrow 2KCl + 2CrCl_3 + 3Cl_2 + 7H_2O$$

$$MnO_2+4HCl(浓) \xrightarrow{\triangle} MnCl_2+Cl_2+H_2O$$

用重铬酸钾或二氧化锰作氧化剂制取氯气时必须用较浓的盐酸。用重铬酸钾作氧化剂,当加热时产生氯气,不加热时则反应停止发生。此外,也可用氯化物和浓硫酸的混合物与 MnO_2 反应制取氯气:

$$2NaCl+3H_2SO_4+MnO_2 \xrightarrow{\triangle} 2NaHSO_4+MnSO_4+Cl_2+2H_2O$$

氯是重要的化工产品和原料。除用于合成盐酸外,还广泛用于染料、炸药、塑料生产和有机合成。用氯制造漂白剂可用于纸张和布匹的漂白。另外,氯还用于医药合成。氯气用于饮水消毒已经多年,但近年来发现它与水中含有的有机烃会形成有致癌毒性的卤代烃,因此改用臭氧或二氧化氯作消毒剂。

(3) 溴

与氯类似,溴也主要以钠、钾、钙、镁的无机盐形式存在于海水中。工业上从海水或卤水中制溴时,首先是通入氯气将 Br^- 氧化:

$$Cl_2+2Br^- \longrightarrow 2Cl^-+Br_2$$

然后用空气在 pH 为 3.5 左右时将生成的 Br_2 从溶液中吹出,并用热的碳酸钠溶液吸收。Br_2 与 Na_2CO_3 发生反应,生成溴化钠和溴酸钠而与空气分离开:

$$3Br_2+3CO_3^{2-} \longrightarrow 5Br^-+BrO_3^-+3CO_2$$

将溶液浓缩后用硫酸酸化并用冷凝器冷却就得到液溴:

$$5Br^-+BrO_3^-+6H^+ \longrightarrow 3Br_2+3H_2O$$

实验室中也可用制备氯的方法制备溴。例如,将溴化物和浓硫酸的混合物与 MnO_2 混合、微热可制取溴:

$$2NaBr+3H_2SO_4+MnO_2 \longrightarrow 2NaHSO_4+MnSO_4+Br_2+2H_2O$$

溴广泛应用于医药、农药、感光材料及各种试剂的合成上。例如,溴化钠和溴化钾在医疗上作镇静剂;溴化银用于照相行业;磷酸二溴代丙三酯 $(Br_2C_3H_5O)_3PO$ 被广泛用作纤维、地毯和塑料的阻燃剂。

(4) 碘

碘主要存在于海水中,某些海藻体内含有碘元素。此外,碘还可以碘酸盐的形式存在于自然界,例如,智利硝石 $(NaNO_3)$ 中含有少量 $7Ca(IO_3)_2 \cdot 8CaCrO_4$。

从天然盐卤水中提取碘是工业生产碘的主要途径。其原理与制溴相似。应该注意,若选氯气作氧化剂,氯气不能过量,否则会把 I_2 氧化成为 IO_3^-:

$$I_2+5Cl_2+6H_2O \longrightarrow 2IO_3^-+10Cl^-+12H^+$$

通常用 $NaNO_2$ 氧化含 I^- 的溶液,并用活性炭吸附 I_2:

$$2NO_2^-+2I^-+4H^+ \longrightarrow I_2+2NO+2H_2O$$

再用 NaOH 溶液处理吸附了 I_2 的活性炭,使 I_2 歧化为 NaI 和 $NaIO_3$,与活性炭分离:

$$3I_2+6OH^- \longrightarrow 5I^-+IO_3^-+3H_2O$$

最后,经 H_2SO_4 酸化后析出 I_2:

$$5I^-+IO_3^-+6H^+ \longrightarrow 3I_2+3H_2O$$

也可以用 MnO_2 作氧化剂在酸性溶液中制取 I_2。通过加热可使碘升华,以达到分离和提纯的目的:

$$2NaI+3H_2SO_4+MnO_2 \longrightarrow 2NaHSO_4+MnSO_4+I_2+2H_2O$$

从智利硝石所含的碘酸盐制取碘时,采用的是亚硫酸氢钠还原法:

$$2IO_3^-+5HSO_3^- \longrightarrow I_2+2SO_4^{2-}+3HSO_4^-+H_2O$$

碘主要用来制备药物、人工降雨的冷云催化剂、食用盐和饲料添加剂、感光剂等。如 CH_3I 和碘酒在医药上用作消毒剂;碘化银可用作人工降雨的"晶种"。碘酸钾添加到食盐中形成碘盐,对甲状腺肥大有预防和治疗的功能。碘是人体必需的微量元素之一,人体中缺乏碘,不仅可能导致甲状腺肥大,还可能引起发育迟缓、生殖系统异常等现象。

15.1.3 卤化氢

常温下卤化氢都是无色、有刺激性气味的气体。卤化氢分子都是共价型分子,分子中键的极性按 HF,HCl,HBr,HI 的顺序减弱。液态 HX 都不导电。卤化氢的一些性质列于表 15-3 中。

MOOC
教学视频
卤化氢和氢卤酸

表 15-3 卤化氢的一些性质

	HF	HCl	HBr	HI
熔点/℃	−83.57	−114.18	−86.87	−50.8
沸点/℃	19.52	−85.05	−66.71	−35.1
核间距/pm	92	127	141	161
偶极矩/(10^{-30} C·m)	6.37	3.57	2.76	1.40
熔化焓/(kJ·mol^{-1})	19.6	2.0	2.4	2.9
汽化焓/(kJ·mol^{-1})	28.7	16.2	17.6	19.8
键能/(kJ·mol^{-1})	570	432	366	298
$\Delta_f H_m^{\ominus}$/(kJ·mol^{-1})	−271.1	−92.3	−36.4	−26.5
$\Delta_f G_m^{\ominus}$/(kJ·mol^{-1})	−273.2	−95.3	−53.4	1.70

1. 卤化氢性质的递变

由表 15-3 可见,卤化氢的许多性质表现出规律性的变化。卤化氢都是极性分子,随着卤素电负性的减小,卤化氢的极性按 HF>HCl>HBr>HI 的顺序递减。氟化氢的熔点、沸点在卤化氢中非但不是最低,甚至熔点高于溴化氢,沸点高于碘化氢,这是由于 HF 分子间存在氢键形成缔合分子的缘故。

卤化氢的稳定性可以用键能的大小来说明。键能越大,卤化氢越稳定,从表 15-3 中的数据可以看出,HF,HCl,HBr 和 HI 的键能依次减小,所以卤化氢的热稳定性的次序是 HF>HCl>HBr>HI。HF 的分解温度高于 1 000 ℃,而 HI 则在 300 ℃ 就明显分解。此外,从卤化氢的标准摩尔生成焓也可以看出上述稳定性变化规律,即卤化氢的键能越大,则标准摩尔生成焓数值越负,卤化氢的稳定性越高。

卤化氢溶于水后形成氢卤酸。除氢氟酸没有还原性外,其他氢卤酸都具有还原性,其还原性强弱的次序是 HI>HBr>HCl>HF。盐酸可以被强氧化剂如 $KMnO_4$,$K_2Cr_2O_7$,PbO_2,$NaBiO_3$ 等氧化为 Cl_2。空气中的氧能氧化氢碘酸:

$$4I^- + 4H^+ + O_2 \longrightarrow 2I_2 + 2H_2O$$

实验视频
HCl 的还原性

在光照下该反应的反应速率显著增大。氢溴酸和氧的反应比较缓慢,而盐酸在通常条件下则不能被氧氧化。在升高温度和催化剂存在下,氯化氢可以被空气中的氧气氧化为氯气。

氢卤酸的酸性按 HF<HCl<HBr<HI 的顺序依次增强。其中,除氢氟酸为弱酸($K_a^{\ominus} = 6.9 \times 10^{-4}$)外,其他的氢卤酸都是强酸,氢溴酸、氢碘酸的酸性甚至强于高氯酸。

实验视频
HBr 的还原性

在氢氟酸中,HF 分子间以氢键缔合成 $(HF)_x$,这就影响了氢氟酸的解离,如 $0.1\ mol \cdot L^{-1}$ 的氢氟酸的解离度约为 8%。在较浓的氢氟酸溶液中,一部分 F^- 与 HF 按下式结合:

$$HF + F^- \longrightarrow HF_2^-;\quad K^{\ominus} = 5.2$$

由于这个反应的存在,使 F^- 的浓度降低,有利于氢氟酸的解离。因此氢氟酸与一般的酸不同,其解离度随着溶液浓度的增大而增大。在 HF_2^- 中,HF 与 F^- 也可以氢键结合,可以表示成 $[F \cdots HF]^-$。由于有 HF_2^- 存在,所以氢氟酸可以生成酸式盐,如氟化氢钾 KHF_2 等。

实验视频
HI 的还原性

卤化氢及氢卤酸都是有毒的,特别是氢氟酸毒性更大。浓氢氟酸会把皮肤灼伤,难以痊愈。

2. 卤化氢的制备

制备卤化氢可以采用氢和卤素直接合成法、金属卤化物与酸发生复分解反应法或非金属卤化物水解法等。在实际应用中,根据卤离子 X^- 的还原性和卤素单质 X_2 的氧化性不同而具体选择。

（1）直接合成法

氢与卤素作用可直接生成卤化氢:

$$X_2 + H_2 \longrightarrow 2HX$$

氟与氢能直接反应生成氟化氢,而且反应完全,但反应过于激烈,不易控制,所以不用直接合成法制取氟化氢。氯和氢的混合物在加热或被强光照射时即可形成氯化氢,溴和碘在一定条件下可以与氢反应生成溴化氢和碘化氢,但反应慢,而且收率不高,所以不用直接合成法制取溴化氢和碘化氢。直接合成法对氯化氢的制备有实际意义。工业上生产盐酸是使氢气在氯气中燃烧(两种气体只在相互作用的瞬间才混合),生成的氯化氢,用水吸收得到盐酸。

(2)复分解反应法

由于卤化氢具有挥发性,一般实验室制备卤化氢均采用复分解反应法,即用金属卤化物与酸发生反应制备卤化氢。制备氟化氢、氯化氢时选用浓硫酸,由于反应是吸热反应,均需加热:

$$CaF_2 + H_2SO_4 \xrightarrow{200 \sim 250\ ℃} CaSO_4 + 2HF$$

$$NaCl + H_2SO_4 \xrightarrow{150\ ℃} NaHSO_4 + HCl$$

$$NaCl + NaHSO_4 \xrightarrow{540 \sim 600\ ℃} Na_2SO_4 + HCl$$

溴化氢和碘化氢不能用浓硫酸与溴化物和碘化物作用的方法来制取,这是由于溴化氢和碘化氢有较显著的还原性,它们将与浓硫酸进一步发生氧化还原反应:

$$2HBr + H_2SO_4(浓) \longrightarrow Br_2 + SO_2 + 2H_2O$$

$$8HI + H_2SO_4(浓) \longrightarrow 4I_2 + H_2S + 4H_2O$$

所以,实际上得不到纯的溴化氢和碘化氢。如果改用无氧化性的高沸点浓磷酸代替浓硫酸,可以制得溴化氢和碘化氢:

$$NaBr + H_3PO_4(浓) \xrightarrow{\triangle} NaH_2PO_4 + HBr$$

$$NaI + H_3PO_4(浓) \xrightarrow{\triangle} NaH_2PO_4 + HI$$

(3)水解法

通常采用非金属卤化物水解的方法制取 HBr 和 HI。PBr_3 和 PI_3 分别与水作用时,由于强烈水解而生成亚磷酸和相应的卤化氢:

$$PBr_3 + 3H_2O \longrightarrow H_3PO_3 + 3HBr$$

$$PI_3 + 3H_2O \longrightarrow H_3PO_3 + 3HI$$

水解时电负性较小的磷与 OH^- 结合成 H_3PO_3,而电负性较大的卤素则与 H^+ 结合成 HX。利用上述反应制取 HBr 和 HI 时,在有些情况下,并不需要预先制成三卤化磷。若把溴逐滴加在磷和少许水的混合物上,或把水逐滴加在磷和碘的混合物上,即可分别产生 HBr 和 HI:

$$2P + 3Br_2 + 6H_2O \longrightarrow 2H_3PO_3 + 6HBr$$

$$2P + 3I_2 + 6H_2O \longrightarrow 2H_3PO_3 + 6HI$$

3. 卤化氢的用途

盐酸是最重要的强酸之一。纯盐酸为无色溶液,有氯化氢的气味。一般浓盐酸的浓度约为 37%，工业用的盐酸浓度约为 30%，由于含有杂质（主要是 $[FeCl_4]^-$）而带黄色。

　　盐酸是重要的化工生产原料，常用来制备金属氯化物、苯胺和染料等产品。盐酸在冶金工业、石油工业、印染工业、皮革工业、食品工业，以及轧钢、焊接、电镀、搪瓷、医药等领域也有广泛的应用。

　　氟化氢和氢氟酸都能与二氧化硅作用，生成挥发性的四氟化硅和水：

$$SiO_2 + 4HF \longrightarrow SiF_4 + 2H_2O$$

二氧化硅是玻璃的主要成分，氢氟酸能腐蚀玻璃。因此，通常用塑料容器来储存氢氟酸，而不能用玻璃瓶储存。根据氢氟酸的这一特殊性质，可以用它来刻蚀玻璃或溶解各种硅酸盐。此外，氟化氢还用于电解铝工业（合成冰晶石）、铀生产（UF_4/UF_6）、石油烷烃催化剂、不锈钢酸洗等领域，以及制冷剂和其他无机物的制备。

15.1.4　卤化物　多卤化物　卤素互化物

1. 卤化物

　　卤素和电负性比它小的元素生成的化合物叫做卤化物。卤化物可以分为金属卤化物和非金属卤化物两类。根据卤化物的键型，又可分为离子型卤化物和共价型卤化物。

　　（1）非金属卤化物

　　非金属硼、碳、硅、氮、磷等都能与卤素形成各种相应的卤化物。这些卤化物都以共价键结合，是共价型卤化物。共价型卤化物的熔点、沸点按 F，Cl，Br，I 的顺序而升高，卤化硅的熔点和沸点如表 15-4 所示。这是因为非金属卤化物分子间的色散力随相对分子质量的增大而增强的缘故。

表 15-4　卤化硅的熔点和沸点

卤化硅	SiF_4	$SiCl_4$	$SiBr_4$	SiI_4
熔点/℃	−90.3	−68.8	5.2	120.5
沸点/℃	−86	57.6	154	287.3

　　（2）金属卤化物

　　所有金属都能形成卤化物。金属卤化物可以看成是氢卤酸的盐，具有一般盐类的特征，如熔点和沸点较高，在水溶液中或熔融状态下大都能导电等。电负性最大的氟与电负性最小、离子半径最大的铯化合而形成的 CsF 是典型的离子化合物。碱金属、碱土金属及镧系和锕系元素的卤化物大多属于离子型或接近于离子型，如 NaCl，$BaCl_2$，$LaCl_3$ 等。在某些卤化物中，阳离子与阴离子之间极化作用比较明显，表现出一定的共价性，如 AgCl 等。有些高氧化值的金属卤化物则为共价型卤化物，如 $AlCl_3$，

$SnCl_4$, $FeCl_3$, $TiCl_4$ 等。这些金属卤化物的特征是熔点、沸点一般较低,易挥发,能溶于非极性溶剂,熔融后不导电。它们在水中强烈地水解。总之,金属卤化物的键型与金属和卤素的电负性、离子半径及金属离子的电荷数有关。

下面讨论金属卤化物键型及熔点、沸点等性质的递变规律。

同一周期元素的卤化物,自左向右随阳离子电荷数依次升高,离子半径逐渐减小,键型从离子型过渡到共价型,熔点和沸点显著地降低,导电性下降。表 15-5 列出了第二至第六周期元素氯化物的熔点和沸点。

表 15-5　第二至第六周期元素氯化物的熔点和沸点

		$LiCl$	$BeCl_2$	BCl_3	CCl_4
熔点/℃		613	415	−107	−22.9
沸点/℃		1 360	482.3	12.7	76.7
		$NaCl$	$MgCl_2$	$AlCl_3$	$SiCl_4$
熔点/℃		800.8	714		−68.8
沸点/℃		1 465	1 412	181(升华)	57.6
		KCl	$CaCl_2$	$ScCl_3$	$TiCl_4$
熔点/℃		771	775	967	−25
沸点/℃		1 437	约 1 940	1 342	136.4
		$RbCl$	$SrCl_2$	YCl_3	$ZrCl_4$
熔点/℃		715	874	721	437(2.5 MPa)
沸点/℃		1 390	1 250	1 510	334(升华)
		$CsCl$	$BaCl_2$	$LaCl_3$	
熔点/℃		646	962	852	
沸点/℃		1 300	1 560	1 812	
氯化物类型		离子型			共价型

同一金属的不同卤化物,从 F 至 I 随着离子半径的依次增大,卤素离子的极化率逐渐变大,键的离子性依次减小,而共价性依次增大。例如,AlF_3 是离子型的,而 AlI_3 是共价型的。卤化物的熔点和沸点也依次降低。例如,卤化钠的熔点和沸点高低次序为 $NaF>NaCl>NaBr>NaI$,卤化铝的熔点和沸点键型过渡不符合上述变化规律。AlF_3 为离子型化合物,熔点、沸点均高,其他卤化铝多为共价型化合物,熔点、沸点均较低,且沸点随着相对分子质量增大而依次增高(见表 15-6)。

表 15-6　卤化钠、卤化铝的熔点和沸点

卤化钠	熔点/℃	沸点/℃	卤化铝	熔点/℃	沸点/℃
NaF	996	1 704	AlF_3	1 090	1 272(升华)
$NaCl$	800.8	1 465	$AlCl_3$		181(升华)
$NaBr$	755	1 390	$AlBr_3$	97.5	253(升华)
NaI	660	1 304	AlI_3	191.0	382

同一金属不同氧化值的卤化物中,高氧化值的卤化物一般共价性更显著,所以熔点、沸点比低氧化值卤化物低一些,较易挥发。表 15-7 列出了几种金属氯化物的熔点和沸点。

表 15-7　几种金属氯化物的熔点和沸点

氯化物	熔点/℃	沸点/℃	氯化物	熔点/℃	沸点/℃
$SnCl_2$	246.9	623	$SbCl_3$	73.4	220.3
$SnCl_4$	-33	114.1	$SbCl_5$	3.5	79(2.9 kPa)
$PbCl_2$	501	950	$FeCl_2$	677	1 024
$PbCl_4$	-15	105(分解)	$FeCl_3$	304	约316

　　（3）卤化物的溶解性

　　大多数金属卤化物易溶于水,常见的金属氯化物中,AgCl,Hg_2Cl_2,$PbCl_2$ 和 CuCl 是难溶的。溴化物和碘化物的溶解性和相应的氯化物相似。氟化物的溶解度与其他卤化物有些不同。例如,CaF_2 难溶,而其他卤化钙则易溶;AgF 易溶,而其他卤化银则难溶。这与离子间吸引力的大小和离子极化作用的强弱有关。氟离子半径特别小,它与钙离子之间的吸引力较大,晶格能较大,所以 CaF_2 难溶,其他卤化钙的晶格能较小,因此易溶于水。银离子具有 18 电子构型,极化率和极化力都较大;另外,Cl^-,Br^-,I^- 的半径和极化率依次增大,所以 Ag^+ 与 Cl^-,Br^-,I^- 之间的相互极化作用依次增强,键的共价性逐渐增大,由此导致 AgCl,AgBr,AgI 均难溶于水,且溶解度依次降低。而 F^- 难变形,Ag^+ 与 F^- 之间极化作用不显著,所以 AgF 易溶于水。

　　同一金属的不同卤化物,离子型卤化物的溶解度按 F,Cl,Br,I 的顺序增大;共价型卤化物的溶解度则按 F,Cl,Br,I 的顺序而减小。

　　由于卤离子能和许多金属离子形成配合物,所以难溶金属卤化物常常可以与相应的 X^- 发生加合反应,生成配离子。例如:

$$CuI + I^- \longrightarrow [CuI_2]^-$$
$$AgCl + Cl^- \longrightarrow [AgCl_2]^-$$
$$HgI_2 + 2I^- \longrightarrow [HgI_4]^{2-}$$

　　卤离子也可以和许多共价型卤化物形成配合物,如 $FeCl_4^-$,HgI_4^{2-},SiF_6^{2-} 等。不同卤离子 X^- 与金属离子 M^{n+} 形成配合物的稳定性与 M^{n+} 的电荷、半径等因素有关。

　　（4）卤化物的水解性

　　共价型卤化物及一些金属卤化物遇水发生水解反应,不同的卤化物水解产物类型常常不同,一般生成含氧酸、碱式盐或卤氧化物。例如,BCl_3 的水解产物为 H_3BO_3,$SnCl_2$ 的水解产物为 Sn(OH)Cl,而 $SbCl_3$ 和 $BiCl_3$ 的水解产物分别为 SbOCl 和 BiOCl。CCl_4 和 SF_6 不水解,但这并不意味着 CCl_4 和 SF_6 在热力学上是稳定的。由下列反应可以看出:

$$CCl_4(g) + 2H_2O(g) \longrightarrow CO_2(g) + 4HCl(g); \quad \Delta_f G_m^{\ominus} = -258 \text{ kJ} \cdot \text{mol}^{-1}$$

$$SF_6(g)+3H_2O(g) \longrightarrow SO_3(g)+6HF(g); \qquad \Delta_f G_m^{\ominus}=-3021 \text{ kJ·mol}^{-1}$$

CCl_4，SF_6 不水解是由动力学因素而决定的。即 CCl_4 和 SF_6 在热力学上不稳定，在动力学上稳定。

（5）卤化物的制备

由于金属卤化物的水解性、挥发性不同，所以制备金属卤化物要采用不同的方法，一般分为干法和湿法。湿法生产卤化物常常是用金属或金属氧化物、碳酸盐与氢卤酸作用。例如，$CaCl_2$，$MgCl_2$，$ZnCl_2$，$FeCl_2$ 的制取采用的是湿法。干法制取卤化物是用氯气和金属直接化合得到易挥发的无水卤化物。例如，无水 $AlCl_3$，$FeCl_3$，$SnCl_4$ 的制取采用的是干法。该法常用于易水解的卤化物的制取。另外，用金属氧化物与氯、碳反应也可以制取无水卤化物。例如：

$$TiO_2+2C+2Cl_2 \longrightarrow TiCl_4+2CO$$

反应中也有 CO_2 产生。

2. 多卤化物

金属卤化物与卤素单质或卤素互化物发生加合作用，生成的化合物称为多卤化物。例如：

$$KI+I_2 \longrightarrow KI_3$$

I_2 在含有 I^- 的溶液中溶解度比在纯水中大得多，这与上述加合反应有关。这一反应中，I^- 和 I_2 结合而生成 I_3^-，溶液中存在下列平衡：

$$I^-+I_2 \rightleftharpoons I_3^-; \quad K^{\ominus}=725$$

溴和氯也可以发生类似的反应，但反应的程度按碘、溴、氯依次减小。

$$Br^-+Br_2 \rightleftharpoons Br_3^-; \quad K^{\ominus}=17.8$$
$$Cl^-+Cl_2 \rightleftharpoons Cl_3^-; \quad K^{\ominus}=0.01$$

多卤化物阴离子中的卤素可以是同种卤素，也可以是两种或三种卤素，如 ICl_2^-，IBr_2^-，I_2Cl^-，I_2Br^-，$IBrCl^-$ 等。

含 3 个卤原子的多卤化物阴离子的空间构型几乎都是直线形的。如卤原子不同时，则半径较大的卤原子位于中间，而半径较小的卤原子位于两侧。

3. 卤素互化物

不同卤素之间彼此可以靠共用电子对形成一系列化合物，这类化合物称为卤素互化物。卤素互化物的通式为 XX'_n，其中 X 的电负性小于 X' 的电负性，$n=1,3,5$ 或 7。

卤素互化物的许多性质类似卤素单质。卤素互化物中原子间以共价键结合，所以熔点、沸点都较低。大多数卤素互化物是强氧化剂，稳定性差。

MOOC
教学视频
卤素的含氧化
合物

15.1.5　卤素的含氧化合物

电负性最大的氟元素与其他元素形成的化合物中,氟的氧化值总是-1。因此,氟与氧形成的二元化合物是氟化氧,而不是氧化氟。除了氟以外,其他卤素的电负性都比氧的电负性小,它们不仅可以和氧形成氧化物,还可以形成含氧酸及其盐。在所有这些含氧化合物中,卤素的氧化值都是正值。它们的有关 $E_A^\ominus$ 值都是正的,且数值较大,所以都具有较强的氧化性。卤素的含氧化合物大多是不稳定或比较不稳定的,其中最不稳定的是氧化物,其次是含氧酸,相对比较稳定的是含氧酸盐。卤素的含氧化合物中以氯的含氧化合物最为重要。

1. 卤素的氧化物

已经制得且经过研究的卤素氧化物见表 15-8。

表 15-8　卤素的氧化物

氧化值	-1	+1	+3	+4	+5	+6	+7
F	OF_2, O_2F_2						
Cl		Cl_2O	Cl_2O_3	ClO_2		Cl_2O_6	Cl_2O_7
Br		Br_2O	(-78 ℃)	BrO_2	Br_2O_5		Br_2O_7
I					I_2O_5		

这些氧化物都具有较强的氧化性,大多数是不稳定的,它们受到震动或有还原剂时会爆炸。一般来说,高氧化态的卤素氧化物更稳定一些,其中 I_2O_5 是最稳定的卤素氧化物。

在氯氧化物中,ClO_2 是最稳定的,也是唯一大量生产的卤素氧化物,工业上大量制取 ClO_2 的方法是用稀硫酸和二氧化硫处理氯酸钠:

$$2NaClO_3 + SO_2 + H_2SO_4 \xrightarrow{\text{痕量 NaCl}} 2ClO_2 + 2NaHSO_4$$

比较安全的制备方法是,将经干燥空气稀释的氯气通入填有固体亚氯酸盐的柱内:

$$2NaClO_2 + Cl_2 \longrightarrow 2ClO_2 + 2NaCl$$

安全的制备方法还有用草酸还原氯酸钠:

$$2NaClO_3 + 2H_2C_2O_4 \xrightarrow{H_2O, 90\ ℃} 2ClO_2 + 2CO_2 + Na_2C_2O_4 + 2H_2O$$

此法的优点是生成的 ClO_2 可被 CO_2 稀释。当 ClO_2 的分压超过 6.6 kPa 时会发生爆炸。

ClO_2 的分子构型为 V 字形,是有成单电子的分子,具有顺磁性。ClO_2 为黄绿色气体,熔点为-59.6 ℃,沸点为 10.9 ℃。ClO_2 的化学活性强,可用于水的净化和纸张、纺织品的漂白。

2. 卤素的含氧酸及其盐

除了氟的含氧酸仅限于次氟酸 HOF 外,氯、溴、碘可以形成四种类型的含氧酸,见表 15-9 中。

表 15-9 卤素的含氧酸

命名	氟	氯	溴	碘
次卤酸	HOF	HClO*	HBrO*	HIO*
亚卤酸		HClO$_2$*		
卤酸		HClO$_3$*	HBrO$_3$*	HIO$_3$
高卤酸		HClO$_4$	HBrO$_4$*	HIO$_4$,H$_5$IO$_6$

* 表示仅存在于水溶液中。

在卤素的含氧酸根离子中,卤素原子作为中心原子,采用 sp^3 杂化轨道与氧原子成键,形成不同构型的卤素含氧酸根(图 15-2)。而在 H$_5$IO$_6$ 分子中,碘原子采用 sp^{3}d^2 杂化轨道与氧原子成键,如图 15-3 所示。

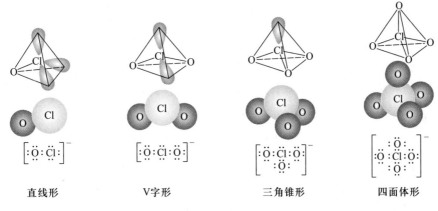

| 直线形 | V字形 | 三角锥形 | 四面体形 |

图 15-2 氯的含氧酸根的结构

(1) 次卤酸及其盐

次氟酸 HOF 是在低温下将氟通过冰的表面制得的:

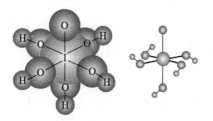

$$F_2 + H_2O(s) \xrightarrow{-40\,\text{℃}} HOF + HF$$

HOF 为白色固体,很不稳定,易挥发分解为 HF 和 O$_2$。

图 15-3 H$_5$IO$_6$ 分子的八面体形结构

氯、溴、碘在冷水中歧化可以分别生成次氯酸 HClO、次溴酸 HBrO 和次碘酸 HIO:

$$X_2 + H_2O \longrightarrow HXO + HX \quad (X = Cl, Br, I)$$

但由于反应的标准平衡常数很小,所以在氯、溴、碘的饱和水溶液中对应的次卤酸的浓度都很小。次卤酸均为弱酸,酸性按 HClO,HBrO,HIO 的顺序减弱:

	HClO	HBrO	HIO
$K_a^{\ominus}$	2.8×10^{-8}	2.6×10^{-9}	2.4×10^{-11}

HIO 的 $K_b^{\ominus}=3.2\times10^{-10}$，其碱式解离的倾向稍大于酸式解离。在次卤酸中，只有 HOF 可得到纯的化合物，次氯酸、次溴酸、次碘酸都不稳定，只能存在于稀溶液中，即使在稀溶液中也很容易分解，在光的作用下分解得更快：

$$2HXO \xrightarrow{\text{光}} O_2+2HX$$

当在碱性介质和加热条件下，次卤酸按另一种方式分解，即歧化为卤酸和氢卤酸：

$$3HXO \longrightarrow HXO_3+2HX \quad \text{或} \quad 3XO^- \longrightarrow XO_3^-+2X^-$$

ClO^- 在 75 ℃时歧化速率快，BrO^- 在 50 ℃时歧化速率快，而 IO^- 在室温下就迅速歧化。

次卤酸都具有强氧化性，其氧化性按 Cl，Br，I 的顺序降低。

氯、溴和冷的碱溶液作用能生成相应的次氯酸盐 MClO、次溴酸盐 MBrO。例如：

$$X_2+2NaOH \longrightarrow NaXO+NaX+H_2O \quad (X=Cl,Br)$$

这一反应相当于卤素在水中的歧化反应，因碱的加入而使平衡向右移动，反应进行得更完全。次碘酸盐的稳定性极差，所以碘与碱溶液反应得不到次碘酸盐。

在次卤酸及其盐中，以次氯酸及其盐最为重要。次氯酸是很强的氧化剂。次氯酸作氧化剂时，本身被还原为 Cl^-。氯气具有漂白性就是由于它与水作用而生成次氯酸的缘故，所以完全干燥的氯气没有漂白能力。次氯酸盐的溶液也有氧化性和漂白作用。漂白粉就是用氯气与消石灰作用而制得的，是次氯酸钙、氯化钙和氢氧化钙的混合物。制备漂白粉的主要反应也是氯的歧化反应：

实验视频
次氯酸盐的氧化性

$$2Cl_2+3Ca(OH)_2 \longrightarrow Ca(ClO)_2+CaCl_2\cdot Ca(OH)_2\cdot H_2O+H_2O$$

次氯酸盐的漂白作用主要是基于次氯酸的氧化性。

NaBrO 在分析化学上常用作氧化剂。

（2）亚卤酸及其盐

已知的亚卤酸仅有亚氯酸。亚氯酸是二氧化氯与水反应的产物之一：

$$2ClO_2+H_2O \longrightarrow HClO_2+HClO_3$$

从亚氯酸盐可以制得比较纯净的亚氯酸溶液，例如：

$$Ba(ClO_2)_2+H_2SO_4 \longrightarrow 2HClO_2+BaSO_4$$

但亚氯酸溶液极不稳定，只要数分钟便分解出 ClO_2 和 Cl_2，溶液从无色变为黄色：

$$8HClO_2 \longrightarrow 6ClO_2+Cl_2+4H_2O$$

在氯的含氧酸中，亚氯酸最不稳定。

二氧化氯与碱溶液反应时，可得到亚氯酸盐和氯酸盐：

$$2ClO_2+2NaOH \longrightarrow NaClO_2+NaClO_3+H_2O$$

二氧化氯与过氧化物反应时，得到亚氯酸盐和氧气：

$$2ClO_2 + Na_2O_2 \longrightarrow 2NaClO_2 + O_2$$
$$2ClO_2 + BaO_2 \longrightarrow Ba(ClO_2)_2 + O_2$$

亚氯酸盐虽比亚氯酸稳定,但加热或敲击固体亚氯酸盐时,立即发生爆炸,分解成氯酸盐和氯化物。亚氯酸盐的水溶液较稳定,具有强氧化性,可作漂白剂。

（3）卤酸及其盐

用氯酸钡或溴酸钡与硫酸作用可制得氯酸或溴酸溶液：

$$Ba(XO_3)_2 + H_2SO_4 \longrightarrow BaSO_4 + 2HXO_3 \quad (X = Cl, Br)$$

将氯气通入溴水或碘水中也可以得到溴酸或碘酸：

$$Br_2 + 5Cl_2 + 6H_2O \longrightarrow 2HBrO_3 + 10HCl$$
$$I_2 + 5Cl_2 + 6H_2O \longrightarrow 2HIO_3 + 10HCl$$

另外,也可以用硝酸氧化单质碘制得碘酸：

$$3I_2 + 10HNO_3 \longrightarrow 6HIO_3 + 10NO + 2H_2O$$

氯酸和溴酸均为强酸（$pK_a^{\ominus} \leqslant 0$）,而碘酸为中强酸（$pK_a^{\ominus} = 0.8$）。卤酸的酸性按 Cl, Br, I 的顺序依次减弱。氯酸和溴酸都只能存在于溶液中,将其水溶液蒸发,氯酸可以浓缩至 40%,溴酸可以浓缩至 50%。浓溶液将以爆炸方式发生热分解：

$$8HClO_3 \longrightarrow 4HClO_4 + 2Cl_2 + 3O_2 + 2H_2O$$
$$4HBrO_3 \longrightarrow 2Br_2 + 5O_2 + 2H_2O$$

碘酸 HIO_3 为无色斜方晶体。可见,卤酸的稳定性按 Cl, Br, I 的顺序依次增强。

在酸性介质中,卤酸根离子被还原为单质的标准电极电势如下：

电对	ClO_3^-/Cl_2	BrO_3^-/Br_2	IO_3^-/I_2
$E_A^{\ominus}/V$	1.458	1.513	1.209

由此可见,BrO_3^- 的氧化性最强。这也反映了 p 区第四周期元素的异样性。IO_3^- 的氧化性最弱,因此碘能从氯酸盐和溴酸盐中取代氯和溴。例如：

$$I_2 + 2ClO_3^- \longrightarrow 2IO_3^- + Cl_2$$

氯酸作为强氧化剂,其还原产物可以是 Cl_2 或 Cl^-,这与还原剂的强弱及氯酸的用量有关。例如,$HClO_3$ 过量时,还原产物为 Cl_2：

$$HClO_3 + 5HCl \longrightarrow 3Cl_2 + 3H_2O$$

重要的氯酸盐有氯酸钾和氯酸钠。当氯与热的苛性钾溶液作用时,生成氯酸钾和氯化钾：

$$3Cl_2 + 6KOH \longrightarrow KClO_3 + 5KCl + 3H_2O$$

在这一反应中,生成 1 mol $KClO_3$ 的同时,有 5 mol KCl 生成。如果 Cl_2 和 KOH 来自 KCl 水溶液的电解,则合成 $KClO_3$ 时只利用了 1/6 的 KCl,其余 5/6 又恢复为原料 KCl,这在经济上是低效益的。工业上采用无隔膜槽电解 NaCl 水溶液,产生的 Cl_2 在

实验视频
氯酸盐的氧化性

槽中与热的 NaOH 溶液作用而生成 NaClO$_3$。然后将所得到的 NaClO$_3$ 溶液与等物质的量的 KCl 进行复分解反应而制得 KClO$_3$：

$$NaClO_3 + KCl \longrightarrow KClO_3 + NaCl$$

KClO$_3$ 的溶解度小,可以分离出来。

在有催化剂存在下加热 KClO$_3$ 时,它便分解为氯化钾和氧气：

$$2KClO_3 \xrightarrow{\text{催化剂}} 2KCl + 3O_2$$

在没有催化剂存在时,小心加热 KClO$_3$,则发生歧化反应而生成高氯酸钾和氯化钾：

$$4KClO_3 \longrightarrow 3KClO_4 + KCl$$

固体 KClO$_3$ 是强氧化剂,与各种易燃物(如硫、磷、碳或有机物质)混合后,经撞击会引起爆炸着火,因此 KClO$_3$ 多用来制造火柴和焰火等。氯酸钠比氯酸钾易吸潮,一般不用它制炸药、焰火等,多用作除草剂。氯酸钠还大量用来制备二氧化氯和高氯酸及其盐。溴酸钾、碘酸钾是重要的分析基准物质,溴酸钾主要用于测定 As(Ⅲ)和 Sb(Ⅲ),而碘酸钾用于分析测定各种不同的金属。卤酸盐的水溶液只有在酸性条件下才有较强的氧化性。

（4）高卤酸及其盐

高氯酸盐和浓硫酸反应,经减压蒸馏可以制得高氯酸：

$$KClO_4 + H_2SO_4(浓) \longrightarrow KHSO_4 + HClO_4$$
$$Ba(ClO_4)_2 + H_2SO_4(浓) \longrightarrow BaSO_4 + 2HClO_4$$

工业上生产高氯酸采用的是电解氧化法。电解盐酸时,在阳极区生成高氯酸：

$$Cl^- + 4H_2O \longrightarrow ClO_4^- + 8H^+ + 8e^-$$

减压蒸馏后可制得 60% 的高氯酸。电解氯酸盐,经酸化后也能制得高氯酸。

在碱性溶液中用氟气来氧化溴酸钠可以得到高溴酸钠 NaBrO$_4$：

$$NaBrO_3 + F_2 + 2NaOH \longrightarrow NaBrO_4 + 2NaF + H_2O$$

低温下用 XeF$_2$ 氧化 BrO$_3^-$ 也可以制备高溴酸盐(参见 §15.2)。

在碱性的碘或碘酸溶液中通入 Cl$_2$,可以得到高碘酸盐。

$$NaIO_3 + Cl_2 + 3NaOH \longrightarrow Na_2H_3IO_6 + 2NaCl$$

若在上述 Na$_2$H$_3$IO$_6$ 的悬浮液中加入 AgNO$_3$ 溶液,有 Ag$_5$IO$_6$ 黑色沉淀生成：

$$Na_2H_3IO_6 + 5AgNO_3 \longrightarrow Ag_5IO_6 + 2NaNO_3 + 3HNO_3$$

用氯气和水处理 Ag$_5$IO$_6$ 的悬浮液便可生成 H$_5$IO$_6$：

$$4Ag_5IO_6 + 10Cl_2 + 10H_2O \longrightarrow 4H_5IO_6 + 20AgCl + 5O_2$$

也可以利用高碘酸钡 Ba$_5$(IO$_6$)$_2$ 和硫酸反应制取游离的高碘酸：

$$Ba_5(IO_6)_2 + 5H_2SO_4 \longrightarrow 5BaSO_4 + 2H_5IO_6$$

高氯酸是最强的无机含氧酸。高溴酸也是强酸,而高碘酸是一种弱酸($K_{a1}^{\ominus} = 4.4 \times 10^{-4}$, $K_{a2}^{\ominus} = 2 \times 10^{-7}$, $K_{a3}^{\ominus} = 6.3 \times 10^{-13}$)。高卤酸的酸性按 Cl,Br,I 的顺序依次减弱。

无水的高氯酸是无色液体。$HClO_4$ 的稀溶液比较稳定,在冷的稀溶液中 $HClO_4$ 的氧化性弱,但浓的 $HClO_4$ 不稳定,受热分解为氯、氧和水:

$$4HClO_4 \longrightarrow 2Cl_2 + 7O_2 + 2H_2O$$

浓的 $HClO_4$ 是强氧化剂,与有机物质接触会引起爆炸,所以储存时必须远离有机化合物,使用时也务必注意安全。在钢铁分析中常用高氯酸来溶解矿样;高氯酸也可作为制备醋酸纤维的催化剂。

高溴酸呈艳黄色,在溶液中比较稳定,其浓度可达 55%,蒸馏时可得到 83% 的 $HBrO_4$,利用脱水剂可结晶出 $HBrO_4 \cdot 2H_2O$。高溴酸是强氧化剂。

高碘酸 H_5IO_6 是无色单斜晶体,其分子为八面体构型,碘原子采用 sp^3d^2 杂化轨道成键。这与其他高卤酸是不同的。由于碘原子半径较大,故其周围可容纳 6 个氧原子。与其他高卤酸相应的 HIO_4 称为偏高碘酸。高碘酸在真空下加热脱水则转化为偏高碘酸。

高碘酸具有强氧化性,可以将 Mn^{2+} 氧化成 MnO_4^-:

$$5H_5IO_6 + 2Mn^{2+} \longrightarrow 2MnO_4^- + 5IO_3^- + 7H_2O + 11H^+$$

在高卤酸中,$HBrO_4$ 的氧化性最强,这也是 p 区第四周期元素异样性的一个例子。有关的电极反应及 $E^{\ominus}$ 值如下:

$$ClO_4^- + 2H^+ + 2e^- \rightleftharpoons ClO_3^- + H_2O; \quad E^{\ominus} = 1.226\ V$$
$$BrO_4^- + 2H^+ + 2e^- \rightleftharpoons BrO_3^- + H_2O; \quad E^{\ominus} = 1.763\ V$$
$$H_5IO_6 + H^+ + 2e^- \rightleftharpoons IO_3^- + 3H_2O; \quad E^{\ominus} = 1.60\ V$$

大多数高氯酸盐是热稳定的,如高氯酸钾在 400 ℃时熔化,并按下式分解:

$$KClO_4 \longrightarrow KCl + 2O_2$$

除 K^+,NH_4^+,Cs^+,Rb^+ 的盐外,高氯酸盐多易溶于水。有些高氯酸盐易吸湿,如 $Mg(ClO_4)_2$ 和 $Ba(ClO_4)_2$ 可用作干燥剂。高氯酸根离子的配位作用很弱,故高氯酸盐常在金属配合物的研究中用作惰性盐,以保持一定的离子强度。

工业上用电解 $KClO_3$ 水溶液的方法来制取 $KClO_4$。高温下固体高氯酸盐是强氧化剂。$KClO_4$ 常用于制造炸药。用 $KClO_4$ 制作的炸药比用 $KClO_3$ 制作的炸药稳定些。

$KBrO_4$ 为白色晶体,加热时分解为 $KBrO_3$ 和 O_2,说明 $KBrO_3$ 的热稳定性比 $KBrO_4$ 的高。这一点类似碘相应的化合物,而不同于氯的化合物。这也是 p 区第四周期元素异样性的一个例子。

高碘酸盐一般难溶于水。可以利用电解碘酸盐溶液的方法得到高碘酸盐。在碱性条件下用氯气氧化碘酸盐也可以得到高碘酸盐:

$$IO_3^- + Cl_2 + 6OH^- \longrightarrow IO_6^{5-} + 2Cl^- + 3H_2O$$

（5）氯的各种含氧酸及其盐的性质比较

氯能形成四种含氧酸，即次氯酸、亚氯酸、氯酸和高氯酸，现将氯的各种含氧酸及其盐的性质的一般规律性总结如下：

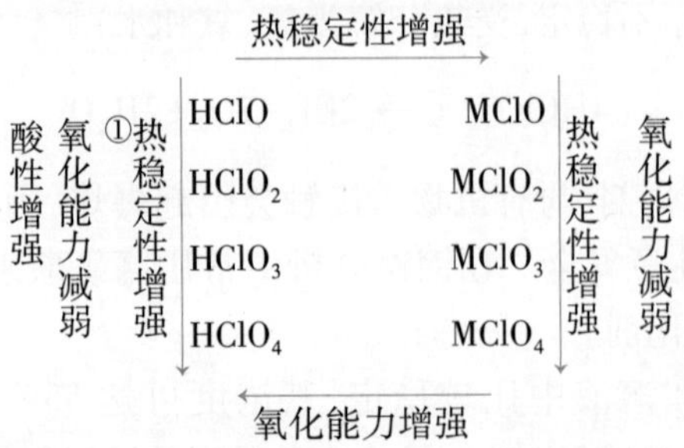

热稳定性增强

酸性增强	①热稳定性减弱	HClO	MClO	热稳定性增强	氧化能力减弱
氧化能力增强		HClO$_2$	MClO$_2$		
		HClO$_3$	MClO$_3$		
		HClO$_4$	MClO$_4$		

氧化能力增强

随着 Cl 的氧化值增加，H—O 键被 Cl 极化而引起的变形程度增加，在水分子的作用下，H$^+$ 容易解离出来，所以氯的含氧酸的酸性随氯的氧化值的增加而增强。由于氯的各种含氧酸的最终还原产物都是 Cl$^-$ 和 H$_2$O，因此，其氧化性的强弱主要取决于 Cl—O 键的断裂难易。表 15-10 中氯的含氧酸根中 Cl—O 的键长和键能数据足以说明其 Cl—O 键的断裂顺序。至于含氧酸根在酸性介质中才显氧化性，可能与 H$^+$ 的极化作用有关，含氧酸根质子化有利于 Cl—O 键的断裂，所以，氯的含氧酸的氧化能力强于氯的含氧酸根。氯的含氧酸及其盐的热稳定性也与含氧酸根的结构有关；盐的热稳定性比相应酸的热稳定性强，也与 H$^+$ 的极化作用有关。

表 15-10　氯的含氧酸根中 Cl—O 的键长和键能

含氧酸根	键长/pm	键能/(kJ·mol^{-1})
ClO$^-$	170	209
ClO$_3^-$	157	244
ClO$_4^-$	145	364

15.1.6　拟卤素及拟卤化物

1. 拟卤素及其与卤素的相似性

有些分子由非金属元素原子团形成，它们具有与卤素单质相似的性质，它们的阴离子与卤素离子的性质也相似。这样的原子团叫做拟卤素。拟卤素的-1 价离子形成的化合物为拟卤化物。重要的拟卤素分子有氰(CN)$_2$、硫氰(SCN)$_2$ 和氧氰(OCN)$_2$ 等。卤素和拟卤素分子及其酸和盐的对照见表 15-11。

---

① HClO$_2$ 的氧化性比 HClO 强。

表 15-11 卤素和拟卤素分子及其酸和盐的对照

	分子的键连关系	酸	盐
卤素	X_2 $:\ddot{X}-\ddot{X}:$	HX $H-\ddot{X}:$	KX
氰	$(CN)_2$ $:N\equiv C-C\equiv N:$	HCN $H-C\equiv N:$	KCN
硫氰	$(SCN)_2$ $:N\equiv C-S-S-C\equiv N:$	HSCN $H-S-C\equiv N:$	KSCN
氧氰	$(OCN)_2$ $:N\equiv C-O-O-C\equiv N:$	HOCN $H-O-C\equiv N:$	KOCN

拟卤素与卤素的相似性表现在如下几点：

（1）它们的游离态都易挥发。

（2）它们与金属化合形成盐，而且银、汞（I）、铅的盐都不溶于水。

（3）它们与氢形成含氢酸。氢氰酸是弱酸，其 $K_a^\ominus = 5.8\times10^{-10}$，HSCN 和 HOCN 的标准解离常数分别为 0.14 和 2×10^{-4}。

（4）它们都能作为配体形成配合物，例如：

$$K_2[HgI_4] \qquad K_2[Hg(CN)_4]$$
$$H[AuCl_4] \qquad Na[Au(CN)_4]$$

（5）拟卤素离子具有还原性，例如：

$$MnO_2+2SCN^-+4H^+ \longrightarrow Mn^{2+}+(SCN)_2+2H_2O$$

这同 MnO_2 与浓盐酸的反应相似。

2. 氰、氢氰酸及其盐

氰 $(CN)_2$ 为无色气体，有苦杏仁味，有剧毒。在溶液中用 Cu^{2+} 氧化 CN^- 可以生成 $(CN)_2$：

$$2Cu^{2+}+6CN^- \longrightarrow 2[Cu(CN)_2]^-+(CN)_2$$

氰与碱反应生成氰酸盐和氰化物：

$$(CN)_2+2KOH \longrightarrow KCN+KOCN+H_2O$$

氰化氢 HCN 为无色液体，有剧毒。HCN 的沸点为 25.6 ℃，凝固点为 -13.4 ℃。HCN 能与水互溶，其水溶液称为氢氰酸。氢氰酸是极弱的酸。氰化物与稀硫酸作用可得到 HCN。

氢氰酸的盐又叫氰化物。常见的氰化物有氰化钠 NaCN 和氰化钾 KCN，它们易溶于水,并因水解而使溶液显强碱性。氰化物也有剧毒,使用时必须严格注意安全。CN^- 与 CO,NO^+ 为等电子体,都能作为配体形成配合物。

3. 硫氰、硫氰酸及其盐

硫氰$(SCN)_2$ 是黄色液体,不稳定,在水溶液中的性质类似溴。将硫氰酸银悬浮于乙醚中,用碘或溴处理可以得到硫氰:

$$2AgSCN+I_2 \longrightarrow 2AgI+(SCN)_2$$

硫氰化氢 HSCN 是极易挥发的液体,易溶于水,其水溶液呈较强的酸性,叫做硫(代)氰酸。它的同分异构体 HNCS 叫做异硫氰酸。HNCS 的结构式为 H—N≡C═S 。

硫氰酸钾 KSCN 和硫酸氢钾反应可以得到硫氰酸:

$$KSCN+KHSO_4 \longrightarrow HSCN+K_2SO_4$$

KSCN 是硫氰酸的钾盐,可以通过氰化钾与硫共熔而制得:

$$KCN+S \longrightarrow KSCN$$

KSCN 与 Fe^{3+} 反应生成血红色配离子:

$$Fe^{3+}+xSCN^- \longrightarrow \left[Fe(SCN)_x\right]^{3-x} \quad (x=1\sim6)$$

所以,KSCN 是检验 Fe^{3+} 的灵敏试剂。

4. 氧氰、氰酸及其盐

电解氰酸钾(KOCN)时,在阳极上得到氧氰$(OCN)_2$:

$$2OCN^- \xrightarrow{电解} (OCN)_2+2e^-$$

游离的氧氰尚未制得,它只存在于溶液中。

氰酸(HOCN)是无色液体。HOCN 在水溶液中迅速水解为 NH_3 和二氧化碳。HOCN 的同分异构体 HNCO 称异氰酸,其结构式为 H—N≡C═O 。

氰酸盐较稳定,但在溶液中 OCN^- 易水解。氰酸盐可以通过如下方法制得:

$$KCN+PbO \longrightarrow KOCN+Pb$$

然后用酒精萃取,得到无色的 KOCN。

§15.2　稀　有　气　体

稀有气体包括氦、氖、氩、氪、氙、氡和𫟼等 7 种元素,其原子的最外层电子构型除氦为 $1s^2$ 外,其余均为稳定的 8 电子构型 ns^2np^6。稀有气体的化学性质很不活泼,所以过去人们曾认为它们与其他元素之间不会发生化学反应,将它们列为周期表中的零族,并称为"惰性气体"。然而正是这种绝对化的概念束缚了人们的思想,阻碍了对稀有气体化合物的研究。1962 年,在加拿大工作的 26 岁的英国青年化学家 N. Bartlett 合成了第一个稀有气体化合物Xe$[PtF_6]$,引起了化学界的很大兴趣和重视。许多化学家竞相开展这方面的工作,先后合成了多种"稀有气体化合物",促进了稀有气体化学的发展。

15.2.1　稀有气体的发现

稀有气体氦是在 1869 年由法国天文学家 P. J. Janssen 和英国天文学家 J. N. Lockyer 从太阳光谱上发现的,人们曾认为它是只存在于太阳中的元素。后来,美国化学家 W. F. Hillebrand 在处理沥青铀矿时发现了一种不活泼气体,但当时他认为是氮气。1895 年,英国化学家 W. Ramsay 借助光谱实验证明这种气体是氦。此后,Ramsay 又从空气中分离出了氦,证明了地球上氦的存在。

1894 年,英国物理学家 L. Rayleigh 重复一百多年前英国化学家 H. Cavendish 做过的实验,发现由空气分馏得到的氮气密度为 1.257 2 g·L^{-1},而 Ramsay 用化学方法分解氨的化合物得到的氮气密度为 1.250 5 g·L^{-1}。这两个数据在第三位小数上存在着差别,这并不是实验误差带来的。经过 Rayleigh 和 Ramsay 反复认真地实验,精确地测量,终于发现这是由于空气中尚有约1%略重于氮气的其他气体所造成的。通过光谱实验证实了新元素——"不活泼"的氩的存在。这就是科学史上的"第三位小数的胜利"。

继氩和氦的发现之后,Ramsay 根据氩和氦相近的性质和 Менделеев 元素周期律,设想氦和氩可能是元素周期表中新的一族,并预言存在着同族的其他元素。1898 年,Ramsay 和他的助手 M. W. Travers 从空气中相继分离出了氖、氪和氙。1900 年,德国物理学教授 F. E. Dorn 在某些放射性矿物中发现了氡,1908 年,Ramsay 等人通过光谱实验证实了放射性稀有气体氡的存在。

15.2.2　稀有气体的性质和用途

稀有气体的性质列于表 15-12 中。稀有气体均无色、无味,都是单原子分子,分子间仅存在着微弱的 van der Waals 力。它们的物理性质随原子序数的递增而有规律地变化。例如,稀有气体的熔点、沸点、溶解度、密度和临界温度等随原子序数的增大而递增,这同它们分子间色散力的递增是相适应的,而色散力的依次递增与分子极化率的递增相关联。

表 15-12　稀有气体的性质

	氦	氖	氩	氪	氙	氡
元素符号	He	Ne	Ar	Kr	Xe	Rn
原子序数	2	10	18	36	54	86
相对原子质量	4.002 6	20.180	39.948	83.80	131.29	222.02
原子最外层电子构型	$1s^2$	$2s^22p^6$	$3s^23p^6$	$4s^24p^6$	$5s^25p^6$	$6s^26p^6$
van der Waals 半径/pm	122	160	191	198	217	—
熔点/℃	−272.15	−248.67	−189.38	−157.36	−111.8	−71
沸点/℃	−268.935	−246.05	−185.87	−153.22	−108.04	−62
电离能/(kJ·mol^{-1})	2 372.3	2 086.95	1 526.8	1 357.0	1 176.5	1 043.3

续表

	氦	氖	氩	氪	氙	氡
水中溶解度/$[mL \cdot kg(H_2O)^{-1}]$(20 ℃)	8.61	10.5	33.6	59.4	108	230
临界温度/K	5.25	44.5	150.85	209.35	289.74	378.1
气体密度/$(g \cdot L^{-1})$(标准状况)	0.176	0.899 9	1.782 4	3.749 3	5.761	9.73
摩尔汽化焓/$(kJ \cdot mol^{-1})$	0.08	1.8	6.7	9.6	13.6	18.0

　　氦的临界温度最低,是所有气体中最难液化的。液化后温度降到2.178 K时,液氦He Ⅰ转变为He Ⅱ,这个温度被称为λ点,λ点随压力不同而异。在λ点以下的He Ⅱ具有许多反常的性质,它是一种超流体,其表面张力很小,黏度小到氢气的0.1%。它可以流过普通液体无法流过的毛细孔;可以沿敞口容器内壁向上流动,甚至超过容器边缘沿外壁流出,产生超流效应。液氦He Ⅱ的导热性很好(为铜的600倍),其导电性也大大增强,其电阻接近于0,所以它是一种超导体。氦的另一个重要性质是:能扩散穿过许多实验室常用的材料(如合成橡胶、PVC等),甚至能穿透大多数玻璃,以致玻璃杜瓦瓶不能用于液氦的低温操作。氦是唯一没有气-液-固三相平衡点的物质,常压下氦不能固化。稀有气体中,固态氦的结构尚不清楚,除氦以外,其他稀有气体的固体结构均为面心立方最密堆积。

　　稀有气体的化学性质很不活泼。从表15-12中可以看出,稀有气体原子具有很大的电离能,而它们的电子亲和能均为正值。因此,相对说来,在一般条件下稀有气体原子不易失去或得到电子而与其他元素的原子形成化合物。但在一定条件下,稀有气体仍然可以与某些物质反应生成化合物,如Xe可以与F_2在不同条件下反应生成XeF_2,XeF_4和XeF_6等。稀有气体的第一电离能从He到Rn依次减小,它们的化学反应性依次增强。现在已经合成的稀有气体化合物多为氙的化合物和少数氪的化合物,而氦、氖的化合物至今尚未制得。

　　利用液氦可以获得0.001 K的低温,超低温技术中常常应用液氦。用气体氦代替氢气填充气球或汽艇,因氦不燃烧,所以比氢安全得多。氦在血液中的溶解度比氮小,用氦和氧的混合物代替空气供潜水员呼吸用,可以延长潜水员在水底工作的时间,避免潜水员迅速返回水面时,因压力突然下降而引起氮气自血液中逸出,导致阻塞血管造成的“气塞病”。这种“人造空气”在医学上也用于气喘、窒息病人的治疗。大量的氦还用于航天工业和核反应工程。稀有气体在电场作用下易于放电发光。氖、氦等常用于霓虹灯、航标灯等照明设备。氪和氙也用于制造特种电光源,如用氙制造的高压长弧氙灯被称为“人造小太阳”。氦-氖激光器以氦和氖作为工作物质,氩离子激光器也有广泛的用途。由于稀有气体的化学性质不活泼,故可作为某些金属的焊接、冶炼和热处理或制备还原性极强物质的保护气氛。在医学上,氡已用于治疗癌症。但氡的放射性也会危害人体健康。因为,氡是核动力工厂和自然界铀和钍放射性衰变的产物,土壤、地下岩石或建筑材料中铀的浓度达到一定程度后,会导致这些地区建筑物内氡的含量超过规定限度,因此国家颁布标准严格控制室内氡的含量。

15.2.3　稀有气体的存在和分离

稀有气体在自然界是以单质状态存在的。除氦以外，它们主要存在于空气中。在空气中氩的体积分数约为 0.93%，氖、氦、氪和氙的含量则更少。空气中各稀有气体的含量列于表 15-13 中。

表 15-13　空气中各稀有气体的含量

稀有气体	氦	氖	氩	氪	氙
$\varphi/\%$	5.239×10^{-4}	1.818×10^{-3}	0.934	1.14×10^{-4}	8.6×10^{-5}
$w/\%$	7.42×10^{-5}	1.267×10^{-3}	1.288	3.29×10^{-4}	3.9×10^{-4}

氦也存在于天然气中，含量约为 1%，有些地区的天然气中氦含量可高达 8% 左右。另外，某些放射性物质中常含有氦。氦也存在于放射性矿物中，是铀、钍的放射性产物。

从空气中分离稀有气体的方法是利用它们物理性质的差异，将液态空气分级蒸馏。首先蒸馏出来的是氦，再继续分馏，得到含少量氦的以氩为主的稀有气体混合物。将这种气体通过 NaOH 以除去 CO_2，再通过赤热的铜丝以除去微量的氧，最后通过灼热的镁屑使氮转变为 Mg_3N_2 而除去。余下的气体便是以氩气为主的稀有气体混合物。从天然气中分离氦也可以采用液化的方法。

稀有气体之间的分离是利用低温下活性炭对这些气体的选择性吸附来进行的。由于各种稀有气体分子间的色散力有差异，相同温度下相对分子质量大的稀有气体被吸附得多些，而相对分子质量小的氦最不易被吸附。吸附了稀有气体混合物的活性炭在低温下经过分级解吸，即可得到各种稀有气体。

15.2.4　稀有气体的化合物

1. 稀有气体化合物的制备与性质

1962 年，N. Bartlett 利用 PtF_6 氧化氧分子，合成了 $O_2^+[PtF_6]^-$。当时，考虑到稀有气体氙的第一电离能（$1\,176.5\ kJ\cdot mol^{-1}$）与氧分子的第一电离能（$1\,171.5\ kJ\cdot mol^{-1}$）相近，Bartlett 预测 Xe 与 PtF_6 也可能发生类似的反应。此外，根据 O_2 和 Xe 的 van der Waals 半径[①]估计 O_2^+ 和 Xe^+ 的半径相近，由此估算 $XePtF_6$ 的晶格能与 O_2PtF_6 的晶格能差不多，因而可以预料 Xe 与 PtF_6 反应的产物 $XePtF_6$ 可能会稳定存在。经过多次实验，他终于在室温下合成出了第一个真正的稀有气体化合物——$XePtF_6$ 红色晶体。

---

① 在 O_2 分子中，核间距约为 121 pm，氧原子的 van der Waals 半径约为 140 pm，从氧分子中心到分子边缘的距离（"O_2 的半径"）为 $\left(\dfrac{1}{2}\times121+140\right)$ pm＝200 pm。Xe 的 van der Waals 半径为 210 pm。

这一发现震动了整个化学界,推动了稀有气体化学的广泛研究和迅速发展。

自从 $XePtF_6$ 被合成出来以后,人们已经制出了数百种稀有气体化合物。除了氡以外,氙是稀有气体中相对说来最活泼的元素。到目前为止,对稀有气体化合物研究得比较多的主要是氙的化合物。例如,氙的氟化物(XeF_2,XeF_4,XeF_6 等)、氧化物(XeO_3,XeO_4 等)、氟氧化物($XeOF_2$,$XeOF_4$ 等)和含氧酸盐($MHXeO_4$,M_4XeO_6 等)。

在一定条件下,氙的氟化物可由氙与氟直接反应得到。通常反应是在镍制反应器内进行。反应的主要产物决定于 Xe 与 F_2 的混合比例和反应压力等条件(如表 15-14 所示)。增大反应物混合气体中 F_2 的比例,升高反应压力都有利于生成含氟较多的氟化物。

表 15-14 Xe 与 F_2 反应的条件和平衡常数

反应方程式	Xe : F_2	反应条件	548K 时平衡常数
$Xe+F_2 \longrightarrow XeF_2$	2 : 1	光照,加热,673K	8.8×10^4
$Xe+2F_2 \longrightarrow XeF_4$	1 : 5	600 kPa,873 K	1.1×10^4
$Xe+3F_2 \longrightarrow XeF_6$	1 : 20	6 000 kPa,523 K	1.0×10^8

氪的氟化物也可以由氪和氟的混合物制得。例如,用高能低温的方法可制得 KrF_2:

$$Kr+F_2 \xrightarrow[-196\,℃]{放电} KrF_2$$

其他已制得的稀有气体化合物大多是由相应的氟化物水解制得的。

氙的氟化物都能与水反应,但反应性能不同。XeF_2 溶于水,在稀酸中水解缓慢:

$$2XeF_2+2H_2O \longrightarrow 2Xe+O_2+4HF$$

而在碱性溶液中迅速分解。XeF_4 水解时则发生下列反应:

$$3XeF_4(s)+6H_2O \longrightarrow 2XeO_3(s)+Xe(g)+12HF(l)$$
$$3XeF_4(g)+6H_2O \longrightarrow 3Xe(g)+3O_2(g)+12HF(l)$$

XeF_6 不完全水解时产物是 $XeOF_4$ 和 HF:

$$XeF_6+H_2O \longrightarrow XeOF_4+2HF$$

完全水解时可得到 XeO_3:

$$XeF_6+3H_2O \longrightarrow XeO_3+6HF$$

XeF_6 的水解反应猛烈,低温下水解较平稳。

氙的氟化物都是非常强的氧化剂$[E_A^{\ominus}(XeF_2/Xe)=2.6\ V]$,能将许多物质氧化。例如:

$$XeF_2+2HCl \longrightarrow Xe+Cl_2+2HF$$

$$XeF_4+4KI \longrightarrow Xe+2I_2+4KF$$

$$XeF_6+3H_2 \longrightarrow Xe+6HF$$

XeF_2 甚至于可将 BrO_3^- 氧化为 BrO_4^-:

$$XeF_2+BrO_3^-+H_2O \longrightarrow Xe+BrO_4^-+2HF$$

氙的含氧化合物除了 XeO_3 和 $XeOF_4$ 外,还有 XeO_4、氙酸盐和高氙酸盐等。XeO_3 具有强氧化性。XeO_3 在 pH>10.5 时与碱溶液作用生成 $HXeO_4^-$。$HXeO_4^-$ 在碱性溶液中缓慢水解歧化为 XeO_6^{4-} 和 Xe。高氙酸盐也是非常强的氧化剂[$E_A^{\ominus}(HXeO_6^{3-}/HXeO_4^-)=0.9$ V]。高氙酸盐与浓硫酸作用生成 XeO_4。

氙的主要化合物及其性质列于表 15-15 中。

表 15-15　氙的主要化合物及其性质

氧化值	化合物	状态	熔点/K	性质
+2	XeF_2	无色晶体	402	易溶于 HF 中,易水解,有强氧化性
+4	XeF_4	无色晶体	390	稳定,有强氧化性,遇水歧化
	$XeOF_2$	无色晶体	304	不太稳定
+6	XeF_6	无色晶体	323	稳定,水解猛烈,有强氧化性
	$XeOF_4$	无色晶体	227	稳定
	XeO_3	无色晶体	—	易爆炸,易潮解,溶液中稳定,有强氧化性
+8	XeO_4	无色气体	237.3	易爆炸
	M_4XeO_6	无色盐	—	有强氧化性

2. 稀有气体化合物的结构

根据价层电子对互斥理论,可以推测出氙的某些主要化合物分子(或离子)的空间构型(见表 15-16)。由表 15-16 可以看出,VSEPR 理论用于推测氙的主要化合物的分子构型大多是适用的。实验测定 XeF_6 分子的构型为变形八面体,如图 15-4 所示。利用杂化轨道理论可以解释氙的化合物的空间构型。有人认为当稀有气体与电负性很大的原子作用时,稀有气体原子 np 轨道中的电子可能会被激发到能量较高的 nd 轨道上去而形成单电子,同时以杂化轨道与其他原子形成共价键。例如,在 XeF_2 和 XeF_4 中,氙原子分别以 sp^3d 和 sp^3d^2 杂化轨道中的一部分与氟原子形成 σ 键。而在 XeF_6 中,氙原子则可能以 sp^3d^3 杂化轨道与氟原子形成 σ 键。

表 15-16　氙的主要化合物分子(或离子)的空间构型

化合物	价层电子对数	成键电子对数	孤对电子对数	分子(或离子)的空间构型	中心原子价轨道杂化类型
XeF_2	5	2	3	直线形	sp^3d
XeF_4	6	4	2	平面四方形	sp^3d^2
XeF_6	7	6	1	变形八面体	sp^3d^3

化合物	价层电子对数	成键电子对数	孤对电子对数	分子(或离子)的空间构型	中心原子价轨道杂化类型
$XeOF_4$	6	5	1	四方锥形	sp^3d^2
XeO_3	4	3	1	三角锥形	sp^3
XeO_4	4	4	0	四面体形	sp^3
XeO_6^{4-}	6	6	0	八面体形	sp^3d^2

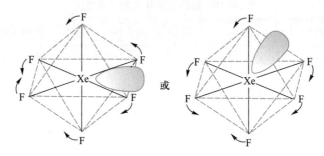

图 15-4　XeF_6 的分子构型

　　如上所述,虽然用 VSEPR 理论和杂化轨道理论可以分别推测和说明某些氙化合物的空间构型,但对于化学键的相对稳定性都不能予以揭示。所以也有人利用分子轨道理论描述稀有气体化合物的成键情况。这里不再赘述。

3. 稀有气体化合物的应用

　　氙的氟化物是很强的氧化剂,也是很有前途的氟化剂。作为氧化剂,XeF_2 在氧化过程中自身被还原为氙逸出,不给系统增加杂质,所以,氙的化合物是性能非常优异的分析试剂。作为氟化剂,XeF_2 对有机化合物、无机物均有良好的氟化性能。近几年来发现的稀有气体卤化物,具有优质激光材料的性能,可发射出大功率及特定波长的激光。

§15.3　p 区元素化合物性质的递变规律

　　p 区元素及其化合物的许多性质呈现出规律性的变化。本节将对 p 区元素单质的结构、性质进行对比小结,同时就 p 区元素氢化物、氧化物及其水合物、含氧酸盐性质的某些变化规律作概括性的讨论。

15.3.1　p 区元素的单质

　　p 区元素单质的晶体结构较为复杂,周期系右上方的非金属为分子晶体,周期系左下方的金属为金属晶体,处于周期系右上方、左下方之间的单质,有的为原子晶体,有的为过渡型(链状或层状)晶体。非金属元素按其单质的结构和性质大致可分为三类:第一类是小分子组成的单质,如单原子分子的稀有气体和双原子分子的 X_2(卤素)、O_2 等,在通常情况下,它们是气体,其固体为分子晶体,熔点、沸点都很低;第二类是多原子分子组成的单质,如 S_8、P_4、As_4 等,通常情况下它们是固体,为分子晶体,熔点、沸点较低,易挥发;第三类是大分子单质,如金刚石、晶态硅和单质硼等,它们都是原子晶体,熔点、沸点极高,难挥发。这一类单质中也包括过渡型晶体,如石墨、黑磷等。总之,绝大多数非金属单质是分子晶体,少数形成原子晶体,所以它们的熔点、沸点差别较大。

除卤素外,大部分非金属单质在常温下不与水作用;非金属也不与非氧化性稀酸反应;除碳、氮、氧外,许多非金属可在碱溶液中发生歧化反应:

$$Cl_2 + 2OH^- \xrightarrow{\text{室温}} Cl^- + ClO^- + H_2O$$

$$3Cl_2 + 6OH^- \xrightarrow{\triangle} 5Cl^- + ClO_3^- + 3H_2O$$

$$3Br_2 + 6OH^- \xrightarrow{\triangle} 5Br^- + BrO_3^- + 3H_2O$$

$$3I_2 + 6OH^- \longrightarrow 5I^- + IO_3^- + 3H_2O$$

$$3S_8 + 48OH^- \xrightarrow{\triangle} 16S^{2-} + 8SO_3^{2-} + 24H_2O$$

$$P_4 + 3OH^- + 3H_2O \xrightarrow{\triangle} 3H_2PO_2^- + PH_3$$

Si 和 B 则从碱溶液中置换出 H_2:

$$Si + 2OH^- + H_2O \longrightarrow SiO_3^{2-} + 2H_2$$

$$2B + 2OH^- + 2H_2O \xrightarrow{\triangle} 2BO_2^- + 3H_2$$

15.3.2　p区元素的氢化物

氢是重要的非金属元素之一。对于氢在周期表中的位置,人们历来有不同的划分方法。有人认为氢原子的价层电子构型与碱金属原子相同,都是 ns^1,因此将氢纳入ⅠA族中。氢可以像卤素一样与电负性很小的活泼金属(除铍以外的 s 区元素)形成含 H^- 的离子型化合物(见第十二章),即盐型氢化物,所以有人将氢归入ⅦA族。但氢与ⅠA族或ⅦA族元素的性质又都不完全相同。氢还可以形成共价型氢化物和金属型氢化物(后者见第十六章)。

氢与 p 区元素(除稀有气体、铟、铊外)以共价键结合形成共价型氢化物,又称为分子型氢化物。它们的晶体属于分子晶体。共价型氢化物的熔点、沸点较低,在通常条件下多为气体。同一周期从ⅣA族到ⅥA族元素氢化物的熔点和沸点逐渐升高,而第ⅦA族元素氢化物的熔点和沸点则低一些。同一族元素氢化物自上而下熔点、沸点逐渐升高,但第二周期的 NH_3、H_2O 和 HF 却由于分子间存在氢键而使它们的熔点、沸点反常地高。第ⅣA～ⅦA族元素氢化物的熔点和沸点列在表 15-17 中。

表 15-17 第ⅣA~ⅦA 族元素氢化物的熔点和沸点

氢化物	CH₄	NH₃	H₂O	HF
熔点/℃	−182.48	−77.75	0	−83.57
沸点/℃	−161.49	−33.35	100	19.52
氢化物	SiH₄	PH₃	H₂S	HCl
熔点/℃	−185	−133.81	−85.49	−114.18
沸点/℃	−111.9	−87.78	−60.33	−85.05
氢化物	GeH₄	AsH₃	H₂Se	HBr
熔点/℃	−164.8	−116.9	−65.73	−86.87
沸点/℃	−88.1	−62.5	−41.4	−66.71
氢化物	SnH₄	SbH₃	H₂Te	HI
熔点/℃	−150	−91.5	−49	−51.87
沸点/℃	−52	−18.4	−2	−35.7

  p 区元素氢化物的热稳定性差别很大。同一周期元素氢化物的热稳定性从左到右逐渐增强;同一族元素氢化物的热稳定性自上而下逐渐减弱。这种递变规律与 p 区元素电负性的递变规律是一致的。与氢相结合的元素 E 的电负性越大,它与氢形成的 E—H 键的键能越大,氢化物的热稳定性越高。表 15-18 列出了 p 区元素氢化物的标准摩尔生成 Gibbs 函数值,从中也可以看出上述氢化物热稳定性递变规律,$\Delta_f G_m^{\ominus}$越小,氢化物越稳定。

表 15-18 p区元素氢化物的 $\Delta_f G_m^{\ominus}$

氢化物	B₂H₆	CH₄	NH₃	H₂O	HF
$\Delta_f G_m^{\ominus}/(kJ \cdot mol^{-1})$	86.7	−50.72	−16.45	−237.129	−273.2
氢化物	AlH₃	SiH₄	PH₃	H₂S	HCl
$\Delta_f G_m^{\ominus}/(kJ \cdot mol^{-1})$	231.15	56.9	13.4	−33.56	−95.299
氢化物	GaH₃	GeH₄	AsH₃	H₂Se	HBr
$\Delta_f G_m^{\ominus}/(kJ \cdot mol^{-1})$	193.7	113.4	68.93	15.9	−53.45
氢化物	InH₃	SnH₄	SbH₃	H₂Te	HI
$\Delta_f G_m^{\ominus}/(kJ \cdot mol^{-1})$	190.31	188.3	147.75	138.5	1.70

  p 区元素氢化物与水作用的情况各不相同。在氢的氧化值为 −1 的氢化物中,有些与水反应能生成氢气,如 B₂H₆ 和 SiH₄。而锗、磷、砷、锑的氢化物则与水不发生反应。在氢的氧化值为 +1 的氢化物中,一类是不与水反应的,如 CH₄;还有一类是能与

水中的氢离子发生加合反应的,如 NH_3。其他的氢化物则溶于水且发生解离,如 HX, H_2S 等。

　　同一周期元素能溶于水的氢化物的酸性从左到右逐渐增强,同一族元素氢化物的酸性自上而下逐渐增强。

　　除 HF 之外,其他共价型氢化物都具有还原性。例如,HI 可以被空气中的 O_2 氧化,PH_3 和 H_2S 可以在空气中燃烧,B_2H_6 和 SiH_4 能在空气中自燃。

　　对共价型氢化物的还原性递变规律,有人认为可以从与氢相结合元素 E 的电负性及 E^{n-} 的半径考虑,如 E 的电负性越小,E^{n-} 的半径越大,则 EH_n 的还原性就越强。这与共价型氢化物稳定性的递变规律恰好相反。

　　现将第ⅣA～ⅦA 族元素氢化物的稳定性、还原性、水溶液酸性递变的规律归纳如下:

稳定性增强
还原性减弱
水溶液酸性增强
→

CH_4	NH_3	H_2O	HF
SiH_4	PH_3	H_2S	HCl
GeH_4	AsH_3	H_2Se	HBr
SnH_4	SbH_3	H_2Te	HI

稳定性减弱　还原性增强　水溶液酸性增强 ↓

15.3.3　p 区元素的氧化物及其水合物

1. 氧化物

　　p 区元素的单质大多数都能与氧直接或间接地形成氧化物,稀有气体中只有氙能与氧间接地形成氧化物。氧化物可按组成分为金属氧化物和非金属氧化物,也可按键型分为离子型氧化物和共价型氧化物。活泼金属的氧化物属于离子型氧化物,非金属的氧化物都属于共价型氧化物。有些金属的氧化物也表现出共价性,如 Sb_2O_3 等。根据氧化物的化学性质还可以将它们分为酸性氧化物、碱性氧化物、两性氧化物和惰性氧化物(或不成盐氧化物)。多数非金属的高氧化值氧化物属于酸性氧化物,它们与水作用生成含氧酸。某些中等电负性的元素(如铝、锡、砷、锑等)的氧化物呈两性,大多数活泼金属的氧化物呈碱性。CO,NO,N_2O 等通常条件下与酸、碱都不反应。

　　同族元素同一氧化值的氧化物的酸碱性变化规律是自上而下酸性逐渐减弱,碱性逐渐增强。例如,V A 族元素氧化值为 +3 的氧化物的酸碱性就是如此。

　　同族元素同类型氧化物的标准摩尔生成焓、熔点、沸点等有时表现出不规则的变化。例如,ⅣA 族元素氧化物的这些性质列于表 15-19 中。从表中数据可以看出,ⅣA 族元素氧化物的标准摩尔生成焓在 SiO_2 处负得最多,它们的熔点、沸点在 SiO_2 处出现最大值。这是因为物质的熔点、沸点决定于该物质的化学键和晶格类型。

表 15-19　ⅣA 族元素氧化物的性质

	CO_2	SiO_2	GeO_2	SnO_2	PbO_2
$\Delta_f H_m^{\ominus}/(kJ\cdot mol^{-1})$	−393.7	−909.5	−551.0	−580.7	−277.4
熔点/℃	−56.6(加压)	1 713	1 115	1 630	—
沸点/℃	−78.5(升华)	2 230	1 200	1 900(升华)	—

2. 氧化物水合物的酸碱性

同一周期 p 区元素最高氧化值氧化物的水合物从左到右碱性减弱,酸性增强。例如:

$Ga(OH)_3$ $Ge(OH)_4$ H_3AsO_4 H_2SeO_4 $HBrO_4$

两性   两性   中强酸   强酸   强酸

————————————————————→

碱 性 减 弱 , 酸 性 增 强

同族元素相同氧化值氧化物的水合物的酸碱性自上而下酸性减弱,碱性增强。例如,在卤素的含氧酸中,卤素的氧化值都为正值,其原子有增强 O—H 键极性的作用,这种作用有利于 O—H 键的酸式解离。从氯到碘,随着卤素原子半径的增大,其电负性依次减小,中心卤素原子对 O—H 键的作用也依次减小,因此,酸式解离的程度也越来越小。例如,$HClO$,$HBrO$ 和 HIO 的酸性依次减弱。

同一元素不同氧化值氧化物的水合物的酸碱性也表现出一定的规律性。在同一元素不同氧化值氧化物的水合物中,一般都是高氧化值的酸性较强,低氧化值的酸性较弱;而碱性则与之相反。中心原子氧化值越高,该原子对于增强 O—H 键极性的影响越显著,对于 O—H 键的酸式解离越有利。例如,氯的含氧酸的有关数据如下:

               $HClO$ $HClO_2$ $HClO_3$ $HClO_4$

氯的氧化值   +1   +3   +5   +7

$K_a^{\ominus}$ 2.8×10^{-8} 1.1×10^{-2} 10^3 10^7

————————————————————→

酸 性 增 强

高氯酸是氯的含氧酸中最强的酸。又如,H_2SO_4 比 H_2SO_3 的酸性强,HNO_3 比 HNO_2 的酸性强。H_2SnO_3 为两性偏酸,而 $Sn(OH)_2$ 为两性偏碱。但也有例外,如 H_5IO_6 比 HIO_3 酸性弱,H_6TeO_6 比 H_2TeO_3 酸性弱。

L. Pauling 在研究含氧酸强度与结构之间的关系时,总结出下列两条经验规则,称为 Pauling 规则:

(1) 多元含氧酸的逐级解离常数之间存在如下关系:

$$K_{a1}^{\ominus} : K_{a2}^{\ominus} : K_{a3}^{\ominus} \approx 1 : 10^{-5} : 10^{-10}$$

例如:

	$K_{a1}^{\ominus}$	$K_{a2}^{\ominus}$	$K_{a3}^{\ominus}$
H_3PO_4	6.7×10^{-3}	6.2×10^{-8}	4.5×10^{-13}
H_3AsO_4	5.7×10^{-3}	1.7×10^{-7}	2.5×10^{-12}
H_2SO_4	10^2	1.0×10^{-2}	

（2）若将含氧酸的通式写成$(HO)_mEO_n$，则含氧酸的酸性与非羟基氧原子数 n 有关。n 值越大，含氧酸的酸性越强。例如：

n	酸的强度	$K_a^{\ominus}$	举例		
0	弱酸	$\leqslant10^{-5}$		HClO	HBrO	HIO
			$K_a^{\ominus}$	2.8×10^{-8}	2.6×10^{-9}	2.4×10^{-11}
1	中强酸	$10^{-4}\sim10^{-2}$		H_2SO_3	HNO_2	H_3AsO_4
			$K_a^{\ominus}$ 或 $K_{a1}^{\ominus}$	1.7×10^{-2}	6.0×10^{-4}	5.7×10^{-3}
2	强酸	$10^{-1}\sim10^3$		HNO_3	H_2SO_4	$HClO_3$
			$K_a^{\ominus}$ 或 $K_{a1}^{\ominus}$	20	10^2	10^3
3	特强酸	$>10^3$	$HClO_4$ 是最强的无机含氧酸，其 $K_a^{\ominus}\approx10^7$		

对于 p 区元素氢氧化物和含氧酸的酸碱性，也可以用离子势（ϕ）的大小来判断（参见第十二章）。

15.3.4　p区元素化合物的氧化还原性

第三周期 p 区元素从其最高氧化值还原到单质的 $E_A^{\ominus}$ 值如下：

电对	Al^{3+}/Al	SiO_2/Si	H_3PO_4/P	SO_4^{2-}/S	ClO_4^-/Cl_2
$E_A^{\ominus}/V$	-1.68	-0.9754	-0.412	0.384	1.390

由此可以看出，上述电对氧化型物质的氧化性从左到右依次增强。其他周期主族元素也有类似的情况。

对于氯、溴、氮等非金属性较强的元素的不同氧化值的含氧酸来说，通常不稳定的酸氧化性较强，而稳定的酸氧化性较弱。例如，从氯的含氧酸的有关标准电极电势可以看出这种情况：

电对	ClO_4^-/Cl^-	ClO_3^-/Cl^-	$HClO_2/Cl^-$	$HClO/Cl^-$
$E_A^{\ominus}/V$	1.38	1.45	1.57	1.49

一般来说，浓酸比稀酸的氧化性强，含氧酸又比含氧酸盐的氧化性强，同一种含氧酸盐在酸性介质中的氧化性比在碱性介质中强（为什么？举例说明）。

15.3.5　p 区元素含氧酸盐的溶解性和热稳定性

含氧酸盐属于离子型化合物,它们的绝大部分钠盐、钾盐、铵盐及酸式盐都易溶于水,硝酸盐、氯酸盐也易溶于水,且溶解度随温度的升高迅速增大;大部分硫酸盐能溶于水,但 $SrSO_4$、$BaSO_4$ 和 $PbSO_4$ 难溶于水,$CaSO_4$、Ag_2SO_4 和 Hg_2SO_4 微溶于水;大多数碳酸盐、磷酸盐都不溶于水。

含氧酸盐的热稳定性既与含氧酸的稳定性有关,也与金属元素的活泼性有关。一般地说,如含氧酸的热稳定性差,则它的相应盐的热稳定性也较差。有些含氧酸如碳酸、硝酸、亚硫酸,以及氯的各种含氧酸受热容易分解,它们的盐受热也会分解。但是,含氧酸盐比相应的含氧酸要稳定些。比较稳定的含氧酸如硫酸、磷酸的盐受热时不易分解,如磷酸钙、硫酸钙都是极稳定的盐类。在 $900 \sim 1\,200\,^{\circ}\text{C}$ 的高温下煅烧 $CaSO_4$,仅有部分 $CaSO_4$ 分解成碱式盐 $xCaSO_4 \cdot yCaO$。而 $CaCO_3$ 在加热到 $420\,^{\circ}\text{C}$ 时就开始分解出 CaO 和 CO_2。$Ca(ClO_2)_2$ 甚至在常温下也发生缓慢的分解。$Ca(NO_3)_2$ 灼烧即分解(实验室利用这一反应来制取较纯的氧化钙 CaO)。

同一种金属,正盐比酸式盐稳定(参见 13.3.3)。

同一种含氧酸形成的盐的热稳定性与其阳离子的金属活泼性有关。一般说来,金属越活泼,相应的含氧酸盐也越稳定;反之,含氧酸盐则越不稳定。例如,一些金属的碳酸盐分解后产生的 CO_2 的分压达到 $100\,\text{kPa}$ 时的温度如下:

$$\begin{array}{cccccc} Na_2CO_3 & BaCO_3 & MgCO_3 & FeCO_3 & CdCO_3 & Ag_2CO_3 \\ \text{约}\quad 1\,800\,^{\circ}\text{C} & 1\,360\,^{\circ}\text{C} & 540\,^{\circ}\text{C} & 280\,^{\circ}\text{C} & 345\,^{\circ}\text{C} & 275\,^{\circ}\text{C} \end{array}$$

含氧酸盐受热分解的产物大都是非金属氧化物和金属氧化物。但有些分解产物也因酸根不同及金属的活泼性不同而异。例如,碳酸盐分解出 CO_2,而硝酸盐受热分解的产物则比较复杂,因金属活泼性的不同而有所不同(参见第十四章)。

化学视野
焰火的化学

思 考 题

1. 试总结卤素单质的基本物理性质和化学性质。相应的变化规律如何? 氟有哪些特性? 联系卤素单质的性质,指出它们在自然界存在的形态和重要化合物,并说明这些单质的制备方法。

2. 说明卤素氢化物的酸性、还原性和热稳定性的变化规律。为什么不能采取由单质直接反应的方法来制取氟化氢和碘化氢?

3. 影响金属卤化物熔点、沸点的因素有哪些?

4. 以 $AlCl_3$、BCl_3、$SiCl_4$、PCl_3、PCl_5、$SnCl_2$、$BiCl_3$、$SbCl_3$ 为例,说明氯化物水解产物的基本规律,并指出有哪些特例。

5. 说明氯的含氧酸及其盐的酸性、氧化性和热稳定性变化规律。重要的溴、碘的含氧酸盐有哪些? 其氧化性、酸碱性如何?

6. 何为拟卤素? 有哪些重要的拟卤素? 举例说明它们的重要性质。

7. 稀有气体的熔点、沸点、溶解度、密度的变化规律如何? 举例说明稀有气体的重要应用。

8. 写出第一个人工合成的稀有气体化合物的化学式。从这个化合物合成过程中,你受到何种启发? 列举重要的稀有气体化合物。

9. 你如何认识氢在周期表中的位置？氢化物可分几种类型？p 区元素氢化物的酸碱性、还原性和热稳定性的变化规律如何？并简单说明之。

10. p 区元素的氧化物水合物的酸碱性有哪些变化规律？何为 Pauling 规则？

11. 举例说明第二周期元素有哪些特殊性？第四周期元素有哪些异样性？

12. 总结你所熟悉的等电子体，并举例说明它们有哪些相似性质。

13. 试述卤素互化物中两种卤素的原子数目、氧化值的规律性。

习　题

1. 完成并配平下列反应方程式：

（1）$KI + KIO_3 + H_2SO_4(稀) \longrightarrow$

（2）$MnO_2 + HBr \longrightarrow$

（3）$Ca(OH)_2 + Br_2 \xrightarrow{\text{常温}}$

（4）$Br_2 + Cl_2(g) + H_2O \longrightarrow$

（5）$BrO_3^- + Br^- + H^+ \longrightarrow$

（6）$NaBrO_3 + F_2 + NaOH \longrightarrow$

2. 写出下列物质间的反应方程式：

（1）氯气与热的碳酸钾；

（2）常温下，液溴与碳酸钠溶液；

（3）将氯气通入 KI 溶液中，呈黄色或棕色后，再继续通入氯气至无色；

（4）碘化钾晶体加入浓硫酸，并微热。

3. 由海带提碘的生产中，可以用 $NaNO_2$，$NaClO$ 或 Cl_2 为氧化剂将 I^- 氧化为 I_2，试分别写出有关反应的离子方程式。如何由智利硝石中的碘化合物制取单质碘？写出相关的反应方程式。

4. 回答下列问题：

（1）比较高氯酸、高溴酸、高碘酸的酸性和它们的氧化性；

（2）比较氯酸、溴酸、碘酸的酸性和它们的氧化性。

5. 根据价层电子对互斥理论，推测下列分子或离子的空间构型：

$$ICl_2^-, ClF_3, ICl_4^-, IF_5, TeCl_4$$

6. 在三支试管中分别盛有 $NaCl$，$NaBr$，NaI 溶液，如何鉴定它们？

7. 食盐是基本的化工原料之一。以它为主要原料，如何制备 Cl_2，$Ca(ClO)_2$，$KClO_3$？简要叙述，并写出相关重要反应方程式。

8. 有一种白色的钾盐固体 A，取其少量加入试管中；然后加入一定量的无色油状液体酸 B，有紫色蒸气凝固在试管壁上，得到紫黑色固体 C。C 微溶于水，加入 A 后 C 的溶解度增大，可得到棕黄色溶液 D。取一定量溶液 D，将其加入一种无色钠盐溶液 E，D 褪色；在溶液 E 中加入盐酸有淡黄色沉淀和有强烈刺激性气味的气体生成。再取一定量溶液 E，将 $Cl_2(g)$ 通入其中，得到无色溶液 F。若在 F 溶液中，再加入 $BaCl_2$ 溶液，则有不溶于稀 HNO_3 的白色沉淀 G 生成。试确定各字母所代表物质的化学式，并写出相关的反应方程式。

9. 计算 298.15 K 时碱性溶液中下列歧化反应的标准平衡常数。

$$3ClO^-(aq) \Longrightarrow 2Cl^-(aq) + ClO_3^-(aq)$$

10. 在碘量瓶中加入 5.00 mL 的 NaClO 漂白液（$\rho = 1.00\ g \cdot mL^{-1}$），再加入过量的 KI 溶液。然后用稀硫酸酸化，控制 pH<9。立即以淀粉液为指示剂，用 $0.100\ mol \cdot L^{-1}$ $Na_2S_2O_3$ 溶液滴定。到达终点时消耗 $Na_2S_2O_3$ 溶液体积为 33.8 mL。写出相关反应的离子方程式，并计算漂白液中 NaClO 的质量分数 $w(NaClO)$。

11. 用价层电子对互斥理论推测下列分子或离子的空间构型，并用杂化轨道理论解释之。

$$XeF_2, XeF_4, XeOF_4, XeO_3, XeO_4, XeO_6^{4-}$$

12. 写出由 Xe 制备 XeF_2, XeF_4, XeF_6 的反应方程式和这些化合物水解反应的方程式。

13. 完成并配平下列反应方程式:

(1) $XeF_2 + H_2 \longrightarrow$

(2) $XeF_4 + Xe \longrightarrow$

(3) $Na_4XeO_6 + MnSO_4 + H_2O \xrightarrow{\text{酸性介质}}$

(4) $NaBrO_3 + XeF_2 + NaOH \longrightarrow$

14. 已知 $\Delta_f H_m^{\ominus}(XeF_4, s) = -262 \ \text{kJ} \cdot \text{mol}^{-1}$,$XeF_4(s)$ 的升华焓为 $47 \ \text{kJ} \cdot \text{mol}^{-1}$,$F_2(g)$ 的键解离能为 $158 \ \text{kJ} \cdot \text{mol}^{-1}$。计算:

(1) $XeF_4(g)$ 的标准摩尔生成焓 $\Delta_f H_m^{\ominus}(XeF_4, g)$;

(2) XeF_4 分子中 Xe—F 键的键能。

15. 比较下列各组化合物酸性的递变规律,并解释之。

(1) $H_3PO_4, H_2SO_4, HClO_4$;

(2) $HClO, HClO_2, HClO_3, HClO_4$;

(3) $HClO, HBrO, HIO$。

16. 应用等电子原理总结 p 区元素下列分子或离子的空间构型,并确定各自中心原子以何种杂化轨道成键,以及是否存在多中心大 π 键。

$$SiO_4^{4-}, PO_4^{3-}, SO_4^{2-}, ClO_4^-, CO_3^{2-}, NO_3^-, SO_3, NO_2^-, SO_2, O_3$$

第十六章　　d 区元素（一）

§16.1　d 区元素概述

　　d 区元素包括周期系第 ⅢB～ⅦB，Ⅷ，ⅠB，ⅡB 族元素（不包括镧系元素和锕系元素）。d 区元素都是金属元素。这些元素位于长式元素周期表的中部，即典型金属元素和典型非金属元素之间。d 区元素的原子结构特点是它们的原子最外层大多有 2 个 s 电子（少数只有 1 个 s 电子，Pd 无 5s 电子），次外层分别有 1～10 个 d 电子。d 区元素的价层电子构型可概括为 $(n-1)d^{1\sim10}ns^{1\sim2}$（Pd 为 $5s^0$）。

　　d 区元素通常称为过渡元素或过渡金属。关于过渡元素的范围也有其他不同的划分方法。有人认为第 ⅠB，ⅡB 族元素的原子次外层 d 亚层内有 10 个 d 电子，即全满状态，所以过渡元素不应包括这两族元素。

　　同周期 d 区元素金属性递变不明显，通常人们按不同周期将过渡元素分为下列三个过渡系：

　　第一过渡系——第四周期元素从钪（Sc）到锌（Zn）；

　　第二过渡系——第五周期元素从钇（Y）到镉（Cd）；

　　第三过渡系——第六周期元素从镥（Lu）到汞（Hg）。

　　d 区元素的一般性质按上述三个过渡系列于表 16-1 中。

表 16-1　d 区元素的一般性质

第一过渡系	价层电子构型	熔点/℃	沸点/℃	原子半径 pm	M^{2+}半径 pm	第一电离能 kJ·mol^{-1}	氧化值*
Sc	$3d^14s^2$	1 541	2 836	161	—	639.5	**3**
Ti	$3d^24s^2$	1 668	3 287	145	90	664.6	$-1,0,2,$**3,4**
V	$3d^34s^2$	1 917	3 421	132	88	656.5	$-1,0,2,3,$**4,5**
Cr	$3d^54s^1$	1 907	2 679	125	84	659.0	$-2,-1,0,2,$**3**$,4,$ 5,**6**
Mn	$3d^54s^2$	1 244	2 095	124	80	723.8	$-2,-1,0,1,$**2,3,** **4,5,6,7**
Fe	$3d^64s^2$	1 535	2 861	124	76	765.7	0,**2,3,**4,5,6
Co	$3d^74s^2$	1 494	2 927	125	74	764.9	0,**2,3,**4,5
Ni	$3d^84s^2$	1 453	2 884	125	72	742.5	0,**2,3,**(4)
Cu	$3d^{10}4s^1$	1 085	2 562	128	69	751.7	**1,2,**3
Zn	$3d^{10}4s^2$	420	907	133	74	912.6	**2**

续表

第二过渡系	价层电子构型	熔点/ ℃	沸点/ ℃	原子半径 pm	第一电离能 kJ·mol^{-1}	氧化值*
Y	$4d^15s^2$	1 522	3 345	181	606.4	**3**
Zr	$4d^25s^2$	1 852	3 577	160	642.6	2,3,**4**
Nb	$4d^45s^1$	2 468	4 860	143	642.3	2,3,4,**5**
Mo	$4d^55s^1$	2 622	4 825	136	691.2	0,2,3,**4**,5,**6**
Tc	$4d^55s^2$	2 157	4 265	136	708.2	0,4,5,6,**7**
Ru	$4d^75s^1$	2 334	4 150	133	707.6	0,3,**4**,5,6,7,8
Rh	$4d^85s^1$	1 963	3 727	135	733.7	0,(1),2,**3**,4,6
Pd	$4d^{10}5s^0$	1 555	3 167	138	810.5	0,(1),**2**,3,4
Ag	$4d^{10}5s^1$	962	2 164	144	737.2	**1**,2,3
Cd	$4d^{10}5s^2$	321	765	149	874.0	**2**

第三过渡系	价层电子构型	熔点/ ℃	沸点/ ℃	原子半径 pm	第一电离能 kJ·mol^{-1}	氧化值*
Lu	$5d^16s^2$	1 663	3 402	173	529.7	**3**
Hf	$5d^26s^2$	2 227	4 450	159	660.7	2,3,**4**
Ta	$5d^36s^2$	2 996	5 429	143	720.3	2,3,4,**5**
W	$5d^46s^2$	3 387	5 900	137	739.3	0,2,3,4,5,**6**
Re	$5d^56s^2$	3 180	5 678	137	754.7	0,2,3,4,5,6,7
Os	$5d^66s^2$	3 045	5 225	134	804.9	0,2,3,4,5,6,7,8
Ir	$5d^76s^2$	2 447	2 550	136	874.7	0,2,**3**,**4**,5,6
Pt	$5d^96s^1$	1 769	3 824	136	836.8	0,**2**,**4**,5,6
Au	$5d^{10}6s^1$	1 064	2 856	144	896.3	**1**,**3**
Hg	$5d^{10}6s^2$	-39	357	160	1 013.3	**1**,**2**

*表中黑体数字为常见氧化值,氧化值为0的表示这种元素形成羰合物时的氧化值。

图片
d区过渡元素单质的熔点变化

图片
d区过渡元素的原子半径变化

　　d区元素中,第一过渡系元素在自然界中的储量较多,它们的单质和化合物在工业上的用途也较广。第二、三过渡系元素,除银(Ag)和汞(Hg)外,丰度相对较小。本章将着重介绍从钛(Ti)到镍(Ni)这7种元素,适当介绍我国的丰产元素钼(Mo)和钨(W),还简单介绍铂系元素。第ⅠB和ⅡB族元素将在第十七章中讨论。

　　第ⅢB族的元素钪(Sc)、钇(Y)与d区其他元素在性质上有许多不同之处。Sc,Y与镧系元素(从La到Lu)的性质较相似,在自然界中它们常与镧系元素共生于同一矿石中,通常把 Sc,Y 与镧系元素放在一起讨论(见第十八章)。

16.1.1 d 区元素的原子半径和电离能

与同周期的ⅠA 和ⅡA 族元素相比,过渡元素的原子半径一般比较小。过渡元素的原子半径及它们随原子序数呈周期性变化的情况如图 16-1 所示。

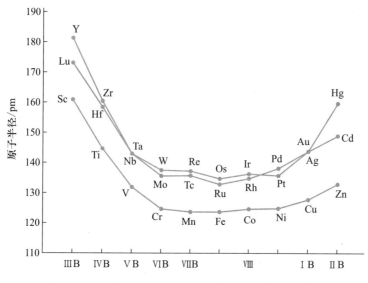

图 16-1   过渡元素的原子半径及其随原子序数变化情况

由图 16-1 可见,同周期过渡元素的原子半径随着原子序数的增加而缓慢地依次减小,到第Ⅷ族元素后又缓慢增大。同族过渡元素的原子半径,除部分元素外,自上而下随原子序数的增加而增大,但是第二过渡系的原子半径比第一过渡系的原子半径增大得不多,而第三过渡系比第二过渡系原子半径增大的程度更小,这主要是由于镧系收缩所导致的结果。

各过渡系元素电离能随原子序数的增大,总的变化趋势是逐渐增大的。从第一电离能来看,这种递增的幅度并不很大。而第二、第三电离能这种递增的幅度依次变大。与形成 d 轨道全满或半满状态离子相对应的电离能数值常常表现得低一些。例如,Fe 的第三电离能相对低一些,这是由于 Fe^{3+} 为 d^5 构型。Zn,Cd,Hg 的第二电离能也相对低一些,这有利于形成它们的 M^{2+}。

同族过渡元素的电离能的递变不很规则。正常的变化倾向是前几族元素电离能自上而下依次升高,后几族则出现交错现象。

16.1.2 d 区元素的物理性质

除ⅡB 族外,过渡元素的单质都是高熔点、高沸点、密度大、导电性和导热性良好的金属。在同周期中,它们的熔点,从左到右一般是先逐步升高,然后又缓慢下降。通常认为产生这种现象的原因是在这些金属原子间除了主要以金属键结合之外,还可能具有部分共价性。这与原子中未成对的 d 电子参与成键有关。原子中未成对的 d 电子数增多,金属键中由这些电子参与成键造成的部分共价性增强,表现出这些金属单质的熔点升高。在各过渡系中熔点最高的金属在ⅥB 族中出现(图 16-2)。在同一族中,第二过渡系元素的单质的熔点、沸点大多高于第一过渡系,而第三过渡系的熔点、沸点又高于第二过渡系(ⅢB,ⅠB 族除外)。熔点最高的单质是钨。应当指出,金属的熔点还与金属原子半径的大小、晶体结构等因素有关,并非单纯地决定于未成对 d 电子数目的多少。过渡元素单质的硬度也有类似的变化规律。硬度最大的金属是铬。

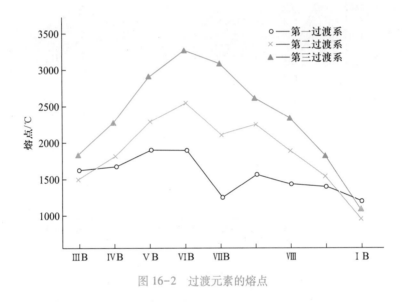

图 16-2　过渡元素的熔点

另外,在过渡元素中,单质密度最大的是Ⅷ族的锇(Os),其次是铱(Ir)、铂(Pt)、铼(Re)。这些金属都比室温下同体积的水重 20 倍以上,是典型的重金属。

16.1.3　d 区元素的化学性质

在化学性质方面,第一过渡系元素的单质比第二、第三过渡系元素的单质活泼。例如,在第一过渡系中除铜外,其他金属都能与稀酸(盐酸或硫酸)作用,而第二、第三过渡系的单质大多较难发生类似反应。在第二、第三过渡系中有些元素的单质仅能溶于王水和氢氟酸中,如锆(Zr)、铪(Hf)等,有些甚至不溶于王水,如钌(Ru),铑(Rh)、锇(Os)、铱(Ir)等。化学性质的这些差别,与第二、第三过渡系的原子具有较大的电离能(I_1 和 I_2)和升华焓(原子化焓)有关。有时这些金属在表面上易形成致密的氧化膜,也影响了它们的活泼性。

过渡元素的单质能与活泼的非金属(如卤素和氧等)直接形成化合物。过渡元素与氢形成金属型氢化物,又称为过渡型氢化物。这类氢化物的特点是组成大多不固定,通常是非化学计量的,如 $VH_{1.8}$,$TaH_{0.76}$,$LaNiH_{5.7}$ 等。在金属型氢化物中,氢原子占据金属晶体的空隙。还有人认为氢与金属组成固溶体,氢原子在晶体中占据与金属原子相似的位置。金属型氢化物基本上保留着金属的一些物理性质,如金属光泽、导电性等,其密度小于相应的金属。

有些元素(如IVB~VIIB族的元素)的单质,还能与原子半径较小的非金属,如 B, C,N 形成间充(或间隙)式化合物。这些化合物中,B,C,N 原子占据金属晶格的空隙, 它们的组成往往是可变的,非化学计量的,常随着 B,C,N 在金属中溶解的多少而改 变。间充式化合物比相应的纯金属的熔点高(如 TiC,W₂C,TiN,TiB 的熔点都在 3 000 ℃ 左右),硬度大(大都接近于金刚石的硬度),化学性质不活泼。工业上 W_2C 常被用作 硬质合金,可用其制造某些特殊设备。

过渡元素的单质由于具有多种优良的物理和化学性能,在冶金工业上用来制造各 种合金钢,例如,不锈钢(含铬、镍等)、弹簧钢(含钒等)、建筑钢(含锰等)。另外,它 们的一些单质或化合物在化学工业上常用作催化剂。例如,在硝酸制造过程中,氨的 氧化用铂作催化剂;不饱和有机化合物的加氢常用镍作催化剂;接触法制造硫酸,用五 氧化二钒(V_2O_5)作催化剂等。总之,在化学工业所用的催化剂中,过渡元素的单质及 其化合物占有相当重要的地位。

16.1.4　d 区元素的氧化态

过渡元素大都可以形成多种氧化值的化合物。在某种条件下,这些元素的原子 仅有最外层的 s 电子参与成键;而在另外的条件下,这些元素的部分或全部 d 电子 也参与成键。一般说来,过渡元素的高氧化值化合物比其低氧化值化合物的氧化性 强。过渡元素与非金属形成二元化合物时,往往只有电负性较大、阴离子难被氧化的 非金属元素(氧或氟)才能与它们形成高氧化值的二元化合物,如 Mn_2O_7 和 CrF_6 等。 而电负性较小、阴离子易被氧化的非金属元素(如碘、溴、硫等),则难与它们形成高氧 化值的二元化合物。在它们的高氧化值化合物中,以其含氧酸盐较稳定。这些元素在 含氧酸盐中,以含氧酸根离子形式存在,如 MnO_4^-,CrO_4^{2-},VO_4^{3-} 等。

过渡元素的较低氧化值(+2 和+3)大都有简单的 M^{2+} 和 M^{3+}。这些离子的氧化性 一般都不强(Co^{3+},Ni^{3+} 和 Mn^{3+} 除外),因此都能与多种酸根离子形成盐类。

过渡元素还能形成氧化值为+1,0,-1 和-2 的化合物。例如,在 $Mn(CO)_5Cl$ 中 Mn 的氧化值为+1;在 $Mn(CO)_5$ 中 Mn 的氧化值为 0;在 $NaMn(CO)_5$ 中 Mn 的氧化值为 -1。这类化合物都是羰合物或羰合物的衍生物。羰合物也是一类重要的配合物,将 在§16.7 中讨论。

16.1.5　d 区元素离子的颜色

过渡元素的水合离子大多是有颜色的(表 16-2)。过渡元素与其他配体形成的配 离子也常具有颜色。这些配离子吸收了可见光(波长在 400~730 nm)的一部分,发生 了 d—d 跃迁,而把其余部分的光透过或散射出来。人们肉眼看到的就是这部分透过 或散射出来的光,也就是该物质呈现的颜色。例如,从 $[Ti(H_2O)_6]^{3+}$ 的吸收光谱(见 §11.2)可以看出,$[Ti(H_2O)_6]^{3+}$ 主要吸收了蓝绿色的光,而透过的是紫色和红色光。 因此 $[Ti(H_2O)_6]^{3+}$ 的溶液呈现紫色。

表 16-2　第一过渡系金属水合离子的颜色

d 电子数	水合离子	水合离子的颜色	d 电子数	水合离子	水合离子的颜色
d^0	$[Sc(H_2O)_6]^{3+}$	无色(溶液)	d^5	$[Fe(H_2O)_6]^{3+}$	淡紫色
d^1	$[Ti(H_2O)_6]^{3+}$	紫色	d^6	$[Fe(H_2O)_6]^{2+}$	淡绿色
d^2	$[V(H_2O)_6]^{3+}$	绿色	d^6	$[Co(H_2O)_6]^{3+}$	蓝色
d^3	$[Cr(H_2O)_6]^{3+}$	紫色	d^7	$[Co(H_2O)_6]^{2+}$	粉红色
d^3	$[V(H_2O)_6]^{2+}$	紫色	d^8	$[Ni(H_2O)_6]^{2+}$	绿色
d^4	$[Cr(H_2O)_6]^{2+}$	蓝色	d^9	$[Cu(H_2O)_6]^{2+}$	蓝色
d^4	$[Mn(H_2O)_6]^{3+}$	红色	d^{10}	$[Zn(H_2O)_6]^{2+}$	无色
d^5	$[Mn(H_2O)_6]^{2+}$	淡红色			

　　$[Ni(H_2O)_6]^{2+}$ 溶液的吸收光谱如图 16-3 所示。由于 Ni^{2+} 有 8 个 3d 电子,在 H_2O 晶体场的作用下,处于低能级的 d 电子向高能级跃迁的情况,比只有一个 d 电子的 Ti^{3+} 要复杂些。图 16-3 中 $[Ni(H_2O)_6]^{2+}$ 的吸收光谱有 3 个吸收峰,其中一个峰对应波数为 8 500 cm^{-1},它与 $[Ni(H_2O)_6]^{2+}$ 的 Δ_o 相当,另两个吸收峰主要在可见光区。在它们之间,吸收曲线有一个极小值出现在绿色光区,表示绿色光可以透过。故 $[Ni(H_2O)_6]^{2+}$ 溶液呈现绿色。

　　同一中心离子与不同配体形成的配合物,因配体对中心离子形成的晶体场的强度不同,d-d 跃迁所需的能量也不同,因此,这些配合物吸收和透过的光也不一样,这些配合物就呈现不同的颜色。

　　从图 16-3 中 $[Ni(en)_3]^{2+}$ 的吸收光谱可以看到,在可见光范围内,吸收峰主要在绿色光区,只有蓝紫光和很少的红光透过。因此,$[Ni(en)_3]^{2+}$ 的溶液呈现深蓝色。

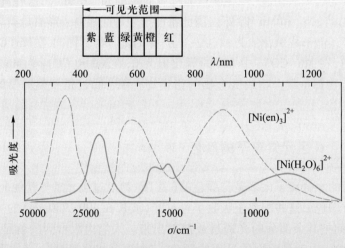

图 16-3　$[Ni(H_2O)_6]^{2+}$ 和 $[Ni(en)_3]^{2+}$ 的吸收光谱

由 d^0 和 d^{10} 构型的中心离子所形成的配合物,如 $[Sc(H_2O)_6]^{3+}$(d^0) 和 $[Zn(H_2O)_6]^{2+}$(d^{10}),在可见光照射下不发生 d-d 跃迁(Sc^{3+} 无 d 电子,Zn^{2+} 无空的 3d 轨道)。可见光照射它们的溶液时,会全部透过,所以它们的溶液无色。

对于某些具有颜色的含氧酸根离子,如 VO_4^{3-}(淡黄色)、CrO_4^{2-}(黄色)、MnO_4^-(紫色)等,它们的颜色被认为是由电荷迁移引起的。在上述离子中的金属元素都处于最高氧化态,钒、铬和锰的形式电荷分别为 5,6 和 7,可表示为 V^V、Cr^{VI} 和 Mn^{VII},它们都具有 d^0 电子构型,均有较强的夺取电子的能力。这些酸根离子吸收了一部分可见光的能量后,氧阴离子的电荷会向金属离子迁移。伴随电荷迁移,这些离子呈现各种不同的颜色。

§ 16.2 钛 钒

16.2.1 钛及其化合物

钛在地壳中的丰度为 0.42%,在所有元素中居第 10 位。钛的主要矿物有钛铁矿 $FeTiO_3$ 和金红石 TiO_2。我国的钛资源丰富,已探明的钛矿储量位于世界前列。

从钛铁矿出发制备金属钛的一种方法,是在高温下使钛铁矿与 Cl_2 和碳共同作用先得到 $TiCl_4$:

$$2FeTiO_3 + 7Cl_2 + 6CO \xrightarrow{900\ ℃} 2TiCl_4 + 2FeCl_3 + 6CO_2$$

再在氩气气氛下,用金属镁还原气态 $TiCl_4$:

$$TiCl_4(g) + 2Mg(l) \xrightarrow{950\sim1\,150\ ℃} Ti(s) + 2MgCl_2(l)$$

1. 钛的单质

钛是银白色金属,其密度(4.506 g·cm^{-3})约为铁的一半,但它具有很高的机械强度(接近钢)。钛的表面易形成致密的氧化物保护膜,使其具有良好的抗腐蚀性能,特别是对湿的氯气和海水有良好的抗蚀性能。因此,20 世纪 40 年代以来,钛已成为工业上最重要的金属之一,被用来制造超音速飞机、海军舰艇及化工厂的某些设备等。钛易于和肌肉长在一起,可用于制造人造关节,所以也称为"生物金属"。

在室温下,钛对空气和水是十分稳定的。它能缓慢地溶解在浓盐酸或热的稀盐酸中,生成 Ti^{3+}。热的浓硝酸与钛作用也很缓慢,最终生成不溶性的二氧化钛的水合物 $TiO_2 \cdot nH_2O$。在高温下,钛能与许多非金属反应,如与氧、氯作用分别生成 TiO_2 和 $TiCl_4$。在高温下,钛也能与水蒸气反应,生成 TiO_2 和 H_2。钛能与许多金属形成合金。

2. 钛的化合物

钛原子的价层电子构型为 $3d^2 4s^2$。钛可以形成最高氧化值为 +4 的化合物,也可以形成氧化值为 +3,+2,0,-1 的化合物。在钛的化合物中,氧化值为 +4 的化合物比较稳定,应用较广。Ti(Ⅳ)的氧化性并不太强,因此钛不仅能与电负性大的氟、氧形成

二元化合物 TiF_4 和 TiO_2,也能与氯、溴、碘形成二元化合物 $TiCl_4$, $TiBr_4$, TiI_4,但是 $TiBr_4$ 和 TiI_4 较不稳定。现将钛的常见化合物的性质列在表 16-3 中。

表 16-3 　钛的常见化合物性质

	颜色	熔点/℃	沸点/℃	在水中的溶解情况	与酸作用	与强碱作用
二氧化钛 TiO_2	白色粉末	1 843	2972	不溶	与浓 H_2SO_4 共热能缓慢溶解,生成 $TiOSO_4$	与熔融碱生成偏钛酸盐
硫酸氧钛 $TiOSO_4 \cdot H_2O$	白色粉末	—	—	能溶于冷水,在热水中水解,生成 H_2TiO_3 沉淀	溶于强酸,常生成 TiO^{2+}	生成 H_2TiO_3 沉淀
四氯化钛 $TiCl_4$	无色液体	-25	136.4	在湿空气中发烟,水解生成 H_2TiO_3 沉淀	在浓 HCl 中生成 $H_2[TiCl_6]$	生成 H_2TiO_3 沉淀
三氯化钛 $TiCl_3$	紫色晶体	425 (分解)	960	在湿空气中潮解,溶于水,被氧化为 H_2TiO_3	在浓 HCl 中生成 $H_3[TiCl_6]$	生成 $Ti(OH)_3$ 沉淀

（1）钛(Ⅳ)的化合物

在 Ti(Ⅳ) 的化合物中,比较重要的是 TiO_2, $TiOSO_4$, $TiCl_4$。从钛矿石中常先制取钛的这些化合物,再以它们为原料来制取钛的其他化合物。

用热水水解硫酸氧钛 $TiOSO_4$ 可得到难溶于水的二氧化钛的水合物 $TiO_2 \cdot nH_2O$。加热 $TiO_2 \cdot nH_2O$ 可得到白色粉末状的 TiO_2:

$$TiO_2 \cdot nH_2O \xrightarrow{300\ ℃} TiO_2 + nH_2O$$

拓展阅读
性能优异的 TiO_2
光催化材料

自然界中存在的金红石是 TiO_2 的另一种形式,由于含有少量的铁、铌、钽、钒等而呈红色或黄色。金红石的硬度高,化学稳定性好。

TiO_2 在工业上除作白色涂料外,最重要的用途是用来制备钛的其他化合物。由 TiO_2 直接制取金属钛是比较困难的,这是因为 TiO_2(金红石)的标准摩尔生成焓（$-944.7\ kJ \cdot mol^{-1}$）很大,即 TiO_2 的热稳定性很强。例如,用碳还原二氧化钛:

$$TiO_2(s) + 2C(s) \longrightarrow Ti(s) + 2CO(g)\ ; \quad \Delta_r G_m^{\ominus} = 615.2\ kJ \cdot mol^{-1}$$

虽然这一反应是熵增大的反应,但由于反应的 $\Delta_r H_m^{\ominus}$ 值过大,甚至在高温下（如 1 800 ℃）也难以使反应的 $\Delta_r G_m^{\ominus}$ 变为负值,反应难以进行。通常用 TiO_2、碳和氯气在 800～900 ℃ 时进行反应,首先制得四氯化钛 $TiCl_4$:

$$TiO_2(s) + 2C(s) + 2Cl_2(g) \xrightarrow{800～900\ ℃} TiCl_4(l) + 2CO(g)\ ;$$

$$\Delta_r G_m^{\ominus} = -122.0\ kJ \cdot mol^{-1}$$

然后用镁还原 $TiCl_4$,可得到海绵钛。

四氯化钛是以共价键占优势的化合物。它是极易吸湿的液体,与水猛烈作用,部分水解时生成氯化钛酰 $TiOCl_2$,完全水解时生成 $TiO_2 \cdot nH_2O$。$TiCl_4$ 在加热的情况下被 H_2 还原为 $TiCl_3$:

$$2TiCl_4 + H_2 \longrightarrow 2TiCl_3 + 2HCl$$

$TiCl_4$ 和 $TiCl_3$ 在某些有机合成反应中常用作催化剂。

Ti^{4+} 由于电荷多,半径(68 pm)小,因此有强烈的水解作用,甚至在强酸溶液中也未发现有 $[Ti(H_2O)_6]^{4+}$ 存在。$Ti(\text{Ⅳ})$ 在水溶液中是以钛氧离子(TiO^{2+})的形式存在。钛氧离子常成为链状聚合形式($—Ti—O—Ti—O—$)的离子,如固态的 $TiOSO_4$ 中的钛氧离子就是这样。

在中等酸度的钛(Ⅳ)盐溶液中加入 H_2O_2,生成橘黄色的配合物 $[TiO(H_2O_2)]^{2+}$:

$$TiO^{2+} + H_2O_2 \longrightarrow \underset{\text{(橘黄色)}}{[TiO(H_2O_2)]^{2+}}$$

这一特征反应常用于比色法来测定钛。

$TiCl_4$ 溶于含有 HCl 的溶液中,往往不能水解出难溶的 $TiO_2 \cdot nH_2O$,这是由于形成了配离子的缘故。

（2）钛（Ⅲ）的化合物

在酸性溶液中用锌还原 TiO^{2+} 时,可以形成紫色的 $[Ti(H_2O)_6]^{3+}$（简写为 Ti^{3+}）:

$$2TiO^{2+} + Zn + 4H^+ \longrightarrow 2Ti^{3+} + Zn^{2+} + 2H_2O$$

若溶液中有相当量的 Cl^- 存在时,可形成配离子 $[TiCl(H_2O)_5]^{2+}$ 或 $[TiCl_2(H_2O)_4]^+$。

$[Ti(H_2O)_6]^{3+}$ 水解程度较大,可按下式水解:

$$[Ti(H_2O)_6]^{3+} \Longrightarrow [Ti(OH)(H_2O)_5]^{2+} + H^+ ; \quad K^\ominus = 10^{-1.4}$$

向含有 Ti^{3+} 的溶液中加入碳酸盐时,会沉淀出 $Ti(OH)_3$:

$$2Ti^{3+} + 3CO_3^{2-} + 3H_2O \longrightarrow 2Ti(OH)_3 + 3CO_2$$

在酸性溶液中,Ti^{3+} 是一种比 Sn^{2+} 略强的还原剂,它容易被空气中的氧所氧化:

$$4Ti^{3+} + 2H_2O + O_2 \longrightarrow 4TiO^{2+} + 4H^+$$

在有机化学中,常用 Ti^{3+} 来证实硝基化合物的存在,因为它能将硝基还原为氨基:

$$RNO_2 + 6Ti^{3+} + 4H_2O \longrightarrow RNH_2 + 6TiO^{2+} + 6H^+$$

$[Ti(H_2O)_6]^{2+}$ 的还原性更强,它能从水中置换出氢气。因此,在水溶液中难以制出 $Ti(\text{Ⅱ})$ 的化合物。

16.2.2　钒及其化合物

钒在自然界中的存在极为分散,很少见到钒的富矿。我国的钒资源丰富,在四川攀枝花铁矿中,不仅含有丰富的钛,也含有相当数量的钒,目前已能够成功地把它们分

图片
钒铅矿

离出来。

钒经常和其他金属一同生产。通常将含钒的矿渣与 NaCl 或 Na_2CO_3 在 850 ℃下焙烧,反应生成 $NaVO_3$,再将其用水浸出,溶液酸化后则沉淀出"红饼",即多钒酸盐。所得多钒酸盐在 700 ℃时熔化可得工业级 V_2O_5。以 V_2O_5 为原料,可以制备单质钒、钒钢及其他钒的化合物。

1. 钒的单质

钒是银灰色金属,在空气中是稳定的,其硬度比钢大。钒主要用来制造钒钢。钒钢具有很高的强度、弹性和优良的抗磨损、抗冲击性能,用于汽车和飞机制造。钒对稀酸也是稳定的,但室温下它能溶解于硝酸或王水中,生成 VO_2^+。浓硫酸和氢氟酸仅在加热时与钒发生作用。钒对强碱水溶液是稳定的,但有氧存在时,它在熔融的强碱中也能逐渐溶解形成钒酸盐。在加热时,钒能与大部分非金属反应,钒与氧、氟可直接反应生成 V_2O_5 和 VF_5,与氯反应仅能生成 VCl_4,与溴、碘反应则生成 VBr_3 和 VI_3。钒在加热时还能与碳、氮、硅反应生成间充式化合物 VN,VC,VSi,它们的熔点高,硬度大。

2. 钒的化合物

钒原子的价层电子构型为 $3d^34s^2$。在钒的化合物中,钒的最高氧化值为+5。V(V)的化合物都是反磁性的,有些是无色的。钒还能形成氧化值为+4,+3,+2 的化合物。这些化合物都是顺磁性的,常呈现出颜色。

在钒的二元化合物中,V(V)表现出较强的氧化性。只知道有氧化物 V_2O_5 和氟化物 VF_5 存在。氧化值为+4 的钒的二元化合物有 VO_2(蓝色固体),VF_4(绿色固体),VCl_4(暗棕色液体),VBr_4(洋红色液体)。其中,VBr_4 在 -23 ℃以上是不稳定的,VI_4 尚未制得。氧化值为+3 的钒的二元化合物不仅有 V_2O_3(灰黑色固体),还有 V_2S_3(棕黑色固体),并且有比较稳定的卤化物 VX_3。在钒的二元化合物中,随着钒的氧化值的降低,其氧化性逐步减弱。V(II)的氧化物、硫化物、卤化物都已制得。在钒的化合物中,氧化值为+5 的化合物比较重要,其中以五氧化二钒 V_2O_5 和钒酸盐尤为重要。它们是制取其他钒的化合物的重要原料,也是从矿石中提取钒的主要中间产物。钒的化合物都有毒。现将几种 V(V)的常见化合物的性质列于表 16-4 中。

表 16-4　V(V)的常见化合物的性质

	颜色和状态	熔点/℃	受热时的变化	溶解度 g/100 g H_2O
五氧化二钒 V_2O_5	橙黄色晶体	670	700 ℃以上开始分解放出 O_2	0.07,溶液有 HVO_3 呈黄色
偏钒酸铵 NH_4VO_3	淡黄色晶体	70 (分解)	约 30 ℃ 开始分解出 NH_3, 125 ℃分解完全,灼烧生成 V_2O_5	0.48(20 ℃) 溶液呈黄色

续表

	颜色和状态	熔点/℃	受热时的变化	溶解度 g/100 g H₂O
正钒酸钠 $Na_3VO_4 \cdot 16H_2O$	无色针状晶体	866		溶于水呈碱性,沸腾时变为 $NaVO_3$
偏钒酸钠 $NaVO_3$	黄色晶体	630		19.3(20 ℃) 40.8(80 ℃)

（1）钒（Ⅴ）的化合物

灼烧 NH_4VO_3 时可生成 V_2O_5：

$$2NH_4VO_3 \xrightarrow{\triangle} V_2O_5 + 2NH_3 + H_2O$$

V_2O_5 是两性偏酸的氧化物,易溶于强碱溶液中,在冷的溶液中生成正钒酸盐 $M_3^{I}VO_4$,在热的溶液中生成偏钒酸盐 $M^{I}VO_3$。在加热的情况下 V_2O_5 也能与 Na_2CO_3 作用生成偏钒酸盐。

V_2O_5 是较强的氧化剂。它能与沸腾的浓盐酸作用产生氯气,V（Ⅴ）被还原为蓝色的 $[VO(H_2O)_5]^{2+}$（简写为 VO^{2+}）。

$$V_2O_5 + 6H^+ + 2Cl^- \xrightarrow{\triangle} 2VO^{2+} + Cl_2(g) + 3H_2O$$

在有 SO_3^{2-} 存在的稀硫酸溶液中,V_2O_5 也能溶解,并被 SO_3^{2-} 还原为 VO^{2+}：

$$V_2O_5 + SO_3^{2-} + 4H^+ \longrightarrow 2VO^{2+} + SO_4^{2-} + 2H_2O$$

V_2O_5 在加热情况下的一些重要反应如下：

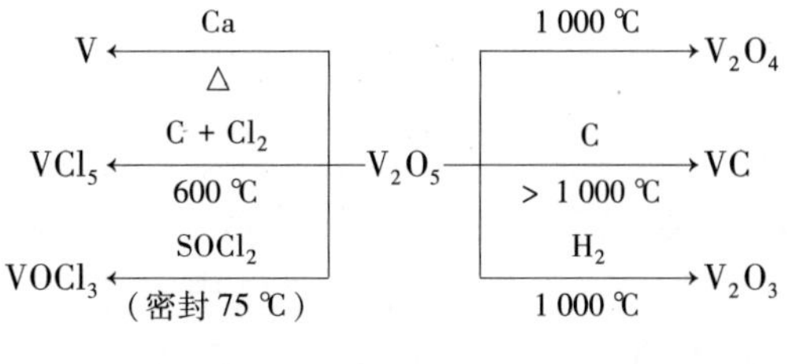

钒酸盐因生成时的条件（如温度、pH 等）不同,可生成偏钒酸盐 $M^{I}VO_3$,正钒酸盐 $M_3^{I}VO_4$ 和多钒酸盐 $M_4^{I}V_2O_7$,$M_3^{I}V_3O_9$ 等。在钒酸盐中只有钠、钾等少数金属的钒酸盐是易溶于水的,水溶液无色或呈黄色。

（2）水溶液中钒的离子及其反应

含有 V（Ⅴ）化合物的水溶液,因溶液的 pH 不同,而形成一系列复杂离子。例如,当 pH>12.6 时,V（Ⅴ）的水溶液中主要是 VO_4^{3-}。当溶液的酸性增强时,VO_4^{3-} 逐步缩合为多钒酸根离子：

$$VO_4^{3-}+H^+ \rightleftharpoons [VO_3(OH)]^{2-}$$
$$2[VO_3(OH)]^{2-}+H^+ \rightleftharpoons [V_2O_6(OH)]^{3-}+H_2O$$
$$3[V_2O_6(OH)]^{3-}+3H^+ \rightleftharpoons 2V_3O_9^{3-}+3H_2O$$
$$\cdots\cdots$$

当溶液呈强酸性(pH<1)时,V(V)主要以 VO_2^+ 的形式存在于溶液中。不同 pH 时溶液中存在的各种 V(V)的离子列在表 16-5 中。

表 16-5　V(V)离子与溶液的 pH

pH	>12.6	12~9	9~7	7~6.5	6.5~2.2	2.2~1	<1
主要离子	VO_4^{3-}	$V_2O_6(OH)^{3-}$	$V_3O_9^{3-}$	$V_{10}O_{28}^{6-}$	$V_2O_5 \cdot xH_2O$	$V_{10}O_{28}^{6-} \rightleftharpoons VO_2^+$	VO_2^+
颜色	淡黄色 (或无色)	$\longrightarrow$		红棕色	橙棕色		淡黄色

在酸性或强酸性溶液中,各种氧化值的钒都有其相应的离子存在,这些离子呈现出不同的颜色。现将它们一并列在表 16-6 中。

表 16-6　在酸性溶液中钒的各种离子

离子	$VO_2^+ \cdot nH_2O$ (简写为 VO_2^+)	$[VO(H_2O)_5]^{2+}$ (简写为 VO^{2+})	$[V(H_2O)_6]^{3+}$ (简写为 V^{3+})	$[V(H_2O)_6]^{2+}$ (简写为 V^{2+})
d 电子数	0	1	2	3
氧化值	+5	+4	+3	+2
颜色	淡黄色	蓝色	绿色	紫色
$E^\ominus$/V	1.0(V/IV)	0.337(IV/III)	0.25(III/II)	-1.2(II/0)
生成方法	钒酸盐加足够量的酸	V_2O_5 用 SO_3^{2-} 在酸性溶液中还原	V_2O_3 溶于酸	VO 溶于酸
与 OH⁻ 反应的产物	V_2O_5	$VO(OH)_2$	V_2O_3	$V(OH)_2$

由实验事实得知,即使是在酸性很强的溶液中也未发现有 $[V(H_2O)_6]^{5+}$ 和 $[V(H_2O)_6]^{4+}$。这是由于 V(V)和 V(IV)在水溶液中容易水解的缘故。它们在酸性溶液中常以 VO_2^+ 和 VO^{2+} 存在。从溶液中得到的 V(V)和 V(IV)的化合物,常以 VO_2X 或 VOX_2 形式析出(X^- 为阴离子)。VO_2^+ 和 VO^{2+} 在溶液中进一步水解的趋势较小,它们在溶液中是较稳定的。VO^{2+} 是已知的最稳定的双原子离子,它在许多反应中都保持不变。V^{3+} 在水溶液中水解趋势较强,按下式水解:

$$V^{3+}+H_2O \rightleftharpoons V(OH)^{2+}+H^+; \quad K^\ominus=10^{-2.9}$$

VO_2^+ 具有较强的氧化性。用 SO_2(或亚硫酸盐)、Fe^{2+} 或草酸($H_2C_2O_4$)等很容易把 VO_2^+ 还原为 VO^{2+}。以 SO_3^{2-} 为例,反应如下:

$$2VO_2^+ + 2H^+ + SO_3^{2-} \longrightarrow 2VO^{2+} + SO_4^{2-} + H_2O$$

用 $KMnO_4$ 溶液可把 VO^{2+} 氧化为 VO_2^+：

$$5VO^{2+} + H_2O + MnO_4^- \longrightarrow 5VO_2^+ + Mn^{2+} + 2H^+$$

上述反应由于颜色变化明显，在分析化学中常用来测定溶液中的钒。

若采用较强的还原剂(如 Zn)在酸性溶液中与 V(Ⅴ)作用时，则可把 VO_2^+ 逐步还原为 V^{2+}。例如，在 NH_4VO_3 的盐酸溶液中加入 Zn，会依次看到生成蓝色的 $[VO(H_2O)_5]^{2+}$，绿色的 $[VCl_2(H_2O)_4]^+$，最后生成紫色的 $[V(H_2O)_6]^{2+}$。

V^{3+} 在水溶液中并不十分稳定，特别是在碱性条件下很容易被空气中的氧所氧化。V^{2+} 有较强的还原性，V(Ⅱ)的化合物能从水中置换出氢。

§16.3 铬 钼 钨 多酸型配合物

周期系第ⅥB族元素包括铬、钼、钨、𬭳4种元素。铬在自然界中的主要矿物是铬铁矿，其组成为 $Fe(CrO_2)_2$。钼的主要矿物有辉钼矿(MoS_2)。钨的主要矿物有黑钨矿($MnFeWO_4$)、白钨矿($CaWO_4$)。我国钼矿资源丰富，钨矿的储量约占世界总储量的一半。𬭳是放射性元素。

图片
黑钨矿

铬的提取通常是由铬铁矿采用碱熔法进行的，即把铬铁矿和碳酸钠混合，并在空气中煅烧：

$$4Fe(CrO_2)_2 + 8Na_2CO_3 + 7O_2 \xrightarrow{\text{约}1\,000\,℃} 8Na_2CrO_4 + 2Fe_2O_3 + 8CO_2$$

由于 Na_2CrO_4 易溶于水，Fe_2O_3 却难溶，用水浸取煅烧后的熔体，铬酸盐进到溶液中，再经浓缩，可得到黄色的 Na_2CrO_4 晶体。其他铬的化合物大都是以铬酸盐作原料转化为重铬酸盐后，再由重铬酸盐来制取。在 Na_2CrO_4 溶液中加入适量的 H_2SO_4，可转化为 $Na_2Cr_2O_7$：

$$2Na_2CrO_4 + H_2SO_4 \longrightarrow Na_2Cr_2O_7 + Na_2SO_4 + H_2O$$

将 $Na_2Cr_2O_7$ 与 KCl 或 K_2SO_4 进行复分解反应可得到 $K_2Cr_2O_7$。用碳还原 $Na_2Cr_2O_7$ 可以制备 Cr_2O_3：

$$Na_2Cr_2O_7 + 2C \xrightarrow{\triangle} Cr_2O_3 + Na_2CO_3 + CO(g)$$

再用铝热法还原 Cr_2O_3 制取单质铬：

$$Cr_2O_3 + 2Al \longrightarrow Al_2O_3 + 2Cr$$

钼的提炼过程是将辉钼矿中的 MoS_2 用浮选法分离出来，经焙烧生成 MoO_3。MoO_3 可以直接用于制备其他钼的化合物，也可以用铝热法还原制备钼单质。

钨的分离是通过形成钨酸实现的。黑钨矿($MnFeWO_4$)与 NaOH 共熔得到可溶性的碱金属钨酸盐，酸化后沉淀出钨酸；白钨矿($CaWO_4$)直接用盐酸处理得到钨酸。钨酸焙烧后得到 WO_3，进一步可以制得相应的钨的化合物和单质。

16.3.1　铬、钼、钨的单质

铬、钼、钨都是灰白色金属。它们的熔点和沸点都很高。铬是金属中最硬的。在通常条件下,铬、钼、钨在空气或水中都是相当稳定的。它们的表面容易形成一层氧化膜,从而降低了它们的活泼性。在机械工业上,为了保护金属不生锈,常在其制品的表面镀有一层铬,这一镀层能长期保持光亮。室温下,无保护膜的纯铬能溶于稀盐酸或硫酸中,而不溶于硝酸或磷酸。钼和钨能溶于硝酸和氢氟酸的混合溶液中,钨溶解得较慢。在高温下,铬、钼、钨都能与活泼的非金属反应,与碳、氮、硼也能形成化合物。铬、钼、钨都是重要的合金元素。

16.3.2　铬的化合物

铬原子的价层电子构型为$3d^5 4s^1$。铬的最高氧化值为+6。铬也能形成氧化值为+5,+4,+3,+2,0,−1,−2的化合物。在铬的二元化合物中,Cr(Ⅵ)表现出较强的氧化性。已知的Cr(Ⅵ)和Cr(Ⅴ)的二元化合物有氧化物CrO_3,Cr_2O_5和氟化物CrF_6,CrF_5。Cr(Ⅳ)的二元化合物中,虽然报道有$CrCl_4$制成,但在低温下就分解出$CrCl_3$和Cl_2。Cr(Ⅲ)和Cr(Ⅱ)的氧化物、卤化物能稳定存在,Cr(Ⅱ)的化合物有较强的还原性,能从酸中置换出H_2。一般说来,高氧化值的铬的化合物以共价键占优势,如CrO_3,CrF_6和CrF_5等。中间氧化值的化合物常以离子键占优势,如CrF_3和CrF_2等。低氧化值(0,−1,−2)的化合物则以共价键与CO相结合,如$Cr(CO)_6$等。

铬的常见氧化值为+6和+3。现将Cr(Ⅵ)和Cr(Ⅲ)的常见化合物的性质列在表16-7中。

表16-7　铬的常见化合物的性质

	颜色和状态	熔点/℃	受热时的变化	溶解度 g/100 g H_2O
三氧化铬(铬酐)CrO_3	暗红色晶体	198	加热到250 ℃以上分解为Cr_2O_3和O_2,遇酒精着火,自身变为Cr_2O_3	61.7(20 ℃) 溶液呈酸性
铬酸钾 K_2CrO_4	黄色晶体	975	熔融时不分解	64(20 ℃) 呈中性,稀释到1∶40 000时仍呈黄色
重铬酸钾(红矾)$K_2Cr_2O_7$	橙红色晶体	398	熔融时不分解,液体呈深红色	11.7(20 ℃)

	颜色和状态	熔点/℃	受热时的变化	溶解度 g/100 g H_2O
三氧化二铬（铬绿）Cr_2O_3	绿色粉末	2 330	不分解	微溶于水,不溶于酸和碱
三氯化铬 $CrCl_3 \cdot 6H_2O$	紫色晶体	83	受热时失去结晶水	58.7(25 ℃)
硫酸钾铬（铬钾矾）$KCr(SO_4)_2 \cdot 12H_2O$	暗紫色八面体	89	在空气中风化,加热到100 ℃失去部分结晶水变绿,350 ℃时完全失水呈绿黄色	22(25 ℃) 75 ℃时溶液变绿

由表 16-7 可知,$K_2Cr_2O_7$,K_2CrO_4,$KCr(SO_4)_2$ 都是易溶于水的盐,它们的水溶液中分别含有 $Cr_2O_7^{2-}$,CrO_4^{2-} 和 $[Cr(H_2O)_6]^{3+}$(简写为 Cr^{3+})等离子。铬溶于酸中能生成 $[Cr(H_2O)_6]^{3+}$。此外在某些溶液中也能生成 $[Cr(OH)_4]^-$ 和 $[Cr(H_2O)_6]^{2+}$(或 Cr^{2+})。现将它们的性质列于表 16-8 中。

表 16-8　水溶液中铬的各种离子的性质

离子	$Cr_2O_7^{2-}$	CrO_4^{2-}	$[Cr(H_2O)_6]^{3+}$（或 Cr^{3+}）	$[Cr(OH)_4]^-$	$[Cr(H_2O)_6]^{2+}$（或 Cr^{2+}）
氧化值	+6	+6	+3	+3	+2
构型	两个四面体共用 1 个 O	正四面体	八面体		八面体
d 电子数	d^0	d^0	d^3	d^3	d^4
颜色	橙红色	黄色	紫色	亮绿色	蓝色
存在时的 pH	pH<2	pH>6	酸性	过量强碱溶液中（在固态化合物中以 CrO_2^- 存在）	酸性

铬元素的电势图如下:

酸性溶液中　$E_A^{\ominus}/V$

$$Cr_2O_7^{2-} \xrightarrow{1.33} Cr^{3+} \xrightarrow{-0.41} Cr^{2+} \xrightarrow{-0.91} Cr$$
$$\underset{-0.74}{\underline{\hspace{4cm}}}$$

碱性溶液中　$E_B^{\ominus}/V$

$$CrO_4^{2-} \underset{\underline{\qquad -1.3 \qquad}}{\overset{-0.12}{\rule{1.5cm}{0.4pt}}} Cr(OH)_3 \overset{-1.1}{\rule{1.5cm}{0.4pt}} Cr(OH)_2 \overset{-1.4}{\rule{1.5cm}{0.4pt}} Cr$$

1. 铬（Ⅵ）的化合物

铬（Ⅵ）的化合物 $K_2Cr_2O_7$ 和 $Na_2Cr_2O_7$ 都是较强的氧化剂。以 $K_2Cr_2O_7$ 作原料可制取三氧化铬 CrO_3，氯化铬酰 CrO_2Cl_2，铬钾矾 $KCr(SO_4)_2 \cdot 12H_2O$，三氯化铬 $CrCl_3 \cdot H_2O$ 等，图示如下：

实验视频
铬(Ⅵ)的氧化性

$$K_2Cr_2O_7 \begin{cases} \xrightarrow{\text{浓 } H_2SO_4} CrO_3 \\ \xrightarrow[\text{蒸馏}]{KCl, \text{浓 } H_2SO_4} CrO_2Cl_2 \\ \xrightarrow{H_2SO_4, SO_2} KCr(SO_4)_2 \cdot 12H_2O \\ \xrightarrow{\text{浓 } HCl} CrCl_3 \cdot H_2O \end{cases}$$

氯化铬酰是深红色易挥发的液体，有较强的氧化性，在一些有机反应中作氧化剂。它易吸水放出 HCl，本身变为 CrO_3：

$$CrO_2Cl_2 + H_2O \longrightarrow CrO_3 + 2HCl$$

CrO_3 是铬的重要化合物，电镀铬时用它与硫酸配制成电镀液。固体 CrO_3 遇酒精等易燃有机化合物，立即着火燃烧，本身还原为 Cr_2O_3。CrO_3 在冷却的条件下与氨水作用，可生成重铬酸铵 $(NH_4)_2Cr_2O_7$：

$$2CrO_3 + 2NH_3 + H_2O \xrightarrow{\text{冷}} (NH_4)_2Cr_2O_7$$

铬酸（H_2CrO_4）和重铬酸（$H_2Cr_2O_7$）仅存在于稀溶液中，尚未分离出游离的 H_2CrO_4 和 $H_2Cr_2O_7$。它们都是强酸，但 $H_2Cr_2O_7$ 比 H_2CrO_4 的酸性还要强些。$H_2Cr_2O_7$ 的第一级解离是完全的：

$$HCr_2O_7^- \Longleftrightarrow Cr_2O_7^{2-} + H^+; \quad K_{a2}^\ominus = 0.85$$
$$H_2CrO_4 \Longleftrightarrow HCrO_4^- + H^+; \quad K_{a1}^\ominus = 9.55$$
$$HCrO_4^- \Longleftrightarrow CrO_4^{2-} + H^+; \quad K_{a2}^\ominus = 3.2 \times 10^{-7}$$

在碱性或中性溶液中 $Cr(Ⅵ)$ 主要以 CrO_4^{2-} 存在，当增加溶液中 H^+ 浓度时，先生成 $HCrO_4^-$，随之转变为 $Cr_2O_7^{2-}$，溶液的颜色由黄色（CrO_4^{2-}）变为橙红色（$Cr_2O_7^{2-}$）：

$$2CrO_4^{2-} + 2H^+ \Longleftrightarrow 2HCrO_4^- \Longleftrightarrow Cr_2O_7^{2-} + H_2O$$

$HCrO_4^-$ 和 $Cr_2O_7^{2-}$ 之间存在着下列平衡：

$$2HCrO_4^- \Longleftrightarrow Cr_2O_7^{2-} + H_2O; \quad K^\ominus = 33$$

即在稍强的酸性溶液中或 CrO_3 溶于水时，基本上只有 $HCr_2O_7^-$ 和 $Cr_2O_7^{2-}$。向 $Cr_2O_7^{2-}$ 的溶液中加入碱，溶液由橙红色变为黄色。pH<2 时，溶液中 $Cr_2O_7^{2-}$ 占优势。由于 CrO_4^{2-} 和 $Cr_2O_7^{2-}$ 存在着平衡关系，可以理解为什么在 Na_2CrO_4 溶液中加入酸就能得到

$Na_2Cr_2O_7$,而在 $Na_2Cr_2O_7$ 溶液中加入碱或碳酸钠时,又可以得到 Na_2CrO_4。

有些铬酸盐比相应的重铬酸盐难溶于水。在 $Cr_2O_7^{2-}$ 的溶液中加入 Ag^+,Ba^{2+},Pb^{2+} 时,分别生成 Ag_2CrO_4(砖红色),$BaCrO_4$(淡黄色),$PbCrO_4$(黄色)沉淀。例如:

$$4Ag^+ + Cr_2O_7^{2-} + H_2O \Longrightarrow 2Ag_2CrO_4(s) + 2H^+$$

上述事实说明,在 $K_2Cr_2O_7$ 的溶液中有 CrO_4^{2-} 存在。这一反应常用来鉴定溶液中是否存在 Ag^+。

在 $Cr_2O_7^{2-}$ 的溶液中,加入 H_2O_2 和乙醚时,有蓝色的过氧化物 $CrO(O_2)_2 \cdot (C_2H_5)_2O$ 生成,它的结构式为

这一反应用来鉴定溶液中是否有 Cr(Ⅵ) 存在。但此化合物不稳定,放置或微热时,分解为 Cr^{3+} 并放出 O_2。

$Cr_2O_7^{2-}$ 有较强的氧化性,而 CrO_4^{2-} 的氧化性较弱。在酸性溶液中,$Cr_2O_7^{2-}$ 可把 Fe^{2+},SO_3^{2-},H_2S,I^- 等氧化。以 Fe^{2+} 为例,反应如下:

$$Cr_2O_7^{2-} + 6Fe^{2+} + 14H^+ \longrightarrow 2Cr^{3+} + 6Fe^{3+} + 7H_2O$$

这一反应在分析化学上常用于 Fe^{2+} 含量的测定。

2. 铬(Ⅲ)的化合物

$(NH_4)_2Cr_2O_7$ 晶体受热即可完全分解出 Cr_2O_3,N_2 和 H_2O:

$$(NH_4)_2Cr_2O_7 \xrightarrow{170\,℃} Cr_2O_3 + N_2 + 4H_2O$$

Cr_2O_3 可作绿色颜料(铬绿),在某些有机合成反应中可作催化剂。

为什么 $(NH_4)_2Cr_2O_7$ 受热容易分解呢?从它的组成来看,NH_4^+ 中的 N(氧化值为-3)具有还原性,而 $Cr_2O_7^{2-}$ 中的 Cr(Ⅵ)有较强的氧化性。当受热时,分子内部容易发生氧化还原反应。$(NH_4)_2Cr_2O_7$ 分解反应的有关热力学数据如下:

$$(NH_4)_2Cr_2O_7(s) \longrightarrow Cr_2O_3(s) + N_2(g) + 4H_2O(g)$$

	$(NH_4)_2Cr_2O_7(s)$	$Cr_2O_3(s)$	$N_2(g)$	$4H_2O(g)$
$\Delta_f H_m^\ominus/(kJ \cdot mol^{-1})$	$-1\,806.7$	$-1\,139.7$	0	$4 \times (-241.818)$
$S_m^\ominus/(J \cdot mol^{-1} \cdot K^{-1})$	488.7	81.2	191.61	4×188.825

$$\Delta_r H_m^\ominus = -300.3 \ kJ \cdot mol^{-1} \qquad \Delta_r S_m^\ominus = 539.4 \ J \cdot mol^{-1} \cdot K^{-1}$$

从 $(NH_4)_2Cr_2O_7$ 的标准摩尔生成焓来看,它在室温下还是比较稳定的。$(NH_4)_2Cr_2O_7$ 的分解反应是放热反应,反应有向右进行的可能。同时此反应生成两种气体(N_2 和水蒸气),是分子数增多的反应,也是熵增较大的反应。根据 $\Delta_r G_m = \Delta_r H_m - T\Delta_r S_m$,当温度升高时,$T\Delta_r S_m$ 对 $\Delta_r G_m$ 变为负值的贡献更大。故随着温度的升高,$(NH_4)_2Cr_2O_7$ 变得不稳定了。因此仅从热力学考虑,加热温度不需太高,分解反应会进行得很完全。

MOOC

教学视频
铬(Ⅲ)的化合物

实验视频
Cr^{3+} 的水解

$[Cr(H_2O)_6]^{3+}$ 在水溶液中按下式发生水解:

$$[Cr(H_2O)_6]^{3+} \rightleftharpoons [Cr(OH)(H_2O)_5]^{2+}+H^+; \quad K^\ominus \approx 10^{-4}$$

$$2[Cr(H_2O)_6]^{3+} \rightleftharpoons [(H_2O)_4Cr(OH)_2Cr(H_2O)_4]^{4+}+2H^++2H_2O;$$
$$K^\ominus \approx 10^{-2.7}$$

在 pH 小于 4 时,溶液中才有 $[Cr(H_2O)_6]^{3+}$ 存在。向 $[Cr(H_2O)_6]^{3+}$ 的溶液中加入碱时,首先生成灰绿色的 $Cr(OH)_3$ 沉淀,当碱过量时因生成亮绿色的 $[Cr(OH)_4]^-$(也有人认为是 $[Cr(OH)_6]^{3-}$)而使 $Cr(OH)_3$ 沉淀溶解:

$$Cr^{3+}+3OH^- \longrightarrow Cr(OH)_3(s)$$
$$Cr(OH)_3+OH^- \longrightarrow [Cr(OH)_4]^-$$

在酸性溶液中,使 Cr^{3+} 氧化为 $Cr_2O_7^{2-}$ 是比较困难的,通常采用氧化性更强的过硫酸铵 $(NH_4)_2S_2O_8$ 等作氧化剂,反应如下:

$$2Cr^{3+}+3S_2O_8^{2-}+7H_2O \longrightarrow Cr_2O_7^{2-}+6SO_4^{2-}+14H^+$$

相反,在碱性溶液中,$[Cr(OH)_4]^-$ 被氧化为铬酸盐就比较容易进行:

$$2[Cr(OH)_4]^-+3H_2O_2+2OH^- \longrightarrow 2CrO_4^{2-}+8H_2O$$

这一反应常用来初步鉴定溶液中是否有 Cr(Ⅲ)存在,进一步确认时需在此溶液中再加入 Ba^{2+} 或 Pb^{2+},生成黄色的 $BaCrO_4$ 或 $PbCrO_4$ 沉淀,证明原溶液中确有 Cr(Ⅲ)。

在含有 $[Cr(H_2O)_6]^{3+}$ 的溶液中加入锌粉,可得到蓝色的 $[Cr(H_2O)_6]^{2+}$:

$$2Cr^{3+}+Zn \longrightarrow 2Cr^{2+}+Zn^{2+}$$

但是,Cr^{2+} 在水溶液中是极不稳定的,它的还原性较强 $[E^\ominus(Cr^{3+}/Cr^{2+})=-0.41\ V]$,能与水作用放出 H_2,本身被氧化为 Cr^{3+}。Cr^{3+} 与 Zn 的反应,在一般条件下不容易看到有蓝色的 Cr^{2+} 生成。当有醋酸根离子 (Ac^-) 存在时,会看到难溶的粉红色的 $Cr_2(Ac)_4 \cdot 2H_2O$ 生成,它是比较稳定的 Cr(Ⅱ)的化合物。

在铬的配合物中,以 Cr^{3+} 的配合物最多。Cr^{3+} 的配合物的配位数几乎都是 6,有人认为 Cr^{3+} 的配合物是以 d^2sp^3 杂化轨道成键。其电子分布为

配体提供的电子对
d^2sp^3 杂化

Cr^{3+} 的配合物稳定性较高,在水溶液中不易发生解离反应或解离程度较小。Cr^{3+} 的配合物有一特点,就是某一配合物生成后,当其他配体与之发生交换(或取代)反应时,速率很小,因此往往同一组成的配合物,可有多种异构体存在。例如,组成为 $CrCl_3 \cdot 6H_2O$ 的配合物有三种异构体:

$$[Cr(H_2O)_6]Cl_3 \qquad [CrCl(H_2O)_5]Cl_2 \cdot H_2O \qquad [CrCl_2(H_2O)_4]Cl \cdot 2H_2O$$
（紫色）　　　　　　　（蓝绿色）　　　　　　　　　（绿色）

实验视频
Cr^{3+} 的鉴定

这样的异构体叫做水合异构体。

Cr^{3+}的配合物中,还有因配体在空间的排布不同而产生的几何异构体。例如,组成为$[CrCl_2(NH_3)_4]^+$的配离子有两种几何异构体:

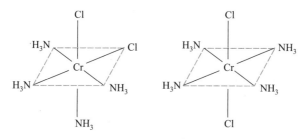

在配位化学发展过程中,研究配合物的异构现象对确定配合物的空间结构曾起到过积极作用。

16.3.3 钼、钨的化合物

钼原子和钨原子的价层电子构型分别为$4d^5 5s^1$和$5d^4 6s^2$,它们都能形成氧化值从+2到+6的化合物。其中,氧化值是+6的化合物较稳定。但氧化值为+6的钼、钨的化合物的氧化性比$Cr(VI)$弱得多(特别是钨)。钨不但有WO_3和WF_6,也已制出WCl_6和WBr_6。钼、钨的低氧化值化合物,除个别化合物外,都不太重要。本节主要讨论$Mo(VI)$和$W(VI)$的化合物。

$Mo(VI)$,$W(VI)$的化合物中,比较重要的是氧化物和含氧酸盐。它们大都是从钼、钨矿石中首先制取出来的钼、钨化合物,也是制取其他钼、钨化合物的原料。现将钼、钨的常见化合物的性质列于表16-9中。

表16-9 钼、钨的常见化合物的性质

	颜色和状态	密度 $\overline{g \cdot cm^{-3}}$	熔点/℃	受热时的变化	溶解度 $\overline{g/100\ g\ H_2O}$
三氧化钼 MoO_3	白色滑石样粉末	4.5~4.7	801	加热变黄,734℃开始升华	0.138,溶于碱生成钼酸盐
三氧化钨 WO_3	黄色粉末	7.16	1 472	加热变橙色,1 100℃开始升华	难溶,溶于碱生成钨酸盐
(四缩)七钼酸六铵 $(NH_4)_6Mo_7O_{24} \cdot 4H_2O$	无色或淡绿色晶体	2.498	190 (分解)	在空气中风化,150℃便分解留下MoO_3	43,溶于强酸和强碱中
钨酸钠 $Na_2WO_4 \cdot 12H_2O$	半透明片状晶体	3.25	698	在空气中风化,在真空中加热至100℃完全失去水,无水盐698℃时熔为透明液体	57.5(0℃) 74.2(25℃) 96.9(100℃)

在（NH_4）$_6Mo_7O_{24}$ 溶液中加氨水，可形成（NH_4）$_2MoO_4$。在（NH_4）$_2MoO_4$ 和 Na_2WO_4 的溶液中分别加入适量的盐酸，则析出难溶于水的钼酸 H_2MoO_4 和钨酸 H_2WO_4：

$$（NH_4）_2MoO_4 + 2HCl \longrightarrow H_2MoO_4(s) + 2NH_4Cl$$
$$（白色）$$

$$Na_2WO_4 + 2HCl \longrightarrow H_2WO_4(s) + 2NaCl$$
$$（黄色）$$

H_2MoO_4 和 H_2WO_4 受热脱水分别得到 MoO_3 和 WO_3。

钼（Ⅵ）、钨（Ⅵ）的含氧酸盐中，主要是碱金属的盐和铵盐，它们易溶于水。在可溶性的钼酸盐或钨酸盐中，增加酸度，往往形成聚合的酸根离子。例如，在含有 MoO_4^{2-} 的溶液中加酸，可形成 $Mo_7O_{24}^{6-}$。在含有 WO_4^{2-} 的溶液中，H^+ 浓度增大时，可形成 $HW_6O_{21}^{5-}$ 和 $W_{12}O_{41}^{10-}$ 等。

钼（Ⅵ）、钨（Ⅵ）在溶液中容易被还原剂（如 Zn，Sn^{2+} 和 SO_2 等）还原为低氧化值的化合物。例如，在以盐酸酸化的（NH_4）$_2MoO_4$ 溶液中，加入 Zn 或 $SnCl_2$，则 Mo（Ⅵ）被还原为 Mo^{3+}。溶液最初变为蓝色，然后变为绿色，最后变为棕色（Mo^{3+}）：

$$2MoO_4^{2-} + 3Zn + 16H^+ \longrightarrow 2Mo^{3+} + 3Zn^{2+} + 8H_2O$$

溶液中若有 NCS^- 存在时，因形成 $[Mo(NCS)_6]^{3-}$ 而呈红色。这一反应常用来鉴定溶液中是否有钼（Ⅲ）存在。

在用盐酸或硫酸酸化的 WO_4^{2-} 溶液中，加入锌或氯化亚锡时，溶液呈现蓝色——钨蓝。钨蓝是 W（Ⅵ）和 W（Ⅴ）氧化物的混合物，它的组成可能为 $WO_{2.67}(OH)_{0.33}$。利用钨蓝的生成可以鉴定钨。

MoO_4^{2-}，WO_4^{2-} 可以与 H_2S 作用，生成硫化物：

$$MoO_4^{2-} + 3H_2S + 2H^+ \longrightarrow MoS_3(s) + 4H_2O$$

$$WO_4^{2-} + 3H_2S + 2H^+ \longrightarrow WS_3(s) + 4H_2O$$

MoS_3 和 WS_3 能溶于（NH_4）$_2S$ 中形成硫代酸盐：

$$MoS_3 + S^{2-} \longrightarrow MoS_4^{2-}$$

$$WS_3 + S^{2-} \longrightarrow WS_4^{2-}$$

用硝酸酸化的钼酸铵溶液，加热至 50 ℃，再加入 Na_2HPO_4 溶液，生成磷钼酸铵（NH_4）$_3PO_4·12MoO_3·6H_2O$ 黄色沉淀：

$$12MoO_4^{2-} + HPO_4^{2-} + 3NH_4^+ + 23H^+ \longrightarrow （NH_4）_3PO_4·12MoO_3·6H_2O(s) + 6H_2O$$

这一反应常用来检查溶液中是否存在 MoO_4^{2-}，也可用来鉴定溶液中的 PO_4^{3-}。

16.3.4　多酸型配合物

在前几节介绍的钒（Ⅴ）、铬（Ⅵ）、钼（Ⅵ）、钨（Ⅵ）的含氧酸中，有些是仅含有所谓简单酸根离子的含氧酸，如 H_3VO_4，H_2CrO_4，H_2MoO_4，H_2WO_4 等，有些则是含有由多个简单酸根离子缩合起来的复杂酸根离子(如 $V_2O_7^{4-}$, $V_3O_9^{3-}$, $Cr_2O_7^{2-}$, $Mo_7O_{24}^{6-}$ 等)的含氧酸。从配合物的观点看来,简单的酸根离子如 CrO_4^{2-} 也是配离子,形成体是 Cr(Ⅵ),配体是 O^{2-}。这类酸根离子可称为单核配离子。$V_2O_7^{4-}$ 和 $Cr_2O_7^{2-}$ 等酸根离子,则可看作是多核配离子。例如,$Cr_2O_7^{2-}$,其形成体是 2 个 Cr(Ⅵ),每个 Cr(Ⅵ)周围配位着 4 个 O^{2-},2 个 CrO_4^{2-} 之间靠共用 1 个 O 结合成 $Cr_2O_7^{2-}$:

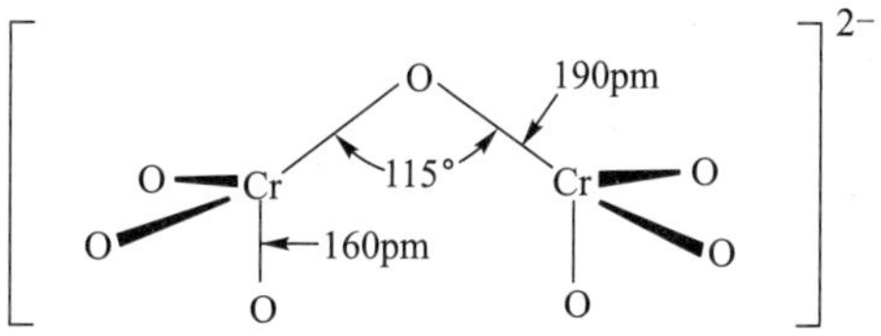

$Cr_2O_7^{2-}$ 就是由同种中心离子形成的多核配离子。这种多核配离子组成的含氧酸叫做同多酸,它们的盐叫做同多酸盐,如 $K_2Cr_2O_7$ 等。同多酸及其盐被列为多酸类合物。同多酸的特点是,酸性比相应的简单酸的酸性强,它存在于酸性溶液中;在碱性或强碱性溶液中分解为简单酸根离子。

不仅 d 区中的一些元素能形成同多酸,p 区的一些元素(如硫、磷、硼、硅等)也能形成同多酸,如 $H_2S_2O_7$, $H_2P_2O_7$, $H_6Si_2O_7$ 等。

除了同多酸类配合物外,还有一类杂多酸类配合物。像前面提到的磷钼酸铵 $(NH_4)_3PO_4 \cdot 12MoO_3 \cdot 6H_2O$ 就是一种杂多酸的盐。根据实验测定和配合物结构理论,把它写为 $(NH_4)_3[P(Mo_3O_{10})_4] \cdot 6H_2O$,其中 P(Ⅴ)是形成体,而四个 $Mo_3O_{10}^{2-}$ 是配体。与磷钼酸铵对应的酸是一种杂多酸。所谓杂多酸就是由不同酸根组成的配(合)酸。可作为杂多酸的中心离子的还有 As(Ⅴ),Te(Ⅵ),Si(Ⅳ) 等。作为配体的酸根离子,大都是 V(Ⅴ),Mo(Ⅵ),W(Ⅵ) 的含氧酸根(单个或缩合的)离子。与同多酸相类似,它们的酸性比原来的酸强,只能存在于酸性或中性溶液中,在碱性溶液中常分解为原来的酸根离子。

有些杂多酸可从溶液中分离出来。例如,磷钼酸和磷钨酸可从溶液中以晶体析出。磷钼酸和磷钨酸的性质列在表 16-10 中。

表 16-10　磷钼酸和磷钨酸的性质

	磷钼酸	磷钨酸
化学式	$H_3[P(Mo_3O_{10})_4] \cdot 12H_2O$	$H_3[P(W_3O_{10})_4] \cdot 12H_2O$
性质	黄色闪光的晶体,易溶于水,见光分解,储于黑色磨口瓶中	白色晶体,易溶于水,在酸性溶液中稳定,与碱共沸则分解为磷酸盐和钨酸盐

§ 16.4　锰

周期系第ⅦB 族元素包括锰、锝、铼、铍 4 种元素。锰在地壳中的含量在过渡元素

图片
菱锰矿

中占第三位,仅次于铁和钛。锰在自然界主要以软锰矿 $MnO_2 \cdot xH_2O$ 的形式存在。锰及其化合物以软锰矿为原料来制取。已经发现在深海中有大量的锰矿——"锰结核"。锝和铼是稀有元素。锝和锸是放射性元素。

锰单质主要用于钢的制造,一般是在高温下用焦炭还原适量的 MnO_2 和 Fe_2O_3 而制得铁锰合金。纯金属锰的制备则采用电解硫酸锰水溶液的方法进行。

M○DC
教学视频
锰的单质及化
合物概述

16.4.1　锰的单质

锰的外形与铁相似,块状锰是白色金属,质硬而脆。纯锰用途不大,常以锰铁的形式来制造各种合金钢。常温下,锰能缓慢地溶于水。锰与稀酸作用则放出氢气而形成 $[Mn(H_2O)_6]^{2+}$。锰也能在氧化剂的存在下与熔融的碱作用生成锰酸盐:

$$2Mn+4KOH+3O_2 \longrightarrow 2K_2MnO_4+2H_2O$$

在加热的情况下,锰能与许多非金属反应。锰与氧反应生成 Mn_3O_4,与氟反应能生成 MnF_3 和 MnF_4,与其他卤素反应则生成 MnX_2 型的卤化物。

M○DC
教学视频
锰的化合物

16.4.2　锰的化合物

锰原子的价层电子构型为 $3d^5 4s^2$。锰的最高氧化值为+7。锰也能形成氧化值为+6,+5,+4,+3,+2,+1,0,-1,-2 的化合物。就锰的一般化合物而言,比较稳定的是 Mn(Ⅶ),Mn(Ⅵ),Mn(Ⅳ) 和 Mn(Ⅱ) 的化合物。Mn(Ⅶ)的化合物中,以高锰酸盐(如 $KMnO_4$ 等)最稳定。Mn(Ⅶ)的二元化合物不稳定,仅知道有 Mn_2O_7 存在,而且也极不稳定。Mn(Ⅵ)的化合物以锰酸盐较稳定。Mn(Ⅴ)的化合物,如 Na_3MnO_4 比 Na_2MnO_4 更不稳定,仅以固体或在浓的强碱($8\ mol \cdot L^{-1}$ 以上 NaOH)溶液中才比较稳定。Mn(Ⅳ)的化合物以 MnO_2 最稳定。虽然 MnF_4 已制出,但在室温下就能分解为 MnF_3 和 F_2。其他 Mn(Ⅳ)的卤化物未分离出来。Mn(Ⅲ)的二元化合物,如 Mn_2O_3 和 MnF_3,固态时尚稳定,在水溶液中容易发生歧化反应。Mn(Ⅱ)的化合物在固态或水溶液中都比较稳定。氧化值为+1,0,-1,-2 的锰的化合物大都是羰合物及其衍生物。锰的常见氧化值为+7,+6,+4 和+2。比较重要的锰的化合物列在表 16-11 中。

表 16-11　锰的重要化合物

	颜色和状态	密度 $g \cdot cm^{-3}$	熔点/℃	受热时的变化	溶解度 $g/100\ g\ H_2O$
高锰酸钾 $KMnO_4$	紫红色或近乎黑色的晶体	2.7	240 (分解)	200 ℃ 以上分解为 K_2MnO_4,MnO_2 和 O_2	6.34,溶液稀至 1:500 000 时,仍能看出颜色
锰酸钾 K_2MnO_4	暗绿色晶体	2.78	190 (分解)	640~680 ℃ 分解为 Mn_3O_4,O_2 和 K_2O	224.7 g · L^{-1} ($2\ mol \cdot L^{-1}$ KOH)形成绿色溶液,静止或水量较多时,变为紫红色

	颜色和状态	密度 $\overline{\text{g·cm}^{-3}}$	熔点/ ℃	受热时的变化	溶解度 $\overline{\text{g}/100\text{ g H}_2\text{O}}$
二氧化锰 MnO_2	黑色无定形粉末	5.08	535 (分解)	530 ℃ 分解为 Mn_3O_4 和 O_2	不溶于水
硫酸锰 $MnSO_4 \cdot 4H_2O$	肉红色晶体	2.107	27	无水 $MnSO_4$ 为白色,灼烧变为 Mn_3O_4	60(10 ℃),54 ℃ 时溶于结晶水中
氯化锰 $MnCl_2 \cdot 4H_2O$	肉红色晶体	2.01	97.5	200~230 ℃部分分解出 HCl,无水 $MnCl_2$ 红色片状,熔点为 650 ℃	143

由表 16-11 得知,$KMnO_4$,K_2MnO_4,$MnSO_4$ 和 $MnCl_2$ 都是易溶于水的,这些化合物在溶液中参加反应的是 MnO_4^-,MnO_4^{2-} 和 Mn^{2+}。现将水溶液中锰的各种离子的性质列于表 16-12 中。

表 16-12 水溶液中锰的各种离子的性质

离子	MnO_4^-	MnO_4^{2-}	$[Mn(H_2O)_6]^{3+}$	$[Mn(H_2O)_6]^{2+}$
氧化值	+7	+6	+3	+2
颜色	紫红色	暗绿色	红色	淡红色
d 电子数	d^0	d^1	d^4	d^5
存在于溶液中的条件	中性溶液中稳定	在 pH > 13.5 的碱性溶液中稳定	很容易歧化为 MnO_2 和 Mn^{2+}	酸性溶液中稳定

锰元素的电势图如下:

酸性溶液中　$E_A^{\ominus}/V$

$$MnO_4^- \underset{1.512}{\overset{\overset{\displaystyle 1.700 \qquad\qquad 1.229\ 3}{}}{\underset{0.554\ 5}{\longrightarrow}}} MnO_4^{2-} \xrightarrow{2.27} MnO_2 \xrightarrow{0.95} Mn^{3+} \xrightarrow{1.51} Mn^{2+} \xrightarrow{-1.18} Mn$$

碱性溶液中　$E_B^{\ominus}/V$

$$MnO_4^- \underset{0.596\ 5}{\overset{0.554\ 5}{\longrightarrow}} MnO_4^{2-} \xrightarrow{0.617\ 5} MnO_2 \underset{-0.051\ 4}{\overset{-0.20}{\longrightarrow}} Mn(OH)_3 \xrightarrow{-0.10} Mn(OH)_2 \xrightarrow{-1.56} Mn$$

1. 锰(Ⅶ)的化合物

在 Mn(Ⅶ)的化合物中,最重要的是高锰酸钾($KMnO_4$)。以软锰矿为原料制取 $KMnO_4$ 时,先将 MnO_2,KOH 和 $KClO_3$ 的混合物加热熔融制得锰酸钾(K_2MnO_4):

$$3MnO_2 + 6KOH + KClO_3 \longrightarrow 3K_2MnO_4 + KCl + 3H_2O$$

用水浸取熔块可得到 K_2MnO_4 溶液。从 K_2MnO_4 溶液中可结晶出暗绿色的 K_2MnO_4 晶体。利用氯气氧化 K_2MnO_4 溶液可使 K_2MnO_4 转化为 $KMnO_4$：

$$2K_2MnO_4 + Cl_2 \longrightarrow 2KMnO_4 + 2KCl$$

工业上一般采用电解法由 K_2MnO_4 制取 $KMnO_4$：

$$2MnO_4^{2-} + 2H_2O \xrightarrow{\text{电解}} 2MnO_4^- + 2OH^- + H_2$$

高锰酸钾是最重要的氧化剂之一。在工业上或实验室中常使用它作氧化剂。高锰酸根离子 MnO_4^- 的空间构型为四面体,锰原子位于四面体的中心,4 个氧原子位于四面体的顶点。

高锰酸钾受热时按下式分解:

$$2KMnO_4 \xrightarrow{200\,℃\text{以上}} K_2MnO_4 + MnO_2 + O_2$$

$KMnO_4$ 粉末在低温下与浓硫酸作用,可生成黄绿色油状液体七氧化二锰 Mn_2O_7(又称高锰酸酐)。Mn_2O_7 在 0 ℃ 以下才是稳定的,室温下立即爆炸,分解为 MnO_2 和 O_2。它与许多有机化合物(酒精、醚类等)接触时,立即着火燃烧。与 Mn_2O_7 对应的高锰酸($HMnO_4$),仅能存在于稀溶液中,浓缩到 20% 以上时就分解为 MnO_2 和 O_2。

比较 $E^{\ominus}(MnO_4^-/MnO_2) = 1.700\ V$ 和 $E^{\ominus}(O_2/H_2O) = 1.229\ V$,可知在溶液中,$MnO_4^-$ 可以把 H_2O 氧化为 O_2。由于这一反应的速率非常小,MnO_4^- 在水溶液中还是比较稳定的,但是放置时会缓慢地按下式反应:

$$4MnO_4^- + 4H^+ \longrightarrow 4MnO_2 + 2H_2O + 3O_2$$

在光线照射下这一反应会加速进行,通常用棕色瓶盛装 $KMnO_4$ 溶液。若 MnO_4^- 的溶液中有微量酸存在时,上述反应也能加速进行,因此 MnO_4^- 在酸性溶液中是不稳定的。

MnO_4^- 溶液是常用的氧化剂。在酸性溶液中,MnO_4^- 被还原为 Mn^{2+};在中性或弱碱性溶液中,MnO_4^- 被还原为 MnO_2;在浓碱溶液中,MnO_4^- 能被 OH^- 还原为绿色的 MnO_4^{2-},并放出 O_2：

$$4MnO_4^- + 4OH^- \longrightarrow 4MnO_4^{2-} + O_2 + 2H_2O$$

前面提到的用碱熔法仅能把 MnO_2 氧化为 MnO_4^{2-},却不能直接把 MnO_2 氧化为 MnO_4^-,其原因就是 MnO_4^- 在强碱中不稳定。

通常使用 MnO_4^- 作氧化剂时,大都是在酸性介质中进行反应,MnO_4^- 常被用来氧化 Fe^{2+},SO_3^{2-},H_2S,I^-,Sn^{2+} 等。例如,MnO_4^- 可以把 H_2S 氧化为 S,还可进一步把 S 氧化为 SO_4^{2-}：

$$2MnO_4^- + 5H_2S + 6H^+ \longrightarrow 2Mn^{2+} + 5S + 8H_2O$$
$$6MnO_4^- + 5S + 8H^+ \longrightarrow 6Mn^{2+} + 5SO_4^{2-} + 4H_2O$$

2. 锰(Ⅵ)的化合物

常见的锰(Ⅵ)的化合物是 K_2MnO_4,它在强碱性溶液中以暗绿色的 MnO_4^{2-} 形式存

实验视频
MnO_4^{2-} 的生成和
性质

在。由锰的元素电势图可以看出：MnO_4^{2-} 在碱性介质中不是强氧化剂，在微酸性（如通入 CO_2 或加入醋酸）甚至近中性的条件下按下式发生歧化反应：

$$3MnO_4^{2-}+4H^+ \longrightarrow 2MnO_4^-+MnO_2+2H_2O$$

锰酸盐在酸性溶液中虽然有强氧化性，但由于它的不稳定性，故不用作氧化剂。

3. 锰(Ⅳ)的化合物

锰(Ⅳ)的重要化合物是二氧化锰（MnO_2）。在酸性溶液中 MnO_2 有强氧化性。MnO_2 与浓硫酸或浓盐酸作用时，分别得到 $MnSO_4$ 和 $MnCl_2$：

$$2MnO_2+2H_2SO_4 \xrightarrow{\triangle} 2MnSO_4+O_2(g)+2H_2O$$

$$MnO_2+4HCl \xrightarrow{\triangle} MnCl_2+Cl_2(g)+2H_2O$$

以 MnO_2 为原料，还可以制取锰的低氧化值化合物。例如，加热 MnO_2 可分解为 Mn_3O_4 和 O_2：

$$3MnO_2 \xrightarrow{530\ ℃以上} Mn_3O_4+O_2$$

在氢气流中加热 MnO_2 或 Mn_3O_4，可生成绿色粉末状的 MnO：

$$MnO_2+H_2 \xrightarrow{450\sim500\ ℃} MnO+H_2O$$

4. 锰(Ⅱ)的化合物

锰(Ⅱ)的常见化合物中，$MnSO_4 \cdot 7H_2O$，$Mn(NO_3)_2 \cdot 6H_2O$，$MnCl_2 \cdot 4H_2O$ 等溶于水，它们的水溶液呈淡红色，即 $[Mn(H_2O)_6]^{2+}$ 的颜色。

$[Mn(H_2O)_6]^{2+}$（或 Mn^{2+}）在水溶液中是比较稳定的，它按下式发生水解反应，但水解程度较小：

$$[Mn(H_2O)_6]^{2+} \rightleftharpoons [Mn(OH)(H_2O)_5]^+ +H^+ ; \quad K^\ominus=10^{-10.6}$$

向 Mn^{2+} 的溶液中加入 OH^- 时，首先得到白色的氢氧化锰 $Mn(OH)_2$ 沉淀：

$$Mn^{2+}+2OH^- \rightleftharpoons Mn(OH)_2(s)$$

它在空气中很快被氧化，生成棕色的 Mn_2O_3 和 MnO_2 的水合物：

$$Mn(OH)_2 \xrightarrow{O_2} Mn_2O_3 \cdot xH_2O \xrightarrow{O_2} MnO_2 \cdot yH_2O$$

或

$$2Mn(OH)_2+O_2 \longrightarrow 2MnO(OH)_2$$

在酸性介质中，若把 Mn^{2+} 氧化为高氧化值的锰是比较困难的。在硝酸溶液中，铋酸钠 $NaBiO_3$ 或二氧化铅 PbO_2 等强氧化剂能把 Mn^{2+} 氧化为 MnO_4^-，例如：

$$2Mn^{2+}+5NaBiO_3+14H^+ \longrightarrow 2MnO_4^-+5Bi^{3+}+5Na^++7H_2O$$

这一反应是 Mn^{2+} 的特征反应。由于生成了 MnO_4^- 而使溶液呈紫红色,因此常用这一反应来检验溶液中是否存在微量 Mn^{2+}。但是,当溶液中有 Cl^- 存在时,颜色变为紫红色后会立即褪去。这是由于 MnO_4^- 被 Cl^- 还原的缘故。当 Mn^{2+} 过多时,也会在紫红色出现后立即消失,这是因为生成的 MnO_4^- 又被过量的 Mn^{2+} 还原:

$$2MnO_4^- + 3Mn^{2+} + 2H_2O \longrightarrow 5MnO_2 + 4H^+$$

表 16-13 列出了在水溶液中 Mn^{2+} 的重要反应。

表 16-13   水溶液中 Mn^{2+} 的重要反应

Mn^{2+}
$\xrightarrow{NH_3 \cdot H_2O}$ $Mn(OH)_2$ $\xrightarrow{O_2}$ $MnO_2 \cdot xH_2O$(棕褐色)

$\underset{H^+}{\overset{(NH_4)_2S}{\rightleftharpoons}}$ MnS(肉色)

$\xrightarrow{Na_2CO_3}$ $MnCO_3(s)$(白色) $\xrightarrow{HNO_3}$ $Mn(NO_3)_2$

$\xrightarrow{NH_3 + PO_4^{3-}}$ $Mn(NH_4)PO_4(s)$(肉色)

$\xrightarrow{PO_4^{3-}}$ $Mn_3(PO_4)_2 \cdot 7H_2O(s)$

$\xrightarrow{CN^-}$ $Mn(CN)_2(s)$ $\xrightarrow{CN^- 过量}$ $[Mn(CN)_6]^{4-}$ $\xrightarrow{氧化剂}$ $[Mn(CN)_6]^{3-}$

$\xrightarrow{NaBiO_3}$ MnO_4^- $\xrightarrow{OH^- 过量}$ MnO_4^{2-} $\xrightarrow{H^+}$ $MnO_4^- + MnO_2(s)$

$\xrightarrow{MnO_4^-}$ $MnO_2(s)$ $\xrightarrow{浓 H_2SO_4}$ $MnSO_4$

$\xrightarrow[过量的 H^+]{MnO_2, F^- 过量}$ $[MnF_6]^{3-}$(红色)

16.4.3   锰的 Gibbs 函数变($\Delta_r G_m^{\ominus}$)-氧化值图

同一元素不同氧化值物种的氧化还原性相对强弱有多种表示方法,可以用元素电势图或 E-pH 图表示,也可以用半反应的标准摩尔 Gibbs 函数变($\Delta_r G_m^{\ominus}$)对氧化值作图来表示。绘制 $\Delta_r G_m^{\ominus}$-氧化值图时,可以用元素的单质氧化为各种氧化态的半反应的 $\Delta_r G_m^{\ominus}$ 对氧化值作图,也可以用各种氧化态还原为单质的 $\Delta_r G_m^{\ominus}$ 对氧化值作图。这里采用后一种方法绘制锰的 $\Delta_r G_m^{\ominus}$-氧化值图。

对于半反应:

$$Mn^{2+} + 2e^- \rightleftharpoons Mn \tag{16-1}$$

根据
$$\Delta_r G_m^{\ominus} = -zFE^{\ominus}$$
$$\Delta_r G_{m1}^{\ominus}/F = -zE^{\ominus}(Mn^{2+}/Mn) = -2 \times (-1.18\ V)$$
$$= 2.36\ V$$

对于半反应:

$$MnO_4^- + 8H^+ + 7e^- \rightleftharpoons Mn + 4H_2O \tag{16-2}$$

因查不到 $E^{\ominus}(MnO_4^-/Mn)$ 值,可利用 $E^{\ominus}(Mn^{2+}/Mn)$ 和 $E^{\ominus}(MnO_4^-/Mn^{2+})$ 算出:

$$E^{\ominus}(MnO_4^-/Mn) = \frac{1}{7}\left[5E^{\ominus}(MnO_4^-/Mn^{2+}) + 2E^{\ominus}(Mn^{2+}/Mn)\right]$$

$$= \frac{1}{7}\left[5 \times 1.51 + 2 \times (-1.18)\right]\ V$$

$$= 0.74\ V$$

$$\Delta_r G_{m2}^{\ominus}/F = -7 \times 0.74\ V = -5.18\ V$$

按上述方法可分别算出下述半反应的 $\Delta_r G_m^{\ominus}/F$:

$$MnO_2 + 4H^+ + 4e^- \Longrightarrow Mn + 2H_2O \tag{16-3}$$

$$\Delta_r G_{m3}^{\ominus}/F = -0.10\ V$$

$$Mn^{3+} + 3e^- \Longrightarrow Mn \tag{16-4}$$

$$\Delta_r G_{m4}^{\ominus}/F = 0.85\ V$$

$$MnO_4^{2-} + 8H^+ + 6e^- \Longrightarrow Mn + 4H_2O \tag{16-5}$$

$$\Delta_r G_{m5}^{\ominus}/F = -4.64\ V$$

以上述算出的 $\Delta_r G_m^{\ominus}/F$ 对氧化值作图(对于单质锰,$\Delta_r G_m^{\ominus}/F = 0$),得图 16-4。

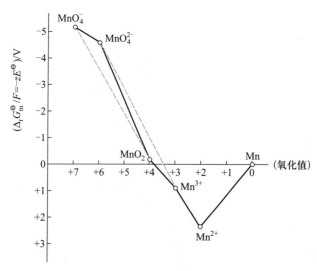

图 16-4　锰的 $\Delta_r G_m^{\ominus}/F$-氧化值图

[水溶液中,298K,$a(H^+) = 1$]

由图 16-4 可以看出,Mn^{2+} 变为 Mn 或变为锰的其他氧化态时,半反应的 $\Delta_r G_m^{\ominus}$ 或 $\Delta_r G_m^{\ominus}/F$ 都是正值,显然不借助还原剂或氧化剂这些变化是不能发生的,或者说,在此条件下,Mn^{2+} 是最稳定的。相反,MnO_4^- 变为锰的其他氧化态半反应的 $\Delta_r G_m^{\ominus}$ 或 $\Delta_r G_m^{\ominus}/F$ 都是负值,这类反应进行的趋势较大。MnO_4^- 是不稳定的。

由图 16-4 还可以判断锰的哪种氧化态容易发生歧化反应。例如,判断 MnO_4^{2-} 能否歧化为 MnO_4^- 和 MnO_2 时,可以把图中表示 MnO_4^- 的点与表示 MnO_2 的点连成一条直线(见图 16-4 中的蓝色虚线),表示 MnO_4^{2-} 的点位于该直线的右上方,说明 MnO_4^{2-}

可以歧化为 MnO_4^- 和 MnO_2。又如,图中表示 MnO_2 的点正好位于分别表示 MnO_4^{2-} 和 Mn^{3+} 两点连线的左下方,说明 MnO_2 不能歧化为 MnO_4^{2-} 和 Mn^{3+}。

§16.5　铁　钴　镍

图片
黄铁矿

周期系第Ⅷ族元素包括铁、钴、镍、钌、铑、钯、锇、铱、铂 9 种元素。其中铁、钴、镍通常称为铁系元素,其他 6 种元素称为铂系元素。本节讨论铁系元素及其化合物,铂系元素及其化合物将在 §16.6 中介绍。

铁系元素中,以铁的分布最广。铁在地壳中的含量居第四位,在金属中仅次于铝。铁的主要矿石有赤铁矿 Fe_2O_3、磁铁矿 Fe_3O_4、黄铁矿 FeS_2 和菱铁矿 $FeCO_3$ 等。钴和镍的常见矿物是辉钴矿 $CoAsS$ 和镍黄铁矿 $NiS \cdot FeS$。

铁的冶炼是我们熟知的在高炉中使用焦炭还原铁的氧化物工艺。如果矿石是黄铁矿,则需要先进行焙烧将硫化物转变为氧化物再进行还原。

钴的提取通常附属于铜、镍等的生产。通常情况下,将矿石焙烧得到金属氧化物的混合物。如果使用的是含砷的矿物,在焙烧过程中汽化的 As_3O_4 冷凝后被收集,其余产物再用硫酸浸取,浸取液除去铁后再用次氯酸钠沉淀钴:

$$2Co^{2+} + ClO^- + 4OH^- + H_2O \longrightarrow 2Co(OH)_3(s) + Cl^-$$

将所得氢氧化物加热分解得到氧化物,再用碳还原可得单质钴。

镍的生产一般从硫化物矿开始,经分离富集的硫化镍焙烧后转变成氧化镍,再用碳将氧化镍还原成粗金属镍。进一步的提纯可以采用电解法或 Mood 法(关于 Mood 法提纯镍的工艺,请参见第四章习题 18)。

16.5.1　铁、钴、镍的单质

铁、钴、镍都是银白色金属,都表现出明显的磁性,能被磁体所吸引,通常称它们为铁磁性物质。它们可以用来做电磁铁,它们的某些合金磁化后可成为永久磁体。

钴、镍和纯铁(块状)在空气和水中都是稳定的,但是一般的铁(含有杂质)在潮湿的空气中慢慢形成棕色的铁锈 $Fe_2O_3 \cdot xH_2O$。

铁、钴、镍属于中等活泼的金属,都能溶于稀酸,通常形成水合离子 $[M(H_2O)_6]^{2+}$,但钴、镍溶解的很缓慢。冷的浓硫酸能使铁的表面钝化(见第十四章)。硝酸对铁的作用也因硝酸浓度、温度不同而不同。铁与冷的稀硝酸作用时,没有气态的氮氧化物生成,仅生成 Fe^{2+} 和 NH_4^+:

$$4Fe + 10H^+ + NO_3^- \longrightarrow 4Fe^{2+} + NH_4^+ + 3H_2O$$

当铁与热的稀硝酸作用时,则生成 Fe^{2+} 和 N_2O。当硝酸较浓(>22%)时,则生成 Fe^{3+} 和 NO 或 NO_2:

$$Fe + 4H^+ + NO_3^- \longrightarrow Fe^{3+} + NO + 2H_2O$$

$$Fe + 6H^+ + 3NO_3^- \longrightarrow Fe^{3+} + 3NO_2 + 3H_2O$$

冷的浓硝酸可使铁、钴、镍变成钝态。处于钝态时的铁、钴、镍往往不再溶于稀硝酸中。

在加热的条件下,铁、钴、镍能与许多非金属剧烈反应。例如,铁在 150 ℃ 以上与 O_2 反应生成 Fe_2O_3 和 Fe_3O_4;钴在 500 ℃ 以上与 O_2 反应生成 Co_3O_4 和 CoO;镍在加热时与 O_2 反应仅能生成 NiO。

铁、钴、镍都不易与碱作用。铁能被热的浓碱液所侵蚀,而钴和镍在碱性溶液中的稳定性比铁高,故熔碱时最好使用镍制坩埚。

铁、钴、镍都能与一氧化碳形成羰合物,如 $[Fe(CO)_5]$,$[Co_2(CO)_8]$ 和 $[Ni(CO)_4]$ 等。这些羰合物热稳定性较差,利用它们的热分解反应可以得到高纯度的金属。

铁、钴、镍在冶金工业上用于制造合金。镍常被镀在金属制品上以保护金属不生锈。

16.5.2　铁、钴、镍的化合物

铁、钴、镍原子的价层电子构型分别为 $3d^6 4s^2$,$3d^7 4s^2$,$3d^8 4s^2$。虽然它们的 3d 和 4s 电子都是价层电子,但是它们的最高氧化值除铁外都不能达到它们的 3d 和 4s 电子数的总和。已知钴、镍的最高氧化值分别为 +5,+4。这主要是因为随着原子序数增加,原子的有效核电荷增加,增强了核对 3d 电子的束缚作用。

与其他过渡元素一样,铁、钴、镍的高氧化值化合物比低氧化值化合物有更强的氧化性。例如,高铁(Ⅵ)酸钾 K_2FeO_4 在室温下能把氨氧化为氮气。铁、钴、镍的高氧化值化合物多是以含氧酸盐或配盐形式存在,例如,Na_2FeO_4,K_3CoO_4,K_2NiF_6 等,这类化合物在水溶液中都是极不稳定的。

铁、钴、镍的元素电势图如下:

酸性溶液中　$E_A^\ominus/V$

$$FeO_4^{2-} \xrightarrow{1.9} Fe^{3+} \xrightarrow{0.769} Fe^{2+} \xrightarrow{-0.408\,9} Fe$$
$$\underset{0.94}{\underline{\qquad\qquad\qquad\qquad}}$$

$$Co^{3+} \xrightarrow{1.95} Co^{2+} \xrightarrow{-0.282} Co$$

$$NiO_2 \xrightarrow{1.68} Ni^{2+} \xrightarrow{-0.236\,3} Ni$$

碱性溶液中　$E_B^\ominus/V$

$$FeO_4^{2-} \xrightarrow{0.9} Fe(OH)_3 \xrightarrow{-0.546\,8} Fe(OH)_2 \xrightarrow{-0.891\,4} Fe$$

$$Co(OH)_3 \xrightarrow{0.17} Co(OH)_2 \xrightarrow{-0.73} Co$$

$$NiO_2 \xrightarrow{0.49} Ni(OH)_2 \xrightarrow{0.69} Ni$$

Fe^{3+},Co^{3+},Ni^{3+} 的氧化性按 $Fe^{3+} < Co^{3+} < Ni^{3+}$ 的顺序增强。从稳定性看,FeF_3 是比较稳定的,加热到 1 000 ℃ 升华而不分解。固态 CoF_3 在室温下比较稳定,加热到 350 ℃ 以上就分解为 CoF_2 和 F_2。Ni(Ⅲ)的氟化物未见报道,已制出 $K_3[NiF_6]$,但它溶于水能释放出 O_2,本身还原为 Ni^{2+}。

可以想象比 F^- 易于失去电子的 Cl^-,Br^- 和 I^- 与 Fe(Ⅲ),Co(Ⅲ),Ni(Ⅲ)形成的化合物不及氟化物稳定。例如,$FeCl_3$ 在真空中加热到 500 ℃ 分解为 $FeCl_2$ 和 Cl_2,$FeBr_3$

在 200 ℃ 左右就分解为 $FeBr_2$ 和 Br_2,而纯的 FeI_3 尚未制出,在合成 FeI_3 时就大部分分解为 FeI_2 和 I_2。$CoCl_3$ 在室温下就分解为 $CoCl_2$ 和 Cl_2。$CoBr_3$ 和 CoI_3 更不稳定,而 $CoBr_2$ 和 CoI_2 是比较稳定的。镍的氯化物、溴化物、碘化物只有 $NiCl_2$,$NiBr_2$,NiI_2。

氧化值为 +1 以下的铁、钴、镍的化合物都是以配合物的形式存在,如它们的羰合物及其衍生物(参见 §16.7)等。

1. 铁、钴、镍的氧化物和氢氧化物

(1) 铁、钴、镍的氧化物

铁的常见氧化物有红棕色的氧化铁 Fe_2O_3、黑色的氧化亚铁 FeO 和黑色的四氧化三铁 Fe_3O_4。它们都不溶于水,灼烧后的 Fe_2O_3 不溶于酸,FeO 能溶于酸。Fe_3O_4 是 $Fe(II)$ 和 $Fe(III)$ 的混合型氧化物,具有磁性,能被磁铁吸引。

从溶液中析出的 $Fe(III)$ 或 $Fe(II)$ 的含氧酸盐都带有结晶水。它们受强热时分解为 $Fe(III)$ 或 $Fe(II)$ 的氧化物,例如:

$$2Fe(NO_3)_3 \xrightarrow{600\sim700\ ℃} Fe_2O_3 + 6NO_2 + \frac{3}{2}O_2$$

$$FeC_2O_4 \xrightarrow{隔绝空气加热} FeO + CO + CO_2$$

实验室常用上述反应制取 Fe_2O_3 或 FeO。

钴、镍的氧化物与铁的氧化物类似,它们是暗褐色的 $Co_2O_3 \cdot xH_2O$ 和灰黑色的 $Ni_2O_3 \cdot 2H_2O$,灰绿色的 CoO 和绿色的 NiO 等。氧化值为 +3 的钴、镍的氧化物在酸性溶液中有强氧化性,如 Co_2O_3 与浓盐酸反应放出 Cl_2:

$$Co_2O_3 + 6HCl(浓) \longrightarrow 2CoCl_2 + Cl_2 + 3H_2O$$

(2) 铁、钴、镍的氢氧化物

向 Fe^{3+} 和 Fe^{2+} 的溶液中加入强碱或氨水时,分别生成 $Fe(OH)_3$ 和 $Fe(OH)_2$ 沉淀。例如:

$$Fe^{3+} + 3OH^- \longrightarrow Fe(OH)_3(s)$$
$$Fe^{2+} + 2OH^- \longrightarrow Fe(OH)_2(s)$$

$Fe(OH)_3$ 为红棕色,纯的 $Fe(OH)_2$ 为白色。在通常条件下,由于从溶液中析出的 $Fe(OH)_2$ 迅速被空气中的氧氧化,往往看到先是部分被氧化的灰绿色沉淀,随后变为棕褐色,这是由于 $Fe(OH)_2$ 逐步被氧化为 $Fe(OH)_3$ 所导致的。只有在完全清除掉溶液中的氧时,才有可能得到白色的 $Fe(OH)_2$。

在浓碱溶液中,用 $NaClO$ 可以把 $Fe(OH)_3$ 氧化为紫红色的 FeO_4^{2-}:

$$2Fe(OH)_3 + 3ClO^- + 4OH^- \longrightarrow 2FeO_4^{2-} + 3Cl^- + 5H_2O$$

在 Co^{2+} 和 Ni^{2+} 的溶液中加入强碱时,分别生成 $Co(OH)_2$ 和 $Ni(OH)_2$ 沉淀:

$$Co^{2+} + 2OH^- \longrightarrow Co(OH)_2(s)$$
$$（粉红色）$$
$$Ni^{2+} + 2OH^- \longrightarrow Ni(OH)_2(s)$$
$$（苹果绿色）$$

$Co(OH)_2$,$Ni(OH)_2$ 难溶于强碱溶液中。湿的 $Co(OH)_2$ 能被空气中的氧缓慢地氧化成暗棕色的水合物 $Co_2O_3 \cdot xH_2O$:

$$2Co(OH)_2 + \frac{1}{2}O_2 + (x-2)H_2O \longrightarrow Co_2O_3 \cdot xH_2O$$

$Ni(OH)_2$ 需要在浓碱溶液中用较强的氧化剂(如 $NaClO$)才能把它氧化为黑色的 $NiO(OH)$:

$$2Ni(OH)_2 + ClO^- \longrightarrow 2NiO(OH) + Cl^- + H_2O$$

由于 Co^{3+} 和 Ni^{3+} 具有很强的氧化性,在水溶液中很难有 $[Co(H_2O)_6]^{3+}$ 和 $[Ni(H_2O)_6]^{3+}$ 存在。Co_2O_3,$NiO(OH)$ 与酸作用时,即使有 Co^{3+} 和 Ni^{3+} 生成,它们也能与水或酸根离子迅速发生氧化还原反应。

2. 铁、钴、镍的盐

铁的卤化物中 $FeCl_3$ 应用较广,它是以共价键为主的化合物,它的蒸气含有双聚分子 Fe_2Cl_6,其结构为

$FeCl_3$ 溶在有机溶剂中,长时间光照会逐渐还原为 $FeCl_2$,有机溶剂则被氧化或氯化。例如,$FeCl_3$ 溶在乙醇中,光照后,乙醇被氧化为乙醛。带有结晶水的 $FeCl_3 \cdot 6H_2O$ 易潮解,工业上用作净水剂。

钴、镍的主要卤化物是氟化高钴(CoF_3)、氯化钴($CoCl_2$)和氯化镍($NiCl_2$)等。CoF_3 是淡棕色粉末,与水猛烈作用放出氧气。在有机合成中 CoF_3 常被用作氟化剂,它能把烃类变为氟碳化物。例如:

$$4CoF_3 + -CH_2- \longrightarrow 4CoF_2 + -CF_2- + 2HF$$

氯化钴 $CoCl_2 \cdot 6H_2O$ 在受热脱水过程中,伴随有颜色的变化:

$$\underset{(粉红)}{CoCl_2 \cdot 6H_2O} \underset{52.25\,℃}{\rightleftharpoons} \underset{(紫红)}{CoCl_2 \cdot 2H_2O} \underset{90\,℃}{\rightleftharpoons} \underset{(蓝紫)}{CoCl_2 \cdot H_2O} \underset{120\,℃}{\rightleftharpoons} \underset{(蓝)}{CoCl_2}$$

根据氯化钴的这一特性,常用它来显示某种物质的含水情况。例如,干燥剂无色硅胶用 $CoCl_2$ 溶液浸泡后,再烘干使其呈蓝色。当蓝色硅胶吸水后,逐渐变为粉红色,表示硅胶吸水已达饱和,必须烘干至蓝色,方可再使用。

在水溶液中,Fe^{3+} 和 Fe^{2+} 分别以 $[Fe(H_2O)_6]^{3+}$(淡紫色)和 $[Fe(H_2O)_6]^{2+}$(淡绿色)的形式存在。它们在溶液中会发生水解、沉淀、氧化还原和配位等反应。

由于 Fe^{3+} 比 Fe^{2+} 的电荷多,半径小,因而 Fe^{3+} 比 Fe^{2+} 容易发生水解,它们的第一级水解反应及水解常数分别如下:

$$[Fe(H_2O)_6]^{3+} \rightleftharpoons [Fe(OH)(H_2O)_5]^{2+} + H^+; \quad K^{\ominus} = 10^{-3.05}$$

$$[Fe(H_2O)_6]^{2+} \rightleftharpoons [Fe(OH)(H_2O)_5]^+ + H^+; \quad K^{\ominus} = 10^{-9.5}$$

Fe^{3+} 还可以发生下列水解反应:

$$[Fe(OH)(H_2O)_5]^{2+} \rightleftharpoons [Fe(OH)_2(H_2O)_4]^+ + H^+; \quad K^\ominus = 10^{-3.26}$$

$$2[Fe(H_2O)_6]^{3+} \rightleftharpoons [(H_2O)_4Fe(OH)_2Fe(H_2O)_4]^{4+} + 2H^+ + 2H_2O; \quad K^\ominus = 10^{-2.91}$$

在 Fe^{3+} 的溶液(10^{-4} mol·L^{-1} 左右)中,其水解产物主要是 $[Fe(OH)(H_2O)_5]^{2+}$ 和 $[Fe(OH)_2(H_2O)_4]^+$。在较浓的溶液(1 mol·L^{-1})中,其水解产物主要是 $[(H_2O)_4Fe(OH)_2Fe(H_2O)_4]^{4+}$。通常把 Fe^{3+} 的水解产物写成 $Fe(OH)_3$,只是一种近似的写法。

由于 Fe^{3+} 水解程度大,$[Fe(H_2O)_6]^{3+}$ 仅能存在于酸性较强的溶液中,稀释溶液或增大溶液的 pH,会有胶状物沉淀出来,此胶状物的组成是 $FeO(OH)$,通常也写为 $Fe(OH)_3$。$FeCl_3$ 的净水作用,就是由于 Fe^{3+} 水解产生 $FeO(OH)$ 后,与水中悬浮的泥土等杂质一起聚沉下来,使混浊的水变清。

在酸性溶液中,Fe^{3+} 是中强氧化剂[$E^\ominus(Fe^{3+}/Fe^{2+}) = 0.769$ V],它能把 I^-,H_2S,Fe,Cu 等氧化:

$$2Fe^{3+} + 2I^- \longrightarrow 2Fe^{2+} + I_2$$

$$2Fe^{3+} + H_2S \longrightarrow 2Fe^{2+} + S + 2H^+$$

$$2Fe^{3+} + Fe \longrightarrow 3Fe^{2+}$$

$$2Fe^{3+} + Cu \longrightarrow 2Fe^{2+} + Cu^{2+}$$

工业上常用 $FeCl_3$ 的溶液在铁制品上刻蚀字样,或在铜板上制造印刷电路,就是利用了 Fe^{3+} 的氧化性。

在酸性溶液中,空气中的氧也能把 Fe^{2+} 氧化为 Fe^{3+}。$FeSO_4$ 溶液放置时,常有棕黄色的混浊物出现,就是 Fe^{2+} 被空气中的氧氧化为 Fe^{3+},Fe^{3+} 又水解而产生的。硫酸亚铁铵 $(NH_4)_2Fe(SO_4)_2$ 的溶液则比较稳定。

钴、镍的硫酸盐、硝酸盐和氯化物都易溶于水。

在水溶液中,Co^{2+} 和 Ni^{2+} 分别以 $[Co(H_2O)_6]^{2+}$(粉红色)和 $[Ni(H_2O)_6]^{2+}$(绿色)存在。它们按下式微弱地发生水解:

$$[Co(H_2O)_6]^{2+} \rightleftharpoons [Co(OH)(H_2O)_5]^+ + H^+; \quad K^\ominus = 10^{-12.20}$$

$$[Ni(H_2O)_6]^{2+} \rightleftharpoons [Ni(OH)(H_2O)_5]^+ + H^+; \quad K^\ominus = 10^{-10.64}$$

铁、钴、镍的常见化合物的性质列于表 16-13 中。

实验视频
Fe^{3+} 的氧化性

表 16-13　铁、钴、镍的常见化合物的性质

	颜色和状态	密度 g·cm^{-3}	熔点 ℃	受热时的变化	溶解度 g/100 g H_2O (无水盐)
氯化铁 $FeCl_3$	黑褐色层状晶体	2.898	304	317 ℃ 沸腾,部分分解,100 ℃ 时已显著挥发,见光还原为 $FeCl_2$。$FeCl_3·6H_2O$ 37 ℃ 熔化,100 ℃ 挥发,250 ℃ 分解出 Fe_2O_3 等	91.8, 也能溶于乙醇、甘油、乙醚和丙酮中

续表

	颜色和状态	密度 g·cm^{-3}	熔点 ℃	受热时的变化	溶解度 g/100 g H$_2$O（无水盐）
硝酸铁 Fe(NO$_3$)$_3$·9H$_2$O	淡紫色晶体	1.684	47	50 ℃ 时失去一部分 HNO$_3$，高温下分解为 Fe$_2$O$_3$（125 ℃沸腾）	138
氯化亚铁 FeCl$_2$·4H$_2$O	透明淡蓝色晶体	1.937	105	FeCl$_2$·2H$_2$O 在空气中部分氧化变为草绿色	64.5（10 ℃）溶于乙醇，不溶于乙醚
硫酸亚铁 FeSO$_4$·7H$_2$O	淡绿色晶体	1.895	60~64（分解）	在空气中风化变为白色粉末，热至 73 ℃时变白，90 ℃时熔融，250 ℃时开始分解，失去 SO$_3$	29.51(25 ℃)，能溶于甘油，不溶于乙醇，水溶液易被氧化
硫酸亚铁铵（Mohr 盐）(NH$_4$)$_2$Fe(SO$_4$)$_2$·6H$_2$O	绿色晶体	1.86	100~110	100 ℃左右失去结晶水	26.9（20 ℃），在潮湿空气中和水溶液中较稳定
氯化钴 CoCl$_2$·6H$_2$O	粉红色晶体	1.924	735（无水）	30~35 ℃开始风化，无水 CoCl$_2$ 为蓝色粉末，能升华	50.4，能溶于丙酮和乙醇中
硫酸钴 CoSO$_4$·7H$_2$O	紫色晶体	1.948		加热时失去结晶水，灼热时也不易分解	67(70 ℃)，易溶于甲醇，无水 CoSO$_4$ 极难溶于水
氯化镍 NiCl$_2$·6H$_2$O	草绿色晶体	3.51（无水）	1 009（无水）	在干空气中易风化，在潮湿空气中易潮解，在真空中加热升华不分解	64.2，溶于乙醇
硫酸镍 NiSO$_4$·7H$_2$O	暗绿色晶体	1.98	53	灼烧时得无水粉末，无水 NiSO$_4$ 呈亮黄色，在空气中吸水	65(20 ℃)，不溶于乙醇和乙醚中
硝酸镍 Ni(NO$_3$)$_2$·6H$_2$O	青绿色晶体	2.05	56.7	57 ℃时溶于其结晶水中，进一步加热失去结晶水，灼烧时可得 Ni$_2$O$_3$	96.3，能溶于乙醇，在空气中易风化或潮解

3. 铁、钴、镍的配合物

在水溶液中，Fe^{3+} 和 Fe^{2+} 形成的简单配合物，除了高自旋的 $[FeF_6]^{3-}$ 和 $[Fe(NCS)_n(H_2O)_{6-n}]^{3-n}$ 及低自旋的 $[Fe(CN)_6]^{3-}$，$[Fe(CN)_6]^{4-}$ 和 $[Fe(CN)_5NO]^{2-}$ 外，其他配合物多是不太稳定的。

在 Fe^{2+} 的溶液中，加入 KCN 溶液，首先生成白色的氰化亚铁 $Fe(CN)_2$ 沉淀，当 KCN 过量时，$Fe(CN)_2$ 溶解生成 $[Fe(CN)_6]^{4-}$：

$$Fe^{2+}+2CN^- \longrightarrow Fe(CN)_2(s)$$

$$Fe(CN)_2+4CN^- \longrightarrow [Fe(CN)_6]^{4-}$$

用氯气氧化 $[Fe(CN)_6]^{4-}$ 时，生成 $[Fe(CN)_6]^{3-}$：

$$2[Fe(CN)_6]^{4-}+Cl_2 \longrightarrow 2[Fe(CN)_6]^{3-}+2Cl^-$$

利用上述反应，可分别得到黄血盐 $K_4[Fe(CN)_6]$ 和赤血盐 $K_3[Fe(CN)_6]$

在 Fe^{3+} 的溶液中加入 $K_4[Fe(CN)_6]$ 溶液，生成蓝色沉淀，称为普鲁士蓝：

$$xFe^{3+}+xK^++x[Fe(CN)_6]^{4-} \longrightarrow [KFe(CN)_6Fe]_x(s)$$

在 Fe^{2+} 的溶液中加入 $K_3[Fe(CN)_6]$ 溶液，也生成蓝色沉淀，称为滕氏蓝：

$$xFe^{2+}+xK^++x[Fe(CN)_6]^{3-} \longrightarrow [KFe(CN)_6Fe]_x(s)$$

这两个反应分别用来鉴定 Fe^{3+} 和 Fe^{2+}。实验已经证明普鲁士蓝和滕氏蓝的组成都是 $[KFe^{III}(CN)_6Fe^{II}]_x$。

在放有 $Fe^{2+}(FeSO_4)$ 和硝酸盐的混合溶液的试管中，小心地加入浓硫酸，在浓硫酸与溶液的界面处出现"棕色环"。这是由于生成了配合物 $[Fe(NO)(H_2O)_5]^{2+}$ 而呈现的颜色：

$$3Fe^{2+}+NO_3^-+4H^+ \longrightarrow 3Fe^{3+}+NO+2H_2O$$

$$[Fe(H_2O)_6]^{2+}+NO \longrightarrow \underset{(棕色)}{[Fe(NO)(H_2O)_5]^{2+}}+H_2O$$

这一反应用来鉴定 NO_3^- 的存在。鉴定 NO_2^-(改用醋酸)时生成的棕色物质也是 $[Fe(NO)(H_2O)_5]^{2+}$。过去把"棕色环"这一物质的化学式写为 $Fe(NO)SO_4$，认为它是 Fe^{2+} 与 NO 形成的配合物。通过对此配合物磁矩的测定，证实它有 3 个未成对电子。又从它的红外光谱得知，有亚硝酰离子 NO^+ 存在。根据这些事实可认为此配合物中铁的氧化值为 +1，配体为 NO^+。也就是说，NO 与 Fe^{2+} 成键时 NO 提供了 3 个电子，其中 1 个电子给了 Fe^{2+}，另 2 个电子则形成配键，其电子分布如下：

此配合物是不稳定的,微热或振摇溶液,"棕色环"立即消失。

当硝酸与$[Fe(CN)_6]^{4-}$的溶液作用时,有红色的$[Fe(CN)_5(NO)]^{2-}$生成:

$$[Fe(CN)_6]^{4-}+4H^++NO_3^- \longrightarrow [Fe(CN)_5(NO)]^{2-}+CO_2+NH_4^+$$

$Na_2[Fe(CN)_5NO]\cdot 2H_2O$ 称为五氰亚硝酰合铁(Ⅱ)酸钠。它是比较稳定的红色晶体,加热到 400 ℃时才分解,并放出 NO 和 $(CN)_2$。在溶液中 S^{2-} 与 $[Fe(CN)_5NO]^{2-}$ 作用时,生成紫红色的 $[Fe(CN)_5NOS]^{4-}$:

$$[Fe(CN)_5NO]^{2-}+S^{2-} \longrightarrow [Fe(CN)_5NOS]^{4-}$$

这一反应用来鉴定 S^{2-}。

Fe^{3+} 和 Fe^{2+} 能形成多种稳定的螯合物。例如,Fe^{3+} 与螯合剂磺基水杨酸 $[C_6H_3(OH)(COOH)SO_3H]$ 反应,形成 $[Fe(C_6H_3(OH)(COO)SO_3)_3]^{3-}$ ($pH\leqslant 4$) 紫红色的螯合物,它常用于比色法测定 Fe^{3+}。

有些配体(如 CN^-,联吡啶 bipy 和 1,10-二氮菲 phen 等)与 Fe^{3+},Fe^{2+} 都能形成配合物。若 Fe(Ⅲ)的配合物比 Fe(Ⅱ)的配合物稳定,则此电对的标准电极电势将比 $E^{\ominus}(Fe^{3+}/Fe^{2+})$ 小,反之则比 $E^{\ominus}(Fe^{3+}/Fe^{2+})$ 大。例如:

$$[Fe(CN)_6]^{3-}+e^- \rightleftharpoons [Fe(CN)_6]^{4-}; \quad E^{\ominus}=0.3557\ V$$
$$[Fe(bipy)_3]^{3+}+e^- \rightleftharpoons [Fe(bipy)_3]^{2+}; \quad E^{\ominus}=0.96\ V$$
$$[Fe(phen)_3]^{3+}+e^- \rightleftharpoons [Fe(phen)_3]^{2+}; \quad E^{\ominus}=1.12\ V$$

通过与 $E^{\ominus}(Fe^{3+}/Fe^{2+})$ 比较可以看出,$[Fe(bipy)_3]^{2+}$ 比 $[Fe(bipy)_3]^{3+}$ 稳定,$[Fe(phen)_3]^{2+}$ 比 $[Fe(phen)_3]^{3+}$ 稳定,而 $[Fe(CN)_6]^{4-}$ 不如 $[Fe(CN)_6]^{3-}$ 稳定。它们的标准稳定常数如下:

	$[Fe(phen)_3]^{2+}$	$[Fe(phen)_3]^{3+}$	$[Fe(CN)_6]^{4-}$	$[Fe(CN)_6]^{3-}$
$\lg K_f^{\ominus}$	21.3	14.10	45.623	52.613

$[Fe(phen)_3]^{2+}$ 呈深红色,$[Fe(phen)_3]^{3+}$ 呈蓝色,由 $[Fe(phen)_3]^{2+}$ 变为 $[Fe(phen)_3]^{3+}$ 发生明显的颜色变化,1,10-二氮菲在容量分析中常用作测定铁的指示剂。

Co(Ⅲ)能形成许多配合物,如 $[Co(NH_3)_6]^{3+}$,$[Co(CN)_6]^{3-}$ 等,它们在水溶液中都是十分稳定的。Ni(Ⅲ)的配合物比较少见,而且是不稳定的。

由于 Co^{3+} 在水溶液中不能稳定存在,难以与配体直接形成配合物,通常把 Co(Ⅱ)盐溶在含有配位剂的溶液中,用氧化剂把 Co(Ⅱ)氧化,从而制出 Co(Ⅲ)的配合物。例如,制取 $[Co(CN)_6]Cl_3$ 的反应为

$$4[Co(CN)_6]^{4-}+O_2+2H_2O \longrightarrow 4[Co(CN)_6]^{3-}+4OH^-$$

Co(Ⅲ)的配合物的配位数都为 6。$[CoF_6]^{3-}$ 是高自旋的,其他配合物几乎都是低自旋的,如 $[Co(NH_3)_6]^{3+}$,$[Co(CN)_6]^{3-}$,$[Co(NO_2)_6]^{3-}$ 等。Co(Ⅲ)的低自旋配合物在溶液中或固态时十分稳定,不容易发生变化。例如,$[Co(NH_3)_6]^{3+}$ 在水溶液中几乎不离解,NH_3 不被 H_2O 所取代,浓硫酸也不能把它破坏。固态的 $[Co(NH_3)_6]Cl_3$ 加热到 180 ℃左右时,才分解出 1 个 NH_3。$[Co(CN)_6]^{3-}$ 也是非常稳定的,氯气、盐酸和碱

都对它无作用。

把 $Na_3[Co(NO_2)_6]$ 溶液加到含有 K^+ 的溶液,析出难溶于水的黄色晶体 $K_2Na[Co(NO_2)_6]$:

$$2K^+ + Na^+ + [Co(NO_2)_6]^{3-} \longrightarrow K_2Na[Co(NO_2)_6](s)$$

这一反应常用来鉴定 K^+ 的存在。

Co(Ⅱ)的配合物(特别是螯合物)也很多。它们可分为两大类:一类是以粉红或红色为特征的八面体配合物,另一类是以深蓝色为特征的四面体配合物。在水溶液中有下述平衡存在:

$$[Co(H_2O)_6]^{2+} \underset{H_2O}{\overset{Cl^-}{\rightleftharpoons}} [CoCl_4]^{2-}$$
$$\text{(粉红色、八面体)} \qquad \text{(蓝色、四面体)}$$

Co(Ⅱ)的八面体配合物大都是高自旋的,低自旋的配合物是少见的。低自旋的 $[Co(CN)_5H_2O]^{3-}$ 在溶液中有较强的还原性,它能从水中还原出氢气。价键理论认为它的电子分布为

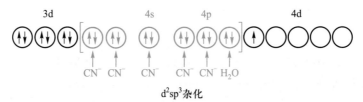

d^2sp^3 杂化

3d 轨道中的一个 d 电子被激发到能级较高的 4d 轨道中,这个电子易失去,故 $[Co(CN)_5H_2O]^{3-}$ 有较强的还原性。$[Co(NH_3)_6]^{2+}$ 也具有较强的还原性,易被空气中的 O_2 氧化为 $[Co(NH_3)_6]^{3+}$:

$$4[Co(NH_3)_6]^{2+} + O_2 + 2H_2O \longrightarrow 4[Co(NH_3)_6]^{3+} + 4OH^-$$

Co(Ⅱ)的配合物在水溶液中稳定性较差。例如,$[Co(NCS)_4]^{2-}$ 在丙酮或乙醚中则较稳定。在含 Co^{2+} 的溶液中加入 KSCN(s) 及丙酮,生成蓝色的 $[Co(NCS)_4]^{2-}$:

$$Co^{2+} + 4NCS^- \xrightarrow{\text{丙酮}} [Co(NCS)_4]^{2-}$$

利用这一反应可以鉴定 Co^{2+} 的存在。

Ni(Ⅱ)的配合物主要是八面体构型的,其次是平面正方形和四面体构型的。在 Ni(Ⅱ)的八面体构型配合物中,Ni^{2+} 不大可能以 d^2sp^3 杂化轨道成键,因为需要把 Ni^{2+} 的 2 个 3d 电子激发到 4d 轨道中,这样会使系统变得不稳定。Ni(Ⅱ)的八面体配合物一般认为是以 sp^3d^2 杂化轨道成键。

Ni(Ⅱ)的平面正方形配合物,除了 $[Ni(CN)_4]^{2-}$ 外还有二丁二肟合镍(Ⅱ)。它们都是反磁性的,以 dsp^2 杂化轨道成键。Ni^{2+} 与丁二肟在弱碱性条件下生成难溶于水的鲜红色螯合物沉淀二丁二肟合镍(Ⅱ):

$$Ni^{2+}+2\begin{array}{c}CH_3-C=NOH\\ \\CH_3-C=NOH\end{array}+2NH_3 \longrightarrow \left[\begin{array}{c}\text{(二乙二肟合镍结构)}\end{array}\right](s)+2NH_4^+$$

这一反应可用于鉴定 Ni^{2+} 的存在。

Fe^{3+} 和 Fe^{2+} 在溶液中发生的重要反应列在表 16-14 中。

表 16-14　溶液中 Fe^{3+} 和 Fe^{2+} 的重要反应

还原剂如 I^-,SO_2,H_2S,Sn^{2+},Fe,Cu 等

氧化剂如 $Cr_2O_7^{2-}$,浓 HNO_3 等

$\xrightarrow[H^+]{OH^-}$ $Fe(OH)_3(s)$(棕色) $\xleftarrow{O_2}$ (纯白色)$Fe(OH)_2(s)$ $\xrightarrow[OH^-]{H^+}$

$\xrightarrow{NH_3 \cdot H_2O}$ $\xrightarrow{\Delta} Fe_2O_3$ $\xrightarrow{NH_3 \cdot H_2O}$

$\xrightarrow[NH_4Cl]{NH_3 \cdot H_2O}$ $\xuparrow{O_2}$ 无沉淀 $\xleftarrow[NH_4Cl]{NH_3 \cdot H_2O}$

$Fe_3O_4 \cdot xH_2O$

$\xrightarrow[NaOH,80℃]{Fe^{2+}}$

$\xrightarrow{CO_3^{2-}} Fe(OH)_3 \xleftarrow{O_2} Fe(HCO_3)_2 \xleftarrow[CO_2]{H_2O} FeCO_3$(白色) $\xleftarrow{CO_3^{2-}}$

Fe^{3+} $\downarrow H_2S$ $\xrightarrow{ClO^-} FeO_4^{2-}$ Fe^{2+}

$\xrightarrow[(NH_4)_2S]{NH_3 \cdot H_2O} Fe_2S_3$(黑色) $\xrightarrow{H^+少量}$ (黑色)$FeS(s)$ $\xrightarrow[(NH_4)_2S]{H^+}$

$\xrightarrow{H_2S} Fe^{2+}+S$ (棕色)$[Fe(NO)(H_2O)_5]^{2+}$ $\xleftarrow{NO}$

$\xrightarrow{过量F^-} [FeF_6]^{3-}$(无色) $\xleftarrow{H_2O_2+过量F^-}$

$\xrightarrow{NCS^-} [Fe(NCS)]^{2+}$(血红色) 无沉淀、无颜色 $\xleftarrow{NCS^-}$

$[Fe(CN)_6]^{3-} \xleftarrow{Cl_2} [Fe(CN)_6]^{4-} \xleftarrow{过量CN^-} Fe(CN)_2(s) \xleftarrow{CN^-}$
(白色)

$\xrightarrow{[Fe(CN)_6]^{4-}+K^+} [KFe(CN)_6Fe]_x(s)$(蓝色) $\xleftarrow{K^++[Fe(CN)_6]^{3-}}$

$\xrightarrow{K_2C_2O_4(浓),加热} [Fe(C_2O_4)_3]^{3-}$(黄色)不稳定,见光分解

表 16-15 和表 16-16 分别列出了溶液中 Co^{2+} 和 Ni^{2+} 的重要反应。

表 16-15　溶液中 Co^{2+} 的重要反应

Co^{2+}

$\xrightarrow[H^+]{HCO_3^-} CoCO_3$(粉红色)

$\xrightarrow[H^+]{CO_3^{2-}}$ 碱式碳酸钴(s)(蓝色)

$\xrightarrow{OH^-+OCl^-} Co(OH)_3 \xrightarrow{HCl} Co^{2+}+Cl_2$($Cl^-$ 浓度大时,有天蓝色 $CoCl_4^{2-}$ 生成)

$\xrightarrow{OH^-,过量} Co(OH)_2$(由蓝色变为粉红色)

$\xrightarrow[NH_4^+]{NH_3\ 过量} [Co(NH_3)_6]^{2+}$(土黄色)$\xrightarrow{O_2} [Co(NH_3)_6]^{3+}$(红色)

$\xrightarrow{CN^-} Co(CN)_2(s) \xrightarrow{CN^-过量} [Co(CN)_6]^{4-} \xrightarrow{O_2} [Co(CN)_6]^{3-}$

$\xrightarrow[H^+]{S^{2-}} CoS$(黑色)$\xrightarrow{O_2} Co(OH)S$

$\xrightarrow{NaNO_2+HAc} [Co(NO_2)_6]^{3-} \xrightarrow{K^+} K_2Na[Co(NO_2)_6]$(黄色)

$\xrightarrow[丙酮]{NCS^-过量} [Co(NCS)_4]^{2-}$(淡蓝色)

表 16-16　溶液中 Ni^{2+} 的重要反应

Ni^{2+}

$\xrightarrow[H^+]{HCO_3^-} NiCO_3$

$\xrightarrow{CO_3^{2-}}$ 碱式盐$[$如 $NiCO_3\cdot Ni(OH)_2]$沉淀

$\xrightarrow[Cl^-]{OH^-} Ni(OH)Cl(s)$(绿色)$\xrightarrow{OH^-} Ni(OH)_2(s)$(苹果绿)

$\xrightarrow[OCl^-]{OH^-(浓)} NiO(OH)$(黑色)$\xrightarrow{HCl} Ni^{2+}+Cl_2$

$\xrightarrow{NH_3\ 过量} [Ni(NH_3)_6]^{2+}$(蓝色)

$\xrightarrow[H^+]{S^{2-}} NiS$(黑色)$(s) \xrightarrow{氧化剂} NiSO_4$

$\xrightarrow{CN^-} Ni(CN)_2$(绿色)$(s) \xrightarrow{过量 CN^-} [Ni(CN)_4]^{2-}$(黄色)或$[Ni(CN)_5]^{3-}$

$\xrightarrow{NCS^-} [Ni(NCS)_4]^{2-}$

$\xrightarrow[H_2O_2]{KOH} NiO(OH) \xrightarrow{Co^{2+}} Ni^{2+}+Co_2O_3(s)$

$\xrightarrow[弱碱]{丁二肟} Ni(DMG)_2(s)$(红色)

§16.6　铂系元素

铂系元素包括钌、铑、钯、锇、铱、铂 6 种元素。其中,钌、铑、钯的密度约为 $12\ g\cdot cm^{-3}$,称为轻铂系金属;锇、铱、铂的密度约为 $22\ g\cdot cm^{-3}$,称为重铂系金属。铂系元素在自然界几乎完全以单质状态存在,高度分散于各种矿石中,并共生在一起。因此,这些元素单质的提取都涉及比较复杂的物理和化学过程。铂系元素都是稀有金属,它们在地壳中的含量都很小。铂系金属价格昂贵,它们和银、金被称为贵金属。

16.6.1　铂系元素的单质

铂系元素的单质中,除锇呈蓝灰色外,其他金属都呈银白色。同一周期铂系元素的熔点、沸点从左到右逐渐降低,这种变化趋势与铁系元素相似。钌和锇的硬度大并且脆。纯净的铂具有高度的可塑性,将铂冷轧可以制得厚度为 0.002 5 mm 的箔。

铂系元素原子的价层电子构型不如铁系元素有规律,钌、铑、铂最外层只有 1 个 ns 电子,而钯则没有最外层 ns 电子。每个周期的铂系元素形成高氧化值化合物的倾向从左到右逐渐降低,这与铁系元素相似。

铂系元素的化学性质稳定。常温下它们不与氧、硫、卤素等作用,但在高温下可以发生反应。只有粉末状的锇在室温下的空气中会被慢慢地氧化。在有氧化剂存在时,铂系金属特别是易形成高氧化态的锇、钌,与碱一起熔融,都可以转变成其相应的含氧酸盐,例如:

$$Ru+2KOH+KClO_3 \xrightarrow{\text{共熔}} K_2RuO_4+KCl+H_2O$$

铂系金属对酸的化学稳定性比其他各族金属都高。钌、铑、锇、铱不溶于一般的强酸,甚至不溶于王水。钯和铂都能溶于王水,例如:

$$3Pt+4HNO_3+18HCl \longrightarrow 3H_2[PtCl_6]+4NO+8H_2O$$

钯还能溶于浓硝酸和热的硫酸中。

$$Pd+4HNO_3 \longrightarrow Pd(NO_3)_2+2NO_2+2H_2O$$

大多数铂系金属能吸附气体,特别是能吸附氢气,其中钯吸收氢气的能力最强。铂系金属的催化活性高,如铂和钯可用作一些化学反应的催化剂。

铂系金属有许多实际用途。如铂可用于制作实验室中使用的铂坩埚、铂蒸发皿、铂电极等。铂和铑的合金可用于制作高温热电偶,测定 1 200~1 800 ℃ 范围内的温度。

16.6.2　铂和钯的重要化合物

在铂系元素的化合物中,以铂和钯的卤化物和配合物最为常见和重要。

铂溶于王水生成氯铂酸 $H_2[PtCl_6]$,将此溶液蒸发,可以得到红棕色的 $H_2[PtCl_6]\cdot 6H_2O$ 柱状晶体。氯铂酸溶液用作镀铂时的电镀液。

在 $H_2[PtCl_6]$ 溶液中分别加入 NH_4Cl 或 KCl,可沉淀出相应的盐:

$$H_2[PtCl_6]+2NH_4Cl \longrightarrow (NH_4)_2[PtCl_6]+2HCl$$

$$H_2[PtCl_6]+2KCl \longrightarrow K_2[PtCl_6]+2HCl$$

除 $Na_2[PtCl_6]$ 易溶于水外,氯铂酸的铵盐、钾盐、铷盐、铯盐都是难溶于水的黄色晶体。在分析化学上,利用难溶氯铂酸盐的生成可以检验 NH_4^+,K^+,Rb^+,Cs^+ 等离子。

将 $(NH_4)_2[PtCl_6]$ 灼烧,可得到海绵状铂,这一方法可用于铂的提纯。

$[PtCl_6]^{2-}$ 的空间构型为八面体,中心离子以 d^2sp^3 杂化轨道与 Cl^- 成键,形成稳定的内轨型配合物。

氯铂酸及其盐可以与 SO_2,$H_2C_2O_4$ 等还原剂反应,生成氯亚铂酸$H_2[PtCl_4]$ 及其盐,例如:

$$H_2[PtCl_6]+SO_2+2H_2O \longrightarrow H_2[PtCl_4]+H_2SO_4+2HCl$$

$$K_2[PtCl_6]+H_2C_2O_4 \longrightarrow K_2[PtCl_4]+2HCl+2CO_2$$

$H_2[PtCl_4]$ 与乙酸铵作用可得到顺式 $[PtCl_2(NH_3)_2]$(即顺铂,其结构参见 §11.1),它是一种抗肿瘤药物。

在铂的卤化物中,六氟化铂 PtF_6 是一种强氧化剂,它与 O_2 反应得到 $O_2^+[PtF_6]^-$。N. Bartlett 受这一反应的启发合成了第一个稀有气体化合物 $Xe^+[PtF_6]^-$。

钯溶于王水可以生成 $H_2[PdCl_6]$。$H_2[PdCl_6]$ 只存在于溶液中,若将其溶液加热蒸发至干,可得到 $H_2[PdCl_4]$ 或 $PdCl_2$:

$$H_2[PdCl_6] \xrightarrow{\triangle} H_2[PdCl_4]+Cl_2$$

$$H_2[PdCl_6] \xrightarrow{\triangle} PdCl_2+2HCl+Cl_2$$

在红热的条件下将金属钯直接与氯作用得到 $PdCl_2$。α-$PdCl_2$ 的结构呈平面链状:

β-$PdCl_2$ 的结构单元为 Pd_6Cl_{12}。

$PdCl_2$ 是一种重要的催化剂。乙烯在常温常压下用 $PdCl_2$ 作催化剂能被氧化为乙醛即是其催化作用的一个重要应用。

$PdCl_2$ 容易被甲醛等还原成金属钯。利用 $PdCl_2$ 与 CO 作用生成黑色金属钯的反应可鉴定 CO 的存在,并估计 CO 的含量。

§16.7 金属有机化合物

过渡元素除了能与常见配体形成简单配合物或螯合物之外,还能与许多含碳中性分子如一氧化碳、烯烃、炔烃、芳烃等形成特殊的配合物。这些配合物由金属原子(或离子)与碳原子直接键合而成,称为金属有机化合物。对于金属有机化合物的研究产生了无机化学和有机化学之间的交叉学科——金属有机化学。20 世纪 60 年代以来,金属有机化学发展迅速,已经成为现代无机化学的前沿领域之一。

16.7.1　羰基配合物

过渡金属与一氧化碳形成的一类特殊配合物 $[M_x(CO)_y]$ 叫做金属羰基配合物,简称为羰合物。虽然一氧化碳不是有机化合物,但羰合物与金属有机化合物有密切联系,并含有 M—C 键,所以习惯上把羰合物归属于金属有机化合物。已合成出的羰合物中,不但有单核羰合物,也有多核羰合物。在金属羰合物中,配体是一氧化碳分子。

有些金属能与一氧化碳直接反应制得羰合物,一般所用的金属单质必须是新还原得到的粉末,具有较高的活性。例如,在常压下金属镍可与 CO 直接反应生成羰合物:

$$Ni+4CO \longrightarrow Ni(CO)_4$$

对于铁和钴来说,这类反应比较困难,需要在较高温度和压力下反应:

$$Fe+5CO \xrightarrow[470\ K]{10\ MPa} Fe(CO)_5$$

$$2Co+8CO \xrightarrow{高温高压} Co_2(CO)_8$$

更多的羰合物是通过金属化合物的还原制得的。常用的还原剂为 CO,H_2 和溴化苯基镁或一些活泼金属等,反应条件多为高温高压。例如:

$$CrCl_3+6CO \xrightarrow[高压]{C_6H_5MgBr} Cr(CO)_6$$

$$6MnI_2+30CO \xrightarrow[高压]{R_3Al} 3Mn_2(CO)_{10}$$

$$2CoCO_3+2H_2+8CO \xrightarrow[120\sim200\ ℃]{25\sim30\ MPa} Co_2(CO)_8+2CO_2+2H_2O$$

从已制出的羰合物来看,作为形成体的元素有 VB～ⅦB 族和Ⅷ族的大部分元素。同族元素形成的羰合物在组成上几乎都是相同的,如铬和钼等都形成配位数为 6 的羰合物 $M(CO)_6$。第一过渡系代表性的羰合物列在表 16–17 中。

表 16–17　第一过渡系代表性的羰合物

	ⅤB	ⅥB	ⅦB	Ⅷ		
	$V(CO)_6$	$Cr(CO)_6$	$Mn_2(CO)_{10}$	$Fe(CO)_5$	$Co_2(CO)_8$	$Ni(CO)_4$
颜色 常温下的状态	黑色 固体	无色 固体	金黄色 固体	黄色 液体	橙色 固体	无色 液体

大多数羰合物都是易挥发的液体或固体。羰合物在受热时分解出金属和 CO,因此,这类化合物都是有毒的。利用羰合物的挥发性和不稳定性可以分离和提纯金属。羰合物在某些有机合成上常被用作催化剂。

在羰合物中形成体提供的价电子数和 CO 提供的电子数之和为 18。价电子数为偶数的过渡元素很容易形成满足 18 电子构型的羰合物。例如,铬、铁、镍的价电子数为偶数,它们的羰合物的结构如图 16-5 所示。

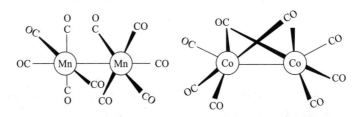

图 16-5　$Cr(CO)_6$,$Fe(CO)_5$,$Ni(CO)_4$ 的结构

价电子数为奇数的过渡元素如钒、锰、钴等形成双聚型或多聚型多核羰合物,每个形成体原子也能达到 18 电子构型的要求。在多核羰合物中,金属原子通过金属-金属键或桥式羰基的形式连接在一起。例如,$Mn_2(CO)_{10}$ 和 $Co_2(CO)_8$ 的结构如图 16-6 所示。

图 16-6　$Mn_2(CO)_{10}$ 和 $Co_2(CO)_8$ 的结构

羰合物的结构可以根据羰合物的空间构型和磁矩用价键理论说明。例如,已知 $Ni(CO)_4$ 为四面体构型,磁矩为 0。可推知 Ni 原子以 sp^3 杂化轨道与 CO 提供的电子对成键。其电子分布如下:

其中 Ni 原子原有的 4s 电子进入 3d 轨道,从而空出 4s 轨道。4s 和 4p 轨道用以接受 CO 提供的电子对。

又如,已知五羰基合铁 $Fe(CO)_5$ 为三角双锥构型,磁矩为 0,它的电子分布如下:

在金属羰合物中,配体 CO 分子以碳原子上的孤对电子向金属原子空的杂化轨道进行端基配位,形成 σ 键。与此同时,为了不使金属原子的负电荷过分集中,金属原子 d 轨道上的电子可部分地反馈到配体的能级相近且对称性匹配的 π^* 反键轨道中

去,形成反馈 π 键,增强了该化合物的稳定性。配位与反馈同时进行的作用叫做协同效应(图 16-7)。

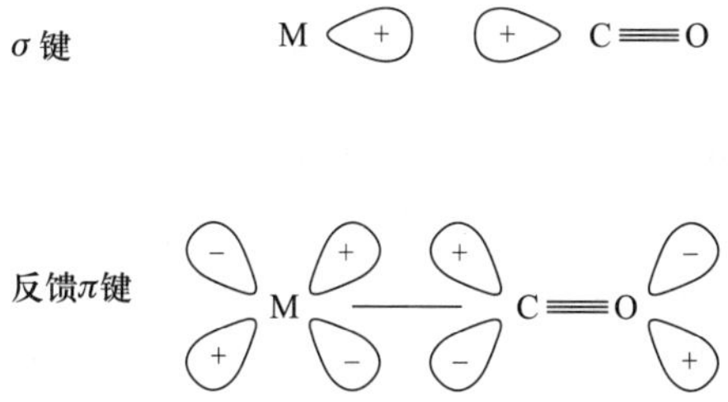

图 16-7 过渡金属 M 与 CO 形成 σ 键和反馈 π 键示意图

羰合物还能与其他元素(如钠、钾、卤素等)形成一系列衍生物。例如,$Co_2(CO)_8$ 与金属钠发生下列反应:

$$Co_2(CO)_8 + 2Na \longrightarrow 2Na[Co(CO)_4]$$

在 $Na[Co(CO)_4]$ 中,钴的氧化值为 -1。形成氧化值为负值的化合物也是过渡元素的一个典型特征。其他羰合物也有类似的衍生物。在这类化合物中,价电子数为奇数的中心原子得到一个电子而成为 18 电子构型。

16.7.2　不饱和烃配合物

早在 1825 年,丹麦化学家 Zeise 就制备了世界上第一个烯烃配合物三氯·乙烯合铂(Ⅱ)酸钾 $K[PtCl_3(C_2H_4)]$。在二氯化铂 $PtCl_2$ 的盐酸溶液中通入乙烯,再加入 KCl,得到 $K[PtCl_3(C_2H_4)]$:

$$H_2[PtCl_4] + C_2H_4 + KCl \longrightarrow K[PtCl_3(C_2H_4)] + 2HCl$$

$K[PtCl_3(C_2H_4)]$ 称为 Zeise 盐。当时未找到它的用途,因此对这类配合物的研究也未得到发展。

20 世纪 60 年代,人们成功地利用三氯·乙烯合钯(Ⅱ)$[PdCl_3(C_2H_4)]^-$ 在水溶液中比较容易地从乙烯合成了乙醛。此反应条件比较温和,甚至在常温常压下就能进行,乙烯的转化率高达 95% 以上。以后对此反应进行了大量的研究,认为 $[PdCl_3(C_2H_4)]^-$ 是此反应能顺利进行的中间产物。此反应可表示为

$$C_2H_4 + \frac{1}{2}O_2 \xrightarrow[\text{在盐酸溶液中}]{PdCl_2 + CuCl_2} CH_3CHO$$

现在已经知道 Ag^+,Cu^+,Hg^{2+},Ni^{2+},Pt^{2+},Pd^{2+} 等能与乙烯、丙烯等形成配合物。例如,在 $AgNO_3$ 溶液中通入乙烯,很容易形成乙烯合银 $[Ag(C_2H_4)]^+$。当加热此溶液时,乙烯会被释放出来,此反应是可逆的。

$$Ag^+ + C_2H_4 \underset{\text{加热}}{\overset{\text{室温}}{\rightleftharpoons}} [Ag(C_2H_4)]^+$$

但是,可溶性的银盐不吸收饱和烃,因此可以利用银盐溶液把烃类混合气体中的烯烃

分离出来。可溶性的汞(Ⅱ)盐溶液也能吸收乙烯,形成$[Hg(C_2H_4)]^{2+}$。另外,Hg^{2+}等也能与炔烃形成配合物。因此,常用可溶性汞(Ⅱ)盐来定性地分析混合气体中的不饱和烃。

　　过渡元素烯烃配合物的结构具有不同于其他常见配合物的特点。配体乙烯分子能以π键中的π电子向过渡金属离子进行侧基配位,形成σ配键。

　　$[PdCl_3(C_2H_4)]^-$的结构如图16-8所示。Pd^{2+}以dsp^2杂化轨道与4个配体(3个Cl^-和1个C_2H_4)成键。3个Cl^-的孤对电子和乙烯的π电子进入Pd^{2+}的空轨道中,形成σ配键。与此同时,Pd^{2+}的未参与杂化的d轨道中的电子可部分地反馈到乙烯的π^*反键轨道中,形成反馈π键,如图16-9所示。这种结构使乙烯分子活化,有利于乙烯被氧化为乙醛的反应。

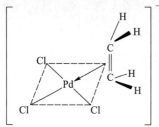

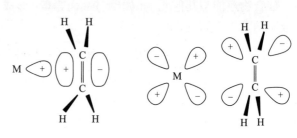

图16-8　$[PdCl_3(C_2H_4)]^-$的　　　图16-9　C_2H_4与M形成σ配键和反馈π键示意图
　　　　　结构示意图

　　过渡元素还能与环状配体形成一类具有夹心式特殊结构的配合物。1951年,英、美科学家各自独立地合成了铁(Ⅱ)的环戊二烯基配合物$(\eta-C_5H_5)_2Fe$。环戊二烯基$C_5H_5^-$具有平面环状结构,又称为茂,故$(\eta-C_5H_5)_2Fe$俗称为二茂铁。$C_5H_5^-$的每个碳原子上各有一个垂直于其平面的2p轨道,形成Π_5^6。2个$C_5H_5^-$各提供6个电子与Fe(Ⅱ)配位,将铁原子夹在中间,如图16-10所示。二茂铁中铁原子也符合18电子构型。

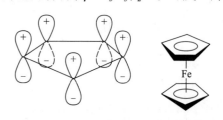

图16-10　环戊二烯基和二茂铁的结构

　　第一过渡系元素中,从钛到镍的二茂配合物都已制得。第二、三过渡系元素及某些主族元素的二茂配合物也已经被发现。制备环戊二烯基配合物的一般方法是将环戊二烯钠与金属卤化物反应。例如:

$$C_5H_6+Na \longrightarrow C_5H_5^- +Na^+ +\frac{1}{2}H_2$$

$$2C_5H_5^- +Fe^{2+} \longrightarrow (\eta-C_5H_5)_2Fe$$

有时强碱可以促进这一反应。在合成二茂铁时用的是$C_5H_5^-$和Fe^{2+},但一般认为二茂铁中铁的氧化值为0。由实验得知二茂铁容易升华且可溶于有机溶剂中,表明它是共价型分子。二茂铁也可用下列反应制备:

$$2C_5H_6 + Fe \xrightarrow[N_2]{300\ ℃} (\eta\text{-}C_5H_5)_2Fe + H_2$$

多数第一过渡系元素都能与环戊二烯形成中性分子,且具有同二茂铁相似的结构和键合方式。二茂锰 $(\eta\text{-}C_5H_5)_2Mn$ 的制备与其他同类物相同:

$$2C_5H_5Na + MnX_2 \xrightarrow{\text{THF(四氢呋喃)}} (\eta\text{-}C_5H_5)_2Mn + 2NaX$$

$(\eta\text{-}C_5H_5)_2Mn$ 为琥珀色晶体,X 射线衍射研究表明,它具有与二茂铁一样的夹心结构,但二茂锰的键合方式与其他元素的二茂基中性化合物不同,它的磁矩为 (5.86 ± 0.05) μ_B,与 $Mn^{2+}(d^5)$ 的存在相符合,因此这个分子中的锰与环间的键合是离子型的。在这一点上二茂锰在 d 区金属茂化合物中是独特的,其他金属与环间的键大都是共价型的。

无水 $CrCl_2$ 与茂基钠在 THF(四氢呋喃)溶液中反应可生成红色的 $(\eta\text{-}C_5H_5)_2Cr$。二茂铬在空气中非常不稳定,在盐酸中很容易被氧化生成一种蓝色的物质,它可能含有 $[(\eta\text{-}C_5H_5)CrCl(H_2O)_n]^+$。与二茂铁结构相似的二苯铬 $(\eta\text{-}C_6H_6)_2Cr$ 是一种深褐色的反磁性固体。可将金属铝,Al_2Cl_6,苯和 $CrCl_3$ 一起加热,先制得 $[(\eta\text{-}C_6H_6)Cr]^+[AlCl_4]^-$,然后进一步还原而得到二苯铬。此化合物早在 1919 年就已制得,它的结构研究却在此后三十余年,直到二茂铁的结构研究获得结果之后,二苯铬的结构才被明确。

化学视野
金属簇状化合物

思 考 题

1. 总结过渡元素单质的物理性质和化学性质的变化规律,以及过渡元素的共性。

2. 举例说明某些配合物和含氧酸根离子呈现颜色的原因。

3. 指出钛、铬、锰、铁的重要矿产资源及我国丰产的过渡元素。

4. 怎样由 TiO_2 制取金属钛和三氯化钛?Ti(Ⅳ) 离子和 Ti(Ⅲ) 离子的重要性质是什么?

5. 总结 V(Ⅴ) 化合物的存在形式及其重要性质。

6. 在盛有钒(Ⅱ)溶液的试管中逐滴慢慢加入高锰酸钾溶液。几小时内发现溶液分为不同颜色的液层,由上到下的次序是紫色、棕色、淡黄色、蓝色、绿色、紫色。试根据颜色判断各液层存在的钒的主要物种。

7. 总结 Cr(Ⅵ) 和 Cr(Ⅲ) 化合物的重要性质及相关的重要反应。以铬铁矿为原料,如何制取铬钾矾?

8. 在 $K_2Cr_2O_7$ 的饱和溶液中加入浓硫酸,并加热到 200 ℃时,发现溶液的颜色变为蓝绿色。经检查,反应开始时溶液中并无任何还原剂存在。试说明上述变化的原因。

9. 钼、钨的重要化合物是什么?如何鉴定溶液中是否含有 MoO_4^{2-} 和 WO_4^{2-}?

10. 什么是同多酸?什么是杂多酸?举例说明同多酸和杂多酸的不同之处。在 d 区元素中,哪些元素容易形成同多酸?

11. 总结锰的重要化合物及其性质。如何由软锰矿制取高锰酸钾?在酸性溶液中,用足够的 Na_2SO_3 与 MnO_4^- 作用时,为什么 MnO_4^- 总是被还原为 Mn^{2+},而不能得到 MnO_4^{2-},MnO_2 或 Mn^{3+}?

12. 写出你所了解的由 Mn^{2+} 变为 MnO_4^- 的重要反应。

13. Fe^{3+} 是中等强度的氧化剂,写出相关的重要反应。如何由 Fe(Ⅲ) 制取高铁酸盐?Fe^{2+} 是常用的还原剂,写出相关的重要反应。

14. 写出 Cr^{3+},Mn^{2+},Fe^{3+},Fe^{2+},Co^{2+},Ni^{2+} 的鉴定方法。

15. 总结 Mn(Ⅱ)，Fe(Ⅱ)，Co(Ⅱ)，Ni(Ⅱ)硫化物的生成条件和这些硫化物在酸中的溶解性。

16. 试总结 Mn^{2+}，Fe^{2+}，Fe^{3+}，Co^{2+}，Ni^{2+} 分别与氨水、氢氧化钠溶液反应的产物及反应过程中的现象。本章所学过的金属氢氧化物中哪些是两性的？哪些易被空气中的氧氧化？

17. 指出铂系元素单质的重要性质，以及铂和钯重要化合物的性质与应用。

习　题

1. 完成并配平下列反应方程式：

(1) $TiO^{2+}+Zn+H^+ \longrightarrow$

(2) $Ti^{3+}+CO_3^{2-}+H_2O \longrightarrow$

(3) $TiO_2+H_2SO_4(浓) \longrightarrow$

(4) $TiCl_4+H_2O \longrightarrow$

(5) $TiCl_4+Mg \longrightarrow$

2. 完成并配平下列反应方程式：

(1) $V_2O_5+Cl^-+H^+ \longrightarrow$

(2) $NH_4VO_3 \xrightarrow{\triangle}$

(3) $VO_2^++SO_3^{2-}+H^+ \longrightarrow$

(4) $VO^{2+}+MnO_4^-+H_2O \longrightarrow$

3. 已知下列电对的标准电极电势：

$VO_2^++2H^++e^- \rightleftharpoons VO^{2+}+H_2O$；　$E^\ominus=0.999\ 4\ V$

$VO^{2+}+2H^++e^- \rightleftharpoons V^{3+}+H_2O$；　$E^\ominus=0.337\ V$

$V^{3+}+e^- \rightleftharpoons V^{2+}$；　$E^\ominus=-0.255\ V$

$V^{2+}+2e^- \rightleftharpoons V$；　$E^\ominus=-1.2\ V$

在酸性溶液中分别用 $1\ mol \cdot L^{-1}\ Fe^{2+}$，$1\ mol \cdot L^{-1}\ Sn^{2+}$ 和 Zn 还原 $1\ mol \cdot L^{-1}$ 的 VO_2^+ 时，最终得到的产物各是什么（不必计算）？

4. 根据有关的 $E^\ominus$ 值，试推断 VO^{2+} 在 $c(H^+)=1\ mol \cdot L^{-1}$ 的酸性溶液中能否歧化为 VO_2^+ 和 V^{3+}。

5. 完成并配平下列反应方程式：

(1) $K_2Cr_2O_7+HCl(浓) \xrightarrow{\triangle}$

(2) $K_2Cr_2O_7+H_2C_2O_4+H_2SO_4 \longrightarrow$

(3) $Ag^++Cr_2O_7^{2-}+H_2O \longrightarrow$

(4) $Cr_2O_7^{2-}+H_2S+H^+ \longrightarrow$

(5) $Cr^{3+}+S_2O_8^{2-}+H_2O \longrightarrow$

(6) $Cr(OH)_3+OH^-+ClO^- \longrightarrow$

(7) $K_2Cr_2O_7+H_2O_2+H_2SO_4 \longrightarrow$

6. 一紫色晶体溶于水得到绿色溶液（A），（A）与过量氨水反应生成灰绿色沉淀（B）。（B）可溶于 NaOH 溶液，得到亮绿色溶液（C），在（C）中加入 H_2O_2 并微热，得到黄色溶液（D）。在（D）中加入氯化钡溶液生成黄色沉淀（E），（E）可溶于盐酸得到橙红色溶液（F）。试确定各字母所代表的物质，写出有关的反应方程式。

7. 已知反应 $Cr(OH)_3(s)+OH^- \rightleftharpoons [Cr(OH)_4]^-$ 的标准平衡常数 $K^\ominus=10^{-0.40}$。在 1.0 L 0.10 $mol \cdot L^{-1} Cr^{3+}$ 溶液中，当 Cr^{3+} 沉淀完全时，溶液的 pH 是多少？要使沉淀出的 $Cr(OH)_3$ 刚好在 1.0 L NaOH 溶液中完全溶解并生成 $[Cr(OH)_4]^-$，问溶液中的 $c(OH^-)$ 是多少？并求 $[Cr(OH)_4]^-$ 的标准稳定常数。

8. 已知反应 $HCrO_4^- \rightleftharpoons CrO_4^{2-}+H^+$ 的 $K_a^\ominus=3.2 \times 10^{-7}$，反应 $2HCrO_4^- \rightleftharpoons Cr_2O_7^{2-}+H_2O$ 的 $K^\ominus=33$。

(1) 计算反应 $2CrO_4^{2-}+2H^+ \rightleftharpoons Cr_2O_7^{2-}+H_2O$ 的标准平衡常数 $K^\ominus$；

(2) 计算 1.0 $mol \cdot L^{-1} K_2CrO_4$ 溶液中 CrO_4^{2-} 与 $Cr_2O_7^{2-}$ 浓度相等时溶液的 pH。

9. 完成并配平下列反应方程式：

(1) $MnO_4^-+Fe^{2+}+H^+ \longrightarrow$

(2) $MnO_4^-+SO_3^{2-}+H_2O \longrightarrow$

(3) $MnO_4^-+MnO_2+OH^- \longrightarrow$

(4) $KMnO_4 \xrightarrow{\triangle}$

(5) $K_2MnO_4 + HAc \longrightarrow$ (6) $MnO_2 + KOH + O_2 \longrightarrow$

(7) $MnO_4^- + Mn^{2+} \longrightarrow$ (8) $KMnO_4 + KNO_2 + H_2O \longrightarrow$

10. 在 $MnCl_2$ 溶液中加入适量的硝酸,再加入 $NaBiO_3(s)$,溶液中出现紫红色后又消失,试说明原因,写出有关的反应方程式。

11. 一棕黑色固体(A)不溶于水,但可溶于浓盐酸,生成近乎无色溶液(B)和黄绿色气体(C)。在少量(B)中加入硝酸和少量 $NaBiO_3(s)$,生成紫红色溶液(D)。在(D)中加入一淡绿色溶液(E),紫红色褪去,在得到的溶液(F)中加入 KNCS 溶液又生成血红色溶液(G)。再加入足量的 NaF 则溶液的颜色又褪去。在(E)中加入 $BaCl_2$ 溶液则生成不溶于硝酸的白色沉淀(H)。试确定各字母所代表的物质,并写出有关反应的离子方程式。

12. 根据锰的有关电对的 $E^{\ominus}$,估计 Mn^{3+} 在 $c(H^+) = 1.0 \ mol \cdot L^{-1}$ 时能否歧化为 MnO_2 和 Mn^{2+}。若 Mn^{3+} 能歧化,计算此反应的标准平衡常数。

13. 已知下列电对的 $E^{\ominus}$:

$$Mn^{3+} + e^- \rightleftharpoons Mn^{2+}; \quad E^{\ominus} = 1.51 \ V$$

$$[Mn(CN)_6]^{3-} + e^- \rightleftharpoons [Mn(CN)_6]^{4-}; \quad E^{\ominus} = -0.244 \ V$$

计算锰的上述两种氰合配离子的标准稳定常数的比值。

14. 完成并配平下列反应方程式:

(1) $Fe^{3+} + I^- \longrightarrow$ (2) $Cr_2O_7^{2-} + Fe^{2+} + H^+ \longrightarrow$

(3) $[Fe(NCS)_n]^{3-n} + F^- \longrightarrow$ (4) $Co^{2+} + Br_2 + OH^- \longrightarrow$

(5) $[Co(NH_3)_6]^{2+} + O_2 + H_2O \longrightarrow$ (6) $Co^{2+} + NCS^-(过量) \xrightarrow{丙酮}$

(7) $Ni^{2+} + HCO_3^- \longrightarrow$ (8) $Ni^{2+} + NH_3(过量) \longrightarrow$

(9) $NiO(OH) + HCl(浓) \longrightarrow$ (10) $FeCl_3 + SnCl_2 \longrightarrow$

(11) $Co(OH)_2 + O_2 + H_2O \longrightarrow$ (12) $Ni(OH)_2 + Br_2 + NaOH \longrightarrow$

(13) $Co_2O_3 + HCl(浓) \longrightarrow$ (14) $Fe(OH)_3 + Cl_2 + OH^- \longrightarrow$

15. 指出下列离子的颜色,并说明其显色机理:

$[Ti(H_2O)_6]^{3+}, VO_4^{3-}, [Cr(OH)_4]^-, CrO_4^{2-}, MnO_4^{2-}, [Fe(H_2O)_6]^{3+}, [Fe(H_2O)_6]^{2+}, [CoCl_4]^{2-}, [Ni(NH_3)_6]^{2+}$

16. 根据下列各组配离子化学式后面括号内所给出的条件,确定它们各自的中心离子的价层电子排布和配合物的磁性,推断其为内轨型配合物,还是外轨型配合物,比较每组内两种配合物的相对稳定性。

(1) $[Mn(C_2O_4)_3]^{3-}$(高自旋),$[Mn(CN)_6]^{3-}$(低自旋);

(2) $[Fe(en)_3]^{3+}$(高自旋),$[Fe(CN)_6]^{3-}$(低自旋);

(3) $[CoF_6]^{3-}$(高自旋),$[Co(en)_3]^{3+}$(低自旋)。

17. 某粉红色晶体溶于水,其水溶液(A)也呈粉红色。向(A)中加入少量 NaOH 溶液,生成蓝色沉淀,当 NaOH 溶液过量时,则得到粉红色沉淀(B)。再加入 H_2O_2 溶液,得到棕色沉淀(C),(C)与过量浓盐酸反应生成蓝色溶液(D)和黄绿色气体(E)。将(D)用水稀释又变为溶液(A)。(A)中加入 KNCS 晶体和丙酮后得到天蓝色溶液(F)。试确定各字母所代表的物质,并写出有关反应的方程式。

18. 某黑色过渡金属氧化物(A)溶于浓盐酸后得到绿色溶液(B)和气体(C)。(C)能使润湿的 KI-淀粉试纸变蓝。(B)与 NaOH 溶液反应生成苹果绿色沉淀(D)。(D)可溶于氨水得到蓝色溶液(E),再加入丁二肟乙醇溶液则生成鲜红色沉淀。试确定各字母所代表的物质,写出有关的反应方程式。

19. 在 $0.10 \ mol \cdot L^{-1}$ 的 Fe^{3+} 溶液中加入足够的铜屑。求 25 ℃反应达到平衡时 $Fe^{3+}, Fe^{2+}, Cu^{2+}$ 的

浓度。

20. 在过量的氯气中加热 1.50 g 铁,生成黑褐色固体。将此固体溶在水中,加入过量的 NaOH 溶液,生成红棕色沉淀。将此沉淀强烈加热,形成红棕色粉末。写出上述反应方程式,并计算最多可以得到多少红棕色粉末。

21. 由下列实验数据确定某水合硫酸亚铁盐的化学式。

(1) 将 0.784 0 g 某亚铁盐强烈加热至质量恒定,得到 0.160 0 g 氧化铁(Ⅲ)。

(2) 将 0.784 0 g 此亚铁盐溶于水,加入过量的氯化钡溶液,得到 0.933 6 g 硫酸钡。

(3) 含有 0.392 0 g 此亚铁盐的溶液与过量的 NaOH 溶液煮沸,释放出氨气。用 50.0 mL 0.10 mol·L^{-1} 盐酸溶液吸收。与氨反应后剩余的过量的酸需要 30.0 mL 0.10 mol·L^{-1} NaOH 溶液中和。

22. 已知 $E^{\ominus}(Co^{3+}/Co^{2+}) = 1.95$ V,$E^{\ominus}[Co(NH_3)_6^{3+}/Co(NH_3)_6^{2+}] = 0.10$ V,$K_f^{\ominus}[Co(NH_3)_6^{3+}] = 10^{35.20}$,$E^{\ominus}(Br_2/Br^-) = 1.077\ 5$ V。

(1) 计算 $K_f^{\ominus}[Co(NH_3)_6^{2+}]$;

(2) 写出 $[Co(NH_3)_6]^{2+}$ 与 $Br_2(l)$ 反应的离子方程式,计算 25 ℃时该反应的标准平衡常数。

23. 溶液中含有 Fe^{3+} 和 Co^{2+},如何将它们分离开并鉴定之?

24. 溶液中含有 Al^{3+},Cr^{3+} 和 Fe^{3+},如何将其分离?

25. 如何将 Ag_2CrO_4,$BaCrO_4$ 和 $PbCrO_4$ 固体混合物中的 Ag^+,Ba^{2+},Pb^{2+} 分离开?

26. 某溶液中含有 Pb^{2+},Sb^{3+},Fe^{3+} 和 Ni^{2+},试将它们分离并鉴定。图示分离、鉴定步骤,写出现象和有关的反应方程式。

27. 已知 $Cr(CO)_6$,$Ru(CO)_5$ 和 $Pt(CO)_4$ 都是反磁性的羰合物。推测它们的中心原子与 CO 成键时的价层电子分布和杂化轨道类型。

第十七章   d 区元素(二)

§17.1 铜 族 元 素

周期系第ⅠB族元素包括铜、银、金3种元素,通常称为铜族元素。与其前面的各族过渡元素相比,铜族元素原子的次外层d轨道都充满了电子,其价层电子构型为$(n-1)d^{10}ns^1$。

在自然界中除了铜以黄铜矿($CuFeS_2$)、辉铜矿(Cu_2S)、孔雀石[$Cu_2(OH)_2CO_3$]等,银以角银矿($AgCl$)、辉银矿(Ag_2S),金以碲金矿($AuTe_2$)的形式存在外,它们也以单质的形式存在,其中以金最为突出。单质金通常与沙子混在一起(金沙)。这三种金属发现较早,古代的货币、器皿和首饰等常用它们的单质或合金制成。

从不同的矿石中提取铜的工艺不同,大规模提取铜所使用的最主要矿石是黄铜矿。用黄铜矿提取铜时,先将富集后的精矿石与硅石混合后在反射炉中加热至 1 400 ℃,此时大部分的 FeS 转变为氧化物后与硅石反应,生成的硅酸铁矿渣浮在上层被除去,而将冰铜(主要成分为 Cu_2S 和 FeS)留在下层。然后使液态冰铜进入转炉,加入硅石并鼓入空气,使 FeS 先转变成 FeO 再变为硅酸铁矿渣除去。冰铜中的一部分 Cu_2S 转化为 Cu_2O 再与 Cu_2S 反应生成粗铜:

$$2Cu_2S+3O_2 \longrightarrow 2Cu_2O+2SO_2$$
$$2Cu_2O+Cu_2S \longrightarrow 6Cu+SO_2$$

得到的粗铜用电解法精炼可制备出纯度较高的金属铜。

将单质态的银和金从矿石中提取出来,通常采用氰化法:

$$4M+8CN^-+O_2+2H_2O \longrightarrow 4[M(CN)_2]^-+4OH^-$$

所得 Ag、Au 配合物再用 Zn 还原可以得到 Ag 或 Au 的单质:

$$2[M(CN)_2]^-+Zn \longrightarrow [Zn(CN)_4]^{2-}+2M(M=Ag,Au)$$

如果从角银矿或辉银矿提取银,则生成氰化物的反应为

$$AgCl+2CN^- \longrightarrow [Ag(CN)_2]^-+Cl^-$$
$$Ag_2S+4CN^- \longrightarrow 2[Ag(CN)_2]^-+S^{2-}$$

17.1.1 铜族元素的单质

铜、银、金的熔点和沸点都不太高,它们的延展性、导电性和导热性比较突出。例如,1 g 金能抽成长达 3 km 的丝,也能压碾成仅有 0.000 1 mm 厚的薄片(叫做金箔)。500 张这样的金箔的总厚度还不及人的一根头发的直径。它们的导电性在所有金属中居于前

第十七章
学习引导

第十七章
教学课件

图片
蓝铜矿

教学视频
铜族元素的单质

列(银第一,铜第二,金第三),在电器工业上它们(特别是铜)得到广泛的应用。

铜、银、金的化学活泼性较差,室温下看不出它们与氧或水作用。在含有 CO_2 的潮湿的空气中,铜的表面会逐渐蒙上绿色的铜锈,叫做铜绿,主要成分为碳酸羟铜 $Cu_2(OH)_2CO_3$:

$$2Cu+O_2+H_2O+CO_2 \longrightarrow Cu_2(OH)_2CO_3$$

银或金在潮湿的空气中不发生变化。在加热的情况下,只有铜与氧化合生成黑色的氧化铜 CuO。铜、银、金即使在高温下也不与氢、氮或碳作用。在常温下,铜能与卤素作用。银与卤素反应较慢,而金与干燥的卤素只有在加热时才反应。

由于铜、银、金的活动顺序位于氢之后,它们不能从稀酸中置换出氢气。铜、银能溶于硝酸中,也能溶于热的浓硫酸中,金只能溶于王水中:

$$Au+4HCl+HNO_3 \longrightarrow H[AuCl_4]+NO+2H_2O$$

当在非氧化性酸中有适当的配位剂时,铜有时能从此种酸中置换出氢气。例如,铜能在溶有硫脲 $[CS(NH_2)_2]$ 的盐酸中置换出氢气:

$$2Cu+2HCl+4CS(NH_2)_2 \longrightarrow 2[Cu(CS(NH_2)_2)_2]^++H_2+2Cl^-$$

这是由于硫脲能与 Cu^+ 生成二硫脲合铜(Ⅰ)配离子,使铜的失电子能力增强。在空气存在的情况下,铜、银、金都能溶于氰化钾或氰化钠溶液中:

$$4M+O_2+2H_2O+8CN^- \longrightarrow 4[M(CN)_2]^-+4OH^-$$

M 代表 Cu,Ag,Au。这也是由于它们的离子能与 CN^- 形成配合物,使它们单质的还原性增强,以致空气中的氧能把它们氧化的缘故。铜、银、金的活泼性依次减弱。但银与硫的亲和作用较强,如在空气中银与硫化氢迅速作用生成硫化银,使银的表面变黑,反应如下:

$$4Ag+2H_2S+O_2 \longrightarrow 2Ag_2S+2H_2O$$

银、金作为高级仪器的导线或焊接材料,用量正逐年增大。铜、银、金都可以形成合金,特别是铜的合金如黄铜(铜、锌)、青铜(铜、锡)等应用较广。铜可作为高温超导材料的组分之一。

17.1.2 铜族元素的化合物

1. 铜的化合物

铜可以形成氧化值为 +1,+2 和 +3 的化合物。Cu^+ 为 d^{10} 构型,不发生d-d跃迁。Cu(Ⅰ)的化合物一般是白色或无色的。Cu^+ 在溶液中不稳定。Cu(Ⅱ)为 d^9 型,它的化合物或配合物常因 Cu^{2+} 可发生 d-d 跃迁而呈现颜色。Cu(Ⅱ)的化合物种类较多,较稳定。Cu(Ⅲ)的化合物有较强的氧化性,稳定性较差。例如,K_3CuF_6(淡绿色)有较强的氧化性,它与水发生猛烈反应并放出 O_2,本身还原为 Cu^{2+},因此Cu(Ⅲ)的化合物比较少见。现将常见的铜的化合物的性质列在表 17-1 中。

表 17-1 铜的常见化合物的性质

	颜色和状态	密度 $g \cdot cm^{-3}$	熔点/℃	受热时的变化	溶解度 $g/100\ g\ H_2O$ （无水盐）
氧化铜 CuO	棕黑色粉末	6.32~6.43	1 450	1 100 ℃时分解为 Cu_2O 和 O_2，加热时能被 H_2，CO 还原为 Cu_2O 或 Cu	几乎不溶于水，（2.3×10^{-3}%）易溶于酸，微溶于氨水
硫酸铜（胆矾） $CuSO_4 \cdot 5H_2O$	蓝色晶体	2.284	110 （分解）	260 ℃以上变为无水 $CuSO_4$ 白色粉末，653 ℃以上分解为 CuO 和 SO_3	20.7 无水 $CuSO_4$ 易吸水
硝酸铜 $Cu(NO_3)_2$ $\cdot 3H_2O$	蓝色晶体	2.32	114.5	强热时分解为碱式盐，后变为 CuO。用 $Cu(NO_3)_2$ 和乙醇溶液浸湿的纸干后可自燃	137.8（0 ℃）在湿空气中易潮解，能溶于乙醇
氯化铜 $CuCl_2 \cdot 2H_2O$	绿色晶体	2.51	100	在 140~150 ℃时在干燥的 HCl 气流中加热可得无水 $CuCl_2$，呈黄褐色，相对密度为 3.05	75.7（25 ℃）能溶于乙醚和丙酮中，易溶于甲醇和乙醇中
氯化亚铜 CuCl	白色四面体晶体	4.14	430	约 1 000 ℃沸腾	1.5（25 ℃）难溶于水，在空气中吸湿后变绿，溶于氨水

（1）铜（Ⅰ）的化合物

一般说来，在固态时，Cu（Ⅰ）的化合物比 Cu（Ⅱ）的化合物热稳定性高。例如，CuO 在 1 100 ℃时分解为 Cu_2O 和 O_2，而 Cu_2O 到 1 800 ℃时才分解。又如，无水 $CuCl_2$ 受强热时分解为 CuCl，这说明 CuCl 比 $CuCl_2$ 的热稳定性高。在水溶液中 Cu（Ⅰ）容易被氧化为 Cu（Ⅱ），水溶液中 Cu（Ⅱ）的化合物是稳定的。几乎所有 Cu（Ⅰ）的化合物都难溶于水。常见的 Cu（Ⅰ）化合物在水中的溶解度按下列顺序降低：

$$CuCl > CuBr > CuI > CuSCN > CuCN > Cu_2S$$

Cu（Ⅱ）的化合物则易溶于水的较多。

在 150 ℃左右时，用氢气还原 CuO，可得到暗红色粉末状的 Cu_2O：

$$2CuO + H_2 \xrightarrow{150\ ℃} Cu_2O + H_2O$$

若有 O_2 存在，适当加热 Cu_2O 又能生成 CuO。人们利用 Cu_2O 的这一性质来除去氮气中微量的氧：

$$2Cu_2O + O_2 \xrightarrow{200\ ℃左右} 4CuO$$

$[Cu(H_2O)_6]^+$ 是无色的,在水溶液中很不稳定,容易歧化为 Cu^{2+} 和 Cu:

$$2Cu^+ \longrightarrow Cu^{2+}+Cu; \quad K^\ominus = 10^{6.04}$$

由反应的标准平衡常数可知,室温下 Cu^+ 在水溶液中歧化反应的程度较大。

Cu^+ 属于软酸,它与下述离子或分子都能形成稳定的配合物,其稳定性按下列顺序增强:

$$Cl^- < Br^- < I^- < SCN^- < NH_3 < S_2O_3^{2-} < CS(NH_2)_2 < CN^-$$

这一顺序基本上与碱的软度顺序相符合。$Cu(I)$ 的配合物常用它的相应难溶盐与具有相同阴离子的其他易溶盐(或酸)在溶液中借加合反应而形成。例如,$CuCN$ 溶于 $NaCN$ 溶液中生成易溶的 $Na[Cu(CN)_2]$,其反应方程式为

$$CuCN(s) + CN^- \longrightarrow [Cu(CN)_2]^-$$

这类反应能否进行,取决于难溶盐的溶度积和配合物的标准稳定常数大小,还与易溶盐的浓度有关。由 $CuCN$ 和 CN^- 加合生成 $[Cu(CN)_2]^-$ 反应的标准平衡常数为

$$K^\ominus = \frac{c(Cu(CN)_2^-)/c^\ominus}{c(CN^-)/c^\ominus} = K_f^\ominus(Cu(CN)_2^-) \cdot K_{sp}^\ominus(CuCN)$$
$$= 9.98 \times 10^{23} \times 3.5 \times 10^{-20} = 3.5 \times 10^4$$

可见反应向右进行的程度较大。

在 $Cu(I)$ 的配合物中,常见的配位数是 2。当配体浓度增大时,也可形成配位数为 3 或 4 的配合物,如 $[Cu(CN)_3]^{2-}$ $(lg K_f^\ominus = 28.62)$ 和 $[Cu(CN)_4]^{3-}$ $(lg K_f^\ominus = 30.31)$ 等。

$Cu(I)$ 的配合物在水溶液中能较稳定的存在,不容易发生歧化反应。例如,$[CuCl_2]^-$ 就不容易歧化为 Cu^{2+} 和 Cu。有关的元素电势图如下:

$$Cu^{2+} \xrightarrow{0.447\ V} [CuCl_2]^- \xrightarrow{0.232\ V} Cu$$

$E^\ominus([CuCl_2]^-/Cu) < E^\ominus(Cu^{2+}/[CuCl_2]^-)$,所以 $[CuCl_2]^-$ 在水溶液中是稳定的。下列反应可以向右进行:

$$Cu^{2+} + 4Cl^- + Cu \longrightarrow 2[CuCl_2]^-$$

常利用 $CuSO_4$ 或 $CuCl_2$ 溶液与浓盐酸和铜屑混合,在加热的条件下来制取 $[CuCl_2]^-$ 溶液:

$$CuSO_4 + 4HCl + Cu \xrightarrow{\triangle} 2H[CuCl_2] + H_2SO_4$$

将制得的溶液倒入大量水中稀释时,会有白色的氯化亚铜 $CuCl$ 沉淀析出:

$$[CuCl_2]^- \underset{}{\overset{稀释}{\rightleftharpoons}} CuCl(s) + Cl^-$$

工业上或实验室中常用这种方法来制取氯化亚铜。其他一些亚铜的盐也可以用与此类似的方法来制取。

许多 $Cu(I)$ 的配合物的溶液可以吸收 CO 和烯烃(如 C_2H_4,C_3H_6 等),这是因为

Cu^+ 能与 CO 或烯烃形成配合物。例如：

$$[CuCl_2]^- + CO \rightleftharpoons [CuCl_2(CO)]^-$$

$$[CuCl_2]^- + C_2H_4 \rightleftharpoons [CuCl_2(C_2H_4)]^-$$

$[Cu(NH_3)_2]^+$ 吸收 CO 的能力较强，它与 CO 形成配合物的反应为

$$[Cu(NH_3)_2]^+ + CO \rightleftharpoons [Cu(NH_3)_2(CO)]^+$$

此反应是可逆的，加热溶液时反应逆向进行，有 CO 放出。二乙醇氨合铜（Ⅰ）配离子 $[Cu(NH_2CH_2CH_2OH)_2]^+$ 的溶液吸收 C_2H_4 和 C_3H_6 等的能力较强。例如，它与 C_2H_4 的反应为

$$[Cu(NH_2CH_2CH_2OH)_2]^+ + C_2H_4 \rightleftharpoons [Cu(NH_2CH_2CH_2OH)_2(C_2H_4)]^+$$

此反应也是可逆的，受热时放出 C_2H_4，工业上曾利用此反应从石油气中分离出烯烃。

从下面的元素电势图可以看出，CuCl 也不容易歧化为 Cu^{2+} 和 Cu。

$$Cu^{2+} \xrightarrow{0.561\ V} CuCl \xrightarrow{0.117\ V} Cu$$

CuCl 在水中可被空气中的氧所氧化，而逐渐变为 Cu（Ⅱ）的盐。干燥状态的 CuCl 则比较稳定。

（2）铜（Ⅱ）的化合物

加热铜的含氧酸盐一般都可得到氧化铜。早在古代，人们发现加热自然界存在的碳酸羟铜 $Cu_2(OH)_2CO_3$ 得到 CuO：

$$Cu_2(OH)_2CO_3 \xrightarrow{200\ ℃} 2CuO + CO_2 + H_2O$$

这一反应 $\Delta_r H_m^\ominus$ 不大，有气体 CO_2 和水蒸气生成，是分子数增多的反应，因此熵增显著，不需加热到太高温度即能发生。

CuO 分别与 H_2SO_4，HNO_3 或 HCl 作用，可得到相应的铜盐。

从溶液中结晶出来的硫酸铜含有结晶水。五水硫酸铜 $CuSO_4 \cdot 5H_2O$ 的空间构型如图 17-1 所示。其中 4 个 H_2O 和 2 个 SO_4^{2-} 位于变形八面体的 6 个顶点（SO_4^{2-} 与另外的 Cu^{2+} 共用），4 个 H_2O 处于平面正方形的 4 个角上，第五个 H_2O 则处于 $Cu(H_2O)_4^{2+}$ 和 SO_4^{2-} 之间。$CuSO_4 \cdot 5H_2O$ 受热后逐步脱水，最终变为白色粉末状的无水硫酸铜：

$$CuSO_4 \cdot 5H_2O \xrightarrow{102\ ℃} CuSO_4 \cdot 3H_2O \xrightarrow{113\ ℃} CuSO_4 \cdot H_2O \xrightarrow{258\ ℃} CuSO_4$$

无水 $CuSO_4$ 易吸水，吸水后呈蓝色，常被用来鉴定液态有机化合物中的微量水。工业上常用硫酸铜作为电解铜的原料。在农业上，用它与石灰乳的混合液来消灭果树上的害虫。$CuSO_4$ 加在储水池中可阻止藻类的生长。

水合铜离子 $[Cu(H_2O)_6]^{2+}$ 呈蓝色，它在水中的水解程度不大，水解时生成 $[Cu_2(OH)_2]^{2+}$，而不是 $[Cu(OH)]^+$：

$$2Cu^{2+} + 2H_2O \longrightarrow [Cu_2(OH)_2]^{2+} + 2H^+; \quad K^\ominus = 10^{-10.6}$$

MOOC

教学视频
铜的二价化合物

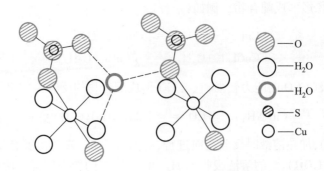

图 17-1　$CuSO_4 \cdot 5H_2O$ 的空间构型

在 Cu^{2+} 的溶液中加入适量的碱,析出浅蓝色氢氧化铜沉淀。加热氢氧化铜悬浮液到接近沸腾时,分解出氧化铜:

$$Cu^{2+}+2OH^- \longrightarrow Cu(OH)_2(s) \xrightarrow{80\sim90\ ℃} CuO(s)+H_2O$$

这一反应常用来制取 CuO。

实验视频
$Cu(OH)_2$ 的两性

$Cu(OH)_2$ 能溶解于过量浓碱溶液中,生成深蓝色的四羟基合铜(Ⅱ)配离子 $[Cu(OH)_4]^{2-}$:

$$Cu(OH)_2+2OH^- \longrightarrow [Cu(OH)_4]^{2-}$$

在 $CuSO_4$ 和过量 $NaOH$ 的混合溶液中加入葡萄糖并加热至沸腾,有暗红色的 Cu_2O 沉淀析出:

$$2[Cu(OH)_4]^{2-}+C_6H_{12}O_6 \longrightarrow Cu_2O(s)+C_6H_{12}O_7+2H_2O+4OH^-$$
$$\qquad\qquad\quad (葡萄糖) \qquad\qquad\qquad\qquad (葡萄糖酸)$$

这一反应可用来检验某些糖的存在。

实验视频
Cu^{2+} 的鉴定

在中性或弱酸性溶液中, Cu^{2+} 与 $[Fe(CN)_6]^{4-}$ 反应,生成红棕色沉淀 $Cu_2[Fe(CN)_6]$:

$$2Cu^{2+}+[Fe(CN)_6]^{4-} \longrightarrow Cu_2[Fe(CN)_6](s)$$

这一反应常用来鉴定微量 Cu^{2+} 的存在。

$Cu(Ⅱ)$ 的简单配合物大都不如相应的 $Cu(Ⅰ)$ 的配合物稳定。Cu^{2+} 属于交界酸,它与软碱或硬碱都难形成稳定的配合物。例如, $[CuCl_2]^-$ 是比较稳定的($\lg K_f^{\ominus}=4.84$),而 $[CuCl_4]^{2-}$ 的稳定性较差($\lg K_f^{\ominus}=-4.6$),在很浓的 Cl^- 溶液中才有黄色的 $[CuCl_4]^{2-}$ 存在。当加水稀释时, $[CuCl_4]^{2-}$ 容易解离,生成 $[Cu(H_2O)_6]^{2+}$ 和 Cl^-,溶液的颜色由黄变绿(是 $[CuCl_4]^{2-}$ 和 $[Cu(H_2O)_6]^{2+}$ 的混合色),最后变为蓝色的 $[Cu(H_2O)_6]^{2+}$。在 $Cu(Ⅱ)$ 的简单配合物中,深蓝色的 $[Cu(NH_3)_4]^{2+}$ 较稳定,它是平面正方形的配离子,常根据它的颜色来鉴定 Cu^{2+} 的存在。$Cu(Ⅱ)$ 的许多螯合物的稳定性较高。$Cu(Ⅱ)$ 的配合物或螯合物大多配位数为4,空间构型为平面正方形。

Cu(Ⅱ)的配合物有时也有配位数为6的,但 K_5 和 K_6 的数值都很小。例如:

	K_1	K_2	K_3	K_4	K_5	K_6
$Cu^{2+}-NH_3$	$10^{4.31}$	$10^{3.67}$	$10^{3.02}$	$10^{2.30}$	$10^{-0.46}$	$10^{-2.5}$

这说明 Cu^{2+} 与第5、第6配体结合得不牢。这种现象可用晶体场理论加以说明。

在八面体场的作用下,Cu^{2+} 的3d轨道能级分裂后,它的9个3d电子的排布有下列两种可能的方式:

$$(t_{2g})^6(d_{x^2-y^2})^2(d_{z^2})^1; \quad (t_{2g})^6(d_{x^2-y^2})^1(d_{z^2})^2$$

若 Cu^{2+} 采取前一种方式排布时,在 xy 平面上的配体受到比 z 轴方向更大的排斥作用,因为 $d_{x^2-y^2}$ 轨道中有2个电子,d_{z^2} 轨道中只有1个电子,配体与 Cu^{2+} 在 xy 平面上的键比 z 轴方向的键来得长,从而形成了压扁的八面体。若 Cu^{2+} 采取后一种方式时,在 z 轴方向上的键比 xy 平面上的键来得长,这样就形成了在 z 轴方向拉长的八面体。这种压扁或拉长的作用都叫做 John-Teller 效应。在 $Cu^{2+}-NH_3$ 的配合物中,Cu^{2+} 对这两个配体拉得不够牢,在水溶液中这两个配体较容易解离出去。在配位数为6的 Cu(Ⅱ)配合物中,3d电子大都按拉长八面体的方式排布,以这种方式排布时,其 K_5 和 K_6 都很小,通常把Cu(Ⅱ)配合物的配位数看成4。

在水溶液中,Cu^{2+} 的氧化性不强,从下列电对的标准电极电势看,似乎 Cu^{2+} 难把 I^- 氧化:

$$Cu^{2+}+2e^- \Longrightarrow Cu^+; \quad E^\ominus = 0.160\ 7\ V$$
$$I_2+2e^- \Longrightarrow 2I^-; \quad E^\ominus = 0.534\ 5\ V$$

但实际上却能发生下列反应:

$$2Cu^{2+}+4I^- \longrightarrow 2CuI(s)+I_2$$

这是由于 Cu^+ 与 I^- 反应生成了难溶于水的 CuI,使得溶液中的 Cu^+ 浓度变得很小,增强了 Cu^{2+} 的氧化性,即 $E^\ominus(Cu^{2+}/CuI) = 0.866\ V$ 大于 $E^\ominus(I_2/I^-)$,所以,Cu^{2+} 可以把 I^- 氧化。

溶液中 Cu^{2+} 的重要反应列在表 17-2 中。

2. 银、金的化合物

银和金都有氧化值为+1,+2和+3的化合物。在银的化合物中,Ag(Ⅰ)的化合物最稳定,种类也较多。已知 Ag(Ⅱ)和 Ag(Ⅲ)的二元化合物分别有 AgO,AgF_2 和 Ag_2O_3 等,但它们都有很强的氧化性。例如,在酸性溶液中,AgO 能把 Co^{2+} 氧化为 Co^{3+},它是仅次于 O_3 和 F_2 的强氧化剂。

与 Cu(Ⅰ)的化合物相似,Au(Ⅰ)的化合物几乎也都是难溶于水的。在水溶液中,Au(Ⅰ)的化合物很不稳定,容易歧化为 Au(Ⅲ)和 Au。Au(Ⅱ)的化合物是很少见的,它常是 Au(Ⅲ)化合物被还原时的中间产物。Au(Ⅲ)的化合物较稳定,在水溶液中多以配合物形式存在。Au(Ⅰ)和 Au(Ⅲ)化合物的氧化性都较强。

银和金的常见化合物列在表 17-3 中。这些化合物的一般制法如下:

MOOC

教学视频
银的一价化合物

$$2AgNO_3+2NaOH \longrightarrow Ag_2O+2NaNO_3+H_2O$$

$$Ag+2HNO_3（浓） \longrightarrow AgNO_3+NO_2+H_2O$$

$$2Ag+2H_2SO_4（40\%） \longrightarrow Ag_2SO_4+SO_2+2H_2O$$

$$2Au+3Cl_2 \xrightarrow{200\ ℃} Au_2Cl_6$$

表 17-2　溶液中 Cu^{2+} 的重要反应

$$
Cu^{2+}
\begin{cases}
\xrightarrow[H^+]{OH^-} Cu(OH)_2（浅蓝色） \xrightarrow{\triangle} CuO（黑色） \\
\qquad\ \xrightarrow{OH^-\ 过量} [Cu(OH)_4]^{2-}（深蓝色） \\
\xrightarrow[(SO_4^{2-})]{NH_3} Cu_2(OH)_2SO_4(s) \xrightarrow{NH_3\ 过量} [Cu(NH_3)_4]^{2+} \xrightarrow{Cu} [Cu(NH_3)_2]^+ \\
\xrightarrow[(SO_4^{2-})煮]{OH^-过量+葡萄糖} Cu_2O \xrightarrow{H^+} Cu^{2+}+Cu \\
\xrightarrow{H_2S} CuS(s) \\
\xrightarrow{CO_3^{2-}} Cu_2(OH)_2CO_3(s) \\
\xrightarrow{Cu+HCl} [CuCl_2]^- \xrightarrow{足量水} CuCl(s) \\
\xrightarrow{I^-} CuI(s) \xrightarrow{I^-过量} [CuI_2]^- \\
\xrightarrow{CN^-} [Cu(CN)_4]^{2-} \xrightarrow{迅速分解} [Cu(CN)_2]^-+(CN)_2 \\
\xrightarrow{SCN^-} CuSCN(s) \xrightarrow{SCN^-过量} [Cu(SCN)_2]^- \\
\xrightarrow{S_2O_3^{2-}} Cu_2S+S+SO_4^{2-} \\
\xrightarrow{CrO_4^{2-}} CuCrO_4(s) \\
\xrightarrow{[Fe(CN)_6]^{4-}} Cu_2[Fe(CN)_6](s)（红棕色）
\end{cases}
$$

表 17-3　银和金的常见化合物

	颜色和状态	密度 $\dfrac{}{g·cm^{-3}}$	熔点/℃	受热时的变化	溶解度 $\dfrac{}{g/100\ g\ H_2O}$
氧化银 Ag_2O	暗棕色粉末	7.22	300	300 ℃以上即分解为 Ag 和 O_2	0.013(20 ℃) 微溶于水,呈碱性,易溶于 HNO_3 和氨水中
硝酸银 $AgNO_3$	无色菱形片状晶体	4.355	212	强热时分解,混入有机物时见光变黑	216(20 ℃) 水溶液呈中性,易溶于甘油,可溶于乙醇,几乎不溶于浓 HNO_3

续表

	颜色和状态	密度 $g \cdot cm^{-3}$	熔点/℃	受热时的变化	溶解度 $(g/100\ g\ H_2O)$
硫酸银 Ag_2SO_4	白色晶体	5.45	660	1 085 ℃ 分解为 Ag，SO_2 和 O_2	0.75(18 ℃)，1.4(100 ℃) 易溶于氨水，不溶于醇类，较易溶于浓 H_2SO_4 中
三氯化金 Au_2Cl_6	深红色吸水性固体	2.44	254	高于 254 ℃ 时分解	溶于少量水中呈红棕色，在大量水中呈红黄色，易溶于醇、醚中，在酸性溶液中稳定，中性溶液中则析出 Au

Ag(Ⅰ)的化合物热稳定性较差，难溶于水的较多，且见光易分解。

一般说来，Ag(Ⅰ)的许多化合物加热到不太高的温度时就会发生分解。例如，Ag_2O 在 300 ℃ 即分解为 Ag 和 O_2，AgCN 在 320 ℃ 以上即分解出 Ag 和氰($CN)_2$。$AgNO_3$ 在 440 ℃ 时按下式分解：

$$2AgNO_3 \xrightarrow{440\ ℃} 2Ag + 2NO_2 + O_2$$

易溶于水的 Ag(Ⅰ)化合物有：高氯酸银 $AgClO_4$，氟化银 AgF，氟硼酸银 $AgBF_4$ 和硝酸银 $AgNO_3$ 等。其他 Ag(Ⅰ)的常见化合物(不包括配盐)几乎都是难溶于水的。卤化银溶解度按 AgF，AgCl，AgBr，AgI 的顺序减小。Ag^+ 有较强的极化作用，卤素离子的极化率从 F^- 到 I^- 依次增大。从离子极化观点来看，阳、阴离子间的共价相互极化作用依次增强，从离子键占优势的 AgF 逐步过渡到共价键占优势的 AgI，因而使它们在水中的溶解度依次减小。Ag^+ 为 d^{10} 构型，它的化合物一般呈白色或无色，但 AgBr 呈淡黄色，AgI 呈黄色，这与卤素阴离子和 Ag^+ 之间发生的电荷跃迁有关。

许多 Ag(Ⅰ)的化合物对光是敏感的。例如，AgCl，AgBr，AgI 见光都按下式分解：

$$AgX \xrightarrow{光} Ag + \frac{1}{2}X_2$$

X 代表 Cl，Br，I。AgBr 常用于制造照相底片或印相纸等。AgI 可用于人工增雨。

一般认为水合银离子的化学式是 $[Ag(H_2O)_4]^+$，它在水中几乎不水解。$AgNO_3$ 的水溶液呈中性。因为 AgOH 极不稳定，在 Ag^+ 的溶液中加入 NaOH 溶液，则析出 Ag_2O 沉淀：

$$2Ag^+ + 2OH^- \longrightarrow Ag_2O(s) + H_2O$$

从 $E^{\ominus}(Ag^+/Ag) = 0.799\ 1$ V 来看，Ag^+ 的氧化性不很弱，但在 Ag^+ 的溶液中加入 I^- 时，Ag^+ 却不能把 I^- 氧化为 I_2，而是生成 AgI 沉淀。这是由于 Ag^+ 与 I^- 生成 AgI 沉淀后，降低了溶液中 Ag^+ 的浓度，使 $E(Ag^+/Ag)$ 大大降低，以致 Ag^+ 氧化 I^- 的反应不能发生。同样，向 Ag^+ 的溶液通入 H_2S，也不会发生氧化还原反应，而是析出 Ag_2S 沉淀。

AgI 溶在过量的 KI 溶液中,生成 $[AgI_2]^-$。当加水稀释 $[AgI_2]^-$ 的溶液时,又重新析出 AgI 沉淀。从反应 $AgI(s)+I^- \rightleftharpoons [AgI_2]^-$ 的标准平衡常数 $K^\ominus = c(AgI_2^-)/c(I^-)$ 来看,当稀释溶液时,$c(I^-)$ 和 $c(AgI_2^-)$ 同时减小,且比值不变,似乎平衡不会向左移动,不应有 AgI 沉淀析出。但反应 $[AgI_2]^- \rightleftharpoons Ag^+ + 2I^-$ 的标准平衡常数为

$$K^\ominus = \frac{\{c(Ag^+)/c^\ominus\}\{c(I^-)/c^\ominus\}^2}{\{c(AgI_2^-)/c^\ominus\}}$$

由此看出,当稀释溶液时,反应商 J 比稀释前变小,即 $J < K^\ominus$,所以平衡向生成 Ag^+ 和 I^- 的方向移动。当稀释到一定程度时,解离出来的 Ag^+ 和 I^- 浓度的乘积如果大于 $K_{sp}^\ominus(AgI)$,就会有 AgI 沉淀析出。

在水溶液中,Ag^+ 能与多种配体形成配合物,其配位数一般为 2,也有配位数为 3 或 4 的。由于 Ag(I) 的许多化合物都是难溶于水的,在 Ag^+ 的溶液中加入配位剂时,常常首先生成难溶化合物。当配位剂过量时,难溶化合物将形成配离子而溶解。例如,在 Ag^+ 的溶液中逐滴加入少量氨水时,首先生成难溶于水的 Ag_2O 沉淀:

$$2Ag^+ + 2NH_3 + H_2O \longrightarrow Ag_2O(s) + 2NH_4^+$$

溶液中氨水浓度增大时,Ag_2O 即溶解,生成 $[Ag(NH_3)_2]^+$:

$$Ag_2O(s) + 4NH_3 + H_2O \longrightarrow 2[Ag(NH_3)_2]^+ + 2OH^-$$

含有 $[Ag(NH_3)_2]^+$ 的溶液能把醛或某些糖类氧化,本身被还原为单质银。例如:

$$2[Ag(NH_3)_2]^+ + HCHO + 3OH^- \longrightarrow 2Ag(s) + HCOO^- + 4NH_3 + 2H_2O$$

工业上利用这类反应来制作镜子或在暖水瓶的夹层内镀银。$[Ag(NH_3)_2]^+$ 溶液久置会生成具有爆炸性的 AgN_3,故不应久置含 $[Ag(NH_3)_2]^+$ 的溶液。

Ag(I) 的许多难溶化合物可以转化为配离子而溶解,常利用这一特性,把 Ag^+ 从混合离子溶液中分离出来。例如,在含有 Ag^+ 和 Ba^{2+} 的溶液中加入过量的 K_2CrO_4 溶液时,会有 Ag_2CrO_4 和 $BaCrO_4$ 沉淀析出。再加入足够量的氨水,Ag_2CrO_4 转化为 $[Ag(NH_3)_2]^+$ 而溶解:

$$Ag_2CrO_4(s) + 4NH_3 \longrightarrow 2[Ag(NH_3)_2]^+ + CrO_4^{2-}$$

$BaCrO_4$ 则不溶于氨水。这样可使混合溶液中的 Ba^{2+} 和 Ag^+ 分离。

难溶于水的 Ag_2S 的溶解度太小,难以借配位反应使它溶解,通常借助氧化还原反应使它溶解。用硝酸来氧化 Ag_2S 使其溶解的反应如下:

$$3Ag_2S(s) + 8H^+ + 2NO_3^- \xrightarrow{\triangle} 6Ag^+ + 2NO + 3S + 4H_2O$$

Ag^+ 与少量 $Na_2S_2O_3$ 溶液反应生成 $Ag_2S_2O_3$ 白色沉淀,放置一段时间之后,沉淀由白色转变为黄色、棕色,最后转为黑色的 Ag_2S,有关反应为

$$2Ag^+ + S_2O_3^{2-} \longrightarrow Ag_2S_2O_3(s)$$
$$Ag_2S_2O_3(s) + H_2O \longrightarrow Ag_2S(s) + H_2SO_4$$

当 $Na_2S_2O_3$ 过量时，$Ag_2S_2O_3$ 溶解，生成配离子 $[Ag(S_2O_3)_2]^{3-}$：

$$Ag_2S_2O_3(s) + 3S_2O_3^{2-} \longrightarrow 2[Ag(S_2O_3)_2]^{3-}$$

现将溶液中 Ag^+ 的一些重要反应列在表 17-4 中。

表 17-4　溶液中 Ag^+ 的重要反应

§17.2　锌族元素

周期系第ⅡB族元素包括锌、镉、汞 3 种元素，通常称为锌族元素。它们是与 p 区元素相邻的 d 区元素，具有与 d 区元素相似的性质，如易于形成配合物等。在某些性质上它们又与第四、五、六周期的 p 区金属元素有些相似，如熔点都较低，水合离子都无色等。

锌的主要矿物为闪锌矿（ZnS），通常其中含少量的 CdS。闪锌矿经高温焙烧可转化为 ZnO，CdS 转化为 CdO：

$$2ZnS + 3O_2 \xrightarrow{\text{焙烧}} 2ZnO + 2SO_2$$

$$2CdS + 3O_2 \xrightarrow{\text{焙烧}} 2CdO + 2SO_2$$

用碳还原氧化锌可以得到金属锌：

图片
辰砂与水晶共生

$$ZnO+C \xrightarrow{>1\ 100\ ℃} Zn(g)+CO(g)$$

CdO 也被还原为单质镉,其沸点较低先于锌而挥发,收集后得到金属镉。气态锌冷凝后得到锌粉。

焙烧辰砂(HgS)可得金属汞。

若制备纯度更高的 Zn、Cd 和 Hg,可采用电解精炼的方法进行。

17.2.1 锌族元素的单质

锌、镉、汞是银白色金属(锌略带蓝色)。锌和镉的熔点都不高,分别为420 ℃ 和321 ℃。汞是室温下唯一的液态金属。在 0～200 ℃,汞的膨胀系数随温度的升高而均匀地改变,并且不润湿玻璃,在制造温度计时常利用汞的这一性质。另外,常用汞填充在气压计中。在电弧作用下汞的蒸气能导电,并发出富有紫外线的光,故汞也被用在日光灯的制造上。

锌、镉、铜、银、金、钠、钾等金属易溶于汞中形成合金,这种合金叫做汞齐。汞齐有液态、糊状和固态等形式。液态和糊状汞齐是汞中溶有少量其他金属,固态汞齐则含较多的其他金属。汞齐中的其他金属仍保留着这些金属原有的性质,如钠汞齐仍能从水中置换出氢气,只是反应变得温和一些。钠汞齐常在有机合成中用作还原剂。

一般说来,锌、镉、汞的化学活泼性从锌到汞降低。它们在干燥的空气中都是稳定的。在有 CO_2 存在的潮湿空气中,锌的表面常生成一层碱式碳酸盐的薄膜,这种薄膜能保护锌不被继续氧化。把锌和镉在空气中加热到足够高的温度时能燃烧起来,分别产生蓝色和红色的火焰,生成 ZnO 和 CdO。工业上常用燃烧锌的方法来制 ZnO。在空气中加热汞时能生成 HgO(红色)。当温度超过 400 ℃时,HgO 又分解为 Hg 和 O_2。汞与硫粉混合不必加热就容易生成 HgS。当不慎将汞撒在地上无法收集时,可把硫粉撒在有汞的地方,并适当搅拌或研磨,使硫与汞化合生成 HgS,可防止有毒的汞蒸气进入空气中。锌和镉与硫粉在加热时才生成硫化物。在室温下,汞的蒸气与碘的蒸气相遇时,能生成 HgI_2,因此可以把碘升华为气体,以除去空气中的汞蒸气。

锌的 $E^\ominus(Zn^{2+}/Zn) = -0.762\ 1\ V$,在室温下它却不能从水中置换出氢气,这是由于锌的表面形成的碱式碳酸盐薄膜起了保护作用的缘故。锌常被覆盖在铁制品上,保护铁不生锈。锌和镉能从盐酸或稀硫酸中置换出氢气来。汞能与硝酸反应而溶解。锌在强碱溶液中由于保护膜被溶解,可从强碱溶液中置换出氢气:

$$Zn+2OH^- +2H_2O \longrightarrow [Zn(OH)_4]^{2-} +H_2$$

促成这一反应进行的原因是 Zn^{2+} 在碱性溶液中生成配离子 $[Zn(OH)_4]^{2-}$,降低了电极电势,提高了锌的还原能力。

$$[Zn(OH)_4]^{2-} +2e^- \rightleftharpoons Zn+4OH^- ; \quad E^\ominus = -1.19\ V$$

此时,pH=14,$E(H^+/H_2) = -0.828\ 8\ V$,故锌可从碱液中置换出氢气。

17.2.2 锌族元素的化合物

锌、镉、汞原子的价层电子构型为$(n-1)d^{10}ns^2$。锌和镉通常形成氧化值为+2 的化合物,汞除了形成氧化值为+2 的化合物外,还有氧化值为+1(Hg_2^{2+})的化合物。锌和镉的化合物在某些方面比较相似,为此把锌和镉的化合物放在一起讨论。汞的化合物与锌和镉的化合物相比有许多不同之处,故单独讨论。

1. 锌、镉的化合物

锌和镉的卤化物中,除氟化物微溶于水外,余者均易溶于水。锌和镉的硝酸盐、硫酸盐也都易溶于水。锌的化合物大多数都是无色的。锌和镉的化合物通常可用它们的单质或氧化物为原料来制取。现将常见的几种锌和镉的化合物列在表 17–5 中。

MOOC

教学视频
锌、镉的化合物
及其性质

表 17–5 锌和镉的常见化合物

	颜色和状态	密度 $g \cdot cm^{-3}$	熔点/℃	受热时的变化	溶解度 $g/100\ g\ H_2O$（无水盐）
氧化锌 ZnO	白色粉末	5.60	1 975	1 800 ℃升华,加热时变成黄色,冷后又变成白色	1.6×10^{-4}(29 ℃)溶于酸和碱
硫酸锌 $ZnSO_4 \cdot 7H_2O$	无色晶体	1.97	100	39 ℃时溶于其结晶水,250~270 ℃脱去结晶水,灼烧至红热时分解为 ZnO 和 SO_3	54.4,不溶于乙醇
氯化锌 $ZnCl_2 \cdot 1\frac{1}{2}H_2O$	无色晶体	2.907（无水）	290（无水）	26 ℃熔化,无水 $ZnCl_2$ 为白色粉末,灼烧时升华,并呈白烟	432（25 ℃）,368（20 ℃）,易溶于乙醇、醚和甘油中
硫酸镉 $3CdSO_4 \cdot 8H_2O$	无色粗大晶体	3.08	1 000（无水）	加热到 100 ℃时,失去 1 个结晶水,灼烧可全部脱水	113（0 ℃）,不溶于酒精
氯化镉 $CdCl_2$	白色物质	4.05	568	568 ℃熔化,含水氯化镉有 $CdCl_2 \cdot 2.5H_2O$,在 34 ℃ 以上变为 $CdCl_2 \cdot 2H_2O$,低于 5.6 ℃时为 $CdCl_2 \cdot 4H_2O$	134.5,溶于乙醇中

Zn(Ⅱ)和 Cd(Ⅱ)的化合物受热时,一般情况下氧化值不改变。它们的含氧酸盐受热时分解,分别生成 ZnO 和 CdO,其无水卤化物受热时往往经熔化、沸腾成为气态的卤化物。

在水溶液中 Zn^{2+} 和 Cd^{2+} 的水合离子分别为$[Zn(H_2O)_6]^{2+}$和$[Cd(H_2O)_6]^{2+}$,这两种水合离子的水解趋势在常温下较弱,其水解常数如下:

$$[Zn(H_2O)_6]^{2+} \Longrightarrow [Zn(OH)(H_2O)_5]^+ + H^+; \quad K^{\ominus} = 10^{-9.66}$$

实验视频
Cd(OH)₂ 的生
成和性质

$$\left[\,Cd(H_2O)_6\,\right]^{2+} \Longrightarrow \left[\,Cd(OH)(H_2O)_5\,\right]^{+} + H^{+}; \quad K^{\ominus} = 10^{-9.0}$$

在 Zn^{2+} 和 Cd^{2+} 的溶液中加入强碱时,分别生成白色的 $Zn(OH)_2$ 和 $Cd(OH)_2$ 沉淀,当碱过量时,$Zn(OH)_2$ 溶解生成 $[\,Zn(OH)_4\,]^{2-}$,而 $Cd(OH)_2$ 则难溶解:

$$Zn^{2+} + 2OH^{-} \Longrightarrow Zn(OH)_2(s) \xrightarrow{OH^{-}过量} [\,Zn(OH)_4\,]^{2-}$$

$$Cd^{2+} + 2OH^{-} \Longrightarrow Cd(OH)_2$$

实验视频
CdS 的生成和
溶解

向 $Zn^{2+}[\,c(H^{+})<0.3\ mol\cdot L^{-1}\,]$ 和 Cd^{2+} 的溶液中分别通入 H_2S 时,都会有硫化物沉淀析出:

$$Zn^{2+} + H_2S \Longrightarrow ZnS(s) + 2H^{+}$$
$$\text{(白色)}$$

$$Cd^{2+} + H_2S \Longrightarrow CdS(s) + 2H^{+}$$
$$\text{(黄色)}$$

由于 ZnS 的溶度积较大,通入 H_2S 时,必须控制溶液的 pH。实际上,只有在 Zn^{2+} 溶液中加 $(NH_4)_2S$ 才能使 ZnS 沉淀完全。如溶液中 H^{+} 的浓度超过 $0.3\ mol\cdot L^{-1}$ 时,ZnS 就能溶解。CdS 则难溶于稀酸中,从溶液中析出的 CdS 呈黄色,常根据这一反应来鉴定溶液中 Cd^{2+} 的存在。ZnS 和 CdS 都用于制备荧光粉。

在 $ZnSO_4$ 溶液中加入 BaS 时,生成 ZnS 和 $BaSO_4$ 的混合沉淀物:

$$Zn^{2+} + SO_4^{2-} + Ba^{2+} + S^{2-} \longrightarrow ZnS\cdot BaSO_4(s)$$

此沉淀叫做锌钡白,俗称立德粉,是一种较好的白色颜料,没有毒性,在空气中比较稳定。

在水溶液中,Zn^{2+} 和 Cd^{2+} 与同种配体形成的配合物,一般说来后者较稳定。例如,它们与卤素离子形成的配合物的标准稳定常数如下:

		F⁻	Cl⁻	Br⁻	I⁻
Zn^{2+}	$\lg K_{穩}^{\ominus}$	0.73	0.43	-0.60	<-1
Cd^{2+}	$\lg K_{穩}^{\ominus}$	0.46	1.95	1.75	2.10

Zn^{2+} 和 Cd^{2+} 都能分别与 NH_3,CN^- 形成配位数为 4 的稳定配合物。含有 $[\,Zn(CN)_4\,]^{2-}$ 和 $[\,Cd(CN)_4\,]^{2-}$ 的溶液,曾被用作锌和镉的电镀液。由于 CN^- 有剧毒,已经改用其他无毒的电镀液。例如,用 Zn^{2+} 与次氨基三乙酸或三乙醇胺形成的配合物作电镀液来镀锌。锌和镉的配合物中,Zn^{2+} 和 Cd^{2+} 的配位数多为 4,构型为四面体。Zn^{2+} 和 Cd^{2+} 都是 d^{10} 构型的离子,不会发生 d-d 跃迁,故其配离子都是无色的。但是,当带有某些基团(如 —N≡N—)的螯合剂与 Zn^{2+} 反应时,也能生成有色的配合物。例如,二苯硫腙 $[\,C_6H_5—(NH)_2—CS—N=N—C_6H_5\,]$ 与 Zn^{2+} 反应时,生成粉红色的内配盐沉淀:

实验视频
Zn^{2+} 的鉴定

$$\frac{1}{2}Zn^{2+} + \begin{array}{c} NH—NH—C_6H_5 \\ C{=}S \\ N{=}N—C_6H_5 \end{array} \longrightarrow \begin{array}{c} NH—N—C_6H_5 \\ C{=}S{\to}Zn/2 \\ N{=}N—C_6H_5 \end{array} (s)^{①} + H^{+}$$
$$\text{(粉红色)}$$

---

① 这种螯合物是由 1 个 Zn^{2+} 和 2 个二苯硫腙分子形成的,习惯上简写为上面的形式。

此内配盐能溶于 CCl_4 中,常用其 CCl_4 溶液来比色测定 Zn^{2+} 的含量。

现将溶液中 Zn^{2+} 和 Cd^{2+} 的重要反应分别列在表 17-6 和表 17-7 中。

表 17-6　溶液中 Zn^{2+} 的重要反应

$$Zn^{2+}\begin{cases}
\xrightleftharpoons[H^+]{OH^-} Zn(OH)_2(s) \xrightleftharpoons[H^+]{OH^-\text{过量}} [Zn(OH)_4]^{2-} \\[4pt]
\xrightarrow{NH_3} Zn(OH)_2(s) \xrightarrow{NH_3\text{过量}} [Zn(NH_3)_4]^{2+} \\[4pt]
\xrightarrow{CN^-} Zn(CN)_2(s) \xrightarrow{CN^-\text{过量}} [Zn(CN)_4]^{2-} \\[4pt]
\xrightleftharpoons[H^+]{CO_3^{2-}} xZnCO_3\cdot yZn(OH)_2 \\[4pt]
\xrightleftharpoons[H^+]{HCO_3^-} ZnCO_3(s) \\[4pt]
\xrightarrow{HPO_4^{2-}} Zn_3(PO_4)_2(s) \\[4pt]
\xrightarrow{K_4[Fe(CN)_6]} K_2Zn_3[Fe(CN)_6]_2(s)(\text{白色}) \\[4pt]
\xrightarrow{[Fe(CN)_6]^{3-}} Zn_3[Fe(CN)_6]_2(s)(\text{黄褐色}) \\[4pt]
\xrightleftharpoons[H^+]{H_2S[c(H^+)<0.3\ mol\cdot L^{-1}]} ZnS(s) \\[4pt]
\xrightarrow{F^-} ZnF_2(s)
\end{cases}$$

表 17-7　溶液中 Cd^{2+} 的重要反应

$$Cd^{2+}\begin{cases}
\xrightleftharpoons[H^+]{OH^-} Cd(OH)_2(s) \\[4pt]
\xrightarrow{NH_3} Cd(OH)_2(s) \xrightarrow{NH_3\text{过量}} [Cd(NH_3)_4]^{2+} \\[4pt]
\xrightarrow{CN^-} Cd(CN)_2(s) \xrightarrow{CN^-\text{过量}} [Cd(CN)_4]^{2-} \\[4pt]
\xrightleftharpoons[H^+]{CO_3^{2-}} xCdCO_3\cdot yCd(OH)_2(s) \\[4pt]
\xrightleftharpoons[H^+]{HCO_3^-} CdCO_3(s) \\[4pt]
\xrightarrow{I^-\text{过量}} [CdI_4]^{2-} \\[4pt]
\xrightarrow{Br^-\text{过量}} [CdBr_4]^{2-} \\[4pt]
\xrightarrow{SCN^-\text{过量}} [Cd(SCN)_4]^{2-} \\[4pt]
\xrightarrow{S_2O_3^{2-}\text{过量}} [Cd(S_2O_3)_4]^{6-} \\[4pt]
\xrightarrow{H_2S} CdS(s)(\text{黄色})
\end{cases}$$

溶液的酸碱性对锌物种的氧化还原性质有显著影响,现将 Zn-H_2O 系统的 E-pH 图的绘制和应用介绍如下:

在图 17-2 中,ⓐ线代表 H_2 线。图中①线是反应:

$$Zn^{2+}+2e^- \Longrightarrow Zn; \quad E^\ominus = -0.762\ 1\ V$$

的平衡线。它是根据方程式:

$$E(Zn^{2+}/Zn) = 0.762\ 1\ V + 0.029\ 6\ V\ \lg\frac{c(Zn^{2+})}{c^\ominus} \tag{1}$$

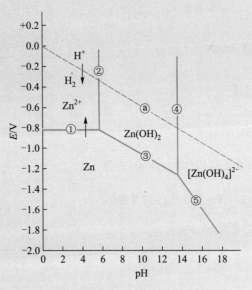

图 17-2　Zn-H_2O 系统的 E-pH 图

在 $c(Zn^{2+}) = 1\ mol \cdot L^{-1}$ 时绘出的。

②线是反应:

$$Zn(OH)_2 + 2H^+ \Longrightarrow Zn^{2+} + 2H_2O; \quad K^\ominus = 10^{11.08}$$

的平衡线。它是根据方程式:

$$\lg\frac{c(Zn^{2+})}{c^\ominus} = 11.08 - 2pH \tag{2}$$

在 $c(Zn^{2+}) = 1\ mol \cdot L^{-1}$ 时出绘的。

③,④,⑤线是分别根据下述反应及其有关方程式绘出的。

③线:　　　$Zn(OH)_2 + 2H^+ + 2e^- \Longrightarrow Zn + 2H_2O; \quad E^\ominus = -0.419\ V$

　　　　　　$E[Zn(OH)_2/Zn] = -0.419\ V - 0.059\ 2\ V\ pH$

④线:　　　$Zn(OH)_2 + 2OH^- \Longrightarrow [Zn(OH)_4]^{2-}; \quad K^\ominus = -10^{0.68}$①

　　　　　　$\lg\dfrac{c[Zn(OH)_4^{2-}]}{c^\ominus} = -27.32 + 2pH$

⑤线:　　　$[Zn(OH)_4]^{2-} + 4H^+ + 2e^- \Longrightarrow Zn + 4H_2O; \quad E^\ominus = 0.434\ V$

$$E[Zn(OH)_4^{2-}/Zn] = 0.434\ V - 0.118\ V\ pH + 0.029\ 6\ V\ \lg\frac{c[Zn(OH)_4^{2-}]}{c^\ominus}$$

---

① 由 $K_{sp}^\ominus(Zn(OH)_2)$ 和 $K_f^\ominus[Zn(OH)_4^{2-}]$ 算出。

从 Zn-H_2O 系统的 E-pH 图中可以看出各物种的稳定区。例如，②线左方为 Zn^{2+} 稳定区，②线与④线之间是 $Zn(OH)_2$ 的稳定区。从图中还可以看出，在酸性或碱性溶液中 Zn 都可能从水中置换出氢，但是在 pH=6～13 时，由于生成难溶于水的 $Zn(OH)_2$，覆盖在 Zn 的表面，阻碍了 Zn 的进一步反应。实际上在这种情况下 Zn 置换 H_2 的反应难于进行。在 pH 大于 15 时，由于生成了可溶性的配离子 $[Zn(OH)_4]^{2-}$，Zn 置换 H_2 的反应可以进行。由图中还可以看出，在 $c(Zn^{2+})=$ 1 mol·L^{-1} 时，从溶液中沉淀 $Zn(OH)_2(s)$ 的 pH，以及 $Zn(OH)_2$ 溶解在碱性溶液的 pH。

2. 汞的化合物

在氧化值为+1 的汞的化合物中，汞以 Hg_2^{2+}（—Hg—Hg—）的形式存在。Hg(I) 的化合物叫亚汞化合物。绝大多数亚汞的无机化合物都是难溶于水的。Hg(II) 的化合物中难溶于水的也较多。易溶于水的汞的化合物都是有毒的。在汞的化合物中，有许多是以共价键结合的。现将汞的常见化合物的性质列于表17-8中。

表 17-8　汞的常见化合物的性质

	颜色和状态	密度 $g·cm^{-3}$	熔点/℃	受热时的变化	溶解度 g/100 g H_2O
氯化汞（升汞）$HgCl_2$	无色针状晶体	5.4	277	304 ℃沸腾，有剧毒	6.5(20 ℃) 它的水溶液受空气及光的作用，逐渐分解为 Hg_2Cl_2
氯化亚汞（甘汞）Hg_2Cl_2	白色粉末	7.16	525	缓慢加热至383.2 ℃升华而不分解，长时间照光会析出 Hg	$2×10^{-4}$(25 ℃) 不溶于乙醇及稀酸中，溶于热的 HNO_3 及 H_2SO_4 中，并形成 Hg(II) 盐
硝酸汞 $Hg(NO_3)_2·\frac{1}{2}H_2O$	无色晶体	4.3（无水）	79（无水）	受热分解出 HgO，NO_2 和 O_2，有剧毒	极易溶于水，并发生水解
硝酸亚汞 $Hg_2(NO_3)_2·2H_2O$	无色晶体	4.79	70	高于 70 ℃时分解为 HgO，NO_2 和 O_2，有剧毒	易溶于水，在水中易被氧化为 Hg(II)，储存时加 Hg，防止 Hg^{2+} 生成
氧化汞 HgO	鲜红色和黄色两种	11.14	500（分解）	高于400 ℃即分解为 Hg 和 O_2，细心加热颜色变黑，冷又恢复原色	红色的为 1：20 500（水）黄色的为 1：19 500（水），不溶于乙醇，但溶于 HCl，HNO_3 中

MOOC 教学视频 汞的化合物

氯化汞 $HgCl_2$ 可由 $HgSO_4$ 与 NaCl 固体混合物加热制得:

$$HgSO_4 + 2NaCl \xrightarrow{300\ ℃} Na_2SO_4 + HgCl_2(g)$$

所得 $HgCl_2$ 气体冷却后变为 $HgCl_2$ 固体。由于 $HgCl_2$ 能升华,故称为升汞。$HgCl_2$ 也可用 Hg 和 Cl_2 直接作用而制得。$HgCl_2$ 有剧毒。$HgCl_2$ 是以共价键结合的分子,其空间构型为直线形:

$$Cl \xrightarrow{\ \ 229\ pm\ \ } Hg \xrightarrow{\ \ 229\ pm\ \ } Cl$$

它在水溶液中主要以分子形式存在。若在 $HgCl_2$ 溶液中加入氨水,生成氨基氯化汞(NH_2HgCl)白色沉淀:

$$HgCl_2 + 2NH_3 \longrightarrow NH_2HgCl(s) + NH_4Cl$$

只有在含有过量的 NH_4Cl 的氨水中,$HgCl_2$ 才能与 NH_3 形成配合物:

$$HgCl_2 + 2NH_3 \xrightarrow{NH_4Cl} [HgCl_2(NH_3)_2]$$

$$[HgCl_2(NH_3)_2] + 2NH_3 \xrightarrow{NH_4Cl} [Hg(NH_3)_4]Cl_2$$

其他 Hg(Ⅱ)的卤化物(HgF_2 除外)及 $Hg(CN)_2$ 和 $Hg(SCN)_2$ 也都是共价型分子,空间构型均为直线形。

氯化亚汞 Hg_2Cl_2 与 NH_3 作用时生成氨基氯化亚汞:

$$Hg_2Cl_2 + 2NH_3 \longrightarrow NH_2Hg_2Cl + NH_4Cl$$

NH_2Hg_2Cl 见光或受热时分解为 NH_2HgCl 和 Hg:

$$NH_2Hg_2Cl \longrightarrow NH_2HgCl + Hg$$

Hg_2Cl_2 又称为甘汞,常用它制造甘汞电极。

硝酸汞 $Hg(NO_3)_2$ 和硝酸亚汞 $Hg_2(NO_3)_2$ 均易溶于水。$Hg(NO_3)_2$ 可用 HgO 或 Hg 与硝酸作用制取:

$$HgO + 2HNO_3 \longrightarrow Hg(NO_3)_2 + H_2O$$
$$Hg + 4HNO_3(浓) \longrightarrow Hg(NO_3)_2 + 2NO_2 + 2H_2O$$

$Hg(NO_3)_2$ 与 Hg 作用可制取 $Hg_2(NO_3)_2$:

$$Hg(NO_3)_2 + Hg \longrightarrow Hg_2(NO_3)_2$$

$Hg(NO_3)_2$ 与 $Hg_2(NO_3)_2$ 都是离子型化合物。

在 $Hg(NO_3)_2$ 和 $Hg_2(NO_3)_2$ 的酸性溶液中,分别有无色的水合离子 $[Hg(H_2O)_6]^{2+}$ 和 $[Hg_2(H_2O)_x]^{2+}$ 存在。Hg^{2+} 和 Hg_2^{2+} 在水溶液中按下式发生水解反应:

$$[Hg(H_2O)_6]^{2+} \rightleftharpoons [Hg(OH)(H_2O)_5]^+ + H^+; \qquad K^{\ominus} = 10^{-3.7}$$
$$[Hg_2(H_2O)_x]^{2+} \rightleftharpoons [Hg_2(OH)(H_2O)_{x-1}]^+ + H^+; \qquad K^{\ominus} = 10^{-5.0}$$

增大溶液的酸性,可以抑制它们的水解。

由汞的元素电势图可以看出:Hg_2^{2+} 在溶液中不容易歧化为 Hg^{2+} 和 Hg。

$$Hg^{2+} \xrightarrow{\quad 0.908\ 3\ V \quad} Hg_2^{2+} \xrightarrow{\quad 0.795\ 5\ V \quad} Hg$$

相反,Hg 能把 Hg^{2+} 还原为 Hg_2^{2+}:

$$Hg^{2+}+Hg \longrightarrow Hg_2^{2+}; \qquad K^{\ominus}=80$$

前面提到的 $Hg_2(NO_3)_2$ 的制取,就是根据这一反应而进行的。

在 Hg^{2+},Hg_2^{2+} 的溶液中加入强碱时,分别生成黄色的 HgO 和棕褐色的 Hg_2O[①] 沉淀,因为 $Hg(OH)_2$ 和 $Hg_2(OH)_2$ 都不稳定,生成时立即脱水为氧化物:

$$Hg^{2+}+2OH^- \longrightarrow HgO(s)+H_2O$$
$$Hg_2^{2+}+2OH^- \longrightarrow Hg_2O(s)+H_2O$$

Hg_2O 不稳定,见光或受热逐渐分解为 HgO 和 Hg:

$$Hg_2O \longrightarrow HgO+Hg$$

HgO 和 Hg_2O 都能溶于热的浓硫酸中,但难溶于碱溶液中。

在 Hg^{2+} 和 Hg_2^{2+} 的溶液中分别加入适量的 Br^-,SCN^-,I^-,$S_2O_3^{2-}$,CN^- 和 S^{2-} 时,分别生成难溶于水的汞盐和亚汞盐。但是许多难溶于水的亚汞盐见光受热容易歧化为 $Hg(\mathrm{II})$ 的化合物和单质汞(Hg_2Cl_2 例外)。例如,在 Hg_2^{2+} 溶液中加入 I^- 时,首先析出绿色的 Hg_2I_2 沉淀:

$$Hg_2^{2+}+2I^- \longrightarrow Hg_2I_2(s)$$

Hg_2I_2 见光立即歧化为金红色的 HgI_2 和黑色的单质汞:

$$Hg_2I_2 \longrightarrow HgI_2+Hg$$

HgI_2 可溶于过量的 KI 溶液中,形成 $[HgI_4]^{2-}$:

$$HgI_2+2I^- \longrightarrow [HgI_4]^{2-}$$

$[HgI_4]^{2-}$ 常用来配制 Nessler 试剂,用于鉴定 NH_4^+。

在 Hg^{2+} 的溶液中加入 $SnCl_2$ 溶液时,首先有白色丝光状的 Hg_2Cl_2 沉淀生成,再加入过量的 $SnCl_2$ 溶液时,Hg_2Cl_2 可被 Sn^{2+} 还原为 Hg:

$$2Hg^{2+}+Sn^{2+}+8Cl^- \longrightarrow Hg_2Cl_2(s)+[SnCl_6]^{2-}$$
$$Hg_2Cl_2(s)+Sn^{2+}+4Cl^- \longrightarrow 2Hg+[SnCl_6]^{2-}$$

此反应常用来鉴定溶液中 Hg^{2+} 的存在。

Hg^{2+} 能形成多种配合物,其配位数为 4 的占绝对多数,都是反磁性的。这些配合物借加合反应生成。例如,难溶于水的白色 $Hg(SCN)_2$ 能溶于浓的 $KSCN$ 溶液中,生

[①] 关于 Hg_2O 的存在,有人持不同的看法,认为 Hg_2O 从来都未制得并分离出来,所见到的棕褐色沉淀,实际上是 HgO 和 Hg 的混合物。

成可溶性的四硫氰合汞(Ⅱ)酸钾 $K_2[Hg(SCN)_4]$:

$$Hg(SCN)_2(s) + 2SCN^- \longrightarrow [Hg(SCN)_4]^{2-}$$

Hg(Ⅱ)配合物的稳定常数都是 $K_{f1}^{\ominus}$ 和 $K_{f2}^{\ominus}$ 比较接近,而 $K_{f1}^{\ominus}$ 和 $K_{f2}^{\ominus}$ 比 $K_{f3}^{\ominus}$ 和 $K_{f4}^{\ominus}$ 大得多。例如,$[HgCl_4]^{2-}$ 的各级标准稳定常数如下:

	$K_{f1}^{\ominus}$	$K_{f2}^{\ominus}$	$K_{f3}^{\ominus}$	$K_{f4}^{\ominus}$
$[HgCl_4]^{2-}$	$10^{6.74}$	$10^{6.48}$	$10^{0.85}$	$10^{1.00}$

造成这种现象的原因可能与构型随配位数的增大而发生改变有关。

$HgCl_2$ 在水中主要以分子形式存在,可以利用 $[HgCl_4]^{2-}$ 的逐级标准稳定常数及有关数据计算出 $HgCl_2$ 溶液中各物种的浓度。

在室温下,饱和 $HgCl_2$ 溶液(0.27 mol·L^{-1})中可能存在的物种有 Hg^{2+},$[HgCl]^+$,$[HgCl_2]$,$[HgCl_3]^-$,$[HgCl_4]^{2-}$,$[HgOH]^+$,H^+ 和 OH^-,这 8 个物种的浓度都是未知的,但可建立 8 个方程式,计算出各物种的浓度。计算的主要结果如下:

$c(Hg^{2+}) = 4.55 \times 10^{-7}$ mol·L^{-1} $c([HgCl]^+) = 4.70 \times 10^{-4}$ mol·L^{-1}

$c(HgCl_2) \approx 0.27$ mol·L^{-1} $c([HgCl_3]^-) = 3.6 \times 10^{-4}$ mol·L^{-1}

$c([HgCl_4]^{2-}) = 6.8 \times 10^{-7}$ mol·L^{-1} $c([HgOH]^+) = 1.18 \times 10^{-6}$ mol·L^{-1}

由此可见,在 $HgCl_2$ 的饱和溶液中,$HgCl_2$ 很少解离为 Hg^{2+} 和 Cl^-,而是以分子形式的 $HgCl_2$ 占绝对优势,其他物种则是极少量的。当使 $HgCl_2$ 溶液中 Cl^- 浓度增加时,$[HgCl_3]^-$ 和 $[HgCl_4]^{2-}$ 会增多。

在 $HgCl_2$ 溶液中通入 H_2S 时,虽然在 $HgCl_2$ 溶液中 Hg^{2+} 的浓度很小,但 HgS 极难溶于水,故仍然能有 HgS 沉淀析出:

$$HgCl_2 + H_2S \longrightarrow HgS(s) + 2H^+ + 2Cl^-$$

HgS 难溶于水和盐酸或硝酸,但能溶于过量的浓 Na_2S 溶液,生成二硫合汞(Ⅱ)配离子 $[HgS_2]^{2-}$:

$$HgS(s) + S^{2-} \longrightarrow [HgS_2]^{2-}$$

在实验室中通常用王水来溶解 HgS:

$$3HgS(s) + 12Cl^- + 8H^+ + 2NO_3^- \longrightarrow 3[HgCl_4]^{2-} + 3S + 2NO + 4H_2O$$

在这一反应中,除了浓硝酸能把 HgS 中的 S^{2-} 氧化为 S 外,生成配离子 $[HgCl_4]^{2-}$ 也是促使 HgS 溶解的因素之一。可见 HgS 的溶解是氧化还原反应和配位反应共同作用的结果。

溶液中 Hg^{2+} 和 Hg_2^{2+} 的重要反应列在表 17-9 中。

表 17-9　溶液中 Hg^{2+}，Hg_2^{2+} 的重要反应

左侧 Hg^{2+}：

$\xrightarrow[H^+]{OH^-} HgO(s)$

$\xrightarrow[H^+]{CO_3^{2-}}$ 碱式碳酸汞(s)

$\xrightarrow[(Cl^-)]{NH_3} NH_2HgCl(s)$

$\xrightarrow[NH_4Cl]{NH_3+Cl^-} [HgCl_2(NH_3)_2] \xrightarrow{NH_3 \text{ 过量}} [Hg(NH_3)_4]^{2+}$

$\xrightarrow{SO_4^{2-}} HgSO_4(s)$

$\xrightarrow{H_2S} HgS(s) \xrightarrow{\text{王水}} [HgCl_4]^{2-}$
$\xrightarrow{S^{2-}} [HgS_2]^{2-}$

$\xrightarrow[Cl^-]{Sn^{2+}} Hg_2Cl_2(s) \xrightarrow{Sn^{2+}} Hg$

$\xrightarrow{I^-} HgI_2(s)$（金红色） $\xrightarrow{\text{过量 } I^-} [HgI_4]^{2-}$

$\xrightarrow[\text{过量}]{Br^-} [HgBr_4]^{2-} \xrightarrow{SCN^-} Hg(SCN)_2(s) \xrightarrow[\text{过量}]{SCN^-} [Hg(SCN)_4]^{2-}$

$\xrightarrow[\text{过量}]{CN^-} [Hg(CN)_4]^{2-}$

$\xrightarrow{Hg} Hg_2^{2+}$

$\xrightarrow{C_2H_4} [Hg(C_2H_4)]^{2+}$

右侧 Hg_2^{2+}：

$HgO+Hg \xleftarrow{\text{光}} Hg_2O(s) \xleftarrow{OH^-}$

$HgO+Hg \xleftarrow{\text{光}} Hg_2CO_3(s)$（黄色）$\xleftarrow{CO_3^{2-}}$

$NH_2HgCl+Hg \xleftarrow{\text{光}} NH_2Hg_2Cl(s) \xleftarrow[(Cl^-)]{NH_3}$

$[Hg(NH_3)_4]^{2+}+Hg \xleftarrow[NH_4Cl]{NH_3 \text{ 过量}}$

$HgSO_4+Hg \xleftarrow{\text{光}} Hg_2SO_4(s) \xleftarrow{SO_4^{2-}}$

$HgS+Hg \xleftarrow{\text{光}} Hg_2S(s) \xleftarrow{H_2S}$

$Hg_2Cl_2(s) \xleftarrow{Cl^-} Hg_2^{2+}$

$Hg \xleftarrow{Sn^{2+}}$

$HgI_2+Hg \xleftarrow{\text{光}} Hg_2I_2(s)$（绿色）$\xleftarrow{I^-}$

$Hg(CN)_2+Hg \xleftarrow{\text{光}} Hg_2(CN)_2(s) \xleftarrow{CN^-}$

$Hg_2CrO_4(s)$（红色）$\xleftarrow{CrO_4^{2-}}$

$HgO \cdot NH_2HgNO_3(s)+Hg$（白色）$\xleftarrow[NO_3^-]{NH_3}$

化学视野
含有害金属废水的处理

思 考 题

1. 比较铜族元素和碱金属元素的异同点。

2. 比较 Cu(I)化合物与 Cu(II)化合物的热稳定性。

3. 根据有关标准电极电势说明水溶液中 Cu^+ 不稳定，而 CuCl 和 $[CuCl_2]^-$ 却是稳定的。

4. 为什么 $[Cu(NH_3)_4]^{2+}$ 是深蓝色的，而 $[Cu(NH_3)_2]^+$ 却是无色的？将 Cu_2O 溶于氨水得到蓝色溶液，试说明其原因。

5. 用 Ag 和 HNO_3 反应制取 $AgNO_3$ 时，为了能充分利用 HNO_3，采用浓 HNO_3 有利还是稀 HNO_3 有利？

6. $AgNO_3$ 在 440 ℃分解时，为什么得不到 Ag_2O？

7. 为什么银制器皿会变黑？

8. 焊接金属时，用浓 $ZnCl_2$ 溶液为什么能清除金属表面的氧化物？

9. 比较锌族元素和碱土金属元素的异同点。

10. 试总结本章所学金属氢氧化物。其中哪些是两性的？哪些是不稳定的？哪些可溶于氨水？

11. 总结 Cu^{2+}，Ag^+，Zn^{2+}，Cd^{2+}，$HgCl_2$，Hg_2Cl_2 分别与氨水作用的产物和现象。

12. 根据有关电对标准电极电势说明水溶液中 Hg_2^{2+} 是稳定的，而 Hg_2I_2 等许多难溶于水的亚汞盐是不稳定的，易歧化为 $Hg(II)$ 化合物和单质汞。

13. 为什么锌、镉、汞(II)的四配位配合物的空间构型是四面体而不是平面四方形？

<h1 style="text-align:center">习　题 </h1>

1. 完成并配平下列反应方程式：

(1) $Cu+H_2SO_4(稀)+O_2 \xrightarrow{\triangle}$

(2) $Cu_2O+H_2SO_4(稀) \longrightarrow$

(3) $CuSO_4+KI \longrightarrow$

(4) $Cu^{2+}+Cu+Cl^- \xrightarrow[\triangle]{浓盐酸}$

(5) $Cu^{2+}+NH_3(过量) \longrightarrow$

(6) $CuS+HNO_3(浓) \longrightarrow$

2. 以 $Cu_2(OH)_2CO_3$ 为最初原料，最终制出 $CuCl$，写出有关的反应方程式。

3. 计算电对 $[Cu(NH_3)_4]^{2+}/Cu$ 的 $E^\ominus$。在有空气存在的情况下，铜能否溶于 $1.0\ mol \cdot L^{-1}$ 氨水中形成 $0.010\ mol \cdot L^{-1}$ 的 $[Cu(NH_3)_4]^{2+}$？

4. 已知 $K_f^\ominus(CuBr_2^-)=10^{5.89}$，结合有关数据计算 25 ℃时下列反应的标准平衡常数：

$$Cu^{2+}+Cu+4Br^- \Longrightarrow 2[CuBr_2]^-$$

5. 已知室温下反应 $Cu(OH)_2(s)+2OH^- \Longrightarrow [Cu(OH)_4]^{2-}$ 的标准平衡常数 $K^\ominus=10^{-2.78}$。

(1) 结合有关数据计算 $[Cu(OH)_4]^{2-}$ 的标准稳定常数 $K_f^\ominus$；

(2) 若使 $0.10\ mol\ Cu(OH)_2$ 溶解在 $1.0\ L\ NaOH$ 溶液中，问 NaOH 浓度至少应为多少？

6. $1.000\ g$ 铝黄铜(含铜、锌、铝)与 $0.100\ mol \cdot L^{-1}$ 硫酸反应。25 ℃和 101.325 kPa 时测得放出的氢气体积为 149.3 mL。相同质量的试样溶于热的浓硫酸，25 ℃和 101.325 kPa 时得到 411.1 mL SO_2。求此铝黄铜中各组分元素的质量分数。

7. 已知 $K_f^\ominus(Cu(CN)_4^{3-})=2.03\times10^{30}$，$K_{sp}^\ominus(Cu_2S)=2.5\times10^{-48}$，$K_a^\ominus(HCN)=5.8\times10^{-10}$，$K_{a1}^\ominus(H_2S)=8.9\times10^{-8}$，$K_{a2}^\ominus(H_2S)=7.1\times10^{-19}$。向 $[Cu(CN)_4]^{3-}$ 溶液中通入 H_2S 至饱和，写出反应方程式，计算其标准平衡常数，说明能否生成 Cu_2S 沉淀。

8. 某黑色固体(A)不溶于水，但可溶于硫酸生成蓝色溶液(B)。在(B)中加入适量氨水生成浅蓝色沉淀(C)，(C)溶于过量氨水生成深蓝色溶液(D)。在(D)中加入 H_2S 饱和溶液生成黑色沉淀(E)，(E)可溶于浓硝酸。试确定各字母所代表的物质，并写出相应的反应方程式。

9. 完成并配平下列反应方程式：

(1) $AgNO_3+NaOH \longrightarrow$

(2) $AgBr+Na_2S_2O_3 \longrightarrow$

(3) $[Ag(NH_3)_2]^++HCHO \longrightarrow$

(4) $Ag_2CrO_4+NH_3 \longrightarrow$

(5) $Au+O_2+CN^-+H_2O \longrightarrow$

10. 在 Ag^+ 溶液中，先加入少量的 $Cr_2O_7^{2-}$，再加入适量的 Cl^-，最后加入足够量的 $S_2O_3^{2-}$，预测每一步会有什么现象出现，写出有关反应的离子方程式。

11. 已知 $E^\ominus(Au^{3+}/Au)=1.50\ V$，$E^\ominus(Au^+/Au)=1.68\ V$。试根据下列电对的 $E^\ominus$，计算 $[AuCl_2]^-$

和$[AuCl_4]^-$的标准稳定常数。

$$[AuCl_2]^- + e^- \rightleftharpoons Au + 2Cl^- ; \quad E^\ominus = 1.61 \text{ V}$$

$$[AuCl_4]^- + 2e^- \rightleftharpoons [AuCl_2]^- + 2Cl^- ; \quad E^\ominus = 0.93 \text{ V}$$

12. 根据有关电对的标准电极电势和有关物种的溶度积,计算 25 ℃时反应 $Ag_2Cr_2O_7(s) + 8Cl^- + 14H^+ \rightleftharpoons 2AgCl(s) + 3Cl_2(g) + 2Cr^{3+} + 7H_2O$ 的标准平衡常数,说明反应能否正向进行。

13. 根据下列实验现象确定各字母所代表的物质。

$$\underset{\text{无色溶液}}{(A)} \xrightarrow{\text{NaOH}} \underset{\text{棕色沉淀}}{(B)} \xrightarrow{\text{HCl}} \underset{\text{白色沉淀}}{(C)} \xrightarrow{\text{氨水}} \underset{\text{无色溶液}}{(D)} \xrightarrow{\text{KBr}} \underset{\text{淡黄色沉淀}}{(E)}$$

$$\underset{\text{黑色沉淀}}{(I)} \xleftarrow{\text{Na}_2\text{S}} \underset{\text{无色溶液}}{(H)} \xleftarrow{\text{KCN}} \underset{\text{黄色沉淀}}{(G)} \xleftarrow{\text{KI}} \underset{\text{无色溶液}}{(F)} \xleftarrow{\text{Na}_2\text{S}_2\text{O}_3}$$

14. 完成并配平下列反应方程式:

(1) $Zn(OH)_2 + NH_3 \longrightarrow$

(2) $Cd^{2+} + HCO_3^- \longrightarrow$

(3) $HgS + HCl(浓) + HNO_3(浓) \longrightarrow$

(4) $Hg_2^{2+} + H_2S \xrightarrow{\text{光}}$

(5) $Hg^{2+} + I^-(过量) \longrightarrow$

(6) $Hg_2^{2+} + I^- \longrightarrow$

(7) $NH_2HgCl + NH_3 \xrightarrow{\text{NH}_4\text{Cl}}$

(8) $Hg^{2+} + Sn^{2+} + Cl^- \longrightarrow$

15. 在 $HgCl_2$ 溶液和含 Hg_2Cl_2 的溶液中,分别加入氨水,各生成什么产物? 写出反应方程式。

16. 在 Cu^{2+},Ag^+,Cd^{2+},Hg_2^{2+},Hg^{2+} 溶液中,分别加入适量的 NaOH 溶液,各生成什么物质? 写出有关的离子反应方程式。

17. 在一溶液中含有 Ag^+,Cu^{2+},Zn^{2+} 和 Hg^{2+} 4 种离子,如何把它们分离开并鉴定它们的存在?

18. 由粗锌制出的 $Zn(NO_3)_2$ 中可能含有 Cd^{2+},Fe^{3+} 和 Pb^{2+} 等离子,试用化学方法证明这三种杂质离子的存在。

19. 将少量某钾盐溶液(A)加到一硝酸盐溶液(B)中,生成黄绿色沉淀(C)。将少量(B)加到(A)中则生成无色溶液(D)和灰黑色沉淀(E)。将(D)和(E)分离后,在(D)中加入无色硝酸盐(F),可生成金红色沉淀(G)。(F)与过量的(A)反应则生成(D)。(F)与(E)反应又生成(B)。试确定各字母所代表的物质。写出有关的反应方程式。

20. 已知下列反应的标准平衡常数:

$$Zn(OH)_2(s) + 2OH^- \rightleftharpoons [Zn(OH)_4]^{2-} ; \quad K^\ominus = 10^{0.68}$$

结合有关数据,计算 $E^\ominus[Zn(OH)_4^{2-}/Zn]$。

21. 已知反应 $Hg_2^{2+} \rightleftharpoons Hg^{2+} + Hg$ 的 $K^\ominus = 1.24 \times 10^{-2}$。在 $0.10 \text{ mol·L}^{-1} Hg_2^{2+}$ 溶液中,有无 Hg^{2+} 存在? 说明 Hg_2^{2+} 在溶液中能否发生歧化反应。

22. 已知汞的元素电势图如下:

$$Hg^{2+} \xrightarrow{0.908\,3\text{ V}} Hg_2^{2+} \xrightarrow{0.795\,5\text{ V}} Hg$$
$$\underset{0.851\,9\text{ V}}{\underline{\qquad\qquad\qquad\qquad}}$$

$K_{sp}^\ominus(HgS) = 1.6 \times 10^{-52}$,$K_{sp}^\ominus(Hg_2S) = 1.0 \times 10^{-47}$。计算 $E^\ominus(HgS/Hg_2S)$ 和 $E^\ominus(Hg_2S/Hg)$。判断在 $Hg_2(NO_3)_2$ 溶液中加入 S^{2-} 时能否得到 Hg_2S 沉淀。

第十八章
学习引导

第十八章
教学课件

如何界定镧系元素和锕系元素的问题目前尚无定论,这与 f 区元素的定义有关。通常是将 f 区元素定义为最后一个电子填入(n-2)f 亚层的元素,因为 57 号元素 La 和 89 号元素 Ac 的(n-2)f 亚层上没有填入电子,常将镧系和锕系分别界定为 La 后的 14 种元素和 Ac 后的 14 种元素。即镧系元素为 58~71 号元素,锕系元素为 90~103 号元素。这种界定的结果是 La 不包括在镧系,Ac 也不包括在锕系之中;同样,71 号元素 Lu 和 103 号元素 Lr 的最后一个电子也并不是填在(n-2)f 亚层上,按理,也不应分别属镧系和锕系。另一种界定是根据能级填充顺序,Ba($6s^2$)后的 La($5d^16s^2$)应在 4f 亚层上填充一个电子,而不是填充在 5d 亚层上;同样,Ac($6d^17s^2$)应在 5f 亚层上有一个电子。据此,镧系元素为 57~70 号(La~Yb)元素,锕系元素为 89~102 号(Ac~No)元素。本书将 57~71 号元素称为镧系元素,以 Ln 表示;锕系元素包括 89~103 号元素,以 An 表示。这样,f 区元素包括镧系和锕系共 30 种元素。d 区过渡元素原子电子构型的主要差别在于次外层的 d 亚层,而 f 区元素原子的电子构型主要差别在于外数第三层的 f 亚层上,因此,f 区元素又称为内过渡元素。

锕系元素均为放射性元素,周期表中的多数放射性元素属于 f 区元素。因此,有关核化学的讨论与 f 区元素一起将在本章进行。

§18.1　镧　系　元　素

18.1.1　稀土元素简介

"稀土元素"是化学家们经常使用而又没有统一定义的一个化学术语。目前倾向性的看法是:由于ⅢB 族元素钇(Y)与镧系元素在自然界常共生于某些矿物之中,它们之间也有许多相似之处,故称镧系元素与钇为稀土元素,以 RE 表示[①]。可见,稀土元素与镧系元素之间仅差一种元素,对两者的讨论基本是一致的。"稀土"这一名词起源于它们的矿物稀散,氧化物和氢氧化物难溶于水,并和碱土元素相应化合物的性质类似。实际上,稀土元素并不稀有,大部分稀土元素在地壳中的丰度比银多 10 倍以上,其中铈的丰度在所有元素中排第 26 位,它的丰度是氯的一半甚至除钷(Pm)之外最稀少的铥(Tm)也比碘的丰度还稍大些。稀土元素的性质彼此相似,不易分离。从 1794 年芬兰化学家 J. Gadolin 发现"钇土"到 1945 年分离出最后一种稀土元素钷

---

① 在时间较早的某些文献和教材中,将ⅢB 族的钪(Sc)元素也包括在稀土元素之内。本书讨论稀土元素时,一般不涉及钪。

（Pm，唯一的放射性稀土元素）经历了 150 多年的时间。从 20 世纪 40 年代开始生产纯稀土元素并对稀土元素的化学与物理性质进行了研究。

依据稀土元素相对原子质量将其分为轻稀土元素和重稀土元素：

La Ce Pr Nd Pm Sm Eu　　　Gd Tb Dy（Y）Ho Er Tm Yb Lu[①]

　　　轻稀土元素(铈组)　　　　　　重稀土元素(钇组)

稀土元素的矿石主要有含轻稀土元素的独居石(磷酸铈镧矿，Ce 和 La 等的磷酸盐)和氟碳铈镧矿(Ce 和 La 等的氟碳酸盐)，以及含重稀土元素的硅铍钇矿($Y_2FeBe_2Si_2O_{10}$)、磷酸钇矿(YPO_4)和黑稀金矿$[(Y,Ce,La)(No,Ta,Ti)_2O_6]$等。我国的稀土资源以内蒙古自治区白云鄂博的储量最大，它以氟碳铈矿和独居石为主。其次是分布于广东、海南、台湾等地的海滨砂矿(以独居石为主)和遍布鄂、湘、滇、桂、川、赣、粤、鲁等省的坡积和冲积砂矿，它们多属重稀土矿类型，一般规模不大但易于开采。在 20 世纪 60 年代，赣、粤、闽等地发现了我国独有的一种离子吸附型重稀土矿，稀土元素呈离子状态，吸附在高岭土、埃洛石等黏土矿物中，特别易于提取，生产成本很低。我国稀土资源丰富，已探明的储量约为世界总储量的 80% 以上，工业储量也为世界工业储量的 80% 左右。经过近 40 年的发展，已经形成北方以白云鄂博稀土资源为主的轻稀土生产体系及南方以江西、广东和四川稀土资源为主的中、重稀土生产体系。我国的稀土生产能力居世界第一位，目前世界所消费的稀土约有 75% 产自我国。在稀土科技领域中，我国在某些方面虽然也取得了一批具有较高水平的成果，甚至达到了领先水平，但整体上与发达国家相比仍然有不小的差距。

18.1.2　镧系元素概述

1. 镧系元素的价层电子构型和性质

镧系元素的价层电子构型和性质列于表 18-1(a)和(b)中。

表 18-1(a)　镧系元素的电子构型和性质(1)

元素	Ln 电子构型	Ln^{3+} 电子构型	常见氧化值	原子半径 r/pm	离子半径 $r(Ln^{3+})/pm$	第三电离能 I_3 $kJ \cdot mol^{-1}$
(39 钇 Y^*)	$4d^15s^2$	$4s^44p^6$	+3	180	88	1 986
57 镧 La	$5d^16s^2$	$4f^0$	+3	188	106	1 855
58 铈 Ce	$4f^15d^16s^2$	$4f^1$	+3,+4	182	103	1 955
59 镨 Pr	$4f^3\ 6s^2$	$4f^2$	+3,+4	183	101	2 093
60 钕 Nd	$4f^4\ 6s^2$	$4f^3$	+3	182	100	2 142
61 钷 Pm	$4f^5\ 6s^2$	$4f^4$	+3	180	98	(2 150)
62 钐 Sm	$4f^6\ 6s^2$	$4f^5$	+2,+3	180	96	2 267
63 铕 Eu	$4f^7\ 6s^2$	$4f^6$	+2,+3	204	95	2 410

---

① Y 及其化合物的各种性质大致介于 Dy 和 Ho 之间。

元素	Ln 电子构型	Ln³⁺ 电子构型	常见 氧化值	原子半径 r/pm	离子半径 $r(\text{Ln}^{3+})$/pm	第三电离能 I_3 kJ·mol^{-1}
64 钆 Gd	$4f^7 5d^1 6s^2$	$4f^7$	+3	180	94	1 996
65 铽 Tb	$4f^9\ 6s^2$	$4f^8$	+3,+4	178	92	2 122
66 镝 Dy	$4f^{10}\ 6s^2$	$4f^9$	+3	177	91	2 203
67 钬 Ho	$4f^{11}\ 6s^2$	$4f^{10}$	+3	177	89	2 210
68 铒 Er	$4f^{12}\ 6s^2$	$4f^{11}$	+3	176	88	2 197
69 铥 Tm	$4f^{13}\ 6s^2$	$4f^{12}$	+3	175	87	2 292
70 镱 Yb	$4f^{14}\ 6s^2$	$4f^{13}$	+2,+3	194	86	2 424
71 镥 Lu	$4f^{14} 5d^1 6s^2$	$4f^{14}$	+3	173	85	2 027

表 18-1(b)　镧系元素的电子构型和性质(2)

元素	熔点 T/K	电负性	原子化焓 $\dfrac{\Delta_{\text{atm}} H_{\text{m}}^{\ominus}}{\text{kJ·mol}^{-1}}$	$\dfrac{E^{\ominus}(\text{Ln}^{3+}/\text{Ln})}{\text{V}}$	$\dfrac{\Delta_h H_{\text{m}}^{\ominus}(\text{Ln}^{3+})}{\text{kJ·mol}^{-1}}$	$\dfrac{U_{\text{m}}(\text{LnCl}_3)}{\text{kJ·mol}^{-1}}$	磁矩 μ μ_{B}
(39 钇 Y)	1 495	1.1	421.3	-2.397	-4 923.3	4 500.5	—
57 镧 La	1 193	1.11	431.0	-2.362	-4 612.0	4 276.6	0
58 铈 Ce	1 071	1.12	423.	-2.322	-4 666.8	4 324.7	2.4
59 镨 Pr	1 204	1.13	355.6	-2.346	-4 710.4	4 363.3	3.5
60 钕 Nd	1 283	1.14	327.6	-2.320	-4 746.2	4 392.	3.5
61 钷 Pm	1 353	1.1	(300)	(-2.29)	—	—	—
62 钐 Sm	1 345	1.17	206.7	-2.303	(-4 792.)	4 427.	1.5
63 铕 Eu	1 095	1.0	175.3	-1.983	-4 835.	4 467.	3.4
64 钆 Gd	1 584	1.20	397.5	-2.28	-4 849.	4 472.	8.0
65 铽 Tb	1 633	1.1	388.7	-2.252	-4 880.	4 495.	9.5
66 镝 Dy	1 682	1.22	290.4	-2.30	-4 904.	4 506.(β)	10.7
67 钬 Ho	1 743	1.23	300.8	-2.327	-4 948.	4 549.	10.3
68 铒 Er	1 795	1.24	317.1	-2.312	-4 973.	4 567.	9.5
69 铥 Tm	1 818	1.25	232.2	-2.287	-4 995.	4 584.	7.3
70 镱 Yb	1 097	—	152.3	-2.225	-5 041.8	4 627.7	4.5
71 镥 Lu	1 929	1.27	427.6	-2.17	-4 995.	4 576.	0

　　镧系元素的原子及其阳离子的基态电子构型常用发射光谱来确定。La～Lu 的基态价层电子构型可以用 $4f^{0\sim14}5d^{0\sim1}6s^2$ 来表示,其 4f 与 5d 电子数之和为 1～15,其中 57 号 La($4f^0$),63 号 Eu($4f^7$),64 号 Gd($4f^7$),70 号 Yb($4f^{14}$) 和 71 号 Lu($4f^{14}$) 的 4f 轨道处于全空、半满和全满的稳定状态。镧系元素形成 Ln³⁺ 时,外层的 5d 和 6s² 电子都已电离。离子的外层电子构型为 $4f^{0\sim14}$,随着原子序数的增加,f 电子的数目也相应增加。在离子晶体和水溶液系统中,镧系各元素的性质比较相似,随着离子半径由大到小的有规律的变化,其气态离子水合焓和 LnCl₃ 的晶格焓也呈规律性变化,但是彼此相差

不大,数值比较接近。在金属或共价态时,镧系元素性质如第三电离能、熔点、原子半径、原子化焓等却有所不同,Eu 和 Yb 的 4f 亚层处于半满和全满状态,在金属晶体中只有 2 个 6s 电子参与成键,其熔点、原子化焓比相邻其他镧系元素的低,原子半径较大,第三电离能也较大。

2. 原子半径、离子半径和镧系收缩

表 18-1(a)中列出了镧系元素的原子半径和离子半径,较之主族元素原子半径自左向右的变化,其总的递变趋势是随着原子序数的增大而缓慢地减小,这种现象称为"镧系收缩"。镧系收缩有两个特点:

(1)镧系内原子半径呈缓慢减小的趋势,多数相邻元素原子半径之差只有 1 pm 左右。这是因为随核电荷的增加相应增加的电子填入外数第三层的 4f 轨道,它比 6s 和 5s,5p 轨道对核电荷有更大的屏蔽作用,因此随原子序数的增加,最外层电子受核的吸引只是缓慢地增加,从而导致原子半径呈缓慢缩小的趋势。

(2)虽然随原子序数的增加镧系元素的原子半径缓慢地变小,但是从 La 到 Yb,原子半径递减的积累减小了约 14 pm 之多,从而造成了镧系后边 Lu,Hf 和 Ta 的原子半径和同族的 Y,Zr 和 Nb 的原子半径极为接近的事实。此种现象即为镧系收缩效应。

在镧系收缩中,离子半径的收缩要比原子半径的收缩显著得多,这一现象可由图 18-1 清楚地看出。这是因为离子比原子少一层电子,镧系金属原子失去最外层的 6s 电子以后,4f 轨道则处于次外层,这种状态的 4f 轨道比原子中的 4f 轨道对核电荷的屏蔽作用小,从而使得离子半径的收缩效果比原子半径的明显。

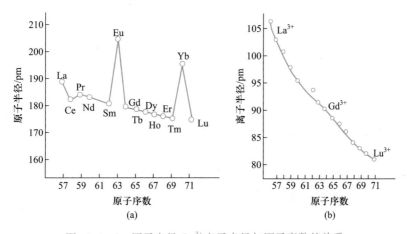

图 18-1 Ln 原子半径、Ln^{3+} 离子半径与原子序数的关系

3. 氧化值

镧系元素的特征氧化值是+3。La^{3+},Gd^{3+} 和 Lu^{3+} 的 4f 亚层的电子构型分别为 $4f^0$,$4f^7$,$4f^{14}$,它们是比较稳定的。同样,其他元素在反应中也有达到这类稳定构型的趋势,如 Ce 有氧化值为 +3 的化合物,也有构型为 $4f^0$ 氧化值为 +4 的化合物。Pr 有 PrO_2,PrF_4 等氧化值为+4 的化合物,但不很稳定。

Eu^{2+} 和 Yb^{2+} 的电子构型为 $4f^7$ 和 $4f^{14}$,比较稳定。电子构型不是决定化合物是否稳定的唯一因素,如已发现了 Tb(Ⅳ),Nd(Ⅳ),Dy(Ⅴ),Ce(Ⅱ),Nd(Ⅱ),Tm(Ⅲ)等的化合物。这意味着,电子构型是影响其稳定存在的重要因素,但也不能不考虑其他因素对稳定性的影响。

4. 离子的颜色

表 18-2 列出了 Ln^{3+} 在水溶液中的颜色。$Ce^{3+}(f^1)$ 和 $Gd^{3+}(f^7)$ 的吸收峰在紫外区而不显示颜色。$Eu^{3+}(f^6)$,$Tb^{3+}(f^8)$ 的吸收峰也仅有一部分在可见光区,故微显淡粉红色。$Yb^{3+}(f^{13})$ 的吸收峰则在红外区也不显示颜色,Y^{3+} 是无色的。f区元素的离子颜色主要是由 f-f 跃迁而引起的。

表 18-2　Ln^{3+} 水溶液中的颜色

原子序数	离子	4f 亚层电子构型	颜色	未成对电子数	颜色	4f 电子数	离子	原子序数
57	La^{3+}	0	无	0	(无	14	Lu^{3+}	71)
58	Ce^{3+}	1	无	1	无	13	Yb^{3+}	70
59	Pr^{3+}	2	黄绿	2	浅绿	12	Tm^{3+}	69
60	Nd^{3+}	3	红紫	3	淡红	11	Er^{3+}	68
61	Pm^{3+}	4	粉红	4	淡黄	10	Ho^{3+}	67
62	Sm^{3+}	5	淡黄	5	浅黄绿	9	Dy^{3+}	66
63	Eu^{3+}	6	浅粉红	6	微淡粉红	8	Tb^{3+}	65
64	Gd^{3+}	7	无	7	无	7	Gd^{3+}	64

5. 镧系元素的分组

通常采用两段分组法。正如在原子半径、常见氧化值、第三电离能、原子化焓、$E^{\ominus}(Ln^{3+}/Ln)$、晶格能($LnCl_3$)和 Ln^{3+} 离子颜色等性质变化中,镧系元素性质的系列变化呈两段分布(即前 7 种元素一段,后 7 种为另一段),以钆为界,恰在钆元素处分段,故称钆断效应。后一段又常显示出与前一段特别相似的变化,这实际上是其原子结构(f 电子)重复变化的一种反映。表现在成矿上形成以轻稀土为主或以重稀土为主的不同矿种,在稀土分离中也常常是按轻、重稀土分组富集并分离。

18.1.3　镧系元素的单质

1. 镧系金属单质的化学性质

表 18-1(b)中给出的 $E^{\ominus}(Ln^{3+}/Ln)$ 值的变化总趋势为从 La 到 Lu 逐渐增大,但都低于-1.98 V。在碱性溶液中,$E^{\ominus}[Ln(OH)_3/Ln]$ 值镧为-2.90V,依次增加到镥的-2.83 V,这说明无论是在酸性还是碱性溶液中,Ln 都是很活泼的金属,都是较强的还原剂。还原能力仅次于碱金属而和镁接近,远比铝和锌强。因此,金属单质保存时均在表面涂蜡,以避免发生氧化,甚至着火。

镧系元素单质的重要反应如表 18-3 所示。

表 18-3 镧系元素单质的重要反应

$$
\text{Ln} + \begin{cases}
X_2(\text{卤素}) \xrightarrow{>470\ K} \text{Ln}X_3 \\[2mm]
O_2 \xrightarrow{>420\ K} \text{Ln}_2O_3 \\[2mm]
S \xrightarrow{\text{沸点}} \text{Ln}_2S_3, \text{Ln}S, \text{Ln}S_2 \\[2mm]
N_2 \xrightarrow{>1\,300\ K} \text{Ln}N \\[2mm]
C \xrightarrow{\text{高温}} \text{Ln}C_x(x=0.5,1,1.5,2) \\[2mm]
B \xrightarrow{\text{高温}} \text{Ln}B_4, \text{Ln}B_6 \\[2mm]
H_2 \xrightarrow{>550\ K} \text{Ln}H_4, \text{Ln}H_3 \\[2mm]
\text{酸} \longrightarrow \text{Ln}^{3+} + H_2 \\[2mm]
H_2O \xrightarrow{\text{蒸气}} \text{Ln}_2O_3 + H_2
\end{cases}
$$

2. 稀土元素的提取

稀土元素在自然界中的存在形式已在前面介绍过了,下面以独居石为例介绍稀土元素的提取方法。

（1）NaOH 分解法

$$(RE)PO_4 + 3NaOH(\text{浓}) \xrightarrow{130\sim150\ ℃} (RE)(OH)_3(s) + Na_3PO_4$$

矿石中的钍(Th)和铀(U)以 $Th(OH)_4$ 和 $Na_2U_2O_7$ 的形式和 $(RE)(OH)_3$ 共同沉淀出来。用水浸出 Na_3PO_4 后,在沉淀中加硝酸使沉淀都以硝酸盐的形式转入溶液中:

$$(RE)(OH)_3 + 3HNO_3 \longrightarrow (RE)(NO_3)_3 + 3H_2O$$

$$Th(OH)_4 + 4HNO_3 \longrightarrow Th(NO_3)_4 + 4H_2O$$

$$Na_2U_2O_7 + 6HNO_3 \longrightarrow 2UO_2(NO_3)_2 + 2NaNO_3 + 3H_2O$$

Th 和 U 可在随后的萃取分离过程中与其他稀土元素分离。

（2）H_2SO_4 分解法

$$2(RE)PO_4 + 3H_2SO_4(\text{浓}) \xrightarrow{200\sim250\ ℃} (RE)_2(SO_4)_3(s) + 2H_3PO_4$$

Th 成为 $Th(SO_4)_2$,用冷水浸出后,加 $Na_4P_2O_7$ 到浸出液中,ThP_2O_7 生成沉淀,其他镧系元素可以通过向溶液中加入草酸生成草酸盐沉淀得以分离,草酸盐经灼烧后可得到 $(RE)_2O_3$。

（3）氯-碳分解法

将独居石与碳混合加热并通入氯气:

$$2(RE)PO_4 + 3C + 6Cl_2 \xrightarrow{1\,000\ ℃} 2(RE)Cl_3 + 2POCl_3 + 3CO_2$$

其他杂质也生成氯化物,如 UCl_4、$ThCl_4$、$TiCl_4$、$FeCl_3$ 等。但由于沸点不同,杂质可以与稀土元素分开,$(RE)Cl_3$ 则以液态形式流出。

3. 稀土元素的分离

稀土分离是稀土化学的重要内容，也是稀土研究和应用的前提。在高新技术领域中对稀土的纯度要求非常高，如用作激光晶体及光学基质材料的稀土氧化物 Y_2O_3，Gd_2O_3，其中极微量的杂质也将严重影响激光及光学性能。由于稀土元素之间的性质极为相似，因此造成元素分离的困难，分级结晶法、分级沉淀法、氧化还原法、离子交换法等曾作为稀土的分离方法。目前工业规模的稀土分离主要采用离子交换法和溶剂萃取法。

(1) 离子交换法

分离稀土元素时一般用磺酸型聚苯乙烯树脂作为阳离子交换树脂。根据经验已知阳离子交换能力的大小有下述规律：

第一，在常温下低浓度水溶液中，带正电荷数越多的阳离子交换能力越强：

$$Th^{4+} > Al^{3+} > Ca^{2+} > Na^+ > H^+$$

第二，在常温下低浓度水溶液中，如离子的氧化值相同，则交换能力按交换离子的水合半径的大小，排列顺序如下：

$$Sc^{3+} > Y^{3+} > Eu^{3+} > Sm^{3+} > Nd^{3+} > Pr^{3+} > Ce^{3+} > La^{3+}$$

根据离子交换能力大小的差异，以及离子与淋洗剂结合后所生成化合物的稳定性不同，可以利用离子交换树脂来分离各种元素。在离子交换柱上进行着多次的"吸附"和"脱附"（淋洗）的过程，使性质十分相似的元素得以分开。

现简单介绍采用离子交换法分离混合稀土离子的过程：

先将含有镧系离子的溶液从顶部注入钠盐形式（如聚苯乙烯磺酸钠）的阳离子交换柱，Ln^{3+} 置换 Na^+ 后在柱的上部形成一个吸附带。然后用含有阴离子配体（如酒石酸根、乳酸根和 2-羟基异丁酸根）的溶液缓慢流过柱体使 Ln^{3+} 沿柱下移并相互分离。阴离子螯合配体在淋洗过程中与 Ln^{3+} 形成带负电荷的配离子而进入洗脱液中。

开始时柱体顶部的 Na^+ 被 Ln^{3+} 取代：

$$Ln^{3+}(aq) + 3Na^+(res) \rightleftharpoons Ln^{3+}(res) + 3Na^+(aq)$$

方程式中的"res"代表树脂。配位试剂淋洗时形成电中性或带负电荷的镧系配合物。为了维持树脂本身的电中性，镧系配合物离开后留下的位置重新被 Na^+ 占据：

$$3Na^+(aq) + Ln^{3+}(res) + 3RCO_2^-(aq) \rightleftharpoons 3Na^+(res) + Ln(RCO_2)_3(aq)$$

半径最小的 Ln^{3+} 与阴离子配体的结合力最强，因而最先出现在洗脱液中，图 18-2 说明了用 2-羟基异丁酸作淋洗剂从离子交换柱上淋洗重稀土离子时的稀土流出顺序。原子序数较大的元素最先被淋洗出来，这是因为它们的离子半径较小而与淋洗剂形成较稳定的配合物的缘故。

(2) 溶剂萃取法

萃取过程就是利用一种溶剂（常用有机溶剂）去提取另一溶液（通常为水溶液）中某一溶质的过程，以达到分离或浓缩这一物质的目的。在工业上和实验室里广泛应用萃取方法分离化学性质极相近的元素，如锆与铪、铌与钽、稀土元素等，利用该方法可以生产纯度高于 99.99%，乃至 99.999% 的单一稀土产品。

分配系数可以用来衡量萃取剂的萃取能力，如果水溶液中有两种溶质，它们被萃取到有机相中的分配系数分别为

$$K_1 = c_1(\text{有机相})/c_1(\text{水相}) \quad K_2 = c_2(\text{有机相})/c_2(\text{水相})$$

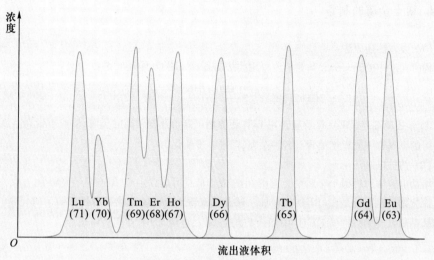

图 18-2　用 2-羟基异丁酸作淋洗剂从离子交换柱上淋洗重稀土
离子时的稀土流出顺序

这两个分配系数的比值 $\beta = K_1/K_2$ 表示了这两种物质从水相中被萃取到有机相的难易程度,β 叫分离系数。β 值越偏离 1,分离就越有效,即只有当两种被萃取物质的分配系数有显著差别时,才可能有选择地把其中一种物质萃取到有机相中去,而 $\beta = 1$ 时表明这两种物质不可能用萃取法分离。

早在 1953 年,磷酸三丁酯[TBP,分子式为 $(CH_3CH_3CH_2CH_2O)_3P{\rightarrow}O$]就被作为萃取剂用于稀土离子的分离。后来萃取分离稀土元素的萃取剂采用二(2-乙基己基)膦酸(简写为 HDEHP,我国商品名为 P204),化学式为

$$R{-}O \diagdown \quad \diagup O$$

P

$$R{-}O \diagup \quad \diagdown OH$$

$$R = (\ CH_3CH_2CH_2CH_2{-}CH{-}CH_2{-}\ ) \quad \overset{\displaystyle CH_2CH_3}{|}$$

HDEHP 在萃取稀土元素时,其平均分离系数 β 为 2.46,比用 TBP 时的 β 值大。HDEHP 在水中的溶解度小,它在有机相(org)中以双聚分子的形式存在。萃取稀土元素的反应如下(以 HA 代表 HDEHP):

$$(RE)^{3+}(aq) + 3(HA)_2(org) \longrightarrow (RE)(HA_2)_3(org) + 3H^+(aq)$$

所生成的螯合物的结构式为

$$R{-}O \quad O{\cdots}H{-}O \quad O{-}R$$

近年来,一些高效萃取剂[如 2-乙基己基膦酸单脂(P507)和甲基膦酸二甲庚酯(P350)]的研制工作取得可喜成果,并应用于生产之中。

4. 稀土金属的制备

（1）金属热还原法

稀土元素中的 Sm，Eu，Yb 等单质可用此法制备。如用 Ca 作还原剂：

$$3Ca+2(RE)F_3 \xrightarrow{1\ 450 \sim 1\ 750\ ℃} 3CaF_2+2RE$$

或用 Li 作还原剂与 (RE)Cl$_3$ 反应。用 Li 作还原剂可制得纯度较高的金属，但成本稍高。热还原法所得的金属都不同程度地含有各种杂质，需进一步纯化。

（2）熔盐电解法

熔盐电解法对轻稀土金属更为适用，生产成本低且可连续生产，但产品纯度稍差。

氯化物熔盐系统是在 (RE)Cl$_3$ 中加入碱金属或碱土金属氯化物以降低熔点。氧化物-氟化物熔盐电解系统则是在 (RE)$_2$O$_3$ 中加入 LiF 或 CaF$_2$，电解时 RE 在阴极析出。

18.1.4　镧系元素的重要化合物

1. Ln(Ⅲ) 的化合物

（1）氧化物和氢氧化物

除 Pr$_2$O$_3$ 为深蓝色，Nb$_2$O$_3$ 为浅蓝色，Er$_2$O$_3$ 为粉红色外，其他氧化值为 +3 的镧系元素的氧化物均为白色，而氢氧化物的颜色则与氧化物有所不同。Ln(OH)$_3$ 的溶度积和颜色列于表 18-4 中。

表 18-4　Ln(OH)$_3$ 的性质

氢氧化物	溶度积	颜色	氢氧化物	溶度积	颜色
La(OH)$_3$	1.0×10^{-19}	白	Lu(OH)$_3$	—	白
Ce(OH)$_3$	1.5×10^{-20}	白	Yb(OH)$_3$	2.9×10^{-24}	白
Pr(OH)$_3$	2.7×10^{-20}	浅绿	Tm(OH)$_3$	2.3×10^{-24}	绿
Nd(OH)$_3$	1.9×10^{-21}	紫红	Er(OH)$_3$	1.3×10^{-23}	浅红
Pm(OH)$_3$	—	—	Ho(OH)$_3$	—	黄
Sm(OH)$_3$	6.8×10^{-22}	黄	Dy(OH)$_3$	—	黄
Eu(OH)$_3$	3.4×10^{-22}	白	Tb(OH)$_3$	—	白
Gd(OH)$_3$	2.1×10^{-22}	白	Gd(OH)$_3$	2.1×10^{-22}	白

Ln(OH)$_3$ 的溶度积比碱土金属的溶度积小得多。用氨水即可从盐类溶液中沉淀出 Ln(OH)$_3$。温度升高时溶解度降低，在 200 ℃ 左右脱水生成羟基氧化物 LnO(OH)。Ln(OH)$_3$ 具有碱性，其碱性随 Ln^{3+} 半径的减小而减弱，胶体状的 Ln(OH)$_3$ 能在空气中吸收二氧化碳生成碳酸盐。其中，Ce(OH)$_3$ 在空气中不稳定，易被 O$_2$ 逐渐氧化变成黄色的 Ce(OH)$_4$。

镧系元素的氢氧化物、草酸盐或硝酸盐经加热分解可生成相应的氧化物 Ln_2O_3。对 Ce,Pr,Tb 则只能得到 CeO_2,Pr_6O_{11} 和 Tb_4O_7。这三种氧化物经过还原后才能得到氧化值为 +3 的氧化物。Ln_2O_3 的生成焓 $\Delta_f H_m^\ominus$ 一般都小于 $-1\,800\ kJ\cdot mol^{-1}$(除 Eu_2O_3,Ce_2O_3,La_2O_3 外)[①],比 Al_2O_3 的生成焓更小 $[\Delta_f H_m^\ominus(Al_2O_3,am)=-1\,632\ kJ\cdot mol^{-1}]$,所以稀土元素与氧作用生成氧化物时将放出大量的热。

(2) 卤化物

镧系元素的氟化物难溶于水,其溶度积由 LaF_3 到 YbF_3 逐渐增大。镧系元素的其他卤化物多易形成水合物,Ln 的氯化物和溴化物常含 6~7 个结晶水,而 $LnI_3\cdot nH_2O$ 中 $n=8\sim9$。无水的 $LnCl_3$ 的溶解度在室温下一般在 440~540 $g\cdot L^{-1}$。

$LnX_3\cdot nH_2O$ 可用氧化物或碳酸盐与 HX 直接作用而制得。无水的 LnX_3 可用下列反应制备:

$$2Ln+3X_2 \longrightarrow 2LnX_3$$
$$Ln_2O_3+3C+3Cl_2 \longrightarrow 2LnCl_3+3CO$$

(3) 其他盐类

镧系元素的草酸盐在稀土化合物中相当重要,因为草酸盐的溶解度很小。如 $La_2(C_2O_4)_3$,每 100 g 水中只能溶解 0.02 mg(25 ℃)。在碱金属草酸盐溶液中,钇组草酸盐由于形成配合物 $[Ln(C_2O_4)_3]^{3-}$,比铈组草酸盐的溶解度大得多。根据稀土元素草酸盐的这种溶解度差别,可进行镧系元素分离。

除草酸盐外,镧系元素的碳酸盐、氟化物、磷酸盐和焦磷酸盐 $[Ln_4(P_2O_7)_3]$ 也都难溶于水。稀土与硫酸、硝酸、盐酸三强酸形成的盐都易溶解于水,结晶出的盐都含结晶水。硫酸盐的溶解度随温度升高而降低,故以冷水浸取它为宜;$Ln_3(SO_4)_3$ 易与碱金属硫酸盐形成复盐 $Ln_2(SO_4)_3\cdot M_2SO_4\cdot nH_2O$。铈组的硫酸盐复盐溶解度小于钇组,这种性质也常用来分离铈和钇两组的盐类。

2. Ln(Ⅱ)和 Ln(Ⅳ)的化合物

Ce,Pr 和 Tb 都能生成氧化值为 +4 的化合物。Ce^{4+} 在水溶液中或在固相中都可存在,在空气中加热 Ce 的一些含氧酸盐或氢氧化物都可得到黄色的 CeO_2。CeO_2 是强氧化剂:

$$CeO_2(s)+4H^++e^- \Longrightarrow Ce^{3+}+2H_2O; \quad E^\ominus=1.26\ V$$

CeO_2 可将浓盐酸氧化成 Cl_2,将 Mn^{2+} 氧化成 MnO_4^-。CeO_2 的热稳定性很好,在 800 ℃ 时不分解,温度再高可失去部分氧。

在 Ce^{4+} 的溶液中加入 NaOH 溶液时将析出黄色胶状的 $CeO_2\cdot nH_2O$ 沉淀,它能溶于酸。Ce^{4+} 易发生配位反应,如在 H_2SO_4 中可生成 $CeSO_4^{2+}$,$Ce(SO_4)_2$ 和 $Ce(SO_4)_3^{2-}$ 等。在 $HClO_4$ 溶液中由于 ClO_4^- 的配位能力很弱,溶液中主要存在下列水解平衡:

---

① $\Delta_f H_m^\ominus(Eu_2O_3,s)=-1\,662.7\ kJ\cdot mol^{-1}$, $\quad \Delta_f H_m^\ominus(Ce_2O_3,s)=-1\,796.2\ kJ\cdot mol^{-1}$,
$\Delta_f H_m^\ominus(La_2O_3,s)=-1\,793.7\ kJ\cdot mol^{-1}$。

$$Ce^{4+}+H_2O \rightleftharpoons Ce(OH)^{3+}+H^+; \quad K^\ominus =5.2$$

进一步反应：

$$2Ce(OH)^{3+} \rightleftharpoons [Ce—O—Ce]^{6+}+H_2O; \quad K^\ominus =16.5$$

当 $HClO_4$ 浓度很大时，可抑制水解反应的进行而保持较高浓度的 $Ce^{4+}(aq)$，因此 $E(Ce^{4+}/Ce^{3+})$ 随 $HClO_4$ 浓度而变。在 pH＝0 时，$E(Ce^{4+}/Ce^{3+})=1.74\ V$，pH＝6 时，$E(Ce^{4+}/Ce^{3+})=0.76\ V$，可见 Ce^{3+} 在弱碱或弱酸溶液中易被氧化成 Ce^{4+}。

氧化值为+4 的 Pr 和 Tb 多存在于其混合价氧化物(如 Pr_6O_7 和 Tb_4O_7 等)及配合物中。在氧化值为+2 的离子中，只有 Eu^{2+} 能在固态化合物中稳定存在。已知 $E^\ominus(Eu^{3+}/Eu^{2+})=-0.351\ V$，而 $E^\ominus(Sm^{3+}/Sm^{2+})=-1.75\ V$，$E^\ominus(Yb^{3+}/Yb^{2+})=-1.21\ V$，可见 Yb^{2+} 和 Sm^{2+} 的还原能力较强，在水溶液中易被氧化。若溶液中存在 Eu^{3+}，Yb^{3+} 和 Sm^{3+} 三种离子，可用 Zn 作还原剂将 Eu^{3+} 还原。而要将 Yb^{3+} 和 Sm^{3+} 还原为低价离子，只能用钠汞齐那样的强还原剂。

Ln^{2+} 同碱土金属离子类似，尤其同 Ba^{2+} 相似，能形成溶解度较小的硫酸盐。

3. 镧系元素的配合物

镧系元素同 d 区元素相比，形成配合物的种类和数量要少得多。镧系元素形成的配合物稳定性较差，这可以从以下两个方面来理解：一是从价层电子构型看，Ln^{3+} 的价层电子构型是 $4f^n5s^25p^6$，4f 电子被外层电子所掩盖，与配体轨道之间的作用很弱，Ln^{3+} 与配体之间的作用主要是静电作用，配键主要以离子性为主，所形成的配离子稳定性差。Ln^{3+} 的配离子稳定性与配位原子的电负性大小有关，配体的配位能力依下列顺序而减弱：

$$F^- > OH^- > H_2O > NO_3^- > Cl^-$$

二是从离子半径的大小来看，Ln^{3+} 的离子半径(在 85~106 pm 之间)比 Cr^{3+} 和 Fe^{3+} 的离子半径要大 20~40 pm，Ln^{3+} 像 ⅡA 族离子那样只与配合能力强的配体如 EDTA 和其他螯合剂才能形成稳定配离子。由于离子半径较大，Ln^{3+} 所成的配离子会有较大的配位数，通常为 7,8,9,10。若从金属离子的酸碱性来看，Ln^{3+} 属于硬酸类，它们与 F,O,N 等硬碱类配位原子有较强的配位作用，形成的配离子较稳定，而与 Cl,S,P 等软碱类配位原子形成稳定性较差的配离子，有些甚至不能从水溶液中分离出来。

化学视野

稀土功能材料简介

§18.2　锕 系 元 素

18.2.1　锕系元素概述

锕系元素都是放射性元素。其中位于铀后面的元素，即 93 号镎(Np)至 103 号铹(Lr)被称为"铀后元素"或"超铀元素"。锕系元素的研究与原子能工业的发展有着密切关系。当今除了人们所熟悉的铀、钍和钚已大量用作核反应堆的燃料以外，诸如 ^{138}Pu，^{244}Cm 和 ^{252}Cf 这些核素，在空间技术、气象学、生物学直至医学方面，都有着实际

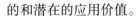

的和潜在的应用价值。

1. 锕系元素的价层电子构型和性质

表 18-5 列出了锕系元素的价层电子构型和某些性质。由表中可以看出,90 号元素 Th 的电子构型为 $6d^27s^2$,没有 5f 电子。89,91,92,93 和 96 号元素都具有 $5f^{n-1}6d^17s^2$ 电子构型(n 为按能级顺序应填充在 5f 轨道上的电子数),103 号元素 Lr 具有 $5f^{14}6d^17s^2$ 电子构型,其余元素则都属于 $5f^n7s^2$ 电子构型。与镧系元素相比,同样把一个外数第三层的 f 电子激发到次外层的 d 轨道上去,在前半部分($n=7$ 以前)锕系元素所需的能量要少,表明这些锕系元素的 f 电子较容易被激发,成键的可能性更大一些,更容易表现为高氧化态;在 $n=7$ 以后的锕系元素则相反,因此它们的低氧化态化合物更稳定。

表 18-5　锕系元素的价层电子构型和性质

元素	气态原子可能的电子构型	An^{3+} 离子半径 pm	An^{4+} 离子半径 pm	$\dfrac{E^{\ominus}(An^{3+}/An)}{V}$	熔点 ℃
89 锕 Ac	$6d^17s^2$	111	99	(−2.6)	1 050
90 钍 Th	$6d^27s^2$	108	96	—	1 750
91 镤 Pa	$5f^26d^17s^2$	105	93	—	<1 870
92 铀 U	$5f^36d^17s^2$	103	92	−1.642	1 132
93 镎 Np	$5f^46d^17s^2$	101	90	(−1.856)	637
94 钚 Pu	$5f^6\ \ 7s^2$	100	89	(−2.031)	639
95 镅 Am	$5f^7\ \ 7s^2$	99	88	(−2.32)	995
96 锔 Cm	$5f^76d^1\ 7s^2$	98.5	87		1 340
97 锫 Bk	$5f^9\ \ 7s^2$	98	86		
98 锎 Cf	$5f^{10}\ \ 7s^2$	97.7			
99 锿 Es	$5f^{11}\ \ 7s^2$				
100 镄 Fm	$5f^{12}\ \ 7s^2$				
101 钔 Md	$5f^{13}\ \ 7s^2$				
102 锘 No	$5f^{14}\ \ 7s^2$				
103 铹 Lr	$5f^{14}6d^17s^2$				

2. 氧化值

对镧系元素来说,+3 是特征氧化值,对锕系元素则有明显的不同,从表18-6中可以看到,由 Ac 到 Am 为止的前半部分锕系元素具有多种氧化值,其中最稳定的氧化值由 Ac 为+3上升到 U 为+6,随后又依次下降,到 Am 为+3。Cm 以后的稳定氧化值为+3,唯有 No 在水溶液中最稳定的氧化态为+2。由于 5f 轨道伸展得比 4f 轨道离核更远些,且 5f,6d,7s 各轨道能量比较接近,这些因素都有利于共价键形成并保持较高的氧化值。

表 18-6 锕系元素的氧化值

氧化值	Ac	Th	Pa	U	Np	Pu	Am	Cm	Bk	Cf	Es	Fm	Md	No	Lr
+2							2			2	2	2	<u>2</u>	<u>2</u>	<u>3</u>
+3	<u>3</u>			3	3	3	<u>3</u>	<u>3</u>	<u>3</u>	<u>3</u>	<u>3</u>	<u>3</u>	3		
+4		<u>4</u>	4	<u>4</u>	4	<u>4</u>	4	4	4						
+5			<u>5</u>	5	<u>5</u>	5	5								
+6				<u>6</u>	6	6	6								
+7					7	7									

* 下划线者为最稳定的氧化值。

3. 锕系收缩

同镧系元素相似,锕系元素相同氧化态的离子半径随原子序数的增加而逐渐减小,且减小得也较缓慢(从 90 号 Th 到 98 号 Cf 共减小了约 10 pm),称为锕系收缩。由 Ac 到 Np 半径的收缩还比较明显,从 Pu 开始各元素离子半径的收缩就更小。

4. 电极电势

下面列出了部分重要的锕系元素在酸性溶液中的元素电势图 $E_A^{\ominus}/V$:

$$PaO_2^+ \xrightarrow{(-0.1)} Pa^{4+} \xrightarrow{(-0.9)} Pa$$
$$\underline{\qquad -1.0 \qquad}$$

$$UO_2^{+} \xrightarrow{0.05} UO_2^+ \xrightarrow{0.62} U^{4+} \xrightarrow{-0.607} U^{3+} \xrightarrow{-1.642} U$$

$$NpO_2^{2+} \xrightarrow{1.15} NpO_2^+ \xrightarrow{0.75} Np^{4+} \xrightarrow{0.147} Np^{3+} \xrightarrow{-1.856} Np$$

$$PuO_2^{2+} \xrightarrow{0.93} PuO_2^+ \xrightarrow{1.15} Pu^{4+} \xrightarrow{0.98} Pu^{3+} \xrightarrow{-2.031} Pu$$

$$AmO_2^{2+} \xrightarrow{1.639} AmO_2^+ \xrightarrow{1.261} Am^{4+} \xrightarrow{2.18} Am^{3+} \xrightarrow{-2.32} Am$$

在 $1\ mol \cdot L^{-1}\ HClO_4$ 溶液中,由 U 到 Am 的 $E(An^{4+}/An^{3+})$ 值越来越大,表明 An^{3+} 的稳定性按同一顺序而增强。

5. 单质的性质

锕系元素单质的金属性较强。它们可用碱金属或碱土金属还原相应的氟化物或用熔盐电解法制备。锕系元素的单质通常为银白色金属,易与水或氧作用,保存时应避免与氧接触。锕系元素可与其他金属形成金属间化合物和合金。

18.2.2 钍和铀及其化合物

1. 钍及其化合物

钍主要存在于硅酸钍矿 $ThSiO_4$、独居石等矿中,在 1 000 ℃ 的高温下可用金属钙

还原 ThO_2 而制得金属钍。钍的重要反应列于表 18-7。

表 18-7 钍的重要反应

$$
Th+
\begin{cases}
H_2 \xrightarrow{\ 870\ K\ } ThH_2 \\[4pt]
C \xrightarrow{\ 2\ 400\ K\ } ThC, ThC_2 \\[4pt]
N_2 \xrightarrow{\ 1\ 050\ K\ } ThN \\[4pt]
O_2 \xrightarrow{\ 500\ K\ } ThO_2 \begin{cases} HF \xrightarrow{\ 870\ K\ } ThF_4 \\[4pt] HNO_3 \longrightarrow Th(NO_3)_4 \cdot 5H_2O \\[4pt] CCl_4 \xrightarrow{\ 870\ K\ } ThCl_4 \end{cases}
\end{cases}
$$

像其他锕系元素一样,钍(Ⅳ)的氢氧化物、氟化物、碘酸盐、草酸盐和磷酸盐等都是难溶性的盐,除氢氧化物外,钍的后四种盐类即使在 $6\ mol \cdot L^{-1}$ 的强酸中也不易溶解。钍的硫酸盐、硝酸盐和氯化物均易溶于水,其从水溶液中结晶时得含结晶水的晶体。

钍可形成 $MThCl_5$,M_2ThCl_6,M_3ThCl_7 等配合物,也可与 EDTA 等形成螯合物。

2. 铀及其化合物

沥青铀矿中的铀主要以 U_3O_8 的形式存在。沥青铀矿经酸或碱处理后用沉淀法、溶剂萃取法或离子交换法可得到 $UO_2(NO_3)_2$,再经还原可得 UO_2。UO_2 在 HF 中加热得 UF_4,用 Mg 还原 UF_4 可得 U 和 MgF_2。铀与各种非金属等的反应列于表 18-8 中。

表 18-8 铀的重要反应

$$
U+
\begin{cases}
F_2 \xrightarrow{\ 500\ K\ } UF_4 \xrightarrow[F_2]{\ 600\ K\ } UF_6 \\[4pt]
Cl_2 \xrightarrow{\ 770\ K\ } UCl_4, UCl_6 \\[4pt]
O_2 \xrightarrow{\ 600\ K\ } U_3O_8, UO_3, UO_2, \\[4pt]
N_2 \xrightarrow{\ 1\ 300\ K\ } UN, UN_2 \\[4pt]
S \xrightarrow{\ 770\ K\ } US_2 \\[4pt]
H_2 \xrightarrow{\ 520\ K\ } UH_3 \\[4pt]
H_2O \xrightarrow{\ 373\ K\ } UO_2
\end{cases}
$$

在化合物中氧化值为+6 的 U 最稳定。在氟化物 UF_3,UF_4,UF_5 和 UF_6 中以 UF_6 最为重要,该物质为易挥发性化合物,可以用低氧化值的氟化物经氟化而制得。UF_6 有两种:$^{238}UF_6$ 和 $^{235}UF_6$,利用它们的扩散速率不同,可使 $^{238}UF_6$ 同 $^{235}UF_6$ 分离,$^{235}UF_6$ 进一步制得铀-235 核燃料。

在酸性溶液中 U(Ⅵ)主要以 UO_2^{2+} 的形式存在,如将 UO_3 溶于硝酸可得到的硝酸铀酰 $UO_2(NO_3)_2 \cdot 6H_2O$。在 UO_2^{2+} 的水溶液中加碱,有黄色 $Na_2U_2O_7 \cdot 6H_2O$ 析出。$Na_2U_2O_7 \cdot 6H_2O$ 加热脱水后得无水盐,叫做铀黄。铀黄作为黄色颜料被广泛应用于瓷釉或玻璃工业中。醋酸铀酰 $UO_2(CH_3COO)_2 \cdot 2H_2O$ 能与碱金属钠离子加合形成 $Na[UO_2(CH_3COO)_3]$ 等配合物,这一反应可用来鉴定微量钠离子。通常是使钠生成溶解度更小的 $NaZn(UO_2)_3(CH_3COO)_9 \cdot 9H_2O$ 黄色晶体。

$$Na^+ + Zn(CH_3COO)_2 + 3UO_2(CH_3COO)_2 + CH_3COOH + 9H_2O \longrightarrow$$
$$NaZn(UO_2)_3(CH_3COO)_9 \cdot 9H_2O(s) + H^+$$

UO_2^{2+} 还能与其他许多阴离子如 Cl^-, F^-, CO_3^{2-}, NO_3^-, SO_4^{2-} 和 PO_4^{3-} 等形成配合物。

§18.3　核化学简介

核化学是一门研究各种化学元素的核转变规律的科学,它的研究范围涉及原子核的反应、性质、结构、分离和鉴定等。它与核物理一起构成原子能科学技术的基础。本节仅对核结构、核反应及核能利用作一简单介绍。

18.3.1　核结构

原子核是一定数目的带正电荷的质子(p)和中子(n)的紧密结合体。原子核只占原子总体积极小的一部分,直径不及原子直径的万分之一,只有 $10^{-15} \sim 10^{-14}$ m,但却占有原子质量的绝大部分,因此原子核密度极高,约为 2.44×10^{14} g·cm^{-3}。某元素"X"的原子核内质子和中子的总数等于其质量数 A,质子数 Z 等于核电荷数,也就是该元素的原子序数,则核内中子数 N 等于 $A-Z$。组成核的质子和中子统称为核子,即核子数等于质量数 A。具有确定质子数和中子数的原子核所对应的原子称为核素。常用的化学符号为 $_Z^A X$,其中 X 为元素符号;例如 $_3^7 Li$, $_3^6 Li$, $_8^{16} O$ 等是三种核素。原子序数 Z 相同而质量数 A 不同的核素称为同位素,在元素周期表中占据同一位置。如 $_3^7 Li$ 和 $_3^6 Li$ 是锂的两种同位素,因为这两种核素的原子序数相同,可写为 $^7 Li$ 和 $^6 Li$,或简称为锂-7和锂-6。

质子带正电荷,彼此间排斥力很大,但核子间除了有质子与质子间的静电排斥之外,还存在一种很强的引力,即核力。对稳定的原子核而言,核力克服了静电斥力而使核子(中子、质子)得以紧密地结合成一个体积非常小的原子核。

核力很大,比分子中化学键的力要大得多。与静电力不同,核力作用所能达到的空间距离很短,为短程作用力。当两个核子间的距离小于 10^{-15} m 时,它们之间有很强的作用力,比静电引力强得多。但是当核子间距离超过这个值时,作用力就很快衰减到接近零,而静电力则随着两个带电质点距离的增大而减弱得比较慢。正是由于核力比静电斥力大许多,对于稳定的原子核来说,通常导致化学变化和物理变化的能量不足以引发核反应,而要使稳定的原子核发生核反应,需要有极高的能量输入,如高能粒子轰击等。这便是古代炼丹术士们无法实现"点石成金"的原因。

原子核由质子和中子组成,但其质量总是小于组成它的所有核子的质量之和。原子核的质量与其组成核子总质量之差称为原子核的质量亏损 B。对于含有 Z 个质子和 N 个中子的核,其质量亏损 B 的通式为

$$B = Zm(^1H) + Nm_n - m_a$$

式中,$m(^1H)$为核素^1H的质量,即质子[静]质量,其值等于1.007 696 2 g·mol^{-1};m_n为中子[静]质量,其值等于1.008 664 9 g·mol^{-1};m_a为核素原子核的质量,单位取 g·mol^{-1}。

核子通过核力结合成原子核。原子核的稳定性可用其结合能来衡量。根据 A. Einstein 提出的质能关系式,核子结合成原子核时发生了质量亏损,相应的能量即为原子核的结合能。因此,结合能 E_B 可根据下式计算:

$$E_B = [Zm(^1H) + Nm_n - m_a]c^2$$

式中,c为光在真空中的速度,其值为 2.997 924 58×10^8 m·s^{-1}

例如,^{239}Np 的原子质量为 239.052 933 g·mol^{-1},$Z=93$,则其质量亏损为

$$B = [93×1.007\ 696\ 2 + (239-93)×1.008\ 664\ 9 - 239.052\ 933] \text{g·mol}^{-1}$$
$$= 1.927\ 889\ \text{g·mol}^{-1}$$

其结合能为

$$E_B = 1.927\ 889×10^{-3}\ \text{kg·mol}^{-1}×(2.997\ 924\ 58×10^8\ \text{m·s}^{-1})^2$$
$$= 1.927\ 889×10^{-3}\frac{\text{N·mol}^{-1}}{\text{m·s}^{-2}}×(2.997\ 924\ 58×10^8\ \text{m·s}^{-1})^2$$
$$= 1.732\ 700\ 2×10^{14}\ \text{kJ·mol}^{-1}$$

每个核子的平均结合能(ε)可以根据下式计算:

$$\varepsilon = \frac{E_B(Z·A)}{A·N_A}$$

据此,$\varepsilon(\text{Np-239}) = \left(\dfrac{1.732\ 700\ 2×10^{14}}{239×6.022\ 136\ 7×10^{23}}\right) \text{kJ·核子}^{-1}$

$$= 1.203\ 9×10^{-12}\ \text{kJ·核子}^{-1}$$

平均结合能越大,核的稳定性越强。用原子核的核子平均结合能对核素的质量数作图可得到一条曲线,称为核子平均结合能曲线(图18-3)。

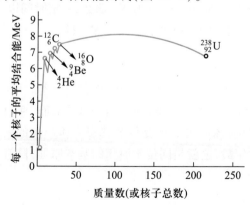

图18-3 核子平均结合能曲线

从图 18-3 可以看出,质量数小的核素,每一个核子的平均结合能比较小,并且变化很大,有四个峰值出现在 $_2^4He$、$_4^9Be$、$_6^{12}C$、$_8^{16}O$ 处。当质量数大于 20 以后(^{56}Fe 的平均结合能最大),每一个核子的平均结合能变化比较小,从 8 MeV[①] 缓慢地增大至 8.6 MeV 左右,然后又逐渐降低。当质量数为 238 时,每一个核子的结合能平均降为 7.5 MeV。所谓原子能的释放就是使平均结合能低的核素转变为平均结合能高的核素。在转变过程中,增加的结合能被释放了出来。有两种方法能达到这一目的。第一种方法是利用重核分裂成两个质量中等的核,如铀或钚反应堆能量的获得就属于此类。另一类方法是将两个或数个轻的核聚合成一个较重的核,如 $_1^2H$ 和 $_1^3H$ 相互作用产生 $_2^4He$ 和中子并释放出能量。太阳能量的来源被认为是由于氢经过核反应后变成氦而放出的能量。

18.3.2 核反应

核反应通常可分为四类:衰变、粒子轰击、裂变和聚变。前一种为自发发生的核转变,后三种为人工核反应(即用人工方法进行的非自发核反应)。

1. 衰变

U 和 Th 都是天然放射性元素。放射性元素不断地自发放出 α 或 β 射线,有的还伴随有 γ 射线。α,β 和 γ 射线都具有很高的能量,都是从原子核中放射出来的。β 粒子就是负电子,这种负电子并不存在于原子核中。当 1 个中子转化为 1 个质子时能产生 1 个负电子。α 射线是极高速度的 α 粒子($_2^4He$)流,γ 射线是高能量的电磁辐射。

天然铀中最主要的组分是质量数为 238 的同位素,^{238}U 的原子核经逐步蜕变,由一种元素变为另一种元素,其最初两步的核反应如下:

$$_{92}^{238}U \longrightarrow _{90}^{234}Th + _2^4He \quad (\alpha \text{ 衰变})$$
$$_{90}^{234}Th \longrightarrow _{91}^{234}Pa + _{-1}^0e \quad (\beta \text{ 衰变})$$

原子核在蜕变中的每个步骤也叫衰变,依其放出的是 α 粒子还是 β 粒子,被分别叫做 α 衰变和 β 衰变,而表现出放射性。放射性核素的衰变是一级反应,假如现有一块放射性物质中所含某一放射性原子的数目为 N_0,那么,一定时间以后,由于衰变的结果,就剩下 N 个了,N 和 N_0 之间的关系遵从衰变定律。即

$$N = N_0 e^{-\frac{0.693t}{t_{1/2}}}$$

$t_{1/2}$ 叫做半衰期,其物理意义是:一定量的某种核素衰变一半的量所需要的时间,不同的放射性核素,其半衰期不同,如 ^{238}U 的半衰期为 4.5×10^9 a,而 ^{234}Th 的半衰期为24.2 d。

根据化石中某一放射性元素的现存量及其衰变所产生的元素的量,利用衰变定律,可以计算出化石的年龄,这就是同位素测年的基本原理,目前它已成为考古学中测年的重要方法(见第三章)。

---

① 1 eV = 1.602 177 3×10⁻¹⁹ J

在发生 α 衰变时,原来的原子核由于放出氦核而减少了 2 个质子,这样剩下的蜕变产物在周期表中的位置,就向左移了两格;在发生 β 衰变时原子核里的一个中子转变成 1 个质子,同时放出 1 个电子,因此 β 衰变所得的元素在周期表中的位置向右移了一格。例如:

$$^{226}_{88}Ra \longrightarrow ^{222}_{86}Rn + \alpha$$

$$^{228}_{88}Ra \longrightarrow ^{228}_{89}Ac + \beta$$

以上关于 α 和 β 衰变时元素在周期表中移位的规律叫做放射性位移规律。

天然放射系共有钍、镎、铀和锕四个系。即

① 钍系: $^{232}_{90}Th \xrightarrow{\text{经过 6 步 α 衰变和 4 步 β 衰变}} ^{208}_{82}Pb$;

② 镎系: $^{237}_{93}Np \xrightarrow{\text{经过 7 步 α 衰变和 4 步 β 衰变}} ^{209}_{83}Bi$;

③ 铀系: $^{238}_{92}U \xrightarrow{\text{经过 8 步 α 衰变和 6 步 β 衰变}} ^{206}_{82}Pb$;

④ 锕系: $^{235}_{92}U \xrightarrow{\text{经过 7 步 α 衰变和 4 步 β 衰变}} ^{207}_{82}Pb$。

锕系起始仍为铀,只是中间生成 Ac,为与前面的铀系相区别,而称为锕系。镎系最终产物为 Bi,而钍、铀、锕系的最终产物均为 Pb(其质量数不同)。

2. 粒子轰击

这类反应是用高速粒子(如质子、中子等)或用简单的原子核(如氘核、氦核)去轰击一种原子核,结果导致核反应。例如:

$$^{6}_{3}Li + ^{1}_{0}n \longrightarrow ^{3}_{1}H + ^{4}_{2}He$$

这个反应表示用中子轰击 ^{6}Li 生成氚和氦。

这类反应可按轰击所用的粒子和反应后放出的粒子来分类,分别用 n(中子),p(质子),d(氘核),α(氦核),γ(光子)等符号表示粒子。为方便起见,常用缩写的记号来表示粒子轰击反应:

$$M(a, b)M'$$

式中,M 是被轰击核,a 是进行轰击的粒子,b 是发射出来的粒子,M′是产物核。上述用 n 轰击 $^{6}_{3}Li$ 的反应,缩写记号是 $^{6}_{3}Li(n, \alpha)^{3}_{1}H$。其他粒子轰击的核反应如 $^{27}_{13}Al(\alpha, n)^{30}_{15}P$,$^{1}_{1}H(n, \gamma)^{2}_{1}H$。前者表示用 α 粒子轰击 ^{27}Al 时放出中子,同时产生 ^{30}P。^{30}P 并不安定,它蜕变为 ^{30}Si,同时放出正电子。正电子是具有与负电子相同质量、相同电荷量,但电荷符号相反的基本粒子,用 $^{0}_{1}e$ 表示。例如:

$$^{27}_{13}Al + ^{4}_{2}He \longrightarrow ^{30}_{15}P + ^{1}_{0}n$$

$$^{30}_{15}P \longrightarrow ^{30}_{14}Si + ^{0}_{1}e$$

^{30}P 是具有放射性的磷的同位素,它是用人工方法制得的,在自然界中并不存在,把这种放射性叫做人工放射性,以区别前面所说的天然放射性。

粒子轰击这一类型反应共有二十多小类。特别值得提出的是(n, γ)反应,也叫中子捕获反应。例如,将^{238}U用慢中子去轰击,首先发生(n,γ)反应,所得产物经过两步衰变,第一步得 Np,第二步得 Pu,这就是 93 号镎和 94 号钚这两种超铀元素的制法:

$$^{238}_{92}U + ^1_0n \longrightarrow ^{239}_{92}U + \gamma$$

$$^{239}_{92}U \longrightarrow ^{239}_{93}Np + ^0_{-1}e$$

$$^{239}_{93}Np \longrightarrow ^{239}_{94}Pu + ^0_{-1}e$$

$^{239}_{94}Pu$ 和 $^{235}_{92}U$ 一样,也能进行裂变反应。Pu 是很重要的原子能工业原料。

超铀元素都是用人工核反应制得的。例如:

$$^{239}_{94}Pu + ^1_0n \longrightarrow ^{240}_{94}Pu + \gamma$$

$$^{241}_{94}Pu \longrightarrow ^{241}_{95}Am + ^0_{-1}e$$

$$^{239}_{94}Pu + ^4_2He \longrightarrow ^{242}_{96}Cm + ^1_0n$$

$$^{242}_{96}Cm + ^4_2He \longrightarrow ^{245}_{98}Cf + ^1_0n$$

3. 裂变

当用慢中子轰击 ^{235}U 时,核发生裂变,即分裂为大小不等的碎核,同时有 2~3 个中子放出。例如:

$$^{235}_{92}U + ^1_0n(慢) \longrightarrow _{56}Ba + _{36}Kr + (2\sim3)^1_0n$$

裂变产物非常复杂,除 Ba 和 Kr 外,还有 $_{54}Xe$ 和 $_{38}Sr$;$_{55}Cs$ 和 $_{37}Rb$ 或者 $_{57}La$ 和 $_{35}Br$ 等。碎核还要经过几步的 β 放射,才能蜕变为稳定的核。现在已知的核碎片有 35 种(从 $_{30}Zn$ 到 $_{64}Gd$)元素的约 200 多种同位素具有放射性。核裂变时放出大量的能,1 kg 铀-235 裂变所产生的能量大约是燃烧 2.5×10^6 kg 煤所产生的能量。在地壳中有相当数量的铀和其他可裂变的元素存在,随着科学技术的发展,核裂变反应会成为未来的主要能源之一。

4. 聚变

聚变是很轻的原子核在异常高的温度下(如高达 10^8 K 的温度)聚合成较重的原子核的反应。这种反应发生时也能放出大量的能量,在太阳内部就进行着这种反应。聚变反应的典型实例是

$$^2_1H + ^3_1H \longrightarrow ^4_2He + ^1_0n$$

氘核和氚核通过聚变核反应形成氦核是氢弹爆炸时发生的反应,所需的高温由原子弹爆炸产生,这类反应也称为热核反应。

氘可以从重水中取得,虽然重水在普通水中的摩尔分数只有 0.015%,但地球上的海水总量约为 10^{18} t,1 kg 海水中所含的氘全部聚变释放的能量相当于 300 L 汽油的燃烧热。因此,科学家们预言,核聚变能将成为人类未来的主要能源之一。

以上简要介绍了几种主要的核反应类型。核化学的研究揭示了合成新元素的可能性,完善和发展了元素周期表。超铀元素的成功合成,扩大了周期表的范围。可以预言,利用重离子核反应还将合成出原子序数更高的元素。同时,核化学的研究也为

人类获得新能源指明了方向。随着人类文明的进步,能源问题日渐突出,寻找新能源成为文明得以发展的重要前提。为控制核裂变的能量,人们花费了很大的精力。在慢中子作用下铀核裂变的可控链反应的实现是一项伟大的成就,人们已经把这种反应所放出的巨大能量转变为电能供工业和民用。目前研究的重点问题之一是可控制的热核反应的实现,热核反应的能量一旦被利用,人类将从水中的重氢获得异常丰富的新能源。

18.3.3　核能的利用

20 世纪的伟大科技成果之一是人类打开了核能利用的大门。1905 年,A. Einstein 提出了质能关系式 $E=mc^2$。这一公式表明,少量的质量转换为能量是十分巨大的,它是核能利用的理论基础。1938 年,德国物理化学家 O. Hahn 和 F. Strassmann 发现了铀-235 的裂变现象:铀原子核裂变的同时释放出巨大的能量,这个能量来源于原子核内核子的结合能,它恰好等于核裂变时的质量亏损。这一发现,使核能的利用走向现实。

核能的和平利用始于 20 世纪 50 年代初期。1951 年,美国利用一座生产钚的反应堆的余热试验发电,电功率为 200 kW。1954 年,苏联建成世界上第一座核电站,电功率为 5 000 kW。之后,英国和法国也相继建成一批核电站。至 20 世纪 70 年代中期达到了发展核电站的高潮。此后,一方面由于世界经济增长缓慢,能源需求趋缓;另一方面,也由于三里岛核电站事故,特别是切尔诺贝利和福岛核电站事故的影响,使相当多的人对核电站的安全产生疑惧,从而使核电站的建设进入了低潮。

我国自 20 世纪 80 年代以来,积极发展核电事业,自行设计建成的秦山核电站于 1991 年并网发电。大亚湾核电站和红沿河核电站也相继并网发电。近年来,国际上关于发展核电的呼声又趋高涨。21 世纪核能的开发和利用将更加受到重视,这是因为解决人类能源的需求,从长远观点看,利用核能将是最为重要的途径之一。

现将核能发电的基本过程介绍如下:

通过慢中子轰击铀或钚使其发生裂变而释放出核能的核反应堆至少包括五个主要组成部分:

(1) 核燃料　应有足量的可裂变的同位素(通常使用$^{235}_{92}$U 或者$^{239}_{94}$Pu)用以维持链反应。许多反应堆使用 U_3O_8,在这一氧化物中,^{235}U 必经过富集,浓度可达 3%。在天然矿物中,^{238}U 含量最高,而^{235}U 含量较低,大约每 140 个铀原子中仅有 1 个^{235}U 原子。为了获得较高浓度的^{235}U 同位素,须将天然矿石加以处理使之富集。通常采用的方法是使矿石中铀的不同同位素经化学反应生成铀的六氟化物,如$^{235}_{92}$UF$_6$ 和$^{238}_{92}$UF$_6$,并使这些易汽化的化合物在较低压力下经过多孔隔膜,由于各同位素化合物的扩散速率不同可使其得到分离。富集后的铀氟化物经化学反应转变为 U_3O_8 而用作核反应堆燃料。

(2) 减速剂　由核反应所产生的中子运动速度过快不适用于引发核裂变,这些快速运动的中子必须在被核燃料吸收发生核反应之前将运动速度放慢。通常的方法是使用减速剂,即中子与减速剂的原子核发生碰撞使速度放慢,选择减速剂的条件是不吸收中子也不与中子发生核反应,可以是重水、石墨、二氧化碳或者轻水(即纯度很高的普通水),并以此定义该核反应堆为重水堆、石墨堆或轻水堆等。

（3）冷却剂　冷却剂用来将核裂变所释放出的能量转移到反应堆外的锅炉或涡轮机中，并将动能转变为电能。冷却剂可以是气体，也可以是液体，通过传送泵在核反应堆和锅炉之间循环传送。有时，冷却剂也兼做减速剂。

（4）控制系统　为使核裂变链反应以一个安全的速率进行，核反应堆需采用有效的控制系统。这一控制系统是通过调节慢中子的数量来实现的，用金属镉或硼-10 等元素制成控制棒，用于吸收中子以调节慢中子的数量，如硼-10，通过 $_5^{10}B(n,\alpha)_3^7Li$ 反应吸收中子，如果将全部控制棒插入燃料棒之间，则链反应将完全停止。

（5）防护系统　核反应堆中的核反应生成中子和其他粒子，而且放出大量热，同时产生很高压力。因此，对于核反应堆，用于维持高温、高压并防止放射性物质泄漏的防护系统十分重要。一般包括三个部分：反应容器，一般为 3～20 cm 厚可吸收核反应中产生的大量放射线的钢制容器；1～3 m 厚的高密度混凝土外壳；以及用于吸收 γ 射线和 X 射线由轻材料制成的操作人员防护罩。

与其他能源如化石能源、水力、风力、太阳能、地热、潮汐等相比，核能有其无法取代的优点，主要表现在：

（1）核能是地球上储量最丰富的能源，又是高度浓集的能源。1 t 金属铀裂变所产生的能量相当于 2.7×10^6 t 标准煤。按照地球上化石原料的储量和耗能情况估算，地球上煤的储量仅够用 200 多年。石油则只够用几十年。人类已经面临如何选择后继能源的问题。地球上已探明的核裂变燃料，即铀矿和钍矿资源，按其所含能量计算，相当于有机燃料的 20 倍，完全有能力替代有机燃料。此外，地球上还存在大量的聚变核燃料氘，可以通过聚变反应产生核能。1 t 氘聚变产生的能量相当于 1.1×10^7 t 标准煤。自然界每吨海水中平均含有 3 g 氘，所以，将来聚变反应堆研制成功后，1 t 海水即相当于 33 t 标准煤，那时，人类从非化石领域可以获得更多且更经济的能源。

（2）核电是清洁的能源，有利于保护环境。目前，世界上大量燃烧有机燃料的后果是相当严重的，燃烧后生成大量的二氧化硫、二氧化碳、氮氧化物等气体，不仅直接危害人体健康和农作物生长，还导致酸雨和大气层的"温室效应"，破坏生态平衡。比较起来，核电站就没有这些危害。如果核电站严格按照国际上公认的安全规范和卫生规范设计，对放射性三废完全加以回收储存，不向环境排放，那么向环境排放的只是处理回收后残余的一点尾水、尾气，数量甚微。核电站运行经验证明，在发电量相同的条件下，核电站的放射性物质排放量要小于火力发电站。

（3）核电的经济性优于火电。尽管核电厂的建造费用高于火电厂，但其燃料费却比火电厂低得多。总的核算起来，核电厂的发电成本要比火电厂低 15%～50%。

（4）以核燃料代替煤和石油，有利于资源的合理利用。煤和石油都是化学工业和纺织工业的宝贵原料，能用它们制造出许多产品。它们在地球上的储量是很有限的；作为原料，它们要比作为燃料的价值高得多。所以，从合理利用资源的角度来说，也应逐步以核燃料代替有机燃料。

总之，核能的优点将逐步被人们所确认。随着核废料处理及核电站安全等问题的解决，核能在能源中所占的比例将逐步加大。但是，在核能的利用中，仍有少数国家将其用于战争（如贫铀弹的使用），已受到各国人民的反对。

思　考　题

1. 镧系元素单质的熔点除 Ce，Eu，Yb 三种元素以外，从 La 的 920 ℃ 到 Lu 的 1 656 ℃ 依次递增，Ce，Eu，Yb 三种元素的熔点比它前后的元素低，这种情况对 Eu 和 Yb 特别显著。试从这两种元素（Eu 和 Yb）的电子排布解释以上事实。

2. 什么是镧系收缩？它对第六周期元素的性质有何影响？

3. 在稀土元素的分离中草酸盐起着重要作用，为什么？

4. 为什么镧系元素彼此之间在化学性质上的差别比锕系元素小得多？

5. 水合稀土氯化物为什么要在一定的真空度下脱水？这一点和其他哪些常见的含水氯化物的脱水情况相似？

6. 锕系元素和镧系元素同是 f 区元素，为什么锕系元素的氧化态种类较镧系元素的多？

7. $Ln^{3+}(aq)+Y^{4-}(aq) \longrightarrow LnY^-(aq)$；该反应的焓变 $\Delta_r H_m^{\ominus}$ 随镧系元素原子序数的增加将发生怎样的变化？并说明之。

习　　题

1. 选择一种镧系金属，写出其与稀酸反应的方程式，并用有关电极电势和镧系元素形成最稳定氧化态的规律说明所得结论。

2. 在镧系元素中哪几种元素最容易出现非常见氧化态，并说明出现非常见氧化态与原子的电子层构型之间的关系。

3. 根据有关化学性质的知识推测铈和铕为什么在离子交换等现代分离技术发展起来之前是镧系元素中最易分离出来的元素？

4. 如何从独居石中提取混合稀土氯化物，写出反应方程式，并说明反应条件。

5. 根据铀的氧化物的性质，完成并配平下列方程式：

(1) $UO_3 \xrightarrow[973\ K]{\triangle}$

(2) $UO_3+HF(aq) \longrightarrow$

(3) $UO_3+HNO_3(aq) \longrightarrow$

(4) $UO_3+NaOH(aq) \longrightarrow$

(5) $UO_3+SF_4 \xrightarrow{573\ K}$

(6) $UO_2(NO_3)_2 \xrightarrow{623\ K}$

6. 试推测 $[Ce(NO_3)_5]^{2-}$ 和 $[Ce(NO_3)_6]^{3-}$ 配离子的空间结构。

7. 确定在下列各种情况下产生的核：

(1) $^{75}_{33}As(\alpha,n)$ _____

(2) $^{7}_{3}Li(p,n)$ _____

(3) $^{31}_{15}P(^{2}_{1}H,p)$ _____

8. 写出下列转变过程中的核平衡方程式：

(1) ^{241}Pu 经 β 衰变；

(2) ^{232}Th 衰变成 ^{228}Ra；

(3) ^{84}Y 放出 1 个正电子；

(4) ^{44}Ti 俘获 1 个电子；

(5) ^{241}Am 经 α 衰变；

(6) ^{234}Th 衰变成 ^{234}Pr；

(7) ^{34}Cl 衰变成 ^{34}S。

9. 从某考古现场得到质量为 1 g 的碳样品，经测定得知该样品在 20 h 的一个时间间隔中有 7 900 个 ^{14}C 原子发生衰变；而在同一个时间间隔中，1 g 新制备的碳样品有 18 400 个 ^{14}C 原子发生蜕变。估算该考古样品的年代。

10. 计算 1 mol He–4 原子核的结合能。已知有关粒子的质量：$m(^4\text{He}) = 4.002\,6$ u①；$m(^1\text{H}) = 1.007\,8$ u；$m(\text{n}) = 1.008\,7$ u。

11. ^{235}U 在发生裂变时生成 ^{142}Ba 和 ^{92}Kr：

$$^{235}_{92}\text{U} + \text{n} \longrightarrow \,^{142}_{56}\text{Ba} + \,^{92}_{36}\text{Kr} + 2\text{n}$$

计算 1 g 该核燃料在发生裂变时可放出多少焦耳的热。已知粒子的质量：$m(^{235}\text{U}) = 235.04$ u；$m(^{142}\text{Ba}) = 141.92$ u；$m(^{92}\text{Kr}) = 91.92$ u；$m(\text{n}) = 1.008\,7$ u。

---

① 1u = 1.66×10^{-27} kg

部分习题参考答案

第 一 章

1. （1）207 mol，4.53×10^3 L
   （2）71.0 kPa，$M(He) = 4.00$ g·mol^{-1}
   （3）252.3 K，$\rho = 0.158$ g·L^{-1}

2. （1）4.107 g·L^{-1}；（2）92，N_2O_4

4. （1）$p(CO) = 249$ kPa，$p(H_2) = 494$ kPa
   （2）743 kPa

6. （1）97.7 kPa；（2）0.014 7 mol；
   （3）92.7 kPa，不变

7. （1）$x(NO_2) = 0.390$，$x(N_2O_4) = 0.610$
   $p(NO_2) = 19.8$ kPa，$p(N_2O_4) = 30.9$ kPa

9. （1）$6NaN_3(s) + Fe_2O_3(s) \longrightarrow$
   $3Na_2O(s) + 2Fe(s) + 9N_2(g)$
   （2）131 g

10. 1.24 kg

11. $v_{rms}(He) = 3.5 \times 10^3$ m·s^{-1}
    $v_{rms}(Ar) = 1.1 \times 10^3$ m·s^{-1}
    $v_{rms}(Xe) = 6.2 \times 10^2$ m·s^{-1}

12. （1）1.55×10^4 kPa
    （2）1.40×10^4 kPa

15. 3.10 kPa

16. 1.61×10^3 g·mol^{-1}

17. 342 g·mol^{-1}

18. （1）2.27 kPa；（2）269.92 K；
    （3）374.04 K

19. 773 kPa

20. 4.05×10^4 g·mol^{-1}

第 二 章

1. 11.0 L

2. $W = -12.4$ kJ
   $Q = 30.8$ kJ
   $\Delta U = 18.4$ kJ

3. $-3\,948$ kJ·mol^{-1}

5. $-2\,630$ kJ·mol^{-1}

6. （1）-361.2 kJ·mol^{-1}
   （2）-199.8 kJ·mol^{-1}
   （3）-227.72 kJ·mol^{-1}
   （4）-114.14 kJ·mol^{-1}

7. （1）-828.44 kJ·mol^{-1}
   （2）-368.56 kJ·mol^{-1}
   （3）-131.24 kJ·mol^{-1}

8. 226 kJ·mol^{-1}

9. -203.0 kJ·mol^{-1}

10. $\Delta_c H_m^{\ominus}(C_3H_8, g) = -2\,220$ kJ·mol^{-1}
    $\Delta_f H_m^{\ominus}(C_3H_8, g) = -104$ kJ·mol^{-1}

11. -0.33 kJ·mol^{-1}，正交硫更稳定。

12. （1）-878.26 kJ·mol^{-1}
    （2）-4.51×10^6 kJ

13. （1）682.44 kJ·mol^{-1}
    （2）-657.01 kJ·mol^{-1}
    （3）-625.63 kJ·mol^{-1}； 生产 1.0 kg 纯硅
    的总反应热为-2.14×10^4 kJ。

14. $\Delta_c H^{\ominus}(N_2H_4, l) = -16.67$ kJ·g^{-1}
    $\Delta_c H^{\ominus}[N_2H_2(CH_3)_2, l] = -29.89$ kJ·g^{-1}

15. （2）-128.13 kJ·mol^{-1}

16. （1）-4.09×10^4 kJ
    （2）-4.09×10^4 kJ

第 三 章

2. （2）7.0×10^3 mol^{-2}·L^2·s^{-1}
   （3）9.5×10^{-5} mol·L^{-1}·s^{-1}

3. （2）$k = 75$ mol^{-1}·L·s^{-1}
   （3）$r = 7.5 \times 10^{-8}$ mol·L^{-1}·s^{-1}

4. （1）Br_2
   （2）CH_3COCH_3，HCl 的浓度均变化不大，它
   们相对 Br_2 来说，过量较多。
   （3）零级反应
   （4）均为一级反应
   （6）1.4×10^3 s

(7) 72 s

5. $E_a = 114 \text{ kJ} \cdot \text{mol}^{-1}$

   $k_0 = 5.71 \times 10^9 \text{ L} \cdot \text{mol}^{-1} \cdot \text{s}^{-1}$

   $k(383\ ℃) = 4.77 \text{ L} \cdot \text{mol}^{-1} \cdot \text{s}^{-1}$

6. $57 \text{ kJ} \cdot \text{mol}^{-1}$

8. (1) 66 ℃

9. $T_2 = 698 \text{ K}, t_{1/2} = 1.14 \times 10^7 \text{ s}$

10. (1) $k = 1.04 \times 10^{-3} \text{ s}^{-1}, r = kc(\text{In}^+)$

    (2) 666 s

11. (1) 第一步,为双分子反应

    (3) Mn^{3+}, Mn^{4+}

第 四 章

4. 5.1×10^8

5. $n(\text{NO}) = 0.940 \text{ mol}, K^\ominus = 5.27$

6. $p(\text{CO}) = 274 \text{ kPa}, p(\text{H}_2) = 548 \text{ kPa}$

7. (1) 18.2 kPa;(2) 75.5%

8. (1) $K^\ominus = 27.2, \alpha_1 = 71.4\%$;(2) $\alpha_2 = 68.4\%$;

   (3) $\alpha_3 = \alpha_2$

9. (1) $K^\ominus = 0.354$; (2) 7.74 kPa

10. $K^\ominus = 9.05$

11. (1) ①,②,③不移动;(2) ①,②处于非平衡
    状态;③向正向移动。

12. (1) 减小;(2) 增大;(3) 增大;(4) 减小;
    (5) 增大;(6) 增大;(7) 不变;(8) 增大;
    (9) 增大;(10) 不变;(11) 不变

14. $\Delta_r S_m^\ominus (系统) = -44.7 \text{ J} \cdot \text{mol}^{-1} \cdot \text{K}^{-1}$

    $\Delta_r S_m^\ominus (环境) = 272.8 \text{ J} \cdot \text{mol}^{-1} \cdot \text{K}^{-1}$

15. (1) $0.74 \text{ kJ} \cdot \text{mol}^{-1}$

    (2) 不自发

    (3) 196 K

16. 6.24×10^{-8}

17. (1) $\alpha = 65.8\%$, $K^\ominus (318\ \text{K}) = 0.803$

    (2) $K^\ominus (298.15\ \text{K}) = 0.148$ 或 0.188

    (3) $\Delta_r S_m^\ominus = 175.83 \text{ J} \cdot \text{mol}^{-1} \cdot \text{K}^{-1}$

    (4) $\Delta_r G_m^\ominus (318\ \text{K}) = 1.29 \text{ kJ} \cdot \text{mol}^{-1}$

18. (1) $\Delta_r S_m^\ominus < 0$

    (2) $\Delta_r S_m^\ominus (环境) > 0$

    (3) $\Delta_r H_m^\ominus = -160.81 \text{ kJ} \cdot \text{mol}^{-1}$

        $\Delta_r S_m^\ominus = -410.0 \text{ J} \cdot \text{mol}^{-1} \cdot \text{K}^{-1}$

    (4) 392.2 K

    (5) 3.89×10^4

(6) 1.92×10^{-5}

(7) $95.40 \text{ J} \cdot \text{mol}^{-1} \cdot \text{K}^{-1}$

(8) $1.85 \times 10^3 \text{ kPa}$

19. $T_分(\text{Ag}_2\text{O}) = 468 \text{ K}, T_分(\text{AgNO}_3) = 673 \text{ K}, \text{AgNO}_3$
    最终分解产物为 Ag, NO_2 和 O_2。

20. (1) $100.97 \text{ kJ} \cdot \text{mol}^{-1}$,逆向

    (2) $84.1 \text{ kJ} \cdot \text{mol}^{-1}$,逆向

21. (1) $-56.9 \text{ kJ} \cdot \text{mol}^{-1}$

    (2) $\Delta_r H_m^\ominus = -55.6 \text{ kJ} \cdot \text{mol}^{-1}$

        $\Delta_r S_m^\ominus = 4.26 \text{ J} \cdot \text{mol}^{-1} \cdot \text{K}^{-1}$

22. (2) $-16.6 \text{ kJ} \cdot \text{mol}^{-1}$

    (3) $-16.2 \text{ kJ} \cdot \text{mol}^{-1}$

第 五 章

4. (1) 50 ℃, pH = 6.637; 100 ℃, pH = 6.133;
   (2) 0.70; (3) 11.90; (4) 2.30; (5) 2.92;
   (6) 1.30; (7) 9.70; (8) 12.65

5. 2.41

6. (2) 7.1×10^{-11}

7. pH = 2.11

   $c(\text{C}_7\text{H}_4\text{O}_3\text{H}^-) = 7.8 \times 10^{-3} \text{ mol} \cdot \text{L}^{-1}$

8. (1) 17;(2) 1.1×10^{-6};(3) 12;(4) 1.8×10^9;
   (5) 3.2×10^4;(6) 1.4×10^5

9. (1) $K_a^\ominus = 1.0 \times 10^{-5}$;(2) $\alpha = 1.0\%$
   (3) $\alpha = 1.4\%$, pH = 3.15

12. (1) 11.11;(2) 11.11;(3) 4.69;(4) 9.77

15. 11.6 mL

16. $V = 3.3 \text{L}, c(\text{NH}_3) = 0.11 \text{ mol} \cdot \text{L}^{-1}$

    $c(\text{NH}_4^+) = 0.20 \text{ mol} \cdot \text{L}^{-1}$

17. (1) 9.24;(2) 9.18

18. (1) 5.28;(2) 9.26;(3) 9.26;(4) 4.74;
    (5) 4.74;(6) 10.98;(7) 2.21;
    (8) 7.51;(9) 12.42

21. (1) 1.7×10^6;(2) 2.6×10^{32};(3) 1.2×10^2

22. $c(\text{I}^-) = 0.743 \text{ mol} \cdot \text{L}^{-1}$

    $c(\text{HgI}_4^{2-}) = 0.010 \text{ mol} \cdot \text{L}^{-1}$

23. $5.0 \times 10^{-21} \text{ mol} \cdot \text{L}^{-1}$

24. $\Delta\text{pH} = 2.76$

    $c(\text{Cu}^{2+}) = 1.4 \times 10^{-4} \text{ mol} \cdot \text{L}^{-1}$

25. $c[\text{Ni}(\text{NH}_3)_6^{2+}] = 9.1 \times 10^{-11} \text{mol} \cdot \text{L}^{-1}$

    $c(\text{NH}_3) = 1.60 \text{ mol} \cdot \text{L}^{-1}$

    $c[\text{Ni}(\text{en})_3^{2+}] = 0.10 \text{ mol} \cdot \text{L}^{-1}$

第 六 章

3. $3.0×10^{-8}$

4. (1) $1.4×10^{-4}$;(2) $4.7×10^{-17}$;(3) $1.4×10^{-4}$;
   (4) $7.9×10^{-10}$

5. $≤6.0×10^{-13}$ mol·L^{-1}

6. (1) $2.1×10^{-6}$ g·L^{-1}
   (2) $1.9×10^{-11}$ g·L^{-1}
   (3) $1.9×10^{-12}$ g·L^{-1}

7. (1) $1.1×10^{-4}$ mol·L^{-1}
   (2) $c(Mg^{2+})=1.1×10^{-4}$ mol·L^{-1}
   $c(OH^{-})=2.2×10^{-4}$ mol·L^{-1}
   pH=10.34
   (3) $5.1×10^{-8}$ mol·L^{-1}
   (4) $1.1×10^{-5}$ mol·L^{-1}

8. $m(BaSO_4)=0.997$ g,pH=12.03

10. (1) 有;(2) 没有

11. (1) 2.39;(2) 只有 CuS 沉淀析出
    $c(Cu^{2+})=5.4×10^{-16}$ mol·L^{-1}
    $c(Fe^{2+})=0.10$ mol·L^{-1}
    $c(H^{+})=0.30$ mol·L^{-1}

12. Zn^{2+} 不沉淀的最低 $c(H^{+})$ 为 0.71 mol·L^{-1},
    $c(Pb^{2+})=2.5×10^{-6}$ mol·L^{-1}

13. $1.1×10^{-9}$ mol·L^{-1}

14. 2.82~6.92

15. (1) 若 Fe^{2+} 沉淀完全时,$c(Cu^{2+})≤4.5×10^{-9}$ mol·L^{-1},不能以 $Fe(OH)_2(s)$ 的形态将铁除去;
    (2) 当 pH 控制在 2.82~4.18,Fe^{3+} 沉淀完全,而 Cu^{2+} 不沉淀

16. 生成 $[Cd(NH_3)_4]^{2+}$

17. $4.4×10^{-3}$ mol·L^{-1}

19. Mg^{2+} 最先被沉淀出来;当 LiF 析出时,$c(Mg^{2+})=2.3×10^{-7}$ mol·L^{-1};两种离子有可能分离开

20. $K^{\ominus}=7×10^{23}$

21. $K^{\ominus}=2.7×10^{14}$,$Ca(OH)_2$ 最初浓度至少应为 0.004 5 mol·L^{-1}

第 七 章

5. (1) 0.323 6 V;(2) 0.514 V;(3) 0.059 2 V

6. (2) -0.282 V;(4) 1.701 V

10. (1) $K^{\ominus}=6.47×10^{10}$;
    (2) $K^{\ominus}=2.54×10^{-55}$;
    (3) $K^{\ominus}=1.29×10^{47}$

11. (1) 0.34 V;(2) $3.2×10^{-10}$ mol·L^{-1};
    (3) $2.9×10^{34}$;(4) 橙色

12. $c(H^{+})=1.76×10^{-4}$ mol·L^{-1}
    pH=3.755,$K_a^{\ominus}=1.76×10^{-4}$

13. (1) $E_{MF}^{\ominus}=0.698\,0$ V
    $\Delta_r G_m^{\ominus}=-134.7$ kJ·mol^{-1}
    $K^{\ominus}=3.80×10^{23}$
    $\Delta_r G_m=-127.3$ kJ·mol^{-1}
    (2) $E_{MF}^{\ominus}=0.459\,7$ V
    $\Delta_r G_m^{\ominus}=-88.71$ kJ·mol^{-1}
    $K^{\ominus}=3.39×10^{15}$
    $\Delta_r G_m=-77.29$ kJ·mol^{-1}
    (3) $E_{MF}^{\ominus}=1.138$ V
    $\Delta_r G_m^{\ominus}=-219.6$ kJ·mol^{-1}
    $K^{\ominus}=2.79×10^{38}$
    $\Delta_r G_m=-213.9$ kJ·mol^{-1}

14. (1) $z_{(a)}=2,z_{(b)}=6,z_{(c)}=3$
    (2) $E_{MF(a)}^{\ominus}=1.616$ V
    $E_{MF(b)}^{\ominus}=0.539$ V
    $E_{MF(c)}^{\ominus}=1.077$ V
    (3) $\Delta_r G_{m(a)}^{\ominus}=\Delta_r G_{m(b)}^{\ominus}=\Delta_r G_{m(c)}^{\ominus}$
    $=-312$ kJ·mol^{-1}
    $K_{(a)}^{\ominus}=K_{(b)}^{\ominus}=K_{(c)}^{\ominus}=4.0×10^{54}$

15. (1) $1.29×10^{-12}$;(2) 67.9 kJ·mol^{-1};
    (3) 55.0 J·mol^{-1}·K^{-1}

16. $1.63×10^{13}$

17. -371.1 kJ·mol^{-1}

18. (1) $-0.028\,8$ V;(2) 0.68 V;
    (3) -0.12 V

19. (1) 0.96 V;(2) $3.3×10^{13}$;
    (3) $c[Fe(bipy)_3^{2+}]=7.0×10^{-9}$ mol·L^{-1}
    $c[Fe(bipy)_3^{3+}]=c(Cl^{-})=0.20$ mol·L^{-1}

20. (1) $9.18×10^{-7}$;(2) $3.2×10^{7}$

21. (2) $E^{\ominus}(MnO_4^{2-}/MnO_2)=2.27$ V
    $E^{\ominus}(MnO_2/Mn^{3+})=0.95$ V
    (3) $K^{\ominus}=9.1×10^{57}$
    $\Delta_r G_m^{\ominus}=-331.0$ kJ·mol^{-1}
    Mn^{3+} 也能歧化
    (4) $-0.052\,4$ V

22. （1）1.925 V

23. （3）1.09 V

第 八 章

1. $\nu_1 = 4.57 \times 10^{14} \text{ s}^{-1}$；$\nu_2 = 6.17 \times 10^{14} \text{ s}^{-1}$；

$\nu_3 = 6.91 \times 10^{14} \text{ s}^{-1}$；$\nu_4 = 7.31 \times 10^{14} \text{ s}^{-1}$

2. $\nu = 7.31 \times 10^{14} \text{ s}^{-1}$

3. $E_1 = -2.179 \times 10^{-18}$ J

$E_2 = -5.45 \times 10^{-19}$ J

$E_3 = -2.42 \times 10^{-19}$ J

$E_4 = -1.36 \times 10^{-19}$ J

4. $\nu_1 = 5.09 \times 10^{14} \text{ s}^{-1}$；$E_1 = 3.373 \times 10^{-19}$ J

$\nu_2 = 5.08 \times 10^{14} \text{ s}^{-1}$；$E_2 = 3.366 \times 10^{-19}$ J

6. 2

7. （1）$\psi_1 = 5.40 \times 10^{-4}$

（2）$\psi_2 = 1.99 \times 10^{-4}$

（3）$\psi_1^2 = 2.92 \times 10^{-7}$，$\psi_2^2 = 3.96 \times 10^{-8}$

（4）1.03×10^{-2}，5.57×10^{-3}；（5）0，0

10. （2）14.75，14.75，6.25，3.75

-52.7×10^{-18} J，-52.7×10^{-18} J

-9.46×10^{-18} J，-1.92×10^{-18} J

第 九 章

2. 0

3. $-2\,212 \text{ kJ} \cdot \text{mol}^{-1}$

4. $597 \text{ kJ} \cdot \text{mol}^{-1}$

5. （1）$\delta = 0$

（2）$\delta_H = 0.29$，$\delta_F = -0.29$

（3）$\delta_{Cl} = 0.11$，$\delta_F = -0.11$

14. 2.5，2，1.5，1

第 十 章

4. $786.8 \text{ kJ} \cdot \text{mol}^{-1}$

5. $2\,528.7 \text{ kJ} \cdot \text{mol}^{-1}$（Born–Haber 循环）

$2\,520.5 \text{ kJ} \cdot \text{mol}^{-1}$（Капустинский 公式）

6. $790 \text{ kJ} \cdot \text{mol}^{-1}$

第 十 一 章

6. （1）0；（2）1；（3）2；（4）2；（5）3

8. $3.87 \mu_B$；$4.90 \mu_B$；0

9. $-8\,800 \text{ cm}^{-1}$；$-4\,160 \text{ cm}^{-1}$；$-12\,960 \text{ cm}^{-1}$

11. （1）$n=0$，$-24Dq+2P$

（2）$n=1$，$-20Dq+2P$

（3）$n=3$，$-12Dq$

（4）$n=5$，$0Dq$

第 十 二 章

11. $K^\ominus = 9.0 \times 10^5$

12. $-809.89 \text{ kJ} \cdot \text{mol}^{-1}$

13. （1）$\Delta_f H_m^\ominus(\text{Ba}^{2+}, \text{g}) = 1\,659.4 \text{ kJ} \cdot \text{mol}^{-1}$

（2）$\Delta_h H_m^\ominus(\text{Ba}^{2+}, \text{g}) = -1\,339.0 \text{ kJ} \cdot \text{mol}^{-1}$

14. $U(\text{NaH}) = 826 \text{ kJ} \cdot \text{mol}^{-1}$

$\Delta_f H_m^\ominus(\text{NaH}) = -78 \text{ kJ} \cdot \text{mol}^{-1}$

15. $\Delta_r H_m^\ominus = 491.2 \text{ kJ} \cdot \text{mol}^{-1}$

$\Delta_r S_m^\ominus = 197.67 \text{ J} \cdot \text{mol}^{-1} \cdot \text{K}^{-1}$

$\Delta_r G_m^\ominus = 432.26 \text{ kJ} \cdot \text{mol}^{-1}$；$T = 2\,485$ K

第 十 三 章

5. $28 \text{ g} \cdot \text{mol}^{-1}$

6. （1）$372 \text{ kJ} \cdot \text{mol}^{-1}$；（2）$455 \text{ kJ} \cdot \text{mol}^{-1}$

7. $\text{pH} = 5.10$

10. $266.6 \text{ g} \cdot \text{mol}^{-1}$

12. （1）$T_分(\text{Na}_2\text{CO}_3) = 1\,827 \text{ ℃}$

$T_分(\text{MgCO}_3) = 302 \text{ ℃}$

$T_分(\text{BaCO}_3) = 1\,292 \text{ ℃}$

$T_分(\text{CdCO}_3) = 289 \text{ ℃}$

17. $m_1 = 0.77 \text{ g}$；$m_2 = 2.97$ g

第 十 四 章

7. $E^\ominus(\text{N}_2/\text{HN}_3) = -3.335$ V

$E^\ominus(\text{HN}_3/\text{NH}_4^+) = 0.725$ V

$\text{H}^+(\text{aq}) + 3\text{HN}_3(\text{aq}) \longrightarrow 4\text{N}_2(\text{g}) + \text{NH}_4^+(\text{aq})$

$K^\ominus = 7.64 \times 10^{182}$

8. $K^\ominus = 23.0$；$\text{pH} = 0.681$

15. $\Delta_r H_m^\ominus = -189.32 \text{ kJ} \cdot \text{mol}^{-1}$

$\Delta_r G_m^\ominus = -206.3 \text{ kJ} \cdot \text{mol}^{-1}$

$\Delta_r S_m^\ominus = 57.0 \text{ J} \cdot \text{mol}^{-1} \cdot \text{K}^{-1}$

$K^\ominus = 1.30 \times 10^{36}$

第 十 五 章

9. 9.68×10^{27}

10. 2.52%

14. （1）-215 kJ·mol^{-1}；（2）133 kJ·mol^{-1}

第 十 六 章

7. pH $= 5.60$；$c(OH^-) = 0.25$ mol·L^{-1}；

$K_f^{\ominus}[Cr(OH)_4^-] = 6.3 \times 10^{29}$

8. （1）3.2×10^{14}；（2）7.01

12. 2.9×10^9

13. $K_f^{\ominus}[Mn(CN)_6^{3-}]/K_f^{\ominus}[Mn(CN)_6^{4-}] = 4.2 \times 10^{29}$

19. $c(Fe^{3+}) = 1.2 \times 10^{-9}$ mol·L^{-1}

$c(Fe^{2+}) = 0.10$ mol·L^{-1}

$c(Cu^{2+}) = 0.05$ mol·L^{-1}

20. 2.15 g

22. （1）8.9×10^3；（2）1.1×10^{33}

第 十 七 章

3. $E^{\ominus}[Cu(NH_3)_4^{2+}/Cu] = -0.026\,5$ V；能溶

4. 5.5×10^5

5. （1）$K_f^{\ominus}[Cu(OH)_4^{2-}] = 7.5 \times 10^{16}$

$c(NaOH) = 8.0$ mol·L^{-1}

6. $w(Cu) = 68.0\%$；$w(Al) = 3.02\%$；

$w(Zn) = 29.0\%$

7. 1.8×10^{-20}

11. $K_f^{\ominus}(AuCl_2^-) = 15$

$K_f^{\ominus}(AuCl_4^-) = 2.5 \times 10^{17}$

12. 5.6×10^9

20. -1.262 V

21. 有 Hg^{2+} 存在；Hg_2^{2+} 能少量歧化

22. $E^{\ominus}(Hg_2S/Hg) = -0.60$ V

$E^{\ominus}(HgS/Hg_2S) = -0.77$ V

第 十 八 章

9. 6.99×10^3 a

10. $2.732\,2 \times 10^9$ kJ·mol^{-1}

11. -7.31×10^7 kJ·g^{-1}

本书所用单位制的说明

本书在量和单位方面,全面采用了我国法定计量单位。国际单位制是我国法定单位的基础,为了能正确使用国家标准 GB 3100—93《国际单位制及其应用》,现将有关问题简要说明如下。

1. 国际单位制(SI)的基本单位

量		单位	
名称	符号	名称	符号
长度	l	米	m
质量	m	千克(公斤)	kg
时间	t	秒	s
电流	I	安[培]	A
热力学温度	T	开[尔文]	K
物质的量	n	摩[尔]	mol
发光强度	I_V	坎[德拉]	cd

2. 常用的 SI 导出单位

量		单位		
名称	符号	名称	符号	用 SI 基本单位和 SI 导出单位表示
频率	ν	赫[兹]	Hz	s^{-1}
能量	E	焦[耳]	J	$kg \cdot m^2 \cdot s^{-2}$
力	F	牛[顿]	N	$kg \cdot m \cdot s^{-2} = J \cdot m^{-1}$
压力	p	帕[斯卡]	Pa	$kg \cdot m^{-1} \cdot s^{-2} = N \cdot m^{-2}$
功率	P	瓦[特]	W	$kg \cdot m^2 \cdot s^{-3} = J \cdot s^{-1}$
电荷[量]	Q	库[仑]	C	$A \cdot s$
电位,电压,电动势	U	伏[特]	V	$kg \cdot m^2 \cdot s^{-3} \cdot A^{-1} = J \cdot A^{-1} \cdot s^{-1}$
电阻	R	欧[姆]	Ω	$kg \cdot m^2 \cdot s^{-3} \cdot A^{-2} = V \cdot A^{-1}$
电导	G	西[门子]	S	$kg^{-1} \cdot m^{-2} \cdot s^3 \cdot A^2 = \Omega^{-1}$
电容	C	法[拉]	F	$A^2 \cdot s^4 \cdot kg^{-1} \cdot m^{-2} = A \cdot s \cdot V^{-1}$
摄氏温度	t	摄氏度	℃	$℃ = K$

3. SI 词头

因数	词头名称		符号	因数	词头名称		符号
	英文	中文			英文	中文	
10^{24}	yotta	尧[它]	Y	10^{-1}	deci	分	d
10^{21}	zetta	泽[它]	Z	10^{-2}	centi	厘	c
10^{18}	exa	艾[可萨]	E	10^{-3}	milli	毫	m
10^{15}	peta	拍[它]	P	10^{-6}	micro	微	μ
10^{12}	tera	太[拉]	T	10^{-9}	nano	纳[诺]	n
10^{9}	giga	吉[咖]	G	10^{-12}	pico	皮[可]	p
10^{6}	mega	兆	M	10^{-15}	femto	飞[母托]	f
10^{3}	kilo	千	k	10^{-18}	atto	阿[托]	a
10^{2}	hecto	百	h	10^{-21}	zepto	仄[普托]	z
10^{1}	deca	十	da	10^{-24}	yocto	幺[科托]	y

4. 某些可与国际单位制单位并用的我国法定计量单位

量的名称	单位名称	单位符号	与 SI 单位的关系
时间	分	min	1 min = 60 s
	[小]时	h	1 h = 60 min = 3 600 s
	日（天）	d	1 d = 24 h = 86 400 s
体积	升	L	1 L = 1 dm^3
质量	吨	t	1 t = 10^3 kg
	原子质量单位	u	1 u ≈ 1.660 540×10^{-27} kg
长度	海里	n mile	1 n mile = 1852 m（只用于航行）
能量	电子伏	eV	1 eV ≈ 1.602 177×10^{-19} J
面积	公顷	hm^2	1 hm^2 = 10^4 m^2

5. 几种单位的换算

（1）1 J = 0.239 0 cal，1 cal = 4.184 J

（2）1 J = 9.869 cm^3·atm，1 cm^3·atm = 0.101 3 J

（3）1 J = 6.242×10^{18} eV，1 eV = 1.602×10^{-19} J

（4）1 D（德拜）= 3.334×10^{-30} C·m（库仑·米），1 C·m = 2.999×10^{29} D

（5）1 Å（埃）= 10^{-10} m = 0.1 nm = 100 pm

（6）1 cm^{-1}（波数）= 1.986×10^{-23} J = 11.96 J·mol^{-1}

附表一 一些物质的热力学性质

（常见的无机物质和 C_1, C_2 有机化合物）

说明：

cr　结晶固体；　　　　　l　液体；　　　　　　　g　气体；

am　非晶态固体；　　　aq　水溶液，未指明组成；

ao　水溶液，非电离物质，标准状态，$b=1\ mol\cdot kg^{-1}$；

ai　水溶液，电离物质，标准状态，$b=1\ mol\cdot kg^{-1}$

物质 B 化学式和说明	状态	298.15 K,100 kPa		
		$\Delta_f H_m^\ominus/(kJ\cdot mol^{-1})$	$\Delta_f G_m^\ominus/(kJ\cdot mol^{-1})$	$S_m^\ominus/(J\cdot mol^{-1}\cdot K^{-1})$
Ag	cr	0	0	42.55
Ag^+	ao	105.579	77.107	72.68
Ag_2O	cr	−31.05	−11.20	121.3
AgF	cr	−204.6	—	—
AgCl	cr	−127.068	−109.789	96.2
AgBr	cr	−100.37	−96.9	107.1
AgI	cr	−61.84	−66.19	115.5
Ag_2S　α　斜方晶的	cr	−32.59	−40.67	144.01
Ag_2S　β	cr	−29.41	−39.46	150.6
$AgNO_3$	cr	−124.39	−33.41	140.92
$Ag(NH_3)^+$	ao	—	31.68	—
$Ag(NH_3)_2^+$	ao	−111.29	−17.12	245.2
Ag_3PO_4	cr	—	−879	—
Ag_2CO_3	cr	−505.8	−436.8	167.4
$Ag_2C_2O_4$	cr	−673.2	−584.0	209
Al	cr	0	0	28.83
Al^{3+}	ao	−531	−485	−321.7
Al_2O_3　α　刚玉(金刚砂)	cr	−1 675.7	−1 582.3	50.92
Al_2O_3	am	−1 632	—	—
$Al_2O_3\cdot 3H_2O$(三水铝矿)拜耳石	cr	−2 586.67	−2 310.21	136.90
$Al(OH)_3$	am	−1 276	—	—
$Al(OH)_4^-$相当于 $AlO_2^-(aq)+2H_2O(l)$	ao	−1 502.5	−1 305.3	102.9
AlF_3	cr	−1 504.1	−1 425.0	66.44
$AlCl_3$	cr	−704.2	−628.8	110.67

续表

物质 B 化学式和说明	状态	298. 15 K,100 kPa		
		$\Delta_f H_m^\Theta/(\text{kJ}\cdot\text{mol}^{-1})$	$\Delta_f G_m^\Theta/(\text{kJ}\cdot\text{mol}^{-1})$	$S_m^\Theta/(\text{J}\cdot\text{mol}^{-1}\cdot\text{K}^{-1})$
$AlCl_3\cdot 6H_2O$	cr	$-2\,691.6$	$-2\,261.1$	318. 0
Al_2Cl_6	g	$-1\,290.8$	$-1\,220.4$	490
$Al_2(SO_4)_3$	cr	$-3\,440.84$	$-3\,099.94$	239. 3
$Al_2(SO_4)_3\cdot 18H_2O$	cr	$-8\,878.9$	—	—
AlN	cr	-318.0	-287.0	20. 17
Ar	g	0	0	154. 843
$As(\alpha)$	cr	0	0	35. 1
AsO_4^{3-}	ao	-888.14	-648.41	-162.8
As_2O_5	cr	-924.87	-782.3	105. 4
AsH_3	g	66. 44	68. 93	222. 78
$HAsO_4^{2-}$	ao	-906.34	-714.60	-1.7
$H_2AsO_3^-$	ao	-714.79	-587.13	110. 5
$H_2AsO_4^-$	ao	-909.56	-753.17	117
H_3AsO_3	ao	-742.2	-639.80	195. 0
H_3AsO_4	ao	-902.5	-766.0	184
$AsCl_3$	l	-305.0	-259.4	216. 3
As_2S_3	cr	-169.0	-168.6	163. 6
Au	cr	0	0	47. 40
$AuCl$	cr	-34.7	—	—
$AuCl_2^-$	ao	—	-151.12	—
$AuCl_3$	cr	-117.6	—	—
$AuCl_4^-$	ao	-322.2	-235.14	266. 9
B	g	562. 7	518. 8	153. 45
B	cr	0	0	5. 86
B_2O_3	cr	$-1\,272.77$	$-1\,193.65$	53. 97
B_2O_3	am	$-1\,254.53$	$-1\,182.3$	77. 8
BH_3	g	100	—	—
BH_4^-	ao	48. 16	114. 35	110. 5
B_2H_6	g	35. 6	86. 7	232. 11
H_3BO_3	cr	$-1\,094.33$	-968.92	88. 83
H_3BO_3	ao	$-1\,072.32$	-968.75	162. 3
$B(OH)_4^-$	ao	$-1\,344.03$	$-1\,153.17$	102. 5
BF_3	g	$-1\,137.00$	$-1\,120.33$	254. 12

物质 B 化学式和说明	状态	298.15 K,100 kPa		
		$\Delta_f H_m^\Theta/(kJ\cdot mol^{-1})$	$\Delta_f G_m^\Theta/(kJ\cdot mol^{-1})$	$S_m^\Theta/(J\cdot mol^{-1}\cdot K^{-1})$
BF_4^-	ao	−1 574.9	−1 486.9	180
BCl_3	l	−427.2	−387.4	206.3
BCl_3	g	−403.76	−388.72	290.10
BBr_3	l	−239.7	−238.5	229.7
BBr_3	g	−205.64	−232.50	324.24
BI_3	g	71.13	20.72	349.18
BN	cr	−254.4	−228.4	14.81
BN	g	647.47	614.49	212.28
B_4C_3	cr	−71	−71	27.11
Ba	cr	0	0	62.8
Ba	g	180	146	170.234
Ba^{2+}	g	1 660.38	—	—
Ba^{2+}	ao	−537.64	−560.77	9.6
BaO	cr	−553.5	−525.1	70.42
BaO_2	cr	−634.3	—	—
BaH_2	cr	−178.7	—	—
$Ba(OH)_2$	cr	−944.7	—	—
$Ba(OH)_2\cdot 8H_2O$	cr	−3 342.2	−2 792.8	427
$BaCl_2$	cr	−858.6	−810.4	123.68
$BaCl_2\cdot 2H_2O$	cr	−1 460.13	−1 296.32	202.9
$BaSO_4$	cr	−1 473.2	−1 362.2	132.2
$BaSO_4$ 沉淀的	cr_2	−1 466.5	—	—
$Ba(NO_3)_2$	cr	−992.07	−796.59	213.8
$BaCO_3$	cr	−1 216.3	−1 137.6	112.1
$BaCrO_4$	cr	−1 446.0	−1 345.22	158.6
Be	cr	0	0	9.50
Be	g	324.3	286.6	136.269
Be^{2+}	g	2 993.23	—	—
Be^{2+}	ao	−382.8	−379.73	−129.7
BeO	cr	−609.6	−580.3	14.14
BeO_2^{2-}	ao	−790.8	−640.1	−159
$Be(OH)_2$ 新鲜沉淀	am	−897.9	—	—
$BeCO_3$	cr	−1 025	—	—

续表

物质 B 化学式和说明	状态	298.15 K, 100 kPa		
		$\Delta_f H_m^{\ominus}/(\text{kJ} \cdot \text{mol}^{-1})$	$\Delta_f G_m^{\ominus}/(\text{kJ} \cdot \text{mol}^{-1})$	$S_m^{\ominus}/(\text{J} \cdot \text{mol}^{-1} \cdot \text{K}^{-1})$
Bi	cr	0	0	56.74
Bi^{3+}	ao	—	82.8	—
BiO^+	ao	—	−146.4	—
Bi_2O_3	cr	−573.88	−493.7	151.5
$Bi(OH)_3$	cr	−711.3	—	—
$BiCl_3$	cr	−379.1	−315.0	177.0
$BiCl_4^-$	ao	—	−481.5	—
BiOCl	cr	−366.9	−322.1	120.5
$BiONO_3$	cr	—	−280.2	—
Br	g	111.884	82.396	175.022
Br^-	ao	−121.55	−103.96	82.4
Br_2	l	0	0	152.231
Br_2	g	30.907	3.110	245.463
BrO^-	ao	−94.1	−33.4	42
BrO_3^-	ao	−67.07	18.60	161.71
BrO_4^-	ao	13.0	118.1	199.6
HBr	g	−36.40	−53.45	198.695
HBrO	ao	−113.0	−82.4	142
C 石墨	cr	0	0	5.740
C 金刚石	cr	1.895	2.900	2.377
CO	g	−110.525	−137.168	197.674
CO_2	g	−393.509	−394.359	213.74
CO_2	ao	−413.80	−385.98	117.6
CO_3^{2-}	ao	−677.14	−527.81	−56.9
CH_4	g	−74.81	−50.72	186.264
HCO_2^- 甲酸根离子	ao	−425.55	−351.0	92
HCO_3^-	ao	−691.99	−586.77	91.2
HCO_2H 甲酸	ao	−425.43	−372.3	163
CH_3OH 甲醇	l	−238.66	−166.27	126.8
CH_3OH 甲醇	g	−200.66	−161.96	239.81
CN^-	ao	150.6	172.4	94.1
HCN	ao	107.1	119.7	124.7
SCN^-	ao	76.44	92.71	144.3

续表

物质 B 化学式和说明	状态	298. 15 K,100 kPa		
		$\Delta_f H_m^\ominus/(\text{kJ}\cdot\text{mol}^{-1})$	$\Delta_f G_m^\ominus/(\text{kJ}\cdot\text{mol}^{-1})$	$S_m^\ominus/(\text{J}\cdot\text{mol}^{-1}\cdot\text{K}^{-1})$
HSCN	ao	—	97. 56	—
$C_2O_4^{2-}$ 草酸根离子	ao	−825. 1	−673. 9	45. 6
C_2H_2	g	226. 73	209. 20	200. 94
C_2H_4	g	52. 26	68. 15	219. 56
C_2H_6	g	−84. 68	−32. 82	229. 60
$HC_2O_4^-$	ao	−818. 4	−698. 34	149. 4
CH_3COO^-	ao	−486. 01	−369. 31	86. 6
CH_3CHO 乙醛	g	−166. 19	−128. 86	250. 3
CH_3COOH	ao	−485. 76	−396. 46	178. 7
C_2H_5OH	g	−235. 10	−168. 49	282. 70
C_2H_5OH	ao	−288. 3	−181. 64	148. 5
$(CH_3)_2O$ 二甲醚	g	−184. 05	−112. 59	266. 38
Ca α	cr	0	0	41. 42
Ca	g	178. 2	144. 3	154. 884
Ca^{2+}	g	1 925. 90	—	—
Ca^{2+}	ao	−542. 83	−553. 58	−53. 1
CaO	cr	−635. 09	−604. 03	39. 75
CaH_2	cr	−186. 2	−147. 2	42
$Ca(OH)_2$	cr	−986. 09	−898. 49	83. 39
CaF_2	cr	−1 219. 6	−1 167. 3	68. 87
$CaCl_2$	cr	−795. 8	−748. 1	104. 6
$CaCl_2\cdot6H_2O$	cr	−2 607. 9	—	—
$CaSO_4\cdot0.5H_2O$ 粗晶的,α	cr	−1 576. 74	−1 436. 74	130. 5
$CaSO_4\cdot0.5H_2O$ 细晶的,β	cr_2	−1 574. 65	−1 435. 78	134. 3
$CaSO_4\cdot2H_2O$ 透石膏	cr	−2 022. 63	−1 797. 28	194. 1
Ca_3N_2	cr	−431	—	—
$Ca_3(PO_4)_2$ β,低温型	cr	−4 120. 8	−3 884. 7	236. 0
$Ca_3(PO_4)_2$ α,高温型	cr_2	−4 109. 9	−3 875. 5	240. 91
$CaHPO_4$	cr	−1 814. 39	−1 681. 18	111. 38
$CaHPO_4\cdot2H_2O$	cr	−2 403. 58	−2 154. 58	189. 45
$Ca(H_2PO_4)_2$	cr	3 104. 70	—	—
$Ca(H_2PO_4)_2\cdot H_2O$	cr	−3 409. 67	−3 058. 18	259. 8
$Ca_{10}(PO_4)_6(OH)_2$ 羟基磷灰石	cr	−13 477	−12 677	780. 7

续表

物质 B 化学式和说明	状态	298. 15 K,100 kPa		
		$\Delta_f H_m^\ominus/(kJ \cdot mol^{-1})$	$\Delta_f G_m^\ominus/(kJ \cdot mol^{-1})$	$S_m^\ominus/(J \cdot mol^{-1} \cdot K^{-1})$
$Ca_{10}(PO_4)_6F_2$ 氟磷灰石	cr	−13 744	−12 983	775. 7
CaC_2	cr	−59. 8	−64. 9	69. 96
$CaCO_3$ 方解石	cr	−1 206. 92	−1 128. 79	92. 9
CaC_2O_4 草酸钙	cr	−1 360. 6	—	—
$CaC_2O_4 \cdot H_2O$	cr	−1 674. 86	−1 513. 87	156. 5
Cd γ	cr	0	0	51. 76
Cd^{2+}	ao	−75. 90	−77. 612	−73. 2
CdO	cr	−258. 2	−228. 4	54. 8
$Cd(OH)_2$ 沉淀的	cr	−560. 7	−473. 6	96
CdS	cr	−161. 9	−156. 5	64. 9
$Cd(NH_3)_4^{2+}$	ao	−450. 2	−226. 1	336. 4
$CdCO_3$	cr	−750. 6	−669. 4	92. 5
Ce	cr	0	0	72. 0
Ce^{3+}	ao	−696. 2	−672. 0	−205
Ce^{4+}	ao	−537. 2	−503. 8	−301
CeO_2	cr	−1 088. 7	−1 024. 6	62. 30
$CeCl_3$	cr	−1 053. 5	−977. 8	151
Cl^-	ao	−167. 159	−131. 228	56. 5
Cl_2	g	0	0	223. 066
Cl	g	121. 679	105. 680	165. 198
Cl^-	g	−233. 13	—	—
ClO^-	ao	−107. 1	−36. 8	42
ClO_2^-	ao	−66. 5	17. 2	101. 3
ClO_3^-	ao	−103. 97	−7. 95	162. 3
ClO_4^-	ao	−129. 33	−8. 52	182. 0
HCl	g	−92. 307	−95. 299	186. 908
HClO	ao	−120. 9	−79. 9	142
$HClO_2$	ao	−51. 9	5. 9	188. 3
Co α,六方晶的	cr	0	0	30. 04
Co^{2+}	ao	−58. 2	−54. 4	−113
Co^{3+}	ao	92	134	−305
$HCoO_2^-$	ao	—	−407. 5	—
$Co(OH)_2$ 蓝色,沉淀的	cr	—	−450. 1	—

物质 B 化学式和说明	状态	298.15 K,100 kPa		
		$\Delta_f H_m^\ominus/(kJ\cdot mol^{-1})$	$\Delta_f G_m^\ominus/(kJ\cdot mol^{-1})$	$S_m^\ominus/(J\cdot mol^{-1}\cdot K^{-1})$
Co(OH)$_2$ 桃红色,沉淀的	cr$_2$	−539.7	−454.3	79
Co(OH)$_2$ 桃红色,沉淀的,陈化的	cr$_3$	—	−458.1	—
Co(OH)$_3$	cr	−716.7	—	—
CoCl$_2$	cr	−312.5	−269.8	109.16
CoCl$_2\cdot$6H$_2$O	cr	−2 115.4	−1 725.2	343
Co(NH$_3$)$_6^{2+}$	ao	−584.9	−157.0	146
Cr	cr	0	0	23.77
Cr^{2+}	ao	−143.5	—	—
CrO$_3$	cr	−589.5	—	—
CrO$_4^{2-}$	ao	−881.15	−727.75	50.21
Cr$_2$O$_3$	cr	−1 139.7	−1 058.1	81.2
Cr$_2$O$_7^{2-}$	ao	−1 490.3	−1 301.1	261.9
HCrO$_4^-$	ao	−878.2	−764.7	184.1
(NH$_4$)$_2$Cr$_2$O$_7$	cr	−1 806.7	—	—
Ag$_2$CrO$_4$	cr	−731.74	−641.76	217.6
Cs	cr	0	0	85.23
Cs	g	76.065	49.121	175.595
Cs$^+$	g	457.964	—	—
Cs$^+$	ao	−258.28	−292.02	133.05
CsH	cr	−54.18		
CsCl	cr	−443.04	−414.53	101.17
Cu	cr	0	0	33.150
Cu$^+$	ao	71.67	49.98	40.6
Cu^{2+}	ao	64.77	65.49	−99.6
CuO	cr	−157.3	−129.7	42.63
Cu$_2$O	cr	−168.6	−146.0	93.14
Cu(OH)$_2$	cr	−449.8	—	—
CuCl	cr	−137.2	−119.86	86.2
CuCl$_2$	cr	−220.1	−175.7	108.07
CuBr	cr	−104.6	−100.8	96.11
CuI	cr	−67.8	−69.5	96.7
CuS	cr	−53.1	−53.6	66.5
Cu$_2$S α	cr	−79.5	−86.2	120.9

续表

物质 B 化学式和说明	状态	298.15 K,100 kPa		
		$\Delta_f H_m^{\ominus}/(kJ \cdot mol^{-1})$	$\Delta_f G_m^{\ominus}/(kJ \cdot mol^{-1})$	$S_m^{\ominus}/(J \cdot mol^{-1} \cdot K^{-1})$
$CuSO_4$	cr	−771.36	−661.8	109
$CuSO_4 \cdot 5H_2O$	cr	−2 279.65	−1 879.745	300.4
$Cu(NH_3)_4^{2+}$	ao	−348.5	−111.07	273.6
$CuP_2O_7^{2-}$	ao	—	−1 891.4	—
$Cu(P_2O_7)_2^{6-}$	ao	—	−3 823.4	—
$Cu_2P_2O_7$	cr	—	−1 874.3	—
$CuCO_3 \cdot Cu(OH)_2$ 孔雀石	cr	−1 051.4	−893.6	186.2
$CuCN$	cr	96.2	111.3	84.5
F	g	78.99	61.91	158.754
F^-	g	−255.39	—	—
F^-	ao	−332.63	−278.79	−13.8
F_2	g	0	0	202.78
HF	g	−271.1	−273.1	173.779
HF	ao	−320.08	−296.82	88.7
HF_2^-	ao	−649.94	−578.08	92.5
Fe	cr	0	0	27.28
Fe^{2+}	ao	−89.1	−78.90	−137.7
Fe^{3+}	ao	−48.5	−4.7	−315.9
Fe_2O_3 赤铁矿	cr	−824.2	−742.2	87.40
Fe_3O_4 磁铁矿	cr	−1118.4	−1015.4	146.4
$Fe(OH)_2$ 沉淀的	cr	−569.0	−486.5	88
$Fe(OH)_3$ 沉淀的	cr	−823.0	−696.5	106.7
$FeCl_3$	cr	−399.49	−334.00	142.3
FeS_2 黄铁矿	cr	−178.2	−166.9	52.93
$FeSO_4 \cdot 7H_2O$	cr	−3014.57	−2509.87	409.2
$FeCO_3$ 菱铁矿	cr	−740.57	−666.67	92.9
$FeC_2O_4 \cdot 2H_2O$ 草酸铁	cr	−1482.4	—	—
$Fe(CO)_5$	l	−774.0	−705.3	338.1
$Fe(CN)_6^{3-}$	ao	561.9	729.4	270.3
$Fe(CN)_6^{4-}$	ao	455.6	695.08	95.0
H	g	217.965	203.247	114.713
H^+	g	1536.202	—	—
H^-	g	138.99	—	—

物质 B 化学式和说明	状态	298.15 K, 100 kPa		
		$\Delta_f H_m^\ominus / (kJ \cdot mol^{-1})$	$\Delta_f G_m^\ominus / (kJ \cdot mol^{-1})$	$S_m^\ominus / (J \cdot mol^{-1} \cdot K^{-1})$
H^+	ao	0	0	0
H_2	g	0	0	130.684
OH^-	ao	−229.994	−157.244	−10.75
H_2O	l	−285.830	−237.129	69.91
H_2O	g	−241.818	−228.572	188.825
H_2O_2	l	−187.78	−120.35	109.6
H_2O_2	ao	−191.17	−134.03	143.9
He	g	0	0	126.150
Hg	l	0	0	76.02
Hg	g	61.317	31.820	174.96
Hg^{2+}	ao	171.1	164.40	−32.2
Hg_2^{2+}	ao	172.4	153.52	84.5
HgO 红色,斜方晶的	cr	−90.83	−58.539	70.29
HgO 黄色	cr_2	−90.46	−58.409	71.1
$HgCl_2$	cr	−224.3	−178.6	146.0
$HgCl_2$	ao	−216.3	−173.2	155
$HgCl_3^-$	ao	−388.7	−309.1	209
$HgCl_4^{2-}$	ao	−554.0	−446.8	293
Hg_2Cl_2	cr	−265.22	−210.745	192.5
$HgBr_4^{2-}$	ao	−431.0	−371.1	310
HgI_2红色	cr	−105.4	−101.7	180
HgI_2黄色	cr_2	−102.9	—	—
HgI_4^{2-}	ao	−235.1	−211.7	360
Hg_2I_2	cr	−121.34	−111.00	233.5
HgS 红色	cr	−58.2	−50.6	82.4
HgS 黑色	cr	−53.6	−47.7	88.3
HgS_2^{2-}	ao	—	41.9	—
$Hg(NH_3)_4^{2+}$	ao	−282.8	−51.7	335
I	g	106.838	73.250	180.791
I^-	ao	−55.19	−51.57	111.3
I_2	cr	0	0	116.135
I_2	g	62.438	19.327	260.69
I_2	ao	22.6	16.40	137.2

续表

物质 B 化学式和说明	状态	298. 15 K, 100 kPa		
		$\Delta_f H_m^{\ominus}/(kJ \cdot mol^{-1})$	$\Delta_f G_m^{\ominus}/(kJ \cdot mol^{-1})$	$S_m^{\ominus}/(J \cdot mol^{-1} \cdot K^{-1})$
I_3^-	ao	−51. 5	−51. 4	239. 3
IO^-	ao	−107. 5	−38. 5	−5. 4
IO_3^-	ao	−221. 3	−128. 0	118. 4
IO_4^-	ao	−151. 5	−58. 5	222
HI	g	26. 48	1. 70	206. 594
HIO	ao	−138. 1	−99. 1	95. 4
HIO_3	ao	−211. 3	−132. 6	166. 9
H_5IO_6	ao	−759. 4	—	—
In^+	ao	—	−12. 1	—
In^{2+}	ao	—	−50. 7	—
In^{3+}	ao	105	−98. 0	−151
K	cr	0	0	64. 18
K	g	89. 24	60. 59	160. 336
K^+	g	514. 26	—	—
K^+	ao	−252. 38	−283. 27	102. 5
KO_2	cr	−284. 93	−239. 4	116. 7
KO_3	cr	−260. 2	—	—
K_2O	cr	−361. 5	—	—
K_2O_2	cr	−494. 1	−425. 1	102. 1
KH	cr	−57. 74	—	—
KOH	cr	−424. 764	−379. 08	78. 9
KF	cr	−567. 27	−537. 75	66. 57
KCl	cr	−436. 747	−409. 14	82. 59
$KClO_3$	cr	−397. 73	−296. 25	143. 1
$KClO_4$	cr	−432. 75	−303. 09	151. 0
KBr	cr	−393. 798	−380. 66	95. 90
KI	cr	−327. 900	−324. 892	106. 32
K_2SO_4	cr	−1 437. 79	−1 321. 37	175. 56
$K_2S_2O_8$	cr	−1 916. 1	−1 697. 3	278. 7
KNO_2正交晶的	cr	−369. 82	−306. 55	152. 09
KNO_3	cr	−494. 63	−394. 86	133. 05
K_2CO_3	cr	−1 151. 02	−1 063. 5	155. 52
$KHCO_3$	cr	−963. 2	−863. 5	115. 5

物质 B 化学式和说明	状态	298.15 K，100 kPa		
		$\Delta_f H_m^{\ominus}/(kJ \cdot mol^{-1})$	$\Delta_f G_m^{\ominus}/(kJ \cdot mol^{-1})$	$S_m^{\ominus}/(J \cdot mol^{-1} \cdot K^{-1})$
KCN	cr	-113.0	-101.86	128.49
KAl(SO$_4$)$_2 \cdot$12H$_2$O	cr	-6 061.8	-5 141.0	687.4
KMnO$_4$	cr	-837.2	-737.6	171.71
K$_2$CrO$_4$	cr	-1 403.7	-1 295.7	200.12
K$_2$Cr$_2$O$_7$	cr	-2 061.5	-1 881.8	291.2
Kr	g	0	0	164.082
La^{3+}	ao	-707.1	-683.7	-217.6
La(OH)$_3$	cr	-1 410.0	—	—
LaCl$_3$	cr	-1 071.1	—	—
Li	cr	0	0	29.12
Li	g	159.37	126.66	138.77
Li$^+$	g	685.783	—	—
Li$^+$	ao	-278.49	-293.31	13.4
Li$_2$O	cr	-597.94	-561.18	37.57
LiH	cr	-90.54	-68.35	20.008
LiOH	cr	-484.93	-438.95	42.80
LiF	cr	-615.97	-587.71	35.65
LiCl	cr	-408.61	-384.37	59.33
Li$_2$CO$_3$	cr	-1 215.9	-1 132.06	90.37
Mg	cr	0	0	32.68
Mg	g	147.70	113.10	148.65
Mg$^+$	g	891.635	—	—
Mg^{2+}	g	2 348.504	—	—
Mg^{2+}	ao	-466.85	-454.8	-138.1
MgO 粗晶的(方镁石)	cr	-601.70	-569.43	26.94
MgO 细晶的	cr$_2$	-597.98	-565.95	27.91
MgH$_2$	cr	-75.3	-35.09	31.09
Mg(OH)$_2$	cr	-924.54	-833.51	63.18
Mg(OH)$_2$沉淀的	am	-920.5	—	—
MgF$_2$	cr	-1 123.4	-1 070.2	57.24
MgCl$_2$	cr	-641.32	-591.79	89.62
MgSO$_4 \cdot$7H$_2$O	cr	-3 388.71	-2 871.5	372
MgCO$_3$菱镁矿	cr	-1 095.8	-1 012.1	65.7

续表

物质 B 化学式和说明	状态	298.15 K,100 kPa		
		$\Delta_f H_m^\ominus/(\text{kJ}\cdot\text{mol}^{-1})$	$\Delta_f G_m^\ominus/(\text{kJ}\cdot\text{mol}^{-1})$	$S_m^\ominus/(\text{J}\cdot\text{mol}^{-1}\cdot\text{K}^{-1})$
Mn(α)	cr	0	0	32.01
Mn^{2+}	ao	−220.75	−228.1	−73.6
MnO_2	cr	−520.03	−465.14	53.05
MnO_2 沉淀的	am	−502.5	—	—
MnO_4^-	ao	−541.4	−447.2	191.2
MnO_4^{2-}	ao	−653	−500.7	59
$Mn(OH)_2$ 沉淀的	am	−695.4	−615.0	99.2
$MnCl_2$	cr	−481.29	−440.50	118.24
$MnCl_2\cdot4H_2O$	cr	−1 687.4	−1 423.6	303.3
MnS 桃红色,沉淀的	am	−213.8	—	—
$MnSO_4$	cr	−1 065.25	−957.36	112.1
$MnSO_4\cdot7H_2O$	cr	−3 139.3	—	—
Mo	cr	0	0	28.66
MoO_3	cr	−745.09	−667.97	77.74
MoO_4^{2-}	ao	−997.9	−836.3	27.2
$HMoO_4$ 白色	cr	−1 046.0	—	—
$H_2MoO_4\cdot H_2O$ 黄色	cr	−1 360	—	—
$PbMoO_4$	cr	−1 051.9	−951.4	166.1
Ag_2MoO_4	cr	−840.6	−748.0	213
N	g	472.704	455.563	153.298
N_2	g	0	0	191.61
N_3^- 叠氮根离子	ao	275.14	348.2	107.9
NO	g	90.25	86.55	210.761
NO^+	g	989.826	—	—
NO_2	g	33.18	51.31	240.06
NO_2^-	ao	−104.6	−32.2	123.0
NO_3^-	ao	−205.0	108.74	146.4
N_2O	g	82.05	104.20	219.85
N_2O_3	g	83.72	139.46	312.28
N_2O_4	l	−19.50	97.54	209.2
N_2O_4	g	9.16	97.89	304.29
N_2O_5	g	11.3	115.1	355.7
NH_3	g	−46.11	−16.45	192.45

物质 B 化学式和说明	状态	298.15 K,100 kPa		
		$\Delta_f H_m^\ominus/(kJ \cdot mol^{-1})$	$\Delta_f G_m^\ominus/(kJ \cdot mol^{-1})$	$S_m^\ominus/(J \cdot mol^{-1} \cdot K^{-1})$
NH_3	ao	−80.29	−26.50	111.3
NH_4^+	ao	−132.51	−79.31	113.4
N_2H_4	l	50.63	149.34	121.21
N_2H_4	ao	34.31	128.1	138
HN_3	ao	260.08	321.8	146.0
HNO_2	ao	−119.2	−50.6	135.6
NH_4NO_2	cr	−256.5	—	—
NH_4NO_3	cr	−365.56	−183.87	151.08
NH_4F	cr	−463.96	−348.68	71.96
$NOCl$	g	51.71	66.08	261.69
NH_4Cl	cr	−314.43	−202.87	94.6
NH_4ClO_4	cr	−295.31	−88.75	186.2
$NOBr$	g	82.17	82.42	273.66
$(NH_4)_2SO_4$	cr	−1 180.85	−901.67	220.1
$(NH_4)_2S_2O_8$	cr	−1 648.1	—	—
Na	cr	0	0	51.21
Na	g	107.32	76.761	135.712
Na^+	g	609.358	—	—
Na^+	ao	−240.12	−261.905	59.0
NaO_2	cr	−260.2	−218.4	115.9
Na_2O	cr	−414.22	−375.46	75.06
Na_2O_2	cr	−510.87	−447.7	95.0
NaH	cr	−56.275	−33.46	40.016
$NaOH$	cr	−425.609	−379.494	64.455
$NaOH$	ai	−470.114	−419.150	48.1
NaF	cr	−573.647	−543.494	51.46
$NaCl$	cr	−411.153	−384.138	72.13
$NaBr$	cr	−361.062	−348.983	86.82
NaI	cr	−287.78	−286.06	98.53
$Na_2SO_4 \cdot 10H_2O$	cr	−4 327.26	−3 646.85	592.0
$Na_2S_2O_3 \cdot 5H_2O$	cr	−2 607.93	−2 229.8	372
$NaHSO_4 \cdot H_2O$	cr	−1 421.7	−1 231.6	155
$NaNO_2$	cr	−358.65	−284.55	103.8

物质 B 化学式和说明	状态	298. 15 K,100 kPa		
		$\Delta_f H_m^{\ominus}/(kJ \cdot mol^{-1})$	$\Delta_f G_m^{\ominus}/(kJ \cdot mol^{-1})$	$S_m^{\ominus}/(J \cdot mol^{-1} \cdot K^{-1})$
$NaNO_3$	cr	−467. 85	−367. 00	116. 52
Na_3PO_4	cr	−1 917. 40	−1 788. 80	173. 80
$Na_4P_2O_7$	cr	−3188	−2969. 3	270. 29
$Na_5P_3O_{10} \cdot 6H_2O$	cr	−6 194. 8	−5 540. 8	611. 3
$NaH_2PO_4 \cdot 2H_2O$	cr	−2 128. 4	—	—
Na_2HPO_4	cr	−1 748. 1	−1 608. 2	150. 50
$Na_2HPO_4 \cdot 12H_2O$	cr	−5 297. 8	−4 467. 8	633. 83
Na_2CO_3	cr	−1 130. 68	−1 044. 44	134. 98
$Na_2CO_3 \cdot 10H_2O$	cr	−4 081. 32	−3 427. 66	562. 7
HCOONa 甲酸钠	cr	−666. 5	−599. 9	103. 76
$NaHCO_3$	cr	−950. 81	−851. 0	101. 7
$NaCH_3CO_2 \cdot 3H_2O$	cr	−1 603. 3	−1 328. 6	243
$Na_2B_4O_7 \cdot 10H_2O$ 硼砂	cr	−6 288. 6	−5 516. 0	586
Ne	g	0	0	146. 328
Ni	cr	0	0	29. 87
Ni^{2+}	ao	−54. 0	−45. 6	−128. 9
$Ni(OH)_2$	cr	−529. 7	−447. 2	88
$Ni(OH)_3$ 沉淀的	cr	−669	—	—
$NiCl_2 \cdot 6H_2O$	cr	−2 103. 17	−1 713. 19	344. 3
NiS	cr	−82. 0	−79. 5	52. 97
NiS 沉淀的	cr_2	−74. 4	—	—
$NiSO_4 \cdot 7H_2O$	cr	−2 976. 33	−2 461. 83	378. 94
$Ni(NH_3)_6^{2+}$	ao	−630. 1	−255. 7	394. 6
$NiCO_3$	cr	—	−612. 5	—
$Ni(CO)_4$	l	−633. 0	−588. 2	313. 4
$Ni(CO)_4$	g	−602. 91	−587. 23	410. 6
$Ni(CN)_4^{2-}$	ao	367. 8	472. 1	218
O	g	249. 170	231. 731	161. 055
O_2	g	0	0	205. 14
O_3	g	142. 7	163. 2	238. 93
P 白色	cr	0	0	41. 09
P 红色,三斜晶的	cr_2	−17. 6	−12. 1	22. 80
P 黑色	cr_3	−39. 3	—	—

物质 B 化学式和说明	状态	298.15 K,100 kPa		
		$\Delta_f H_m^{\ominus}/(kJ\cdot mol^{-1})$	$\Delta_f G_m^{\ominus}/(kJ\cdot mol^{-1})$	$S_m^{\ominus}/(J\cdot mol^{-1}\cdot K^{-1})$
P 红色	am	−7.5	—	—
PO_4^{3-}	ao	−1 277.4	−1 018.7	−222
$P_2O_7^{4-}$	ao	−2 271.1	−1 919.0	−117
P_4O_6	cr	−1 640.1		
P_4O_{10} 六方晶的	cr	−2 984.0	−2 697.7	228.86
PH_3	g	5.4	13.4	210.23
HPO_4^{2-}	ao	−1 292.14	−1 089.15	−33.5
$H_2PO_4^{-}$	ao	−1 296.29	−1 130.28	90.4
H_3PO_4	cr	−1 279.0	−1 119.1	110.50
H_3PO_4	ao	−1 288.34	−1 142.54	158.2
$HP_2O_7^{3-}$	ao	−2 274.8	−1 972.2	46
$H_2P_2O_7^{2-}$	ao	−2 278.6	−2 010.2	163
$H_3P_2O_7^{-}$	ao	−2 276.5	−2 023.2	213
$H_4P_2O_7$	ao	−2 268.6	−2 032.0	268
PF_3	g	−918.8	−897.5	273.24
PF_5	g	−1 595.8	—	—
PCl_3	l	−319.7	−272.3	217.1
PCl_3	g	−287.0	−267.8	311.78
PCl_5	cr	−443.5	—	—
PCl_5	g	−374.9	−305.0	364.58
Pb	cr	0	0	64.81
Pb^{2+}	ao	−1.7	−24.43	10.5
PbO 黄色	cr	−217.32	−187.89	68.70
PbO 红色	cr_2	−218.9	−188.93	66.5
PbO_2	cr	−277.4	−217.33	68.6
Pb_3O_4	cr	−718.4	−601.2	211.3
$Pb(OH)_2$ 沉淀的	cr	−515.9	—	—
$PbCl_2$	cr	−359.41	−314.10	136.0
$PbCl_2$	ao	—	−297.16	—
$PbCl_3^{-}$	ao	—	−426.3	—
$PbBr_2$	cr	−278.7	−261.92	161.5
$PbBr_2$	ao	—	−240.6	—
PbI_2	cr	−175.48	−173.64	174.85

物质 B 化学式和说明	状态	298. 15 K, 100 kPa		
		$\Delta_f H_m^\ominus / (\text{kJ} \cdot \text{mol}^{-1})$	$\Delta_f G_m^\ominus / (\text{kJ} \cdot \text{mol}^{-1})$	$S_m^\ominus / (\text{J} \cdot \text{mol}^{-1} \cdot \text{K}^{-1})$
PbI_2	ao	—	143. 5	—
PbI_4^{2-}	ao	—	−254. 8	—
PbS	cr	−100. 4	−98. 7	91. 2
$PbSO_4$	cr	−919. 94	−813. 14	148. 57
$PbCO_3$	cr	−699. 1	−625. 5	131. 0
$Pb(CH_3CO_2)^+$ 乙酸铅离子	ao	—	−406. 2	—
$Pb(CH_3CO_2)_2$	ao	—	−779. 7	—
Rb	cr	0	0	76. 78
Rb	g	80. 85	53. 06	170. 089
Rb^+	g	490. 101	—	—
Rb^+	ao	−251. 17	−283. 98	121. 50
RbO_2	cr	−278. 7	—	—
Rb_2O	cr	−339	—	—
Rb_2O_2	cr	−472	—	—
$RbCl$	cr	−435. 35	−407. 80	95. 90
S 正交晶的	cr	0	0	31. 80
S 单斜晶的	cr_2	0. 33	—	—
S	g	278. 805	238. 250	167. 821
S_8	g	102. 3	49. 63	430. 98
SO_2	g	−296. 830	−300. 194	248. 22
SO_2	ao	−322. 980	−300. 676	161. 9
SO_3	g	−395. 72	−371. 06	256. 76
SO_3^{2-}	ao	−635. 5	−486. 5	−29
$SO_4^{2-}(H_2SO_4, ai)$	ao	−909. 27	−744. 53	20. 1
$S_2O_3^{2-}$	ao	−648. 5	−522. 5	67
$S_4O_6^{2-}$	ao	−1 224. 2	−1 040. 4	257. 3
H_2S	g	−20. 63	−33. 56	205. 79
H_2S	ao	−39. 7	−27. 83	121
HSO_3^-	ao	−626. 22	−527. 73	139. 7
HSO_4^-	ao	−887. 34	−755. 91	131. 8
SF_4	g	−774. 9	−731. 3	292. 03
SF_6	g	−1 209	−1 105. 3	291. 82

物质 B 化学式和说明	状态	298.15 K, 100 kPa		
		$\Delta_f H_m^\ominus/(kJ \cdot mol^{-1})$	$\Delta_f G_m^\ominus/(kJ \cdot mol^{-1})$	$S_m^\ominus/(J \cdot mol^{-1} \cdot K^{-1})$
SbO^+	ao	—	-177.11	—
SbO_2^-	ao	—	-340.19	—
$Sb(OH)_3$	cr	—	685.2	—
$SbCl_3$	cr	-382.17	-323.67	184.1
$SbOCl$	cr	-374.0	—	—
Sb_2S_3 橙色	am	-147.3	—	—
Sc	cr	0	0	34.64
Sc^{3+}	ao	-614.2	-586.6	-255
Sc_2O_3	cr	-1 908.82	-1 819.36	77.0
$Sc(OH)_3$	cr	-1 363.6	-1 233.3	100
Se 黑色,六方晶的	cr	0	0	42.442
Se 红色,单斜晶的	cr_2	6.7	—	—
Se^{2-}	ao	—	129.3	—
HSe^-	ao	15.9	44.0	79
H_2Se	ao	19.2	22.2	163.6
$HSeO_3^-$	ao	-514.55	-411.46	135.1
H_2SeO_3	ao	-507.48	-426.14	207.9
H_2SeO_4	cr	-530.1	—	—
Si	cr	0	0	18.83
SiO_2 α 石英	cr	-910.94	-856.64	41.84
SiO_2	am	-903.49	-850.70	46.9
SiH_4	g	34.3	56.9	204.62
H_2SiO_3	ao	-1 182.8	-1 079.4	109
H_4SiO_4	cr	-1 481.1	-1 332.9	192
SiF_4	g	-1 614.94	-1 572.65	282.49
$SiCl_4$	l	-687.0	-619.84	239.7
$SiCl_4$	g	-657.01	-616.98	330.73
$SiBr_4$	l	-457.3	-443.9	277.8
SiI_4	cr	-189.5	—	—
Si_3N_4 α	cr	-743.5	-642.6	101.3
SiC β,立方晶的	cr	-65.3	-62.8	16.61

续表

物质 B 化学式和说明	状态	298.15 K,100 kPa		
		$\Delta_f H_m^{\ominus}/(\text{kJ}\cdot\text{mol}^{-1})$	$\Delta_f G_m^{\ominus}/(\text{kJ}\cdot\text{mol}^{-1})$	$S_m^{\ominus}/(\text{J}\cdot\text{mol}^{-1}\cdot\text{K}^{-1})$
SiC α,六方晶的	cr_2	−62.8	−60.2	16.48
Sn Ⅰ,白色	cr	0	0	51.55
Sn Ⅱ,灰色	cr_2	−2.09	0.13	41.14
Sn^{2+} $\mu(NaClO_4)=3.0$	ao	−8.8	−27.2	−17
Sn^{4+} 在 $HCl+\infty H_2O$	ao	30.5	2.5	−117
SnO	cr	−285.8	−256.9	56.5
SnO_2	cr	−580.7	−519.6	52.3
$Sn(OH)_2$ 沉淀的	cr	−561.1	−491.6	155
$Sn(OH)_4$ 沉淀的	cr	−1 110.0	—	—
$SnCl_4$	l	−511.3	−440.1	258.6
$SnBr_4$	cr	−377.4	−350.2	264.4
SnS	cr	−100	−98.3	77.0
Sr α	cr	0	0	52.3
Sr	g	164.4	130.9	164.62
Sr^{2+}	g	1 790.54	—	—
Sr^{2+}	ao	−545.80	−559.84	−32.6
SrO	cr	−592.0	−561.9	54.4
$Sr(OH)_2$	cr	−959.0		
$SrCl_2$ α	cr	−828.9	−781.1	114.85
$SrSO_4$ 沉淀的	cr_2	−1 449.8	—	—
$SrCO_3$ 菱锶矿	cr	−1 220.1	−1 140.1	97.1
Th^{4+}	ao	−769.0	−705.1	422.6
ThO_2	cr	−1 226.4	−1 168.71	65.23
$Th(NO_3)_4\cdot5H_2O$	cr	−3 007.79	−2 324.88	543.2
Ti	cr	0	0	30.63
TiO^{2+} 在 $HClO_4(aq)$	aq	−689.9	—	—
TiO_2 锐钛矿	cr	−939.7	−884.5	49.92
TiO_2 板钛矿	cr_2	−941.8	—	—
TiO_2 金红石	cr_3	−944.7	−889.5	50.33
TiO_2	am	−879		
$TiCl_3$	cr	−720.9	−653.5	139.7
$TiCl_4$	l	−804.2	−737.2	252.34

物质 B 化学式和说明	状态	298.15 K，100 kPa		
		$\Delta_f H_m^\Theta/(kJ \cdot mol^{-1})$	$\Delta_f G_m^\Theta/(kJ \cdot mol^{-1})$	$S_m^\Theta/(J \cdot mol^{-1} \cdot K^{-1})$
$TiCl_4$	g	−763.2	−726.7	354.9
Tl	cr	0	0	64.18
Tl^+	ao	5.36	−32.40	125.5
Tl^{3+}	ao	196.6	214.6	−192
$TlCl$	cr	−204.14	−184.92	111.25
$TlCl_3$	ao	−315.1	−274.4	134
U^{4+} 未水解的	ao	−591.2	−531.0	−410
UO_2	cr	−1 084.9	−1 031.7	77.03
UO_2^{2+}	ao	−1 019.6	−953.5	−97.5
UF_4	cr	−1 914.2	−1 823.3	151.67
UF_6	cr	−2 197.0	−2 068.5	227.6
UF_6	g	−2 147.4	−2 063.7	377.9
V	cr	0	0	28.91
VO	cr	−431.8	−404.2	38.9
VO^{2+}	ao	−486.6	−446.4	−133.9
VO_2^+	ao	−649.8	−587.0	−42.3
VO_4^{3-}	ao	—	−899.0	—
V_2O_5	cr	−1 550.6	−1 419.5	131.0
W	cr	0	0	32.64
WO_3	cr	−842.87	−764.03	75.90
WO_4^{2-}	ao	−1 075.7	—	—
Xe	g	0	0	169.683
XeF_4	cr	−261.5	(−123)	—
XeF_6	cr	(−360)	—	—
XeO_3	cr	(402)	—	—
Zn	cr	0	0	41.63
Zn^{2+}	ao	−153.89	−147.06	−112.1
ZnO	cr	−348.28	−318.30	43.64
$Zn(OH)_4^{2-}$	ao	—	−858.52	—
$ZnCl_2$	cr	−415.05	−369.398	111.46
ZnS 纤锌矿	cr	−192.63	—	—

续表

物质B 化学式和说明	状态	298.15 K, 100 kPa		
		$\Delta_f H_m^{\ominus}/(\text{kJ}\cdot\text{mol}^{-1})$	$\Delta_f G_m^{\ominus}/(\text{kJ}\cdot\text{mol}^{-1})$	$S_m^{\ominus}/(\text{J}\cdot\text{mol}^{-1}\cdot\text{K}^{-1})$
ZnS 闪锌矿	cr_2	−205.98	−201.29	57.7
$ZnSO_4\cdot 7H_2O$	cr	−3 077.75	−2 562.67	388.7
$Zn(NH_3)_4^{2+}$	ao	−533.5	−301.9	301
$ZnCO_3$	cr	−812.78	−731.52	82.4

本表数据取自 D. D. Wagman, et al. ,《NBS 化学热力学性质表》刘天和、赵梦月译,中国标准出版社,1998 年。括号中的数据取自 J. A. Dean, *Lange's Handbook of Chemistry* 13th ed. 1985。

附表二 某些物质的标准摩尔燃烧焓(298.15 K)

物质	$\Delta_c H_m^{\ominus}/(\text{kJ}\cdot\text{mol}^{-1})$	物质	$\Delta_c H_m^{\ominus}/(\text{kJ}\cdot\text{mol}^{-1})$
$H_2(g)$	−285.83	$CH_3CHO(l)$	−1 166.38
$C(cr)$	−393.51	$CH_3COOH(l)$ 乙酸	−874.2
$CO(g)$	−282.98	$HCOOH(l)$ 甲酸	−254.62
$CH_4(g)$	−890.36	$H_2(COO)_2(cr)$ 草酸	−245.6
$C_2H_2(g)$	−1 299.58	$CH_3OH(l)$ 甲醇	−726.51
$C_2H_4(g)$	−1 410.94	$C_2H_5OH(l)$ 乙醇	−1 366.82
$C_2H_6(g)$	−1 559.83	$(CH_3)_2O(g)$ 二甲醚	−1 460.46
$HCHO(g)$ 甲醛	−570.77	$(C_2H_5)_2O(l)$ 乙醚	−2 723.62
$CH_3CHO(g)$ 乙醛	−1 192.49	$(C_2H_5)_2O(g)$	−2 751.06

附表三 酸、碱的解离常数

(1) 弱酸的解离常数(298.15K)

弱酸	解离常数 $K_a^{\ominus}$
H_3AsO_4	$K_{a1}^{\ominus}=5.7\times10^{-3}$; $K_{a2}^{\ominus}=1.7\times10^{-7}$; $K_{a3}^{\ominus}=2.5\times10^{-12}$
H_3AsO_3	$K_{a1}^{\ominus}=5.9\times10^{-10}$
H_3BO_3	5.8×10^{-10}
$HOBr$	2.6×10^{-9}
H_2CO_3	$K_{a1}^{\ominus}=4.2\times10^{-7}$; $K_{a2}^{\ominus}=4.7\times10^{-11}$
HCN	5.8×10^{-10}
H_2CrO_4	$(K_{a1}^{\ominus}=9.55$; $K_{a2}^{\ominus}=3.2\times10^{-7})$

弱酸	解离常数 $K_a^\ominus$
HOCl	2.8×10^{-8}
$HClO_2$	1.0×10^{-2}
HF	6.9×10^{-4}
HOI	2.4×10^{-11}
HIO_3	0.16
H_5IO_6	$K_{a1}^\ominus = 4.4 \times 10^{-4}$; $K_{a2}^\ominus = 2 \times 10^{-7}$; $K_{a3}^\ominus = 6.3 \times 10^{-13}$①
HNO_2	6.0×10^{-4}
HN_3	2.4×10^{-5}
H_2O_2	$K_{a1}^\ominus = 2.0 \times 10^{-12}$
H_3PO_4	$K_{a1}^\ominus = 6.7 \times 10^{-3}$; $K_{a2}^\ominus = 6.2 \times 10^{-8}$; $K_{a3}^\ominus = 4.5 \times 10^{-13}$
$H_4P_2O_7$	$K_{a1}^\ominus = 2.9 \times 10^{-2}$; $K_{a2}^\ominus = 5.3 \times 10^{-3}$; $K_{a3}^\ominus = 2.2 \times 10^{-7}$; $K_{a4}^\ominus = 4.8 \times 10^{-10}$
H_2SO_4	$K_{a2}^\ominus = 1.0 \times 10^{-2}$
H_2SO_3	$K_{a1}^\ominus = 1.7 \times 10^{-2}$; $K_{a2}^\ominus = 6.0 \times 10^{-8}$
H_2Se	$K_{a1}^\ominus = 1.5 \times 10^{-4}$; $K_{a2}^\ominus = 1.1 \times 10^{-15}$
H_2S	$K_{a1}^\ominus = 8.9 \times 10^{-8}$; $K_{a2}^\ominus = 7.1 \times 10^{-19}$②
H_2SeO_4	$K_{a2}^\ominus = 1.2 \times 10^{-2}$
H_2SeO_3	$K_{a1}^\ominus = 2.7 \times 10^{-2}$; $K_{a2}^\ominus = 5.0 \times 10^{-8}$
HSCN	0.14
$H_2C_2O_4$(草酸)	$K_{a1}^\ominus = 5.4 \times 10^{-2}$; $K_{a2}^\ominus = 5.4 \times 10^{-5}$
HCOOH(甲酸)	1.8×10^{-4}
HAc(乙酸)	1.8×10^{-5}
$ClCH_2COOH$(氯乙酸)	1.4×10^{-3}
EDTA	$K_{a1}^\ominus = 1.0 \times 10^{-2}$; $K_{a2}^\ominus = 2.1 \times 10^{-3}$; $K_{a3}^\ominus = 6.9 \times 10^{-7}$; $K_{a4}^\ominus = 5.9 \times 10^{-11}$

① 此数据取自于《无机化学丛书》第六卷(科学出版社,1995 年 12 月)。

② 本数据取自 D. R. Lide, *CRC Handbook of Chemistry and Physics* 78th. 1997~1998.

(2) 弱碱的解离常数(298.15 K)

弱碱	解离常数 $K_b^\ominus$	弱碱	解离常数 $K_b^\ominus$
$NH_3 \cdot H_2O$	1.8×10^{-5}	CH_3NH_2(甲胺)	4.2×10^{-4}
N_2H_4(联氨)	9.8×10^{-7}	$C_6H_5NH_2$(苯胺)	(4×10^{-10})
NH_2OH(羟氨)	9.1×10^{-9}	$(CH_2)_6N_4$(六亚甲基四胺)	(1.4×10^{-9})

附表四 某些配离子的标准稳定常数(298.15 K)

配离子	$K_f^{\ominus}$	配离子	$K_f^{\ominus}$
$AgCl_2^-$	1.84×10^5	$Co(edta)^{2-}$	(2.0×10^{16})
$AgBr_2^-$	1.93×10^7	$Co(edta)^-$	(1×10^{36})
AgI_2^-	4.80×10^{10}	$Cr(OH)_4^-$	(7.8×10^{29})
$Ag(NH_3)^+$	2.07×10^3	$Cr(edta)^-$	(1.0×10^{23})
$Ag(NH_3)_2^+$	1.67×10^7	$CuCl_2^-$	6.91×10^4
$Ag(CN)_2^-$	2.48×10^{20}	$CuCl_3^{2-}$	4.55×10^5
$Ag(SCN)_2^-$	2.04×10^8	CuI_2^-	(7.1×10^8)
$Ag(S_2O_3)_2^{3-}$	(2.9×10^{13})	$Cu(SO_3)_2^{3-}$	4.13×10^8
$Ag(en)_2^+$	(5.0×10^7)	$Cu(NH_3)_4^{2+}$	2.30×10^{12}
$Ag(edta)^{3-}$	(2.1×10^7)	$Cu(P_2O_7)_2^{6-}$	8.24×10^8
$Al(OH)_4^-$	3.31×10^{33}	$Cu(C_2O_4)_2^{2-}$	2.35×10^9
AlF_6^{3-}	(6.9×10^{19})	$Cu(CN)_2^-$	9.98×10^{23}
$Al(edta)^-$	(1.3×10^{16})	$Cu(CN)_3^{2-}$	4.21×10^{28}
$Ba(edta)^{2-}$	(6.0×10^7)	$Cu(CN)_4^{3-}$	2.03×10^{30}
$Be(edta)^{2-}$	(2×10^9)	$Cu(SCN)_4^{3-}$	8.66×10^9
$BiCl_4^-$	7.96×10^6	$Cu(edta)^{2-}$	(5.0×10^{18})
$BiCl_6^{3-}$	2.45×10^7	FeF^{2+}	7.1×10^6
$BiBr_4^-$	5.92×10^7	FeF_2^+	3.8×10^{11}
BiI_4^-	8.88×10^{14}	$Fe(CN)_6^{3-}$	4.1×10^{52}
$Bi(edta)^-$	(6.3×10^{22})	$Fe(CN)_6^{4-}$	4.2×10^{45}
$Ca(edta)^{2-}$	(1×10^{11})	$Fe(NCS)^{2+}$	9.1×10^2
$Cd(NH_3)_4^{2+}$	2.78×10^7	$FeBr^{2+}$	4.17
$Cd(CN)_4^{2-}$	1.95×10^{18}	$FeCl^{2+}$	24.9
$Cd(OH)_4^{2-}$	1.20×10^9	$Fe(C_2O_4)_3^{3-}$	(1.6×10^{20})
$CdBr_4^{2-}$	(5.0×10^3)	$Fe(C_2O_4)_3^{4-}$	1.7×10^5
$CdCl_4^{2-}$	(6.3×10^2)	$Fe(edta)^{2-}$	(2.1×10^{14})
CdI_4^{2-}	4.05×10^5	$Fe(edta)^-$	(1.7×10^{24})
$Cd(en)_3^{2+}$	(1.2×10^{12})	$HgCl^+$	5.73×10^6
$Cd(edta)^{2-}$	(2.5×10^{16})	$HgCl_2$	1.46×10^{13}
$Co(NH_3)_4^{2+}$	1.16×10^5	$HgCl_3^-$	9.6×10^{13}
$Co(NH_3)_6^{2+}$	1.3×10^5	$HgCl_4^{2-}$	1.31×10^{15}
$Co(NH_3)_6^{3+}$	(1.6×10^{35})	$HgBr_4^{2-}$	9.22×10^{20}
$Co(NCS)_4^{2-}$	(1.0×10^3)	HgI_4^{2-}	5.66×10^{29}

配离子	$K_f^{\ominus}$	配离子	$K_f^{\ominus}$
HgS_2^{2-}	3.36×10^{51}	$PdCl_3^-$	2.10×10^{10}
$Hg(NH_3)_4^{2+}$	1.95×10^{19}	$PdBr_4^{2-}$	6.05×10^{13}
$Hg(CN)_4^{2-}$	1.82×10^{41}	PdI_4^{2-}	4.36×10^{22}
$Hg(SCN)_4^{2-}$	4.98×10^{21}	$Pd(NH_3)_4^{2+}$	3.10×10^{25}
$Hg(edta)^{2-}$	(6.3×10^{21})	$Pd(CN)_4^{2-}$	5.20×10^{41}
$Ni(NH_3)_6^{2+}$	8.97×10^8	$Pd(SCN)_4^{2-}$	9.43×10^{23}
$Ni(CN)_4^{2-}$	1.31×10^{30}	$Pd(edta)^{2-}$	(3.2×10^{18})
$Ni(N_2H_4)_6^{2+}$	1.04×10^{12}	$PtCl_4^{2-}$	9.86×10^{15}
$Ni(en)_3^{2+}$	2.1×10^{18}	$PtBr_4^{2-}$	6.47×10^{17}
$Ni(edta)^{2-}$	(3.6×10^{18})	$Pt(NH_3)_4^{2+}$	2.18×10^{35}
$Pb(OH)_3^-$	8.27×10^{13}	$Sc(edta)^-$	1.3×10^{23}
$PbCl_3^-$	27.2	$Zn(OH)_3^-$	1.64×10^{13}
$PbBr_3^-$	15.5	$Zn(OH)_4^{2-}$	2.83×10^{14}
PbI_3^-	2.67×10^3	$Zn(NH_3)_4^{2+}$	3.60×10^8
PbI_4^{2-}	1.66×10^4	$Zn(CN)_4^{2-}$	5.71×10^{16}
$Pb(CH_3CO_2)^+$	152.4	$Zn(CNS)_4^{2-}$	19.6
$Pb(CH_3CO_2)_2$	826.3	$Zn(C_2O_4)_2^{2-}$	2.96×10^7
$Pb(edta)^{2-}$	(2×10^{18})	$Zn(edta)^{2-}$	(2.5×10^{16})

附表五　溶度积常数（简称溶度积）

化学式	$K_{sp}^{\ominus}$	化学式	$K_{sp}^{\ominus}$
AgAc	1.9×10^{-3}	$Al(OH)_3$（无定形）	(1.3×10^{-33})
Ag_3AsO_4	1.0×10^{-22}	AuCl	(2.0×10^{-13})
AgBr	5.3×10^{-13}	$AuCl_3$	(3.2×10^{-25})
AgCl	1.8×10^{-10}	$BaCO_3$	2.6×10^{-9}
Ag_2CO_3	8.3×10^{-12}	$BaCrO_4$	1.2×10^{-10}
Ag_2CrO_4	1.1×10^{-12}	BaF_2	1.8×10^{-7}
AgCN	5.9×10^{-17}	$Ba(NO_3)_2$	6.1×10^{-4}
$Ag_2Cr_2O_7$	(2.0×10^{-7})	$Ba_3(PO_4)_2$	(3.4×10^{-23})
$Ag_2C_2O_4$	5.3×10^{-12}	$BaSO_4$	1.1×10^{-10}
$AgIO_3$	3.1×10^{-8}	$Be(OH)_2-\alpha$	6.7×10^{-22}
AgI	8.3×10^{-17}	$Bi(OH)_3$	(4×10^{-31})
Ag_2MoO_4	2.8×10^{-12}	BiI_3	7.5×10^{-19}
$AgNO_2$	3.0×10^{-5}	BiOBr	6.7×10^{-9}
Ag_3PO_4	8.7×10^{-17}	BiOCl	1.6×10^{-8}
Ag_2SO_4	1.2×10^{-5}	$BiONO_3$	4.1×10^{-5}
Ag_2SO_3	1.5×10^{-14}	$CaCO_3$	4.9×10^{-9}
AgSCN	1.0×10^{-12}	$CaC_2O_4\cdot H_2O$	2.3×10^{-9}

化学式	$K_{sp}^{\ominus}$	化学式	$K_{sp}^{\ominus}$
$CaCrO_4$	(7.1×10^{-4})	$K_2[PtCl_6]$	7.5×10^{-6}
CaF_2	1.5×10^{-10}	Li_2CO_3	8.1×10^{-4}
$Ca(OH)_2$	4.6×10^{-6}	LiF	1.8×10^{-3}
$CaHPO_4$	1.8×10^{-7}	Li_3PO_4	(3.2×10^{-9})
$Ca_3(PO_4)_2$(低温)	2.1×10^{-33}	$MgCO_3$	6.8×10^{-6}
$CaSO_4$	7.1×10^{-5}	MgF_2	7.4×10^{-11}
$Cd(OH)_2$(沉淀)	5.3×10^{-15}	$Mg(OH)_2$	5.1×10^{-12}
$Ce(OH)_3$	(1.6×10^{-20})	$Mg_3(PO_4)_2$	1.0×10^{-24}
$Ce(OH)_4$	(2×10^{-28})	$MnCO_3$	2.2×10^{-11}
$Co(OH)_2$(陈)	2.3×10^{-16}	$Mn(OH)_2$(am)	2.1×10^{-13}
$Co(OH)_3$	(1.6×10^{-44})	$NiCO_3$	1.4×10^{-7}
$Cr(OH)_3$	(6.3×10^{-31})	$Ni(OH)_2$(新)	5.0×10^{-16}
$CuBr$	6.9×10^{-9}	$Pb(OH)_2$	1.43×10^{-20}
$CuCl$	1.7×10^{-7}	$PbCO_3$	1.5×10^{-13}
$CuCN$	3.5×10^{-20}	$PbBr_2$	6.6×10^{-6}
CuI	1.2×10^{-12}	$PbCl_2$	1.7×10^{-5}
$CuSCN$	1.8×10^{-13}	$PbCrO_4$	(2.8×10^{-13})
$CuCO_3$	(1.4×10^{-10})	PbI_2	8.4×10^{-9}
$Cu(OH)_2$	(2.2×10^{-20})	$Pb(N_3)_2$(斜方)	2.0×10^{-9}
$Cu_2P_2O_7$	7.6×10^{-16}	$PbSO_4$	1.8×10^{-8}
$FeCO_3$	3.1×10^{-11}	$Sn(OH)_2$	5.0×10^{-27}
$Fe(OH)_2$	4.86×10^{-17}	$Sn(OH)_4$	(1×10^{-56})
$Fe(OH)_3$	2.8×10^{-39}	$SrCO_3$	5.6×10^{-10}
HgI_2	2.8×10^{-29}	$SrCrO_4$	(2.2×10^{-5})
$HgCO_3$	3.7×10^{-17}	$SrSO_4$	3.4×10^{-7}
$HgBr_2$	6.3×10^{-20}	$TlCl$	1.9×10^{-4}
Hg_2Cl_2	1.4×10^{-18}	TlI	5.5×10^{-8}
Hg_2CrO_4	(2.0×10^{-9})	$Tl(OH)_3$	1.5×10^{-44}
Hg_2I_2	5.3×10^{-29}	$ZnCO_3$	1.2×10^{-10}
Hg_2SO_4	7.9×10^{-7}	$Zn(OH)_2$	6.8×10^{-17}

附表六　标准电极电势(298.15 K)

电极反应	$E^{\ominus}/V$
氧化型 $+ze^-\rightleftharpoons$ 还原型	
$Li^+(aq)+e^-\rightleftharpoons Li(s)$	-3.040
$Cs^+(aq)+e^-\rightleftharpoons Cs(s)$	-3.027
$Rb^+(aq)+e^-\rightleftharpoons Rb(s)$	-2.943
$K^+(aq)+e^-\rightleftharpoons K(s)$	-2.936
$Ra^{2+}(aq)+2e^-\rightleftharpoons Ra(s)$	-2.910
$Ba^{2+}(aq)+2e^-\rightleftharpoons Ba(s)$	-2.906
$Sr^{2+}(aq)+2e^-\rightleftharpoons Sr(s)$	-2.899
$Ca^{2+}(aq)+2e^-\rightleftharpoons Ca(s)$	-2.869
$Na^+(aq)+e^-\rightleftharpoons Na(s)$	-2.714
$La^{3+}(aq)+3e^-\rightleftharpoons La(s)$	-2.362
$Mg^{2+}(aq)+2e^-\rightleftharpoons Mg(s)$	-2.357
$Sc^{3+}(aq)+3e^-\rightleftharpoons Sc(s)$	-2.027
$Be^{2+}(aq)+2e^-\rightleftharpoons Be(s)$	-1.968
$Al^{3+}(aq)+3e^-\rightleftharpoons Al(s)$	-1.68
$[SiF_6]^{2-}(aq)+4e^-\rightleftharpoons Si(s)+6F^-(aq)$	-1.365
$Mn^{2+}(aq)+2e^-\rightleftharpoons Mn(s)$	-1.182
$SiO_2(am)+4H^+(aq)+4e^-\rightleftharpoons Si(s)+2H_2O$	-0.9754
$^*SO_4^{2-}(aq)+H_2O(l)+2e^-\rightleftharpoons SO_3^{2-}(aq)+2OH^-(aq)$	-0.9362
$^*Fe(OH)_2(s)+2e^-\rightleftharpoons Fe(s)+2OH^-(aq)$	-0.8914
$H_3BO_3(s)+3H^+(aq)+3e^-\rightleftharpoons B(s)+3H_2O(l)$	-0.8894
$Zn^{2+}(aq)+2e^-\rightleftharpoons Zn(s)$	-0.7621
$Cr^{3+}(aq)+3e^-\rightleftharpoons Cr(s)$	(-0.74)
$^*FeCO_3(s)+2e^-\rightleftharpoons Fe(s)+CO_3^{2-}(aq)$	-0.7196
$2CO_2(g)+2H^+(aq)+2e^-\rightleftharpoons H_2C_2O_4(aq)$	-0.5950
$^*2SO_3^{2-}(aq)+3H_2O(l)+4e^-\rightleftharpoons S_2O_3^{2-}(aq)+6OH^-(aq)$	-0.5659
$Ga^{3+}(aq)+3e^-\rightleftharpoons Ga(s)$	-0.5493
$^*Fe(OH)_3(s)+e^-\rightleftharpoons Fe(OH)_2(s)+OH^-(aq)$	-0.5468
$Sb(s)+3H^+(aq)+3e^-\rightleftharpoons SbH_3(g)$	-0.5104
$In^{3+}(aq)+2e^-\rightleftharpoons In^+(aq)$	-0.445
$^*S(s)+2e^-\rightleftharpoons S^{2-}(aq)$	-0.445
$Cr^{3+}(aq)+e^-\rightleftharpoons Cr^{2+}(aq)$	(-0.41)
$Fe^{2+}(aq)+2e^-\rightleftharpoons Fe(s)$	-0.4089
$^*Ag(CN)_2^-(aq)+e^-\rightleftharpoons Ag(s)+2CN^-(aq)$	-0.4073

电极反应 氧化型 $+ze^- \rightleftharpoons$ 还原型	$E^{\ominus}/V$
$Cd^{2+}(aq)+2e^- \rightleftharpoons Cd(s)$	$-0.402\ 2$
$PbI_2(s)+2e^- \rightleftharpoons Pb(s)+2I^-(aq)$	$-0.365\ 3$
$^*Cu_2O(s)+H_2O(l)+2e^- \rightleftharpoons 2Cu(s)+2OH^-(aq)$	$-0.355\ 7$
$PbSO_4(s)+2e^- \rightleftharpoons Pb(s)+SO_4^{2-}(aq)$	$-0.355\ 5$
$In^{3+}(aq)+3e^- \rightleftharpoons In(s)$	-0.338
$Tl^+ +e^- \rightleftharpoons Tl(s)$	$-0.335\ 8$
$Co^{2+}(aq)+2e^- \rightleftharpoons Co(s)$	-0.282
$PbBr_2(s)+2e^- \rightleftharpoons Pb(s)+2Br^-(aq)$	$-0.279\ 8$
$PbCl_2(s)+2e^- \rightleftharpoons Pb(s)+2Cl^-(aq)$	$-0.267\ 6$
$As(s)+3H^+(aq)+3e^- \rightleftharpoons AsH_3(g)$	$-0.238\ 1$
$Ni^{2+}(aq)+2e^- \rightleftharpoons Ni(s)$	$-0.236\ 3$
$VO_2^+(aq)+4H^+ +5e^- \rightleftharpoons V(s)+2H_2O(l)$	$-0.233\ 7$
$N_2(g)+5H^+(aq)+4e^- \rightleftharpoons N_2H_5^+(aq)$	$-0.213\ 8$
$CuI(s)+e^- \rightleftharpoons Cu(s)+I^-(aq)$	$-0.185\ 8$
$AgCN(s)+e^- \rightleftharpoons Ag(s)+CN^-(aq)$	$-0.160\ 6$
$AgI(s)+e^- \rightleftharpoons Ag(s)+I^-(aq)$	$-0.151\ 5$
$Sn^{2+}(aq)+2e^- \rightleftharpoons Sn(s)$	$-0.141\ 0$
$Pb^{2+}(aq)+2e^- \rightleftharpoons Pb(s)$	$-0.126\ 6$
$In^+(aq)+e^- \rightleftharpoons In(s)$	-0.125
$^*CrO_4^{2-}(aq)+2H_2O(l)+3e^- \rightleftharpoons CrO_2^-(aq)+4OH^-(aq)$	(-0.12)
$Se(s)+2H^+(aq)+2e^- \rightleftharpoons H_2Se(aq)$	$-0.115\ 0$
$WO_3(s)+6H^+(aq)+6e^- \rightleftharpoons W(s)+3H_2O(l)$	$-0.090\ 9$
$^*2Cu(OH)_2(s)+2e^- \rightleftharpoons Cu_2O(s)+2OH^-(aq)+H_2O(l)$	(-0.08)
$MnO_2(s)+2H_2O(l)+2e^- \rightleftharpoons Mn(OH)_2(am)+2OH^-(aq)$	$-0.051\ 4$
$[HgI_4]^{2-}(aq)+2e^- \rightleftharpoons Hg(l)+4I^-(aq)$	$-0.028\ 09$
$2H^+(aq)+2e^- \rightleftharpoons H_2(g)$	0
$^*NO_3^-(aq)+H_2O(l)+e^- \rightleftharpoons NO_2^-(aq)+2OH^-(aq)$	$0.008\ 49$
$S_4O_6^{2-}(aq)+2e^- \rightleftharpoons 2S_2O_3^{2-}(aq)$	$0.023\ 84$
$AgBr(s)+e^- \rightleftharpoons Ag(s)+Br^-(aq)$	$0.073\ 17$
$S(s)+2H^+(aq)+2e^- \rightleftharpoons H_2S(aq)$	$0.144\ 2$
$Sn^{4+}(aq)+2e^- \rightleftharpoons Sn^{2+}(aq)$	$0.153\ 9$
$SO_4^{2-}(aq)+4H^+(aq)+2e^- \rightleftharpoons H_2SO_3(aq)+H_2O(l)$	$0.157\ 6$
$Cu^{2+}(aq)+e^- \rightleftharpoons Cu^+(aq)$	$0.160\ 7$
$AgCl(a)+e^- \rightleftharpoons Ag(s)+Cl^-(ag)$	$0.222\ 2$
$[HgBr_4]^{2-}(aq)+2e^- \rightleftharpoons Hg(l)+4Br^-(aq)$	$0.231\ 8$

电极反应	$E^{\ominus}/V$
氧化型 $+ze^-$ ⇌ 还原型	
$HAsO_2(aq)+3H^+(aq)+3e^- \rightleftharpoons As(s)+2H_2O(l)$	0.247 3
$PbO_2(s)+H_2O(l)+2e^- \rightleftharpoons PbO(s,黄色)+2OH^-(aq)$	0.248 3
$Hg_2Cl_2(s)+2e^- \rightleftharpoons 2Hg(l)+2Cl^-(aq)$	0.268 0
$BiO^+(aq)+2H^+(aq)+3e^- \rightleftharpoons Bi(s)+H_2O(l)$	0.313 4
$Cu^{2+}(aq)+2e^- \rightleftharpoons Cu(s)$	0.339 4
$^*Ag_2O(s)+H_2O(l)+2e^- \rightleftharpoons 2Ag(s)+2OH^-(aq)$	0.342 8
$[Fe(CN)_6]^{3-}(aq)+e^- \rightleftharpoons [Fe(CN)_6]^{4-}(aq)$	0.355 7
$[Ag(NH_3)_2]^+(aq)+e^- \rightleftharpoons Ag(s)+2NH_3(aq)$	0.371 9
$^*ClO_4^-(aq)+H_2O(l)+2e^- \rightleftharpoons ClO_3^-(aq)+2OH^-(aq)$	0.397 9
$^*O_2(g)+2H_2O(l)+4e^- \rightleftharpoons 4OH^-(aq)$	0.400 9
$2H_2SO_3(aq)+2H^+(aq)+4e^- \rightleftharpoons S_2O_3^{2-}(aq)+3H_2O(l)$	0.410 1
$Ag_2CrO_4(s)+2e^- \rightleftharpoons 2Ag(s)+CrO_4^{2-}(aq)$	0.445 6
$2BrO^-(aq)+2H_2O(l)+2e^- \rightleftharpoons Br_2(l)+4OH^-(aq)$	0.455 6
$H_2SO_3(aq)+4H^+(aq)+4e^- \rightleftharpoons S(s)+3H_2O(l)$	0.449 7
$Cu^+(aq)+e^- \rightleftharpoons Cu(s)$	0.518 0
$TeO_2(s)+4H^+(aq)+4e^- \rightleftharpoons Te(s)+2H_2O(l)$	0.528 5
$I_2(s)+2e^- \rightleftharpoons 2I^-(aq)$	0.534 5
$MnO_4^-(aq)+e^- \rightleftharpoons MnO_4^{2-}(aq)$	0.554 5
$H_3AsO_4(aq)+2H^+(aq)+2e^- \rightleftharpoons H_3AsO_3(aq)+H_2O(l)$	0.574 8
$^*MnO_4^-(aq)+2H_2O(l)+3e^- \rightleftharpoons MnO_2(s)+4OH^-(aq)$	0.596 5
$^*BrO_3^-(aq)+3H_2O(l)+6e^- \rightleftharpoons Br^-(aq)+6OH^-(aq)$	0.612 6
$^*MnO_4^{2-}(aq)+2H_2O(l)+2e^- \rightleftharpoons MnO_2(s)+4OH^-(aq)$	0.617 5
$2HgCl_2(aq)+2e^- \rightleftharpoons Hg_2Cl_2(s)+2Cl^-(aq)$	0.657 1
$^*ClO_2^-(aq)+H_2O(l)+2e^- \rightleftharpoons ClO^-(aq)+2OH^-(aq)$	0.680 7
$O_2(g)+2H^+(aq)+2e^- \rightleftharpoons H_2O_2(aq)$	0.694 5
$Fe^{3+}(aq)+e^- \rightleftharpoons Fe^{2+}(aq)$	0.769
$Hg_2^{2+}(aq)+2e^- \rightleftharpoons 2Hg(l)$	0.795 6
$NO_3^-(aq)+2H^+(aq)+e^- \rightleftharpoons NO_2(g)+H_2O(l)$	0.798 9
$Ag^+(aq)+e^- \rightleftharpoons Ag(s)$	0.799 1
$[PtCl_4]^{2-}(aq)+2e^- \rightleftharpoons Pt(s)+4Cl^-(aq)$	0.847 3
$Hg^{2+}(aq)+2e^- \rightleftharpoons Hg(l)$	0.851 9
$^*HO_2^-(aq)+H_2O(l)+2e^- \rightleftharpoons 3OH^-(aq)$	0.867 0
$^*ClO^-(aq)+H_2O(l)+2e^- \rightleftharpoons Cl^-(aq)+2OH^-$	0.890 2
$2Hg^{2+}(aq)+2e^- \rightleftharpoons Hg_2^{2+}(aq)$	0.908 3
$NO_3^-(aq)+3H^+(aq)+2e^- \rightleftharpoons HNO_2(aq)+H_2O(l)$	0.927 5

续表

电极反应 氧化型$+ze^-$ $\rightleftharpoons$ 还原型	$E^{\ominus}/V$
$NO_3^-(aq)+4H^+(aq)+3e^- \rightleftharpoons NO(g)+2H_2O(l)$	0.963 7
$HNO_2(aq)+H^+(aq)+e^- \rightleftharpoons NO(g)+H_2O(l)$	1.04
$NO_2(g)+H^+(aq)+e^- \rightleftharpoons HNO_2(aq)$	1.056
$^*ClO_2(aq)+e^- \rightleftharpoons ClO_2^-(aq)$	1.066
$Br_2(l)+2e^- \rightleftharpoons 2Br^-(aq)$	1.077 4
$ClO_3^-(aq)+3H^+(aq)+2e^- \rightleftharpoons HClO_2(aq)+H_2O(l)$	1.157
$ClO_2(aq)+H^+(aq)+e^- \rightleftharpoons HClO_2(aq)$	1.184
$2IO_3^-(aq)+12H^+(aq)+10e^- \rightleftharpoons I_2(s)+6H_2O(l)$	1.209
$ClO_4^-(aq)+2H^+(aq)+2e^- \rightleftharpoons ClO_3^-(aq)+H_2O(l)$	1.226
$O_2(g)+4H^+(aq)+4e^- \rightleftharpoons 2H_2O(l)$	1.229
$MnO_2(s)+4H^+(aq)+2e^- \rightleftharpoons Mn^{2+}(aq)+2H_2O(l)$	1.229 3
$^*O_3(g)+H_2O(l)+2e^- \rightleftharpoons O_2(g)+2OH^-(aq)$	1.247
$Tl^{3+}(aq)+2e^- \rightleftharpoons Tl^+(aq)$	1.280
$2HNO_2(aq)+4H^+(aq)+4e^- \rightleftharpoons N_2O(g)+3H_2O(l)$	1.311
$Cr_2O_7^{2-}(aq)+14H^+(aq)+6e^- \rightleftharpoons 2Cr^{3+}(aq)+7H_2O(l)$	(1.33)
$Cl_2(g)+2e^- \rightleftharpoons 2Cl^-(aq)$	1.360
$2HIO(aq)+2H^+(aq)+2e^- \rightleftharpoons I_2(s)+2H_2O(l)$	1.431
$PbO_2(s)+4H^+(aq)+2e^- \rightleftharpoons Pb^{2+}(aq)+2H_2O(l)$	1.458
$Au^{3+}(aq)+3e^- \rightleftharpoons Au(s)$	(1.50)
$Mn^{3+}(aq)+e^- \rightleftharpoons Mn^{2+}(aq)$	(1.51)
$MnO_4^-(aq)+8H^+(aq)+5e^- \rightleftharpoons Mn^{2+}(aq)+4H_2O(l)$	1.512
$2BrO_3^-(aq)+12H^+(aq)+10e^- \rightleftharpoons Br_2(l)+6H_2O(l)$	1.513
$Cu^{2+}(aq)+2CN^-(aq)+e^- \rightleftharpoons Cu(CN)_2^-(aq)$	1.580
$H_5IO_6(aq)+H^+(aq)+2e^- \rightleftharpoons IO_3^-(aq)+3H_2O(l)$	(1.60)
$2HBrO(aq)+2H^+(aq)+2e^- \rightleftharpoons Br_2(l)+2H_2O(l)$	1.604
$2HClO(aq)+2H^+(aq)+2e^- \rightleftharpoons Cl_2(g)+2H_2O(l)$	1.630
$HClO_2(aq)+2H^+(aq)+2e^- \rightleftharpoons HClO(aq)+H_2O(l)$	1.673
$Au^+(aq)+e^- \rightleftharpoons Au(s)$	(1.68)
$MnO_4^-(aq)+4H^+(aq)+3e^- \rightleftharpoons MnO_2(s)+2H_2O(l)$	1.700
$H_2O_2(aq)+2H^+(aq)+2e^- \rightleftharpoons 2H_2O(l)$	1.763
$S_2O_8^{2-}(aq)+2e^- \rightleftharpoons 2SO_4^{2-}(aq)$	1.939
$Co^{3+}(aq)+e^- \rightleftharpoons Co^{2+}(aq)$	1.95
$Ag^{2+}(aq)+e^- \rightleftharpoons Ag^+(aq)$	1.989
$O_3(g)+2H^+(aq)+2e^- \rightleftharpoons O_2(g)+H_2O(l)$	2.075
$F_2(g)+2e^- \rightleftharpoons 2F^-(aq)$	2.889
$F_2(g)+2H^+(aq)+2e^- \rightleftharpoons 2HF(aq)$	3.076

说明：附表二至附表六中的数据是根据 D. D. Wagman, et al.，《NBS 化学热力学性质表》（刘天和、赵梦月译，中国标准出版社，1998 年 6 月）中的数据计算得来的。括号中的数据取自于 J. A. Dean, *Lange's Handbook of Chemistry* 13th ed. 1985。

［1］Atkins P,et al.Chemical Principles the Quest for Insight.2nd ed. W.H.Freeman and Compamy, 2002.

［2］Malone LEO J. Basic Concepts of Chemistry.6th ed. John Wiley & Sons, Inc., 2001.

［3］Oxtoby D W,et al. Principles of Modern Chemistry. 4th ed. Saunders College publishing, 1999.

［4］Oxtoby D W,et al.Chemistry:Science of Change.2nd ed.Saunders College Publishing, 1994.

［5］Raymond Chang. Chemistry.5th ed. McGRAW-HILL, Inc., 1994.

［6］Umland J B, et al. General Chemistry.2nd ed. West Publishing Company,1996.

［7］McMurry J,et al.Chemistry.Prentice-Hall,Inc.,1995.

［8］Kotz J C,et al.Chemistry & Chemical Reactivity.3rd ed. Saunders College Publishing,1996.

［9］Zumdahl S S.Chemical Principles.2nd ed. D.C.Heath and Company,1995.

［10］Bodner G M,et al.Core Text Chemistry Structure & Dynamics.John Wiley & Sons,Inc.,1996.

［11］Shriver D F, et al.Inorganic Chemistry.2nd ed. Oxford University Press, 1994.中译本:［美］ Shriver D F.et al. 著.高忆慈等译.无机化学.2 版.北京:高等教育出版社,1997.

［12］Greenwood N N,Earnshaw A.Chemistry of the Elements.Butterworth-Heinemann Ltd.,1984.中 译本:［英］格林伍德 N N,厄恩肖 A 著. 曹庭礼等译.元素化学. 北京:高等教育出版社,1996.

［13］武汉大学,吉林大学等校.无机化学:下.3 版.北京:高等教育出版社,1994.

［14］《无机化学丛书》编委会,戴安邦,张青莲,申泮文,等.无机化学丛书.第一卷~第十二卷.北 京:科学出版社,1984~1998.

［15］宋天佑.无机化学教程.北京:高等教育出版社,2012.

［16］吉林大学,武汉大学,南开大学.无机化学:上.3 版.北京:高等教育出版社,2015.

［17］吉林大学,武汉大学,南开大学.无机化学:下.3 版.北京:高等教育出版社,2015.

［18］天津大学无机化学教研室.无机化学.5 版.北京:高等教育出版社,2018.

［19］麦松威,周公度,李伟基.高等无机结构化学.2 版.北京:北京大学出版社,2006.

［20］周公度.结构和物性.2 版.北京:高等教育出版社,2000.

［21］金安定,刘淑薇,吴勇.高等无机化学简明教程.南京:南京师范大学出版社,1999.

［22］朱裕贞,顾达,黑恩成.现代基础化学. 2 版.北京:化学工业出版社, 2004.

［23］四川大学. 近代化学基础. 3 版.北京:高等教育出版社,2012.

［24］申泮文.近代化学导论.2 版.北京:高等教育出版社,2012.

［25］华彤文,杨骏英,陈景祖,等. 普通化学原理. 北京:北京大学出版社,1993.

［26］朱文祥. 中级无机化学. 北京:高等教育出版社,2004.

郑重声明

高等教育出版社依法对本书享有专有出版权。任何未经许可的复制、销售行为均违反《中华人民共和国著作权法》，其行为人将承担相应的民事责任和行政责任；构成犯罪的，将被依法追究刑事责任。为了维护市场秩序，保护读者的合法权益，避免读者误用盗版书造成不良后果，我社将配合行政执法部门和司法机关对违法犯罪的单位和个人进行严厉打击。社会各界人士如发现上述侵权行为，希望及时举报，本社将奖励举报有功人员。

反盗版举报电话　（010）58581999　58582371　58582488
反盗版举报传真　（010）82086060
反盗版举报邮箱　dd@hep.com.cn
通信地址　北京市西城区德外大街 4 号
　　　　　高等教育出版社法律事务与版权管理部
邮政编码　100120

防伪查询说明

用户购书后刮开封底防伪涂层，利用手机微信等软件扫描二维码，会跳转至防伪查询网页，获得所购图书详细信息。用户也可将防伪二维码下的 20 位密码按从左到右、从上到下的顺序发送短信至 106695881280，免费查询所购图书真伪。

反盗版短信举报

编辑短信"JB,图书名称,出版社,购买地点"发送至 10669588128

防伪客服电话

（010）58582300